U0410112

建筑空间组合论

（第三版）

彭一刚　著

中国建筑工业出版社

图书在版编目(CIP)数据

建筑空间组合论/彭一刚著. —3 版. —北京:中国建筑工业出版社,2008 (2024.1 重印)
ISBN 978-7-112-10032-3

Ⅰ.建… Ⅱ.彭… Ⅲ.建筑艺术-空间-理论 Ⅳ.TU-02

中国版本图书馆 CIP 数据核字(2008)第 048754 号

本书从空间组合的角度系统地阐述了建筑构图的基本原理及其应用。书的第一章用辩证唯物主义的观点分析了建筑形式与内容对立统一的辩证关系;第二、三章着重阐述功能、结构对于空间组合的规定性与制约性;第四章从美学的高度论证了形式美的客观规律,并分别阐述了与形式美有关的建筑构图基本法则;第五、六、七章以大量实例分别就内部空间、外部体形及群体组合处理等方面分析说明形式美规律在建筑设计中的运用。本书的修订第二版在原章节的基础上增加了第八章当代西方建筑的审美变异。

第二版发表后据一些读者反映,新增的第八章理论偏多,手法偏少。因而本次修订增补了第九章当代西方建筑赏析。

本书可供建筑师、城市规划师阅读,也可供高等学校建筑专业师生参考。

责任编辑:曲士蕴
责任设计:肖广慧
责任校对:汤小平

建筑空间组合论
(第三版)
彭一刚 著
*
中国建筑工业出版社出版、发行(北京西郊百万庄)
各地新华书店、建筑书店经销
建工社(河北)印刷有限公司印刷
*
开本:787×1092 毫米 1/16 印张:25¾ 插页:12 字数:624 千字
2008 年 6 月第三版 2024 年 1 月第五十六次印刷
定价:**55.00** 元
ISBN 978-7-112-10032-3
(16835)

第三版补缀

近日，中国建筑工业出版社曲士蕴同志打来电话，商讨有关《建筑空间组合论》的内容增添问题。她是出版社的资深编审，也是该书的责任编辑。

由于没有面对面交流，电话中我只能流露出“声”有难色。这本书是1981年出版的，连同写作时间距今已近30年，在这30年中，建筑领域无论在理论、观念及技巧手法上可以说是发生了翻天覆地的变化，特别是后现代思潮，对于建筑创作的冲击不仅异常激烈，甚至还带有颠覆性。所以，要全部改写是不可能的。出于无奈，于1998年增添了一章，主要是阐述了后现代建筑思潮产生的历史背景及流派。这样，算是部分地弥补了空白。但是据反映，只是讲了一点理论，具体手法尚嫌不足。当今，是多元化的时代，根本就不可能存在着一种被普遍认同的设计手法。再说已经缀上了一章，再缀下去岂不成了串糖葫芦，这样的书还有什么严谨的结构可言！因此，我婉言谢绝了曲士蕴同志的要求。

但意想不到的是，曲士蕴同志再三强调该书经久畅销不衰，又曾是获国家级优秀图书奖。总之，极力说服我，再下一点功夫，增补一些新的内容。于无奈之际，想出个既便捷、又切实可行的办法，就是把近年来已经发表在各种学术刊物上的几篇论文集结于书后作为第九章。这样，既不影响全书的结构，又可以把最新的研究成果奉献给读者。

这几篇文章，均属国家自然科学基金支持的项目，而内容都不外乎是研讨当代西方建筑的形式特征，只不过是从赏析的角度取代了硬邦邦的“理论”。这样，不仅行文方便，读起来也比较轻松、亲切，但愿能够受到读者的欢迎。

注：本章所选论文恕不一一标明所发表的刊物及期号，希见谅。

彭一刚

2007年12月

第二版前言

《建筑空间组合论》自1983年出版以来，颇受读者欢迎，并先后于1984年和1988年获得全国优秀科技图书二等奖和国家教委科技进步二等奖。该书曾8次重印，累计印数达8万余册，这种情况在建筑理论类图书中还是为数不多的。

从中国建筑工业出版社获得信息，这本书大约每两年就要重印一次，以满足建筑界、特别是不断增多的建筑类大专院校学生的要求。得知这一情况后，颇使我深感不安。大家知道，事物总是不断变化发展的，眼下科学技术的发展更是一日千里，近20年前所写的东西，怎么能够适应今天的需要呢？清代诗人赵翼的诗句“江山辈有才人出，各领风骚数百年”，如果用它来表述古代诗文风格的演变也许还是十分正确的，但是对于当今“知识爆炸”的时代，则全然不合时宜了。以《建筑空间组合论》一书来讲，写作的时间大约在70年代末和80年代初，当时的西方社会，“后现代”思潮虽然已经初露端倪，但由于受到文化背景和意识形态的局限，我们对它的认识还是十分模糊的，所以很难把它纳入到书的内容中去。但是一个不可回避的事实是：在写作至今的20年间，西方建筑的审美观念却发生了深刻的变化。原书中在论及形式美规律时，把它说成是放之四海而皆准的论断，今天看来未免过于绝对了，尽管书中所涉及到的一些具体手法如比例、尺度……等，至今仍然不失为指导建筑设计所不可或缺的准则。

面对变化发展的事实，该怎么办呢？全部改写，势必要彻底打乱原书的体系，就目前的认识看，似乎还理不出一个头绪。维持原书内容不变，自然有悖于时代的变化和发展。权衡利弊，一个比较妥贴又切实可行的办法是：在原书的最后另加一个章节，专门论述当代西方建筑思潮，特别是建筑审美观念的变异。

吴焕加教授在论及当代西方建筑思潮时曾感叹：“看来，建筑构图原理应当改写了”，我也深有同感，然而真的动手做来又谈何容易。幸好，这几年来趁带研究生之便，对这方面问题也多少作了一点研究工作，于是便与我的一位博士研究生曾坚同志（现为天津大学副教授）反复磋商、合作，并以综述的形式写完了这一章。至于疏漏和错误，自然是在所难免的，尚希读者批评指正。

彭一刚

1997.11.5

于天津大学

第一版前言

继《建筑绘画基本知识》后，又用了三年多的时间终于写成了这本《建筑空间组合论》，这确实是一件值得欣慰的事情。

回顾以往的教学，学生苦于得不到系统的建筑构图方面的知识，教师又很难在有限的课堂辅导中讲清这些道理，加之构图原理本身又多少有一点抽象，难以捉摸，于是学生就难免会感到神秘莫测，而教师又苦于只能意会而难以（不是不能）言传，久而久之师生之间就可能由于缺少共同语言而有所隔阂。针对这种情况，早在60年代初就产生过这样的念头：编一本有关“构图原理”方面的书，供学生和在职的设计工作人员参考。1977年初终于正式动手拟定提纲并搜集有关方面的资料，为编写工作做好准备。

编写工作一开始就面临这样的问题：为初学者着想，书的内容应当通俗浅显一点；为在职的建筑设计人员进一步提高素养着想，书的内容又应当具有一定的理论深度。为两全计，只好采取折衷的方法：从比较基本的知识人手，经过分析综合，最终给予必要的抽象、概括，从而形成系统的理论观点。不言而喻，这只能部分地适合于两种读者的口味，而不可避免地又会使初学的同志感到某些内容太抽象，不易懂；具有一定水平的同志感到某些内容太浅显，没有必要再罗嗦。虽然存在这个问题，但从另外一方面来看也有其好处：可以做到有虚有实，虚实结合，既避免了就事论事，又避免了空泛或玄妙。

关于书的内容、结构和体系，在当时也是经过一番踌躇的。一种是按照老例只讲统一、对比、均衡、韵律、比例、尺度等有关形式美范畴，但鉴于以往的经验，效果并不理想，特别是对于初学者，从书中所得到的往往只是一些抽象的概念，而不能灵活地运用。另一种考虑是把形式美规律分别纳入到内部空间处理、外部体形处理以及群体组合处理等三个方面作具体分析。这样做的好处是头绪比较清楚，与设计结合得比较紧密，但缺点是对于基本原理可能不容易讲透彻。最后还是兼容并蓄：既专设一章来分析形式美的基本规律，又另设三章来分别说明上述规律在内部空间、外部体形以及群体组合处理中的运用。这样做尽管可能会出现某些重复，但由于说明问题的角度不同，不仅系统性、逻辑性更强，而且还有助于加深对基本原理的理解。

本书的重点是讨论建筑形式的处理问题。但形式是不能凭空出现的，它必然要受到功能、结构等因素的制约和影响，本书的第二、第三章即分别说明功能、结构与建筑形式之间的内在联系。应当强调的是：这样做并不是为了避“形式主义”之嫌，而是科学地论证形式、内容、手段三者关系本身的需要。

关于论述问题的先后顺序当时也有两种考虑：一种是先群体（环境）、而单体、而局部；一种是先局部、而单体、而群体。从设计工作的程序来看似乎应取前一种顺序——即从全局出发而逐步深入到细部；但从论证问题的逻辑性方面考虑，还是后一种顺序为好。本书就是从组成建筑最基本的“细胞”——房间入手，而贯穿着：由局部到单体、再由单体到群体；由内部空间到外部体形、再由外部体形到外部空间；由内容（功能）到手段

（结构）、再由手段到形式处理等先后顺序而逐步展开的。

再一点就是例子的选择。为了说明原理必须列举大量的实例，例子从哪里来？我认为古今中外的建筑都不应当偏废。只有这样才能证明所要论证的原理确实是具有普遍意义和放之四海而皆准的规律。那种只能用一时一地的建筑来作解释的东西，恐怕很难把它当成普遍规律来对待。当然，这并不是说古今建筑之间没有变化和发展。相反，正是借助于这种变化和发展才能使人更清楚地看出尽管它们的具体形式不同，却都共同地遵循着某些普遍的规律。另外，即使个别原理确有不适应于当代某些新建筑的情况，那么也有必要通过分析而找到产生这种现象的原因和根源。

应当申明的是：由于作者眼界狭窄，对于未能亲见的实例缺乏实际的感受，在分析时很可能带有主观臆想的成分。此外，因限于水平，其它方面的缺点错误也必然不少，尚希读者批评指正。

彭一刚

1980年10月

目　　录

第一章　总　　论

——建筑中形式与内容对立统一的辩证关系

建筑的发展表现为一种复杂的矛盾运动形式。贯穿于建筑发展中各矛盾着的因素错综复杂地交织在一起，有时简直使人眼花缭乱，只有抓住本质的联系，并一层一层地进行剖析，才能最终地揭示出建筑发展的基本规律，从而确立科学的建筑观。什么是建筑发展中本质的联系呢？主要有三方面：一、人们对建筑提出的功能和使用方面的要求；二、人们对建筑提出的精神和审美方面的要求；三、以必要的物质技术手段来达到前述的两方面要求。简言之，就是两个要求和一个手段，现分述于后：

一、从功能使用要求来看

原始人类为了避风雨、御寒暑和防止其它自然现象或野兽的侵袭，需要有一个赖以栖身的场所——空间，这就是建筑的起源。近代国内外一些建筑家常常援引老子的一段话："埏直以为器，当其无，有器之用，凿户牖以为室，当其无，有室之用……"[1]。其用意就在于强调建筑对于人来说，具有使用价值的不是围成空间的实体的壳，而是空间本身。当然，要围成一定的空间就必然要使用各种物质材料，并按照一定的工程结构方法把这些材料凑拢起来，但这些都不是建筑的目的，而是达到目的所采用的手段。

人们盖房子总是有它具体的目的和使用要求的，这在建筑中叫做功能。自古以来，建筑的式样和类型各不相同，仔细考查起来造成这种情况的原因尽管是多方面的，但是一个不可否认的事实是：功能在其中无疑起着相当重要的作用。

建筑，不仅用来满足个人或家庭的生活需要，而且还要用来满足整个社会的各种需要。由于社会向建筑提出各种不同的功能要求，于是就出现了许多不同的建筑类型。各类建筑由于功能要求的千差万别，反映在形式上也必然是千变万化的。

那么，建筑的形式究竟和功能有着什么样的联系呢？所谓建筑形式主要是指它的内部空间和外部体形，而外部体形又是内部空间的反映，因而归根结底我们还必须去探索功能和空间之间的内在联系。

组成建筑最基本的单位，或者说最原始的细胞就是单个的房间，它的形式——包括空间的大小、形状、比例关系以及门窗等设置，都必须适合于一定的功能要求。每个房间正是由于功能使用要求不同而保持着各自独特的形式，以使之区别于另一种房间。例如居室不同于教室，阅览室不同于书库，生产车间不同于观众厅……这个道理是十分浅显和不说自明的。

---

[1] 老子《道德经》。

然而就一幢完整建筑来讲，功能的合理性却不仅仅有赖于单个房间的合理程度，而且还有赖于房间之间的组合。例如学校、医院、办公楼一类建筑，按照功能特点一般适合于以一条公共的走道来连接各使用房间；可是对于展览馆、火车站等建筑来讲，往往则以连续、穿套的形式来组织空间，才能适合于它们的功能要求；至于影剧院建筑、体育馆建筑，按其功能特点则又有其独特的空间组合形式……。凡此种种，都说明一定的功能要求只能采用与之相适应的空间组合形式才能满足其使用要求，这就表现为功能对于空间形式的规定性。

相反地，同一功能要求也可以用多种形式的空间来适应。例如同一使用要求可以用不同的方案来解决，这就是说，功能对于空间形式既有规定性又有灵活性。

建筑，既然是为人提供一定的物质空间环境，而人又是不能脱离开社会而孤立地存在的，因此我们还应当看到建筑功能与社会的联系。在阶级社会中，由于社会财富集中于少数统治阶级手中，建筑作为巨大的物质财富，主要是用来为统治阶级服务的，这就是说，它首先必须用来满足统治阶级对它提出的功能要求。

在我们这样的社会主义国家中，情况发生了很大的变化——建筑从为少数人享用而转变到为所有的人创造合理的生活环境。这一转变对建筑的发展产生了非常深刻的影响，如果不明确这一点，有许多问题便找不到正确的答案。例如在贫富差别极为悬殊的社会中，某些供少数人享用的豪华别墅，常常被当作最适用、最舒适的目标而加以追求，如果以此作为适用的标准来看待我国当前的职工住宅，那么势必会认为太简陋，甚至不能满足起码的功能要求。很明显，就我国的情况来讲，是不能以此作为衡量适用的标准的。从这里可以引出一条结论：看待建筑功能的合理性不能脱开一定的社会条件而追求一种抽象的、绝对的标准。

此外，在看待建筑功能问题上还应当有发展观点。马克思主义认为：人类社会是由低级向高级发展的，由于社会生产力的发展和进步，人类物质生活和精神生活也是由低级向高级发展的。建筑，作为满足人类生活的需要，也必然要随之发展和变化。

以建筑类型来讲，近代资本主义大生产的出现使社会生产力突飞猛进地发展，于是伴随着机器生产就出现了规模巨大的新型工业厂房。特别是由于在生产力飞跃发展的基础上人类物质生活和精神生活产生的巨大变化，于是对建筑提出了许多新的、前所未有的功能要求，正是在这些功能的驱使下，才相继出现了像原子能发电站、可容万人的体育馆、超高层建筑……等许多新的建筑类型。

建筑中的功能因素所回答的正是社会发展所提出的各种要求，而这种要求却不是静止的、一成不变的，恰恰相反，它是一种无时无刻都在变化发展的因素。联系到前面所分析的——建筑空间形式一定要适合于功能的要求，那么功能的发展和变化将意味着什么呢？不言而喻，就意味着新的要求与原有的空间形式之间必然要从相对的统一而逐渐发展成为冲突、对抗，随着这种矛盾的日益尖锐，最终必将导致对于旧的空间形式的否定。

处于资本主义近代建筑前夜的复古主义、折衷主义的建筑形式，就是以它那种古板、僵死的躯壳而严重地阻碍、束缚了建筑功能的发展，其结果不可避免地在建筑领域中导致一场革命性的变革。

尽管西方近现代建筑具有一定的片面性——过分地夸大了功能对于建筑形式的决定作用，但是它的出现却是历史发展的必然。然而，当时苏联的建筑界却没有正视这一点，他们一味贬斥它，把它说成是毫无人性的玻璃盒子，这实际上就是用形而上学的观点来苛求新事物。这种错误观点一度对我国的建筑界也产生了很大的消极影响。

功能的变化和发展带有自发性，它是一种最为活跃的因素。特别是由于它在建筑中所占的主导地位，因而在功能与空间形式之间的对立、统一的矛盾运动中，经常都是处于支配的地位，并成为推动建筑发展的原动力。但是正如事物发展的普遍规律一样，虽然强调了内容对于形式的决定性作用，但也不能低估形式对于内容的反作用。在建筑中，功能作为内容的一个主导方面确实对形式的发展起着推动的作用，但也不能否定空间形式的反作用。一种新的空间形式的出现（被创造出来），不仅适应了新的功能要求，而且还会反过来促使功能朝着更新的高度发展。我们知道：近现代建筑在破除了古典建筑形式桎梏的基础上，在空间的形成、分隔和组合上产生了极大的灵活性和多样性，这不仅适应了新的、复杂的功能要求，而且必然会反过来促使功能朝着更新、更复杂的方向发展。由此可见，我们也不能把空间形式看成是消极、被动的因素。事实上它和功能一起构成了建筑发展的两个环节，正是由于这两个环节互相推动和作用，才能促使建筑由低级向高级发展。这两个环节是缺一不可的，如果缺少了其中任何一个方面，整个建筑发展的链条将由此而中断。

二、从精神和审美要求来看

由于人不同于一般的动物而具有思维和精神活动的能力，因而供人居住或使用的建筑应考虑它对于人的精神感受上所产生的巨大影响。举一个简单的例子：一间居室究竟需要多高才算合适呢？这是一个容易引起争论的问题。有人主张不低于 3m，有人认为 2.6m 就够了，争论的双方所持的论据都不外是从人的感受——是否会感到压抑——这一方面出发的。一间普通的居室况且这样，其它的厅堂更是如此。例如人民大会堂的宴会厅，如果单纯从使用观点来看即使把它的高度降低一半，也不会妨碍人们在里面就餐，然而如果是这样就会使人感到和建筑的性质很不相称，这也明显地说明了除功能之外，还要考虑到人们对于建筑所提出的精神方面的要求。再如古代高直教堂所具有的十分窄而高的内部空间就更为有力地说明了这个问题。如果单纯从宗教祭祀活动的使用要求来看，即使把它的高度降低十倍，也不会影响使用要求，但是作为一个教堂，它所具有的那样一种神秘的气氛和艺术感染力将荡然无存。由此可见，对于教堂这样一种特殊类型的建筑，左右其空间形式的与其说是物质功能，勿宁说是精神方面的要求。

历史上有相当一部分建筑是采用对称布局的形式的，这种现象也很难用功能的因素来解释。例如明、清故宫，它所采用的严格对称的布局形式，沿着中轴线的两侧成双成对地排列建筑——东边放一个殿，西边也放一个殿；东边设一个门，西边也设一个门，于是形成一种极为庄严、肃穆的气氛。是功能要求必须采用这种对称的形式吗？当然很难这样解释。不仅古代的建筑是这样，就是今天的一些建筑也未尝不是这样。譬如座落在天安门广场两侧的人民大会堂和历史博物馆，之所以采取对称的形式，也是不能用功能的因素予以解释的。我们至多可以说：功能的要求允许采用对称的布局形式，但却不能说必须采用对称的形式。具体到这两幢建筑，所以选择对称的形式，应当说主要还是取决于人们对它提出的精神方面的要求——希望能够获得庄严、雄伟的气氛。

有些建筑由于功能的要求不适合采用对称的形式，和对称的形式一样，非对称的形式也可以产生另外一种气氛和艺术感染力。在一般情况下如果说对称的形式易于造成庄严、肃穆、雄伟的气氛；那么非对称的形式则较有助于获得自由、轻巧、活泼的感受。最明显的例子如我国古典的园林建筑，就是以不对称的形式而获得了很高的艺术成就。

个别建筑类型如纪念碑、凯旋门，其形式的决定主要不是取决于物质功能，而是取决于精神要求。

与上述的情况正相反，也有一些类型的建筑如仓库、堆站等，由于和人的关系不甚密切，对于这一类建筑，它的形式则基本上取决于功能使用要求，而很少、甚至不考虑人的精神感受方面的要求。

除以上的建筑类型外，一般的居住建筑、公共建筑和工业建筑都必须同时满足人们对它提出的物质功能和精神感受这两方面的要求，并且以这两方面的因素作为基本内容而谋求与之相适应的建筑形式。

虽然肯定了一般的建筑都必须同时满足物质功能和精神感受这两方面要求，但也应当指出这两种要求在建筑中所占的地位并非完全相等。除纪念碑外，对于一般的建筑，甚至包括某些大型公共建筑在内，尽管要求具有很高的艺术感染力，但也不能否认物质功能在决定空间、体量方面所处的主导地位。

以往的某些建筑理论，不加区别地把建筑说成具有双重性——既是物质生产，又是艺术创造，这对于一部分建筑来讲是对的，但不能说一切建筑都具有艺术性。诚然，具有艺术性的建筑是有的。例如某些建筑根据它的功能特点作者在设计时力图通过它的空间、体量组合，整体、细部处理，以期给人以某种艺术感受，使人身历其境时能够获得庄严、雄伟、肃穆或亲切、宁静、幽雅……等感受，从而影响到人们的情绪并使之产生共鸣，凡是这样的建筑应当说就具有某种艺术性。伟大革命导师恩格斯在评价古代建筑时，把希腊建筑比喻为阳光灿烂的白昼；把高直建筑比作朝霞；把回教建筑比作星光闪烁的黄昏，都说明这些能够反映时代特征的建筑具有强烈的艺术感染力。我国古代的某些宫殿建筑、寺院建筑、庭园建筑也具有强烈的艺术感染力。但是应当看到这些都不过是建筑中杰出的代表，并不是所有的建筑都可以和它们类比而获得这么高的艺术成就。

尽管并非所有的建筑都可以达到艺术创造的高度，但凡是供人使用的建筑都不应当以此为借口而不考虑人们对它提出的起码的精神感受方面的要求。这就是说：它们还是应当按照实用、经济、美观的原则，恰如其分地处理好空间和体形、整体和细部的关系而使之符合于统一与变化、对比与微差、均衡与稳定……等形式美的基本原则。

应当明确的是：形式美和艺术性是两个不同的范畴。在建筑中，凡是具有艺术性的作品都必须符合于形式美的规律，反之，凡是符合于形式美规律的建筑却不一定具有艺术性。形式美与艺术性之间的差别就在于前者对现实的审美关系只限于物体外部形式本身是否符合于统一与变化、对比与微差、均衡与稳定等等与形式美有关的法则，而后者则要求通过自身的艺术形象表现一定的思想内容，或者换句话说：就是要灌注生气于外在形式以意蕴。当然，这两种形式并不是截然对立的，而是互相联系的，这种联系使得建筑有可能从前一种形式过渡到后一种形式，因而在实际中很难在它们之间划分出明确的界线。

建筑艺术虽然也能反映生活，但却不能再现生活，由于它的表现手段不能脱离具有一定使用要求的空间、体量，因而一般说来，它只能运用一些比较抽象的几何体形，运用线、面、体各部分的比例、均衡、对称、色彩、质感、韵律……等的统一和变化而获得一定的艺术气氛——诸如庄严、雄伟、明朗、幽雅、忧郁、沉闷、神秘、恐怖、亲切、宁静……等，这就是建筑艺术不同于其它艺术的地方。根据这一点，黑格尔在他的著作《美学》一书中，曾把建筑看成是一种象征型的艺术。

一切艺术总是要立意在先的。马克思在《资本论》中曾经指出："劳动过程结束时得到的结果，已经在劳动开始时，存在于劳动者的观念之中，所以已经观念地存在着"。马克思这一段话虽然指的是人类的劳动，但同样也适用于一切艺术创作活动。艺术创作和人类的劳动一样，都不是靠本能行事的，而表现为一种自觉的、有目的的行为。在进行建筑设计时，建筑师应当怎样来确立自己的艺术意图呢？是希望给人以亲切、宁静、幽雅的感受？抑或给人以庄严、雄伟的感受？这个问题也不是由设计者随心所欲而决定的。在建筑中，物质功能和精神要求这两者虽然性质不同，但却又是密切联系和不可分割的，具体地讲就是精神要求必须与功能性质相适应。例如住宅，为了适合于人们的生活和休息，应当尽量地把它处理得朴素一些，以期造成一种亲切、宁静的感觉；而纪念性建筑如博物馆、纪念堂等，则力求造成一种庄严、肃穆的气氛以教育、鼓舞人民为实现理想而献身于伟大的斗争中去。如果使艺术意图与建筑物的功能性质相矛盾，或者不加区别地把一切建筑都铸入到一种模式中去，这样做的结果势必要抹煞建筑的性格特征，从而导致建筑形式的千篇一律。

建筑性格特征所表现的是建筑物的个性。每一幢建筑由于功能性质不同，地形及环境条件不同，设计者的意图和构思不同，应当具有自己独特的形式和特点。除此以外，建筑形式还不可避免地要反映某个特定历史时期和特定民族、地区的特点。从这个意义上讲处于同一时代的建筑，不论属于哪一种建筑类型，除了具有不同的性格特征外，又都共同地体现出一种共性特征，这种寓于个性之中的共性特征，由于是时代所赋予的，所以称之为时代风格。同理，处于同一民族或地区的建筑，不论它属于哪一种建筑类型，除具有不同的性格和个性特征外，又都共同地体现出一种共性特征，这种寓于个性之中的共性特征，由于是民族或地区所赋予的，所以称之为民族或地区风格。一幢建筑，从时间上讲它必然要处于某个特定的历史时期；从空间上讲它必然要处于某个特定的民族或地区，因而它必然同时兼有上述两重风格。

再进一步地说，除时代、民族和地区会分别赋予建筑以某种特征外，作者也会赋予作品以某种特征。我国古代文学理论专著《文心雕龙》一书中所讲的"才性异区、文辞繁诡"，就是说明作家的不同创作个性形成了作品风格的差异。在建筑设计领域中，这种由作者赋予建筑以某种特征的称之为个人风格。由此可见：单就风格来讲就可以把它分解成为三个侧面——时代的、民族或地区的和作者个人的。

建筑，作为一种巨大的物质财富，总是掌握在统治阶级手中，它不仅要满足统治阶级对它提出的物质功能要求，而且它还必须反映一定社会占统治地位的意识形态。例如古代的埃及建筑，尽管具体形式各不相同，但却都具有一种阴森恐怖的气氛，这正反映了古埃及极其神秘化的宗教组织形式和奴隶的最高统治者——法老的至高无上的权威。与埃及相比较，古希腊建筑则显得开朗、明快一些，这也是和当时希腊在自由民中所实行的相对民主的制度分不开的。高直建筑所采用的细而高的比例、竖向线条的装饰和尖拱、尖塔等形式，在很大程度上所反映的则是人对于宗教神权的无限向往和崇拜。

在我国，萧何为汉高祖刘邦营建未央宫时认为："天子以四海为家，非壮丽无以重威"。从这里可以看出：中外历代的统治者都懂得怎样利用建筑艺术来巩固他们的政治统治。这表明建筑艺术和其它艺术一样，不仅是一定社会经济基础的反映，而又反过来起着保护经济基础的作用，因而它就自然地成为上层建筑的一个组成部分。

新中国成立后，由于社会经济基础和政治制度发生了根本的变化，旧的建筑形式不仅满足不了新的功能要求，而且作为一种艺术形象同样也不能反映新的精神面貌。为此，我们也曾提出创造中国的社会主义的建筑新风格的任务，目的是为了发挥建筑艺术上层建筑的作用。从近 30 年的实践来看，虽然取得了一些成就，但也走了不少弯路，目前仍然处于探索阶段。为什么在这样长的时期内还不能使新风格达到比较完满发展的繁荣期？这里既有客观原因，也有主观原因。就客观原因来讲，我国长期的封建社会使政治、经济几乎处于停滞状态。处于这种社会之中的建筑当然也是停步不前的。到了近代，剧烈的社会变革，可以说是以跳跃的形式打破了历史发展的连续性。加之我国固有的东方型的文化传统和西方文化完全出于两种不同的渊源，要创造新的建筑风格势必要同时吸取这两种文化传统的精华，然而要把这两者熔铸在一起，自然需要一个漫长的过程。就主观原因来看，我们虽然提出了"百花齐放，百家争鸣"的方针，但是在一个相当长的时期内没有得到认真地贯彻，这在一定程度上也妨碍了创作的积极性，这也是导致新风格成长缓慢的原因之一。今后，随着社会主义民主和法制的加强，必然会有力地推动"双百方针"的贯彻执行，建筑创作领域当然会跟着活跃起来，这些都会大大加速新风格的成长。

三、从物质技术手段方面来看

在讨论功能与空间的关系时，已经具体地分析过一定的功能必须要求有与之相适应的空间形式。然而，能否获得某种形式的空间，却不单取决于我们的主观愿望，而主要是取决于工程结构和技术条件的发展水平，如果不具备这些条件，所需要的那种空间将要变成幻想。例如古希腊就曾出现过戏剧活动，这时已经有建筑剧场的要求，可是由于技术条件的限制，人们不可能获得一个足以容纳数以千计的观众在其中活动的巨大的室内空间，因而当时的剧场就只能采取露天的形式。由此可见，功能与空间形式的矛盾从某种意义上讲又表现为功能与工程技术，特别是与结构的矛盾。由于功能是要求，工程结构是为了达到要求所采取的手段和措施，因而，这种矛盾关系又可以说是目的与手段或内容与形式之间的矛盾。

从辩证唯物主义的观点看来，在内容与形式的关系中，内容居于决定的地位。具体到建筑活动，正如前面已经分析过的，功能作为建筑的首要目的，它的发展不仅带有自发性，而且又与社会的发展保持着千丝万缕的联系，因而就成为最活跃的因素。正是由于功能的要求和推动，才促进了工程结构的发展，全部建筑历史的发展过程也雄辨地说明了这一点。例如在古代，由于技术条件的限制根本不可能获得较大的室内空间，因而就大大地限制了人们在室内活动的可能性。为了克服这一矛盾，人们力求用各种方法扩大空间，正是在这种要求的推动下才相继地创造出拱形结构、穹窿结构，并用它来代替梁柱式结构，从而有效地扩大了室内空间，使数以千计的人可以聚集在一起进行各种宗教祭祀活动。

近代建筑的发展也令人信服地表明了功能对于工程结构的推动作用。在扩大空间方面，近代功能的发展不仅要求更高，而且更广泛。正是在各种要求的促进推动下，就出现了比古代拱券、穹隆更为有效的大跨度或超大跨度结构形式——壳体、悬索和网架等新型空间薄壁结构体系。

扩大空间只是功能对于工程结构提出要求的方面之一，除此之外还有其它方面的要求。例如近代功能的发展，要求空间形式日益复杂和灵活多样，这也是古老的砖石结构所不能适应的。为了冲破砖石结构对于空间分隔的局限和约束，在许多类型的建筑中就必须抛弃古老落后的砖石结构而代之以钢或钢筋混凝土框架结构体系，从而适应自由灵活分隔空间的新要求。

提高层数也是近代功能对结构提出的新要求。这也是古老的砖石结构所难以胜任的，这一矛盾也促进了框架结构发展。

以上从几个方面来说明功能对于结构发展所起的推动作用，如果没有这种推动作用，结构的发展便失去了明确的目的和要求，而失去了这些就等于失去了方向，在这种情况下结构技术的持续发展便是不可思议的。

当然，结构的发展也有其相对的独立性。我们知道：结构的发展一方面取决于材料的发展，另一方面则取决于结构理论和施工技术的进步，而这些因素则往往和功能没有多少直接的联系。

诚然，从总的历史发展过程看，功能要求是一种最活跃的因素，正是在这一因素推动下，才要求以新的结构方法来形成新的空间形式以适应它不断提出的新要求。但是也不能把结构看成是完全消极被动的因素。当功能要求由于结构的局限而无法形成所需要的某种形式的空间时，结构就成为束缚和阻碍建筑发展的因素，然而一旦出现了一种新的结构形式和体系使功能的要求得以满足，这种新的结构形式和体系就会反过来推动建筑向前发展，这就表现为结构对于建筑发展的反作用。

历史上每出现一种新结构，都为空间形式的发展开辟了新的可能性，这不仅满足了功能发展的新要求，使建筑的面貌为之一新，而且又促使功能朝着更新、更复杂的程度上发展。

正如事物发展的普遍规律一样，旧的矛盾解决了新的矛盾又将产生。这主要表现为新的结构与功能之间的适应是相对的，不适应是绝对的。且不说功能本身是处于一种变化发展的过程之中，即使功能处于相对稳定的阶段，任何一种新的结构形式尽管它比旧的结构形式具有极大的优越性，但是也不可能完全适合于功能的要求。这就是说还不免会与功能要求发生这样或那样的矛盾，由于这种矛盾的存在，于是又向结构提出新的课题：即要求用更新的结构来取代原有的结构形式。

然而，新材料和新结构作为一种新事物，它的出现和成长却并非是一帆风顺的。在建筑领域中，新材料和新结构必然要和传统的建筑形式之间产生矛盾，而这种矛盾必然导致新材料、新结构对于旧的传统形式的否定。

建筑界所出现的复古主义思潮就是这种习惯势力的一种表现。这种思潮以静止不变的观点来看待形式美的问题，认为历史上的建筑形式是经过千锤百炼的，因而也是最完美的，不允许加以变革。倘若要用新结构，也要把它包裹在传统的旧形式中去，这样，就出现了虚假装饰和表里不一的现象。

新结构美不美呢？美的。新结构更符合于力学的规律性，它自身必然有一种内在的和谐统一性，这反映在外部形式必然符合于均衡、稳定的原则；各部分往往具有合理的形状和比例关系，各种构件的组合往往具有强烈的韵律感……，这些，都是和形式美的原则不相冲突的。

诚然，古典建筑的形式是美的，它的美正体现了上述各方面的和谐统一性，但是这种统一是建立在当时的材料和结构方法的基础之上的。如果把新的材料和结构包裹在旧的形式中去，这里必然会造成表里不一，而表里不一的东西还有什么内在的和谐统一性可言呢。

新的材料和新的结构方法要求在新的基础上的统一，这就必然导致对于传统形式的否定，这种否定是发展的环节，我们应当以积极的态度来看待这种变革。当然，新材料与新结构的出现与建筑形式之间的统一需要一个过程，这个过程既是一个探索的过程，又是一个创造的过程。在这方面，国外的一些建筑实践活动，特别是意大利建筑师奈尔维(Nervi)的许多创作，对于谋求新结构和建筑形式之间的统一性，对于我们都是很有启发和参考价值的。

片面夸大结构的作用，认为结构决定一切或者结构合理就是美，这种观点抹煞了建筑的民族风格和地方特点。诚然，由于科学的发达和各国间的文化交流，世界各国的建筑形式有逐渐接近的倾向和趋势，但无论怎样接近，不同国家、民族、地区，其建筑形式仍然会保留着明显的民族特点和风格的差别。这种差别就表现为对材料、结构的处理方法不同。

除结构外，其它工程技术对于建筑的发展也会产生很大的影响，但与结构、材料相比毕竟处于次要的地位，为节约篇幅这里就不作分析了。

四、从建筑发展趋势方面来看

从以上三节的分析中可以看出：建筑的发展主要是由于它的内部矛盾运动，亦即内容、手段和形式这三者之间既互相对立又相互制约而造成的。这种矛盾运动是有规律可循的。那么，它是以什么样的形式表现出来的呢？

从历史的回顾中人们常常可以发现这样一些有趣的现象：例如建筑形式，由封闭而发展到开敞，又由开敞回复到封闭；空间组合，由简单而发展到复杂，再由复杂回复到简单；格局，由整齐一律、严谨对称而发展到自由灵活、不拘一格，再由自由灵活、不拘一格回复到整齐一律、严谨对称；装饰的运用，由简洁而发展到繁琐，再由繁琐回复到简洁；风格，从粗犷而发展到纤细，再由纤细回复到粗犷……。应当怎样来看待这种具有明显周期性特点的现象呢？是偶然的巧合抑或必然的规律？很明显，这样的课题应当是属于建筑历史研究的范畴，不可能在这里作充分地论证。不过从辩证法的一般规律来看，则可以肯定以上列举的现象决不是偶然的。

恩格斯在《自然辩证法》一书写道："辩证法是关于普遍联系的科学。主要规律：量和质的转化——两种对立的互相渗透和它们达到极端时的互相转化——由矛盾引起的发展，或否定的否定——发展的螺旋形式"[1]。恩格斯的这一段话既阐明了事物发展的本质

---

[1] 《自然辩证法》恩格斯　人民出版社。

原因，同时又表述了这种发展过程所取的形式。任何事物都包含有肯定和否定这两方面因素：矛盾双方互相吸引共处于统一体中，就表现为一种肯定的因素，矛盾双方互相排斥，最终导致统一体的瓦解，就表现为否定的因素。经过一次否定，事物发展到与自身相对立的位置上去，再经过一次否定，又从相对立的位置而回复到原先的位置，这样就呈现出一种周而复始的周期性特点。所谓“无往而不复”所描述的正是事物发展的一般规律。

上面所列举的各种带有周期性特点的现象，应当说都是由于建筑内部矛盾双方既互相吸引，又互相排斥的结果。在建筑中，功能表现为内容，空间表现为形式，这两者所构成的对立统一的辩证发展过程，就是按否定之否定规律而呈周期性特点的。古代的建筑，为适应简单的功能要求，所具有的空间形式也是极其简单的。例如希腊的神庙，多呈单一的矩形平面空间，随着功能要求的日益复杂和多样化，这种简单的空间形式也相应地复杂起来，但这种变化基本上仍然是属于量的增长。直到近代，随着社会生产力的巨大发展和科学、文化水平的突飞猛进，功能要求的复杂程度，似乎发生了质的飞跃，于是再也不能把它纳入到传统建筑的空间形式中，这样就导致了对传统空间形式的否定，从而出现了像近代建筑那样高度复杂多变的空间形式。有趣的是，继近现代建筑出现之后，又经历了半个多世纪的发展，功能要求不仅愈来愈复杂，而且由于变化无常，简直成为一种捉摸不定的因素，以致使建筑师无所适从，针对这种情况，有些建筑师曾提出所谓多功能性大厅或灵活反应等新的空间概念。这种空间实质上就是一个不加分隔的大空间，如单纯从形式上看，它似乎又一反新建筑运动的初衷，而回复到古代单一空间的概念中去。

再如建筑形式由封闭到开敞，复由开敞回到封闭，这种现象也是由于功能与形式对立统一辩证发展关系所造成的。当人类处于蒙昧状态时期，由于对自然界缺乏认识，因而对于像雷、电、风、雨等自然现象，总是抱有恐惧的心理状态，这表现在建筑中就是消极地躲避自然现象的侵袭，例如把墙砌筑得厚厚的，窗开得小小的。这样，就使得建筑形式异常封闭。随后，由于对自然现象认识逐渐提高，人类则由消极地躲避自然现象的侵袭而转变为积极地利用自然条件来改善自己的生活环境。例如尽量地开大窗以最大限度地接纳空气、阳光以增进自身的健康，这反映在建筑形式上就是由封闭而转变为开敞。然而，对于自然条件的利用总是有限度的，为此，又进一步发展到以人工的方法来创造更为舒适的空间环境以适应生活或近代功能的新要求。这表现在建筑领域中就是出现了一些以人工照明和空调设施来代替自然通风、采光的新建筑，从而又使建筑形式由开敞而回复到封闭。当然，这类建筑目前虽然为数不多，但它们的初露端倪，却多少预示着建筑发展的某种新动向。

除功能与建筑形式之间对立统一的辩证发展关系外，在建筑发展过程中还贯穿着艺术形式与思想内容之间对立统一的辩证关系。这后一层关系主要是通过建筑风格的演变来表现的，它也具有周期性的特点。

黑格尔在谈到各门艺术发展过程时指出：“每一门艺术都有它在艺术上达到完满发展的繁荣期，前此有一个准备期，后此有一个衰落期。因为艺术作品全部是精神产品，像自然界产品那样不可能一步就达到完美，而是要经过开始、进展、完成和终结，要经过抽苗、开花和枯谢”[1]。建筑虽然不同于绘画、雕刻等艺术，但在建筑中除功能、形式处于

---

[1] 《美学》黑格尔 第三卷 上册 朱光潜译。

对立统一的矛盾运动外，毕竟也有艺术形式和其思想内容之间的对立统一问题。历史上一种建筑风格的形成，实际上就是这种矛盾运动的产物，因而它必然也要经历开始、进展、完成、衰亡和终结等过程。前面提的装饰处理由简洁到繁琐，再由繁琐回复到简洁；艺术风格由粗犷到纤细，再由纤细回复到粗犷等周期性特征，实际上就是这种发展过程所表现出来的一个侧面。

辩证法认为否定是发展的环节，经过否定之否定，虽然从形式上看又回复到了原点，但并不是简单的重复，而是螺旋形式的上升。前面曾提到的几种现象，例如由封闭到开敞，再由开敞到封闭，这后一种封闭却不同于前一种封闭，而是处于更高一级形式的封闭。

以否定之否定以及螺旋形式发展过程的一般规律为指导来研究建筑发展的历史，特别是建筑风格的演变，将可以达到总结过去、指导现在和预见未来的目的。例如近年来比较活跃的后现代建筑学派，尽管众说纷纭没有一个统一的、明确的见解和纲领，但比较占上风的一种观点则是认为本世纪初开始的新建筑运动无论从理论或实践方面看，都过分地夸大了功能、技术的作用，以致使建筑形式变得单调、冷漠、枯燥，缺乏人情味。针对这一点，他们突出地强调建筑应当为着人的主张，这实际上就是对西方现代建筑的否定。

大家知道，西方近现代建筑是在否定复古主义、折衷主义的基础上成长起来的，对于西方现代建筑的否定，将意味着历史上某些建筑风格会重新得到肯定。再说，提出建筑应当为了人的主张，这和文艺复兴时期为反对宗教神权统治而提出的人文主义口号，至少从尊重人的方面来讲，总不免有一些共同的地方。联系到他们的创作实践，特别是新历史主义以及在这之前的新古典主义的许多作品，虽然像幼儿学步那样踉踉跄跄，但也会使人联想到文艺复兴的建筑风格，好像从中看到了它的影子。

沿着历史继续向前追溯，文艺复兴建筑则是对中世纪建筑的否定，而中世纪建筑又是对古典希腊、罗马建筑的否定。由此看来一条由低级到高级、按否定之否定以及螺旋形式发展的线索便隐约地贯穿于西方建筑整个历史发展的过程之中。作为互相对立的两极，一方以整齐一律和严谨对称为特点，另一方则以自由活泼和放荡不拘为特点，尽管随着历史的推移每一次周期性的重现都有质的飞跃，但就体现两极对立的特点看，则是十分鲜明的。

我国的传统建筑，虽然也有几千年悠久的历史，尽管从某些方面看也体现出周期性的特点（例如装饰由繁到简，再由简到繁；风格由纤细到粗犷，再由粗犷到纤细），但从总的方面来讲却不像西方建筑那样明显地呈现出一条螺旋发展形式的特点。这主要是我国封建社会延续的时间过长，作为推动建筑发展的主要因素——功能与技术——长期处于停滞不前的状态所造成的。到了近代，由于帝国主义的侵略，虽然打破了一潭死水的局面，但五花八门的建筑形式却随着西方文化一涌而入，致使古老的传统失掉了正常发展的条件。

新中国成立后，虽然取得了政治上的独立自主，但毕竟由于政治、经济、社会结构的巨大变化，无论从功能或科学技术上讲，都不得不冲破传统建筑形式的禁锢而大量地吸取西方先进的建筑技术和经验。面对这一客观实际，势必会出现一种以中西合壁为特点的折衷主义的建筑风格。例如一般所谓的复古主义，似乎主要是指用了大屋顶，实际上不单是复了中国的古，同时也夹杂了西方古典建筑形式的影响。这个阶段，从风格上讲也可以算作是一个过渡时期。对一个具有东方型文化传统的民族来讲，在走向现代的过程中这几乎是一个不可超越的历史阶段。例如日本，在明治维新以后到第二次世界大战以前建筑发展所走的道路，大体上就是属于这种新旧过渡的时期，只是在第二次世界大战之后，才逐渐形成一种带有日本特点的新的现代化的建筑风格。日本人走过的道路是很可以作为我们借鉴的。

但不论是日本还是西方，经济和科学技术的发展水平都比我们先进得多，这反映在建筑发展的阶段上如果用螺旋发展的观点来看，我们还不能与先进的国家同步、合拍而纳入到同一条轨道。假如说我们所处的发展阶段比先进的国家差半个周期，那么别人当前所要否定的东西则可能正是我们所要提倡的东西。例如当前后现代建筑派建筑师所非议的资本主义近现代建筑重功能、重技术、重经济的设计观点，对于我们不仅没有过时，而且还具有特别重要的意义。

当然，这决不是说我们可以重蹈别人的旧辙亦步亦趋地爬行。作为中国人，生活在中国这块土地上，既有古代光辉灿烂的文化传统，又有优越的社会主义制度，我们一定可以创造出带有中国特点的现代化的建筑新风格。

第二章　功 能 与 空 间

两千多年以前，罗马伟大的建筑家维特鲁维斯在论述建筑时，就曾把“适用”列在建筑三要素之一。嗣后各个历史时期，尽管所强调的侧重时有不同，但是谁都不能抹煞功能在建筑中所处的地位。到了近代，随着科学技术的发展和进步，新建筑运动应运而生，为了适应新的社会需要，又再一次强调功能对于建筑形式的影响和作用，美国建筑师沙利文提出的“形式由功能而来”的看法，正是这种观点的一种集中表现。从那时起到现在，又经历了半个多世纪，尽管有人不时地批评、指责现代建筑在理论和实践方面所存在的片面性，甚至公然宣布“现代建筑已经死亡”，但不可否认的事实是：“形式由功能而来”这句名言给予近现代建筑发展的影响是巨大而深刻的。

马克思主义哲学把内容和形式看成是辩证法的一对基本范畴，并认为在一般情况下，事物的形式是由它的内容决定的。功能既然作为人们建造建筑的首要目的，理所当然地是构成建筑内容的一个重要组成部分，为此，它必然要左右建筑的形式，关于这一点是确定不移的。

但是，对这个问题的理解却不能只停留在抽象的概念上，尤其不能用简单化的方法来硬套“内容决定形式”的公式，从而机械地认为：有什么样的建筑功能，就必然产生什么样的建筑形式。应当看到事物内部联系的复杂性，否则有许多问题便无法解释。

例如人们经常提到的“建筑形式”，严格地讲，它是由空间、体形、轮廓、虚实、凹凸、色彩、质地、装饰……等种种要素的集合而形成的复合的概念。这些要素，有的和功能保持着紧密而直接的联系；有的和功能的联系并不直接、紧密；有的几乎与功能没有什么联系，基于这一事实，如果我们不加区别地把这一切都说成是由功能而来的，这显然是错误的。由此看来，“形式由功能而来”这句近现代建筑的格言，尽管有它合理、正确的一面，但笼统地认为一切形式均来自功能，则显然夸大了功能的作用，就这一点来讲它确实带有一定的片面性。

那么，与功能有直接联系的形式要素是什么呢？是空间。关于这一点人们对它的认识似乎越来越明确、越深刻。近年来国内外有许多建筑师都引用老子的话：“埏埴以为器，当其无，有器之用，凿户牖以为室，当其无，有室之用，故有之以为利，无之以为用”，这正表明：建筑，人们要用的，不是别的，而是它的空间。从这一点出发，有的人更进一步把建筑比作容器——一种容纳人的容器。所谓内容决定形式，表现在建筑中主要就是指：建筑功能，要求与之相适应的空间形式。那么，能不能说建筑的空间形式就是由建筑功能这一方面因素来决定的呢？也不能。诚然，建筑的空间形式首先必须满足功能要求，但除此之外它还要满足人们审美方面的要求，再深入一步地分析，工程结构、技术、材料等也会或多或少地影响到建筑空间的形式。因而，我们也不能武断地认为建筑的空间形式就是由功能这一方面因素所决定的。

但是有一点必须给予充分地肯定：即建筑空间形式必须适合于功能要求。这种关系实际上表现为功能对于空间形式的一种制约性，或者简单地讲：就是功能对空间的规定性。

这种规定性表现在单一空间形式中最明显，例如一个房间或厅堂，它完全可以和容器相类比：容器的功能就在于盛放物品，不同的物品要求不同形式的容器，物品对于容器的空间形式概括起来有三个方面的规定性：

一、量的规定性：即具有合适的大小和容量足以容纳物品；

二、形的规定性：即具有合适的形状以适应盛放物品的要求；

三、质的规定性：所围合的空间具有适当的条件（如温度、湿度等），以防止物品受到损害或变质。

如果把单一的空间——房间或厅堂——也看成是容器，尽管它所“盛放”的东西不是某个或某些具体的物，而是人或人们的活动，那么，它也必须具有以上三方面的规定性。

为了说明这种规定性在不同房间中的体现，这里不妨以供一户人居住的住宅单元为例来作分析：供一户人使用的住宅单元至少要包括供休息和生活起居用的居室；供烹调做饭用的厨房；供盥洗浴厕用的卫生间；供存放衣物用的贮藏间等。为了适应不同的使用要求，这些房间无论在大小、形状、朝向和门窗设置上都应当各有不同的特点和形式。

在所有这些房间中居室应当是最大者。这不仅是因为人的主要活动都集中在这里，而且要满足一家人的生活起居要求就必须在这里设置相应的家具，过小的空间显然满足不了功能的要求。厨房则可以小一些，例如只要能容纳下必要的锅台炉灶以及少数人在其中进行烹调活动就可以了。至于卫生间则可以更小一些，只要能容纳下必要的卫生设备即可满足使用要求。

以形状来讲，由于居室的使用要求比较复杂，它既要供人们休息、睡眠，又要供学习、会客，甚至还要兼作餐室，因而为了具有更大的灵活性，这类房间的形状是不宜过于狭长的。厨房则不然，由于功能比较单一，若烹调设备设置得巧妙，即使狭长一些也不会妨碍使用要求。

以门、窗的设置来讲，由于居室是人们活动的中心，因而门应当开得大一些以利于内外交通。另外，居室的开窗面积也应当大一些以利于获得充足的采光、通风条件。其它如厨房，由于仅供个别人活动，门和窗都可以相应地小一些，但也要能保证搬运燃料、炊具的方便和必要的通风、采光要求。至于卫生间的门和窗则可以更小，仅供一个人出入和最低限度的通风、采光要求即可满足要求。

再以朝向来讲,由于人的主要活动和大部分时间都是消磨在居室之中,因而必须保证或力争使居室具有良好的朝向,这样不仅冬暖夏凉,而且又能争取到适当的阳光照射以利于人的健康。至于其它房间,由于人在其中的活动时间有限,朝向的好坏则无多大的实际意义。

从以上的分析中可以看出：即使是功能最简单的住宅单元，各房间就有这么多的差别。这种差别正是功能的特点所赋予的，或者换句话说：就是功能对于空间的规定性的一种体现，其中，大小的差别是功能对于空间量的规定性的反映；形状的差别是功能对于空间形的规定性的反映；至于门窗设置和朝向要求的差别则涉及到交通、日照、采光、通风等条件的优劣，实际上是功能对于空间质的规定性的反映。

就单一空间——房间——而言，如果它所具有的空间形式在量、形、质等三个方面都能适合于功能要求，那么应当说这样的房间是适用的。住宅中的居室、厨房、卫生间是这样，其它类型的房间也不例外。

一、功能对于单一空间形式的规定性

房间是组成建筑最基本的单位。它通常是以单一空间的形式出现的，不同性质的房间，由于使用要求不同，必然具有不同的空间形式。为了搞清楚功能与空间形式之间的内在联系和制约关系，从以下几个方面作进一步探讨：

（一）功能对于空间大小和容量的规定性［图4］

功能对于空间的大小和容量要求理应按照体积来考虑，但在实际工作中为了方便起见，一般都是以平面面积作为设计的依据。设计工作一开始，首先要求确定房间面积。然而，以什么为标准呢？例如一幢简易的低标准住宅和另一幢豪华的高标准住宅，其居室的面积相差甚远，究竟怎样才算是符合居室的功能要求呢？为了满足起码的生活起居要求，或达到理想的舒适程度，其面积和空间容量应当有一个比较适当的下限和上限。我们所讲的功能对于空间在大小或容量方面的规定性，就是指不要超越这种限度。以我国当前的一般情况来看，一间居室，为保证基本使用要求，其面积大约在15～20m^2之间。

使用要求不同，面积就要随之变化。居室在住宅中属最大者，但与公共建筑用房相比，其空间容量是小的。以教室为例，一间教室要容纳一个班（50人）学生的教学活动，至少要安排50张桌椅，此外还必须保留适当的交通走道，这样的教室至少需要50m^2左右的面积，这就意味着要比居室大三倍左右。

再如影剧院中的观众厅，对空间容量的要求则更大。至于大到何种程度，则要看它拥有的观众席位，容纳观众的席位愈多，其面积和空间体量就愈大，如以每个席位占0.75m^2计算，一个拥有1000席位的观众厅其面积大约为750m^2，这个数字比教室大15倍，比居室则大50倍。

更大的厅堂，如容纳数千人、甚至万人的大会堂或体育馆比赛厅，其面积可能高达居室的500倍！

从以上比较中可以看出，不同性质的房间或厅堂，其空间容量相差竟如此悬殊！造成这种差别的原因是什么？是功能。可见，功能对于空间大小及容量的规定性在实践中表现得何等的鲜明！

（二）功能对于空间形状方面的规定性［图5］

在确定了空间的大小、容量之后，下一步就是确定空间的形状——是正方体、长方体抑或是圆形、三角形、扇形、乃至其它不规则形状的空间形式？当然，对于大多数房间来讲，多是采用长方体的空间形式，但即使是这样，也会因为长、宽、高三者的比例不同而有很大的出入。究竟应当取哪种比例关系？也只有根据功能使用特点才能作出合理的选择。

例如教室，如果定为50平方米，其平面尺寸可以是7m×7m，6m×8m，5m×10m，4m×12m，……，哪一种尺寸更适合于教室的功能特点呢？我们知道教室必须保证视、听效果，从这一点就可以对以上几种长、宽比不同的平面作出合理的选择。先分析7m×7m的平面：这种平面呈正方形，听的效果较好，但由于前排两侧的座位太偏，看黑板时有严重的反光。5m×10m的平面较狭长，虽然可以避免反光的干扰，但后排座位距黑板、讲台太远，对视、听效果均有影响。通过比较，在这两者之中取长补短，而取6m×8m的平面形式，则能较好地满足视、听两方面要求。

对于另外一些房间，其选择的标准将随着功能要求的不同而有所不同。如幼儿园活动室，其视、听的要求并不严格，而考虑到幼儿活动的灵活多样，即使平面接近于正方形，也不会损害功能要求。和这种情况相反，如果是会议室，则希望平面比例略长一点，因为这种空间形式更适合于长桌会议的功能要求。

影、剧院建筑的观众厅，虽然功能要求大体相似，但毕竟因为两者视、听的特点不尽相同，反映在空间形状上也各有特点：电影院偏长、剧院偏宽。此外，这两者出于严格、复杂的视线、音响要求，其平、剖面形状也远较一般的房间复杂，这些，都是出于功能的制约的结果。

再如体育馆的比赛厅，虽有视、听两方面要求，但听的要求不甚严格，加之看的要求又大不同于影、剧院的观众厅，这些功能条件的变化都直接地反映在它的空间形状上。

其他如天象厅、仪表控制室、手术室等，其功能对于空间形状的制约作用则体现得更加明显。

虽然上述各类房间都明显地表现出功能对于空间形状具有某种规定性，但是有许多房间由于功能特点对于空间形状并无严格的要求，这表明规定性和灵活性是并行而不悖的。不过即使对空间形状要求不甚严格的房间，为了求得使用上的尽善尽美，也总会有它最适宜的空间形状，从这种意义上讲，功能与空间的形状之间存在着某种内在的联系。

（三）功能对于空间质的规定性［图 8～9］

功能对于空间的规定性首先表现在量和形的两个方面，但仅有量和形的适应还不够，还要使空间在质的方面也具备与功能相适应的条件。所谓质的条件，最起码的要求就是能够避风雨、御寒暑；再进一步的要求则是具有必要的采光、通风、日照条件；少数特殊类型的房间还要求防尘、防震、恒温、恒湿等。避风雨、御寒暑几乎是一切房间都必须具备的起码条件，自不待言。少数特殊类型的房间要求防尘、防震、恒温、恒湿等条件，主要是通过一定的机械设备或特殊的构造方法来保证的，与空间形式的关系不甚密切，这里也无需详细讨论。对于一般的房间，所谓空间的质，就是指一定的采光、通风、日照条件。这个问题直接关系到开窗和朝向。不同的房间，由于功能要求不同，则要求有不同的朝向和不同的开窗处理。

开窗一是为了采光；二是为了通风。为了获得必要的采光和组织自然通风，可以按照功能特点、分别选择不同的开窗形式。开窗面积的大小主要取决于房间对于采光（亮度）的要求。例如阅览室对采光的要求就比较高，其开窗面积应占房间面积的 1/4～1/6。居室对于采光的要求比较低，开窗面积只要达到房间面积的 1/8～1/10 就可以满足要求。

开窗面积的大小有时会影响到开窗的形式。一般房间多开侧窗，采光要求低的，可以开高侧窗，要求高的则可开带形窗或角窗。有些特大的空间，即使沿一侧全部开窗也不能满足采光要求时，则可双面采光。某些单层工业厂房，由于跨度大而采光要求又高，即使沿两侧开窗也满足不了要求，于是除开侧窗外还必须开天窗。

还有少数房间如博物馆、美术馆中的陈列室，由于对采光的质量要求特别高，为了使光线均匀柔和又不致产生反光、眩光等现象，则必须考虑采用特殊形式的开窗处理。

开窗的另一个作用是组织自然通风，一般凡是能够满足采光要求的窗，通常都可以满足通风要求。至于工业建筑中的某些生产用房，由于通风的要求较高，为此，窗的设置还可以把采光和通风问题结合在一起来考虑。

和开窗相联系的是房间的朝向。窗开向好的朝向往往可以利用某些有利的自然条件来增进人们的健康；窗开向不好的朝向则可能招至某些不利自然条件的危害，这些虽不涉及到空间形式的本身，却直接地影响到空间质的优劣。

所谓自然条件首先就是指日照。适当的阳光照射会增进健康，冬季阳光还会给人们带来温暖。但是在夏季，烈日的曝晒又会使人感到炎热难耐，过于强烈的阳光还会有损于某些物品的保存。总之，阳光对人们是既有利、又有害。我们既要充分利用它有利的一面；又要避开它有害的一面，房间朝向的选择正是根据这种原则行事的。

不同性质的房间，由于使用要求不同，有的必须争取较多的日照条件，有的则应尽量避免阳光的直接照射。例如居室、托幼建筑的活动室、教室、疗养院建筑的病房……等，为了促进健康，应当力争有良好的日照条件；另外如博物馆建筑的陈列室、绘画室、雕塑室、化学实验室、书库、精密仪表室……等，为了使光线柔和均匀或出于保护物品免受损害、变质等考虑，则尽量避免阳光的直接照射。具体到我国，由于所处的地理位置特点，上述两类中的前一类房间应当争取朝南，而后一类房间则最好朝北。

就房间的功能要求来讲，还有开门的问题。不同的房间，由于使用情况不同，对开门的要求也不同。一个房间要开多大的门？开几个门？在什么位置上开门？开什么形式的门？这些都因功能不同而异。一般民用建筑用房的门，其大小、宽窄、高度主要取决于人的尺度、家具设备的尺寸以及人流活动的情况。工业建筑车间，为适应生产要求，仅仅按照人的尺度和人流的情况来决定门的大小和形式就不够了，还必须依生产工艺的要求考虑到车的出入和运输情况。

门的数量主要取决于房间的容量和人流活动特点，容量愈大、人流活动愈频繁、愈集中、门的数量则愈多。至于开门的位置，则应视房间内部的使用情况以及它与其它房间的关系而定，有的适合于集中，有的适合于分散。

以上是从一个房间的角度来分析功能与空间的关系，这就是说它所涉及的仅仅是单一空间的形式问题。我们知道：房间是组成建筑最基本的单位，如果不能保证房间的功能合理性，那么整个建筑的适用性便是一句空话。

就一个房间来讲要达到功能合理就必须做到：具有合适的大小、合适的形状、合适的门窗设备以及合适的朝向、一句话：就是合适的空间形式。

也许有人会问：空间的大小和形状是属于形式的范畴，至于朝向和开窗怎么能当作空间形式来看待呢？诚然，空间的大小和形状是从形的方面来保证功能的合理性的；而朝向和开窗则主要是从质的方面来保证空间功能的合理性的，“质”有时会影响到“形”，特别是从人的感觉来讲，这两者更是不能截然分开的。例如两个房间的大小和形状完全相同，但一个阳光充沛、开敞通透；另一个则阴暗闭塞、不见天日，试问：能把这两个房间看成是具有相同的空间形式吗？当然不能！明和暗本身就是一种形式。特别是对于建筑空间来讲，不仅不能把门窗的设置排除在形式的范畴之外，就连形成空间的天花，地面、墙面上的任何处理（包括色彩、质感）都应当理解成为空间形式的范畴。

二、功能对于多空间组合形式的规定性

然而，仅仅使每一个房间分别适合于各自的功能要求，还不能保证整个建筑的功能合

理性。这是因为除了极个别的建筑外，绝大多数建筑都是由几个、几十个、甚至几百个乃至上千个房间组合而成的。人们在使用建筑的时候，不可能把自己的活动仅仅限制在一个房间的范围之内而不牵连到别的房间。相反，房间与房间之间从功能上讲都不是彼此孤立的，而是互相联系的，为此，还必须处理好房间与房间之间的关系问题。只有按照功能联系把所有的房间有机地组合在一起而形成一幢完整的建筑时，才能够说整个建筑的功能是合理的。这个问题也是一个功能与空间形式的关系问题，不过它却超出了单一空间的范围而表现为多空间的组合。建筑物的功能要求对于多空间的组合也具有某种规定性，这主要表现为：必须根据建筑物的功能联系特点来选择与之相适应的空间组合形式。

在一般情况下，集中于一幢建筑物之内的各个房间的性质和功能或多或少总会有一些联系，房间之间的功能联系将直接地影响到整个建筑的布局。在组织空间时要综合、全面地考虑各房间之间的功能联系，并把所有的房间都安排在最适宜的位置上而使之各得其所，这样才会有合理的布局。

此外，还要善于根据功能特点来选择合适的空间组合形式。什么是“空间组合形式”？空间组合形式就是指若干空间是以什么方式衔接在一起的。在建筑设计实践中，空间组合形式是千变万化的，初看起来似乎很难按模式化的方法把它们分成为若干种类型。但是不论这种变化是何等地复杂，它终究要反映不同功能联系的特点，基于这一点，我们可以从千变万化、错综复杂的现象中概括出若干种具有典型意义的空间组合形式。

（一）用一条专供交通联系用的狭长的空间——走道来连接各使用空间的空间组合形式［图 11～14］

这种空间组合形式一般称为走道式。它的主要特点是：各使用空间之间没有直接的连通关系，而是借走道来联系。这种组合形式由于把使用空间和交通联系空间明确地分开，因而既可以保证各使用空间的安静和不受干扰，同时又能通过走道把各使用空间连成一体，从而使它们之间保持着必要的功能联系。另外，由于走道可长可短，因而用它来连接的房间可多可少。从它所具备的这些主要特点来看，适合于单身宿舍、办公楼、学校、医院、疗养院等建筑的功能联系特点。因而这些建筑多采用走道式的空间组合形式。

（二）各使用空间围绕着楼梯来布置的空间组合形式［图 15］

这种空间组合形式是以一种垂直交通联系空间来连接各使用空间的。这种空间组合形式一般称之为单元式。由于楼梯比走道集中、周界短，因而它所连接的使用空间必然是既少又小。由于这一特点使得单元式空间组合形式具有规模小、平面积中紧凑和各使用空间互不干扰等优点。不言而喻，这种空间组合形式非常适合于人流活动简单而又必须保证绝对安静的住宅建筑的功能要求。此外，还有少数托幼建筑也可采用这种类型的空间组合形式。

（三）以广厅直接连接各使用空间的空间组合形式［图 16］

通过广厅——一种专供人流集散和交通联系用的空间——也可以把各主要使用空间连接成一体。这种组合形式一般以广厅为中心，各使用空间呈辐射状态与广厅直接连通，从而使广厅成为大量人流集散的中心，通过这个中心既可以把人流分散到各主要使用空间，又可以把各主要使用空间的人流汇集于此，这样，广厅便十分自然地成为整个建筑物的交通联系中枢。一幢建筑视其规模大小和功能要求可以设一个或几个这样的交通中枢，其中可以有主有从，主要的中枢即是中央广厅，通常与主要入口结合在一起，起着总人流的分配作用；次要中枢即是过厅，起着人流再分配的作用。

由于广厅集中地担负着人流分配和交通联系的任务，从而大大地减轻了人流对使用空间的干扰。在一般情况下，如果只设一个中央广厅，甚至还可以保证各使用空间不被穿行。另外，人们从广厅可以任意进入任何一个使用空间而不致影响其它使用空间，这就增加了使用和管理上的灵活性。

由于广厅式空间组合形式具有以上一些特点，所以它一般适合于人流比较集中、交通联系频繁的公共建筑如展览馆、火车站和图书馆等。

例如一般的中小型展览馆，可以由一个中央广厅直接连接着三或四个袋形的展览厅，这种组合的优点是：每一个展厅可以不被穿行；观众既可以逐一地进入所有展厅，又可以根据自己的愿望有选择地进入任何一个展厅。

又如火车站建筑，它的广厅一般必须连接售票厅、行包托运厅和各候车厅等公共活动空间，通过广厅旅客可以直接地进入任意一个公共活动大厅。

图书馆建筑的空间组合特点是以目录、出纳厅为中心并通过它分别与门厅、书库以及各主要阅览室保持直接或密切的联系。目录、出纳室正象上述的广厅一样，不仅是连接各主要使用空间的中心，而且又是人流交通的枢纽。

以上是从流线的方面来举例说明广厅式空间组合的特点，但这并不意味着这三类建筑仅适于采用这种类型的空间组合形式，虽然说功能对于空间组合形式具有某种制约关系和规定性，但在具体处理上却又有很大的灵活性。

（四）使用空间互相穿套、直接连通的空间组合形式［图 18～20］

这种空间组合形式通常称之为套间式。前面所介绍的三种空间组合形式，尽管各有特点，但都是把使用空间和交通联系空间明确地分开。套间式的空间组合形式则是把各使用空间直接地衔接在一起而形成整体，这样就不存在专供交通联系用的空间了。在套间式的组合中，为适应不同人流活动的特点，又可分为以下三种不同的组合形式：

1. 串联式的组合形式　各使用空间按一定顺序一个接一个地互相串通，首尾相连，从而连接成为整体（在一般情况下构成一个循环）。这种空间组合形式的各使用空间直接连通，不仅关系紧密并且具有明确的程序和连续性，因而它通常适合于博物馆、陈列馆建筑的功能要求。

2. 在一个完整的大空间内自由灵活地分隔空间　这种空间形式打破了传统的“组合”概念　它不是把若干个独立的空间通过某种方式或媒介连接在一起而形成整体，而是把一个大空间分隔成为若干个部分，这些部分虽然有所区分，但又互相穿插贯通，彼此之间没有明确、肯定的界线，从而就失去了各自的独立性。

这种空间形式是西方近现代建筑的产物，它的主要特点是打破了古典建筑空间组合的机械性，而为创造高度灵活、复杂的空间形式开辟了可能性。

3. 在一个大空间内沿柱网对空间进行分隔　在设有柱子的大空间内，沿柱网把空间分隔成为若干部分，这也是套间式空间组合的一种形式。由于把交通联系空间与使用空间合而为一，使得被分隔的空间直接连通、关系紧密，加之柱网的排列整齐化一，这些将有利于交通运输路线的组织，为此，这种空间形式适合于生产性建筑的工艺流程，一般的工业厂房多取这种空间形式。此外，某些商业建筑、如大型百货公司也适合于采用这种形式的空间。

套间式空间组合形式是资本主义近现代建筑十分推崇的空间形式，但限于功能要求，有相当多的房间如居室、教室、病房等依然不适合于采用这种空间形式，从这里也可看出功能对于空间形式的规定性。

（五）以大空间为中心、四周环绕小空间的空间组合形式［图 21］

以体量巨大的主体空间为中心，其它附属或辅助空间环绕着它的四周布置。这种空间组合形式的特点是：主体空间十分突出、主从关系异常分明，另外，由于辅助空间都直接地依附于主体空间，因而与主体空间的关系极为紧密。由于这些特点，一般电影院建筑、剧院建筑、体育馆建筑都适合于采用这种空间组合形式。此外，某些菜市场、商场、火车站、航空站等建筑也可以采用这种类型的空间。

以上从功能对于空间形式的规定性的角度，阐明不同性质的建筑，由于功能特点不同、人流活动情况不同，必然要求与之相适应的空间组合形式，也就是建筑的空间组合形式必须适合于建筑的功能要求。事实上，由于建筑功能的多样性和复杂性，除少数建筑由于功能比较单一而只需要采用一种类型的空间组合形式外，绝大多数建筑都必须综合地采用两种、三种或更多种类型的空间组合形式，只不过以某一种类型为主而已。例如旅馆建筑，它的客房部分无疑适合于采用走道式的空间组合形式，但公共活动部分则适合于采用套间式或广厅式的空间组合形式。

还有一些建筑，不仅综合地运用好几种空间组合形式，而且根本分不出哪一种为主，哪一种为辅。例如俱乐部建筑就是属于这种类型的建筑。

在一般情况下，一幢建筑的主体部分空间组合形式和房间位置的安排，基本上都是根据该建筑的主要人流路线所决定的。有些建筑，主要人流路线只是各种流线中的一种，这时，主要人流路线虽然可以左右建筑物主体部分的空间组合形式，却不能决定整个建筑物的空间组合形式，这往往也是一幢建筑必须综合采用几种类型空间组合形式的原因。

在这一章中主要分析了两个问题：一是房间（厅堂）的功能要求对于单一空间形式的规定性；二是建筑物的功能要求对于多空间组合形式的规定性。这两者相比，后一种规定性可能更灵活一点。所谓灵活就是指限定的范围较宽广，有较大的活动余地。

在建筑设计的实践中，既要尊重功能对于空间形式的规定性，也要充分地利用它的灵活性。无视规定性而随心所欲地杜撰形式必然会犯形式主义的错误；反之，过分地拘泥于规定性也可能会使建筑形式缺少变化而流于千篇一律。只有把规定性和灵活性辩证地统一起来，才能使我们的创作既适用经济、又具有生动活泼的形式。

规定性和灵活性之间的界线是很难具体划分的，不过笼统地讲它往往取决于主、客观两方面的因素。属于客观方面的因素是建筑物功能本身的特点。例如某些工业建筑，由于生产工艺流程十分严格，往往会把空间形式限定在一个极其有限的范围之内，而很少有灵活的余地。某些公共建筑则不然，它的功能要求较灵活，可以允许空间形式有多种多样的变化，而并不限定必须采用某种形式的空间。两者相比，后一种显然要灵活得多。属于主观方面的因素主要取决于设计者的想象力和技巧的熟练程度。例如在对待同一功能要求的情况下，有的人路子窄，有的人路子宽，有的人甚至可以打破常规别开生面地提出解决问题的办法，这表明由于人的主观因素而可以突破规定性、扩大灵活性。当然，我们说人的主观因素并不是指什么天才、灵感，而是指人的主观能动性。在设计过程中既要尊重客观条件的约束性，又要充分发挥人的主观能动作用，只有这样才能正确地处理好规定性和灵活性的关系。

第三章　空间与结构

建筑空间，都是人们凭借着一定的物质材料从自然空间中围隔出来的，但一经围隔之后，这种空间就改变了性质——由原来的自然空间而变为人造空间。人们围隔空间主要服务于两重目的：其一，也是最根本的，是为了满足一定的功能使用要求；其二，还要满足一定的审美要求。就前一种要求而言，就是要符合于功能的规定性。具体地讲所围隔的空间必须具有确定的量（大小、容量）、确定的形（形状）和确定的质（能避风雨、御寒暑、具有适当的采光通风条件）；就后一种要求而言，则是要使这种围隔符合于美的法则——具有统一和谐而又富有变化的形式或艺术表现力。

围隔空间是达到上述双重目的所采用的手段。为了经济有效地达到目的，人们还必须充分地发挥出材料的力学性能；巧妙地把这些材料组合在一起并使之具有合理的荷载传递方式；使整体和各个部分都具备一定的刚性并符合于静力平衡条件。

如果把符合于功能要求的空间称之为适用空间；把符合于审美要求的空间称之为视觉或意境空间；把按照材料性能和力学的规律性而围合起来的空间称之为结构空间，这三者由于形成的根据不同，各自所受到的制约条件不同，各自所遵循的法则不同，因而它们并不天然就是吻合一致的。可是在建筑中这三者却是一身而三任并合而为一的，这就要求建筑师必须把这三者有机地统一为一体。

在古代，功能、美、结构三者之间的矛盾并不突出。当时的建筑师既是艺术家又是工程师，他们在创作的最初阶段几乎就把这三方面的问题都同时地、综合地加以考虑，反映在作品中三者的关系完全熔铸在一起。可是到了近代情况就不同了，由于科学技术的进步和发展，工程结构已经形成为一门独立的科学体系，并从建筑学中分离了出来从而形成为相对独立的专业。和古代建筑师不同，现代的建筑师必须和结构工程师相配合才能最终地确定设计方案，于是正确地处理好上述三者的关系就显得更为重要了。

工程结构，作为一种手段虽然同时服务于功能和审美这双重目的，但是就互相之间的制约关系而言，它和功能的关系显然要紧密得多。任何一种结构形式都不是凭空出现的，它都是为了适应一定的功能要求而被人们创造出来的，只有当它所围合的空间形式能够适应某种特定的功能要求，它才有存在的价值。随着功能的发展和变化，它自身也不断地趋于成熟，从而更好地适应于功能的要求。任何一种结构形式，一但失去了功能价值便失去了存在的意义，这样的结构形式将必然被淘汰。

功能要求是多种多样的，不同的功能要求都需要有相应的结构方法来提供与功能相适应的空间形式。例如为适应蜂房式的空间组合形式，可以采用内隔墙承重的梁板式结构；为适应灵活划分空间的要求，可以采用框架承重的结构；为求得巨大的室内空间，则必须采用大跨度结构。每一种结构形式由于受力情况不同；构件组成方法不同，所形成的空间形式必然是既有其特点又有其局限性。如果用得其所，将可以避开它的局限性而使之最大限度地适合于功能的要求。为了做到这一点，从设计一开始就应当把满足功能要求和保证结构的科学性结合在一起而一并地加以研究。

然而，仅仅做到这一点还不够。我们不应忘记结构还要服务的另外一重目的——满足精神和审美方面的要求。与功能相比，虽然这方面的要求居于从属地位，但是这个问题却不是可有可无的。古代的建筑师在创造结构时从来就是把满足功能要求和满足审美要求联系在一起考虑的。例如古代罗马建筑所采用的拱券和穹窿结构，不仅覆盖了巨大的空间从而成功地建造了规模巨大的浴场、法庭、斗兽场以适应当时社会的要求，而且还凭借着它创造出光彩夺目的艺术形象。高直建筑也是这样，它所采用的尖拱拱肋和飞扶壁结构体系，既满足了教堂建筑的功能要求，又极为成功地发挥了建筑艺术的巨大感染力。

不同的结构形式不仅能适应不同的功能要求，而且也各自具有其独特的表现力。如果说西方古典建筑所采用的砖石结构，一般都具有敦实厚重的感觉，那么我国传统建筑所采用的木构架，则易于获得轻巧、空灵、通透的效果。如果说罗马的拱券、穹窿结构有助于表现宏伟、博大、庄严的气氛，那么高直的尖拱和飞扶壁结构体系，则有助于造成一种高耸、空灵和令人神往的神秘气氛。

近代科学技术的伟大成就为我们提供的手段，不仅对于满足功能要求要经济、有效并强有力得多，而且其艺术表现力也为我们提供了极其宽广的可能性。巧妙地利用这种可能性必将能创造出丰富多采的建筑艺术形象。基于这一点，有的建筑师认为：“每一个时代都是用它当代的技术来创作自己的建筑的。但是没有任何一个时代拥有过像我们现在在处理建筑上所拥有的这样神奇的技术”❶。面对这种情况，我们应当怎样对待现代技术？毫无疑问，我们应当利用它、驾驭它，力求扩大它的表现力并使之为建筑创作服务。只有这样，才不愧于时代赋予我们这一代建筑师的职责。

在建筑领域中，所谓现代技术所包括的内容是相当广泛的，但是结构在其中却占据着特别突出的地位。这不仅是由于它在实现对于自然空间围隔中起着决定性的作用，而且还因为它直接地关系到空间的量、形、质等三个方面。为此，在这一章中将系统地来讨论空间与结构的关系问题。

一、以墙和柱承重的梁板结构体系［图26～31］

以墙和柱承重的梁板结构体系，是一种既古老又年青的结构体系，说它古老是指它具有悠久的历史，早在公元前两千多年的埃及建筑中就已经广泛地采用了这种结构体系；说它年青则是指直到今天人们还利用它来建造建筑。

这种结构体系主要由两类基本构件共同组合而形成空间的。一类构件是墙柱：另一类构件是梁板。前者是形成空间的垂直面；后者是形成空间的水平面。墙和柱所承受的是垂直的压力；梁和板所承受的是弯曲力。古埃及、西业建筑所采用的石梁板、石墙柱结构；古希腊建筑所采用的木梁、石墙柱结构；近代各种形式的混合结构、大型板材结构、箱形结构等。凡是利用墙、柱来承担梁、板荷重的一切结构形式都可以归纳在这种结构体系的范围之内。

这种结构体系的最大特点是：墙体本身既要起到围隔空间的作用，同时又要承担屋面

❶ “功能·结构与美”埃罗·萨里宁《建筑师》第七期。

的荷重，把围护结构和承重结构这两重任务合并在一起，一身而二任。

古代埃及、西亚建筑所采用的结构方法，可以说是一种最原始的石梁柱（墙）结构。我们知道天然石料不仅自重大而且又不可能跨越较大的空间，因而用石梁板当作屋顶结构，并用墙作为它的支承，势必只能形成一条狭长的空间，这反映在平面上必然会有两条互相平行而又靠得很近的墙。这种结构方法的局限性十分明显，古埃及、西亚建筑正是由于受到这种结构的限制，因而不可能获得较大的室内空间。

古埃及的神庙建筑，由于祭祀活动的公共性，显然要求有宽大的室内空间，而用墙来支承屋顶结构则不可能获得这样的空间，面对这种情况只好用石柱来支托屋顶结构。采用这种方法虽然可以扩大室内空间，但是终究由于石梁板的跨度有限，加之石柱本身又十分粗大，结果仍然是柱子林立，而使内部空间局促拥塞。

古希腊神庙的屋顶结构，由于用木梁代替石梁，从而使正殿部分的空间有所扩大，这是因为木材本身的自重较轻而且又适合于承受弯曲力，以它来作梁显然要比石梁可以跨越更大的空间。与埃及神庙相比，希腊神庙显然要开敞、明快一些，这固然取决于人的主观意图，但也和各自所采用的结构方法有着一定的联系。

自木梁问世以来，经过了几千年，直到现在人们还在使用它，尽管人们对它的力学性能有了比较深刻的认识，但是就结构形式本身来讲，并没有明显的变化和发展。例如迄今仍然使用的硬山架檩结构和古代希腊对于木梁的应用并没有什么原则的差别，都没有能够充分地发挥出材料的潜力。

近代钢筋混凝土梁板，是由两种材料组合在一起而共同工作的，由于较充分地发挥了混凝土的抗压能力和钢筋的抗拉能力，因而是一种比较理想的抗弯构件。和天然的石料、木材不同，钢筋混凝土梁板可以不受长度的限制而做成多跨连续形式的整体构件，这样就可以使弯矩分布比较均匀，从而能够较有效地发挥出材料的潜力。

尽管多跨连续的钢筋混凝梁板具有整体性强和较好的经济效果，但是这种梁板必须在现场浇制，这不仅需要大量的模板，而且施工速度慢。为此，当前我国多采用预制钢筋混凝土构件。

有些建筑，由于功能要求有较大的室内空间，为此就需要用梁柱体系来代替内隔墙而承受楼板所传递的荷重，从而形成外墙内柱承重的结构形式。

以墙或柱承重的梁板结构形式虽然历史悠久，但终究因为不能自由灵活地来分隔空间而具有明显的局限性。这些，都极大地限制了组合的灵活性，致使某些功能要求比较复杂的建筑，不能采用这种结构形式。

为了提高劳动生产率和加快施工速度，近年来又出现了大型板材结构和箱形结构。这种结构的优越性首先表现在生产的工厂化，其次，由于可以采用机械化的施工方法，还可以大大地加快施工速度。这两种结构形式尽管具有一定的优点，但是由于把承重结构和围护结构合而为一，特别是由于构件模度加大，因而使空间的组合极不灵活，也不可能获得较大的室内空间，所以这两种结构形式的运用范围也是很有局限的，一般仅适用于功能要求比较确定、房间组成比较简单的住宅建筑。

二、框架结构体系［图 32～42］

框架结构也是一种古老的结构形式，它的历史一直可以追溯到原始社会。当原始人类由穴居而转入地面居住时，就逐渐学会了用树干、树枝、兽皮等材料搭成类似于后来北美印地安人式的帐篷，这实际上就是一种原始形式的框架结构。

框架结构的最大特点是把承重的骨架和用来围护或分隔空间的帘幕式的墙面明确地分开，这可能是因为人们在长期的实践中逐渐地认识到有的材料虽然具有良好的力学性能，但却不适宜于用来防风避雨，而另一些材料却正好具有这方面的特长，因而分别选用前一种材料当作承重的骨架，然后再用后一种材料覆盖在骨架上，从而形成一个可供人们栖息的空间。

典型的印第安人式帐篷的骨架是由许多根树干或树枝做成的，树干的下端插入地下，上端集束在一起，四周覆以兽皮、树皮或人工编织的席子，这样就形成了一个圆椎形的空间。这种原始形式的帐篷结构极其简单、内部空间狭小局促，人在其中生活会受到很大的局限。

在欧洲逐渐发展起来的半木结构（half—timber），是一种露明的木框架结构。由于构件之间的结构技巧日趋完善，从而可以形成高达数层、并具有相当稳定性的整体木框架结构。这种结构不仅具有规则的平面形状，而且使立柱、横梁、屋顶结构、斜撑等不同构件明确地区分开来，各自担负着不同的功能，同时又互相连接成为一个整体。另外，按照建筑物的规模，这种结构可以分成若干个开间，每一开间之间设置立柱，门窗等开口可以安放在两根相邻的立柱之间，内部空间随着开间的划分可作灵活的分隔。由于具有上述优点，欧洲的许多国家，特别是英国，曾广泛地以这种结构方法来建造住宅建筑。

半木结构虽然具有很多优点，但是由于木框架与填充墙之间不可能结合得十分严密，因而它只流行于气候比较温暖的中欧地带。以后，随着英国殖民主义的发展，这种半木结构被带到北美洲，可能由于存在上述缺点，这种露明的框架就逐渐地被覆盖起来，从而形成为一种殖民地式的建筑风格。

我国古代建筑所运用的木构架也是一种框架结构，它具有悠久的历史，据估计这种梁架系统的结构早在公元前二世纪至公元二世纪的汉代就已经趋于成熟。由于梁架承担着屋顶的全部荷重，而墙仅起围护空间的作用，因而可以做到“墙倒屋不塌”。我国传统木构架构件用榫卯连接，匠师们在长期实践中创造了各种形式的榫卯，并且加工制作十分精密、严谨，从而使整个建筑具有良好的稳定性。

我国古典建筑之所以具有十分独特的形式和风格，这固然和我国古代社会的生活方式、民族文化传统、地理气候条件有着不可分割的联系，但是采用木构架的结构方法对于形式的影响也是一个不容忽视的重要因素。

除木材外，用砖石也可以砌筑成为框架结构的形式。13～15 世纪在欧洲风行一时的高直式建筑所采用的正是一种砖石框架结构。高直式教堂所采用的尖拱拱肋结构，无论从形式或受力状况上看都不同于罗马时代的筒形拱或穹窿。它的最大特点是把拱面上的荷重分别集中在若干根拱肋上，再通过这些交叉的拱肋把重力汇集于拱的矩形平面的四角，这样就可以通过极细的柱墩把重力传递给地面。高直式教堂就是以重复运用这种形式的基本空间单元而形成宏大的室内空间的。在这种结构体系中，为了克服拱肋的水平推力，又分别在建筑物的两侧设置宽大的飞扶壁，这既满足了结构的要求，又使建筑物的外观显得更加雄伟、高耸、空灵。由于这种结构体系把屋顶荷重及水平推力分别集中在柱墩和飞扶壁上，反映在平面上则是既无内墙也无外墙，所剩下的仅仅是整齐排列着的柱网和飞扶壁的纵向墙垛，这种平面具有一切框架结构的特点。此外，为分隔室内外空间，还在相邻的拱架间镶嵌大面积的花棂窗，这将会给室内空间造成一种极其神秘的宗教气氛。

尽管运用砖石框架也可以建造出像高直教堂那样高大、雄伟的建筑，但是这种结构有整体的刚性很差的弱点。而这一点对于框架结构来讲则是至关重要的。正是由于这一点也有人反对把它当作框架结构来看待。由此可见，结构形式和材料的力学性能之间存在一个适应与否的问题。在近代钢筋混凝土框架结构中，这个问题反映的更为突出。

钢筋混凝土不仅强度高、防水性能好，既能抗压又能抗拉，而且特别由于它可以整体浇筑，所有的构件之间都可以按刚性结合来考虑，这种材料可以说是一种理想的框架结构材料。

除钢筋混凝土外，钢材也是一种比较理想的框架结构材料。与钢筋混凝土相比，钢材还具有自重轻和便于连接等优点，但钢材的防火性能差，用钢材做框架还必须用不易燃的材料把它包裹起来，这也会给设计带来许多麻烦。目前世界各国情况不同，有的主张用钢框架，有的则主张用钢筋混凝土框架。就我国的情况下讲，由于钢的产量不足、成本较高，一般均采用钢筋混凝土框架。

钢筋混凝土框架结构的荷重分别由板传递给梁，再由梁传递给柱，因此，它的重力传递分别集中在若干个点上。基于这一点，可以认为框架结构本身并不形成任何空间，而只为形成空间提供一个骨架，这样就可以根据建筑物的功能或美观要求自由灵活地分隔空间。作为承重结构的框架不起任何围护空间的作用；而围护结构的内外墙不起任何承重结构的作用，两者分工明确。这样，外墙仅起保温、隔热作用，内墙仅起隔声和遮挡视线作用，只要能够满足这些要求，则可以选用最轻、最薄的材料来做内墙或外墙，特别是外墙，通常可以采用大面积的玻璃幕墙来取代厚重的实墙，这样就可以极大地减轻结构的重量。

钢和钢筋混凝土框架结构问世之后，对于建筑的发展起了很大的推动作用。如果说西方古典建筑的辉煌成就是建立在砖石结构的基础之上，中国古典建筑的辉煌成就是建立在木构架的基础之上，那么西方近现代建筑的巨大成就，在很大程度上则是建立在钢或钢筋混凝土框架结构的基础之上。法国著名建筑师勒·柯布西耶早在本世纪初就已经预见到这种结构的出现可能会给建筑发展带来巨大而深刻的影响。他所提出的新建筑五点建议：1. 立柱、底层透空；2. 平顶、屋顶花园；3. 骨架结构使内部布局灵活；4. 骨架结构使外形设计自由；5. 水平的带形窗。深刻地揭示出近代框架结构给予建筑创作所开拓的新的可能性。回顾半个多世纪以来建筑发展的实践活动，充分证明了他的预见是正确的。

近代框架结构的应用，不仅改变了传统的设计方法，甚至还改变了人们传统的审美观念。采用砖石结构的古典建筑，愈是底层荷重愈大，墙也愈实愈厚，由此形成了一条关于稳定的观念——上轻下重、上小下大、上虚下实。并认为如果违反了这些原则就会使人产生不愉快的感觉，古典建筑立面处理按照台基、墙身、檐部三段论的模式来划分，正是这些原则的反映。采用框架结构的近现代建筑，由于荷重全部集中在立柱上，底层无须设置厚实的墙壁，而仅仅依靠立柱就可以支托建筑物的全部荷重，因而它可以根本无视这些原则，甚至还可以把这些原则颠倒过来——采用底层透空的处理手法，使建筑物的外形呈上大下小或上实下虚的形式。

另外，用砖石结构形成的空间，最合逻辑的形式就是由六面体组成的空间——由四面直立的墙支托着顶盖。建立在砖石结构基础上的西方古典建筑正是以这种方式来形成空间的，因而可以说：六面体空间形式所反映的正是典型的传统的空间观念。采用框架结构的近现代建筑，由于荷重的传递完全集中在立柱上，这就为内部空间的自由灵活分隔创造了十分有利的条件，现代西方建筑正是利用这一有利条件，打破了传统六面体空间观念的束缚，以各种方法对空间进行灵活的分隔，不仅适应了复杂多变的近代功能要求，同时还极大地丰富了空间的变化，所谓“流动空间”正是对于传统空间观念的一种突破。

其它如开门、开窗，立面处理等也都因为框架结构的应用而产生极为深刻的变化，这些都在不同程度上改变了传统的审美观念。

三、大跨度结构体系［图 43～58］

从迄今还保存着的古希腊宏大的露天剧场遗迹来看，人类大约在两千多年以前，就有扩大室内空间的要求。如果把古代西亚建筑中已经出现的叠涩穹窿也看成是这种要求的一种反映，那么时间还可以向前推移大约一千年。古代建筑室内空间的扩大是和拱形结构的演变发展紧密联系着的，从建筑历史发展的观点来看，一切拱形结构——包括各种形式的券、筒形拱、交叉拱、穹窿——的变化和发展，都可以说是人类为了谋求更大室内空间的产物。

从梁到三角券（又称倚石券）可以说是拱形结构漫长发展过程的开始，尽管这种券还保留着很多梁的特征，但是它毕竟向拱形结构迈出了第一步。只是当出现了由楔形石块砌成的放射券之后，才正式标志着拱形结构已经发展成为一种独立的结构体系。拱形结构和梁板结构最根本的区别在于这两者受力的情况不同：梁板结构所承受的是弯曲力；拱形结构所承受的主要是轴向的压力。在以天然石料作结构材料的古代，以石为梁不可能跨越较大的空间。拱形结构则不然，由于它不需要用整块石料来制作，而且基本上又不承受弯曲力，因而，用小块的石料不仅可以砌成很大的拱形结构，并且还可以跨越相当大的空间。

拱形结构在承受荷重后除产生重力外还要产生横向的推力，为保持稳定，这种结构必须要有坚实、宽厚的支座。例如以筒形拱来形成空间，反映在平面上必须有两条互相平行的厚实的侧墙，拱的跨度愈大，支承它的墙则愈厚。很明显，这必然会影响空间组合的灵活性。为了克服这种局限，在长期的实践中人们又在单向筒形拱的基础上，创造出一种双向交叉的筒形拱。这种拱承受荷载后重力和水平推力集中于拱的四角，与单向筒形拱相比前者的灵活性要大得多，罗马时代许多著名的建筑如卡瑞卡拉浴场就是用这种形式的拱来形成宏大而又富有变化的室内空间的。

穹窿结构也是一种古老的大跨度结构形式，早在公元前 14 世纪建造的阿托雷斯宝库所运用的就是一个直径为 14.5m 的叠涩穹窿。到了罗马时代，半球形的穹窿结构已被广泛地运用于各种类型的建筑，其中最著名的要算潘泰翁神庙。神殿的直径为 43.3m，其上部覆盖的是一个由混凝土所做成的穹窿结构。

早期半球形穹窿结构的重力是沿球面四周向下传递的。这种穹窿只适合于圆形平面的建筑。随着技术的进步和建造经验不断的积累，不仅结构的厚度逐渐减薄，而且形式上也不限于必须是一个半球体，可以允许沿半球四周切去若干部分，而使球面上的荷重先传递给四周弓形的拱上，然而再通过角部的柱墩把重力传递至地面。这种形式的穹窿不仅适合于正方形平面，而且还允许把四周处理成为透空的形式，这就给平面布局和空间组合创造了很大的灵活性。公元六世纪，穹窿结构又有一个很大的发展：在某些拜占庭建筑中出现了一种以穹窿结构覆盖方形平面的空间、而用帆拱（pendentive）作为过渡的方法，于是结构的跨度又可以进一步地增大。著名的圣索菲亚大教堂就是采用这种形式的穹窿结构。

在大跨度结构中，结构的支承点愈分散，对于平面布局和空间组合的约束性就愈强；反之，结构的支承点愈集中，其灵活性就愈大。从罗马时代的筒形拱演变成为高直式的尖拱拱肋结构；从半球形的穹窿结构发展成带有帆拱的穹窿结构，都表明由于支承点的相对集中而给空间组合带来极大的灵活性。

古典建筑形式发展到文艺复兴时期已经达到了最高潮，自此之后随着社会生产力的发展某些金属材料如铸铁已开始在建筑中运用。特别是到了近代，由于铸铁、钢等金属材料在建筑中大量应用，于是就出现了一些新的金属大跨度结构——由铸铁或钢制成的拱或穹窿结构。由于金属是一种高强度的建筑材料，用它来做拱或穹窿不仅跨度大而且建筑外形轻巧，但却与传统的风格格格不入。这个时期出现的一些金属拱或穹窿建筑处理上尽管还欠成熟，但是却具有强大的生命力，它预示着建筑技术必将面临一场新的革命，并宣告古典建筑形式的终结。

桁架也是一种大跨度结构。在古代，虽然也有用木材做成各种形式的构架作为屋顶结构的，但是符合于力学原理的新型桁架的出现却是近代的事。桁架结构的最大特点是：把整体受弯转化为局部构件的受压或受拉，从而有效地发挥出材料的潜力并增大结构的跨度。

桁架结构虽然可以跨越较大的空间，但是由于它本身具有一定的高度，而且上弦一般又呈两坡或曲线的形式，所以只适合于当作屋顶结构。

在平面力系结构中，除桁架外还有刚架和拱也是近代建筑所常用的大跨度结构。

刚架结构根据弯矩的分布情况而具有与之相应的外形——弯矩大的部位截面大，弯矩小的部位截面小，这样就充分发挥了材料的潜力。因此刚架可以跨越较大的空间。

近代的拱和古代的拱在形式上有某些相似之处，但近代的拱所用的材料由钢或钢筋混凝土取代了砖石。同时，对于拱的受力状况有了更加科学的认识，这主要表现在拱形的设计上力求使之具有合理的外形，从而把拱内的弯矩值降到最小限度，或者完全消除弯曲力。

刚架和拱在覆盖空间的方式上与桁架相似，这里不拟赘述。所不同的是三者剖面形式各有特点：桁架的下弦一般保持水平；刚架呈中部高两边低的两坡形，但坡度较平缓；拱呈中部高两边低的曲线形。在建筑实践中可以分别根据其特点以适应不同的功能要求。

虽然用钢、钢筋混凝土等材料做成的桁架、刚架或拱可以跨越较大的空间，从而解决了大空间建筑的屋顶结构问题，但是这些结构仍存在着很多缺点。为了改变这种状况，第二次世界大战以后，国外某些建筑师和工程师，从某些自然形态的东西——鸟类的卵、贝壳、果壳……中受到启发，进一步探索新的空间薄壁结构，不仅推动了结构理论的研究，而且促进了材料朝着轻质高强的方向发展，致使结构的跨度愈来愈大，厚度愈来愈薄、自重愈来愈轻、材料的消耗愈来愈少。在这些空间薄壁结构中，折板和壳应用得最普遍。

我们知道：用轻质高强材料做成的结构，若按强度计算，其剖面尺寸可以大大地减小，但是这种结构在荷载的作用下，却容易因变形而失去稳定并最后导至破坏。壳体结构正是由于具有合理的外形，不仅内部应力分配既合理又均匀，同时又可以保持极好的稳定性，所以壳体结构尽管厚度极小却可以覆盖很大的空间。

壳体结构按其受力情况不同可以分为折板、单曲面壳和双曲面壳等多种类型。在实际应用中，壳体结构的形式更是丰富多采的。它既可以单独地使用，又可以组合起来使用；既可以用来覆盖大面积空间，又可以用来覆盖中等面积的空间；既适合于方形、矩形平面要求，又可以适应圆形平面、三角形平面，乃至其它特殊形状平面的要求。

和壳体结构一样，悬索结构也是在第二次世界大战以后逐渐发展起来的一种新型大跨度结构。由于钢的强度很高，很小的截面就能够承受很大的拉力，因而早在本世纪初就开始用钢索来悬吊屋顶结构。当时，这种结构还处于幼年时代，悬索在风力的作用下容易产生振动或失稳，一般只用在临时性的建筑中。二次大战后，一些高强度的新品种钢材相继问世，其强度竟超过普通钢几十倍，但刚度却大体停留在原来的水平上，这就使得满足结构的强度要求与满足结构刚度和稳定性要求之间发生矛盾。特别是用高强度的钢材来承受压力，若按计算强度其截面可以大大减小，但一经受压则极易产生变形、失稳而遭到破坏。为了解决这一矛盾，最合逻辑的方法就是以受拉的传力方式来代替受压的传力方式，这样才能有效地发挥材料的强度，悬索结构正是在这种情况下应运而生的。1952～1953年在美国建造的拉莱城牲畜贸易馆是这种结构运用于永久性建筑的早期实例之一，它的试验成功，使悬索结构的运用得到迅速的发展。

悬索在均布荷载作用下必然下垂而呈悬链曲线的形式，索的两端不仅会产生垂直向下的压力，而且还会产生向内的水平拉力。单向悬索结构为了支承悬索并保持平衡，必须在索的两端设置立柱和斜向拉索，以分别承受悬索所给予的垂直压力和水平拉力。单向悬索的稳定性很差，特别是在风力的作用下，容易产生振动和失稳。

为了提高结构的稳定性和抗风能力，还可以采用双层悬索或双向悬索。双层悬索结构平面呈圆形，索分上下两层，下层索承受屋顶全部荷重，称承重索；上层索起稳定作用，称稳定索，上下两层索均张拉于内外两个圆环上而形成整体，其形状如自行车车轮，故又称轮辐式悬索结构。这种形式的悬索结构不仅受力状况均衡、对称，而且还具有良好的抗风能力和稳定性。除双层悬索外，用双向悬索分别张拉在马鞍形边梁上，也可以提高结构的稳定性。这种形式的悬索结构承重索与稳定索具有相反的弯曲方向，向下凹的一组索为承重索，承受屋顶的全部荷重，向上凸的一组索为稳定索，这两组索交织成索网，经过预张拉后形成整体，具有良好的稳定性和抗风能力。

除上述各种悬索结构外，还有一种结构是利用钢索来吊挂混凝土屋盖的，这种结构称之为悬挂式结构，其特点是：充分利用钢索所具有的抗拉特点，而减小钢筋混凝土屋盖所承受的弯曲力。

悬索结构除跨度大、自重轻、用料省外还具有以下一些特点：1. 平面形式多样，除可覆盖一般矩形平面外，还可以覆盖圆形、椭圆、正方形、菱形乃至其它不规则平面的空间，使用的灵活性大、范围广；2. 由多变的曲面所形成的内部空间既宽大宏伟又富有运动感；3. 主剖面呈下凹的曲线形式，曲率平缓，如处理得当既能顺应功能要求又可以大大地节省空间和空调费用；4. 外形变化多样，可以为建筑体形和立面处理提供新的可能性。在建筑设计中，如果处理好建筑功能与结构的关系，可以创造出优美的建筑空间和体形。

网架结构也是一种新型大跨度空间结构。它具有刚性大、变形小、应力分布较均匀、能大幅度地减轻结构自重和节省材料等优点。网架结构可以用木材、钢筋混凝土或钢材来做，并且具有多种多样的形式，使用灵活方便，可适应于多种形式的建筑平面的要求。近年来国内外许多大跨度公共建筑或工业建筑均普遍地采用这种新型的大跨度空间结构来覆盖巨大的空间。1976 年在美国路易斯安拉州建造的世界上最大的体育馆，就是采用钢网架屋顶，圆形平面的直径达 207.3m

网架结构可分为单层平面网架、单层曲面网架、双层平板网架和双层穹窿网架等多种形式。单层平面网架多由两组互相正交的正方形网格组成，可以正放，也可以斜放。这种网架比较适合于正方形或接近于正方形的矩形平面建筑。如果把单屋平面网架改变为曲面——拱或穹窿网架，将可以进一步提高结构的刚度并减小构件所承受的弯曲力。从而增大结构的跨度。

近年来流行的平板空间网架结构，是一种双层的网架结构，一般由钢管或型钢组成。它的形式变化较复杂，其网格有两向或三向的两种。两向的网架是上下两层网架由纵、横两组成正交（90°）的网格所组成，这种网架既可以正放，也可以斜放，比较适用于正方形或矩形建筑平面。三向的网架是上下层网架由三组互成 60°斜交的网格组成，这种网架结构的刚度比前一种强，较适合于三角形、六角形或圆形建筑平面的要求。

平板双层钢网架结构是大跨度建筑中应用得最普遍的一种结构形式，近年来我国建造的大型体育馆建筑，如北京首都体育馆、上海市体育馆、南京市五台山体育馆等都是采用这种形式的结构。

新型大跨度结构——壳体、悬索、网架等与古代的拱或穹窿相比具有极大的优越性，这主要表现在以下四个方面：一、跨度大　古代建筑，因限于结构发展水平，不可能获得巨大的室内空间，从而使得许多公共性活动不能在室内进行。只是到了近代，由于新型大跨度结构的出现，古人的宿愿终于变成了现实。从此，仅用几厘米厚的空间薄壁结构，便可覆盖超过百米的巨大空间，从而使几千人、上万人、乃至几万人可以同在室内集会。这种神话般的奇迹，鼓舞人们大胆设想：根据现代技术的发展趋势，是否可以把整个城市装上顶盖?！二、矢高小、曲率平缓、剖面形式多样　古代的拱或穹窿、剖面一般呈弧形曲线，随着跨度的加大，中央部分空间也急剧地增高，这种空间除使人感到高大宏伟外，并无多大使用价值。新型空间结构有时虽然也要起拱，但一般矢高都很小，曲率变化相当平缓，用这些结构覆盖空间，如处理得当，则可以大大提高空间的利用率。另外一些结构如平板空间网架，则根本不需要起拱，这对于功能要求等高的空间，则可以杜绝空间的浪费。悬索结构，不仅不需要起拱，而且呈下凹的曲线形式，用它所覆盖的空间，正好和大型体育馆的功能要求趋于一致，这就把建筑功能所要求的空间形式和结构所覆盖的空间形式有机地统一为一体，从而把空间的利用率提高到最大的限度。三、厚度薄、自重轻　使用天然混凝土和砖肋相结合的罗马时代的拱或穹窿，厚度可达数英尺以上，不仅占据了大量空间，而且自重也大得惊人。用轻质高强材料做成的新型大跨度结构，其厚度仅数厘米，这不仅可以大幅度地节省材料、减轻结构自重，而且还可以把建筑物的外观处理得更轻巧、通透，生动活泼。四、平面形式多样　古代的筒形拱、穹窿仅能适应矩形、正方形和圆形平面的建筑。新型大跨度结构类型多样、形式变化极为丰富，它既适合于矩形、正方形和圆形平面的建筑，又适合于三角形、六角形、扇形、椭圆形；乃至其它不规则的建筑平面，这就为适应复杂多样的功能要求开辟了宽广的可能性。

四、悬挑结构体系［图59］

悬挑结构的历史比较短暂，这是因为在钢和钢筋混凝土等具有强大抗弯性能材料出现之前，用其它材料不可能做出出挑深远的悬挑结构。一般的屋顶结构，两侧需设置支承，悬挑结构只要求沿结构一侧设置立柱或支承，并通过它向外延伸出挑，用这种结构来覆盖空间，可以使空间的周边处理成没有遮挡的开放空间。由于悬挑结构具有这一特点，因而体育场建筑看台上部的遮篷，火车站、航空港建筑中的雨篷，影、剧院建筑中的挑台等多采用这种结构形式。另外，某些建筑为了使内部空间保持最大限度的开敞、通透，外墙不设立柱，也多借助于悬挑结构，来实现上述意图。近现代的悬挑结构就是为了满足这样一些功能要求和设计意图而逐步发展起来的。

悬挑结构分为单面出挑和双面出挑两种形式。单面出挑的悬挑结构横剖面呈“厂”字形，这种结构由于出挑部分的重心远离支座，如处理不当整个结构极易倾覆。双面出挑的悬挑结构，其横剖面呈“T”字形，这种结构形式是对称的，因而具有良好的平衡条件。一般体育场看台上部的遮篷属于前一种形式，由于看台本身具有极好的稳定性，如使两者结合得很强固将不致产生倾覆现象。火车站、航空港建筑的遮篷多采用后一种形式。这种形式虽然本身具有良好的平衡条件，但为保证安全，支座立柱的基础也必须作妥善处理。

还有一种四面出挑、形状如伞的悬挑结构。它的主要特点是：把支承集中于中央的一根支柱上，而使所覆盖的空间四面临空。近代某些建筑师常常利用这种结构来实现这样一种设计意图——室内空间呈中央低、四周高，周边不设置立柱，而使外“墙”处理成为完全透明的玻璃帘幕。例如1958年布鲁塞尔国际博览会比利时勃拉班特省展览馆就是采用这种形式的结构。

伞状悬挑结构既可单独地使用，也可组合在一起使用。把若干个正方形或六角形平面的伞状结构组合在一起，将可以覆盖大片的空间，国外的一些展览馆、工业厂房就是借这种结构而形成空间的。

五、其它结构体系［图60～62］

除以上四种基本结构体系外，还有一些比较新的结构类型，它们是：剪力墙结构、井筒结构、帐篷结构和充气结构。

高层建筑、特别是超高层建筑既要求有很大的抗垂直荷载能力、又要求有相当高的抗水平荷载能力，近年来国内外新建的一些高层建筑有的已采用剪力墙结构来代替框架结构。剪力墙的侧向刚度和抗水平荷载能力要比框架结构大得多，据试验证明：如果采用框架——剪力墙结构体系，作用于高层建筑上的侧向水平荷载大约80%以上都是由剪力墙承担的。随着建筑层数的不断提高，其水平荷载将急剧地加大，剪力墙的间距则愈来愈小，最终必将导致完全取代框架，而使建筑物的主要横墙全部成为既能承担垂直荷载、又能抵抗水平荷载的剪力墙结构,例如广州新建的白云宾馆(33层)就是采用这种结构形式。

剪力墙结构也是把承重结构和分隔空间的结构合而为一的，因而内部空间处理将受到结构要求的限制而失去灵活性。为了克服这种矛盾，近年来人们又试图采用井筒结构——一种具有极大刚度的核心体系来加强整体的抗侧向荷载能力。这样就可以把分散布置在各处的剪力墙相对地集中于核心井筒，并利用它设置电梯、楼梯和各种设备管道，从而使平面布局具有更大的灵活性。国外有些超高层建筑甚至把外墙也设计成井筒，这样就出现了内、外两层井筒。1972年在纽约建造的世界贸易中心大楼就是一例。

帐篷式结构主要由撑杆、拉索、薄膜面层三部分组成。薄膜面层是由软体的织物制成，其重量极轻，这种结构的主要问题在于以何种方法把薄膜绷紧而使之可以抵抗风荷载。当前最常用的方法就是使之呈反向的双曲面形式——沿着一个方向呈正曲的形式，沿着另一个方向呈负曲的形式，作用在正负两个方向上的力保持平衡后，不仅可以把篷布绷紧，而且还可以使之既抗侧向的压力，又抗侧向的吸力。帐篷式结构的特点是：结构简单、重量轻、便于拆迁。它比较适合于用来作为某些半永久性建筑的屋顶结构或某些永久性建筑的遮篷。

用塑料、涂层织物等制成气囊，充以空气后，利用气囊内外的压差，承受外力并形成一种结构，称为充气结构。充气结构按其形式可以分为构架式充气结构和气承式充气结构两种类型。构架式充气结构属于高压充气体系，由于气梁受弯，气柱受压，薄膜受力不均匀，不能充分发挥材料的力学性能。气承式充气结构为低压充气体系，薄膜基本上均匀受拉，材料的力学性能可以得到充分地发挥，加之气囊本身很轻，因而可以用来覆盖大面积的空间。

目前世界各国都在探索大跨度的气承建筑，1975年美国建成可容80000观众的亚克体育馆，覆盖面积达35000m^2，是目前世界上最大的充气建筑。1971年由建筑师奥托等人提出的覆盖北极城的“气承天空”设想方案，呈穹窿形式，圆形平面的直径为2000m，矢高240米，可容居民15000～45000人。

气承结构根据它独特的力学原理，所形成的外形也具有独特的几何规律性——处处都是曲线、曲面，而根本找不到任何平面、直线或直角。这和传统的建筑形式和美学观念很不相同，只有严格地遵循它的独特规律进行构思，才能有机地把它和建筑功能要求、审美要求统一成一体。

本章介绍的各种类型结构，尽管各有特点，但却又都具有两个共同的地方：一是它本身必须符合于力学的规律性；二是它必须能够形成或覆盖某种形式的空间。没有前一点就失去了科学性；没有后一点就失去了使用价值。结构的科学性和它的实用性有时会出现矛盾。我们既不能损害功能要求而勉强地塞进结构所形成的某种空间形式中去，也不能损害结构的科学性，而勉强拼凑出一种空间形式来适应功能要求。

一种结构，如果能够把它的科学性和实用性统一起来，它就必然具有强大的生命力，那么剩下来的则是形式处理问题，当然，这个问题也不是无足轻重的问题。古今中外的建筑，凡属优秀作品，都必须是既符合于结构的力学规律性；又能适应于功能要求；同时还能体现出形式美的一般法则。只有把这三个方面有机地结合起来，才能通过美的外形来反映事物内在的和谐统一性，从美学（黑格尔曾称之为艺术的哲学）的高度上讲，这就是真善美的统一。

第四章　形式美的规律

建筑，从广义的角度来理解，可以把它看成是一种人造的空间环境。这种空间环境，一方面要满足人们一定的功能使用要求；另一方面还要满足人们精神感受上的要求。为此，不仅要赋予它以实用的属性，而且还应当赋予它以美的属性。

人们要创造出美的空间环境，就必须遵循美的法则来构思设想，直至把它变为现实。然而，究竟有没有一种美的法则呢？这个问题如果用辩证唯物主义的观点来看，本来应当是无庸置疑的，但是在实践中，人们还是不可避免地存在着种种疑问和模糊认识。这一方面固然是由于美学本身的抽象性和复杂性所造成的，另外，更为主要的则是把形式美规律和人们审美观念的差异、变化和发展混为一谈。应当指出：形式美规律和审美观念是两种不同的范畴，前者应当是带有普遍性、必然性和永恒性的法则；后者则是随着民族、地区和时代的不同而变化发展的、较为具体的标准和尺度。前者是绝对的，后者是相对的，绝对寓于相对之中，形式美规律应当体现在一切具体的艺术形式之中，尽管这些艺术形式由于审美观念的差异而千差万别。

以新、老建筑来讲，它们都共同遵循形式美的法则——多样统一，但在形式处理上又由于审美观念的发展和变化而各有不同的标准和尺度。不明确这一点，就会陷入思想上的混乱，甚至会因为各自标准和尺度的差异，而否定普遍、必然的共同准则。

从本世纪初开始的新建筑运动以来，由于功能、技术、材料的发展，在建筑领域中引起了一场深刻的、革命性的变革，古典建筑形式几乎完全地被否定。面对这种情况，人们自然地会提出种种疑问：经过几千年历史考验，被公认为美的古典建筑形式既然遭到了否定，那么取代古典建筑形式的新建筑是不是也具有美的形式？倘若说新建筑也美，那么新、老建筑形式之间是否还存在着一种统一的美的标准和尺度？如果根本不存在着一种统一的美的标准和尺度，那么似乎就没有什么美的法则可以遵循。反之，如果说美具有自己的客观标准，那么我们又怎样解释新、老建筑形式之间何以差别这么显著、有的甚至截然对立，然而却都能引起人的美感。

诚然，认为新建筑不美的观点是有的。这种观点不仅表现在新建筑运动的萌芽阶段，而且直到今天它还不断地受到各种批评和指责。当然，今天的批评和以往的责难其内容是不尽相同的。后者主要是来自社会上的习惯势力和某些思想守旧的保守主义者，这种人把古典建筑当作美的至高无上的典范，用这种观点来看新建筑，当然认为它不美。前者主要是来自当代某些新的建筑流派，他们的批评主要是针对新建筑运动某些倡导者过分地强调了功能、技术对于形式的决定作用，以至使建筑形式冷酷、枯燥，缺乏人情味。这种批评确实指出了某些标榜功能主义的建筑大师在理论上和实践上的片面性。但是，以新建筑运动为发端的西方资本主义近现代建筑，绝不是只考虑功能、技术而不考虑建筑形式的处理问题。所不同的是：他们认为建立在古典建筑形式上的那一套审美观念和发展变化了的功能要求、物质技术条件很不适应，而为了适应情况的发展和变化，必须探索与上述条件变化相适应的新的建筑形式。从他们所强调的“艺术与技术——新的统一”的口号来看,他们并不否定美或艺术,而只是主张审美观念应当随着时代和客观条件的发展而变化。譬如说:在古代的西方,人们通常总是把美和宏伟的建筑概念联系在一起,人们喜欢厚重的建筑,不惜花费很大的代价在砖造的建筑外面贴上一层厚厚的花岗石,有意识地强调建筑的厚重感。可是在今天,还有谁愿意去干这种蠢事呢?人们在实践中证明:美并不一定和厚重联系在一起,于是人们努力朝着相反的方向去探索——从轻盈、通透中去寻求美的建筑形式。和这个问题相联系的是关于稳定的概念,建立在砖石结构体系基础上的西方古典建筑,差不多总是把下大上小、下重上轻、下实上虚当作金科玉律奉为稳定所不可违反的条件。可是在今天,人们似乎有意识地把它颠倒了过来——把建筑物设计成为上大下小、底层透空的形式。这种截然对立的建筑形式,并不意味着一方是美的,另一方必然是丑的。

比例的问题也是这样。近现代建筑完全摆脱了古典建筑形式比例的羁绊而无拘无束地运用多种强烈对比的比例关系,成功地塑造了许多动人的建筑形象。

凡此种种只能说明人们的审美观念确实是随着时代的发展而变化,不能用一成不变的尺度来衡量。

此外,每个民族因各自文化传统不同,在对待建筑形式的处理上,也有各自的标准和尺度。如前所述,西方古典建筑比较崇尚敦实厚重,而我国古典建筑则运用举折、飞檐等形式来追求一种轻巧感。另外,在比例关系上,西方古典建筑和中国古典建筑也很不相同,这固然和材料、结构有着内在的必然联系,但即使以同是砖石砌筑的拱券来作比较,这两者也有极其显著的差异。至于色彩处理,其差异则更大,西方古典建筑(室外)色彩较为朴素、淡雅,中国古典建筑则极为富丽堂皇。

古今中外的建筑,尽管在形式处理方面有极大的差别,但凡属优秀作品,必然遵循一个共同的准则——多样统一。因而,只有多样统一堪称之为形式美的规律。至于主从、对比、韵律、比例、尺度、均衡……等,都不过是多样统一在某一方面的体现,如果孤立地看,它们本身都不能当作形式美的规律来对待。

多样统一,也称有机统一,为了明确起见,又可以说成是在统一中求变化,在变化中求统一,或者是寓杂多于整一之中。任何造型艺术,都具有若干不同的组成部分,这些部分之间,既有区别,又有内在的联系,只有把这些部分按照一定的规律,有机地组合成为一个整体,就各部分的差别,可以看出多样性和变化;就各部分之间的联系,可以看出和谐与秩序。既有变化,又有秩序,这就是一切艺术品,特别是造型艺术形式必须具备的原则。反之,如果一件艺术作品,缺乏多样性和变化,则必然流于单调;如果缺乏和谐与秩序,则势必显得杂乱,而单调和杂乱是绝对不可能构成美的形式的。由此可见:一件艺术品要想达到有机统一以唤起人的美感,既不能没有变化,又不能没有秩序。

如果再追源溯流地去探索为什么只有既见出秩序,又见出变化才能达到统一,从而引起人的美感,那么我们还必须深入研究人的美或丑的意识是怎样形成的。国外某些建筑师认为:人,作为一种理性动物,本能地向往秩序。把向往秩序归结为人的本能,这不仅没有回答问题,而且本身还带有浓厚的唯心主义先验论的色彩。唯物主义认为存在决定意识,这就是说;人的一切意识——当然也包括美或丑的意识——都不是心灵自身的产物,而是客观存在在人的大脑中的反映,如果说人确实向往秩序的话,那么也只能从客观存在的物质世界中去找原因。

欧洲古典美学思想的奠基人亚里斯多德曾经把诗歌、音乐、绘画、雕刻等称之为“摹仿的艺术”。亚里斯多德不仅肯定艺术的真实性，而且肯定艺术比现实世界更为真实，他认为艺术所摹仿的不是停留在现实世界的现象，而是现实世界所具有的必然性和普遍性——其内在的本质和规律。当然，亚里斯多德并没有直接地论述建筑，但是由他提出的这一带普遍意义的论断，却非常适合于建筑艺术。

什么是现实世界所具有的必然性、普遍性，亦即它内在的本质和特征呢？就是物质世界的有机统一性。亚里期多德在论诗和其它艺术时，经常强调有机整体的观念。他曾经说过这样一段有趣而深刻的话：“一个整体就是有头、有尾、有中部的东西。头本身不是必然地要从另一件东西而来，而它以后却有另一件东西自然地跟着它来。尾是自然地跟着另一件东西来的，由于因果关系或习惯的承续关系，尾之后就不再有什么东西。中部是跟着一件东西来的，后面还有东西要跟着它来。所以一个结构好的情节不能随意开头或收尾，必须按照这里所说的原则”[1]。各组成部分在整体中不仅是不可缺少的因素，而且也不应是多余的因素，它们之间所处的位置也不允许移动。总之，一切都表现为一种必然，而不夹杂任何游离或不肯定的因素，这就是有机整体的观念。

当然，由于亚里斯多德所处时代的局限性，他只能运用头、中部、尾等关系来说明有机整体的观念，用今天的观点来看，虽然直观、浅显，并具有生动的形象性，但就揭示事物客观内在的本质和规律的深刻程度来讲，却感到有些不足。马克思主义哲学问世和现代自然科学的发展，更加深刻地表明整个世界都是一个物质的、和谐的有机整体。从宏观世界来讲，宇宙间各星球都是按照万有引力的规律互相吸引并沿着一定的轨道、以一定的速度、有条不紊地运行着。从微观世界来讲构成物质基本单位的原子内部结构也是条理分明、井然有序的。这两者，虽然人们不可能用感官直接地感受到他们的和谐统一性，但借助于科学研究，却在人们的头脑中形成了极其深刻的观念。至于在人们经验范围内可以认识到的有机体，则更是充斥于自然界的各个角落。例如植物，它的根、茎、叶乃至每一片树叶上的叶筋与叶脉的连接，都以其各自的功能为依据而呈合乎逻辑的形式，并形成和谐统一的整体。鸟类的卵和植物的果实，则由核、幔、壳（表皮）等部分所组成，并以核为中心，在核的周围有一层厚厚的幔，而用极薄的壳或表皮作为表层，把整体围护起来。另外，大多数动物的外形均呈对称、均衡的形式，并具有优美的外轮廓线。此外，呈不对称形式的动物如田螺，其外形亦具有其独特的规律性——呈螺旋状。在自然界中，甚至一些没有生命的东西，如各种形式的结晶体，其外形也都具有均衡、对称的特点和奇妙的、有规律的变化。

就是人本身，作为一种有机体，其组织也是极有条理和极合乎逻辑的——其外表为适应生存的需要，呈对称的形式：有两只眼睛、两个耳朵、两只手臂和两条腿；其内脏为适应生理功能的需要，呈不对称的形式；左肺有两扇肺叶，右肺有三扇肺叶，心脏偏左，肝脏偏右，口、食道、胃、肠具有合理的承续关系。总之，各种器官组织得十分巧妙，各自都有正确而恰当的位置。

整个自然界（也包括人自身）有机、和谐、统一、完整这样一个本质的属性，反映在人的大脑中，就会形成完美的观念，这种观念无疑会支配着人的一切创造活动，特别是艺

---

[1] 《西方美学史》上卷　朱光潜著。

术创作。

以建筑来讲，古典建筑形式那种整齐一律、对称均衡，具有和谐的比例关系和韵律、节奏感，各组成部分衔接得巧妙、严谨，真可谓添一分则多，减一分则少，从而达到天衣无缝的境地！这都说明建筑家在追求完美的创造中，既受到自然的启示，又灌注了心灵的创造，从而体现出艺术创造上的主观与客观的统一。

现代建筑，尽管在形式上和古典建筑很不相同，但是在遵循多样统一形式美规律的普遍原则这一点上，则是毫无例外的。新建筑运动杰出的倡导者格罗庇乌斯在阐明威玛国立建筑学校（即“包豪斯”）的理论与组织时，一开始就强调：“把自我同宇宙对立起来的旧的二元论世界观正在迅速瓦解。代之而起的是万物统一的观念，它认为所有对立的力量都处于绝对平衡之中。从事物及其表现中看出本质的统一性，这一清新的认识给创作活动以基本的内在涵义。任何事物都不是孤立存在的。我们把每种形式看作是一种观念的化身，把每一件作品看作是内心深处的自我表现”。当他讲到造型艺术时又指出：“造型研究的训练在于观察，在于精确地表现或再现自然，在于创作各自的构图”❶。从这些论述中可以看出：他在对待形式上；不仅不排斥完整统一的准则，而且更加深刻地揭示出这种统一的由来——不单纯局限在形式本身，而且联系到内容，并从宇宙间万物普遍联系的观点来看待形式的有机统一问题。他还指责学院派把自然同艺术混为一谈，并指出：“艺术要求驾驭自然，在新的统一中解决两者的对立，这个过程在精神与物质世界的斗争中胜利完成。精神创造出一个新生命，有别于自然界的生命”❷。这段话的精髓在于：由人工所创造的艺术形式中的有机统一，虽然得到自然的启示，但却不同于自然界中的有机体，按照艺术高于自然的原则，前者应当高于后者，这是因为艺术美是由心灵产生和再生的美。

另外一位建筑大师，美国的赖特索性把自己的建筑称之为“有机建筑”。他在回答人们的问题时说：“‘有机’意味着本质、内在的——哲学意义上的完整性。在这儿，整体从属于局部，就像局部从属于整体一样”❸。赖特不仅是“有机建筑”理论的倡导者，而且在创作实践中也证明了“有机建筑”理论是富有生命力的。他所设计的许多建筑，不仅和自然环境十分协调，而且本身也是高度和谐、统一而又极富变化的。特别是对于材料的运用，他非常善于根据材料本身所固有的特性而赋予它以合理的形式，这些都使他所创造的形式有根有据，排除了偶然性和主观随意性，从而把仅从形式外部联系上的和谐统一提高到内在的有机统一的高度上去。

当代的一些建筑流派，如后现代建筑派，尽管他们对建筑发展各持不同见解，但除了个别人如文丘里（R·Venturi）鼓吹：“在建筑中我主张杂乱而有活力胜过于明显的统一”❹外，绝大多数人还是把秩序与变化当作一种普遍的原则来接受，即强调有秩序的变化，这实质上就是多样统一的同意词。

既然肯定了形式美的规律是多样统一，那么怎样才能达到多样统一呢？尽管有很多人认为无成法可循，但正如格罗庇乌斯所指出的：“构成创作的文法要素是有关韵律、比例、亮度、实的和虚的空间等的法则。词汇和文法可以学到……”❺。如果说建筑艺术也有它

---

❶、❷“威玛国立建筑学校的理论与组织”格罗庇乌斯著　吴焕加译。

❸“赖特为建筑活动六十年举行的谈话纪录”陈尚义译。

❹　建筑的复杂性和矛盾性”罗伯特·文丘里著　周卜颐译。

❺　威玛国立建筑学校的理论与组织　吴焕加译。

自己的语言的话，那么什么是它的词汇和文法呢？要回答这些问题，还必须进一步探索以下一些与形式美有密切联系的若干基本范畴和问题：

一、以简单的几何形状求统一［图 64］

古代一些美学家认为简单、肯定的几何形状可以引起人的美感，他们特别推崇圆、球等几何形状，认为是完整的象征——具有抽象的一致性；圆周上的任意点距圆心等长；圆周长永远是直径的 π 倍……。在论及正方形和立方体时认为是完全整齐一律的形体——所有的边等长；无论哪一个面都有同样大小的面积和同等的角度，特别是由于它是直角形，这角度不能象钝角或锐角那样，可以随便改变其大小。近代建筑巨匠勒·柯布西耶也强调；“原始的体形是美的体形，因为它能使我们清晰地辨认”❶。”所谓原始的体形就是指圆、球、正方形、立方体以及正三角形等。所谓容易辨认，就是指这些几何状本身简单、明确、肯定，各要素之间具有严格的制约关系。

以上美学观点可以从古今中外的许多建筑实例中得到证实。古代杰出的建筑如罗马的潘泰翁神庙、圣彼得大教堂，我国的天坛，埃及的金字塔，印度的泰吉·马哈尔陵等，均因采用上述简单、肯定的几何形状构图而达到了高度完整、统一的境地。近现代建筑突破古典建筑形式的束缚，虽然出现了许多不规则的构图形式，但在条件合适的情况下，也不排斥运用圆、正方形、正三角形等几何形状的构图来谋求统一和完整性。如 1958 年布鲁塞尔国际博览会美国馆、美国驻雅典大使馆，以及许多大型体育馆建筑，或者出于功能、技术的要求，或者出于形式的考虑，都每每借圆或正方形的构图而获得了完整统一性。

二、主从与重点［图 65～66］

在由若干要素组成的整体中，每一要素在整体中所占的比重和所处的地位，将会影响到整体的统一性。倘使所有要素都竞相突出自己，或者都处于同等重要的地位，不分主次，这些都会削弱整体的完整统一性。

古代希腊朴素的唯物主义哲学家赫拉克利特认为：“自然趋向差异对立，协调是从差异对立而不是从类似的东西产生的”❷。差异，可以表现为多种多样的形式，唯独主从差异于整体的统一性影响最大。在自然界中，植物的干与枝、花与叶，动物的躯干与四肢（或双翼）都呈现出一种主与从的差异，它们正是凭借着这种差异的对立，才形成为一种统一协调的有机整体。各种艺术创作形式中的主题与副题，主角与配角，重点与一般等，也表现为一种主与从的关系。上述这些现象给我们一种启示：在一个有机统一的整体中，各组成部分是不能不加区别而一律对待的。它们应当有主与从的差别；有重点与一般的差别；有核心与外围组织的差别。否则，各要素平均分布、同等对待，即使排列得整整齐齐、很有秩序，也难免会流于松散、单调而失去统一性。

在建筑设计实践中，从平面组合到立面处理；从内部空间到外部体形；从细部装饰到

---

❶ 《走向新建筑》纲要　勒·柯布西耶　殷一和译。

❷ 《西方美学史》上卷　朱光潜译。

群体组合，为了达到统一都应当处理好主与从、重点和一般的关系。体现主从关系的形式是多种多样的，一般地讲，在古典建筑形式中，多以均衡对称的形式把体量高大的要素作为主体而置于轴线的中央，把体量较小的从属要素分别置于四周或两侧，从而形成四面对称或左右对称的组合形式。四面对称的组合形式，其特点是均衡、严谨、相互制约的关系极其严格。但正是由于这一点，它的局限性也是十分明显的，因而在实践中除少数建筑由于功能要求比较简单而允许采用这种构图形式外，大多数建筑均不适于采用这种形式。

从历史和现实的情况中看，采用左右对称构图形式的建筑较为普遍。对称的构图形式通常呈一主两从的关系，主体部分位于中央，不仅地位突出，而且可以借助两翼部分次要要素的对比、衬托，从而形成主从关系异常分明的有机统一整体。我国传统建筑的群体组合，通常采用左右对称的布局形式。西方古典建筑、近现代建筑，凡是采用对称布局的，虽然其形式可以有很多变化，但就体现其主从关系来讲，所遵循的原则基本上是一致的。

近现代建筑，由于功能日趋复杂或地形条件的限制，采用对称构图形式的不多。为此而多采用一主一从的形式使次要部分从一侧依附于主体。

对称的形式，除难于适应近代功能要求外，即使从形式本身来看也未免过于机械死板、缺乏生气和活力。随着人们审美观念的发展和变化，尽管从历史上看有许多著名建筑都因对称而具有显而易见的统一性，但到了近现代却很少有人象以往那样热衷于对称了。这是不是意味着近现代建筑根本不考虑主从分明呢？当然不是。体现主从差异的形式并不限于对称，正如前面已经提到的，一主一从的形式虽然不对称，但仍然可以体现出一定的主从关系。除此之外，还可以用突出重点的方法来体现主从关系。所谓突出重点就是指在设计中充分利用功能特点，有意识地突出其中的某个部分，并以此为重点或中心，而使其它部分明显地处于从属地位，这也同样可以达到主从分明、完整统一。例如国外某些建筑师常常使用“趣味中心”这样一个词汇，其实正是上述原则的一种体现，所谓“趣味中心”就是指整体中最引人入胜的重点或中心。一幢建筑如果没有这样的重点或中心，不仅使人感到平淡无奇，而且还会由于松散以至失去有机统一性。

三、均衡与稳定［图 67～70］

处于地球引力场内的一切物体，都摆脱不了地球引力——重力的影响，人类的建筑活动从某种意义上讲就是与重力作斗争的产物。古代埃及的金字塔，以人们难以置信的艰苦代价把一块巨石叠放在另一块巨石之上，从而建造起高达 146.5m 的方尖锥形石塔。罗马建筑师的功绩不仅在于创造了宏大的拱和穹窿，而且还在于创造了多层结构，从而建造了象科洛西姆大斗兽场那样的多层建筑。为了进一步摆脱重力的羁绊，中世纪建筑师不仅建造了高耸入云的尖塔，而且还创造了极其轻巧的尖拱拱肋和飞扶壁结构体系，并借助于它建造了无数既宏伟又轻盈的高直式教堂建筑。在东方，我们的祖先则以木构架建造了高达九级的应县佛宫寺木塔……。从这些历史的回顾中不难看出，迄今所保留下来的这些建筑遗迹，从某种意义上讲，可以把它看成是人类战胜重力的记功碑。

存在决定意识，也决定着人们的审美观念。在古代，人们崇拜重力，并从与重力作斗争的实践中逐渐地形成了一整套与重力有联系的审美观念，这就是均衡与稳定。人们从自然现象中意识到一切物体要想保持均衡与稳定，就必须具备一定的条件：例如像山那样下部大、上部小，像树那样下部粗、上部细、并沿四周对应地出杈，像人那样具有左右对称的体形，像鸟那样具有双翼……。除自然的启示外，还通过自己的建筑实践更加证实了上述均衡与稳定的原则，并认为凡是符合于这样的原则，不仅在实际上是安全的，而且在感觉上也是舒服的；反之，如果违背这些原则，不仅在实际上不安全，而且在感觉上也不舒服。于是人们在建造建筑时都力求符合于均衡与稳定的原则。例如埃及的金字塔，呈下大上小、逐渐收分的方尖锥体，这不仅是当时技术条件下的必然产物，而且也是和当时人们审美观念相一致的。

实际上的均衡与稳定和审美上的均衡与稳定，是两种性质不同的概念，前者属于科学研究的范畴，所运用的是逻辑思维的方法；后者属于美学研究范畴，所运用的是形象思维的方法。在这里，我们所要研究的是后者，即审美上的均衡与稳定。然而，审美上的均衡与稳定的观念是从人们的经验积累中形成的，而经验又来源于实践，因而审美上的均衡与稳定往往与实际上的均衡与稳定都共同地遵循着大体相同的原则，这就意味着我们仍然可以借助于逻辑思维的方法来说明许多属于审美上的均衡与稳定的问题。

以静态均衡来讲，有两种基本形式：一种是对称的形式；另一种是非对称的形式。对称的形式天然就是均衡的，加之它本身又体现出一种严格的制约关系，因而具有一种完整统一性。正是基于这一点，人类很早就开始运用这种形式来建造建筑。古今中外有无数的著名建筑都是通过对称的形式而获得明显的完整统一性。

尽管对称的形式天然就是均衡的，但是人们并不满足于这一种形式，而且还要用不对称的形式来保持均衡。不对称形式的均衡虽然相互之间的制约关系不像对称形式那样明显、严格，但要保持均衡的本身也就是一种制约关系。而且与对称形式的均衡相比较，不对称形式的均衡显然要轻巧活泼得多。格罗庇乌斯在论《新建筑与包豪斯》一书中曾强调：“现代结构方法越来越大胆的轻巧感，已经消除了与砖石结构的厚墙和粗大基础分不开的厚重感对人的压抑作用。随着它的消失，古来难于摆脱的虚有其表的中轴线对称形式，正在让位于自由不对称组合的生动有韵律的均衡形式”[1]。这表明：随着科学技术的进步和人们审美观念的发展、变化，尽管对称形式的均衡曾在历史上风行一时，但至今却很少被人们所采用。

除静态均衡外，有很多现象是依靠运动来求得平衡的，例如旋转着的陀螺、展翅飞翔的鸟、奔驰着的动物、行驶着的自行车……等，就是属于这种形式的均衡，一但运动终止，平衡的条件将随之消失，因而人们把这种形式的均衡称之为动态均衡。如果说建立在砖石结构基础上的西方古典建筑其设计思想更多地是从静态均衡的角度来考虑问题，那么近现代建筑师还往往用动态均衡的观点来考虑问题。

此外，近现代建筑理论非常强调时间和运动这两方面因素。这就是说人对于建筑的观赏不是固定于某一个点上，而是在连续运动的过程中来观赏建筑。从这种观点出发，必然认为像古典建筑那样只突出地强调正立面的对称或均衡是不够的，还必须从各个角度来考虑建筑体形的均衡问题，特别是从连续行进的过程中来看建筑体形和外轮廓线的变化，这就是格罗庇乌斯所强调的：“生动有韵律的均衡形式”。

---

[1] 威玛国立建筑学校的理论与组织——吴焕加译。

和均衡相联的是稳定。如果说均衡所涉及的主要是建筑构图中各要素左与右、前与后之间相对轻重关系的处理，那么稳定所涉及的则是建筑整体上下之间的轻重关系处理。随着科学技术的进步和人们审美观念的发展变化，人们凭借着最新的技术成就，不仅可以建造出超过百层的摩天大楼，而且还可以把古代奉为金科玉律的稳定原则——下大上小、上轻下重——颠倒过来，从而建造出许多底层透空、上大下小，如同把金字塔倒转过来的新奇的建筑形式。

四、对比与微差［图 71～72］

亚里斯多德在论述艺术形式时，经常涉及到有机整体的概念，据他看来形式上的有机整体是内容上内在发展规律的反映。就建筑来讲，它的内容主要是指功能，建筑形式必然要反映功能的特点，而功能本身就包含有很多差异性，这反映在建筑形式上也必然会呈现出各种各样的差异。此外，工程结构的内在发展规律也会赋予建筑以各种形式的差异性。对比与微差所研究的正是如何利用这些差异性来求得建筑形式的完美统一。对比指的是要素之间显著的差异；微差指的是不显著的差异，就形式美而言，这两者都是不可缺少的，对比可以借彼此之间的烘托陪衬来突出各自的特点以求得变化；微差则可以借相互之间的共同性以求得和谐。没有对比会使人感到单调，过分地强调对比以至失去了相互之间的协调一致性，则可能造成混乱，只有把这两者巧妙地结合在一起，才能达到既有变化又和谐一致，既多样又统一。

对比和微差是相对的，何种程度的差异表现为对比？何种程度的差异表现为微差，这之间没有一条明确的界线，也不能用简单的数学关系来说明。例如一列由小到大连续变化的要素，相邻者之间由于变化甚微，可以保持连续性，则表现为一种微差关系。如果从中抽去若干要素，将会使连续性中断，凡是连续性中断的地方，就会产生引人注目的突变，这种突变则表现为一种对比的关系。突变的程度愈大，对比就愈强烈。

对比和微差只限于同一性质的差异之间，如大与小、直与曲、虚和实以及不同形状、不同色调、不同质地……等。在建筑设计领域中，无论是整体还是局部，单体还是群体，内部空间还是外部体形，为了求得统一和变化，都离不开对比与微差手法的运用。

五、韵律与节奏［图 73～74］

韵律本来是用来表明音乐和诗歌中音调的起伏和节奏感的，以往一些美学家多认为诗和音乐的起源是和人类本能地爱好节奏与和谐有着密切的联系。亚里斯多德认为：爱好节奏和谐之类的美的形式是人类生来就有的自然倾向。

自然界中许多事物或现象，往往由于有规律的重复出现或有秩序的变化，也可以激发人们的美感。例如把一颗石子投入水中，就会激起一圈圈的波纹由中心向四外扩散，这就是一种富有韵律感的自然现象。

除自然现象外，其它如人工的编织物，由于沿经纬两个方向互相交错、穿插，一隐一显，也同样会给人以某种韵律感。

对于上述的各种事物或现象，人们有意识地加以模仿和运用，从而创造出各种以具有条理性、重复性和连续性为特征的美的形式——韵律美。

韵律美按其形式特点可以分为几种不同的类型：1. 连续的韵律　以一种或几种要素连续、重复地排列而形成，各要素之间保持着恒定的距离和关系，可以无止境地连绵延长。2. 渐变韵律　连续的要素如果在某一方面按照一定的秩序而变化，例如逐渐加长或缩短，变宽或变窄，变密或变稀……等。由于这种变化取渐变的形式，故称渐变韵律。3. 起伏韵律　渐变韵律如果按照一定规律时而增加，时而减小，有如浪波之起伏，或具不规则的节奏感，即为起伏韵律。这种韵律较活泼而富有运动感。4. 交错韵律　各组成部分按一定规律交织、穿插而形成。各要素互相制约，一隐一显，表现出一种有组织的变化。以上四种形式的韵律虽然各有特点，但都体现出一种共性，——具有极其明显的条理性、重复性和连续性。借助于这一点既可以加强整体的统一性，又可以求得丰富多彩的变化。

韵律美在建筑中的体现极为广泛、普遍，不论是中国建筑或西方建筑，也不论是古代建筑或现代建筑，几乎处处都能给人以美的韵律节奏感。过去有人把建筑比作"凝固的音乐"，其道理正在于此。

六、比例与尺度［图75～82］

任何物体，不论呈何种形状，都必然存在着三个方向——长、宽、高——的度量，比例所研究的就是这三个方向度量之间的关系问题。所谓推敲比例，就是指通过反复比较而寻求出这三者之间最理想的关系。

一切造型艺术，都存在着比例关系是否和谐的问题，和谐的比例可以引起人的美感。公元前六世纪，希腊曾有一个哲学流派——毕达哥拉斯学派，在当时，人们对于客观外界的认识还处于蒙昧状态的情况下，就有这样一种企图：即在自然界杂多的现象中找出统摄一切的原则或因素。在这个学派看来，万物最基本的因素是数，数的原则统治着宇宙中一切现象。他们不仅用这个原则来观察宇宙万物，而且还进一步用来探索美学中存在的各种现象。他们认为美就是和谐，并首先从数学和声学的观点出发去研究音乐节奏的和谐，认为音乐节奏的和谐是由高低、长短、强弱各种不同音调按照一定数量上的比例组成的。毕达哥拉斯学派还把音乐中和谐的道理推广到建筑、雕刻等造型艺术中去，探求什么样的数量比例关系才能产生美的效果，著名的"黄金分割"就是由这个学派提出来的。

这个学派企图用简单的数的概念统摄在质上千差万别的宇宙万物的想法，显然是片面的和形而上学的，但是把范围缩小到建筑艺术，看来还是不为过分的。在建筑中，无论是要素本身，各要素之间或要素与整体之间，无不保持着某种确定的数的制约关系。这种制约关系当中的任何一处，如果超出了和谐所允许的限度，就会导致整体上的不协调。在建筑设计实践中，无论是整体或局部，都存在着大小是否适当？高低是否适当？长短是否适当？宽窄是否适当？厚薄是否适当？收分、斜度是否适当？……等一系列数量之间的关系问题。如果说这些关系都恰到好处，那就意味着具有良好的比例关系，而具有这样才能达到和谐并产生美的效果。

然而，怎样才能获得美的比例呢？从古至今，曾有许多人不惜耗费巨大的精力去探索构成良好比例的因素，但得出的结论却是众说纷纭的。一种看法是：只有简单而合乎模数的比例关系才能易于被人们所辨认，所以它往往是富有效果的。从这一点出发，进一步认定像圆、正方形、正三角形等具有确定数量之间制约关系的几何图形，可以用来当作判别比例关系的标准和尺度。至于长方形，其周边可以有种种的比率而仍不失为长方形。究竟哪一种比率的长方形可以被认为是最理想的长方形呢？经过长期的研究、探索、比较，终于发现其比率应是1∶1.618，这就是著名的“黄金分割”，亦称“黄金比”。

还有一种看法是：若干毗邻的长方形，如果它们的对角线互相垂直或平行（这就是说它们都是具有相同比率的相以形），一般可以产生和谐的效果。

现代著名的建筑师勒·柯布西耶把比例和人体尺度结合在一起，并提出一种独特的“模度”体系。他的研究结果是：假定人体高度为1.83m；举手后指尖距地面为2.26m，肚脐至地面高度为1.13m，这三个基本尺寸的关系是：肚脐高度是指尖高度的一半；由指尖到头顶的距离为432mm，由头顶到肚脐的距离为698mm，两者之商为698÷432＝1.615，再由肚脐至地面距离1130mm除以698得1.618，恰巧，这两个数字一个接近、另一个正等于黄金比率。利用这样一些基本尺寸，由不断地黄金分割而得到两个系列的数字，一个称红尺，另一个称蓝尺，然后再用这些尺寸来划分网格，这样就可以形成一系列长宽比率不同的矩形。由于这些矩形都因黄金分割而保持着一定的制约关系，因而相互间必然包含着和谐的因素。

除了纯理论的探讨外，自古以来还有许多建筑家曾以各种不同的方法来分析研究建筑中的比例问题。其中最流行的一种看法是：建筑物的整体，特别是它的外轮廓线，以及内部各主要分割线的控制点，凡是符合于圆，正三角形、正方形等具有简单而又肯定比率的几何图形，就可能由于具有几何制约关系而产生完整、统一、和谐的效果。根据这种观点，他们运用几何分析的方法来证明历史上某些著名建筑，凡是符合于上述条件的均因具有良好的比例而使人感到完整统一。

用上述的几何分析方法来解释古典建筑的比例问题，虽然有一定的道理，但还是有不少学者持怀疑态度。他们指出：由于控制点的位置不够明确，有时选在台基以上，有时选在台基以下，这样，通过控制点联线所形成的几何关系，即使与某些简单、肯定的几何图形巧合，也未必能说明什么问题。解放以后我国的学术界，也有人试图用这种方法来分析我国古典建筑的比例问题，由于传统文化之间的巨大差别，这种做法就显得牵强附会了。

几何分析法虽然有牵强附会的一面，但其中也包含着一些合理的因素。例如像若干个矩形，如对角线互相平行或垂直，由于同是相似形而可以达到和谐的道理，则是十分浅湿而易于被人们所理解的。直到近代，勒·柯布西耶还经常利用这种方法来调节门窗与墙面、局部与整体之间的比例关系，并借此而收到良好的效果。

然而，人们还不能仅从形式本身来判别怎样的比例才能产生美的效果。譬如以柱子来讲，西方古典柱式的高度与直径之比，显然要比我国传统建筑的柱子小得多，能不能以此证明：要么是前者过粗；要么是后者过细呢？都不能。西方古典建筑的石柱和我国传统建筑的木柱，应当各有自己合乎材料特性的比例关系，才能引起人的美感。如果脱离了材料的力学性能而追求一种绝对的、抽象的美的比例，不仅是荒唐的，而且也是永远得不到的。由此可见，良好的比例，不单是直觉的产物，而且还是符合理性的。威奥利特·勒·杜克（Viollet-Le-Duc）在他所著《法国建筑通用辞典》一书中，给比例下了个定义：“比例的意思是整体与局部间存在着的关系——是合乎逻辑的、必要的关系，同时比例还具有满足理智和眼睛要求的特性”[1]。所谓“满足理智要求”是什么意思呢？就是指良好比例一定要正确反映事物内在的逻辑性。

功能对于比例的影响也是不容忽视的。譬如房间的长、宽、高三者尺寸，基本上都是根据功能决定的，而这种尺寸正决定着空间的比例和形状。在推敲空间比例时，如果违反了功能要求，把该方的房间拉得过长，或把该长的房间压得过方，这不仅会造成不适用，而且也不会引起人的美感。这是因为美不是事物的一种绝对属性，美不能离开目的性，从这个意义上讲，“美”和“善”这两个概念是统一而不可分割的。古代希腊哲学家苏格拉底正是这样来论证美的相对性的。

除材料、结构、功能会影响比例外，不同民族由于文化传统的不同，在长期历史发展的过程中，往往也会以其所创造的独特的比例形式，而赋予建筑以独特的风格。

总之，构成良好比例的因素是极其复杂的，它既有绝对的一面，又有相对的一面，企图找到一个放在任何地方都适合的、绝对美的比例，事实上是办不到的。

和比例相联系的另一个范畴是尺度。尺度所研究的是建筑物的整体或局部给人感觉上的大小印象和其真实大小之间的关系问题。比例主要表现为各部分数量关系之比，是相对的，可不涉及到具体尺寸。尺度则不然，它却要涉及到真实大小和尺寸，但是又不能把尺寸的大小和尺度的概念混为一谈。尺度一般不是指要素真实尺寸的大小，而是指要素给人感觉上的大小印象和其真实大小之间的关系。从一般道理上讲，这两者应当是一致的，但实际上，却可能出现不一致的现象。如果两者一致，则意味着建筑形象正确地反映了建筑物的真实大小；如果不一致，则表明建筑形象歪曲了建筑物的真实大小。这时可能出现两种情况：一是大而不见其大，即实际尺寸很大，但给人的印象并不如真实的大；二是小题大做，即本身并不大，却以装腔作势的姿态故意装扮成很大的样子。对于这两种情况，通常都称之为失掉了应有的尺度感。

从一般意义上讲，凡是和人有关系的物品，都存在着尺度问题。例如供人使用的劳动工具、生活日用品、家具等，为了便于使用都必须和人体保持着相应的大小和尺寸关系。日长天久，这种大小和尺寸与它所具有的形式，便统一为一体而铸入人们的记忆，从而形成一种正常的尺度观念。任何违反常规的物品，便使人感到惊奇。对于生活日用品，人们是极易根据生活经验而作出正确判断的，但是对于建筑有时却可能陷入迷网，这可能是由于两方面原因造成的：一、建筑物的体量巨大，人们很难以自身的大小去和它作比较，从而失去了敏锐的判断力。二、建筑不同于生活日用品，在建筑中有许多要素都不是要单纯根据功能这一方面因素来决定它们的大小和尺寸的。例如门，本来只要略高于人就可以了，但有的门出于别的考虑却设计得很高大，这些都会给辨认尺度带来困难。

建筑中也有一些要素如栏杆、扶手、踏步、坐凳等，为适应功能要求，基本上保持恒定不变的大小和高度。此外，某些定型的材料和构件如砖、瓦、勾头、滴水、椽子等，其基本尺寸也是不变的。利用这些熟悉的建筑构件去和建筑物的整体或局部作比较，将有助于获得正确的尺度感。

但是，毕竟由于建筑物的体量过大，单纯依靠这些要素来显示建筑物的整体尺度则是十分不够的。为此，要想正确地表现建筑物的尺度，还必须探索其它处理方法。

---

[1] 《建筑构图原理》塔勃特·哈木林——奚树祥译。

建筑物的整体是由局部组成的，整体的尺度感固然和建筑物真实大小有着直接的联系，但从建筑处理的角度看，局部对于整体尺度的影响也是很大的。局部愈小，通过对比作用，可以反衬出整体的高大。反之，过大的局部，则会使整体显得矮小。在实践中，某些高大的建筑物，由于设计者没有意识到这一点，不自觉地加大了细部尺寸，其结果，反而使整个建筑显得矮小。

关于尺度的概念讲起来并不深奥，但在实际处理中却并非很容易，就连许多有经验的建筑大师也难免会犯错误。例如由米开朗琪罗设计的圣·彼得大教堂，就是由于尺度处理不当，而没有充分地显示出它应有的尺度感。那么问题在哪里呢？问题就产生在把许多细部放大 到不合常规的地步，这就会给人造成错误的印象，根据这种印象去估量整体，自然会歪曲整个建筑体量的大小。

对于一般建筑来讲，设计者总是力图使观赏者所获得的印象与建筑物的真实大小相一致。但对于某些特殊类型的建筑，如纪念性建筑，设计者往往有意识地通过处理希望给人以超过它真实大小的感觉，从而获得一种夸张的尺度感；与此相反，对于另外一些类型的建筑，如庭园建筑，则希望给人以小于真实的感觉，从而获得一种亲切的尺度感。这两种情况虽然感觉与真实之间不完全吻合，但是为了达到某种艺术意图还是允许的。

本章着重地讨论了形式美的规律以及与形式美有关联的若干基本范畴——主从、均衡、韵律、比例、尺度等。这些东西对于建筑设计来讲，只能为我们提供一些规、矩，而不能代替我们的创作。它有一点象语言文学中的文法，借助于它可以使句子通顺而不犯错误，但不能认为只要句子通顺就自然地具有了艺术表现力。过去人们常常有一种模糊的概念，即把形式美和艺术性看成为一回事，这显然是不正确的。形式美只限于抽象形式本身外在的联系，即使达到了多样统一，也还是不能传情的，而艺术作品最起码的标志就是通过艺术形象来唤起人的思想感情上的共鸣，所谓“触物为情”或“寓情于景”就是这个意思。

古今中外，具有强烈艺术感染力的建筑多得不胜枚举，不同类型的建筑由于性质不同有的使人感到庄严，有的使人感到雄伟，有的使人感到神秘，有的则使人感到亲切、幽雅、宁静，这些不同的感受和情绪，都是直接地借独特的建筑形象的激发而产生的。

借物质的、抽象的形式——而不是具体的形象——的某些特征来传递一种信息，是建筑艺术有别于其它艺术最根本的特征。这种信息是由设计者发出的，并通过一定的建筑形式为媒介而及于群众，如果这种信息能够被群众所感应、所接受、所理解，那么设计者和群众之间就会产生共鸣，这种共鸣正是艺术感染力的一种表现。共鸣的程度愈大，感染力就愈强。

任何艺术创作都十分强调立意，所谓“意”，就是这里所说的信息。创作之前如果根本没有一个艺术意图，就等于没有发出信息，试问没有信息拿什么去感染群众呢？当然，有了正确、高尚的艺术意图之后，还有待于选择表现形式。这里则要求有熟练的技巧和素养，否则还是无法把意图化为具体的建筑形象的。此外，还要考虑到社会上大多数群众的欣赏能力，如果脱离了群众的接受能力，即使发出了信息，也是不会引起共鸣的。

第五章　内部空间的处理

建筑空间有内、外之分，但是在特定条件下，室内、外空间的界线似乎又不是那样泾渭分明。例如四面敞开的亭子、透空的廊子、处于悬臂雨篷覆盖下的空间等，究竟是内部空间抑或是外部空间？似乎还不能用简单的方法给予明确、肯定的回答。在一般情况下，人们常常用有无屋顶当作区分内、外部空间的标志。日本建筑师芦原义信在《外部空间的设计》一书中也是用这种方法来区分内、外空间的。本章所讨论的“内部空间处理”，其范围姑且也用这种方法来界定。

内部空间是人们为了某种目的（功能）而用一定的物质材料和技术手段从自然空间中围隔出来的。它和人的关系最密切，对人的影响也最大。它应当在满足功能要求的前提下具有美的形式，以满足人们精神感受和审美的要求。下面从空间形式对于人的精神感受方面来探讨内部空间的处理问题。

一、单一空间的形式处理

单一空间是构成建筑最基本的单位，在分析功能与空间的关系时就是从单一空间入手的，现在我们还是从这里入手来研究它的形式处理与人的精神感受方面的联系，问题可以归纳成为六个方面：

（一）空间的体量与尺度［图 84］

在一般情况下室内空间的体量大小主要是根据房间的功能使用要求确定的，但是某些特殊类型的建筑如教堂、纪念堂或某些大型公共建筑，为了造成宏伟、博大或神秘的气氛，室内空间的体量往往可以大大地超出功能使用的要求。

室内空间的尺度感应与房间的功能性质相一致。例如住宅中的居室，过大的空间将难以造成亲切、宁静的气氛。为此，居室的空间只要能够保证功能的合理性，即可获得恰当的尺度感。日本建筑师芦原义信曾指出：“日本式建筑四张半席的空间对两个人来说，是小巧、宁静、亲密的空间。……”。日本的四张半席空间约相当于我国 10m^2 左右的小居室，作为居室其尺度可能是亲切的，但这样的空间却不能适应公共活动的要求。

对于公共活动来讲，过小或过低的空间将会使人感到局促或压抑，这样的尺度感也会有损于它的公共性。而出于功能要求，公共活动空间一般都具有较大的面积和高度，这就是说：只要实事求是地按照功能要求来确定空间的大小和尺寸，一般都可以获得与功能性质相适应的尺度感。就是一些政治纪念性建筑，如人民大会堂的观众厅，从功能上讲要容纳一万人集会，从艺术上讲要具有庄严、博大、宏伟的气氛，都要求有巨大的空间，这里功能与精神要求也是一致的。

历史上确有一些建筑——如哥特式或伊斯兰建筑的教堂——其异乎寻常高大的室内空间体量，主要不是由于功能使用要求，而是由精神方面的要求所决定的。对于这些特殊类型的建筑，人们不惜付出高昂的代价，所追求的则是一种强烈的艺术感染力。

一般的建筑，在处理室内空间的尺度时，按照功能性质合理地确定空间的高度具有特别重要的意义。室内空间的高度，可以从两方面看：一是绝对高度——就是实际层高，这是可以用尺寸来表示的，正确地选择合适的尺寸无疑具有重要的意义。如果尺寸选择不当，过低了会使人感到压抑；过高了又会使人感到不亲切。另外是相对高度——不单纯着眼于绝对尺寸，而且要联系到空间的平面面积来考虑。人们从经验中可以体会到：在绝对高度不变的情况下，面积愈大的空间愈显得低矮。另外，作为空间顶界面的天棚和底界面的地面——两个互相平行、对应的面——如果高度与面积保持适当的比例，则可以显示出一种互相吸引的关系，利用这种关系将可以造成一种亲和的感觉，但是如果超出了某种限度，这种吸引的关系将随之而消失。

在复杂的空间组合中，各部分空间的尺度感往往随着高度的改变而变化。例如有时因高爽、宏伟而使人产生兴奋、激昂的情绪；有时因低矮而使人感到亲切、宁静；有时甚至会因为过低而使人感到压抑、沉闷，巧妙地利用这些变化而使之与各部分空间的功能特点相一致，则可以获得意想不到的效果。

（二）空间的形状与比例［图 85］

不同形状的空间，往往使人产生不同的感受，在选择空间形状时，必须把功能使用要求和精神感受要求统一起来考虑，使之既适用，又能按照一定的艺术意图给人以某种感受。

最常见的室内空间一般呈矩形平面的长方体，空间长、宽、高的比例不同，形状也可以有多种多样的变化。不同形状的空间不仅会使人产生不同的感受，甚至还要影响到人的情绪。例如一个窄而高的空间，由于竖向的方向性比较强烈，会使人产生向上的感觉，如同竖向的线条一样，可以激发人们产生兴奋、自豪、崇高或激昂的情绪。高直教堂所具有的又窄又高的室内空间，正是利用空间的几何形状特征，而给人以满怀热望和超越一切的精神力量，使人摆脱尘世的羁绊，尽力向上去追求另外一种境界——由神所主宰一切的彼岸世界。一个细而长的空间，由于纵向的方向性比较强烈，可以使人产生深远的感觉。借这种空间形状可以诱导人们怀着一种期待和寻求的情绪，空间愈细长，期待和寻求的情绪愈强烈。引人入胜正是这种空间形状所独具的特长。颐和园的长廊背山临水，自东而西横贯于万寿山的南麓，由于它所具有的空间形状十分细长，处于其中就会给人以无限深远的感觉和诱力，凭着这种诱力将可以把人自东而西一直引导至园的纵深部位。一个低而大的空间，可以使人产生广延、开阔和博大的感觉。当然，这种形状的空间如果处理不当，也可能使人感到压抑或沉闷。

除长方形的室内空间外，为了适应某些特殊的功能要求，还有一些其它形状的室内空间，这些空间也会因为其形状不同而给人以不同的感受。例如中央高四周低、穹窿形状的空间，一般可以给人以向心、内聚和收敛的感觉；反之，四周高中央低的空间则具有离心、扩散和向外延伸的感觉。一般当中高两侧低的两坡落水的空间（或筒形拱空间），往往具有沿纵轴方向内聚的感觉；反之，当中低两侧高的空间则具有沿纵轴向外扩散的感觉。弯曲、弧形或环状的空间，可以产生一种导向感——诱导人们沿着空间轴线的方向前进。

在进行空间形状的设计时，除考虑功能要求外，还要结合一定的艺术意图来选择。这样才能既保证功能的合理性，又能给人以某种精神感受。

（三）空间围、透关系的处理［图 86］

一个房间，如果皆诸四壁，势必会使人产生封闭、阻塞、沉闷的感觉；相反，若四面临空，则会使人感到开敞、明快、通透。由此可见，空间是围，还是透，将会影响到人们的精神感受和情绪。

在建筑空间中，围与透是相辅相成的。只围而不透的空间诚然会使人感到闭塞，但只透而不围的空间尽管开敞，但处在这样的空间中犹如置身室外，这也是违反建筑的初衷的。因而对于大多数建筑来讲，总是把围与透这两种互相对立的因素统一起来考虑，使之既有围，又有透；该围的围，该透的透。

一个房间究竟以围为主还是以透为主？这要依房间的功能性质和结构形式而定。例如西方古典建筑，由于采用砖石结构，开窗的面积受到严格的限制，室内空间一般都比较封闭。特别是某些宗教建筑，为了造成封闭、神秘乃至阴森恐怖的气氛，多采用一种皆诸四壁、极其封闭的空间形式。我国的传统建筑，由于采用木架构，开窗比较自由，这就为灵活处理围、透关系创造了极为有利的条件。特别是园林建筑，为了开扩视野，几乎可以取四面透空的形式。

围、透的处理和朝向的关系十分密切。凡是对着朝向好的一面，应当争取透，而对着朝向不好的一面则应当使之围。我国传统的建筑尽管可以自由灵活地处理围和透的关系，但除少数园林建筑为求得良好的景观而四面透空外，绝大多数建筑均取三面围、一面透的形式：即将朝南的一面大面积开窗，而使东、西、北三面处理成为实墙。

处理围、透关系还应当考虑到周围的环境。凡是面对着环境好的一面应当争取透，凡是对着环境不好的一面则应当使之围。例如国外某些小住宅建筑，由于围、透关系处理得很巧妙，特别是把对着风景优美的一面处理得既开敞又通透，从而把大自然的景色引进室内。我国古典园林建筑中常用的借景手法，就是通过围、透关系的处理而获得的效果。

凡是实的墙面，都因遮挡视线而产生阻塞感；凡是透空的部分都因视线可以穿透而吸引人的注意力。利用这一特点，通过围、透关系的处理，可以有意识地把人的注意力吸引到某个确定的方向。

（四）内部空间的分隔处理［图 87～88］

一个单一空间，不存在内部分隔的问题。但是由于结构或功能的要求，需要设置列柱或夹层时，就要把原来的空间分隔成为若干部分。

柱子的设置是出于结构的需要，首先应保证结构的合理性。但是也必然会影响到空间形式的处理和人的感受。为此，应当在保证功能和结构合理的前提下，使得柱子的设置既有助于空间形式的完整统一，又能利用它来丰富空间的层次与变化。列柱的设置会形成一种分隔感，在一个单一的空间中，如果设置了一排列柱，就会无形地把原来的空间划分成为两个部分。柱距愈近、柱身愈粗，这种分隔感就愈强。

在长方形的大厅中设置列柱，通常有两种类型：一种是设置单排列柱；另一种是设置双排列柱。若设置单排列柱，将把原来的空间划分成为两个部分；若设置双排列柱，则把原来的空间划分成为三个部分。这里就存在着一个主从关系问题。例如以单排列柱来讲，如果设置在大厅的正中，则将把原来的空间均等地划分成为两个部分，这将可能由于失去了主从差异从而有损于空间的完整统一性。在处理空间时一般应避免采用这种分隔方法。

若能按功能特点使列柱偏于一侧，这样就会使主体空间更加突出，这不仅有利于功能，而且也有助于分清主从、加强整体的统一性。例如中国革命历史博物馆的展览厅就是采用这种方法。

设置双排列柱的空间分隔有三种可能：一是均等地分成三个部分；二是边跨大而中跨小；三是中跨大而边跨小。前两种分法都不利于突出重点，第三种分隔方法使空间主从分明，可突出主要空间，一般采用这种分隔方法的较多。

如果以四根柱子把正方形平面等分成为九个部分，也会因为主从不分而有损于整体的统一性。倘若把柱子移近四角，不仅中央部分的空间扩大了，而且环绕着它可以形成一个“迴廊”，这样的空间分隔主从分明、完整、统一。以上处理方法不仅适合于正方形平面的空间，而且也适合于矩形、八角形和圆形平面的空间。在公共建筑的门厅中采用这种方法设置柱子可获得良好的效果。

另外一些建筑如百货公司、工业厂房等，往往因为面积过大而需要设置多排列柱，而功能上并不需要突出某一部分空间，面对这种情况，柱子的排列最好采用均匀分布的方法，这时，柱列的感觉反而不甚强烈，原来空间的完整性将不会因为设置柱子而受到影响。

室内夹层的设置也会对空间形成一种分隔感，以列柱排列所形成的分隔感是竖向的，而以夹层分隔所形成的分隔感则是横向的。夹层的设置往往是出于功能的需要，但它对空间形式的处理也有很大的影响，如果处理得当，可以丰富空间的变化和层次。有些公共建筑的大厅，就是由于夹层处理的比较巧妙，而获得良好的效果。

夹层一般设置在体量比较高大的空间内。其中最常见的一种形式，就是沿大厅的一侧设置夹层。设置夹层后，原来的空间则可能被划分为两或三部分。如夹层较低，而支承它的列柱又不通至夹层以上，这时通过夹层的设置仅把夹层以下的空间从整体中分隔出来，剩下的那一部分空间，仍然融为一体。如夹层较高，或支承它的列柱通至上层，那么原来的空间将被分隔为三个部分。在这三部分空间中，未设夹层的那一部分空间贯通上下，必然显得高大，而处于夹层上、下那两部分空间必然低矮，这三者之间自然地呈现出一种主与从的关系。

处理好夹层高度、深度的比例关系，特别是与整体的比例关系，不仅影响到各部分空间的完整性，而且还影响到整体关系的协调和统一。在一般情况下，夹层的高度应不超过总高度的一半，这就是说应使夹层以下的空间低于夹层以上的空间，这一方面可以使人方便地通过楼梯登上夹层，另外还会使处于夹层以下的人获得一种亲切感。夹层的宽度也不宜太深，过深的夹层会使夹层以下的空间显得压抑，同时，也会形成整个空间被拦腰切断的感觉。总之，只有比例适当，才能使人产生舒适的感觉。

为适应功能要求，还可以沿大厅的两侧、三侧或四周设置夹层。沿四周设置夹层的就是通常所说的“跑马廊”。这种厅中央部分空间无疑会使人感到既高大又突出，而夹层部分的空间则很低矮，并且形成两个环状的空间紧紧地环绕着中央部分的大空间，主从之间的关系极为分明。

目前，我国多采用在厅的一侧或两侧设置夹层的处理以代替五十年代流行的跑马廊，在国外，夹层处理已经超越了单纯“分隔”的范畴，而达到使空间互相贯通、穿插、渗透的效果。

（五）天花、地面、墙面的处理［图 89～91］

空间是由面围合而成的，一般的建筑空间多呈六面体，这六面体分别由天花、地面、墙面组成，处理好这三种要素，不仅可以赋予空间以特性而且还有助于加强它的完整统一性。

天花和地面是形成空间的两个水平面，天花是顶界面，地面是底界面。地面的处理比较简单，天花的处理则比较复杂。这是由于天花和结构的关系比较密切，在处理天花时不能不考虑到结构形式的影响。另外，天花又是各种灯具所依附的地方，在一些设备比较完善的建筑中，还要设置各种空调系统的进、排气孔，这些在天花的设计中都应给予妥善地处理。天花的处理虽然不可避免地要涉及到很多具体的细节问题，但首先应从建筑空间整体效果的完整统一出发，才能够把天花处理好。

天花——作为空间的顶界面——最能反映空间的形状及关系。有些建筑空间，单纯依靠墙或柱，很难明确地界定出空间的形状、范围以及各部分空间之间的关系，但通过天花的处理则可以使这些关系明确起来。另外，通过天花处理还可以达到建立秩序，克服凌乱、散漫，分清主从，突出重点和中心等多种目的。

通过天花处理来加强重点和区分主从关系的例子很多。在一些设置柱子的大厅中，空间往往被分隔成为若干部分，这些部分本身可能因为大小不同而呈现出一定的主从关系。若在天花处理上再作相应的处置，这种关系则可以得到进一步加强。

处于建筑空间上部的天花，特别引人注目，透视感也十分强烈。利用这一特点，通过不同的处理有时可以加强空间的博大感；有时可以加强空间的深远感；有时则可以把人的注意力引导至某个确定的方向。

天花的处理，在条件允许的情况下，应当和结构巧妙地相结合。例如在一些传统的建筑形式中，天花处理多是在梁板结构的基础上进行加工，并充分利用结构构件起装饰作用。近现代建筑所运用的新型结构，有的很轻巧美观，有的其构件所组成的图案具有强烈的韵律感，这样的结构形式即使不加任何处理，就可以成为很美的天花。

地面，作为空间的底界面，也是以水平面的形式出现的。由于地面需要用来承托家具、设备和人的活动，并且又是借助于人的有限视高来看它的透视，因而其显露的程度则是有限的，从这个意义上讲地面给人的影响要比天花小一些。

地面处理多用不同色彩的大理石、水磨石、马赛克等拼嵌成图案以起装饰作用。地面图案设计大体上可以分为三种类型：一是强调图案本身的独立完整性；二是强调图案的连续性和韵律感；三是强调图案的抽象性。第一种类型的图案不仅具有明确的几何形状和边框，而且还具有独立完整的构图形式。这种类型很象地毯的图案，和古典建筑所具有的严谨的几何形状的平面布局可以协调一致。近现代建筑的平面布局较自由、灵活，一般比较适合于采用第二种类型的图案。这种图案较简洁、活泼，可以无限地延伸扩展，又没有固定的边框和轮廓，因而其适应性较强，可以与各种形状的平面相协调。

国外有些新建筑，采用抽象图案来作地面装饰，这种形式的图案虽然要比地毯式图案的构图自由、活泼一些，但要想取得良好的效果，则必须根据建筑平面形状的特点来考虑其构图和色彩，只有使之与特定的平面形状相协调一致，才能求得整体的完整统一。

为了适应不同的功能要求可以将地面处理成不同的标高，巧妙地利用地面高差的变化，有时也会取得良好的效果。

墙面也是围成空间的要素之一。墙面作为空间的侧界面，是以垂直面的形式出现的，对人的视觉影响是至关重要的。在墙面处理中，大至门窗，小至灯具、通风孔洞、线脚、细部装饰等，只有作为整体的一部分而互相有机地联系在一起，才能获得完整统一的效果。

墙面处理，最关键的问题是如何组织门窗。门、窗为虚，墙面为实，门窗开口的组织实质上就是虚实关系的处理，虚实的对比与变化则往往是决定墙面处理成败的关键。墙面的处理应根据每一面墙的特点，有的以虚为主，虚中有实；有的以实为主，实中有虚。应尽量避免虚实各半平均分布的处理方法。

墙面处理，还应当避免把门、窗等孔洞当作一种孤立的要素来对待，而力求把门、窗组织成为一个整体——例如把它们纳入到竖向分割或横向分割的体系中去，这一方面可以削弱其独立性，同时也有助于建立起一种秩序。在一般情况下，低矮的墙面多适合于采用竖向分割的处理方法；高耸的墙面多适合于采用横向分割的处理方法。横向分割的墙面常具有安定的感觉；竖向分割的墙面则可以使人产生兴奋的情绪。

除虚实对比外，借窗与墙面的重复、交替出现还可以产生韵律美。特别是将大、小窗洞相间排列，或每两个窗成双成对的排列时，这种韵律感就更为强烈。

通过墙面处理还应当正确地显示出空间的尺度感。也就是使门、窗以及其它依附于墙面上的各种要素，都具有合适的大小和尺寸。过大或过小的内檐装修，都会造成错觉、并歪曲空间的尺度感。

（六）色彩与质感的处理［图 119，92］

围成空间的天花、地面和墙面都是由物质材料做成的，它必然具有色彩和质感。处理好色彩与质感的关系，对于人的精神感受也是具有重要意义的。

色彩对于人心理上的影响很大，特别是在处理室内空间时尤其不容忽视。一般地讲，暖色可以使人产生紧张、热烈、兴奋的情绪，而冷色则使人感到安定、幽雅、宁静。根据这个道理，通常象居室、病房、阅览室等一类房间应选择冷色调，而另一类房间如影剧院中的观众厅、体育馆中的比赛厅、俱乐部中的游艺厅等则比较适合于选用暖色调。

色彩的冷暖，还可以对人的视觉产生不同的影响：暖色使人感到靠近，冷色使人感到隐退。两个大小相同的房间，着暖色的会显得小，着冷色的则显得大。此外，不同明度的色彩，也会使人产生不同的感觉：明度高的色调使人感到明快、兴奋；明度低的色调使人感到压抑、沉闷。

室内色彩，一般多遵循上浅下深的原则来处理。例如自上而下，天花最浅，墙面稍深，护墙更深，踢脚板与地面最深。这是因为色彩的深浅不同给人的重量感也不同，浅色给人的感觉轻，深色给人的感觉重。上浅下深给人的重量感是上轻下重，这完全符合于稳定的原则。

室内色彩处理必须恰如其分地掌握好对比与调和的关系。只有调和没有对比会使人感到平淡而无生气。反之，过分地强调对比则会破坏色彩的统一。一个房间的色彩处理应当有一个基本色调，确定了基调后，还必须寻求适当的对比和变化。天花、墙面、地面是形成空间的基本要素，基调的确定必然要通过它们来体现，因而天花、地面、墙面这三者在色彩处理上应当强调调和的一面。如果这三者不谐和，整个色彩的关系就难于统一。对比是在调和的基础上不可缺少的因素，但面积不宜太大。具体到室内空间的色彩处理，大面积的墙面、天花、地面一般应当选用调和色；局部的地方如柱子、踢脚板、护墙、门窗，乃至室内陈设如家具、窗帘、灯具等则可以选用对比色，这样就会使色彩处理既统一和谐又有对比和变化。

在处理室内色彩时，还应避免大面积地使用纯度高的原色或其它过分鲜艳的颜色。特别是天花、墙面、地面的颜色不宜过分鲜艳、强烈，因为这种颜色往往使人感到刺激。为此，一般应采用多少带一点灰色成分的中间色调，这样将使人感到既柔和又大方。

形成内部空间的墙面、地面、天花都是由各种建筑或装修材料做成的，不同材料不仅具有不同的色彩，而且还具有不同的质感。为此，应当选择好适当的材料以期借质感的对比和变化而取得良好的效果。

和室外空间相比，室内空间和人的关系要密切得多。从视觉方面讲，室内的墙面近在咫尺，人们可以清楚地看到它极细微的纹理变化；从触觉方面讲，伸手则可以抚摸它。因而就建筑材料的质感来讲，室外装修材料的质地可以粗糙一些；而室内装修材料则应当细腻一些、光滑一些、松软一些。当然，在特殊情况下，为了取得对比，室内装修也可选用一些比较粗糙的材料，但面积却不宜太大。

尽管室内装修材料一般都比较细腻光洁，但它们的细腻程度、坚实程度、纹理粗细和分块的大小等是各不相同的。它们有的适合于做天花；有的适合于做墙面；有的适合于做地面；有的适合于做装修。例如天花，人们接触不到它，又较易于保持清洁，因而适合于选用松软的材料——抹灰粉刷。地面则不同，它需要用来承托人的活动，而又不易保持清洁，因而必须选用坚实、光滑的材料——水磨石、大理石等。某些有特殊功能要求的房间如体育馆中的比赛厅或舞厅，为保持适当的弹性或韧性，适合于采用木地板。墙面的上半部人们是接触不到的，而下半部则经常接触它，这就使得许多墙面采用护墙的形式——把下半部处理成为坚实、光滑的材料，以起保护墙面的作用。上半部则和天花一样，可以采用较松软的抹灰粉刷。某些有特殊功能要求的厅堂，如剧院的观众厅，出于音响的要求，某些部分需要反射，某些部分则需要吸收，这些都必须分别选用不同的饰面材料。内檐装修的任务就是在适应上述功能要求的前提下，巧妙地把具有不同质感的材料组合在一起，并利用其粗细、坚柔、纹理等各方面的对比和变化，以获得效果。

二、多空间组合的处理

前一节主要分析单一空间形式的处理问题。然而建筑艺术的感染力却不限于人们静止地处在某一个固定点上、或从某一个单一的空间之内来观赏它，而贯穿于人们从连续行进的过程之中来感受它。这样，我们还必须越出单一空间的范围，而进一步研究两个、三个或更多空间组合中所涉及到的各种处理问题，这些问题也可以归纳成为六个方面：

（一）空间的对比与变化［图 93］

两个毗邻的空间，如果在某一方面呈现出明显的差异，借这种差异性的对比作用，将可以反衬出各自的特点，从而使人们从这一空间进入另一空间时产生情绪上的突变和快感。空间的差异性和对比作用通常表现在四个方面：

1. 高大与低矮之间　相毗邻的两个空间，若体量相差悬殊，当由小空间而进入大空间时，可借体量对比而使人的精神为之一振。我国古典园林建筑所采用的“欲扬先抑”的手法，实际上就是借大小空间的强烈对比作用而获得小中见大的效果。其实，这种手法并不限于我国古典园林建筑，古今中外各种类型的建筑，每每都可以借大小空间的对比作用来突出主体空间。其中，最常见的形式是：在通往主体大空间的前部，有意识地安排一个极小或极低的空间，通过这种空间时，人们的视野被极度地压缩，一但走进高大的主体空间，视野突然开阔，从而引起心理上的突变和情绪上的激动和振奋。

2. 开敞与封闭之间　就室内空间而言，封闭的空间就是指不开窗或少开窗的空间，开敞的空间就是指多开窗或开大窗的空间。前一种空间一般较暗淡，与外界较隔绝；后一种空间较明朗，与外界的关系较密切。很明显，当人们从前一种空间走进后一种空间时，必然会因为强烈的对比作用而顿时感到豁然开朗。

3. 不同形状之间　不同形状的空间之间也会形成对比作用，不过较前两种形式的对比，对于人们心理上的影响要小一些，但通过这种对比至少可以达到求得变化和破除单调的目的。然而，空间的形状往往与功能有密切的联系，为此，必须利用功能的特点，并在功能允许的条件下适当地变换空间的形状，从而借相互之间的对比作用以求得变化。

4. 不同方向之间　建筑空间，出于功能和结构因素的制约，多呈矩形平面的长方体，若把这些长方体空间纵、横交替地组合在一起，常可借其方向的改变而产生对比作用，利用这种对比作用也有助于破除单调而求得变化。

（二）空间的重复与再现［图 94］

在有机统一的整体中，对比固然可以打破单调以求得变化，作为它的对立面——重复与再现——则可借谐调而求得统一，因而这两者都是不可缺少的因素。诚然，不适当的重复可能使人感到单调，但这并不意味着重复必然导致单调。在音乐中，通常都是借某个旋律的一再重复而形成为主题，这不仅不会感到单调，反而有助于整个乐曲的统一和谐。

建筑空间组合也是这样。只有把对比与重复这两种手法结合在一起而使之相辅相成，才能获得好的效果。例如对称的布局形式，凡对称都必然包含着对比和重复这两方面的因素。我国古代建筑家常把对称的格局称之为“排偶”。偶者，就是成双成对的意思，也就是两两重复地出现。西方古典建筑中某些对称形式的建筑平面，也明显地表现出这样的特点——沿中轴线纵向排列的空间，力图使之变换形状或体量，借对比以求得变化；而沿中轴线两侧横向排列的空间，则相对应地重复出现，这样，从全局来看既有对比和变化，又有重复和再现，从而把两种互相对立的因素统一在一个整体之内。

同一种形式的空间，如果连续多次或有规律地重复出现，还可以形成一种韵律节奏感。高直教堂中央部分通廊就是由于不断重复地采用同一种形式——由尖拱拱肋结构屋顶所覆盖的长方形平面的空间，而获得极其优美的韵律感。现代国外某些公共建筑、工业建筑也出现一种有意识地选择同一种形式的空间作为基本单元，并以它作各种形式的排列组合，借大量地重复某种形式的空间以取得效果。

重复地运用同一种空间形式，但并非以此形成一个统一的大空间，而是与其它形式的空间互相交替、穿插地组合成为整体（如用廊子连接成整体），人们只有在行进的连续过程中，通过回忆才能感受到由于某一形式空间的重复出现、或重复与变化的交替出现而产生一种节奏感，这种现象可以称之为空间的再现。简单地讲：空间的再现就是指相同的空间，分散于各处或被分隔开来，人们不能一眼就看出它的重复性，而是通过逐一地展现，进而感受到它的重复性。近年来国外有很多建筑，都由于采用这种手法而获得强烈的韵律节奏感。

我国传统的建筑，其空间组合基本上就是借有限类型的空间形式作为基本单元，而一再重复地使用，从而获得统一变化的效果。它既可以按对称的形式来组合成为整体，又可以按不对称的形式来组合成为整体。前一种组合形式较严整，一般多用于宫殿、寺院建筑；后一种组合形式较活泼而富有变化，多用于住宅和园林建筑。创造性地继承这一传统，必将能开阔思路，为当前的建筑创作实践服务。

（三）空间的衔接与过渡［图 95～96］

两个大空间如果以简单化的方法使之直接连通，常常会使人感到单薄或突然，致使人们从前一个空间走进后一个空间时，印象十分淡薄。倘若在两个大空间之间插进一个过渡性的空间（如过厅），它就能够像音乐中的休止符或语言文字中的标点符号一样，使之段落分明并具有抑扬顿挫的节奏感。

过渡性空间本身没有具体的功能要求，它应当尽可能地小一些、低一些、暗一些，只有这样，才能充分发挥它在空间处理上的作用。使得人们从一个大空间走到另一个大空间时必须经历由大到小，再由小到大；由高到低，再由低到高；由亮到暗，再由暗到亮等这样一些过程，从而在人们的记忆中留下深刻的印象。过渡性空间的设置不可生硬，在多数情况下应当利用辅助性房间或楼梯、厕所等间隙把它们巧妙地插进去，这样不仅节省面积，而且又可以通过它进入某些次要的房间，从而保证大厅的完整性。

另外，从结构方面讲，两个大空间之间往往在柱网的排列上需要保留适当的间隙来作沉降缝或伸缩缝，巧妙地利用这些间隙而设置过渡性空间，并可使结构体系的段落更加分明。

某些建筑，由于地形条件的限制，必须有一个斜向的转折，若处理不当，其内部空间的衔接可能会显得生硬和不自然。这时，如果能够巧妙地插进一个过渡性的小空间，不仅可以避免生硬并顺畅地把人流由一个大空间引导至另外一个大空间，而且还可以确保主要大厅空间的完整性。

过渡性空间的设置必须看具体情况，并不是说凡是在两个大空间之间都必须插进一个过渡性的空间，那样，不仅会造成浪费，而且还可能使人感到繁琐和累赘。过渡性空间的形式是多种多样的。它可以是过厅，但在很多情况下，特别是在近现代建筑中，通常不处理成厅的形式，而只是借压低某一部分空间的方法，来起空间过渡的作用。

此外，内、外空间之间也存在着一个衔接与过渡的处理问题。我们知道：建筑物的内部空间总是和自然界的外部空间保持着互相连通的关系，当人们从外界进入到建筑物的内部空间时，为了不致产生过分突然的感觉，也有必要在内、外空间之间插进一个过渡性的空间——门廊，从而通过它把人很自然地由室外引入室内。

一般的建筑，特别是大型公共建筑，多在入口处设置门廊。关于门廊的作用，人们常常着眼于功能和立面处理的需要，即认为它可以起到防雨、突出入口或加强重点的作用。其实，门廊作为一种完全开敞的空间——从性质上讲，它介于室内、外空间之间，并兼有室内空间和室外空间的特点，正是由于这一点，它才能够起到内、外空间的过渡作用。试设想：如果不是通过门廊，而是由外部空间直接地走进室内大厅，那么人们将会感到何等地突然！

门廊作为一种开敞形式的空间，确实可以起到内、外空间过渡的作用。但是门廊却不是可以起到这种作用的唯一形式。在很多情况下即使不设门廊，而仅采用悬挑雨篷的形式，也可以起到内、外空间过渡的作用。这是因为处于雨篷覆盖之下的这部分空间，同样具有介于室内和室外空间的特点。但需要注意的是：以这种形式来处理室内、外空间的过渡关系，必须妥善地考虑雨篷高度与悬挑深度之间的比例关系。若雨篷太高，而悬挑的深度又不够，处于雨篷之下的人将得不到空间感，这样就起不到内、外空间的过渡作用。

国外某些高层建筑，往往采取底层透空的处理手法，这也可以起到内、外空间过渡的作用。这种情况犹如把敞开的底层空间当作门廊来使用。把门廊置于建筑物的底层，人们经过底层空间再进入上部——室内空间，也会起过渡的作用。

（四）空间的渗透与层次［图 97］

两个相邻的空间，如果在分隔的时候，不是采用实体的墙面把两者完全隔绝，而是有意识地使之互相连通，将可使两个空间彼此渗透，相互因借，从而增强空间的层次感。

中国古典园林建筑中“借景”的处理手法也是一种空间的渗透。“借”就是把彼处的景物引到此处来，这实质上无非是使人的视线能够越出有限的屏障，由这一空间而及于另一空间或更远的地方，从而获得层次丰富的景观。“庭院深深深几许?”的著名诗句，形容的正是中国庭园所独具的这种景观。

西方古典建筑，由于采用砖石结构，一般都比较封闭，各个房间多呈六面体的空间形式，彼此之间界线分明，从视觉上讲也很少有连通的可能，因而利用空间渗透而获得丰富层次变化的实例并不多。

西方近现代建筑，由于技术、材料的进步和发展，特别是由于以框架结构来取代砖石结构，从而为自由灵活地分隔空间创造了极为有利的条件，凭借着这种条件西方近现代建筑从根本上改变了古典建筑空间组合的概念——以对空间进行自由灵活的“分隔”的概念来代替传统的把若干个六面体空间连接成为整体的“组合”的概念。这样，各部分空间就自然地失去了自身的完整独立性，而必然和其它部分空间互相连通、贯穿、渗透，从而呈现出极其丰富的层次变化。所谓“流动空间”正是对这种空间所作的一种形象的概括。

在这个基础上逐步地发展起来的国外某些住宅建筑，更是把空间的渗透和层次变化当作一种目标来追求。他们不仅利用灵活隔断来使室内空间互相渗透，而且还通过大面积的玻璃幕墙使室内、外空间互相渗透。有的甚至透过一层又一层的玻璃隔断不仅可自室内看到庭院中的景物，而且还可以看到另一室内空间、乃至更远的自然空间的景色。

近年来国外一些公共建筑，在空间的组织和处理方面愈来愈灵活、多样而富有变化。它不仅考虑到同一层内若干空间的互相渗透，同时还通过楼梯、夹层的设置和处理，使上、下层，乃至许多层空间互相穿插渗透。

在我国当前的一些建筑实践中，也很重视利用空间的渗透来增强层次感。其中有相当一部分是吸取了我国传统建筑，特别是古典园林建筑的处理手法，例如以透空的落地罩、圆光罩、博古架……等来分隔空间，从而使被分隔的空间保持一定的连通关系，以利于空间的渗透。另外，也有一部分建筑主要是吸取了国外的经验，如广州新建的一些旅馆建筑，主要是通过玻璃隔断、门窗、旋转楼梯，以至夹层的设置处理等使空间在水平和垂直两个方向都能互相渗透，从而获得丰富的层次变化。

（五）空间的引导与暗示［图 98］

某些建筑，由于功能、地形或其它条件的限制，可能会使某些比较重要的公共活动空间所处的地位不够明显、突出，以致不易被人们发现。另外，在设计过程中，也可能有意识地把某些“趣味中心”置于比较隐蔽的地方，而避免开门见山，一览无余。不论是属于哪一种情况，都需要采取措施对人流加以引导或暗示，从而使人们可以循着一定的途径而达到预定的目标。但是这种引导和暗示不同于路标，而是属于空间处理的范畴，处理得要自然、巧妙、含蓄，能够使人于不经意之中沿着一定的方向或路线从一个空间依次地走向另一个空间。

空间的引导与暗示，作为一种处理手法是依具体条件的不同，而千变万化的，但归纳起来不外有以下几种途径：

1. 以弯曲的墙面把人流引向某个确定的方向，并暗示另一空间的存在　这种处理手法是以人的心理特点和人流自然地趋向于曲线形式为依据的。通常所说的“流线型”，就是指某种曲线或曲面的形式，它的特点是阻力小、并富有运动感。面对着一条弯曲的墙面，将不期而然地产生一种期待感——希望沿着弯曲的方向而有所发现，而将不自觉地顺着弯曲的方向进行探索，于是便被引导至某个确定的目标。

2. 利用特殊形式的楼梯或特意设置的踏步，暗示出上一层空间的存在　楼梯、踏步通常都具有一种引人向上的诱惑力。某些特殊形式的楼梯——宽大、开敞的直跑楼梯、自动扶梯等，其诱惑力更为强烈，基于这一特点，凡是希望把人流由低处空间引导至高处空间，都可以借助于楼梯或踏步的设置而达到目标。

3. 利用天花、地面处理，暗示出前进的方向　通过天花或地面处理，而形成一种具有强烈方向性或连续性的图案，这也会左右人前进的方向。有意识地利用这种处理手法，将有助于把人流引导至某个确定的目标。

4. 利用空间的灵活分隔，暗示出另外一些空间的存在　只要不使人感到“山穷水尽”，人们便会抱有某种期望，而在期望的驱使下将可能作出进一步地探求。利用这种心理状态，有意识地使处于这一空间的人预感到另一空间的存在，则可以把人由此一空间而引导至彼一空间。

当然，在实际工作中是不能机械地按照上述四种形式而生搬硬套。它们既可以单独地使用，又可以互相配合起来共同发挥作用，至于具体形式则更是多种多样了。

（六）空间的序列与节奏［图 99］

在前五节中，曾就空间的对比与变化、重复与再现、衔接与过渡、渗透与层次、引导与暗示等处理手法作了分析。这些问题虽然本身具有相对的独立性，但每一个问题所涉及的范围仍然是有限的。它们有的仅涉及到两个相邻空间的关系处理，有的虽然涉及的范围要大一些，但也不外只是几个空间的关系处理。就整个建筑来讲，依然还是属于局部性的问题。另外，从性质上讲也仅仅是各就某一方面的处理作了单因素的分析。尽管这些处理手法都是达到多样统一所不可缺少的因素，但如孤立地运用其中某几种手法，还是不能使整体空间组合获得完整统一的效果的。为此，有必要摆脱局部性处理的局限，探索一种统摄全局的空间处理手法——空间的序列组织与节奏。不言而喻，它不应当和前几种手法并列，而应当高出一筹，或者说是属于统筹、协调并支配前几种手法的手法。

与绘画、雕刻不同，建筑，作为三度空间的实体，人们不能一眼就看到它的全部，而只有在运动中——也就是在连续行进的过程中，从一个空间走到另一个空间，才能逐一地看到它的各个部分，从而形成整体印象。由于运动是一个连续的过程，因而逐一展现出来的空间变化也将保持着连续的关系。从这里可以看出：人们在观赏建筑的时候，不仅涉及到空间变化的因素，同时还要涉及到时间变化的因素。组织空间序列的任务就是要把空间的排列和时间的先后这两种因素有机地统一起来。只有这样，才能使人不单在静止的情况下能够获得良好的观赏效果，而且在运动的情况下也能获得良好的观赏效果，特别是当沿着一定的路线看完全过程后，能够使人感到既谐调一致、又充满变化、且具有时起时伏的节奏感，从而留下完整、深刻的印象。

组织空间序列，首先应使沿主要人流路线逐一展开的一连串空间，能够像一曲悦耳动听的交响乐那样，既婉转悠扬，又具有鲜明的节奏感。其次，还要兼顾到其它人流路线的空间序列安排，后者虽然居从属地位，但若处理得巧妙，将可起烘托主要空间序列的作用，这两者的关系犹如多声部乐曲中的主旋律与和声伴奏，若能谐调一致、便可相得益彰。

沿主要人流路线逐一展开的空间序列必须有起、有伏，有抑、有扬，有一般、有重点、有高潮。这里特别需要强调的是高潮，一个有组织的空间序列，如果没有高潮必然显得松散而无中心，这样的序列将不足以引起人们情绪上的共鸣。高潮是怎样形成的呢？首先，就是要把体量高大的主体空间安排在突出的地位上。其次，还要运用空间对比的手法，以较小或较低的次要空间来烘托它、陪衬它，使它能够得到足够的突出，方能成为控制全局的高潮。

与高潮相对立的是空间的收束。在一条完整的空间序列中，既要放、也要收。只收不放势必会使人感到压抑、沉闷，但只放而不收也可能使人感到松散或空旷。收和放是相反相成的，没有极度的收束，即使把主体空间搞得再大，也不足以形成高潮。

沿主要人流必经的空间序列，应当是一个完整的连续过程——从进入建筑物开始，经过一系列主要、次要空间，最终离开建筑物。进入建筑物是序列的开始段，为了有一个好的开始，必须妥善地处理内、外空间过渡的关系，只有这样，才能把人流由室外引导至室内，并使之既不感到突然，又不感到平淡无奇。出口是序列的终结段，也不应当草率地对待，否则就会使人感到虎头蛇尾，有始无终。

除一头一尾外，内部空间之间也应当有良好的衔接关系，在适当的地方还可以插进一些过渡性的小空间，一方面可以起空间收束的作用，同时也可以借它来加强序列的抑扬顿挫的节奏感。在人流转折的地方尤其需要认真地对待。空间序列中的转折，犹如人体中的关节，在这里，应当运用空间引导与暗示的手法提醒人们：现在是转弯的时候了，并明确地向人们指示出继续前进的方向。只有这样，才能使弯子转得自然、才能保持序列的连贯性而不致中断。跨越楼层的空间序列，为了保持其连续性，还必须选择适宜的楼梯形式。宽大、开敞的直跑楼梯不仅可以发挥空间引导作用，而且通过宽大的楼梯井，还可以使上、下层空间互相连通，这些都有助于保持序列的连续性。

在一条连续变化的空间序列中，某一种形式空间的重复或再现，不仅可以形成一定的韵律感，而且对于陪衬主要空间和突出重点、高潮也是十分有利的。由重复和再现而产生的韵律通常都具有明显的连续性。处在这样的空间中，人们常常会产生一种期待感。根据这个道理，如果在高潮之前，适当地以重复的形式来组织空间，它就可以为高潮的到来作好准备，由此，人们常把它称之为高潮前的准备段。处于这一段空间中，不仅怀着期望的心情，而且也预感到高潮即将到来。西方古典建筑，特别是高直教堂，其空间序列组织，大体上就是以这种方法而使人惊叹不已。

从以上的分析可以看出：空间序列组织实际上就是综合地运用对比、重复、过渡、衔接、引导……等一系列空间处理手法，把个别的、独立的空间组织成为一个有秩序、有变化、统一完整的空间集群。这种空间集群可以分为两种类型：一类呈对称、规整的形式；另一类呈不对称、不规则的形式。前一种形式能给人以庄严、肃穆和率直的感受；后一种形式则比较轻松、活泼和富有情趣。不同类型的建筑，可按其功能性质特点和性格特征而分别选择不同类型的空间序列形式。

第六章　外部体形的处理

建筑物的外部体形是怎样形成的呢？它不是凭空产生的，也不是由设计者随心所欲决定的，它应当是内部空间的反映。有什么样的内部空间，就必然会形成什么样的外部体形。当然，对于有些类型的建筑，外部体形还要反映出结构形式的特征，但在近现代建筑中，由于结构的厚度愈来愈薄，除少数采用特殊类型结构的建筑外，一般的建筑其外部体形基本上就是内部空间的外部表象。

除此之外，建筑物的体形又是形成外部空间的手段。各种室外空间如院落、街道、广场、庭园等，都是借建筑物的体形而形成的（包括封闭与开敞两种形式的外部空间）。由此可见，建筑物的体形决不是一种独立自在的因素——作为内部空间的反映，它必然要受制于内部空间；作为形成外部空间的手段，它又不可避免地要受制于外部空间。这就是说：它同时要受到内、外两方面空间的制约，只有当它把这两方面的制约关系统一协调起来，它的出现才是有根有据和合乎逻辑的。这样说来，建筑物的体形虽然本身表现为一种实体，但是从实质上讲却又可以把它看成是隶属于空间的一种范畴。

一、外部体形是内部空间的反映［图 100］

关于建筑体形与外部空间的关系拟留待下一章中讨论，这里着重研究一下它与内部空间的关系问题。

由空间来决定体形，或是由体形来决定空间，这在建筑设计的理论和实践中，一直是个容易引起争论的问题。近代某些著名的建筑师，他们强调功能对于形式的决定作用，实际上就是认为古典建筑过分地强调了外部形式，以致限制了内部空间自由灵活组合的可能性。在他们看来，古典建筑的内部空间主要不是由功能决定的，而是由外形决定的，这种形式的空间不仅满足不了发展变化了的功能要求，而且本身也是呆板机械、千篇一律和毫无生气的。密斯·凡·德·罗在《关于建筑形式的一封信》中曾反复强调；“把形式当作目的不可避免地只会产生形式主义”；“形式主义只努力于搞建筑的外部，可是只有当内部充满生活，外部才会有生命”；“不注意形式不见得比过分注重形式更糟。前者不过是空白而已，后者却是虚有其表”[1] ……从这一系列言论中可以清楚地看出：他所强调的就是内容对于形式的决定作用；空间对于体形的决定作用，这种指导思想就是一种由内到外的设计思想。

密斯·凡·德·罗的这种观点对不对呢？就强调内容对于形式的决定作用这一点来看，这无疑是正确的。特别是在当时，与之相对立的学院派，重形式、轻内容，常常把古典建筑形式当作目标来追求，这实际上就是一种先外而后内的设计思想。在这种思想的支配

[1] “密斯·凡·德·罗给莱斯勒博士的一封信”吴焕加译。

下，就会无视功能的特点，把功能性质千差万别和使用要求各不相同的建筑，统统塞进先入为主的古典建筑形式中去，其结果必然会抹煞建筑物的个性，而使得形式本身也千篇一律而毫无生气。密斯·凡·德·罗所讲的："不注意形式不见得比过分注重形式更糟"如果指的是这种情况，那当然是正确的。但如果说只要功能合理而根本不需要考虑形式，或者说只要功能合理其形式必然是美的，那就值得研究了。事实上，在设计过程中只考虑功能而不顾及形式的做法也是很难想象的，就连密斯·凡·德·罗自己的实践也和他的理论有着明显的矛盾。例如他所设计的许多建筑，形式多呈四四方方的玻璃盒子，这难道都是功能要求所产生的必然结果吗？当然不能这么说，这显然是有着形式的考虑的。

用辩证的观点来看，应当强调内容对于形式的决定作用，但也不能把形式看成是无足轻重的东西。对于建筑体形，当然不应当把它当作目标来追求，它应当是内部空间合乎逻辑的反映。从设计的指导思想来讲应当根据内部空间的组合情况来确定建筑物的外部体形和样式。但是又不能绝对化，在组织空间的时候也要考虑到外部体形的完整统一。从某种意义上讲，建筑设计的任务就是把内部空间和外部体形这两方面的矛盾统一起来，从而达到表里一致，各得其所。

表里一致即为真，而真总是和善、美联系在一起。在建筑设计中应当杜绝一切弄虚作假的现象，而力求使建筑物的外部体形能够正确地反映其内部空间的组合情况。任何弄虚作假，即使单就形式本身来看是美的，但这种美也仅是虚有其表，是算不得美的。

外部体形是内部空间的反映，而内部空间、包括它的形式和组合情况，又必须符合于功能的规定性，这样看来，建筑体形不仅是内部空间的反映，而且它还要间接地反映出建筑功能的特点。正是千差万别的功能才赋予建筑体形以千变万化的形式。复古主义、折衷主义把千差万别的功能统统塞进模式化的古典建筑形式中去，结果是抹煞了建筑的个性，使得建筑形式千篇一律。资本主义近现代建筑强调了功能对于形式的决定作用，反而使得建筑的个性更加鲜明。从这样的事实中可以看出：只有把握住各个建筑的功能特点，并合理地赋予形式，那么这种形式才能充分地表现建筑物的个性，而每个建筑都有自己鲜明强烈的个性，又何愁建筑形式会流于重复、单调和千篇一律呢?!

二、建筑的个性与性格特征的表现［图101～106］

建筑的个性就是其性格特征的表现。它植根于功能，但又涉及到设计者的艺术意图。前者是属于客观方面的因素，是建筑物本身所固有的；后者则是属于主观因素，是由设计者所赋予的。一幢建筑物的性格特征在很大程度上是功能的自然流露，因此，只要实事求是地按照功能要求来赋予它以形式，这种形式本身就或多或少地能够表现出功能的特点，从而使这一种类型的建筑区别于另一种类型的建筑。但是仅有这一点区别是不够的，有时不免会与另一种类型的建筑相混淆，于是设计者必须在这个基础上以种种方法来强调这种区别，从而有意识地使其个性更鲜明、更强烈。但是这种强调必须是含蓄的和艺术的，而不能用贴标签的方法来向人们表明：这是一幢办公楼建筑，或那是一幢医院建筑……。各种类型的公共建筑，通过体量组合处理往往最能表现建筑物的性格特征。这是因为：不同类型的公共建筑，由于功能要求不同，各自都有其独特的空间组合形式，反映在外部，必然也各有其不同的体量组合特点。例如办公楼、医院、学校等建筑，由于功能特点，通常适合于采用走道式的空间组合形式，反映在外部体形上必然呈带状的长方体。再如剧院建筑，它的巨大的观众厅和高耸的舞台在很大程度上就足以使它和别的建筑相区别。至于体育馆建筑，其体量之巨大，几乎没有别的建筑可以与之相匹敌。紧紧抓住这些由功能而赋予的体量组合上的特征，便可表现出各类公共建筑的个性。

功能特点还可以通过其它方面得到反映。例如墙面和开窗处理就和功能有密切的联系。采光要求愈高的建筑，其开窗的面积就愈大，立面处理就愈通透；反之，其开窗的面积就愈小，立面处理就愈敦实。例如图书馆建筑，它的阅览室部分和书库部分由于分别适应不同的采光要求而其开窗处理各具特点，充分利用这种特点，将有助于图书馆建筑的性格表现。

某些建筑还因其异乎寻常的尺度感而加强其性格特征。例如幼儿园建筑，为适应儿童的要求，一般要素通常均小于其它类型的建筑，这也是构成它性格特征的一个重要因素。

在表现建筑性格的时候，还应当充分估计到人的记忆、联想和分析能力。在某些情况下，人们常常可以通过对于某一特殊形象或标志的记忆、联想和分析，从而按照传统的经验来准确无误地判断出建筑物的功能性质。例如像红“十”字，它几乎成为众所周知的医疗卫生的标志。在医院建筑的立面处理上，如果在适当的部位放上一个红“十”字，将可以十分明确地表明：这是一幢医院建筑。再如钟塔，它几乎成为火车站建筑的一种特有的标志，直到今天，虽然采用钟塔形式的火车站建筑已经为数不多，但人们仍然不放弃用巨大的时钟来加强火车站建筑的性格特征。和上述情况相类似的还有航空站建筑，尽管这类建筑的体形和立面处理已经有不少特征，但足以把它和别的建筑明确区别开来的最有力的手段是设置航空调度塔。

还有一些类型的建筑，它们的性格表现与功能特点没有多少直接的联系。例如园林建筑就是属于这种类型的建筑。园林建筑的房间组成和功能要求一般都比较简单，然而观赏方面的要求却比较高。它的空间、体形组合主要是出于观赏方面的考虑。对于这一类建筑是不宜过分强调功能特点在表现建筑性格中的作用的。

纪念性建筑也是这样。它的房间组成与功能要求也比较简单，但却必须具有强烈的艺术感染力。这类建筑的性格特征主要不是依靠对于功能特点的反映，而是由设计者根据一定的艺术意图赋予的。这类建筑要求能够唤起人们庄严、雄伟、肃穆和崇高等感受，为此，它的平面和体形应力求简单、肯定、厚重、敦实、稳固，以期形成一种独特的性格特征。

居住建筑的体形组合及立面处理也具有极其鲜明的性格特征。居住建筑，是直接服务于人们生活、休息的一种建筑类型，为了给人以平易近人的感觉，应当具有小巧的尺度和亲切、宁静、朴素、淡雅的气氛。

工业厂房，作为生产性建筑无疑也有自己独特的性格特征。生产空间虽然要考虑到人，但更多的是考虑物。人和物，尺度概念不同。一般的工业建筑，特别是重型工业厂房，无论从空间、体量或门窗设置，都要比一般的民用建筑大得多。从容纳的对象来看，容纳人的空间比容纳物的空间要灵活得多。如果抓住这两个基本特点，工业建筑的性格特征就可以得到比较充分地反映。此外，工业建筑也有其特有的“象征符号”，这就是烟囱、水塔、煤气罐、冷却塔、输煤道……，对于这些构筑物，如果处置得宜，不仅不会破坏工业建筑构图的完美性，相反却可以其独特，宠大的外形而极大地丰富建筑体形的变化，并有力地加强了工业建筑性格特征的表现。

西方近现代建筑，打破了古典建筑形式的束缚，特别是强调功能对于形式的决定作用，这无疑有助于突出建筑物的个性和性格。此外，近现代建筑在表现手段和表现力方面似乎还有不少突破，它不仅可以借抽象的几何形式来表现一定的艺术意图，而且有时还可以赋予建筑体形以某种象征意义，并借此来突出建筑物的性格特征。例如纽约肯尼迪机场候机楼建筑，针对建筑物的功能特点，设计者使其外部体形呈飞鸟的形式，这种体量虽然不是出自功能的要求，但对表现航空站建筑的性格却十分贴切。由此可见：尽管肯定了由内而外的设计原则，但也不能把它奉为一成不变的教条。

三、体量组合与立面处理

本节主要探讨外部体形处理中带有普遍性和一般性的问题。所谓普遍性、一般性问题，就是不论哪一种类型的建筑都必须遵循的共同的原则——多样统一。以下从九个方面进行阐述。

（一）主从分明、有机结合［图 107～108］

一幢建筑物，不论它的体形怎样复杂，都不外是由一些基本的几何形体组合而成的。只有在功能和结构合理的基础上，使这些要素能够巧妙地结合成为一个有机的整体，才能具有完整统一的效果。

完整统一和杂乱无章是两个互相对立的概念。体量组合，要达到完整统一，最起码的要求就是要建立起一种秩序感。那么从哪里入手来建立这种秩序感呢？我们知道：体量是空间的反映，而空间主要又是通过平面来表现的，要保证有良好的体量组合，首先必须使平面布局具有良好的条理性和秩序感。勒·柯布西耶在《走向新建筑》的纲要中提出“平面布局是根本”；“没有平面布局你就缺乏条理，缺乏意志”❶ 等论断，显然是他长期实践的经验总结。

传统的构图理论，十分重视主从关系的处理，并认为一个完整统一的整体，首先意味着组成整体的要素必须主从分明而不能平均对待各自为政。传统的建筑、特别是对称形式的建筑体现得最明显。对称形式的组合，中央部分较两翼的地位要突出得多，只要能够善于利用建筑物的功能特点，以种种方法来突出中央部分，就可以使它成为整个建筑的主体和重心，并使两翼部分处于它的控制之下而从属于主体。突出主体的方法很多，在对称形式的体量组合中，一般都是使中央部分具有较大或较高的体量，少数建筑还可以借特殊形状的体量来达到削弱两翼以加强中央的目的。

不对称的体量组合也必须主从分明。所不同的是：在对称形式的体量组合中，主体、重点和中心都位于中轴线上；在不对称的体量组合中，组成整体的各要素是按不对称均衡的原则展开的，因而它的重心总是偏于一侧。至于突出主体的方法，则和对称的形式一样，也是通过加大、提高主体部分的体量或改变主体部分的形状等方法以达到主从分明的。

明确主从关系后，还必须使主从之间有良好连结。特别是在一些复杂的体量组合中，

❶ 《走向新建筑》勒·柯布西耶，中国建筑工业出版社——吴景祥译。

还必须把所有的要素都巧妙地连结成为一个有机的整体，也就是通常所说的“有机结合”。有机结合就是指组成整体的各要素之间，必须排除任何偶然性和随意性，而表现出一种互为依存和互相制约的关系，从而显现出一种明确的秩序感。

在讨论主从分明和有机结合问题时，总离不开这样一个前提：即整体是由若干个小体量集合在一起组成的。国外某些新建筑，由于在空间组织上打破了传统六面体空间的概念，进而发展成为在一个大的空间内自由、灵活地分隔空间，这反映在外部体量上便和传统的形式很不相同。传统的形式比较适合于用“组合”的概念去理解，但对于某些新建筑来讲，则比较适合于用“挖除”多余部分的概念去理解。“组合”包含有相加的意思；“挖除”则包含有相减的意思，不言而喻，由相加而构成的整体，必然可以分解成为若干部分，于是各部分之间就可以呈现出主与从的差别，此外，各部分之间也存在着连接是否巧妙的问题。用相减的方法形成整体，便不能或不易分解成为若干部分，既然是这样，就无所谓主，也无所谓从，更谈不上什么有机结合了。

用相减的方法形成整体尽管所用的方法不同，而不强求主从分明和有机结合，但必须保证体形的完整统一性这一根本原则。现代国外许多新建筑，尽管在体形组合上千变万化，和传统的形式大不相同，但万变不离其宗，都必须遵循完整、统一的原则。从这里可以得到一点启示：看待新建筑，既不能用老的框框去套，又不能丢掉永恒不变的原则。

（二）体量组合中的对比与变化［图 109］

体量是内部空间的反映，为适应复杂的功能要求内部空间必然具有各种各样的差异性，而这种差异性又不可避免地要反映在外部体量的组合上。巧妙地利用这种差异性的对比作用，将可以破除单调以求得变化。

体量组合中的对比作用主要表现在三个方面：1. 方向性的对比；2. 形状的对比；3. 直与曲的对比。在以上三个方面中，最基本和最常见的是方向性的对比。所谓方向性的对比，即是指组成建筑体量的各要素，由于长、宽、高之间的比例关系不同，各具一定的方向性，交替地改变各要素的方向，即可借对比而求得变化。一般的建筑，方向性的对比通常表现在三个向量之间的变换。如用笛卡尔座标关系来表示，这三个向量分别为：平行于X轴；平行于Z轴；平行于Y轴，前两者具有横向的感觉，后一种则具有竖向的感觉，交替穿插地改变各体量的方向，将可以获得良好的效果。由著名建筑师杜·陶克（W.M.Dudok）所设计的荷兰某市政厅建筑，可以说是利用方向性对比而取得良好体量组合的杰出范例。

由不同形状体量组合而成的建筑体形，将可以利用各要素在形状方面的差异性进行对比以求得变化。与方向性的对比相比较，不同形状的对比往往更加引人注目，这是因为人们比较习惯于方方正正的建筑体形，一但发现特殊形状的体量总不免有几分新奇的感觉。但是应当看到，特殊形状的体量来自特殊形状的内部空间，而内部空间是否适合或允许采用某种特殊的形状，则取决于功能。这就是说利用这种对比关系来进行体量组合必须考虑到功能的合理性。此外，由不同形状体量组合而成的建筑体形虽然比较引人注目，但如果组织得不好则可能因为互相之间的关系不协调而破坏整体的统一。为此，对于这一类体量组合，必须更加认真地推敲研究各部分体量之间的连接关系。

在体量组合中，还可以通过直线与曲线之间的对比而求得变化。由平面围成的体量，其面与面相交所形成的棱线为直线；由曲面围成的体量，其面与面相交所形成的棱线为曲线。这两种线型分别具有不同的性格特征：直线的特点是明确、肯定，并能给人以刚劲挺拔的感觉；曲线的特点是柔软、活泼而富有运动感。在体量组合中，巧妙地运用直线与曲线的对比，将可以丰富建筑体形的变化。

（三）稳定与均衡的考虑［图 110～112］

黑格尔在《美学》一书中，曾把建筑看成是一种“笨重的物质堆”，其所以笨重，就是因为在当时的条件下，建筑基本上都是用巨大的石块堆砌出来的。在这种观念的支配下，建筑体形要想具有安全感，就必须遵循稳定与均衡的原则。

所谓稳定的原则，就是像金字塔那样，具有下部大、上部小的方锥体；或像我国西安大雁塔那样，每升高一层就向内作适当的收缩，最终形成一种下大上小的阶梯形。西方古典建筑和我国解放初期建造的许多公共建筑，其体量组合大体上遵循的就是这种原则。

但是在建筑发展的长河中，没有哪一个问题像“稳定”那样，随着技术的发展，以致使某些现代的建筑师把以往确认为不稳定的概念当作一种目标来追求。他们一反常态，或者运用大挑臂的出挑；或者运用底层架空的形式，把巨大的体量支撑在细细的柱子上；或者索性采用上大下小的形式，干脆把金字塔倒转过来。应当怎样来看待这个问题呢？在未作深入细致的研究之前，不能草率地下一个简单的结论。不过有一点是明确的，即人的审美观念总是和一定的技术条件相联系着。在古代，由于采用砖石结构的方法来建造建筑，因而理所当然地应当遵循金字塔式的稳定原则。可是今天，由于技术的发展和进步，则没有必要为传统的观念所羁绊。例如采用底层架空的形式，这不仅不违反力学的规律性，而且也不会产生不安全或不稳定的感觉，对于这样的建筑体形理应欣然地接受。至于少数建筑似乎有意识地在追求一种不安全的新奇感，对于这一类建筑，除非有特殊理由，也是不值得提倡的。

在体量组合中，均衡也是一个不可忽视的问题。由具有一定重量感的建筑材料砌筑而成的建筑体量，一旦失去了均衡，就可能产生畸重畸轻、轻重失调等不愉快的感觉。不论是传统的建筑或近现代建筑其体量组合都应当符合于均衡的原则。

传统建筑的体量组合，均衡可以分为两大类：一类是对称形式的均衡；另一类是不对称形式的均衡。前者较严谨，能给人以庄严的感觉，后者较灵活，可以给人以轻巧和活泼的感觉。建筑物的体量组合究竟取哪一种形式的均衡，则要综合地看建筑物的功能要求、性格特征以及地形、环境等条件。

用对称和不对称均衡的道理，虽然可以解释许多传统形式的建筑但却不能解释某些新建筑。例如由贝聿明设计的美国国家艺术博物馆东馆，用传统的观点来看，是不均衡的。那么这是不是说这些建筑的体量组合根本不考虑均衡问题呢？当然不是。均衡有一个相对于什么而言的问题，传统的建筑，不论是对称的还是不对称的，一般都有一条比较明确的轴线，这实际上就是均衡中心，所谓均衡就是对它来讲的。某些新建筑，由于废弃了传统的组合概念，根本不存在什么轴线，因而均衡的问题几乎由于失掉了中心而无从谈起。另外，传统的均衡主要是就立面处理而言（特别是正立面），这实际上仅是一种静观条件下的均衡（或称平面内的均衡）。某些新建筑，则更多地考虑到从各个角度、特别是从连续运动的过程中来看建筑体量组合是否符合于均衡的原则。由于这种差别，则比较强调把立面和平面结合起来，并从整体上来推敲研究均衡问题，这就是说它所注重的是动观条件下的均衡（或称三度空间内的均衡）。如果说均衡必须有一个中心的话，那么传统建筑的均衡中心只能在立面上，而某些新建筑则应当在空间内，很明显，后者比前者要复杂得多。为此，在推敲建筑体量组合时，单纯从某个立面图出发来判断是否均衡，常常达不到预期效果，而通过模型来研究其效果则较好。

（四）外轮廓线的处理［图 113～114］

外轮廓线是反映建筑体形的一个重要方面，给人的印象极为深刻。特别是当人们从远处或在晨曦、黄昏、雨天、雾天以及逆光等情况下看建筑物时，由于细部和内部的凹凸转折变得相对模糊时，建筑物的外轮廓线则显得更加突出。为此，在考虑体量组合和立面处理时应当力求具有优美的外轮廓线。

我国传统的建筑，屋顶的形式极富变化。不同形式的屋顶，各具不同的外轮廓线，加之又呈曲线的形式，并在关键部位设兽吻、仙人、走兽，从而极大地丰富了建筑物外轮廓线的变化。

类似于中国建筑的这些手法，在古希腊的建筑中也不乏先例。古希腊的神庙建筑，通常也在山花的正中和端部分别设置座兽和雕饰，这和我国古建筑中的仙人、走兽所起的作用极为相似，应当怎样来解释这种现象呢？如果说是巧合，毋宁说是出于轮廓线变化的需要。

对于我国传统建筑的这种优良传统，迄今仍然不乏借鉴的价值。例如北京火车站、民族文化宫、中国美术馆等建筑，外轮廓线的处理，大体上是沿用传统的形式。但是由于建筑形式日趋简洁，单靠细部装饰求得轮廓线变化的可能性愈来愈小，为此，还应当从大处着眼来考虑建筑物的外轮廓线处理。这就是说必须通过体量组合来研究建筑物的整体轮廓变化，而不应沉溺在繁琐的细节变化上。

自从国外出现了所谓“国际式”（International Style）建筑风格之后，出现了一些由大大小小的方盒子组成的建筑物，由此而形成的外轮廓线不可能像古代建筑那样，有丰富的曲折起伏变化，但是这却不意味着近现代建筑可以无视外轮廓线的处理。同是由方盒子组成的建筑体形，处理得不好的，往往使人感到单调乏味，处理得巧妙的，则可以获得良好的效果。这表明：现代建筑尽管体形、轮廓比较简单，但在设计中必须通过体量组合以求得轮廓线的变化。例如某些高层建筑，虽然主体结构基本上像一具火柴盒子，但如果能够利用电梯的机房或其它公共设施，而在屋顶上局部地凸起若干部分，这将有助于打破外轮廓线的单调感。如广州白云宾馆、南京丁山宾馆等就是以这种方法而取得了较好的效果。

（五）比例与尺度的处理［图 115～116］

建筑物的整体以及它的每一个局部，都应当根据功能的效用、材料结构的性能以及美学的法则而赋予合适的大小和尺寸。

在设计过程中首先应该处理好建筑物整体的比例关系。也就是从体量组合入手来推敲各基本体量长、宽、高三者的比例关系以及各体量之间的比例关系。然而，体量是内部空间的反映，而内部空间的大小和形状又和功能有密切的联系，为此，要想使建筑物的基本体量具有良好的比例关系，就不能撇开功能而单纯从形式去考虑问题。那么这是不是说建筑基本体量的比例关系会受到功能的制约呢？诚然，它确实受到功能的制约。例如某些大空间建筑如体育馆、影剧院等，它的基本体量就是内部空间的直接反映，而内部空间的长度、宽度、高度为适应一定的功能要求都具有比较确定的尺寸，这就是说其比例关系已经大体上被固定了下来。此时，设计者是不能随心所欲地变更这种比例关系的，然而却可以利用空间组合的灵活性来调节基本体量的比例关系。例如人民大会堂，由于建筑规模大而高度又受到限制，使建筑物的整体比例过于扁长，然而设计者采用化整为零的方法把它分成若干段，从而改变了建筑物的比例关系，使人看上去并不感到过分地扁长。其它如拉长或缩短建筑物的长度；提高或降低建筑物的层数；把“一”字形平面改变为“冂”字形平面……等，都可以改变基本体量的比例关系。

在推敲建筑物基本体量长、宽、高三者的比例关系时，还应当考虑到内部分割的处理。这不仅因为内部分割对于体量来讲表现为局部与整体的关系，而且还因为分割的方法不同将会影响整体比例的效果。例如长、宽、高完全相同的两块体量，一块采用竖向分割的方法；另一块采用横向分割的方法，那么前一块将会使人感到高一些、短一些；后一块将会使人感到低一些、长一些。一个有经验的建筑师，应当善于利用墙面分割处理来调节建筑物整体的比例关系。

在考虑内部分割的比例时，也应当先抓住大的关系。建筑物几大部分的比例关系对整体效果影响很大，如果处理不当，即使整体比例很好，也无济于事。

再进一步就是在大分割内进行再分割。例如人民英雄纪念碑，无论是碑头、碑座或碑身，都必须再划分为若干个小的段落。这些小的段落，都应当有良好的比例关系。只有从整体到每一个细部都具有良好的比例关系，整个建筑才能够获得统一和谐的效果。

和比例相联系的是尺度的处理。这两者都涉及到建筑要素之间的度量关系，所不同的是比例是讨论各要素之间相对的度量关系，而尺度讨论的则是各要素之间的绝对的度量关系。例如有一个长方形，如果形状不变，其相对度量关系——比例——就已经被确定了下来。至于绝对度量关系——尺度——则表现为一种不确定的因素，它既可以大，也可以小，根本无从显示其尺度感。但经过建筑处理，便可从中获得某种度量的“信息”。

整体建筑的尺度处理包含的要素很多。在各种要素中，窗台对于显示建筑物的尺度所起的作用特别重要，这是因为一般的窗台都具有比较确定的高度（一米左右），它如一把尺，通过它可以“量”出整体的大小。窗的情况就大为不同了，随着层高的变化，它既可以大，又可以小，是一种不确定的要素。在立面处理中常常遇到这样的情况：有的建筑物层高很低，有的层高很高，如果处理的不当，其结果不是使高大的建筑物显得矮小，就是使较小的建筑物显得高大。所以出现这些问题，在于窗的处理不当。只有按照实际大小分别选用不同形式的窗，才能正确地显示出建筑物各自不同的尺度感。北京电报大楼、北京火车站这两幢建筑，正是通过特殊形式的窗从而显示出其应有的尺度感，它们的层数不多，但却可以和一般5～6层的办公楼等量齐观。

其它细部处理对整体的尺度影响也是很大的。在设计中切忌把各种要素按比例放大，尤其是一些传统的花饰、纹样，它们在人的心目中早已留下某种确定的大小概念，一但放得过大就会使人对整体估量得不到正确的尺度感。例如解放后建造的某些大型公共建筑，本来的意图是想获得一种夸张的尺度感，但是许多细部又是传统纹样的放大，结果是事与愿违，大而不见其大。

（六）虚实与凹凸的处理［图117］

虚与实、凹与凸在构成建筑体形中，既是互相对立的，又是相辅相成的。虚的部分如窗，由于视线可以透过它而及于建筑物的内部，因而常使人感到轻巧、玲珑、通透。实的部分如墙、垛、柱等，不仅是结构支撑所不可缺少的构件，而且从视觉上讲也是“力”的象征。在建筑的体形和立面处理中，虚和实是缺一不可的。没有实的部分整个建筑就会显得脆弱无力；没有虚的部分则会使人感到呆板、笨重、沉闷。只有把这两者巧妙地组合在一起，并借各自的特点互相对比陪衬，才能使建筑物的外观既轻巧通透又坚实有力。

虚和实虽然缺一不可，但在不同的建筑物中各自所占的比重却不尽相同。决定虚实比重主要有两方面因素：其一是结构；其二是功能。古老的砖石结构由于门窗等开口面积受到限制，一般都是以实为主。近代框架结构打破了这种限制，为自由灵活地处理虚实关系创造了十分有利的条件。特别是玻璃在建筑中大量地应用，结构上仅用几根细细的柱子便可把高达几十层的“玻璃盒子”支撑于半空之中，如果论虚，可以说已经达到了极限。

从功能方面讲，有些建筑由于不宜大面积开窗，因而虚的部分占的比重就要小一些。如博物馆、美术馆、电影院、冷藏库等就是属于这种情况。大多数建筑由于采光要求都必须开窗，因而虚的部分所占的比重就不免要大一些，它们或者以虚为主，或者虚实相当。

在体形和立面处理中，为了求得对比，应避免虚实双方处于势均力敌的状态。为此，必须充分利用功能特点把虚的部分和实的部分都相对地集中在一起，而使某些部分以虚为主，虚中有实；另外一些部分以实为主，实中有虚。这样，不仅就某个局部来讲虚实对比十分强烈，而且就整体来讲也可以构成良好的虚实对比关系。

除相对集中外，虚实两部分还应当有巧妙的穿插。例如使实的部分环抱着虚的部分，而又在虚的部分中局部地插入若干实的部分；或在大面积虚的部分，有意识地配置若干实的部分。这样就可以使虚实两部分互相交织、穿插，构成和谐悦目的图案。

如果把虚实与凹凸等双重关系结合在一起考虑，并巧妙地交织成图案，那么不仅可借虚实的对比而获得效果，而且还可借凹凸的对比来丰富建筑体形的变化，从而增强建筑物的体积感。此外，凡是向外凸起或向内凹入的部分，在阳光的照射下，都必然会产生光和影的变化，如果凹凸处理有当，这种光影变化，可以构成美妙的图案。

目前，国外某些建筑在虚实、凹凸关系的处理上，更加强调两者之间的对比。例如某些高层建筑，底层处理成透空，使上下之间形成强烈的虚实对比。又如由于采用连续的挑阳台和连通的带形窗，整个建筑是由一条实、一条虚，一条凸、一条凹等要素组成，其对比是异常强烈的。更有甚者，有的建筑竟然把其中的某个部分全部挖空，使人可以透过建筑体形从这一侧看到另一侧的景物。

巧妙地处理凹凸关系将有助于加强建筑物的体积感。建立在砖石结构基础上的西方古典建筑，墙壁是厚得惊人的，这从外观上看必然具有很强的体积感。近现代建筑则不然，由于材料的强度和保温性能空前提高，一般墙体的厚度均大为减薄，若不给予适当处理，单凭墙体本身真实厚度的显露，势必使人感到单薄。为此，国外某些建筑师十分注意利用凹凸关系的处理来增强建筑物的体积感。他们运用的手法很多，但最根本的一条原则就是：利用各种可能使门、窗开口退到外墙的基面以内，这样就使得外露的实体显得很深，这种深度给人的感觉好象是墙的厚度，但实际上却大大地超过墙的厚度。

（七）墙面和窗的组织［图 118］

一幢建筑，不论规模大小，立面上必然有许多窗洞。怎样处理这些窗洞呢？如果让它们形状各异、又乱七八糟地分布在墙面上，那么势必会形成一种混乱不堪的局面。反之，如果机械地、呆板地重复一种形式，也会使人感到死板和单调。为避免这些缺点，墙面处理最关键的问题就是要把墙、垛、柱、窗洞、槛墙……等各种要素组织在一起，而使之有条理、有秩序、有变化，特别是具有各种形式的韵律感，从而形成一个统一和谐的整体。

墙面处理不能孤立地进行，它必然要受到内部房间划分、层高变化以及梁、柱、板等结构体系的制约。组织墙面时必须充分利用这些内在要素的规律性，而使之既美观又能反映内部空间和结构的特点。任何类型的建筑，为了求得重力分布的均匀和构件的整齐划一，都力求使承重结构——柱网或承重墙——沿纵、横两个方向作等距离或有规律地布置，这将为墙面处理、特别是获得韵律感创造十分有利的条件。

在墙面处理中，最简单的一种方法就是完全均匀地排列窗洞。有相当多的建筑由于开间、层高都有一定的模数，由此而形成的结构网格是整齐一律的。为了正确地反映这种关系，窗洞也只好整齐均匀地排列。这种墙面常流于单调，但如果处理得当，例如把窗和墙面上的其它要素（墙垛、竖向的梭线、槛墙、窗台线等）有机地结合在一起，并交织成各种形式的图案，同样也可以获得良好的效果。有些建筑，虽然开间一律，但为适应不同的功能要求，层高却不尽相同，利用这一特点，可以采用大小窗相结合，并使一个大窗与若干小窗相对应的处理方法。这不仅反映了内部空间和结构的特点，而且又具有优美的韵律感。北京火车站两翼部分的墙面处理就是一个比较典型的例子。在这里大小窗是按 1∶4 的对应关系组织的，既能反映房间的功能特点，又能正确地显示建筑物的尺度。

此外，还可以把窗洞成双成对地排列。例如某些办公楼建筑，可使窗洞偏于开间的一侧，这样，每两个开间的窗洞集中成一组，反映在立面上窗洞就呈现为两两成对地重复出现。这种形式的开窗处理也具有一种特殊的韵律感。

某些建筑物的墙面处理，并不强调单个窗洞的变化，而把重点放在整个墙面的线条组织和方向感上，这也是获得韵律感的一种手段。例如有的建筑由于强调竖向感，而尽量缩小立柱的间距，并使之贯穿上下，与此同时又使窗户和槛墙尽量地凹入立柱的内侧，从而借凸出的立柱以加强竖向感。和这种情况截然不同的是强调横向感。这种处理的特点是：尽量使窗洞连成带状，并最大限度地缩小立柱的截面，或者借助于横向连通的遮阳板或槛墙与水平的带形窗进行对比（虚实之间），从而加强其横向感。采用竖向分割的方法常因挺拔、俊秀而使人感到兴奋；采用横向分割的方法则可以使人感到亲切、安定、宁静。如果把上述两种处理手法综合地加以运用，则会出现一种交错的韵律感。例如我国南方的某些建筑，为了防止烈日曝晒，常在窗外纵、横两个方向设置遮阳板；巧妙地使之互相交织、穿插，形成韵律感。

墙面处理和开窗形式的变化极其多样，这里很难尽述。特别是国外某些新建筑，突破常用的手法而极力追求新奇的凹凸、光影、虚实等的对比和变化，国外建筑师这种敢于创新的精神，对于我们是很有启发的。

（八）色彩、质感的处理［图 120］

在视觉艺术中，直接影响效果的因素从大的方面讲无非有三个方面：即形、色、质。在建筑设计中，形所联系的是空间与体量的配置，而色与质仅涉及到表面的处理。设计者往往把主要精力集中于形的推敲研究，而只是在形已大体确定之后，才匆忙地决定色与质的处理，因而有许多建筑都是由于对这个问题的重视不够，致使效果受到不同程度的影响。

对于建筑色彩的处理，似乎可以把强调调和与强调对比看成是两种互相对立的倾向。

西方古典建筑，由于采用砖石结构，色彩较朴素淡雅，所强调的是调和；我国古典建筑，由于采用木构架和玻璃屋顶，色彩富丽堂煌，所强调的则是对比。对比可以使人感到兴奋，但过分的对比也会使人感到刺激。人们一般习惯于色彩的调和，但过分的调和则会使人感到单调乏味。

人们常常把灰色看成是“万全的颜色”，这是因为它可以和任何颜色相调和。使用灰色虽然保险，却不免失之平庸。为此，近代的一些建筑师又转而强调对比。

美国建筑师马瑟·布劳亚（Marcel Breuer）在《阳光与阴影》一书中曾指出：“遇到矛盾时，简而易行的对策是无力的妥协，用灰的色调解决黑色与白色的矛盾，是个容易的法子。但这我是不满意的。阳光与阴影的统一不是雾气迷蒙的天空，黑色和白色仍然是需要的”。布劳亚的这一段话，虽然讲的是一般艺术创作的原则，而并非专指色彩处理，但对色彩处理也是适用的。我国传统建筑的色彩处理大体上就是以对比而达到统一的。且不说色彩富丽的宫殿、寺院建筑在用色方面如何以对比而求得统一。就是江南一带的民居采用的粉墙青瓦屋顶的做法，就色彩关系来讲也充满了强烈的对比。

我们应当本着古为今用的原则来吸取我国传统建筑色彩处理的某些精神、实质，而不应当盲目地模仿、抄袭。就我看来，我国传统建筑的用色和当前新建筑之间一个最大的矛盾之处，就是前者的明度太低，大面积地使用低明度的色彩，是难以造成明快气氛的。解放后新建的一些大型公共建筑，尽管在色彩处理上相当多地吸取了传统的手法，但就整体来讲还是以白、米黄等浅色调为主。单从这一点来看似乎并不符合于传统的形式，但这或许正是一个进步。至于其它方面：如根据建筑物的功能性质和性格特征分别选用不同的色调；强调以对比求统一的原则；强调通过色彩的交织穿插以产生调和；强调色彩之间的呼应；……等，原则上和传统建筑的色彩处理都是不相矛盾的。

色彩处理和建筑材料的关系十分密切。我国古典建筑以金壁辉煌和色彩瑰丽而见称，当然离不开琉璃和油漆彩画的运用。解放后新建的大型公共建筑，除琉璃外还运用了各种带有色彩的饰面材料如面砖、大理石、水磨石……等新的建筑材料。但总的来讲我国当前的建筑材料工业还是比较落后的，还不能提供质优而色泽多样的建筑及装修材料。这在某种程度上确实影响到建筑的色彩、质感效果。不过我们也不应当以此为借口而放松对色彩的研究。事实证明：即使是一般的建筑材料，如果精心地加以推敲研究，也还是可以取得令人满意的色彩、质感效果的。例如当前大量性建造的住宅和公共建筑，虽然所使用的只不过是普遍的清水砖墙、水刷石、抹灰等有限的几种材料，但如组合得巧妙，一般都可以借色彩和质感的互相交织穿插、勿隐勿显而形成错综复杂并具有韵律美的图案。

色彩和质感都是材料表面的某种属性，在很多情况下很难把它们分开来讨论。但就性质来讲色彩和质感却完全是两回事。色彩的对比和变化主要体现在色相之间、明度之间以及纯度之间的差异性；而质感的对比和变化则主要体现在粗细之间、坚柔之间以及纹理之间的差异性。在建筑处理中，除色彩外，质感的处理也是不容忽视的。

近代建筑巨匠莱特可以说是运用各种材料质感对比而获得杰出成就的高手。他熟知各种材料的性能，善于按照各自的特性把它们组合成为一个整体并合理地赋予形式。在他设计的许多建筑中，既善于利用粗糙的石块、花岗石、未经刨光的木材等天然材料来取得质感对比的效果，同时又善于利用混凝土、玻璃、钢等新型的建筑材料来加强和丰富建筑的表现力。他所设计的“流水别墅”和“西塔里森”都是运用材料质感对比而取得成就的范例。

质感处理，一方面可以利用材料本身所固有的特点来谋求效果，另外，也可以用人工的方法来“创造”某种特殊的质感效果。例如美国建筑师鲁道夫（Paul Rudolf）非常喜欢使用一种带有竖棱的所谓“灯心绒”式的混凝墙面来装饰建筑，这就是用人工的方法所创造出来的质感效果。

质感效果直接受到建筑材料的影响和限制。在古代，人们只能用天然材料来建造建筑，其质感处理也只能局限在有限的范围内来作选择。嗣后，每出现一种新材料，都可以为质感的处理增添一种新的可能。直到今天，新型的建筑材料层出不穷，这些材料不仅因为具有优异的物理性能而分别适合于各种类型的建筑，而且还特别因为具有奇特的质感效果而倍受人们注意。例如闪闪发光的镜面玻璃建筑刚一露面，便立即引起巨大的轰动，人们常常把它看成是一代新建筑诞生的标志。在美国，有许多建筑师极力推崇这种新材料，并以此创造出光彩夺目的崭新的建筑形象。据此，人们甚至根据建筑物奇特的质感——光亮——而把这些建筑师当作一个学派——“光亮派”——来看待。这一方面表明质感所具有的巨大的表现力，同时也说明材料对于建筑创作所起的巨大的推动作用。由此看来，随着材料工业的发展，利用质感来增强建筑表现力的前景则是十分宽广的。

（九）装饰与细部的处理［图 121］

装饰在建筑中的地位和作用，在不同的历史时期众说纷纭，有些观点甚至是截然对立的。即使处于同一时代的人，其看法也大相径庭。例如十九世纪著名建筑理论家拉斯金（John Ruskin1819～1900）在他所著《建筑七灯》（The Seven Lamps of Architecture）一书中曾明确地指出：建筑与构筑物之间区别的主要因素就在于装饰。可是比他稍晚的卢斯（Adolf Loos 1870～1933）则认为：装饰即罪恶。嗣后，新建筑运动勃兴，大多数建筑师主张废弃表面的外加的装饰，认为建筑美的基础在于建筑处理的合理性和逻辑性。但美国建筑师莱特却独树一帜，不仅在作品中利用装饰取得效果，并认为：“当它（指装饰）能够加强浪漫效果时，可以采用”。事实上，关于装饰在建筑中的地位和作用的争论，直到今天仍然没有终止。在国外，所谓的“后现代派”建筑师，虽然观点、风格不尽相同，但对于装饰都表现出不同程度的兴趣。

通过反复争论，对装饰在建筑中的地位和作用，似乎可以给予适当估计：从发展的总趋势看，建筑艺术的表现力主要应当通过空间、体形的巧妙组合；整体与局部之间良好的比例关系；色彩与质感的妥善处理等来获得，而不应企求于繁琐的、矫揉造作的装饰。但也并不完全排除在建筑中可以采用装饰来加强其表现力。不过装饰的运用只限于重点的地方，并且力求和建筑物的功能与结构有巧妙地结合。

就整个建筑来讲，装饰只不过是属于细部处理的范畴。在考虑装饰问题时一定要从全局出发，而使装饰隶属于整体，并成为整体的一个有机组成部分，任何游离于整体的装饰，即使本身很精致，也不会产生积极的效果，甚至本身愈精致，对整体统一的破坏性就愈大。为了求得整体的和谐统一，建筑师必须认真的安排好在什么部位作装饰处理，并合理地确定装饰的形式（如雕刻、绘画、纹样、线条……）；纹样、花饰的构图；隆起、粗细的程度；色彩、质感的选择等一系列问题。

装饰纹样图案的题材，可以结合建筑物的功能性质及性格特征而使之具有某种象征意义。例如毛主席纪念堂中所使用的向日葵、万年青、松柏、花环等，都可以借助其象征意义而突出建筑物的性格。但这并不是说凡装饰都必须具有象征意义。牵强附会地用装饰作象征，反而会弄巧成拙、甚至使人产生厌恶的情绪。

和建筑创作一样，装饰纹样的图案设计，也存在着继承与创新的问题。我国传统建筑在装饰纹样方面给我们留下了极其宝贵、丰富的遗产，解放后新建的许多大型公共建筑都不同程度地从中吸取了有益的营养。但是应当看到：如果原封不动地搬用，必然会与新的建筑风格格格不入。为此，还必须在原有的基础上推陈出新，大胆地创造出既能反映时代、又能和新的建筑风格协调一致的新的装饰形式和风格。

装饰纹样的疏密、粗细、隆起程度的处理，必须具有合适的尺度感。过于粗壮或过于纤细都会因为失去正常尺度感而有损于整体的统一。所谓“过于”主要是对人们习见的传统形式而言的，例如卷草或回纹，这种图案在传统的建筑中虽然有大有小，但一般地讲总有一个最大和最小的极限，如果超出这种极限，如同低劣的舞台布景中所经常出现的情况那样，就不免会使人感到惊奇。尺度处理还因材料不同而异。相同的纹样，如果是木雕应当处理得纤细一点；如果是石雕则应当处理得粗壮一些。再一点，就是要考虑到近看或远看的效果。从近处看的装饰应当处理得精细一些；从远处看的装饰则应当处理得粗壮一些。例如栏杆，由于近在咫尺，必须精雕细刻；而高高在上的檐口，则应适当地粗壮一些。

建筑装饰的形式是多种多样的，除了雕刻、绘画、纹样外，其它如线脚、花格墙、漏窗等都具有装饰的性质和作用，对于这些细部都必须认真地对待并给予恰当的处理。

第七章　群体组合的处理

美国建筑师查尔斯·莫尔（Charles Moore）在他所著《度量·建筑的空间·形式和尺度》一书中有趣地指出："建筑师的语言是经常捉弄人的。我们谈到建成一个空间，其他人则指出我们根本没有建成什么空间，它本来就存在那里了。我们所做的，或者我们试图去做的只是从统一延续的空间中切割出来一部分，使人们把它当成一个领域"。其实，不仅被切割出来的那一部分建筑空间被人们当成一个领域，如果从更大的范围来看，就是在它之外，并包围着它的统一延续的空间——环境——又何偿不是一个领域呢？当然，这两种领域从性质上讲是不尽相同的，前者既然是按照人的意图被切割出来的，它理应属于人工创造的产品，后者则仍然属于自然形态的东西，这两者并不天然就是和谐共处的。群体组合的任务之一就是要协调这两者的关系，只有使它们巧妙地相结合，才能在更大的范围内求得统一。

当然，群体组合并不限于环境处理这一方面的问题。相邻的建筑，尽管都是人工产品，但是如果没有全局观念，每一幢建筑只是顾及到自身的完整统一而"独善其身"，这也不可能在更大的范围内达到统一。例如在一个统一延续的空间中，各人都从自己狭隘的观念出发来"切割"空间，那么剩余的部分必然会像"下角料"一样，因为失去了限定而变为残缺不全，不成体系的纯偶然性的东西。群体组合的另一个任务就是要摆脱这种偶然性，而使之在更大的范围内建立起一种秩序。

任何建筑，只有当它和环境融合在一起，并和周围的建筑共同组合成为一个统一的有机整体时，才能充分地显示出它的价值和表现力。如果脱离了环境、群体而孤立地存在，即使本身尽善尽美，也不可避免地会因为失去了烘托而大为减色。

群体组合涉及的问题是广泛和复杂的，在这一章中拟分以下五个方面的问题来作讨论。

一、建筑与环境［图123］

任何建筑都必然要处在一定的环境之中，并和环境保持着某种联系，环境的好坏对于建筑的影响甚大。为此，在拟定建筑计划时，首先面临的问题就是选择合适的建筑地段。古今中外的建筑师都十分注意对于地形、环境的选择和利用，并力求使建筑能够与环境取得有机的联系。明代著名造园家计成的《园冶》一书中一开始就强调"相地"的重要性，并用相当大的篇幅来分析各类地形环境的特点，从而指出在什么样的地形条件下应当怎样加以利用，并可能获得什么样的效果。园林建筑是这样，其它类型的建筑也不例外，也都十分注重选择有利的自然地形及环境。通常所讲的"看风水"，脱去封建迷信的神秘外衣，实际上也包含有相地的意思。

国外的情况也是一样。且不说少数"风景建筑"（Landscape Architecture）非常注意物色优美的自然环境，就是一般的住宅建筑，尤其是为资产阶级服务的高级别墅，也无不千方百计地逃离纷乱拥挤的大城市而建造在安静的市郊或影色秀丽的风景区。

对于环境——自然——应当取何种态度呢？各个建筑师的看法也很不相同。例如莱特，作为现代建筑的建筑巨匠，他极力主张“建筑应该是自然的，要成为自然的一部分”。莱特是以他的浪漫主义的“草原式”住宅发迹的，“草原式”这一名称正是他用来象征其作品与美国西部一望无际大草原相结合之意。从这里就已经流露出他对市俗的厌烦而企图寻求世外桃源，并把对大自然的向往当作一种精神寄托。从“草原式”住宅开始而逐渐形成的“有机建筑”论，则更进一步地为他狂热地追求自然美和原始美奠定了理论基础。在他看来，人们建造房子应当和麻雀做窝或蜜蜂筑巢一样凭着动物的本能行事。并极力强调建筑应当像天然生长在地面上的生物一样蔓延、攀附在大地上。简言之：建筑就是应当模仿自然界有机体的形式，从而和自然环境保持和谐一致的关系。这种观点应当说是处理建筑和自然环境关系的一种有代表性的主张。

和这种观点针锋相对的是后起的马瑟·布劳亚。他在论到“风景中的建筑”时说：“建筑是人造的东西，晶体般的构造物，它没有必要模仿自然，它应当和自然形成对比。一幢建筑物具有直线的、几何形式的线条，即使其中也有自然曲线，它也应该明确地表现出它是人工建造的，而不是自然生长出来的。我找不出任何一点理由说明建筑应该模拟自然，模拟有机体或者自发生长出来的形式”[1]，他的这种观点和勒·柯布西耶所提出“住房是居住的机器”基本一致，即认为建筑是人工产品，不应当模仿有机体，而应与自然构成一种对比的关系。

在对待自然环境的态度上，以上是两种截然对立的观点它们是不是可以并存？我认为是可以并存的。莱特主张建筑与自然协调一致，其最终目的，无非是使建筑与环境相统一。布劳亚虽然强调建筑是人工产品，但并不是说它可以脱离自然而孤立地存在，他在同一本书中又说：“建筑就是建筑，它有权力按其本身存在，并与自然共存。我并不把它看成是孤立的组合，而是和自然互相联系的，它们构成一种对比的组合”[2] 从这里可以看出：尽管他们所强调的侧重有所不同，但都不否定建筑应当与环境共存，并互相联系，这实质上就是建筑与环境相统一。所不同的是：一个是通过调和而达到统一；另一个则是通过对比而达到统一。

在对待建筑与环境的关系方面，我国古典园林也有其独到之处。它一方面强调利用自然环境，但同时又不惜以人工的方法来“造景”——按照人的意图创造自然环境；它既强调效法自然，但又不是简单地模仿自然，而是艺术地再现自然。另外，在建筑物的配置上也是尽量顺应自然、随高就低、蜿蜒曲折而不拘一格，从而使建筑与周围的山、水、石、木等自然物统一和谐、融为一体，并收到“虽由人作、宛自天开”的效果。我国传统的造园艺术，尽管手法独特，但最终目的也无非是使建筑与环境相统一。

建筑与环境的统一主要是指两者联系的有机性，它不仅体现在建筑物的体形组合和立面处理上，同时还体现在内部空间的组织和安排上。例如莱特的“流水别墅”和“西塔里森”都是建筑与环境互相协调的范例。这两幢建筑，从里到外都和自然环境有机地结合在

---

[1] 《阳光与阴影》马瑟·布劳亚。

[2] 《阳光与阴影》马瑟·布劳亚。

一起，用莱特自己的话来讲："就是体现出周围环境的统一感，把房子做成它所在地段的一部分"❶。

此外，对于自然环境的结合和利用，不仅限于临近建筑物四周的地形、地貌，而且还可以扩大到相当远的范围。例如美国某住宅设计［图 123-1］：地段座落于狭长的湖岸的北端，四面环山，岗峦起伏，并有数个山峰兀立于湖岸两侧，风景十分优美。为充分利用这一自然条件，使建筑物呈"T"字形，背山面水，并使建筑物的一端悬挑到水面中去，不仅建筑物的外部体形与近处的地形、地貌结合得巧妙，而且在内部空间的安排上又考虑到从各主要房间都能透过窗户而分别看到远处的山峰。通过这个例子可以看出：建筑与自然环境的内在有机联系，既体现在外部又体现在内部；既涉及近处又涉及到远处。

更有少数建筑，对于自然环境的利用不仅限于视觉，同时还扩大到听觉。例如前面提到的"流水别墅"，莱特就曾由于利用瀑布的流水声而博得了主人的欢心。

对于环境的利用，这种由表及里、由近及远、由视觉而及于听觉的考虑，在我国造园专著《园冶》一书中早有论述。例如"园虽别内外，得景则不拘远近"，所讲的就是如何利用远方的景物。又如"萧寺可以卜邻，梵音到耳"，"紫气青霞，鹤声送来枕上"等，则是利用附近的声响来获得某种意境和情趣。

由此看来，周围环境对建筑和人的心理方面的影响是极其复杂和多方面的。要想使建筑与环境有机地融合在一起，必须从各个方面来考虑他们之间的相互影响和联系，只有这样，才能最大限度地利用自然条件来美化环境。

二、关于结合地形的问题［图 124］

建筑地段的选择并不总是符合理想的，特别是在城市中盖房子，往往只能在周围环境已经形成的现实条件下来考虑问题，这样就必然会受到各种因素的限制与影响。另外，在第二章中曾经强调了功能对于空间组合和平面布局所具有的规定性，但这只是问题的一个方面。除了功能因素外，建筑地段的大小、形状、道路交通状况、相邻建筑情况、朝向、日照、常年风向……等各种因素，也都会对建筑物的布局和形式产生十分重要的影响。如果说功能是从内部来制约形式的话，那么地形环境因素则是从外部来影响形式。一幢建筑物之所以设计成为某种形式，追源溯流往往和内、外两方面因素的影响有着不可分割的联系。尤其是在特殊的地形条件下，这种来自外部的影响则表现得更为明显。有许多建筑平面呈三角形、梯形、丫形、扇形或其它不规则的形状，往往是由于受到特殊的地形条件影响所造成的。

在地形条件比较特殊的情况下设计建筑，固然要受到多方面的限制和约束，但是如果能够巧妙地利用这些制约条件，通常也可以赋予方案以鲜明特点。

在有利的地形条件下建筑物的布局、形式诚然有较大的迴旋余地，可以有多种布局的可能性。但即使是这样，也必须严肃认真地从多种可能性中选择最佳方案。

在山区或坡地上盖房子，还应顺应地势的起伏变化来考虑建筑物的布局和形式。如果安排得巧妙，不仅可以节省大量的土方工程，同时还可以取得高低错落的变化。国外建筑

❶ "赖特与记者的谈话"——陈尚义译。

师十分注意并善于利用地形的起伏来构思方案。有些建筑的剖面设计与地形配合得很巧妙，标高也极富变化，这种效果的取得往往和地形的变化有直接或密切的联系。

当然，在利用地形的同时也不排除适当地予以加工、整理或改造，但这只限于更有利地发挥自然环境对建筑的烘托陪衬作用。如果超出了这个限度，特别是破坏了自然环境中所蕴含的自然美，那么这种“改造”只能起消极和破坏的作用。

我国当前有些设计不能做到多样化，其原因虽然是多方面的，但是不善于充分利用地形特点来考虑建筑物的布局和形式，应当说是其中重要的原因之一。不同的地形条件常常可以赋予建筑以不同的形式，由于特殊的地形条件而导致建筑形式的多样化、甚至诱发出一些独特的建筑布局和体形组合，这完全是合情合理和有根有据的。这种现象和毫无根据地为追求形式而标新立异或追求奇形怪状是有本质的不同的。国外有许多建筑如果脱离开特定的地形条件而孤立地看，确实会使人感到困惑不解。然而一旦把地形的因素考虑进去，人们便立即意识到建筑形式和地形之间的某种内在联系和制约性，从而认识到这种形式并不是依靠偶然性而凭空出现的。例如巴黎的联合国教科文组织总部和华盛顿的美国国家艺术博物馆东馆就是属于这样的例子。

三、各类建筑群体组合的特点［图 125～126］

群体组合，主要是指如何把若干幢单体建筑组织成为一个完整统一的建筑群。

若干幢建筑摆在一起，只有摆脱偶然性而表现出一种内在的有机联系和必然时，才能真正地形成为群体。这种有机联系主要受两方面因素的制约：其一，必须正确地反映各建筑物之间的功能联系；其二，必须和特定的地形条件相结合。群体组合应做到：1. 各建筑物的体形之间彼此呼应，互相制约；2. 各外部空间既完整统一又互相联系，从而构成完整的体系；3. 内部空间和外部空间互相交织穿插、和谐共处于一体。我国四合院的布局形式，虽然比较程式化，却很能体现上述特点。至于古典园林建筑的群体组合，虽然设计手法多样，似乎无成法和规律可循，但若认真地加以分析，也与上述三点不相矛盾。

西方古典建筑在群体组合方面与我国古建筑有不少相似之处，特别是一些采用对称形式布局的建筑群，往往也是采用一主两辅呈“品”字的形式而围成空间院落。到了近代，为适应日益复杂的功能要求或考虑到与地形的结合，其形式则愈来愈灵活多样。但就遵循有机统一的基本原则来讲，却依然不变。

总的来看，古代建筑群体组合受功能的制约较少，对形式的考虑较多；而近现代建筑的群体组合受功能的制约较多，建筑形式往往随着功能的要求而变化。不同类型的建筑群，由于功能性质不同，反映在群体组合的形式上也必然会各有特点。在这里，我们不可能过细地来讨论功能与群体布局形式之间的具体联系，只能用概括的方法分别就公共建筑、居住建筑、工业建筑、沿街建筑、国外公共活动中心等几大类型的群体组合，来说明由于功能要求不同而导致布局形式上的某些差异性，换句话说：就是由功能而赋予群体组合形式上的特点。

（一）公共建筑群体组合的特点［图 127］

公共建筑的类型很多，功能特点也很不相同，群体组合也是千变万化的，似乎很难从中找出规律。但是组合手法大致可以分成为两大类：一类是对称的形式，这种形式较易于取得庄严的气氛；另一类是不对称形式，较易于取得亲切、轻松和活泼的气氛。往往由于采用对称的组合形式，与功能要求产生矛盾，所以西方近现代建筑对这种形式常持批判的态度。不过这也要作具体分析，诚然，不顾功能要求而盲目地追求对称，以致牵强附会，这确实是错误的。对称形式的布局，对于一些功能要求不甚严格，而又希望获得庄严气氛的政治纪念性建筑群来说，使用对称形式的布局，是可以取得良好的效果的。

然而，由于功能的限制，要凑成绝对对称的形式往往是困难的。在这种情况下可以考虑采用大体上对称或基本对称的布局形式。

某些公共建筑群，也可以采用对称和非对称两种形式的布局方法。例如功能制约比较严格的部分，通常适合于采用自由、灵活的非对称形式布局；功能制约不甚严格的部分，则可采用对称形式的布局。从我国解放后的建筑实践中看，一般在建筑群的入口部分多采用对称的格局，以期造成一种严整的气氛，而其它部分则结合功能、地形特点采用非对称的布局形式。这样，不仅可以分别适应于各自的功能特点，同时也可借两种布局形式的对比而求得气氛上的变化。

从国内外建筑的发展趋势来看，绝大多数的公共建筑群以采用非对称的布局形式为宜。这是因为非对称的布局其功能的适应性以及地形的适应性，都要比对称的形式优越。特别是某些功能限制比较严格的公共建筑群，采用非对称的布局将更有利于充分按照建筑物的功能特点以及相互之间的联系特点，来考虑建筑物的布局。另外，非对称的布局也可以更紧密地与变化多样的地形环境取得有机的联系。特别是在不规则或有起伏变化的地形条件下，将更有利于充分利用地形的特点来安排建筑，从而使建筑与地形环境融合为一体。再者，对称式的布局虽然较严整，但形式上缺乏个性，非对称的布局不仅较有利于取得轻松活泼的气氛，而且形式变化多样、性格特征鲜明。

（二）居住建筑群体组合的特点［图 128］

居住建筑群中的住宅与住宅之间一般没有功能上的联系，所以在群体组合中不存在彼此之间的关系处理问题。但是往往以街坊或小区中的一些公共设施如托幼建筑、商业供应点、粮店、煤店、小学校等为中心，把若干幢住宅建筑组成为团、块或街坊，从而形成为完整的居住建筑群。

居住建筑要给住户创造舒适的居住条件，因此对于日照和通风的要求较一般建筑要高。同时，为了保持居住环境的安静，在群体组合中还应尽量避免来自外界的干扰。

居住建筑属于大量性的建筑，不仅要求建筑要简单朴素、造价低，而且群体组合在保证日照、通风要求的前提下，尽量提高建筑密度、以节省用地。

居住建筑的功能要求大体是相同的。但也因地区气候条件、地形条件以及规模、标准、层高等条件的不同在组织群体时也呈现出多样的变化。大体可以归纳为三种基本类型：

1. 周边式布局　住宅沿地段周边排列而形成一系列的空间院落，公共设施则置于街坊的中心。这种布局可以保证街坊内部环境的安静而不受外界干扰；沿街一面建筑物排列较整齐，有助于形成完整统一的街景立面。但是由于建筑物纵横交替地排列，常常只能保证一部分建筑具有较好的朝向。另外，由于建筑物互相遮挡不仅会造成一些日照死角，而且也不利于自然通风。这种布局形式较适用于寒冷地区，以及地形规整、平坦的地段。

2. 行列式布局　建筑物互相平行地排列，公共设施穿插地安排在住宅建筑之间。这种布局的绝大部分建筑都可以具有良好的朝向，从而有利于争取有利的日照、采光、通风条件。但是它不利于形成完整、安静的空间、院落，建筑群组合也流于单调。这种布局对于地形的适应性较强，既适合于地段整齐、平坦的城市，又适合于地形起伏的山区。

3. 独立式布局　建筑物独立地分布。由于四面临空，有利于争取良好的日照、采光、通风条件。这种布局可以适应于不同的地形环境，但是用地不够经济。

以上三种布局形式可以分别适应于不同的地形条件，在进行建筑群体组合时，如能综合地加以运用，也可以取得良好的效果。

（三）工业建筑群体组合的特点［图 129］

工业建筑群体布局，首先面临的问题就是如何组织好交通运输路线。而交通运输路线它一方面要严格地受到工艺流程的制约，同时又和各生产车间的布局有密切的联系。一个好的交通运输线路组织至少必须保证流畅、短捷而又互不交叉干扰。

各生产车间的布局主要应考虑到如何使之尽量地符合于生产工艺流程的要求，这和交通运输线的组织也有密切而不可分割的联系。此外，如果是排出烟雾或其它有害气体的车间，应考虑它对环境的污染，一般应将这样的车间布置在下风位。因考虑到安全问题，易燃、易爆车间，应与其它建筑保持适当的距离 。各生产车间的安排还应在保证通风、采光和安全的前提下力求紧凑，这样不仅可以缩短交通运输距离以及各种管线，同时还能节约用地。

工业建筑群体布局虽然要受到生产工艺的制约，但是也不能忽视空间环境的处理。目前国外建筑师十分重视对于自然环境的保护以及厂区内的绿化设施的处理。这不仅会给人的生理和心理上带来益处，同时也有助于恢复疲劳和提高劳动生产率。我国的建筑师更应当以高度的热情来为生产者创造舒适、安静、优美的工作环境。

（四）沿街建筑群体组合的特点［图 130］

沿街建筑，就是指沿着城镇的街道或马路两侧来排列建筑。沿街建筑可以由商店建筑、公共建筑或居住建筑所组成。由商店所组成的街道称之为商业街。不论由何种建筑所组成的街道，一般来讲各建筑物相互之间都没有直接的功能联系。群体组合所主要考虑的问题便是如何通过建筑物与空间的组合而使之具有统一和谐的风格。具体地讲，就是要具有完整统一的体形组合；富有变化的街景和外轮廓线；统一和谐的建筑形式和风格；统一和谐的色彩与质感处理；完整统一的外部空间序列。

沿街建筑群体组合可以分为以下几种基本类型：

1. 封闭的组合形式　建筑物沿街道两侧排列，如同屏风一样形成一条狭长的、封闭形式的空间。一般商业街均适合于采用这种形式。它的特点是：各建筑物紧密地连接在一起，密度大、很集中，便于人们走街串巷，寻求自己所需要的商品。缺点是空间太封闭，采光、通风、日照等条件均因建筑物过于密集而受到影响。

2. 半封闭的组合形式　街道一侧的建筑呈屏风的形式，另一侧呈独立的形式。与前一种组合形式相比较显然要开敞得多。呈封闭形式的一侧较适合于安排商店建筑；呈独立布局的一侧则适合于布置公共建筑或住宅建筑。

3. 开敞的组合形式　沿街道两侧的建筑均呈独立的形式。一般由公共建筑所组成的街道多采用这种组合形式。它的特点是：空间十分开敞；有良好的采光、通风、日照条件；可以充分地利用绿化设施以美化环境。这种组合形式也适合于居住建筑，特别是墩式的住宅。但由于建筑物太分散、联系不密切，不适合用作商业街。

4. 只沿街道一侧安排建筑的组合形式　某些沿河、沿湖或临公园、风景区的街道，为了开阔人的视野，或借自然风景美化城市，通常只在街道的一侧布置建筑，而使沿河、沿湖或临公园、风景区的一侧处理成为绿化地带。这时，建筑物的处理不仅要考虑到近观的效果，而且还要考虑到从河、湖对岸来看的效果。

就整个城市来讲，由于地形条件不同，建筑物的布点和性质不同，每一条街道都可以依据不同情况而分别采用不同的组合形式。综合、交替地利用以上几种组合形式，将可以获得多样化的变化。

（五）国外公共活动中心群体组合的特点［图 131］

国外的一些公共活动中心，就是把某些性质上比较接近的公共建筑集中在一起，以利于某种社会活动。常见的一些活动中心有：文化娱乐活动中心、科学中心、商业中心、医疗卫生中心……等。除此之外，还有一些综合性的中心，例如像市中心那样，不限于某一种性质的活动，而把行政、商业、文化娱乐等各种性质的建筑集中在一起，为市民提供多种活动的便利条件。国外公共活动中心就性质来讲颇相当于我国的公共建筑群，所不同的是前者的社会性比较强，为方便于公众活动，组成群体的各单幢建筑都具有相当大的独立性。各类公共活动中心由于功能性质不同，反映在群体组合中必然各具特点，只有紧紧地抓住各类中心的功能特点及主要矛盾，才能既保证功能的合理性，又能使之具有鲜明的个性特征。

四、群体组合中的统一问题

如果说功能和地形条件可以赋予群体组合以个性，而使之千变万化、各有特色，那么统一便是寓于个性之中的共性。不论属于哪一种类型的建筑群，也不论处于何种地形环境之中，衡量群体组合最终的标准和尺度，就是要看它是不是达到了统一。

那么怎样才能达到统一呢？这个问题是一言难尽的。以下拟具体分析在群体组合中达到统一的途径：

（一）通过对称达到统一［图 132］

无论是对于单体建筑的处理或是对于群体组合的处理，对称都是求得统一的一种最有效的方法，不过在群体组合中这个问题表现得尤其明显。为什么通过对称可以达到统一呢？这是因为对称本身就是一种制约，而于这种制约之中不仅见出秩序，而且还见出变化。历史上有许多著名的建筑群之所以采用对称形式的布局，正说明很早以前人们就已经认识到对称所具有的这一特点。

例如两幢建筑物排列在一起，它们具有完全相同的体形，那么这两者必然因为既无主从之分，相互之间又没有任何联系，从而形成一种互不关联和各自为政的局面，这样就不可能形成一个整体。如果改变一下它们的体形，例如把两者的入口移向内侧，这将有助于削弱各自的独立性。要是在绿化处理上再作相应地配合，譬如在两者之间开一条路，这样将可以使两者遥相呼应，从而改变了原来各自为政的局面。在这种情况下，如果在中央设置一幢高大的建筑，那么原来两幢建筑便立即退居于从属地位，这不仅使中轴线得到有力地加强，同时也形成了对称的格局。至此，三幢建筑不仅主从分明而且又互相吸引，从而形成为一种互为依存、互相制约的有机、完整、统一的整体。

通过对称可以达到统一的道理竟然如此简单、浅显而易于被人们所理解，无怪处于不同历史时期、不同民族、地区和不同国度的人，都不约而同地借助于这种方法来安排建筑，以期获得完整统一的效果。甚至直到今天，尽管人们不免嫌它过于陈旧、机械、呆板，偶遇时机，仍乐于借对称的方法来组织建筑群。

（二）通过轴线的引导、转折达到统一［图 133］

沿着一条笔直的中轴线对称地排列建筑固然可以求得统一，但是在很多情况下，或者由于功能要求不允许采用绝对对称的布局形式；或者因为地形条件的限制不适合采用完全对称的布局形式；或者因为建筑群的规模过大，仅沿着一条轴线排列建筑可能会显得单调，面对这种情况，可以运用轴线引导或转折的方法，从主轴线中引出副轴线，并使一部分较为主要的建筑沿主轴线排列；另一部分较次要的建筑沿副轴线排列。如果轴线引导得自然，巧妙，同样可以建立起一种秩序感。

在运用轴线引导、转折的方法来组织建筑群时，首先面临的问题是如何根据地形特点合理地引出轴线，这一点是能否达到统一的关键。如果轴线构成本身不合理，或者与地形缺乏良好的呼应关系，那么要想借助于这种本身就有缺陷的轴线而把众多的建筑结合成为一个有机的整体，将是十分困难的。群体组合中的轴线，犹如人体中的骨骼，很难设想一个骨骼畸形的人能够具有均称和比例适度的体形。

若干条轴线交织在一起，必须排除偶然性并形成一个完整的体系。所谓排除偶然性系指各条轴线的转折方向应当明确、肯定，并与特定的地形之间保持着严格的制约关系——例如和地形周边保持平行或垂直的关系。只有这样，轴线的转折才是有根有据的，并且也只有这样，才能与地形发生有机的联系。此外，各条轴线还必须互相连接并构成一个主副分明、转折适度和大体均衡的完整体系。不然的话也不可能通过它们把众多的建筑结合成为一个完整统一的整体。

合理地引出轴线后，下一步的任务就是排列建筑。这一步也是十分重要的，如果说轴线只不过是一种抽象的假设，那么建筑则是具形的实体。待工程完竣后，轴线将消失得无影无踪，而建筑则作为视觉的主要对象而被摄入眼帘。所以最终体现效果的不是轴线，而是建筑。在排列建筑时应当特别注意轴线交叉或转折部分的处理，这些“关节点”不仅容易暴露矛盾，同时也是气氛或空间序列转换的标志，若不精心地加以处理，则可能有损于整体的有机统一性。

在这种类型的群体组合中，道路、绿化所起的作用十分显著。在许多情况下如果仅有建筑而没有道路、绿化作为陪衬，各建筑物之间的有机联系以及互相制约的关系将可能变得模糊不清。只有把道路、绿化以及其它设施一并考虑进去，作为一个完整的体系来处理，才能有效地通过它们把孤立的、分散的建筑连系成为一个整体。

（三）通过向心达到统一［图 134］

在儿童游戏中，如果有几个孩子携手围成一个圆圈，那么他们之间就会由于互相吸引而产生向心、收敛和内聚的感觉，并由此而结成一个整体。这和分散的、凌乱的、东奔西跑或乱七八糟挤在一起的孩子给人的感觉是大不相同的。在群体组合中，如果把建筑物环绕着某个中心来布置，并借建筑物的体形而形成一个空间，那么这几幢建筑也会由此而显现出一种秩序感和互相吸引的关系，从而结成有机统一的整体。古今中外有许多建筑群就是通过这种方法而达到统一的。

著名的巴黎明星广场，以凯旋门为中心，十二幢建筑围绕着广场周边布置，并形成圆形空间。这种布局不仅显而易见地构成为一幅完整统一的图案，而且以凯旋门为中心，犹如一块巨大的磁铁，把所有的建筑紧紧地吸引在自己的周围。这样，任何一幢建筑都不能游离于整体之外，而只能作为整体的一部分并与其它建筑相互联系而共存于整体之中，不言而喻，这种组合形式已经达到高度统一的境地。

我国传统的四合院，虽然只不过三、四幢建筑，但是却以内院为中心而沿着它的周边来布置，并且所有的建筑都面向内院，因而相互之间也有一种向心的吸引力，应当说这也是利用向心作用而达到统一的一种组合形式。

近现代建筑，比较强调功能对于形式的影响和作用，在布局上也力求活泼而富有变化，而整整齐齐、向心地排列建筑，从功能上讲既难保证它的合理性，从形式上讲又未免过于机械、呆板，所以在一般情况下都不屑于机械地套用上述的两种形式。然而环绕着某个中心布置建筑，即使建筑物并不全部向心，也将有助于达到整体的统一。

（四）从与地形的结合中求得统一［图 135］

在群体组合中，可以达到统一的途径是多种多样的。除了前述的几个方面外，与地形的结合也是达到统一的途径之一。从广义的角度来看，凡是互相制约着的因素，都必然具有某种条理性和秩序感，而真正做到与地形的结合——也就是把若干幢建筑置于地形、环境的制约关系中去，则同样也会摆脱偶然性而呈现出某种条理性或秩序感，这其中自然也就包含有统一的因素了。

当然，这种形式的统一如果从形式本身来看也许不十分整齐一律。特别是在不规则或有起伏变化的地形条件下，有时甚至使人感到变化无常，但这正是地形本身自然属性的一种反映。如果把方方正正、整齐一律或均衡对称等模式化的布局形式强加在本身就充满变化的地形条件下，这首先就破坏了统一的基础而使人感到格格不入。面对这种情况，如果能够顺应地形的变化而随高就低地布置建筑，就会使建筑与地形之间发生某种内在的联系，从而使建筑与环境融合为一体。这时，各单体建筑就不再能够置身于整体之外而闹独立性，它必须作为整体中的一员而共存于某个特定的地形环境之中，并由此而获得整体的统一性。

（五）以共同的体形来求得统一［图 136］

在群体组合中，各单体建筑如果在体形上包含有某种共同的特点，那么，这种特点就象一列数字中的公约数那样，而有助于在这列数中建立起一种和谐的秩序。所具有的特点愈明显、愈突出、愈奇特，各建筑物相互之间的共同性就愈强烈，于是由这些建筑物所组成的建筑群的统一性就显示得愈充分。例如东京日本国家体育馆（代代木体育馆），主要由两幢建筑物组成，这两者尽管大小、形状各不相同，但由于屋顶都采用了较为奇特的悬索结构，特别是在外形、色彩、质感的处理上都明显地具有共同的特点，这就是说在两者之间存在着一种“公约数”，从而向人们暗示它们是属于同一个“序列”。

在群体组合中，各单体建筑的平面若呈三角形、圆形或其它独特的形状，由此而产生的体形，必然具有明显的共同特点，借这种特点将可以加强群体组合的统一性。

（六）群体组合中建筑形式与风格的统一问题［图 137］

在群体组合中，平面布局和体形组合对于整体的统一性固然具有决定性的影响，但仅仅依靠这两个方面还是不够的，还必须使组成群体的各单体建筑具有统一的形式和风格处理。

在一个统一的建筑群中，虽然各单体建筑的具体形式可以千变万化，但是它们之间必须具有一种统一的、谐调一致的风格。所谓统一、谐调一致的风格，就是那种寓于个性之中的共性的东西。有了它犹如有了共同的血缘关系，于是各单体建筑之间就有了某种内在的联系，就可以产生共鸣，就可以借它——一种共同的血缘关系——而结合成为同一个“族类”，从而达到群体组合的统一。

我国古典建筑在这方面是极好的范例。例如明、清故宫，其规模之大和建筑形式变化之多在世界建筑历史上都是罕见的。但是由于采用程式化的营造做法；相同的建筑和装修材料；统一的结构构件；统一的色彩及质感处理……结果使得所有的建筑都严格地保持着统一的风格特征。无疑，由这些建筑共同组成的建筑群必然是高度统一的。

和上述情况形成鲜明对照的是上海的外滩。五花八门的建筑形式凑集在一起，简直像一个建筑风格展览会。各建筑之间既然没有共同的联系，当然也不可能形成一个统一的整体。这种现象无疑是半殖民地社会城市建设的产物。新中国成立后理应结束这种不合理的现象，但是由于缺乏经验、设计思想混乱以及管理制度不完善等多方面原因，某些工程仍然不能从整体出发而求得风格上的和谐统一，从而大大地破坏了群体的完整性。例如由中国美术馆、华侨饭店、民航办公楼等三幢建筑组成的沿街建筑群就是一个突出的例子。这三幢建筑不仅在平面布局和体形组合上互不关联、各自为政，而且在风格处理上也格格不入，以致人们很难把它们看成是同一个时代的产物，尽管它们几乎是在同一个时期建成的。再如全国农业展览会，虽然从平面布局来看基本上还是统一的，但从单体建筑的形式和风格处理上看，依然存在着片面追求变化而忽视风格统一的倾向，这在一定程度上对于整体的统一性还是有所削弱的。

解放后新建的建筑群，就风格的统一来讲，确有不少好的范例。如原建工部、外贸部等办公楼建筑，都由于具有统一和谐的建筑风格而极大地增强了群体的统一性。

就风格处理来讲，居住建筑群通常要比公共建筑群易于达到统一。这是因为居住建筑的功能比较单一；构件标准化程度高；特别是统一规划设计并一次建成，另外，设计人员一般都能够比较实事求是地对待形式处理问题，而很少片面地追求变化，这些，都有助于达到风格上的统一。

对于一条街道来讲，也应力求使沿街的建筑具有统一和谐的风格。然而街道却不同于一般的建筑群，一条街道可以连绵几公里或十几公里，建筑类型也千差万别，加之建造的时间有早有晚，因而要象一般建筑群那样保持高度的统一性，事实上是难以办到的。但即使有很多困难，至少也应当争取大体上的统一。

五、外部空间的处理［图138～139］

人的活动，作为一种连续的过程，是不能仅仅限制在室内的，它必然要贯穿于室内外。基于这一点人们才逐渐地认识到外部空间的重要性，并把它当作一个重要的课题来研究。

研究外部空间时，首先面临的一个困难就是如何来界定它的形状和范围。外部空间与建筑体形的关系就好象铸造行业中砂型（模子）与铸件的关系那样：一方表现为实，另一方表现为虚，两者互为镶嵌、非此即彼、非彼即此，而呈现出一种互余、互补或互逆的关系。从这种意义上讲，它和建筑体形一样，都具有明确，肯定的界面，只不过正好处于一种互逆的状态。但是从另外一方面看，由于外部空间毕竟融合在漫无边际的自然空间之中，它与自然空间之间没有任何明确的界线，因而它的形状和范围却又是十分难以界定的。

外部空间具有两种典型的形式：其一是以空间包围建筑物，这种形式的外部空间称之为开敞式的外部空间；另一种是以建筑实体围合而形成的空间，这种空间具有较明确的形状和范围，称之为封闭形式的外部空间。但在实践中，外部空间与建筑体形的关系却并不限于以上两种形式，而要复杂得多。这就意味着除了前述的开敞与封闭的两种空间形式外，还有各种介乎其间的半开敞或半封闭的空间形式。

空间的封闭程度首先取决于它的界定情况：一般地讲，四面围合的空间其封闭性最强，三面的次之，两面的更次之。当只剩下一幢孤立的建筑时，空间的封闭性就完全消失了。这时将发生一种转化——由建筑围合空间而转化为空间包围建筑。

其次，同是四面围合的空间，也还因其它围合的条件不同而分别具有不同程度的封闭感：围合的界面愈近、愈高、愈密实其封闭感愈强；围合的界面愈远、愈低、愈稀疏其封闭感则愈弱。

从以上的分析中可以看出，外部空间主要是借建筑体形而形成的，要想获得某种形式的外部空间，就必须从建筑体形入手来推敲研究它们之间的组合关系。

在外部空间设计中，即使通过地面处理也能使人产生某种空间感——一种由底界面引起的空间感。这表明：对于外部空间来讲，即使是绿化、铺面处理也必须认真对待而不可等闲视之。

把若干个外部空间组合成为一个空间群，若处理得宜，利用它们之间的分割与联系既可以借对比以求得变化，又可以借渗透而增强空间的层次感。此外，要是把众多的外部空间按一定程序连接在一起，还可以形成统一完整的空间序列。

（一）外部空间的对比与变化［图 140］

在讨论内部空间处理时，曾指出：利用空间在大与小、高与低、开敞与封闭以及不同形状之间的显著差异进行对比，将可以破除单调而求得变化。这种原则也同样适合于外部空间的处理。关于空间对比手法的运用，大概要以我国古典建筑最为普遍并最卓有成效了。为什么呢？这是因为我国古典建筑主要是通过群体组合而求得变化的。例如古典的园林建筑，特别是江南一带的私家庭园，由于地处市井，经营的范围受到限制，为求得小中见大的效果，一般都是本着欲扬先抑的原则，以小空间来衬托大空间，这就是利用大小空间的强烈对比来获得效果的。北方的皇家园林，虽然不如江南园林小巧、曲折、蜿蜒，但也十分善于利用空间对比的手法来取得效果。例如北海静斋，园内各空间不仅大小不同、形状不同、开敞与封闭的程度不同，而且气氛上也各不相同——有的严谨整齐，有的自然曲折，把这些空间连接在一起，无论从哪一处空间院落而走进另一处空间院落，都可以借上述诸因素的对比而充满变化，从而使人有接应不暇之感。

除园林建筑外，一般的宫殿、寺院、陵墓等建筑，由于气氛上要求庄严、肃穆，多采用对称的布局形式，这虽不及园林建筑活泼多变，但也不排斥利用空间对比的手法来破除可能出现的单调感。例如曲阜孔庙和北京故宫，尽管规模大、轴线长、空间多、并且又都沿着一条轴线而依次串联，但由于充分利用空间的对比作用，却并不使人感到单调。

利用封闭式的院落与辽阔的自然空间进行对比，也是我国古典建筑的一种传统手法。例如承德避暑山庄正宫部分的建筑群，由一连串封闭的内院组成，穿过这些院落最后登上“云山胜地楼”，向北一看，倾刻之间山庄内外的远山近水尽收眼底，从而使人的精神为之一振。这种效果就是借一系列封闭性的空间与辽阔、开敞的自然空间的强烈对比而获得的。

国外建筑也有类似的情况。例如著名的圣·马可广场，平面呈曲尺形，既狭长又封闭，特别是临湖的那一段不仅狭窄而且还愈收愈紧，处于其中视野极度收束，然而一旦走到尽端便顿觉开朗。

当前的一些建筑，如广州矿泉别墅、紫竹院公园南门等，也都注意到运用外部空间对比的手法来取得效果。但总的讲来，对于我国古典建筑这一传统手法的继承还是十分不够的。这可能是由于这样一种错误见解所造成的：即以为群众不习惯于又小又封闭的空间，以致连利用它来陪衬大空间的可能性都被剥夺得一干二净。须知，如果没有较小、较封闭的空间与之对比，即使是很大的空间，也将大而不见其大，依然不能给人以开朗的感觉。

（二）外部空间的渗透与层次［图 141］

外部空间通过分隔与联系的处理，也可以使若干空间互相渗透从而丰富空间的层次变化。如果说外部空间较内部空间有什么差别的话，那只是各自所使用的手段和方法不同而已。在室内，主要是借不同形式的隔断、楼梯、夹层、家具等来分隔房间，以使被分隔的空间互相渗透而达到增强空间层次变化的目的；而在外部空间处理中，所凭借的则是另外一些手段和方法以期达到与上述完全相同的目的。这些手段和方法大体上可以归纳成为六种形式：1. 通过门洞从一个空间看另外一个空间；2. 通过空廊从一个空间看另外一个空间；3. 通过两个或一列柱墩从一个空间看另外一个空间；4. 通过建筑物透空的底层从一个空间看另外一个空间；5. 通过相邻的两幢建筑之间的空隙从一个空间看另外一个空间；6. 通过树丛、山石、雕像等空隙从一个空间看另外一个空间。在外部空间处理中为了获得丰富的空间层次变化，既可以把上述某一种手段和方法重复地使用——例如通过一重又一重的门洞去看某一对象；也可以综合地运用上述某几种手段和方法——通过树丛、门洞、雕像的空隙……去看某一对象。这样，空间就不限于内、外两个层次，而可使三个、四个、乃至更多层次的空间互相渗透，从而造成无限深远的感觉。

通过门洞从一个空间看另一个空间，这种手法不论在我国古典建筑或是西方古典建筑中；也不论在庄严的宫殿建筑或是小巧的庭园建筑中都屡见不鲜。例如明、清故宫，由于正对着中轴线而设置了一重又一重的门阙，人们通过这些厚重的门洞、从一个空间透视一重又一重的空间，这除了使人感到深远外，还可以造成一种无限威严的气氛。传统的四合院民居建筑也有类似的情况，即沿中轴线设置垂花门、敞厅、花厅、轿厅等类似“门”那样的透空的建筑。当人进至前院时便可通过这一系列的门而看到一重又一重的内院。所谓“深宅大院”之所以能够给人以“深”的感觉，则正是借这种手法而获得的效果。

我国古典建筑中的牌楼，如果从功能上讲是没有任何价值的，但是利用它却可以分隔空间而增加层次感。在西方古典建筑中，通常也有通过高大的拱门去看另一空间中的景物的。这种情况和我国的牌楼很相似，由于隔着一重层次去看，因而就愈觉深远。

我国古典园林建筑，往往有意识地通过特意设置的门洞或窗口，自一个空间去观赏另一空间内的景物。这种手法一般称“借景”或“对景”，它一方面可借远方景物来吸引人的注意力而引人入胜，另外，被对景物恰好处于洞口的中央，似一幅图画嵌于框中。特别是由于隔着一重层次去看，因而就愈觉含蓄深远。

通过空廊使两个相邻空间内的景物互相因借、渗透，从而使两个空间内的景物各自成为对方的远景或背景，这也可以获得错综复杂的空间层次变化。江南一带的庭园建筑，每每就是通过这种方法而极大地丰富了空间的层次感。近现代建筑也有利用类似的方法而取得良好效果的，例如中国历史博物馆的门廊和全苏农业展览馆的门廊即是很好的例子。

由于采用框架结构，国外某些楼房，往往把底层处理成为透空的形式，这就使得人们可以透过底层从一侧空间去看另一侧空间内的景物，从而使被建筑物隔开的两侧的空间互相渗透。勒·柯布西耶就善于利用这种方法来取得效果，他设计的许多建筑就是采用这种形式。巴西建筑师尼迈耶也很推崇这种形式，其原因之一就是人的视线可穿透建筑从一侧看到另一侧，而不致因为巨大的板式建筑象一面屏障那样把人的视线完全隔绝，从而使人感到阻塞。

在群体组合中，采用自由布局的形式，往往可以采用建筑体形的交错、转折，特别是透过相邻建筑之间的空隙而看到一重又一重的空间，这也是获得空间渗透和层次变化的一种好方法。国内外有不少居住建筑群即是通过这种布局而使空间显得既深远而又富有层次感。

严格地讲来，凡在空间内设置一重实体——雕像或柱墩，都会因为它的存在而使空间多一重层次。例如古代陵墓建筑的墓道，由于在它的两侧设置了一列像生，从而赋予空间以层次变化，加强了深远感。

综合利用上述各种手段和方法，将可以大大地丰富空间的层次变化。国外有许多群体组合的例子，其空间层次变化极为丰富，给人的感觉无限深远，细分析起来不外就是综合运用上述各种手法的结果。

（三）外部空间的程序组织［图 142］

外部空间的程序组织是一个带有全局性的问题，它关系到群体组合的整个布局。

外部空间的程序组织和人流活动的关系十分密切。一般地讲来，外部空间的程序组织首先必须考虑主要人流必经的路线，其次还要兼顾到其它各种人流活动的可能性。只有这样，才能保证无论沿着哪一条流线活动，都能看到一连串系统的、连续的画面，从而给人留下深刻的印象。结合功能、地形、人流活动特点，外部空间程序组织可以分为以下几种基本类型：1. 沿着一条轴线向纵深方向逐一展开；2. 沿纵向主轴线和横向副轴线作纵、横向展开；3. 沿纵向主轴线和斜向副轴线同时展开；4. 作迂回、循环形式的展开。

各主要空间沿着一条纵轴逐一展开的空间序列，人流路线的方向比较明确，头绪比较单一。这种序列视建筑群的规模大小一般可以由开始段、引导过渡段、高潮前准备段、高潮段、结尾段等不同的区段组成。人们经过这些区段，空间忽大忽小、忽宽忽窄、时而开敞时而封闭，配合着建筑体形的起伏变化，不仅可以形成强烈的节奏感，同时还能借这种节奏而使序列本身成为一种有机、统一、完整的过程。许多古典建筑群均以这种形式来组织空间序列，并获得良好的效果。

我国传统的建筑，特别是宫殿、寺院建筑，其群体布局多按轴线对称的原则，沿一条中轴线把众多的建筑依次排列在这条轴线之上或其左右两侧，由此而产生的空间序列就是沿轴线的纵深方向逐一展开的。例如明、清故宫就是一个非常典型的例子。虽然它的规模很大，但主要部分空间序列极富变化，并且这种变化又都是围绕着某个主题而有条不紊展开的，于是就可以把许多个空间纳入到一条完整、统一、和谐的序列之中。

我国传统的建筑，由于单体建筑基本呈单一空间的形式，大部分建筑可以穿行，这样，在群体组合中就可以一连串地把许多个空间串联在一条中轴线上。国外建筑则不然，由于在多数情况下不允许穿行，因而凡是把建筑物设置在中轴线上，一般便只能从建筑物的两侧绕行，这种情况通常不允许沿一条轴线串联过多的空间。为此，在群体组合中一般则以轴线转折的方法来缩短每一段轴线的长度，从而避免由于轴线过长而可能出现的单调感。例如苏军柏林纪念碑和全苏农业展览会等建筑群，即是通过轴线的转折而有效地缩短了每一段轴线的长度。

近现代建筑群由于功能联系比较复杂，一般都不取轴线对称的布局形式。但也有少数建筑群由于功能联系不甚复杂，仍可借这种布局而具有良好的外部空间序列，日本武芷野艺术大学即为一例。

除借轴线引导来组织空间序列外，还有一种形式的空间序列——迂迴、循环形式的空间序列。它既不对称，又没有明确的轴线引导关系，然而单凭空间的巧妙组织和安排，却也能诱导人们大体上沿着某几个方向，经由不同的路线由一个空间走向另一个空间，直至走完整个空间序列，这种序列的特别是比较灵活：既可以沿着这条路线走，又可以沿着另外一条路线走，不论是正走或是逆转，乃至迂迴循环，都无妨大局，甚至都能于不经意中获得意想不到的效果。

我国古典园林建筑，就空间序列来讲就是属于这种一种类型。有人把我国古典园林比之为山水画的长卷，这可能是出于它的连续性，不过画所能表现的只是平面上的连续性，而庭园建筑则是用空间来构成这种连续关系的。从这种意义上讲，随着人的活动而逐一展现出来的连续过程，则要比任何山水画都更富有变化、深度和实感。

当前国内、外一般的公共建筑群，不论其规模大小，也多采用自由灵活的布局和迂迴循环的空间序列。

第八章　当代西方建筑的审美变异

在第四章所论述的建筑形式美规律，大体上可以解释自古希腊、罗马直到现代建筑等各个历史时期的建筑风格及形式处理所遵循的某些共同准则。然而自 60 年代开始，西方所出现的后现代建筑却大异其趣，从而对传统的审美观念和形式美规律提出质疑和责难。从古希腊、罗马到近代社会，历史跨越了两千多年，尽管随着社会的发展，建筑的形式和风格发生了多种多样的变化，但人们的审美观念却没有太大的变化。然而从近代到本世纪末的近二百年历史中，建筑的审美观念却发生了两次重大的转折，这就是：第一次从古典建筑的形式美学到现代建筑的技术美学；第二次从现代建筑的技术美学到后现代、解构等建筑流派的建筑审美观念的变异。

一、从古典建筑的构图原理到现代建筑的技术美学

西方古典建筑的演变由来已久，远的不说，如果从文艺复兴算起，大约经历了四个多世纪，即从 15 世纪到 19 世纪末。从社会形态看属于手工业时代，其特点是：建筑功能比较简单，建筑类型不多，在历史上占突出地位的主要是教堂，还有一些府邸建筑。为了适应比较简单的功能要求，建筑内部空间组合也不复杂。由于建筑结构主要是石结构，所以人们常把建筑看成是石头的史书。为了适应当时的审美要求，很重视装饰和形式处理，精雕细刻，像对待雕刻一样对待建筑。正如拉斯金（Ruskin.J）所言：“看一幢房子是不是建筑，就要看它有没有装饰”。

古典建筑的美学思想历史悠久，一直可以追溯到古代的希腊。有两位代表人物值得一提：一位是亚里士多德，是科学家和哲学家，同时对美学也做过很多研究。在他的《诗学》中比较系统地论述了形式美的原则，即多样统一。他认为美的主要形式是秩序、均衡和明确，因而美的东西应该是一个有机的整体，提出了“美的统一论”。另一位是毕达哥拉斯，是哲学家和数学家，著名的“黄金比率”就是由他所领导的学派提出来的。他认为数量是万物的本源，万物按照一定的数量比例而构成和谐的秩序，从数学和音乐原理出发，研究弦的长短与音响的关系，突出强调美是和谐的思想。

到了中世纪，在建筑中又出现了一种新的审美范畴——崇高，但始终也没有脱离对统一和谐的审美追求。如神学、美学家圣·托马斯·阿奎那认为“美有三个要素：第一是一种完整或完美，凡是不完整的东西就是丑的；其次是适当的比例或和谐；第三是鲜明，所以鲜明的颜色公认为是美的”。可见中世纪美学虽然披上了一层神学外衣，但仍与古希腊的美学思想一脉相承，即表现为形式上的统一、和谐、匀称。

文艺复兴时期的建筑更进一步发展了“美是和谐”的思想，认为美表现为一定几何形状或比例的匀称，或直接了当地说，建筑是一种形式美。阿尔伯蒂认为：美就是各部分的

和谐，不论是什么主题，各部分都应按照一定的比例关系协调起来。帕拉第奥也认为，美产生于形式，产生于整体和各部分之间的协调。

17世纪的古典主义把这种形式美的法则推向了极端。当时法国著名哲学家、近代唯物主义哲学创始人笛卡尔（Rene De·Scartes）贬低感觉认识的作用，认为只有理性主义才可靠，主张采用欧几里德几何学标本的理性演绎法，以观念本身的清晰明白“作为真理的标准”。美学家布瓦罗（Nicolas Boileaa）将这种理性主义观念引进美学和文艺领域，强调任何艺术都必须以理性为准绳。在这种观念影响下，建筑艺术也极力推崇理性，探求具有普遍性、永恒意义的建筑美学原则，反对个性和情感要素。并认为建筑美就在于纯粹的几何形状和数学的比例关系，把美完全归结于数学关系，强调建筑整体与局部、各局部之间严谨的逻辑性。

虽然巴洛克建筑中出现了一些扭曲变形的要素，洛可可建筑则表现出一种纤弱病态之美的倾向，但纵观古典建筑的整个发展历史，尽管古希腊、罗马、中世纪、文艺复兴，乃至巴洛克、洛可可各个历史时期的建筑艺术风格不相同，但都毫无例外地推崇和谐和多样统一的美学基本法则。可以说追求和谐完美的审美理想，讲求比例、尺度、均衡等形式美法则，始终是古典建筑美学的主要内容，难怪西方流行着一句名言：“建筑是凝固的音乐”。

关于形式美的论述虽然由来已久，但涉及到建筑方面仍不免流于零散。自文艺复兴之后，学者们便有意构筑属于建筑自身的美学体系，直到20世纪初，即1924年由拉普森（Howand Robentson）所著《建筑构图原理》终于在英国出版。但当时新建筑运动已经崭露头角，该书问世不久，便显得跟不上时代的变化和发展。

工业革命之后，西欧很快便进入了工业化时代，社会的生产和生活方式都发生了巨大变化，建筑功能日趋复杂，新的建筑类型日益增多，再也不能把它容纳到古典建筑简单的空间形式之中，于是便引发了一场革命性的变化——新建筑运动。在美国，建筑师沙里宁（Louis Sallivan）则提出“形式服从于功能”的口号。随着新建筑运动的发展，最终便形成了国际式的现代建筑。

此外，铸铁、钢筋混凝土和钢等新材料逐步取代了石头，不仅改变了结构方法，同时也极大地改变了建筑物的内外形式。与之相适应，人们的审美观念也发生了深刻变化，出现了所谓的“技术美学”。表现在建筑中，则认为建筑的美不在于繁琐的装饰，而在于巧妙地组合空间，精巧的工艺和合理的使用材料。奥地利建筑师路斯（Adolf Loos）则对装饰大加鞭笞，声称“装饰即罪恶”，至此，古典建筑形式被彻底否定，取而代之的则是被喻为“玻璃盒子”的现代建筑。

技术美学的主要特点在于它重视艺术构思过程的逻辑性，注意形式生成的依据和合理性，追求建造上的经济性以及建筑形式和风格的普遍适应性。它以功利主义的态度来看待建筑的价值，明确无误地声称“适用”为建筑的基本目的。在这种观点的指导下甚至把建筑等同于工业产品设计，沙里宁的“形式服从于功能”，勒·柯布西耶的“房屋是住人的机器”等口号都是基于这种思想而提出的。

技术美学推崇以功能为依据的创作方法，它摒弃了固有的思想模式，按客观对象的功能、结构、材料、性能作为建筑空间组合和形式生成的依据，并以此向代表古典主义的“学院派”的设计教条挑战，并在否定了古典建筑形式的基础上，确立一种新的设计模式，这就是所谓的现代建筑的设计方法。

然而一个有趣的事实是：古典建筑形式虽然遭到了彻底否定，但是它所赖以依存的美学思想基础却依然故我，没有受到太大的冲击。可以作为佐证的是：1952 年出版的由托伯托·哈姆林（Talbot Hamlin）所著的《20 世纪建筑的功能与形式》，该书在论及《建筑构图原理》的分册中所持的论点，几乎都离不开和谐和多样统一的美学基本原则。这本专著与拉普森的《建筑构图原理》相比，几乎晚了近 30 年，如果说 30 年前的新建筑运动尚处于萌芽时期，那么 30 年后，现代建筑则已经发展到了相当成熟的阶段，但这两本书所持的美学基本原则几乎没有什么改变。更为有趣的是在论及统一、均衡、比例、尺度、韵律等美学范畴时，时而引用古典建筑作为例子，时而又引用现代建筑作为例子，这表明无论是古典建筑抑或是现代建筑，都共同遵循着某种美学基本原则。

正是基于这种思想，在本书第四章建筑“形式美的规律”中，曾把这些形式美基本范畴，当作一种比较稳定、具有普遍意义的法则来对待，并且用来解释古今中外的各种建筑。

二、从现代建筑的技术美学到当代建筑的审美变异

进入 60 年代，西方发达国家开始由工业化社会向信息社会，也就是向后工业社会过渡，人们的审美观又发生了一次重大的转折。如果说前一次转折尚可以用演变或发展的观点来解释的话，那么这一次的转折却超出了演变和发展的范畴，而带有明显的逆反性质，无以名之，姑且借用生物学的术语，称之为“当代西方建筑审美的变异”。所谓逆反，就是指它背离了和谐统一的传统美学法则，而推崇矛盾性、复杂性、含混性，直至追求残破、断裂、扭曲、畸变、解构等一系列为传统美学所不相容的审美范畴。

当代西方建筑审美变异具有以下几个特征：

1. 追求多义与含混

追求多义与含混是当代建筑审美变异的一个基本特征。基于理性主义的传统美学和技术美学都把明确的主题、清晰的含义视为艺术作品的第一生命，追求含义表达的明晰，反对暧昧和模棱两可等审美倾向。然而，这一美学原则目前正面临着严峻的挑战。当今西方后现代建筑思潮认为过分强调建筑形式的纯净和含义表达的明晰，将会产生排斥性的审美态度——排斥俚俗、装饰、幽默和象征性等手法在建筑中的运用，从而使理性与情感，功能与形式处于完全对立的状态，如果全然缺乏模糊性，结果会导致情感的疏离。因此，当代一些建筑师极力反对精确、清晰的空间组合与形体构成关系，转而强调“双重译码”；反对非此即彼，而倡导亦此亦彼或非此非彼；反对排它性而强调兼容性，以期用含混多元的信息构成创造多义性的建筑形象，来满足不同层次的审美交流，使作品随审美主体的文化背景不同，而产生异彩纷呈的审美效果。在当今西方流行的后现代建筑思潮中，虚构、讽喻、拼贴、象征性等都是建筑师惯常使用的手法，并借空间构成的模糊性、主题的歧义性、时空线索构成的随机性，而使作品呈现出游离不定的信息含义。

还有一些建筑师，从东方哲学中寻求依据，努力挖掘“中间状态”的美学内涵，追求既肯定又否定的矛盾状态，强调多种对立因素矛盾共存的美学效果。为使信息构成含混多义，或采用局部与整体等价处理，内外空间互渗，对立两极中引进异质等方法以形成暧昧

状态；或采用异类要素混合杂陈，多种历史构件并置以及细部处理情感化、幽默化等手段以取悦于人。

2.推崇偶然性和追求个性表现

推崇偶然性与追求个性表现是当代西方建筑审美变异的又一特征。在西方传统理性主义哲学中，宇宙万物被看作是一个井然有序的整体，各事物都置于某种必然性的制约之中，因而在强调必然性、普遍性和逻辑性的同时，必然要否定特殊性、多样化和偶然性。当代哲学思想认为这种哲学观点很容易产生机械性和排它性，排斥有序中的无序，必然中的偶然，否异而求同等僵化的思维模式。正是在这种思维模式的影响下，传统的理性主义艺术家把追求永恒的美的本体，建立普遍适用的美学法式，寻求艺术本质规律等，作为美学研究的基本目的。他们强调共性与普遍性，并排斥感性因素，认为它变幻不定，难以捉摸。在他们的心目中，只有普遍适应的美学法则才是艺术的灵魂，而个性、情感等则是无足轻重的，因而所推崇的只是艺术中的一般概念，而非生动具体的形象和细节表现。

与古典美学相类似，重普遍轻特殊、重共性轻个性也是技术美学的一个重要原则。早在本世纪初，现代建筑大师就企图建立普遍适应的美学框架，他们认为普遍的标准，样式的广泛采用是文明的标志，从而努力寻求“通用”的艺术语言，而“控制线”、“人体模数”、“数理原则”等就被他们作为普遍适用的美学原则。在这种观念指导下，净化表面、反对装饰则被视为一种行之有效的艺术手法。此外，直线、直角构图以及通用构件也被推崇备至。因此“少就是多”就自然而然地成了至高无上的艺术典范了。

时至近日，随着审美观念的变异，机械、刻板、僵硬的美学法则受到尖锐的批评。人们抛弃统一的价值标准，代之以轻柔、灵活、多元的美学观念，兼容而非排斥的审美态度，发散而非线性的思维模式，表现出价值观的多元取向。人们认识到面对复杂多元的社会，艺术形式应有千差万别，而不能像清教徒那样为某种刻板教条式的观念所束缚，于是在创作中便冲破了藩篱，不放过任何偶然和随机性的机遇和启迪，而放手于追求个性化的表现。因此，一些建筑师便公然否定创作思维的逻辑性，极力推崇偶然性和随机性，并认为美的本质存在着主观随意性。就像昔日人们认定和谐统一是完美的古典法则一样，人们同样可以认定别的什么东西也是美的，从而可以随意撷取各种历史形态作为建筑的象征符号。在追求个性化的倾向中，当代一些建筑师由表现建筑功能所赋予的形式而转变为抒发个人情感，即从客观向主观转化，从而使创作越来越带有主观随意性。60年代前后，西方某些建筑师以独特的功能为依据，运用现代结构与材料，并借几何象征、抽象象征、具象象征等三种方式来表达建筑个性，由于这种表达尚未脱离功能性质，因而仍可视为建筑客体的个性表现。从70年代开始，这种个性表达便注入了更多的文化内涵，变成以文化为依据，通用的国际式文化被地域文化所取化，富有特色的东方文化、伊斯兰文化、非洲文化悄悄地渗入建筑表现，致使风靡全球的国际式风格受到严峻的挑战。

个性化表现的第三阶段是建筑师主体意识的崛起。某些先锋派建筑师把现代建筑大师的美好愿望说成是“乌托邦”式的幻想，从而轻松地摆脱建筑师的社会职责。他们极力强调建筑师的自身价值，甚至把建筑作品视作个性表达的工具。因此，建筑设计打破了从功能出发的单一模式，在创作中一味强调偶然性和随机性，玩弄形式游戏，通过片断夸张、变形、倒置等手法，在对立冲突中追求暧昧、变幻不定、猜测、联想等审美情趣，以至使建筑创作脱离社会而沦为建筑师的自我表现和情感宣泄。

3. 怪诞与幽默

古典美学和技术美学都专注于崇高、典雅与纯洁之美，极力迎合上流社会的审美情趣。但是在当代西方后现代建筑思潮中，却极力扩展俚俗、幽默等适合于大众口味的审美需求。同时还极力开拓“丑陋”、“怪诞”、“破落”等否定性的审美范畴，这可以说是对千百年来所确定的正统美学观念的反叛。在当代某些先锋派建筑作品中，人们看到的并非是完美的形象、优雅的情趣、近人的尺度与和谐的气氛，而是为奇异、费解和令人失望的感觉所左右，从那里所得到的不是美的愉悦，而是幽默、嘲弄乃至滑稽的感觉。这一切似乎表明：人们已经抛弃了对完美与典雅的追求，转而关注幽默、怪诞和俚俗化的审美情趣。

可能是受波普艺术的影响，当代一些建筑师极力强调从民间艺术、商品广告乃至漫画中去寻求审美素材，努力发展为现代建筑所不齿的戏谑、反语、嘲讽等手法，并运用于自己的创作之中。

70年代以来，西方艺术又以“讽刺”和“亵渎”作为创作的题材和手段，如给裸体的维纳斯穿上比基尼泳装，给达·芬奇的名画“蒙娜里莎”添上胡须，裸露胴体在艺术殿堂表演等，凡此种种都不可避免地会影响到建筑创作。在这方面，美国的塞特集团可谓独树一帜，他们从“反建筑”（De-Architecture）的概念出发，设计了一系列坍塌、败落的建筑形象。例如在休斯顿的Best超级市场，塞特将正面设计成坍塌的形象，以期用幽默感来嘲弄现代建筑一付冷若冰霜的刻板面孔。在这一潮流中，日本建筑师也自有其特色，采用许多荒诞不经的艺术语言去创造不同一般的建筑形象。

美国建筑师埃森曼认为：“……怪诞涉及到现实物质，涉及到物质不定性的表述。由于建筑被认为与物质存在有关，那么怪诞在某种程度上就在建筑中存在了。这种怪诞是可以接受的，只要它作为一种装饰在怪诞体和壁画的形式中，这是因为怪诞所引导的丑的、反形式的、被假定为非自然的观念在美中总是不断出现。美在建筑中总是试图压制的就是这种不断出现的状态，或者说已经存在的状态”（P. 埃森曼 In Terror Firma：In Trails of Grotextes）。正是由于丑、怪作为“美”的对立面，千百年来又总是处于被支配、非主流地位，于是解构建筑师就要对这种关系加以颠倒，并把它作为建筑表现的重要要素。由此，他们便表现出一种以丑取代美，以怪诞取代崇高的倾向。

4. 残破、扭曲、畸变

后现代建筑师有时对有缺陷、未完成之美表现出特殊的兴趣。盖里（Gehry）说：“我感兴趣于完成的作品。我也感兴趣作品看上去未完成。我喜欢草图性、试验性和混乱性，一种进行的样子。”他的住宅就是一个不完美、未完成的建筑宣言——入口处设置像临时用的木栅栏、缺乏安全感的波形铁板，仿佛给人踩塌了似的前门，好像随时会从屋顶上滚落下来的箱体……，这一切都造成了一种不完美、残缺的形象。

也有一些建筑师追求所谓“东方式的完美性”，把完整的看作是并不完美，而在建筑中表达和追求“大圆若缺”的审美意象。更有一些建筑师极力推崇“混乱”与散离状态的关系，他们认为商业繁荣和经济波动必然会导致城市的视觉混乱，这是信息社会中独有的现象，也是城市有生命力的表现。因此把现代科学中的混沌理论引进建筑创作领域，表现出对离散状态和带生活特点的波动系统的极大兴趣。同时他们还认为建筑规范和高技术的秩序的混乱、掺和，是通过宏观上的随意性噪声来平衡的，而这种混乱的美墨守成规的人是看不到的。

事实上，在今天被称为解构主义建筑师的审美观念中，强调冲突、破碎的意向尤其明显，在他们的作品中，经常出现支离破碎和残缺不全的建筑形象。扭曲、畸变、错位、散逸、重构……等，在他们的作品中屡见不鲜，甚至成为不可缺少的标志。因此，詹克斯在《新现代主义》一文中把强调混乱与随机性；注意现代技术与机器式的碰撞拼接；否定和谐统一；追求破碎与分裂……等倾向，都看作是“新现代主义”的突出标志。

从审美心理学角度看，当代先锋派建筑师利用扭曲、变形和残缺、破碎来取代“美”，并非毫无根据的“胡作非为”，它多少有一点美学依据。格式塔心理学研究成果表明：较复杂、不完美和无组织性的图形，将具有更大的刺激性和吸引力，它可以唤起更大的好奇心。当人们注视由于省略造成的残缺或通过扭曲造成偏离规则形式时，就会导致心理特有紧张，注意力高度集中，潜力得到充分发挥，从而产生一系列创造性的知觉活动。

对复杂与刺激性的追求，与人类文明发展状况有关。原始艺术多表现为二度平面，它追求的是规则、对称和简单的图形；古典建筑追求的是和谐统一，丰富的表现力与完美的造型；在现代艺术中，则出现对不完美、丑、扭曲等审美追求。对原始人类来说，规则、对称与简洁代表了迷乱中的秩序，混乱中的条理。在古典社会中，和谐完美代表人类对理性的信赖。而在当代西方社会，贫乏而又丧失个性的工作与生活方式，更需要的是强烈的刺激，表达心理失衡的自然是扭曲与变形。

冲突、残破、怪诞等反和谐的审美范畴是当代西方社会的产物。它用非理性、违反逻辑的扭曲变形、结构解体、时空倒错为手段，向传统审美法则挑战，并借以创造为传统美学法则所无法认同的作品。在这些作品中，寻常的逻辑沉默了，理性的终极解释与判断失效了，出现的则是从未谋面的陌生化的审美境地。

如果说技术美学强调的是主体与客体、功能与形式、合目的性与合逻辑性的契合与统一，那么当代西方建筑审美变异则恰恰与之相反，所表现的则是主体与客体、功能与形式、合目的性与合逻辑性的冲突与离异。

三、当代西方建筑审美变异的历史与社会根源

后现代建筑的出现，绝非是一种偶然、孤立的现象，而有其深刻的历史与社会根源。人类建筑活动总是和一定社会生产力发展水平以及经济、政治、文化发展状况紧密地相联系的。前文中曾经提到，古典建筑是手工业社会产物；现代建筑是工业社会产物；后现代建筑是信息社会产物，这绝非是一句空话，也不单纯是从科学技术这一方面的因素来看待问题的，而是综合了诸多因素的影响才得出这样的结论的。在这诸多因素中，首先是社会的需求，即建筑主要是为适应什么样的社会要求而产生的。

例如古典建筑，作为一种石结构，确实适合于以精雕细刻的方法来作装饰，然而其耗费工力之大则是难以想像的，即使在古代社会也不可能广为流传，而只限于作为城市标志性建筑和教堂、宫殿等少数大型公共建筑以及供上流社会人士居住的府邸建筑等。这实际上就是把大量社会财富以及廉价的劳动力集中使用在少数建筑物之上。应当说这是封建社会、特别是以宗教统治占主导地位的欧洲封建社会所特有的产物。如果上溯到古希腊、罗马，这种现象则更加突出。由于当时所处是奴隶社会，为数极少的奴隶主可以为所欲为，不惜耗尽奴隶（也包括战争俘虏）们的全部血汗来兴造建筑，其富丽堂皇自不待言。

与工业革命相伴生的是资本主义社会，由于生产力的空前发展，从社会财富的总量以及科学技术发展的水平来看，应当说完全有可能建造比古代教堂更为富丽的建筑。但是社会毕竟是进步了，再也不能把社会财富如此集中地花费在少数人身上，加之工人阶级的觉醒，科学和民主思想的发展，在社会财富的分配上虽然贫富悬殊，却也不能不顾及到更多人的基本生活需求，反映在住房问题上也引起了某些知识阶层的同情。恩格斯为此曾发表了专著《论住宅问题》，现代建筑大师们的许多善良愿望，恐怕也是出于这种同情心。尽管以当时的条件来看不免过于理想化，以致被说成是一种“乌托邦”式的幻想，但随着社会生产力的进一步发展以及物质财富的日益丰富，他们的某些善良愿望还是实现了或部分地实现了。不过这种实现，却不是回到古代，像古典建筑那样精雕细刻，而是借助于现代工业化的方法来建筑住房，即所走的是国际式风格的路子——它注意功能，讲求实效和建筑方法的经济性，从而有效地满足了大多数人对住房的需求，同时也极大地改变了城市面貌。马克思对于资本主义社会生产力的发展是给予充分肯定的，他认为在短短的一段时期内，就超过了以往社会生产的总和，不过这还是马克思在世时的估计，嗣后的百余年，特别是二次世界大战之后，其发展速度之快更是出人预料。尽管从世界整体来看发展极不平衡，据此，毛泽东曾把它分为第一、第二、第三世界，但是要从西方最发达国家的总体情况来看，不仅基本物质生活需求不在话下，而且可以说是相当富有了，以致可以提出“普遍造福于人类”的口号，尽管从马克思主义的观点来看，这里的“人类”依然局限在有限的范围之内，不过与以往相比，确实扩大了很多。我认为前面所讨论的当代西方建筑审美变异在很多方面都与西方社会这一发展状况有直接或间接的联系。

70 年代开始，西方世界发生了一次经济结构的调整，重心从物质生产的第一、第二产业转向以非物质生产为主要特征的第三产业。从低技术产业转向高科技产业，产品也从标准化、定型化转向多样化和个性化；从生产高投入、高能耗的产品转向制造低能耗、附加值大、技术密集型产品，从战后 50 年代的“数量革命”，迈向 70 年代的“质量革命”。经济结构的调整，使产业出现小型化和分散化的倾向，并出现信息化、知识集约化等信息社会的结构特征。

同样，这些变化也反映到思想意识等上层建筑领域，它促使了社会的传统观念和价值标准的转变，这就是以信息为中心的价值观念体系，逐渐取代了工业社会以物质为中心的价值观念体系，“信息消费型”的审美观逐渐取代了“物质消费型”的审美观。

到 70 年代末，随着物质生活的改善，西方已由消费的均一化、大众化转向个性化和多样化的阶段。与此同时，信息、技术、广告、设计等非物质价值，也占据了商品价值相当大的一部分。所有这些，都表明了人们从求“量”转向求“质”；从物质追求转向精神追求；从非此即彼的选择转向多样化审美情趣的满足，凡此种种都促进了个性化和多样化审美观的兴起，从而导致当今世界审美观念的嬗变与更迭。

如果说第一次世界大战后，由于经济的匮乏和严重的房荒而促使社会接受了现代建筑的话，那么在经济高度发达，甚至物质过剩的 60 年代，那种单一化和无个性的国际式建筑就再也无法适应新的审美追求了。另一方面，高额的“剩余资本”也为建筑的标新立异提供了雄厚的经济基础，为了刺激国内需求，垄断财团也常将大量资金倾注于建筑行业，以图缓解经济危机。这些都有效地促使建筑风格向个性化与多样化方向发展，以满足人们各异的审美追求。

随着经济宽裕和闲暇时间的增多，国际上还出现了一股旅游热和寻根热，历史文化名城、风景名胜、古建筑和文物古迹也得到人们的重视，于是古典艺术、传统文化、风土人情又再次升温，历史主义、新乡土主义也先后登台亮相。

在西方社会，广告已成为商业文化的一个重要组成部分。商品的知名度与“时髦性”是创造“附加价值”的关键，而广告恰恰是引导社会审美趋势的重要手段，凭借它可以创造高额的“附加价值”。在这方面，建筑能以其巨大形象而发挥独特的效果，它犹如商品，要以新奇的形象推销建筑师的创作，作为广告，它又能代表企业的实力，起到招揽顾客的作用。

当代西方建筑审美变异，受到信息社会及其价值观念的影响是十分显著的，特别是在商业高度发达、竞争极为激烈的商品化社会里，企业要立于不败之地，不仅要努力提高产品质量，降低成本，同时还要挖空心思使产品造型独特，以刺激人们的购买欲。这不仅导致了审美观念的嬗变，同时也必然会影响到建筑。在资本主义条件下，无论是建筑本身抑或建筑设计，都毫无例外地成为商品。因此，在这种价值规律的影响下，运用各种手段来标新立异，以期造成“轰动效应”，于是，扭曲、畸变、残破、断裂、冲突乃至丑化等非常规设计手法便应运而生，“反建筑”、“反构成”、“解构主义”等各种怪异的建筑形象便相继出现。

四、当代西方建筑审美变异的哲学倾向

美学是从属于哲学的，人们有时把美学看成是哲学的一个分支，或称之为艺术的哲学。如果说现代建筑的美学思想是建立在“技术美学”之上，那么从哲学思想上看便带有极强的理性主义色彩。

当代西方建筑的审美变异，则是西方哲学与文化思潮在建筑领域的折射，同时又与当代科学技术发展有紧密联系，如果从哲学思想上看则带有明显的反理性主义倾向。

当代西方哲学一个重要特征是非理性思潮占据了主导地位，并在西方社会广泛传播，其主要特点是：

1. 唯心主义的本体论

理性主义多将外部事物视作世界的本体，而当代非理性主义思潮却无视客观外部世界的存在，甚至把客观存在看成是个人意志的外溢与体现，看成是服从于主观意志的东西，以致把自我存在的个体意志视作世界存在的本体。如唯意志论把“意志”，生命哲学把“生命”，现象学把“纯粹意识”，人格主义把“人格”，存在主义把“人的存在”……当作哲学的本体，在本体论上表现出一种主观唯心主义的倾向。

2. 神秘主义的认识论

理性主义认为世界是可以认识的，强调用推理、演绎与归纳的方法去把握事物的本质规律。但当代非理性思潮却否认科学与理性对认识世界的作用，认为世界上根本无真理可言，在认识论上表现为一种神秘主义和不可知论的倾向。

3. 非理性的方法论

由于在本体论和方法论上所持观点的谬误，导致了方法论的唯心主义倾向，这就是强调用直觉顿悟或体验的方式，在迷狂、朦胧和恍惚的状态中，通过自我意识去把握世界，

而否定理性对于把握世界的作用。

4. 反经典法则的倾向

由于非理性主义主张自由意志和选择自由，必然表现出种种否定经典法则的倾向。怀疑一切、反对一切、无视权威，成为他们行为的准则。他们可肆意地用“假、恶、丑”去代替真、善、美，认为根本不存在什么审美规范和艺术准则。因此，反映在建筑领域，便出现反完美、反和谐统一、反艺术、反建筑等倾向。

哲学思想由理性转向非理性，和当代自然科学的发展有千丝万缕的联系。应当看到，科学技术的发展不仅带来工艺手段的变化，更重要的是它还悄悄地改变着人们的观念。而这一变革的突出标志则是绝对主义神话的破灭和相对主义观念的兴起。在传统哲学和自然科学中，绝对性观念占据了主导地位，哲学家致力于寻找“存在”的绝对基础和真理的绝对标准；科学家则致力于发现自然中的绝对规律。这种绝对性的观念在牛顿的力学中达到了光辉的顶点——绝对的物质、绝对的时空、绝对的运动规律……，为人们勾画出一幅幅一切都安排得秩序井然的机械论的世界图景。其后，绝对理念又把黑格尔的唯心主义哲学推向极至，借助于它编织了一个哲学思辩的庞大体系。

然而，随着科学的发展，使绝对主义的思维模式受到愈来愈多的挑战。爱因斯坦的狭义相对论率先对牛顿力学提出质疑，随着玻尔的量子力学，海森堡测不准关系等科学原理的相继问世，便向人们揭示：外部客观世界远比我们想像的要复杂得多。与此同时，静态、永恒、线性的思维模式也逐渐被动态、发展和随机的观念所取代。早期经典科学的奠基者极力强调自然定律的普遍适应和永恒性，并为此而寻求符合理性的普遍图式。在他们包罗万象、普遍适应的统一框架中，所有存在的事物都被逻辑线索或因果线索所罗织，在他们编织的结构严谨的体系中，几乎排除了一切偶然性、特殊性和随机性。

然而，当代科学的发展，使人们发现这只不过是一个美丽的幻想。在科学研究的各个领域，无论是基本粒子，还是遗传工程，抑或天体物理，人们所观察到的都充满了演进、多变、无序和不稳定性。在科技迅猛发展的客观现实面前，那种以数理逻辑为依据，以静态分析和线性思维为方法的理论，日益暴露出与科学发展相背离的弊端和弱点，人们不能不进行反思：以往被确认是绝对真理的那些经典的理论和观念，是否有必要作重新认识。

当人们跨入信息时代，随着科学在微观、宏观领域的扩展，特别是智能科学研究的不断深入，使人们从简单的定性分析转向复杂的有机综合。不确定性和模糊性的价值观重新被确认。1965 年美国学者扎德（L·A·Zadeh）发表了模糊集论的著名论文，第一次提出了客观事物模糊性的问题。在 70 年代，模糊数学理论不断完善，其应用范围也日趋扩大。正是由于统计数学、概率论、模糊数学的相继兴起，不仅推动了新兴自然科学的发展，而且也使一贯追求精确的西方古典美学受到极大的冲击，人们认识到模糊性不仅具有科学价值，同时也具有美学价值。

纵观科技革命所带来的观念变化，可以发现：静止、绝对、永恒的僵硬的思维模式日渐势微，人们的思想观念正发生着微妙而深刻的变化。如果说 18 世纪建立的理性和科学精神及 20 世纪机器文明的飞速发展，使现代建筑的技术美学得以创立的话，那么，迎来信息——后工业社会的新一轮的科技发展，也同样引发了建筑设计哲学及其审美观念的变革。这就是我们所说的当代西方建筑审美的变异。当代西方后现代建筑思潮无视功能、技术、经济；无视统一、和谐、纯净，转而倡导复杂性、矛盾性、偶然性、随机性；反对非此即彼，主张亦此亦彼；宣扬隐喻、多义、含混；直至追求残破、断裂、扭曲、畸变、解构等否定性审美范畴，应当说和当代哲学思想由理性主义转向非理性倾向，有着密不可分的联系。

五、走向多元化

自60年代开始，由于审美观念发生了变化，西方发达国家出现了后现代建筑。从建筑风格的演变来看，可以说处于一种新旧交替的转型期。一统天下的国际式风格已经走过了它的颠峰，取而代之的却不是一个能为人们所共同认同的某种新风格，而是异彩纷呈的多元化趋势。

这种情况和上一个世纪末的新艺术运动颇为相似——旧的日趋势微，新的尚未成熟，而处于一种多元探索的过渡时期，现代建筑的国际式风格正是在这种探索中逐渐形成的。鉴于历史的经验，人们也许会问，继多元之后，是否会走向统一，那么这种统一将会是什么样的风格占据主导地位？至少，目前还看不出端倪。

多元，总不免使人感到混乱。一个比较难以界定的概念是：什么是元？多元和多样究竟有什么区别？例如现代建筑，虽然被认为是千篇一律的“玻璃盒子”，而实际上也是呈现出很多不同风格的变化：有密斯的玻璃盒子，有勒·柯布西耶的粗野主义，更有赖特的有机建筑，特别是赖特的作品，很难把它纳入到玻璃盒子的一类。但是尽管如此，我们依然只能把这种差别看成是“多样”变化。这是因为虽然从形式和风格上看各不相同，却都共同遵循现代建筑重功能、重技术、重经济，强调表里一致、简化装饰等准则，这就是说它们具有共同的价值取向。确实，赖特的有机建筑可谓独树一帜，然而在现代建筑中却不占主导地位，只能说是一种个性鲜明的“个人风格”，尚不能把它提升到“元”的层面上来看待。

当今西方建筑，在背离了现代建筑国际风格的一统天下之后，便多方探索、各有追寻，表现为各不相同的价值取向。据此，被认为进入到一个多元化的时代。不过由于相互之间的关系错综复杂，界线也未必泾渭分明，这里只能把它们划分为几种倾向，分别作简单的分析。

1. 历史主义倾向

历史主义的创作倾向，是当代建筑思潮的重要组成部分，它强调建筑文化的历史沿袭性，倡导建筑文化必须遵循时空和地域的限制，肯定文化的民族差异性，承认审美活动中的怀旧成分，反对统一的审美时空观和国际大同的文化观念。

但是历史主义的创作观念并不要求人们全方位地进行传统的复兴，也没有把古典式样作为一种完美范式来模仿，而是把“历史”作为人们参与的对象和直觉体验形式。在这种历史观指导下，他们可以运用各种历史词条滥加拼贴，并企图在读者参与中“加以整合”。因此，历史主义者的作品表现出既“传统”又“现代”的种种特性：例如用现代建筑材料表现历史文脉；采用变形的古典柱式、断裂山花、拱心石等找回人们失落的情感；在建筑中表现各种历史性主题……。为了达到上述目的，通常采用以下一些手法：

●抽象约简　这种手法是对传统形式的整体或局部，进行艺术加工提炼与抽象简化，其原则是可失传统之形而不失传统之韵，使传统在结合现代的功能与技术的基础上，得到延续与发展。

●符号拼贴　其特点是将人们所熟悉的传统构件加以抽象、裂解或变形，使之成为某些典型意义或象征意义的符号，并在建筑作品中拼贴运用，从而使新建筑与传统建筑带有某种联系。这种手法与传统的装饰运用有所不同，即更强调夸张、变形，使之符合于人们约定俗成的隐喻象征习惯。如日本建筑师木岛安史，在作品中留下了明显的文化拼贴的痕迹，在他设计的松尾神社——被誉为“日本第一个后现代作品”中，便借用了东西方传统建筑与现代建筑各种要素，如经过简化的陶立克柱廊；矫揉造作的万神庙天花板状的拱壳；铺设铜盖瓦的日本传统神社外形；密斯式精巧的构件细部等，均被梦幻般地拼贴在一起，显示出一种超现实的风姿。

●移植与嫁接　对各种历史文化进行移植嫁接，使之成为一种新的艺术形象。在设计中，有时借用外来建筑文化中的某些要素与本土建筑文化共处于一体；有时利用轴线、空间布局或环境色彩使各种文化相掺揉；有时广泛采集古今建筑文化遗产中的各种要素相互嫁接，从而创造一种新的借鉴传统的创作手法。

●多元重构　是近年来颇为流行的一种设计手法，其特点是打破狭窄的传统文化概念，认为建筑创作要继承全人类一切优秀文化遗产，只要有利于表现主题，就可以广泛选择古、今及世界各国建筑造型素材，运用并置、对比、交错、渗透等多种手段，先行打散后再加以重构，以获得意想不到的效果。

日本某些建筑师常借多元重构的设计手法来赋予作品以特色，他们力求用文化的“等价并列”来体现当代日本建筑的特色。他们认为日本由于在战后大量吸收了西方文化，结果形成了传统与外来文化杂然并存的现象，因此，只有“等价并列”才能正确反映时代潮流。在对待东西方文化上，矶崎新采取的便是“等价并置”的态度，而且在创作中经常地运用了多元重构的手法，把东西方建筑的历史风格与现代建筑的抽象形式混杂并置。例如，在美国洛杉矶现代艺术博物馆设计中，金字塔、立方体、圆柱体与其它形式构成鲜明对比；黄金分割的比例组合；凹凸对峙，交错穿插，运用东方阴阳哲理使之共存于一体，从而反映出多元并置之美。在筑波中心设计中，更是借各种古今要素拼贴而成整体，甚至包容了更多西方古典建筑成分而非日本的传统形式。面对人们的非议，矶崎新辩解道：多元重构是日本文化的特征，而折衷正是近代日本建筑的风格。

2. 乡土主义倾向

乡土、地域主义也是当代建筑思潮中一种盛行的创作倾向。其特点是对于西方技术和本地区、本民族文化均采取有选择吸收的态度。在创作中不是刻板地遵循现代建筑的普遍原则和概念，而是立足于本地区，借助当地的环境因素、地理、气候特点，刻意追求具有地域特征与乡土文化特色的建筑风格。他们反对千篇一律的国际式风格，摒弃失去场所感的环境塑造方式，以抵制全球文明的冲击。他们经常借助地方材料并吸收当地技术来达到自己的目的。

乡土、地域主义既注意地理、地形、地质、气候、水文乃至植被等的特点，也关注历史传统、文化习俗、民族特性与信仰等人文特点，并以多种手法体现乡土、地域特色。在创作实践中，或利用空间组合和体形塑造以突出地域特征和环境氛围；或采取协调手法，从环境的关联中表达乡土文化的内涵；或注重气候特点从当地的传统建筑中吸取成功的经验，从而使新建筑充满浓郁的乡土文化气息。

●与环境关联　乡土主义的建筑创作，经常强调地方性文化主题的表现，并且以之取代功能表现的现代主义手法。为此，他们特别关注建筑与环境的关联，在创作中常常采用顺应或强化环境特征，并借以烘托整体氛围，或将环境因素引进建筑，或借助当地自然景观，以获得独特的场所精神。

借强化地域特征和用对比、衬托建筑手段而取得突出成就的，当首推瑞士建筑师M·博塔（Mario Botta），他在现代主义和后现代思潮的双重影响下，对各种文化采取兼收并蓄的态度，在吸收西方文化的同时，又表现出对地域文化和历史的敏感，并在此基础上发展了“塑造地段”的创作思想。在创作中他把许多住宅都设计成“穴状”，企图以此来换取尚未消失的地方景色，并借助住宅中的实墙和玻璃格子的处理，以隐喻地方传统中的“干粮仓”，同时以大地和天空为背景来塑造建筑形象，以此突出乡土、地域特色。

香港建筑师严迅奇则通过与环境相互关联手法来表现地域性文化。他认为在当代建筑理论混乱的局面中，最有价值的莫过于对地方性文化价值的肯定与重现。他既反对现代派否定传统文化，盲目信赖科学技术，过分强调功能和理性的做法，也反对后现代某些浮夸的理论，而把注意力倾注在建筑形态与环境特征的关联上。在香港望东湾青年旅舍设计中，他把建筑与环境的关联体现在群体组合及单体造型上。

●适应气候环境　适应环境气候是乡土化倾向的重要依据之一。其特点是充分利用自然气候因素的调节作用，既降低了能耗与污染，又可创造舒适宜人的生活空间环境。在这一方面从事探索的建筑师，或参考当地传统建筑中为适应气候而形成的独特的空间围合方式，或借鉴其外形特征，或着眼于细部处理……。总之，把气候因素作为建筑创作的基本切入点和立意的出发点。

在适应气候环境方面，印度一些建筑师在创作中作出了有益的探索。印度具有悠久历史文化传统，在建构当代印度建筑文化模式的过程中，印度的建筑师认识到不加分析地采用西方模式不是解决问题的良好途径。因为西方模式不适应当地的气候条件和印度人的生活习俗，但他们也认识到：肤浅地模仿传统建筑也并非良策，同样也不能适应现代生活的需求。因此，他们力图把印度的现代建筑创作建立在地区的气候、技术及文化象征意义的基础之上。在设计中努力结合环境，尽量反映地方特色和传统文化内涵，在吸收西方技术的同时，也把一些优秀的传统技术融汇其中，探索出一条具有印度特色的建筑创新之路。例如建筑师拉兹·里沃尔（Roj Rewal），在飞速发展的技术和急剧变化的生活方式中，找到其不变的因素——气候，从中发掘地方性建筑文化的内涵，并使之融合到建筑创作中去。在新德里贸易联合展览综合体设计中，他采用空间网架作成便于遮阳、且令人联想到印度传统的形式，既防止了阳光的直射，又便于空气流通。新德里亚运村的设计，也吸收了传统建筑对气候和社区需求的处理手法，建筑群一反单调的布局，采用步行街和广场为网络的村落式布局，借宜人的尺度和便于交往的活动空间，从而使整体环境充满了诗意。在国家免疫学院的设计中，则巧借庭院布置建筑。新德里教育学院，更是巧妙地围绕大树组织建筑群，从而使建筑体现出鲜明的乡土地域文化特色。

●利用地方材料与技术　乡土、地域主义倾向的又一特点，就是在研究如何充分利用地方性材料与建筑技术，并结合现代生活方式而进行建筑创作。与现代工业技术相比较，地方性材料和技术可以更有效地利用可再生资源，更好地适应当地生态环境。因此，他们极力从土生土长的建筑中挖掘并消化适合于地方环境的“低”技术，并在建筑设计中加以应用。埃及建筑师法赛（B.Fafhy）的作品，可以为我们提供有益的启示。

●地域与场所精神的表现　表现地域与场所精神是乡土主义倾向的一个深层次的再创造。建筑师并非在创作中简单地模仿地方建筑的处理与布局形式，而是在深入分析地域文化特点的基础上，从形式、体量、空间、材料、气质和当地风土人情等文化内涵，从而获得一种情感上的归属和认同感。

3. 追求高技术的倾向

如果说后现代建筑的审美变异就是对技术美学的背离的话，那么追求高技术的倾向则是对技术美学的发扬和延续。它所代表的是科学主义思潮，反映出技术至上的美学观念，特别是大量利用高科技成果和现代技术手段，突破传统形式美的局限，以极端的逻辑性，极度的音节化，夸张的形式和雕塑感构成，方格网变形以及构件的极度重复……等手段，力图塑造一种崭新的建筑形象。

他们反对怀旧与复古，坚信科技手段能够创造美好的艺术形式。他们也不满足于现代建筑单调乏味的表现手法，而是把它推向极端，从构件的极度重复中挖掘美感；利用人的视觉疲劳性，使之产生运动的幻觉；将各向同性的匀质空间极度扩展，使之产生震撼人心的力量；利用光滑材料的外表和现代设备、管网等多种手段来强化建筑形象的表现力。即使应用常规材料，也常借手段的“误用”或用夸张比例尺度的手法，去创造异乎寻常的建筑形象。凡此种种，都表现出这些建筑师们所特有的乐观的技术主义倾向。

比较典型的代表作品如约翰森（J.Johansen）利用雕塑手法处理麻省任斯特克拉克大学图书馆，富有节奏感的表面，粗重的雕塑体形，构成了建筑物独特的个性。波特曼（J.Portman）则善于利用建筑光亮的外表、共享空间、景观电梯等创造迷人的魅力。皮阿诺（R.Piano）、罗杰斯（R.Rogers）以及福斯特（N.Fosfet）等人则利用套筒拼接技术和巨大的钢桁架，塑造了蓬皮杜中心和香港汇丰银行等新颖的建筑形象。再如英国建筑师格林索（N.Grimshaw）设计的滑铁卢车站，在400m的玻璃舱体中，用外张拉式的幕墙系统创造了一个别具一格的高科技形象。在这里，除了地面采用钢筋混凝土浇筑外，其余部分均采用钢结构的焊接、铆接和螺栓固定，表现出精确、完美和流畅的美学追求。

有人把这类建筑称之为“晚期现代建筑”（Late Modern Architecture），这表明它和现代建筑还是有着一种渊源关系，就装饰与复杂性而言，它确实有异于现代建筑的基本特征，而就创造普遍适应的建筑文化模式而言，它们又有着共同的审美追求。

4. 解构主义

解构主义是80年代中期到90年代初在西方出现的一种先锋建筑流派，代表人物有埃森曼、屈米、盖里、利伯斯金德、哈迪德和藤井博已等人。在设计观念上，受德里达为代表的解构主义哲学的影响很大，这种哲学理论让人们用怀疑的目光审视一切，并通过对结构主义哲学和语言学的攻击，企图否定整个西方理性主义的传统。

作为一种新兴的先锋建筑流派，解构主义明显带有从整体上否定人类建筑文化的特点。他们企图否定几千年来人们所建立的美学法则与艺术经验。

传统的形式美法则强调和谐统一，讲究局部服从整体，尽管它也要求变化，但这是统一基础上的变化；在现代建筑中，尽管强调对比、动势，但和谐统一仍是技术美学的重要法则之一。然而，解构主义却极力反对这种整体性，它拒绝综合，崇尚分离，主张冲突、破碎，反对和谐统一。

反对“中心”与“等级”也是解构建筑的一个重要特点，不仅如此，与“中心”、“等级”相关的一切概念，如“主体”、“对称”、“秩序”都遭到摒弃，在这种观念的影响下，他们也以各种方式向“中心”质疑。他们或反对古典的透视法，或用散构与分离手法消解内在结构与中心。因此，“散乱”、“分离”、“残缺”、“突变”、“动势”成为这类建筑的形式表征。

解构主义建筑师常常采用各种散构和分离手法，把习以为常的事物颠倒过来，在他们的作品中，轴线已被转义，均衡、对称的手法亦被肢解，并且通过重叠、扭曲、裂变把整体分解成无数片断，造成多层次的扩散，在冲突与对立中构成奇异的解构空间。

例如，解构主义建筑师屈米认为：“大部分的建筑实践——构图，即将物体作为世界秩序的反映而建立它们的秩序，使之臻于完善，形成一幅进步和连续未来的景象——同今天的概念是格格不入的。因为建筑仅仅存在于它们确定的世界中。如果这个世界意味着分裂，并破坏着统一，建筑也将不可避免反映这些现象。”（B·屈米：《疯狂与合成》，参见《世界建筑》1990年2/3合刊，第40页）因此，在设计中他采用反对和谐统一的“分离战略”，他指出：“在建筑中，这种分离暗指任何时候、任何部位也不能成为一种综合的自我完善的整体；每一部分都引向其他部位，每一个结构都有失均衡，这是由其他结构的踪迹形成的。”（《Deconstruction》第177页，U.S.A，1989）。在这种思想指引下，他常用片断、叠置的手法，去触发分离的力量，从而使空间的整体感得以消失。

日本的解构建筑师藤井博已也用“散逸”、“片断”等艺术词汇向古典的统一观念质疑，并在实际设计中极力强调空间的不连续、破碎与对立，用切片、变形、裂缝、颠倒等手法，产生一系列由不完整的元素构成的建筑空间。

受解构主义哲学的影响，解构建筑师否定建筑作品有终极的意义和有稳定的结构，认为“文本的诠释是个无穷尽的过程”，极力强调观众的“参与性”。因此，他们用含意不定的信码，去取代单义与一成不变之物。同时，强调观众对艺术作品的“阅读”，不应是求解原始意义，而是一种参与式的“游戏”，他们认为“游戏”式的“读”不是消极的，而是积极的，读者不是“文本”意义的见证人，而是“干预者”。

在审美模式方面，如果说，现代、后现代、晚期现代建筑所关注的都是审美的“结果”，即读者理解其美学意图后的审美愉悦的话，那么，解构主义建筑师强调的是审美的“过程性”，即“读者”阅读时的审美愉悦，故他们强调的不是文本的“可读性”，而是“可写性”。他们认为意义不是隐藏于文本后的某种坚实之物，而是从能指到所指的运动。为了实现所谓“作者的死亡”的目的，解构主义所重视的是建筑的“可写性”价值，即“过程性”审美价值而轻视“结果性”的审美价值。

例如，屈米（Bernard Tschumi）强调他的解构作品维莱特公园的含义是非稳态的，并指出：“公园三个自立的和叠置的系统，以颠狂的无限结合的可能性，提供了一条印象多元化的道路。每一位观者都可以提出自己的解释，又导致一种能再解释的缘由。”（B·屈米：《Parc de la Villette》，参见《Deconstruction》第181页，USA，1989）。这种对“参与”和“过程性”的强调，也出现在其他解构主义建筑作品中。如C·希梅尔布劳（Coop Himmelblau）的维也纳屋顶改造，利用拉紧的富有弹性的金属结构，给人造成它不仅是一个翅膀、一个飞行器，同时也是一个指导方向的锋刃或一个叶片，这种紊乱而多义的感觉，使观者有多种解释的可能。

在技术观念上，解构主义一方面与晚期现代建筑一样，表现出对高科技的情有独钟，如埃森曼的卡耐基——麦伦研究所、法兰克福生物中心，屈米的巴黎维莱特公园，C·希梅尔布劳的汉堡传播媒介天际线大楼等，无一不是利用高技术创造的形象；另一方面，解构主义又表现出与晚期现代建筑不同的价值取向，即利用高科技，却表现出技术悲观主义情调——爆炸后的现状、毁灭式的图景，从哈迪德香港顶峰俱乐部和塞特的法兰克福现代艺术博物馆方案中，人们可以发现这种意向；维莱特漆成消防机器式的"疯狂"物，利伯斯金德所设计的城市边缘墙体的象征性崩溃，这些都紧紧与毁灭未来的"可怕的玄学假设"相联系。

对待建筑的历史文脉，解构主义表现出一种淡漠和超然的态度。作为一种"新现代主义"，它注意到了后现代对现代主义的批评。因此，对待传统，正象埃森曼指出的那样，"不反对作为一系列忘却的记忆"，但他们也厌恶后现代所要求的"怀旧"情调，认为"怀旧"可以导致"陈腐的审美"。后现代建筑师强调建筑设计应考虑历史文脉，然而解构主义建筑师却尖锐指出："文脉主义已被用来当作一种托词，为平庸，为常见的笨拙的平庸辩解。"（P·Johnson：《Deconstructivist Architecture》第 29 页，USA，1988）。因此，他们采取的是一种与现代主义和后现代主义均不同的姿态。在设计中，他们有时也借用历史构件，但这种借用是为了使之分裂、激化，是为了"在熟悉的文脉中寻找不熟悉的"题材这种"双重间离"的姿态。

一些人认为，80 年代异军突起的被称之为解构主义的建筑，就是构成主义在当代的沿袭，起码在设计技法上有美学渊源关系。如构成主义强调冲突与不稳定，解构建筑则追求冲突、扭曲、破碎的美学效果；构成主义塑造出倾斜、富有动感的各种线、面、体交织的空间组合，解构主义更是强调"散乱"与"颠狂"的美学效果，并以此向讲究和谐统一的古典美学挑战。因此，詹克斯把 R·库哈斯（R.Koolhaas）、盖里（F.Gehry）、B·屈米（B.Tschumi）、哈迪德（Z.Hadid）等人视作新构成主义，认为盖里试图复兴早期构成主义，库哈斯和哈迪德则靠向晚期构成主义列昂尼多夫的作品，而屈米则趋向于最成熟的老手车尔尼可夫的风格（参见 C·Jencks：《Architecture Today》第 253 页，New York，1988）。M·威格利也认为："产生这些解构的设计……它并不是从当代哲学所通称的'解构'（Deconstruction）模式中得来的。它们也不是对解构理论的应用。而是从建筑传统中浮现出来的，碰巧显示出某种解构性质。"（P·Johnson；《Deconstructivist Architecture》第 10、11 页，New York，1989），因而，他认为解构主义建筑是构成主义的当代发展。

从解构主义建筑追求扭曲、斜置、破碎、冲突等美学效果来看，这种说法不无道理。然而，我们说，解构主义决非仅仅是构成主义的翻版，而是从审美观念上进行了深层的再塑。

从哲学倾向来看，构成主义的主流与追求都是科学与理性，尽管在形式探索方面它部分地超越了理性。然而，解构主义所追求的却是非理性与反逻辑的偶然机遇。它之所以用理性元素，其目的是通过理性元素的并置与冲突，去追求非理性的目的，向理性统治下的人们证明非理性的合理。借理性的元素，表述非理性的内涵，这就是解构建筑的基本哲学特征。另外，构成主义表现出技术乐观主义倾向，他们企图充分表现新材料的特征，建立更为"科学"的美学体系，创造新颖的建筑形式，而解构主义却欲超越物质与文化的制约，甚至可以用"虚构"来否定现实，他们的美学探索已走向极端。另外，使用高科技却常表现毁灭的幻景，表现出种种悲观主义情调。

构成主义强调建筑的社会象征性，解构主义却推崇形而上学的自我实现；构成主义表现的是激进的进化论，而解构主义却对历史与未来都表现出超然与淡漠的姿态；构成主义仅仅在形式层次对传统美学概念进行局部的变革，解构主义却意欲整个地否定人类的全部审美经验。

因此，他们的相似仅仅出现在形式层次，却存有哲学深层的裂痕。因此，解构主义尽管与构成主义在设计手法上有某些相似之处，但毕竟存在着许多美学观念上的根本差异。

5. 有机综合倾向与可持续发展

90年代以来，世界建筑领域已经逐渐从往日的流派纷争中解脱出来，建筑师从关注建筑外观式样，转而重视建筑环境生态问题，从强调多元并存，到追求有机综合，从用较为单纯的建筑学知识来处理建筑环境，到自觉利用交叉科学观念来处理广义人类聚居问题，绿色建筑、生态建筑、智能建筑成为建筑师关注的新热点。与此同时，可持续发展的设计概念也在建筑领域悄然兴起，并制订了相应的设计原则。

例如，在资源与能源使用上，强调集约化的能源使用，发展高效的能源系统，充分利用日光资源和有效地利用当地的材料，提倡利用共生系统，使用耐久性强和可以循环使用的材料；在对待城镇与社区问题上，强调保护历史与传统，提倡公众参与，尊重地方性，在设计中采用与环境相协调的技术手段，以保护当地的生态系统等等，这些都为了在满足当前需要的基础上，又给子孙后代的发展留有充分的余地。

如马来西亚华裔建筑师杨经文针对地球能源资源有限的状况，从生物气候学的角度研究建筑设计，在满足人们舒适的基础上降低能耗，并在高层建筑的设计中，通过在屋顶设置固定的遮阳格片，表面绿化，设置凹入空间和创造良好的通风条件，并把交通核设置在东西侧以防房间日晒等方法，节省了运转能耗40%，为可持续发展设计作出了有益的探索。

六、局限与启迪

用一分为二的观点看，当代西方建筑审美变异既有其积极意义，又有其消极影响。从前文的分析看，当代西方建筑审美变异是当代西方社会的产物，它的出现绝非偶然，而是有着深刻的历史根源和社会背景的，它是顺应了从工业社会向后工业社会发展的历史规律的，因此，尽管在很多方面我们还不能欣然接受，但是也不应当轻易地加以否定，而应当加以研究。

无论从经济发展水平或意识形态的状况看，我们和西方发达国家都有不小的差距。甚至可以说还处在不同的历史发展阶段。同时，西方发达国家已经向信息社会过渡，而我国的工业化程度尚不充分，加之不同的政治制度和不同的文化背景，那些适应于西方社会审美需求的东西，自然难以被我们所接受。

再说，作为一个发展中国家，我们经济还比较落后，目前的奋斗目标是达到小康水平，因此，现代建筑那种讲究实效，注重功能、经济，体现技术理性的设计思想并没有过时，仍然具有重要的借鉴和参考价值。出于以上考虑，作为一名建筑师不能无视功能、经济，用怪诞奇异的建筑形式当作游戏，甚至沦为建筑师的自我表现和情感宣泄。

应当承认，西方后现代建筑思潮已经或多或少地给了我们一些消极的影响。目前出现的复古风、滥用历史符号、玩弄形式、追求奇形怪状等不健康倾向，都无可否认地受到了西方所流行的这种思潮的影响。

尽管当代西方建筑审美变异已对我们产生了某些消极影响，但只要我们采取客观的态度，将它放在整个审美文化发展的长河中加以考察，就会发现它还存在着不少合理成分。从美学与艺术发展史来看，人类从早期单一的"美"的范畴，逐步扩展到崇高、质朴、高贵、典雅，再扩展到悲剧、喜剧、怪诞、滑稽、荒谬、丑陋……，审美范畴的每一次扩展都代表着人类对"美"有了更深一层的认识。当代建筑审美变异，实质上是建筑审美观念在当代科学技术、经济、文化等因素推动下，又进入到一个新的发展阶段，它表明美学与艺术已经走出神圣殿堂，更加广泛地深入到人们的日常生活领域。这种审美领域的扩展，既有"艺术生活化"与"生活艺术化"的成分，也把被传统美学所拒斥的丑、怪、滑稽、荒诞等都一并纳入到审美范畴。这表明人们在解决了基本生活需求，摆脱了纯物质的羁绊后，更倾心于全方位地探索满足精神和情感需求的可能性。据艺术社会学研究成果表明，在人们需求得不到满足的社会里，人们表现出追求平衡和谐和安定的审美倾向，一旦基本需求得到满足，人们便不再满足于平衡、和谐与稳定，转而倾向于追求不平衡、非和谐，以至寻求精神上的刺激与震撼。当前西方建筑审美变异在某种程度上正反映出这种审美趋势，在追求不平衡、失序、残缺、破碎、扭曲、畸变的后面，却包含当代人试图打破千百年来正统美学四平八稳的心理定势，使事物偏离常规，以产生心理紧张和陌生化的感受。

不可否认，在当代西方建筑审美变异中，确实包含有腐朽没落和玩世不恭的因素，但也不应据此而予以全盘否定，就像被贬为"畸形珍珠"的巴洛克建筑风格，它毕竟还是突破了文艺复兴后期僵化的形式和清规戒律，而使建筑风格获得了丰富的变化。可以预见，当代西方建筑审美变异，也将对突破旧的美学体系，确立新的审美观念起到应有的推动作用。

长期以来，我国建筑创作领域存在着因循守旧和不思变革的惰性心理，究其原因，和我国的传统文化有着千丝万缕的联系。千百年来，"中庸"、"统和"、"对偶"、"不偏不倚"已构成华夏民族深层心理积淀和各种艺术的最高美学准则。自秦汉以来，即以"中和"奠定了基调：统一的木结构体系，水平展开的空间布局，注重礼制的群体组合方式，使中国传统建筑成为大一统的完善自足的体系，而这一切均导源于追求人道与天道统一的哲理。在这种求同否异，讲究中和的哲学思想指导下，华夏艺术多体现舒缓、静穆、统和、均衡、稳定之美，而缺乏激烈、振荡、腾跃等充满激情之美学要素，折射到建筑中则难于寻求差异与对比度强烈的奇诡之作。

这种审美观念虽然孕育了博大精深的华夏艺术，然而，只求完善，不思变革，甘作中庸的美学思想又使传统建筑缺乏内在更新机制，致使千百年来建筑风格几乎没有发生什么重大变化。

相比之下，西方古典艺术虽然也讲和谐，但这仅仅限于形式美这一层次，而在哲学思想和思维模式等深层次领域中却深深地留下了"对立"、"冲突"等烙印：如宗教迷信与科学理性的对立与冲突；人与自然的对立与冲突等几乎贯穿于西方文化的各个角落。这样便形成一种不断更新的动力，在它的驱动下，以欧洲为中心的西方建筑文化曾跨越了古希腊、罗马、早期基督教、罗马风、哥特、文艺复兴、巴洛克、洛可可、古典复兴、浪漫主义……等一个又一个历史风格时期。时至现代，更是大起大落，兴涛逐浪。当代西方建筑审美变异，正是在时代浪潮的拍击下应运而生的，尽管在许多方面尚不足称道，但是敢于离经叛道，向经典美学挑战，首肯创造性与新奇性的美学价值，建立多元化的审美标准等，无疑对我们还是具有一定启迪意义的。中国建筑要走向世界，就必须首先让世界建筑走向中国。因此，深入研究当代西方建筑审美变异的内在渊源以及发生、发展规律，将更好地促进我们创作观念的更新。这就要求我们立足国情，立足当代，科学地分析当代建筑多种流派及其美学思潮的演变发展，最终，还是要致力于建立具有中国特色的建筑理论体系。

（彭一刚　曾坚）

附　　图

（第一章～第八章）

1

总　论——形式与内容的辩证关系

- 建筑中形式与内容对立统一的辩证关系
- 什么是建筑？——功能在建筑中的地位与作用——功能与空间的关系——功能与社会的联系——功能的发展与变化——功能与空间形式对立统一的辩证关系——空间形式对功能的反作用。
- 精神要求对建筑形式的作用与影响——精神要求应与建筑物的功能性质相一致——建筑艺术的特征——建筑的艺术性与形式美的关系——建筑的个性表现及性格特征——建筑的共性表现及风格问题——建筑艺术是上层建筑的一个组成部分——继承与革新问题。
- 工程结构是形成建筑的手段——功能对于工程结构发展的促进作用——工程结构发展的相对独立性——工程结构对于建筑发展的反作用——新结构的优越性——批判复古主义——其它工程技术对于建筑发展的影响。
- 建筑的发展遵循着由量变到质变和否定之否定的一般规律。

建筑形式与内容、手段的辩证关系〔1〕

建筑形式——主要是指它所具有的空间形式——与三个方面的因素有着密切的联系：一、人们对建筑提出的功能使用方面的要求；二、人们对建筑提出的精神和审美方面的要求；三、形成某种空间形式所凭借的物质技术手段。第一、第二条是人们建造建筑的目的和要求，因而可以说是形成建筑空间的内容。第三条是形成建筑空间的手段。建筑空间形式既要适合于内容的要求，又要受到一定物质技术条件的制约，在建筑中，正是由于建筑形式与上述三方面因素之间对立统一的矛盾运动，才赋予建筑以各种属性，并推动了建筑的发展。

1. 功能使用要求在一般情况下是人们建造建筑的首要目的，建筑空间形式必须满足这种要求，由此就赋予了建筑以实用的属性；除功能外，人们还对建筑提出审美方面的要求，建筑形式同时也要满足这一方面的要求，由此就赋予了建筑以美或艺术的属性；另外，为了经济有效地达到上述要求，人们总是力图运用先进的科学技术成就来建造建筑，这就赋予了建筑以科学的属性。由此可见，正是由于上述的两个要求和一个手段，才使建筑派生出三重属性——实用性、艺术性、科学性。

2. 建筑要满足人的物质功能和精神感受方面的要求，而人是不能脱离社会而孤立存在的，因而它必然要反映一定社会经济基础、生活方式、上层建筑、意识形态、民族文化传统等特点。另外，建造建筑所凭借的科学技术手段也和社会生产力发展的水平保持着千丝万缕的联系，总之，无论是从物质功能、精神要求方面来讲，或是从物质技术手段方面来讲，都脱离不开社会的影响，因而可以说，建筑就象是一面镜子，通过它可以反映出时代的面貌。

3. 历史唯物主义告诉我们：社会生产关系一定要适合于生产力性质发展的水平，而上层建筑又是一定社会经济基础的反映。这就是说在一个相对稳定的社会中，上述的三个方面既是矛盾的又是统一的，因而受制于这些因素的物质功能要求，精神感受方面的要求，物质技术手段也包含了既对立又统一的两个方面。正是由于这种对立统一的矛盾运动，才不断地对建筑提出新的要求和问题，从而使建筑形式与内容之间、形式与手段之间由相对的统一而发展成为对抗、冲突，最终通过对立面的斗争而使矛盾得到解决——在新的基础上达到统一。

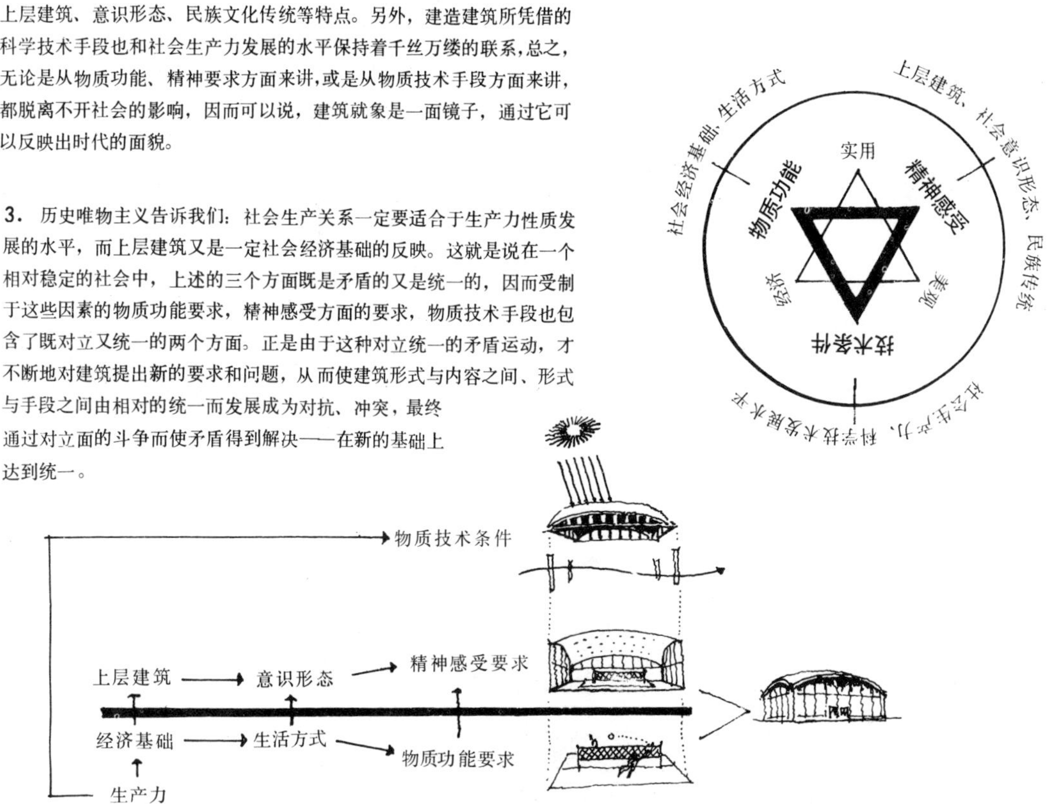

4. 和一切事物的发展形式一样，建筑的发展也遵循着否定之否定的规律：即通过对于自身的否定而转化到与自身相对立的位置上去，再通过一次否定又从相对立的位置回复到原先的位置上去。当然，这不是简单的重复，而是螺旋形式的发展。回顾建筑发展的历史，建筑形式和风格的发展和变化，总是回旋于互相对立的两个极之间——例如从封闭到开敞、再从开敞回到封闭；从严谨对称到自由灵活、再从自由灵活回到严谨对称……每通过一次否定，必将把建筑的发展向前推进一步。

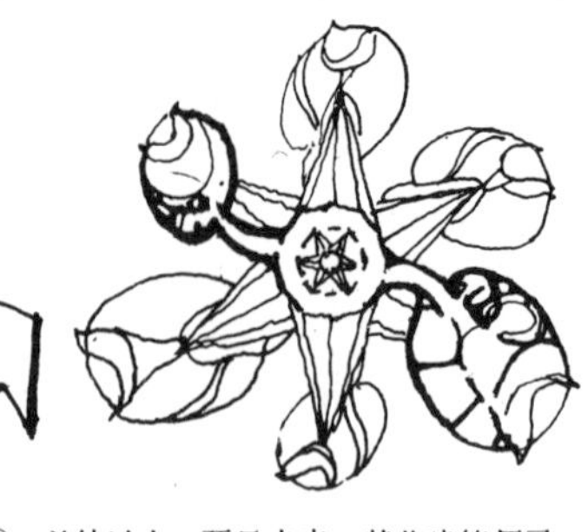

⑥ 总结过去，预见未来，某些建筑师已为未来的建筑作出设想——更加接近有机体的形式。

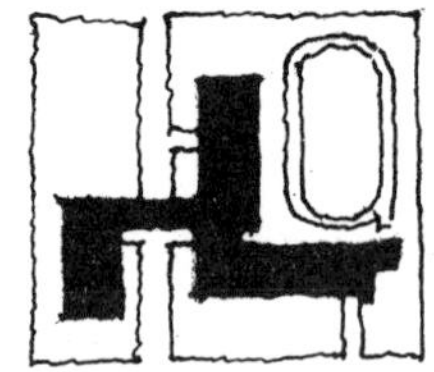

⑤ 当代某些新的建筑流派，认为“新建筑运动”中某些代表人物的作品和主张过于崇拜功能和技术，缺乏人情味，并强调建筑应当为了人的主张，这不能不使人联想到文艺复兴运动所提倡的人文主义的思想。另外，反映在创作中某些新古典主义的作品也明显地带有古典建筑的特征。

④ 本世纪初出现的“新建筑运动”，主张建筑应当适应工业化时代，实际上是对古典建筑形式的又一次否定。

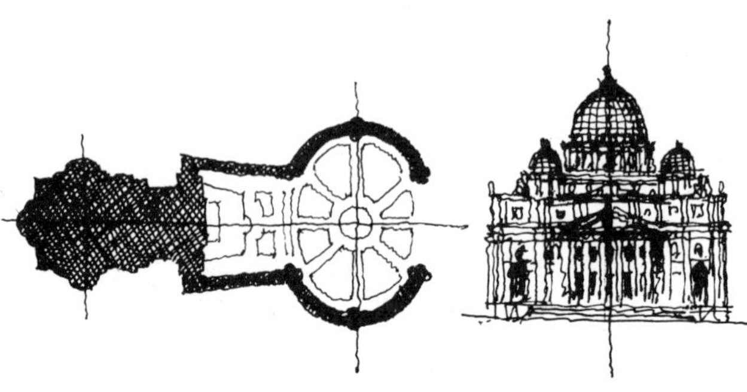

③ 公元15～18世纪兴起的文艺复兴建筑，是在新兴的资产阶级提出要求以人文主义思想来反对封建制度的束缚和宗教神权统治的政治主张下应运而生的。文艺复兴运动反对封建、神权，提倡复兴古罗马文化，反映在建筑领域中，则是对中世纪建筑风格的否定，于是学习、模仿古典建筑的形式与风格蔚然成风。

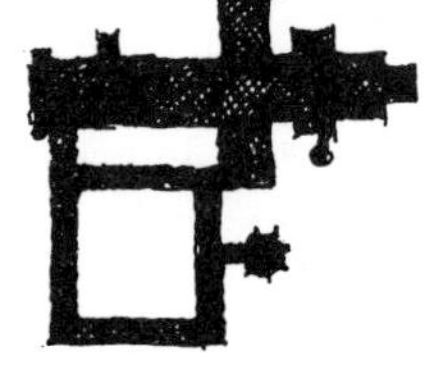

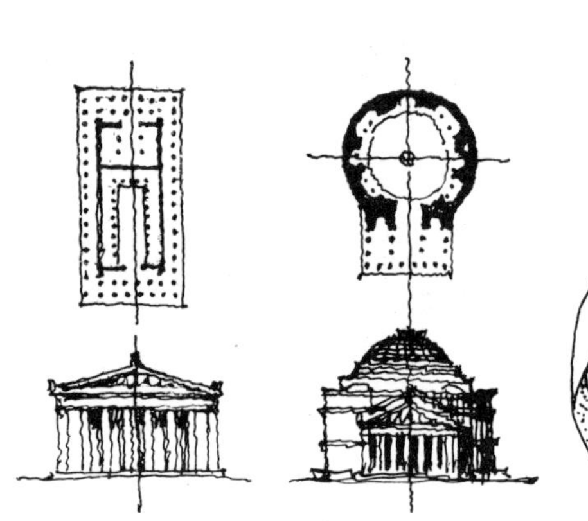

① 以希腊、罗马建筑为代表的西方古代建筑（公元前11世纪至公元一世纪），崇尚整齐一律、严谨对称，从而形成了古典建筑所独具的形式与风格特征。

② 公元13～15世纪在欧洲盛行一时的高直建筑，完全脱离了古罗马建筑的影响，以尖拱拱肋结构、飞扶壁、花棂窗为特点，布局自由灵活，外形轻巧空灵，实际上是对古罗马建筑风格的否定。

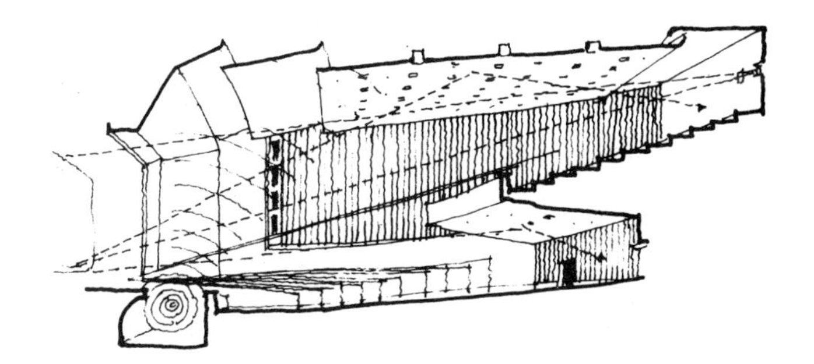

功能与空间

- 空间的大小与功能
- 空间的形状与功能
- 门窗的设置与功能
- 空间的朝向与功能

从组成建筑物最基本的单位房间——单一空间——入手分别从四个方面分析说明空间形式与房间功能之间的关系。

- 以走道连接各使用空间
- 以楼梯连接各使用空间
- 以广厅连接各使用空间
- 各主要使用空间互相串联
- 对空间进行灵活多样的分隔
- 沿柱网把空间分隔成若干部分
- 以辅助空间环绕着大空间布局
- 多种组合形式的综合运用

进一步分析房间与房间之间的关系——也就是多空间的组合问题。把常见的空间组合形式归纳成为七种基本类型，分别分析各种类型空间组合形式的特点，以及它与功能之间的关系。

从容器到建筑空间［2］

人类对建筑的认识，有一个由浅入深，逐步深化的过程。罗马时代的建筑理论家维特鲁维斯曾指出建筑具有实用、坚固、美观三要素，虽然相当正确地揭示出建筑的基本特征和属性，但却回避了正面回答“建筑究竟是什么？”的问题。当代一些建筑师和理论家每每引用老子的一段话：“埏埴以为器，当其无，有器之用”。意在强调建筑最本质的东西并不是围成空间的那个实体的壳，而是空间本身，并把建筑比喻为容器——一种容纳人的活动的容器。这比维特鲁维斯又前进了一大步。那么，这种容纳人的活动的容器和一般的容器相比，有哪些异同之处呢？

2. 另外一类容器，除了量的规定性外，还有形的规定性，即必须具有某种确定的形状方能满足使用的要求，这类容器比前一类容器无疑要复杂一些。

1. 在各种容器中，最简单的莫过于盛放流体的容器了，这种容器只要保证一定的容量就可以满足要求，至于形状则是在所不计的，因此可以说它只有量的规定性。

3. 鸟笼，从某种意义上也可以把它看成是一种容器，但它所容纳的不是无生命的死的物，而是有生命的活的物，它的形和量不是根据鸟本身，而是根据鸟的活动来确定的。

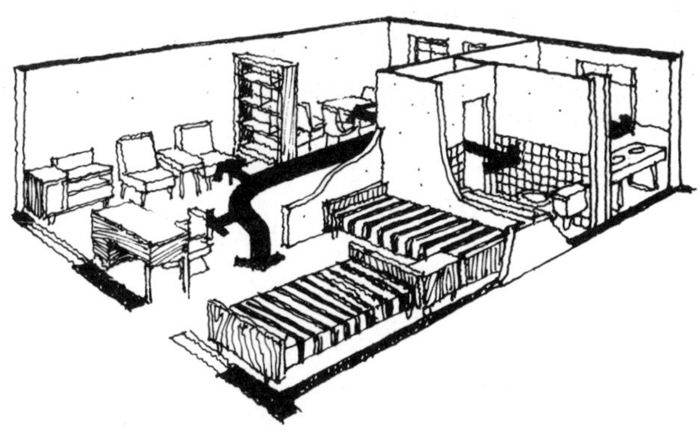

4. 建筑，如果把它比喻为容器，虽然和鸟笼多少有某些相似之处，但是要看到人的活动范围之广、形式之复杂、要求之高，则与任何一类容器都是不能相提并论的。就范围来讲，小至一间居室，大至整个城市、地区，都是属于人的活动的空间；就形式来讲，不仅要满足个人、若干人，而且还要满足整个社会各种人所提出的功能的、精神的要求。建筑设计和城市规划的任务就在于如何组织这样一个无比宠大、无比复杂的内、外空间，而使之适合于人的要求——成功地把人的活动放进这样一个巨大的容器中去。

室内空间的功能属性［3］

房间——作为一种空间形式是构成建筑的最基本的单位。为了适合不同的功能要求，不同性质的房间各具自己独特的形式。我们姑且把这种由功能要求而限定的空间形式称之为建筑空间（室内）的功能属性，那么这种属性主要表现在哪些方面呢？下面不妨以蜂房与住宅作比较：

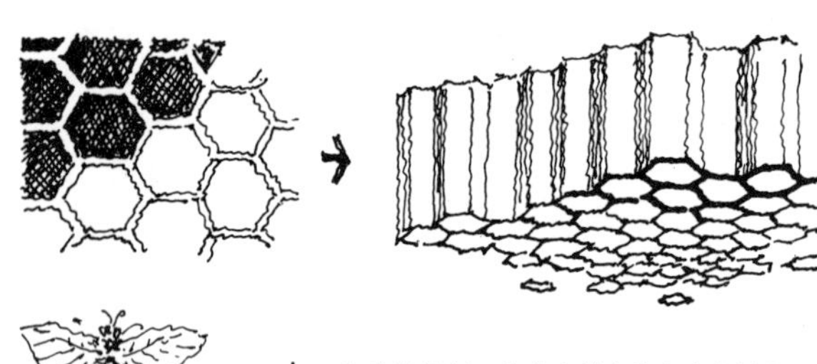

1．和建筑相似，蜂房也是由许多小空间集合在一起而组成的，但是这些小空间却呈一样的大小和形状——正八角柱体。

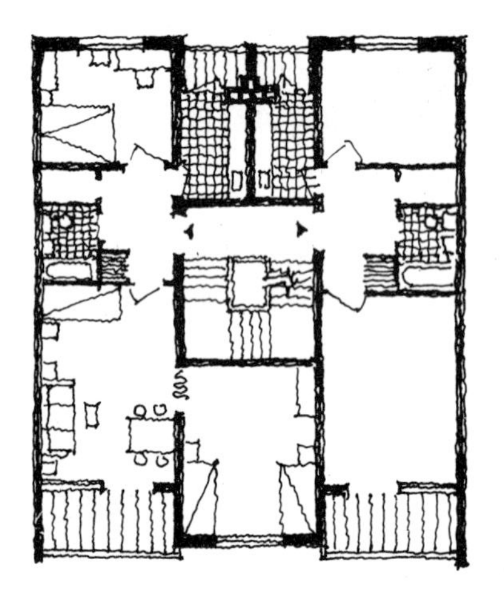

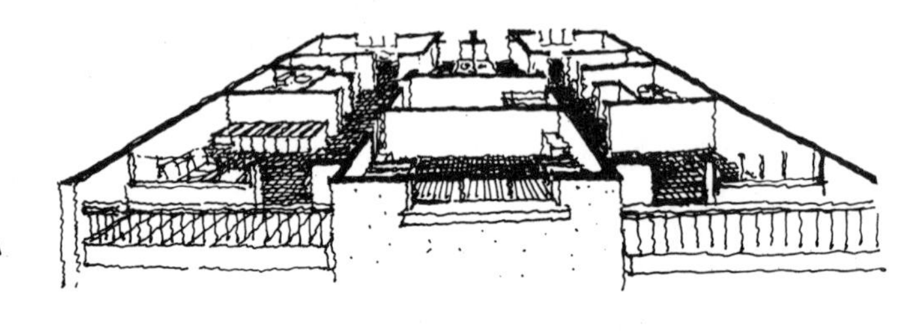

2．住宅的空间组成远较蜂房复杂，组成住宅的各种房间就其空间形式来讲，无论在大小、形状或其它方面都各不相同。

3．这种因功能要求而导致的空间形式上的差异主要表现在四个方面：

① 大小不同：居室是生活起居的主要空间，应考虑到人的多种活动需要，因而它应是最大者。卫生间仅需安排必要的卫生设备即可满足要求，通常为最小者。

② 形状不同：仅有合适的大小没有合适的形状也不能满足功能的要求。例如过于狭长的居室使用上就欠灵活，但作为厨房即使狭长一些也无损于功能的合理性。

③ 门窗设置不同：开门以沟通内外联系，开窗以接纳空气阳光。不同的房间因使用要求不同，其门窗设置情况也各不相同。

④ 朝向不同：为争取必要的阳光照射而又避免烈日暴晒，还因房间的性质不同而使其各得其所。在住宅中居室应争取南向，其它房间则可自由处置。

如果以上四个方面都能适合于功能的要求，那么这种空间形式必然是适用的。

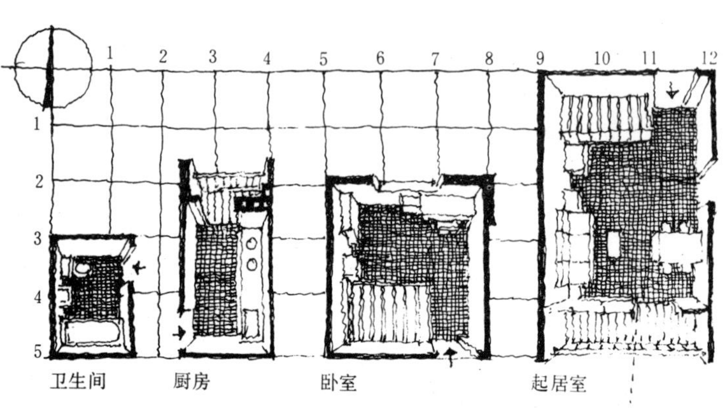

各房间大小、形状、门窗设置和朝向的比较

起居室冬至、夏至日照条件示意图

空间的体量大小与功能［4］

从某种意义上讲，建筑空间犹如一种容器，不过这种容器所容纳的不是具体的物，而是人的活动。为此，它的体量大小必然因活动的情况 —— 功能 ——不同而大相径庭，现以若干实例说明之：

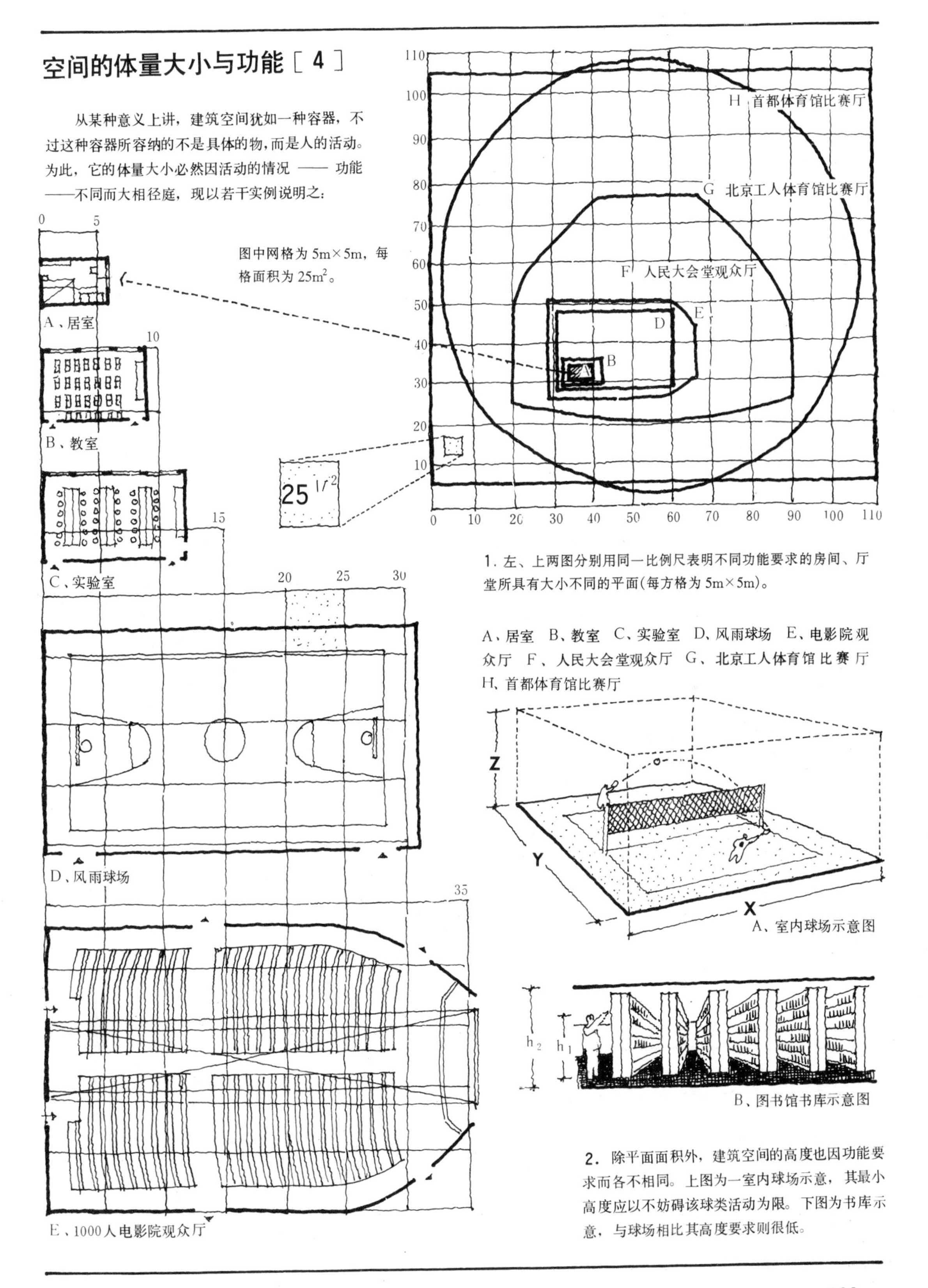

1. 左、上两图分别用同一比例尺表明不同功能要求的房间、厅堂所具有大小不同的平面(每方格为5m×5m)。

A、居室　B、教室　C、实验室　D、风雨球场　E、电影院观众厅　F、人民大会堂观众厅　G、北京工人体育馆比赛厅　H、首都体育馆比赛厅

2. 除平面面积外，建筑空间的高度也因功能要求而各不相同。上图为一室内球场示意，其最小高度应以不妨碍该球类活动为限。下图为书库示意，与球场相比其高度要求则很低。

空间的形状与功能［5］

除体量大小外，空间的形状也必须适合于功能的要求。建筑空间的形状可分两大类：一类为长方体，其形状即指其长、宽、高之间的比例关系；另一类为非长方体，取何种形状空间，则应以房间的功能为依据。

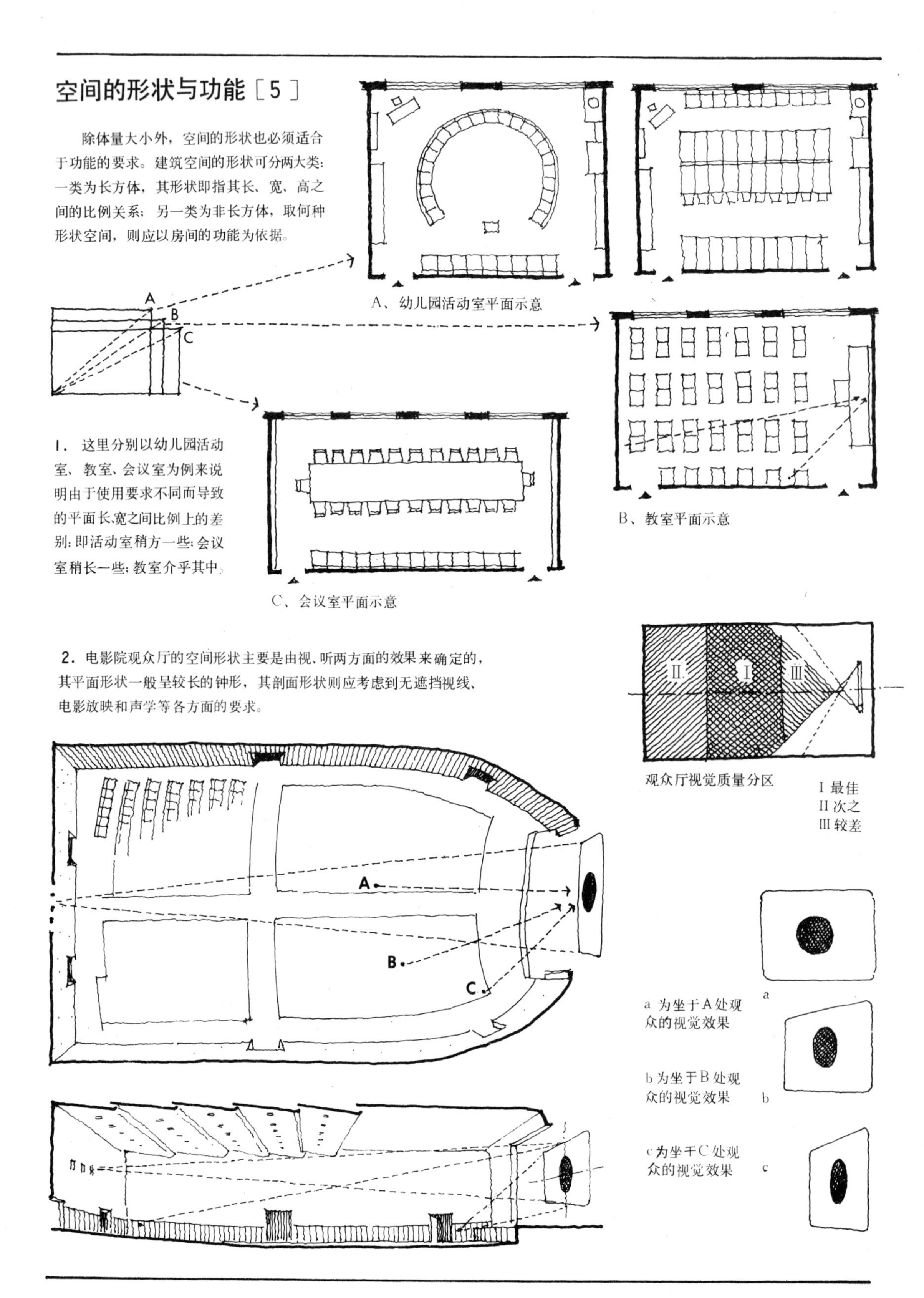

A、幼儿园活动室平面示意

B、教室平面示意

C、会议室平面示意

1．这里分别以幼儿园活动室、教室、会议室为例来说明由于使用要求不同而导致的平面长、宽之间比例上的差别：即活动室稍方一些；会议室稍长一些；教室介乎其中。

2．电影院观众厅的空间形状主要是由视、听两方面的效果来确定的，其平面形状一般呈较长的钟形，其剖面形状则应考虑到无遮挡视线、电影放映和声学等各方面的要求。

观众厅视觉质量分区

Ⅰ 最佳
Ⅱ 次之
Ⅲ 较差

a 为坐于A处观众的视觉效果

b 为坐于B处观众的视觉效果

c 为坐于C处观众的视觉效果

3. 剧院观众厅的空间形状，主要也是由视听两方面效果来确定的。但由于戏剧与电影不同，后者是平面画面，前者为空间立体的对象，因而和电影院观众厅相比较，剧院观众厅的空间形状又有许多不同的特点。

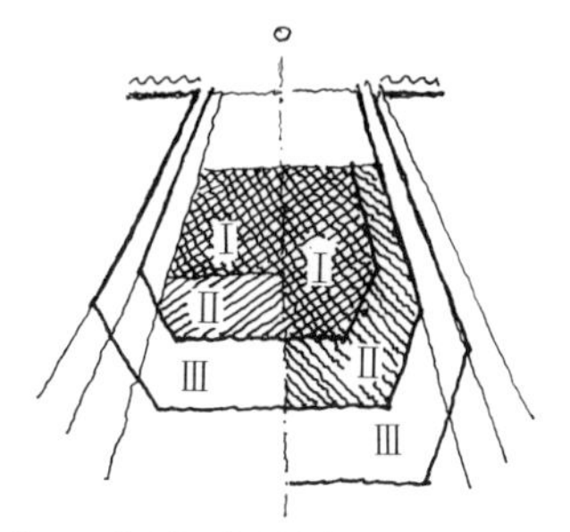

A、观众厅视觉质量分区

B、观众厅空间形状示意

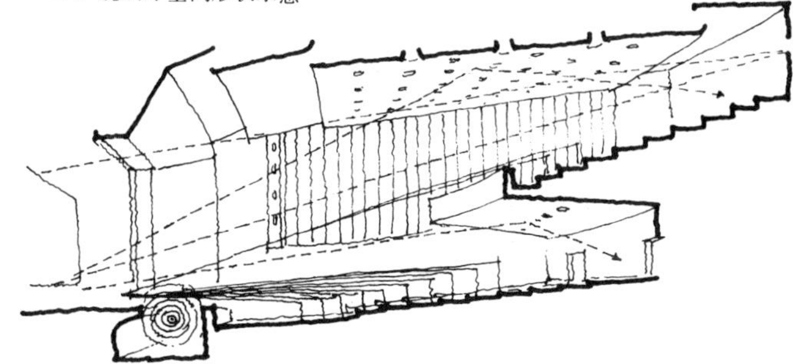

从视觉质量分区的特点看来，剧院观众厅的平面形状应比电影院短一些、宽一些。

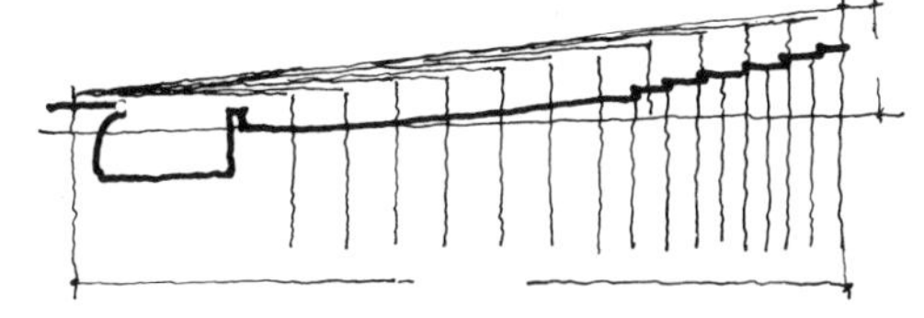

C、观众席无遮挡视线的确定示意

4. 和影、剧院观众厅相似的是体育馆的比赛厅，但所不同的是体育活动可以从四面八方来看，这就使得比赛厅的空间形状与观众厅很不相同，一般比赛厅的平面多呈纵横两向对称的几何形状。

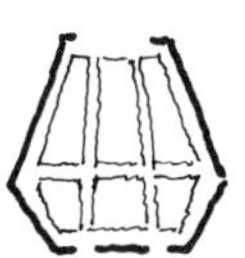

D、各种形状平面观众厅的例举

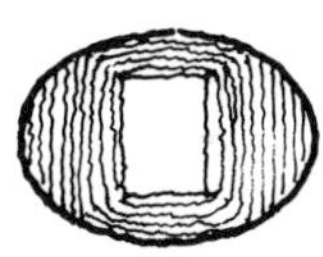
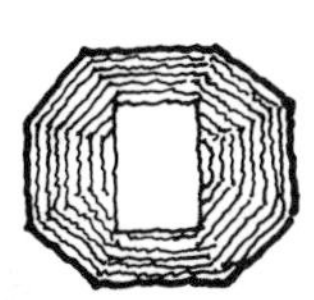

B、比赛厅平面形状例举，

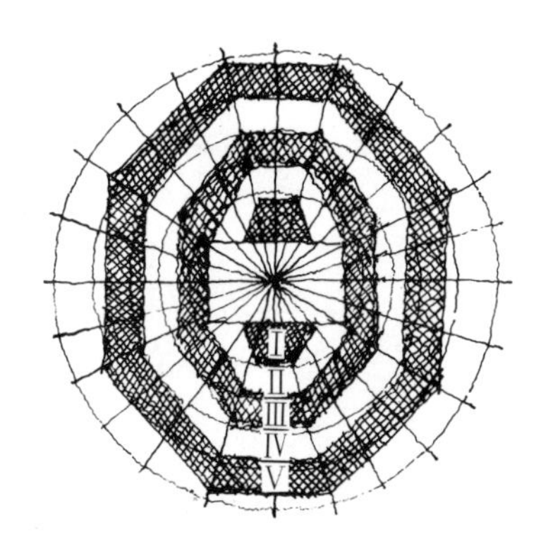

A、体育馆比赛厅视觉质量分区

C 一般比赛厅剖面形状示意

D、比赛厅空间形状例举

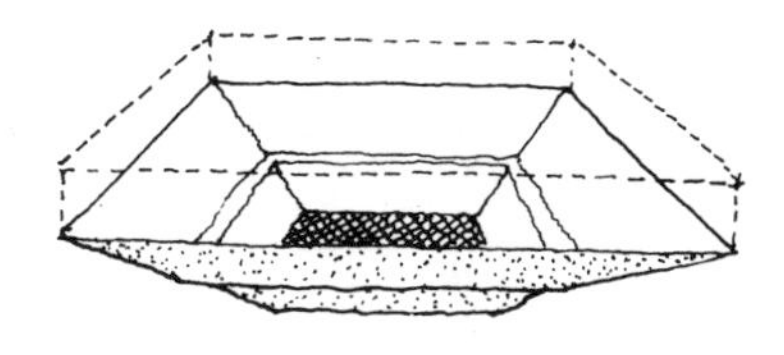

矩形平面比赛厅空间形状示意

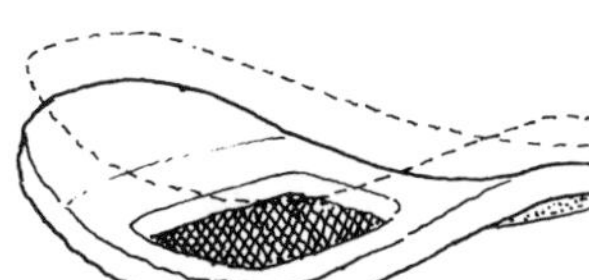

椭圆形比赛厅空间形状示意

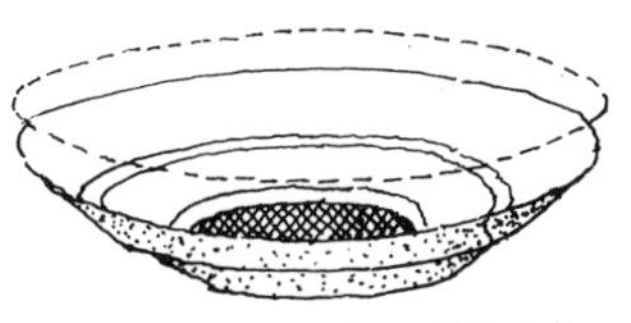

圆形平面比赛厅空间形状示意

5. 为了适合特殊的功能要求，天文馆建筑中的天象厅则只能采用半球体的空间形状。下图为天象厅的剖面、平面示意。

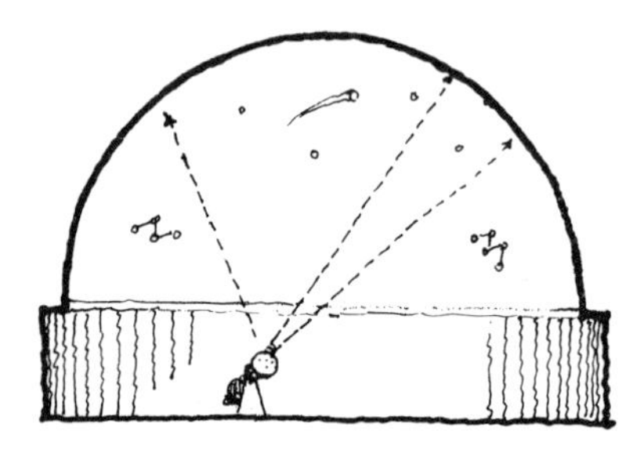

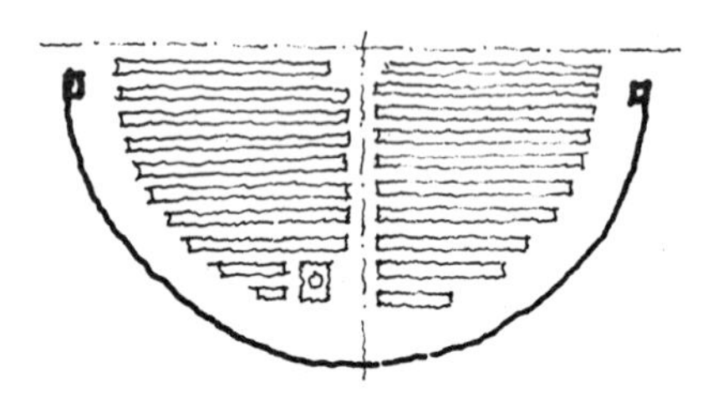

6. 某些工业建筑中的控制室，为了观察、控制、调节仪表的方便，通常适于采用圆形平面的空间形状。图示为热电站的中央控制室，设置在弧形墙面上的是仪表，中央为控制台。

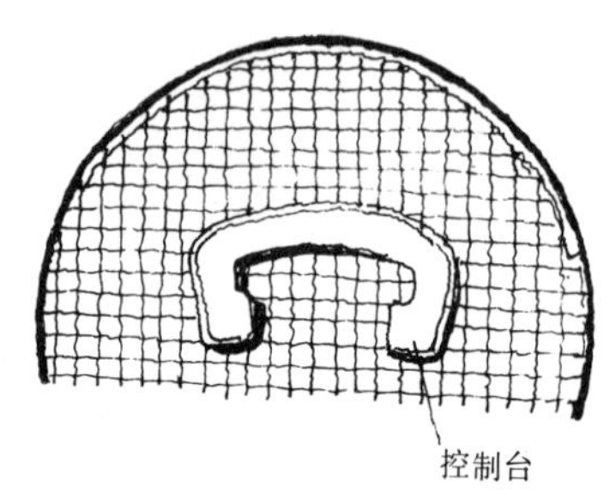

7. 为了便于观察外科手术的操作，医院建筑中的手术室往往具有独特的空间形状。

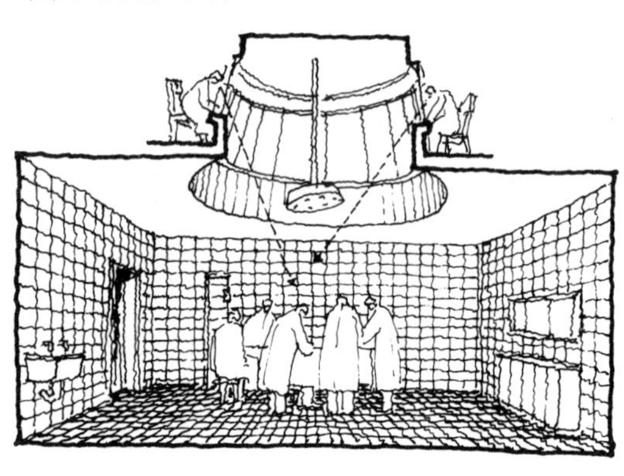

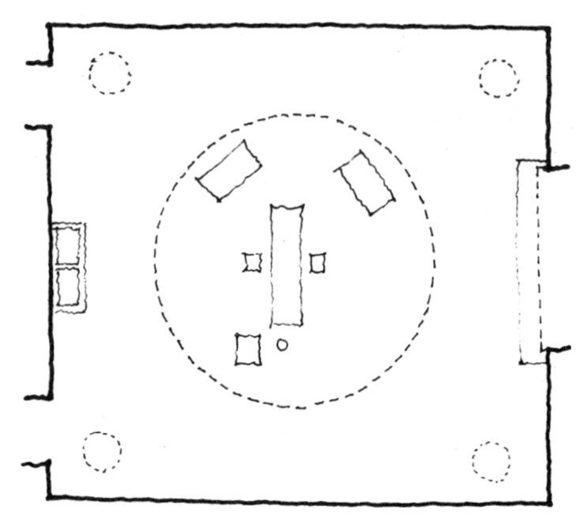

8. 为了适应手术时不同角度的照明需要，手术室采用卵形的空间形状，这样就可以充分利用满布于曲面顶棚上的不同角度的灯光组合，从而获得最好的照明效果。右图为卵形手术室的平、剖面示意。

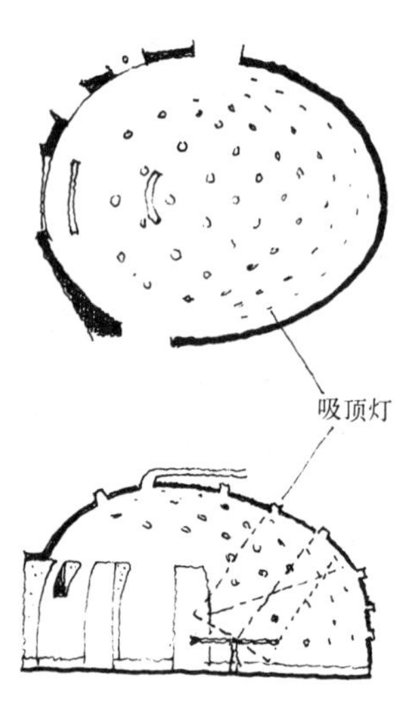

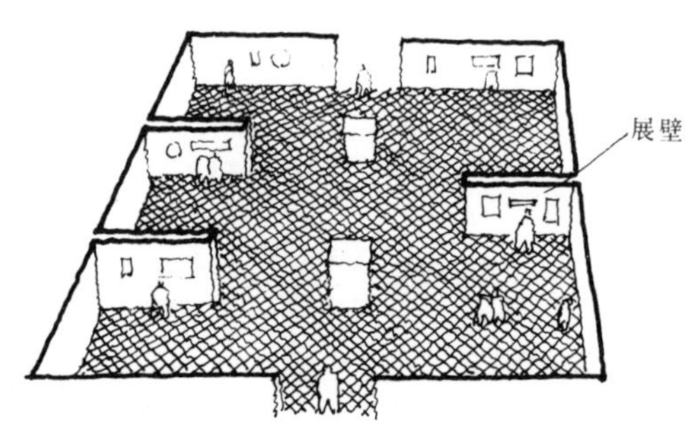

9. 展览馆建筑中的陈列室，为争取较多的墙面以利于布置陈列品，多以隔断墙把空间分隔成若干部分。这种空间形状也是由陈列室的功能要求所致。

门的功能、类型和尺度［6］

开门以沟通内外联系，这也是功能要求的一个方面。从使用性质上看，门可以分为一般供人出入的门和其它特殊使用要求的门。供人出入的门其大小应以人或人流的通过能力为依据。供车出入或其它特殊使用要求的门，则应视车的尺寸和具体使用要求来确定其大小和形式。

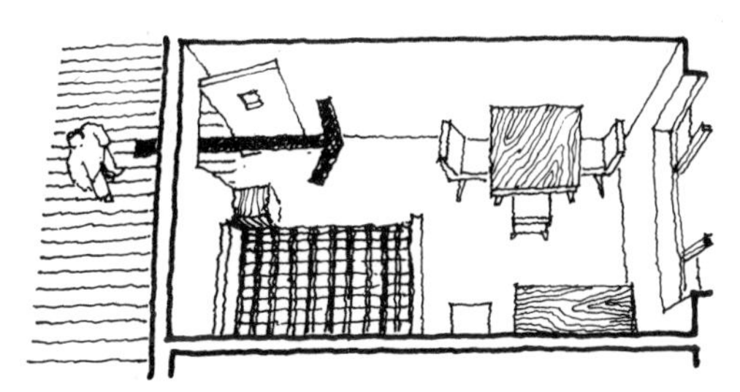

1. 门的功能示意图

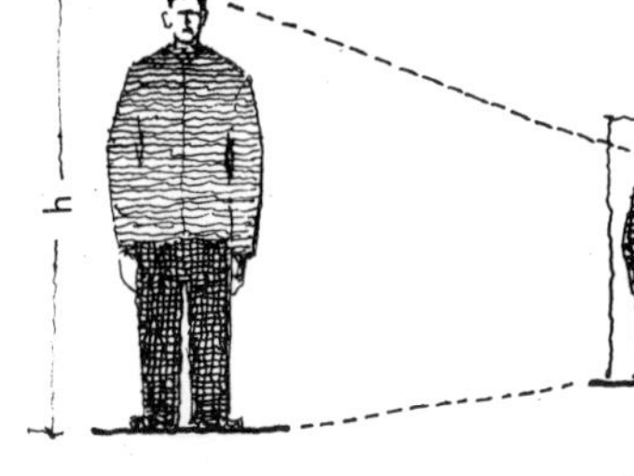

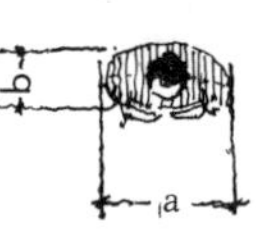

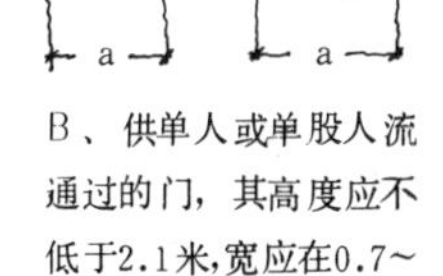

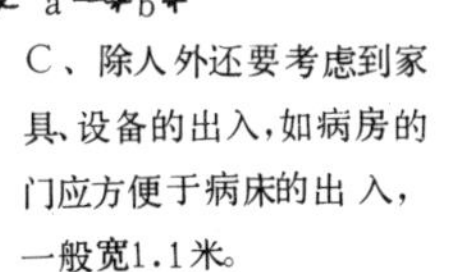

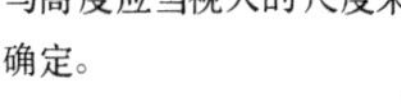

A、供人出入的门其宽度与高度应当视人的尺度来确定。

B、供单人或单股人流通过的门，其高度应不低于2.1米，宽应在0.7～1.0米之间。

C、除人外还要考虑到家具、设备的出入，如病房的门应方便于病床的出入，一般宽1.1米。

D、公共活动空间的门应根据具体情况按多股人流来确定门的宽度。可开双扇、四扇或四扇以上的门。

2. 一般供人出入的门

3. 有些特殊使用要求的门，如动物园兽舍的门，则应按动物的尺度来考虑其大小和形式。

4. 在生产性建筑中，有些门是为车的出入而设的，这种门的大小和形式则应按车的尺寸和行驶情况来确定。

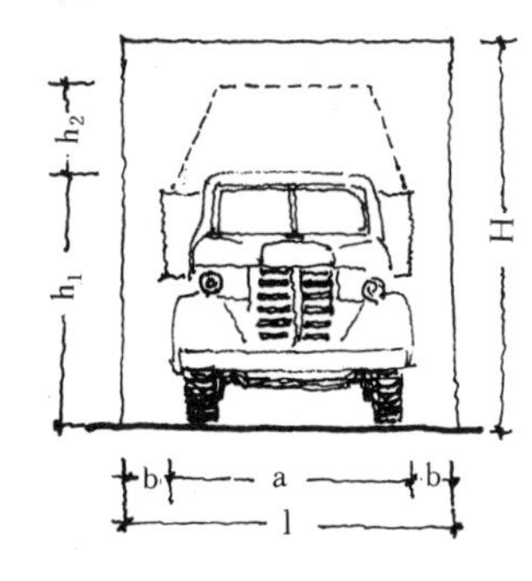

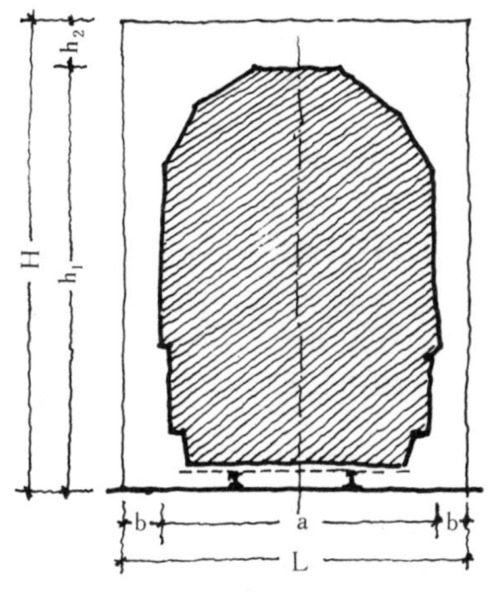

特种门的形式举例

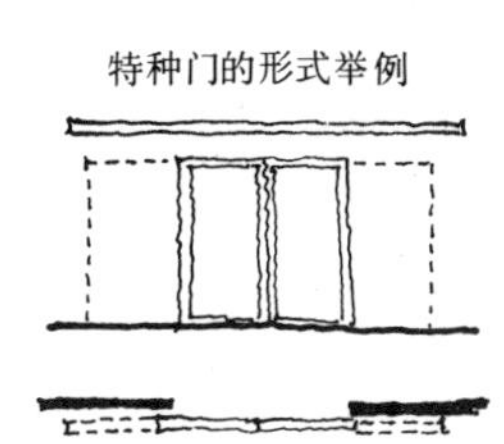

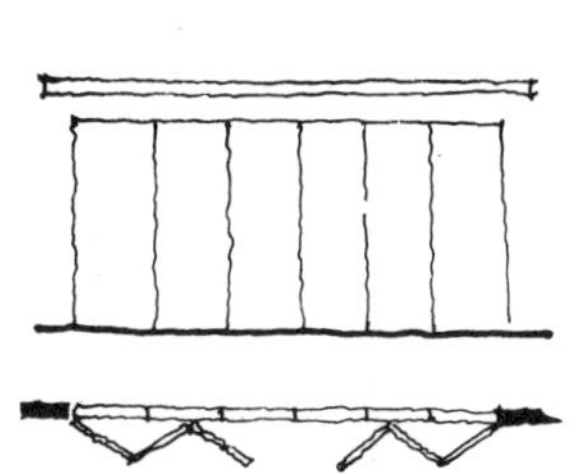

门的数量和位置选择［7］

一个房间应开多少门和应在什么位置上开门，也和房间的功能使用要求有着密切的联系。供少数人出入的房间仅开一个门即可满足要求，而供众多人出入的公共活动空间则必须根据功能要求开许多门。此外，开门的位置也必须与家具的布置和人流活动的情况相配合。

A、居室　　B、单身宿舍　C、病房

1．供少数人出入、功能简单的房间，仅需开一处门，但位置必须适当，应当和家具布置统一考虑。上图A所示为一居室，门的位置偏于一角；B、C分别示单身宿舍和病房，门的位置选择在中央。

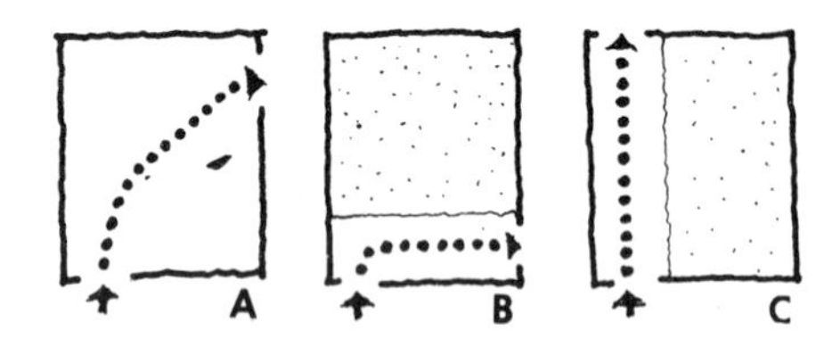

2．需要在两处开门的房间，如门的位置选择不当，就可能影响室内有效使用面积。在一般情况下图A所示门的位置选择不当，B、C较合理。

3．但也不能一概而论，由于功能要求的复杂性和多样性，还必须根据具体情况灵活掌握。图A～F分别以各种不同类型的公共活动房间为例，说明门的位置选择必须考虑到功能的特点。

A、母子候车室：门应偏于一侧。

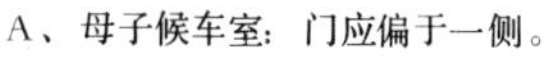

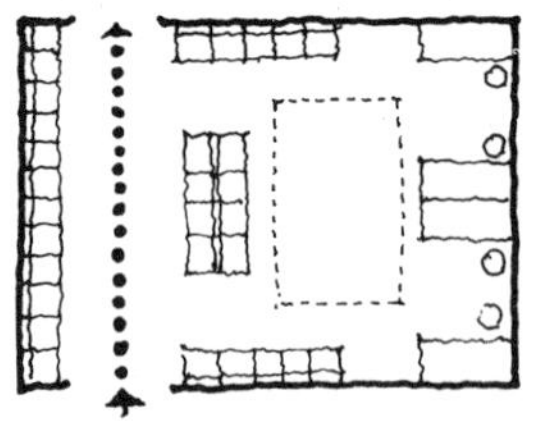

B、陈列室：门宜处于中央。

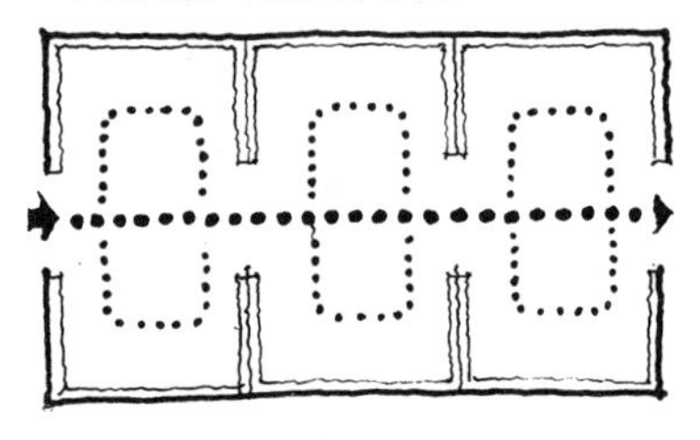

C、候车室：门的位置应与人流路线相配合。

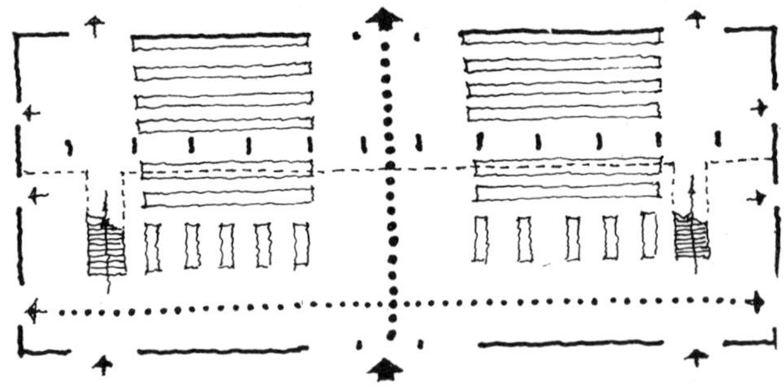

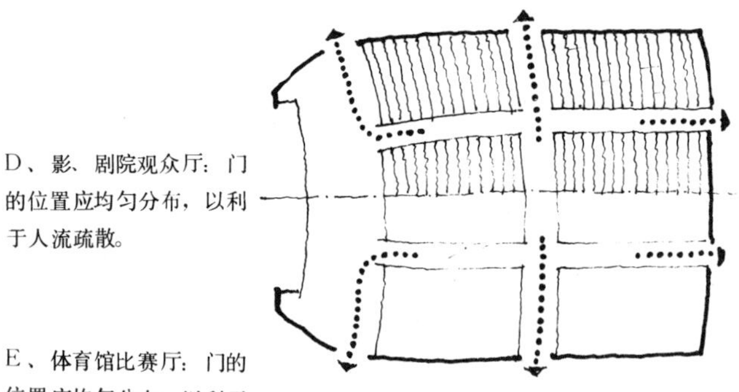

D、影、剧院观众厅：门的位置应均匀分布，以利于人流疏散。

E、体育馆比赛厅：门的位置应均匀分布，以利于大量人流的迅速疏散。

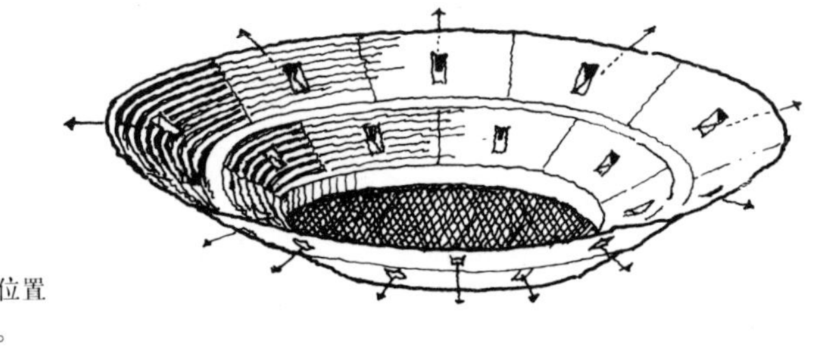

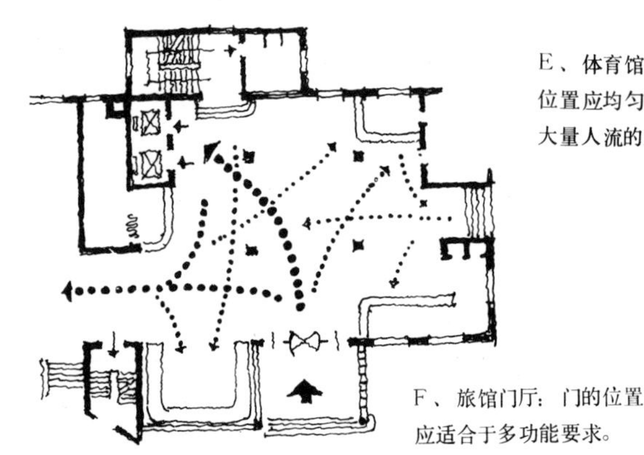

F、旅馆门厅：门的位置应适合于多功能要求。

关于开窗的问题［8］

除了少数建筑物可以采用人工照明和设有空调装置外，一般的建筑，均开窗以接纳空气、阳光，这也是保证房间功能要求的一个重要方面。窗应该怎么开？开窗面积应多大？这些都应视房间的使用要求来确定。窗的形式一般可以分侧窗、高侧窗、天窗等，对于一个房间来说可以沿其一侧或几侧来开窗。

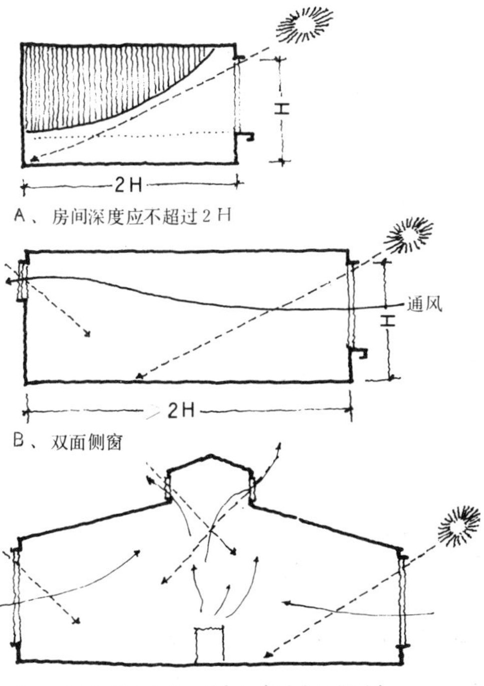

A、房间深度应不超过2H

B、双面侧窗

C、双面侧窗加天窗，适合于大跨度工业厂房

1. 几种开窗形式例举

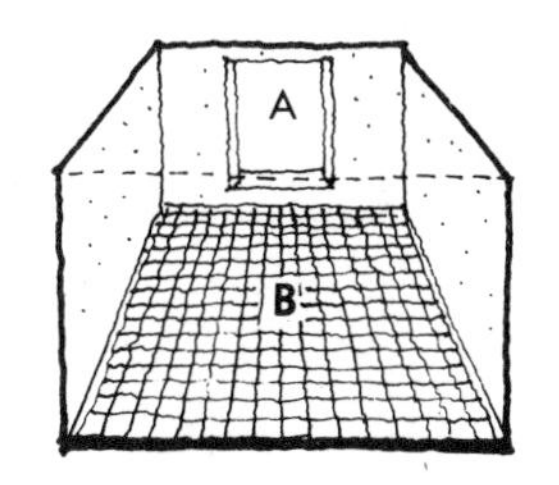

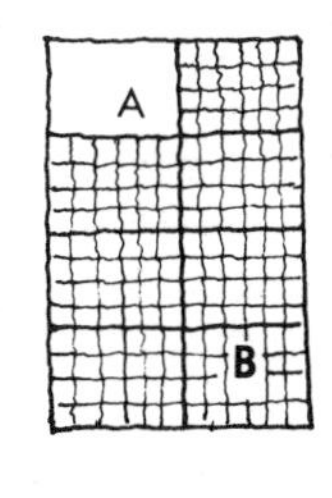

A、开窗面积　B、地板面积　　A／B 采光面积比

2. 开窗面积的大小，通常都是根据房间对于亮度的要求来确定的。亮度要求愈高，开窗的面积就愈大。对于一般民用建筑来讲，通常是把开窗面积与地板面积之比称之为采光面积比。不同使用要求的房间，其采光面积比也各不相同，例如居室为1／8，陈列室为1／6。

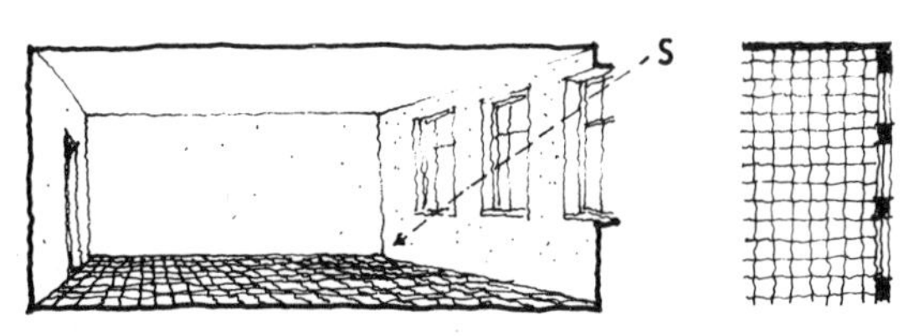

3. 对于一般采光要求不高的房间，可采用砖石结构，其开窗面积即可达到要求。

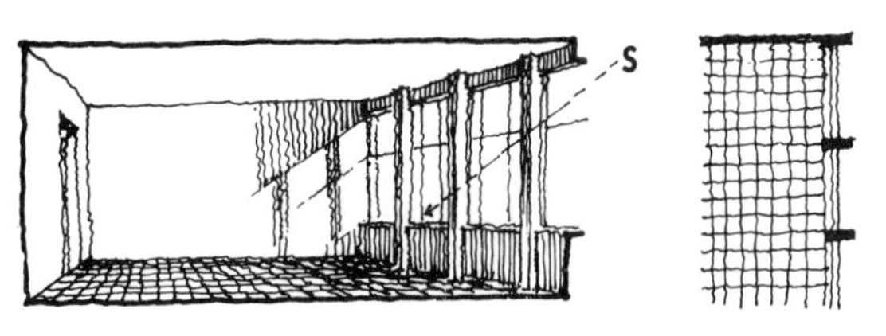

4. 采光要求较高的房间，为了争取较多的开窗面积，一般应采用框架结构。

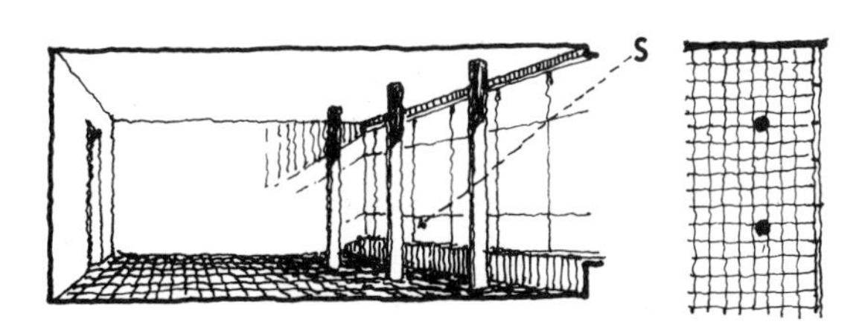

5. 在某些情况下，为了争取最大的开窗面积，可以把窗与结构分开处理，从而把整个墙全部用作开窗面积。

6. 为使光线柔和均匀，陈列室可采用特殊的开窗形式。

关于朝向问题［9］

为争取必要的阳光照射，以利于人体健康，而又避免烈日曝晒，某些房间应争取良好的朝向；另一类房间由于功能方面的要求不允许阳光直接照射，也应选择合理的朝向。至于朝向应当如何考虑，这不仅要看房间的使用要求，而且还要看地区的气候条件。

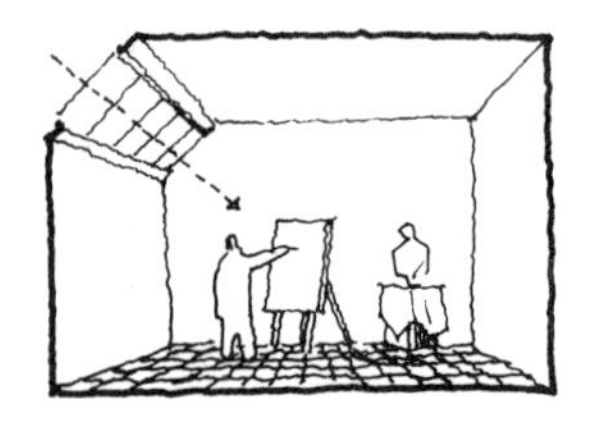

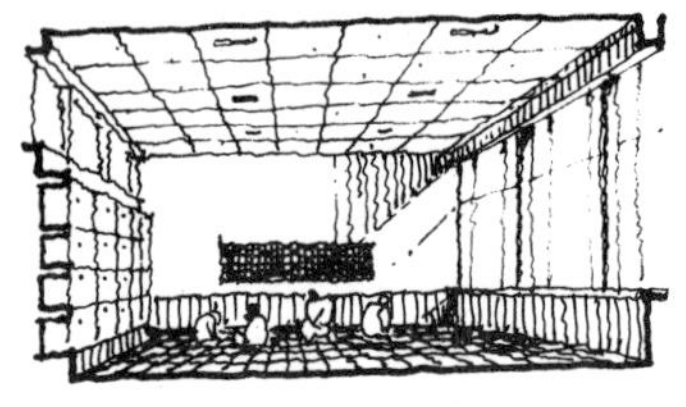

3．不同性质的房间因使用要求不同，而应争取合适的朝向。例如为保证光线的稳定。画室应争取朝北；为争取阳光的照射幼儿园活动室则应朝南。

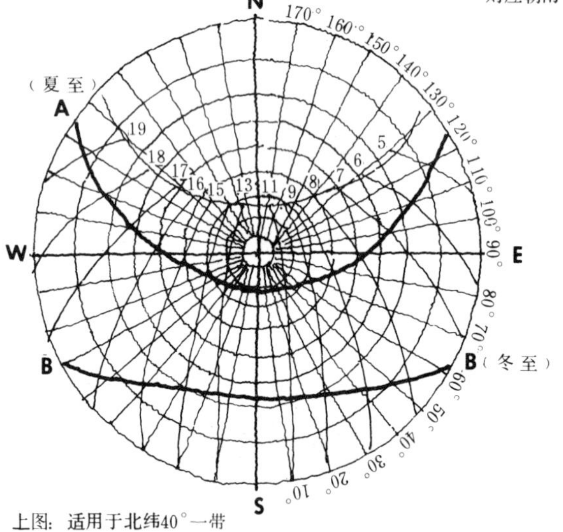

上图：适用于北纬40°一带平射影日照图

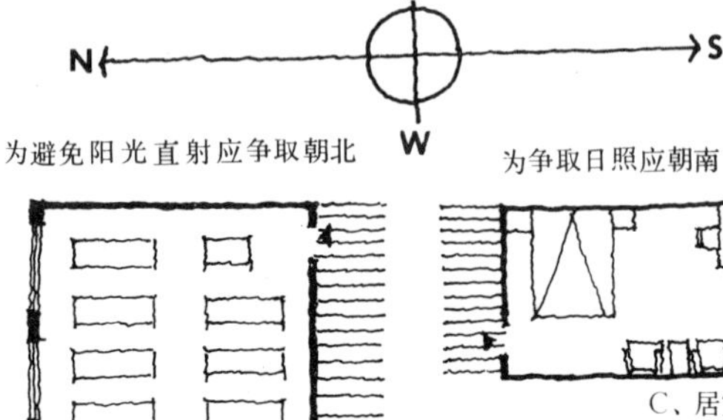

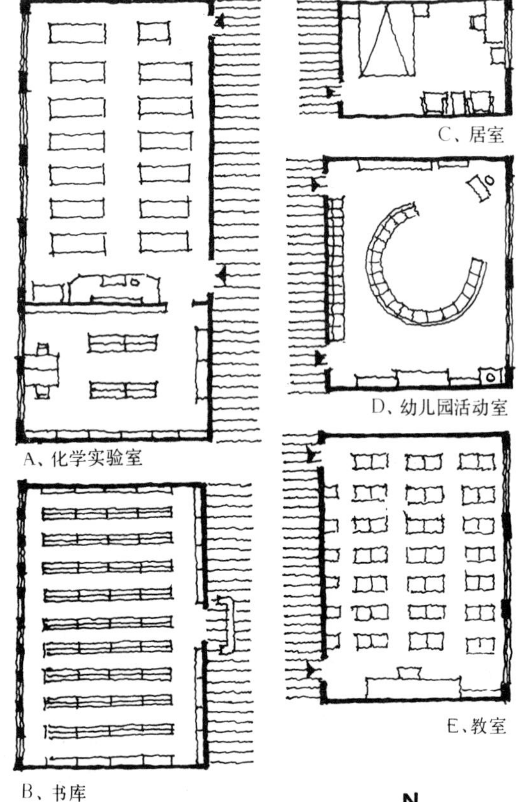

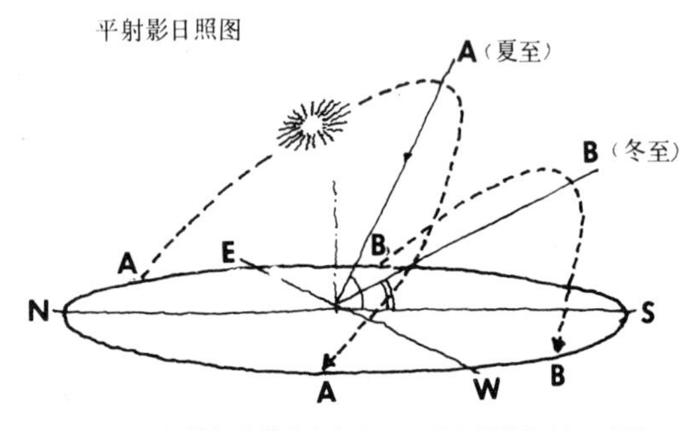

1．太阳运行的规律是考虑朝向、日照问题的依据，不同地区（纬度）、不同季节太阳运行的轨道是不同的，上两图分别表示北纬40°左右夏至、冬至时太阳运行的轨道。

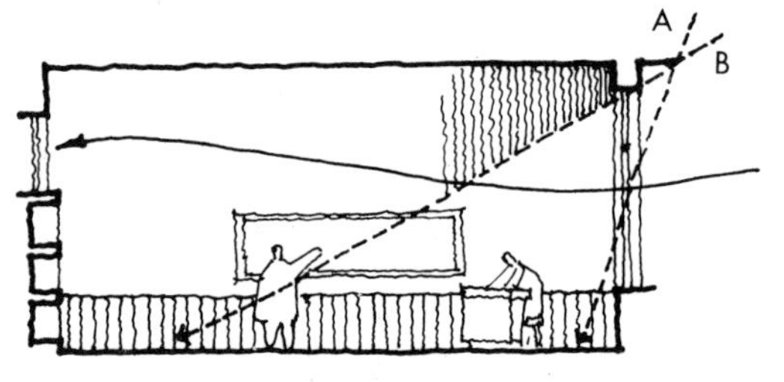

2．理想的朝向既可保证日照又可获得自然通风。

4．朝向问题不仅关系到日照，而且还关系到通风。合理的朝向在夏季可以争取充分的自然通风，而在冬季又可以避免寒风的侵袭。当然，这个问题必须联系到各个地区气象特点来考虑。

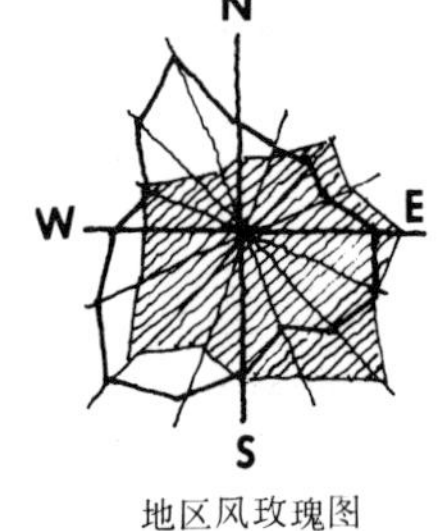

地区风玫瑰图

空间组合的形式与功能［10］

功能的合理性不仅要求每一个房间本身具有合理的空间形式，而且还要求各房间之间必须保持合理的联系。这就是说，作为一幢完整的建筑，其空间组合形式也必须适合于各该建筑的功能特点。以下就几种典型的空间组合形式作具体分析：

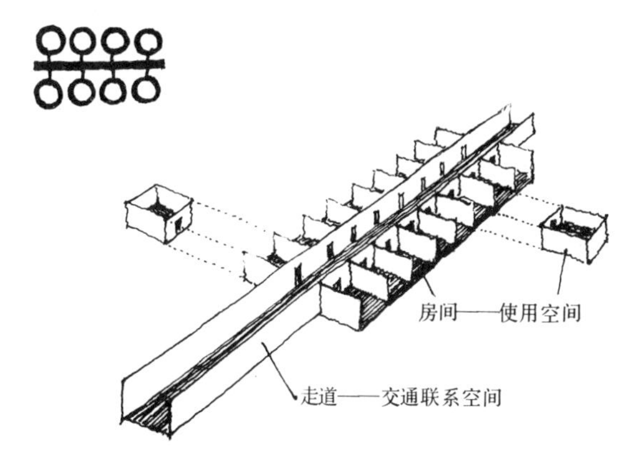

1、学校、医院、办公楼等建筑中的教室、诊室、病房、办公室等使用房间，一方面要求安静，另外彼此之间又必须保持适当的联系，加之这些房间一般体量不大但数量却很多，针对这种功能特点，采取以走道——一种专供交通联系用的狭长的空间——把各个使用房间联系为一体，则是最合逻辑的空间组合形式。

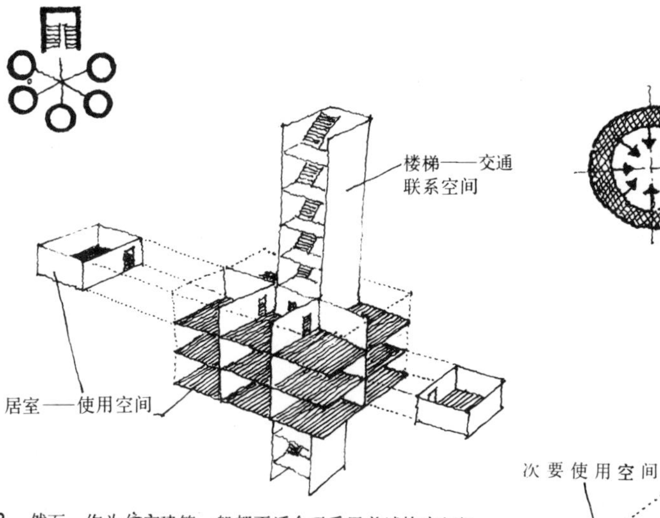

2．然而，作为住宅建筑一般都不适合于采用前述的空间组合形式。这是因为在住宅建筑中各住户之间没有功能上的联系，另外，过长的走道只会徒然地增加干扰。为此，针对住宅建筑功能特点，一般则适合于采用单元——即以几户人家围绕着一部楼梯的组合形式，来保证其功能的合理性。

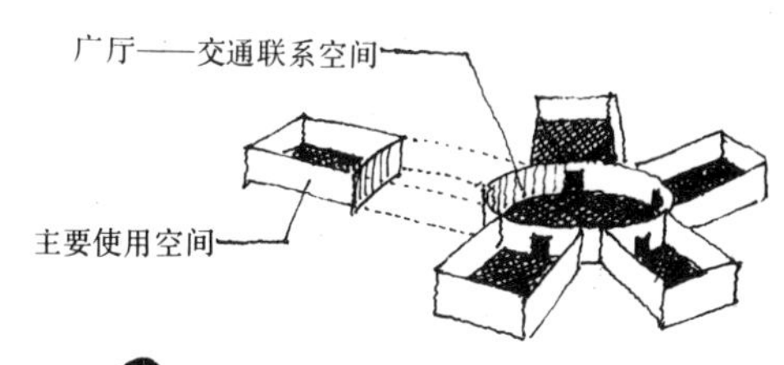

3．某些公共建筑如车站、展览馆等，由于功能特点往往适合于采用以广厅——一种专供交通联系用的空间——把若干个主要使用空间联系在一起的空间组合形式。

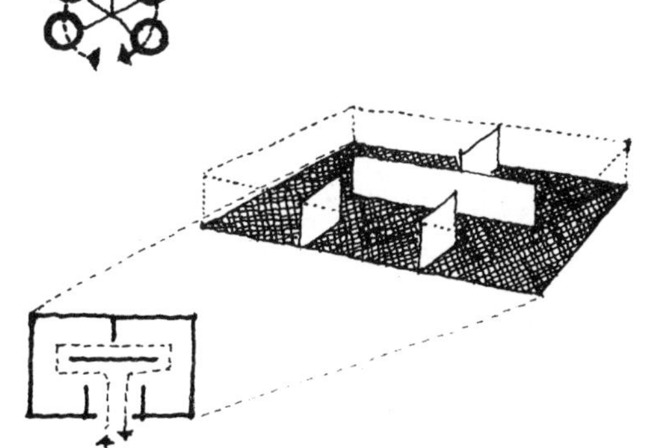

4．博物馆中的陈列室、商场以及某些工业建筑车间，为了保持各部分之间的连贯性，比较适合于使各部分空间互相串连贯通，这也是一种空间组合的基本形式。

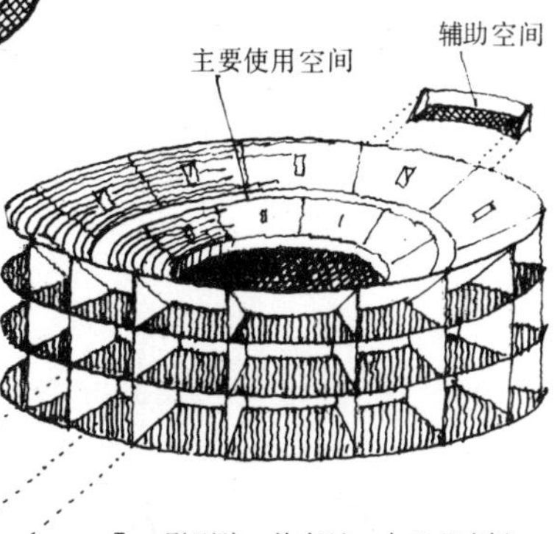

5．影剧院、体育馆、大型菜市场等建筑，一般则以一个巨大的空间为中心，然后把许多个次要和辅助空间围绕着大空间周边来布置。

走道式组合的布局特点及类型［II］

走道式组合的最大特点是：把使用空间和交通联系空间明确分开，这样就可以保证各使用房间的安静和不受干扰。因而如单身宿舍、办公楼、医院、学校、疗养院等建筑，一般都适合于采用这种类型的空间组合方法。

1．由于使用要求、地区气候条件不同，走道式建筑又可分为：①沿走道两侧安排使用房间；②沿走道一侧安排使用房间；③沿使用房间两侧设置走道等几种空间组合形式。

双面走道式
又称内廊式

单面走道式
又称外廊式

沿房间两侧
设置走道

2．图示为一单身宿舍，所有的房间皆沿一条狭长走道的两侧排列。这种平面布局形式称为内廊式或双面走道式，其优点是：走

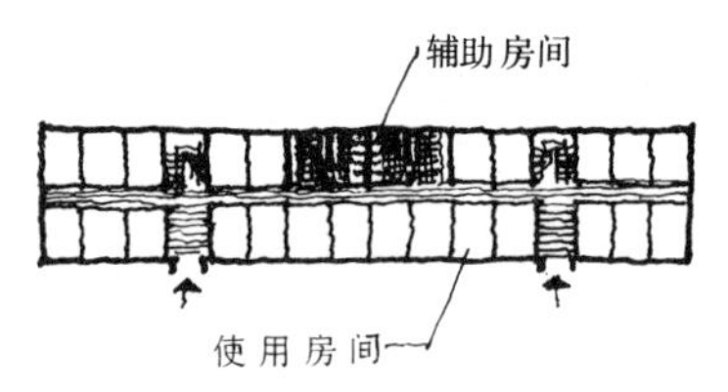

道的使用率较高、平面紧凑；缺点是：部分房间朝向较差、通风条件较差、走道较暗。

3．下两图所示为办公楼建筑，采用双面走道的布局形式，个别特殊使用要求的大空间设置在走道的尽头处，或置于主体建筑之外。

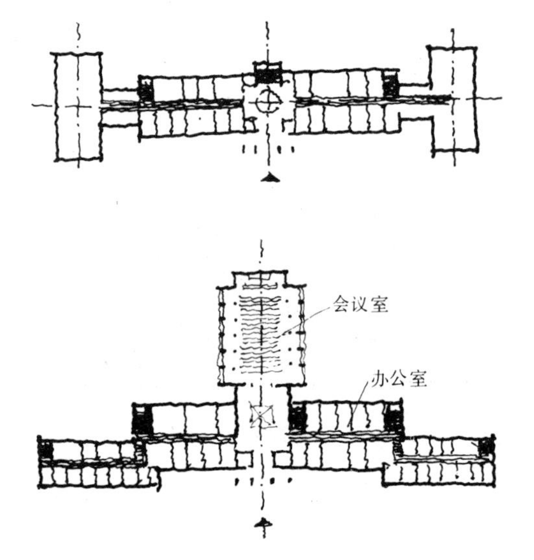

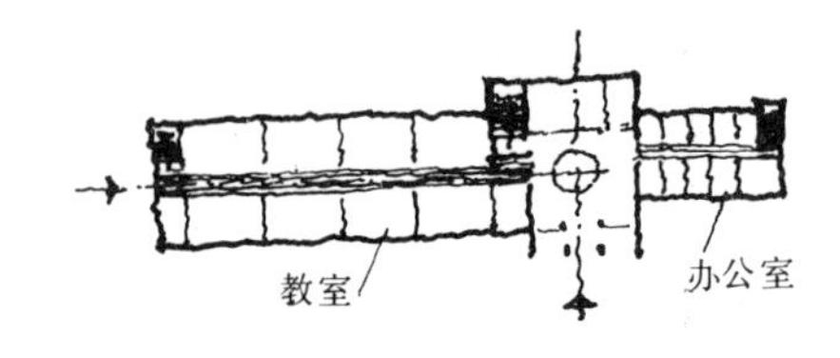

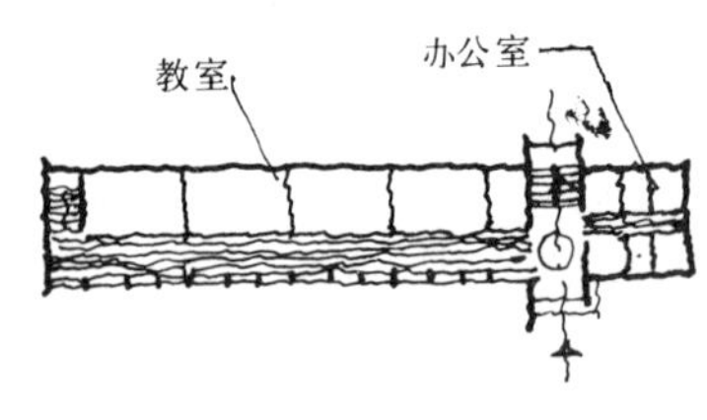

4．上两图所示为学校建筑。下图教室部分采用单面走道——外廊式，其优点是：通风、采光条件较好，唯走道使用率较低，不经济。

5．下图所示为某医院建筑，部分房间沿走道两侧布置；部分房间沿走道一侧布置。就整个建筑来讲综合地运用内廊和外廊两种布局形式，这样就可以使使用房间避免西晒。

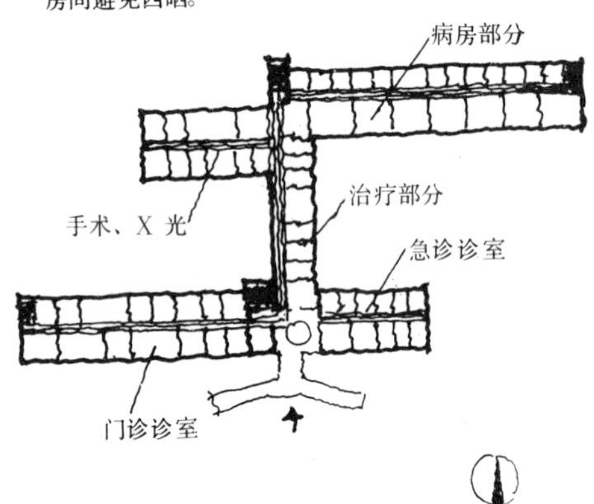

6．图示为某亚热带地区建筑，沿使用房间两侧设置走道，既可以有方便的联系又可借走道以防止輻射热影响室内气温变化。

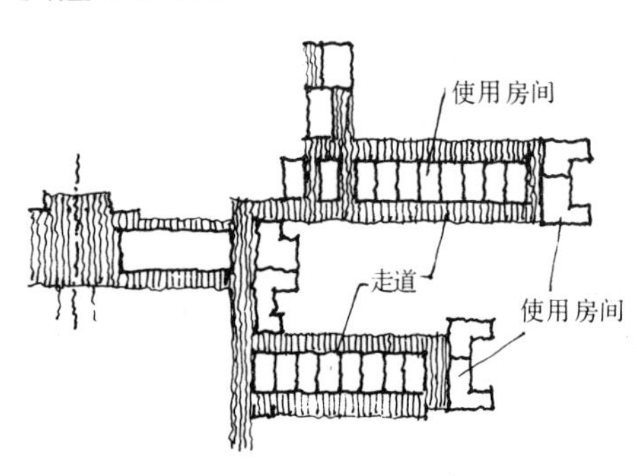

交通枢纽的组织［12］

走道——是用来解决同一层中各房间水平交通联系的问题。除单层建筑外，各层之间还必须用楼梯——一种竖向交通孔道——来解决各层之间的交通联系问题。综合地利用楼梯和走道，就可使整个建筑内部各房间四通八达。

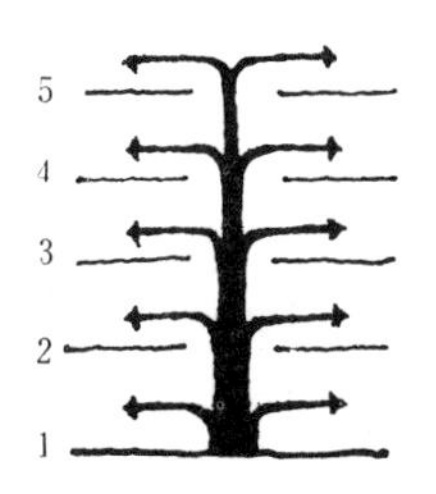

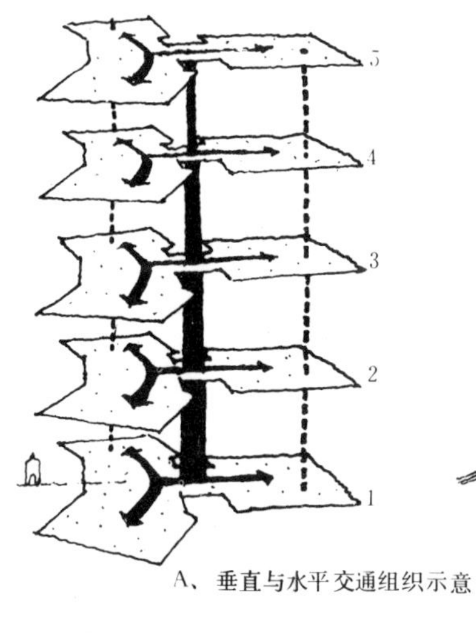

A、垂直与水平交通组织示意

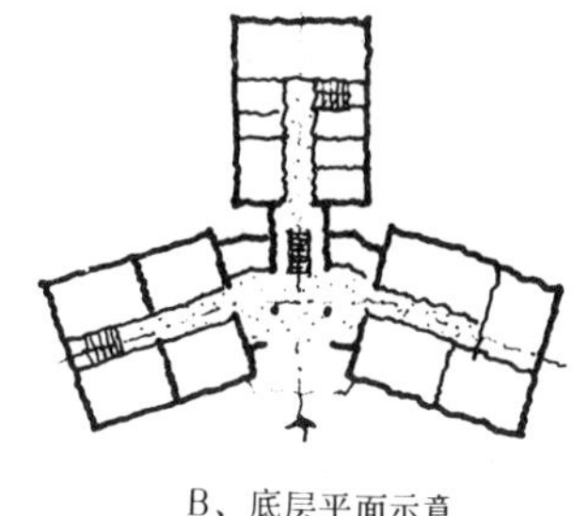

B、底层平面示意

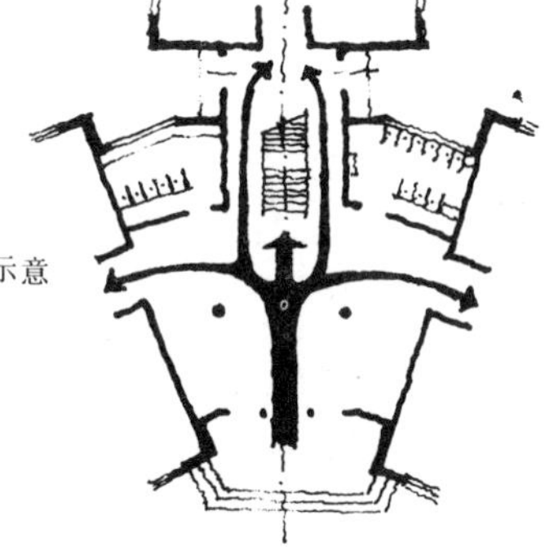

C、门厅平面示意

1. 楼梯——作为竖向交通联系的孔道，必然成为建筑物的交通枢纽，因而它的位置必须选择在适中的地方，只有这样，才能通过它把人流顺畅地分散到各个房间。右图所示为一中学校建筑，平面呈"Y"形，主要楼梯设于"Y"形平面中央，下端与门厅直接相连，人流自门厅进入建筑物后，即可通过主楼梯方便地把人流分散到建筑物的各个部分。

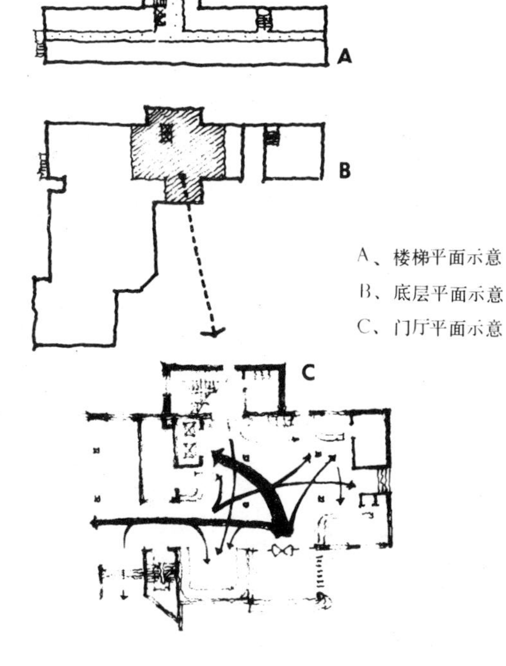

A、楼梯平面示意
B、底层平面示意
C、门厅平面示意

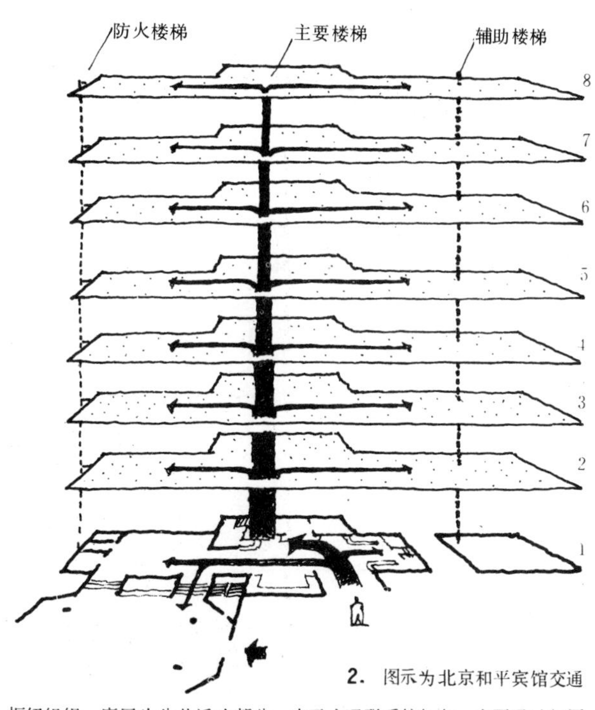

2. 图示为北京和平宾馆交通枢纽组织。底层为公共活动部分，水平交通联系较复杂，主要通过门厅处理以保证各部分房间之间的合理联系。各层之间则主要是通过电梯来解决其竖向的交通联系的。此外，还设有辅助楼梯和防火楼梯，以备在紧急情况下使用。

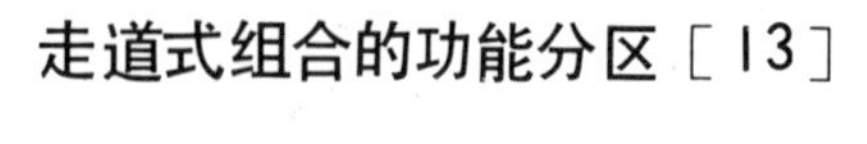

走道式组合的功能分区［13］

任何一类布局形式的建筑，为了保证房间之间合理的功能联系，都存在着一个如何组织房间的问题，这一般称之为功能分区。走道式建筑的特点是：房间小但数量多，因而更必须把功能性质相同或联系密切的房间分类集中在一起，首先保证同类房间之间的方便联系。另外，各类房间还要根据其功能特点把它们各自安排在适当的楼层和适当的位置上，而使之各得其所。

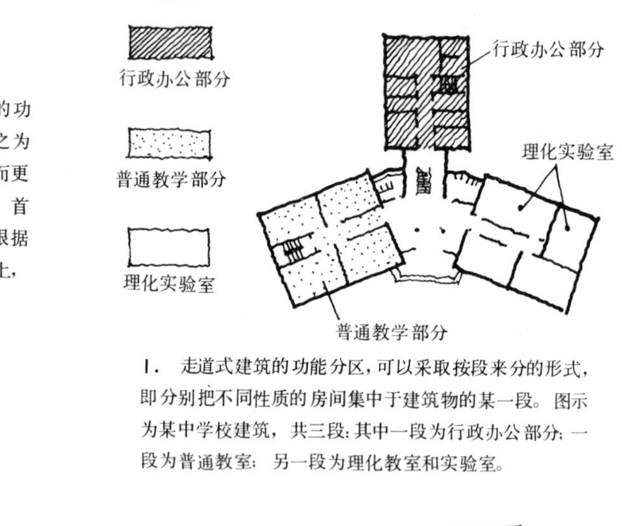

1. 走道式建筑的功能分区，可以采取按段来分的形式，即分别把不同性质的房间集中于建筑物的某一段。图示为某中学校建筑，共三段：其中一段为行政办公部分；一段为普通教室；另一段为理化教室和实验室。

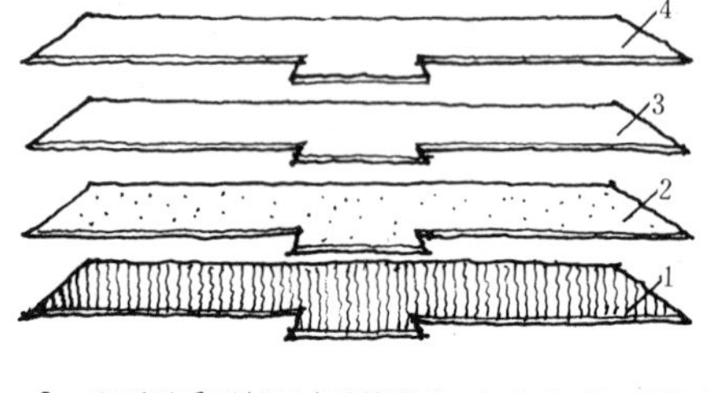

2. 也可以采用按层来分的形式，即把性质相同的房间分别集中于一层。如办公楼建筑，可以把不同的处、科、室等行政单位，分别设在不同的楼层。

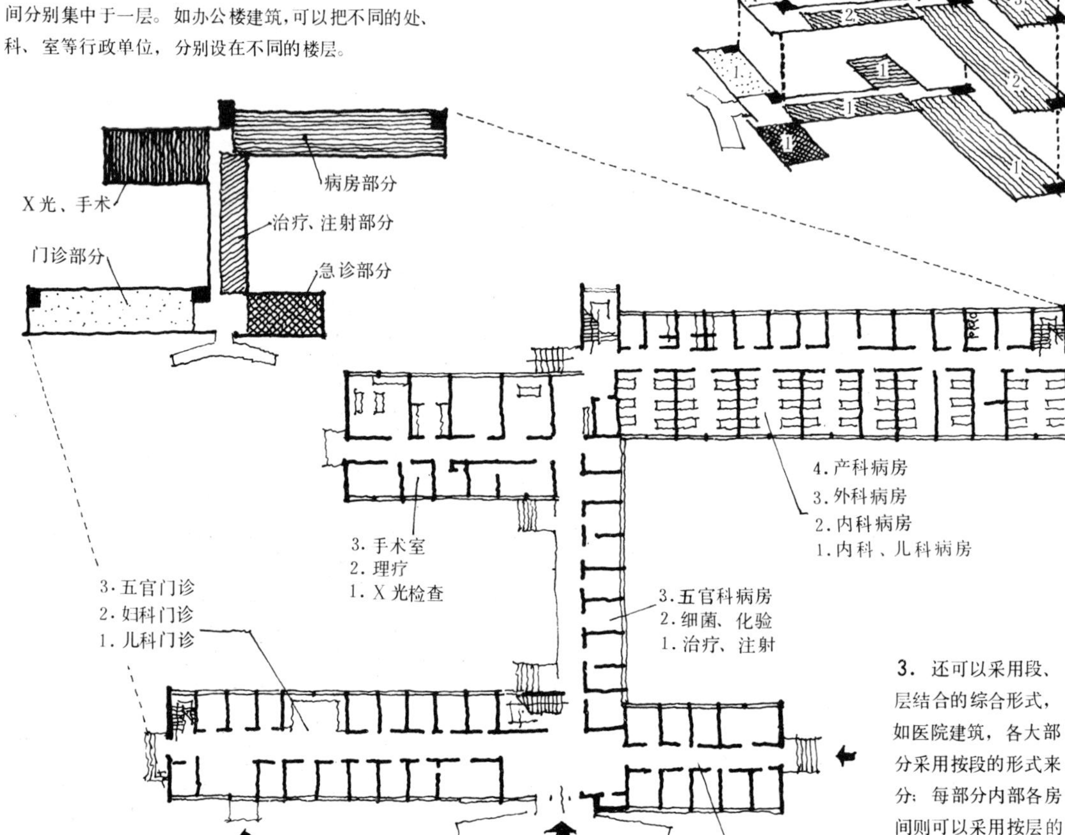

3. 还可以采用段、层结合的综合形式，如医院建筑，各大部分采用按段的形式来分；每部分内部各房间则可以采用按层的形式来分。

走道式组合房间大小的确定［14］

在走道式建筑中，为减少结构构件类型以便于工厂化生产和机械化施工；为使立面开窗的整齐划一，因而必须确定一个合理的开间、进深尺寸。一旦这个尺寸被确定下来，各房间必须根据这种尺寸的网格来划分。例如一般的小房间占一个网格；稍大的房间占两个网格；大房间占3～4个网格。个别特殊大的房间可设于建筑物的端部，以避免受网格尺寸的约束。

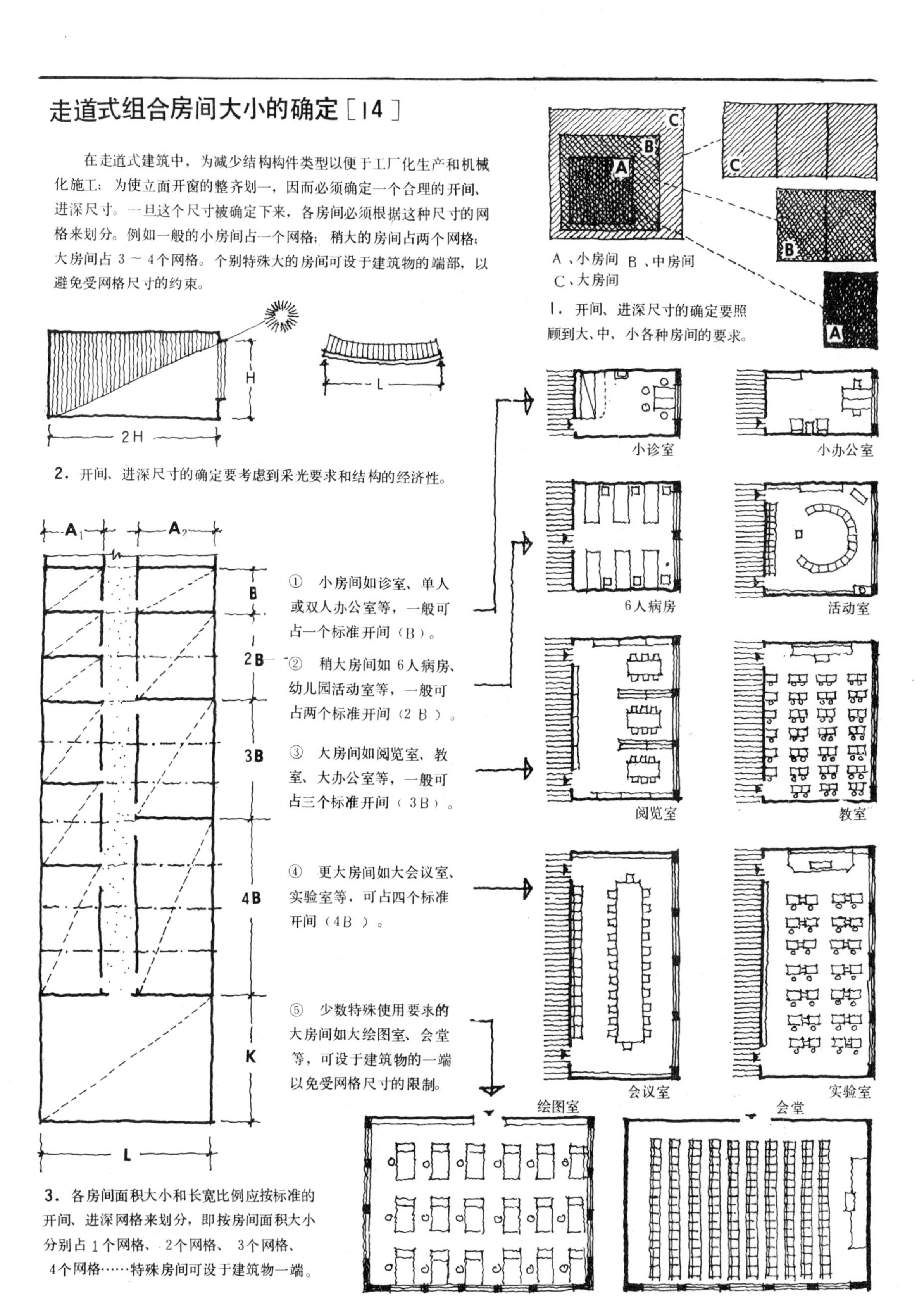

1．开间、进深尺寸的确定要照顾到大、中、小各种房间的要求。

2．开间、进深尺寸的确定要考虑到采光要求和结构的经济性。

3．各房间面积大小和长宽比例应按标准的开间、进深网格来划分，即按房间面积大小分别占1个网格、2个网格、3个网格、4个网格……特殊房间可设于建筑物一端。

单元式组合的特点[15]

如果说走道式组合主要是通过走道——一种水平交通空间来连接各使用房间的话，那么单元式组合则是以楼梯——一种竖向交通空间来连接各使用房间。这种组合形式的最大特点是集中、紧凑，易于保持安静和互不干扰，因而最适合于住宅的功能要求。

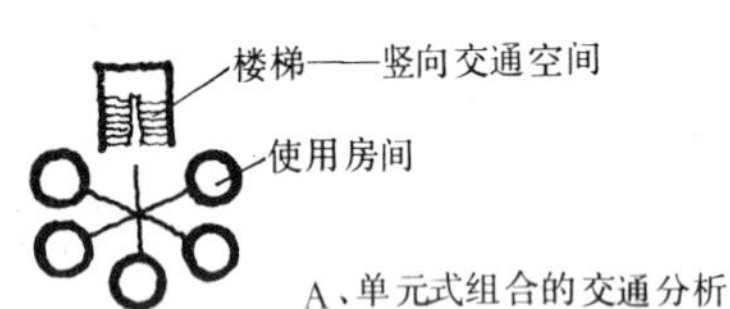

A、单元式组合的交通分析

1．单元式组合的平面交通组织（上图A）和立体交通组织（下图B）的特点分析示意

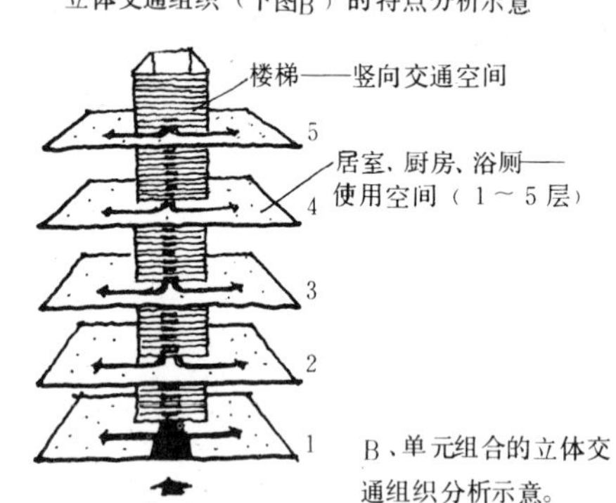

B、单元组合的立体交通组织分析示意。

2．单元是组成建筑物的基本单位，一幢建筑可以由若干个相同或不同的单元所组成，各单元之间没有任何功能联系。下图为由三个单元所组成的住宅建筑示意。

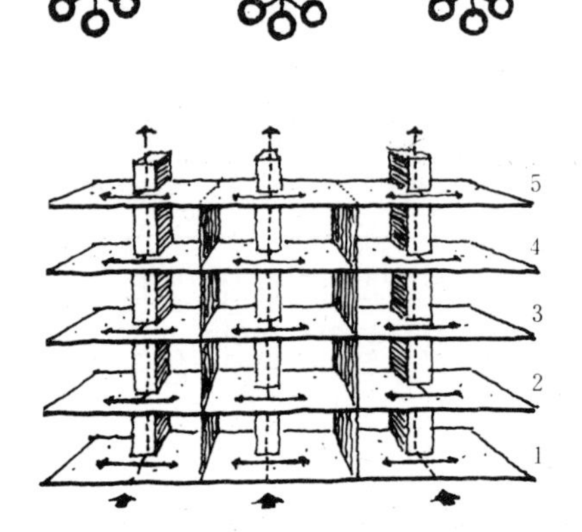

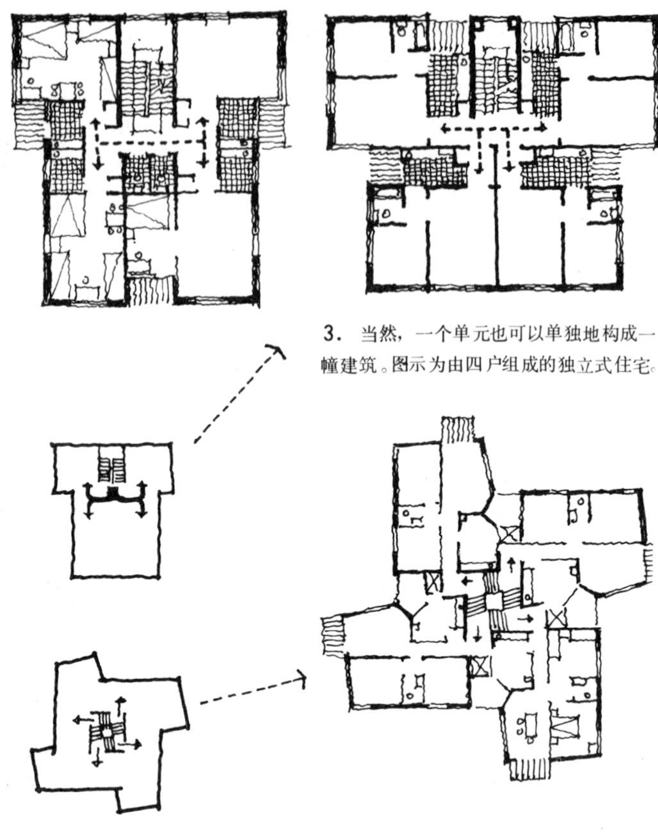

3．当然，一个单元也可以单独地构成一幢建筑。图示为由四户组成的独立式住宅。

4．但在一般情况下，还是由几个单元共同组成一幢建筑，下图示以2～3户组成的住宅单元平面及其拼凑成整幢建筑的示意。

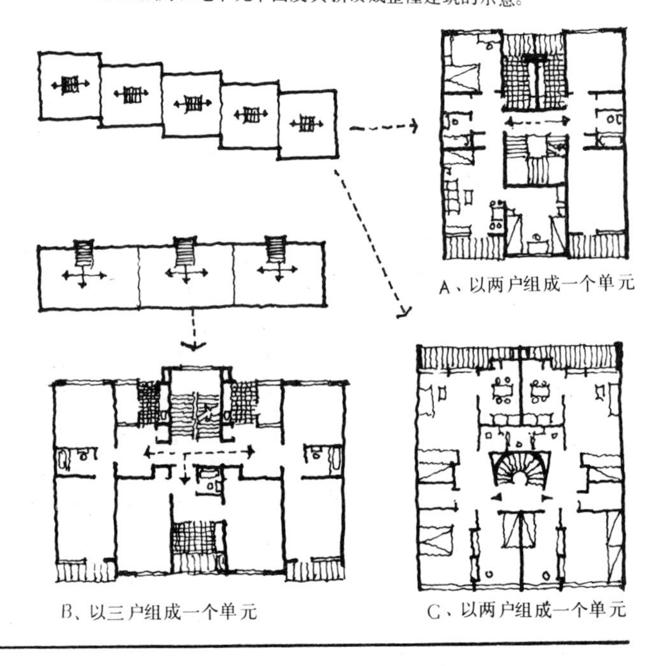

A、以两户组成一个单元

B、以三户组成一个单元

C、以两户组成一个单元

以广厅连接空间的组合形式［16］

通过广厅——一种专供人流集散和交通联系用的空间——也可以把各主要使用空间连接成一体。这种组合形式的特点是：广厅成为大量人流的集散中心，通过它既可以把人流分散到各主要空间，又可以把各主要使用空间的人流汇集于这个中心，从而使广厅成为整个建筑物的交通联系中枢。一幢建筑视其规模大小可以有一个或几个 中 枢。这种组合形式较适合于大量人流集散的公共建筑如展览馆、火车站、图书馆、航空站等。

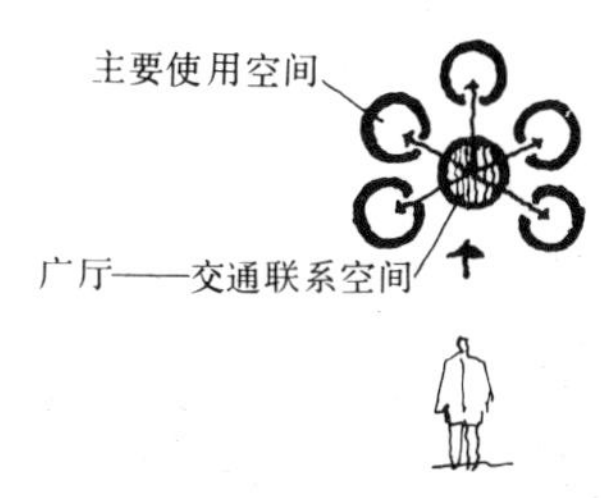

1．以广厅为中枢连接各主要使用空间的组合形式的人流活动及交通联系分析示意图。

分散人流示意图

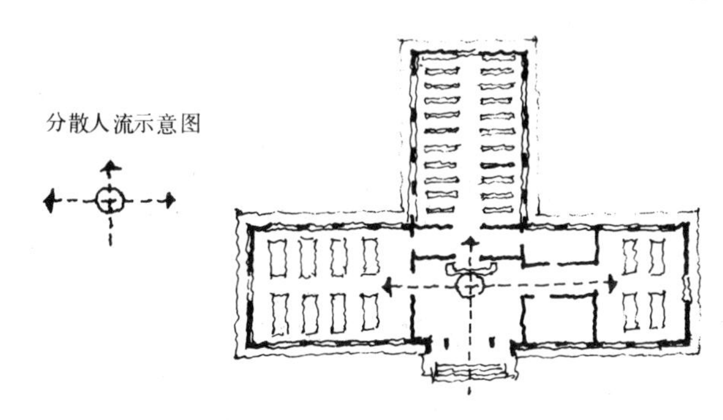

3．图示为图书馆，以出纳厅连接阅览室与书库，并通过出纳厅把人流分散到各阅览室。

分散人流示意图

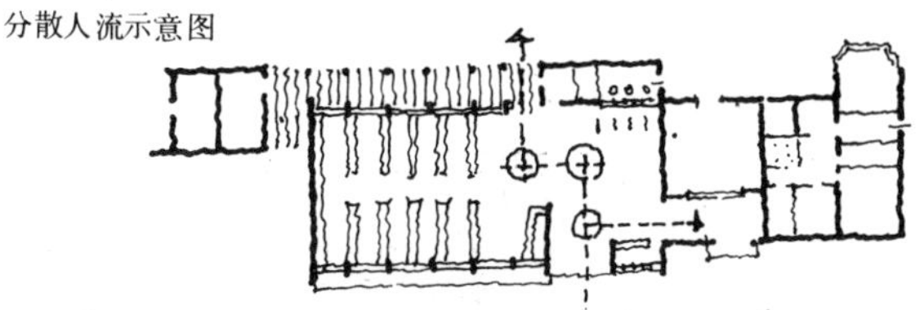

4．某火车站，以广厅连接候车室、行李房等。

分散人流示意图

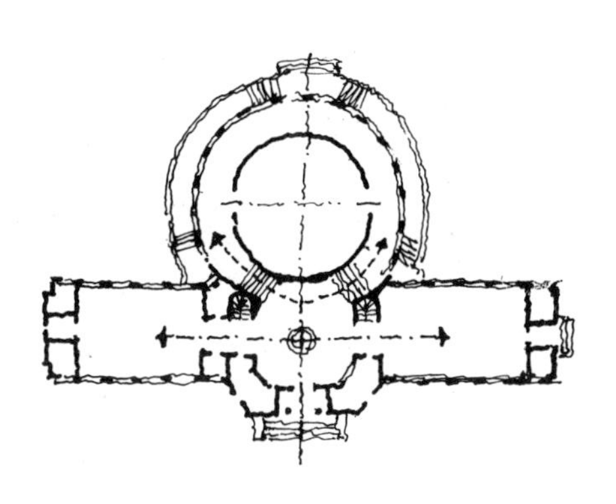

分散人流示意图

2．图示为北京天文馆，以广厅连接展览厅、电影厅、陈列厅等，使大量人流通过它直接分散到建筑物各主要使用空间。

5．图示为中国美术馆，为满足人流集散、交通联系和组合需要，分别由一个主要广厅和两个次要广厅来连接各大、中、小展览厅，从而形成三个中枢。

分散人流示意图

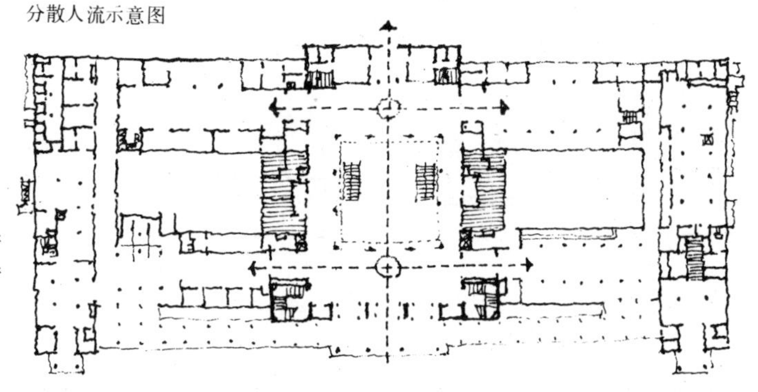

6．图示为北京火车站，由一个集中的和若干个分散的广厅分别连接各候车厅、售票厅等主要使用空间。

广厅式组合的功能分区 [17]

所谓的以广厅连接空间的组合形式,即指构成建筑物的主要空间——如候车厅、阅览厅、陈列厅等，而并非所有的空间。其它如办公等管理房间和辅助房间，由于在建筑中不占主导地位,则多使之依附于主要空间,或置于建筑物较次要的侧翼。

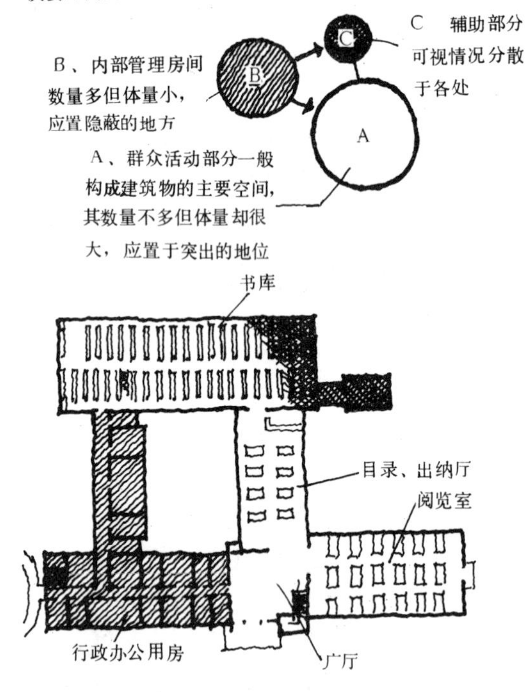

1. 某图书馆建筑。广厅所连接的主要是目录厅和阅览厅;行政办公用房置于建筑物的一翼;书库置于建筑物的后部;读者活动部分处于建筑物最突出的地位。

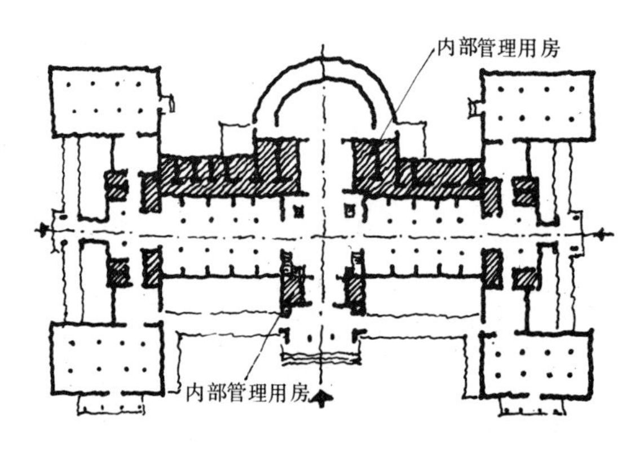

2. 中国美术馆。广厅所连接的主要是陈列厅，占据建筑物的突出部位，管理用房或依附于陈列厅,或分散于各处。

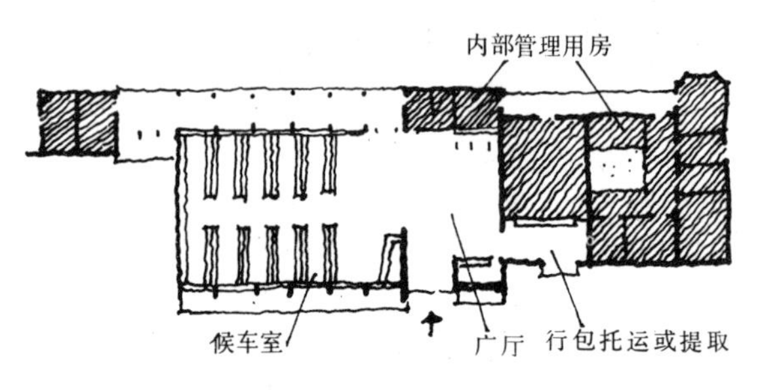

3. 火车站建筑。广厅所连接的主要是候车室和行包托运处，办公或内部管理用房则置于建筑物的一翼。

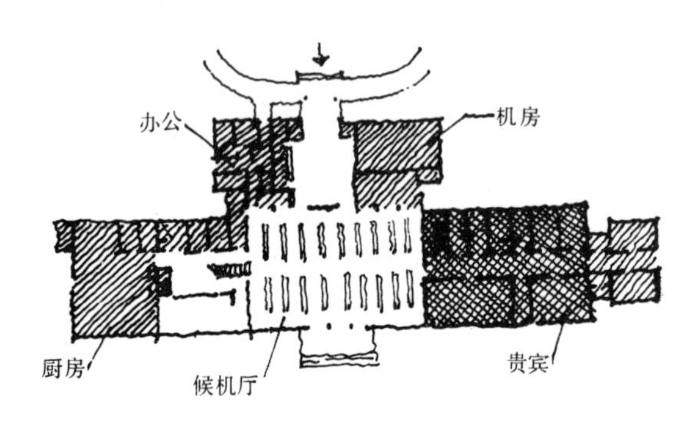

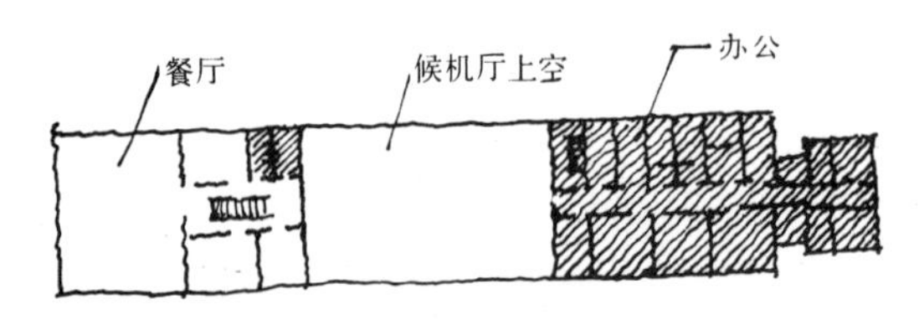

4. 某候机楼建筑。广厅、候机厅处于建筑物的中央部分，体量大、地位突出，其它管理用房或置于建筑物的两翼，或占据建筑物的一角。

5. 鲁迅纪念馆。虽属串联式组合形式，但和广厅式组合形式一样，内部管理用房均分散置于建筑物的各个端部。

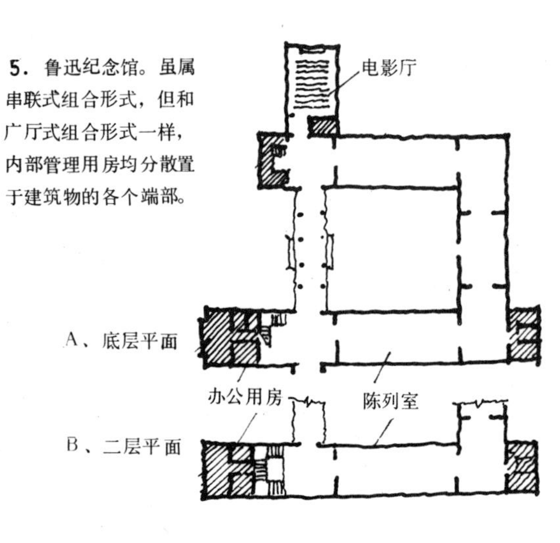

串联式组合的特点［18］

前面列举的几种组合形式，都具有一个共同的特点：就是把使用空间和交通联系空间明确地分开，而串联式的组合则是使主要使用空间一个接一个地相互串通、直接相连。这种组合形式的特点是：①把交通联系空间寓于使用空间之内；②各主要使用空间关系紧密，并有良好的连贯性。这种组合形式较适合于陈列馆一类建筑的功能特点。

1．串联式组合的人流及交通联系分析示意图。

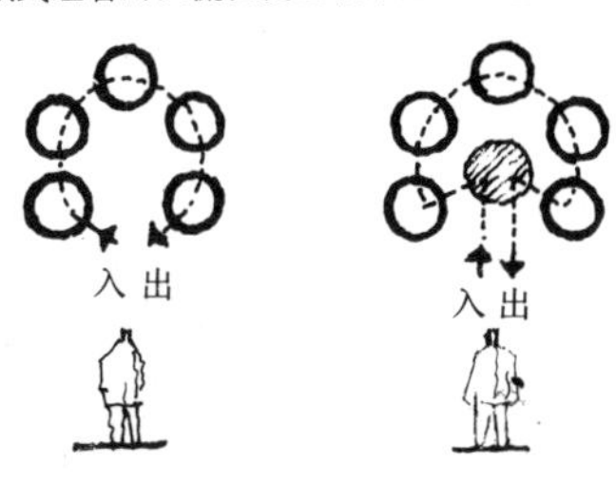

2．串联式组合的平面布局示意之一。

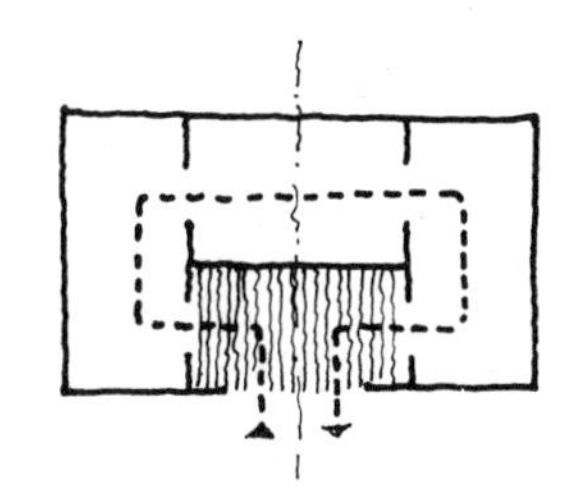

3．串联式组合的平面布局示意之二。

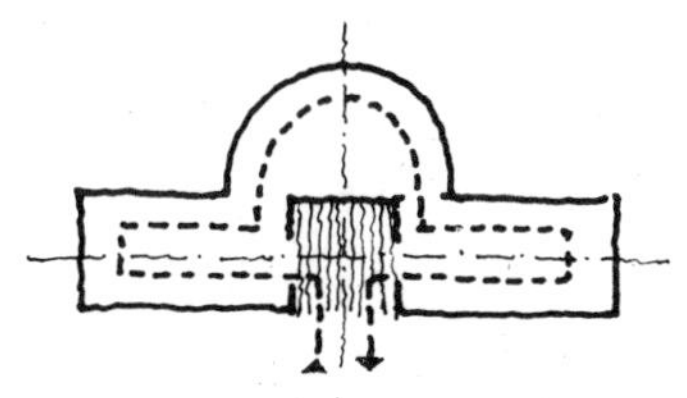

4．串联式组合的空间人流组织示意。

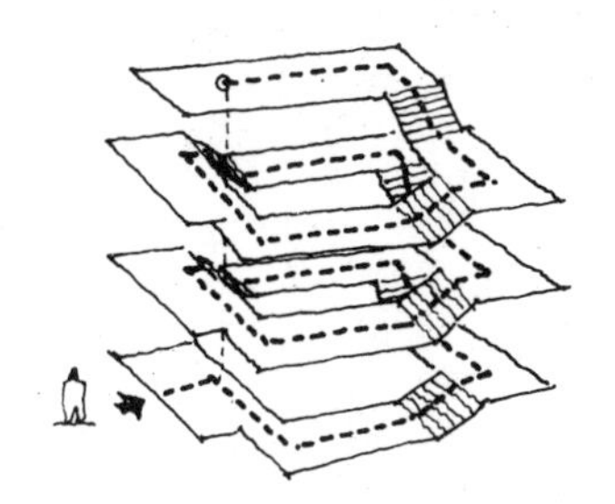

5．下图示全国农业展览馆综合馆，各展览厅相互串联，观众从门厅开始按顺时针方向可依次从一个展览厅进入另一个展览厅，直至最后再回到门厅。

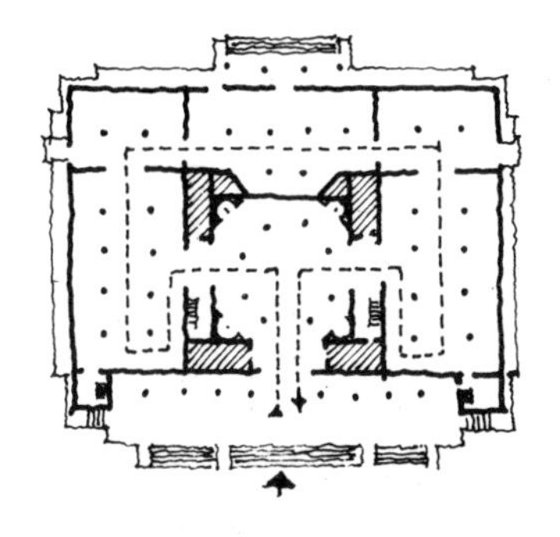

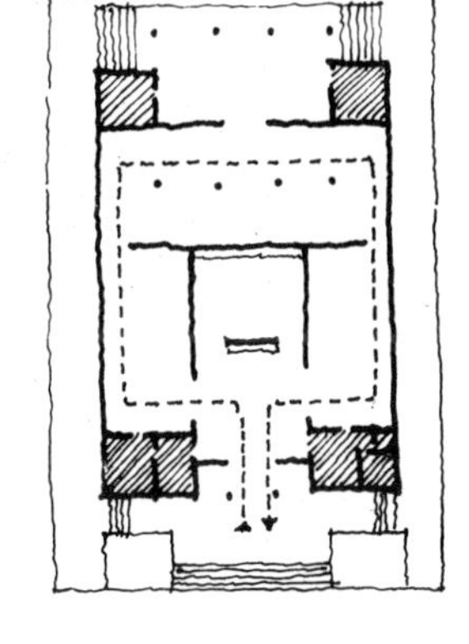

6．上图所示为某博物馆建筑，三个陈列厅相互串联，并围绕着序言厅布置，按顺时针方向一次可看完全部展出内容。

7．右图所示为某农业展览馆，五个展览室相互串联并依次形成“U”形的平面，展览路线顺畅观众可依次从第一馆看到第五馆。

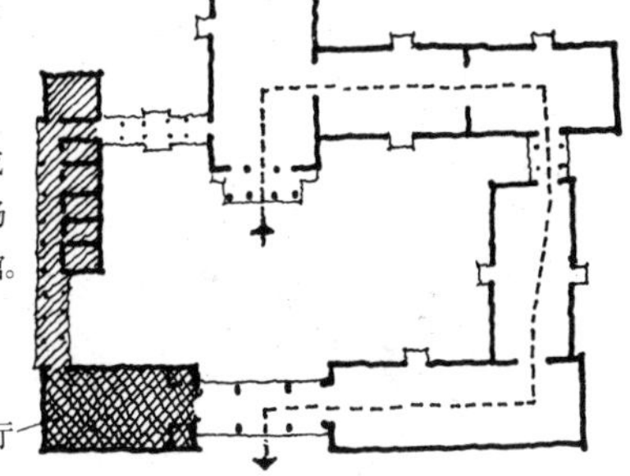

8．下图所示为上海鲁迅纪念馆，共两层，每层设有五个陈列室，各室相互串联并呈“U”字形，观众看完底层各室后可上楼继续看楼上各室，楼上、下共十个陈列室，可依次一次看完。

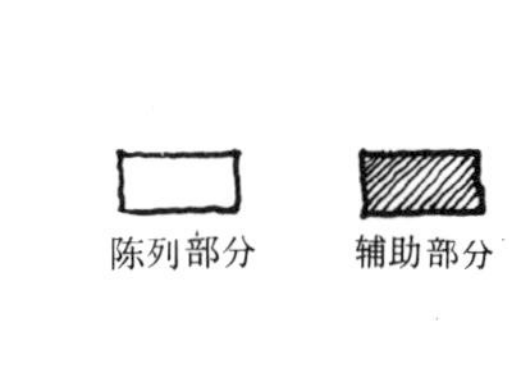

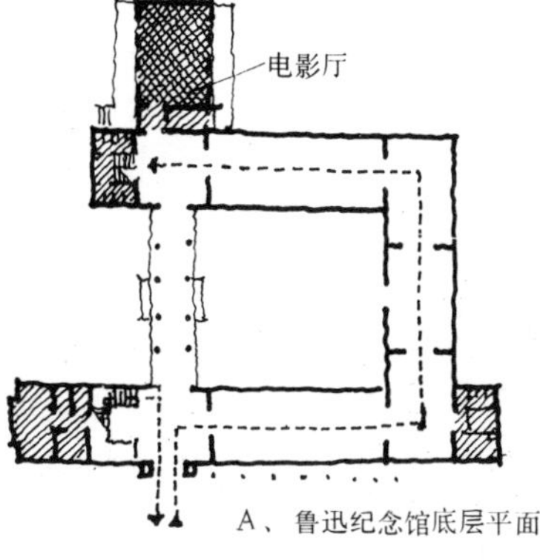

A、鲁迅纪念馆底层平面

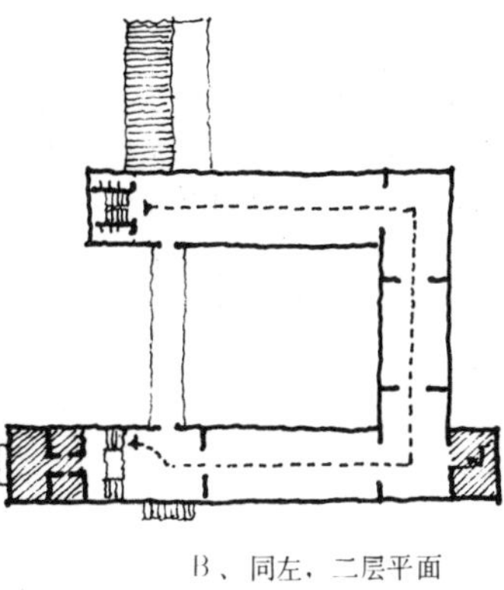

B、同左，二层平面

自由灵活地对空间进行分隔[19]

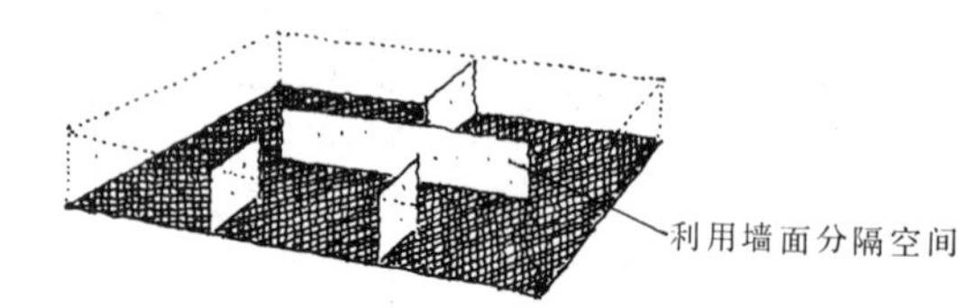

如上图对空间进行自由灵活地分隔，也是一种组织空间的形式，其特点是：被分隔的空间之间互相穿插贯通，没有明确的界线，这种空间形式一般适合于近代博览会建筑、庭园建筑等功能要求。

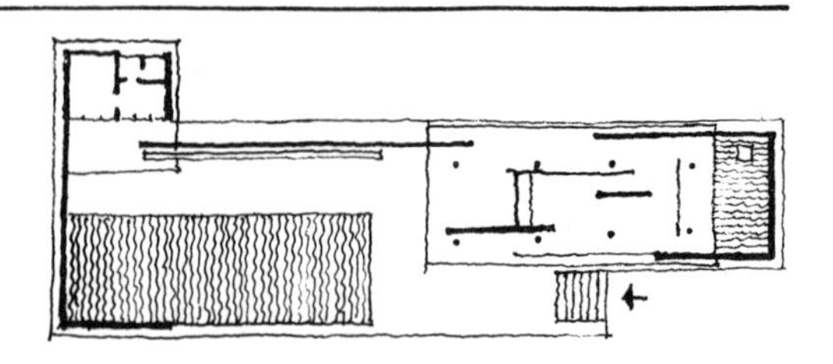

1．图示为巴塞隆那博览会德国馆，其空间组织即系用几片纵横交错的墙面把空间分隔成为几个部分，但几部分空间之间又相互贯通、隔而不断、融为一体，彼此之间根本不存在一条明确的界线，这种组织空间的形式比较适合于博览会建筑的功能要求。

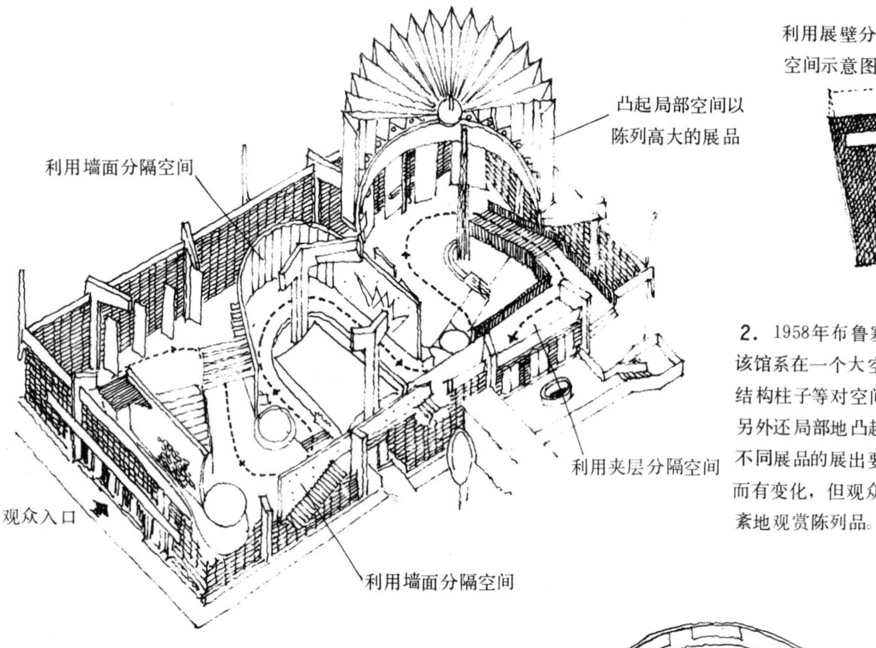

利用展壁分隔
空间示意图

2．1958年布鲁塞尔博览会某陈列馆，该馆系在一个大空间内利用墙面、夹层、结构柱子等对空间进行多样灵活的分隔，另外还局部地凸起一些空间以分别适应不同展品的展出要求，内部空间虽然曲折而有变化，但观众确可循着流线有条不紊地观赏陈列品。

3．图示为1958年布鲁塞尔博览会巴西馆，整个展线安排在一条螺旋形的斜坡道上，并且利用展壁对空间进行分隔，但这种分隔并不破坏空间的连贯性。观众乘电梯上至坡道的最高处，然后沿坡道而下，即可逐一地看完全部展出内容。

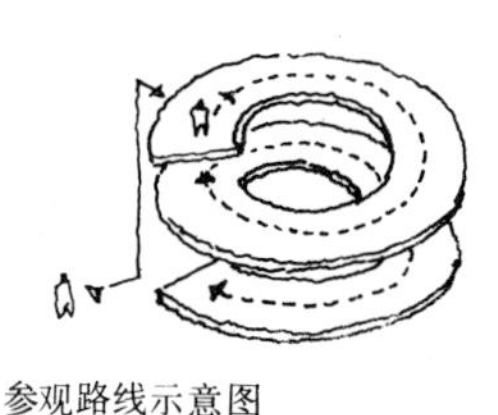

参观路线示意图

利用展壁分隔空间

观众乘电梯登上
坡道的最高处

全部展出内容安排
在螺旋形的坡道上

沿柱网对空间进行分隔［20］

在设有柱网的大空间中，沿柱网把空间分隔成

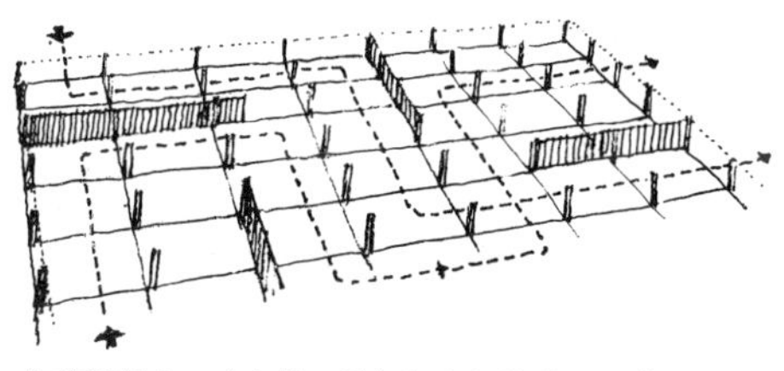

为若干部分，这也是一种组织空间的形式。其特点是：被分隔的空间直接相连，关系密切，这种组织空间的形式一般适合于工业或商业建筑的功能要求。

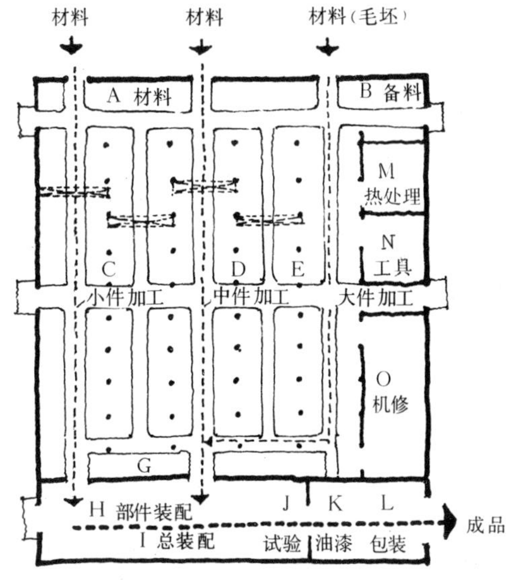

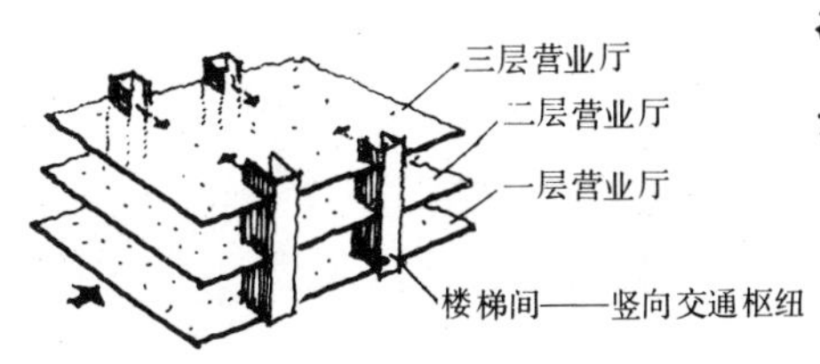

1. 金工装配车间示意，按材料（毛坯）——机加工——部件装配——总装配——试验——油漆包装等工艺流程，把空间分隔成为若干部分。

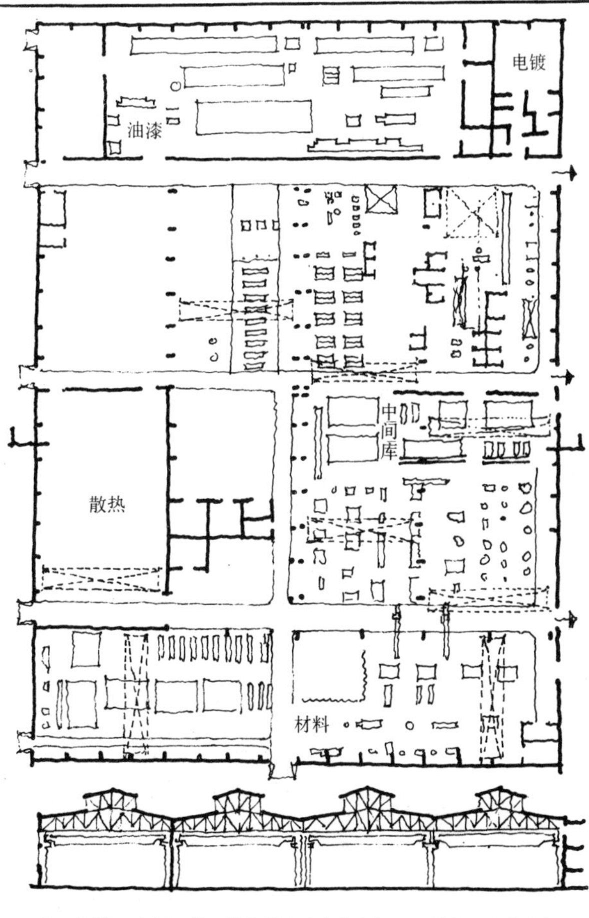

2. 某锻工车间，按工艺流程和生产特点把一个设有柱网大空间分隔成若干部分，以分别适合不同加工过程的功能要求。

3. 北京王府井百货大楼，沿柱网把一个大空间分隔成若干部分，以分别出售各类商品。和生产车间不同，各部分之间没有严格的制约关系。

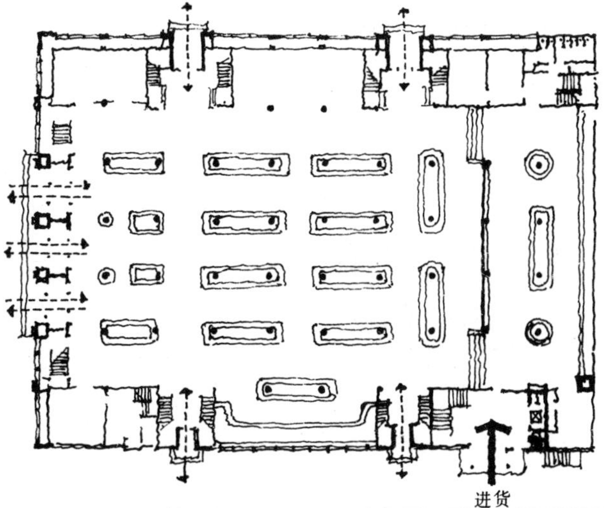

三层营业厅
二层营业厅
一层营业厅
楼梯间——竖向交通枢纽

百货楼的空间组合示意

以大空间为主体的组合形式［21］

某些类型建筑如影剧院或体育馆，虽然都是由许多个空间所组成，但其中有一个空间——观众厅或比赛厅——不仅是建筑物的主要功能所在，而且体量又特别庞大，从而自然地形成为建筑物的主体和中心，其它各部分空间都环绕着这个中心来布置，这就形成了一种独特的空间组合形式。这种空间组合形式除适合于影剧院、体育馆建筑的功能要求外，有时大型菜市场、展览馆、火车站等建筑也可以采用这种空间组合的形式。上图所示为一典型的剧院建筑空间组合的分析示意。其辅助空间分别环绕着观众厅、舞台的四周布置。左下图所示为一典型的体育馆建筑的空间组合分析示意，其辅助部分空间环绕着比赛厅四周布置。

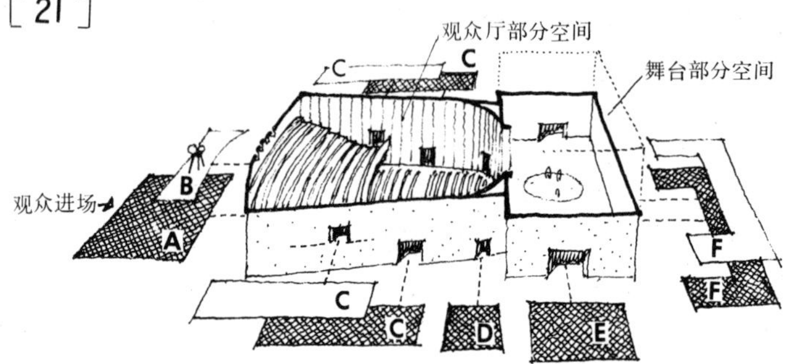

A、门厅 B、放映 C、休息厅 D、厕所 E、侧台
F、演员活动部分（化装、道具）

空间组合分析示意图

A、门厅、休息厅 B、运动员活动部分 C、淋浴
D、辅助、管理用房 E、贵宾

比赛厅部分空间

观众进场或出场

观众进出　运动员进出　观众进出

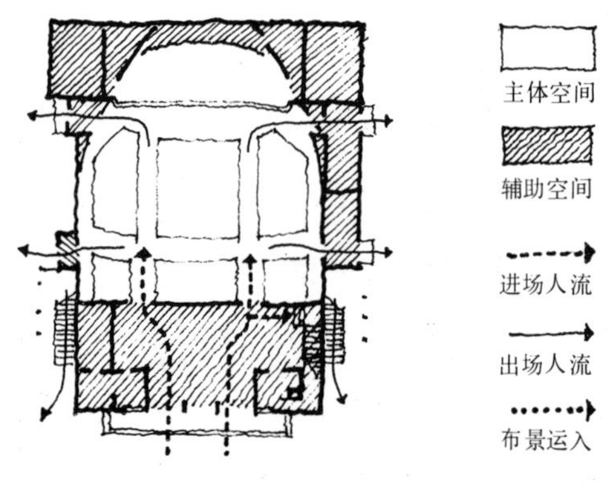

1．某宽银幕电影院，观众厅以其巨大的空间体量构成建筑物的主体。由于辅助房间不多，仅沿观众厅的三侧布置。入场人流可经门厅进入观众厅，出场人流则经六条通道迅速疏散。

2．某剧院建筑，与电影院相比舞台部分的空间体量也十分宠大，从而与观众厅一起共同构成建筑物的主体。由于其辅助房间远多于电影院建筑，一般都是沿观众厅、舞台的四周布置。在剧院建筑中除考虑大量观众人流疏散外，还要考虑到布景、道具及演员、工作人员的进出方便。

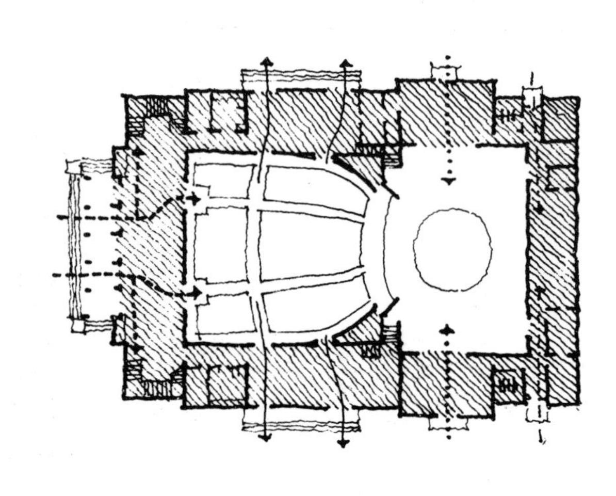

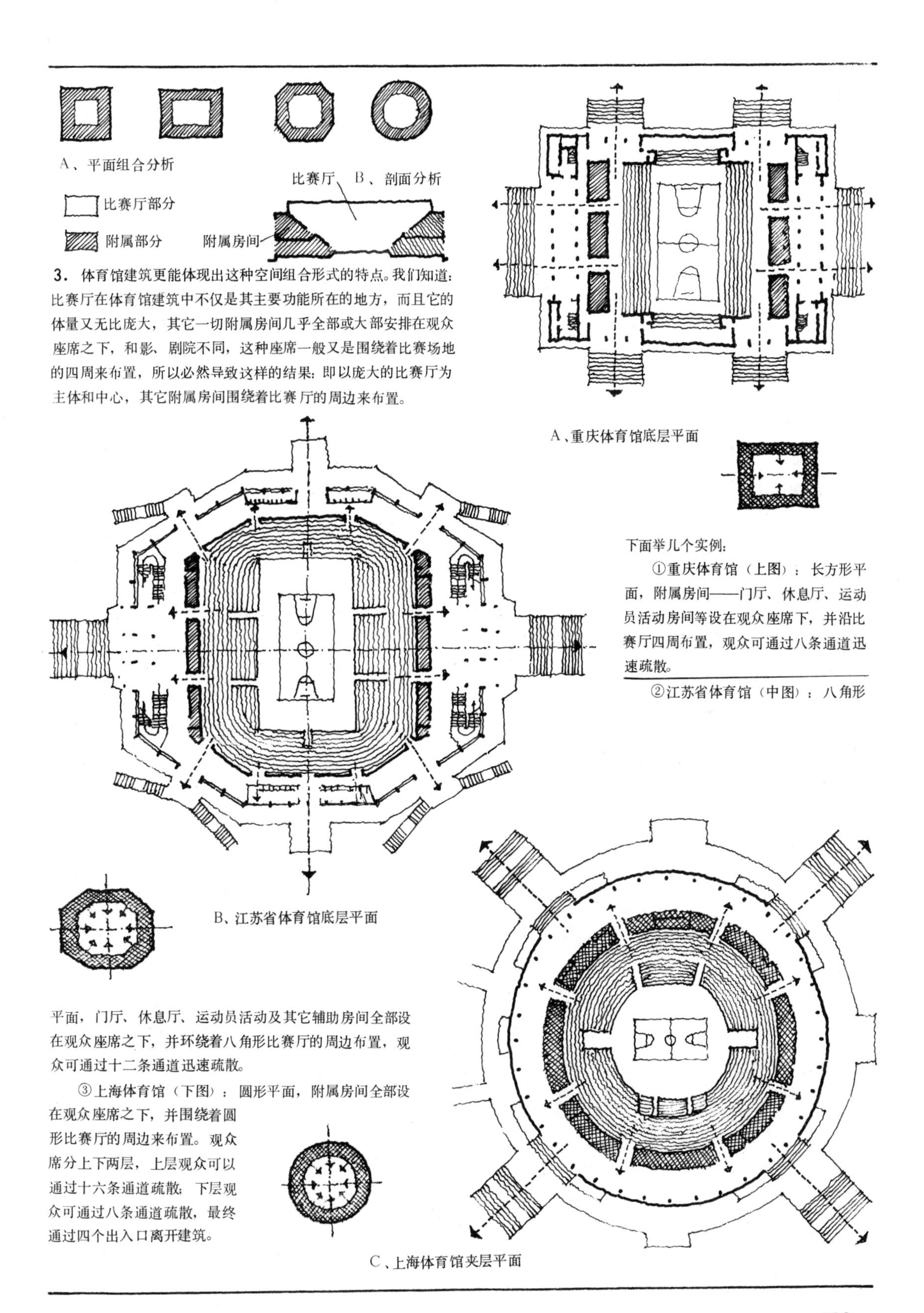

3．体育馆建筑更能体现出这种空间组合形式的特点。我们知道：比赛厅在体育馆建筑中不仅是其主要功能所在的地方，而且它的体量又无比庞大，其它一切附属房间几乎全部或大部安排在观众座席之下，和影、剧院不同，这种座席一般又是围绕着比赛场地的四周来布置，所以必然导致这样的结果：即以庞大的比赛厅为主体和中心，其它附属房间围绕着比赛厅的周边来布置。

A、重庆体育馆底层平面

下面举几个实例：

①重庆体育馆（上图）：长方形平面，附属房间——门厅、休息厅、运动员活动房间等设在观众座席下，并沿比赛厅四周布置，观众可通过八条通道迅速疏散。

②江苏省体育馆（中图）：八角形平面，门厅、休息厅、运动员活动及其它辅助房间全部设在观众座席之下，并环绕着八角形比赛厅的周边布置，观众可通过十二条通道迅速疏散。

B、江苏省体育馆底层平面

③上海体育馆（下图）：圆形平面，附属房间全部设在观众座席之下，并围绕着圆形比赛厅的周边来布置。观众席分上下两层，上层观众可以通过十六条通道疏散；下层观众可通过八条通道疏散，最终通过四个出入口离开建筑。

C、上海体育馆夹层平面

多种组合形式的综合运用［22］

为了说明空间组合形式与功能之间的关系，前面分别把常见的空间组合形式分析归纳为若干种基本类型，并指出什么样的空间组合形式一般适合于何种类型建筑功能的要求。但是应当指出的是，由于功能要求的多样性和复杂性，一幢建筑只采用某一种空间组合形式的情况是少见的，换句话说，在一般情况下一种类型的建筑往往只是以某一种空间组合形式为主，但同时还必须辅以其它类型的空间组合形式。另外，有些类型的建筑，由于功能的特点所致，则是综合地采用几种类型的空间组合形式，并且根本分不出孰主孰辅的关系来。

1．右图所示为北京和平宾馆。这是一幢旅馆建筑，根据功能要求客房部分（2～6层）所采用的是以走道来连接各使用房间的空间组合形式为主，但同时又辅以套间式的组合形式；底层和顶层的公共活动部分，则是采用相互串联的空间组合形式为主，但同时又辅以走道式的组合形式。所以就整个建筑来讲，则是综合地采用了两种类型的空间组合形式。

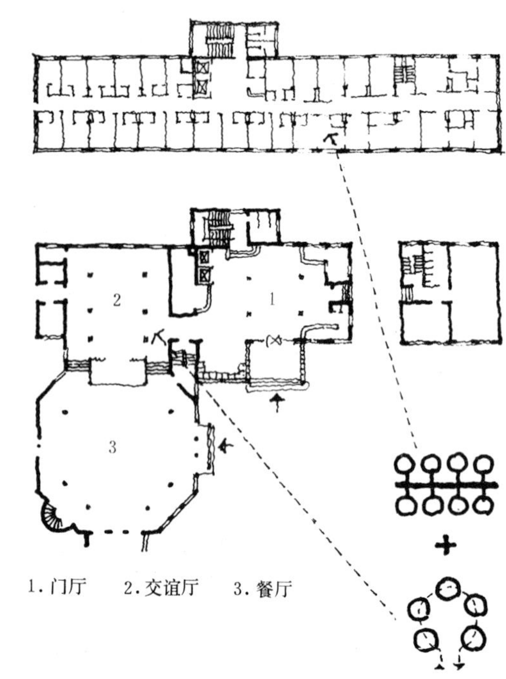

1.门厅　2.交谊厅　3.餐厅

2．下图所示为北京国际俱乐部建筑。由于功能特点所致，各部分分别采用了不同的空间组合形式：弹子房、理发室部分采用了以走道连接各使用空间的组合形式；大餐厅部分采用了各空间互相穿套的组合形式；电影厅部分所采用的则是以辅助空间环绕着大空间四周布置的空间组合形式，因而就整个建筑而言则是综合地运用了多种空间组合的形式，而分不出哪一种空间组合形式为主；哪一种空间组合形式为辅。

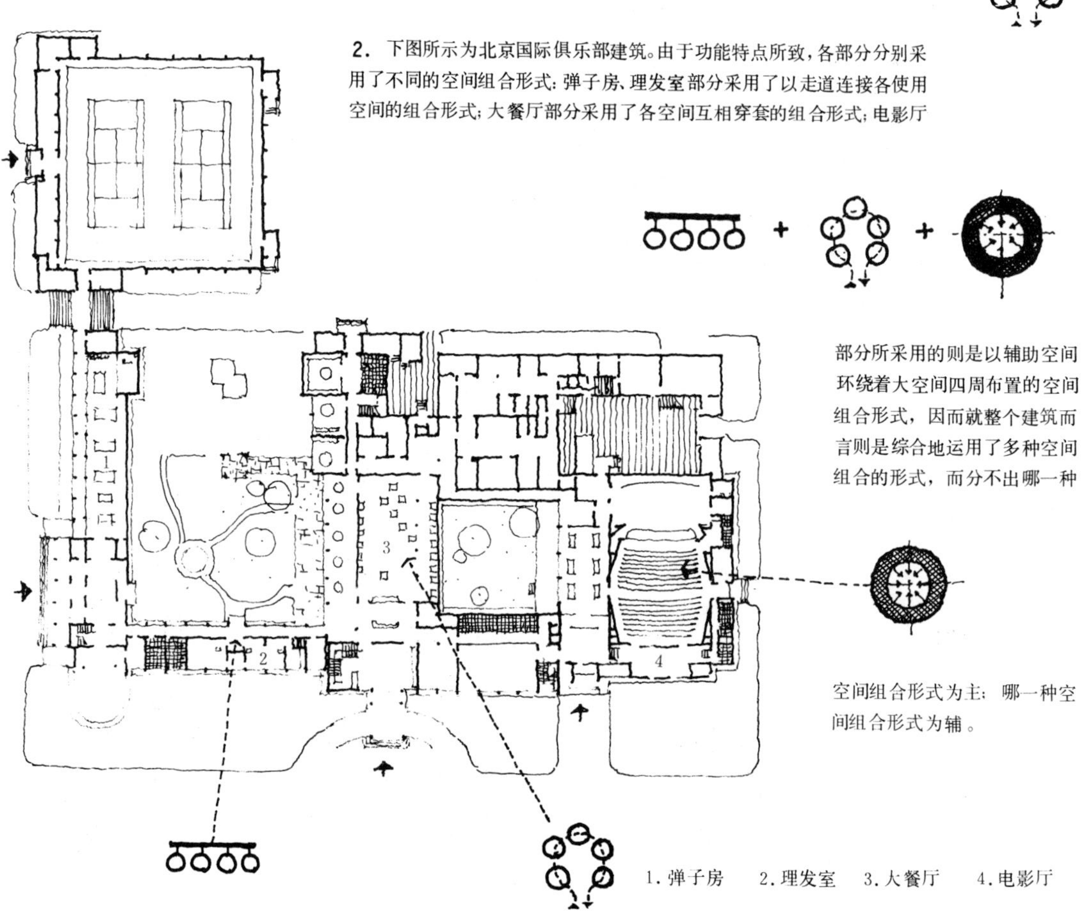

1.弹子房　2.理发室　3.大餐厅　4.电影厅

多种流线关系的处理［23］

在一般情况下，选择何种类型的空间组合形式，往往取决于该建筑主要流线的特点。但是应当看到由于建筑功能的多样性和复杂性，一幢建筑有时必须综合采用多种组合形式。例如在交通类建筑中，有一般旅客进、出站人流；有贵宾进、出站人流；有工作人员流线；还有行包流线……为此，只是简单地采用某一种空间组合形式，那是很难满足各方面要求的。

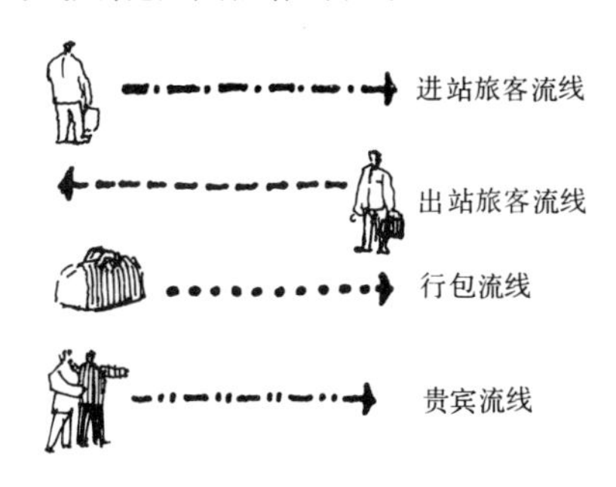

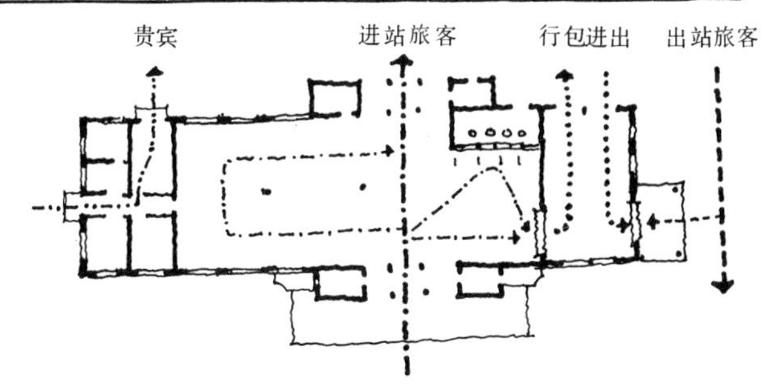

1．图示为一火车站建筑。为了保证各种流线的顺畅而又避免交叉和干扰，其空间组合形式则兼有串联式、广厅式、大空间为中心式、乃至走道式等多种空间组合形式的特点。

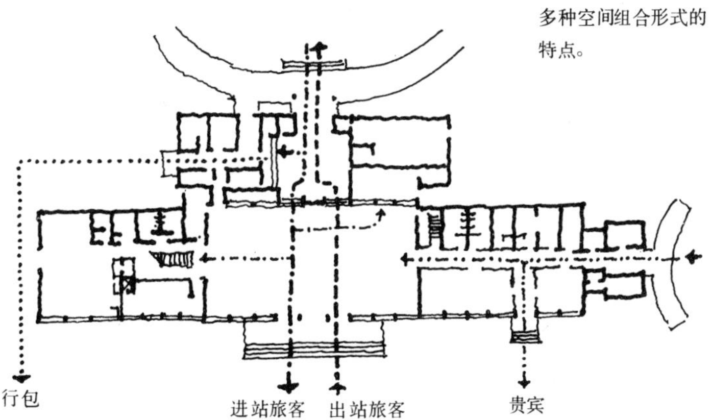

2．右图为某候机楼建筑。为了保证各种流线的顺畅合理，则综合地采用了广厅式、以大空间为中心式、走道式等多种空间组合的形式。

3．乌鲁木齐航空站。这是一个大型的国际航空站建筑。除接待国内旅客外还要接待国际旅客，因而流线组织比较复杂。考虑到该建筑的这一特点，在空间组合上也是综合地采用了多种空间组合的形式，以适应复杂的功能要求。

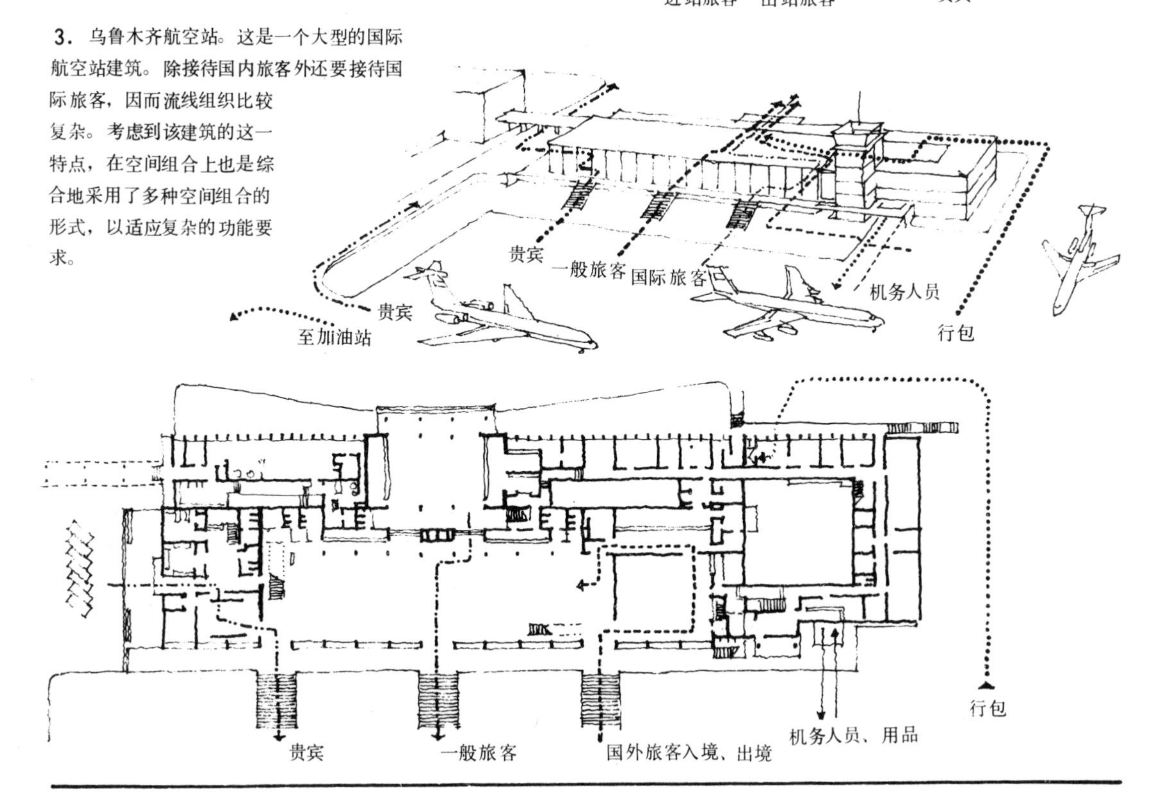

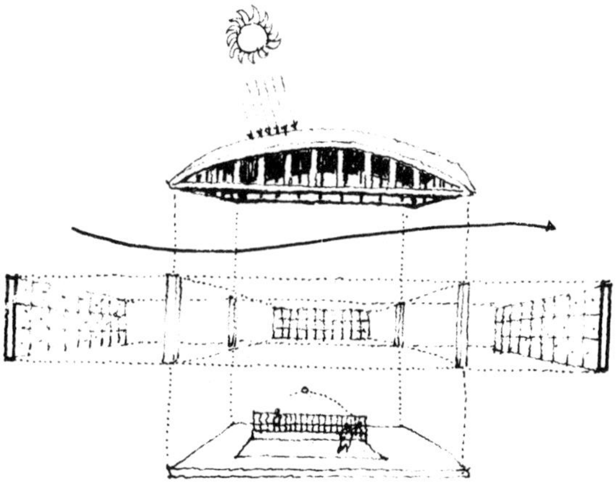

3

空间与结构

- 建筑空间与近代科学技术
- 结构形式的分类及发展

- 以墙或柱承重的梁板结构体系：古代石梁柱结构——硬山架檩——钢筋混凝土现浇梁板结构——钢筋混凝土预制梁板结构——装配式大型板材结构——箱形结构。

- 框架结构体系：印第安人的帐篷——西欧的半木结构——中国古建筑的木构架——近代钢筋混凝土框架结构。

- 大跨度结构体系：古代的拱与穹窿——高直建筑的尖拱拱肋结构——近代铸铁结构——桁架结构——门架与拱——壳体结构——悬索结构——网架结构。

- 近代悬挑结构体系
- 其它类型结构体系：剪力墙、井筒结构——篷式结构——充气结构。

建筑空间与科学技术［24］

前一章着重从功能的角度出发来探索建筑空间的形式问题，这也可以说主要是从空间“形”的方面来保证功能的合理性。然而，这只是问题的一个方面，为了创造一个既实用又舒适的空间环境，还必须充分利用近代科学技术的一切成就从空间“质”的方面来保证功能的合理性，这个问题主要涉及：①选用合理经济的结构形式以形成功能所要求的空间形式；②充分利用天然采光、通风、日照等自然条件；③必要时设置空调装置以保证合适的温度和湿度；④设置给、排水系统；⑤设置电气照明系统……下面拟通过一个设想的例子——某球类练习馆——来说明各种科学技术在建筑中的运用。

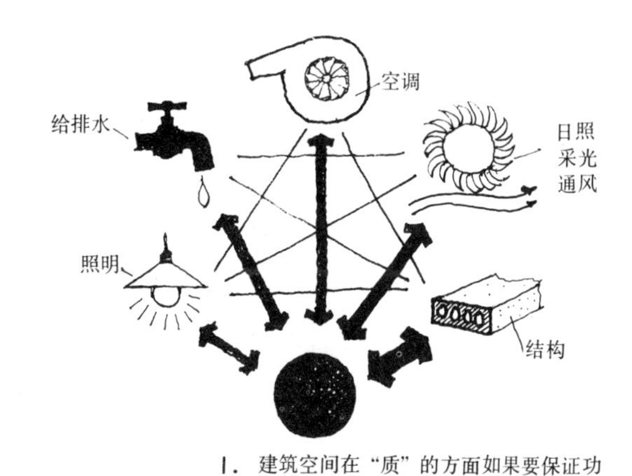

1．建筑空间在“质”的方面如果要保证功能的合理性，就必须利用近代科学技术的各种成就。

A
为防止烈日曝晒，屋面材料应具有反射和隔热性能

B
为防止雨水浸蚀屋面材料应具有防潮性能

C
开窗以解决天然采光、通风以及日照等问题

H
电气照明系统

G
设置空气调节系统以保证室内温度和湿度

D
维护结构应保温隔热并防止风雨侵袭

E
设门以勾通内外联系并疏散人流

F
开窗面积应适当，以保证室内的照度要求

I
球类练习是建筑的主要功能

II
组织观摩是建筑的次要功能

III
提供盥洗、淋浴是建筑的辅助功能

I
设置给水系统以保证用水的需要

J
设置排水系统以排除各种污水

2．图示为一设想的球类练习馆建筑，其主要功能为球类练习；次要功能为组织观摩学习；辅助功能为给运动员提供盥洗、淋浴条件。为了保证以上各种功能要求，首先必须选择合理的结构形式以形成合适的空间形式；此外，还要求开窗以接纳空气、阳光并设置空调、给排水、电气照明等系统。

结构形式的分类及发展［25］

结构形式的分类可以有许多种不同的方法，但就与建筑的关系而言则可以分为四种大的结构体系：①以墙或柱承重的梁板结构；②框架结构；③大跨度结构；④悬挑结构等。以下分别就各种结构体系的变化发展过程作简单扼要的介绍：

A、石梁、板结构

B、木梁、板结构

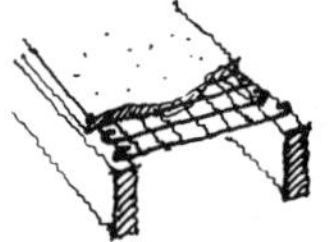

C、钢筋混凝土梁、板结构

D、预制板结构

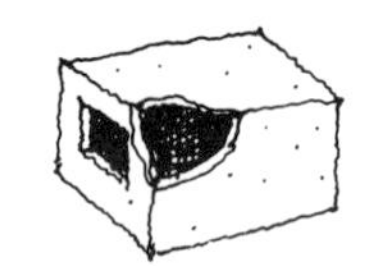

E、大型板材结构

F、箱形结构

1. 以墙或柱承重的梁板结构：最大特点是墙既用来围护、分隔空间，又用来承担梁板所传递的荷重，从而将受到结构的限制和约束。

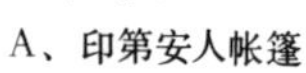

A、印第安人帐篷

B、三角形木构架

C、中国式木构架

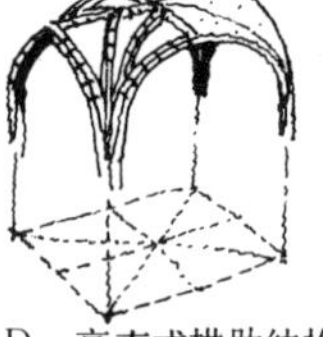
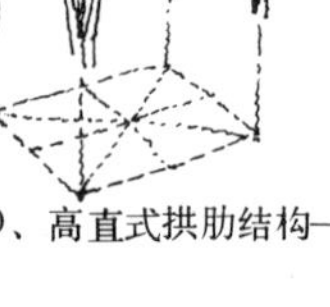

D、高直式拱肋结构——这种结构形式兼有框架和大跨度结构的特点

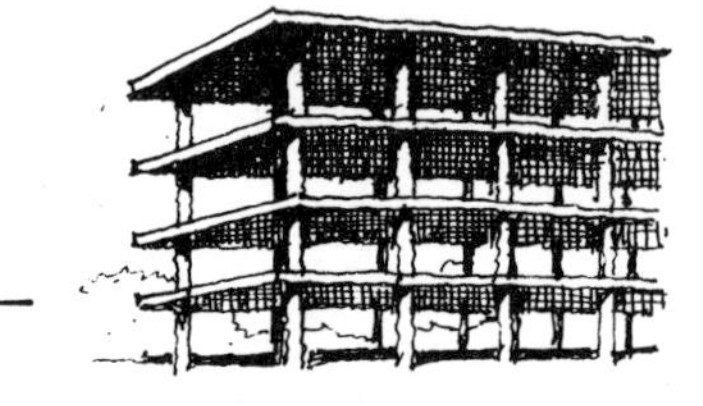

E、钢筋混凝土框架结构

2. 框架结构：最大特点是把承重结构和围护结构分开，选择强度高的材料作为承重骨架，然后再覆以围护结构，这样，墙的设置便比较自由灵活。另外，在墙面上开窗所受的限制也不象前一类结构体系那样严格。

A、倚石碳　B、筒形拱（VAULT）　C、穹窿（DOME）

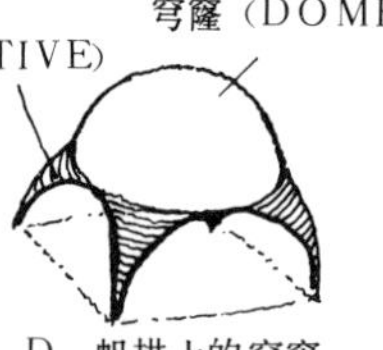

D、帆拱上的穹窿

E、拱形结构

F、桁架结构

G、悬索结构

H、壳体结构

I、网架结构

3. 大跨度结构：最大特点是可以跨越巨大的空间以适应某些特殊的功能要求。这种结构形式是从古代的拱碳结构发展起来的，可是随着科学技术和建筑材料的发展，近年来已出现了许多种新型的薄壁高强大跨度空间结构——如钢筋混凝土壳体结构、悬索结构、网架结构等。

4. 悬挑结构：最大特点是利用极大的悬挑以覆盖空间，从而适应某些特殊的功能要求。

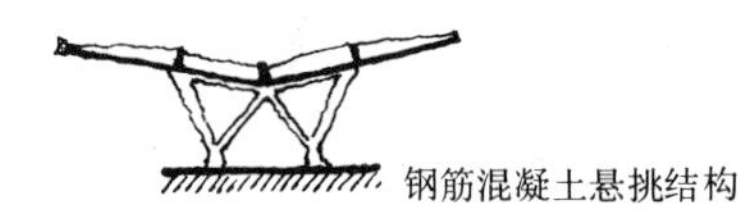

钢筋混凝土悬挑结构

古代的石梁、板结构［26］

古埃及、西亚、希腊等建筑，所采用的大体上都是以墙或柱承重的石梁、板结构。我们知道：石梁不仅自重大而且又不可能跨越较大的空间，因而支承它的墙或柱，就必然要受到严格的限制，使得当时的建筑不可能具有较大的或开阔的室内空间。

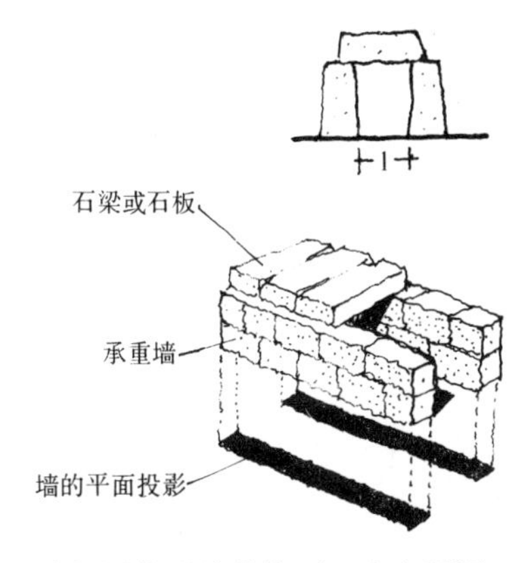

1．用墙承重的石梁板结构示意，由于受到梁板跨度的限制，只能形成狭长形状的内部空间。

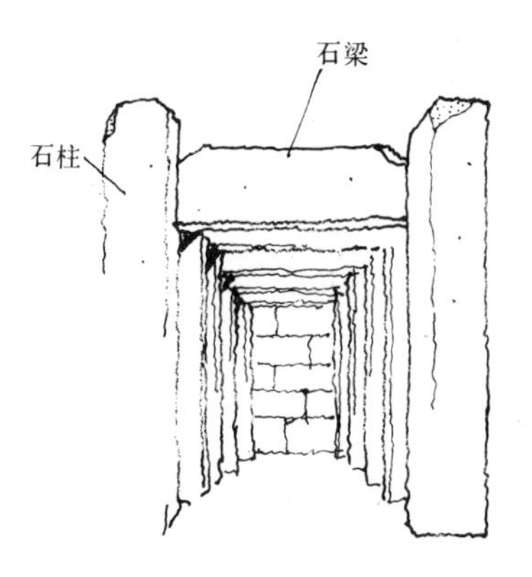

2．用柱承重的石梁板结构示意。柱的间距不可能超越梁的最大跨度，因而以此形成的室内空间必然是柱子林立。

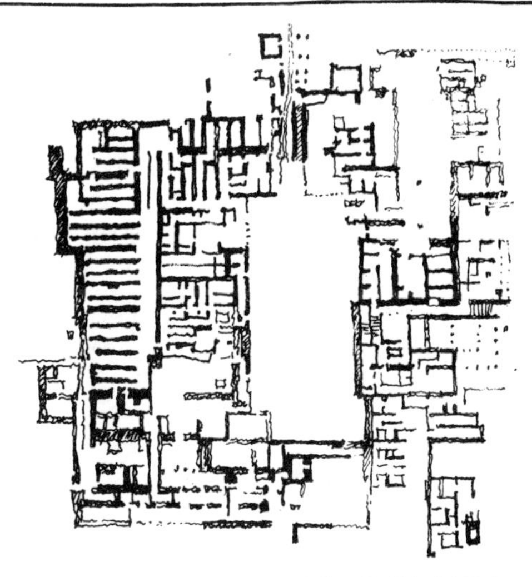

3．米诺斯王宫（Minos）。大体上是采用以墙承重的石梁、板结构，从平面上可以看出所形成的空间多呈狭长的形状。

4．孔斯神庙（Khos））。由墙和柱共同承重的梁、板结构，神殿内的石柱粗大密集，具有沉闷神秘的宗教气氛。

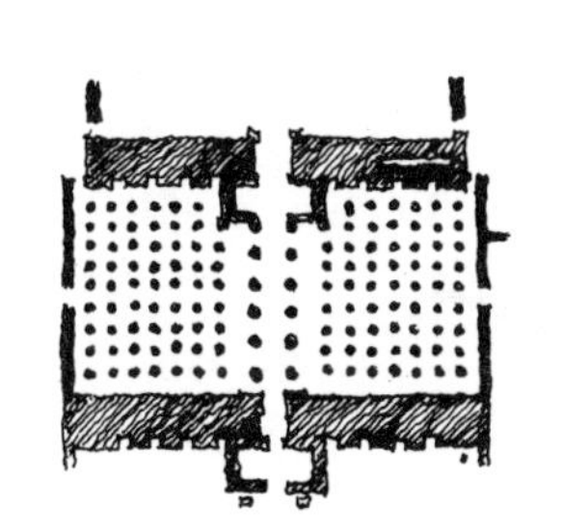

5．阿蒙神庙（Amon）中的柱厅。由外墙内柱承重，厅内柱子林立，具有神秘、压抑的气氛。

6．我国古画象石墓，系采用墙和柱承重的石梁、板结构，所形成的空间具有以上几个实例的特点。

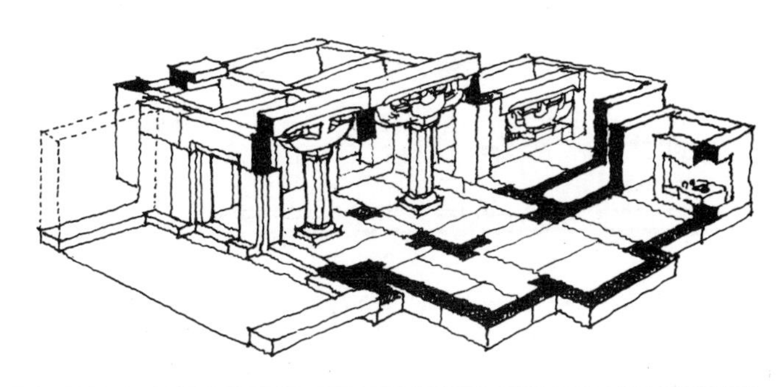

木、钢筋混凝土梁与板［27］

梁与板均属受弯构件，而木材的抗弯性能要比石料好得多，古今中外的许多建筑都是用木材来做梁和板的。近代出现的钢筋混凝土结构，充分发挥混凝土的抗压和钢的抗拉性能，由这两者组合而成的梁是一种理想的受弯构件。

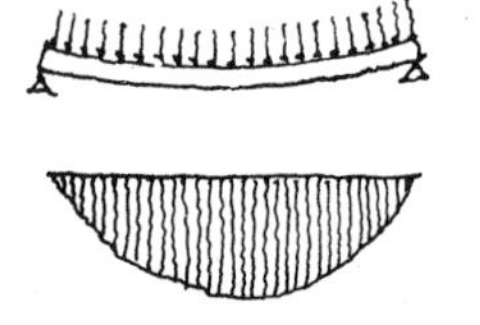

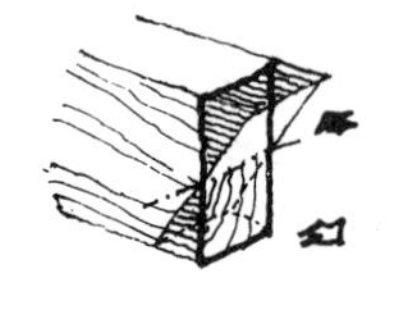

1．木梁受弯后的内力分布情况。

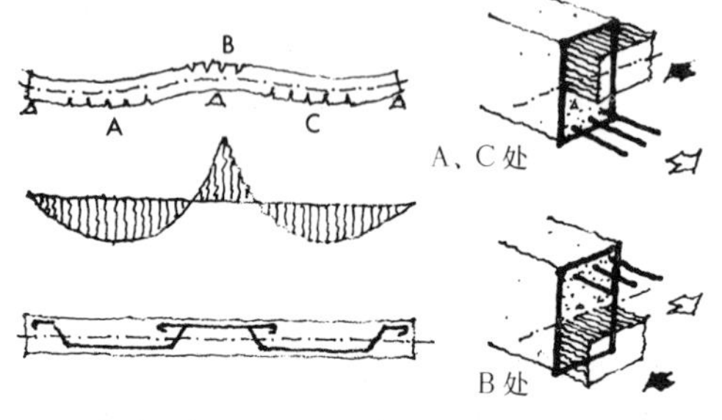

2．钢筋混凝土梁受弯后的内力分布情况

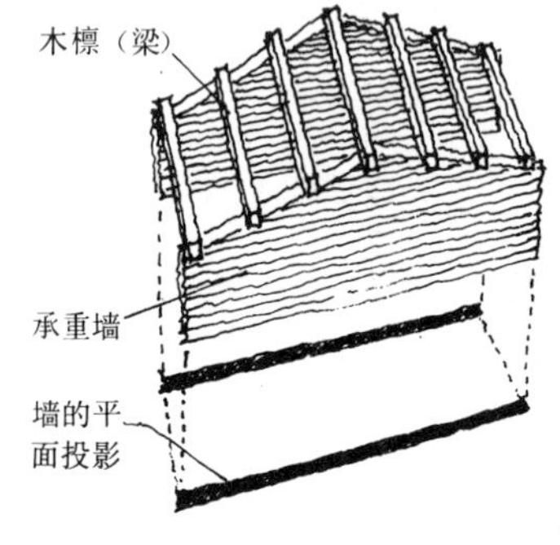

3．以木材为梁，以墙承受梁所传递的荷重，这种结构形式俗称硬山架檩，常用于一些开间小而又整齐划一的建筑。

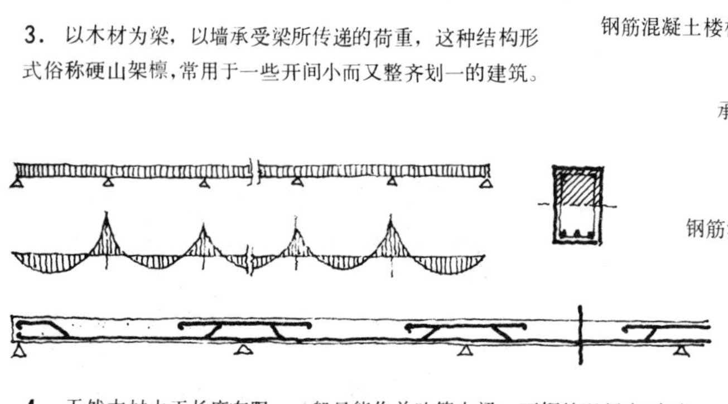

4．天然木材由于长度有限，一般只能作单跨简支梁，而钢筋混凝土则可制成多跨连续的梁或板，这种结构比较经济，但也要求等距离的支承。

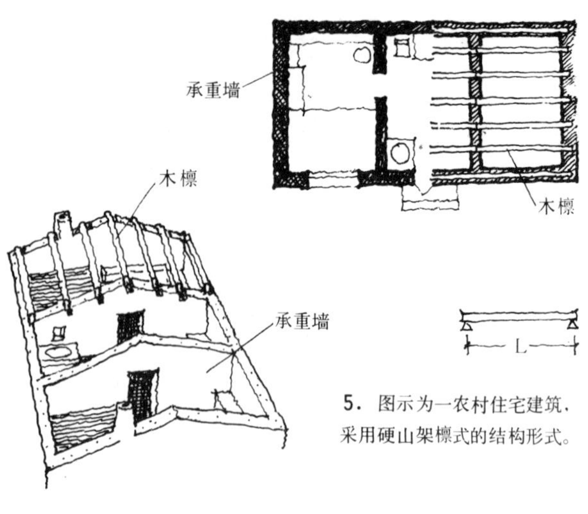

5．图示为一农村住宅建筑，采用硬山架檩式的结构形式。

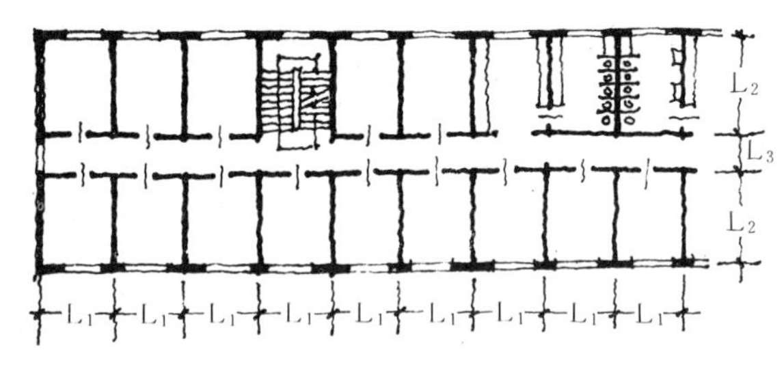

A、某单身宿舍平面示意

6．图示为某单身宿舍建筑，顶部采用硬山架檩结构，其它则采用内隔墙承重的连续多跨的钢筋混凝土楼板结构。

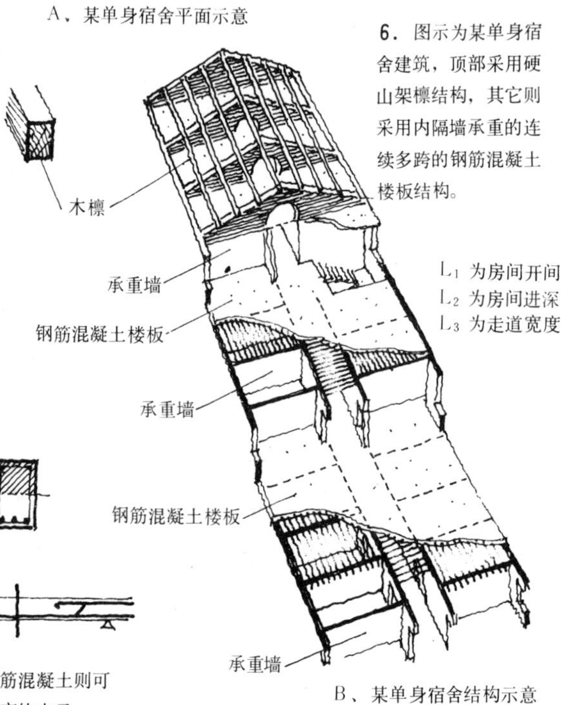

L_1 为房间开间
L_2 为房间进深
L_3 为走道宽度

B、某单身宿舍结构示意

预制钢筋混凝土楼板［28］

尽管现浇钢筋混凝土连续板整体性强、比较经济，但施工进度慢而又需要大量模板，为便于生产工厂化、施工机械化，近年来普遍采用钢筋混凝土预制楼板。这种板可以按照模数制定出若干种规格和尺寸以适应设计要求。另外，在设计时也应当按照板的规格来确定平面的轴线尺寸。

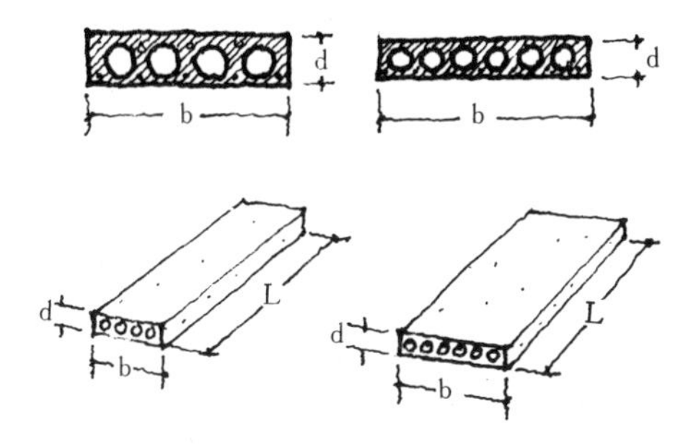

1. 钢筋混凝土预制板有很多种形式，但如上图所示的圆孔板不仅生产工艺比较简单，而且表面平整，因而一般的民用建筑多采用这种形式的预制板。这种板可分非预应力和预应力两种，后者一般较前者薄。为给设计创造一定的灵活性，预制板应当按照一定的模数而且有若干种规格与尺寸。

2. 图示为预制板的铺设情况，两端可放置在墙上，也可以放置在梁上，墙或梁的间距应不超过板的最大允许跨度。按图示放在梁上的为短向板（3米左右）；放在墙上的为长向板（一般为6米左右）。

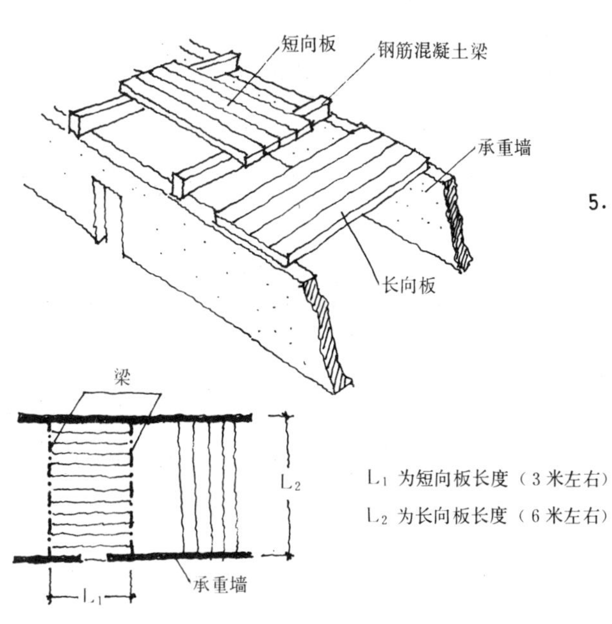

L_1 为短向板长度（3米左右）

L_2 为长向板长度（6米左右）

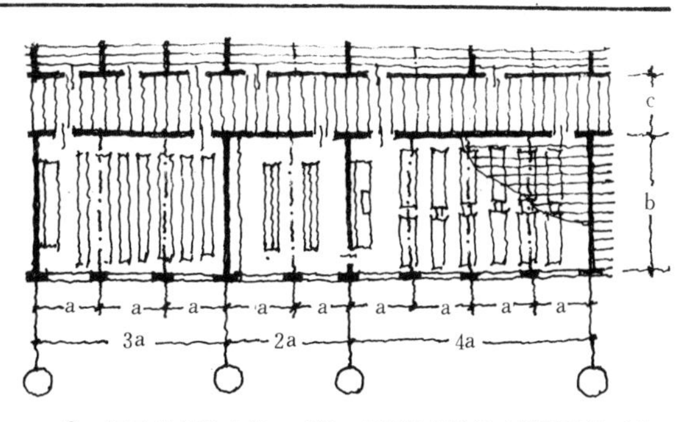

3. 图示为学校建筑，开间、进深的轴线尺寸按照模数而确定，分别选用长度为a和c两种规格的钢筋混凝土预制楼板。

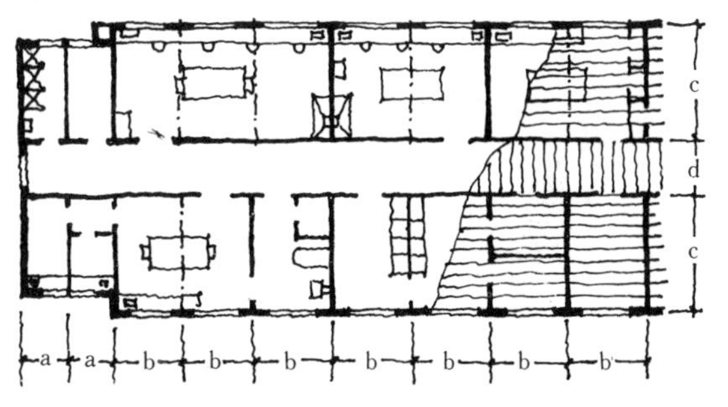

4. 图示为某医院建筑，轴线尺度按照模数而确定，分别选用跨度为a、b、c等三种规格的钢筋混凝土预制楼板。

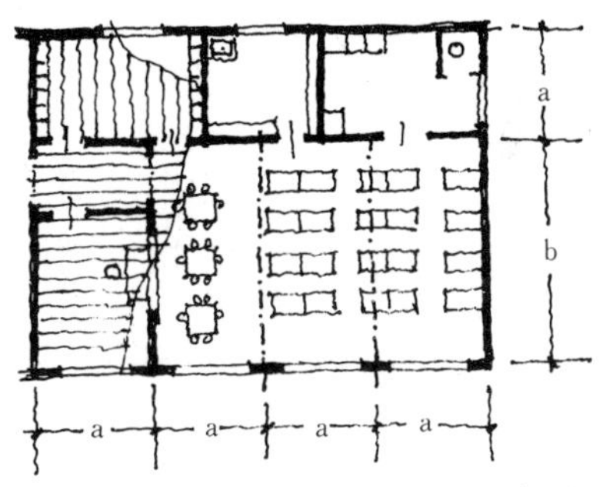

5. 上、下两图分别表示幼儿园、住宅建筑预制板铺设情况。

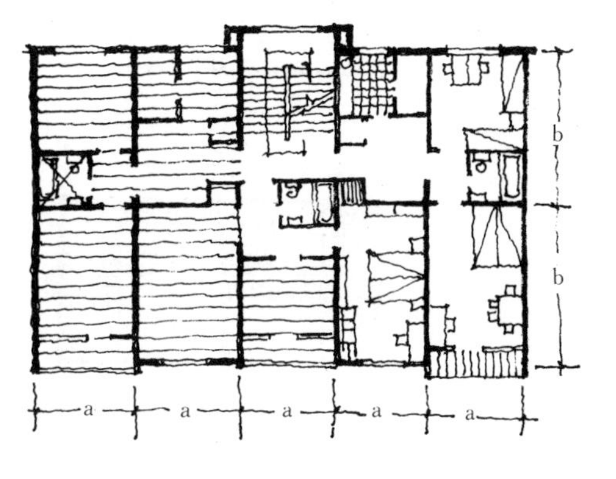

外墙与内柱承重的结构［29］

某些类型的建筑，由于功能要求有较大的室内空间，不允许在建筑物内设置很密的承重墙，在这种情况下，就需要用梁、柱系统来取代内隔墙而承受楼板所传递的荷重，从而就形成了外墙内柱承重的结构体系。下图即为这种结构体系的示意。

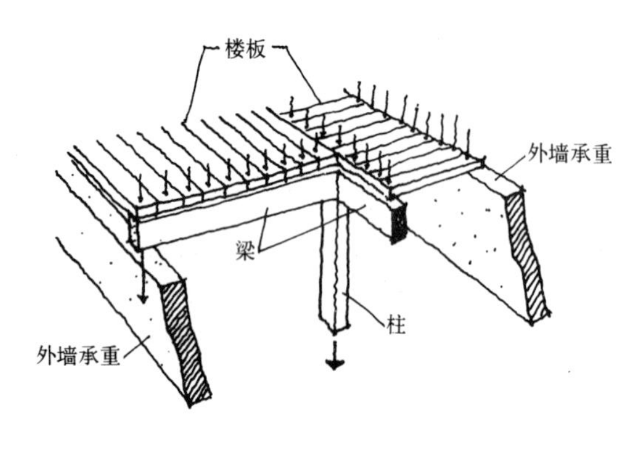

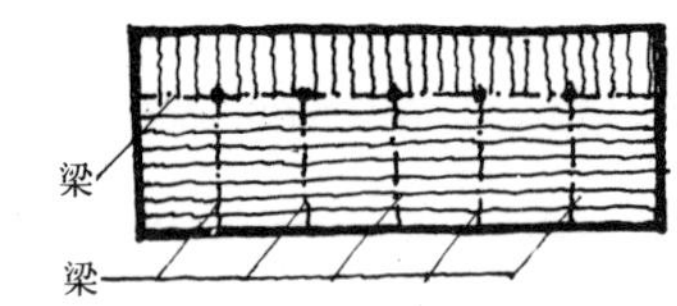

A、纵横梁承重

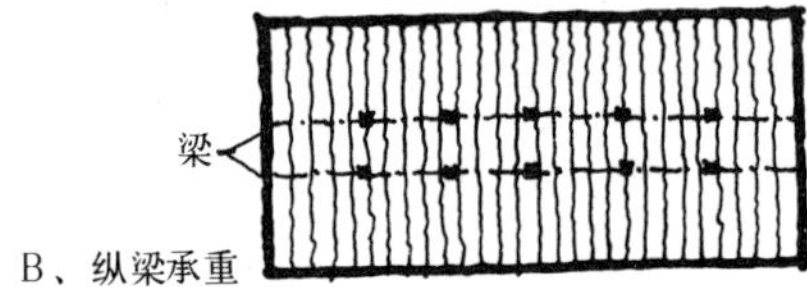

B、纵梁承重

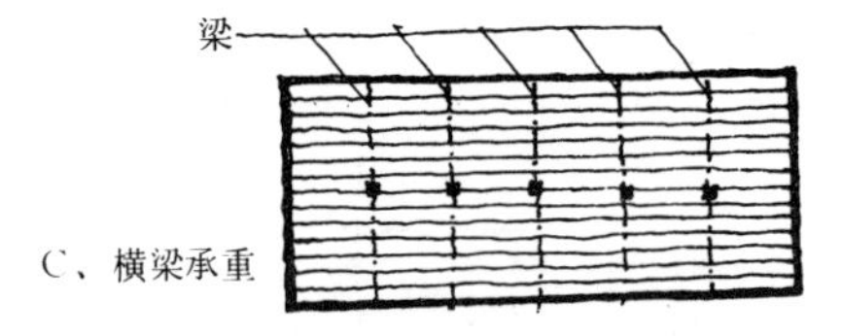

C、横梁承重

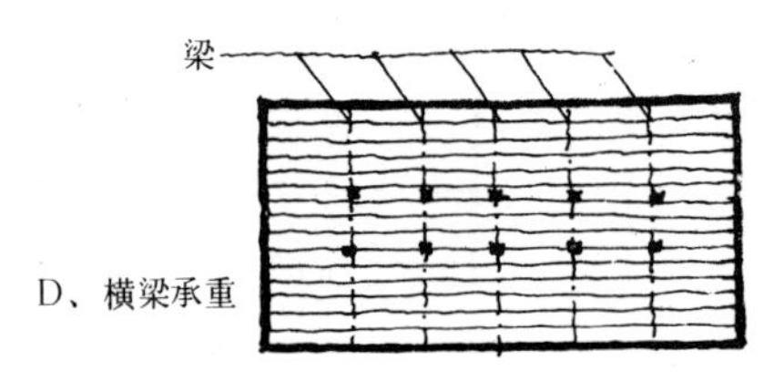

D、横梁承重

1. 外墙内柱结构体系的梁、板布置举例。

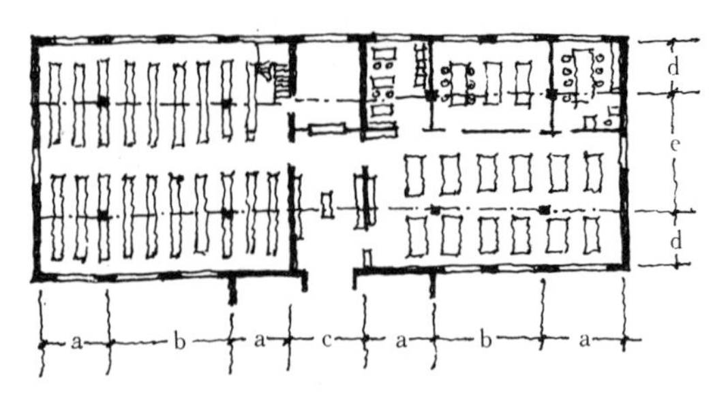

2. 某图书馆建筑。左边为书库，右边为阅览室，均要求有较大的室内空间，因而采用外墙与内柱承重的结构方法。

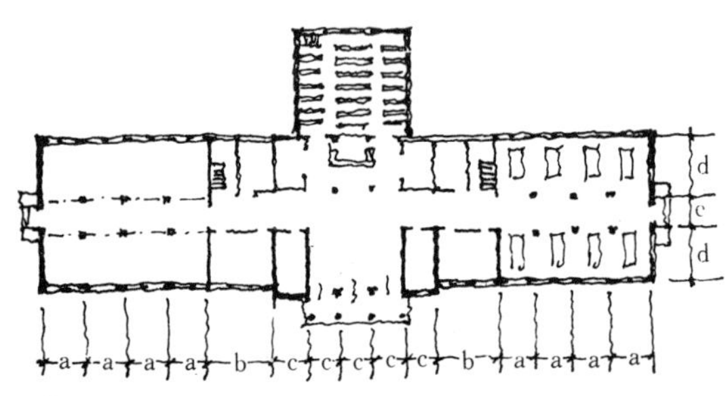

3. 某图书馆建筑。两端为阅览室，要求有较大的室内空间，因而局部地采用以内柱来取代内隔墙承重。

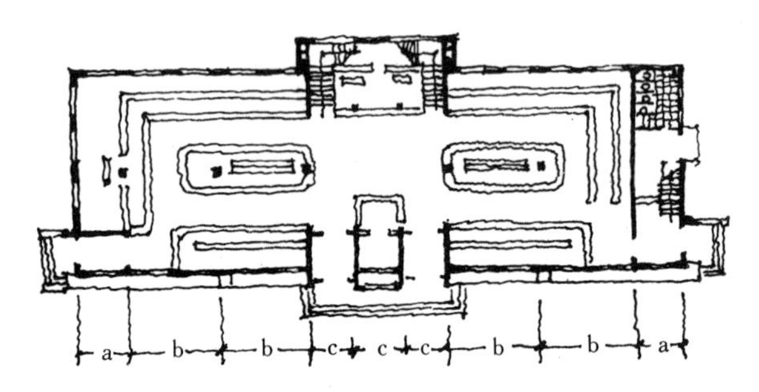

4. 某商场建筑。要求有较大的室内空间，采用外墙与内柱承重的结构方法。

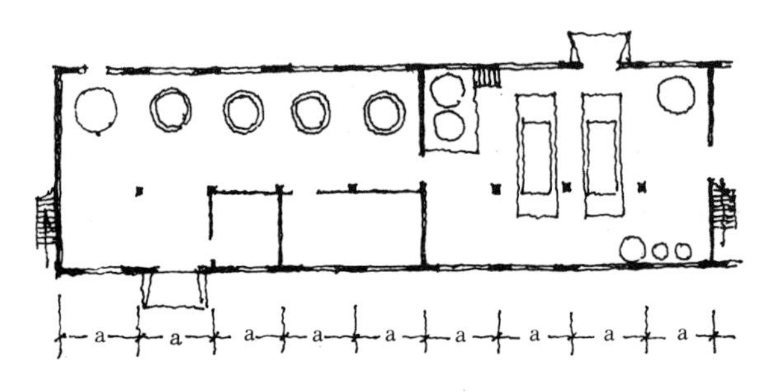

5. 某工业建筑车间，为安装设备和满足生产工艺要求，需要有较大的室内空间，为此采用外墙内柱承重的结构方法。

砖石结构的几点小结〔30〕

前面介绍的以墙或柱，特别是以墙承重的梁、板结构体系，由于墙体一般都是用砖或石砌筑而成，因而又称砖石结构。这是一种古老的结构形式，但在我国迄今还普遍采用。应当指出这种结构形式存在着许多缺点：它不利于机械化的快速施工；自重大、浪费材料、人力和运输；特别是对设计来讲局限性很多，不能自由灵活地分隔空间。

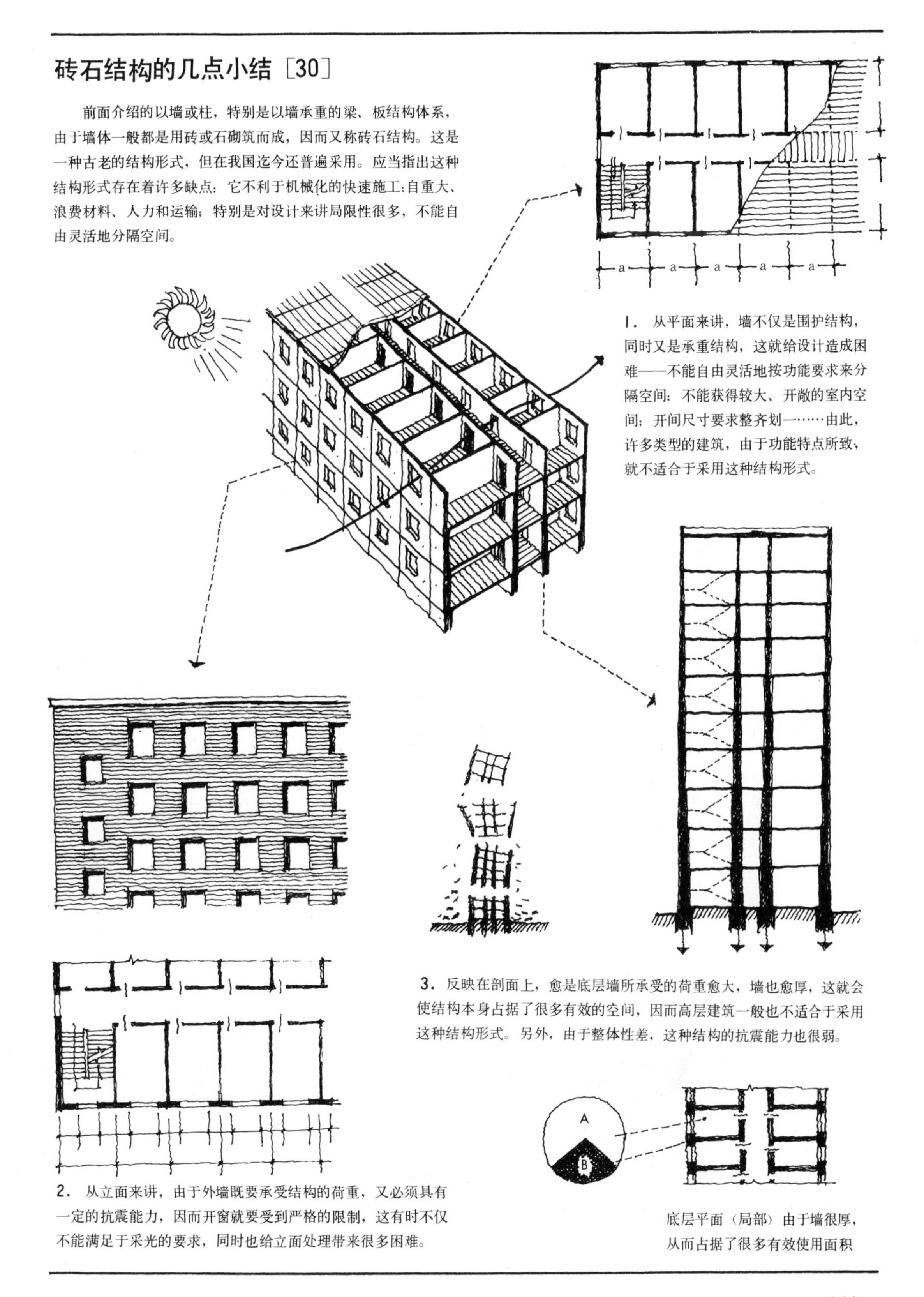

1. 从平面来讲，墙不仅是围护结构，同时又是承重结构，这就给设计造成困难——不能自由灵活地按功能要求来分隔空间；不能获得较大、开敞的室内空间；开间尺寸要求整齐划一……由此，许多类型的建筑，由于功能特点所致，就不适合于采用这种结构形式。

3. 反映在剖面上，愈是底层墙所承受的荷重愈大，墙也愈厚，这就会使结构本身占据了很多有效的空间，因而高层建筑一般也不适合于采用这种结构形式。另外，由于整体性差，这种结构的抗震能力也很弱。

2. 从立面来讲，由于外墙既要承受结构的荷重，又必须具有一定的抗震能力，因而开窗就要受到严格的限制，这有时不仅不能满足于采光的要求，同时也给立面处理带来很多困难。

底层平面（局部）由于墙很厚，从而占据了很多有效使用面积

大型板材与箱形结构〔31〕

为进一步提高机械化施工程度和加快施工速度，某些类型的建筑，可以采用大型板材作为基本构件——例如一个房间可以用6块构件来拼合——即称为大型板材结构。在此基础上如果更进一步把整个房间当作一个基本结构单元，即形成为箱形结构。这两种结构都利用墙作为承重构件，因而对于设计都有严格的约束和限制。

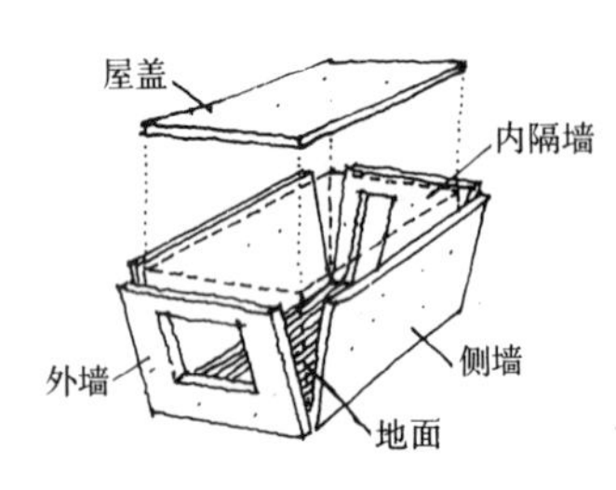

1．如前所述，采用大型板材结构的最大特点是：以构件工厂化的生产和现场装配相结合的施工方法来代替现场砌筑。但是这种结构形式也是把承重结构和围护结构合而为一的，特别是由于构件模度的加大，对于组合的灵活性也是很有局限的。另外，采用这种结构方法也不可能形成较大的室内空间，因而一般只适合于大量性建造的住宅建筑。

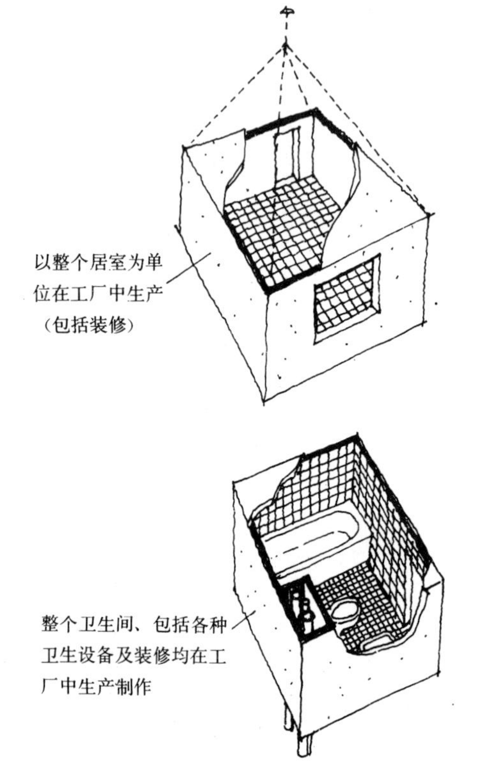

2．以整个房间作为基本单位在工厂制作，然后运往现场进行装配，这比大型板材的工厂化生产程度以及模度都更高，但同时其组合的灵活性也愈小，如同大形板材一样，这种结构一般只适合于用来建造住宅建筑。

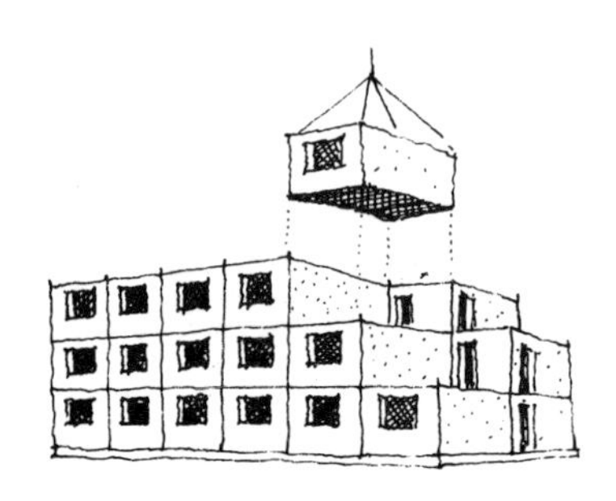

A、现场装配情况之一

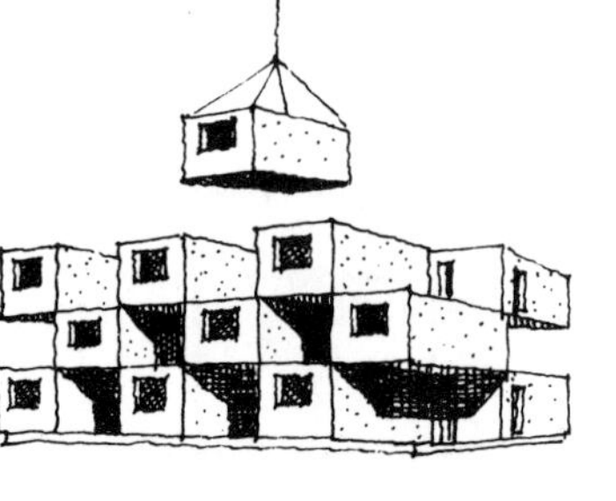

B、现场装配情况之二

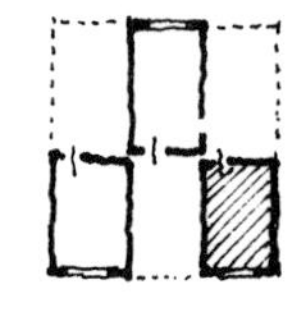

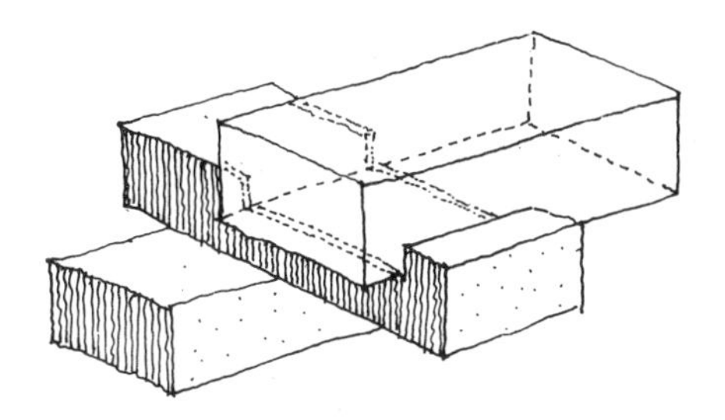

A、盒体结构单元组合示意

3. 箱形结构又可称盒体结构，目前国外有很多建筑师正努力探索用这种结构来建造住宅，并力图能够获得多样变化的组合形式。图示为1967年在蒙特利尔举办的世界博览会上展出的住宅建筑，高12层，158户，由354个盒体所组成，每个盒体为5.3m×11.7m×3m，重70～90t，用特制的100t移动式起重机吊装。值得提出的是该建筑由于组合得十分巧妙，无论从内部空间或外部体形上看，都能充分地表现出盒体结构的特点。

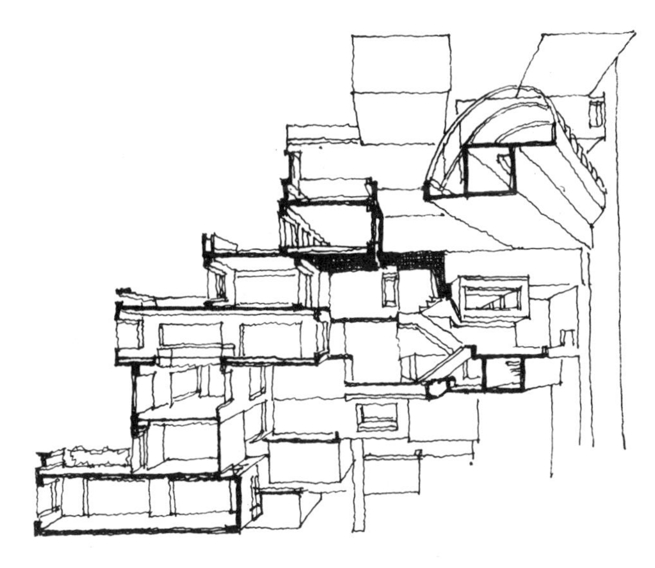

B、盒体结构住宅内部透视示意

C、盒体结构住宅外部透视示意

国外木框架结构的建筑［32］

木材是一种比较理想的建筑材料，它既可以用来做门、窗、天花、地板，又可以用来做梁、柱及屋顶结构，古今中外的许多建筑其主体结构和装修都是用木材做成的。由于木材便于加工，富有弹力和韧性、又可以做成各种形式的接榫，因而用它来做框架不仅制作方便，十分轻巧，而且整体性也较强。下面拟通过几个典型的例子来说明木框架结构的变化发展以及它在建筑中的应用。

1. 图示为印第安人居住的帐篷，这是一种原始形式的木框架结构，呈圆锥形，由许多根树干做成——树干的下端插在地下，上端集束在一起，外面覆以树皮或兽皮，用以防护风雨的侵袭。

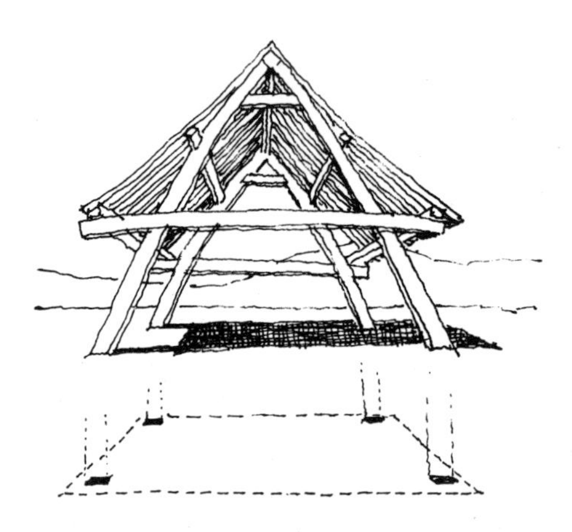

2. 图示的木框架结构，主要是由两片呈“A”字型的三角架组成，三角架的两根斜撑承担全部荷重，下部的水平连梁起拉杆的作用，这种形式的组合稳定性较好。与印第安人帐篷相比，由于把屋顶与支架分开，这种形式的框架所形成的内部空间不仅体量较大，而且还呈规则的矩形平面，比较适合于居住的要求。

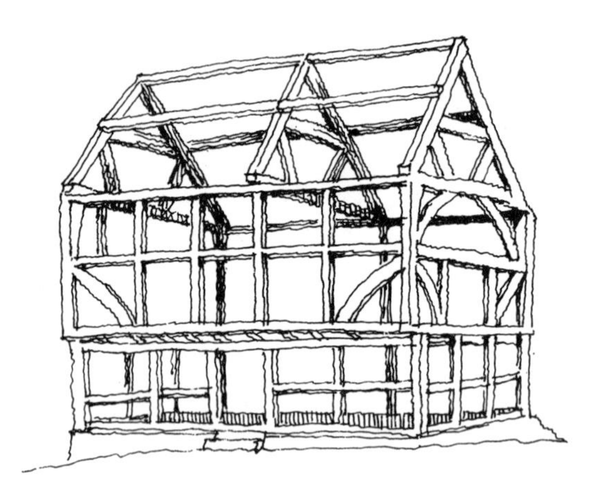

3. 图示为一典型的英国式半木结构，两层楼房建筑，平面呈规整的矩形，屋顶采用三角形屋架，墙身系由竖向的立柱与横向的梁交错组成，并用弯曲的斜撑以加强其稳定性。另外，上层略有悬挑，门窗可设置于两根相邻的柱子之间，特别是由于木框架的全部露明，因而会使建筑物的外观显得更加开朗、轻巧。

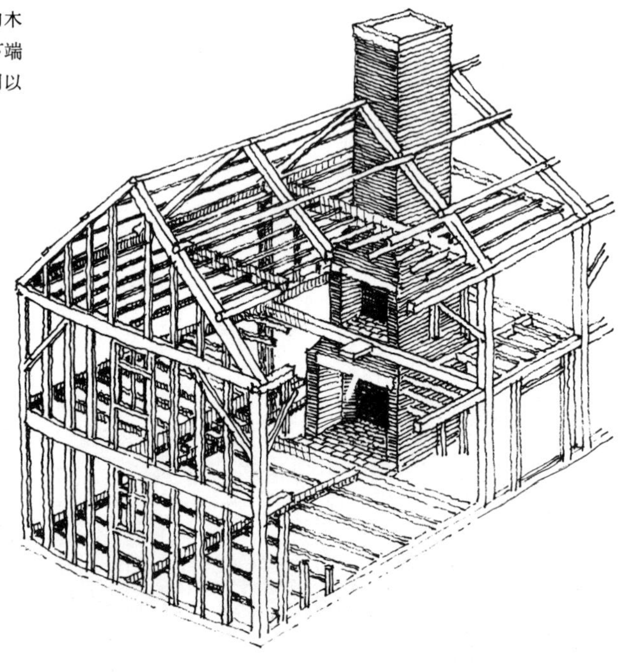

4. 这里所举的是一个发展了的木框架结构，常见于北美殖民地式建筑。与半木结构相比其特点是：各种构件的组合更加合理、细密、严谨。另外，半木结构的框架是露明的，而这种框架则是不露明的——被墙面木板所覆盖。

我国传统的木构架结构〔33〕

我国古代建筑所采用的木构架结构，具有悠久的历史和传统。“墙倒屋不塌”这句谚语生动地说明了这种结构的原则——由梁、柱组合而成的木构架作为承重结构，与围护结构是完全分开的。由于采用这种结构方法，从而给中国古典建筑无论在内部空间或外部体形处理上都带来了许多特点。

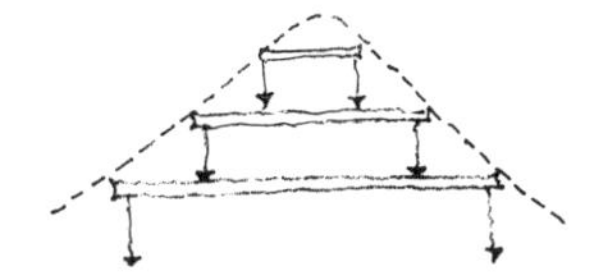

1. 数层重叠的梁架，每层收短、逐级加高，从而形成举折。这种形式的梁架可以避免最大弯矩，就当时的水平来看是合乎力学原理的。

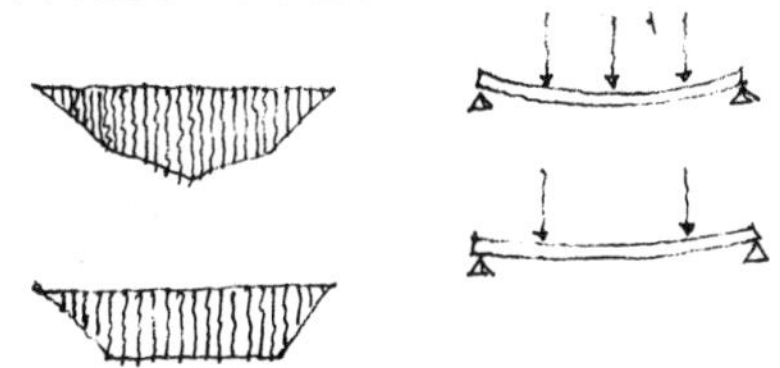

2. 上图所示：承重的构架仅仅通过立柱把屋顶荷重传递到地面，而围护结构——墙、槅扇等与构架完全分离。不承担任何荷重，这反映在平面上除有限的几根柱子外，其它均可自由灵活地处理。

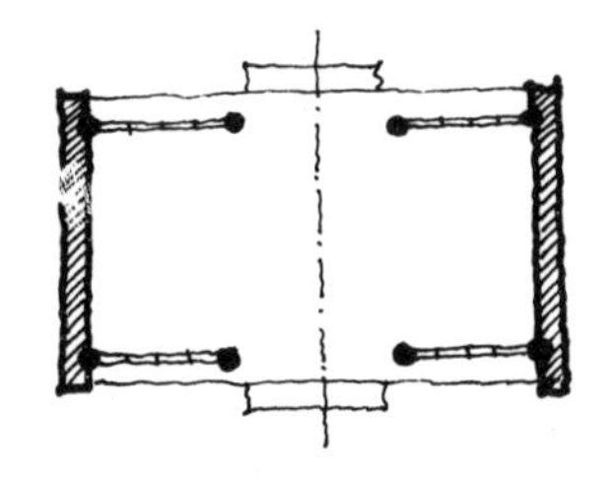

3. 我国古代木构架结构的结合主要用榫卯，其制作加工非常精密，在经过长时期的技术创造和经验总结的基础上逐渐地形成了一套标准的做法和定型的构件——即“法式”。

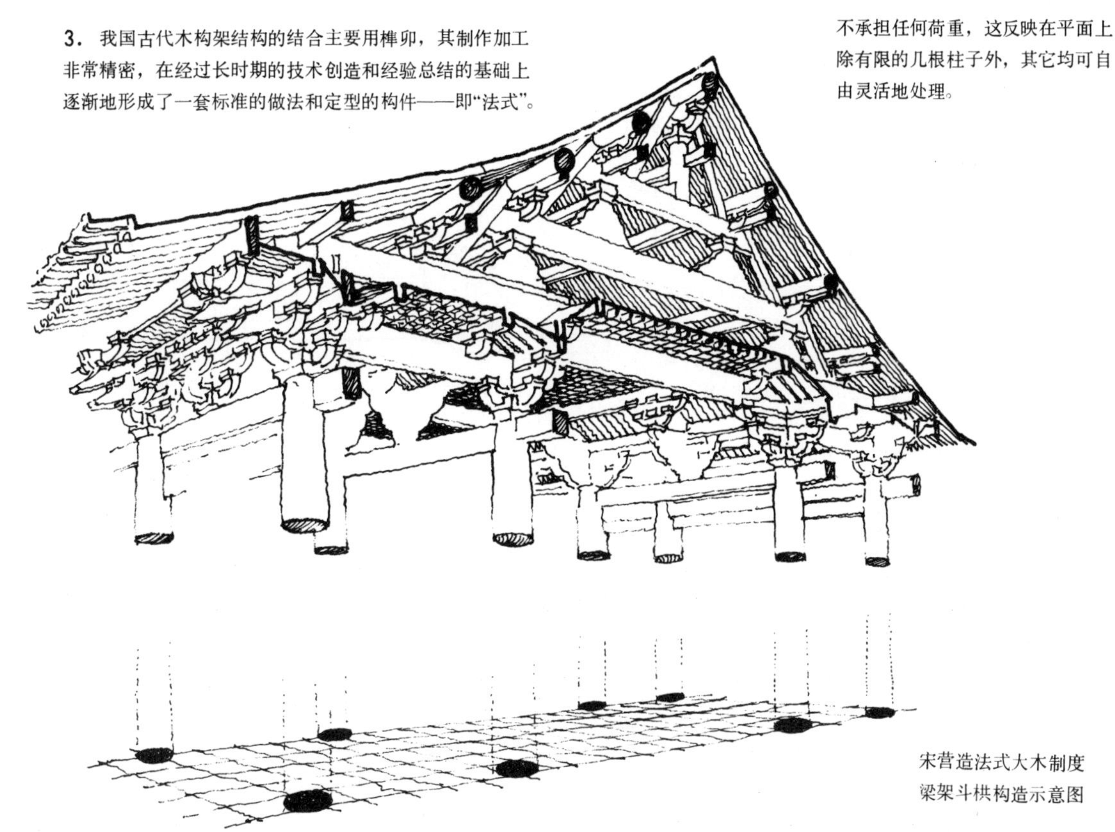

宋营造法式大木制度
梁架斗栱构造示意图

我国传统建筑形式与结构［34］

我国传统的建筑形式具有很多独特的风格，这固然和我国古代社会的生活方式、民族文化传统、地理气候条件息息相关，但是采用木构架的结构方法对于我国传统建筑形式的影响则是异常明显的。下面拟从结构的角度出发，来分析它对我国传统建筑形式与风格的影响。

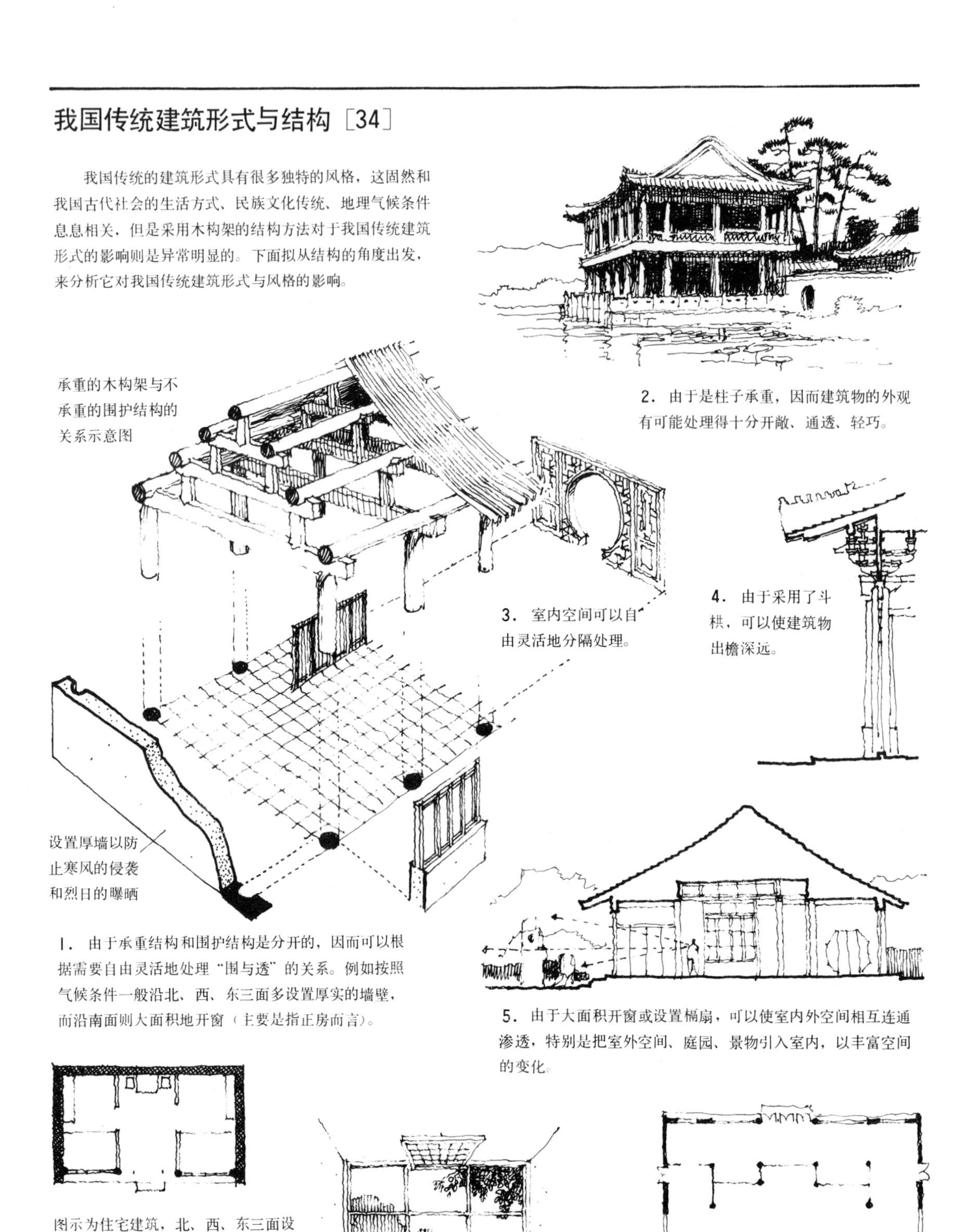

承重的木构架与不承重的围护结构的关系示意图

设置厚墙以防止寒风的侵袭和烈日的曝晒

2. 由于是柱子承重，因而建筑物的外观有可能处理得十分开敞、通透、轻巧。

3. 室内空间可以自由灵活地分隔处理。

4. 由于采用了斗栱，可以使建筑物出檐深远。

1. 由于承重结构和围护结构是分开的，因而可以根据需要自由灵活地处理“围与透”的关系。例如按照气候条件一般沿北、西、东三面多设置厚实的墙壁，而沿南面则大面积地开窗（主要是指正房而言）。

5. 由于大面积开窗或设置槅扇，可以使室内外空间相互连通渗透，特别是把室外空间、庭园、景物引入室内，以丰富空间的变化。

图示为住宅建筑，北、西、东三面设厚墙，而南面则大面积开窗，既可防止不利的自然条件的侵袭，又争取了有利的自然条件。

高直建筑砖石框架结构［35］

13～15 世纪在西欧盛行的高直建筑，具有独特的风格，这和它所采用的拱肋结构有着密切的联系。这种拱肋结构连同支承它的柱墩、飞扶壁，构成一个完整的结构体系，它虽然由石头所砌筑，但却具有一切框架结构的特征，所以可以把它看成为一种砖石框架结构。

1．高直建筑所采用的拱肋结构，无论在形式上或受力情况上都不同于罗马的筒形拱或穹窿，它是一个由若干根拱肋所组成的尖拱，其平面呈规整的矩形，拱顶的全部荷重分别集中于四个角，然后通过柱墩传至地面。

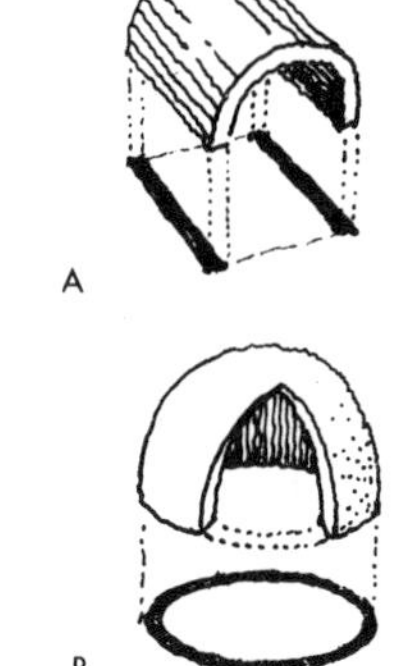

A、罗马的筒形拱
B、罗马的穹窿
C、高直建筑的拱肋结构

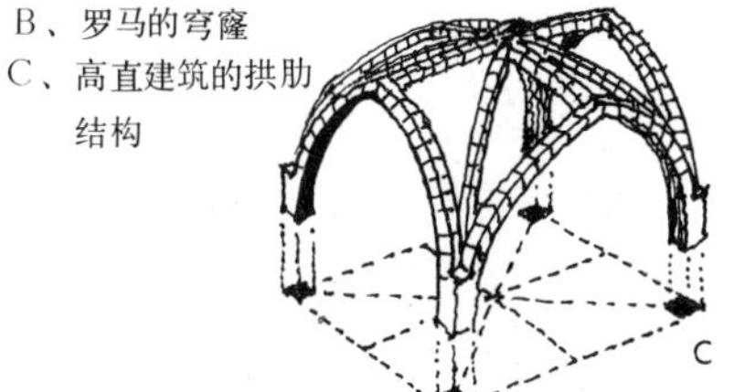

2．高直建筑（主要是教堂）的内部空间就是由许多个拱肋结构连接在一起组成的，共三跨，中央高两侧低，由于是柱墩承重，因而三跨之间的空间可以互相连通成一体。

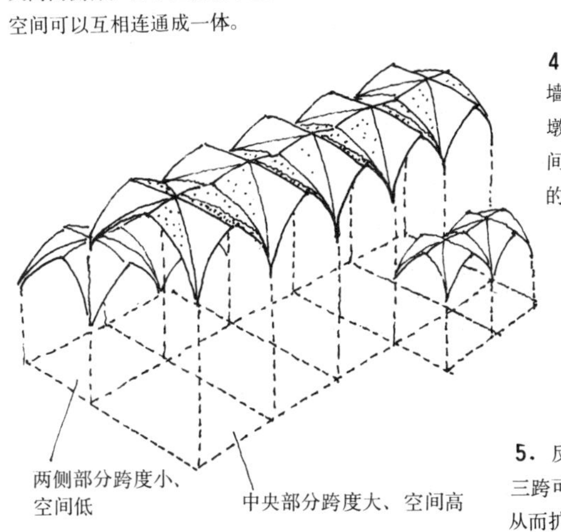

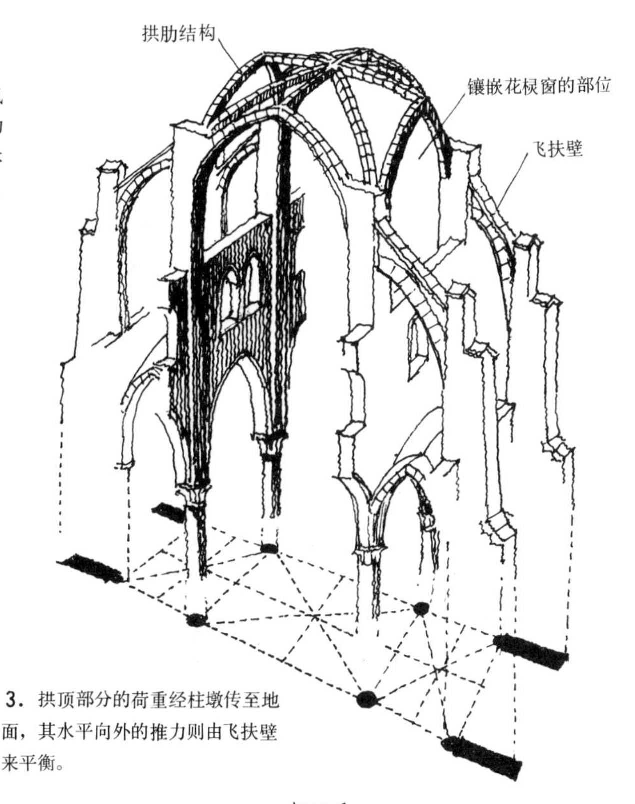

3．拱顶部分的荷重经柱墩传至地面，其水平向外的推力则由飞扶壁来平衡。

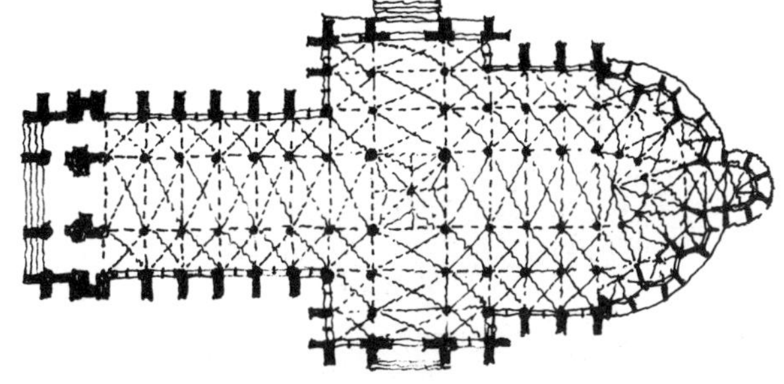

4．反映在平面上既无内墙，也无外墙，所有的仅是柱墩与飞扶壁，分隔内外空间的则主要靠镶嵌在两柱间的大面积的花棂窗。

5．反映在内部空间上三跨可以连通成一体，从而扩大了空间感。

钢筋混凝土框架结构［36］

自从钢和混凝土在建筑中广泛运用后，就出现了各种形式的钢筋混凝土结构。其中尤其是钢筋混凝土框架结构，不仅强度高、防火性能好，而且整体性和刚度也极强，因而被广泛运用于各种类型的建筑。钢筋混凝土框架结构具有哪些特点呢？下面作简要的说明。

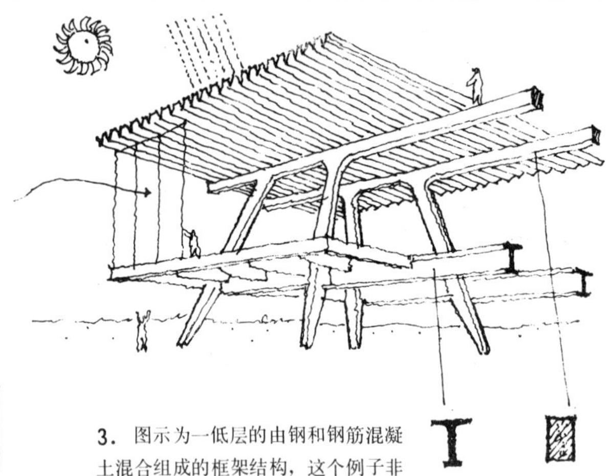

3．图示为一低层的由钢和钢筋混凝土混合组成的框架结构，这个例子非常典型地说明了作为围护结构的屋面（折板）与墙面（大玻璃窗）完全与承重的框架相分开。

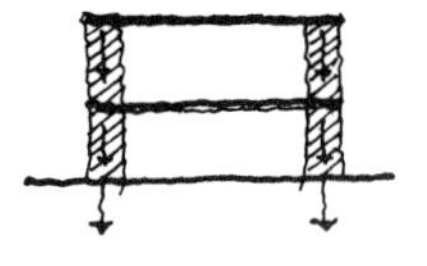

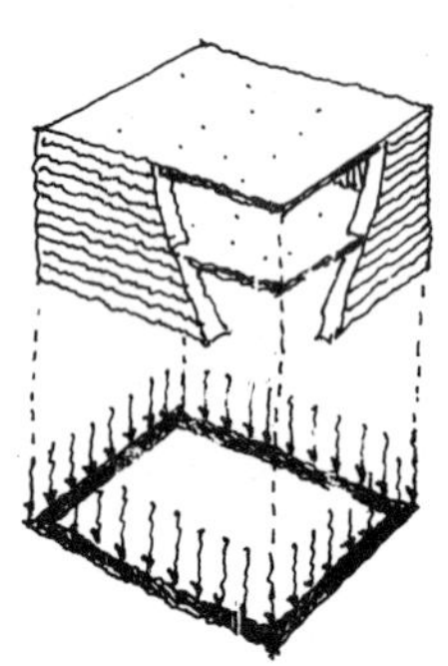

1．和其它框架一样，钢筋混凝土框架结构也是把承重结构和围护结构完全分开的。例如前面已经作过介绍的以墙承重的梁板结构（参看上图），由于墙既是围护结构又是承重结构，因而如果要用它来分隔空间，就必然要受到结构的限制和约束，从而给设计带来很多困难。

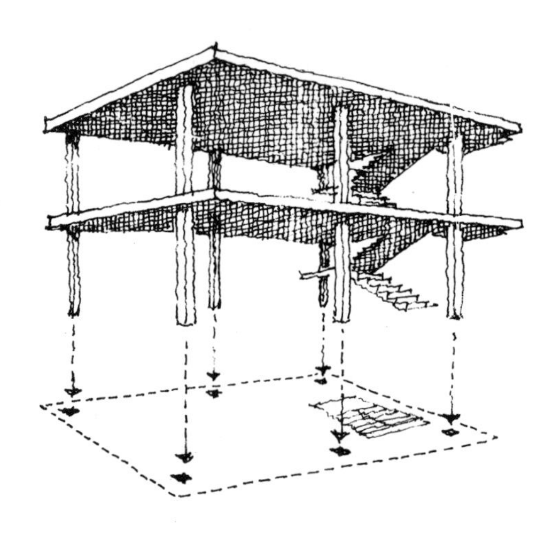

2．钢筋混凝土框架结构则不然，它根本不用墙来承重，而是把楼板的荷重分别集中在整齐排列的柱子上，这样无论是内墙或外墙，除自重外均不承担任何结构传递给它的荷重。这就给空间的组合，分隔带来极大的灵活性。

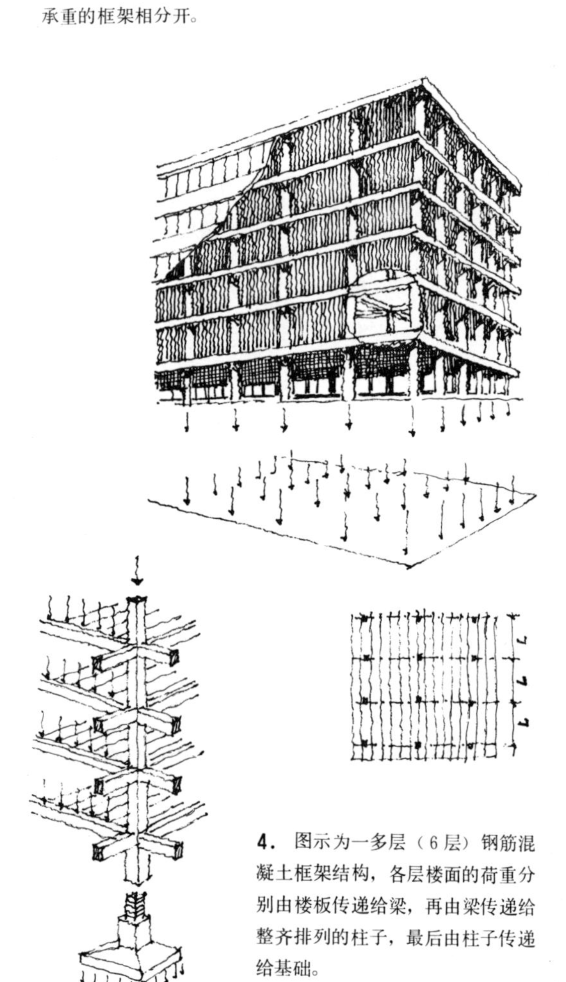

4．图示为一多层（6层）钢筋混凝土框架结构，各层楼面的荷重分别由楼板传递给梁，再由梁传递给整齐排列的柱子，最后由柱子传递给基础。

柱网的排列形式及尺寸［37］

凡是采用框架结构形式的建筑，首先面临的一个问题是，如何确定柱网排列的形式及尺寸。那么确定柱网排列的形式及尺寸的主要依据是什么呢？是功能。不同类型的建筑由于使用要求不同，其空间组合的形式也不同，这就要求与之相适应的柱网排列形式及尺寸，见下例。

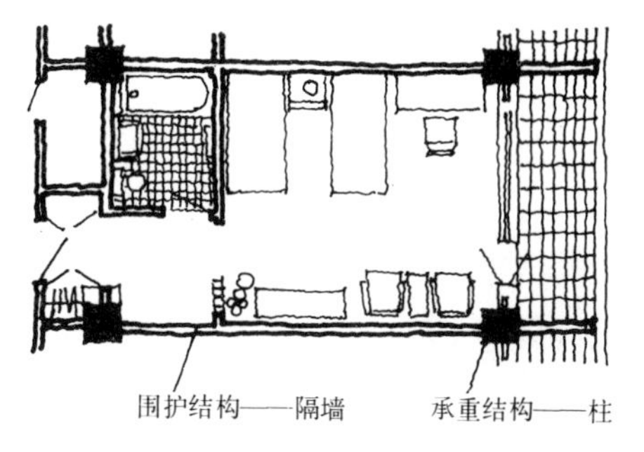

1. 例如在旅馆建筑中，尽管房间的组成比较复杂，但是在各类房间中，占主导地位和起决定性影响的则是客房，因而必须按照客房的理想大小及布局来考虑柱网的排列形式及尺寸。同理，对于办公楼建筑来讲，则必须综合考虑大、中、小各类办公室的功能要求来确定柱网的排列形式及尺寸。

2. 对于商业建筑——如百货公司，由于功能的特点其柱网的排列形式及尺寸则不同于旅馆或办公楼。在这里柱子之间的尺寸必须符合于营业柜台的布局、尺寸和人流活动要求，并且在纵横两个方向都可以作连续多跨地排列。

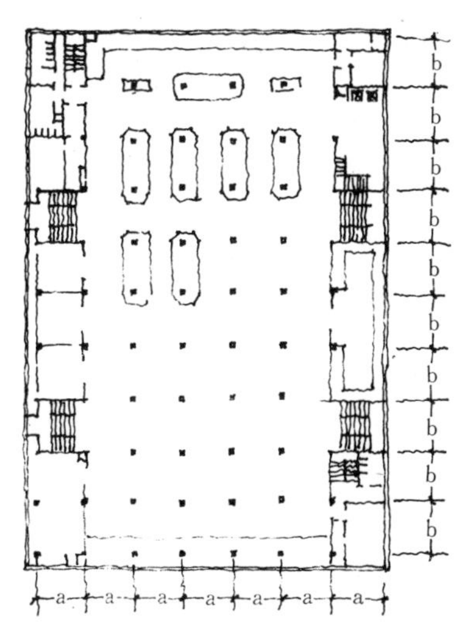

横向 8 列、纵向11列柱子的柱网排列形式

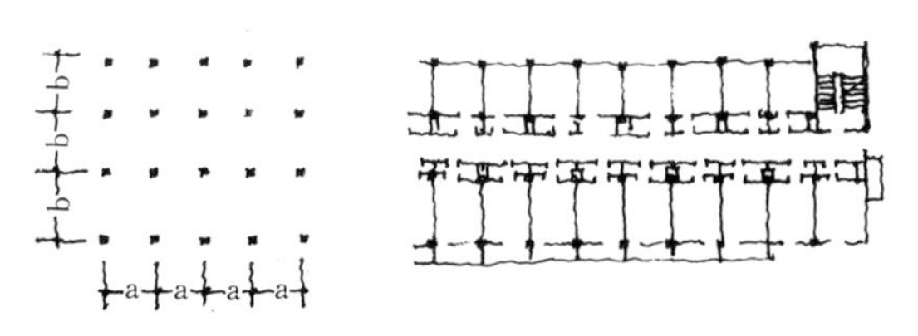

① 纵向四列柱子，横向每一开间设一根柱子的旅馆建筑。

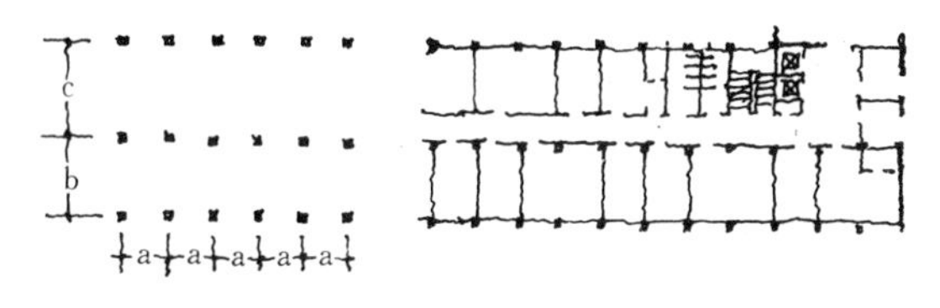

② 纵向三列柱子，横向每一开间设一根柱子的办公楼建筑。

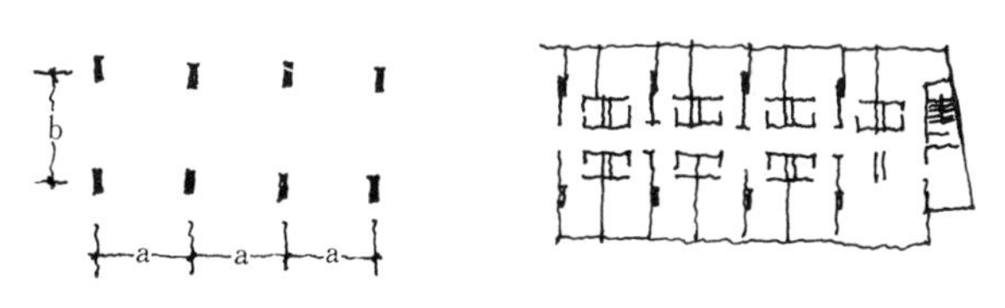

③ 纵向两列柱子，横向每两开间设一根柱子的旅馆建筑。

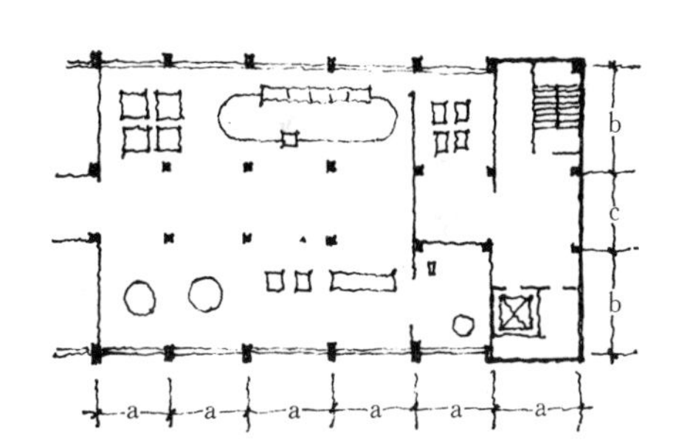

3. 工业建筑的柱网排列形式及尺寸，主要取决于生产设备的大小、形状和排列方式，另外还要考虑到人的操作和工艺要求。

4. 对于图书馆建筑的书库来讲，柱网的排列形式及尺寸，则主要取决于书架的大小、尺寸及排列情况，同时还要考虑到工作人员交通及运送图书的方便。

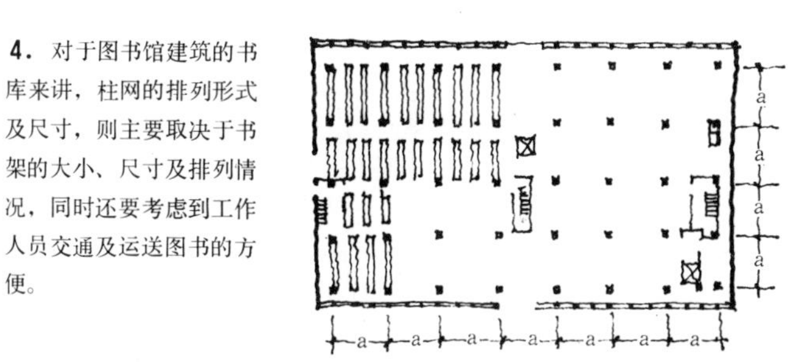

框架结构与近现代建筑［38］

如果说西方古典建筑的辉煌成就是建立在砖石结构的基础之上；中国古典建筑的辉煌成就是建立在木构架的基础之上，那么钢筋混凝土框架结构的出现与运用，对于西方近现代建筑的发展，则起着巨大的推动作用。当代法国著名的建筑师勒·柯布西埃在这方面曾作过精辟的分析，这里我们也仿效他的意思把它归纳成几个方面来与砖石结构作对比，看它是如何适应于近代功能和建筑艺术要求的。

1．砖石结构靠墙承重，愈是底层墙愈厚，甚至连开窗的面积都要受到严格的限制，而框架结构则靠柱子承重，底层无须设置任何承重墙，从而可以处理成为完全透空的形式。

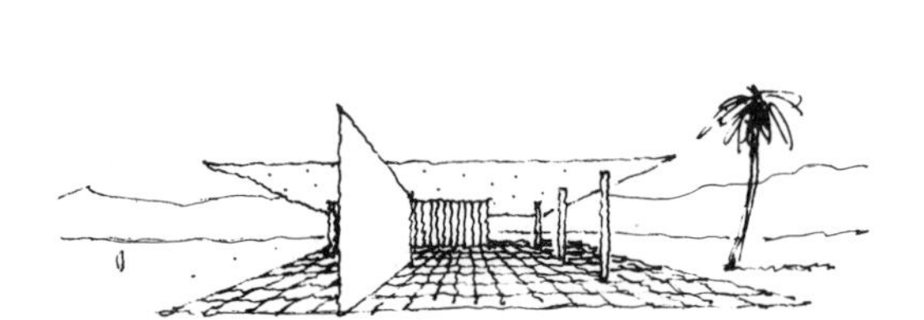

2．砖石结构的荷重比较均布地分配在墙上，框架结构的荷重则集中在柱上，后者反映在平面上仅是若干整齐排列的点，这就给自由灵活地分隔空间创造了十分有利的条件。

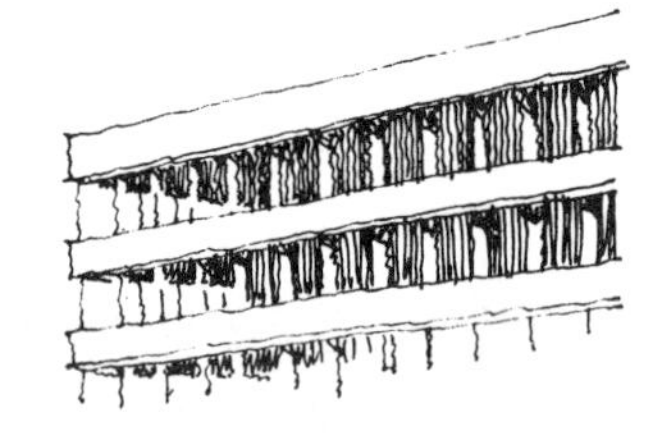

框架结构不仅可开大窗，甚至可开连续的带形窗

砖石结构的一般开窗处理的方法。

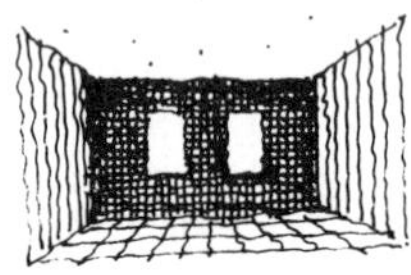

不同的开窗处理对于室内空间产生的影响

3．砖石结构的开窗大小以不妨碍墙的承重为极限，框架结构则可以开大窗或带形窗，这无论对于建筑物的外部体形或是内部空间处理都有很大的影响。

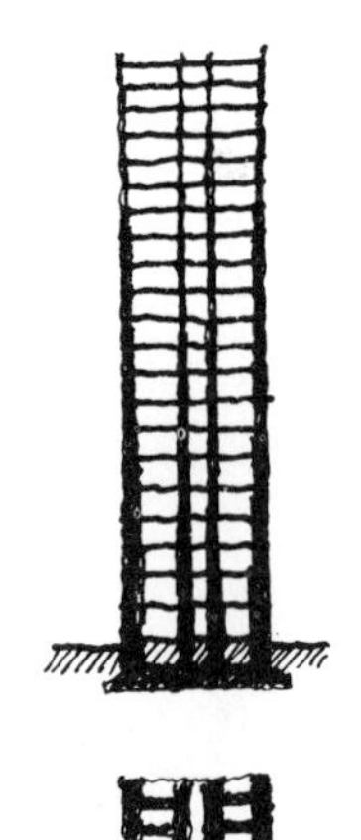

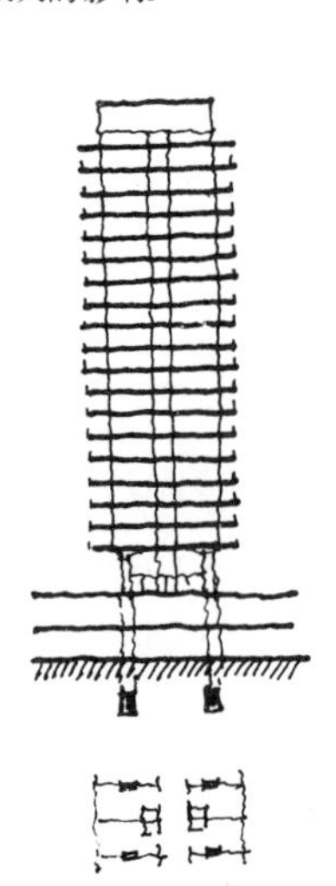

4．砖石结构的整体性差、自重大，并且随着层数的增加底层的墙愈来愈厚。框架结构的整体性好、自重轻，因而前者不宜用来建造高层建筑，后者则可以建造高层建筑。

底层透空的处理［39］

建立在砖石结构基础上的西方古典建筑，为了获得力学上的稳定，其底层多处理得坚实厚重，长此以往就形成了一种关于稳定的传统的观念。可是自从出现了钢或钢筋混凝土框架结构之后，由于结构方法的改变，近现代建筑也就随之破除了这种观念，而每每出现一些底层透空的处理手法。

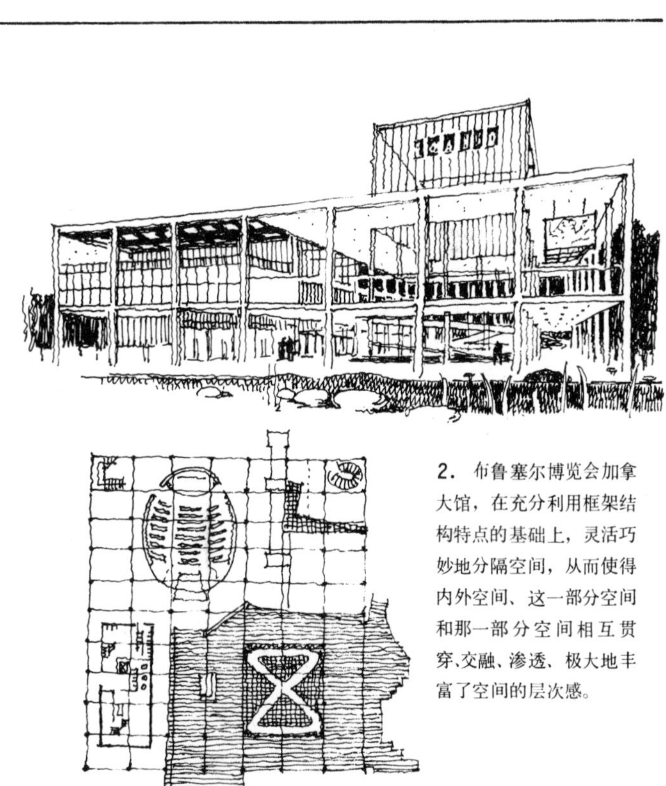

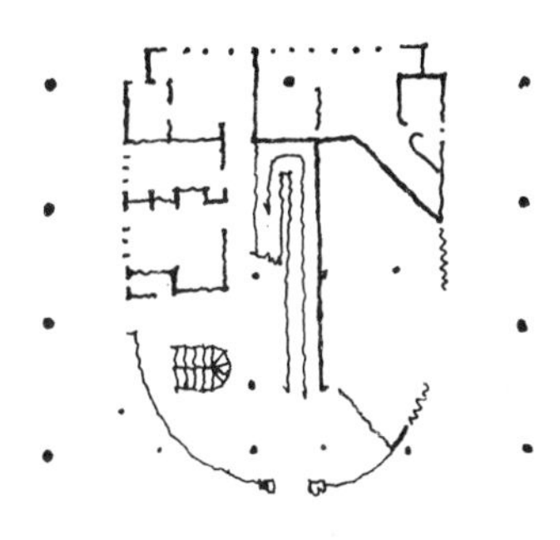

2. 布鲁塞尔博览会加拿大馆，在充分利用框架结构特点的基础上，灵活巧妙地分隔空间，从而使得内外空间、这一部分空间和那一部分空间相互贯穿、交融、渗透，极大地丰富了空间的层次感。

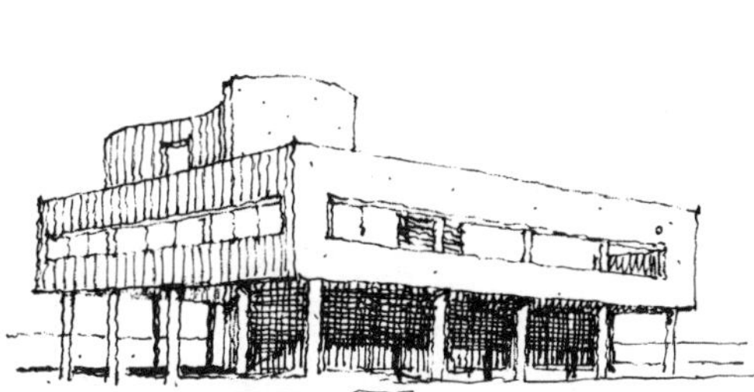

1. 这是法国建筑师勒·柯布西耶设计的萨伏依别墅，主要房间如起居室、卧室等均安排在二层，底层仅设一些次要的辅助房间。在底层还设有坡道通往二层和屋顶。由于底层处理得比较通透，整个建筑似乎飘浮于空中。另外，这种处理还可使内外空间相互交融、渗透，从而使建筑物完全融合在大自然的环境之中。

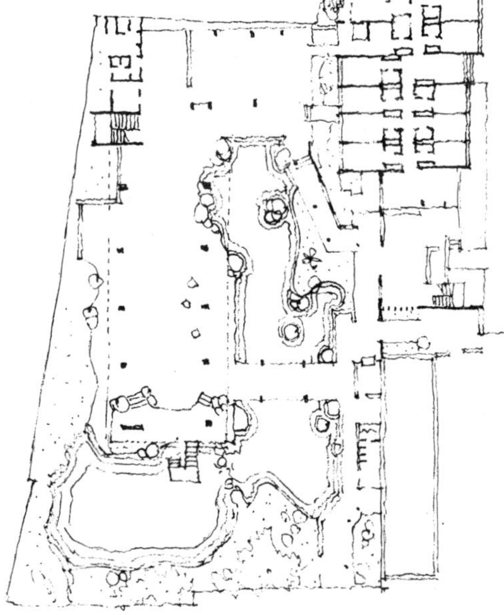

3. 广州矿泉别墅，充分利用框架结构的特点，把庭园空间引入建筑物架空的底层，从而消除了建筑空间与庭园空间之间的界线。

关于灵活分隔空间的处理［40］

在砖石结构中，上下层承重墙必须对齐方能保证荷重的直接传递，为此，上下各层的处理也必须协调、呼应，特别不允许把小空间安排在大空间的上面。框架结构则不然，它可以允许上、下各层各自按照自己的功能特点作不同的处理，也允许把小空间置于大空间之上。

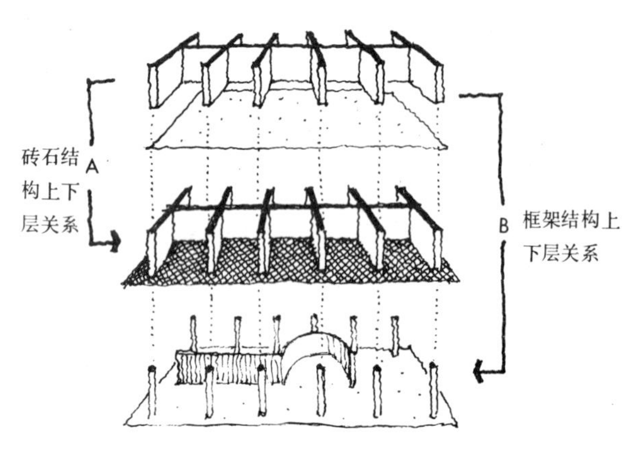

1．下图所示为密斯·凡·德·罗设计的吐根哈特住宅，采用钢柱承重。上层为卧室，下层为起居室，上、下层各自按照功能特点作不同处理，并且把较小的卧室置于较大的起居室之上。

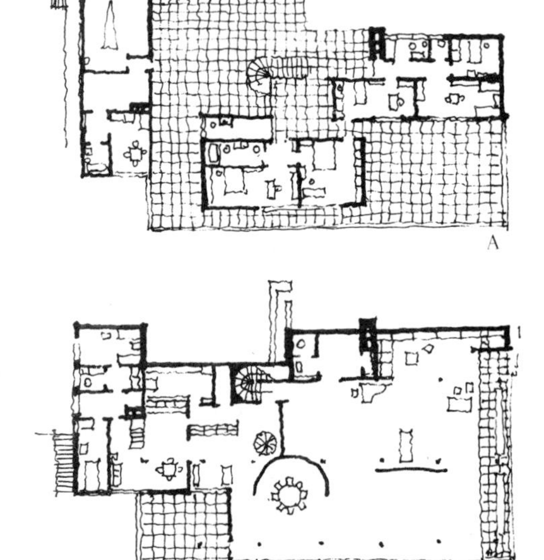

A、为楼层平面，主要由卧室所组成

B、为底层平面，主要由起居室、餐室、工作室所组成

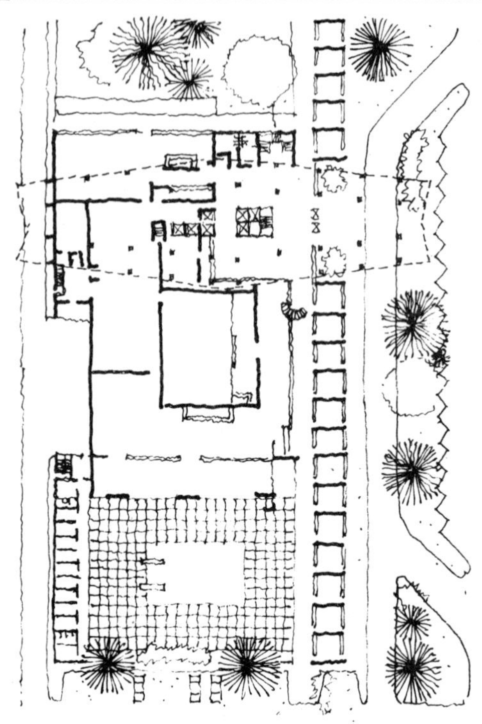

A、底层——公共活动部分平面

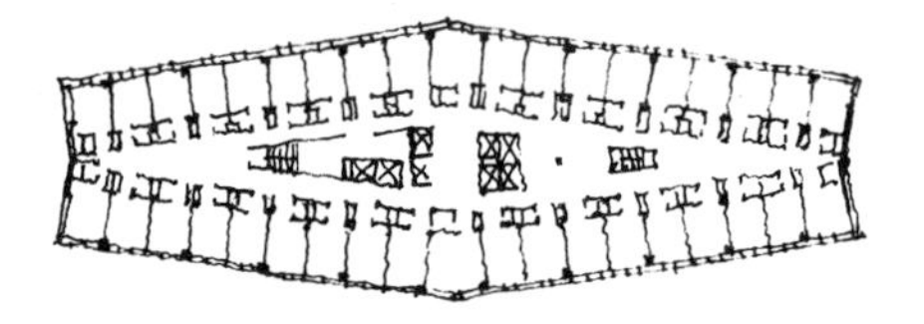

B、标准层——客房部分平面

C、建筑物外观

2．布宜诺斯艾利斯洲际旅馆，为18层钢筋混凝土框架结构，客房部分呈楔形，共16层，底层为宴会厅、餐厅等公共活动部分空间，底层和标准层各自按照功能特点作不同的处理。

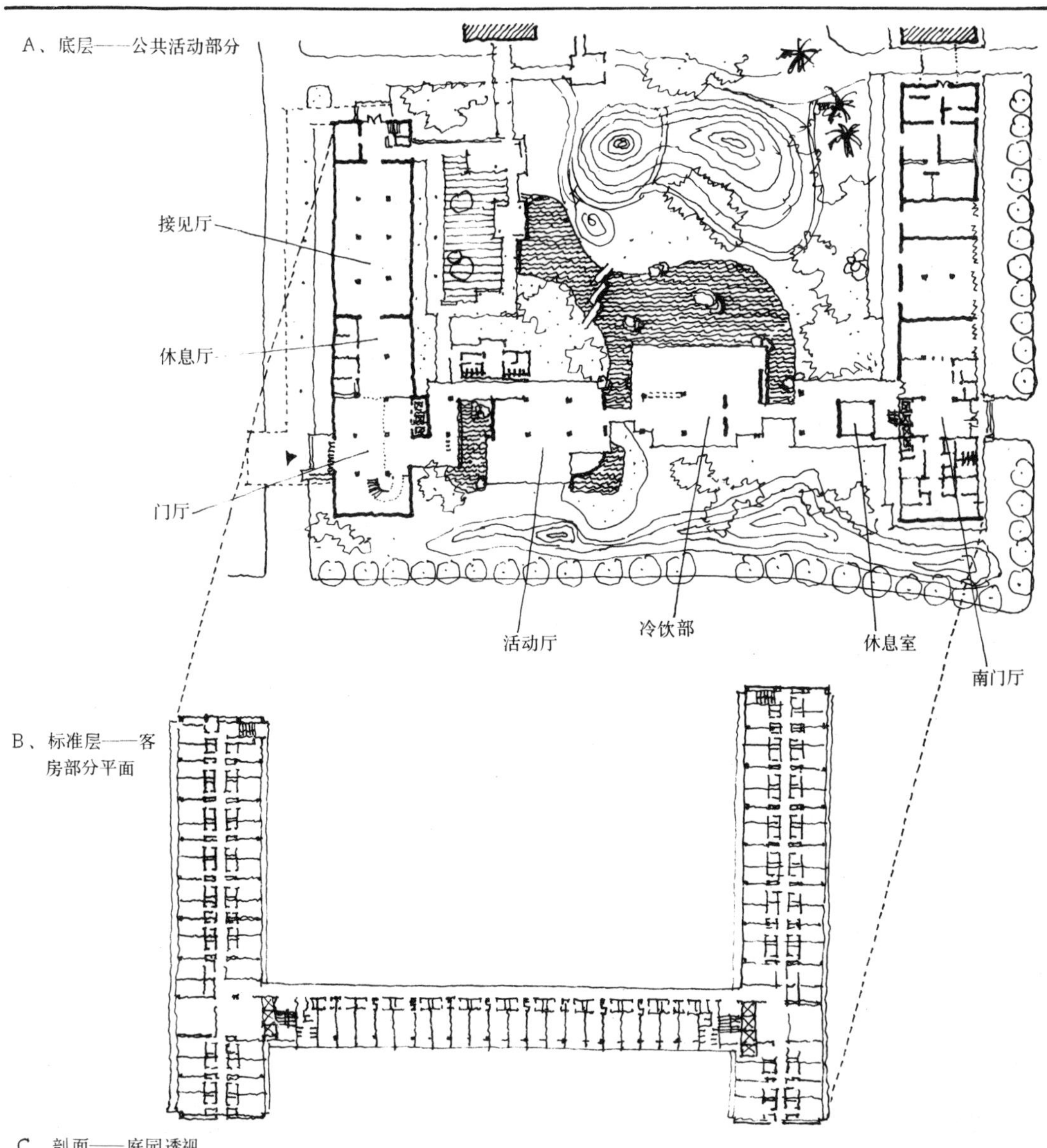

C、剖面——庭园透视

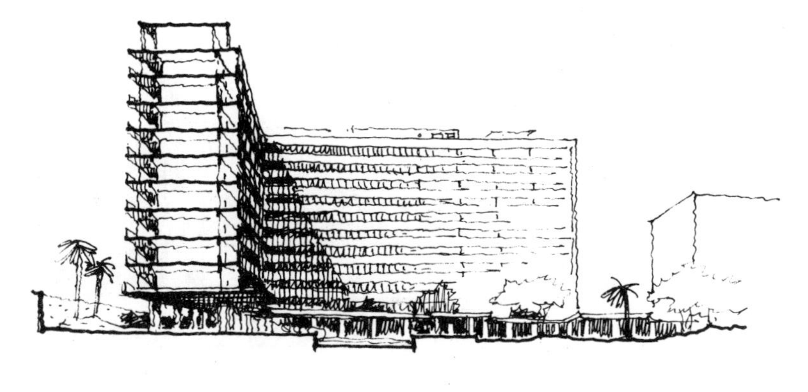

3．广州东方宾馆新楼，为我国近年来新建的高层旅馆建筑之一，共11层，底层为公共活动部分及庭园，上10层为客房及屋顶花园。该建筑充分利用框架结构的特点，把底层的公共活动部分空间处理得很开敞、通透，并且与庭园巧妙地相结合，从而取得了良好的效果。

开窗处理的灵活性［41］

在框架结构体系中，由于外墙不承重，开窗就自由灵活多了——可以开大窗、扁窗或带形窗，这对室内空间处理影响很大。

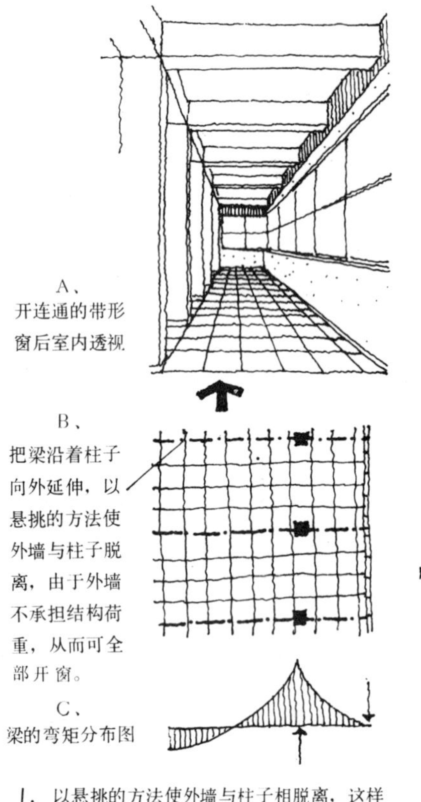

A、开连通的带形窗后室内透视

B、把梁沿着柱子向外延伸，以悬挑的方法使外墙与柱子脱离，由于外墙不承担结构荷重，从而可全部开窗。

C、梁的弯矩分布图

1．以悬挑的方法使外墙与柱子相脱离，这样沿整个外墙可以满开大窗或带形窗，以争取最大限度的开窗面积。

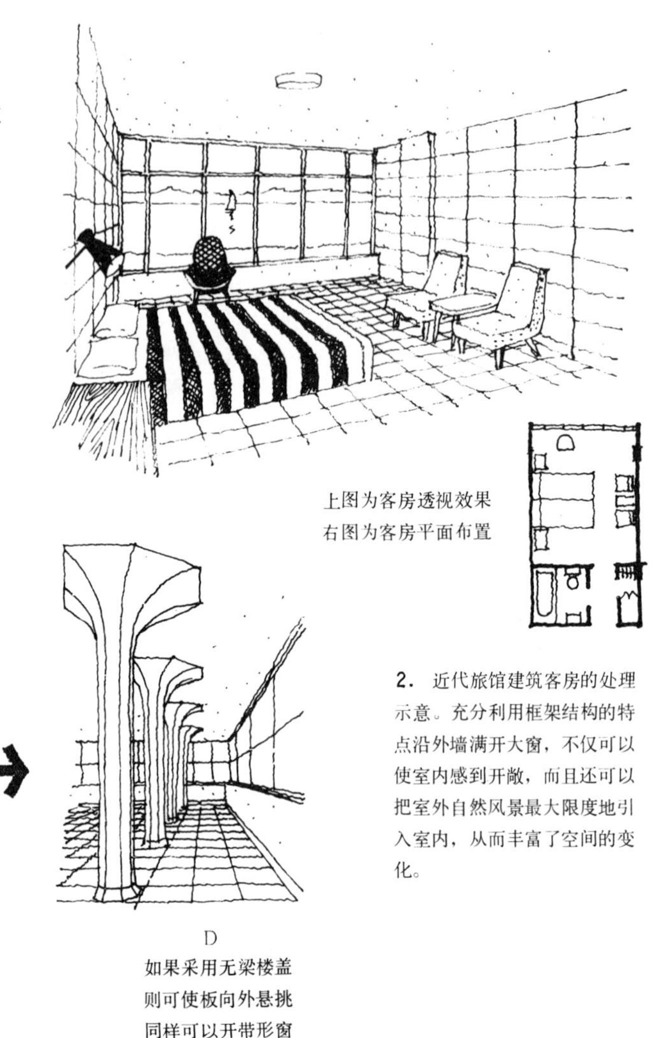

上图为客房透视效果
右图为客房平面布置

D
如果采用无梁楼盖
则可使板向外悬挑
同样可以开带形窗

2．近代旅馆建筑客房的处理示意。充分利用框架结构的特点沿外墙满开大窗，不仅可以使室内感到开敞，而且还可以把室外自然风景最大限度地引入室内，从而丰富了空间的变化。

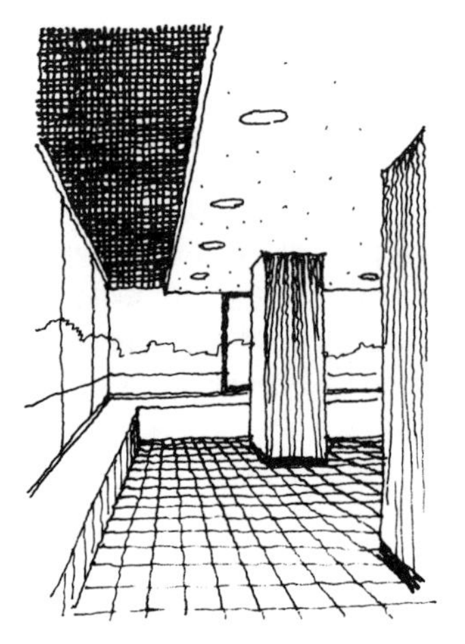

3．日本某办公楼建筑，充分利用框架结构的特点，在转角处开连通的角窗，从而使很低的室内空间并不感到压抑。

4．某旅馆建筑餐厅的处理示意。以悬挑的方法使外墙与柱子相脱离，这样就可以沿外墙满开带形窗，以争取最大限度的开窗面积。

立面处理的多样、灵活性［42］

如果说采用砖石结构的西方古典建筑的窗，只是意味着在墙上开一个孔洞，立面处理仅仅是对这些孔洞进行各种形式装饰的话，那么采用框架结构的现代建筑由于可以自由灵活地开窗，因而给立面处理开辟了许多新的可能性。这种可能性不是依靠繁琐的装饰，而是通过虚实关系的对比和纵横线条的交错、穿插从而获得千变万化的韵律感。

1．文艺复兴时期的府邸建筑，是一种典型的砖石结构建筑的立面处理手法——窗犹如整齐排列的孔洞，立面处理主要是对这些孔洞进行各种形式的装饰。

3．某近代办公楼建筑，充分利用框架结构的特点，开连通的带形窗，以强烈的虚实对比获得韵律感。

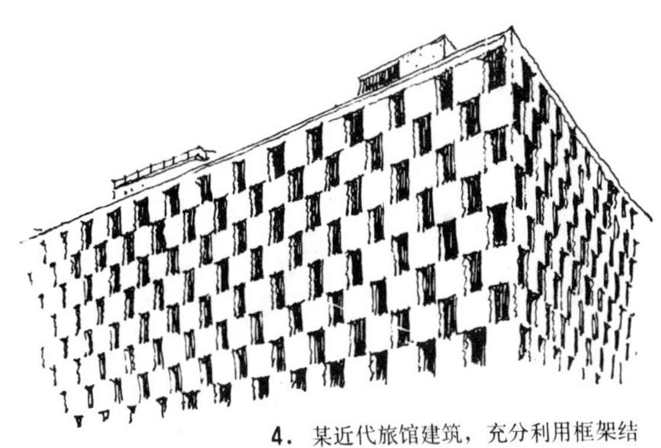

4．某近代旅馆建筑，充分利用框架结构的特点，上下层交错开窗，以期通过虚实对比而获得交错的韵律感。

2．采用框架结构的近代建筑，改变了传统的立面处理手法，主要依靠线条的穿插交错而取得韵律感。

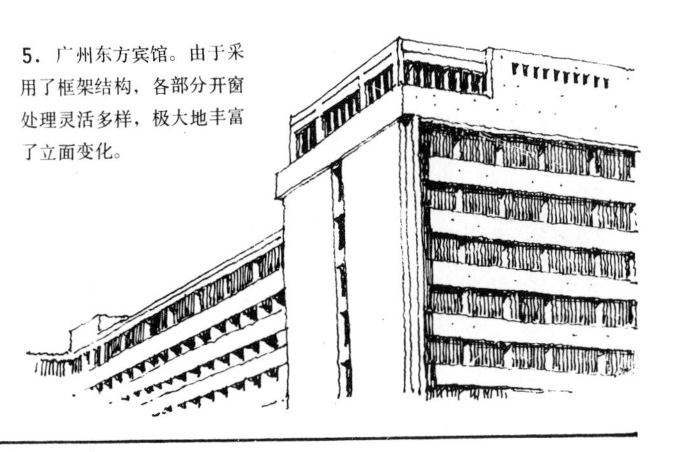

5．广州东方宾馆。由于采用了框架结构，各部分开窗处理灵活多样，极大地丰富了立面变化。

从筒形拱到交叉拱［43］

拱形结构也是一种具有悠久历史的结构形式，与梁柱结构相比，它可以跨越更大的空间。从建筑历史发展的观点来看，所有的拱形结构——包括礅、筒形拱、交叉拱、穹窿……等的变化和发展，都是人类为了谋求更大建筑空间的产物；反过来讲，拱形结构的变化和发展对于建筑形式的影响也是十分巨大的。下面就从筒形拱到交叉拱的变化发展来看它对建筑的影响。

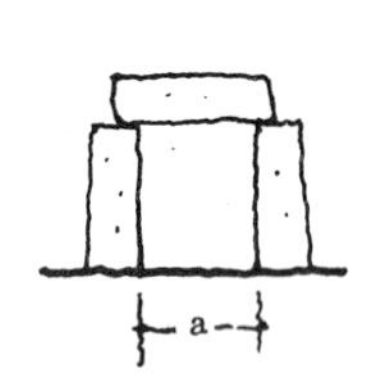

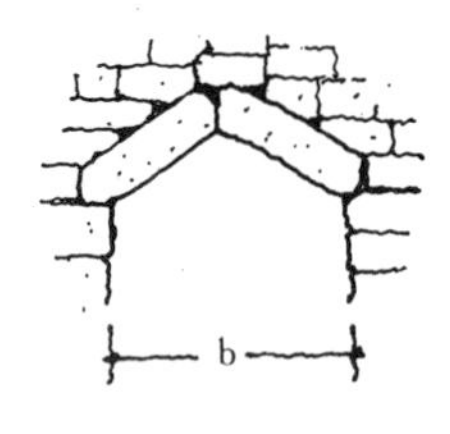

1．上两图所示，在以石头作为建筑材料的时代，哪怕是最简单的拱形结构——三角拱也要比梁可以跨越更大的空间。

中央部分拱厅宽26m，深50m，墙厚7m。

4．泰西封宫。由于采用了筒形拱结构，从而形成了巨大的建筑空间，反映在平面上则有两条相互平行的、厚实的墙来承担拱的重力和水平推力。

5．巴比伦王宫。拱形结构的影响明显地反映在平面上，跨度愈大、愈高的拱顶，要求愈厚的墙来承担其重力与水平推力。

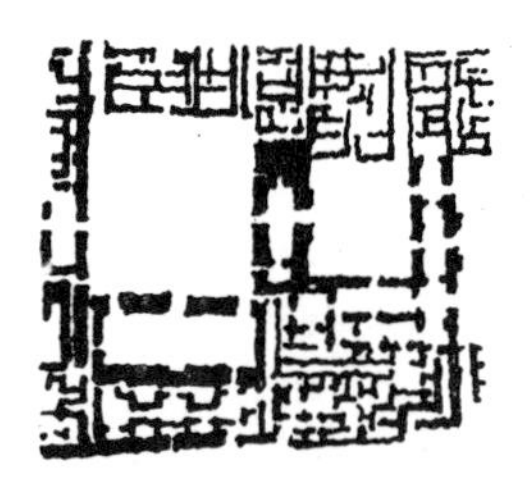

巴比伦王宫局部平面示意

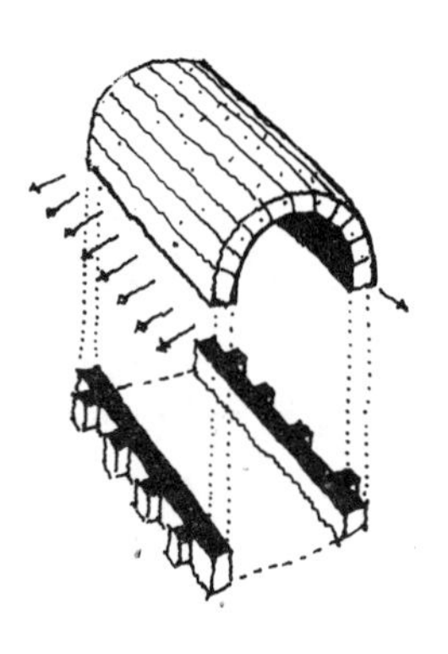

2．圆礅、筒形拱无疑比三角拱又优越得多，但这种结构有较大的水平推力，反映在平面上相应地要有两条相互平行的厚墙来承担拱的重力和水平推力。

上图示室内空间处理

6．罗马卡瑞卡拉浴场，由于采用了三个连接的交叉筒形拱屋顶结构，从而大大地扩大了室内空间。

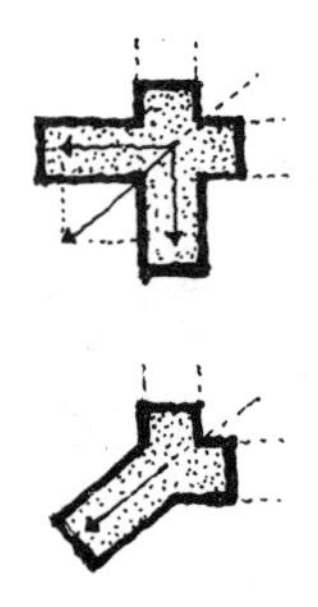

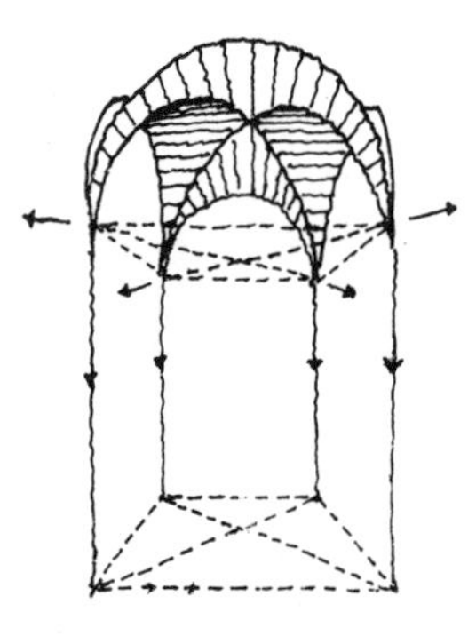

3．交叉拱的优点是：把重力和水平推力集中于四角，这就可以使它所覆盖的空间与周围的空间相连通。

上图示交叉拱屋顶结构

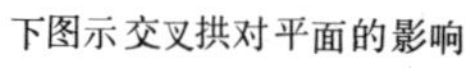

下图示交叉拱对平面的影响

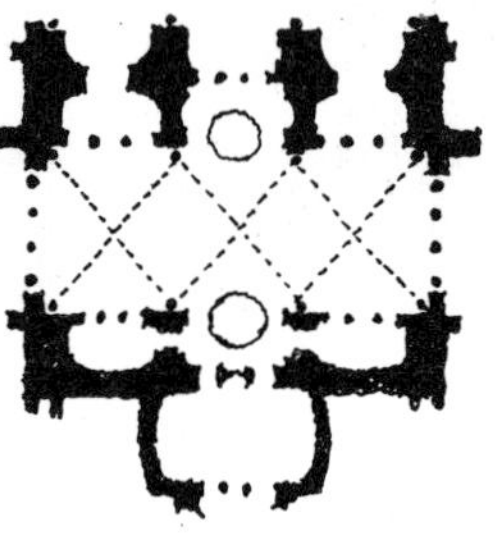

穹窿结构的变化及发展［44］

穹窿结构也是一种古老的结构形式，早在公元前14世纪的阿托雷斯宝库所运用的就是一个直径为14.5m的圆形平面的叠涩穹窿。到了罗马时期，半球形的穹窿结构已经被广泛地运用。嗣后，在半球形穹窿结构的基础上又有许多演变和发展，从而使之不仅在空间上更扩大，同时又能适合于不同形式的平面组合。

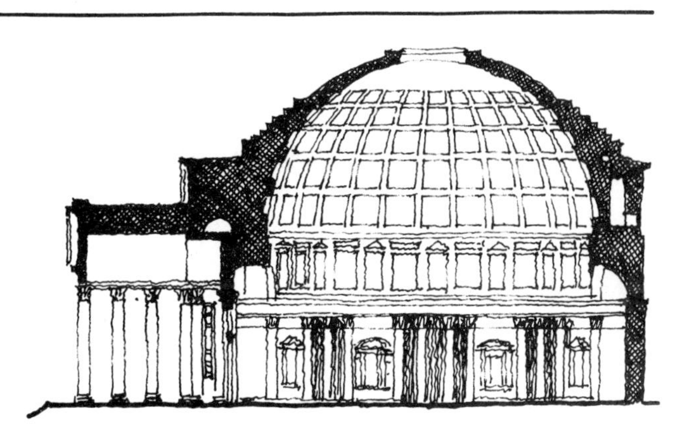

1．穹窿结构的演变和发展：

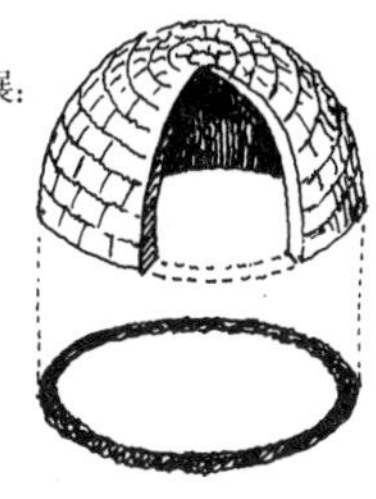

① 半球形穹窿结构在建筑中运用得最广泛，但仅适合于圆形的建筑平面。

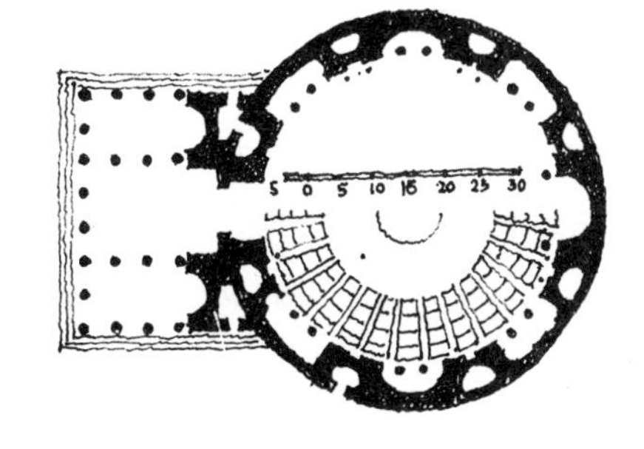

2．罗马潘泰翁神庙，圆形神殿的直径为43.2m上面覆盖着半球形的穹窿结构，全部结构为混凝土浇筑，内部空间宏大，装饰华丽被认为是古典建筑的范例。

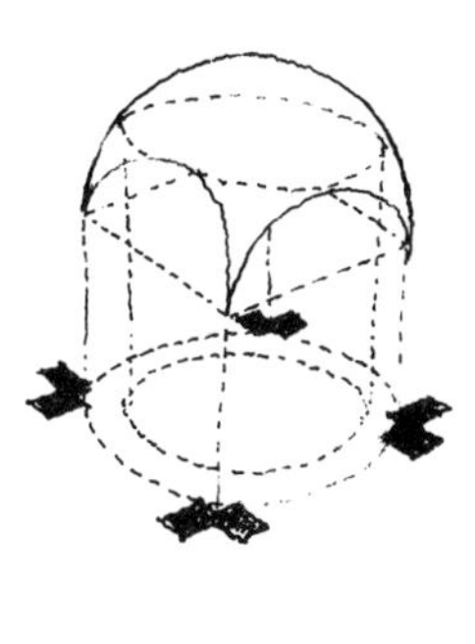

② 为适应方形平面的要求，可沿半球形穹窿的四周切去四个弓形的部分。

3．圣·索菲亚教堂，中央大穹窿直径为33m，经由帆拱支承在四个大柱墩上，其水平推力由东西两个半球顶及南北四个大柱墩平衡。该建筑结构体系复杂而条理分明，内部空间宏大多变，并富有层次感。

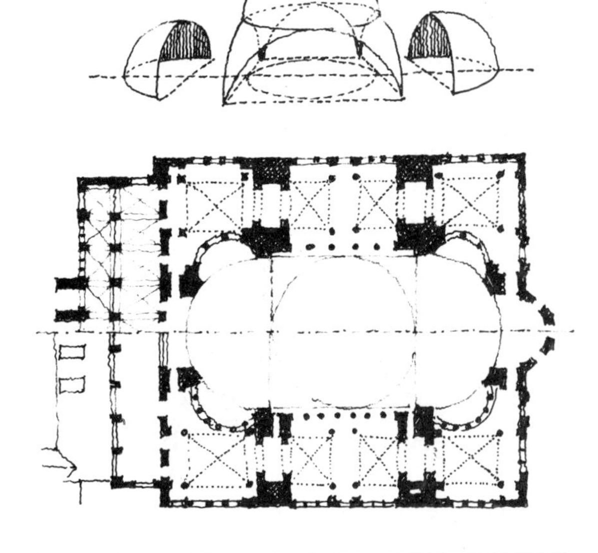

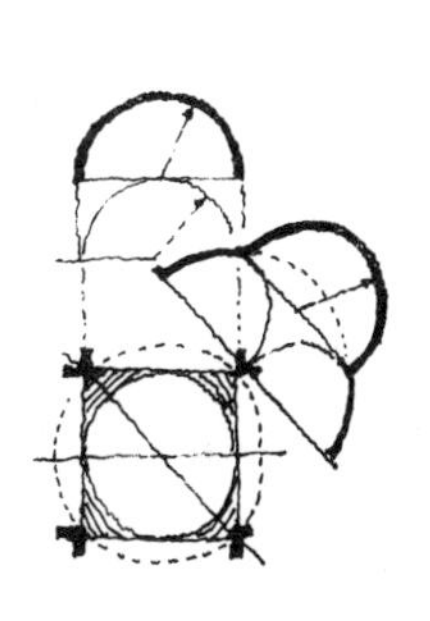

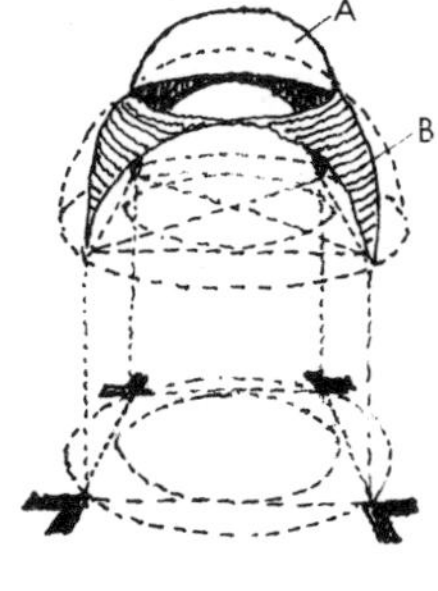

③ 以穹窿覆盖正方形平面：运用帆拱（pendentive）作为过渡，图中A为穹窿，B为帆拱。

从交叉拱到拱肋结构［45］

从罗马建筑到高直建筑，经历着一个漫长的历史时期，在这期间拱形结构也有很大的变化和发展，这主要表现为由罗马时期盛行的筒形拱逐渐演变为交叉拱，直至最后发展成为高直式的尖拱拱肋结构。这种结构不仅本身轻巧，而且全部荷重又集中于四角，这就给空间组合创造了许多有利条件。

1．从罗马建筑到高直建筑，拱形结构的演变与发展：

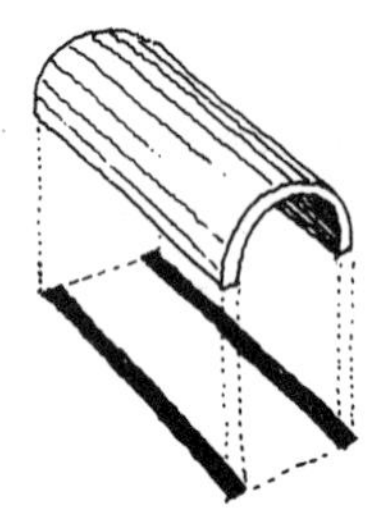

① 罗马时期盛行的筒形拱结构，必须有两条平行的墙来支托拱顶结构，给空间组合带来很大局限。

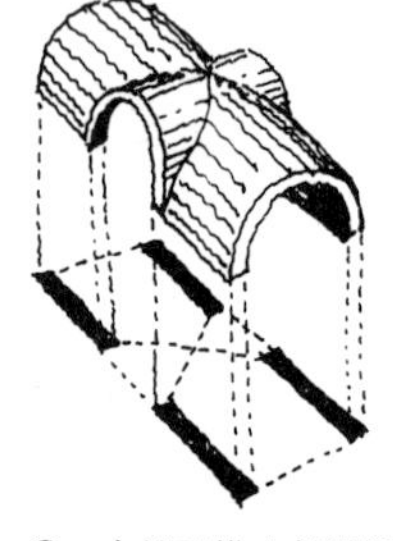

② 在筒形拱中部设置一个交叉拱，就可以在支托拱顶的两条平行墙的中央开两个缺口。

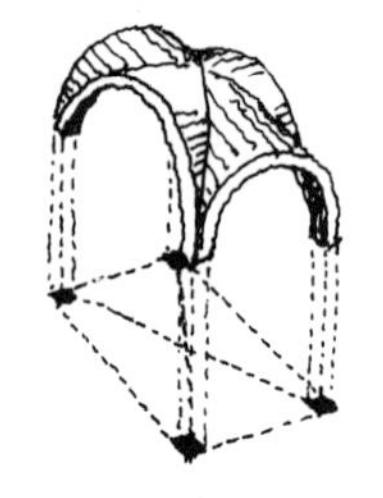

③ 把交叉拱进一步扩大，使荷重集中于四角，这样空间就可以全部打开。

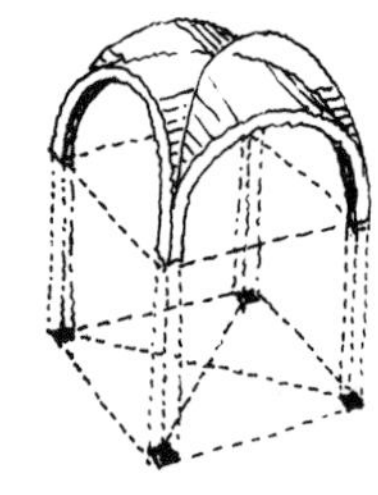

④ 同上，平面由长变方形成为罗马风式的交叉拱。

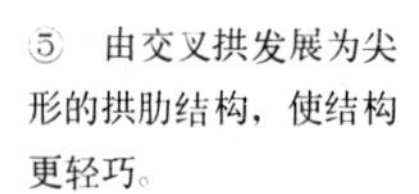

⑤ 由交叉拱发展为尖形的拱肋结构，使结构更轻巧。

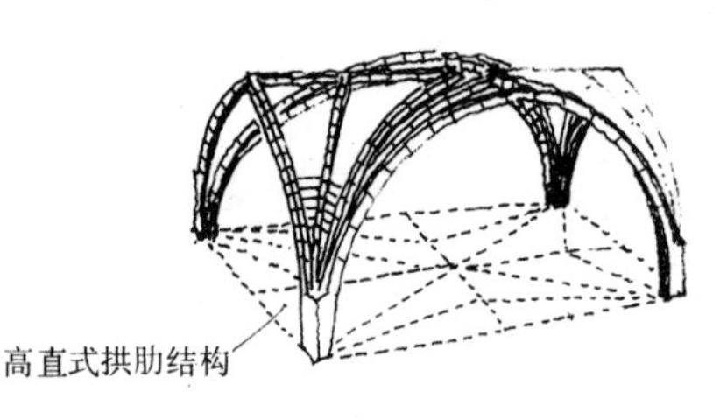

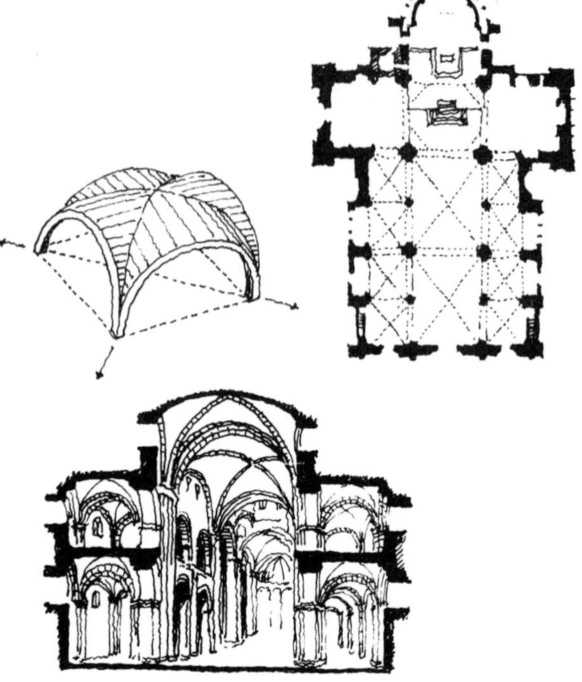

2．圣米奇教堂。罗马风时期建筑，主体部分运用两个带肋的半圆形交叉拱以形成长矩形平面的空间。

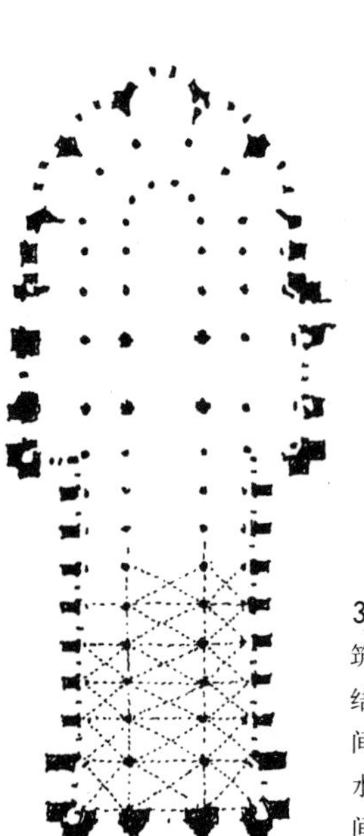

3．兰期教堂。典型的高直式建筑，屋顶运用了若干个尖拱拱肋结构，从而形成了狭长细高的空间。结构轻巧、柱墩较细，拱的水平推力由飞扶壁承担，内部空间较通透，外观及装饰较纤细、轻巧。

从文艺复兴到近代大跨金属结构［46］

到了文艺复兴时期（15～18世纪），古典形式的穹窿在建筑中的运用已经达到了炉火纯青的地步。自此以后由于铸铁、钢在建筑中的大量应用，就出现了一些新的、和古典拱或穹窿明显不同的金属大跨度结构。这些新的结构形式，虽然从建筑处理方面看还不够成熟，但却具有强大的生命力——它将预示着资本主义近代建筑的新生和古典建筑形式的终结。

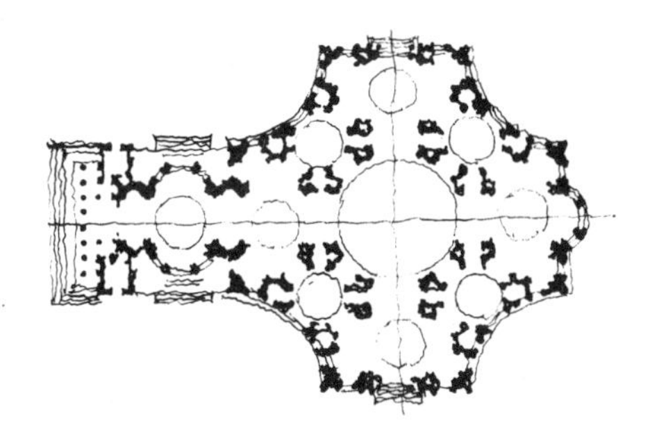

1．由厄因（Wren）所设计的圣·保罗教堂的最初方案，典型文艺复兴式的建筑风格。整个建筑由大小不同的穹窿顶所组成，平面组合均称、严谨、主从分明，被认为是巧妙运用拱碳、帆拱和穹窿结构的光辉典范。

由厄因设计的圣·保罗教堂方案的内景

2．巴黎法国国立图书馆（1858～1868），拉布鲁斯设计。阅览室屋顶系由若干个由铸铁拼合而成的穹窿所组成，各穹窿顶的中央设有圆形天窗供室内采光之用，屋顶荷重均由细长的铸铁柱子来承担。

3．下图所示为英国金斯克劳斯车站（1852），柯别特设计，为适应新的功能要求，站房由两个毗邻的巨大的、由金属构件拼接而成的拱形结构所组成。

4．下图所示为伦敦国际博览会的水晶宫内景。整个建筑系由铸铁和玻璃所组成，并设有室内庭园。

桁架结构的原理及应用［47］

在古代的一些建筑中，也常发现有用木材做成的各种形式的构架来当做屋顶结构的，但真正符合于力学原理的新型桁架结构还是近代的事。桁架结构最大的特点是：①把原来的受弯构件改变为受轴向力的构件；②充分利用三角形所具有的刚性特点。基于这两点，就可以充分发挥材料的强度，以较小的杆件拼合在一起组成桁架，以跨越较大的空间。

受弯曲的梁跨中弯矩大，易于挠曲或折断，不能充分发挥材料的强度

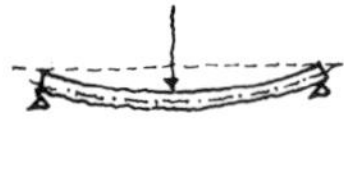

受压或受拉的构件，可以承受较大的外力

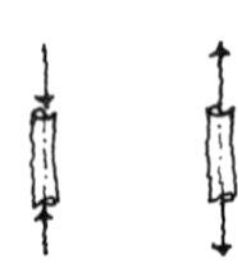

1．受弯构件易于挠曲和折断，不能充分发挥材料的强度，而受轴向力的构件——无论是拉力或压力，一般均可充分发挥材料的强度以抵抗相当大的外力。

A、简单的三角形桁架

B、中间带拉杆的三角形桁架

C、浩式桁架

D、芬式桁架

E、梯形桁架

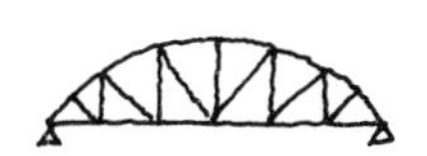

F、弓形桁架

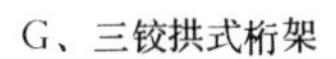

G、三铰拱式桁架

H、桥式桁架

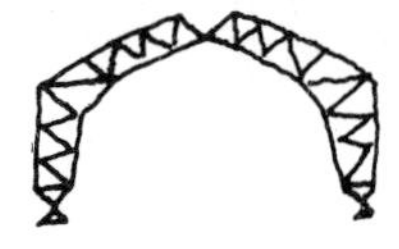

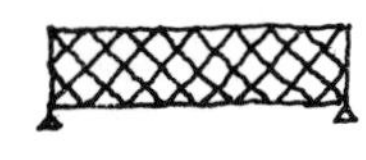

2．上图所示为各种形式的桁架结构，在这些桁架中所有的杆件均不受弯，而只受压或受拉。另外，不论是何种形式的桁架，均由各种形式的小三角形所组成，因而从理论上讲都具有刚性而不会变形。

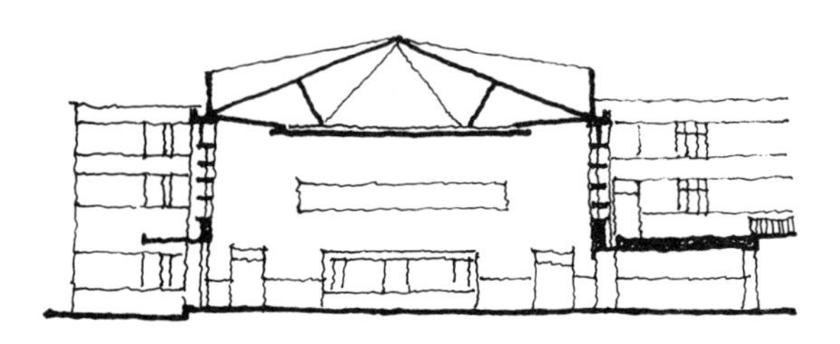

3．武昌火车站横剖面。候车大厅为一矩形平面大空间，采用了跨度为24米的桁架结构，并沿着桁架的下弦作吊顶处理。

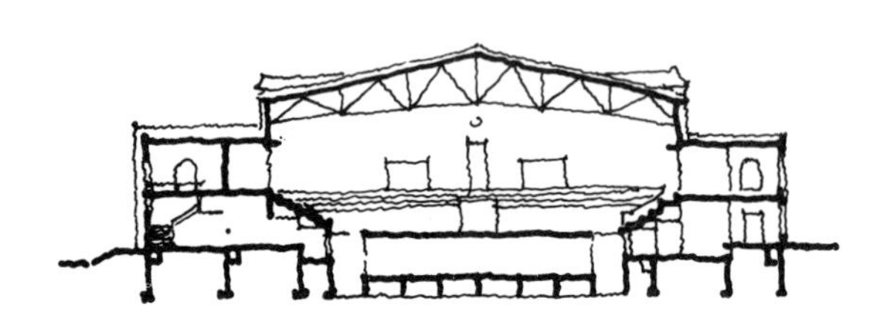

4．北京体育馆游泳馆横剖面，跨度近40米，采用了钢桁架结构，其下弦略向上起拱，能给人以轻巧和安全感。

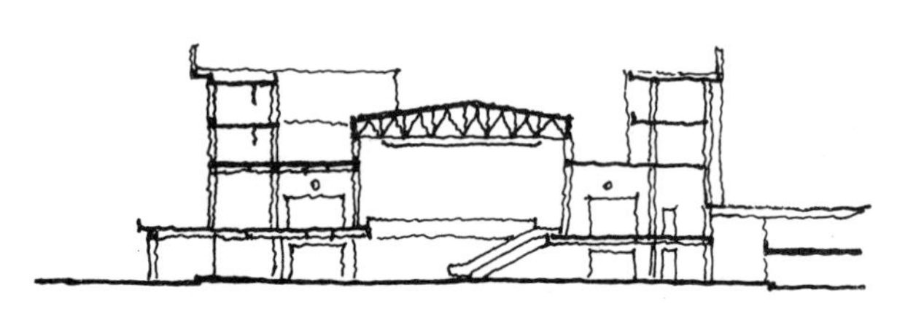

5．广州火车站横剖面。中央大厅为一矩形平面的大空间，跨度约27米，采用钢桁架作为屋顶结构，并沿桁架下弦吊顶。

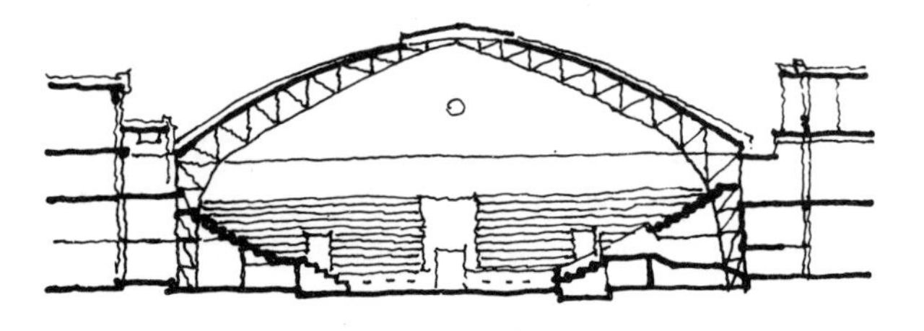

6．北京体育馆比赛厅横剖面。采用了跨度为50多米的三铰拱形钢桁架结构来覆盖其比赛厅巨大的室内空间。

钢筋混凝土刚架与拱形结构［48］

钢筋混凝土刚架和拱也是一种可以跨越较大空间的结构形式，我们知道：钢筋混凝土是一种整体性和刚性极好的结构材料，刚架结构正是利用这一特点把梁与柱当作一个整体来考虑，从而可以使弯矩比较均衡地分布在结构的各个部分以减小跨中弯矩，并加大结构跨度。各种曲线的拱形结构，则是通过拱形曲线的变化以减小、甚至完全消除拱内的弯曲应力，而使拱仅仅承受轴向压力，这样就可以充分发挥材料的强度，而有效地加大结构的跨度。

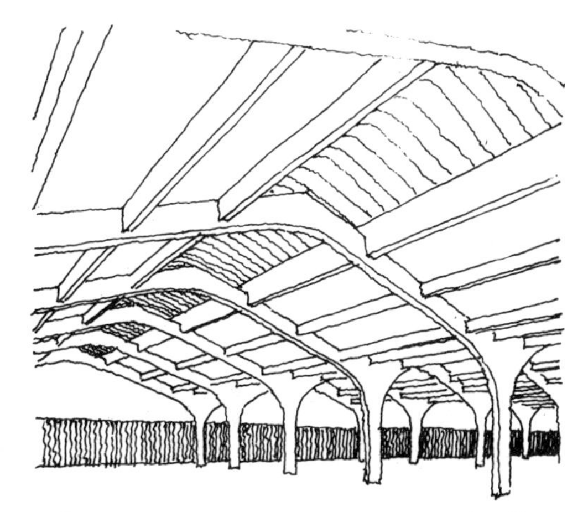

3．这张图是用来表现一个运用钢筋混凝土刚架结构的工业厂房的内景，由于充分地显露了全部结构，从而借结构构件的有规律重复而获得优美的韵律感。

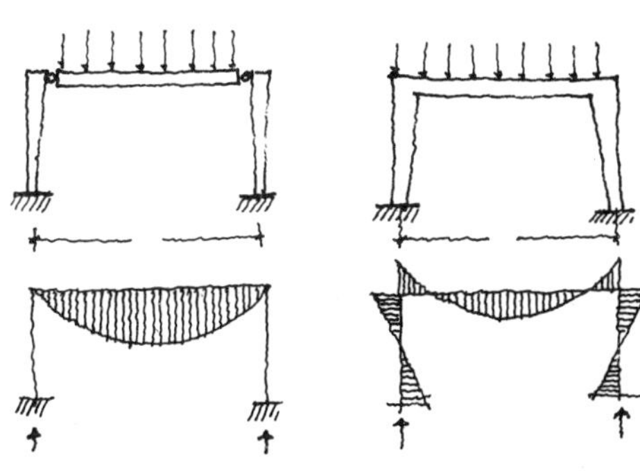

A、简支梁的弯矩分配情况　B、刚架的弯矩分配情况

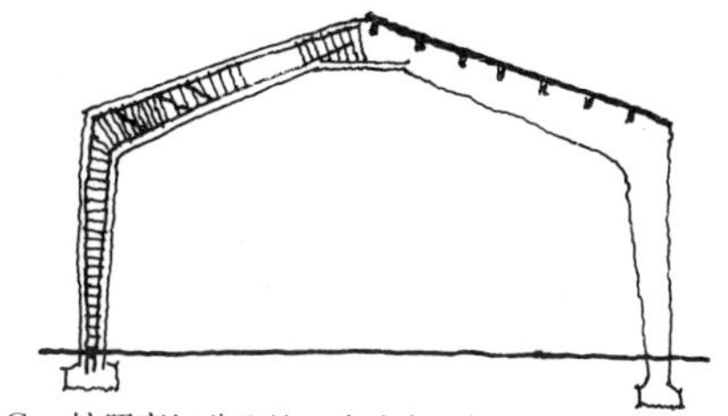

C、按照弯矩分配情况来确定刚架的外形

1．上两图所示为简支梁与刚架结构的比较，前者弯矩分配不均衡、跨中弯矩大；后者弯矩分配较均衡。下图所示为一起拱的刚架结构，大体按照弯矩的分配情况来确定刚架的外部形状和截面尺寸。

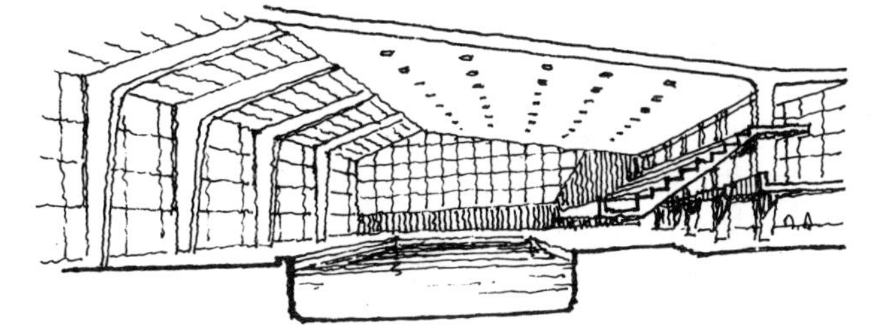

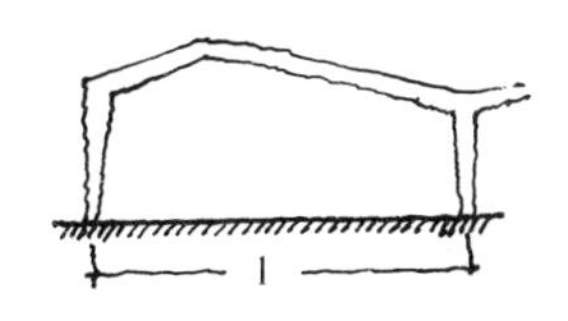

4．杭州黄龙洞游泳馆设计方案，采用不对称的刚架结构，部分吊顶，部分露明，借结构构件作室内装饰，获得了较好的效果。

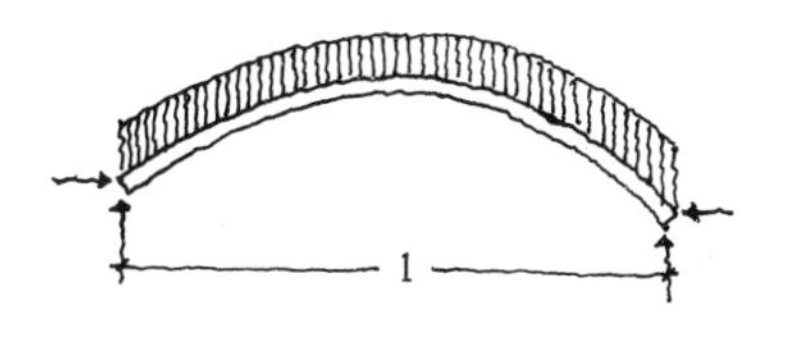

2．如果采用圆弧、抛物线或倒悬链等曲线形状的拱形结构来承受荷重，不仅可以大大降低甚至还可以完全消除拱内的弯曲应力，从而使拱只承受轴向压力，这无疑会充分发挥材料的潜力，并加大结构的跨度。

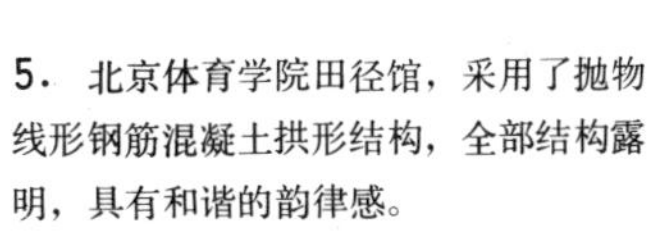

5．北京体育学院田径馆，采用了抛物线形钢筋混凝土拱形结构，全部结构露明，具有和谐的韵律感。

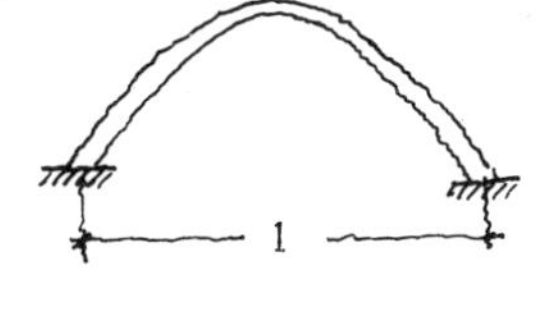

壳体结构的基本概念［49］

壳体结构是一种新型的空间薄壁结构。近代仿生学的发展，启示人们注意到自然界某些动植物由于具有合理的外形，从而可以较薄的外壳而获得很大的强度，这就促使一些工程师努力于寻求合理的结构外形，以充分发挥材料的潜力。在这个目标的指引下，各种形式的壳体结构就应运而生，并在建筑实践中被广泛地应用。

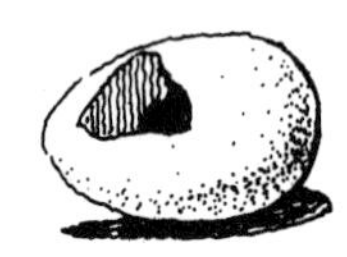

1. 上图示自然界中的核桃、贝壳、鸟类的卵等，由于具有合理的外形，因而可用较薄的外壳而获得较大的强度。

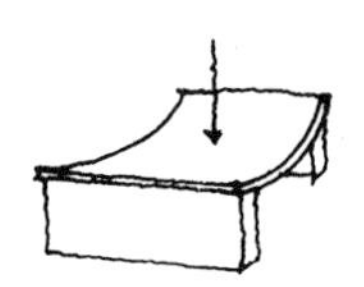

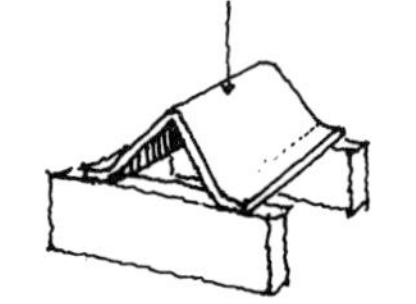

重力P分解为P_1、P_2，分别作用于板后的情况

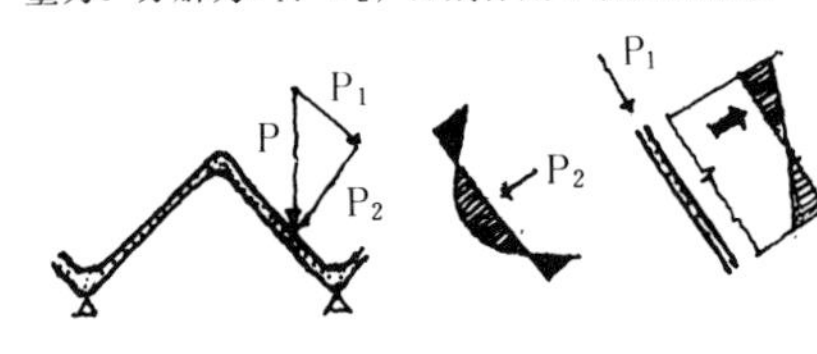

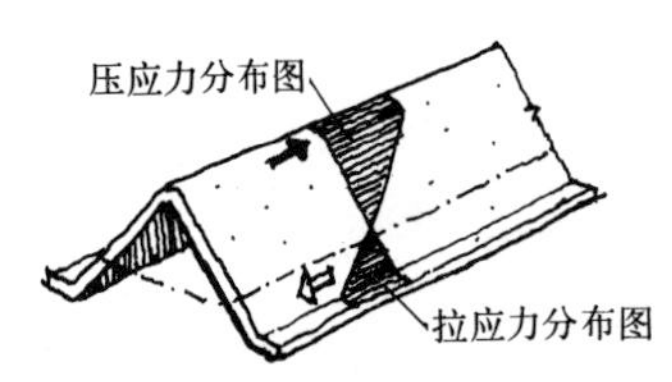

2. 上图示以平板与折板作比较，在相同的条件下折板可以承受较大的重量，下图为对折板所作的力学分析。

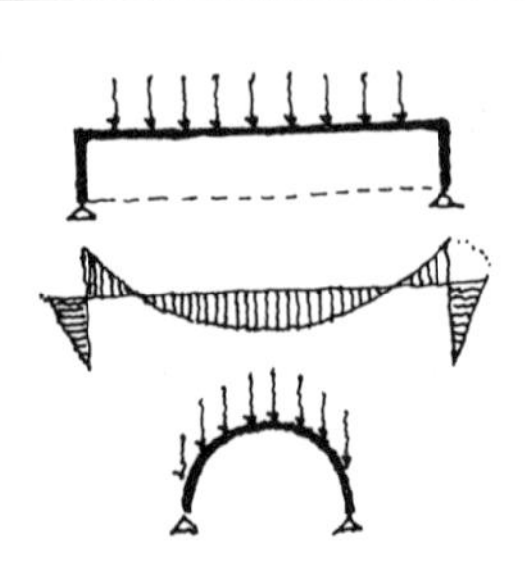

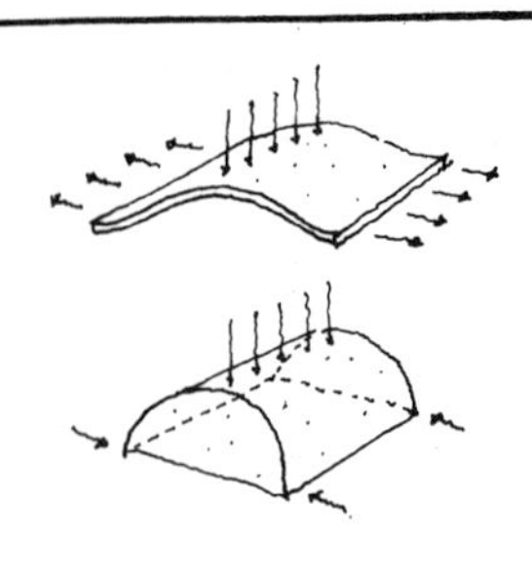

3. 对筒壳所作的力学分析：由于横隔墙与筒形拱面连接成为一个整体，并形成空间壳体结构，从而可承受较大的荷重（壳的纵剖面受力后相当于刚架，横剖面相当于拱）。

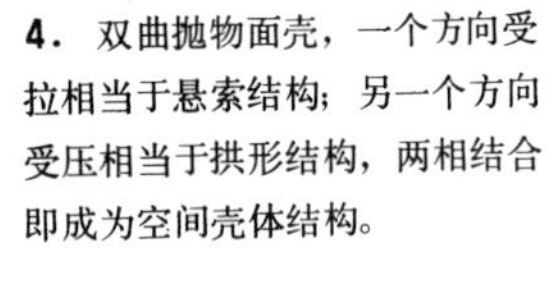

4. 双曲抛物面壳，一个方向受拉相当于悬索结构；另一个方向受压相当于拱形结构，两相结合即成为空间壳体结构。

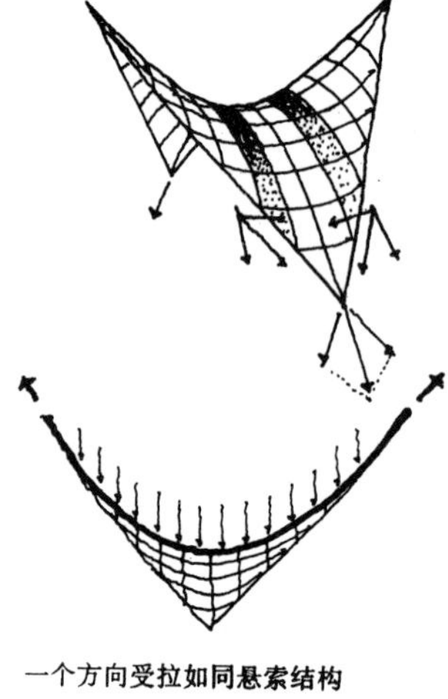

一个方向受拉如同悬索结构

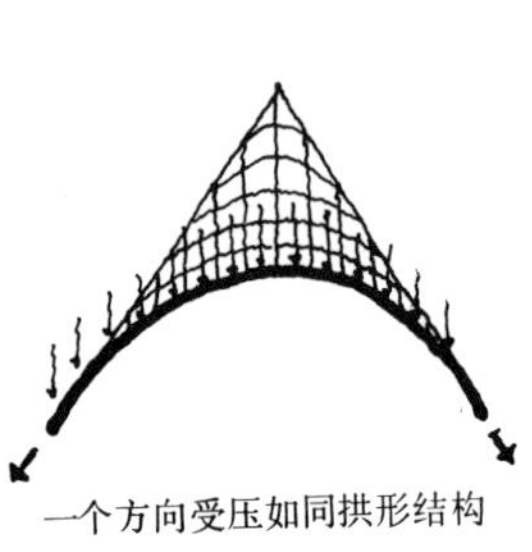

一个方向受压如同拱形结构

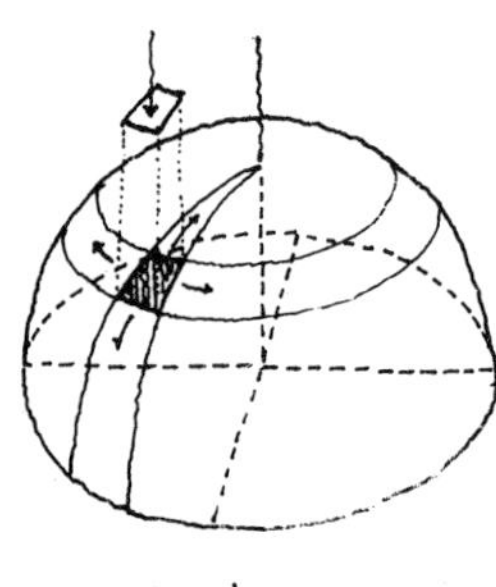

5. 球面壳，受均布荷载后壳体变形——上部被压缩、下部被拉伸，压缩的部分将会产生压应力；拉伸的部分将会产生拉应力。

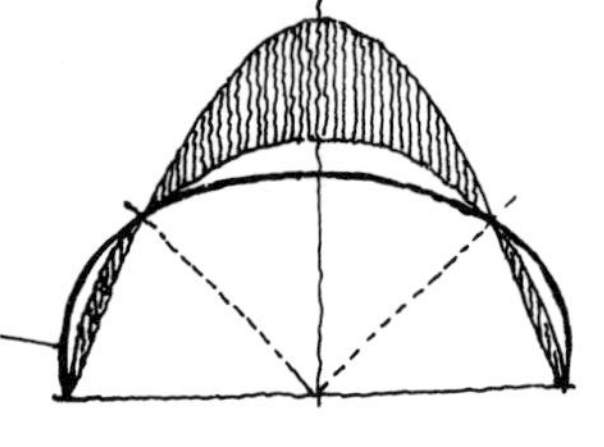

折壳在建筑中的应用［50］

折壳亦称折板，是由许多个窄而长的薄板以一定的角度互相连接成为一个整体的空间结构体系。其形式可以分为三角形剖面或梯形剖面、单式或复式、单波或多波、单跨或多跨等以分别适应不同平面的要求，材料主要是钢筋混凝土。下面分别通过一些实例来说明折壳在建筑中的应用。

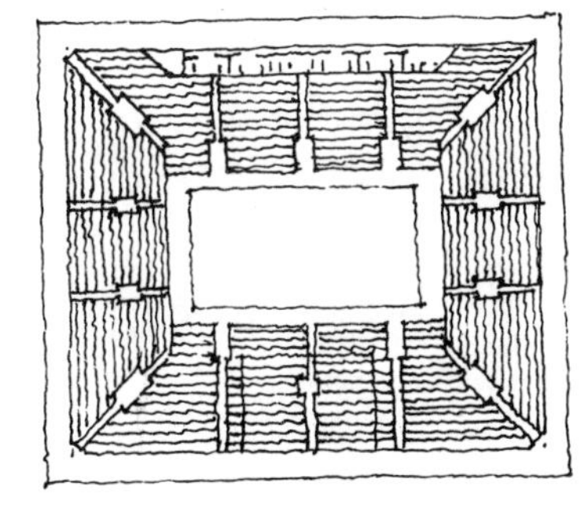

1．印度尼西亚朋加诺体育场体育馆。矩形平面，屋顶结构为一三角形剖面的多波钢筋混凝土折板结构。

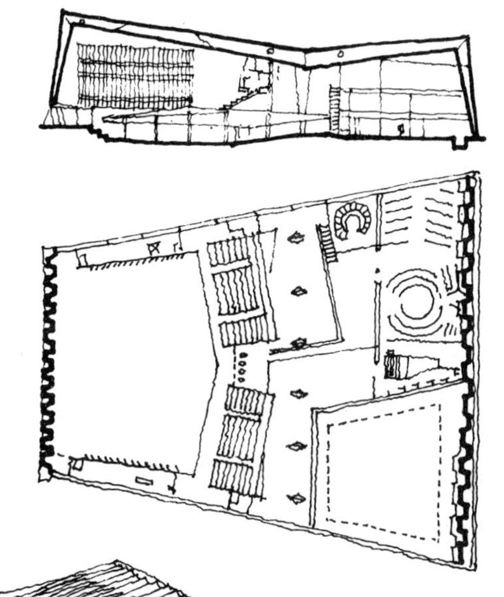

3．联合国科学教育文化组织总部会议厅。其屋顶结构为一双跨多波复式的钢筋混凝土折壳，室内空间具有强烈的韵律感。

4．广西某工厂住宅区内菜市场，四面透空的长方形平面，屋顶系采用三角形的折板结构，外观轻巧。

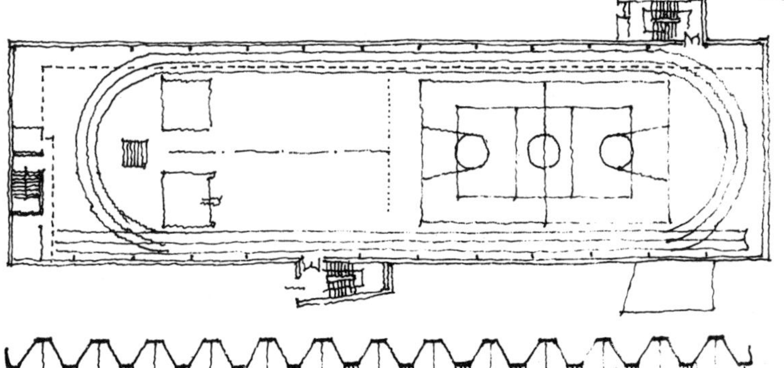

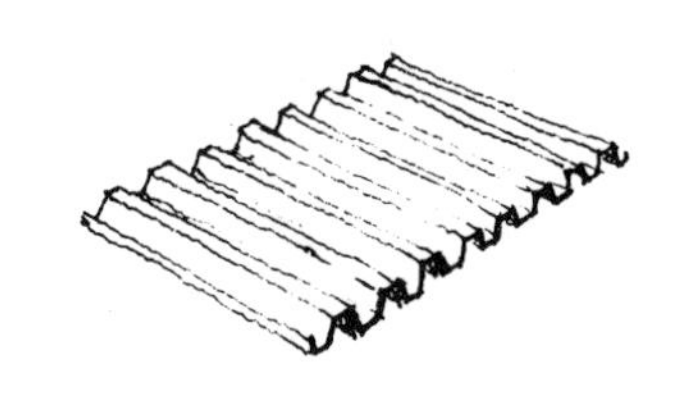

2．苏联列宁格勒儿童体育学校，顶层为室内体育场（21m×75m），其屋顶结构为梯形剖面的多波的钢筋混凝土折板结构。

筒壳在建筑中的应用［51］

筒壳又称单曲面壳，一般为圆弧形，也可采用抛物线形。和折壳相似可以有单波或多波、单跨和多跨等多种形式的组合，以分别适应不同形式建筑平面的要求。但由于单跨多波的组合形式一般适合于较大跨度的矩形平面，因而在实践中应用得最普遍。

3. 清华大学教工食堂。采用多波钢筋混凝土筒壳作为屋顶结构，既实用又经济。

1. 国外某小学校建筑。采用两波钢筋混凝土长筒壳作为屋顶结构，使建筑物的外观具有轻巧活泼的感觉。

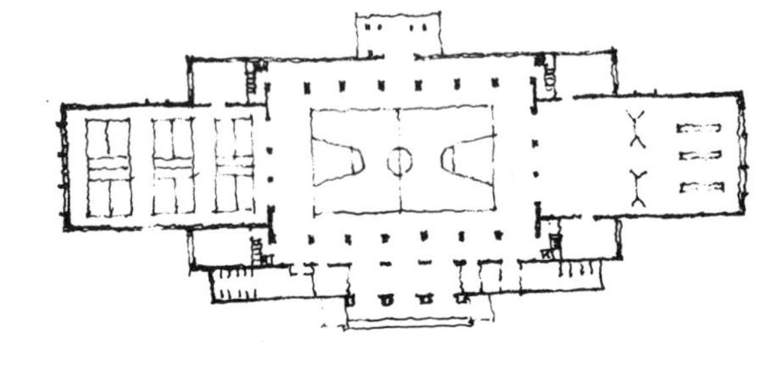

4. 福州火车站。中央候车大厅的屋盖由五波20米跨度的钢筋混凝土长筒壳所组成，建筑物的外观处理得较轻巧且有韵律感。

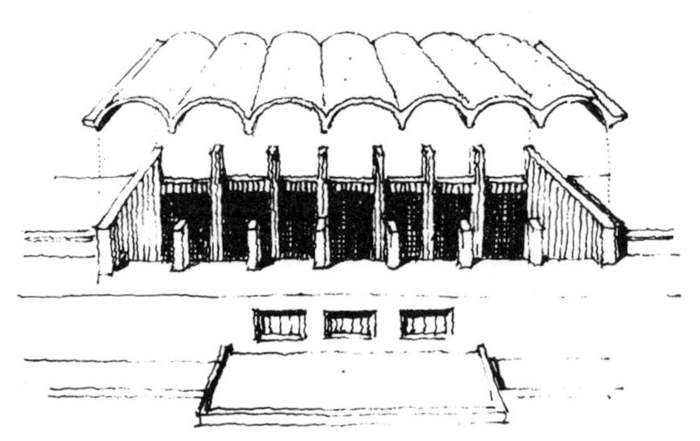

2. 北京某高等院校体育练习馆，中央部分为一篮球场，室内空间比较大，平面呈矩形（跨度约为20米），屋顶采用了多波钢筋混凝土长筒壳结构。

5. 巴格达大学会堂。梯形平面，顶部系由9个锥形的筒壳所组成，外观处理既活泼又轻巧。

双曲面壳体结构的应用［52］

沿着两个方向都有弯曲变化的壳，称之为双曲面壳，扁壳、扭壳、抛物面壳、球面壳等均属双曲面壳。这些壳既可单独使用，又可组合在一起使用，形式变化极其丰富多样，无论对建筑物的内部空间或外部体形处理都有很大的影响。

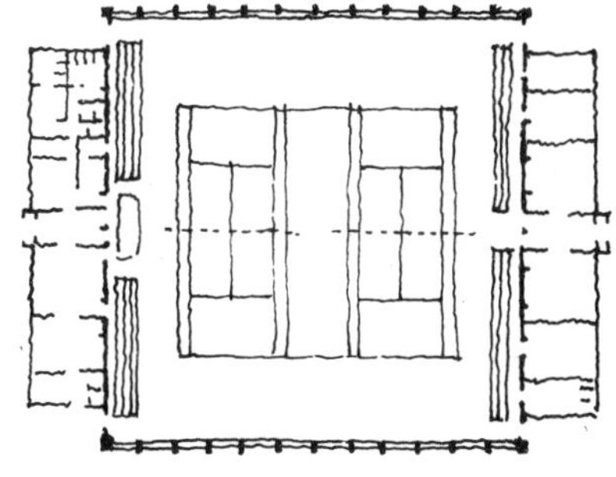

1. 北京网球馆。练习厅平面为 40m×40m 的正方形，屋顶结构采用 40 米见方的钢筋混凝土扁壳，既符合于功能要求，又具有轻巧活泼的外观。

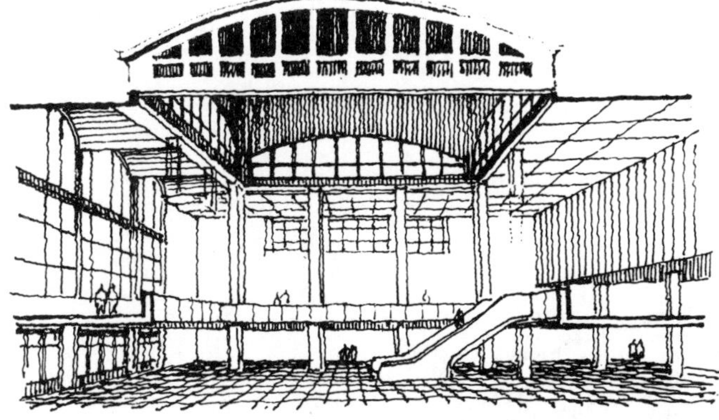

2. 北京火车站。中央广厅上部采用了 34m 见方的扁壳作为屋顶结构，并沿壳的四侧各开一个“弓”形的侧窗供室内采光。内部空间豁亮、宏大、外观处理力图使之与传统的建筑风格相谐调。

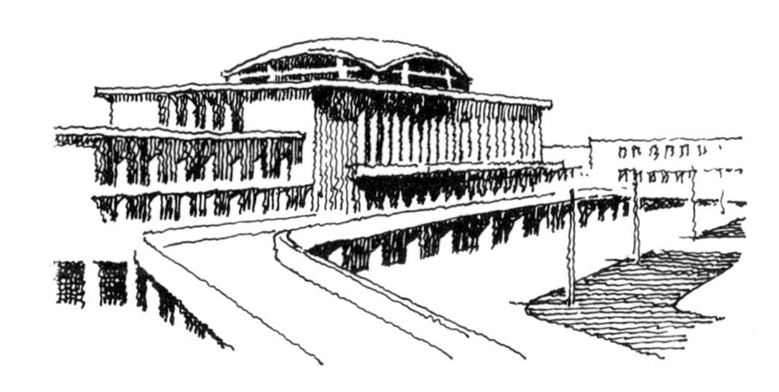

3. 我国援外某火车站建筑。中央候车大厅采用正方形平面的钢筋混凝土扁壳作为屋顶结构。

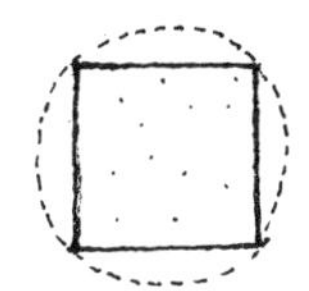

4. 美国麻省理工学院演讲厅。三角形平面，采用双曲面扁壳结构。

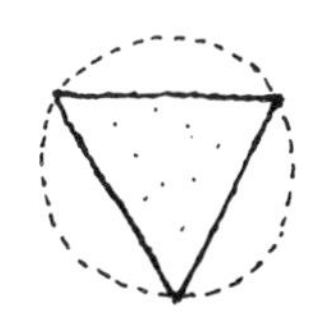

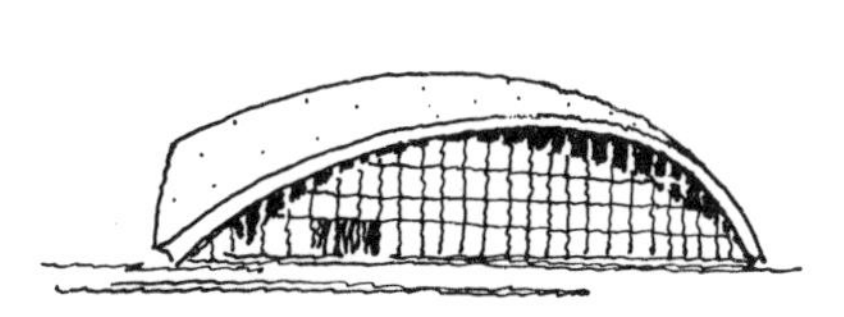

5. 由坎代拉设计的墨西哥某餐厅建筑，由于采用了双曲面壳体结构，外形极富运动感。

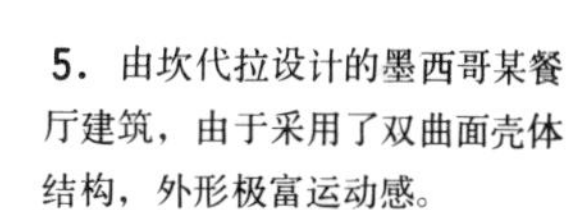

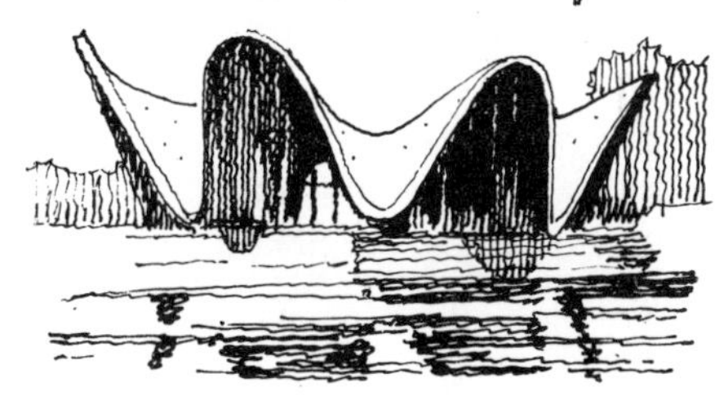

6. 采用双曲面壳的联合国科学教育文化总部办公楼门廊，以其独特的形式，有力地突出了入口。

重复组合的双曲面壳的应用［53］

如前所述，双曲面壳既可单独使用又可组合在一起使用。例如对于某些类型的建筑——单层工业厂房或商场来讲，由于功能的特点往往都适合于采用多跨连续排列在一起的双曲面壳作为屋顶结构。它不仅可以扩大柱网的间距以利于功能要求，同时还可以利用壳体形状的变化来开天窗，以满足通风、采光要求。

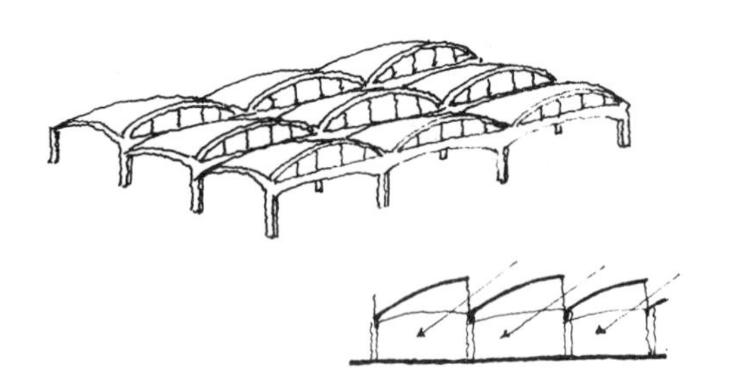

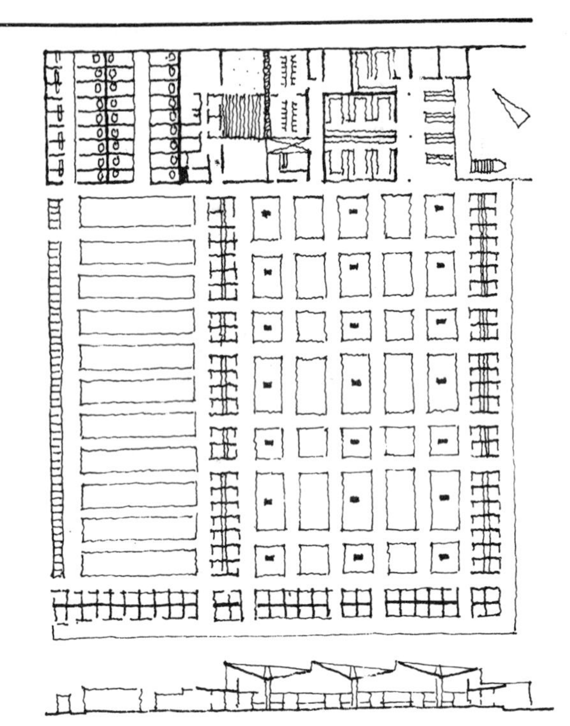

1．上图所示为用劈锥壳组合而成的屋顶结构，宜用于单层工业厂房。可不另设天窗，利用壳体本身的拱度即可获得足够的采光面积。

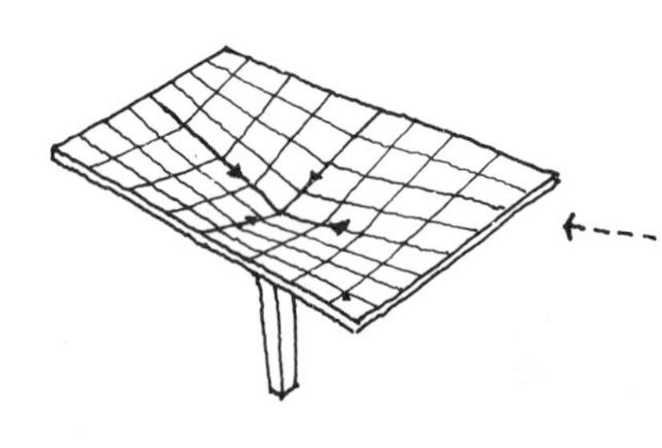

2．右图所示为墨西哥某市场建筑，以21个（三排，每排七个）倒伞形双曲抛物面扭壳所组成的结构体系，既可获得必要的采光，又富有韵律感。

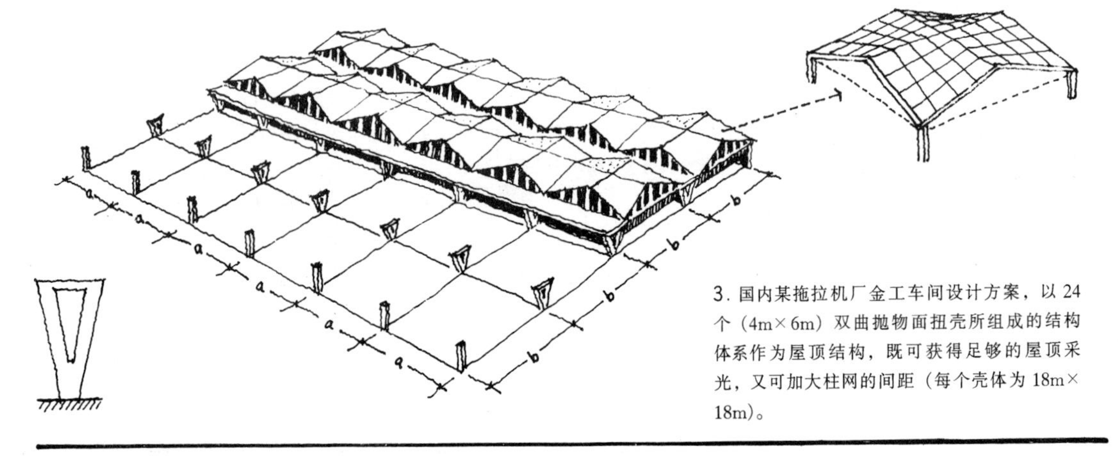

3．国内某拖拉机厂金工车间设计方案，以24个（4m×6m）双曲抛物面扭壳所组成的结构体系作为屋顶结构，既可获得足够的屋顶采光，又可加大柱网的间距（每个壳体为18m×18m）。

悬索结构的原理及分类［54］

悬索结构是一种新型的大跨度结构。我们知道：钢作为一种结构材料，在受轴向压力的情况下，先于破损之前就会变弯，远远发挥不了材料的力学性能，但如果用它来受拉则可以承受极大的张力。悬索结构正是利用这一特点充分发挥钢的极高的抗拉能力，因而可以较大幅度地节省材料、减轻结构自重，并加大结构的跨度。

受压后易于弯曲，但受拉时却可以承受极大的张力。

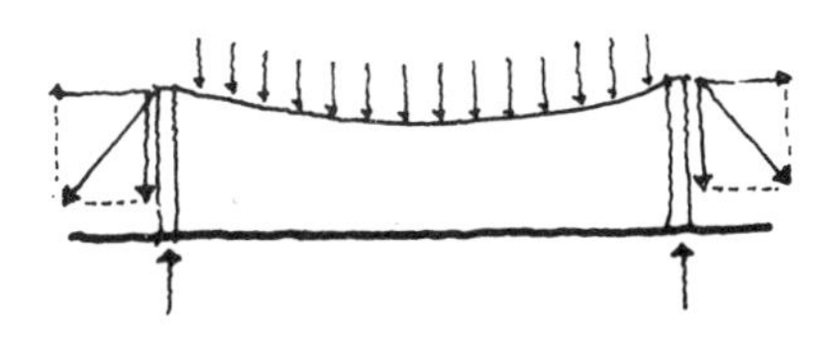

1. 单向悬索结构的受力分析：悬索在受均布荷重后所产生的张力传递给立柱，这种张力需有两个方向的力与之平衡，其一是水平拉力；一是垂直的压力。单向悬索结构的稳定性差，在风力的影响下，难于保持稳定。

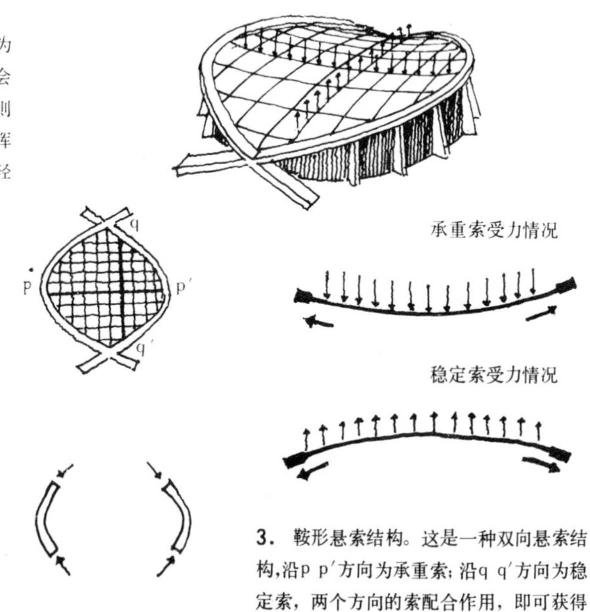

3. 鞍形悬索结构。这是一种双向悬索结构，沿p p′方向为承重索；沿q q′方向为稳定索，两个方向的索配合作用，即可获得很好的稳定性。

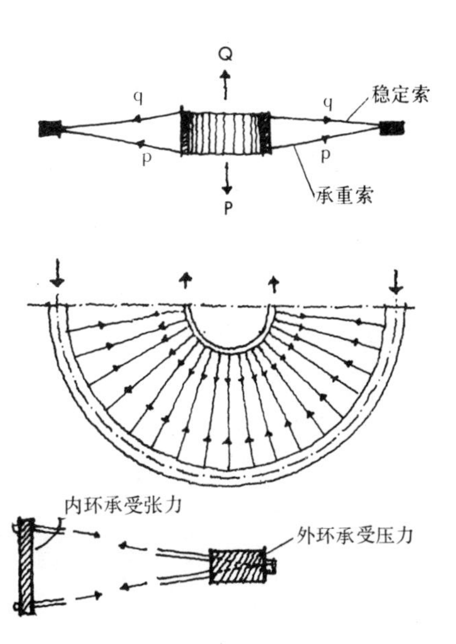

2. 轮辐式双层悬索结构，圆形平面，索分上下两层，下层索承受屋顶的全部荷重，故称承重索；上层索起稳定作用，故称稳定索，均固定于内外环上，比单向索稳定性强。

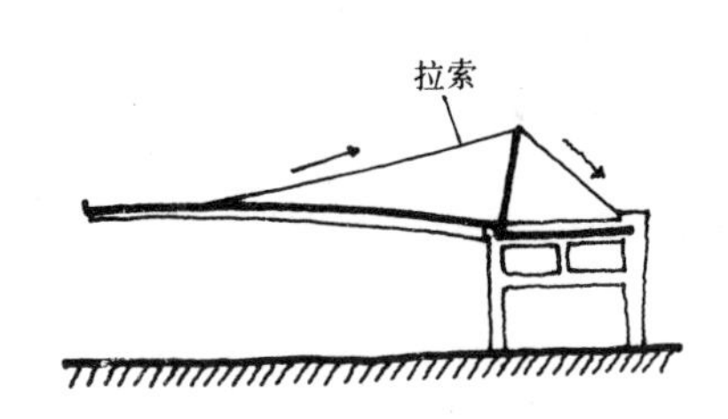

4. 混合式的悬挂结构，可以充分发挥不同材料的力学性能，以达到经济有效的目的。

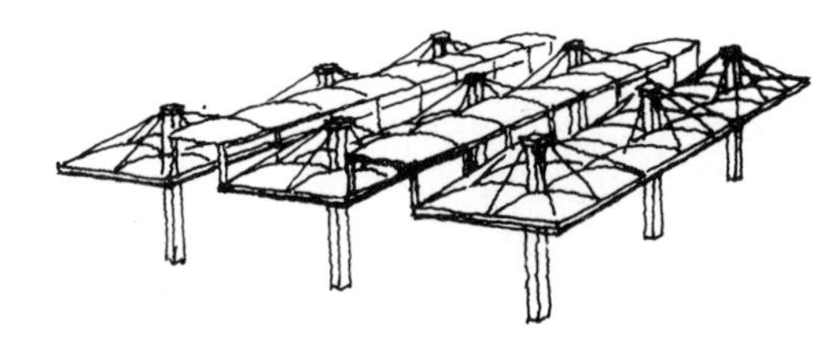

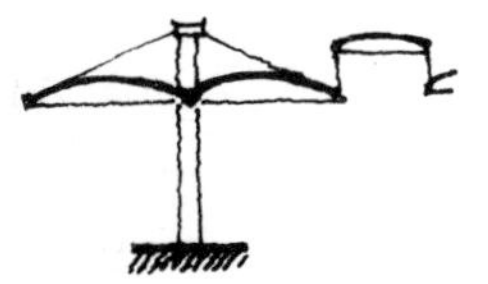

5. 用若干个伞状的混合式悬挂结构所组成的建筑空间，并利用其组合的灵活性开天窗，以满足采光要求。

悬索结构的应用［55］

悬索结构不仅具有跨度大经济效果好等优点，而且形式多种多样，可分别适合于方、长方、圆、椭圆等不同形状的平面形式，因而在建筑实践中被广泛应用，它适用于大跨度公共建筑——大型体育馆——的屋顶结构，见下例。

1. 华盛顿杜勒斯国际航空站。候机大厅为长方形平面，屋顶采用单向悬索结构，每 3m 有一对 φ2.5cm 的钢索固定在前后两排柱顶上。

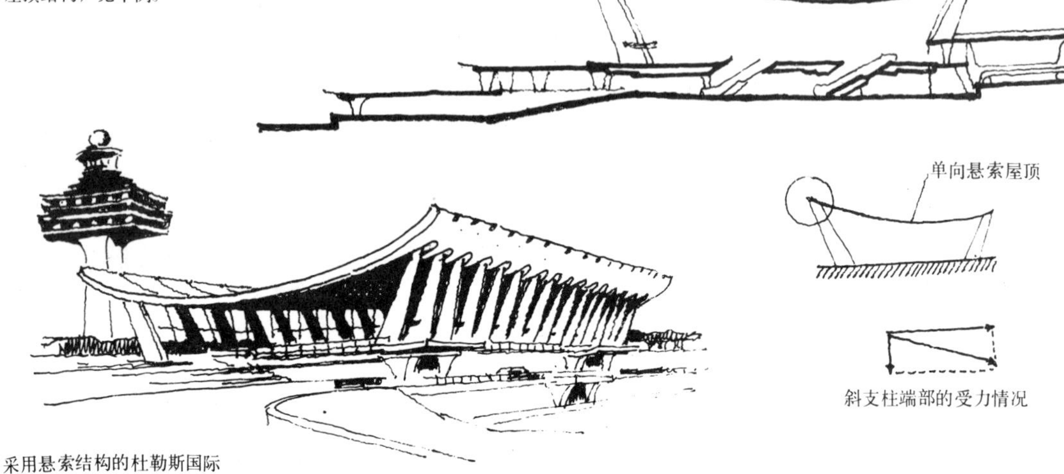

采用悬索结构的杜勒斯国际航空站所具有的独特的外观

2. 北京工人体育馆。圆形平面，直径为 94m，屋顶采用轮辐式双层悬索结构，上覆以铝板作屋面层。该体育馆可容纳观众 1500 人，是国内大型体育馆之一。

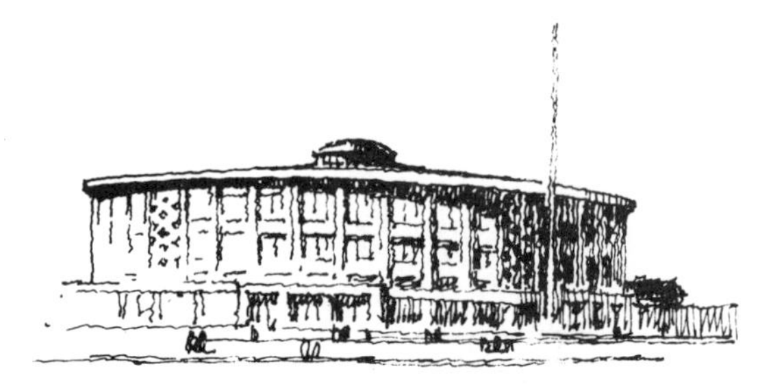

A、北京工人体育馆外观

轮辐式双层悬索结构示意图，下图为透视，上图为剖面

B、北京工人体育馆室内效果

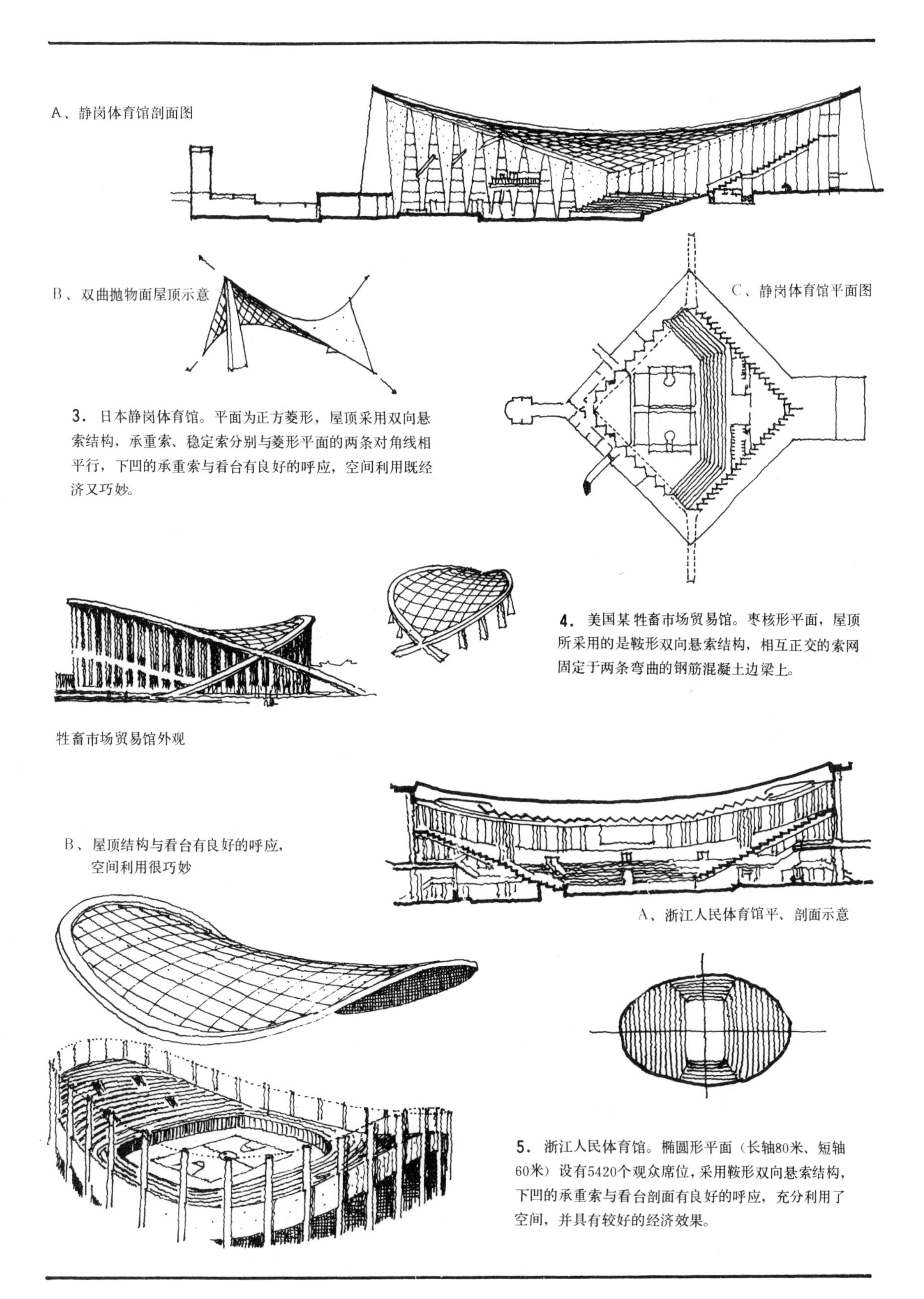

3. 日本静岗体育馆。平面为正方菱形，屋顶采用双向悬索结构，承重索、稳定索分别与菱形平面的两条对角线相平行，下凹的承重索与看台有良好的呼应，空间利用既经济又巧妙。

4. 美国某牲畜市场贸易馆。枣核形平面，屋顶所采用的是鞍形双向悬索结构，相互正交的索网固定于两条弯曲的钢筋混凝土边梁上。

5. 浙江人民体育馆。椭圆形平面（长轴80米、短轴60米）设有5420个观众席位，采用鞍形双向悬索结构，下凹的承重索与看台剖面有良好的呼应，充分利用了空间，并具有较好的经济效果。

6. 东京日本国家体育馆主馆（游泳馆）。设有竞赛池和跳水池，可容15000观众，并可提供滑冰场地。屋顶采用悬索结构，用钢索固定在两根钢筋混凝土柱上，上覆以金属板材屋面。

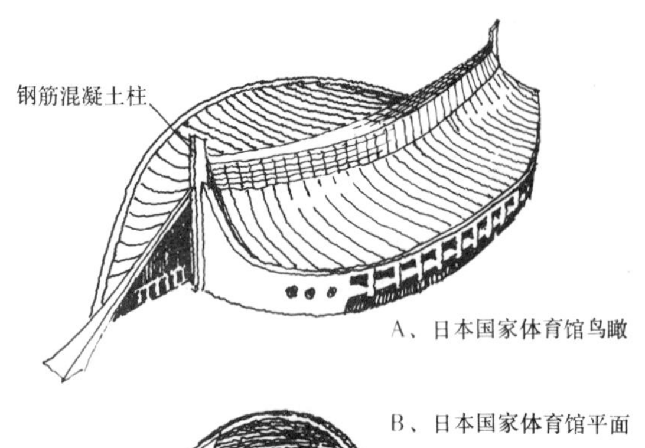

A、日本国家体育馆鸟瞰

C、日本国家体育馆内景

B、日本国家体育馆平面

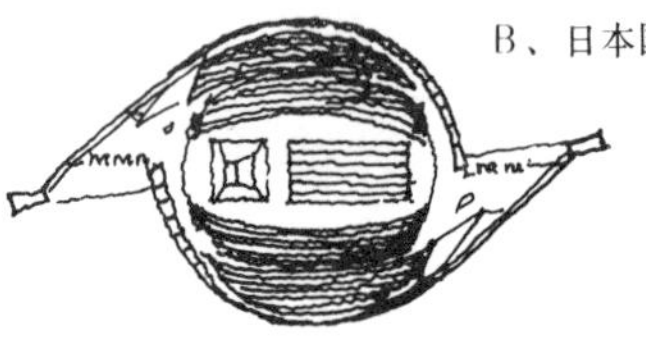

8. 勒·柯布西耶为苏联苏维埃宫所作的设计方案，以一个巨大的钢筋混凝土抛物线拱来悬吊屋顶结构。

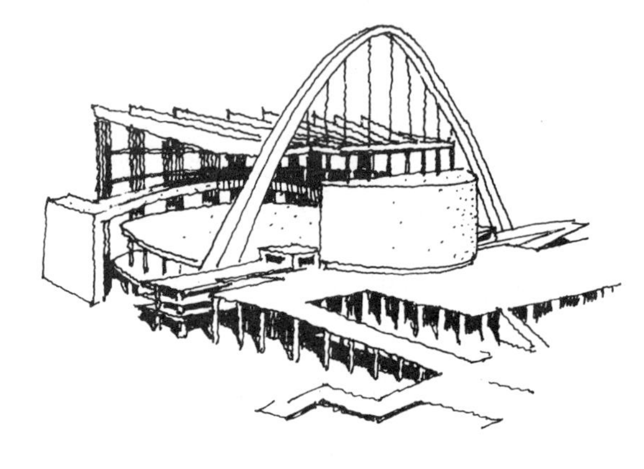

A、游泳馆外观

B、游泳馆平面

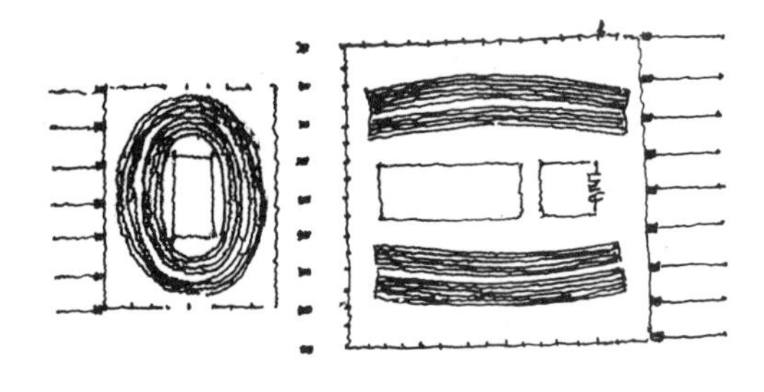

7. 墨西哥国际奥林匹克运动会体育馆，屋顶采用双向悬索结构。为平衡承重索的拉力，支承屋顶的柱子分别用斜向钢索锚固于地面。

9. 美国斯克山谷世界滑冰比赛场，采用混合式悬挂结构，用高强度钢索吊起的十六根金属空心梁，一端固定在钢筋混凝土支座上，另一端悬臂达69.8米，两根相对的悬臂梁覆盖了跨度为91.4米的空间。这座比赛场可容观众8000人。

网架结构的特点及类型［56］

网架结构具有刚性大、变形小、能较大地减轻结构自重、节省材料等特点。网架结构可以用钢、木和钢筋混凝土来做，具有多种多样的形式，使用较灵活，便于建筑处理。近年来国外有许多大跨度公共建筑，均采用这种新型的大跨度空间结构来覆盖巨大的室内空间。

① 单向承重结构受重力P后，把重力分别传递给结构的两个端部，反力为P/2。

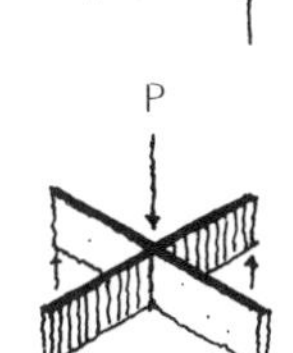

② 双向承重结构受重力P后，把重力分别传递给结构的四个端部，反力为P/4。

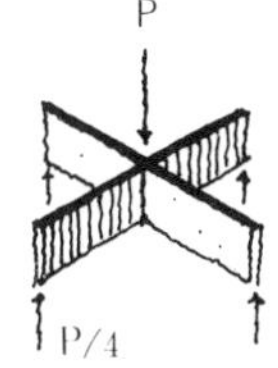

③ 井字形网架受重力P后，把重力分别传递给结构的八个端部，反力为P/8 。

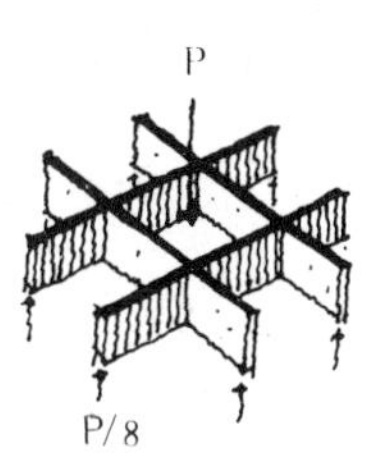

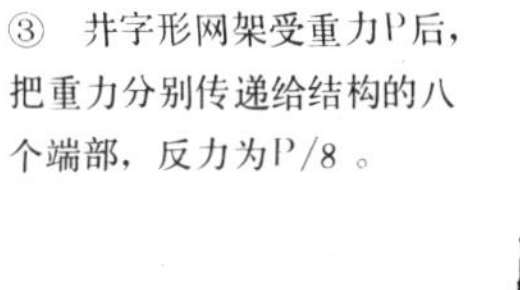

④ 单向结构受力后易于扭曲，在未达到破损前即开始变形，不能发挥材料的力学性能。

1. 单向结构、双向结构、网架结构受重力P后，重力的传递情况。

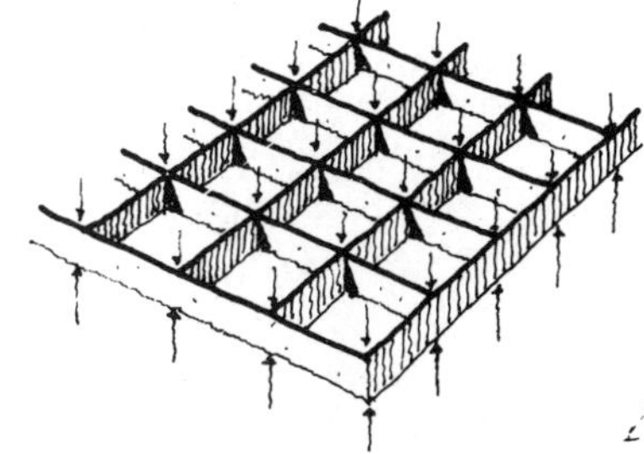

2. 双向网架结构受力后，力的分布相对地讲比较均匀，每一个构件所受的弯曲力不致过分集中。

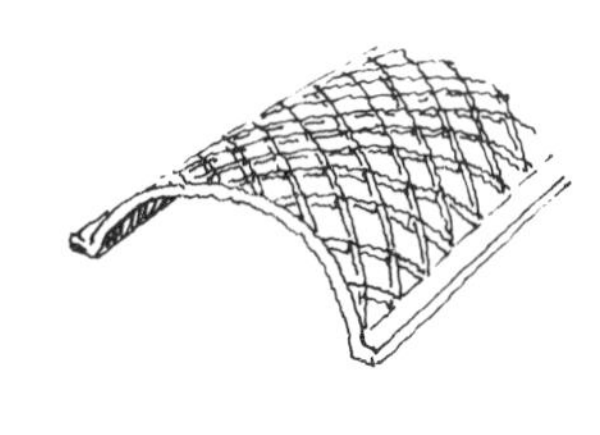

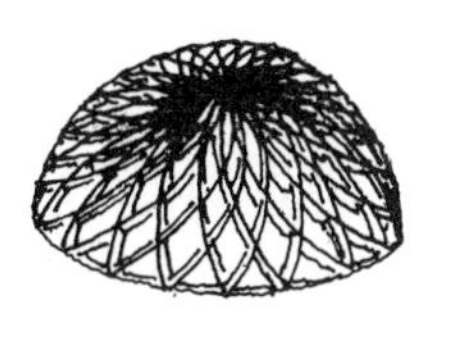

3. 把平面网架改变为曲面——拱、穹窿或其它形状的曲面结构，将提高结构的刚性，减小构件所承受的弯曲力，从而加大结构的跨度。

4. 近年来流行的平板空间网架结构，一般由钢管所组成，具有刚性大、自重轻、用料省、适应性强等优点，但内力分析较复杂，不易讲清楚，下面只能作粗略地介绍：

① 组成结构最基本的单位均为四角锥或三角锥，这种锥体是由若干钢管所组成；

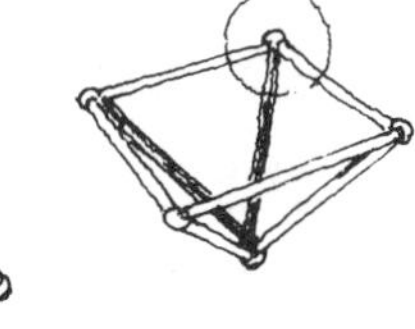

② 为便于理解，我们姑且把这种锥体看成是实心的刚体；

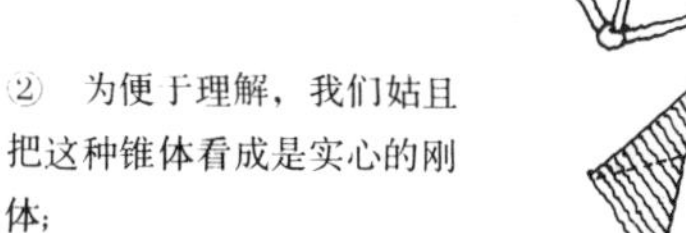

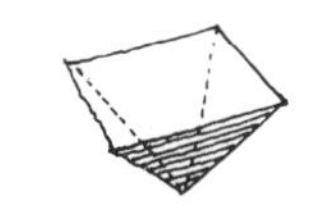

③ 把四角锥排列在一起，并用斜向正交的网格把锥顶连接在一起；

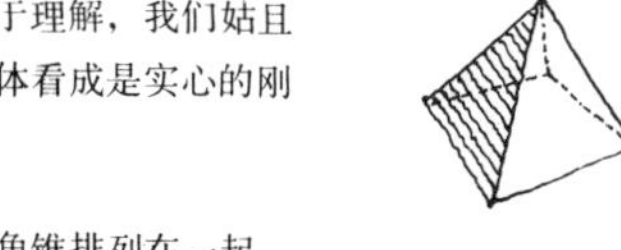

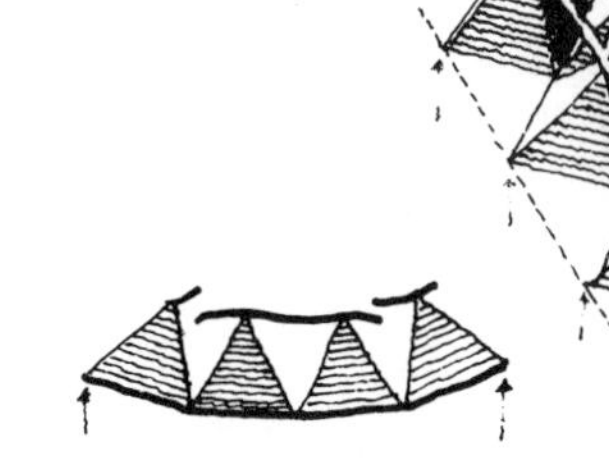

④ 由上图可以看出：受弯时上层网格（即上弦杆）受压力；

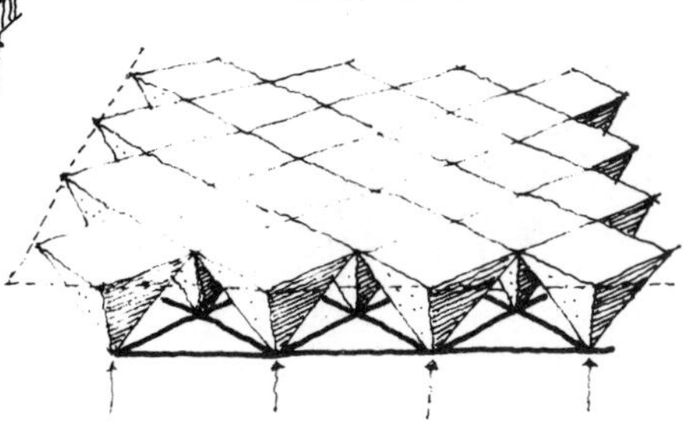

⑤ 把前述的情况倒转过来，即把四角锥的顶端朝下，那么受弯时下层网格（即下弦杆）则受拉。

平、曲面网架、空间网架的应用［57］

平面网架可分两向受力和三向受力两种，两向受力的网架适合于正方形平面，三向受力的网架适合于正三角形或正六角形平面。曲面网架最常见的有拱面网架和穹窿网架两种，前者适合于矩形平面，后者适合于圆形或正多边形平面。网架通常用木材或钢筋混凝土做成，木材防火性能较差，因而最常见的还是钢筋混凝土网架，为施工方便一般均采用预制后再行装配的施工方法。

1．西德某多功能大厦——可用于手球、赛车、击拳或演出，正方形平面，屋顶采用平面双向钢筋混凝土网架结构，两个方向的肋分别与正方形平面的两条对角线相平行。

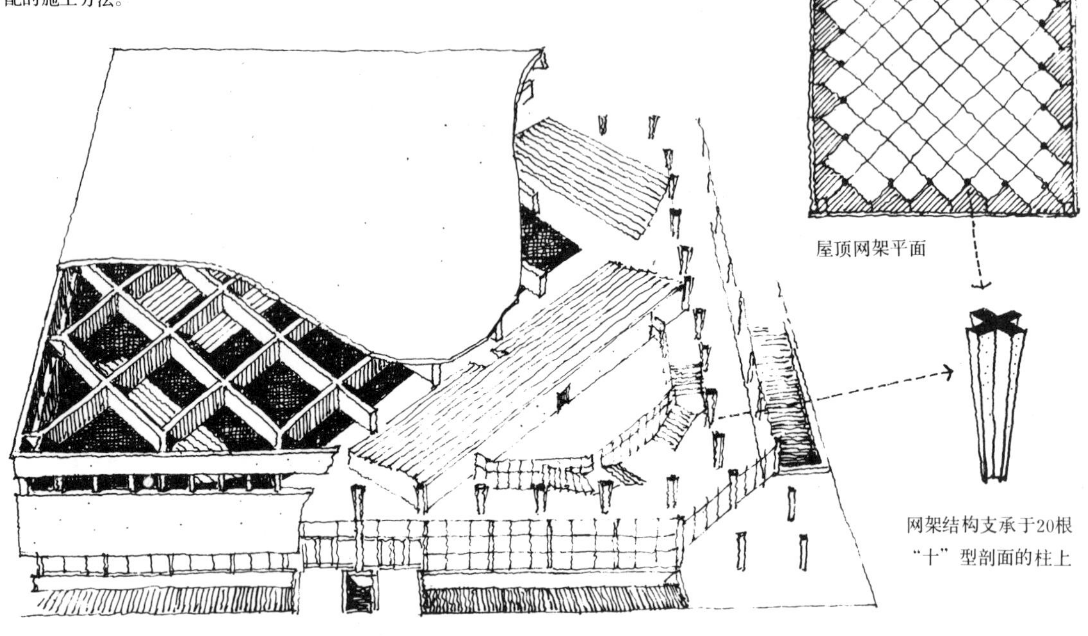

屋顶网架平面

网架结构支承于20根“十”型剖面的柱上

平面网架

2．罗马小体育馆。可容5000名观众，圆形平面，内径29.5m，采用穹窿面预制钢筋混凝土网架结构，由肋组成的菱形网格图案极富韵律感。

穹窿面网架

罗马小体育馆外观

3．同济大学食堂（兼会堂）。长方形平面，跨度为54米，屋顶采用拱面预制钢筋混凝土网架结构，室内天花富有韵律感。

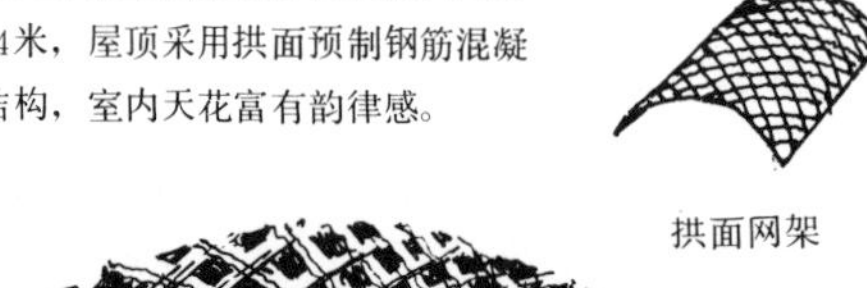

拱面网架

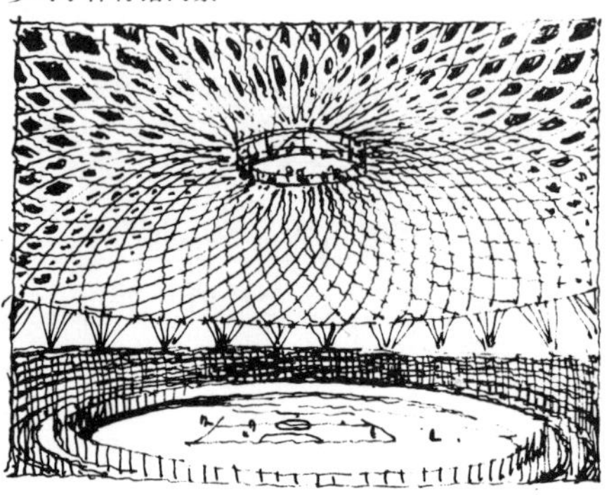

罗马小体育馆内景

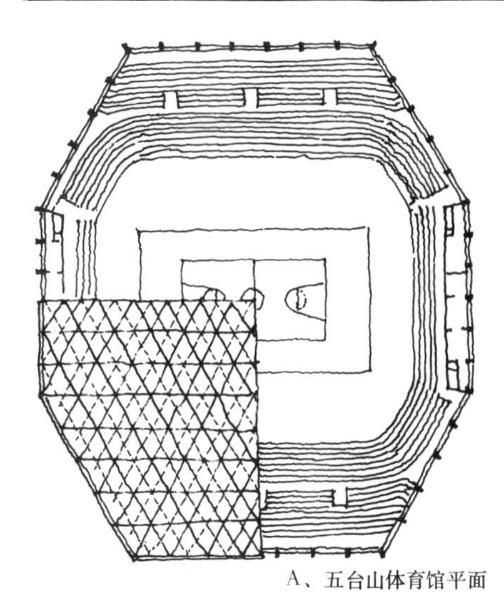

A、五台山体育馆平面

B、五台山体育馆剖面

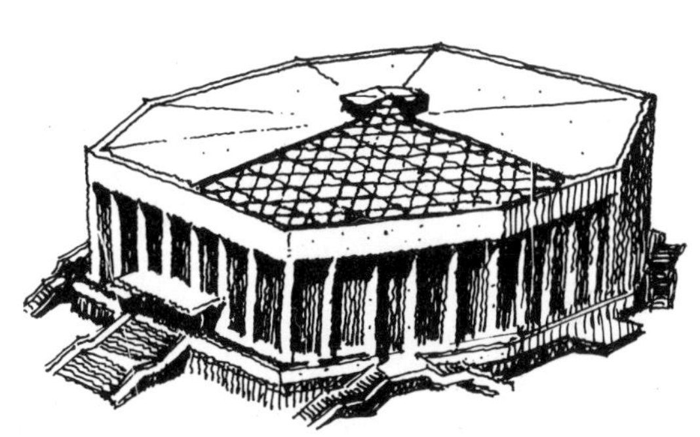

C、五台山体育馆鸟瞰

4. 南京五台山体育馆。可容10000名观众，八角形平面，屋顶结构采用平板型双层三向空间网架，长88.68m，宽76.8m，高5m。用空心钢球与钢管焊接，就地拼装整体起吊，支承在46根外柱上。

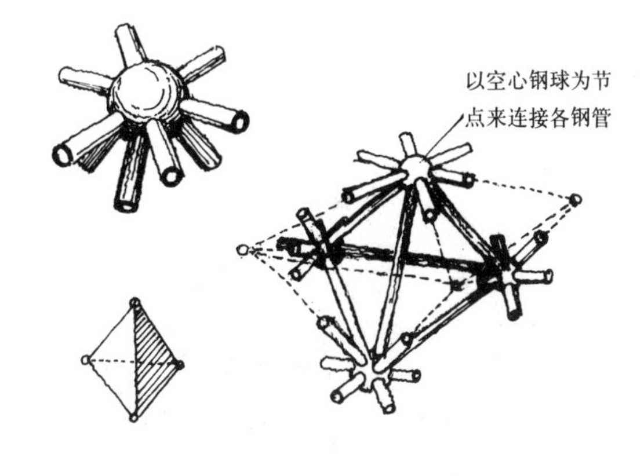

5. 上海市体育馆。可容18000名观众，圆形平面直径为114m，屋顶结构采用平板型双层三向网架结构，用空心钢球与钢管焊接，整个网架由9000多根钢管和938个钢球组成，在现场拼装焊接，采用整体提升，并在空中旋转移位的吊装方法进行施工。

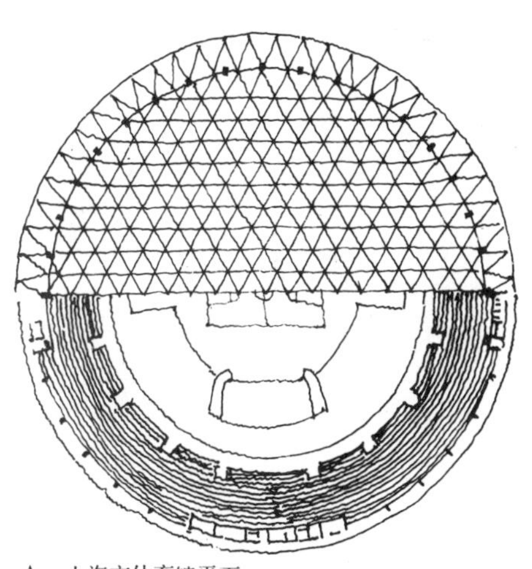

A、上海市体育馆平面

B、上海市体育馆剖面

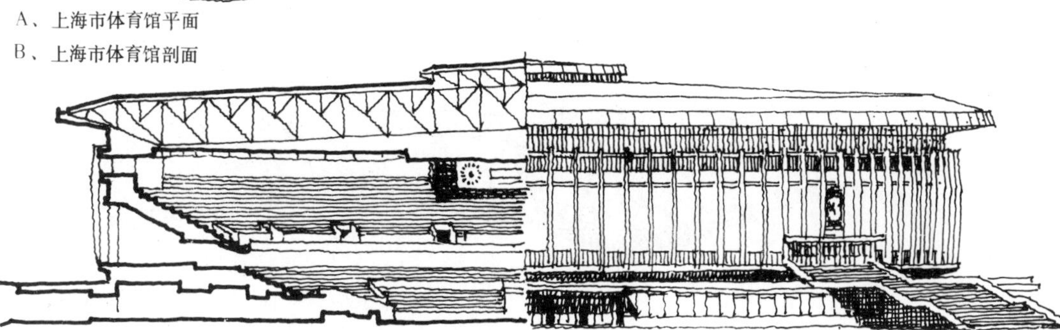

双层钢网架透视图

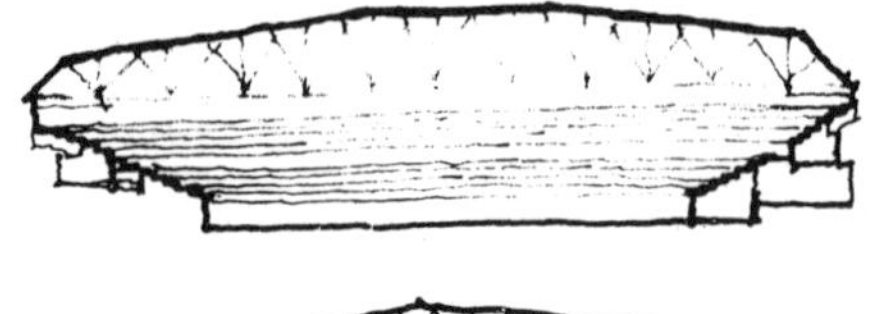

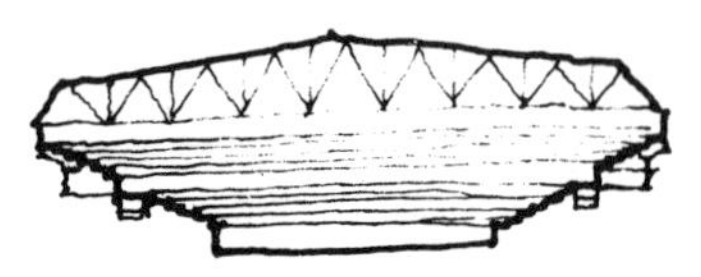

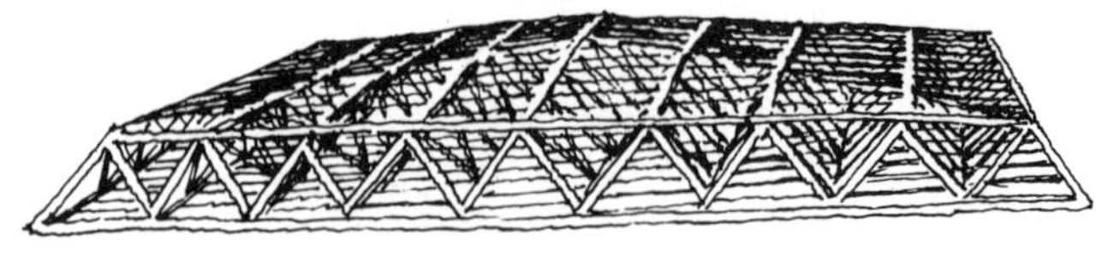

6. 美国洛杉矶加里福尼亚大学建造的有 13500 座位的大会堂——体育馆。采用 91m×120m 的双层空间钢网架作为屋顶结构，由工字形钢杆互相交织成为 108 个相互联系的方尖锥所组成。为考虑到屋面排水，上层网架中央高四周低，呈四坡落水的屋顶形状。

上两图分别示建筑物的纵横剖面，长边11个网格，短边 9 个网格。

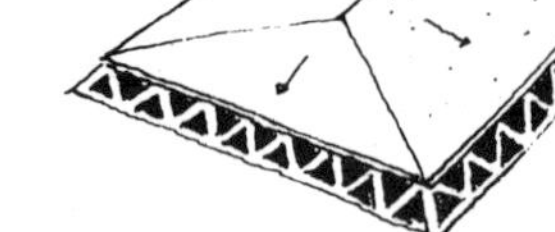

四坡屋顶示意图

7. 墨西哥体育宫建筑。屋顶采用穹窿形金属空间网架结构，纵横各 11 个网格，每格为 12m×12m，屋顶荷重传递给倾斜的"Y"形钢筋混凝土支柱。由铜皮做成的屋面起伏转折，在阳光照射下金光闪烁，给建筑物增添了丰富的色彩。该体育宫为 1968 年奥林匹克运动会而建造，屋顶直径 124m，高 39m。

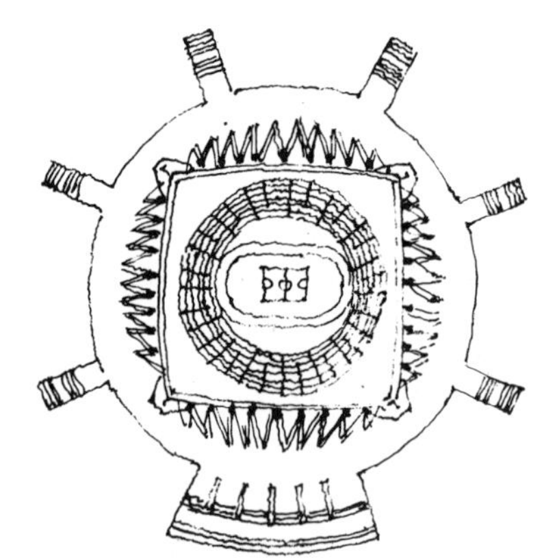

体育宫平面示意

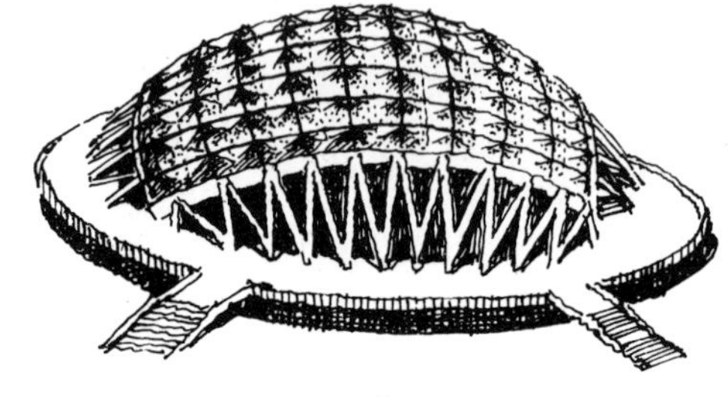

体育宫外观——整个屋顶结构建造在一个支在1400个桩的平台上

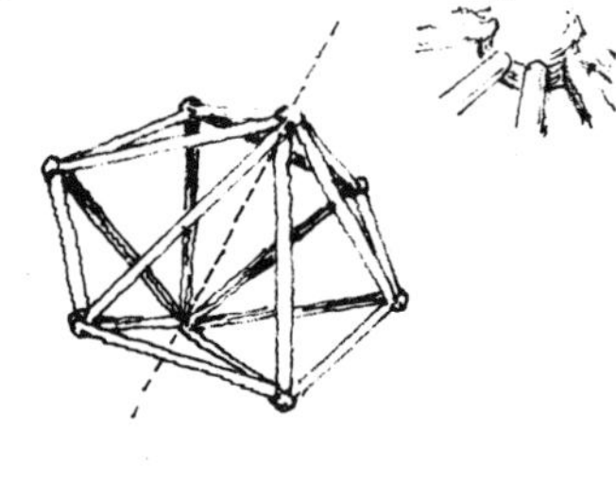

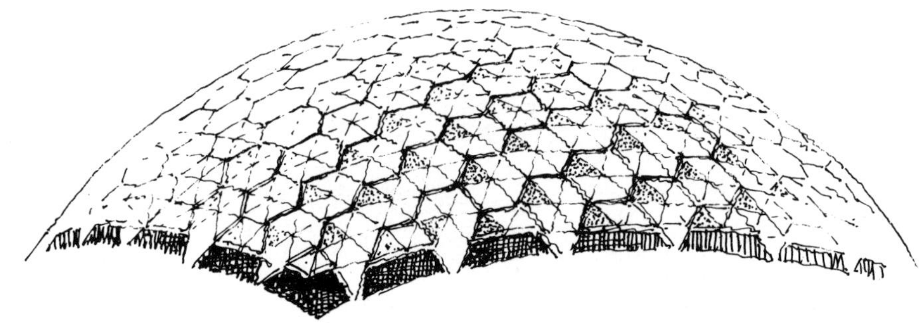

8. 莫斯科美国展览馆。圆形平面，采用了穹窿形金属空间网架结构，屋顶重量分别传递给若干个弓形的边架上。

新型大跨度结构的特点［58］

与拱或穹窿相比较，壳体、悬索、网架等新型空间结构具有这样一些特点：①跨度大。可以覆盖巨大的室内空间；②矢高小、曲率平缓。可以经济有效地利用空间；③厚度薄、自重轻。可以大大地节省材料；④形式多样。可以适合于各种形状的平面组合。

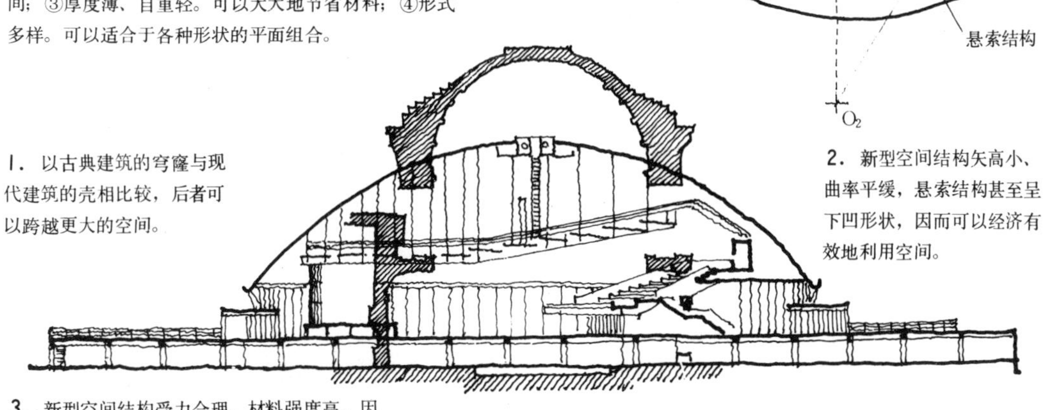

1．以古典建筑的穹窿与现代建筑的壳相比较，后者可以跨越更大的空间。

2．新型空间结构矢高小、曲率平缓，悬索结构甚至呈下凹形状，因而可以经济有效地利用空间。

3．新型空间结构受力合理，材料强度高，因而可以做得很薄，这样既节省了材料又减轻了自重。

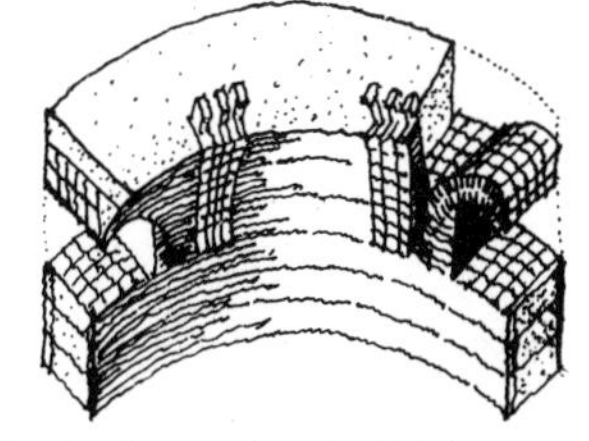

① 罗马建筑用砖与混凝土做成的半球形穹窿结构屋顶，由于材料强度低，又缺乏科学的分析与计算，厚度相当大。

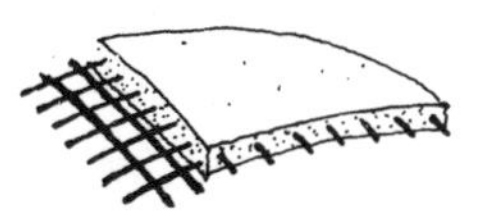

② 近代钢筋混凝土壳体结构，由于材料强度高，受力合理，在经过科学计算后，可以大大地减薄结构厚度。

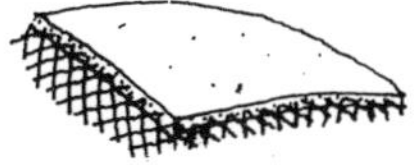

③ 在某些情况下可用极薄的钢丝网水泥制成的壳来覆盖较大的空间。

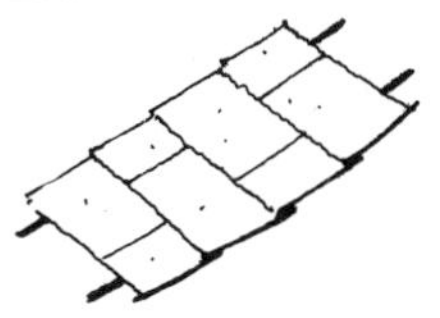

④ 在悬索结构上用金属板材做成的屋面层就更薄、更轻了。

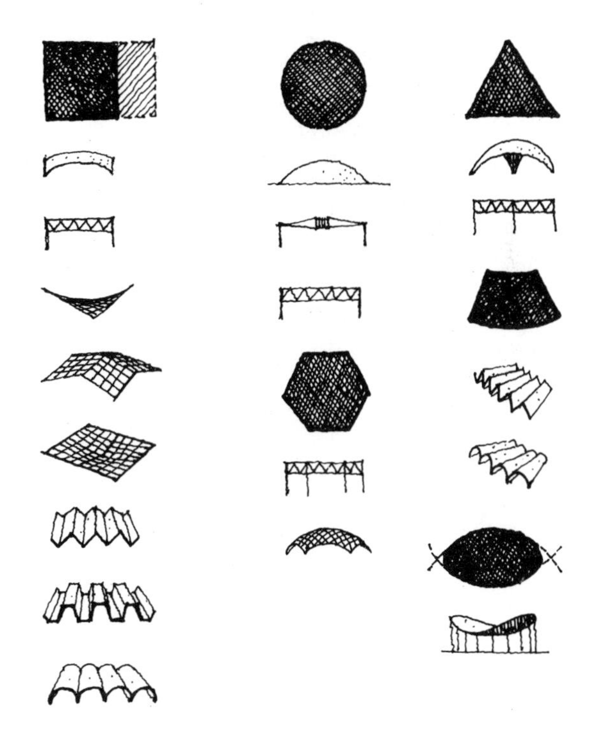

4．新型空间结构——包括各种形式的壳体结构、悬索结构、网架结构，具有多种多样的形式，它既适合于比较规则的正方形、长方形、圆形平面，又适合于三角形、六角形、扇形、椭圆形、乃至其它不规则形状的平面，因而使用较灵活，另外还可以凭借它创造出具有表现力的内部空间和外部体形。

悬挑结构的特点及应用［59］

为适应近代功能的需要,在出现了钢筋混凝土、钢等具有很强抗弯性能的材料之后，就出现了各种形式的悬挑结构。这种结构形式的特点是：可以从支座向外延伸作远距离的悬挑，并用以当作屋面来覆盖空间，以适应某些特殊类型建筑的功能要求。

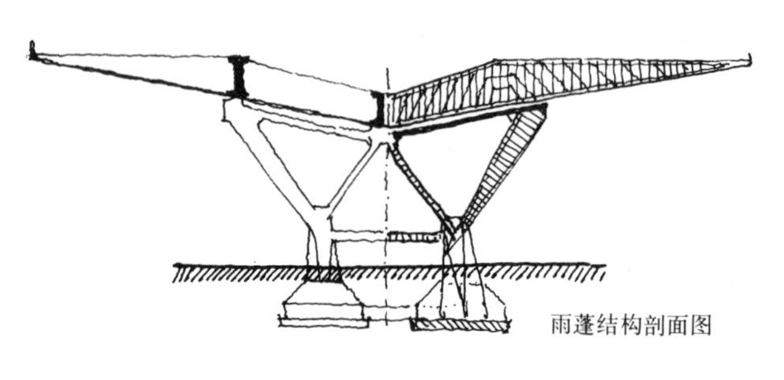

雨篷结构剖面图

1．悬挑结构在受均布荷载后的弯矩分布情况。

如悬挑结构的臂长为l，荷重为q/M，支座处最大弯矩为M，则 $M=1/2ql^2$

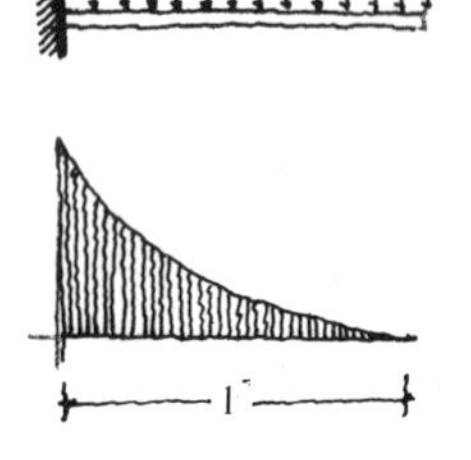

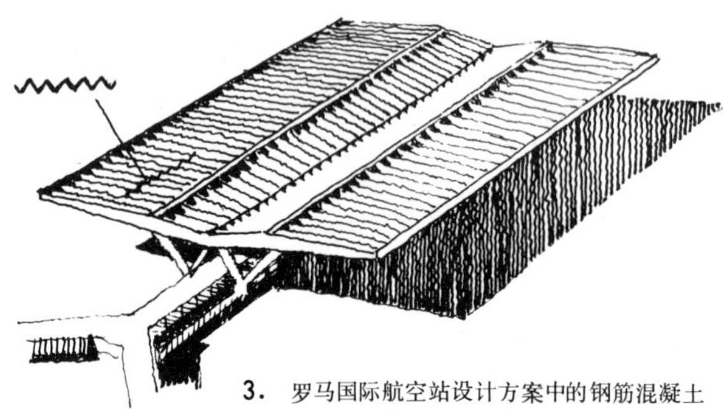

3．罗马国际航空站设计方案中的钢筋混凝土悬挑式结构雨篷，每个雨篷可以覆盖六架大型飞机（每侧三架）。

2．运动场看台上的雨篷，由于功能要求临运动场一侧不允许设置柱子，在这种情况下只适合于采用悬挑形式的结构。

看台及雨篷结构的剖面

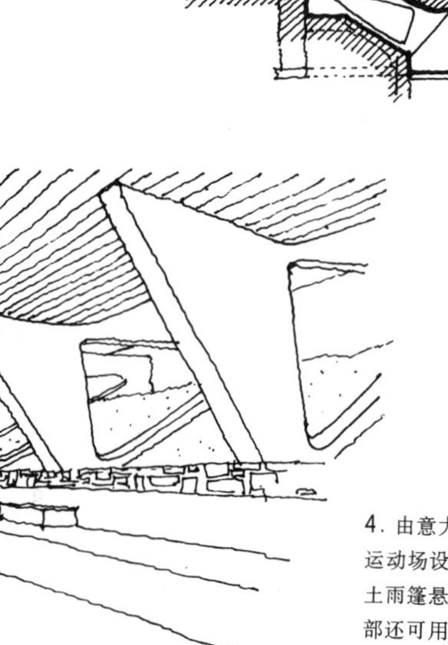

4．由意大利建筑师奈尔维设计的某运动场设计方案。巨大的钢筋混凝土雨篷悬挑达11m，必要时雨篷上部还可用作露台。

5. 1958年布鲁塞尔国际博览会比利时勃拉班特省展览馆，圆形平面，采用了伞形的结构形式，从中央圆柱体的支柱内呈辐射状地伸出了八片钢悬臂桁架以承担屋顶荷重，从而使沿圆周外墙可以不设立柱，并全部处理成为透明的玻璃帘幕。

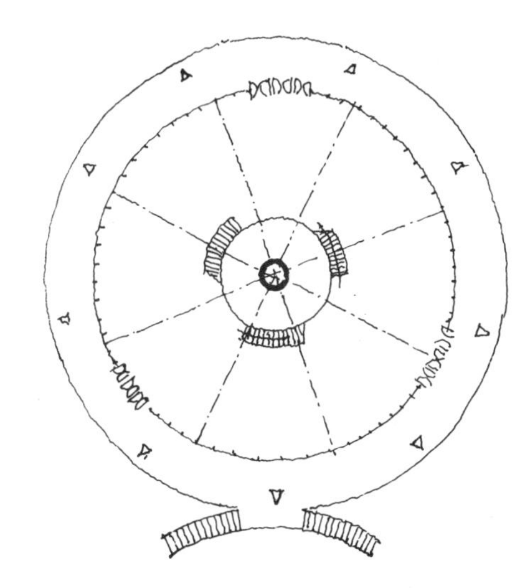

6. 1958年布鲁塞尔国际博览会西班牙馆，全部展出部分空间都是由一种平面呈六角形的伞状悬挑结构所组成，并且巧妙地利用这些结构的高度不同而设置玻璃天窗，这样既满足了采光的要求，又可使空间富有变化和韵律感。

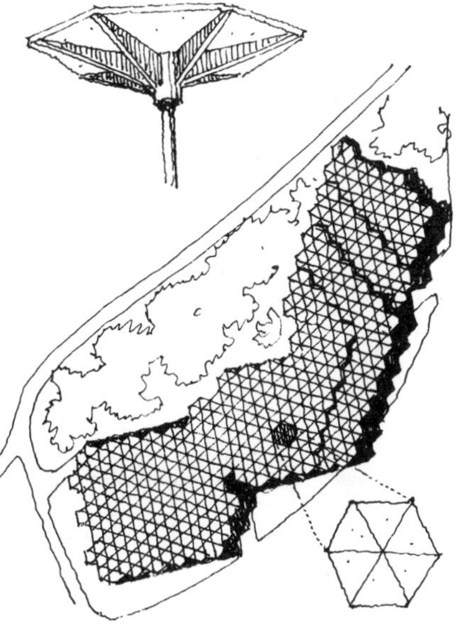

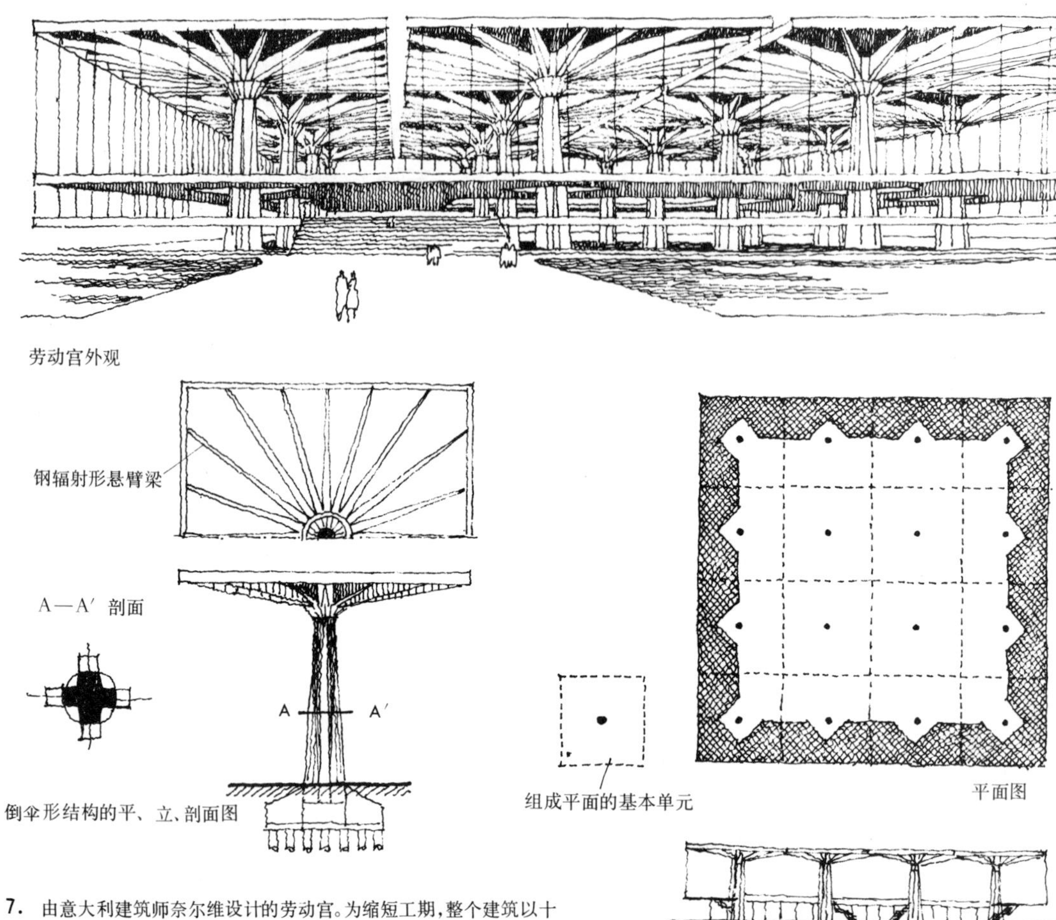

劳动宫外观

倒伞形结构的平、立、剖面图

平面图

剖面图

7. 由意大利建筑师奈尔维设计的劳动宫。为缩短工期，整个建筑以十六个正方形倒伞状悬挑结构所组成，粗大的柱子用的是钢筋混凝土，在柱子的顶端固定着20片由钢板做成的呈辐射状的悬臂以支 托 屋 面结构。由于彼此互不牵连，16个结构单元可以同时在现场制作，这样就大大地缩短了施工的进程。

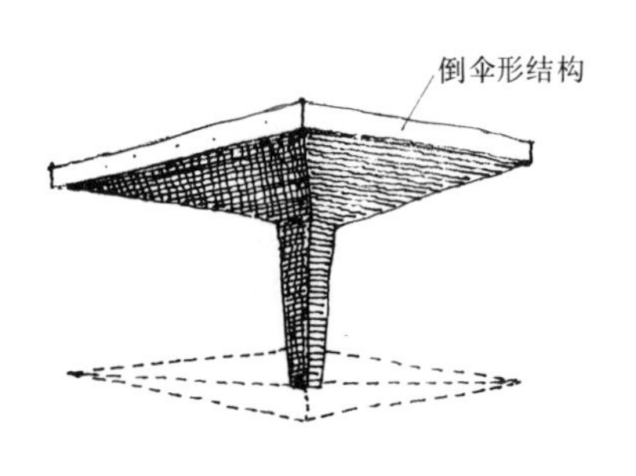

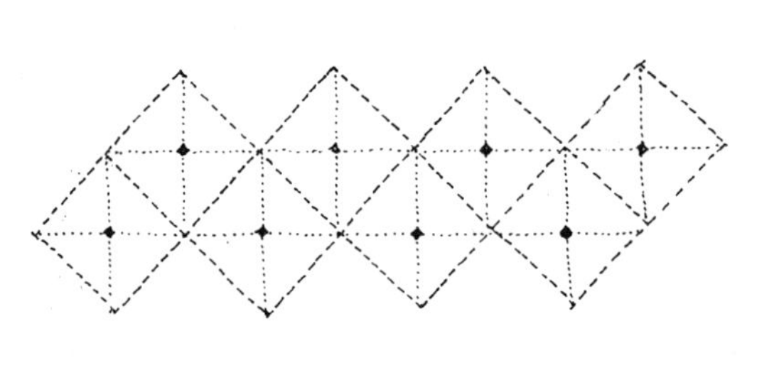

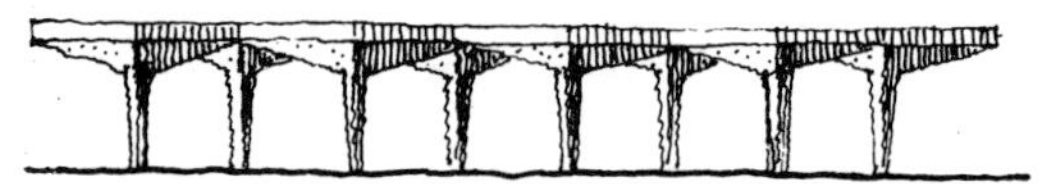

休息廊平面图(上)
休息廊立面图(下)

8. 天津水上公园某候船码头休息廊。曲尺形平面，由八个倒伞形的悬挑结构组合而成，既可遮阳防雨，外观又轻巧活泼，具有庭园建筑的性格特征。

剪力墙、井筒结构［60］

对于高层建筑来讲，侧向荷载——风荷或地震的惯性力，常常成为破坏建筑的一种不可忽视的因素。为了提高抗侧向荷载能力，在高层建筑中往往以剪力墙结构体系来取代一般的框架结构。采用剪力墙结构体系的缺点是内部空间分隔极不灵活。近年来国外某些高层、超高层建筑多采用井筒结构体系，既提高了结构的刚度，又为内部空间的分隔提供了较多的灵活性。

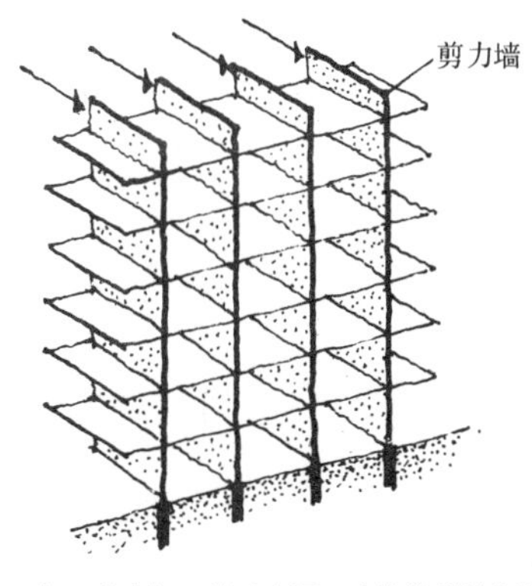

1. 剪力墙结构示意图，建筑物横墙既是承重结构，又可以抵抗侧向荷载。

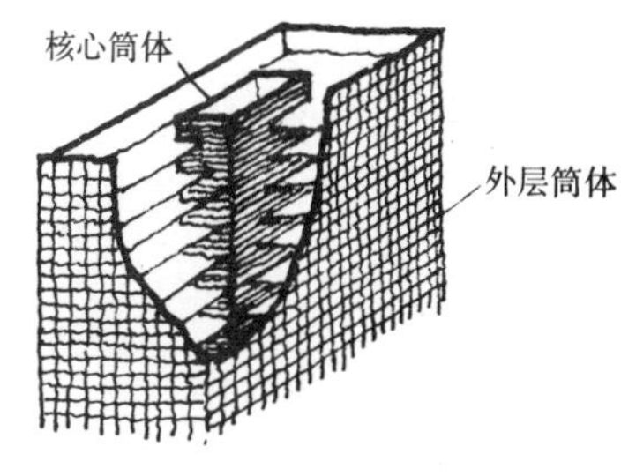

2. 井筒结构体系示意图，利用核心筒体既可获得极大的刚度，又可用作电梯井或管道井。对于超高层建筑来讲，为了进一步提高刚度，还可以把外层结构也当作筒体来考虑，这样就形成了双层井筒结构。

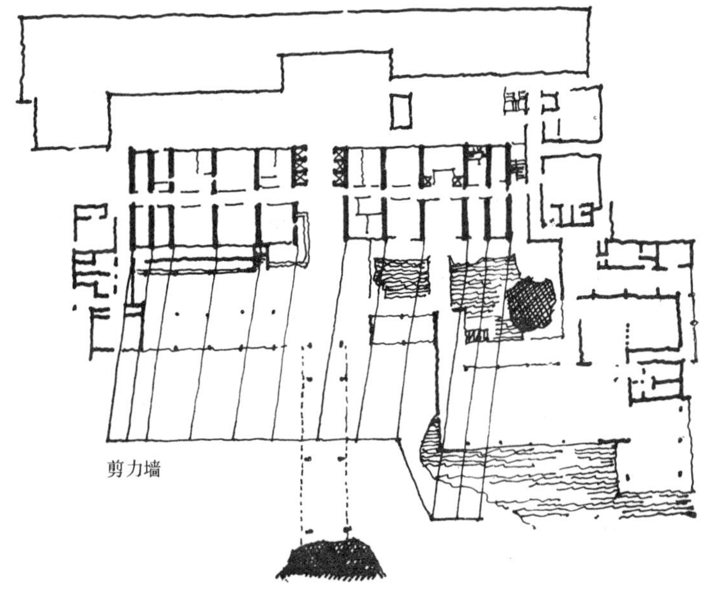

3. 广州白云宾馆。主体部分共 33 层，高约 110m。为提高建筑物的侧向刚度，采用剪力墙结构体系，沿电梯间两侧各设六片钢筋混凝土剪力墙，既用来承受建筑物的垂直荷载，又用来抵抗建筑物的水平荷载。

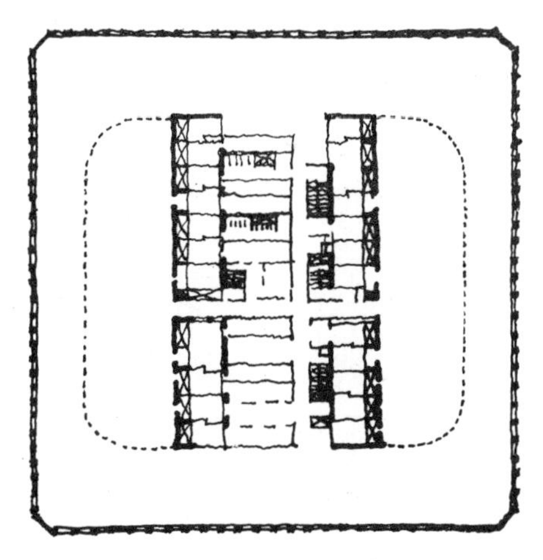

4. 美国世界贸易中心。共110层，高411.5米，平面为正方形（63×63米），内井筒为矩形平面， 外井筒由密柱组成，9层以下柱距为3米，9层以上柱距为1米。

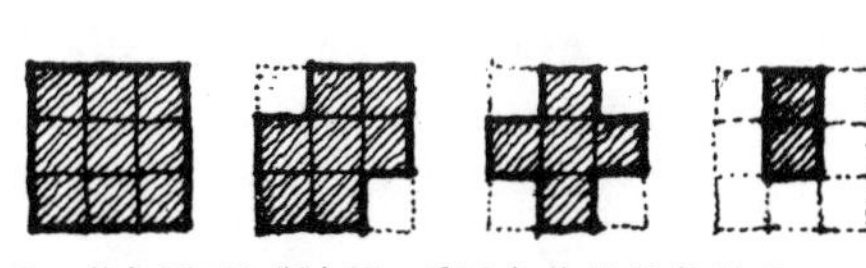

5. 芝加哥西尔斯大楼，采用多井筒结构体系，52层以下为9个筒体，53～67层为7个筒体，67～92层为5个筒体，92～109层为二个筒体。

帐篷式结构 [61]

帐篷式结构主要由撑杆、拉索、薄膜面层三个部分所组成。为了把薄膜面层紧紧地张拉于空中，并利用它来覆盖空间或防雨、遮阳，必须一方面把薄膜面层上的若干点固定于地面，另一方面再把薄膜面层上另外若干点通过拉索紧紧地系于撑杆的顶端。帐篷式结构的特点是：结构简单、重量轻、便于拆迁，它比较适合于用作某些半永久性建筑的屋顶结构，或永久性建筑的遮篷。

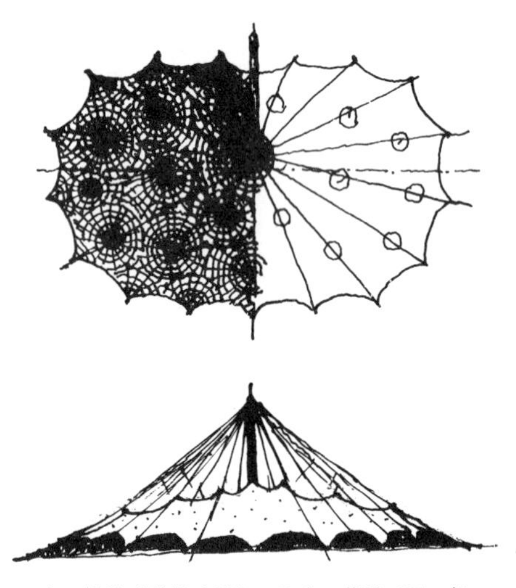

1. 帐篷式结构由撑杆、拉索、薄膜面层三部分组成。

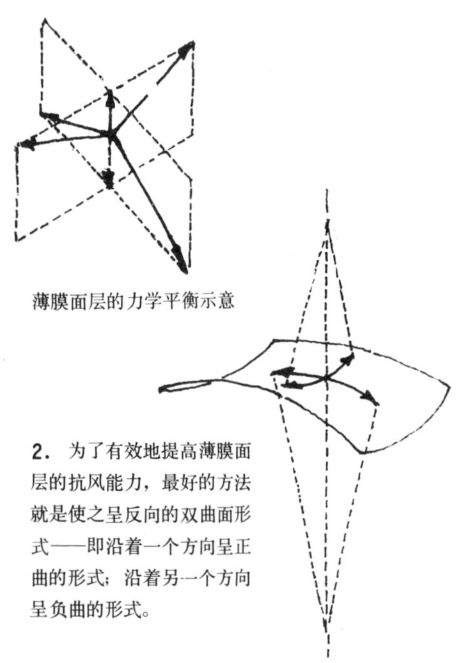

薄膜面层的力学平衡示意

2. 为了有效地提高薄膜面层的抗风能力，最好的方法就是使之呈反向的双曲面形式——即沿着一个方向呈正曲的形式；沿着另一个方向呈负曲的形式。

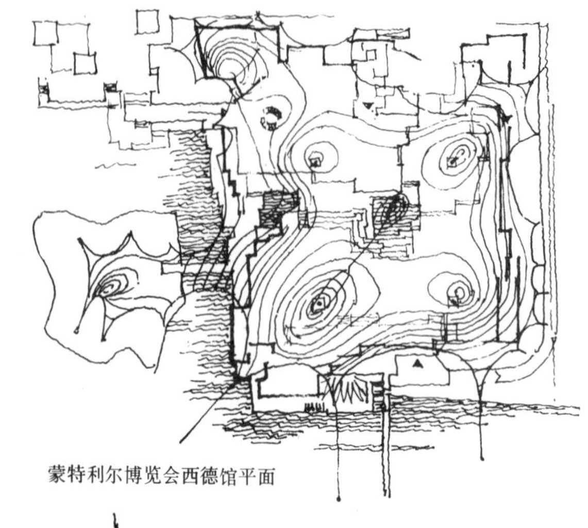

蒙特利尔博览会西德馆平面

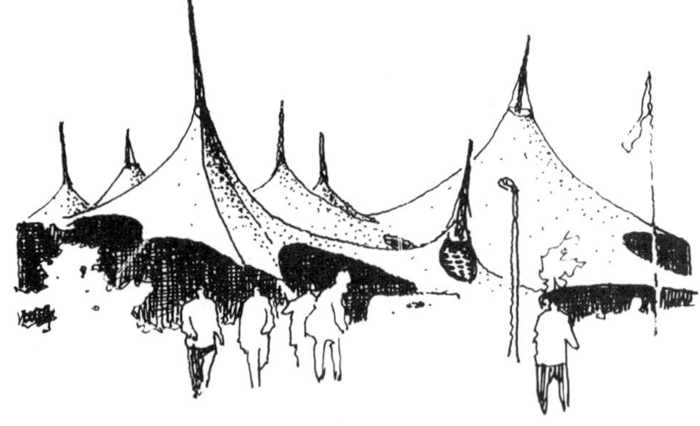

3. 蒙特利尔博览会西德馆。采用帐篷式的结构，它的八根撑杆设在建筑物的内部，起着支撑篷布——索网——的作用。另外，沿周边每隔若干距离把篷布紧紧地系于地面，这样，就可以把篷布绷紧，并且利用它来形成空间。

4. 西德慕尼黑奥林匹克运动会游泳馆，用大面积的篷式结构覆盖于比赛场地和部分看台的上空。主要撑杆设在建筑物的外部，通过它用钢索把篷布吊起，然后再沿周边把篷布系于地面，绷紧了的篷布——索网结构，可以起到防雨、遮阳、抗风的作用。

充气式结构［62］

用塑料、涂层织物做成的气囊，充以空气后，利用气囊内外的压差，能够承受外力，并形成一种结构，称之为充气结构。充气结构按其形式可以分为构架式充气结构和气承式充气结构两种。前者属于高压充气体系，压差常在0.2～0.5大气压之间；后者属于低压充气体系，压差仅需0.001～0.01大气压。气承充气结构其薄膜基本上均匀受拉，材料的力学性能得以充分地发挥，加之薄膜本身很轻，可以用来覆盖大面积的空间。

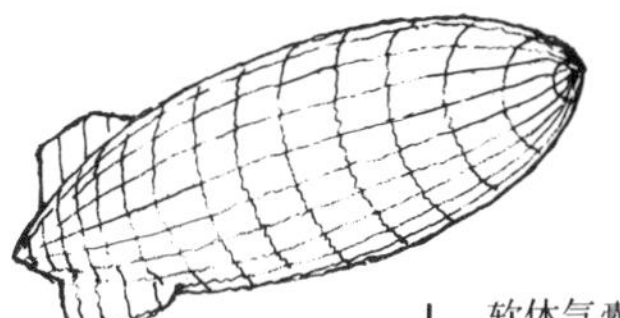

1．软体气囊本身不能承受外力，但充以空气后，不仅具有确定的外形，而且还具有承受荷载的能力，例如气球、气艇和汽车的轮胎就是这样。

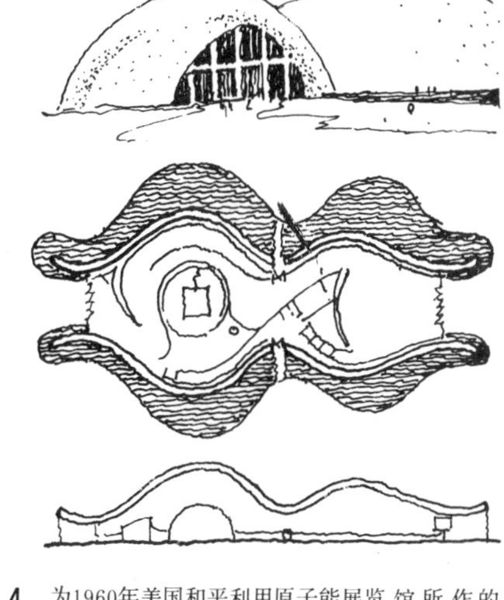

4．为1960年美国和平利用原子能展览馆所作的设计方案。内部空间形式和建筑功能要求结合得很巧妙，充分地反映出充气结构所具有的独特形式。

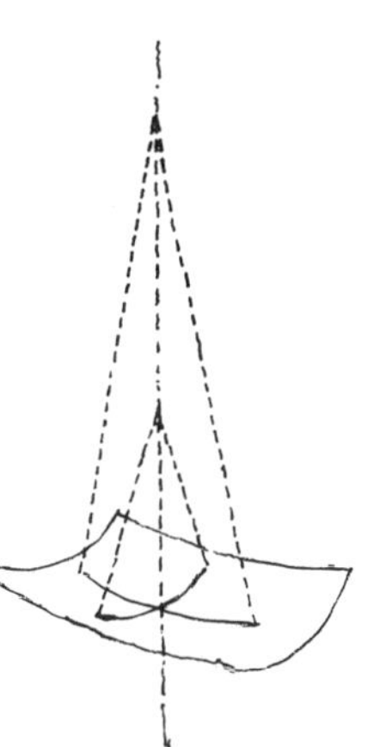

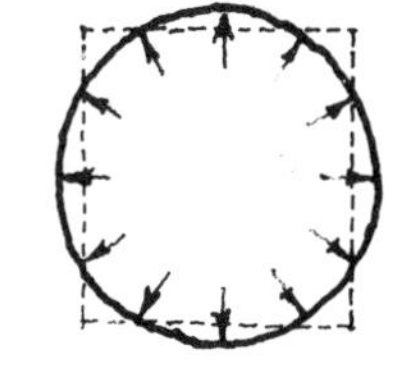

2．气囊充气后总是力图以最小的表面面积而包围着最大的容积，因而其外形也必然具有独特的几何规律性——处处都是曲面、曲线，而根本找不到任何平面、直线或直角。

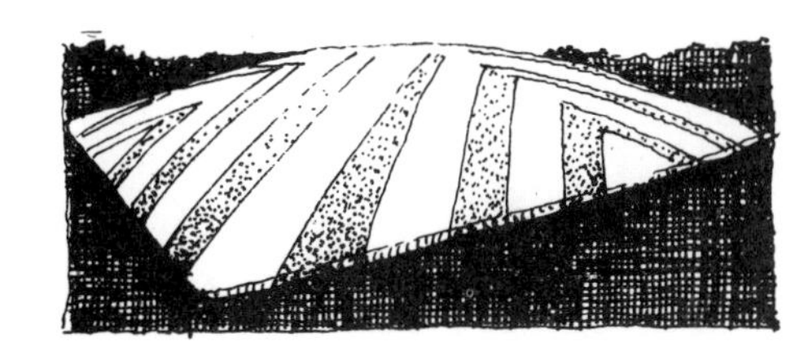

5．采用气承结构的法国某油库建筑，覆盖面积为10000m^2（100m×100m）。

6．1971年由奥托等人提出的覆盖北极城的气承天空设想方案，呈穹窿形式，平面直径为2000米，矢高为240m，可容居民14000～45000人。

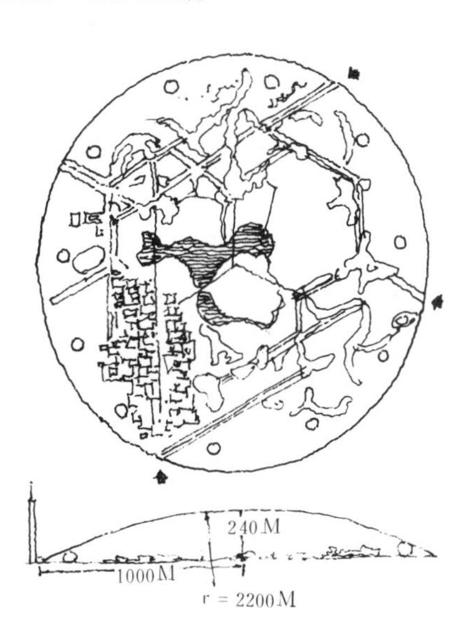

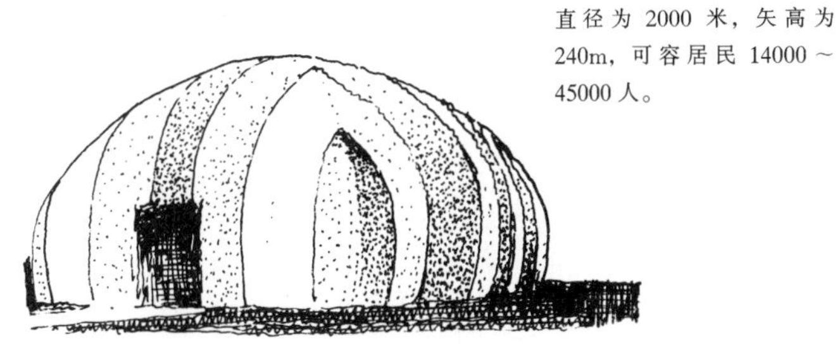

3．由于气结构所具有独特的几何规律性，我们必须具备正确的、新的建筑观念：严格地遵循它的自身规律进行构思，才能有机地把它和功能要求、美观要求结合起来。

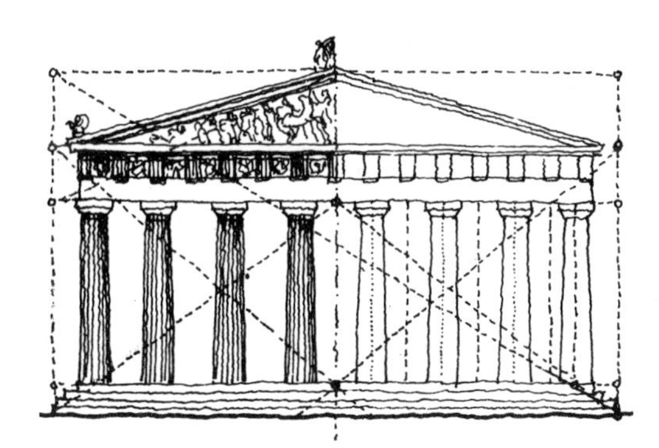

形式美的规律

- 物质世界的有机统一性
- 形式美的规律是多样统一

引出统一的概念——一是秩序，相对于杂乱无章而言；一是变化相对于单调而言

- 以简单的几何形状取得统一
- 关于主从问题
- 关于均衡与稳定问题
- 关于对比与微差问题
- 关于韵律问题
- 关于比例问题
- 关于尺度问题

形式美的基本规律是多样统一，为了达到统一——具体地讲就是要做到既有秩序又有变化，则必须处理好以上提出的有关问题。

- 建筑的艺术性表现在哪里?

阐明形式美与艺术性这两个概念之间的联系与差别。

物质世界的有机统一性［63］

统一是形式美最基本的要求，它包含着两层意思：一是秩序——相对于杂乱无章而言；一是变化——相对于单调而言。秩序就是相互之间的制约性，这也是客观事物本身所固有的一种属性，它不仅反映于人的感官，并能动地支配着人类的思维和创造——包括各种形式的艺术创造。

1．组成物质最基本的单位是原子，它是这样的小，以致在高倍显微镜下也看不见，然而它的内部却不是乱七八糟、杂乱无章的。相反，它组织得极有条理——一定数量的中子和质子组成原子核；与质子数量相等的电子围绕着原子核，并沿着一定的轨道高速运转，从而组成一个既相互制约又有机统一的整体。

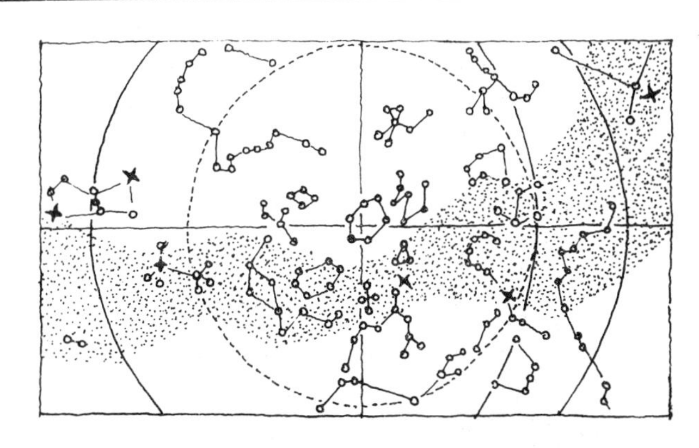

2．宏观世界的情况也是这样。夏夜，每当仰望星空的时候，点点繁星似乎使人感到乱七八糟、找不出什么规律，但事实上宇宙中各星体之间都是相互吸引、制约，各自沿着确定的轨道，有条不紊地运行着。

3．生物界也是如此，例如禽鸟类的卵、植物的果实等，尽管形式各不相同，但不论是哪种，其内部组织都有条不紊，秩序井然，并且有着和其内容相统一的外部形式。

4．大多数动、植物都具有组织得十分均衡、匀称的外形；富有变化的外轮廓线；富有韵律感的花纹、网脉、斑点；和谐统一的色彩与质地。

5．再如由许多六角形所组成的蜂房，螺旋形状的田螺壳、蜗牛壳，都因其外形具有某种规律性而引起人们的注意和兴趣。

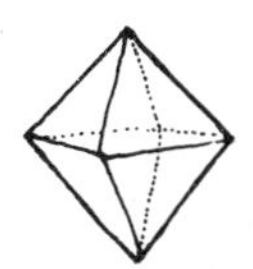

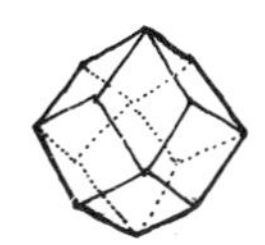

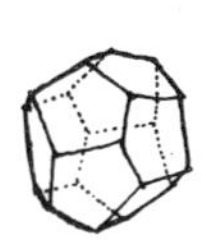

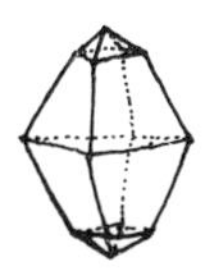

6．就是无生命的东西——例如包括雪花、金刚石在内的各种晶体结构，其外部形式尽管千变万化各不相同，但是每一种晶体结构的自身却都统一于某种特定的几何形体之中，并具有极规则的外形。

7. 人，作为一种有机体，各部分的组织也是极其合乎逻辑的。它的外部，为适应生存要求,取对称的形式——沿左右两边各有一只手臂、一条腿、一只眼睛、一只耳朵；它的内脏则取不对称的形式，心脏偏于左侧，肝脏偏于右侧，肺叶虽分左右两个部分，但也并非完全对称。总之，各部分都因生理功能要求，巧妙地连接在一起，并各自处于十分恰当的部位，比任何复杂的机器都组织得更巧妙、更有条理。

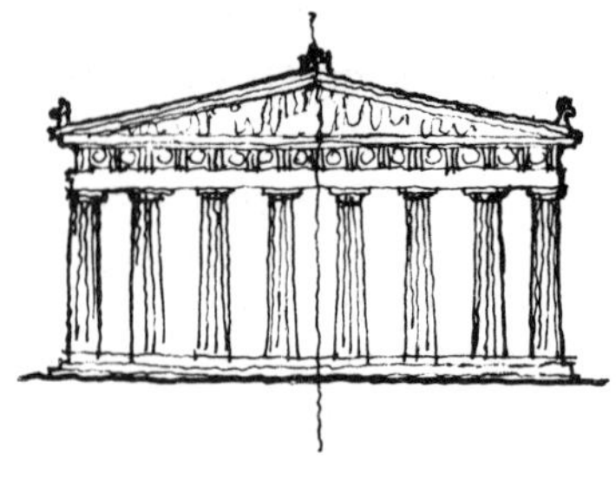

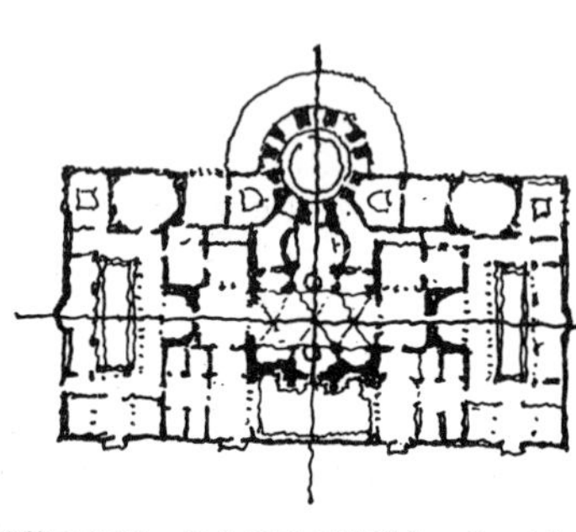

① 古典建筑的有机统一性主要表现为整齐一律、严谨对称，各部分有秩序地隶属于整体，添一分则多，减一分则少，特别是对称形式的构图，不仅均衡稳定，而且左右相互制约，关系极其明确、肯定。

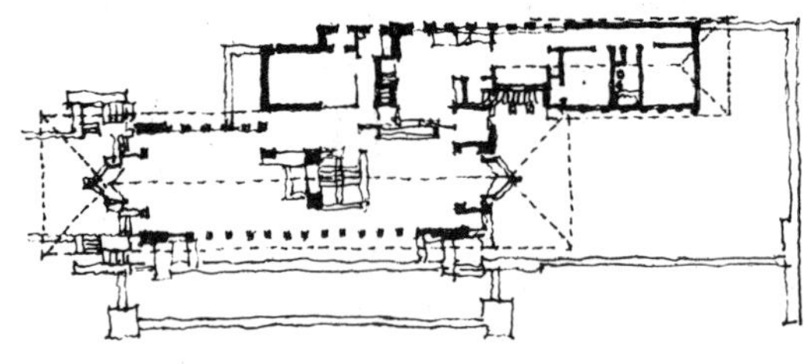

② 近代建筑虽不强求对称，但却同样遵循有机统一的原则——组成整体的各部分巧妙地穿插交贯、相互制约，有条不紊地结合成为一个和谐统一的整体。

③ 现代某些新建筑，它的有机统一性似乎更加接近自然界的有机体——摒弃人工创造所独具的整齐一律、见棱见角等特征，而取自由曲线的形式，但有机统一的原则依然不变。

以简单的几何形状取得统一［64］

正方形、正三角形、圆形等简单几何图形，由于构成几何形状的要素之间具有严格的制约关系，从而给人以明确、肯定的感觉——这本身就是一种秩序和统一。古代许多著名的建筑都曾借这些简单的几何形状而获得高度的统一性，就是到了近代，尽管功能要求日益复杂多样，但建筑师还不放弃通过它来获得构图上的完整统一。

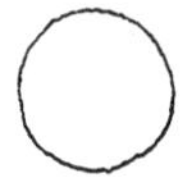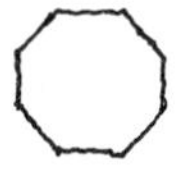

1. 正方形、正三角形、乃至正多边形，各个边长必须相等；圆的周长与直径相比必然为π，这些都是构成上述几何形状必须具备的相互之间的制约关系，这本身也表现为一种秩序，这种秩序一旦遭到破坏，统一性将随之而消失。

2. 原始社会的石环建筑，沿圆周立起的石梁柱秩序井然，明显地表现出作为一种人工创造物的性格与特征。

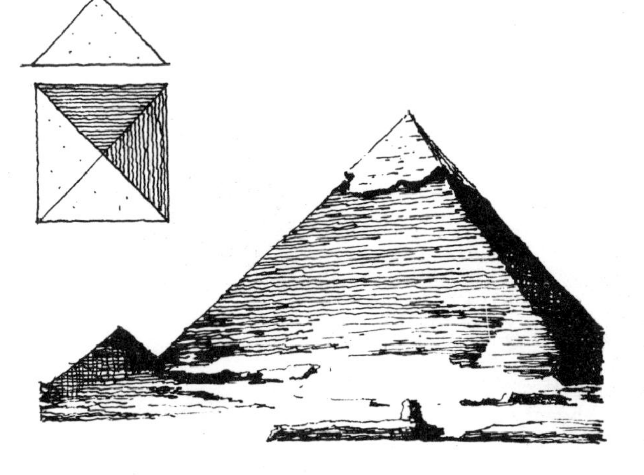

3. 埃及金字塔群，一系列的金字塔，虽然各自的大小不同，但均取规则的正方锥体，这就排除了偶然性。

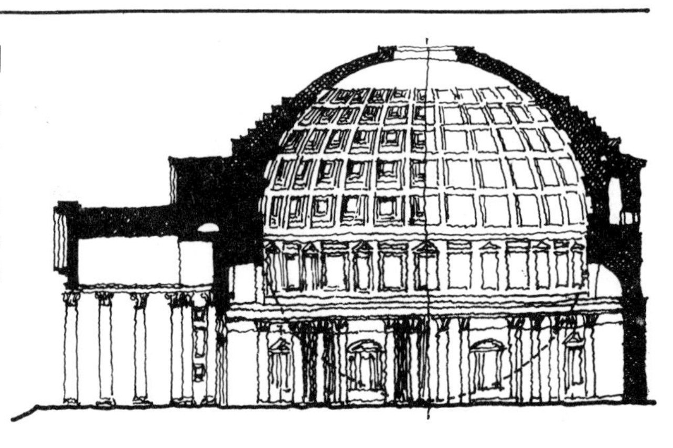

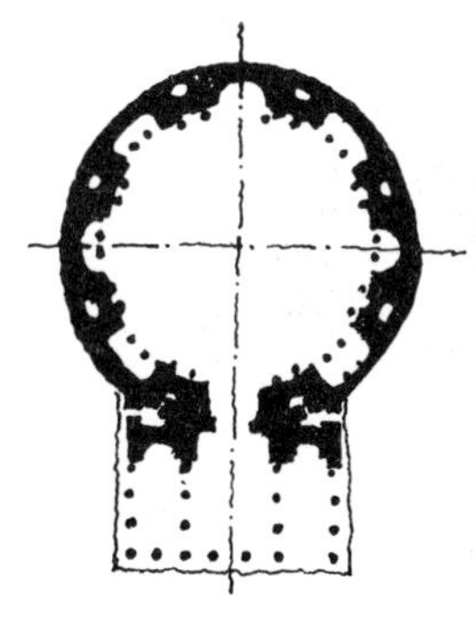

4. 罗马潘泰翁神庙。作为建筑物的主体——神殿部分——不仅平面呈圆形，而且整个剖面（包括半球形穹窿顶）比例也非常接近于圆形、从而通过圆获得了高度的完整统一性。

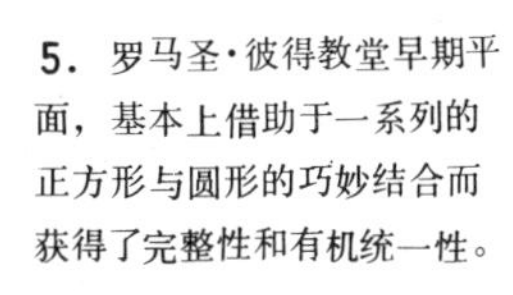

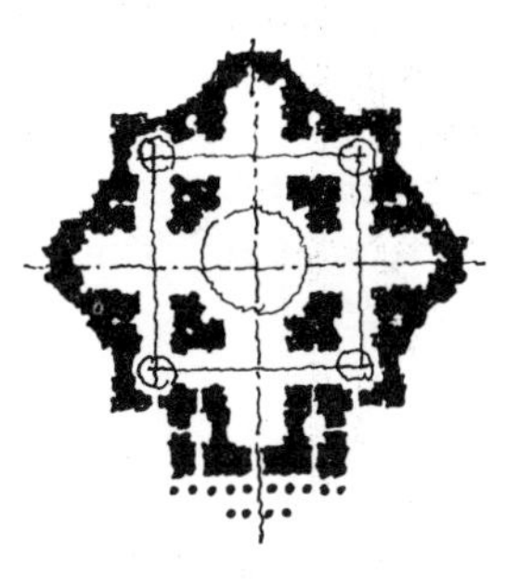

5. 罗马圣·彼得教堂早期平面，基本上借助于一系列的正方形与圆形的巧妙结合而获得了完整性和有机统一性。

6. 印度泰吉·马哈尔陵平面，借助于正方、多边形等简单几何形状的组合而达到完整统一。

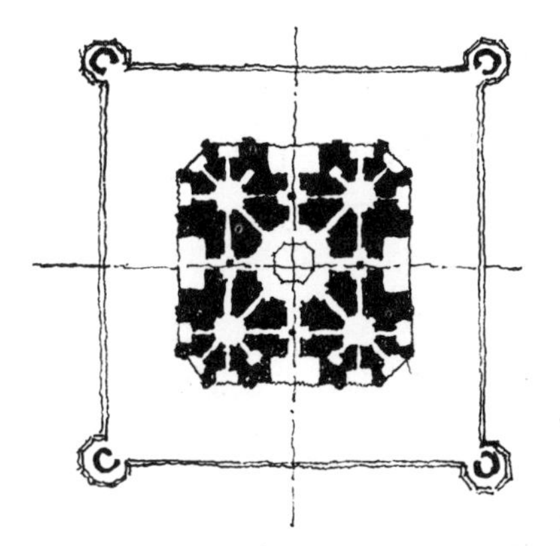

7. 为1939年在纽约举办的世界博览会主题馆所作的设计方案，该方案以圆形的坡道、水池环绕着球形的建筑物，并于坡道的末端设置一座正三角锥形的尖塔作为结束。由于全部采用圆、球体、正三角形等简单、肯定的几何形状作为构图的基本要素，并且又组合得很巧妙、很严谨，因而具有高度的完整统一性。

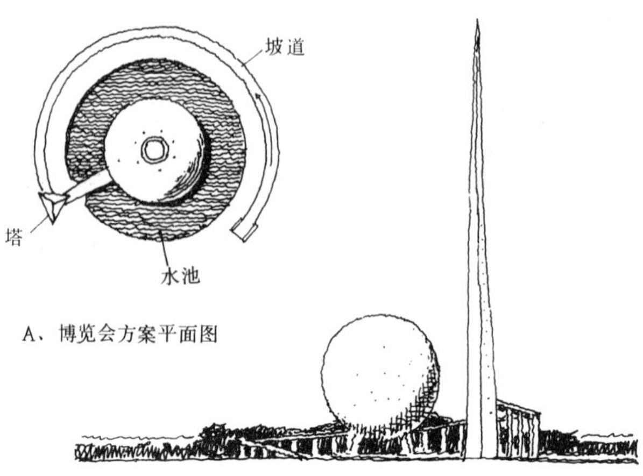

A、博览会方案平面图

B、博览会方案立面图

1958国际博览会美国馆平面

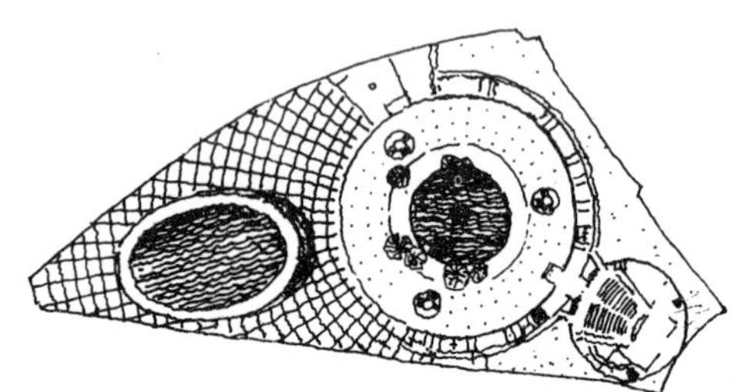

8. 1958年在布鲁塞尔举办的国际博览会美国馆。主馆及电影馆的平面均呈圆形，主馆内设有环形的夹层，另外，中央又有一个圆形的水池，与顶部圆形天窗遥相呼应。在主馆前面的广场上设有一个椭圆形的喷水池，整个建筑群统一于大小不同的圆及椭圆的组合之中。

9. 正方形不仅是一种明确肯定的几何形状，而且还可以给人以庄重、稳定的感觉，一般纪念性建筑，常可借助于这种形状的构图而达到完整统一。

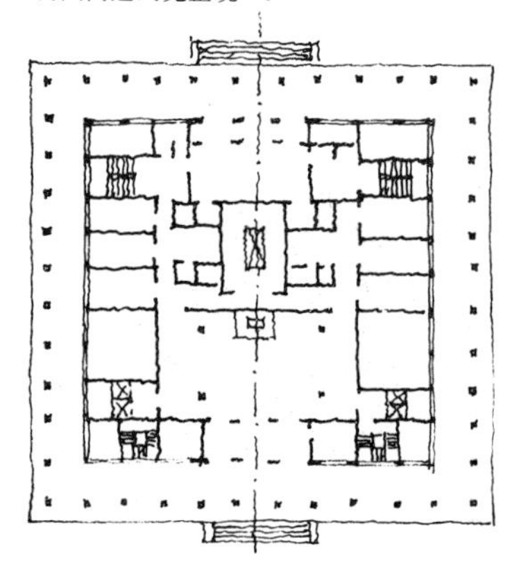

10. 正三角形也是一种明确、肯定的几何形状，但由于室内所具有的锐角以及墙面的互不平行，往往与功能要求相矛盾，一般的建筑均不采用这种组合形式。但在某些情况下如果处理得巧妙，则可以把各种要素纳入到互成60°斜交的秩序中去，这同样可以获得高度的有机统一性（参看下图所示两个实例）。

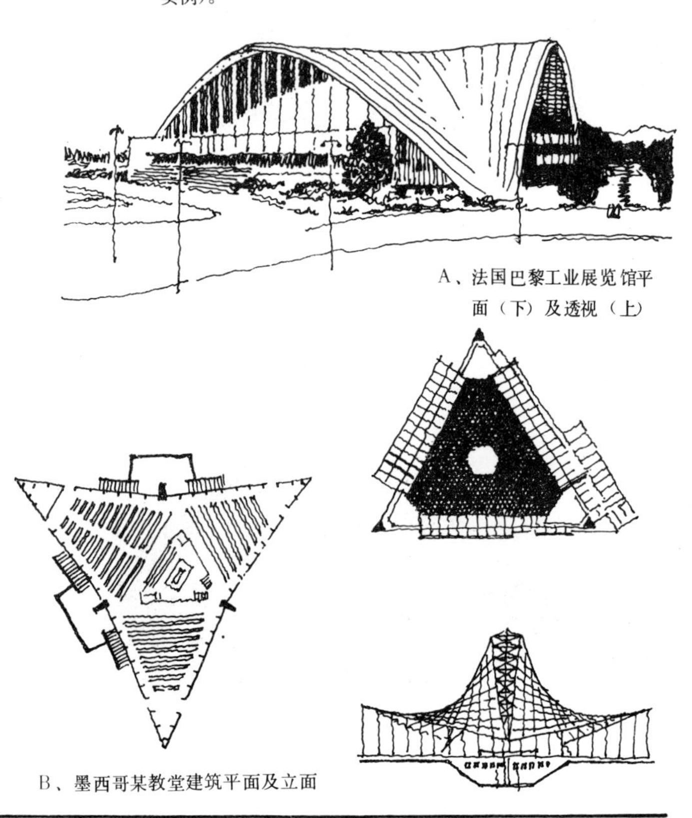

A、法国巴黎工业展览馆平面（下）及透视（上）

B、墨西哥某教堂建筑平面及立面

关于主从问题 [65]

植物的干与枝、花与叶；动物的躯干与四肢（或翼）；各种艺术形式中的主题与副题、主角与配角……等都表现为一种主与从的关系。这给我们一种启示：在一个有机统一的整体中，各组成部分是不能不加区别而一律对待的，它们应当有主与从的差别；有重点和一般的差别；有核心和外围组织的差别。不然的话，各种要素平均分布、同等对待，即使排列的整整齐齐也难免会流于松散单调而失去统一性。

1．花如果连带着枝叶，躯干如果连带着肢翼，就能够因为具有明确的主从关系从而形成一个独立的有机统一的整体。

2．各种艺术创作为了求得统一，都应当以一般来烘托主题，而不能主次不分地平均对待。上、下两图分别以舞蹈、绘画为例来说明通过主从关系的处理而获得整体的统一性。

达·芬奇："最后的晚餐"

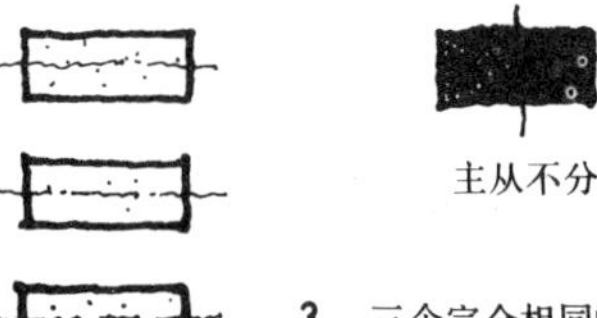

主从不分的排列形式之一

主从不分的排列形式之二

3．三个完全相同的长方形，可以因为排列组合的形式不同而产生不同的效果：上两图因平均对待而松散单调；下两图因主从分明而形成一个有机统一的整体。

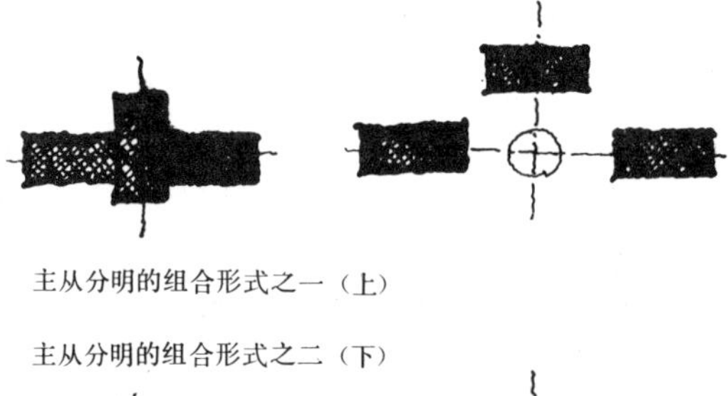

主从分明的组合形式之一（上）

主从分明的组合形式之二（下）

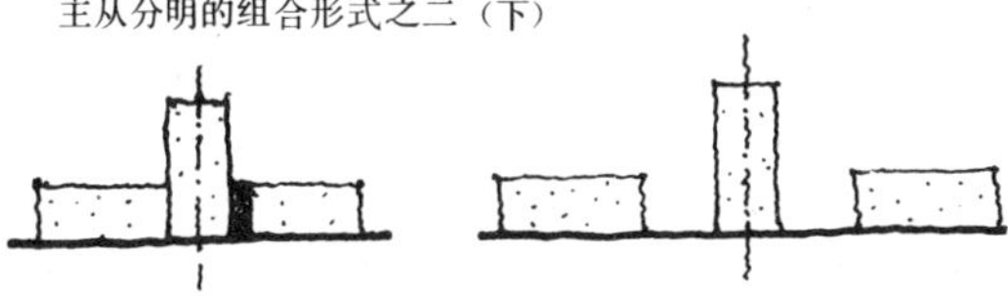

4．十六个完全相同的方块因排列形式不同而产生不同的效果：上两图因平均对待漫无中心而显得松散单调；下两图因为把一部分

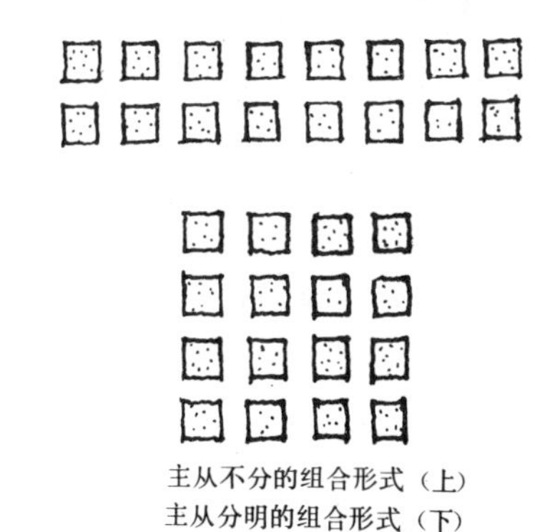

主从不分的组合形式（上）

主从分明的组合形式（下）

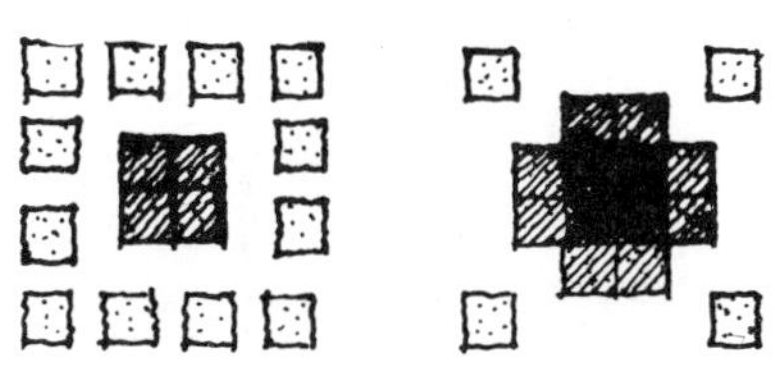

方块集中于核心，把另一部分分布于四周，从而因为形成一个重点与中心而达到统一。

以主从分明而达到统一［66］

在建筑设计领域中，从平面组合到立面处理；从内部空间到外部体形；从群体布局到细部装饰，为了达到统一应处理好主从关系。由若干要素组合而成的整体，如果把作为主体的大体量要素置于中央突出地位，而把其它次要要素从属于主体，这样就可以使之成为有机统一的整体。

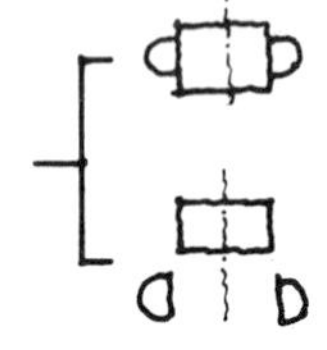

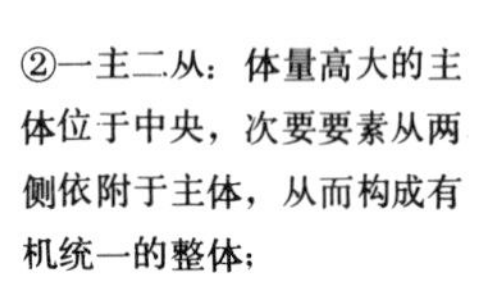

①一主四从：体量高大的主体位于中央，次要要素从四面依附于主体，从而构成有机统一的整体；

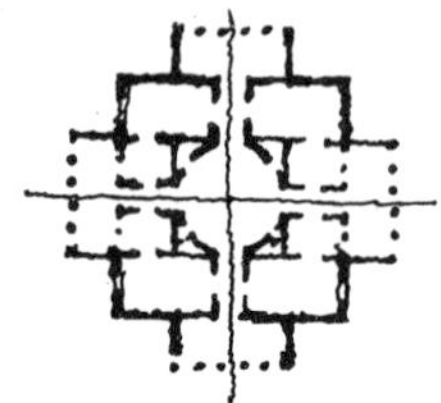

2. 意大利文艺复兴时期建造的圆厅别墅。以高大的圆厅位于中央，四周各依附一个门廊，无论是平面布局或是体形组合，都极均称严谨、主从分明，具有高度的完整统一性。

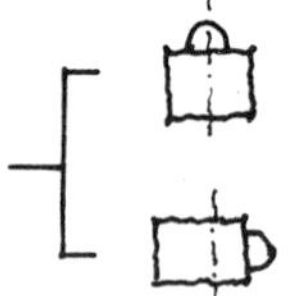

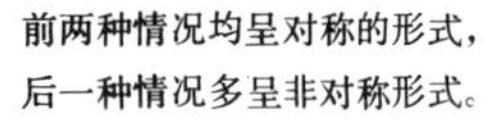

②一主二从：体量高大的主体位于中央，次要要素从两侧依附于主体，从而构成有机统一的整体；

③一主一从：次要要素从一侧依附于主体。

前两种情况均呈对称的形式，后一种情况多呈非对称形式。

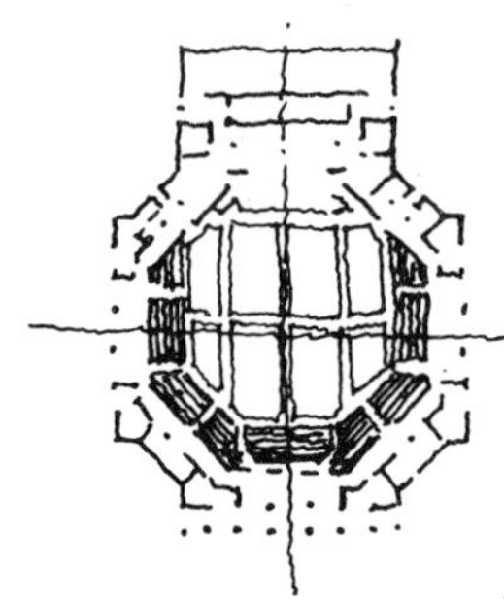

3. 广州中山纪念堂。和上例很相似，中央部分以一个体量高大的八角形厅堂为主体，除后面设有舞台外，其它三面各依附一个附属门廊，主从关系异常分明，体形组合完整统一。

1. 由一系列穹窿顶组合而成的平面布局，主体大穹窿位于中央，周围环绕着八个小穹窿，象众星托月一样从四面八方依附于主体，从而形成一个有机统一的整体。

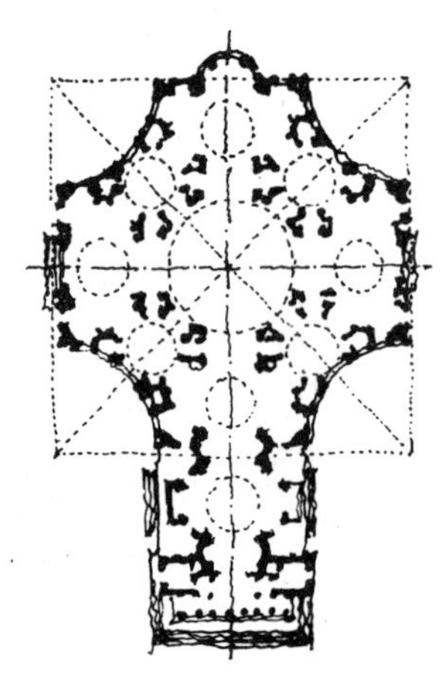

英国圣：保罗教堂最初设计方案

4. 毛主席纪念堂细部花饰设计，以葵花图案为中心四周环绕着其它图案，主次分明重点突出，组成了一个有机统一的整体。

5. 在群体组合中，怎样才能把几幢建筑组合成为一个有机统一的整体呢？我国传统的办法是采用对称的布局把主要建筑放在中轴线上（称为正殿），然后把两幢次要的建筑置于中轴线的两侧（称为配殿），于是三幢建筑主从分明从而形成有机统一的整体。不仅中国古建筑是这样，西方某些古典建筑群以及现代某些建筑群的组合，也有采用这种方法来分清主从而达到统一的。

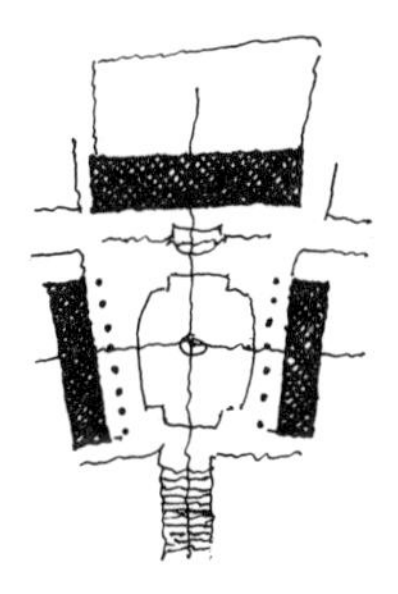

罗马卡比多广场的群体组合，左右对称主从分明，和我国传统的手法极为相似

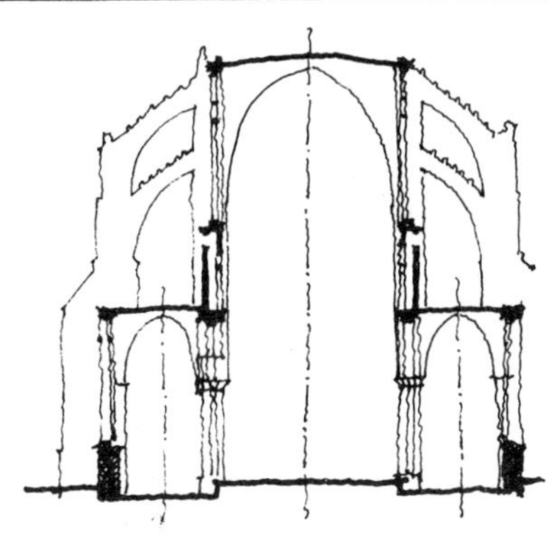

8. 通过剖面反映出内部空间主从关系的处理。高直教堂的中央通廊往往比依附于它的侧廊高2～3倍，主从关系殊为分明。

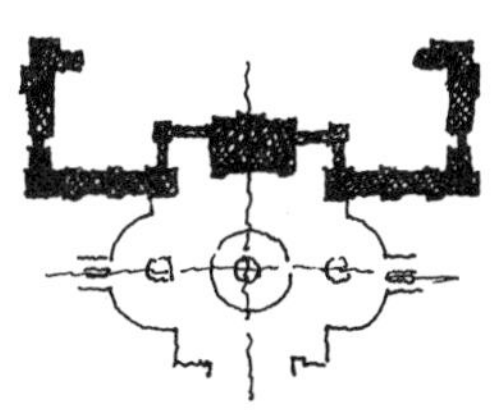

北京全国农业展览馆群体组合，采用对称形式以突出主体——综合馆

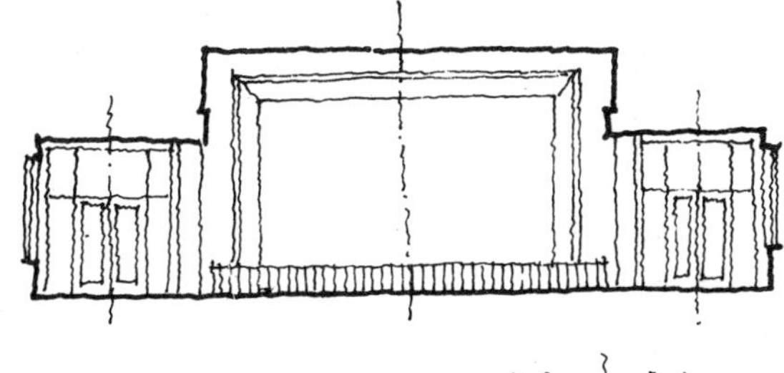

6. 依附于主体大厅两端半圆形的龛有力地加强了整体的统一性。古罗马建筑这种布局，后来成为许多建筑效法的榜样。

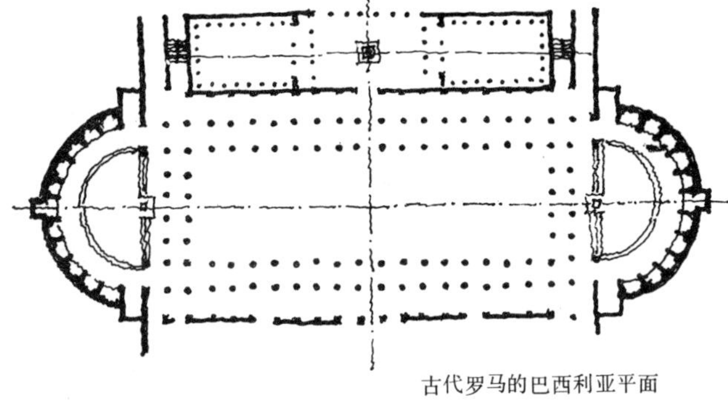

古代罗马的巴西利亚平面

9. 高直教堂处理空间主从关系的这一原则迄今仍有参考价值，近代某些厅堂也有通过压低两侧空间来达到主从分明的。

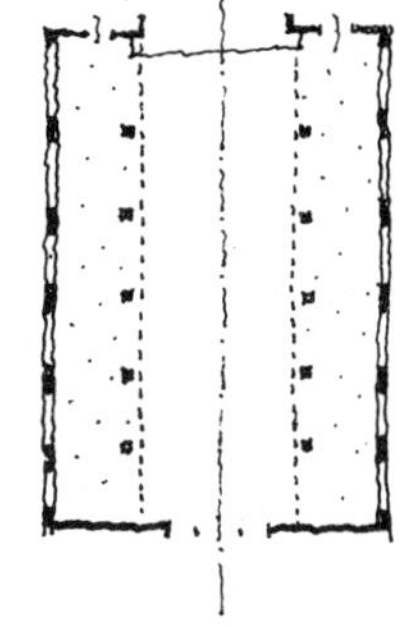

7. 林肯纪念堂平面，位于中央大厅两侧的“耳”室，有力地烘托了主体，从而加强了整体的统一性。

10. 由三个碹共同组成的琉璃牌楼，中间的比较高大，两边的比较低矮，这也是主从关系的一种表现。

11．华盛顿苏格兰礼拜堂，以一主二从的形式组成一体，两侧低矮的体量有力地衬托出主体，主从关系极为明确。

13．斯德哥尔摩市政厅。低矮的两翼依附于转角处的高塔，左右虽不对称，但主从关系却是十分明确的。

12．即使是细部花饰设计，也可以借助于轴线对称的安排，以期达到主从分明、有机统一。

14．我国古代的石阙，以一主一从的形式结合成一体，主体部分体量高大出檐深远，明显处于突出的地位。

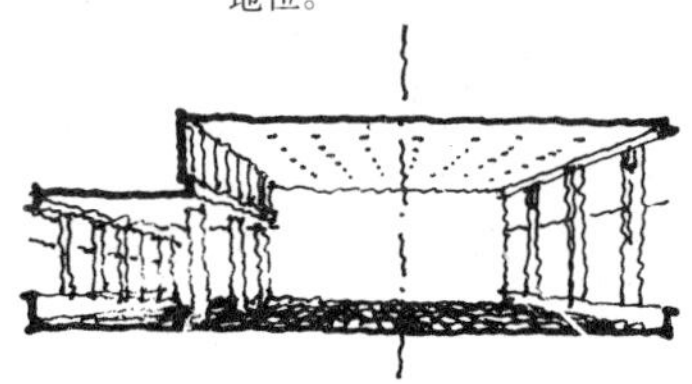

15．内部空间处理，以一主一从的形式压低一侧空间以突出主要厅堂。

16．某电讯楼建筑，以低矮的营业厅衬托主体建筑，以取得体形组合上的主从分明、有机统一。

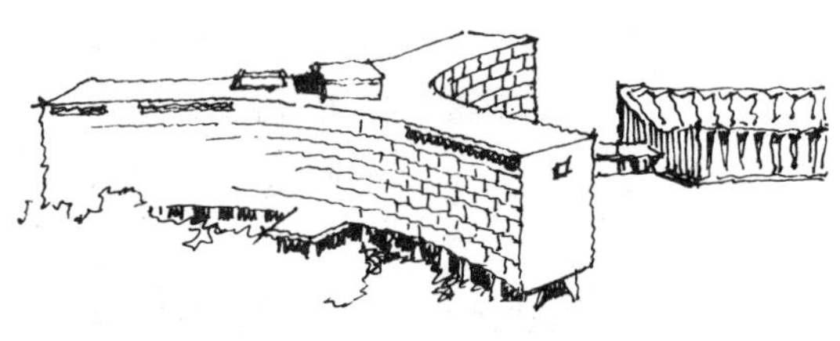

17．近代建筑打破机械呆板的对称格局，把附属建筑置于主体之外，如果连接得巧妙，同样也可以借体量上的对比变化而达到主从分明、有机统一。

18．由莱特设计的纽约古根哈姆美术馆。平面系由大、小两个圆形所组成。右侧的陈列厅是建筑物的主体，不仅体量高大而且室内空间处理也极富变化，这就自然地形成为整个建筑物的重点和中心，其它部分对于它来讲，均处于从属地位，起着烘托重点的作用。

古根哈姆美术馆底层平面图

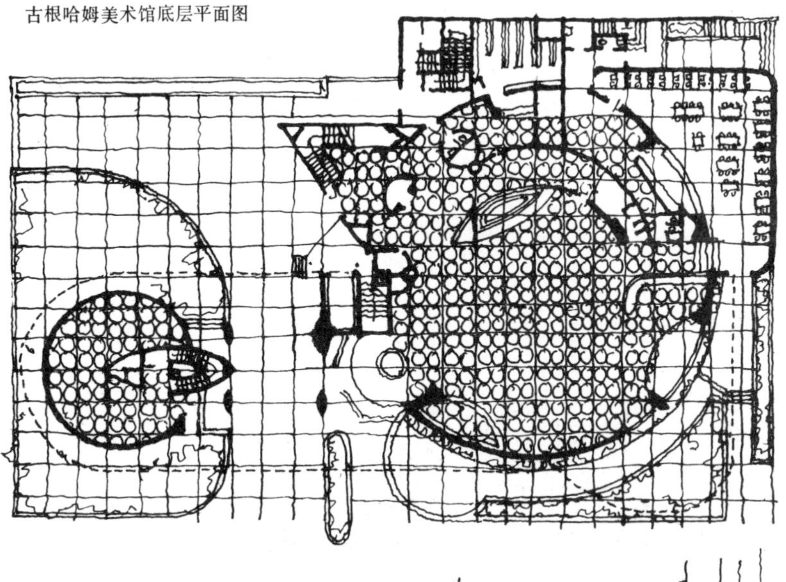

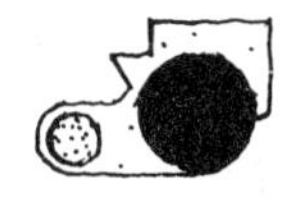

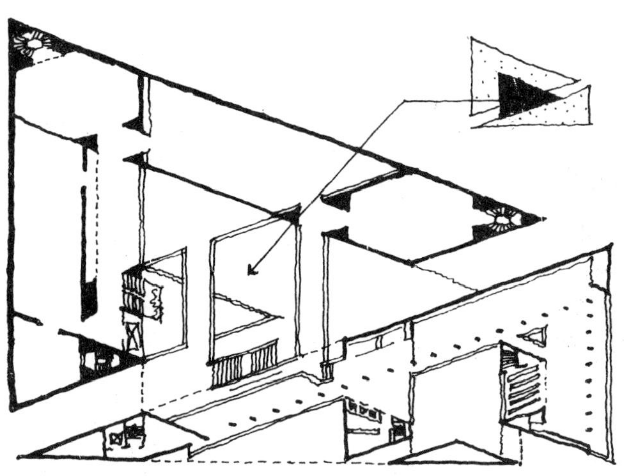

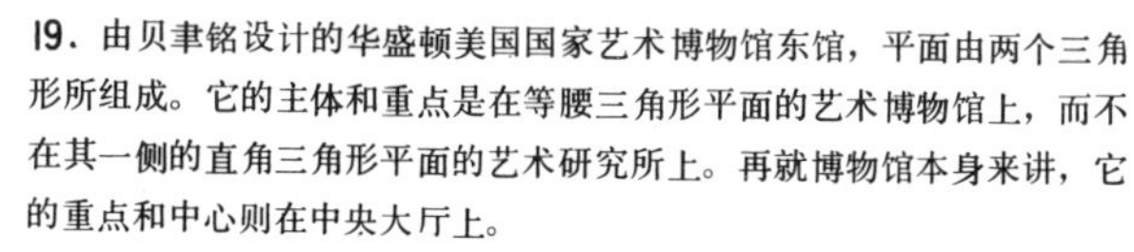

19．由贝聿铭设计的华盛顿美国国家艺术博物馆东馆，平面由两个三角形所组成。它的主体和重点是在等腰三角形平面的艺术博物馆上，而不在其一侧的直角三角形平面的艺术研究所上。再就博物馆本身来讲，它的重点和中心则在中央大厅上。

亚特兰大桃树中心广场旅馆室内水池及休息岛。

20．美国亚特兰大市桃树中心广场旅馆，公共活动部分分散布置在建筑物的1～6层，为了突出重点，设有一个比较集中的室内庭园作为旅客活动中心。该中心环绕着通往客房（70层）的圆形平面电梯间的四周布置，设有水池及休息岛，并以此形成趣味中心来吸引旅客。

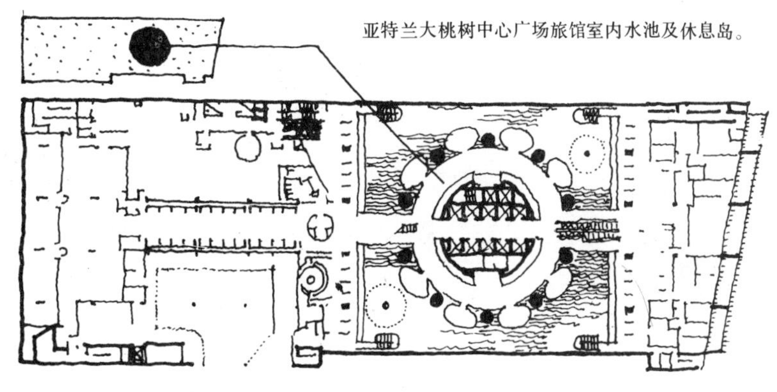

关于均衡与稳定的问题［67］

处于地球引力场内的一切物体，如果要保持平衡、稳定，必须具备一定的条件：例如象山那样下部大上部小；象树那样向四周对应地出杈；象人那样具有左右对称的体形；象鸟那样具有双翼……自然界这些客观存在既然不可避免地要反映于人的感官，就必然会给人以启示：凡是符合于上述条件的，就会使人感到均衡和稳定，而违反这些条件的，就会使人产生畸重畸轻、即将倾覆和不安定的感觉。

1．山和树表现为一种静态的均衡和稳定，靠的是接近地面的部位大而重；下端粗上端细的树干的支承；向四面八方对应地出杈等，这些都会使人联想到方尖锥形的金字塔、古典柱式的收分、各种对称形式的格局。

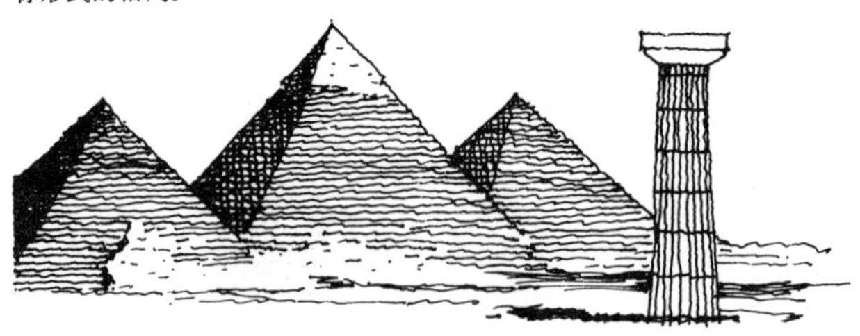

2．均衡与稳定的概念除了来自自然的启示外，还和人类的认识发展有着密切的联系。这就是说它不只是停留在对自然形式作简单的模仿，而且还通过理性活动作出合乎力学原理的推论：

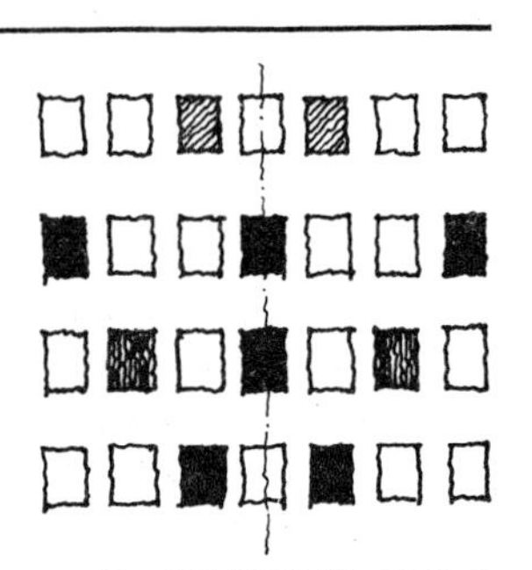

① 沿中线两侧作对应处理，将可以形成均衡的图案。

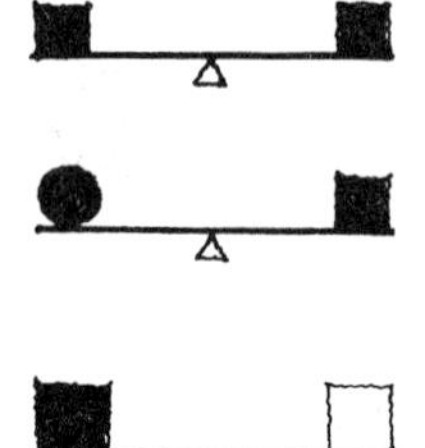

②支点位于中点，左右两侧同形等量，可形成绝对对称的平衡。

③支点位于中点，左右两侧等量而不同形，可形成基本对称的平衡。

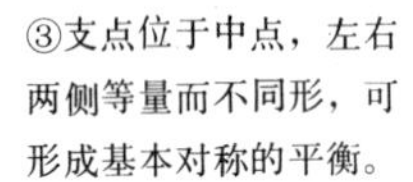

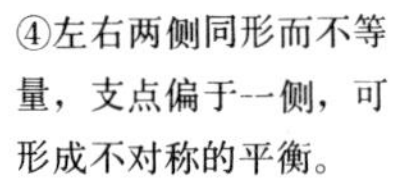

④左右两侧同形而不等量，支点偏于一侧，可形成不对称的平衡。

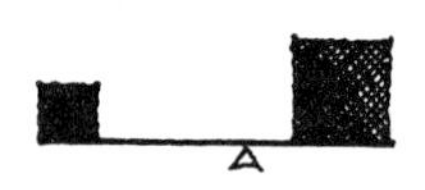

⑤左右两侧既不同形又不等量，支点偏于一侧，可形成不对称的平衡。

⑥以上所述都是在同一个平面内形成平衡的必要条件，如果从空间的范畴来研究物体的平衡问题，则应当同时考查沿X面与Y面（这两个面互相垂直）是否都具备平衡条件，只有这样，才能使物体在空间内保持平衡。

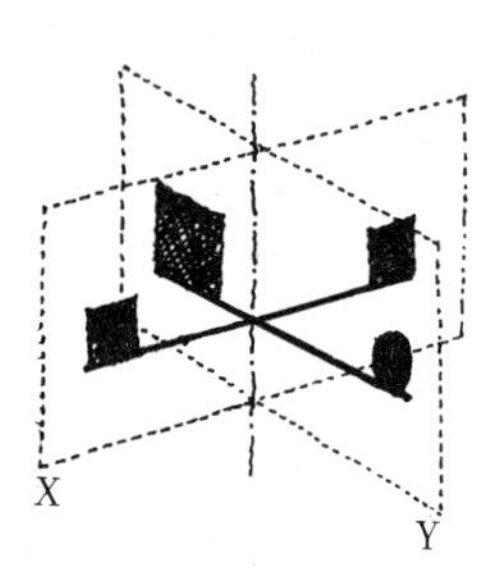

3．除了静态均衡外，有些物体则是依靠运动来求得平衡的。例如旋转着的陀螺、展翅飞翔的鸟、行驶着的自行车……等，这种平衡称之为动态平衡。在建筑领域中，采用砖石结构的西方古典建筑，多遵循静态均衡的原则；随着结构技术的发展和进步，动态均衡对于建筑处理的影响将日益显著。

A、行驶着的自行车

B、展翅飞翔的蝙蝠

C、旋转着的陀螺

D、奔驰的鹿

E、动态均衡的图案

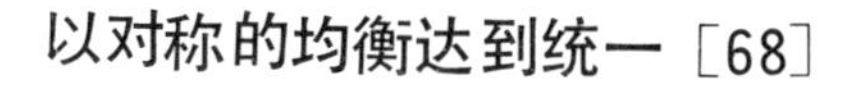

以对称的均衡达到统一［68］

对称形式的格局天然就是均衡的。另外，由于这种形式沿中轴线两侧必须保持严格的制约关系，因而凡是对称的形式都比较容易获得统一性，古今中外的许多著名建筑都因对称而达到了完整统一。然而对称也有它的局限性，特别是在功能要求日趋复杂的情况下，对称的形式往往与功能相矛盾，因而在今天通常只有极少数建筑适合于采用对称的形式。

2．西方古典建筑，也非常注重对称形式的运用，一直延续到近代，某些纪念性建筑还因对称形式格局而具有均衡的外观和庄严雄伟的气氛。

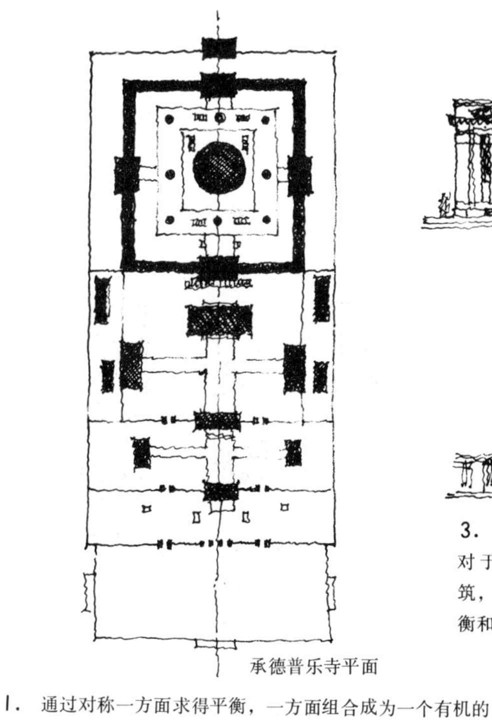

承德普乐寺平面

1．通过对称一方面求得平衡，一方面组合成为一个有机的整体，这是我国古典建筑优良的传统之一，特别是对于宗教、陵墓、宫殿等建筑，通过对称尚可获得庄严、肃穆的气氛。

全国农业展览馆综合馆立面图

3．在当前的某些建筑实践中，对于少数功能要求不严格的建筑，依然可以通过对称而求得均衡和稳定。

4．国外新建的某些政府办公楼建筑，尽管功能要求较复杂，若设计得巧妙还是可以以对称式的均衡而获得庄严的气氛。

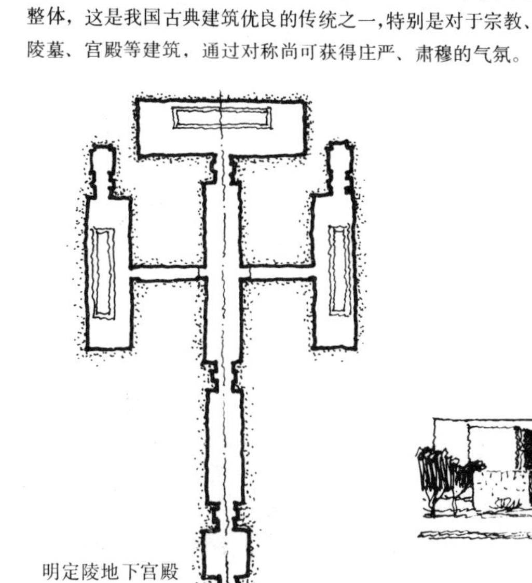

明定陵地下宫殿

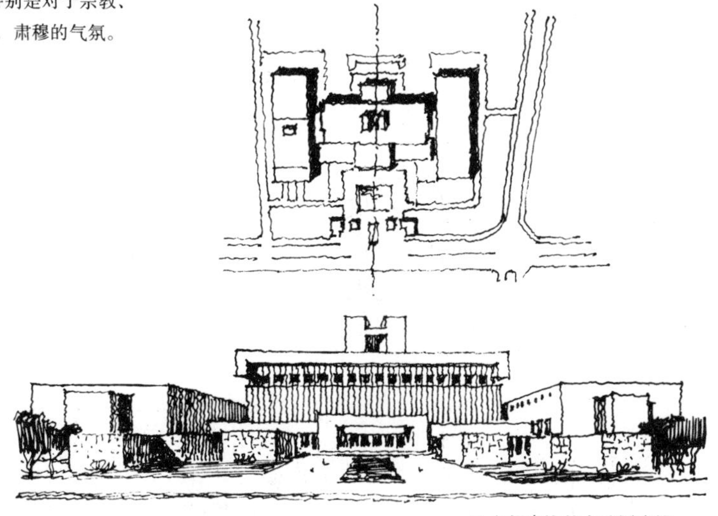

日本新建的某市政厅建筑

以不对称的均衡达到统一［69］

尽管对称的形式天然就是均衡的，但是由于功能、地形、建筑物性格等各方面因素的限制，许多建筑都不适合于采用对称的形式，于是就出现了非对称形式的均衡。这种形式的均衡同样体现出各组成部分之间在重量感上的相互制约关系，因而也是达到统一的一种手段。

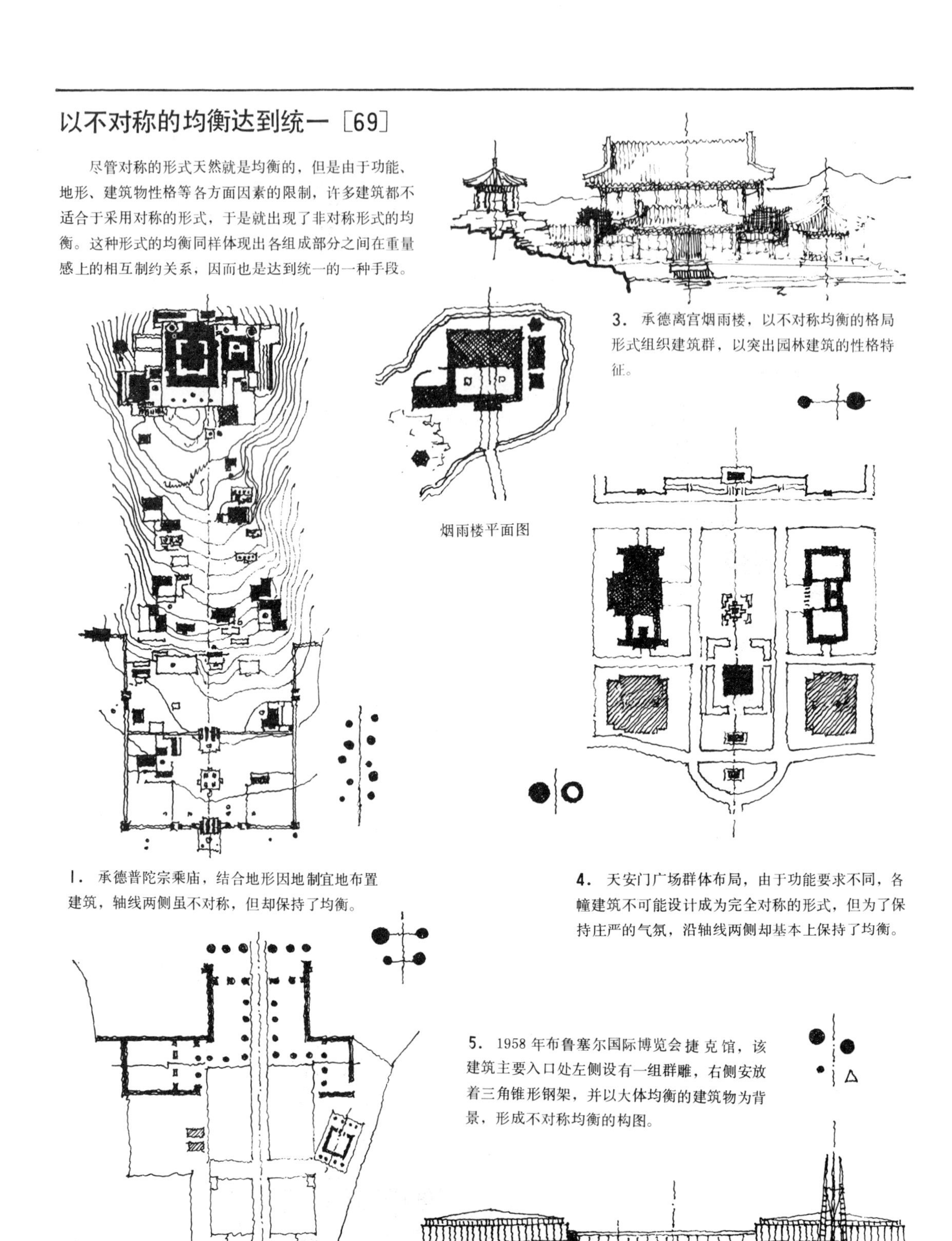

烟雨楼平面图

3．承德离宫烟雨楼，以不对称均衡的格局形式组织建筑群，以突出园林建筑的性格特征。

1．承德普陀宗乘庙，结合地形因地制宜地布置建筑，轴线两侧虽不对称，但却保持了均衡。

4．天安门广场群体布局，由于功能要求不同，各幢建筑不可能设计成为完全对称的形式，但为了保持庄严的气氛，沿轴线两侧却基本上保持了均衡。

5．1958年布鲁塞尔国际博览会捷克馆，该建筑主要入口处左侧设有一组群雕，右侧安放着三角锥形钢架，并以大体均衡的建筑物为背景，形成不对称均衡的构图。

2．雅典卫城山门，沿轴线两侧的建筑并不对称，但却保持了均衡。

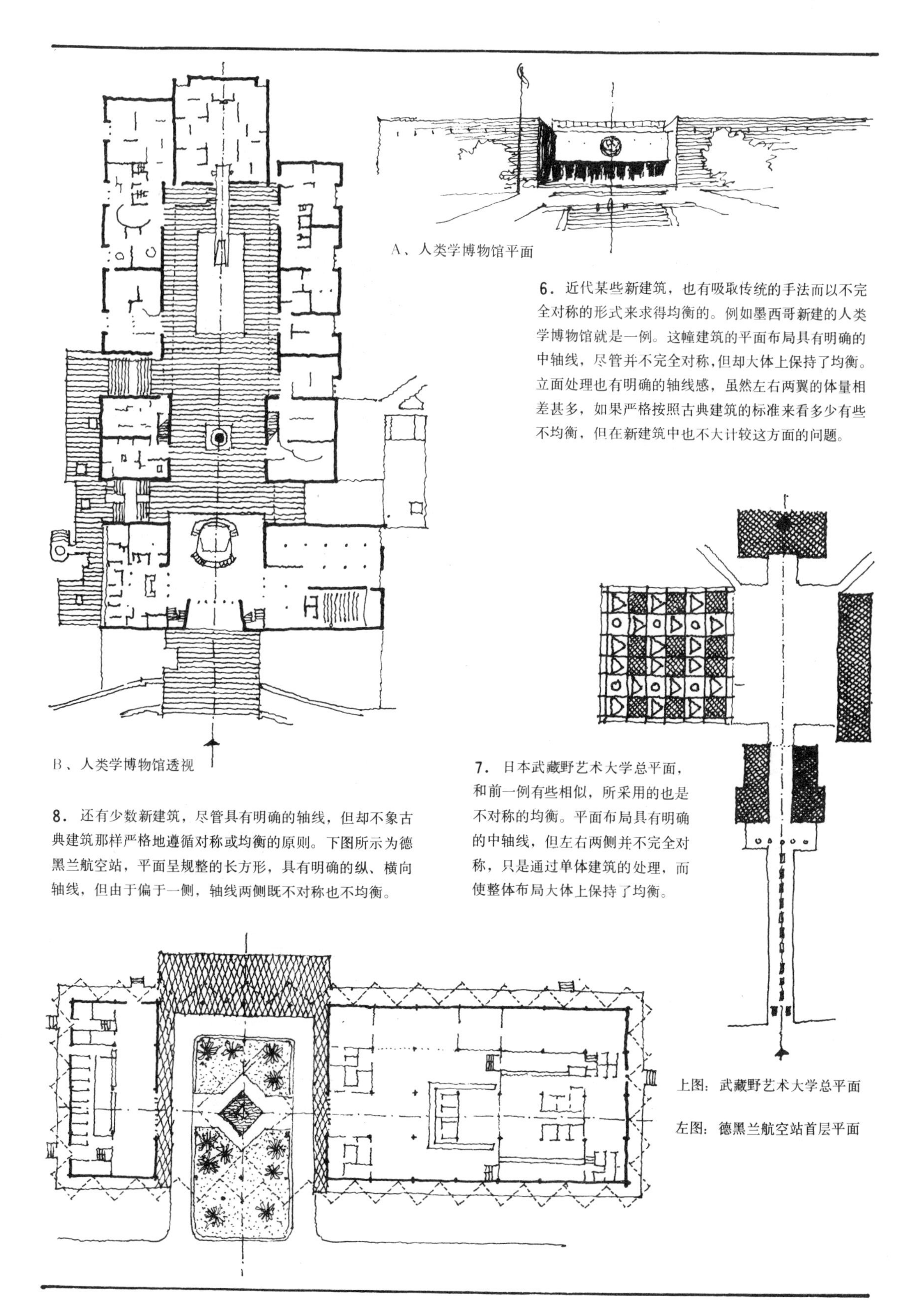

A、人类学博物馆平面

6. 近代某些新建筑，也有吸取传统的手法而以不完全对称的形式来求得均衡的。例如墨西哥新建的人类学博物馆就是一例。这幢建筑的平面布局具有明确的中轴线，尽管并不完全对称，但却大体上保持了均衡。立面处理也有明确的轴线感，虽然左右两翼的体量相差甚多，如果严格按照古典建筑的标准来看多少有些不均衡，但在新建筑中也不大计较这方面的问题。

B、人类学博物馆透视

7. 日本武藏野艺术大学总平面，和前一例有些相似，所采用的也是不对称的均衡。平面布局具有明确的中轴线，但左右两侧并不完全对称，只是通过单体建筑的处理，而使整体布局大体上保持了均衡。

8. 还有少数新建筑，尽管具有明确的轴线，但却不象古典建筑那样严格地遵循对称或均衡的原则。下图所示为德黑兰航空站，平面呈规整的长方形，具有明确的纵、横向轴线，但由于偏于一侧，轴线两侧既不对称也不均衡。

上图：武藏野艺术大学总平面

左图：德黑兰航空站首层平面

两向均衡与动态均衡［70］

如果说古典建筑往往着重从一个方向——正前方来考虑建筑的均衡问题，那么近代建筑却更多地考虑到从各个方向来看建筑的均衡问题；如果说建立在砖石结构基础上的古典建筑更多地是从静态均衡的观点来看待问题，那么近代建筑还往往从动态均衡的观点来看待问题。

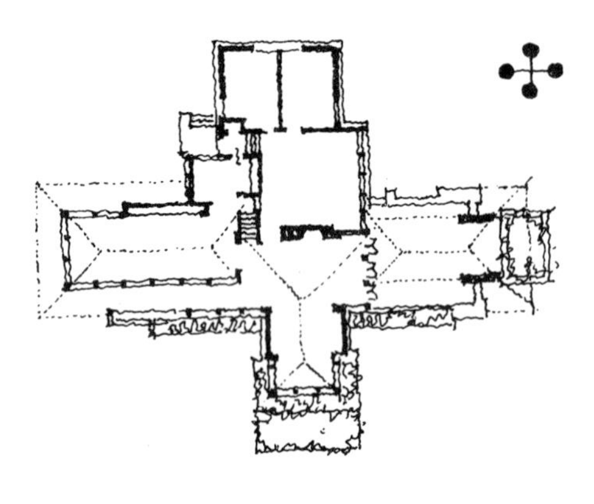

1．由莱特设计的劳勃茨住宅，平面呈“十”字形，无论从哪个角度看，建筑物的体量都能保持均衡，这正是由于它同时兼顾到正、侧两个方向的均衡问题。

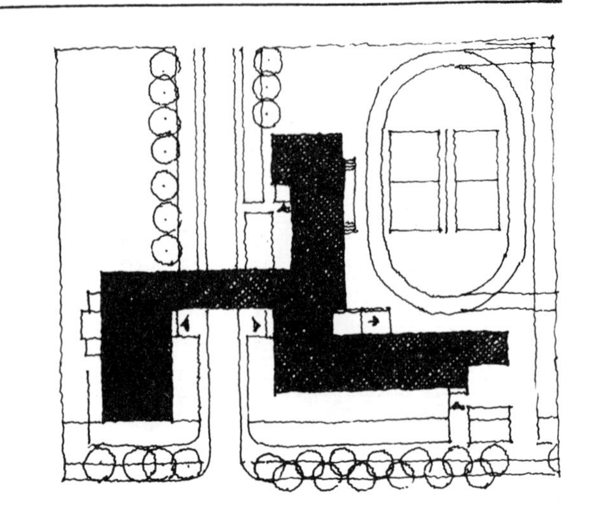

3．由格罗皮乌斯设计的包豪斯校舍，打破了古典建筑传统的束缚，体形组合极富变化，无论从哪一个角度看都具有良好的均衡关系，特别是风车形的平面更是明显地体现出动态均衡的某些特征。

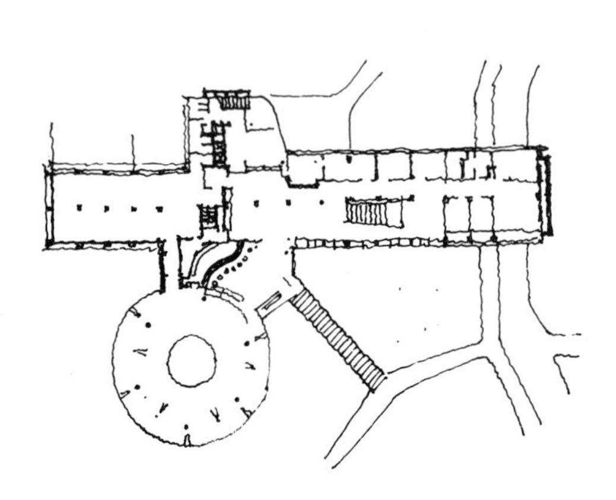

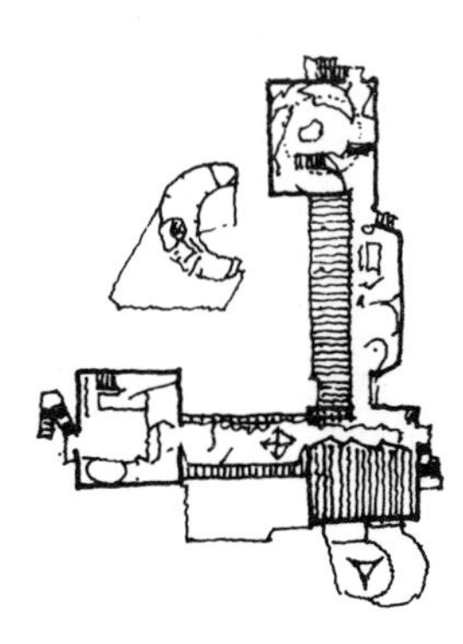

2．几内亚科纳克里旅馆，和前一个例子有某些相似之处，从纵向来看前面的餐厅和后面的电梯间一大一小，一虚一实，从而使平面构图保持了良好的均衡关系。

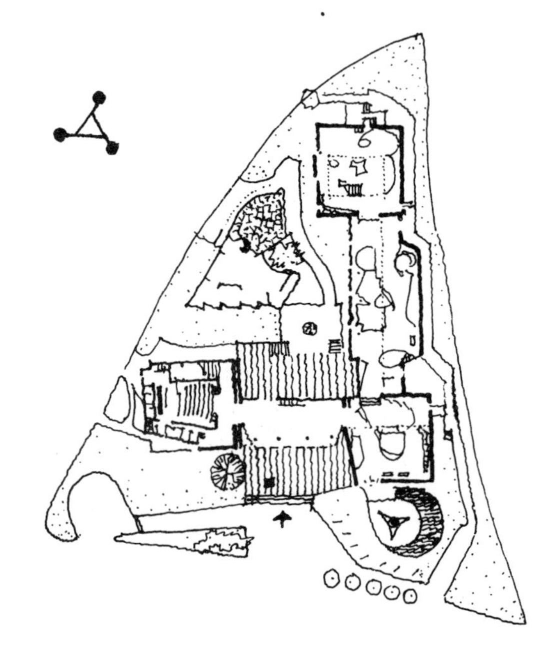

4．1958年布鲁塞尔国际博览会捷克馆，结合地形特点，布局自由活泼、并保持着均衡的关系，无论从哪一个角度看都具有良好的效果和活力，“L”形平面具有动态均衡的某些特征。

5. 由莱特设计的古根哈姆美术馆，螺旋形状的展厅上部大下部小，并且偏于建筑物的一侧，如果用评价古典建筑的观点来看，既不稳定又不均衡。但如果联系到近代技术的发展，特别是从动态均衡的观点来看则全然没有上述的缺陷，相反倒可以使人感受到一种活力。

A、巴西总统府附近的小教堂

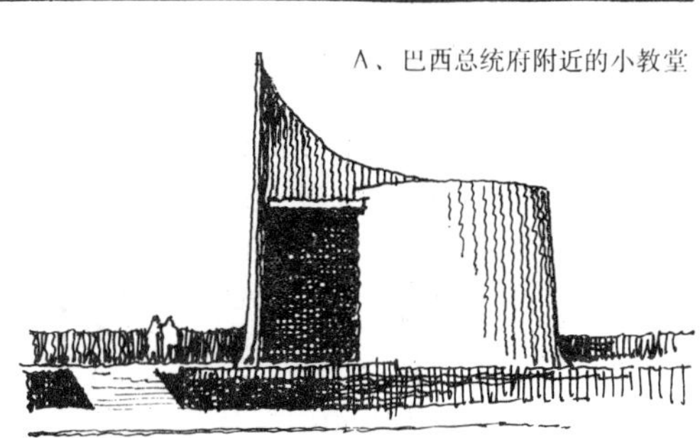

6. 建筑师尼迈亚的许多作品，由于成功地运用了曲线或螺旋形式，从而具有活力和流动感，这些都是属于动态均衡的范畴。

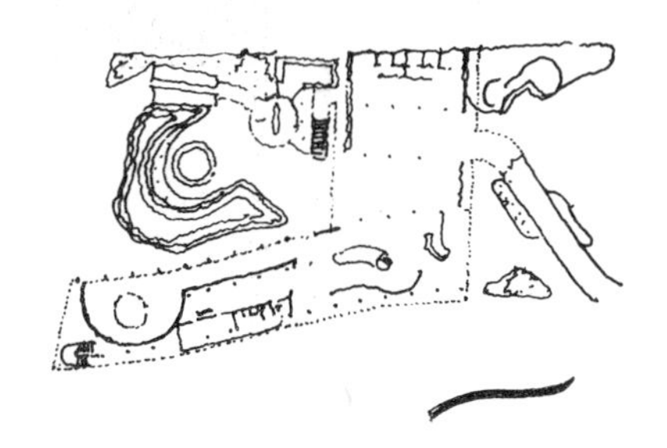

B、1933年世界博览会巴西馆

7. 纽约肯尼迪机场候机楼，针对建筑物的功能特点，设计人以象征主义的手法把建筑物体形处理成为展翅欲飞的鸟，该建筑外观尽管上大下小，但却没有不稳定的感觉，这正是由于它所具有的动态均衡所致。

8. 由伍重所设计的澳大利亚悉尼歌剧院，该建筑伸向水中，为与环境取得有机联系，采用了三组方向相反的薄壳作为屋顶结构，既保持了均衡，又有强烈的动态感。

9. 朝鲜民主主义共和国千里马纪念碑，微向前倾的碑身表现出一种活力，与雕塑相配合十分形象地象征着朝鲜人民奋勇建设社会主义的跃进步伐。

关于对比与微差问题［71］

一个有机统一的整体，各种要素除按照一定秩序结合在一起外，必然还有各种差异，对比与微差所指的就是这种差异性。对比指显著的差异，微差指不显著的差异。就形式美来讲，这两者都是不可缺少的。对比可以借相互之间的烘托、陪衬而突出各自的特点以求得变化；微差可以借彼此之间的连续性以求得谐调。只有把这两者巧妙地相结合，才能获得统一性。

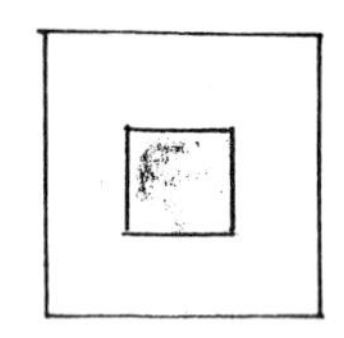

1．两块同等明暗的灰色调，处于浅色背景中显得暗一些；处于深色背景中显得亮一些，同一对象由于所处的环境不同，使人产生不同的感觉，这正是利用明暗对比所造成的结果。

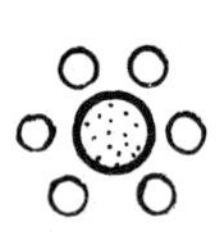

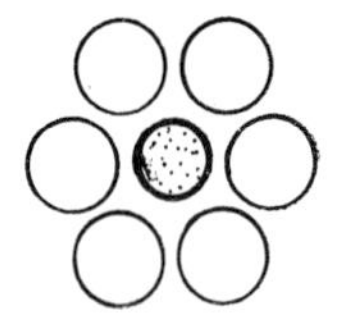

2．大小相等的两个圆，处于小圆包围之中的显得大一些；处于大圆包围之中的显得小一些，同一对象由于所处的环境不同，使人产生不同的感觉，则是利用大小对比所造成的结果。

3．对比与微差是两个互相联系着的概念，前者表现为突变，后者表现为渐变。例如以色调来讲以黑与白作为两个极，黑与白表现为对比关系，在黑与白之间可以由若干个由浅到深逐渐变化的中间色调，相邻的中间色调由于变化很小则表现为微差的关系。如果说微差之间具有连续性，而对比则意味着连续性的中断，凡是中断出现的地方就会产生引人注目的突变。

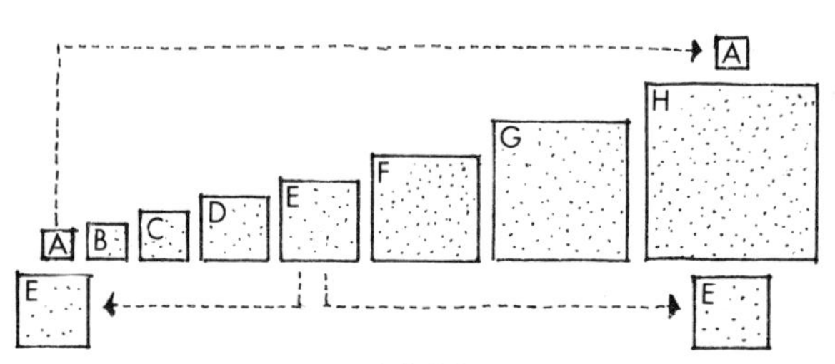

4．大与小的关系也是这样，凡能保持连续性的变化表现为微差，而连续性的中断——如A、E，E、H，A、H那样，则出现对比。

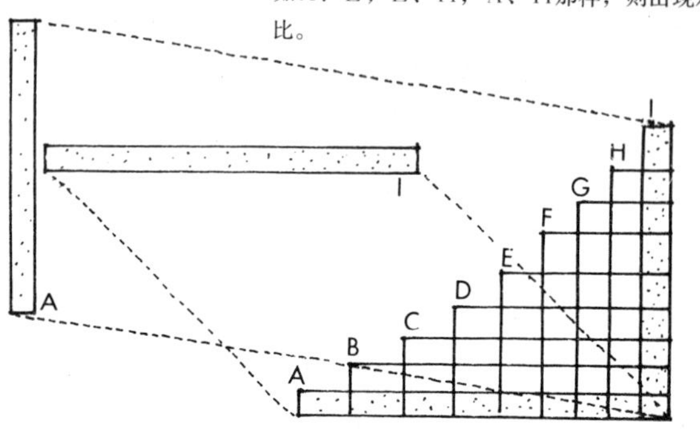

5．上图所示为方向的对比与微差关系，图中依次排列着长宽比例各不相同的长方形，能够保持连续性变化的是微差，不能保持连续性变化的——如A与I则表现为对比。

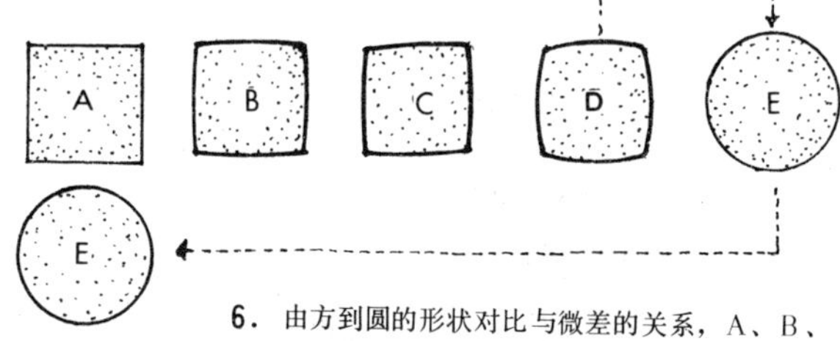

6．由方到圆的形状对比与微差的关系，A、B、C、D具有连续性，表现为微差，D与E或E与A则表现为对比。

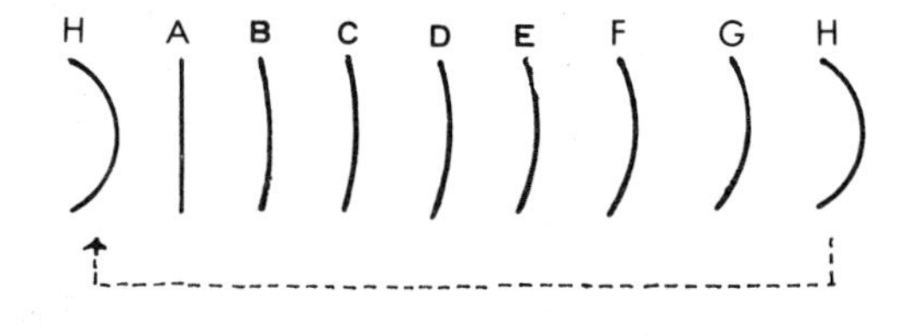

7．上图所示为直线与曲线的对比与微差关系，A、B、C……H之间保持连续性变化表现为微差，积微差而出现突变——A与H则表现为对比。

以对比与微差求得统一［72］

在建筑设计领域中——无论是整体还是细部、单体还是群体、内部空间还是外部体形，为了破除单调而求得变化，都离不开对比与微差手法的运用。对比与微差只限于同一性质的差别之间，具体到建筑设计领域，主要表现在以下几个方面：

①大与小之间：例如空间体量的大小，门窗的大小，细部装修的大小……等；

②不同形状之间：例如房间的形状、门窗的形状，建筑体形的变化……等；

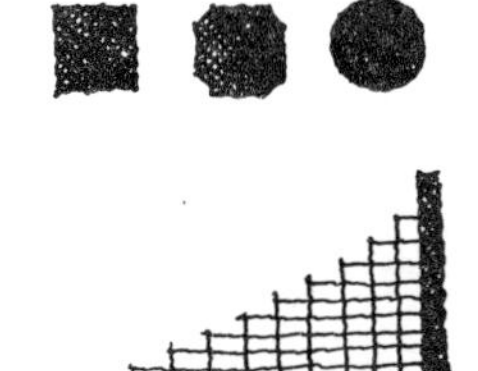

③不同方向之间：例如房间轴线的变换，水平与垂直线条的交错，外部体形组合等；

④直与曲之间：主要指体形及内外檐装修；

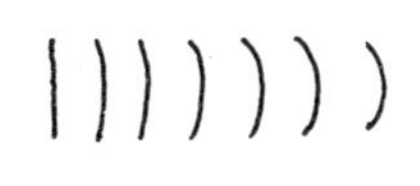

⑤虚与实之间：主要指开窗与墙面处理；

⑥不同色彩或质感之间：主要指内外檐装修。

2．圣·索菲亚教堂，以半圆形栱作为立面组合要素，大小相间、配置得宜，既有对比又有微差，构成了一个和谐统一又富有变化的有机统一的整体。

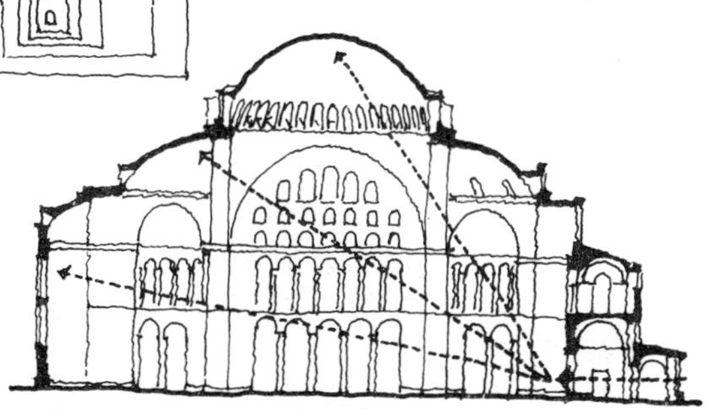

3．同前建筑，以极小的圆窗、低矮的前廊与巨大的室内空间相对比，当人们经过前廊进入大厅时，便顿觉宏伟开朗。

1．高直教堂的内檐装修，运用大小不同的尖拱进行组合，充满了对比与微差，既和谐统一又富有变化。特别是以极小的拱窗而衬托出高大的空间体量，更能借对比而显示出宏大的尺度感。

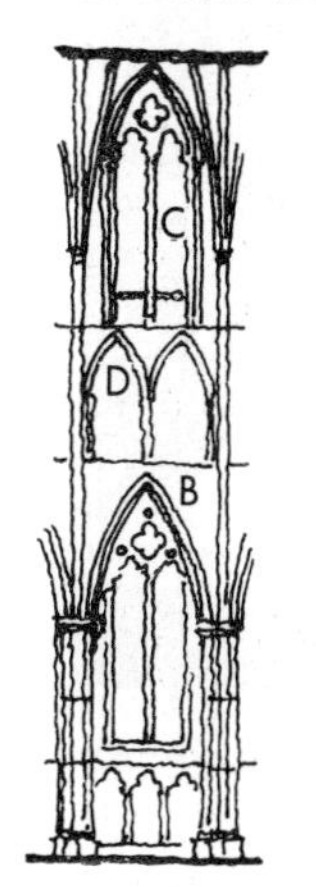

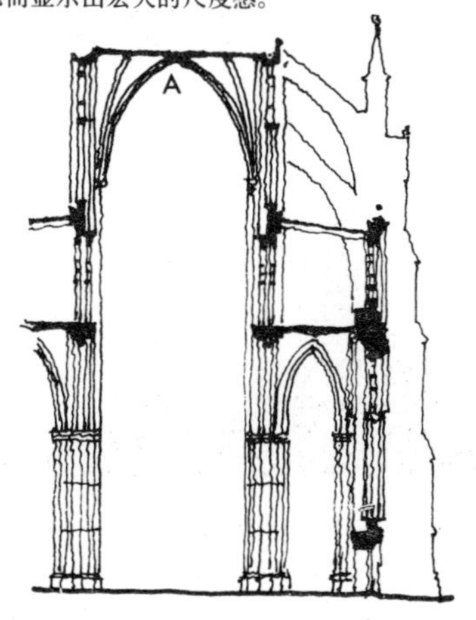

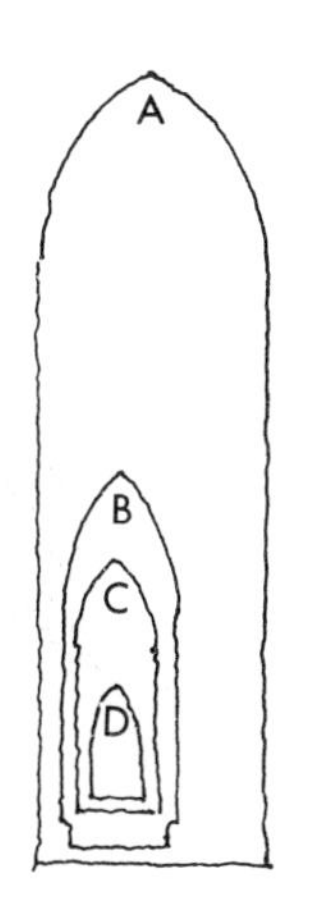

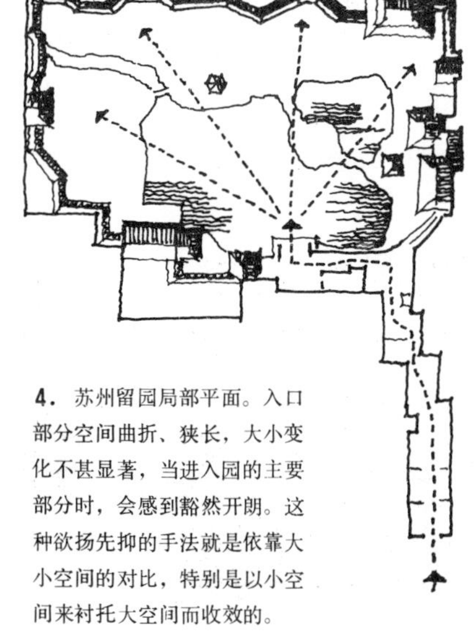

4．苏州留园局部平面。入口部分空间曲折、狭长，大小变化不甚显著，当进入园的主要部分时，会感到豁然开朗。这种欲扬先抑的手法就是依靠大小空间的对比，特别是以小空间来衬托大空间而收效的。

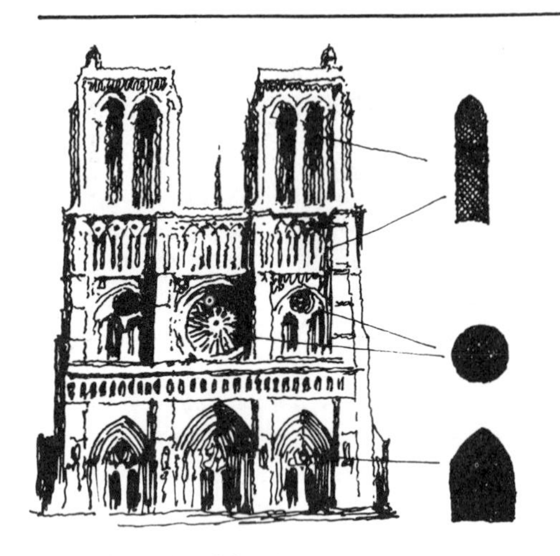

5．巴黎圣母院。依靠门窗在形状上的对比与微差，而使得整个立面处理既和谐统一又富有变化。

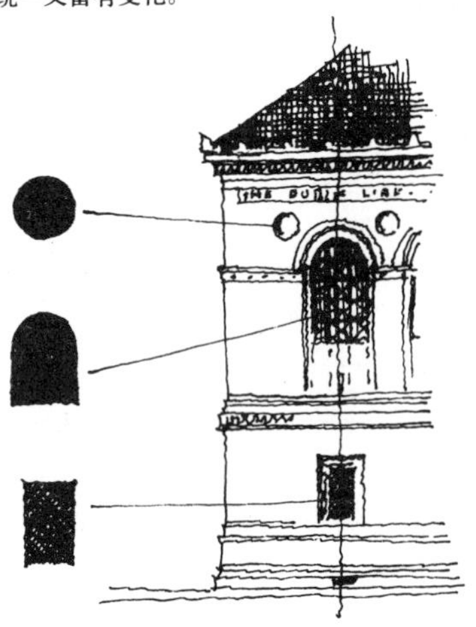

6．波士顿某公共图书馆立面片断，利用方窗、半圆形窗、圆形装饰之间的对比与微差关系，来达到立面处理的统一与变化。

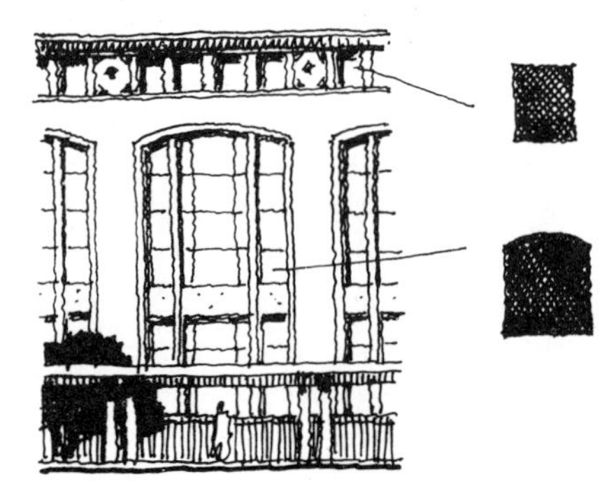

7．北京火车站立面片断。利用方窗、弧形拱窗的对比与变化以丰富建筑物的立面处理。

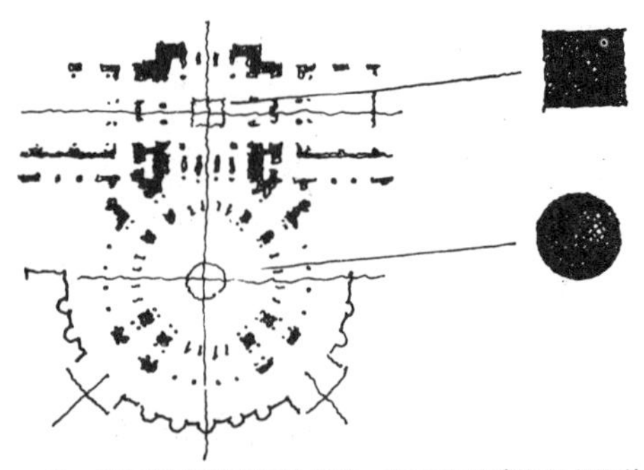

8．平面是内部空间的反映，在不妨碍功能要求的前提下，可以有意识地变换空间的形状，以求得对比与变化。

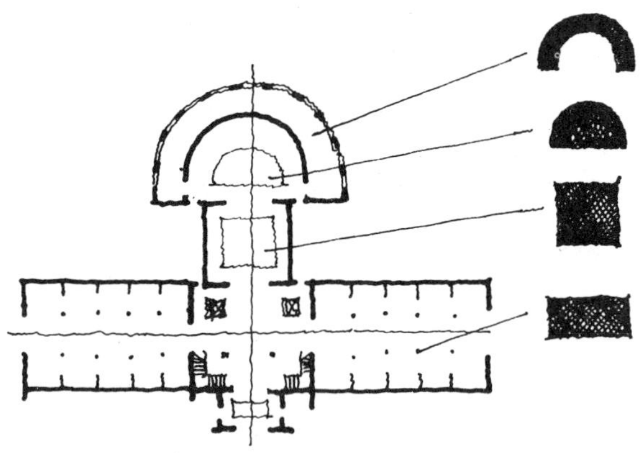

9．中国美术馆局部平面。充分利用建筑物的功能特点，交替地变换房间的形状，通过不同空间形状的对比以求得变化。

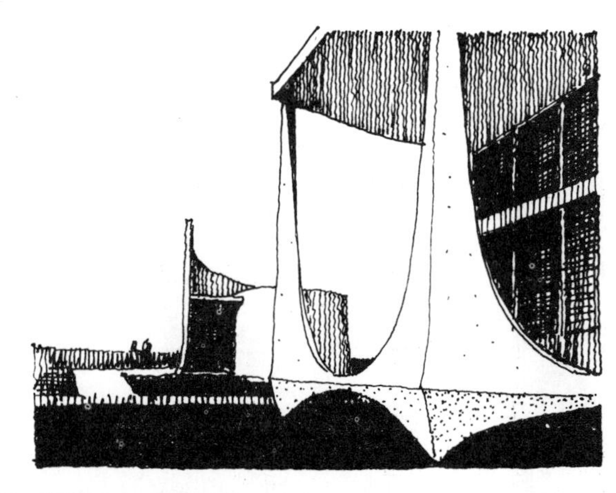

10．利用形状的对比与微差以求得变化，这是一个普遍适用的原则，古今中外的建筑都不例外，只不过在国外近现代建筑中这种手法运用得更灵活一些，即不仅限于方、圆等简单的几何形状，而且还通过其它一些形状之间的对比与微差关系的处理以求得多样性的变化。

希腊帕提农神庙外观

11．方向的对比与变化也是充斥于建筑处理的各个方面的。梁与柱就表现为水平与垂直的强烈对比，其次如竖向的棱线与横向的眉线以及各种细部处理都可借方向的对比而取得效果。

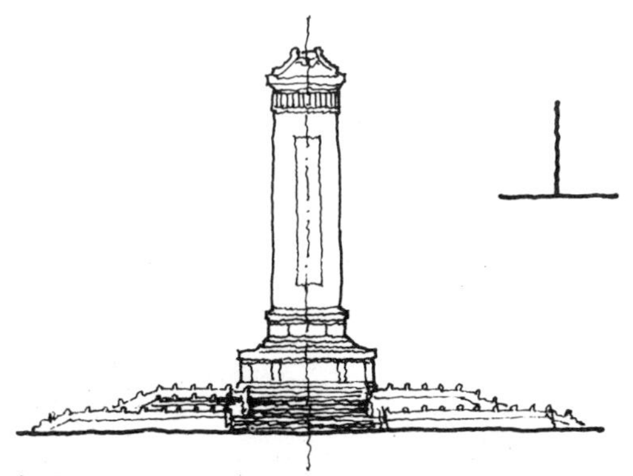

12．人民英雄纪念碑。高耸的碑身借平卧的台基的对比作用而显得更加雄伟高大。另外，各种线脚、装饰等细部处理也充满了水平与垂直两个方向的对比与变化。

13．罗马尼亚派拉旅馆。竖向的高层客房部分与横向的公共活动部分，构成体形组合上强烈的方向对比，从而取得了良好的效果。

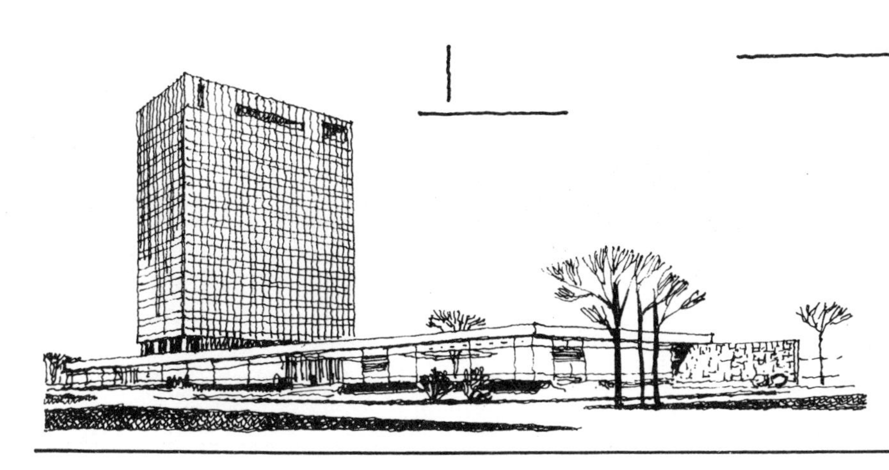

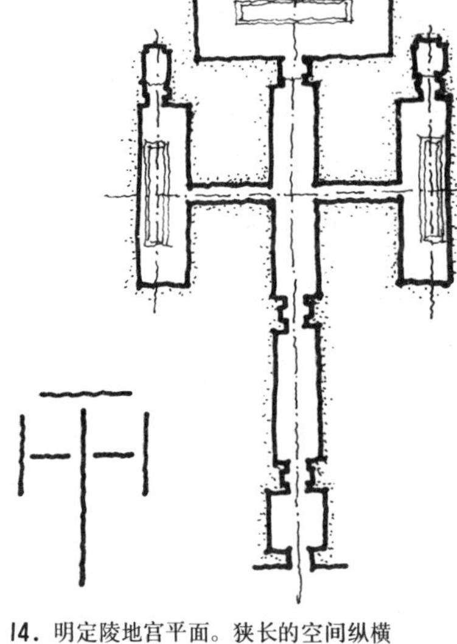

14．明定陵地宫平面。狭长的空间纵横交替布置，借方向的对比而求得变化。

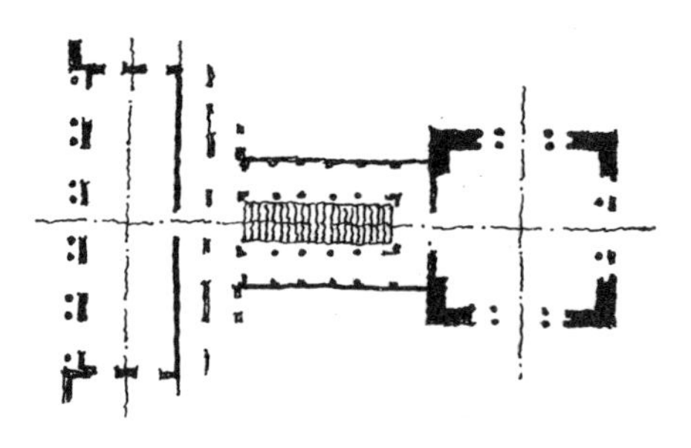

15．各主要空间的轴线纵横交错，借方向的对比与变化而取得统一的效果。

16．平面组合借助于墙的方向的对比与变化而获得交错的韵律感。

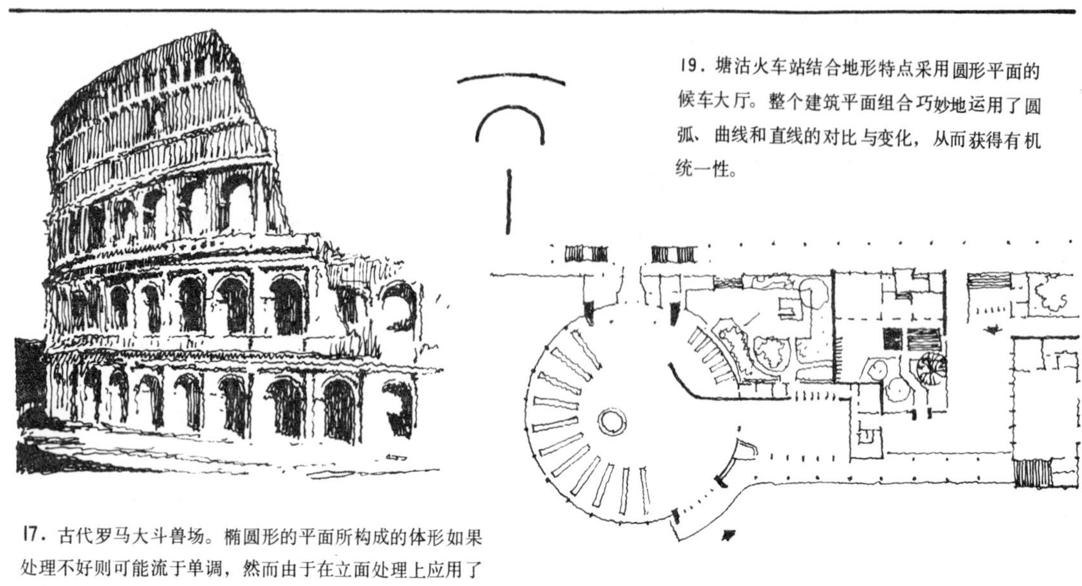

19. 塘沽火车站结合地形特点采用圆形平面的候车大厅。整个建筑平面组合巧妙地运用了圆弧、曲线和直线的对比与变化，从而获得有机统一性。

17. 古代罗马大斗兽场。椭圆形的平面所构成的体形如果处理不好则可能流于单调，然而由于在立面处理上应用了碹与柱相结合的形式，每一个开间都采用直线与弧线相对比，这样就大大地丰富了立面的变化。

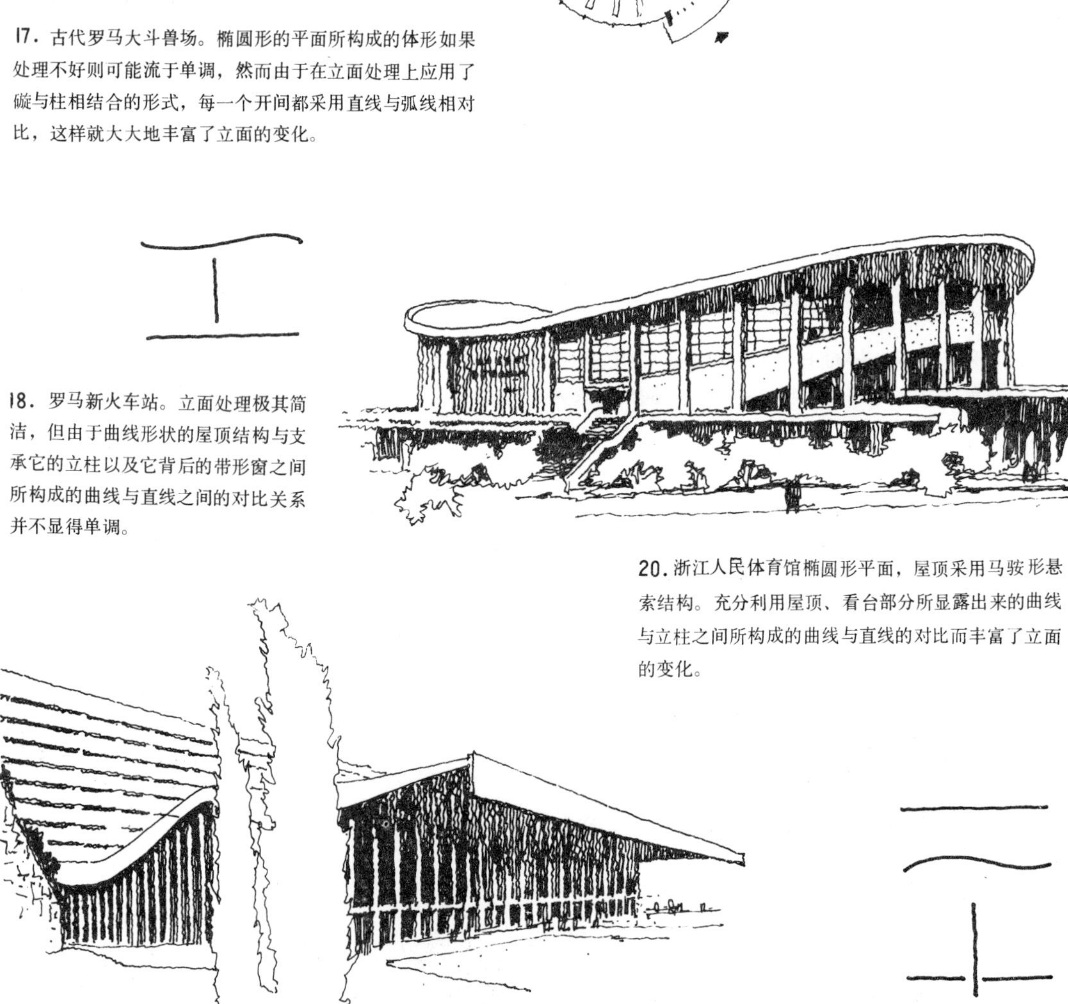

18. 罗马新火车站。立面处理极其简洁，但由于曲线形状的屋顶结构与支承它的立柱以及它背后的带形窗之间所构成的曲线与直线之间的对比关系并不显得单调。

20. 浙江人民体育馆椭圆形平面，屋顶采用马鞍形悬索结构。充分利用屋顶、看台部分所显露出来的曲线与立柱之间所构成的曲线与直线的对比而丰富了立面的变化。

21. 建筑物的表面不外由两类不同的要素所组成，一类是透空的孔、洞、窗、廊；另一类是坚实的墙、垛、柱，前者表现为虚，后者表现为实。巧妙地处理这两部分的关系，就可以借虚与实的对比与变化而取得良好的效果。下图所示为我国传统形式的建筑文津阁，以大面积实的山墙与门洞、槅扇、前廊等构成虚实对比的关系，而使建筑具有生动活泼的外观。

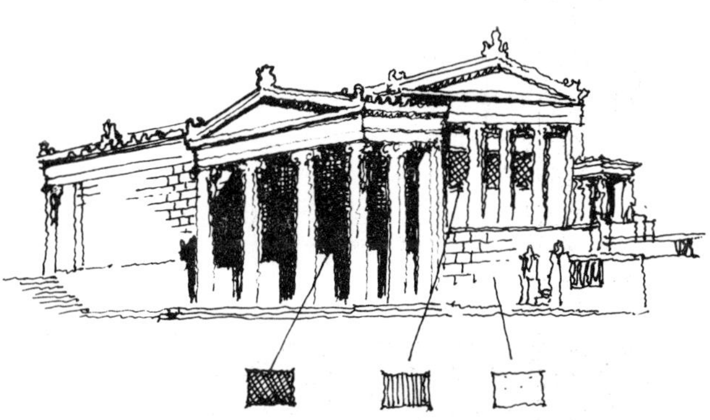

22. 西方古典建筑也是这样，上图所示为古希腊伊瑞克先神庙，以实的墙面、台基、柱、山花等与虚的空廊、窗形成强烈的虚实对比关系，极大地丰富了立面的变化。

23. 近现代建筑有的利用功能的特点，有的利用科学技术的成就，而使开窗的多少与形式的变化更加灵活多样，这就有可能产生极强烈的虚实对比关系。右图所示不仅上下两部分虚实对比极为强烈，而且上半部分本身又以大片的实墙与狭长的窗构成强烈的虚实对比。

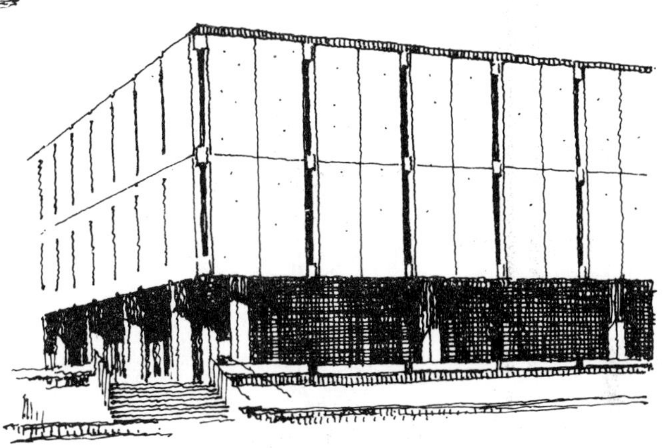

24. 下图所示为坦桑尼亚国会大厦，由于功能特点及气候条件，实墙面积很大而开窗极小，虚实对比极为强烈。

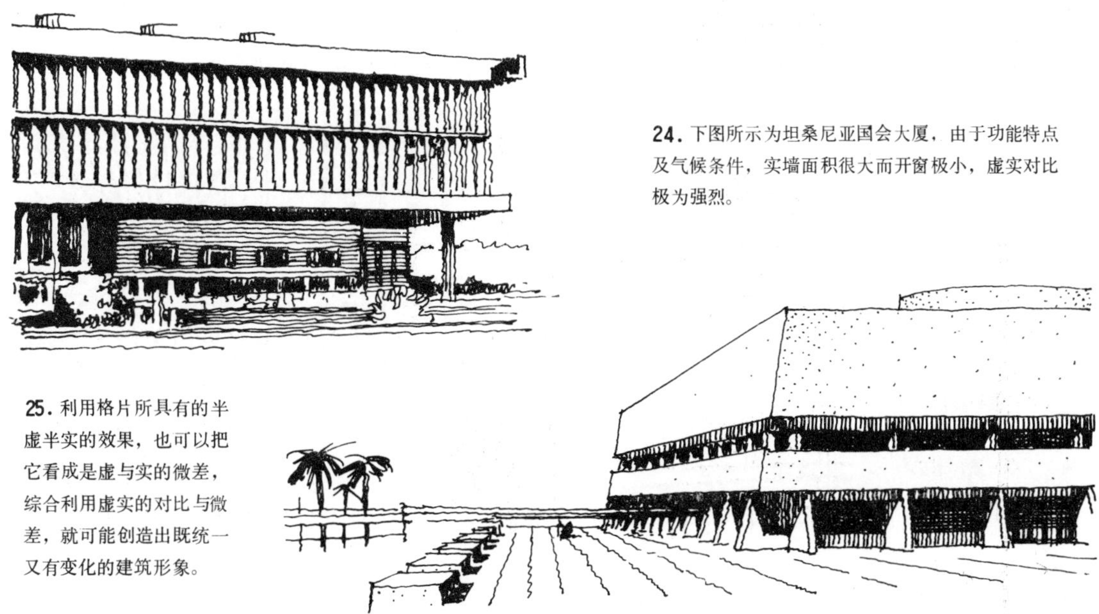

25. 利用格片所具有的半虚半实的效果，也可以把它看成是虚与实的微差，综合利用虚实的对比与微差，就可能创造出既统一又有变化的建筑形象。

关于韵律问题［73］

自然界中许多事物和现象，往往由于有规律地重复出现或有秩序的变化而激发人们的美感，并使人们有意识地加以模仿和运用，从而出现了以具有条理性、重复性、连续性为特征的韵律美。例如音乐、诗歌中所产生的节奏感，某种图案，纹样的连续和重复，都是韵律美的一种表现形式。下面不妨通过一些自然现象来说明什么是韵律以及怎样才能形成韵律。

① 把一个石子投入水中，就会出现一圈圈起伏的波纹从中心向外扩展出去，这就是一种有规律的变化，具有某种韵律感。

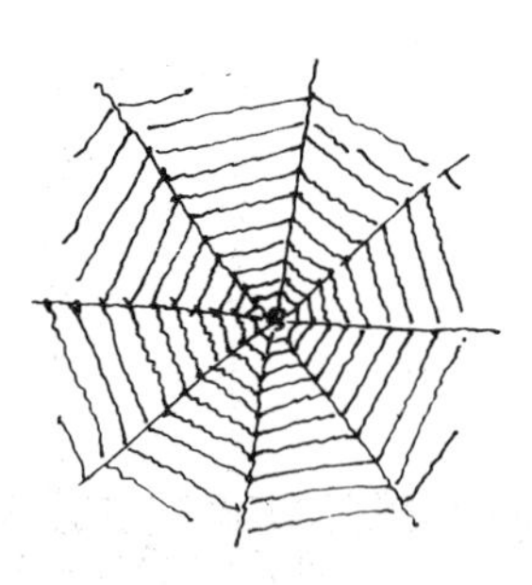

② 和上述现象相似的是蜘蛛所结的网——一种呈八角形、由中心向外逐层扩大的网。

③ 由同一形状但大小递增（或减）的六个部分结合成的树叶，具有一种渐变的韵律感。另外每片叶子上的叶筋也具有由短变长再由长变短的有规律的变化。

④ 由许多六角形结合在一起而形成的蜂窝，由于同一形状的不断重复，从而具有韵律感。

⑤ 各种编织物沿经纬两个方向互相交错、穿插，一隐一显，形成一种交错的韵律。

1．各种具有韵律感的现象例举：

2．自然现象虽然可以给人以启示，但是人是不会满足于对自然作简单的模仿的，而必然要经过再创造而产生各种形式具有韵律美的图案，这些图案概括起来可以有以下几种类型：

① 连续的韵律：以一种或几种要素连续重复地排列。

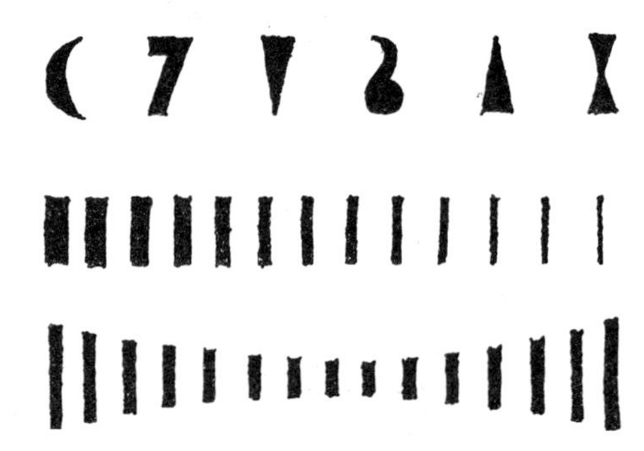

② 渐变的韵律：连续重复的要素按照一定的秩序或规律逐渐变化：例如逐渐加长或变短；变宽或变窄；增大或缩小，从而产生一种渐变的韵律。

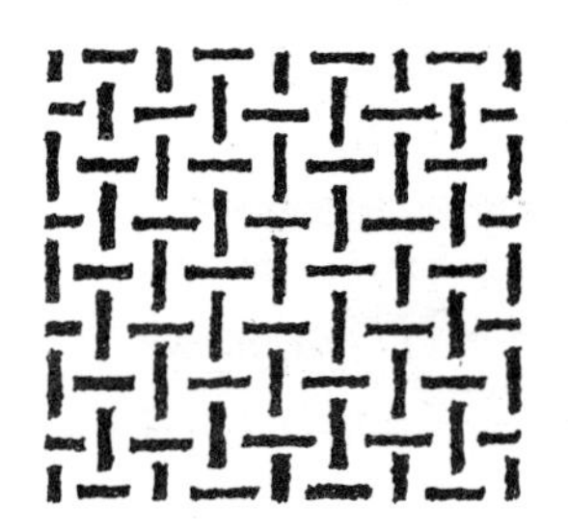

③ 交错的韵律：连续重复的要素相互交织、穿插，忽隐忽现而产生的韵律感。

④ 起伏的韵律：保持连续变化的要素时起时伏，具有明显起伏变化的特征而形成的某种韵律感。

通过韵律来加强统一性［74］

由于韵律本身具有极其明显的条理性、重复性、连续性，因而在建筑设计领域中借助于韵律处理既可以建立起一定的秩序，又可以获得各种各样的变化——就是说有助于获得有机统一性。关于这一点我们可以从韵律在建筑中运用的广泛性和普遍性——不论是整体或细部、内部空间或外部体形、单体或群体；也不论是古今中外的建筑——而得到有力的证明。

1. 长达数千米的古罗马输水道，共三层，分别以三种不同大小的半圆形拱碹重复连续地排列，具有连续的韵律感。

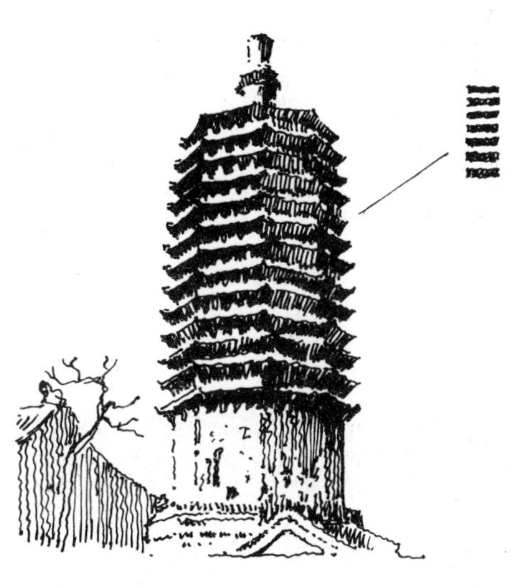

2. 我国古代的砖塔，逐渐收缩的层层出檐不仅具有渐变的韵律，而且还丰富了建筑物的外轮廓线变化。

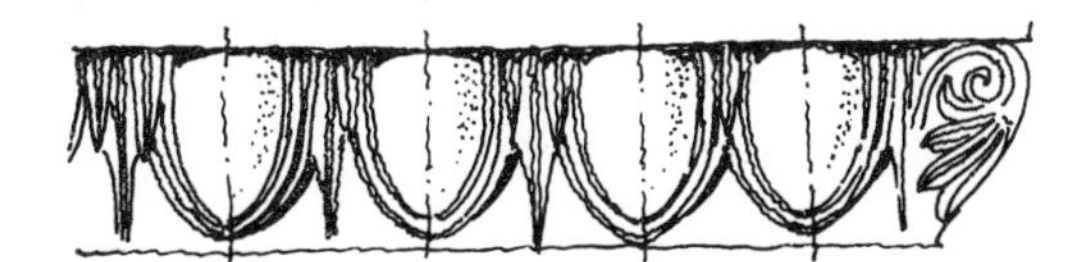

3. 以蛋与箭两种图案相间排列的建筑花饰，具有连续的韵律感。

4. 仿效植物的叶而创造出的建筑花饰，取对称形式，叶形基本相同，但大小却递增（或减），从而形成一种渐变的韵律。

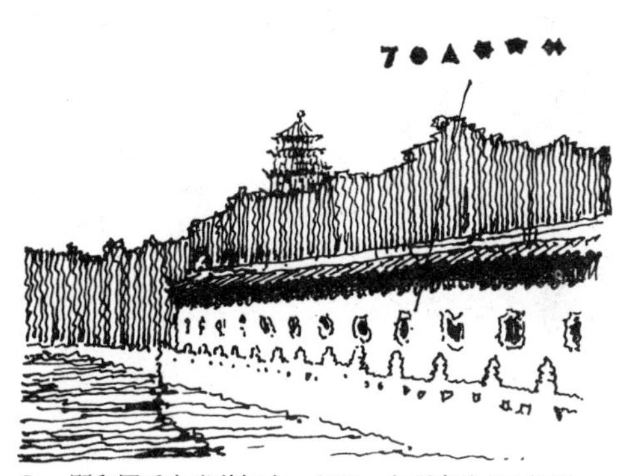

5. 颐和园乐寿堂前灯窗，每隔一定距离整齐地排列着，大小相等、形状各异，兼有连续和变化韵律的特征。

6. 以1与2对应排列的拱窗具有鲜明的韵律感。

7．高直教堂室内交叉的拱肋、1与2对应排列的尖碹，由于不断地连续重复而获得连续和交错的韵律。

10．在室内设计中运用连续韵律而取得和谐统一的效果。上图所示为剖面设计，下图所示为天花处理，两者均分别以某一种或几种要素的重复出现而具有某种韵律感。

8．和前例相似的是苏联地下铁道候车厅的室内装修处理——利用交叉拱、圆碹以及花饰，吊灯的连续重复地排列而形成连续的韵律。

11．苏军柏林纪念碑，以绿化与碑群的连续重复而形成的连续韵律，给人以无限深远的感觉。

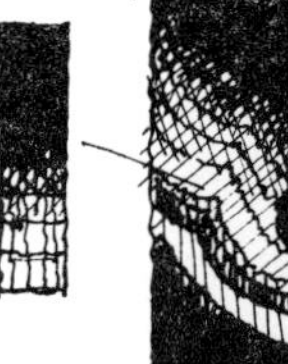

9．西安大雁塔，以大小与高度递减的圆碹与出檐交替重复出现，既取得了渐变的韵律感又满足了结构稳定的要求。

12．我国古建筑中彩画的退晕处理，运用色彩与明暗渐变的韵律以取得和谐悦目的效果。

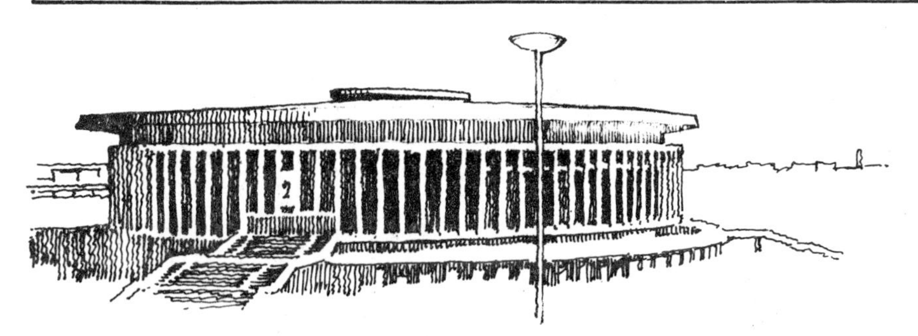

13. 上海市体育馆。由于建筑物基本体形为一圆柱体，因而立面上等距离排列的竖向格片就会产生由密而疏、复由疏而密的逐渐变化的韵律感。

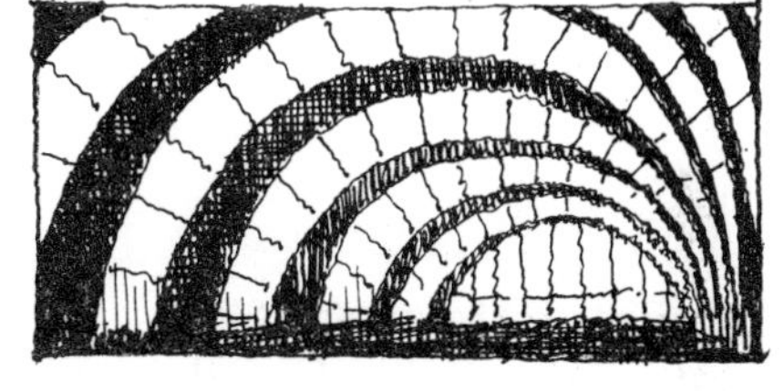

16. 国外某生产性建筑，利用结构与天窗的明暗对比关系形成一圈一圈如同水的波纹一样的韵律。

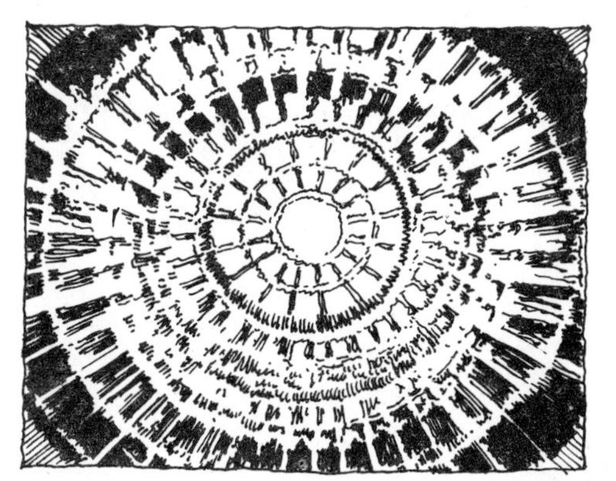

14. 天坛祈年殿藻井。充分利用木结构特点，以逐层扩大的圆环与辐射两种形式要素交织成完美的图案，兼有渐变与交错两种韵律的特点。

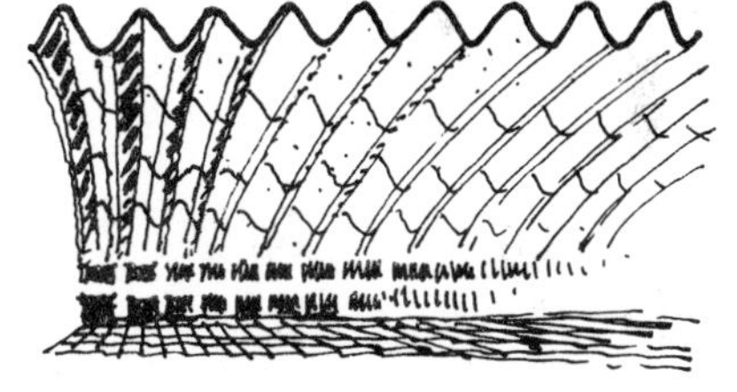

17. 都灵展览馆。屋顶结构以一个方向为拱形、另一个方向为波形线条所交织成的图案，具有起伏的韵律感。

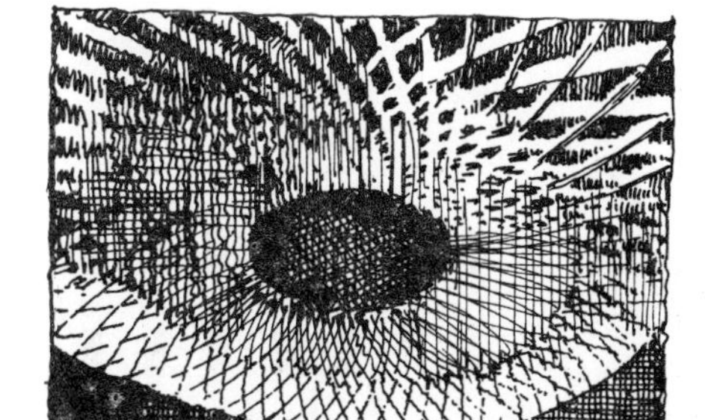

18. 罗马新火车站。借天花处理形成明暗相间的带形图案，具有起伏的韵律感。

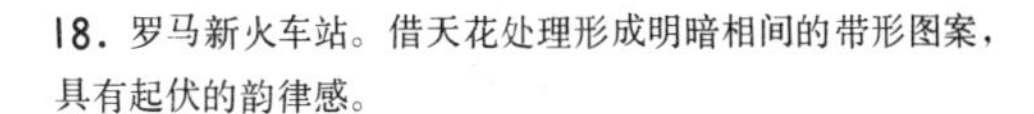

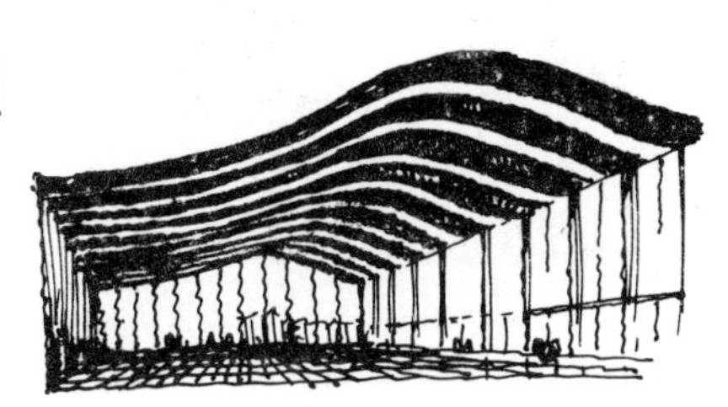

15. 罗马小体育馆。屋顶部分巧妙利用新结构特点，以两组旋转辐射形式的钢筋混凝土肋交织成逐渐扩大的菱形图案，既完美又富有渐变的韵律感。

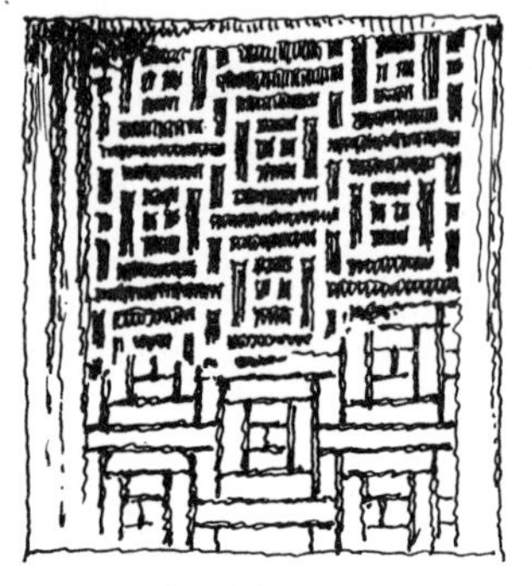

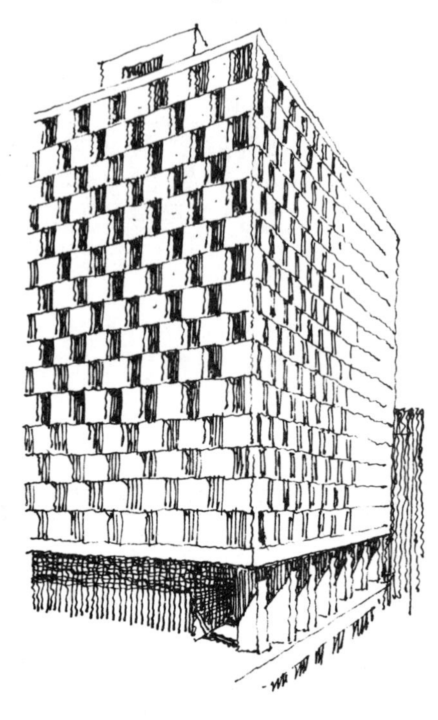

19. 我国传统建筑中常见的木棂窗中的一种。按照木结构接榫的规律，巧妙地利用水平与垂直两个方向构件的交错与穿插而形成一种交错的韵律

20. 当前一般民用建筑的立面处理，利用立柱、窗间墙、窗台线、遮阳板等要素互相穿插而形成的交错的韵律感。

21. 旧金山希尔顿旅馆。利用框架结构可以灵活开窗的特点，上下层交错开窗，通过虚实对比形成一种具有交错韵律感的图案，可以借此而装饰建筑立面。

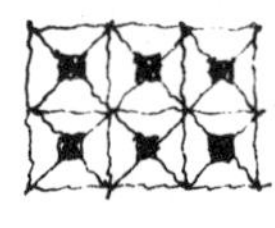

22. 日本某新建筑的天花处理，以金属压制成的单元构件，连同暗灯拼合在一起，组成富有韵律美的图案颇富装饰性。

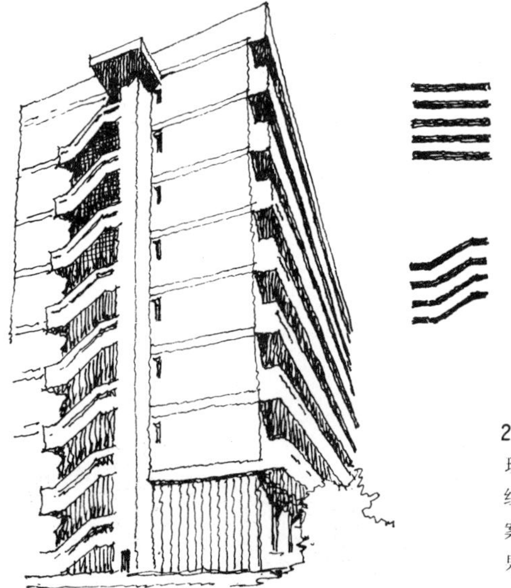

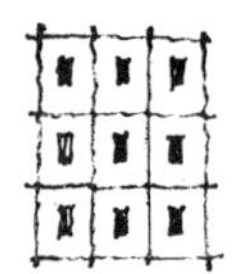

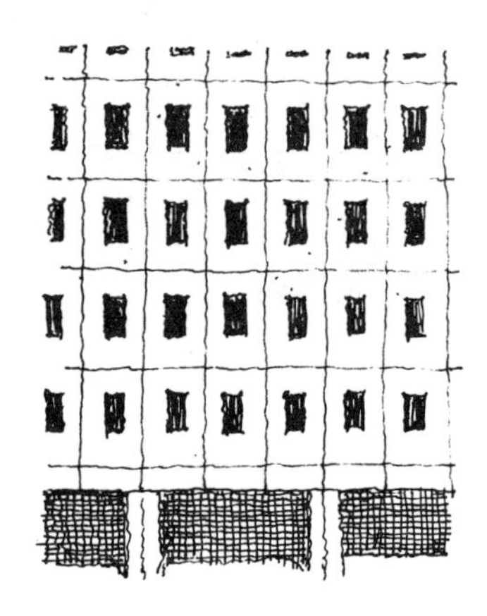

23. 日本某办公楼建筑的墙面处理，利用大型板材的接缝与窗相组合，共同构成富有韵律感的图案，从而加强了立面的装饰效果。

24. 南京丁山宾馆。利用挑台与凹廊的虚实对比以及悬挑楼梯所产生的韵律美以丰富建筑物的立面变化。

关于比例问题［75］

比例，就是指要素本身、要素之间、要素与整体之间在度量上的一种制约关系。在建筑设计领域中从全局到每一个细节无不存在这样一些问题：大小是否合适？高低是否合适？长短是否合适？宽窄是否合适？粗细是否合适？厚薄是否合适？收分、斜度、坡度是否合适？……这一切其实就是度量之间的制约关系，也即是比例问题。极而言之，前面所讲的主从、轻重、对比、微差……等归根到底也还是一个比例问题，由此可见，如果没有良好的比例关系，就不可能达到真正的统一。

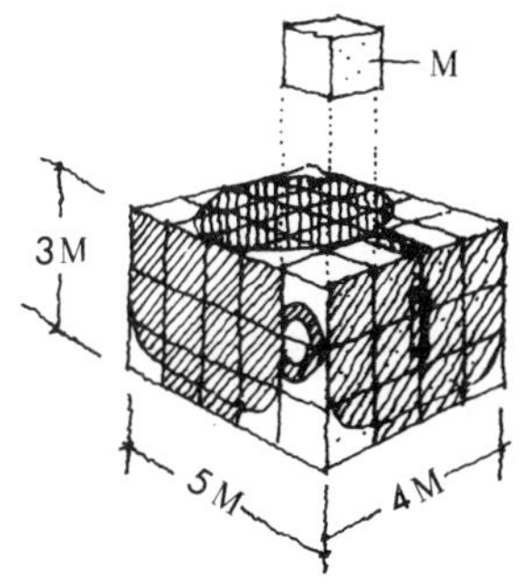

1. 任何物体，不论它呈何种形状都存在着三个方向——长、宽、高的度量，比例所研究的正是这三个方向度量之间的制约关系。所谓推敲比例就是通过反复研究而寻求出这三者之间最理想的关系。

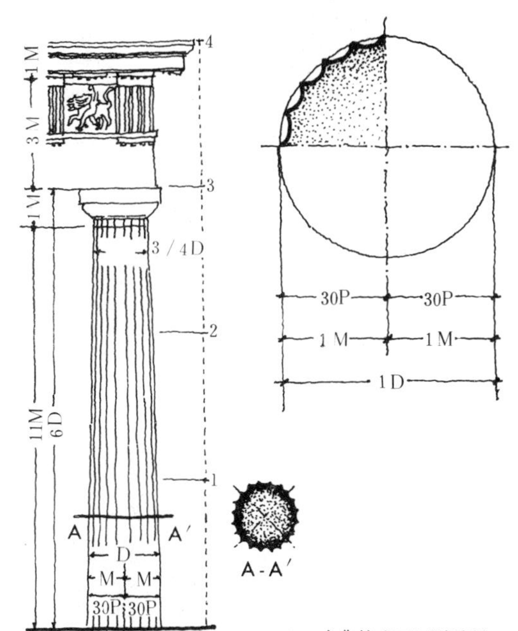

2. 古典柱式可以说是研究比例的典范。经过精心研究而确定的各部分——从整体到细部的度量关系全部以柱的半径为模量来计算，不论柱的绝对尺寸如何变化，但各部分的比例关系不变。

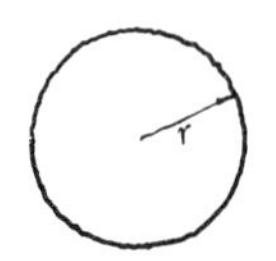

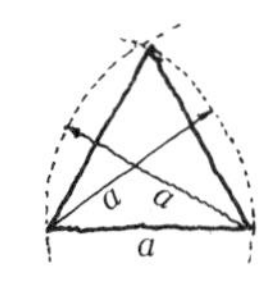

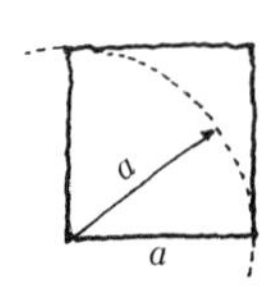

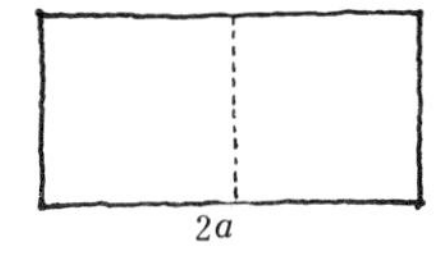

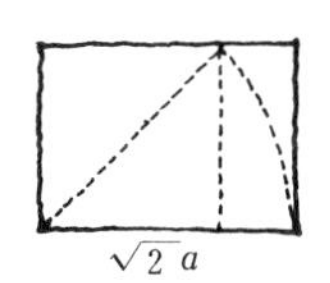

3. 以几何关系的制约性来分析建筑的比例，是西方古典建筑常用的一种手段，具有确定比例关系的圆、正三角形、正方形以及$1:\sqrt{2}$的长方形通常被用来作为分析建筑比例的一种楷模。

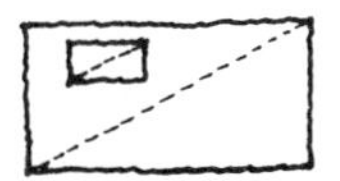

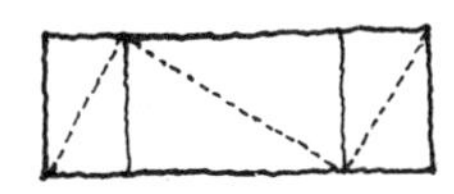

4. 另外，还认为要素之间若呈相似形即可获得和谐的效果，这分别表现为它们的对角线或者相互平行，或者相互垂直。

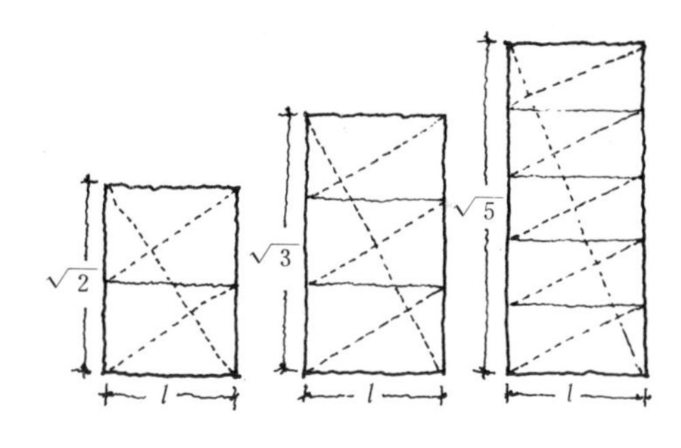

5. 特别突出的是在长方形中寻求长、宽之间严格的制约关系。例如认为$1/\sqrt{2}$，$1/\sqrt{3}$，$1/\sqrt{5}$的长方形可以被分成若干个与原来形状相似的部分；或$1/l_1=l_1/l_2=l_2/l_3$……等一组渐近等差的长方形由于具有严格的制约关系，因而可以产生和谐。后来勒·柯布西耶从人体绝对的尺度出发制定了两列级数，进一步把比例与尺度、技术与美学统一起来考虑。

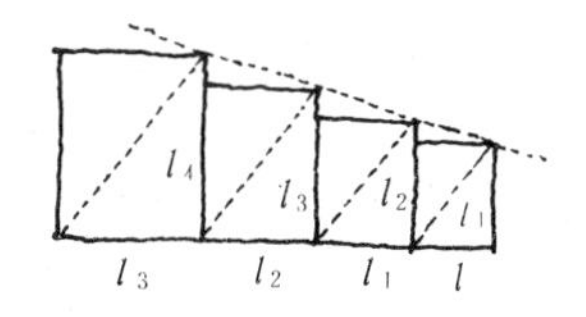

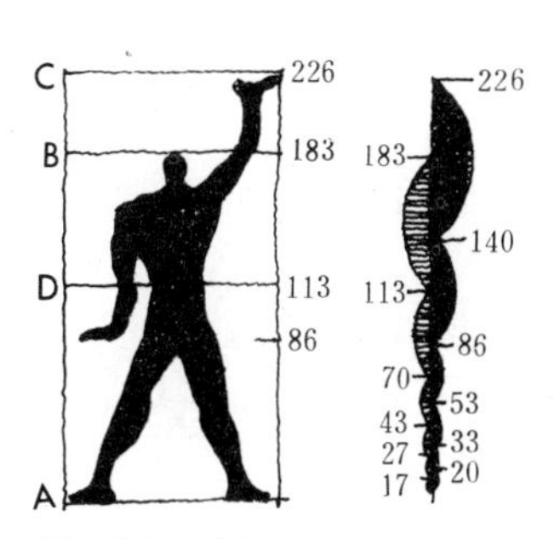

AD= DC，BD/AD= AD/(AD+BD)

用几何分析法探索比例［76］

几百年来许多建筑学家曾以各种不同的方法来探索建筑的比例问题，其中最流行的一种看法是：建筑物的整体，特别是外轮廓以及内部各主要分割线的控制点，凡符合或接近于圆、正三角形、正方形等具有确定比率的简单的几何图形，就可能由于具有某种几何的制约关系而产生和谐统一的效果。下面举几个实例来说明几何分析法的实际运用。

1．古希腊波赛顿神庙的几何分析：该建筑正立面山尖最高点与基座两端连线接近于正三角形，以基座为直径作半圆正好与檐板上皮相切。

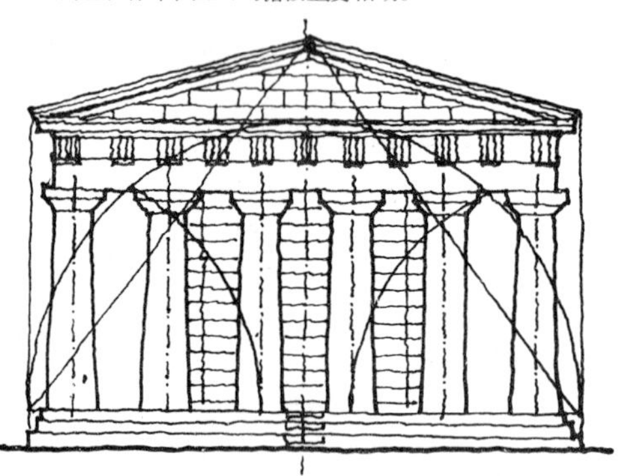

3．古罗马潘泰翁神庙的几何分析：神殿部分的剖面接近于圆，另外一些主要控制点的连线所构成的三角形均为顶角为α的相似三角形。

2．巴黎凯旋门的几何分析：建筑物的整体外轮廓为一正方形，另外立面上若干控制点分别与几个同心圆或正方形相重合，因而它的比例一般认为是严谨的。

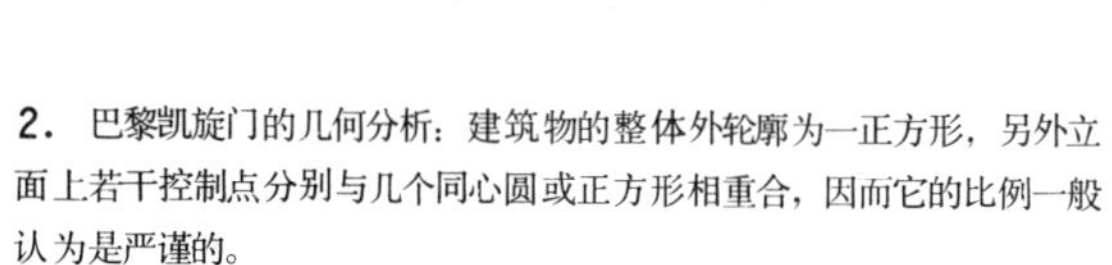

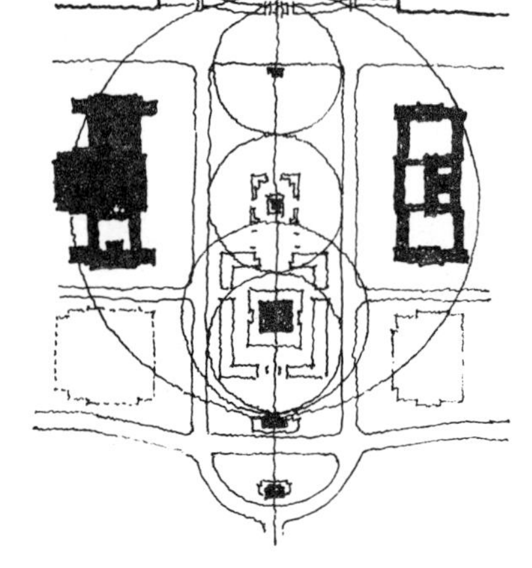

4．天安门广场的几何分析：人民英雄纪念碑位于广场中心，沿中轴线作三个相切的圆，其圆弧或圆心与各主要控制点相切或重合。

5．高直建筑碳洞的几何分析：各主要控制点连线所构成的三角形均为大小相等的正三角形。

以相似形求得和谐统一［77］

另外一种看法认为：各要素之间或要素与整体之间如果对角线能够保持互相平行或互相垂直，那么将有助于产生和谐的感觉。道理很简单：建筑中的门、窗、墙面等要素绝大多数皆呈矩形，而矩形对角线若平行或垂直即意味着各要素具有相同的比率，即各要素均呈相似形。

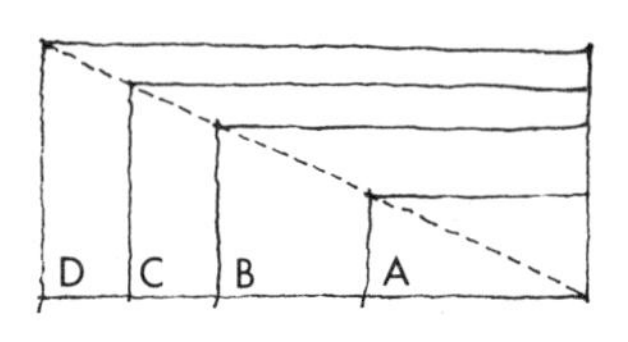

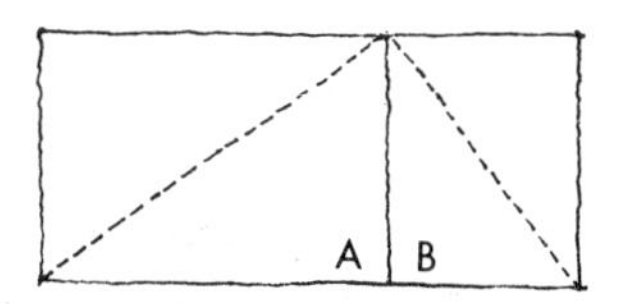

1. 上图所示A、B、C、D为一组长方形，由于它们的长度与高度之间具有相同的比率，因而其对角线互相重合。下图所示为A、B毗邻的两个长方形，由于具有相同的比率，因而其对角线互相垂直。

2. 古典建筑拱柱式结构的墙面处理，因各主要要素对角线互相平行，从而具有和谐统一的效果。

3. 古典建筑的开窗与墙面处理，因窗洞、窗套与立柱所形成的矩形之间具有相同或近似的比率而获得和谐统一的效果。

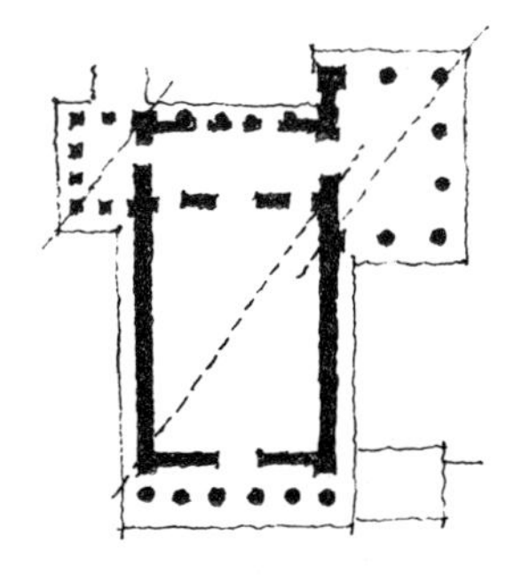

4. 古希腊伊瑞克先神庙，平面由三个部分所组成，由于三者之间保持对角线的平行，因而具有统一和谐的效果。

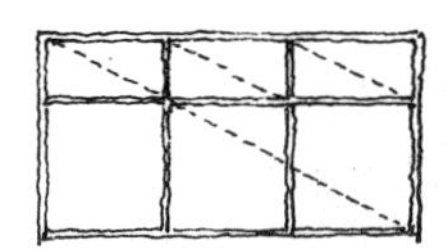

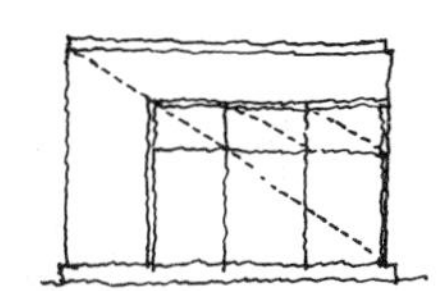

5. 近代建筑窗扇的划分处理，左图使窗亮之间、窗亮与整体之间保持对角线互相平行的关系；右图进一步使窗与墙面之间均保持对角线互相平行的关系。

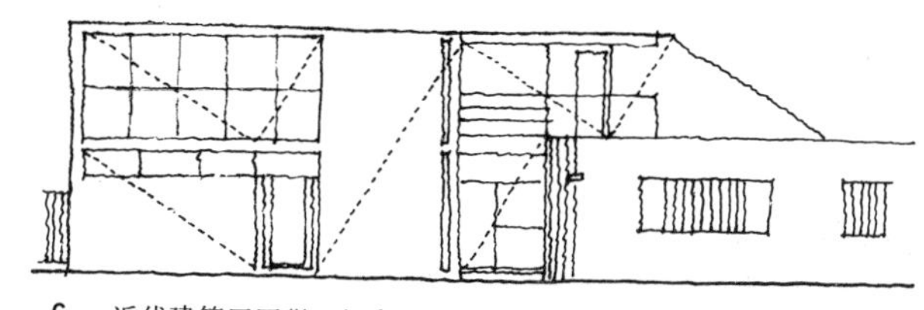

6. 近代建筑巨匠勒·柯布西耶在他所设计的一些建筑中，也经常利用对角线互相垂直的方法来调节门窗与墙面之间的比例关系，并借此以达到和谐。

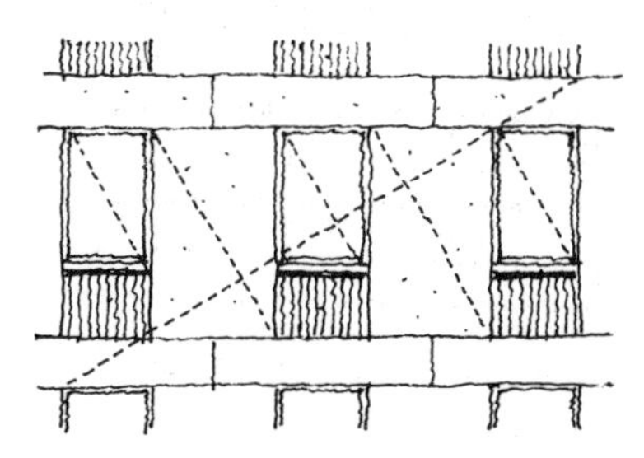

7. 采用大型砌块的居住建筑墙面处理，使窗、砌体保持对角线的互相平行或垂直以求得和谐。

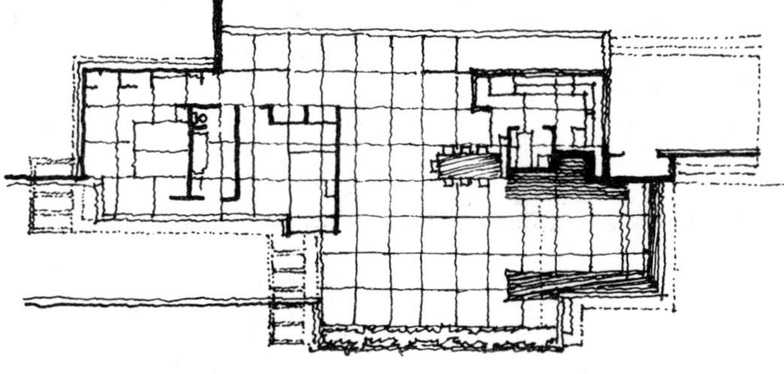

8. 在模数网格上进行设计，由于各要素之间保持着整数比例关系或重复某一模量，从而建立起一套和谐的比例关系。上图为赖特设计的某住宅建筑。

比例与结构［78］

建筑构图中的比例问题虽然属于形式美的范畴，但是在研究比例问题的时候则不应当把它单纯地看成是一个形式问题。事实上根本不存在一种在任何条件下都美的抽象的比例，任何比例关系的美与不美，都要受各种因素的制约与影响，其中以材料与结构对比例的影响最为显著。所谓美的比例，它必然是正确地体现出材料的力学特性和结构的合理性，反之，任何违反这种特性的比例关系都不可能引起人的美感。

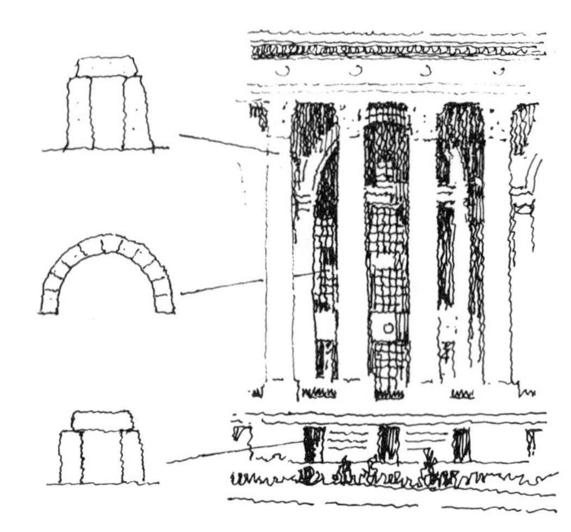

3．同是石料，但是由于结构形式不同也会产生不同的比例关系。例如梁柱式结构往往会显得很狭长，而拱形结构则可能显得很开阔。

左图为希腊陶立克柱式，柱径与柱高之比约为1/4，右图为宋营造法式中的木柱，与前者相比则细长得多。

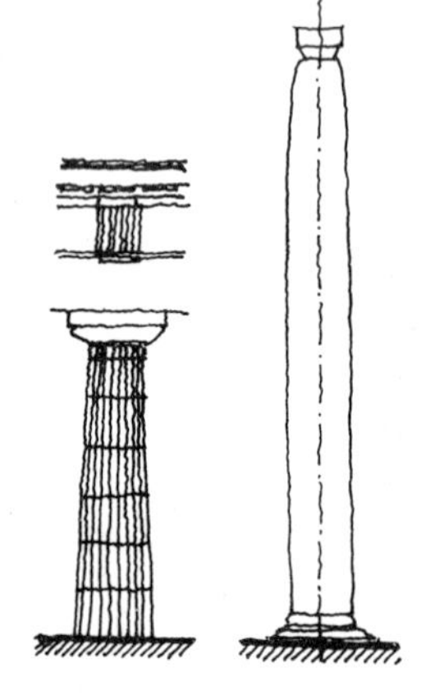

1．同是柱子，一根是古希腊的叠石柱，另一根是中国建筑的木柱，前者十分粗壮后者比较纤细，究竟哪一种比例美呢？两者都美。这是因为这两者都比较正确地体现出各自材料的力学特性。

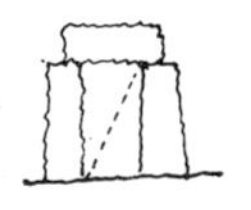

石梁跨越能力很小因而形成的比例较狭长。

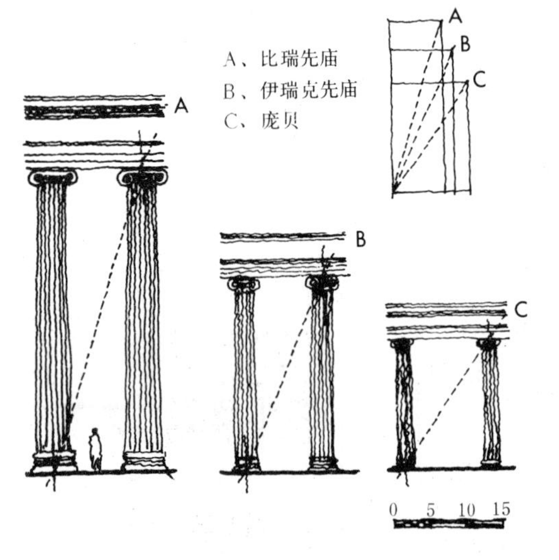

2．在西方古典建筑中，愈是高大的建筑其高度与开间的比例关系愈狭长，愈是低矮的建筑愈开阔，这是因为采用石结构的建筑两柱间距离受到梁的限制所致。从上例中可以看出三者的柱间距比较接近，但高度相差甚大，以致形成三种不同的比例关系。

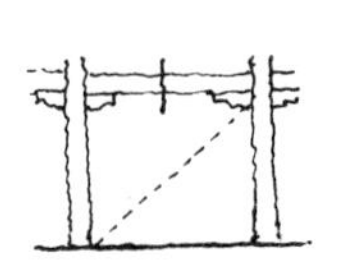

木梁的跨越能力较大因而形成的比例较开阔。

钢梁的跨越能力很大因而可以形成十分扁长的比例关系。

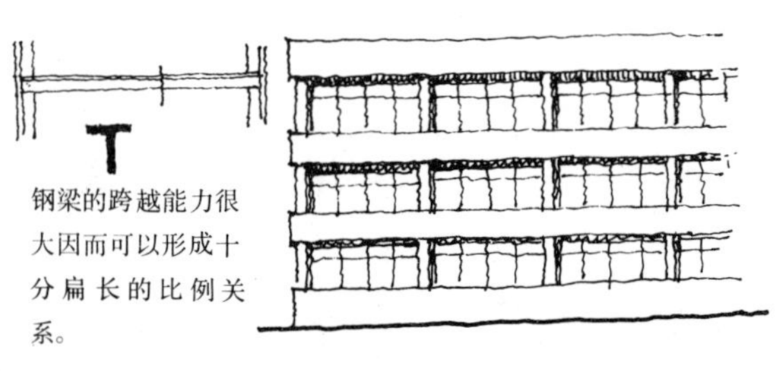

4．在梁柱结构体系中，比例在很大程度上取决于梁的跨越能力。跨越能力愈小愈狭长，愈大愈开阔。上三例分别以石、木、钢三种梁柱式结构为例来说明由于各自的材料性能不同，所形成的比例也不同。

比例与传统［79］

材料与结构对比例的影响比较直接而明显，除此之外，不同的民族由于自然条件、社会条件、民族文化传统的不同，在长期历史发展的过程中，往往也会以其所创造出的独特的比例形式而赋予建筑以独特的风格，它们即使运用大体上相同的材料、结构，但所形成的比例却也各有自己的特色。

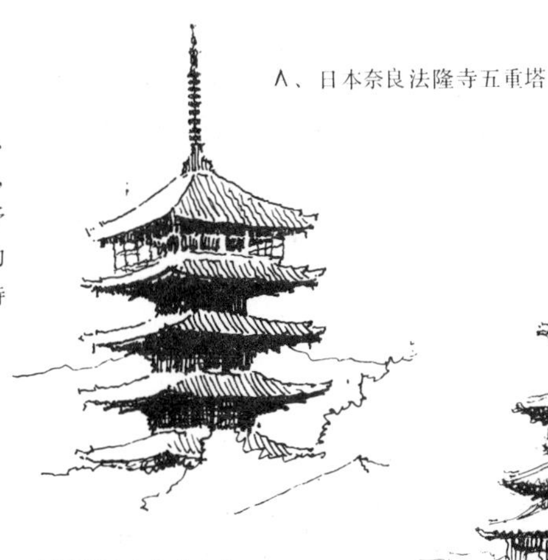

A、日本奈良法隆寺五重塔

B、应县佛宫寺木塔

2．中国和日本的古建筑，尽管所运用的材料和结构方法大体相同，但反映在比例关系上却各自保持着明显的特色。

1．以拱碹来讲，同是由砖石所砌筑，西方古典建筑中的拱碹其高宽之比一般均为2:1，而中国古建筑则接近于1:1，两者相比中国古建筑的拱碹要低矮得多。

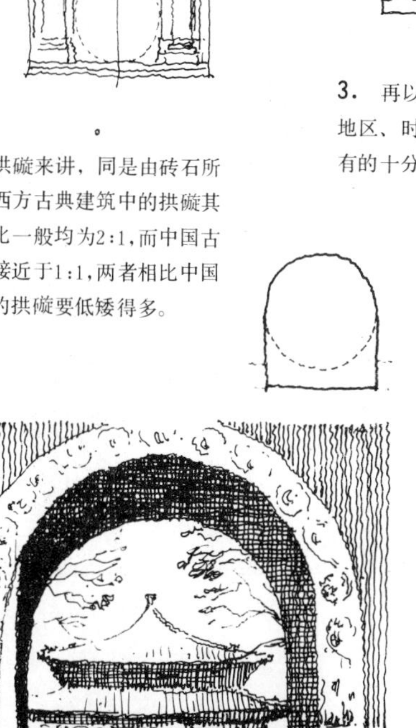

A、希腊神庙的山花比例

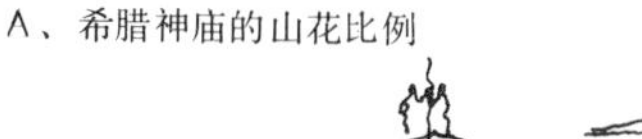

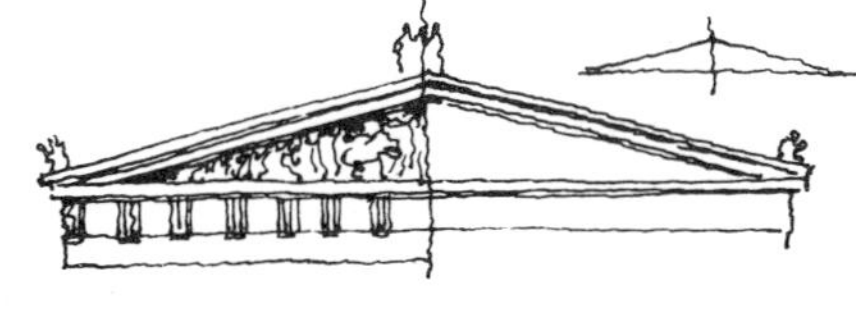

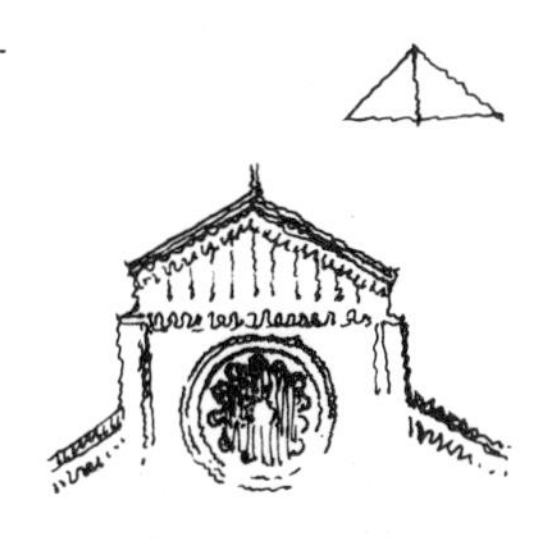

B、意大利罗马风时期建筑的山花比例

3．再以山花和屋顶的坡度来讲，不同民族、地区、时代的建筑，其差别也是十分明显的，有的十分平缓，有的则十分陡峻。

C、我国云南民居的屋顶坡度比例

D、英国中世纪时期建筑的屋顶坡度比例

关于尺度问题［80］

和比例相联系的另一个范畴是尺度。尺度指的是建筑物的整体或局部与人之间在度量上的制约关系，这两者如果统一，建筑形象就可以正确反映出建筑物的真实大小，如果不统一，建筑形象就会歪曲建筑物的真实大小，例如会出现大而不见其大或小题大做等情况。

用同一比例尺绘制的劳动工具和生活日用品

1．凡是和人有关系的物品往往都存在着一个尺度问题。供人使用的劳动工具、生活日用品，为了满足不同的使用要求必须具有合理的大小及尺寸，日久天长，这种大小和尺寸与它所具有的外部形象便统一为一体而铭刻在人们的记忆之中，从而形成一种正常的尺度概念。任何违反这一统一的物品，不仅使用上不方便，而且还会引起尺度上的混乱。

用同一比例尺绘制的各种不同形式的门

2．但是和劳动工具或生活日用品不同的是：建筑中有许多要素都不单纯是由功能这一方面因素所决定的。例如供人出入的门本来只要略高于人就可以了，但有的门出于美学的考虑却设计得很高大，这就会给辩认尺度带来困难。但有一点需要注意：即高大的门应当具有高大门的样式：矮小的门应当具有矮小门的样式。如果把大门设计成为小门的样式或把小门设计成为大门的样式，就会产生尺度上的混乱。窗也是这样。

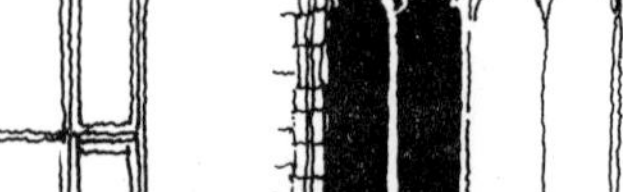

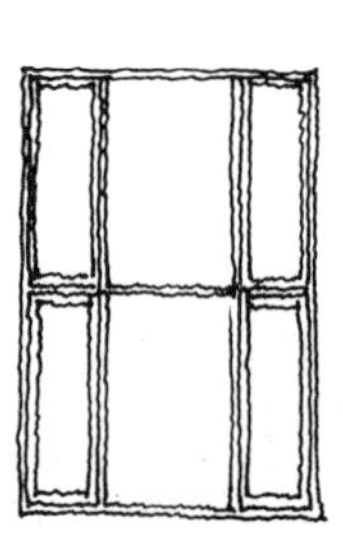

用同一比例尺绘制的各种不同形式的窗

3．然而也有一些要素如栏杆、踏步、窗台等，为了适应功能的要求其高度、大小和尺寸虽然也会有某些出入，但基本上是不变的，于是通过这些不变的要素与一些可变的要素作比较，就可以显示出建筑物的尺度感。

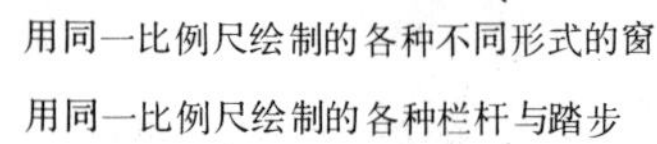

用同一比例尺绘制的各种栏杆与踏步

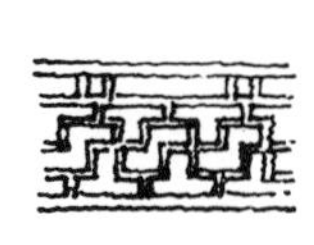

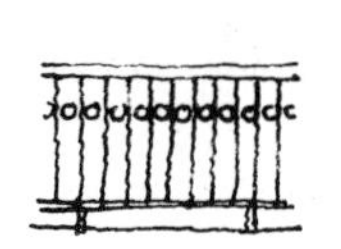

妥善地处理可变的要素［81］

关于尺度的概念讲起来并不深奥，但是在实际处理中却并非很容易，就连一些有经验的建筑师也难免在这个问题上犯错误。问题在哪里呢？就在于一些可变要素太灵活了。例如以西方古典建筑的柱式来讲，尽管它的比例关系相对来讲还是比较确定的，但是它们的尺度却可大可小，其它如穹窿屋顶、拱碇、门窗、线脚等要素其形象与大小之间从建筑处理的观点来看，都有相当大的灵活性，如果处理不当或超出了一定的限度，就会失去应有的尺度感。

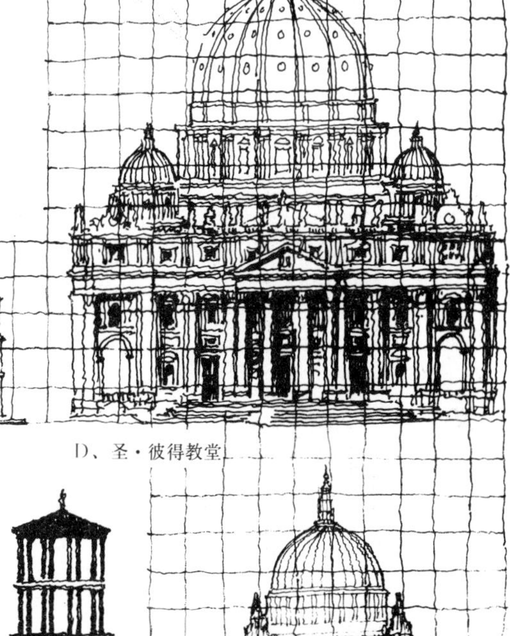

A、依瑞克先神庙　B、帕提农神庙　C、潘泰翁神庙　D、圣·彼得教堂　E、圣·保罗教堂

五幢建筑的柱廊、山花比较

1. 为了说明上述问题，这里把历史上有名的五个西方古典建筑用同一个比例尺来表现，这些建筑都在正立面上采用了柱式和山花，但是它们的大小却相差很大，究竟哪一个的尺度最为合适呢？历史上并无一定的说法，但一般却公认罗马的圣·彼得教堂大而不见其大，失去了应有的尺度感，而伦敦的圣·保罗教堂，由于把柱廊划分成为两层来处理，虽然绝对大小比不上前者，但却能使人感到高大而雄伟，其原因就在于它的尺度处理比较合适。

2. 以相同的方法来分析中国历史博物馆的立面处理，下图为用同一比例尺所绘制的三个立面图：左面为历史博物馆的立面片断；中为一办公楼建筑；右为一住宅建筑。这三者的实际高度相差甚大，但立面处理却大体相同，从而使高大的历史博物馆犹如一般建筑的放大，显示不出真实的尺度感。

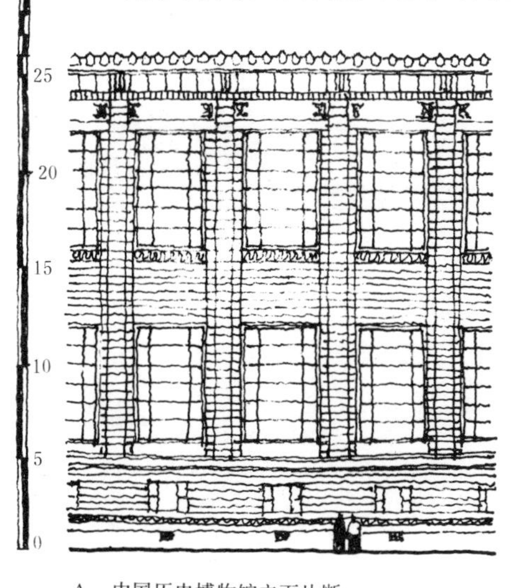

A、中国历史博物馆立面片断

B、一般办公楼建筑的立面片断

C、住宅建筑立面片断

以不变要素来显示建筑物尺度［82］

通过栏杆、踏步等不变要素往往可以显示出正常的尺度感，这些要素在建筑中所占的比重愈大，其作用就愈显著。例如近代的住宅或旅馆建筑往往就是通过凹廊、阳台的处理而使建筑获得正常的尺度感。

1. 通过栏杆这种常见的、具有确定高度的要素与其它部分相对比而有效地显示出整体的尺度。

2. 中国古典园林建筑所采用的“小式做法”往往通过瓦、栏杆等要素与整体对比而给人以小巧亲切的尺度感。

3. 在住宅建筑中，由于功能的要求往往需要设置大量的阳台或凹廊，而这些要素的栏杆高度一般都有确定的尺寸要求，通过这些要素将可以赋予整个建筑以正常的尺度感。

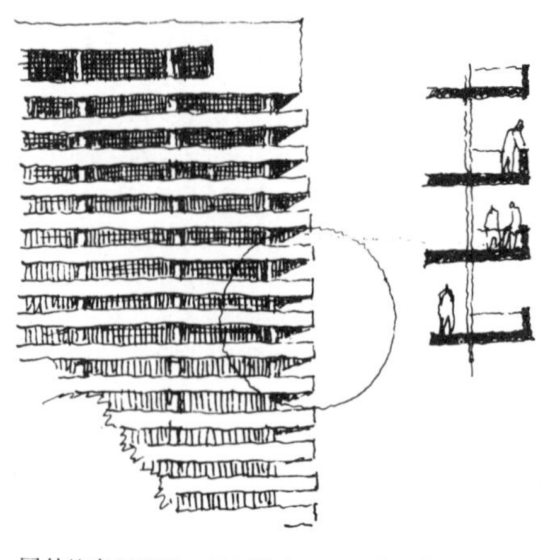

4. 国外的高层旅馆，通过挑台以显示其整体的尺度感。

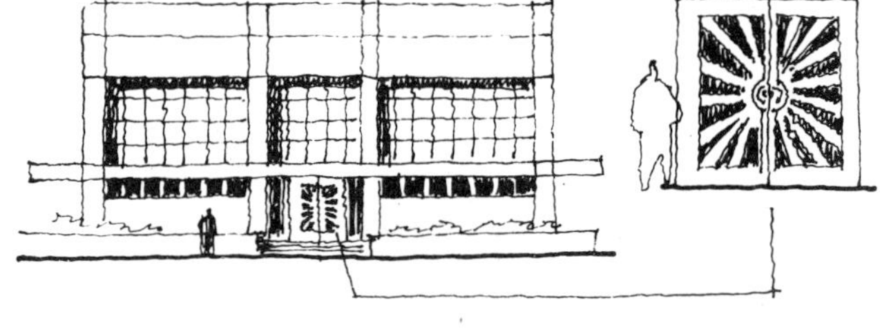

5. 如前所述，门本来是一种可变的要素，但在近代建筑中出于功能的考虑一般都设计得很小巧，在这种情况下也可以通过它来显示整体的尺度感。

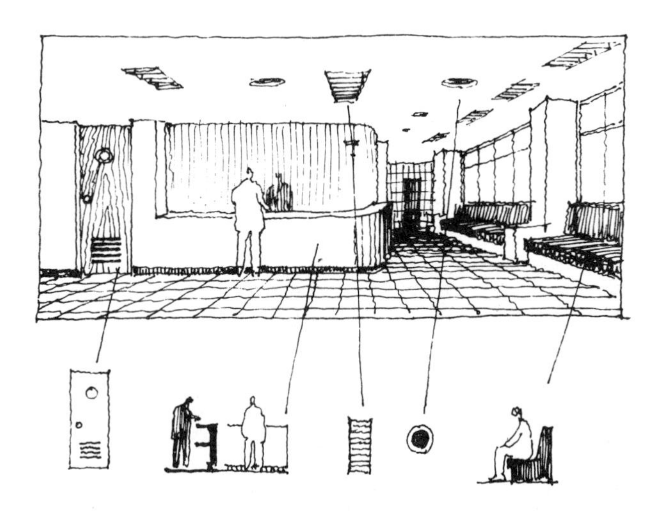

6. 室内空间也存在着一个尺度处理的问题，但矛盾一般不象立面处理那样突出，这是由于室内陈设的许多物品都因为功能要求而具有比较确定的形象与尺寸。在设计中只要实事求是地按照功能要求合理地确定各要素的尺寸，一般都可以获得正常的尺度感。

建筑的艺术性表现在哪里？［83］

形式美和艺术性是两个相互联系却又有质的差别的范畴。一个对象如果它的外部形式基本上符合于形式美的规律而获得了统一，应当说它看起来就是美的。艺术性则有更深一层的意思——即通过自身的艺术形象来表现一定的思想内容。建筑的艺术性就表现在它不仅能够以其外部形式引起人的美感，而且还可以通过它的艺术形象深刻地表现出某种思想内容，使人产生感情上的共鸣并给人以强烈的艺术感受。

2. 帕提农神庙是雅典卫城的主体建筑，是为歌颂战胜波斯侵略者的胜利而建造的。在整个建筑群中不仅体量最大而且又位于最高点，长方形平面四周均为柱廊，两坡屋顶，东西两端形成山花。该建筑不仅比例匀称、尺度合宜而且饱满挺拔、性格开朗，能够以其精湛的艺术形象来反映当时欣欣向荣的奴隶主民主政治时期的政治、宗教生活。

1. 历史上具有强烈艺术感染力的建筑是不胜枚举的，明、清故宫的太和殿就是其中的一个。这幢建筑不仅具有完美统一的形式，而且还具有强烈的艺术感染力。当从天安门经端门、午门、太和门而来到太和殿前，座落在三重汉白玉台基上的太和殿，以其简单、规整的体形、厚重的屋顶，稳定而富有变化的轮廓线，瑰丽而又庄重的色彩……这一切都足以使人产生一种无限威严与庄重的强烈的艺术感受。这就是把封建帝王统治的无上权威形象化，并熔铸于建筑形式中去而赋予它以强烈的艺术感染力；这一切已使它从仅具有完美、统一的形式而产生质的飞跃——即上升为艺术形象。

3. 林肯纪念堂是为纪念美国历史上杰出的总统林肯而建造的。作为纪念性建筑，为获得庄严肃穆的气氛而激发人们对于被纪念者的崇敬心情，该建筑吸取了古典建筑传统的手法，以其简单、规整的平面及体形，粗壮而挺拔的列柱，稳定而富有变化的轮廓线，高高的台基……等组合，再加以绿化、水池等环境的衬托，而造成一种浓厚的气氛，使身历其境者情不自禁地受到强烈的艺术感染。

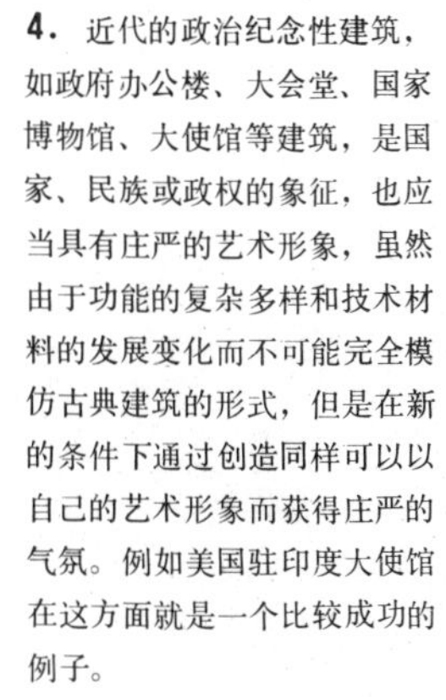

4. 近代的政治纪念性建筑，如政府办公楼、大会堂、国家博物馆、大使馆等建筑，是国家、民族或政权的象征，也应当具有庄严的艺术形象，虽然由于功能的复杂多样和技术材料的发展变化而不可能完全模仿古典建筑的形式，但是在新的条件下通过创造同样可以以自己的艺术形象而获得庄严的气氛。例如美国驻印度大使馆在这方面就是一个比较成功的例子。

5. 庄严和雄伟这两种艺术气氛往往有很多共同点，但后者更多地是以巨大高耸的体量而使人产生一种敬畏的心理状态和情绪。例如兀立于平坦广场中央的巴黎凯旋门，就是以它那高耸、巨大、厚重、敦实的体量而使人感受到一种巨大的力——胜利者的自豪感。

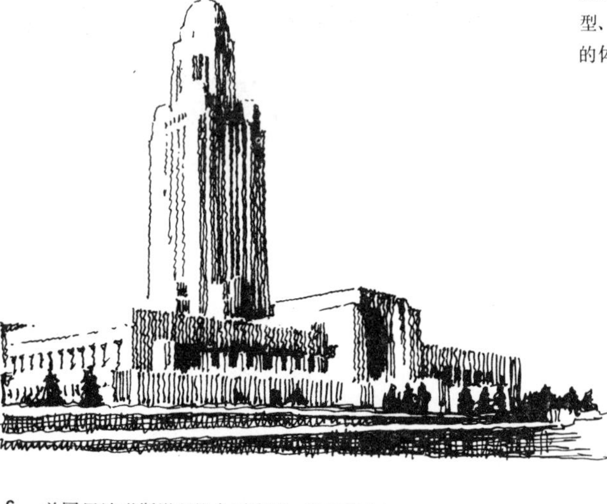

6. 美国尼波诺斯堪州议会厅建筑，中央部分设一高塔，不仅本身高大雄伟，而且还借塔身部分垂直方向的构图与建筑物水平方向的体量之间的对比，再加上塔身部分采用竖向线条的开窗及棱线处理、微微的收分及逐渐收缩的外轮廓线，就更加突出了雄伟高耸的气氛。另外，整个建筑的处理都比较敦实、厚重，这也有助于加强庄严雄伟的气氛。

7．承德普陀宗乘庙大红台，为一喇嘛教寺院，利用自然地形使整个建筑群建于山坡之上，大红台为整个寺院的主体建筑，位于建筑群的末端和山坡的最高点，以其庞大、高耸、敦实、厚重的体量与鲜明、强烈的色彩，形成极强烈的宗教建筑气氛，特别是从下向上看更加显得庄严而雄伟。

8. 德国某战争纪念碑尽管在尺度处理上存在着一些缺点，未能充分显示建筑物应有的尺度感，但就碑身的造型、轮廓线的变化，特别是它本身所具有的庞大、敦实的体量，将使身历其境的人深深地受到强烈的艺术感染。

9. 宗教建筑在整个建筑历史发展过程中不仅占有突出的地位，而且其艺术成就也是十分辉煌的。这主要表现在通过它的艺术形象造成一种神秘、阴森，甚至恐怖的气氛，一方面借以愚弄、麻痹、恐吓人民，另外对于一心向往彼岸世界的虔诚的信士又是一种精神上的寄托。例如象高直教堂那样具有异乎寻常的又窄又高的内部空间，十分细长的尖礅窗，高耸挺拔的钟塔，空灵的飞扶壁……这一切都具有一种强烈的向上感，似乎要把膜拜上帝的灵魂带进天堂。

10. 我国的佛教建筑也是这样，除通过建筑形象获得神秘的气氛外，还充分利用雕塑、绘画来加强这种气氛。例如蓟县的独乐寺，在其主体建筑观音阁内供奉着一尊十分高大的观音雕像，几乎充满了整个建筑空间，当人们进入建筑物内抬头仰望佛像时，就会顿时地感到神的伟大和自身的渺小，从而使自己的情绪完全被笼罩于神秘的宗教气氛之中。

11. 更有一些宗教建筑甚至使人感到阴森恐怖。这也是通过建筑形象所表现出来的为宗教服务的一种艺术意图。例如印度的一些佛教建筑，以密集排列的石刻壁柱为侧墙而形成的深邃的空间，愈向内光线愈阴暗，致使人产生阴森可畏的感觉。

12. 近代一些教堂建筑，尽管在形式上千变万化不拘一格，但通过建筑艺术形象表现宗教的神秘气氛的基本原则却是不变的。例如勒·柯布西耶设计的朗香教堂，无论从外部体形或是内部空间处理上看，都会使人感受到一种宗教建筑所特有的神秘色彩。

13. 庭园建筑所抒发的则是另外一种情趣——幽雅、宁静、亲切，和人的生活息息相关。特别是中国古典庭园建筑，寓情于景，通过建筑与自然景物的巧妙结合，竟然达到诗情画意的艺术境界。这种效果的取得是和它自由灵活的布局、迂回曲折的空间变化、小巧的尺度、朴素淡雅的色彩、质感……特别是利用堆山叠石、引水凿池、培花植木等手段来再现自然，以激发人们崇尚自然美的情趣分不开的。

15. 近代国外的许多建筑，也十分注意使建筑与庭园相结合，充分利用水池、山石、绿化来烘托、陪衬建筑，以期获得某种艺术情趣。

14. 近年来我国南方新建的一些公共建筑，由于吸取了古典庭园建筑的优良传统，而使建筑具有幽雅、宁静的气氛，这就是艺术性在新建筑中的一种表现。

16. 特别是美国建筑师赖特，非常强调建筑与环境的有机结合，尤其在他设计的许多住宅建筑中，由于巧妙地使建筑与庭园相结合，一般都具有强烈的艺术感染力。

5

内部空间的处理

- 空间的尺度与人的感受
- 空间的形状与人的感受
- 空间的围与透的处理
- 用柱子对空间进行分隔
- 用夹层对空间进行分隔
- 天花、地面的处理
- 墙面的处理
- 室内色彩、质感的处理

本章前半部分主要讲的是单一空间的形式处理。先从简单的空间入手分析其大小、形状及开门、开窗的处理；继而就稍大或复杂一些的空间分析其柱子或夹层的设置问题；最后分析组成空间的各个面——天花、地面、墙面，以及它们的色彩与质感处理。

- 空间的对比与变化
- 空间的重复与再现
- 空间的衔接与过渡
- 空间的渗透与层次
- 空间的引导与暗示
- 空间的程序与节奏

后半部分讲的是若干空间组合中的关系处理问题。前五个问题仅涉及到两个或两个以上的局部范围内的空间组合的处理问题。只是到最后——空间的程序组织，才涉及全局范围的空间组合问题。

空间的尺度与感受［84］

为了造成宏伟、博大或亲切的气氛，还必须按照不同情况赋予不同建筑空间以应有的尺度感。空间的大小首先必须保证功能要求，但在满足功能要求的前提下还必须考虑到给人以某种感受。对于一般的建筑来讲这两者是统一的，但也有少数建筑——如宗教建筑、纪念性建筑，精神方面的要求有时会大大超出功能的要求，为此，就应当根据具体情况区别对待，力求把功能要求与精神感受方面的要求统一起来。

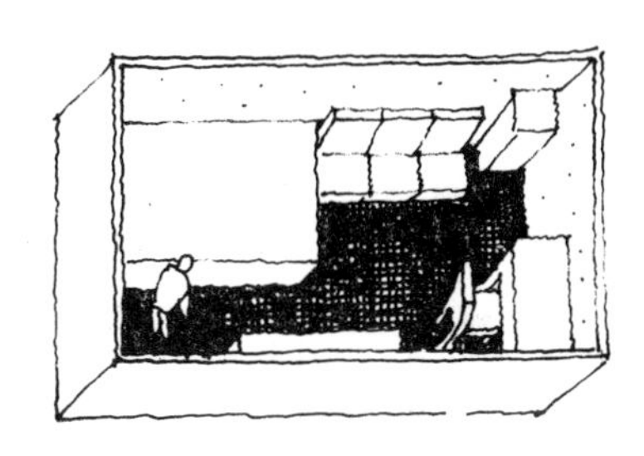

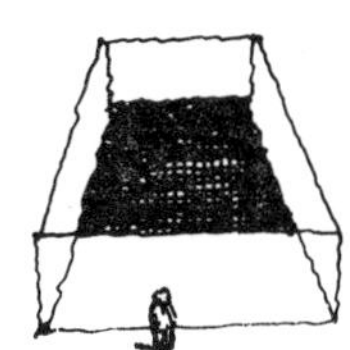

1．对于住宅建筑，过大的空间将难于保持小巧、亲切、宁静的气氛，为此其空间大小只要能保证功能的合理性，即可获得良好的尺度感。

2．一般的建筑，只要实事求是地按照功能要求来确定空间的大小，都可以获得与功能性质相适应的尺度感——既不感到局促、压抑，又不感受空旷或大而无当。

3．就是一些政治纪念性建筑如人民大会堂的观众厅（下），从功能上讲要容纳万人集会；从艺术性上讲要具有庄严、宏伟、博大的气氛，都要求有巨大的空间，这里功能与艺术的要求也是一致的。然而历史上确有一些建筑如高直教堂、回教礼拜堂（左），其巨大的空间体量主要是由精神方面的因素确定的。

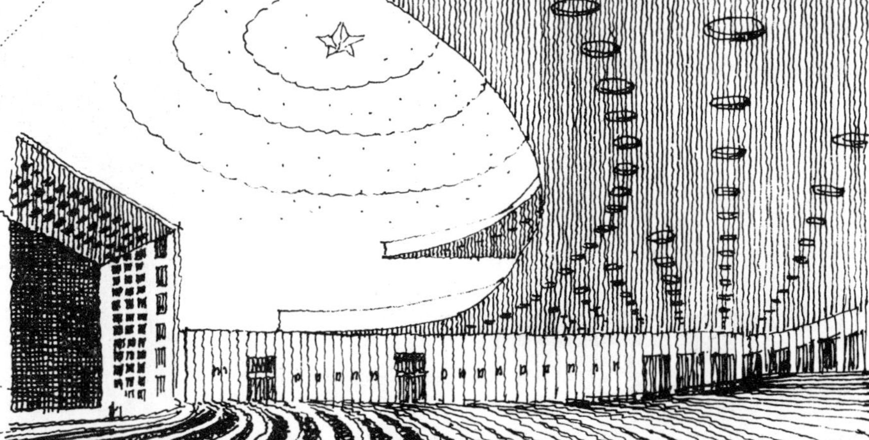

上图所示为圣·索菲亚教堂人与空间的尺度关系；下图所示为人民大会堂人与空间的尺度关系

上图：绝对高度与人的感受
下图：相对高度与人的感受

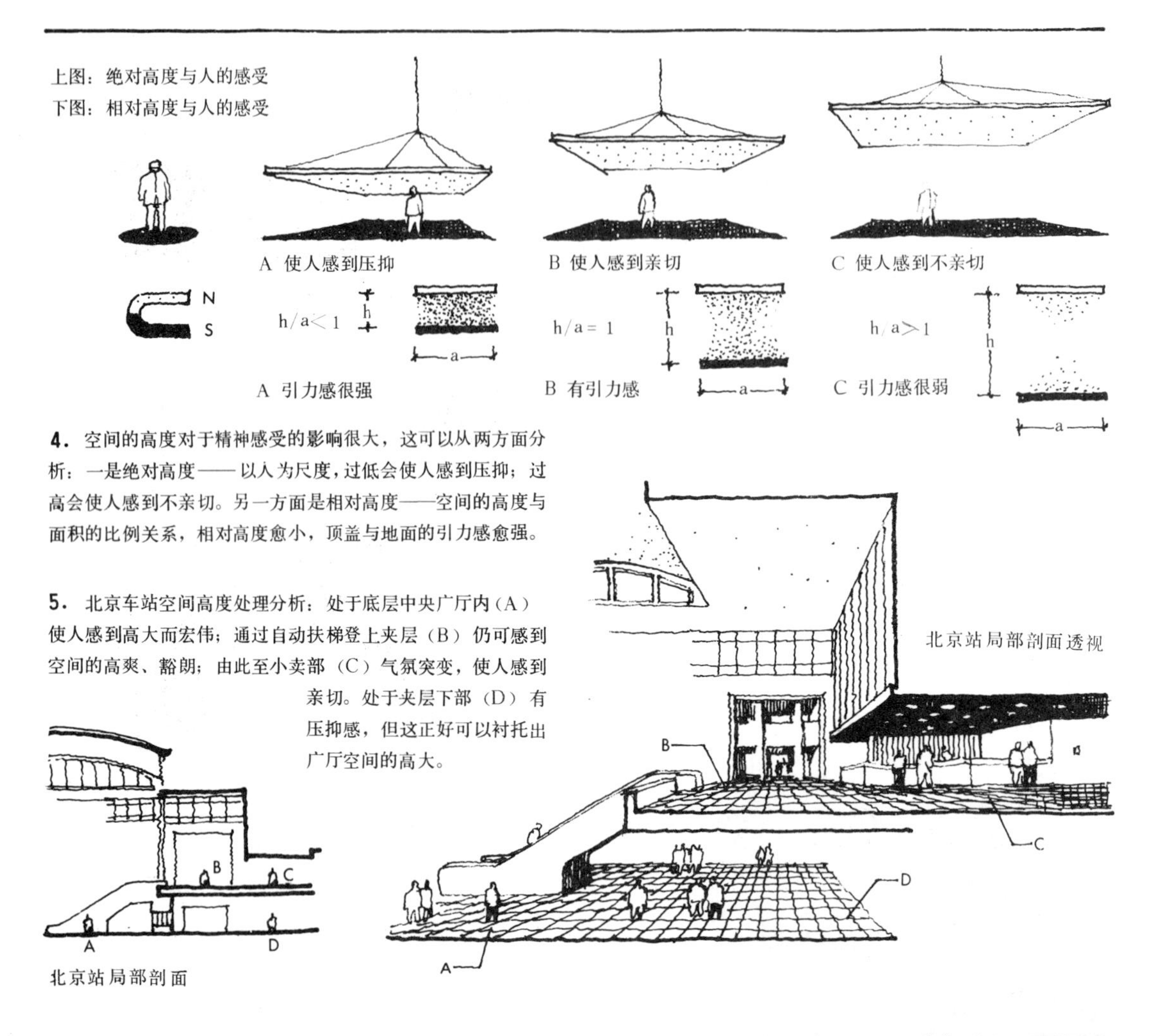

4. 空间的高度对于精神感受的影响很大，这可以从两方面分析：一是绝对高度——以人为尺度，过低会使人感到压抑；过高会使人感到不亲切。另一方面是相对高度——空间的高度与面积的比例关系，相对高度愈小，顶盖与地面的引力感愈强。

5. 北京车站空间高度处理分析：处于底层中央广厅内（A）使人感到高大而宏伟；通过自动扶梯登上夹层（B）仍可感到空间的高爽、豁朗；由此至小卖部（C）气氛突变，使人感到亲切。处于夹层下部（D）有压抑感，但这正好可以衬托出广厅空间的高大。

北京站局部剖面

北京站局部剖面透视

6. 下两例分别说明相对高度对于人的感受的影响：左图所示为一庭园建筑，以屋顶高度与它所覆盖的面积比来看很小，屋顶与地面的引力感很强，但由于部分屋顶被处理成为透空的形式，因而并不使人感到压抑，相反却显得很亲切。右图所示为意大利米兰商场，空间又窄又高，无论是相对高度或绝对高度都很大，能够使人强烈地感受到空间的宏伟与高爽。

空间的形状与感受［85］

空间的形状首先必须符合功能使用的要求，但在满足使用要求的前提下还应当考虑到人的精神感受方面的要求。不同形状的空间往往会使人产生不同的感受，在选择空间形状时必须把功能使用要求与精神感受方面的要求统一起来考虑，使之既适用而又能按照一定的艺术意图给人以某种精神上的感受。

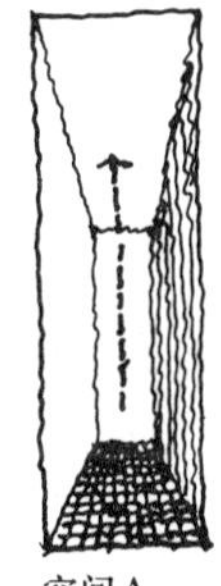
空间A

1. 就一般常见的建筑空间来讲，所谓空间的形状就是指长、宽、高三者的比例关系（即沿X、Y、Z三个方向的长度比）。

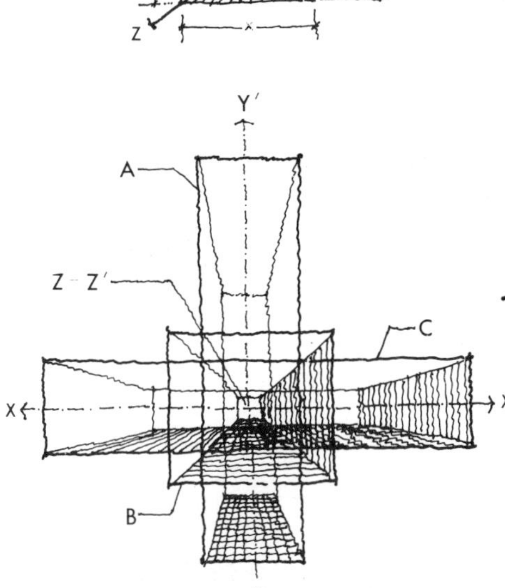

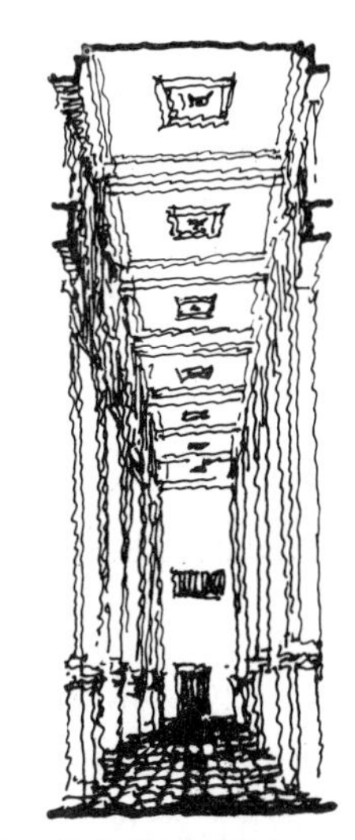

2. 窄而高的空间会使人产生向上的感觉，高直教堂就是利用它来形成宗教的神秘感，而中国历史博物馆的门廊则利用它来获得崇高、雄伟的艺术感染力。

空间B

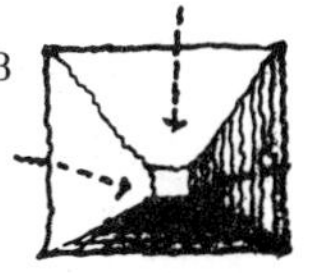

3. 细而长的空间会使人产生向前的感觉，利用这种空间则可以造成一种无限深远的气氛，例如颐和园的长廊就是这样。另外

如首都体育馆的休息厅也由此而获得深远感。

空间C

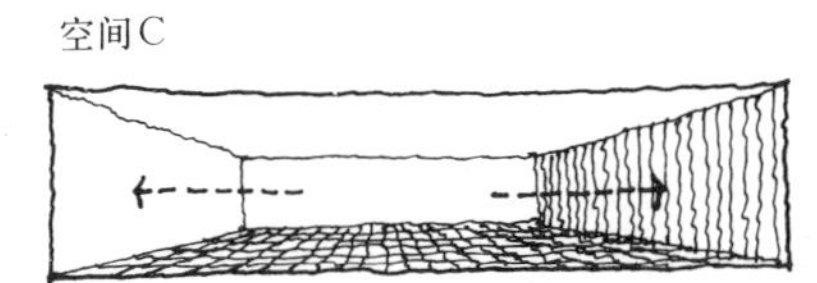

4. 低而宽的空间会使人产生侧向广延的感觉，利用这种空间可以形成开阔、博大的气氛。但如果处理不当也可能产生压抑的感觉。

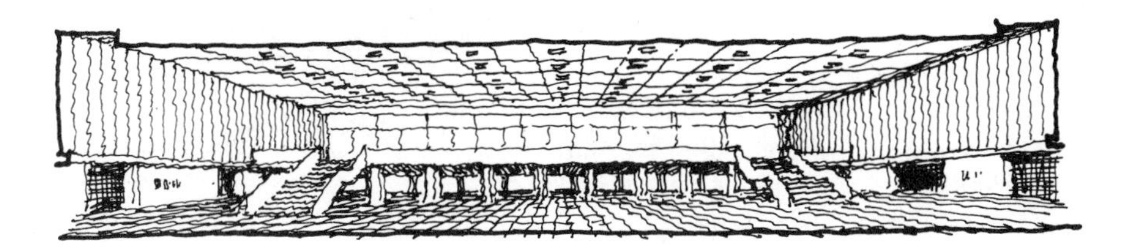

5．除长方体外，为了适应某些特殊的功能要求，或者由于结构形式所致，还会出现其它一些形状的建筑空间。这些空间也会由于它们的形状不同而给人以不同的感受，设计时如果能够充分利用各自的特点，将同样可以按照一定的艺术意图而给人以某种特殊的感受。

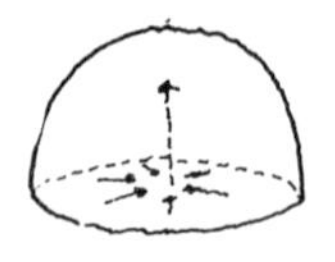

①北京天文馆天象厅所采用的半球形空间，不仅是功能的要求，而且具有一种向心、内聚的感觉，把人的注意力集中于模拟的天穹。

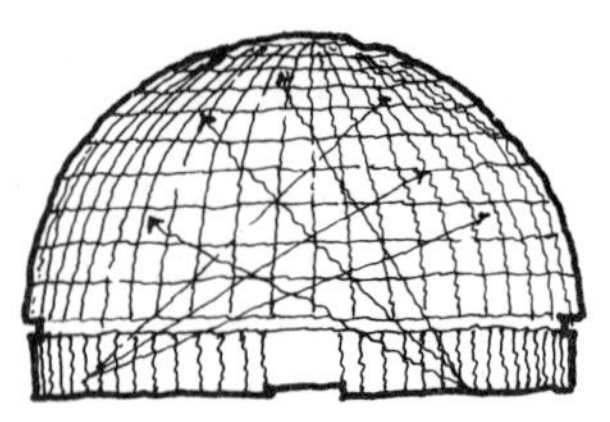

北京天文馆天象厅剖面

①穹窿形空间具有向心、内聚、收敛的感觉。

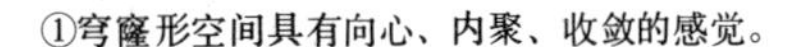

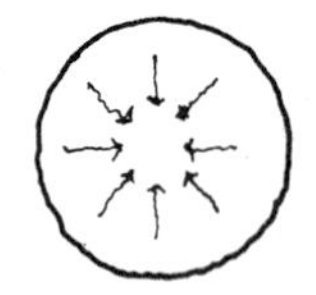

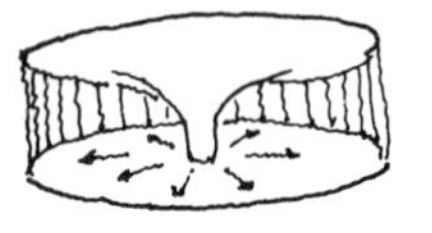

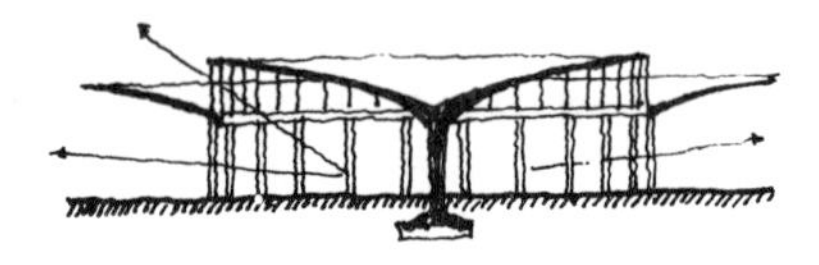

意大利某疗养院餐厅

②中央低四周高、圆形平面的空间，具有离心、扩散的感觉。

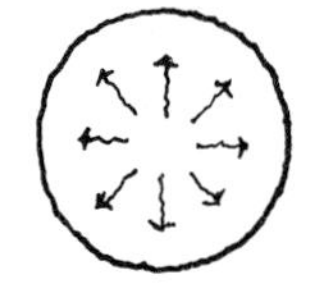

②四周高而中央低的空间可以使人产生一种离心、扩散的感受，可以利用这种形式的空间把人的视线引向风景优美的室外空间。

③当中高两旁低的空间具有沿纵轴内聚感。

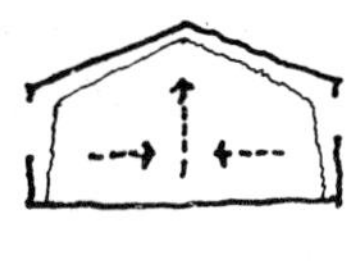

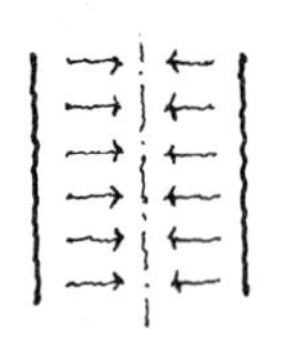

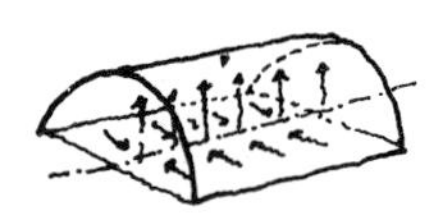

③采用拱形剖面空间的展览大厅，可以把观众的注意力吸引到主要展线上来。

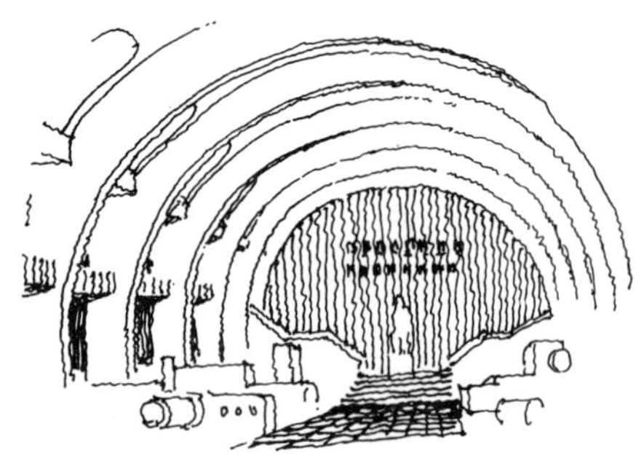

北京展览馆中央展览大厅

④当中低两旁高的空间具有沿纵轴外向感。

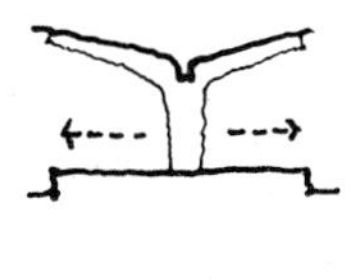

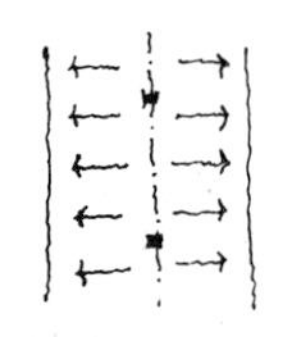

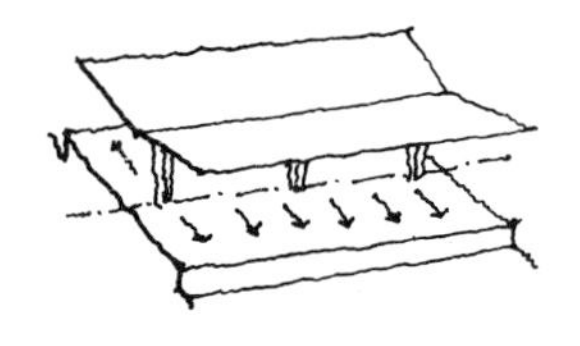

④车站站台上的雨篷一般适合于采用当中低两边高的形式，以便把乘客的注意力引向列车。

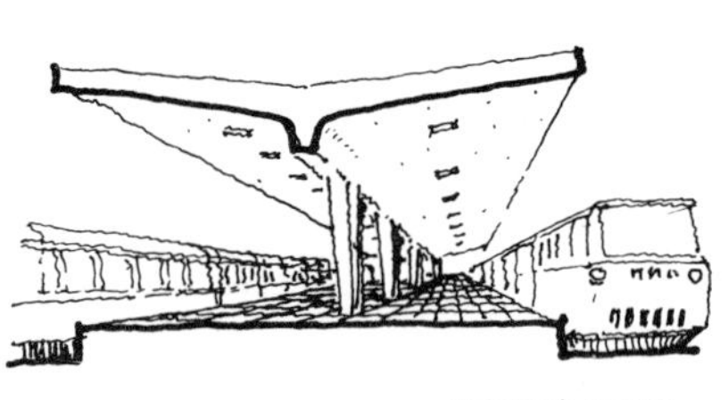

某车站站台雨篷

⑤弯曲、弧形或环形的空间可以产生一种导向感——诱导人们沿着空间的轴线方向前进。

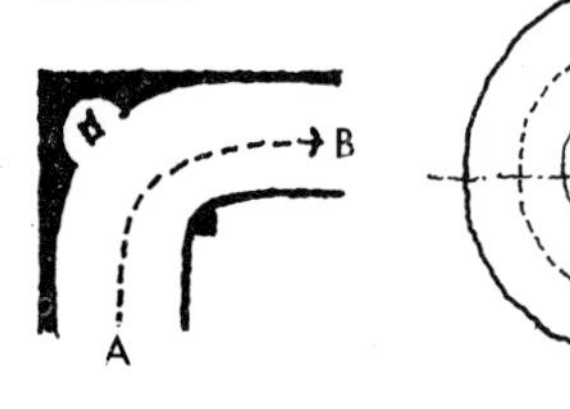

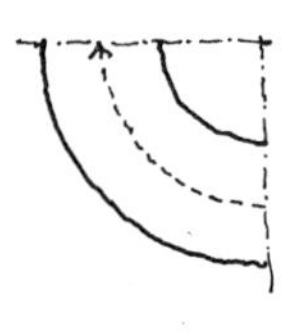

⑤某些陈列类建筑为了引导观众沿一定展线观赏展出内容，可以考虑采用环行空间以使之具有明确的导向感。

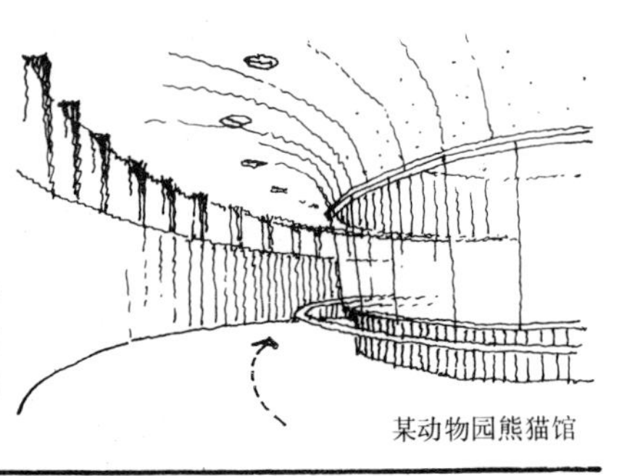

某动物园熊猫馆

6．巧妙地利用空间形状的特点，往往可以有意识地使之产生某种心理上的作用，或者给人以某种精神感受，或者把人的注意力吸引到某个确定的方向。

空间围透关系的处理［86］

面对着高山峻岭就会感到阻塞，面对着大海就会感到辽阔、开朗。同理，一个房间如果皆诸四壁就会使人感到封闭、阻塞，而四面临空则会使人感到开敞、明快。由此可见空间的开敞或封闭是会影响到人的情绪和精神感受，这表现在建筑空间上就是要妥善地处理好围与透的关系。

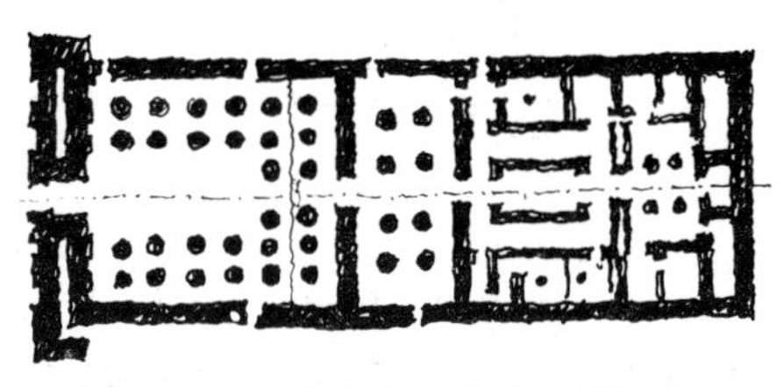

1．埃及的孔斯神庙就是一个皆诸四壁的建筑，其内部空间极封闭，这将有助于造成神秘气氛。

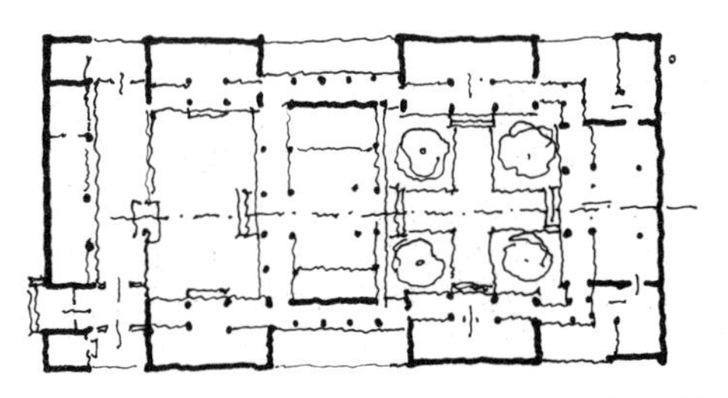

2．中国建筑特点是：对外封闭对内开敞，并随着情况的不同而灵活多样，常见的有：

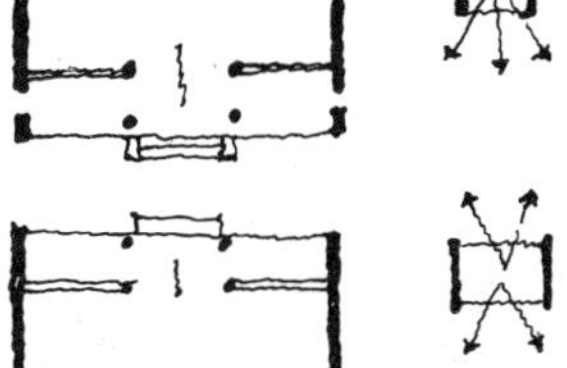

①三面围一面透：即把朝南的一面或面向内院的一面处理成为透空的形式。

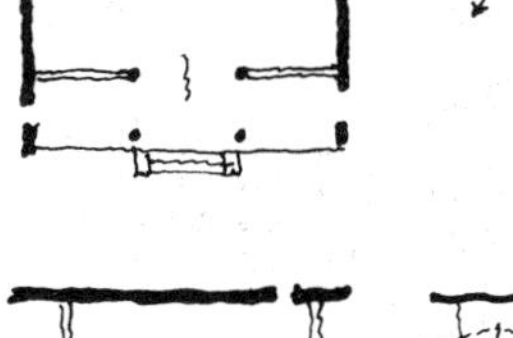

②两面围两面透：把两个端部——即山墙处理为实墙面，而把前、后檐处理成为透空的门窗或槅扇。

③一面围三面透：使建筑依附或背靠着一面实墙，而其它三面临空。

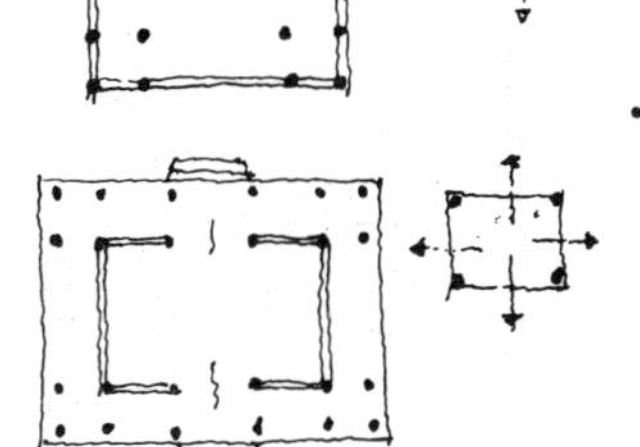

④四面临空：把四面都处理为透空的门窗或槅扇。

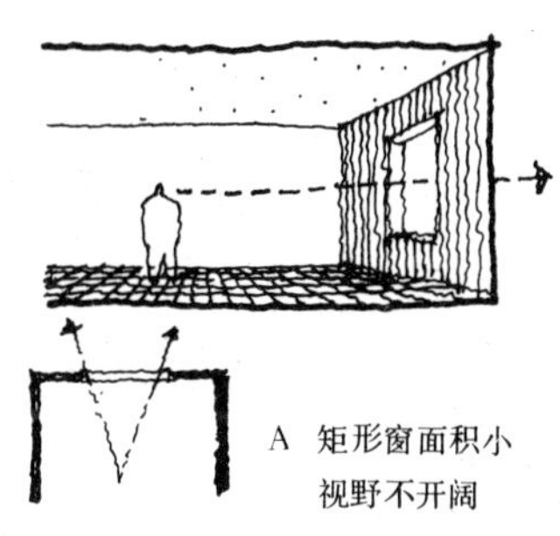

A　矩形窗面积小视野不开阔

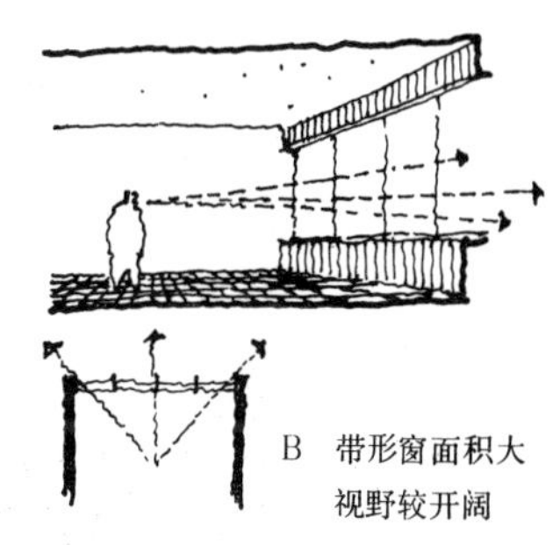

B　带形窗面积大视野较开阔

3．开窗面积愈大、愈扁就愈能获得开敞、明快的感觉。

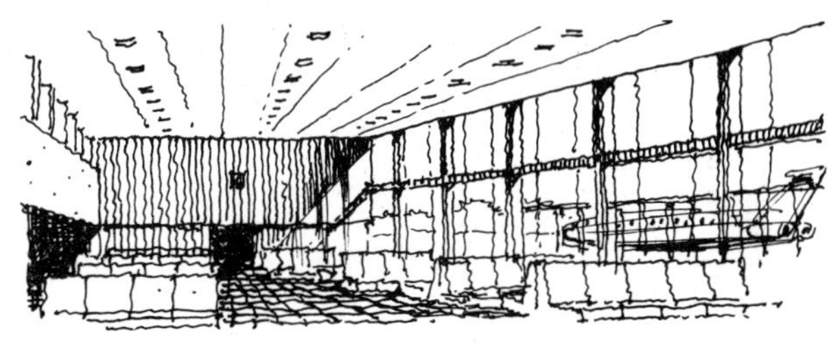

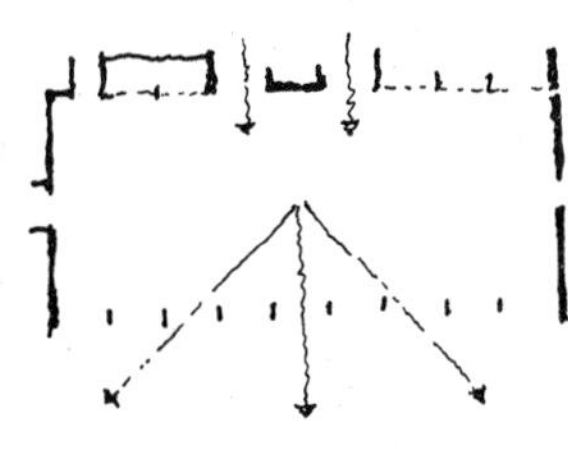

4．南京机场候机楼候机大厅。朝南的一面正对着停机坪，处理成为全部透空的大玻璃窗，使候机的旅客视野开阔、一望无际，从而获得开朗、明快的感觉。

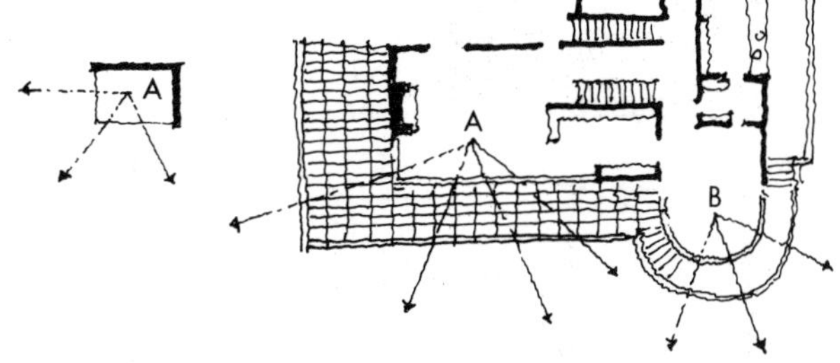

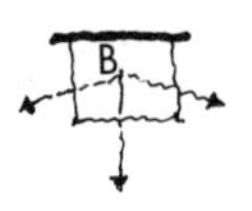

5．纽约郊区某小住宅。其起居室西、北两面风景优美，被处理成为极扁长的带形窗兼角窗（门）。半圆形平面的餐室三面开窗，不仅视野开阔、开敞明快，而且又可以通过窗户眺望优美的自然风景。

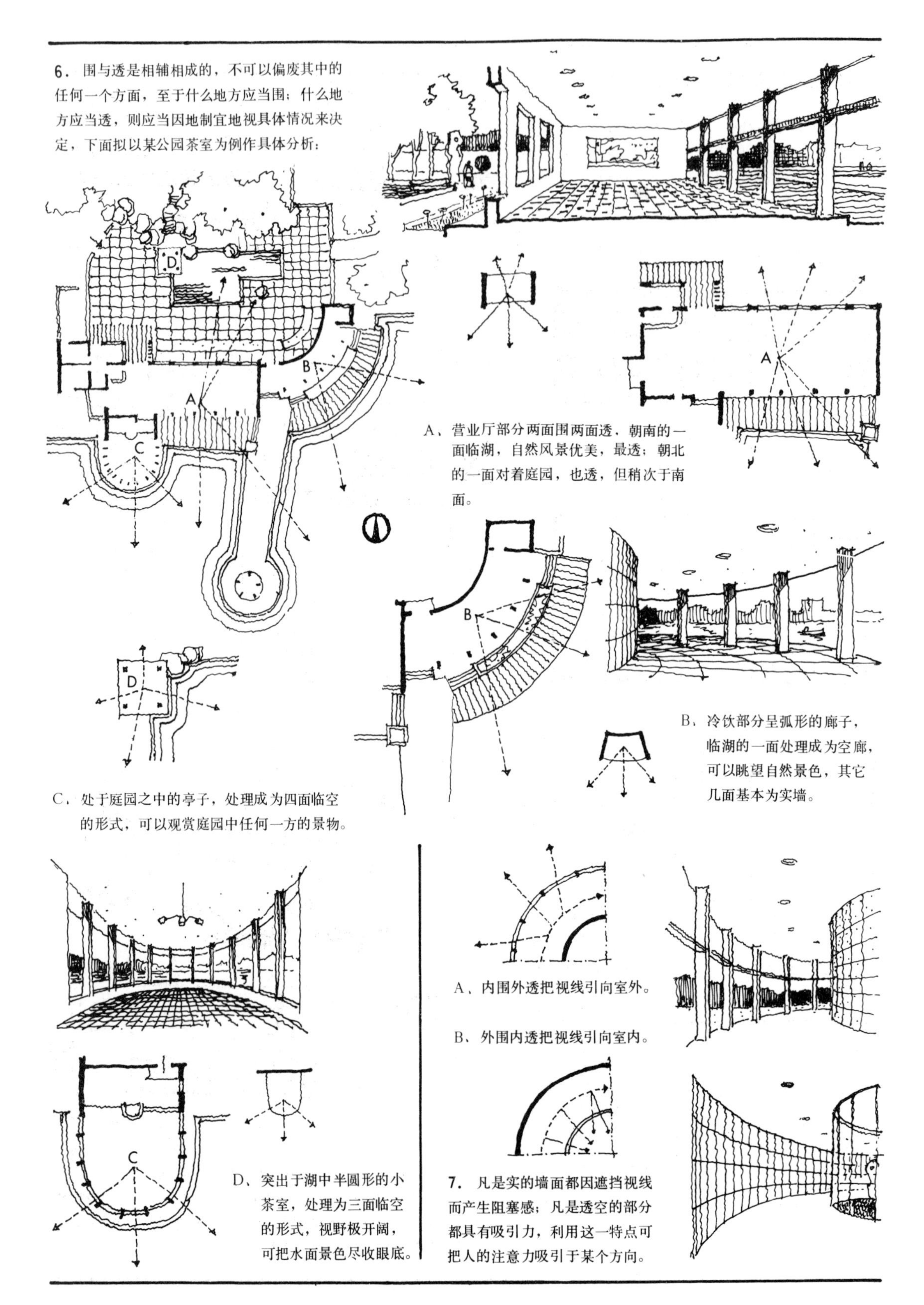

6．围与透是相辅相成的，不可以偏废其中的任何一个方面，至于什么地方应当围；什么地方应当透，则应当因地制宜地视具体情况来决定，下面拟以某公园茶室为例作具体分析：

A、营业厅部分两面围两面透，朝南的一面临湖，自然风景优美，最透；朝北的一面对着庭园，也透，但稍次于南面。

B、冷饮部分呈弧形的廊子，临湖的一面处理成为空廊，可以眺望自然景色，其它几面基本为实墙。

C、处于庭园之中的亭子，处理成为四面临空的形式，可以观赏庭园中任何一方的景物。

D、突出于湖中半圆形的小茶室，处理为三面临空的形式，视野极开阔，可把水面景色尽收眼底。

A、内围外透把视线引向室外。

B、外围内透把视线引向室内。

7．凡是实的墙面都因遮挡视线而产生阻塞感；凡是透空的部分都具有吸引力，利用这一特点可把人的注意力吸引于某个方向。

利用柱子来分隔空间［87］

空间的宽度如果超出了结构（梁）允许的限度就需要设置柱子，这对功能或形式都会产生影响。如处理得好既可保证功能要求又可以丰富空间变化，如果处理不好则可能妨碍使用要求或有损于空间完整统一。列柱设置会形成一种分隔感，柱距愈近、柱身愈粗其分隔感就愈强。

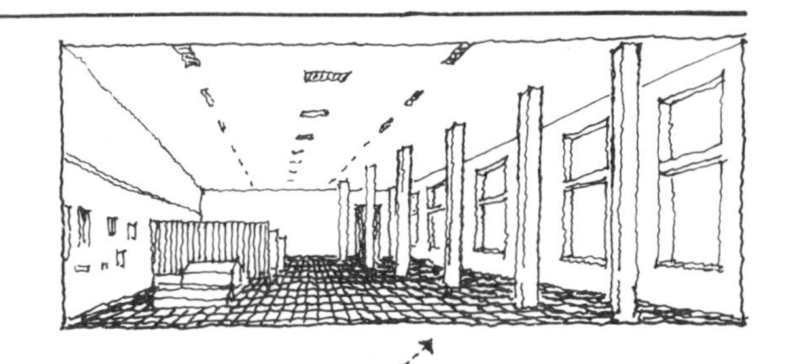

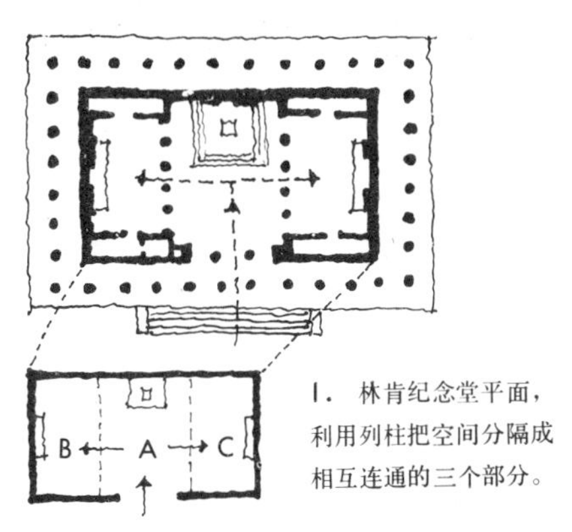

1．林肯纪念堂平面，利用列柱把空间分隔成相互连通的三个部分。

3．历史博物馆普通陈列厅，以单排列柱把空间分隔成为大小不等的两个部分，大的部分供参观、陈列用；小的部分作为交通联系走廊，这样不仅符合于功能要求，而且还由于主从分明而加强了空间的完整统一性。

2．利用列柱分隔空间的几种情况分析：

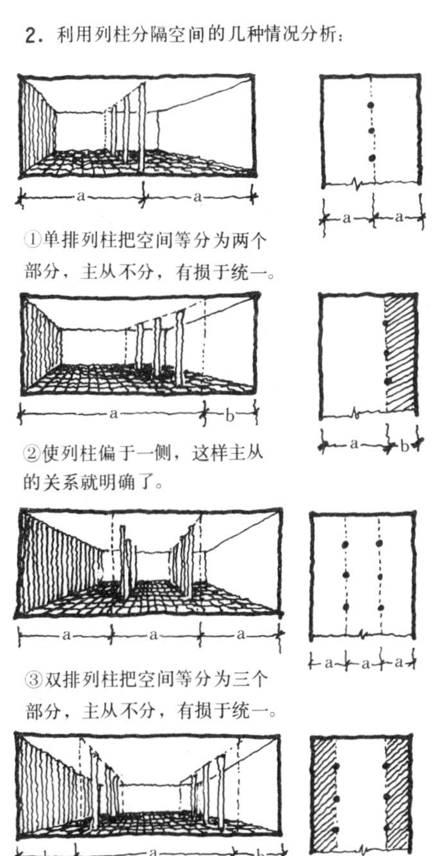

①单排列柱把空间等分为两个部分，主从不分，有损于统一。

②使列柱偏于一侧，这样主从的关系就明确了。

③双排列柱把空间等分为三个部分，主从不分，有损于统一。

④扩大中央部分空间以分清主从。

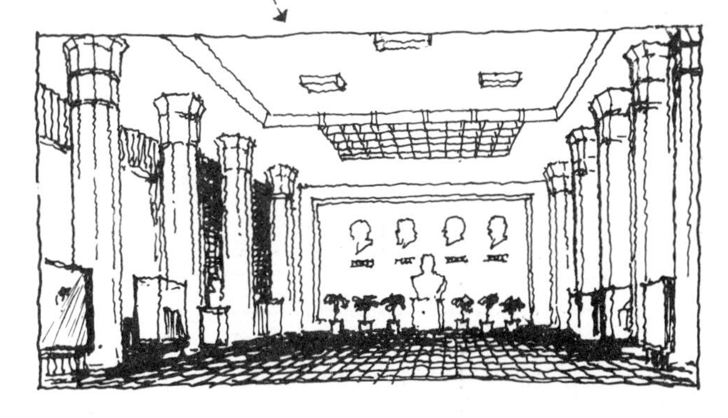

4．历史博物馆中央大厅，针对该厅的功能特点并为造成一种庄严、宏伟的气氛，采用双排列柱把空间分隔成为三个部分，中央部分空间特别宽大，并在端部墙面上装饰着革命导师的塑像，气氛庄严肃穆，空间完整统一。

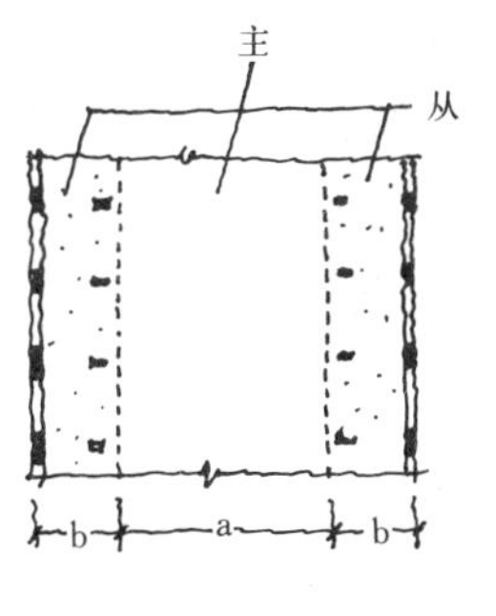

5．在一般情况下（除个别情况因限于功能或结构要求外），为使主从分明而达到完整统一，凡是采用双排列柱的，一般都使列柱沿两侧布置，以保证中央部分空间显著地宽于、高于两侧的空间。

6. 如果以四根柱子把正方形平面的空间等分为九个部分，就会因为主从不分而有损于空间的完整统一。若把柱子移近四角，不仅中央部分空间扩大了，而且环绕着它还形成一个回廊，从而就达到主从分明、完整统一。

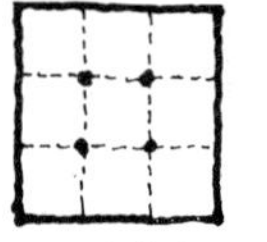

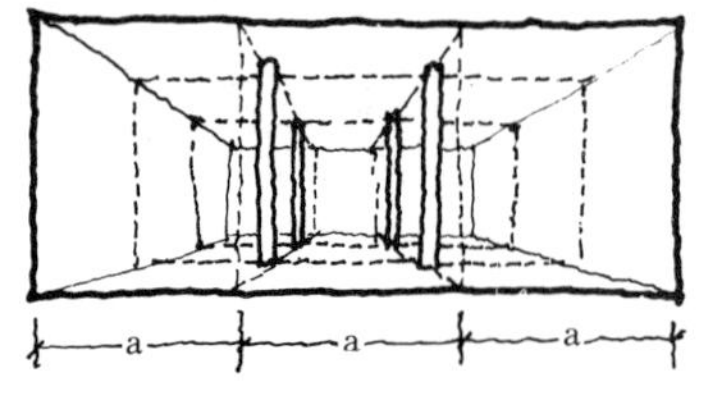

A 主从欠分明，空间欠完整统一。

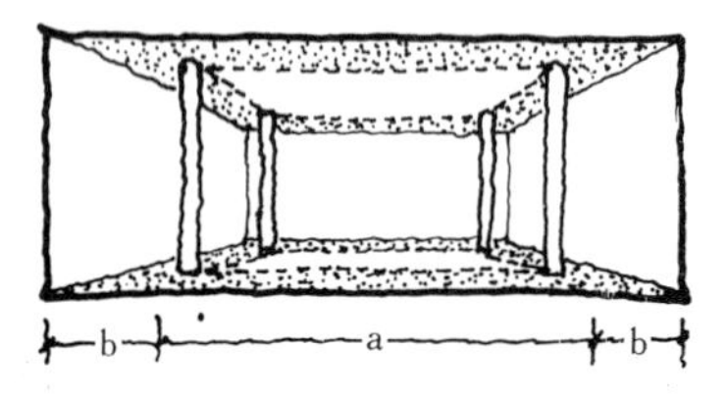

B 主从较分明，空间较完整统一。

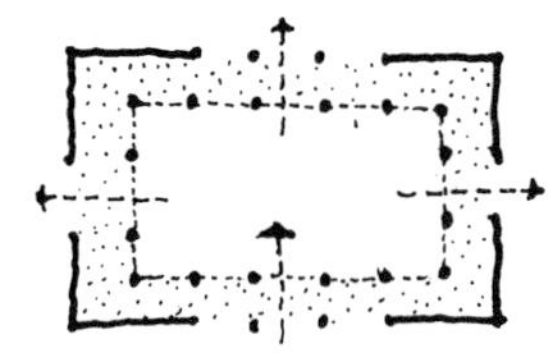

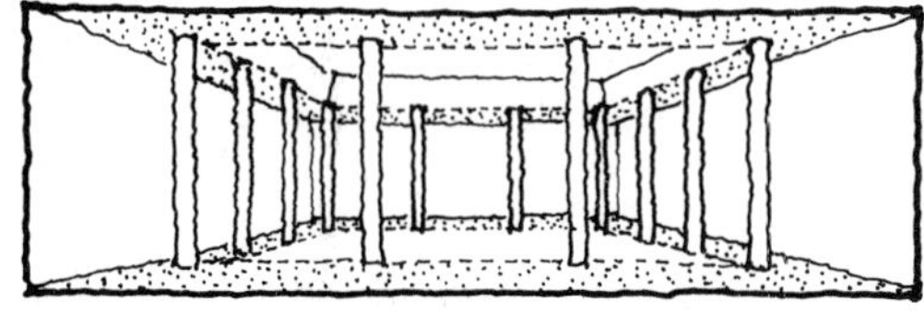

7. 随着空间的扩大，柱子的数目也要增多，这样空间的分隔感更强烈，不仅使环形的回廊更明确，而且中央部分的空间也更突出。

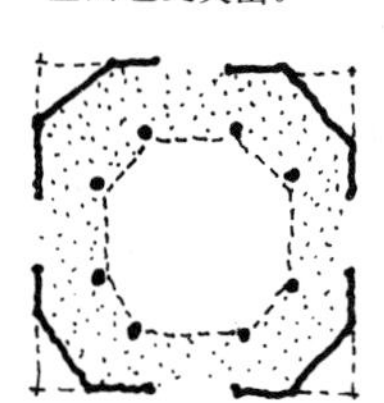

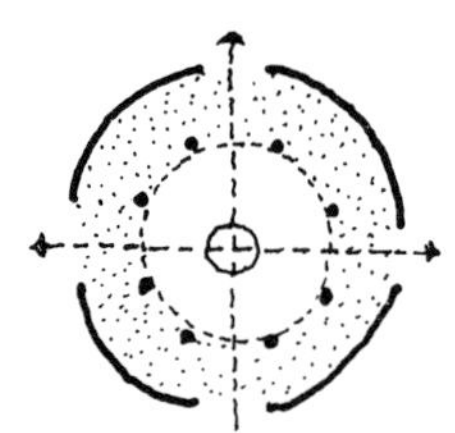

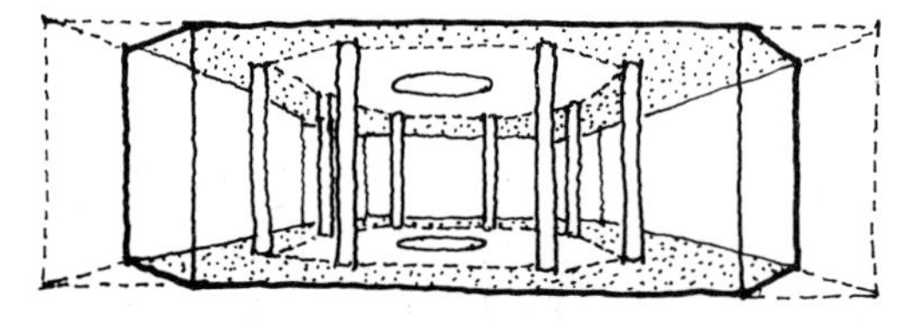

8. 以上处理柱子的原则不仅适合于方形平面的空间，而且也适合于矩形、八角形、圆形平面的空间。

9. 公共建筑门厅的空间处理，往往就是利用柱子对于空间的分隔而获得良好的效果，现举例说明于后：

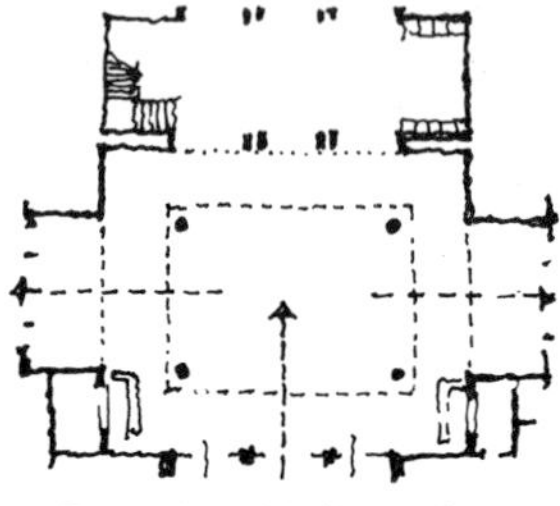

B 北京饭店新楼门厅内设四根柱子，借助于天花藻井以加强中央部分的空间。

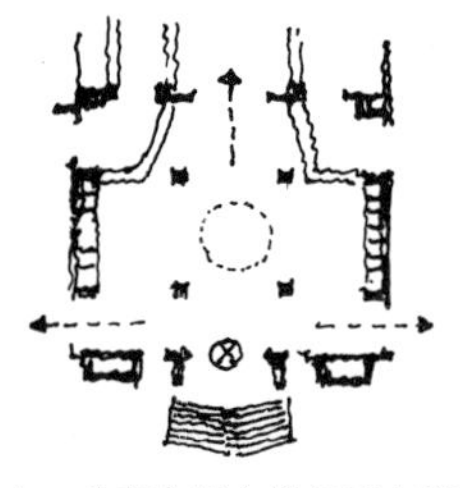

A 北京电报大楼门厅方形平面，内设四根柱子，中央部分空间稍大，并借助于圆形的大吊灯而形成一种向心感。

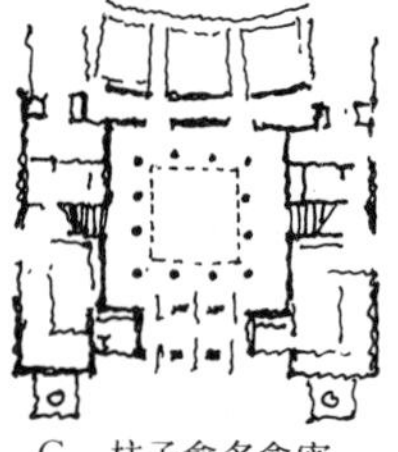

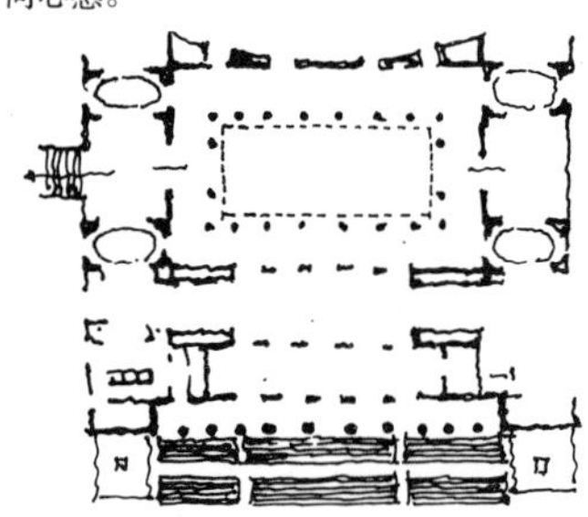

C 柱子愈多愈密，空间分隔感愈强，这就是说空间的主从关系更明确。人民大会堂（左）、北京剧场（上）的门厅就是属于这种情况。

D 对于八角形平面的空间，通过柱子的设置，更可以加强它的向心感。

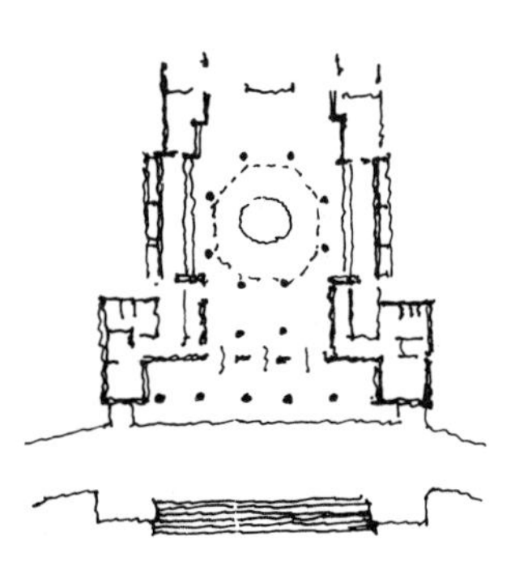

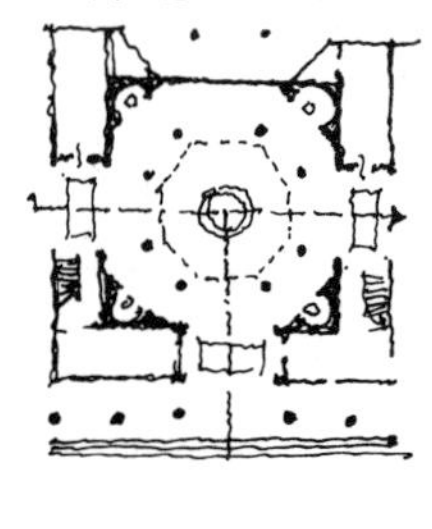

上图：农展会综合馆广厅

左图：北京民航候机楼门厅

以夹层来分隔空间［88］

在空间中如果设置夹层，也可以造成一种分隔感。如果说以列柱所造成的分隔感是竖向的，那么以夹层所造成的分隔感则是横向的。夹层的设置无疑必须适合于功能的要求，但也要顾及到空间的完整统一性。为此必须认真地推敲它的高度、宽度以及与整个空间之间的比例关系。

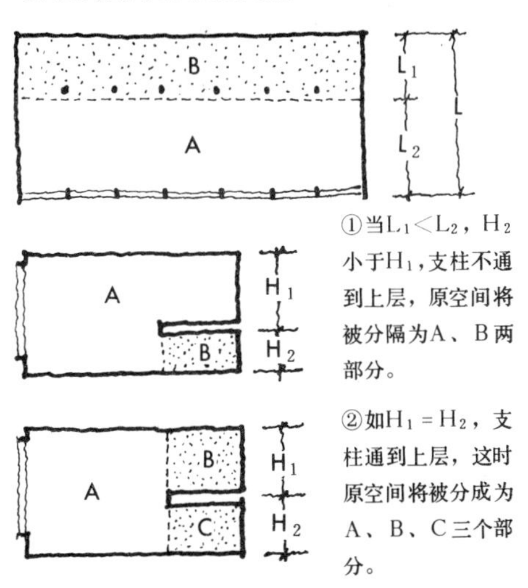

①当$L_1<L_2$，H_2小于H_1，支柱不通到上层，原空间将被分隔为A、B两部分。

②如$H_1=H_2$，支柱通到上层，这时原空间将被分成为A、B、C三个部分。

1．为了达到主体突出、宾主分明，夹层的高度与宽度应分别不超过原高、宽的1/2。

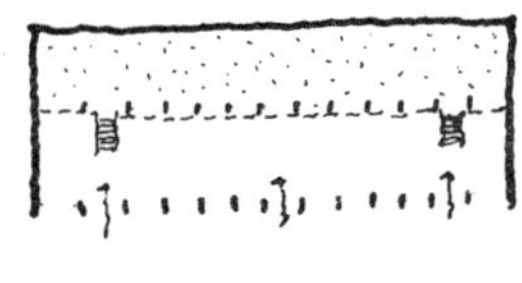

3．某火车站候车厅设计方案，由于夹层较低，特别是柱子不通到上层，仅把夹层以下部分的空间从整体中分隔出来，主从关系比较分明。

4．乌鲁木齐航空站候机大厅，夹层的宽度、高度以及整个厅的比例关系处理得较好，整个空间分隔既统一又完整。

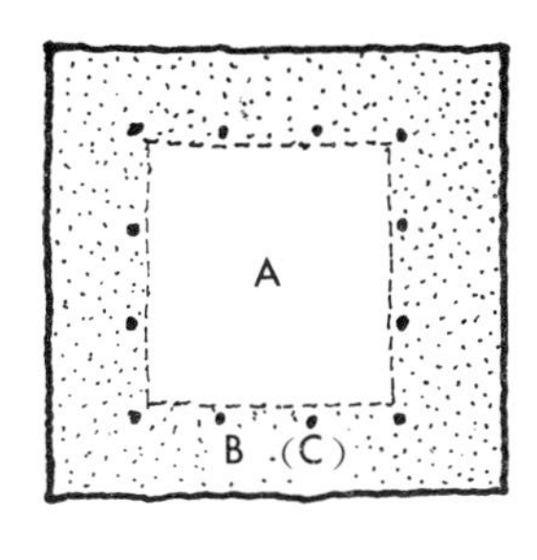

5．广州友谊剧院门厅，夹层过高、过窄，加之夹层上部空间的天花板又呈斜面，致使几部分空间的比例关系失调。

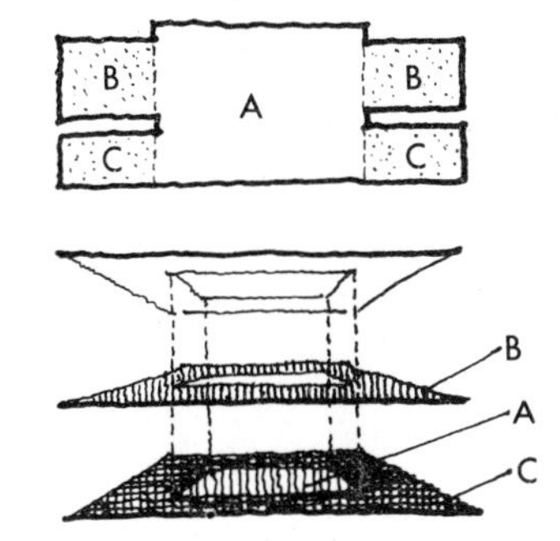

2．在空间的四周设置夹层就会形成B和C两个环形的空间套着A空间的组合形式。

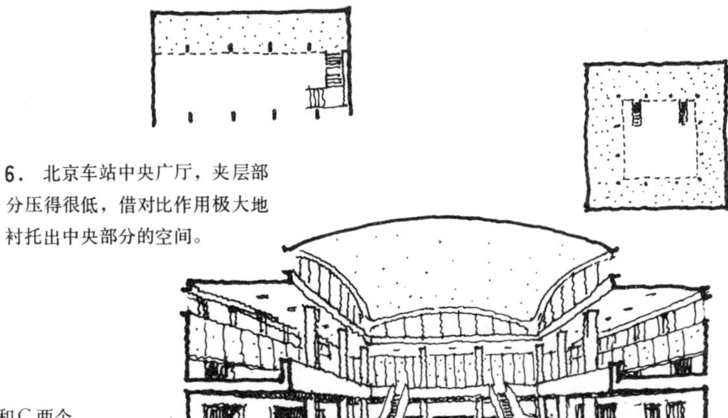

6．北京车站中央广厅，夹层部分压得很低，借对比作用极大地衬托出中央部分的空间。

天花的处理［89］

天花与地面是形成空间的两个水平面，天花是顶盖，地面是下底。天花给予空间的影响要比地面显著，为此把天花处理好将有助于空间的完整统一。另外，天花和结构关系很密切，又是灯具和各种通风孔所赖以依附的地方，凡此等等都必须综合、全面地加以考虑才能获得良好的效果。

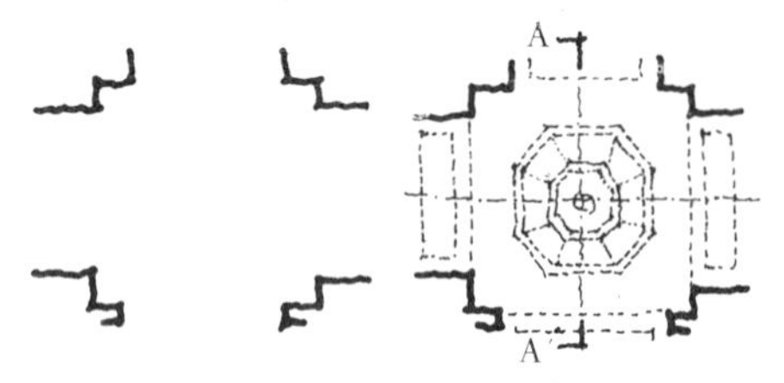

1．民族文化宫门厅，通过天花处理使各部分空间周界明确、主从分明，并形成一个中心，从而大大加强了空间完整性。

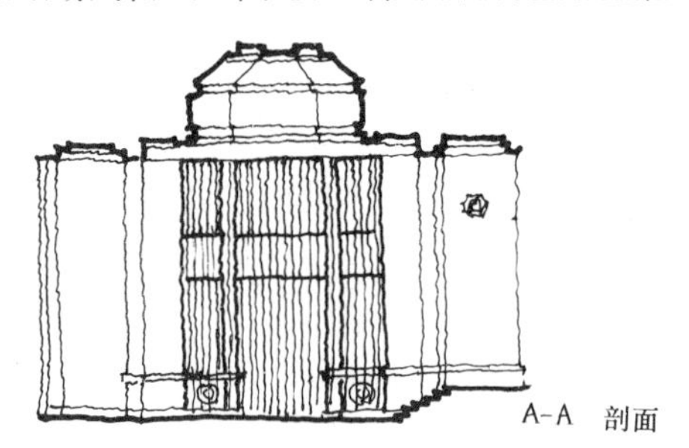

2．国际俱乐部阅览室，通过天花处理形成一种集中和向心的秩序。另外，还使圆形空间的关系明确、肯定起来。

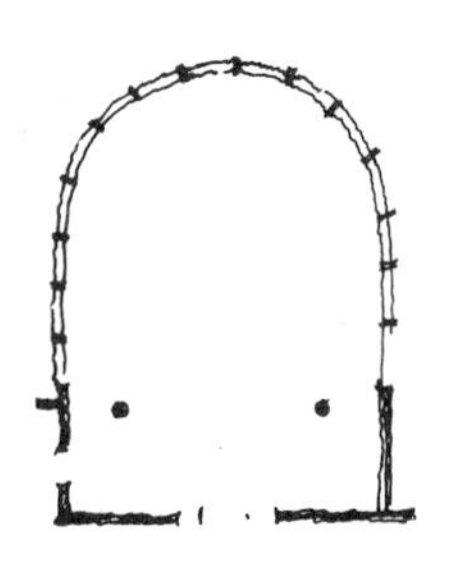

A 未经处理前的效果

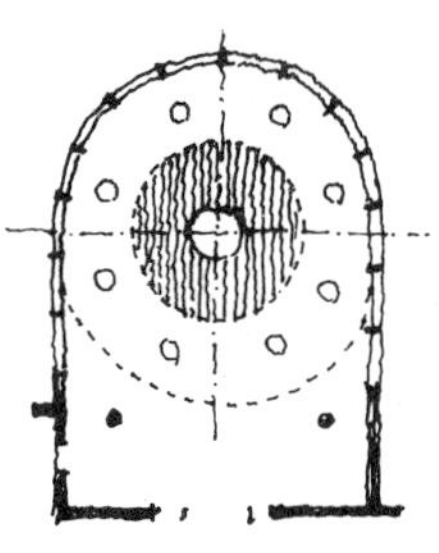

B 经过处理后的效果

室内透视效果

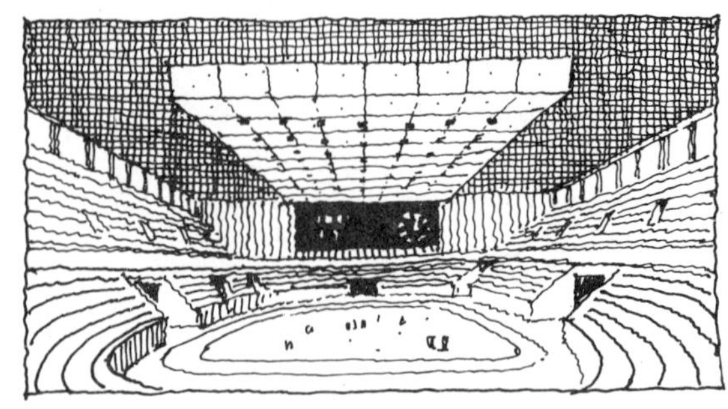

3．大型体育馆比赛厅，巨大的室内空间本来是会显得散漫而不集中的，但如在比赛场地上空吊下一块天花，顿时就可以产生一种集中感。

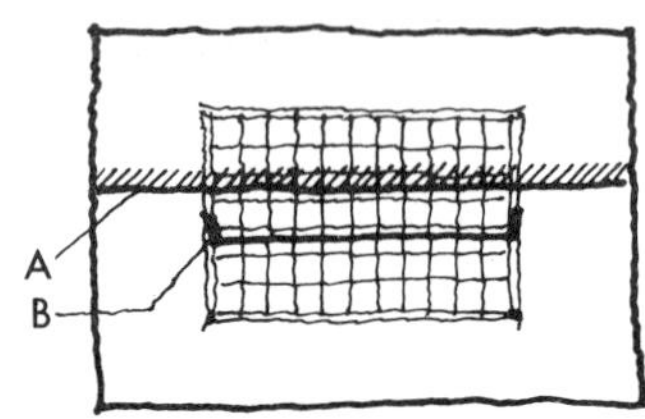

A 为结构下皮　B 为吊顶

4．通过天花处理以压低次要部分空间的方法来突出主要部分空间，这样既可达到主从分明，又可加强空间的完整统一性。

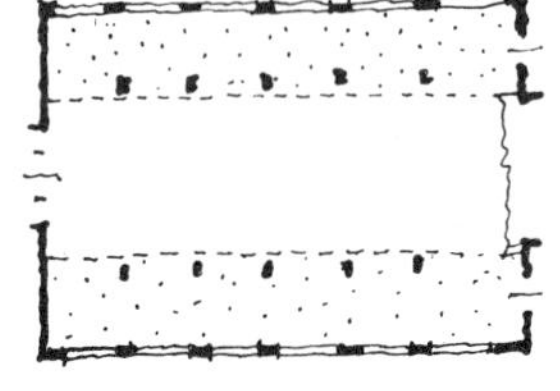

5．北京饭店新楼大宴会厅，通过天花处理以压低次要空间的方法而突出了主要空间，从而使主要部分空间轩昂高爽，次要部分空间亲切宜人。

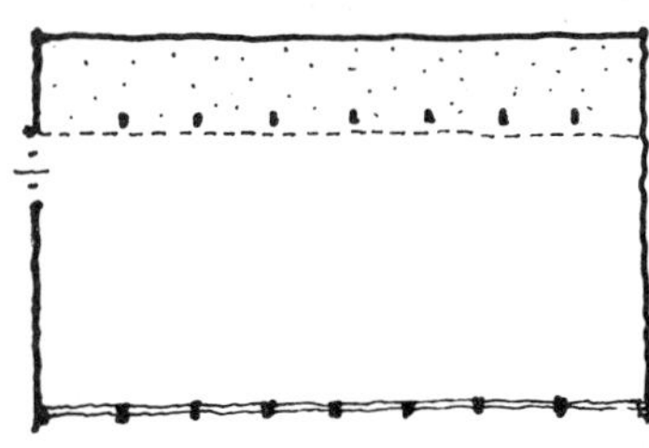

6. 苏联苏维埃宫设计方案，通过天花、特别是均匀整齐排列的灯具处理，而造成一种博大的气氛。

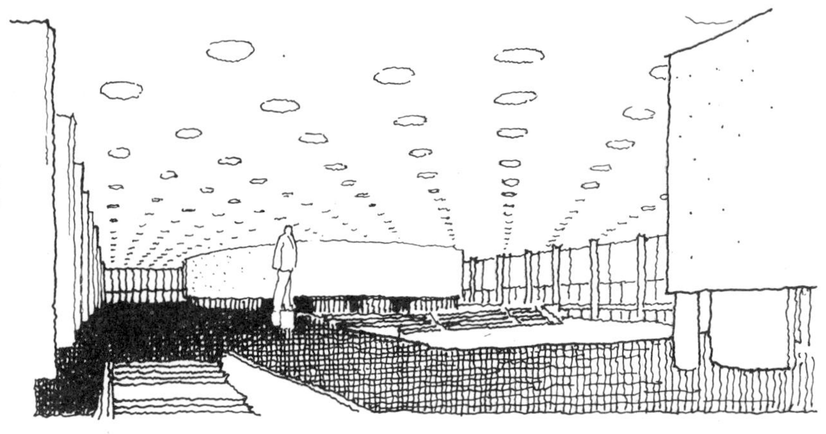

7. 首都体育馆休息厅，通过天花、灯具处理加强了空间的深远感。

8. 通过天花、灯具处理把人的注意力引向某个确定方向。

9. 通过天花、灯具处理把观众视线集中向银幕或舞台。

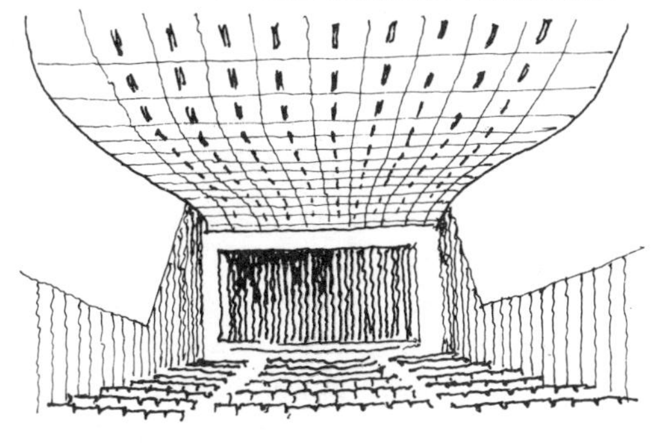

10. 天花和结构关系十分密切，在处理天花的时候，如果能够充分利用结构的特点，有时可以获得优美的韵律感。

A 利用富有韵律感的新结构形成优美的天花图案。

B 利用拱面的贯通、交叉形成富有韵律的拱面天花。

C 利用梁的凹凸变化形成富有韵律感的天花。

地面的处理［90］

和天花相对应的是地面，它是形成空间的另一个水平面——下底。由于它需要用来承托家具、设备和人的活动，而又是借助于人的有限的视高来看它的透视，因而其显露的程度将受到一定的局限，从这个意义上讲，与天花相比，地面给人的影响要小一些。但是近年来许多建筑师都意识到通过地面处理可以改变人们的空间感，因而在设计过程中还是不遗余力地利用地面处理来加强其空间变化以谋取效果。

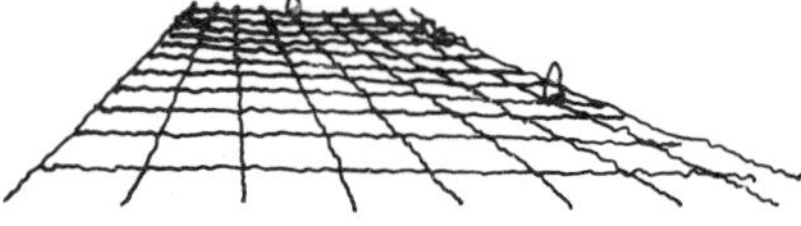

1．西方古典建筑重装饰，地面常用彩色石料拼成各种图案以显示其富丽堂皇。近代建筑尚简洁，地面常用一种材料做成，即使有图案其组合也比较简单。

2．一家人席地而坐会使人感到松散，如果在他们身下铺上一张地毯，于是就把他们从周围环境中明确地划分出来而赋予某种空间感。某些近代建筑往往通过地面的处理来形成、加强或改变人们的空间感。

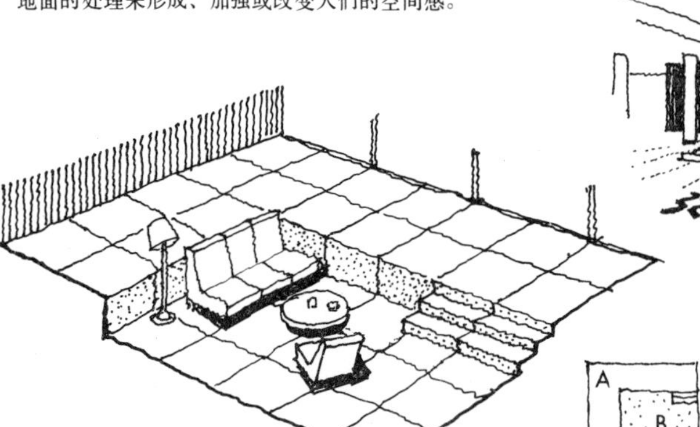

3．局部降低或提高某一部分地面，同样也可以改变人们的空间感。近代建筑常利用这种手法来强调或突出某一部分空间，或利用地面高差的变化来划分空间，以分别适应不同功能需要或丰富空间的变化。

4．关于地面图案设计，总的来讲古典建筑的构图多以一间房间作为基本单位而强调其完整统一性，这种“地毯”式的地面图案多呈严谨的几何图形。

5．日本某近代建筑的地面处理，图案设计较自由、灵活、简洁，并且有民族的特色，与整个建筑的风格较协调。

6．近现代建筑的地面处理多趋向于采用整齐、简洁而又富有韵律感的图案，既便于施工制作，又可借透视而获得良好的视觉效果。

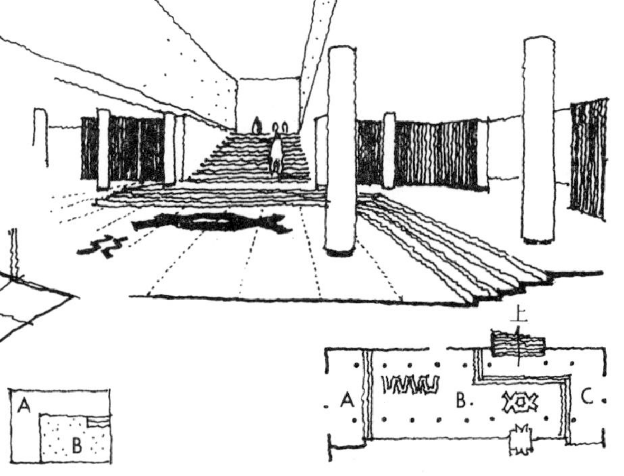

7．荷兰某市政厅门厅部分的地面处理：通过地面的高差把空间划分成为几个部分，既丰富了空间的变化又可借踏步把人流引导到各个方向。为与近代空间形式相协调，地面借抽象图案的形式而加强了装饰性。

墙面的处理［91］

和天花、地面一样，墙面也是组成空间的要素之一，不过它是以垂直面的形式出现的。墙面处理对空间完整统一性的影响也是很大的。在墙面中大至门窗，小至灯具、通风孔洞乃至细部装饰，只有作为整体的一部分而互相有机地联系才能获得完整、统一的效果，因而它必然要涉及到比例、尺度、虚实、韵律等关系的协调与处理问题。

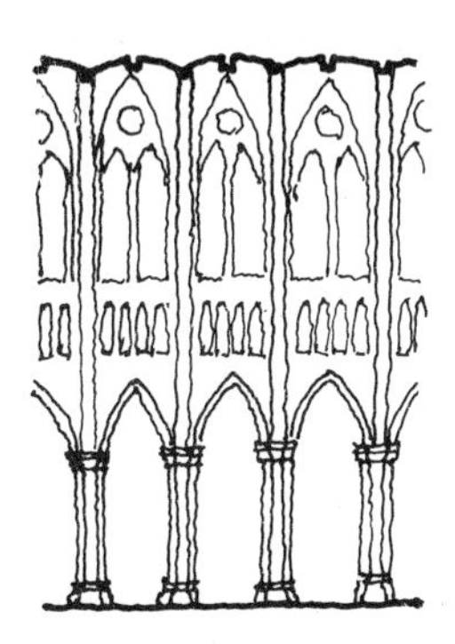

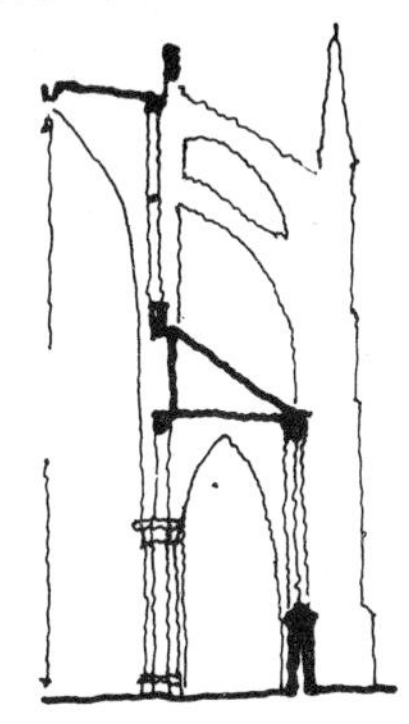

1．高直教堂内墙片断，由各种形式的尖碇窗所组成，这里不仅有大小、虚实的对比与变化，并且由于组织得很有条理而获得了优美的韵律感。另外，通过墙面的处理还正确地显示出空间的尺度。

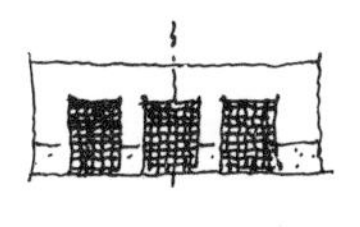

2．某门厅内墙处理：以护墙把三个门连为一体；门与天花之间有良好的呼应；再点缀几盏壁灯，就更加强了墙面组合的韵律感。

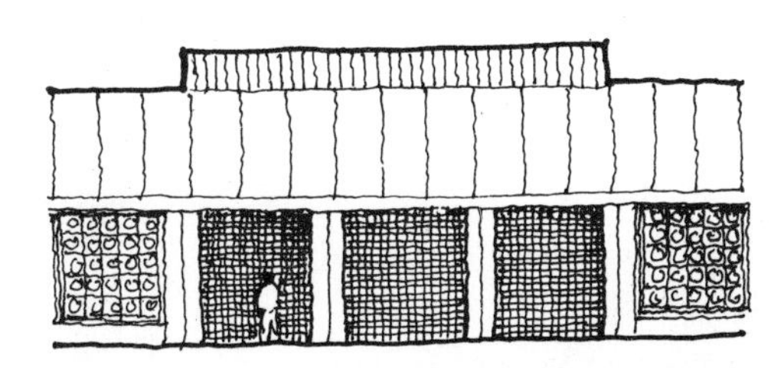

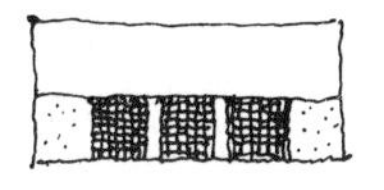

3．新北京饭店门厅的墙面处理：以线脚把墙面分为两部分，上实下虚既有对比又能显示尺度感。三个门居中两端饰以花格，主从分明与天花有良好呼应。

4．民族文化宫门厅的墙面处理：以竖向构图加强空间高耸感，中部虚两边实，主从分明，对比强烈，通过夹层处理可以显示出空间的尺度感。

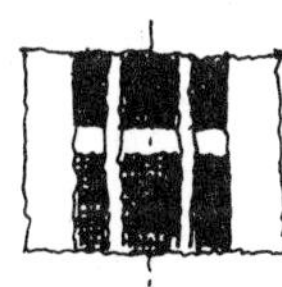

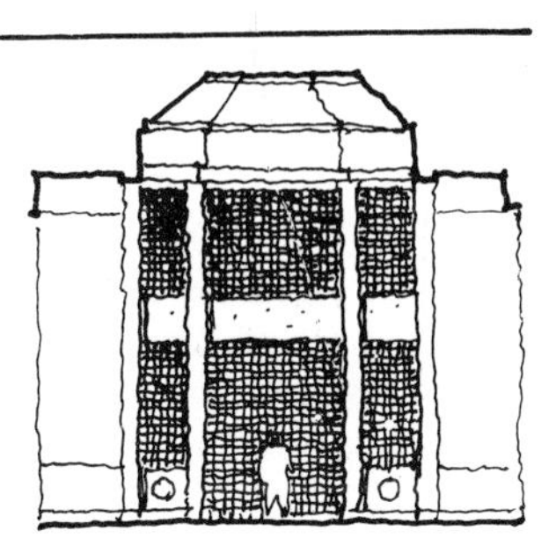

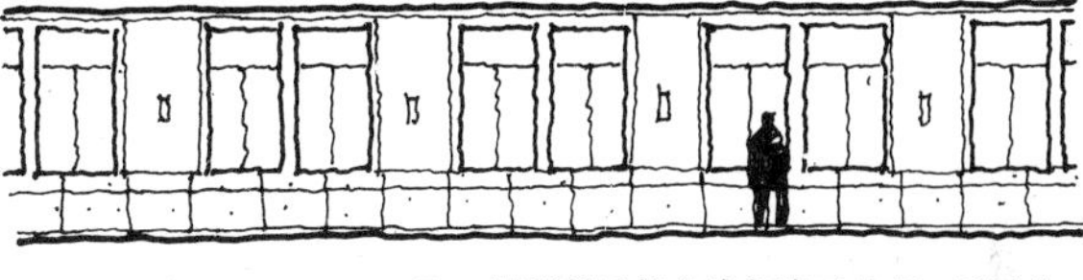

5．国际俱乐部台球室墙面处理：通过窗（以两个为一组）、实墙面、壁灯的组合，既有虚实对比又有和谐统一的韵律感。

6．北京车站候车厅墙面处理：以整齐排列的拱形大窗而形成简单、连续的韵律。

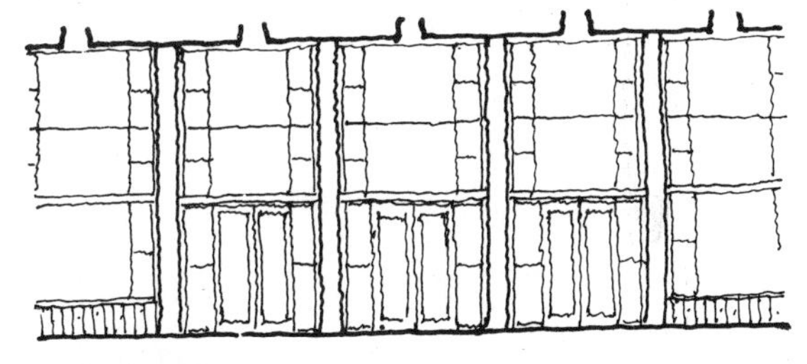

7．以虚为主的大面积开门、开窗的墙面，应当充分利用实体的柱、眉线、窗棂、门扇等各种要素的交织而形成某种韵律感。

8．某候机厅墙面处理：用横向分割以显示空间尺度，以1/2对应开窗而形成韵律。

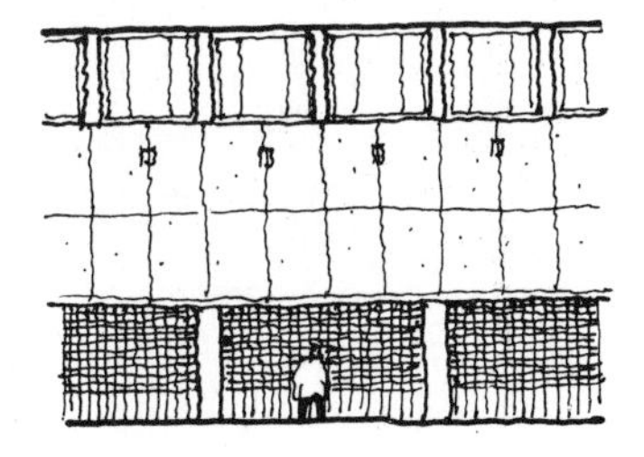

质感的处理［92］

形成内部空间的天花、地面、墙面都是由各种材料做成的，不同的材料具有不同的质感效果。如果善于选择材料，就可以借质感的对比与变化而取得良好的效果。与室外相比，室内空间与人的关系密切得多。就以墙面而论，不仅近在咫尺，而且伸手就可以抚摸它，为此室内材料的质感一般应当细腻一些、光滑一些，但是在某些情况下为了求得对比与变化，也可以局部地选用一些质感粗糙的材料作为墙面或地面。

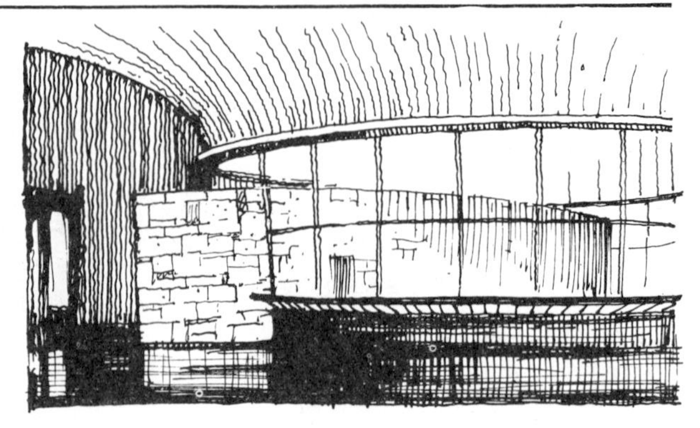

1．天津水上公园熊猫馆展出厅，为了衬托熊猫，有意识地选用质感粗糙的仿乱石墙面作为背景，并贯穿于玻璃隔断内外，借质感的强烈对比而取得良好效果。

2．杭州机场候机厅，利用大理石、水磨石、木材、金属、塑料板、糊墙纸、地毯等多种材料在质感上的对比与变化，特别是通过这些材料互相之间巧妙地组合、穿插而极大地丰富了内檐装修的变化。

3．斯里兰卡纪念班达拉奈克国际会议大厦会议厅。按照会议厅的功能，特别是音响方面的要求，妥善地选用不同的建筑和装修材料，并巧妙地加以组合，既能获得良好的音响效果，又可借材料质感的对比与变化而获得良好的观赏效果。

空间的对比与变化 [93]

空间的大小、高低、形状以及开敞或封闭的程度，首先必须适合于功能要求，但是如果能够巧妙地利用功能的特点，在组织空间时有意识地把大小悬殊的空间、高低悬殊的空间、形状差别显著的空间或开敞与封闭程度不同的空间连接在一起，就可以借空间的强烈对比而获得某种效果。

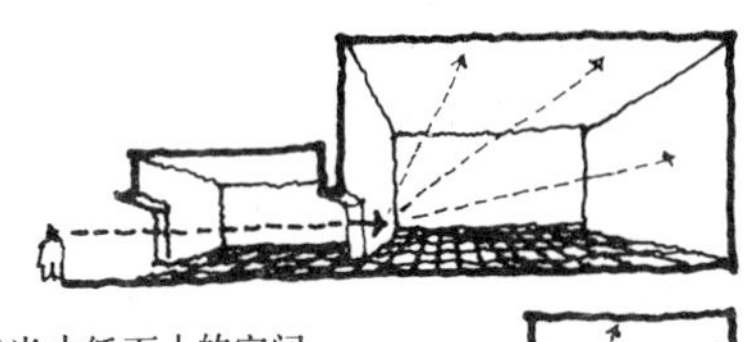

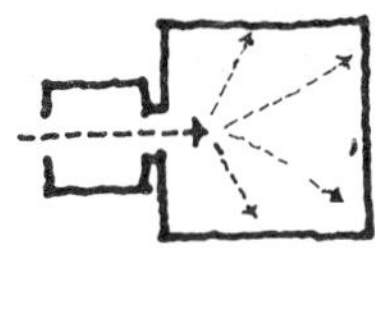

①当由低而小的空间进入高而大的空间时，则可借空间的对比与衬托使后者感到更加高大。

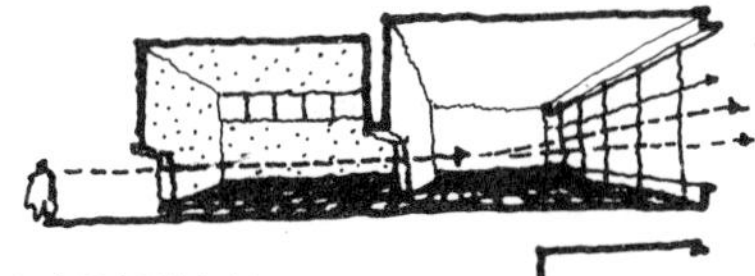

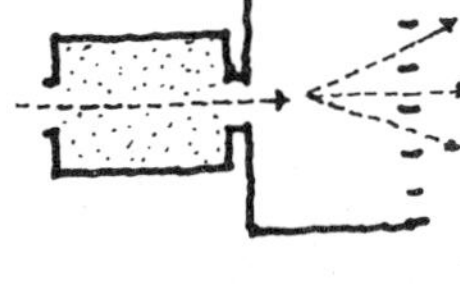

②当由封闭的空间进入开敞的空间时，则可借空间的对比而使人感到豁然开朗。

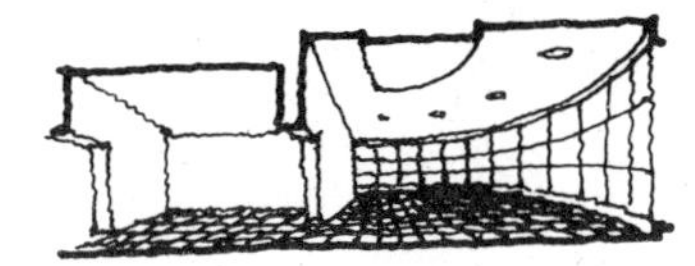

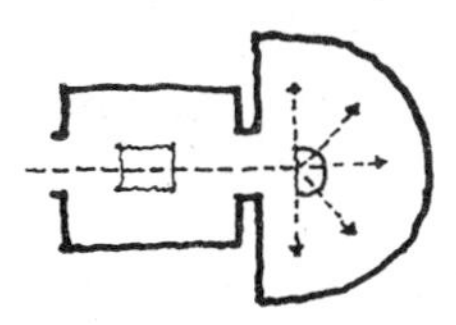

③如果把不同形状的空间组织在一起，也可以利用空间的对比与变化而打破单调。

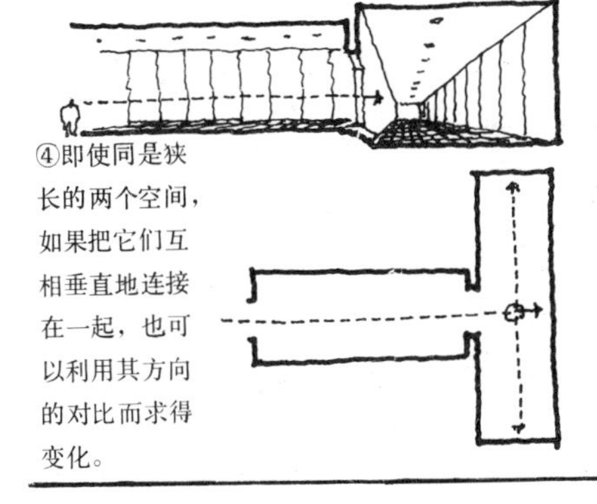

④即使同是狭长的两个空间，如果把它们互相垂直地连接在一起，也可以利用其方向的对比而求得变化。

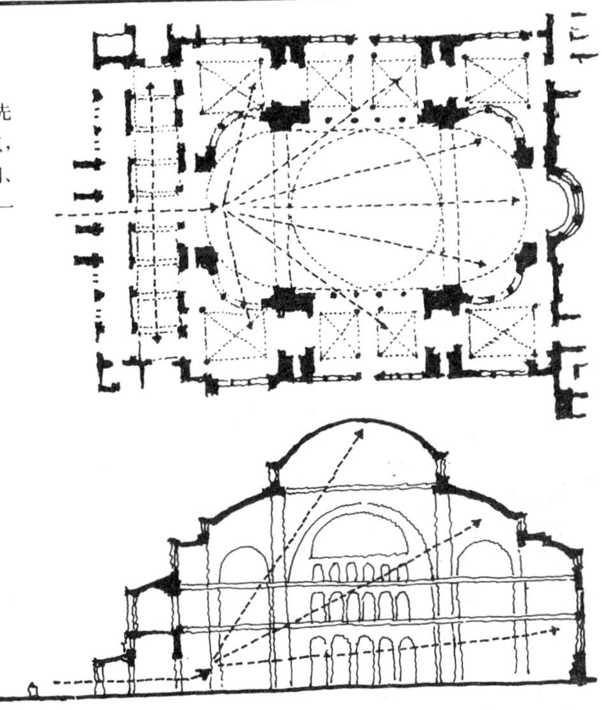

1. 圣·索菲亚教堂。在高大宽阔的大厅之前设置一条低矮狭长的门廊，当由门廊进入大厅时，即可借强烈的空间对比而使人的情绪为之一振。

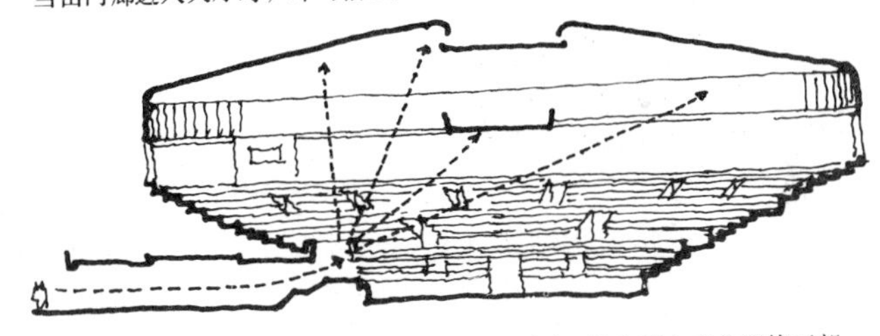

2. 北京工人体育馆。当由通道进入比赛厅时，就会使人产生豁然开朗的感觉。

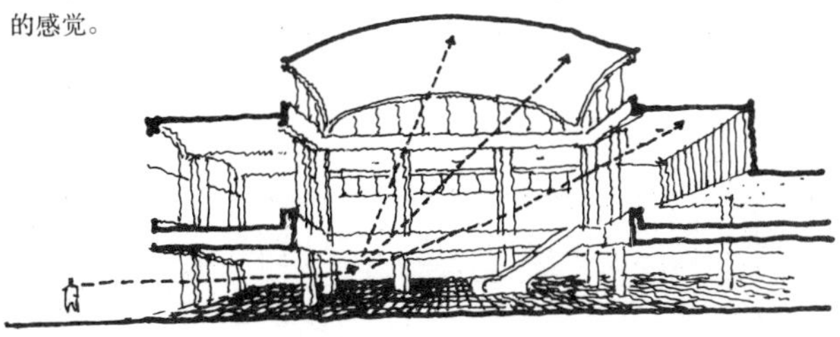

3. 北京火车站。以欲扬先抑的手法最大限度地压低夹层下部的空间，这样就可借高低之间的强烈对比，而有力地衬托出高大的中央广厅。

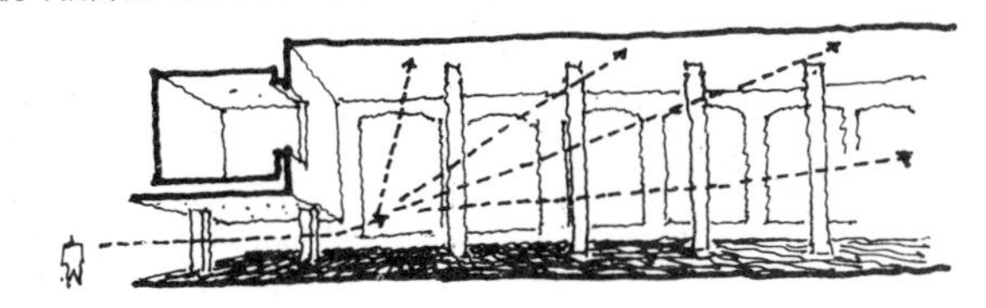

4. 北京火车站。以压低过厅的方法来衬托候车厅。

5. 古根哈姆美术馆。它的展出部分呈螺旋形状的空间十分低矮，而由它所环绕着的中央部分空间却十分高大，这样即可利用展出部分低矮的空间与之相对比而取得良好的视觉效果。

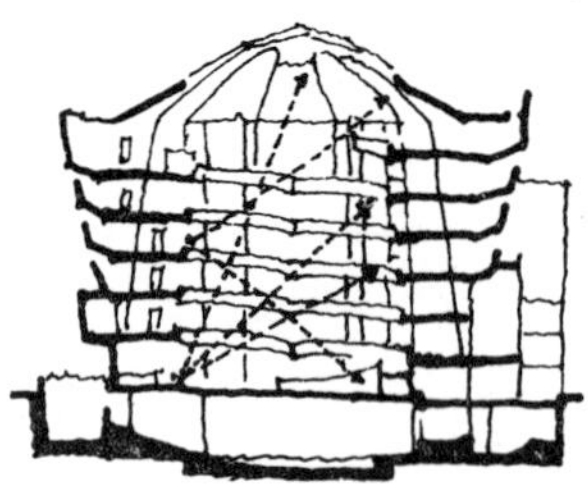

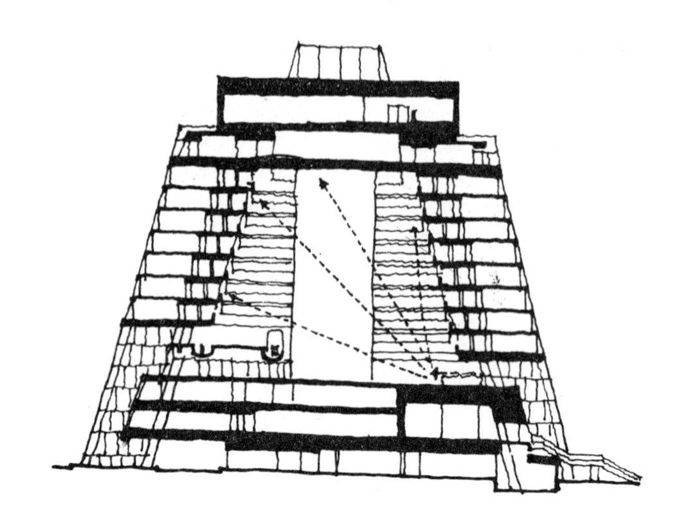

6. 国外某旅馆建筑，以客房部分围成一个巨大的室内空间以作为整个建筑的公共活动空间，与蜂窝式的小空间——客房——相比，这种空间简直大得使人惊愕。利用这两种空间进行对比将可以使人的情绪产生极度的兴奋感。

7. 近年来由美国建筑师波特曼(Portman)所设计的一些旅馆建筑，其特点就是以客房来围成一个巨大的室内空间，并在其中巧妙地布置庭园绿化等设施，试设想：当旅客从客房中走出来而进到如此高大的空间时，其心理和情绪上的变化将是何等的强烈。

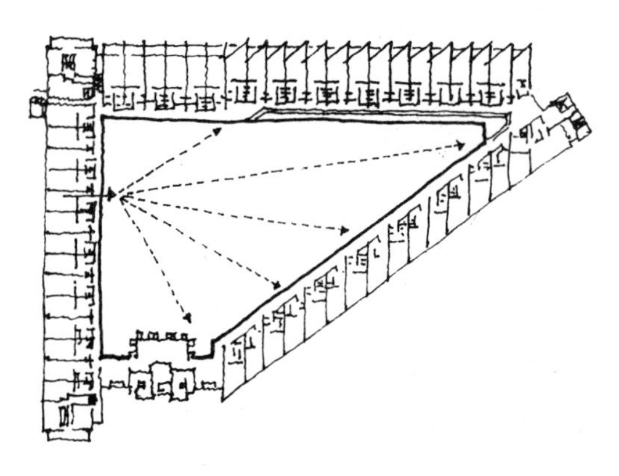

8．封闭性的空间与开敞性的空间也可以因对比而产生效果。我国古典园林建筑特别善于运用这种手法来取得效果，例如苏州留园，它的入口部分空间不仅曲折狭长而且还十分封闭，但到“绿荫”处却十分开敞，至此，被极度压缩了的视野顿时开放，从而产生一种兴奋的情绪。又如承德离宫“云山胜地”建筑群，这幢建筑的前院和底层空间都比较封闭，但一经登上二层却可以放眼远眺离宫的远山近景，这实际上就是利用封闭与开敞空间之间的对比作用来获得豁然开朗的效果。

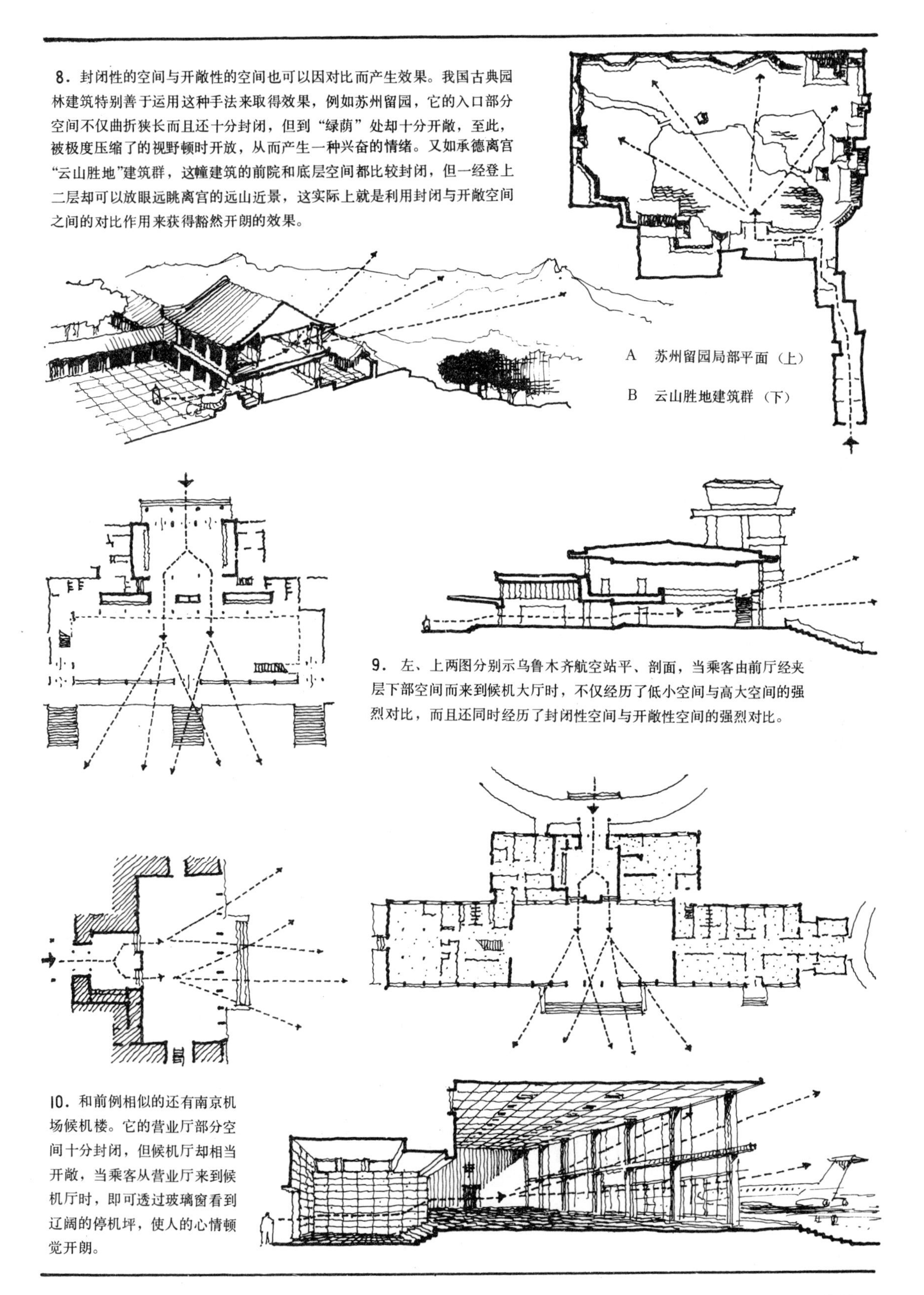

A 苏州留园局部平面（上）

B 云山胜地建筑群（下）

9．左、上两图分别示乌鲁木齐航空站平、剖面，当乘客由前厅经夹层下部空间而来到候机大厅时，不仅经历了低小空间与高大空间的强烈对比，而且还同时经历了封闭性空间与开敞性空间的强烈对比。

10．和前例相似的还有南京机场候机楼。它的营业厅部分空间十分封闭，但候机厅却相当开敞，当乘客从营业厅来到候机厅时，即可透过玻璃窗看到辽阔的停机坪，使人的心情顿觉开朗。

11. 罗马卡瑞卡拉浴场。其中包括圆、半圆、椭圆、方、长方等各种不同平面的空间数十个，不论从哪一条路线上走，都可借不同形状空间的对比而求得变化。

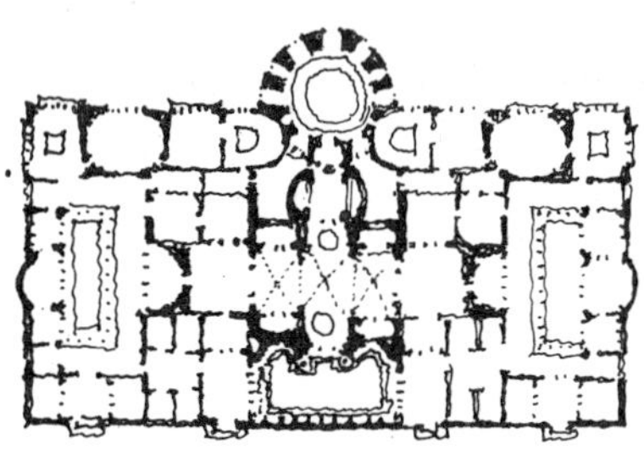

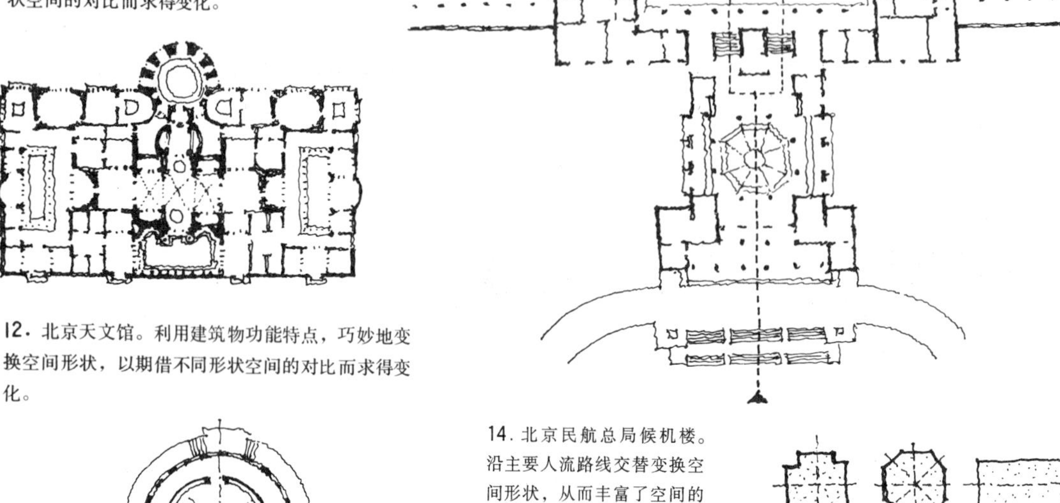

12. 北京天文馆。利用建筑物功能特点，巧妙地变换空间形状，以期借不同形状空间的对比而求得变化。

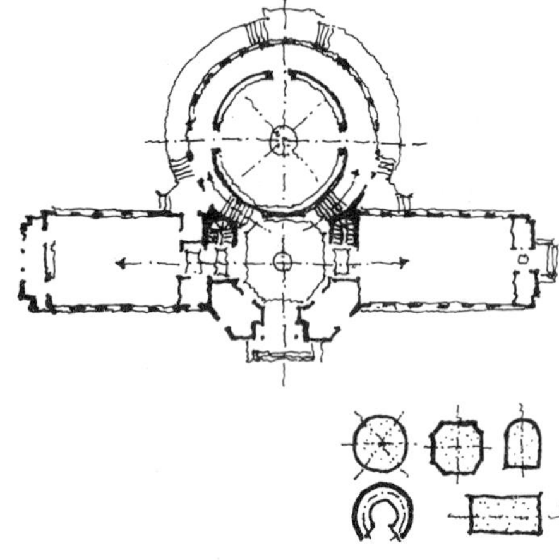

14. 北京民航总局候机楼。沿主要人流路线交替变换空间形状，从而丰富了空间的变化。

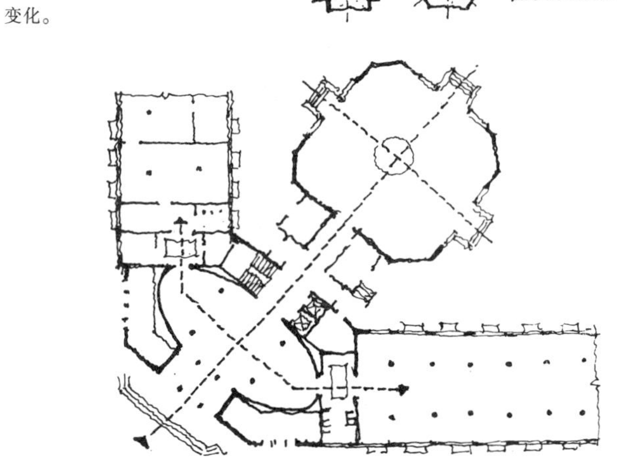

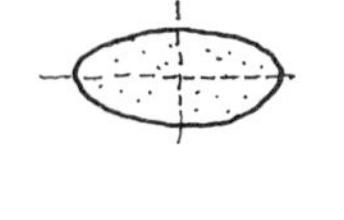

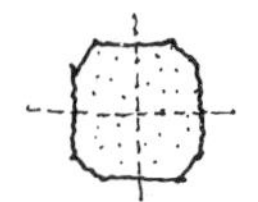

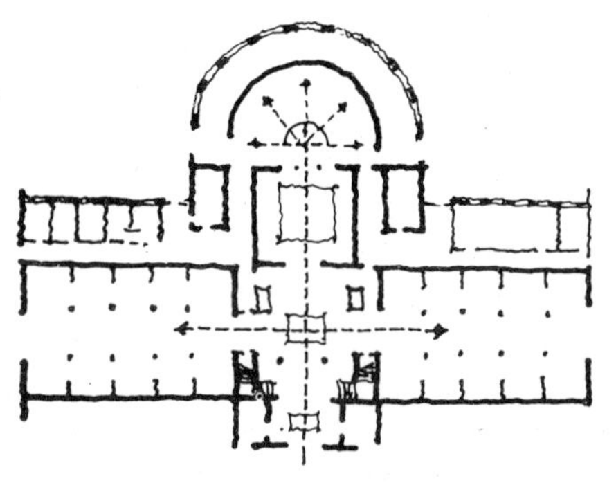

15. 北京华侨饭店。公共活动部分分别选择不同形状的空间以求得空间的对比与变化。

13. 中国美术馆局部平面。利用建筑功能的灵活性适当地变换空间的形状，从而求得空间的对比与变化。

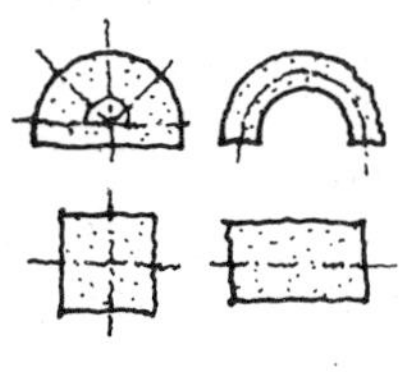

16. 卡纳克孔斯神庙。虽然所有的空间均为长方形，但由于纵横交替排列，则可借方向对比而免于单调。

空间的重复与再现［94］

与对比相对立的是空间的重复与再现。在一定条件下，使某种形式的空间不断重复地出现，将会产生另外一种效果——韵律和节奏感。当然，如果处理不当，重复也可能使人感到单调，但是只要在重复中又考虑到变化，那么重复不仅不会流于单调，反而可以有助于整体的统一。

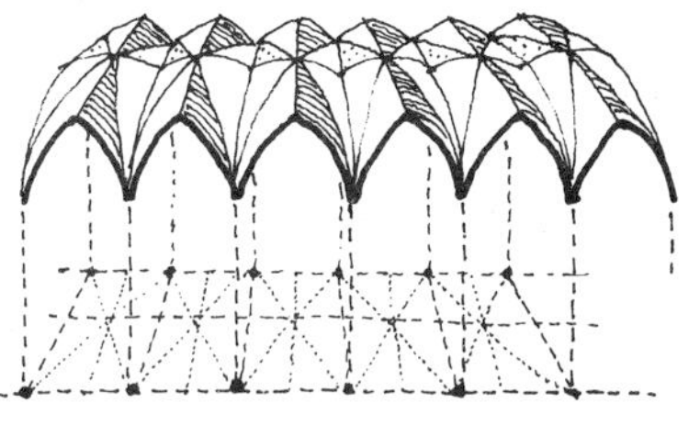

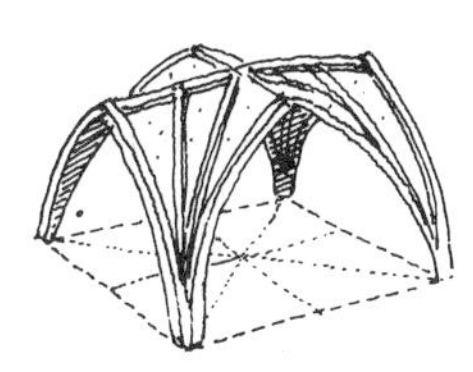

1. 高直教堂中央部分通廊就是由于不断重复地采用一种形式——由尖拱拱肋结构屋顶所形成的空间，而获得极为优美的韵律感。

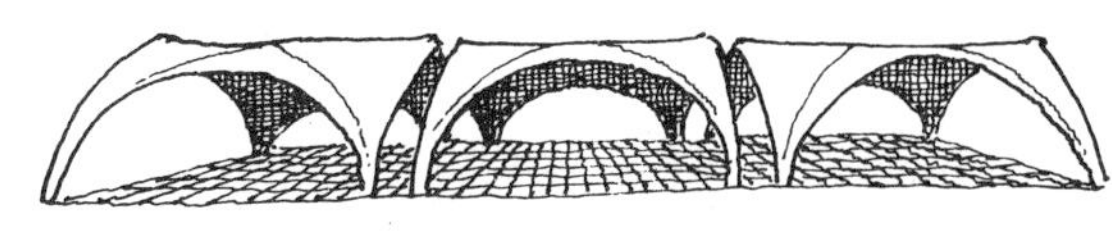

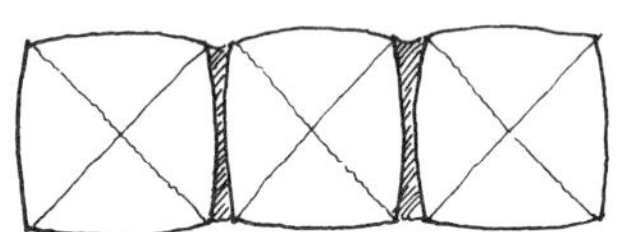

2. 美国圣路易斯航空站。主要部分由三个形状相同的空间所组成。

3. 伊朗德黑兰航空站。大量重复由一种结构所形成的空间单元，但在入口部分抽掉了六个单元作为庭园，整个空间既统一又有变化，并且有强烈的韵律感。

4. 墨西哥某市场建筑。主体部分由21个扭壳所形成的形状相同的空间所组成，使空间具有韵律感。

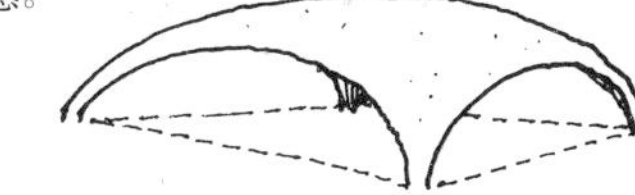

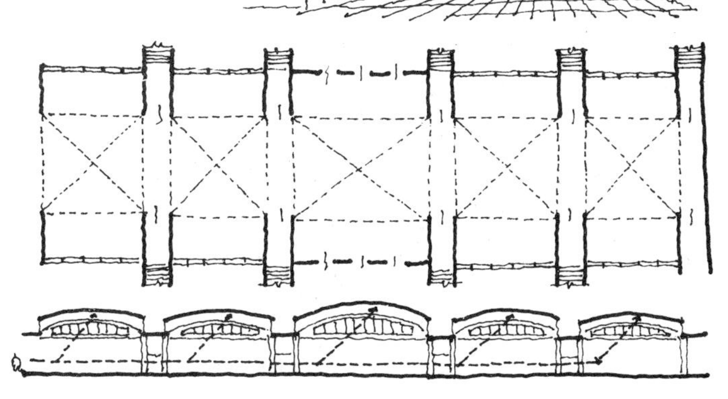

5. 北京火车站高架候车厅，由五个扁壳所形成的大体相同的空间所组成，内部空间具有连续的韵律感。

6．重复地运用同一种形式的空间，但是并非以它来组成一个统一的大空间，而是象中国美术馆那样，只有在行进的连续过程中才能感受到由于重复与变化交替而产生的节奏感，对于这种重复出现的空间，我们可以把它看成是空间的再现。

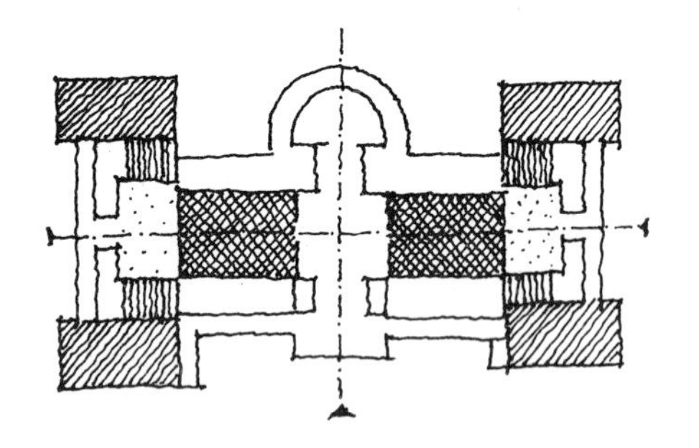

9．印度堪迪拉潘捷柏大学美术教学馆，在行进的连续过程中，既可以感受到变化，又可以感受到一种形状的空间的再现，变化与重现的交替就形成了节奏。

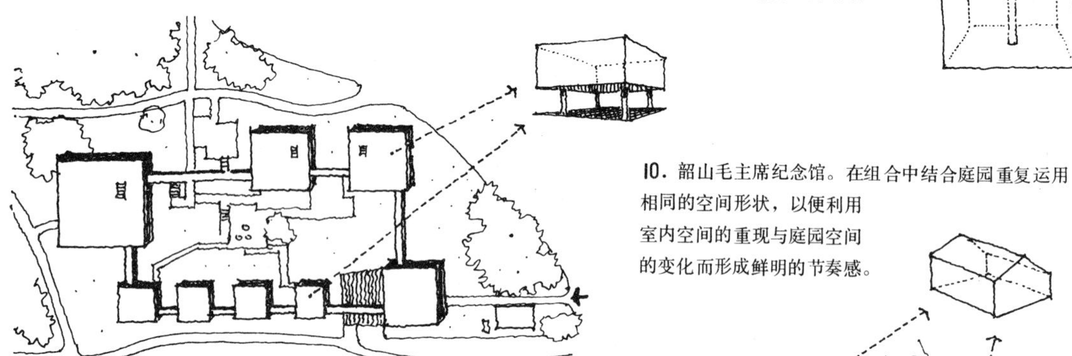

7．1958年布鲁塞尔国际博览会西德馆，整个建筑由大、中、小三种正方形平面的空间所组成，在行进的连续过程中时而变化、时而再现某一种形式的空间，从而产生一种节奏感。

10．韶山毛主席纪念馆。在组合中结合庭园重复运用相同的空间形状，以便利用室内空间的重现与庭园空间的变化而形成鲜明的节奏感。

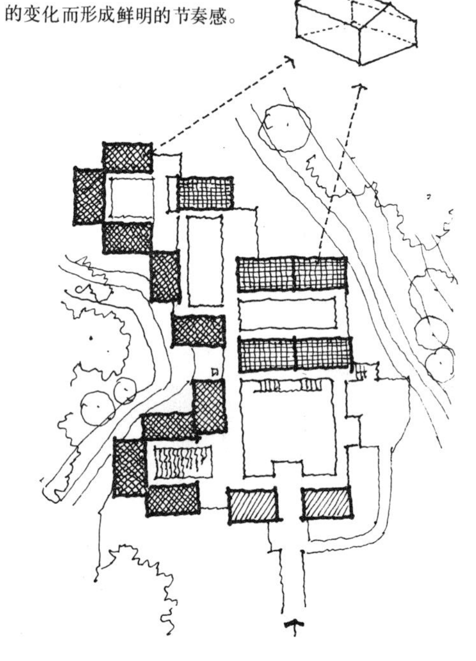

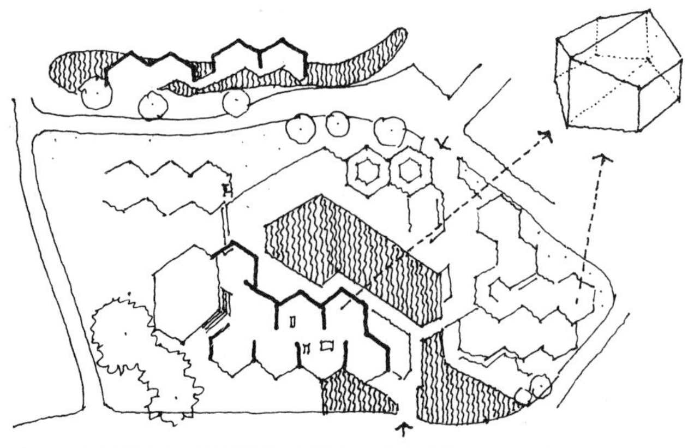

8．1958年布鲁塞尔国际博览会瑞士馆，在行进的连续过程中六角形的空间一再重现，并与庭园空间交织在一起而形成一种节奏感。

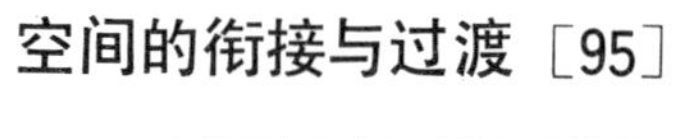

空间的衔接与过渡［95］

两个大体量空间如果直接相连接就可能产生单薄或突然的感觉，倘若在其中插进一个过渡性的空间，就可能象音乐中的休止符或文章中的逗、句号一样以加强空间的节奏感。过渡性空间没有具体的功能作用，它应当小一些、低一些、暗一些，这样不仅节约空间而且又可以借它来衬托主要空间。

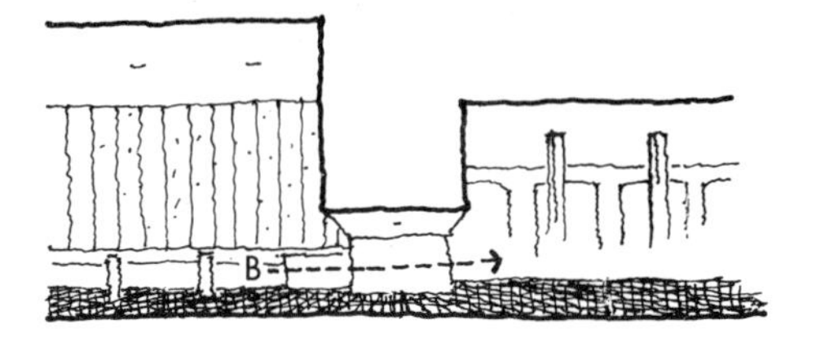

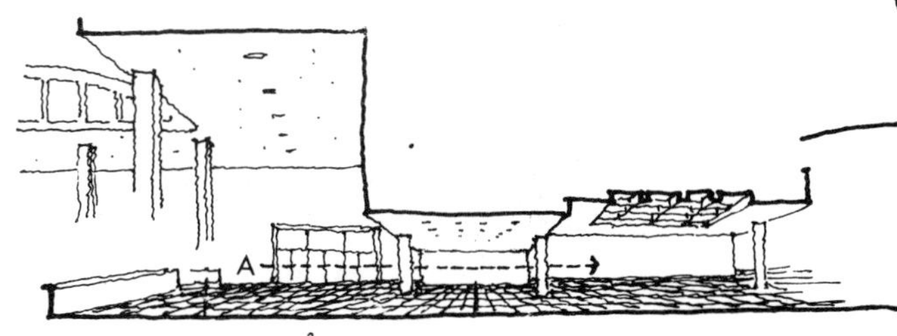

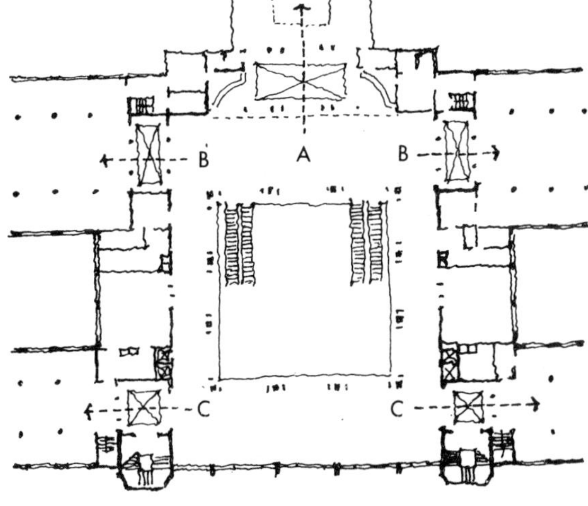

1. 图示为北京车站由广厅至普通候车厅、高架候车厅的空间过渡的处理，由于在两个主要大厅之间插进了一个过渡性的空间，当由一个厅进入另一个厅时就可以借大小、高低、明暗的对比而加强空间的节奏感。

2. 下图所示为人民大会堂由门厅通往各主要房间的空间过渡的处理，为了使空间的衔接不致产生单薄或突然的感觉，在各主要流线上分别插进了一系列过渡性的空间。

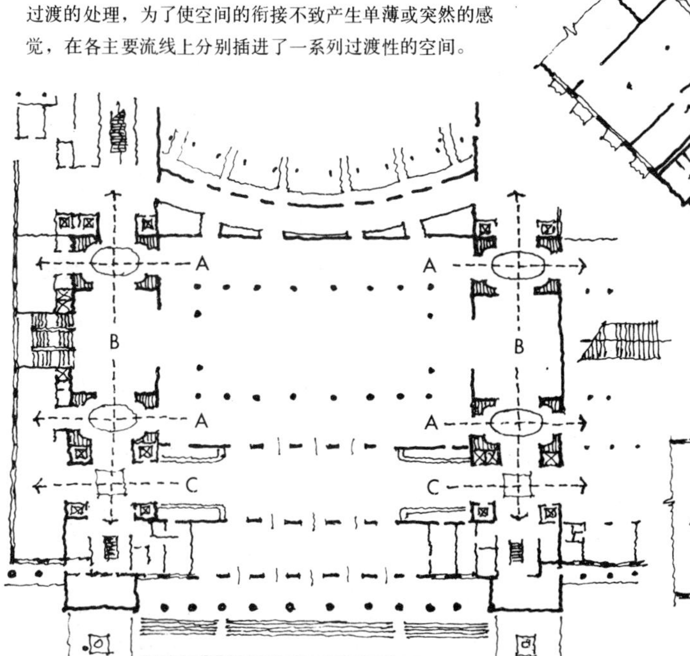

3. 华侨饭店由门厅至各主要空间均设有过厅，使各主要空间的衔接不致产生简单生硬的感觉。

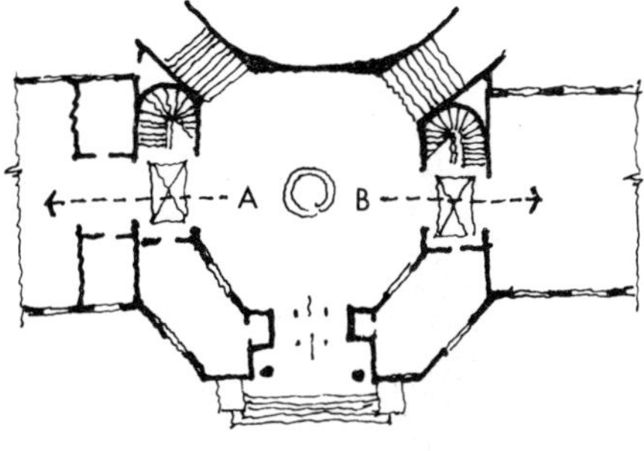

4. 北京天文馆由门厅至展览厅的空间过渡处理。

内外空间的过渡［96］

室内外空间的衔接也不可以太突然，为此在由室外进入室内的入口部分也需要插入某种过渡性的空间，这就是前厅和门廊——一种介乎室内外之间的开敞的空间，由室外经过它再进入室内就不致产生突然的感觉。

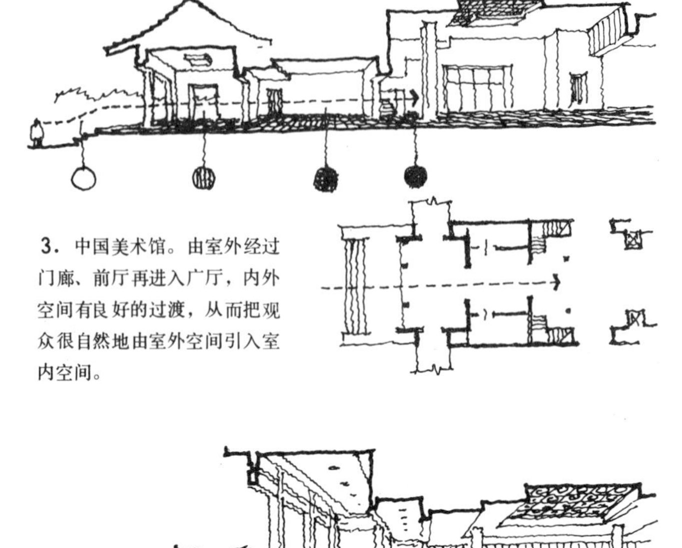

3．中国美术馆。由室外经过门廊、前厅再进入广厅，内外空间有良好的过渡，从而把观众很自然地由室外空间引入室内空间。

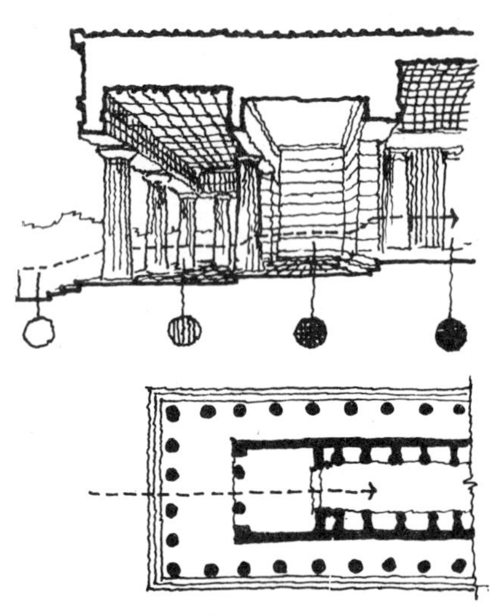

1．古希腊神庙有的设置周围廊，有的只在入口处设置门廊，这除了外观的要求外，从空间处理的角度看，则可以借它起内、外空间过渡的作用。

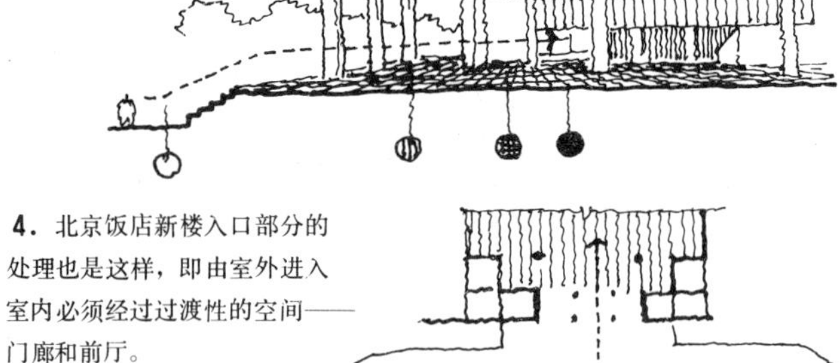

4．北京饭店新楼入口部分的处理也是这样，即由室外进入室内必须经过过渡性的空间——门廊和前厅。

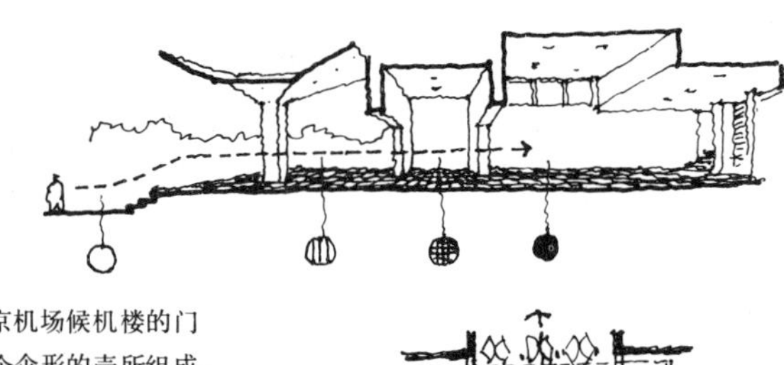

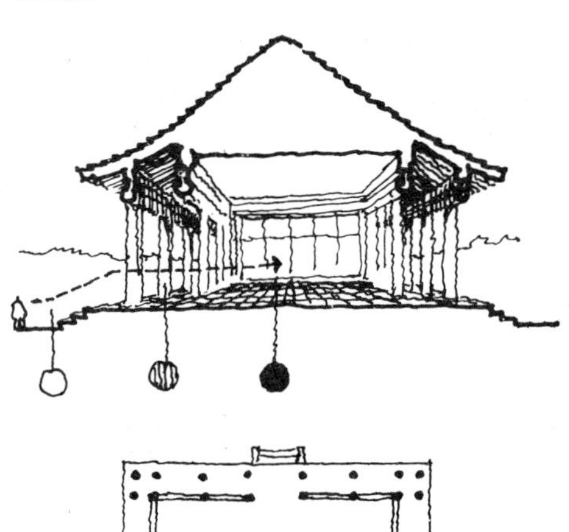

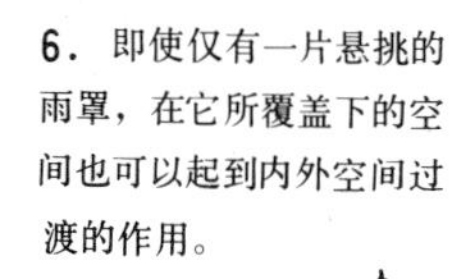

2．我国传统建筑也是这样，有设周围廊的，但一般都是在入口的一面设置前廊，它的功能作用是可以遮雨或遮阳，但它同时又可以起内、外空间过渡的作用。

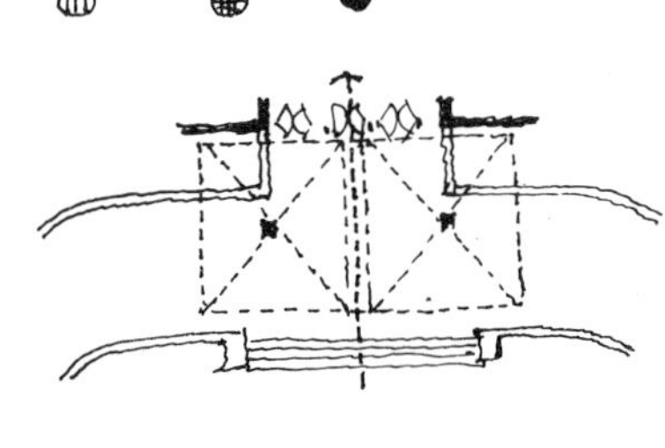

5．南京机场候机楼的门廊由两个伞形的壳所组成，尽管它的形式不同于一般的门廊，但所起的空间过渡作用则与一般的门廊完全相同。

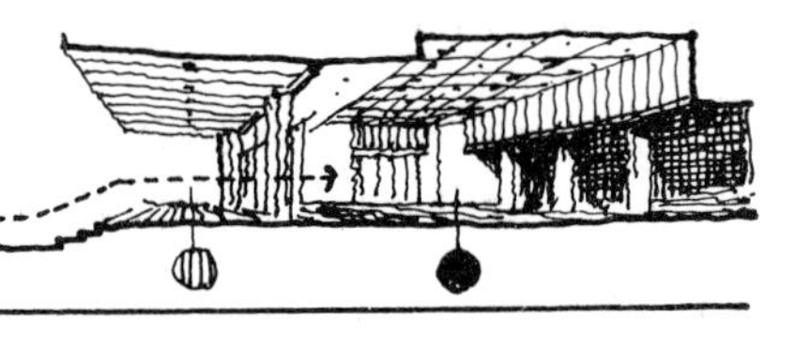

6．即使仅有一片悬挑的雨罩，在它所覆盖下的空间也可以起到内外空间过渡的作用。

空间的渗透与层次［97］

在分隔空间时有意识地使被分隔的空间保持某种程度的连通，使处于某个空间的人可以看到另外一些空间的景物，从而使空间彼此渗透、相互因借，这样就会大大地增强空间的层次感。西方近现代建筑以及我国古典庭园建筑都十分重视运用这种手法来丰富空间的变化，并且取得了良好的效果。

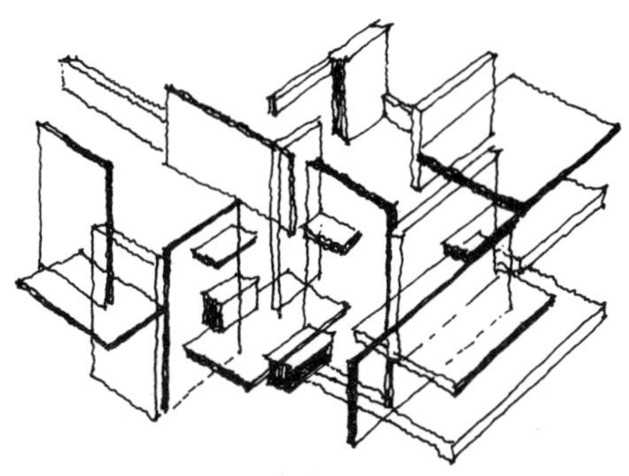

1．由陶爱斯保所作的水平面与垂直面的组合，西方近现代建筑正是运用了这种新的组合概念来代替传统的空间组合方法，从而出现了新的视觉效果。

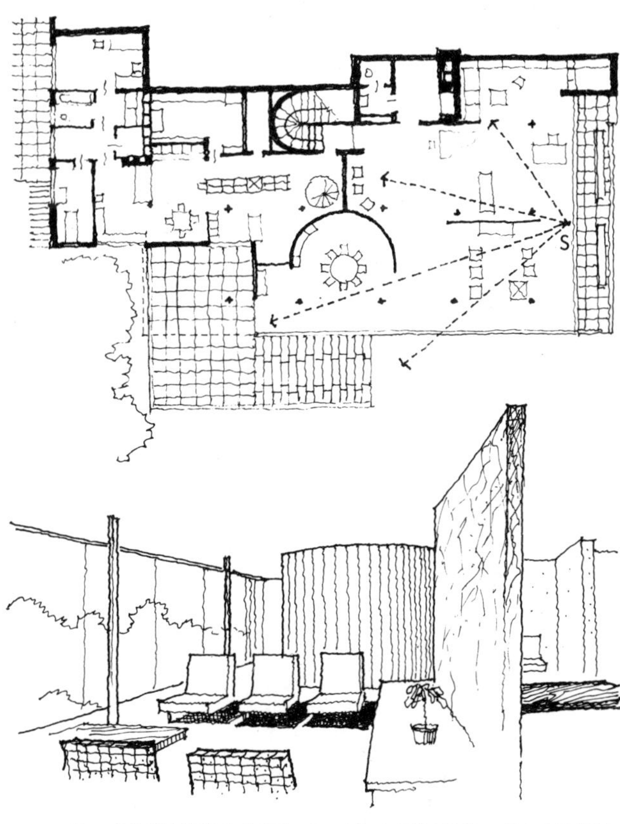

2．在空间的组织和处理方面，西方近现代建筑的一项突破就是打破了古典建筑那种机械、呆板的分隔空间的方法而代之以自由、灵活地分隔空间，这不仅给空间处理开辟了许多新的可能性，同时也极大地丰富了空间的变化和层次感。

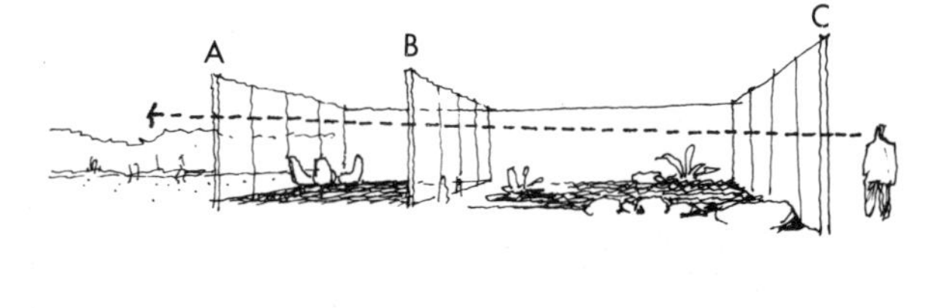

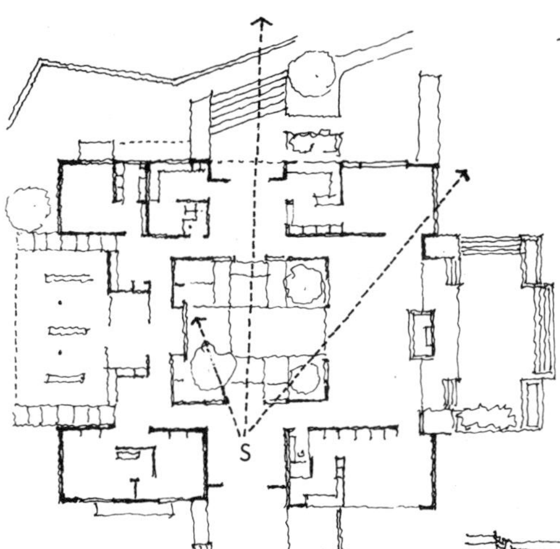

3．特别是大面积地使用玻璃隔断，不仅可以使室内空间互相渗透，而且还可以使室内外空间互相渗透，特别是把室外空间引入室内。图示为美国某近代住宅建筑，透过一层层的玻璃隔断不仅可以看到庭园空间的景物，而且还可以看到另一内部空间，乃至更远的自然景色，这样就会增强空间的层次感，使人感到无限深远。

4．我国古典庭园建筑在空间处理上积累了丰富的经验，“庭院深深深几许？”的诗句说明在狭小的范围内能够取得极其深远的感觉，就是由于它具有丰富的层次感，而这在很大程度上却取决于若干空间的互相渗透。图示为苏州留园入口部分的空间处理，从图中可以看出自S点可以透过空廊、门、窗而看到另外一些空间内的景物，层次极为丰富。

5. 借景或对景是我国古典庭园常用的手法。其特点是通过门、窗等孔洞去看另一空间中的景物——如山石、亭榭，从而把另一空间引入这一空间，由于是隔着一重层次去看，因而越觉含蓄、深远。

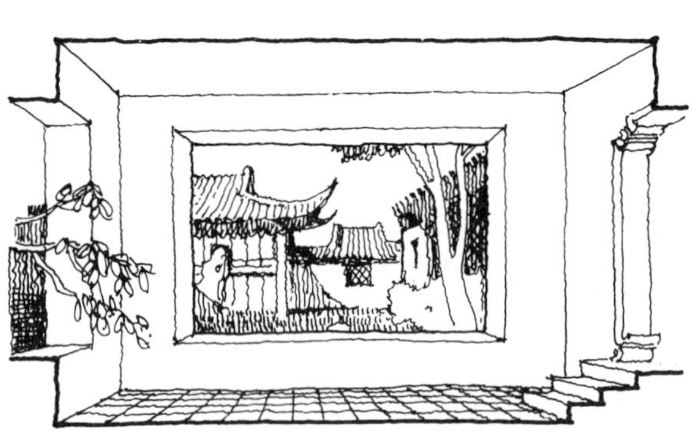

A 苏州留园鹤所部分的空间处理。在墙面上大面积地设置窗洞，并通过它去看五峰轩馆的前院，从而把庭园的外部空间引入室内，使室内外空间相互交融渗透。

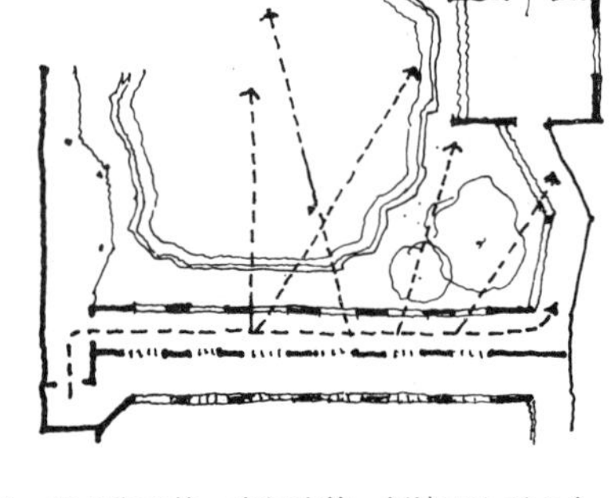

B 苏州狮子林。在复廊的一侧墙面上开六个六角形窗洞，透过这些窗洞可以看到修竹阁，特别是在行进中可以获得时隐时现的效果。

C 苏州留园的空间处理。通过窗洞、门洞、空廊可以看到几重空间内的景物，以致产生无限深远的感觉。

A　中国革命军事博物馆。利用透空的槅扇把过长的展室分为若干段，既保持了展出的连续性又增强了空间的层次感。

6．在我国当前的一些建筑实践中，也很重视利用空间的渗透来增强层次感。这其中有相当一部分是直接吸取了我国传统建筑、特别是古典庭园建筑的处理手法，以透空的落地罩、博古架、圆光罩……等来分隔空间，使被分隔的空间保持着一定程度的连通关系，以利于空间的渗透，见下例：

B　广州某酒家建筑。采用富有传统特色的圆光罩来分隔空间，使相邻的空间可以互相渗透。

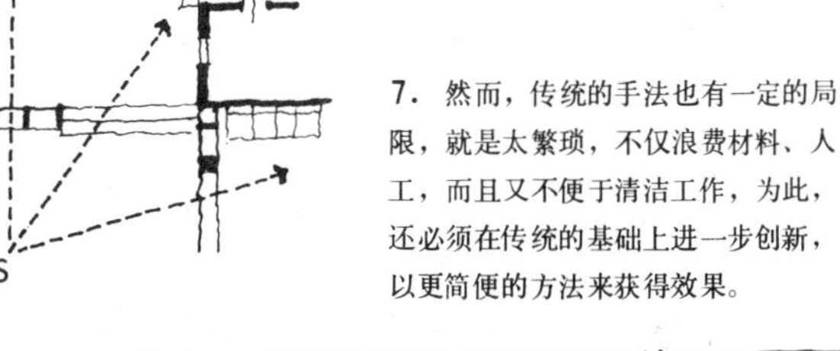

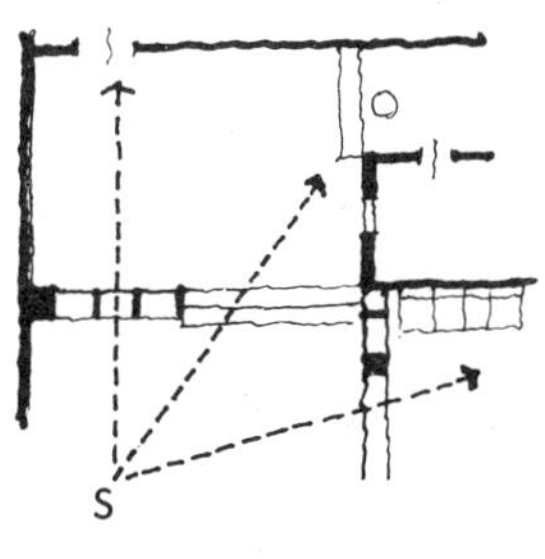

C　吸取传统博古架的特点。以新的材料组成各种形式的花墙或隔片，利用它既可作为室内装饰，又可起到分隔空间的作用。

7．然而，传统的手法也有一定的局限，就是太繁琐，不仅浪费材料、人工，而且又不便于清洁工作，为此，还必须在传统的基础上进一步创新，以更简便的方法来获得效果。

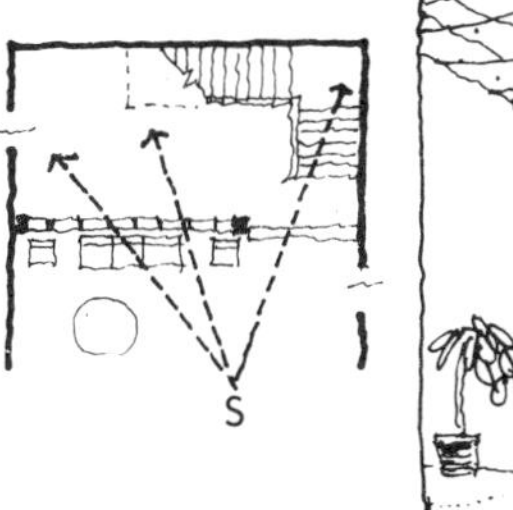

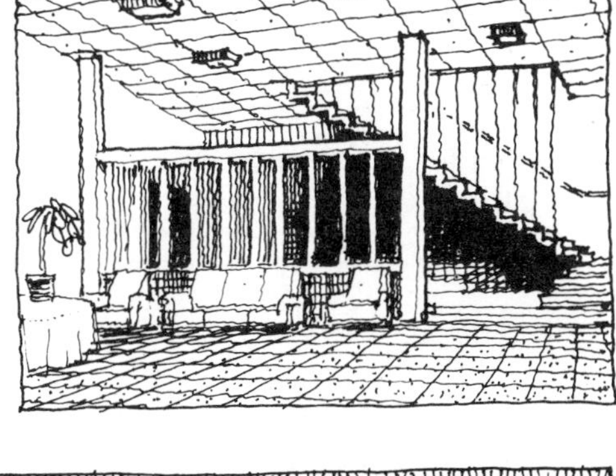

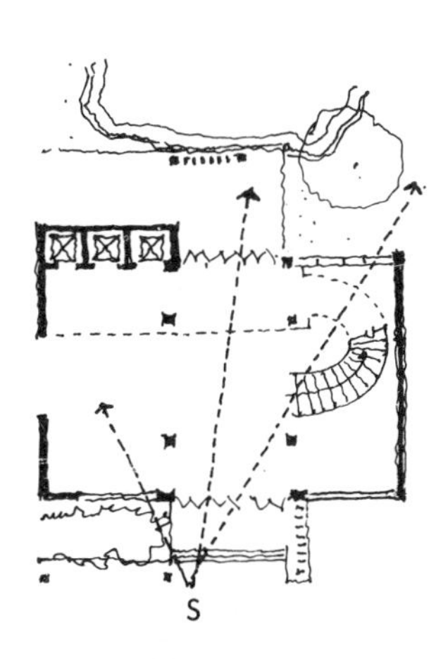

8．除吸取传统手法外，还应当充分利用新材料、新技术——例如以大面积的玻璃隔断、透空的楼梯等来分隔空间，以取得空间渗透效果。图示为广州东方宾馆南楼门厅，从建筑物的这一面可以透过玻璃隔断、旋转扶梯而看到建筑物另一面的庭园。

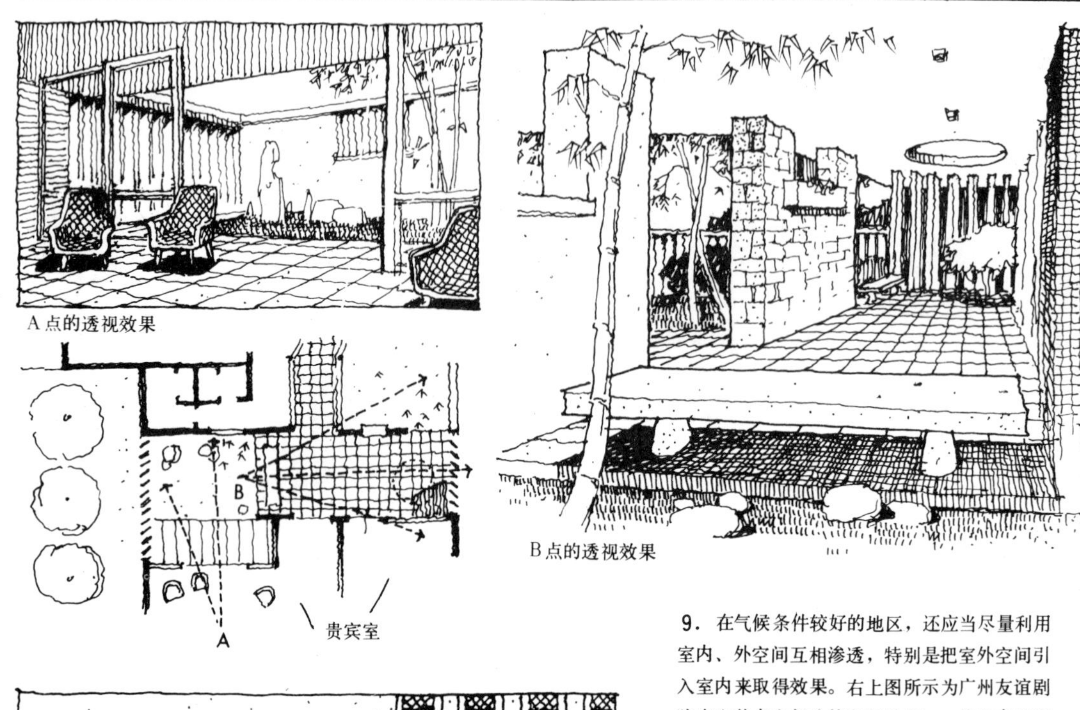

A点的透视效果

B点的透视效果

9．在气候条件较好的地区，还应当尽量利用室内、外空间互相渗透，特别是把室外空间引入室内来取得效果。右上图所示为广州友谊剧院贵宾休息室部分的空间处理——使室内空间与庭园空间相互渗透、交融、贯穿，从而极大地丰富了空间的变化与层次感。

广交会庭园空间的处理

10．利用带有花纹、图案的玻璃隔断来分隔空间，透过它可以隐约看到庭园中的景物。

11．广州东方宾馆门厅部分的处理：在对着庭园的地方设置大面积的玻璃窗，有意识地把室外空间景物引入室内，从而丰富了室内空间的变化。

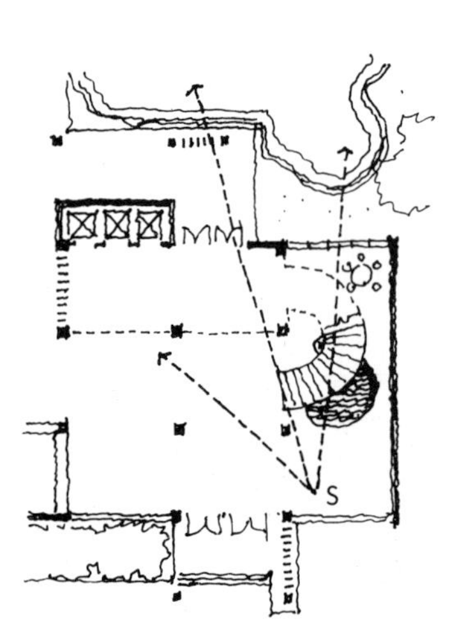

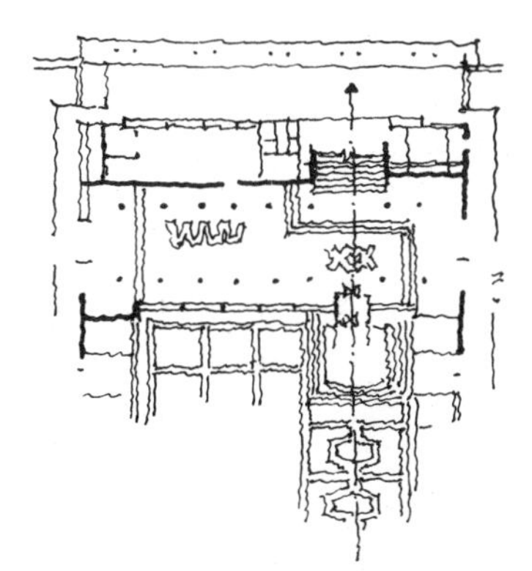

荷兰某市政厅局部平面

12. 近代国外的一些公共建筑，在空间的组织和处理方面越来越灵活、复杂、多样，它不仅考虑到同一层内若干空间的互相渗透，同时还通过楼梯、夹层的处理，使上、下层，乃至许多层空间互相穿插、渗透。图示为荷兰某市政厅门厅部分的空间处理——通过宽大的直跑楼梯把上、下两层的空间连通起来，使空间不仅在横向可以互相渗透，而且在竖向也可以互相渗透。

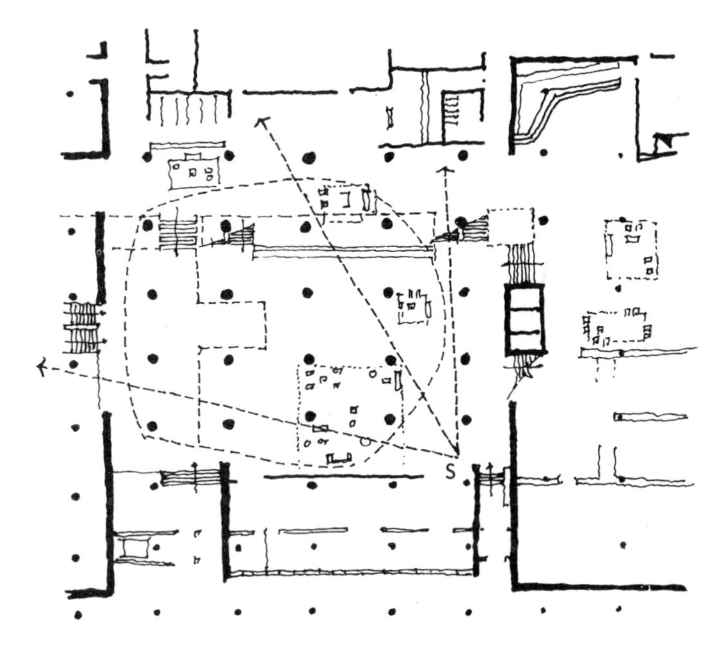

A、柏林议会厅底层大厅部分平面

13. 柏林议会厅底层大厅。这是一个空间层次极富变化的公共活动大厅。处于厅内不仅可以看到同一层内若干空间的层次变化，另外，通过夹层、跑马廊的处理，还可以看到夹层以上，乃至二层以上各部分空间的层次变化。因而可以说：上下左右，四面八方都充满了空间的渗透和层次的变化。

B、位于S点的透视效果

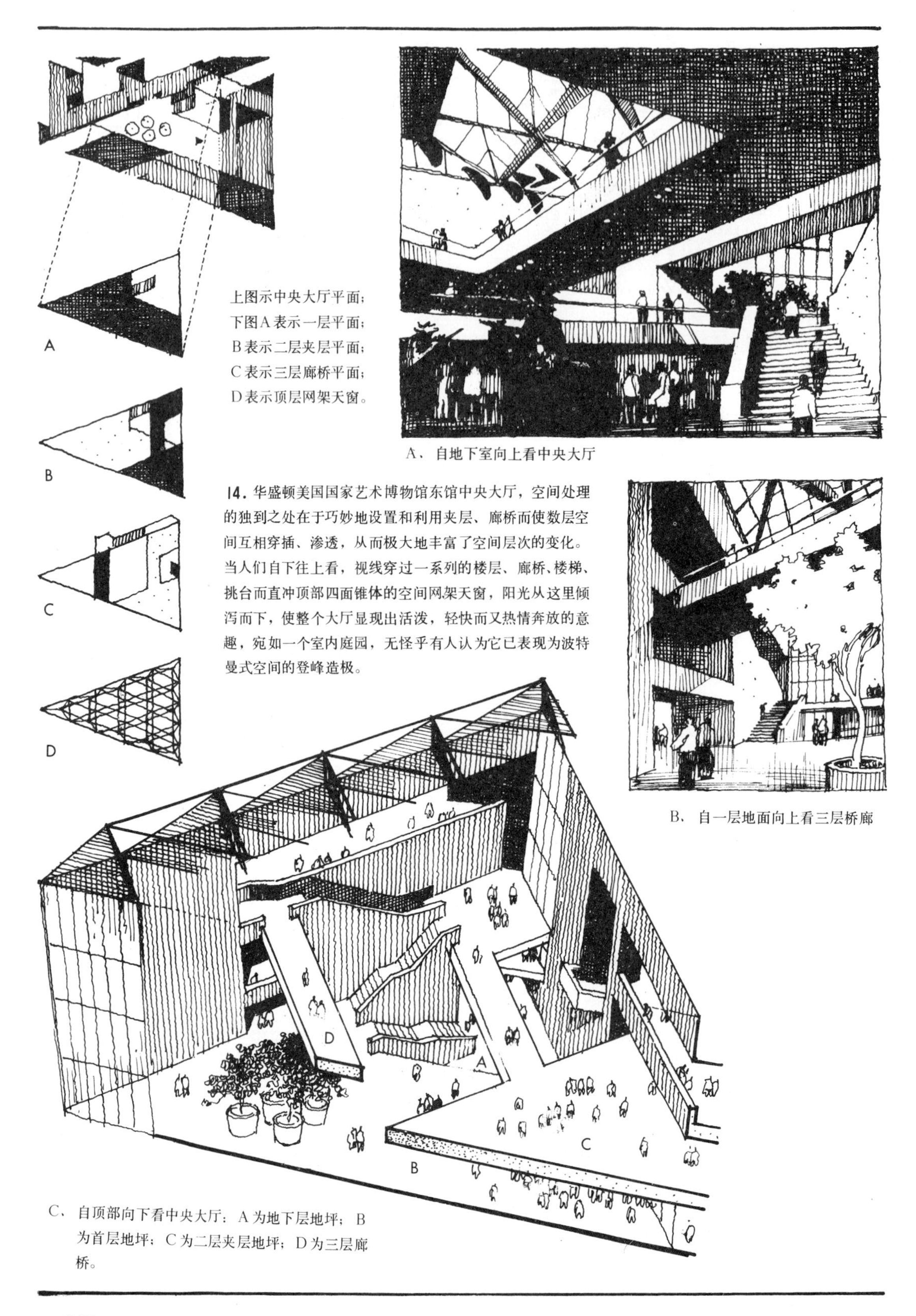

上图示中央大厅平面；
下图A表示一层平面；
B表示二层夹层平面；
C表示三层廊桥平面；
D表示顶层网架天窗。

A、自地下室向上看中央大厅

14. 华盛顿美国国家艺术博物馆东馆中央大厅，空间处理的独到之处在于巧妙地设置和利用夹层、廊桥而使数层空间互相穿插、渗透，从而极大地丰富了空间层次的变化。当人们自下往上看，视线穿过一系列的楼层、廊桥、楼梯、挑台而直冲顶部四面锥体的空间网架天窗，阳光从这里倾泻而下，使整个大厅显现出活泼，轻快而又热情奔放的意趣，宛如一个室内庭园，无怪乎有人认为它已表现为波特曼式空间的登峰造极。

B、自一层地面向上看三层桥廊

C、自顶部向下看中央大厅：A为地下层地坪；B为首层地坪；C为二层夹层地坪；D为三层廊桥。

空间的引导与暗示［98］

在比较复杂的空间组合中，由于功能或地形的限制，可能会使某些比较重要的公共活动空间所处的地位不够明显、突出，而不易被人们发现。另外，在设计过程中也可能有意识地把某些趣味中心置于比较隐蔽的地方，而避免开门见山、一览无遗。在以上各种情况下都需要采取相应的措施对人流加以引导或暗示，但这种引导和暗示不同于路标，而是属于建筑处理的范畴，具体地讲就是要处理得自然、巧妙、含蓄，从而使人于不经意中沿着一定的方向或路线从一个空间依次地走向另一个空间，直至把人流引导至预定的目标。

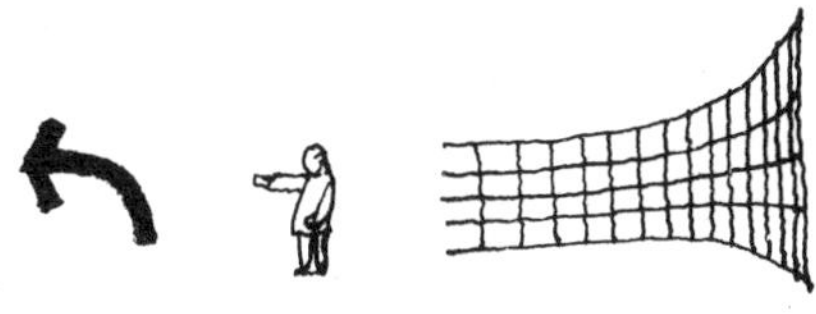

1. 引导与暗示的处理方法是随着具体情况而千变万化的，但归纳起来可以分为几种基本类型：
①根据人流特点以曲线形式的墙面把人流引向某个确定的方向，并暗示着另外一个空间的存在；

②利用特殊形式的楼梯或踏步把人流引导至上一层空间；
③通过天花、地面处理给人流指示出前进的方向；

④利用空间的灵活分隔，向人们暗示着另外一些空间的存在。

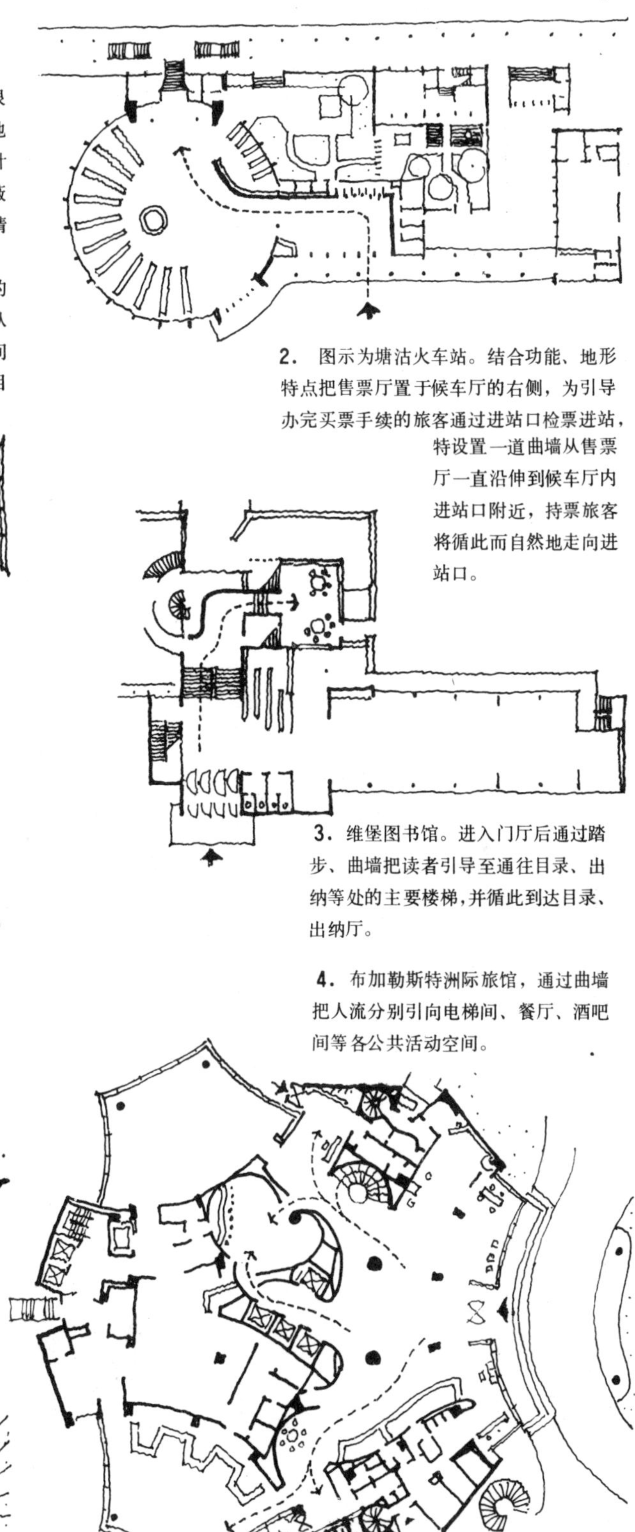

2. 图示为塘沽火车站。结合功能、地形特点把售票厅置于候车厅的右侧，为引导办完买票手续的旅客通过进站口检票进站，特设置一道曲墙从售票厅一直沿伸到候车厅内进站口附近，持票旅客将循此而自然地走向进站口。

3. 维堡图书馆。进入门厅后通过踏步、曲墙把读者引导至通往目录、出纳等处的主要楼梯，并循此到达目录、出纳厅。

4. 布加勒斯特洲际旅馆，通过曲墙把人流分别引向电梯间、餐厅、酒吧间等各公共活动空间。

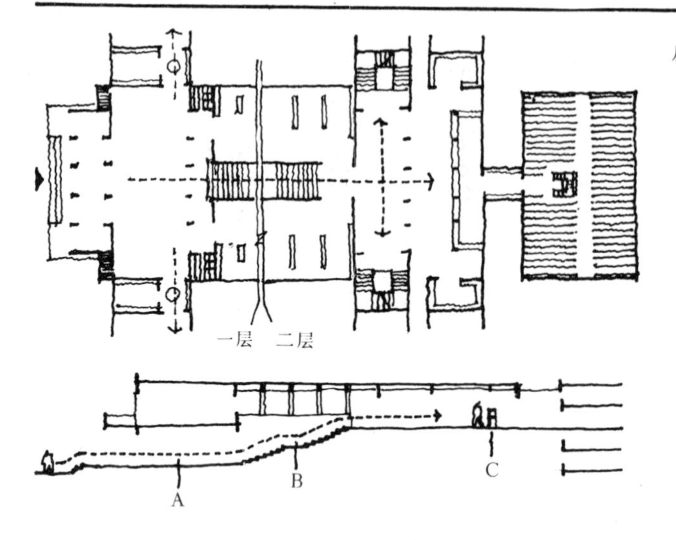

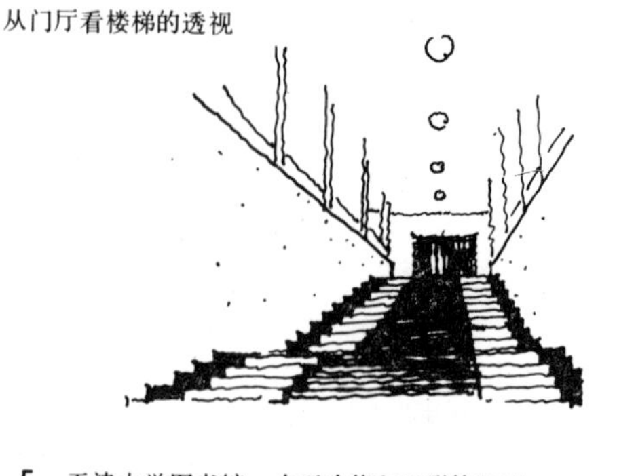

从门厅看楼梯的透视

5．天津大学图书馆。由于功能和地形的限制，目录兼出纳厅位于二层偏后的部位，为了把人流引导至出纳厅，在正对着门厅的中轴线上设置了一部宽大的直跑楼梯，读者进入门厅后立即被它所吸引，并通过它登上二层，同时也就到达了出纳厅。

上图：天津大学图书馆局部平面
下图：天津大学图书馆局部剖面

A 门厅部分空间
B 楼梯间部分空间
C 出纳厅部分空间

6．广州东方宾馆新楼大厅(即北门厅)。为了把一部分旅客引向夹层休息厅，在门厅内设置一部露明的、弯曲的旋转楼梯。由于楼梯的位置十分突出，特别是它的下端正对着门厅入口，进入门厅的旅客立即被它所吸引，并通过它自然地登上夹层休息厅。

A 东方宾馆门厅透视
B 东方宾馆门厅平面

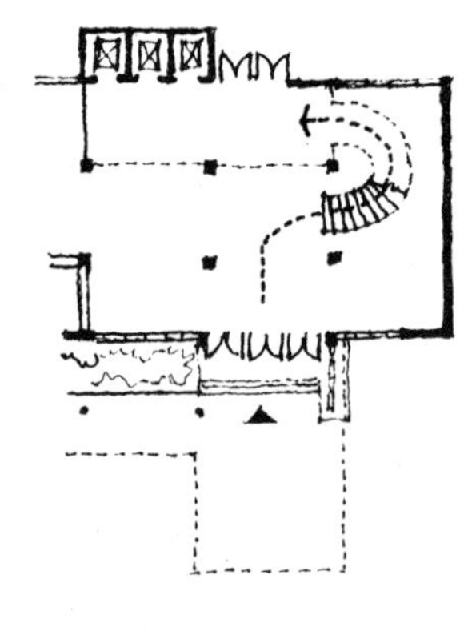

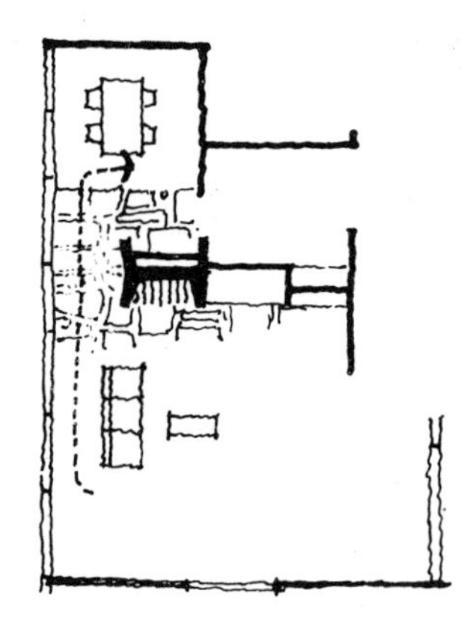

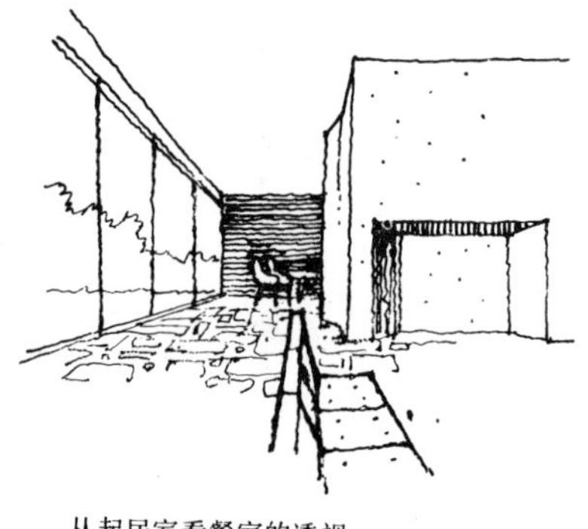

从起居室看餐室的透视

7．国外某住宅建筑。利用壁炉把起居室和餐室这两部分空间适当地分隔开来，并通过空间的渗透暗示出位于壁炉之后的餐室的存在，这种处理方法将起到空间引导的作用。

空间程序的组织［99］

建筑艺术最根本的特点从某种意义上讲可以说是一种组织空间的艺术。若干个空间组织在一起，我们不可能在同一时间，同一地点而看到所有的空间，而只有在运动中——从一个空间走向另一个空间时——才能逐一地看到相互联系的各个空间。于是就产生一个问题：怎样去组织空间程序才能在连续运动的过程中有计划地感受到空间的变化、起伏和节奏。空间程序组织是关系到整个建筑布局的全局性的问题，它应当在保证功能联系合理、顺应主要人流规律的基础上综合运用空间的对比与变化、重复与再现、衔接与过渡、渗透与层次、引导与暗示等多种手法来建立一个完整、统一的空间序列。

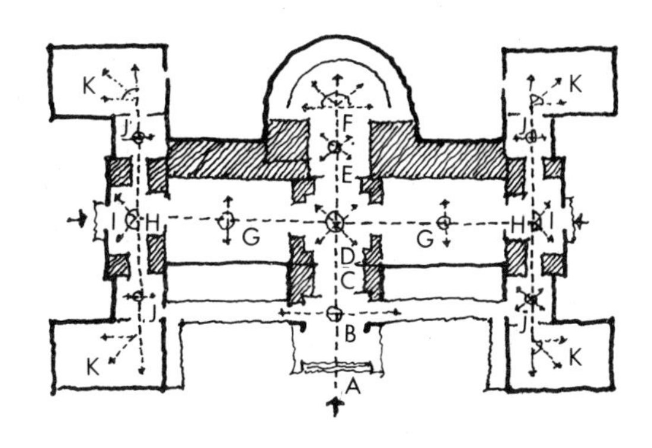

1. 中国美术馆。功能要求较灵活，取对称的布局形式。沿主轴依次排列的空间（A—F）着重采用对比的手法以求得变化。沿主轴两侧排列的空间因对称有的重复出现两次，有的重复出现四次。沿各主要流线依次排列的空间有大有小，有高有低，有的开敞有的封闭，加之形状和明暗的变化，具有鲜明的节奏感。

A B C D E F

①沿主轴线空间程序的组织：自室外空间（A）进入门廊（B）意味着空间序列的开始，门廊起着室内外空间过渡的作用。由门廊至前厅（C）空间处于收束状态，至广厅（D）则豁然开朗，从而形成高潮。由广厅至展厅E空间再度收束，而由E至圆厅（F）则再次形成高潮。环绕着圆厅的环形展廊则相当于尾声。

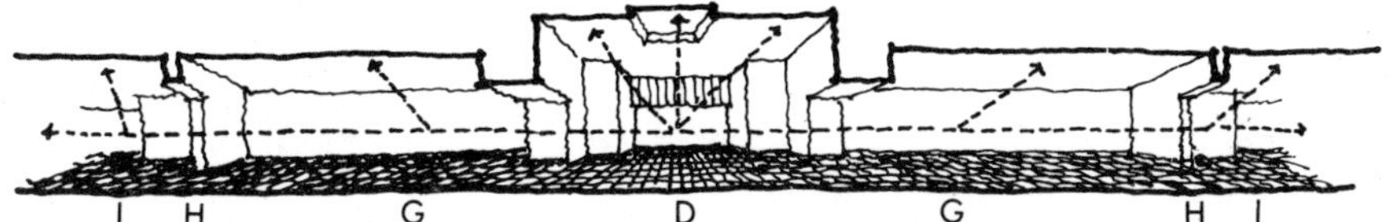

②沿副轴线空间程序的组织：在对称布局形式中，沿副轴线上排列的空间既有变化又有重复与再现，例如展厅G、过厅H、侧厅I就各重现一次。它的变化表现为由广厅至展厅G经历过一次收束一次开放，由G至H过厅再次收束后至侧厅I，则又顿觉开朗，从而形成第三次高潮。由此轴线再一次转折，最后至J、K展厅（各重现四次），整个序列即告结束。

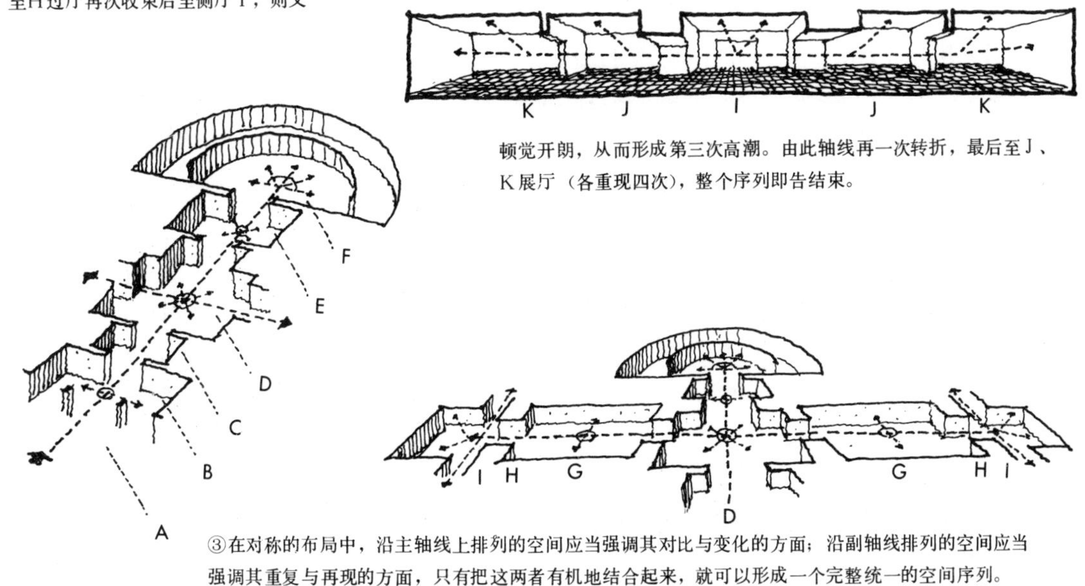

③在对称的布局中，沿主轴线上排列的空间应当强调其对比与变化的方面；沿副轴线排列的空间应当强调其重复与再现的方面，只有把这两者有机地结合起来，就可以形成一个完整统一的空间序列。

2．北京车站。功能较复杂，但主要空间仍保持对称形式，并沿一条主轴与两条副轴展开。由于大量人流必须经自动扶梯登上二层高架候车厅后才能检票进站，因而只有沿着这条主要人流路线组织好空间序列，才能获得良好的艺术效果。下面仅就这条流线来分析其空间程序组织：

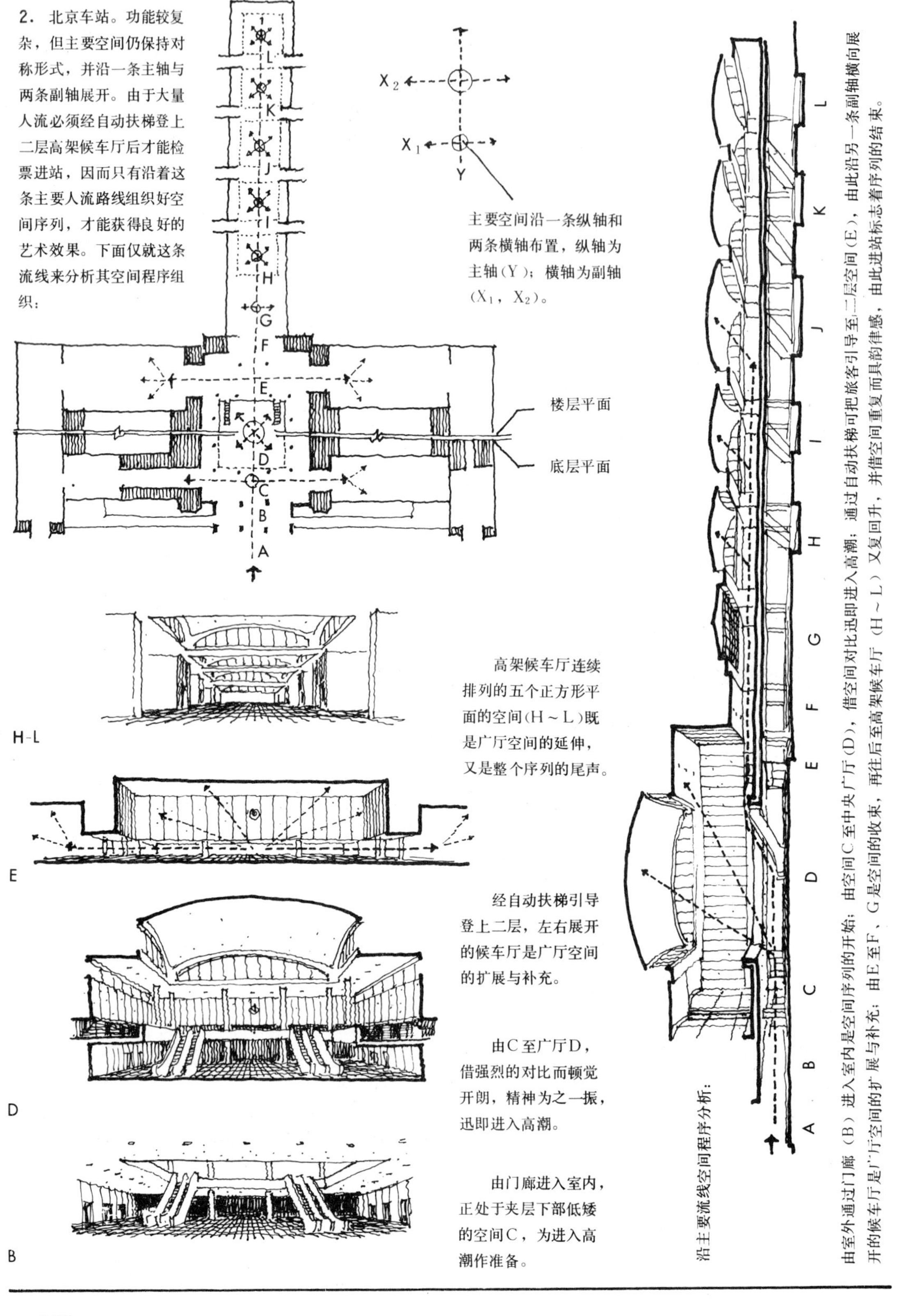

主要空间沿一条纵轴和两条横轴布置，纵轴为主轴（Y）；横轴为副轴（X_1，X_2）。

高架候车厅连续排列的五个正方形平面的空间（H～L）既是广厅空间的延伸，又是整个序列的尾声。

经自动扶梯引导登上二层，左右展开的候车厅是广厅空间的扩展与补充。

由C至广厅D，借强烈的对比而顿觉开朗，精神为之一振，迅即进入高潮。

由门廊进入室内，正处于夹层下部低矮的空间C，为进入高潮作准备。

沿主要流线空间程序分析：

由室外通过门廊（B）进入室内是空间序列的开始；由空间C至中央广厅（D），借空间对比迅即进入高潮；通过自动扶梯可把旅客引导至二层空间（E），由此沿另一条副轴横向展开的候车厅是广厅空间的扩展与补充；由E至F、G是空间的收束，再往后至高架候车厅（H～L）又复回升，并借空间重复而具韵律感，由此进站标志着序列的结束。

3. 人民大会堂宴会厅，由门廊进入前厅是空间序列的前奏，至衣帽厅（B）形成为第一次高潮，正对着衣帽间的大楼梯间（C）起着空间引导、收束和转折的作用，由此上二层后进入大宴会厅（E），在高潮中结束了整个空间序列。

4. 同济大学教工俱乐部，采用非对称的布局形式。由门厅（B）开始了的空间序列由此分别：①向后至舞厅（D）而使人感到豁然开朗；②向右至活动室C，可作为门厅空间的延伸与补充；③向左沿楼梯一侧至休息厅E，再转活动室F、H、G空间，从一收一放中求得对比与变化；④通过开敞式楼梯（I）的引导登上二楼、复经敞厅分别至大小、形状、开敞或封闭程度互不相同的各活动室J、K、L、M，从而结束了整个空间的序列。在这个方案中值得指出的是庭园空间（O），通过内外空间的渗透既可丰富空间层次的变化，又可作为D、G空间的延续而成为空间序列中的一部分。

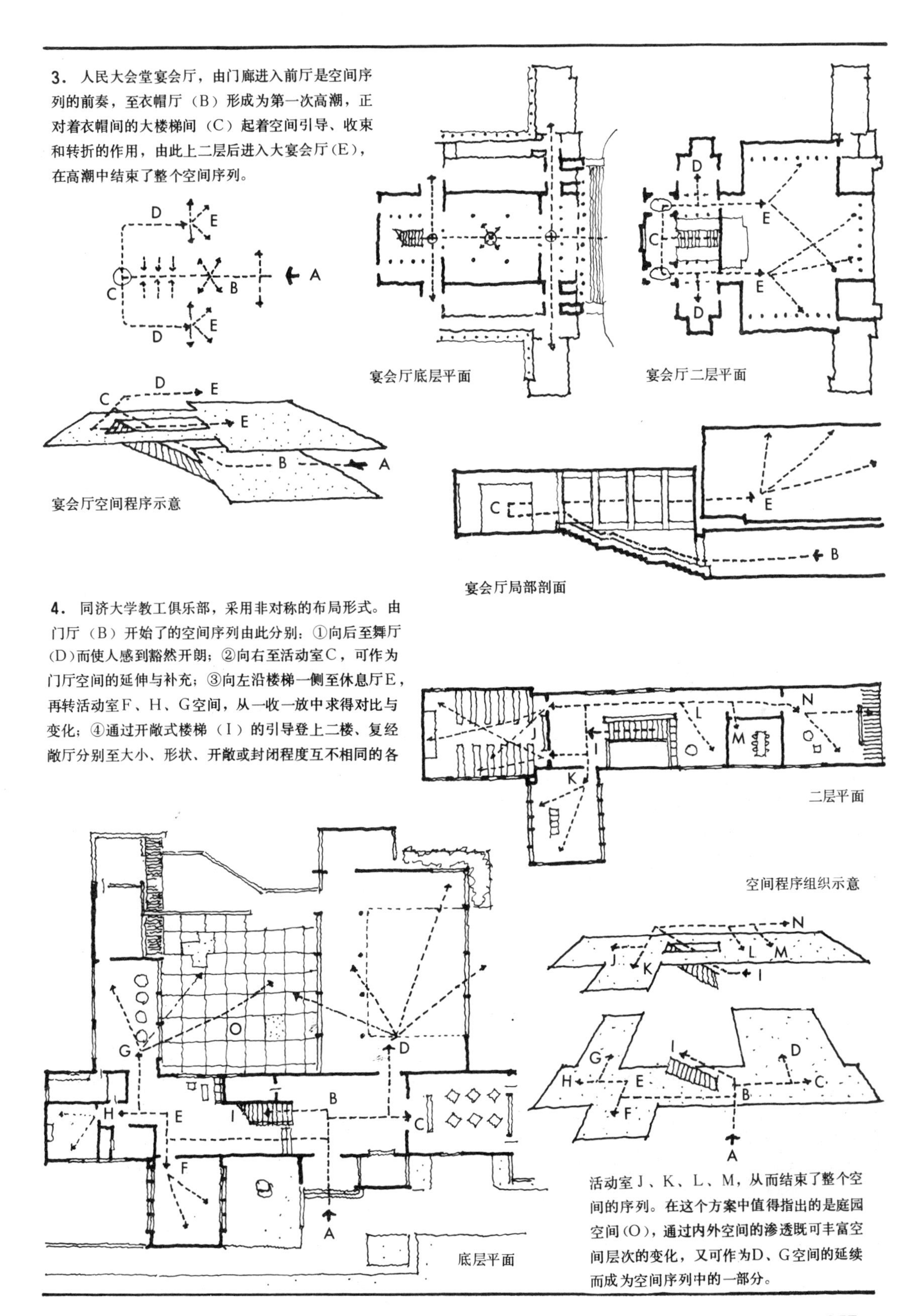

宴会厅空间程序示意

宴会厅底层平面

宴会厅二层平面

宴会厅局部剖面

二层平面

空间程序组织示意

底层平面

③电梯间（E）是门厅空间的延伸与收束，穿过它至后庭（F）空间再次扩大，至此标志着空间序列已进入尾声。

④庭园空间（G）首先可借渗透而作为门厅空间的借景；其次在气氛上与门厅空间又构成强烈对比；最后还可通过它把人流引导至餐厅。

⑤通过曲折、狭长的游廊至餐厅（J），空间又豁然开朗，从而形成第二个高潮，至此则宣告另一条流线空间序列的终结。

②休息厅、小卖部（D）是门厅空间的扩展和补充。另外，由于它比较低矮，因而更加反衬出门厅空间的高大。

①别具一格的门廊（B）不仅起着内外空间过渡的作用，而且又以它明确的方向性把人流引导至门厅，是整个空间序列的前奏。

5．广州白云宾馆的空间程序组织是围绕着门厅空间（C）为中心展开的。高大华丽的门厅自然地形成为空间序列的第一高潮和核心，其它空间则分别是它的前奏、扩展、延伸和衬托。

低矮的休息厅（D）是门厅空间的扩展、补充和陪衬。

开敞式的门廊（B）把人流引向门厅，它起着内外空间过渡的作用，同时又是整个空间序列的开始。

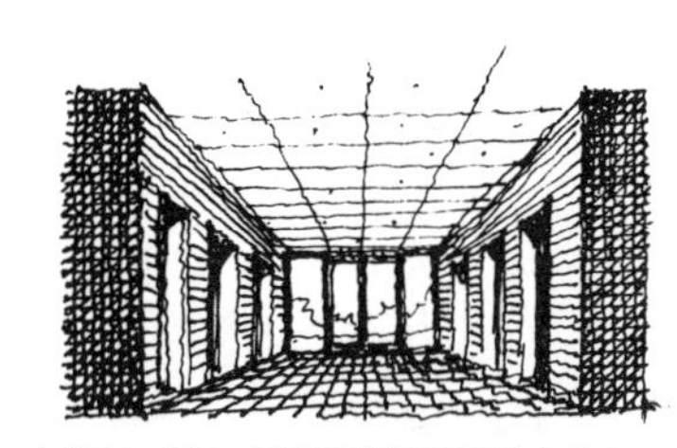

电梯间（E）是门厅空间的延伸和收束。

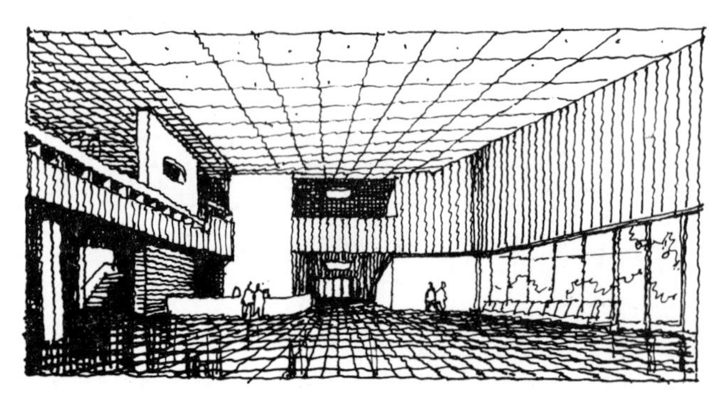

高大华丽的门厅（C）不仅在功能上起着交通枢纽的作用，同时也是空间序列中的第一个高潮，其它空间都是以它为中心展开的。

通过庭园空间（G）可以把人流引导至各个餐厅。

6．有些建筑由于功能要求比较复杂，这反映在空间程序组织上往往需要考虑到多股人流的活动。下图所示为美国洛杉矶某旅馆——办公楼建筑就是这样，它的主要公共活动空间必须考虑到来自不同方向、楼层的三种人流：

从入口门廊处看前厅（自A点向内看）

首层平面公共活动部分示意图

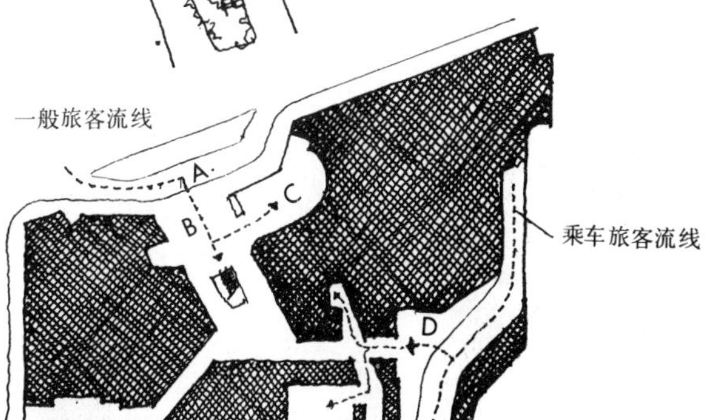

自前厅B点看自动扶梯

①来自首层的普通旅客：从A开始处于门廊的庇护之下，是空间序列的前奏；由A至B进入前厅是室内空间序列的开始；由此向左至C进入酒吧间是前厅的补充；继续向前可通过自动扶梯而登上二楼；通过扶梯井时空间处于收束的状态，一旦到达楼上便豁然开朗，这时人流可分成三个方向：至F（以后应参看下页插图）到达服务台；向右至G到大餐厅；向左至J到鸡尾酒会厅，从这里可以看到室外庭园，而使人的精神为之一振。

由前厅向左转至酒吧间（C），上图所示为自酒吧间入口处向内看。

自乘车旅客入口处门廊向内看

②来自首层的乘车旅客：从另外一个方向通过坡道至D处门廊下办理手续，然后由D至E到达车库存放汽车，再回到D处进入建筑物内，或向左去酒吧间，或向右乘电梯上楼，以后与一般旅客的空间序列相同。

二层平面公共活动部分空间示意图

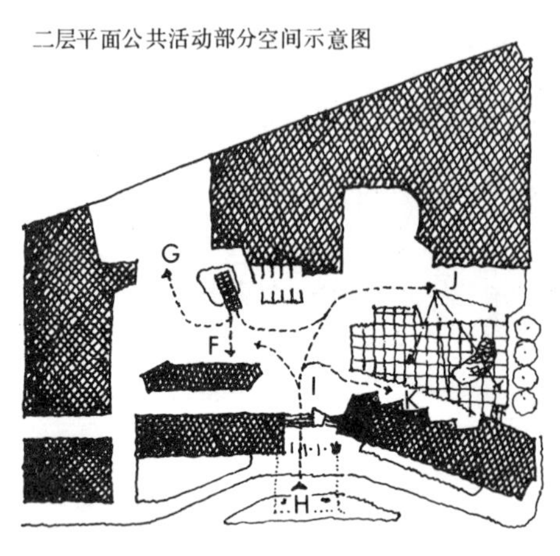

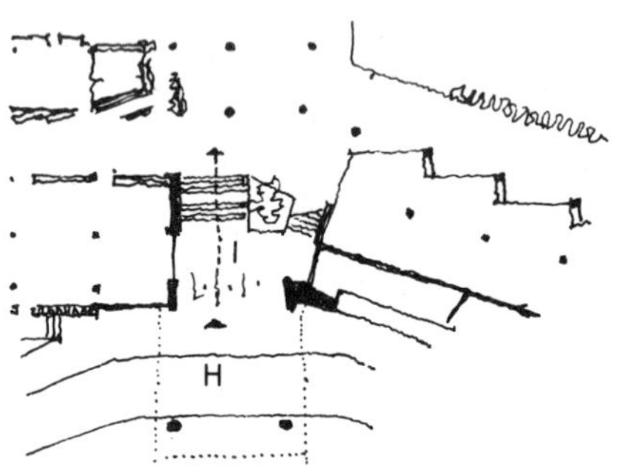

二层入口门廊透视图(H)

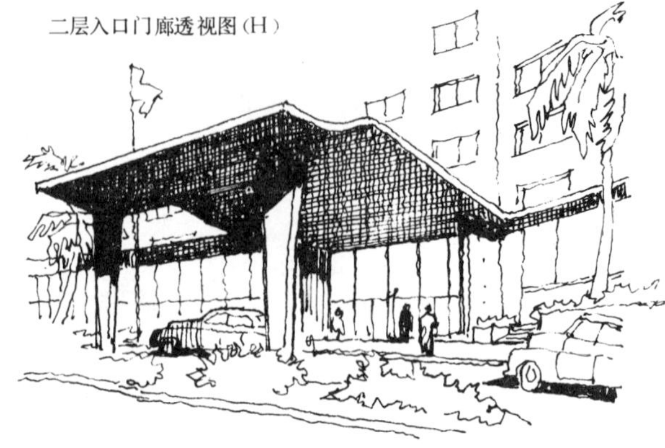

自二层入口进入建筑物内(I)通过踏步引导可下至二层或上至三层

③来自二层的普通旅客：从另一方向进入建筑物，在H处下车处于门廊之下，可考虑为空间序列的前奏；由H至I进入建筑物内借踏步的引导下至第二层，这时人流可以分成为两个方向：向左至F可到服务台办理手续，或至G到大餐厅就餐；向右则可到鸡尾酒会厅（J）或商店(K)，从这两处都可以看到室外庭园而获得开朗的感觉。另外，从这个入口进入的旅客还可以通过踏步的引导登上三楼而去各舞厅。

从鸡尾酒会厅（J）看室外庭园

通过自动扶梯登上二楼后向右可至大餐厅

结论：以上三种旅客，尽管从不同的方向和入口进入建筑物内，但不论沿哪一条流线行进，都可以经历一定的空间序列过程并留下连续、完整、深刻的印象。

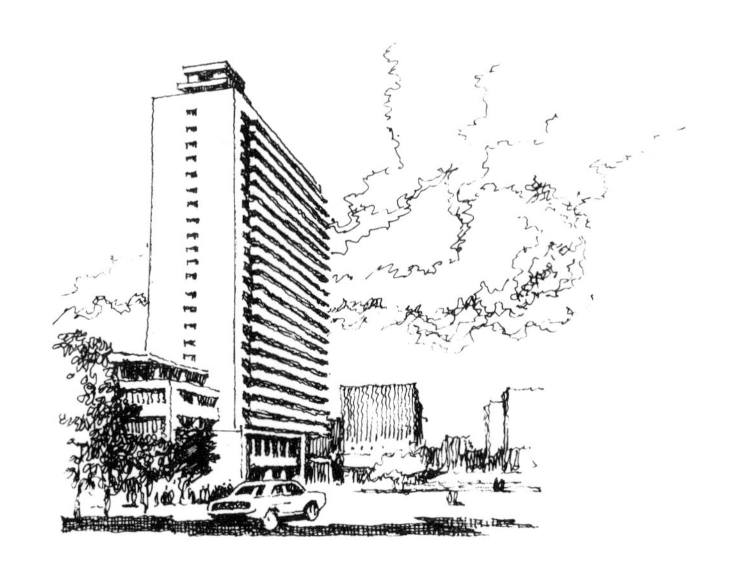

6 外部体形的处理

- 外部体形是内部空间的反映
- 各类建筑的性格特征

分析说明外部体形与内部空间以及建筑功能之间的内在联系。

- 主从分明、有机结合
- 体形组合中的对比与变化
- 关于均衡与稳定的考虑
- 关于外轮廓线的处理
- 关于比例的处理
- 关于尺度的处理
- 关于虚实、凹凸的处理

这一部分是用形式美的基本规律来分析说明外部体形处理中所面临的各种问题。前四点主要是涉及到建筑基本体量的组合问题；后三点既涉及到体量组合的处理也涉及到某些局部或细节的处理问题。

- 关于墙面的处理
- 色彩与质感的处理
- 细部与装饰的处理

这一部分是用形式美的基本规律来分析说明有关墙面和细部装饰处理中所遇到的各种问题。

外部体形是内部空间的反映［100］

建筑物的外部体形是怎样形成的呢？它不是凭空产生的，也不是由设计者随心所欲决定的，是内部空间的反映。有什么样的内部空间就必然会形成什么样的外部体形。当然，对于某些类型的建筑来讲外部体形还要反映结构形式的某些特征，但在现代建筑中由于结构的厚度愈来愈薄，除少数采用特殊结构类型的建筑外，一般的建筑其外部体形基本上就是内部空间组合的外部表象。

1. 下图所示为北京和平宾馆。它的主体部分是由多层的客房所组成，反映在体形上为一高大的长方体。凸出于屋顶上的两个小方块是电梯间的机房；紧贴在主体前的八角形、矩形平面的体量分别是餐厅、厨房内部空间的反映。

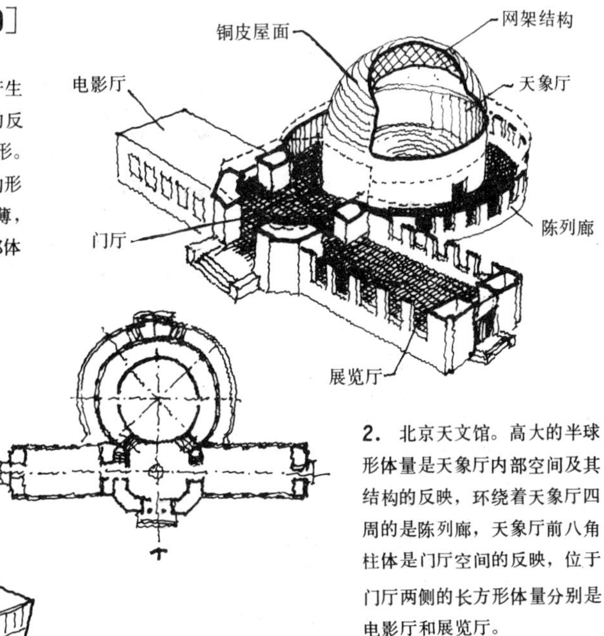

2. 北京天文馆。高大的半球形体量是天象厅内部空间及其结构的反映，环绕着天象厅四周的是陈列廊，天象厅前八角柱体是门厅空间的反映，位于门厅两侧的长方形体量分别是电影厅和展览厅。

电梯间机房
屋顶活动室
门廊
大餐厅
走道
厨房
客房

3. 某剧院建筑。主体部分是观众厅，不仅体量高大而且又位于建筑物的中央。紧接在观众厅端部的是高大的舞台，围绕着舞台周围是演员活动房间。观众厅前是门厅，两侧为休息厅。

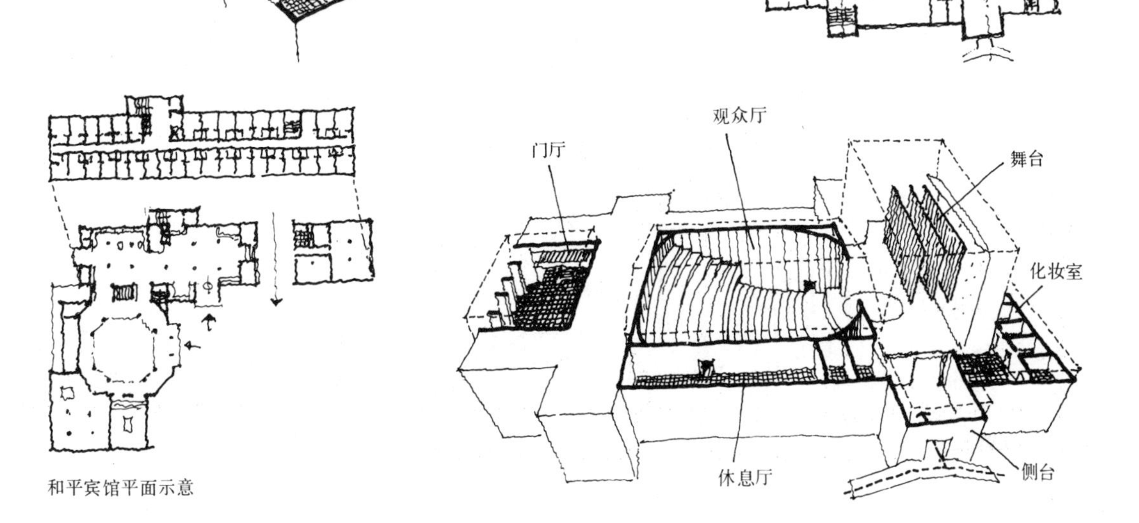

和平宾馆平面示意

4. 广西南宁体育馆。它的外部体形基本上是巨大的比赛厅内部空间及其屋顶结构的反映。特别是由于看台下部采用露明的形式，因而连采用台阶形式的看台也通过外部体形而得到明确的反映。环绕着比赛厅四周低矮的矩形体量是观众的入口和运动员用房。

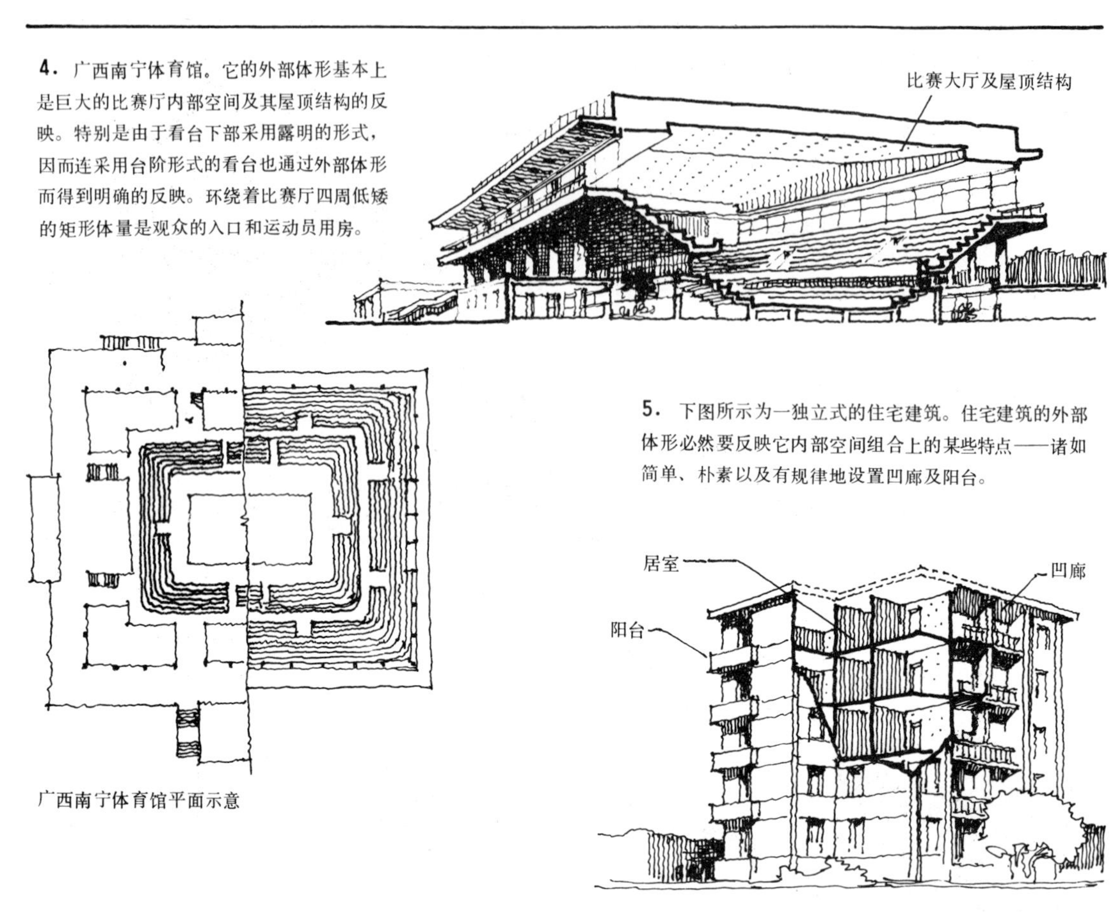

广西南宁体育馆平面示意

5. 下图所示为一独立式的住宅建筑。住宅建筑的外部体形必然要反映它内部空间组合上的某些特点——诸如简单、朴素以及有规律地设置凹廊及阳台。

6. 这是从“The English Duden”一书中复制下来的一个热电站建筑的插图。在这里拟借助它来说明工业建筑外部体形与内部空间之间的关系——左边高大的体量是锅炉车间内部空间的反映，与之相毗邻的较低的体量是蒸汽涡轮发电机车间内部空间的反映。此外，在工业建筑中还有烟囱及其它室外设施可能会通过外部体形而得到适当的反映。

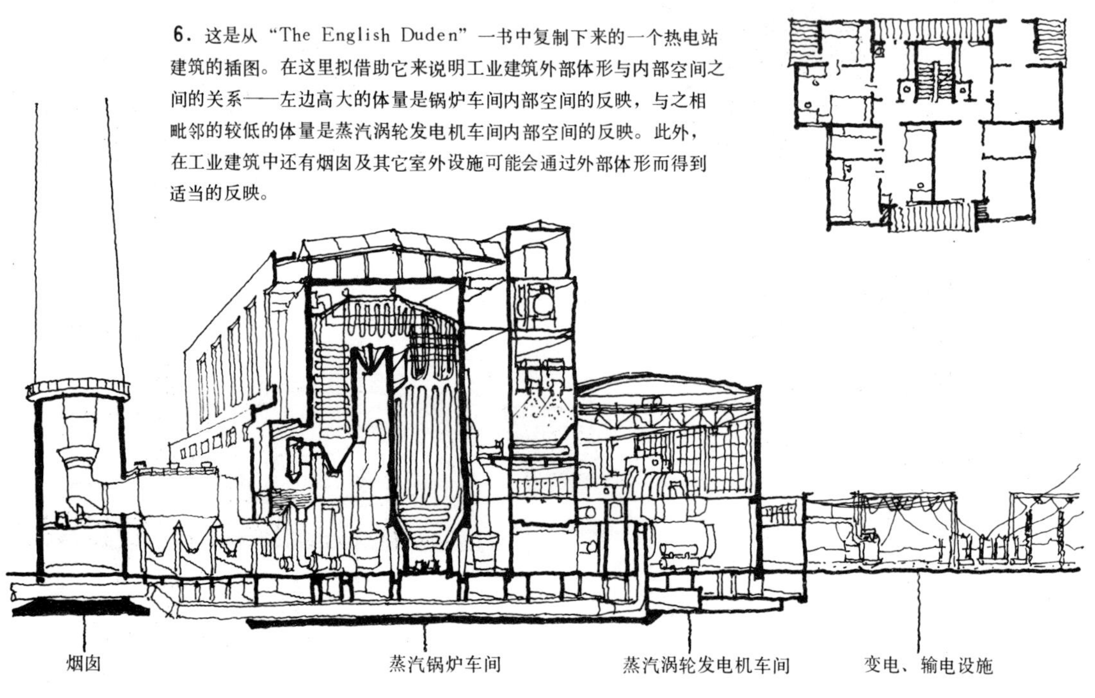

公共建筑的性格特征［101］

外部体形是内部空间的反映，而内部空间又因功能而异，因而不同类型的建筑其外部体形必然各有特点，设计者应当充分利用这种特点来赋予建筑以个性特征，使不同使用要求的建筑各具独特的性格特征。下面以各种不同类型的公共建筑为例来说明公共建筑的性格表现。

1. 办公楼建筑。采用走道式空间组合形式，反映在外观上必然呈带形的长方体，由于功能联系较简单，往往可以凑成对称的形式。

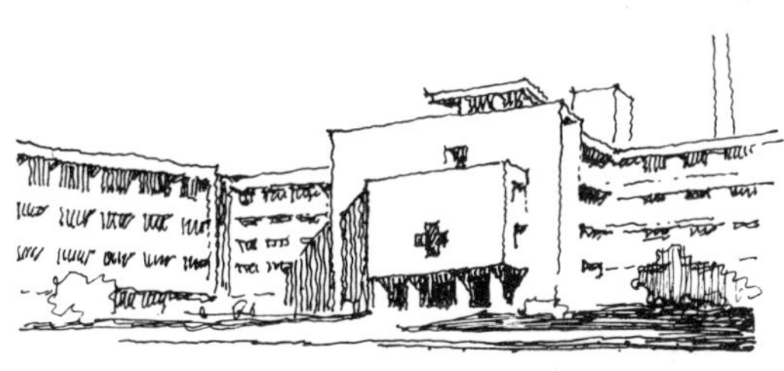

2. 医院建筑。采用走道式空间组合形式，但功能联系较复杂，一般不取严格对称的形式。这里利用入口上部的红“十”字作为象征性的符号，以加强建筑物的性格特征。

3. 航空站建筑。利用该类建筑特有的飞机调度塔以充分显示航空站建筑的性格特征。

4. 剧院建筑。通过巨大的观众厅和高耸的舞台部分的体量组合以及门厅、休息厅与观众厅、舞台这两部分强烈的虚实对比关系来表现剧院建筑的性格特征。

5. 体育馆建筑。通常都是以比赛厅所具有的巨大而又特殊的体量以及各种类型的大跨度空间结构的外形来表现这一类型建筑的性格特征。

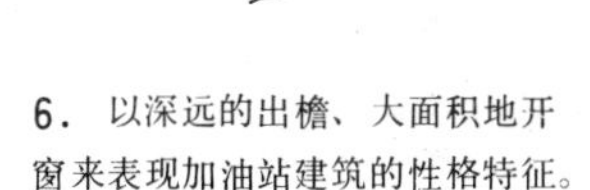

6. 以深远的出檐、大面积地开窗来表现加油站建筑的性格特征。

园林建筑的性格特征［102］

园林、托幼建筑一般都要求具有轻巧、活泼的性格特征，以利于游人休憩或满足儿童的喜好。为此，在设计这一类建筑时应当充分利用建筑功能的灵活性而使之与自然环境有机地结合为一体，并具有轻巧、活泼、通透的外部体形。

1. 天津水上公园熊猫馆。针对建筑物的性质、功能及地形条件，以一条透空的曲廊连接大小不等的两个圆形展厅，并环抱着起伏多变的室外活动场地，整个建筑具有轻巧活泼的园林建筑的性格特征。

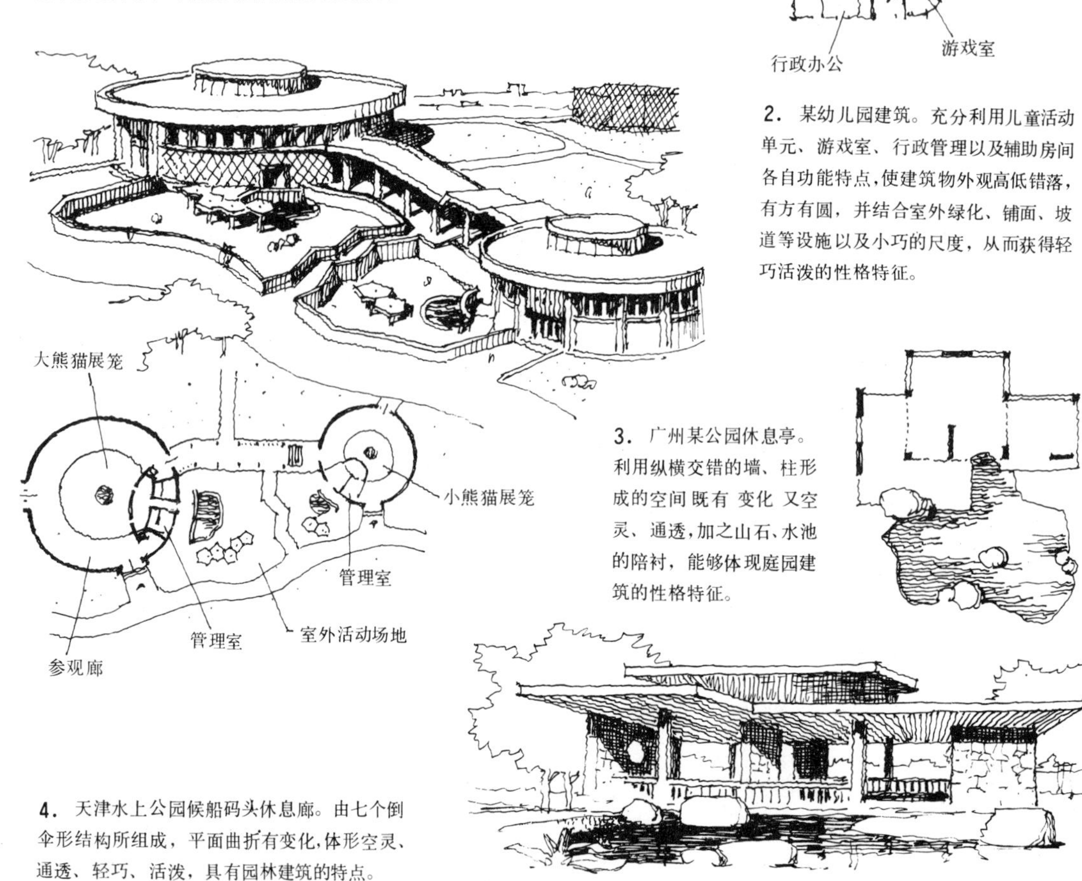

2. 某幼儿园建筑。充分利用儿童活动单元、游戏室、行政管理以及辅助房间各自功能特点，使建筑物外观高低错落，有方有圆，并结合室外绿化、铺面、坡道等设施以及小巧的尺度，从而获得轻巧活泼的性格特征。

3. 广州某公园休息亭。利用纵横交错的墙、柱形成的空间既有变化又空灵、通透，加之山石、水池的陪衬，能够体现庭园建筑的性格特征。

4. 天津水上公园候船码头休息廊。由七个倒伞形结构所组成，平面曲折有变化，体形空灵、通透、轻巧、活泼，具有园林建筑的特点。

纪念性建筑的性格特征［103］

纪念性建筑的房间组成和功能要求一般都比较简单，但却要求具有强烈的艺术感染力——通过艺术形象使人产生庄严、雄伟、肃穆、崇高等精神感受。为此，这类建筑的平面及体形应力求简单、肯定、厚重、敦实、稳固，以期形成一种独特的性格特征。

1. 毛主席纪念堂。正方形平面，简单、稳定的外轮廓线、厚重的檐口、粗壮的列柱、坚实的基座……，这一切都有助于获得庄严、肃穆的艺术感染力。

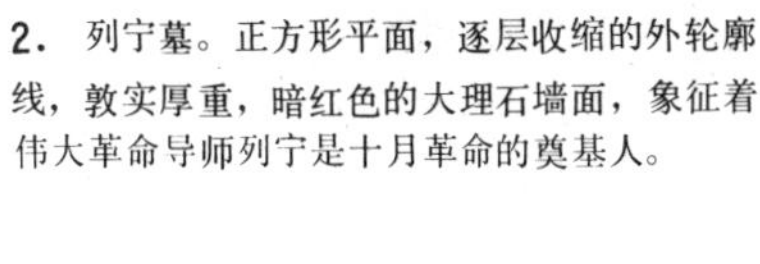

2. 列宁墓。正方形平面，逐层收缩的外轮廓线，敦实厚重，暗红色的大理石墙面，象征着伟大革命导师列宁是十月革命的奠基人。

3. 鲁迅墓。在厚重敦实的照壁前安座着鲁迅先生的座像，加之环境、绿化的衬托，从而具有静穆、崇高的性格特征。

4. 巴黎凯旋门。象征胜利的纪念性建筑，以高大、敦实的体量、简单、稳定的外轮廓线、厚重的檐口、线脚及细部装饰而产生一种极其庄严、雄伟的性格特征。

居住建筑的性格特征［104］

居住建筑的体形组合及立面处理也具有极其鲜明的性格特征，这和它的功能要求有着密切的联系。我们知道：住宅建筑是直接为人的生活和休息服务的建筑，不论是属于哪一种类型的住宅——民居、农村或城市型住宅，乃至高层住宅建筑，都应当具有简洁朴素的外形和亲切、宁静的气氛，以适合于人的生活和休息。

1. 浙江民居。小巧的尺度，高低错落的体形，轻巧的木构架，淡雅的色彩，加之自然环境的烘托，具有亲切、宁静的田园风味。

2. 农村住宅。整齐排列但略有凹凸变化的体形，平缓的两坡屋顶，就地取材的乱石墙面以及宅前小院，都可以显示出农村集体住宅亲切宜人的性格特征。

A

3. 以单元拼凑而成的城市型职工住宅，以其简单的体形，小巧的尺度感，整齐排列的门窗和重复出现的凹廊、阳台，而获得居住建筑所特有的生活气息和性格特征。

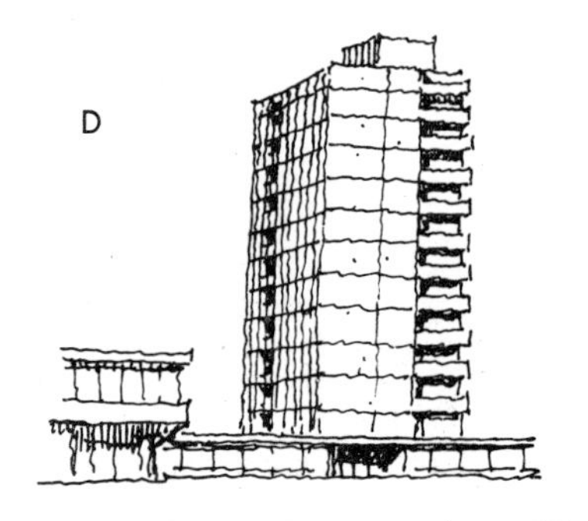

工业建筑的性格特征［105］

工业建筑的类型很多，但不论是哪一种类型的工业建筑，都必然要通过它的体形组合和门窗设置而反映出某种生产的工艺特点。设计者应当充分利用这种特点来表现工业建筑的性格特征。此外，为适应工业生产需要所特有的烟囱、水塔、冷却塔以及各种气罐、油罐等构筑物，都有助于加强工业建筑的性格特征。

1. 望亭火力发电站。主车间高大的体量，沿屋顶整齐排列的烟囱，斜向的输煤道以及高耸的水塔，都有力地表现出热电站建筑所独具的性格特征。

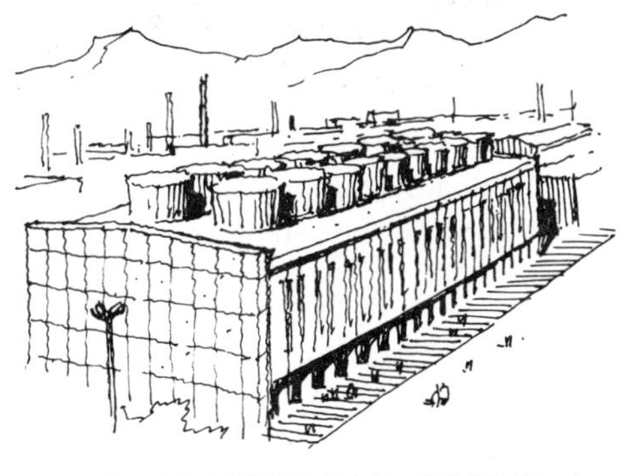

2. 北京石油化工总厂某生产车间。简单的体形，大面积的实墙面，特别是整齐排列在屋面上的金属罐等，都有助于体现出工业建筑的特点。

3. 某建筑构件厂生产车间。不仅主体建筑的体形和开窗处理具有一般工业建筑的特点，特别是依附于主体建筑一侧的两个圆筒形高塔更加突出了工业建筑所特有的性格特征。

4. 某厂金工车间。高大的体量，拱形的屋顶，大面积地开窗以及宽大的入口、坡道……这一切都是重工业车间功能要求所赋予建筑外形的性格特征。

5. 某拖拉机厂金工车间设计方案。采用18×18米柱网的平面和大片重复的扭壳结构屋顶，既是单层工业厂房内部空间的反映，同时也表现出工业建筑的某些性格特征。

国外新建筑对于性格的考虑［106］

西方近现代建筑，由于打破了古典建筑形式的束缚，在形式上灵活多变、不拘一格，这无疑会有助于突出建筑物的个性——也就是性格特征。建筑师在设计过程中凡是能够抓住建筑物的功能特点、地形环境特点，并创造性地解决设计中面临的各种问题，就必然会赋予建筑以鲜明、强烈的性格特征。下面列举几种不同性格的建筑来具体说明西方近现代建筑对于性格表现的考虑。

1．墨西哥某大学图书馆。利用建筑物要求密闭和不开窗的特点，结合民族传统以彩色马赛克拼成各种图案来装饰巨大的墙面，使建筑物具有独特的性格特征。

2．南斯拉夫苏捷斯卡战役纪念碑。以形似陡峭山壁的两块巨石拔地而起、两相对峙，来象征苏捷斯卡山峡谷，两壁之上刻有当年战斗场面的多幅浮雕，以唤起人们对历史的回忆和对烈士的哀思。

3．墨西哥人类学博物馆。西方近现代建筑一般均不采用对称的布局形式，但这幢建筑却破例采用了基本对称的布局形式，中轴线十分明确，这显然是出于博物馆建筑的性格考虑。另外在立面处理方面充分利用陈列室不开窗的特点，把两翼部分处理得十分敦实、厚重，中央部分微向内凹，并在入口上部实墙面的正中饰以圆形徽标，气氛十分庄严。

4．以柔曲的钢筋混凝土壳体结构所覆盖的某餐厅建筑，不仅内部空间开敞明快，而且在外观上也极轻快、活泼，具有鲜明强烈的个性特征。

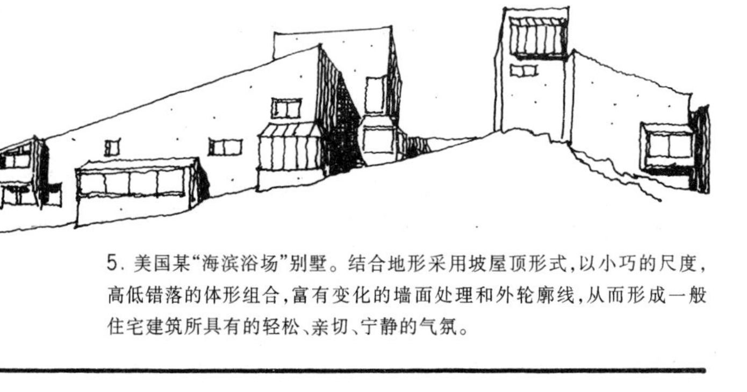

5．美国某“海滨浴场”别墅。结合地形采用坡屋顶形式，以小巧的尺度，高低错落的体形组合，富有变化的墙面处理和外轮廓线，从而形成一般住宅建筑所具有的轻松、亲切、宁静的气氛。

主从分明、有机结合［107］

尽管不同类型的建筑表现在体形上各有特点，但不论哪一类建筑其体量组合通常都遵循一些共同的原则，这些原则中最基本的一条就是主从分明、有机结合。所谓主从分明就是指组成建筑体量的各要素不应平均对待、各自为政，而应当有主有从，宾主分明；所谓有机结合就是指各要素之间的连接应当巧妙、紧密、有秩序，而不是勉强地或生硬地凑在一起，只有这样才能形成统一和谐的整体。

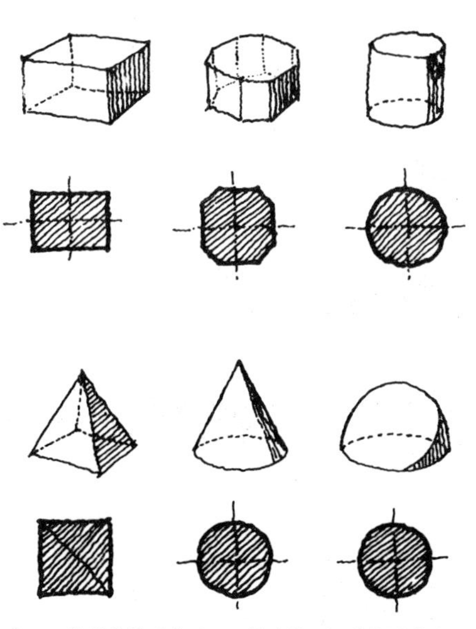

1. 从传统的经验来看，一幢建筑不论其体形多么复杂，但分析到最后却不外是由一些最基本的几何形体所组合而成的。

2. 古典建筑为了达到体量组合上的完整统一，在设计平面时常借助于轴线引导来获得条理性和秩序。

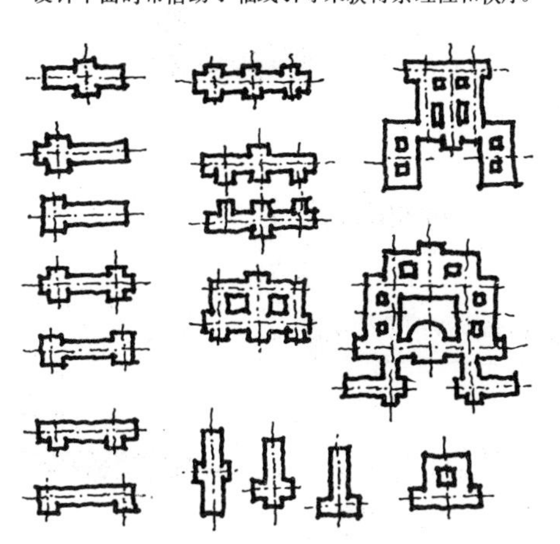

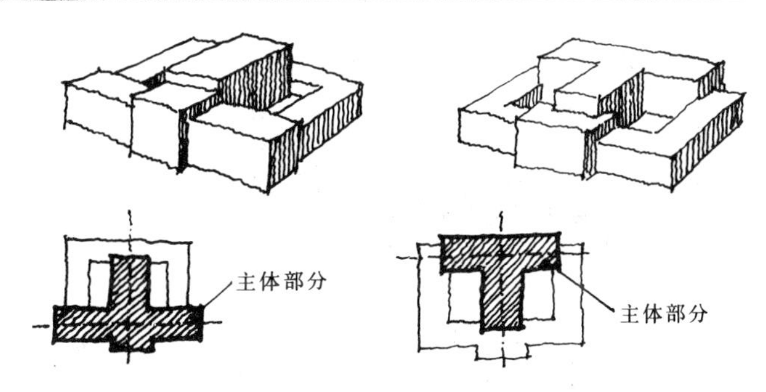

3. 主体部分以其体量的高大和地位的突出而成为整体中的重点和核心，其它部分从属于主体，古典建筑多以这种方法而达到主从分明的。

4. 以北京天文馆为例说明有机结合问题——各要素间的连接有着严格的制约关系和条理性，因而这种结合是较为巧妙的、紧密的和有秩序的。

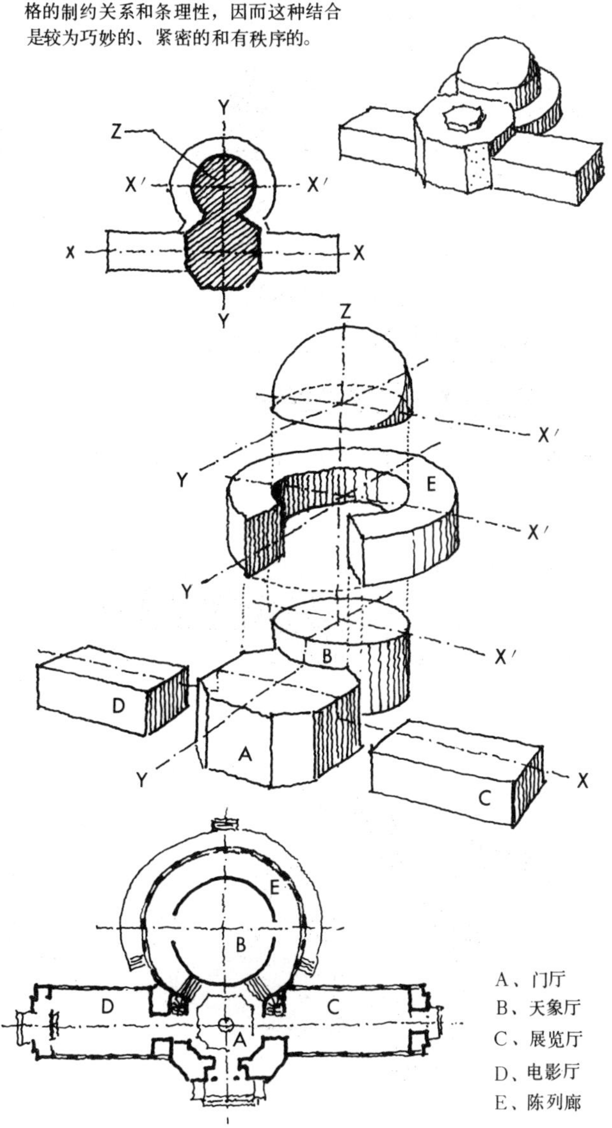

（原建工部办公楼）

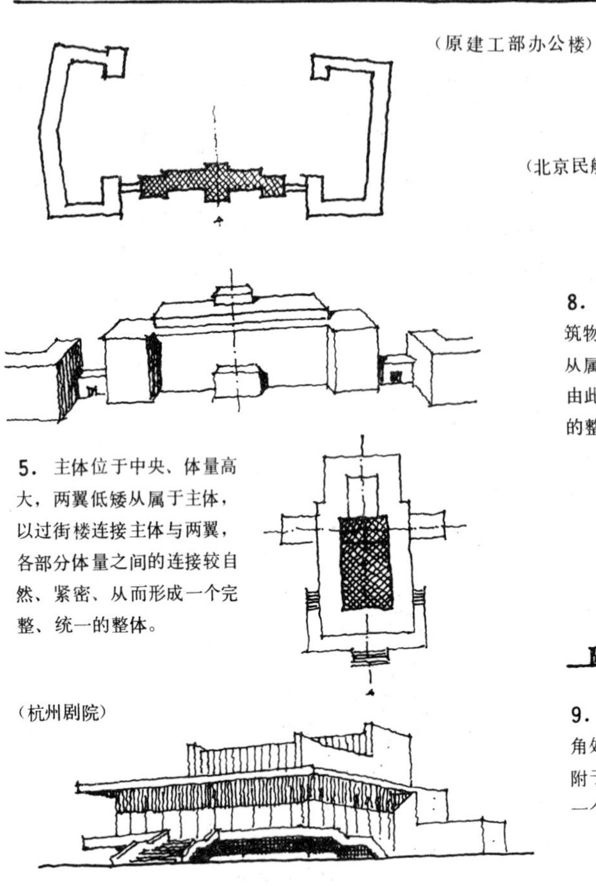

5．主体位于中央、体量高大，两翼低矮从属于主体，以过街楼连接主体与两翼，各部分体量之间的连接较自然、紧密、从而形成一个完整、统一的整体。

（杭州剧院）

6．以主体为核心，从属部分环绕着主体四周布置，这样也可以形成一个完整统一的整体。

7．高大的主体位于中央，各从属部分以不同形式与主体相连接，从而形成完整统一的整体。

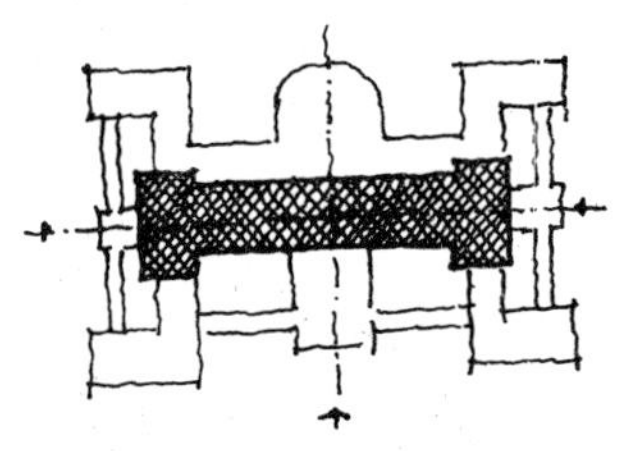

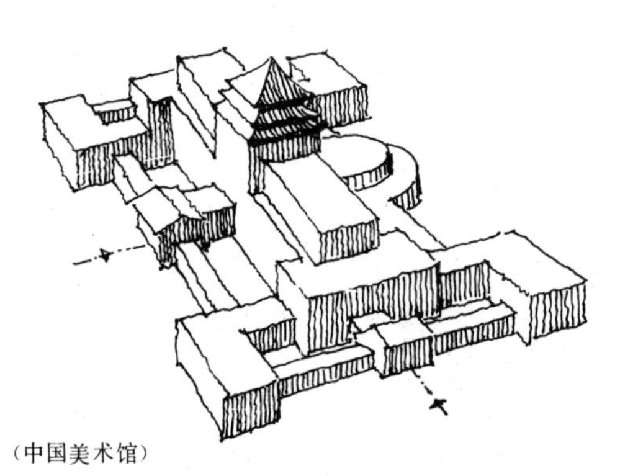

（中国美术馆）

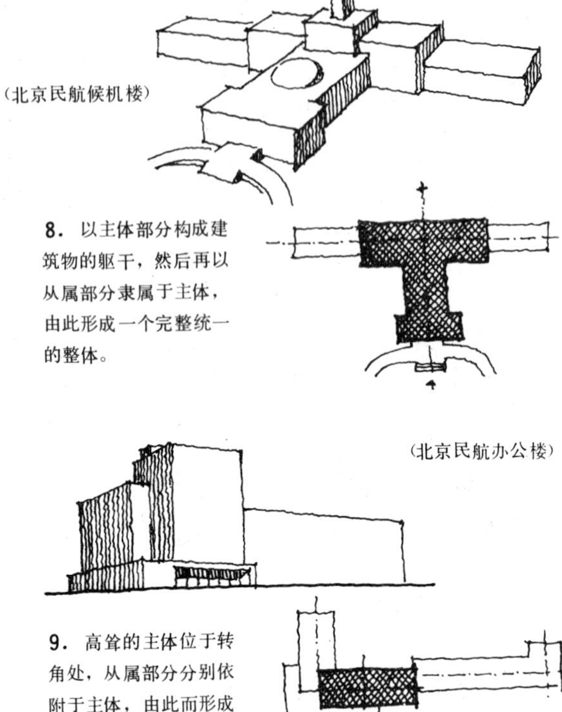

（北京民航候机楼）

8．以主体部分构成建筑物的躯干，然后再以从属部分隶属于主体，由此形成一个完整统一的整体。

（北京民航办公楼）

9．高耸的主体位于转角处，从属部分分别依附于主体，由此而形成一个有机统一的整体。

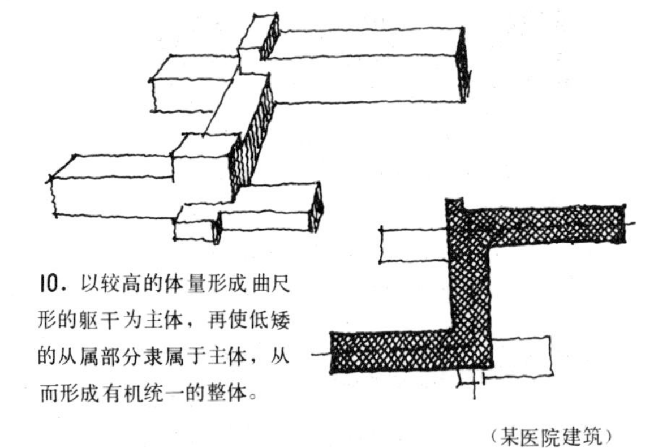

10．以较高的体量形成曲尺形的躯干为主体，再使低矮的从属部分隶属于主体，从而形成有机统一的整体。

（某医院建筑）

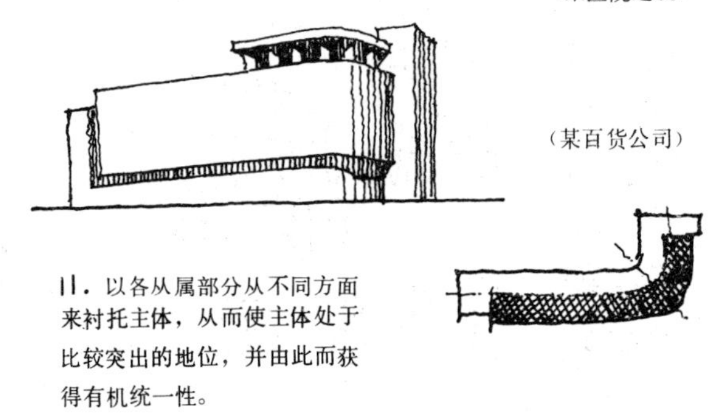

（某百货公司）

11．以各从属部分从不同方面来衬托主体，从而使主体处于比较突出的地位，并由此而获得有机统一性。

现代建筑体形组合的新概念、新手法［108］

体形处理是随着内部空间组织的方法不同而变化的。国外某些新建筑由于在空间组织上打破了传统六面体的概念，而发展成为在一个大空间内自由灵活地分隔空间，这反映在体形处理上便和传统的方法很不相同。传统的方法适合于用“组合”、“连接”这种概念来理解，但对于某些新建筑来讲，最好还是用去掉多余的部分这种概念来理解。由于这种差异，某些新建筑在主从关系上则不象传统建筑那样明确，但是有机统一的基本原则却仍然必须遵循。

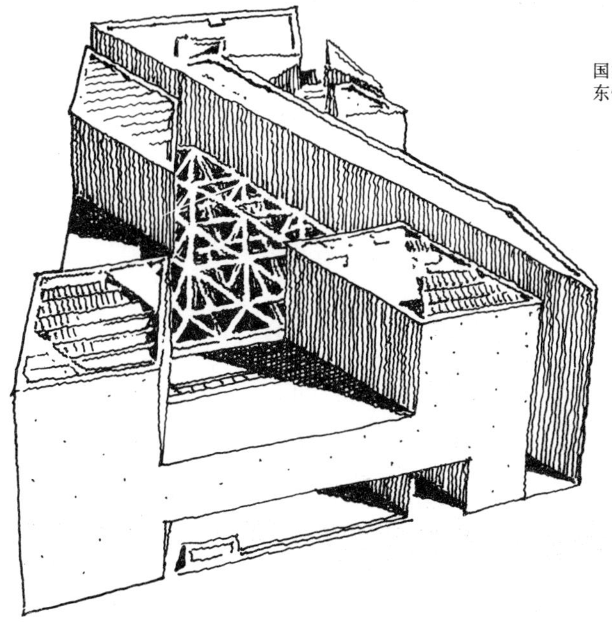

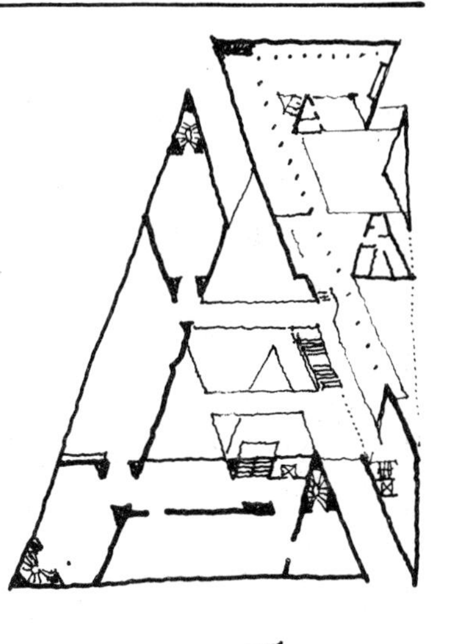

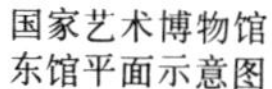

国家艺术博物馆
东馆平面示意图

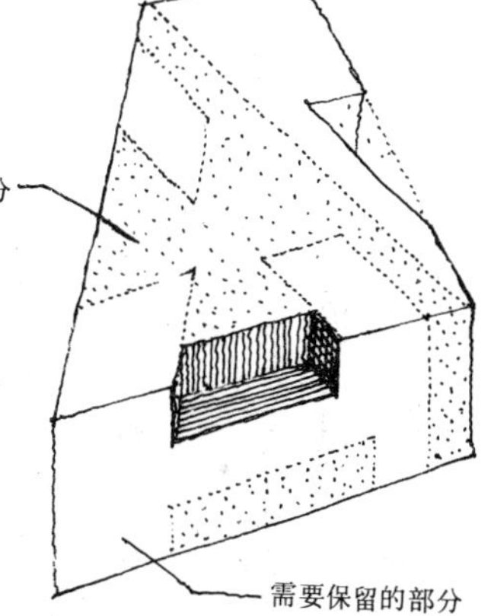

1．华盛顿美国国家艺术博物馆东馆。由于地形特点采用三角形平面的构图形式。外部体形犹如在一个不等腰梯形的体量中挖去多余的部分，但这种挖除必须很巧妙，否则就不能保证剩余部分——正是人们所需要的——保持完整统一性。

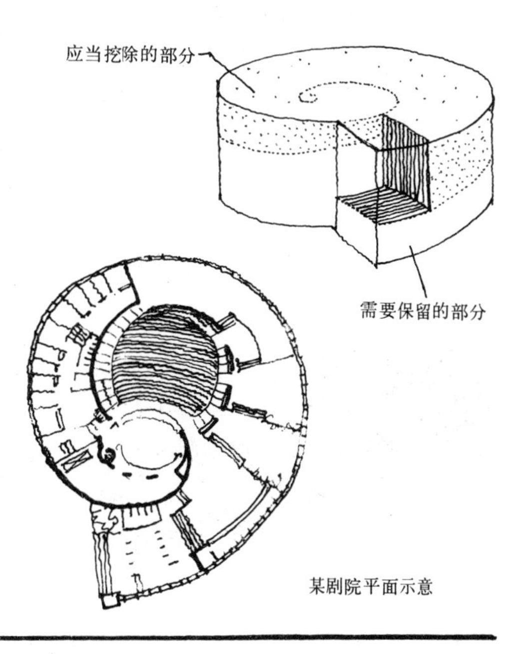

2．波兰某剧院建筑。螺旋形平面打破了传统空间组合概念，而是在一个大的螺旋体空间内自由灵活地分隔空间。这反映在体形处理上与前一例很相似——即在一块大的螺旋体内挖去多余的部分，从而使剩余的部分更完整、更有变化。

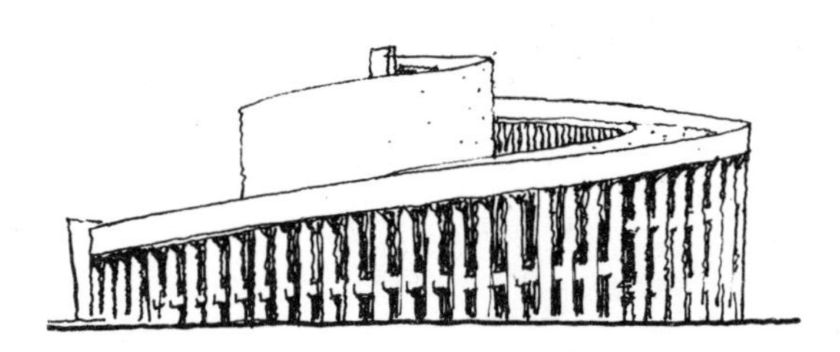

某剧院平面示意

3. 当然，完全采用挖除多余部分的手法来处理体形的建筑是不多的，比较普遍的还是以组合与挖除相结合的方法来处理体形的建筑居多。右图所示为国外某艺术学校，这幢建筑的体形可以说既用了组合的手法又用了挖除的手法，并且结合得很巧妙，因而使得建筑物的体形不仅谐调而有变化，而且还具有强烈的凹凸关系和体积感。

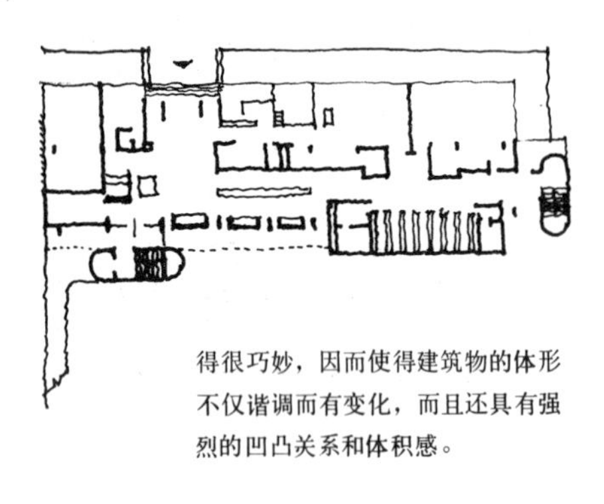

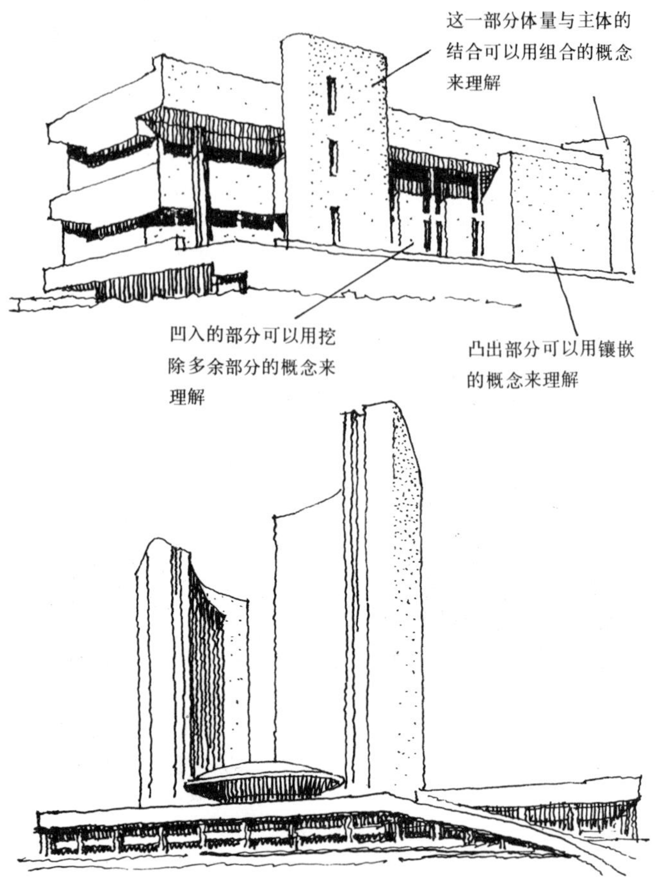

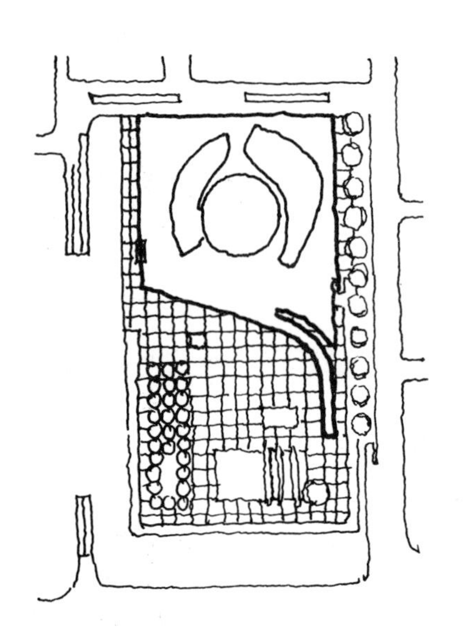

4. 有些建筑甚至用哪一种概念去硬套都感到有些牵强，例如上图所示加拿大某议会中心就是这样。但这并不意味着它的体形处理没有章法，相反，这幢建筑的体形处理很有独创性——两幢曲面的高楼环抱着一个圆厅，不仅具有良好的均衡关系，而且还具有一种动向感。

5. 即使采用组合的手法来处理体形，但这种组合也与传统的手法很不相同——即比传统的手法更加灵活、自由，以致很难从中寻找出什么规律性，但这种灵活却又不损害完整统一的基本原则。

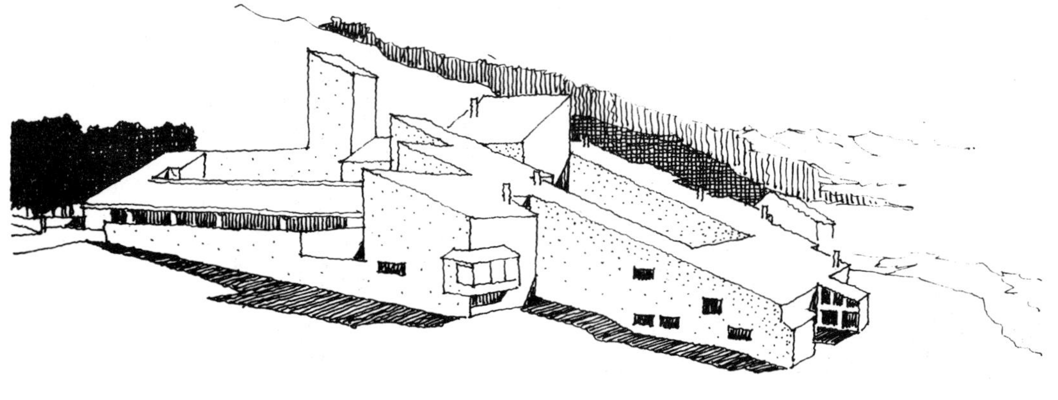

体量组合的对比与变化［109］

为避免单调，组成建筑体量各要素之间应当有适当的对比与变化。我们知道：体量是内部空间的反映。为此，要想在体量组合上获得对比与变化，则必须巧妙地利用功能特点来组织空间、体量，从而借它们本身在大小之间、高低之间、横竖之间、直曲之间、不同形状之间等的差异性来进行对比，以打破体量组合上的单调而求得变化。

1. 体量组合的对比与变化主要表现在以下三方面：

①方向的对比与变化。这是最基本的一个方面，可以有横竖、左右、前后三个方向的对比与变化。

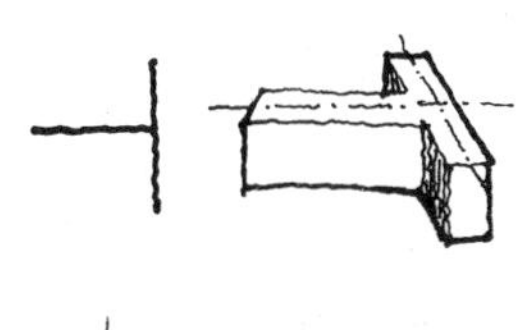

②形状的对比与变化。少数建筑由于功能特点可以利用不同形状体量的对比取得变化。

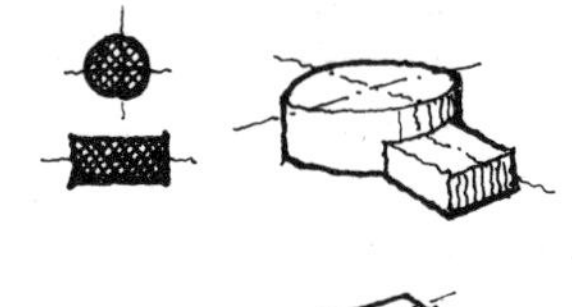

③直与曲的对比与变化。个别建筑可以通过直曲的对比来获得变化。

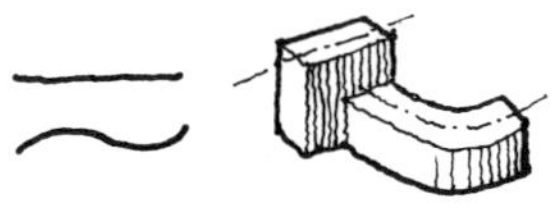

2. 乌鲁木齐航空站。充分利用调度塔的竖向体量与其它部分的横向体量的强烈对比而打破单调。

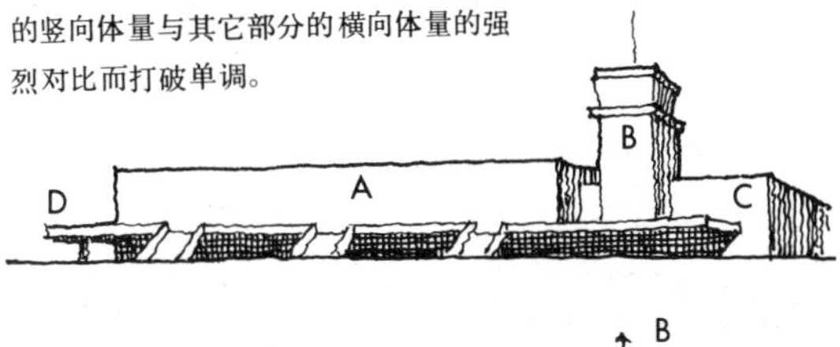

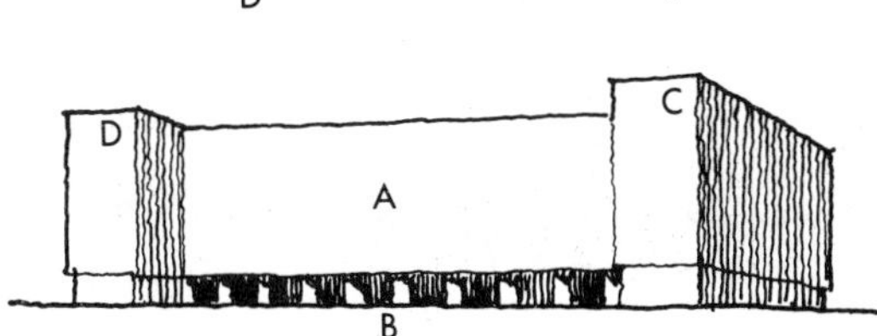

3. 广州东方宾馆，以三个向量的对比而获得体量组合的变化。

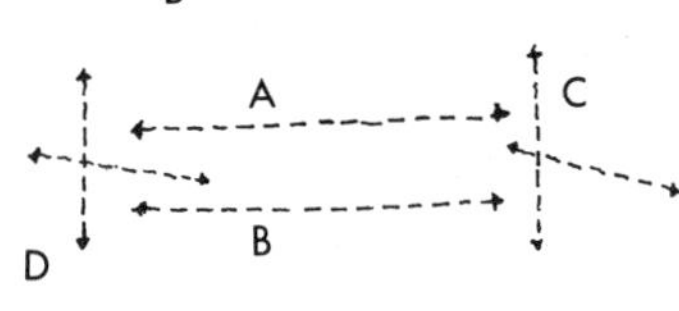

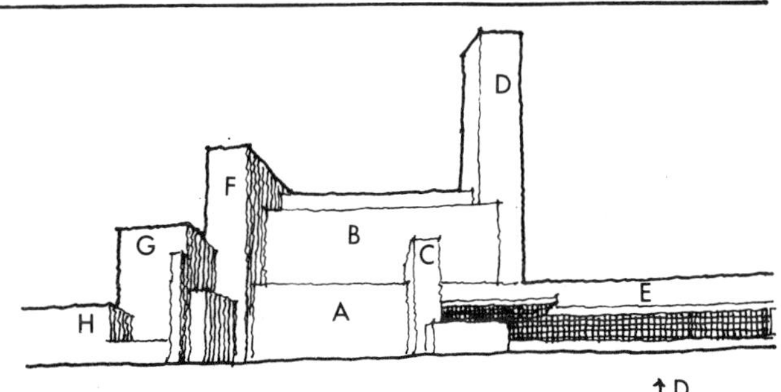

4. 荷兰某市政厅。巧妙地通过纵横、左右、前后三重向量方向性的对比与变化而极大地丰富了体形组合。

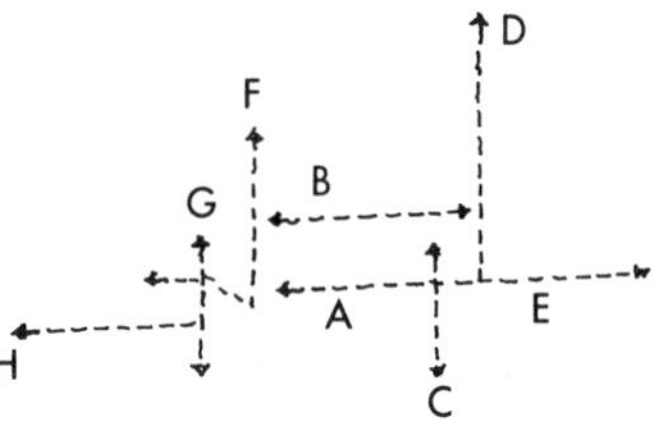

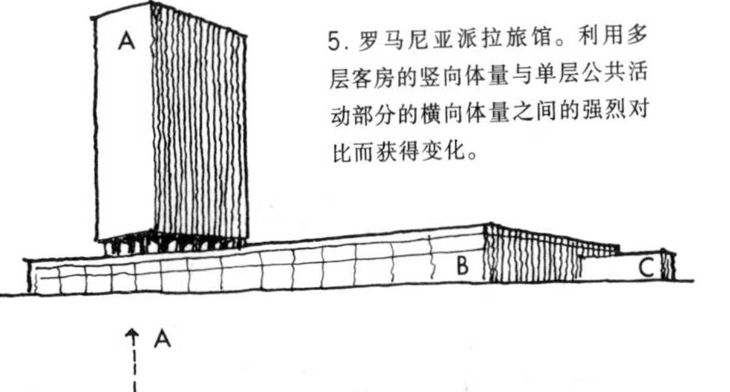

5. 罗马尼亚派拉旅馆。利用多层客房的竖向体量与单层公共活动部分的横向体量之间的强烈对比而获得变化。

6. 天津大学图书馆。利用纵横、左右、前后三个向量间的对比与变化而避免了单调。

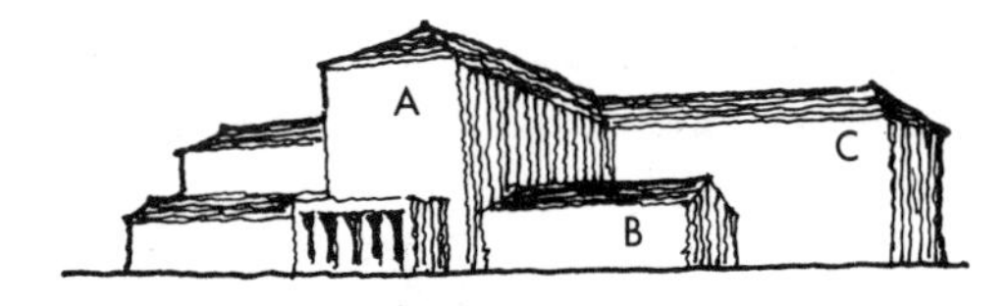

7. 北京国际俱乐部。综合利用方向和形状的对比而使体量组合具有变化。

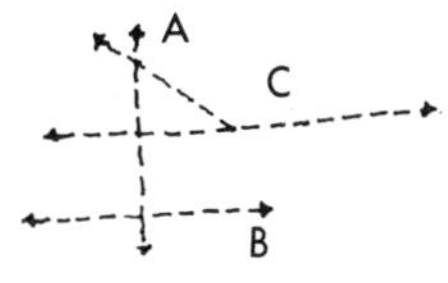

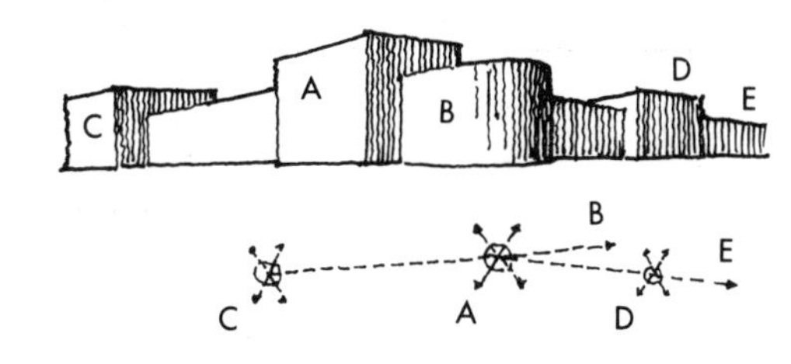

8．北京天文馆。利用功能特点(天象厅要求半球形空间)，分别以半球形、环形、八角柱、长方体等不同形状的体量对比而求得变化。

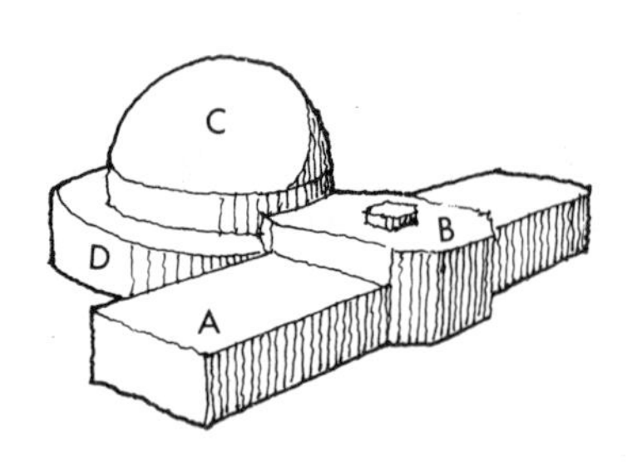

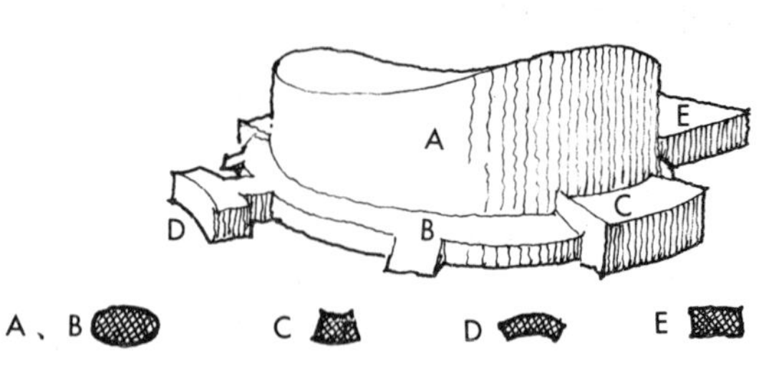

A、B　C　D　E

9．浙江省体育馆。利用功能、结构特点，分别以不同形状的体量对比而求得变化。

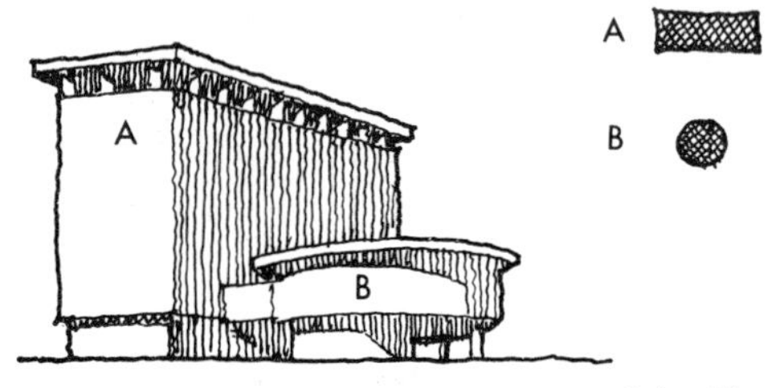

A　B

11．几内亚科纳克里旅馆。以多层客房部分的高大矩形体量与低矮的餐厅部分的圆形体量之间的对比，而使体形组合具有生动活泼的效果。

10．某百货公司。通过直线与曲线之间的对比而使体形组合富有变化。

13．天津电信楼。以体量大小对比、方向对比、直线与曲线的对比，而使体形富有变化。

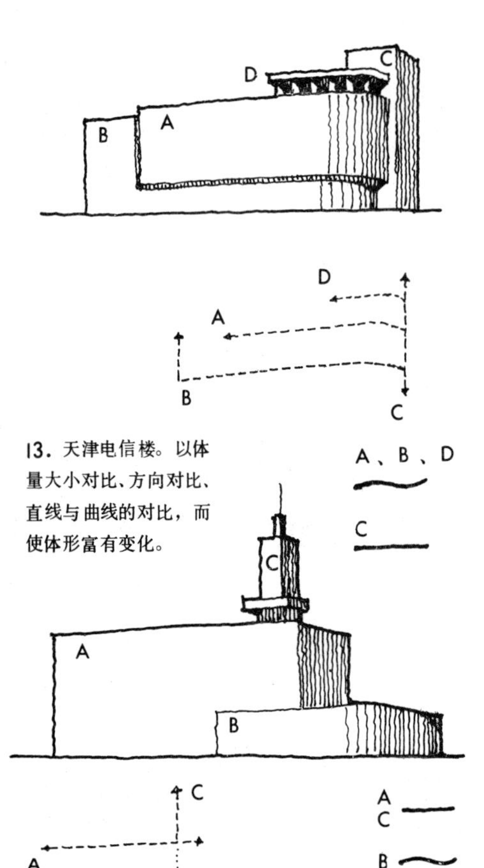

12．巴西利亚国会大厦。以极强烈的横、竖向对比，形状对比、直线与曲线的对比而使建筑物具有极强烈的性格特征。

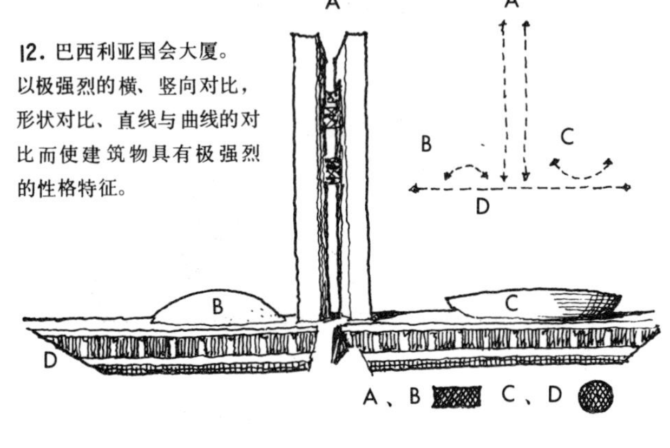

A、B　C、D

14．1939年世界博览会巴西馆。巧妙地利用各种曲面、曲线与直线的对比和变化使建筑体形具有活力和流动感。

A、D
B、C

关于稳定的考虑［110］

在第四章中曾把均衡与稳定作为形式美的一项原则来对待，但在建筑发展的长河中没有哪一个问题象稳定那样随着技术的发展以致使某些建筑师把古代确认为不稳定的概念当作一种目标来追求——标榜技术的新成就，可以把古代埃及的金字塔倒转过来。由此可见，人们的审美观念不仅是变化发展的，而且甚至还可以转化到自己的反面。

1．建立在砖石结构基础上的古代建筑，只有以下大上小、逐渐收分的形式才能保持稳定，并具有安全感，埃及的金字塔和古典柱式就是最好的说明。

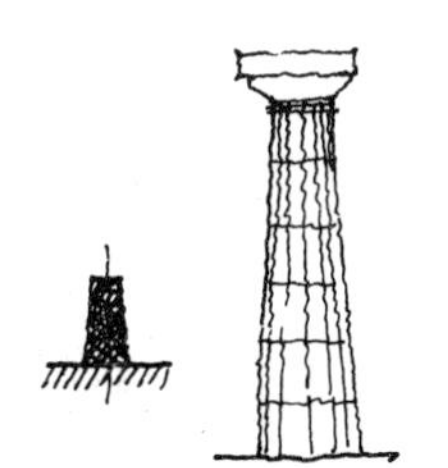

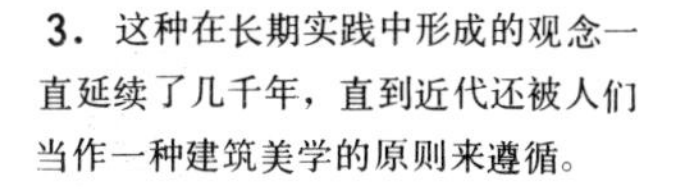

2．我国古代的砖塔也是这样，愈接近地面愈宽大，并逐层收分，这无论在实际上或给人的感觉上都是稳定、安全的。

3．这种在长期实践中形成的观念一直延续了几千年，直到近代还被人们当作一种建筑美学的原则来遵循。

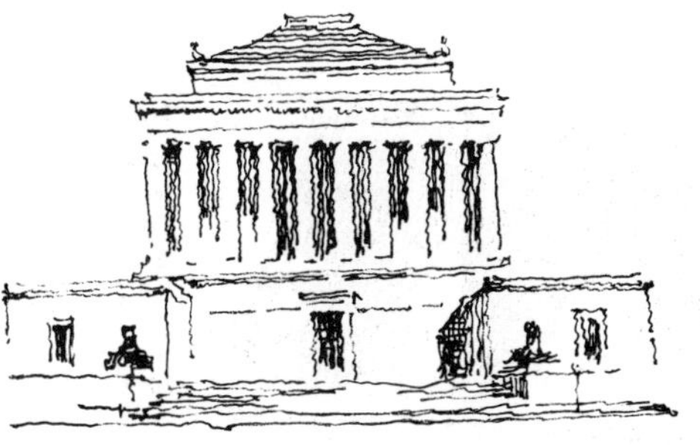

4．尽管结构形式改变了，但是作为一种传统的稳定的概念却依然支配着人们的设计思想。

5．我国传统的古建筑主要是采用木结构，但在新建筑中由于受到西方古典建筑的影响，也以下大上小的形式来求得稳定感。

6．直到本世纪初某些有远见卓识的建筑师才试图摆脱传统稳定观念的束缚而有所突破。

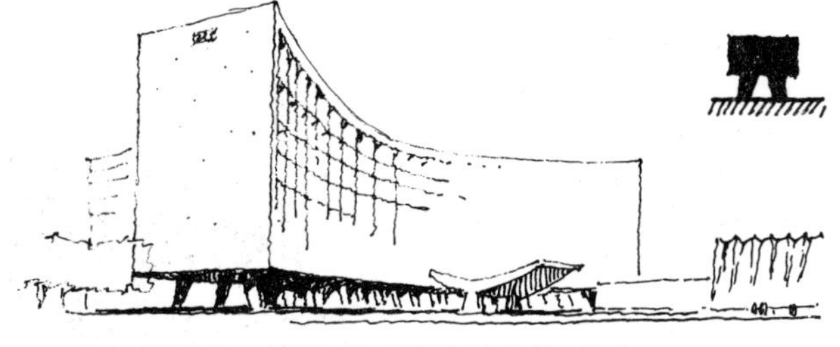

7．时至今日，由于钢或钢筋混凝土框架结构的普遍运用，一种与传统的稳定观念相抵触的上实下空、鸡腿式的建筑已广泛地流传。

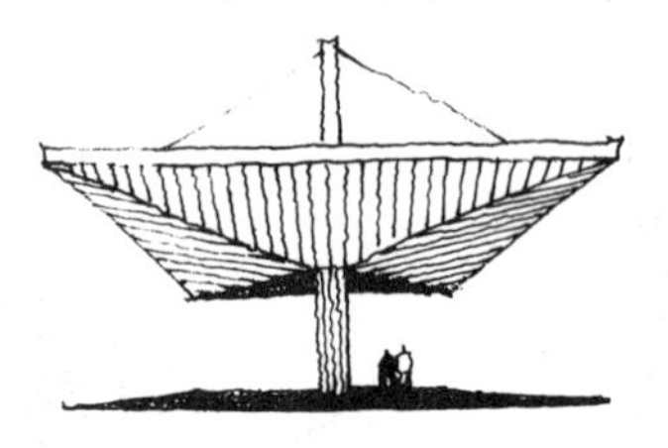

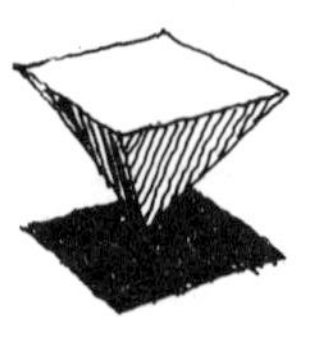

8. 材料、结构的发展激发人们去探索以往所不敢设想的新形式，从而改变了传统的稳定概念。

B、建筑体形示意图

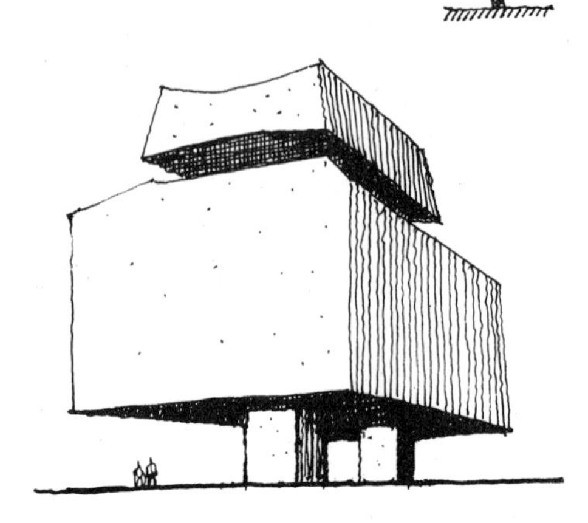

A、横剖面图

墨西哥某人寿保险公司。左图为横剖面，右下图为底层平面，右上图为建筑体形示意，建筑物全部荷重集中于两个方形小室，并由此传递至基础。

C、底层平面示意图

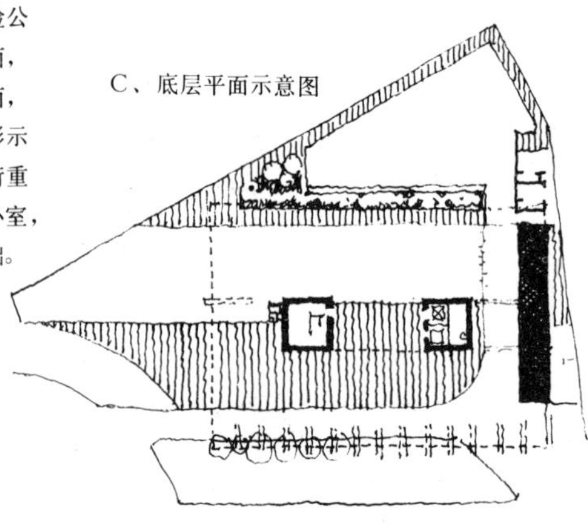

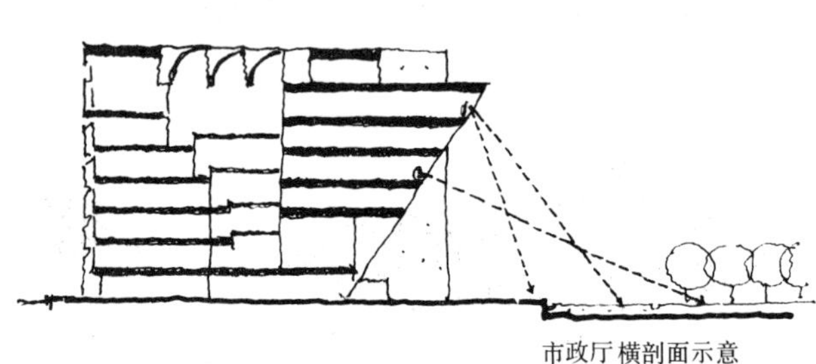

市政厅横剖面示意

9. 更有甚者，还有少数建筑物尽管由于充分利用各种技术的可能性而使之得以建成，并且有实际上的稳定性。但即使用现代的眼光来看也很难获得心理上的稳定性和安全感，这种建筑究竟在多大程度上能够引起人的美感，还是一个值得研究的问题。

10. 美国达拉斯市政厅。设计者为了使人们能够从室内俯视广场及绿化设施，使建筑逐层向外延伸，并形成向外倾斜的斜面。这种处理如果从外部体形上看，与传统的稳定的概念是相矛盾的，但是由于技术的发展和进步，人们对于这种形式的建筑已经司空见惯、习以为常，因而并不产生不安全的感觉。

关于均衡的考虑［111］

均衡表现在体量组合中尤其突出，这是因为由具有一定重量感的建筑材料所做成的建筑体形一旦失去了均衡，就可能产生畸轻畸重、轻重失调或不稳定的感觉。无论是传统建筑或新建筑在体量组合上都应当考虑到均衡问题，所不同的是传统手法往往侧重于静态稳定的均衡，而新建筑则考虑到动态稳定的均衡。以下分别就对称、非对称、静态、动态等不同形式的均衡在体量组合中的运用作具体分析说明：

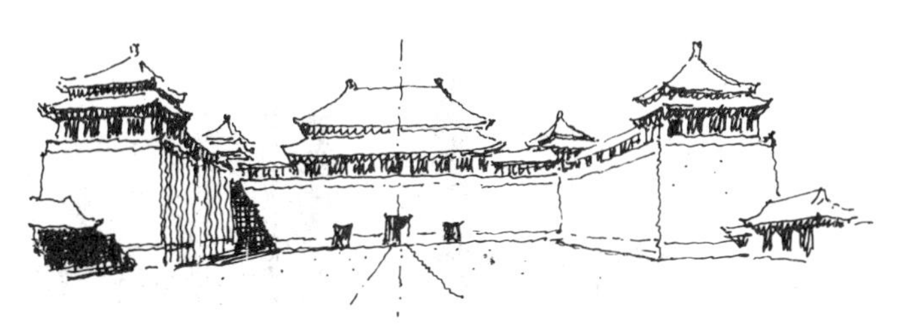

1. 清故宫午门。以严格的对称而保持均衡，体形组合严谨、完整，并具有极其庄严的气氛，作为封建帝王宫殿建筑群的门阙十分得体。

①对称形式的均衡。可以给人以严谨、完整和庄严的感觉，但由于受到对称关系的限制，往往与功能有矛盾，适应性不强。

②非对称的均衡。可以给人以轻巧活泼的感觉，由于制约关系不甚严格，功能的适应性较强。

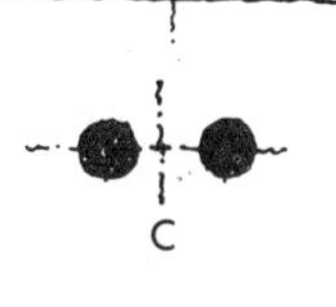

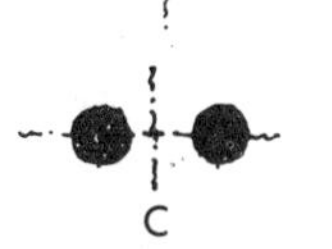

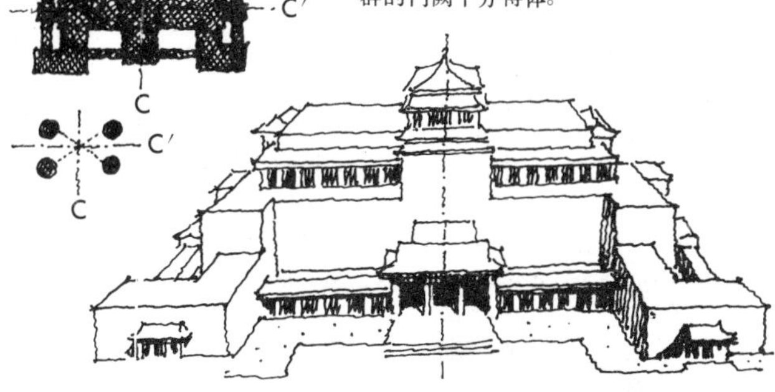

2. 中国美术馆。由于功能联系比较简单、灵活而采用四面对称的形式，从而使体形组合既严谨、完整，又富有变化。

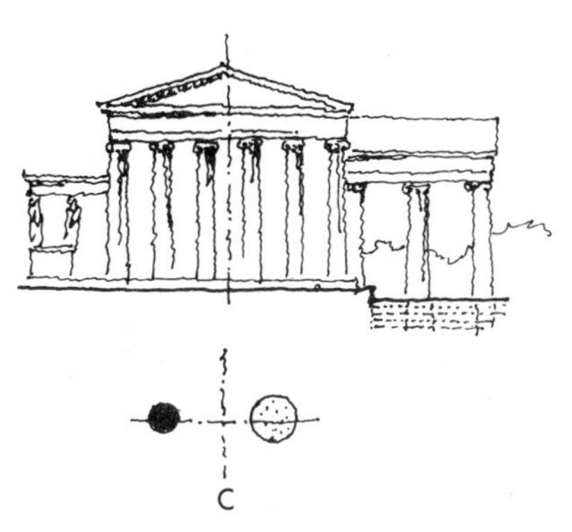

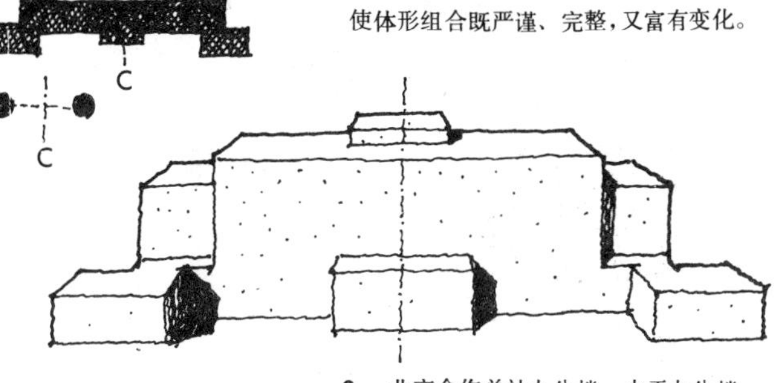

3. 北京合作总社办公楼。由于办公楼建筑对于功能要求不甚严格而采用对称的体量组合形式，主从关系十分明确。

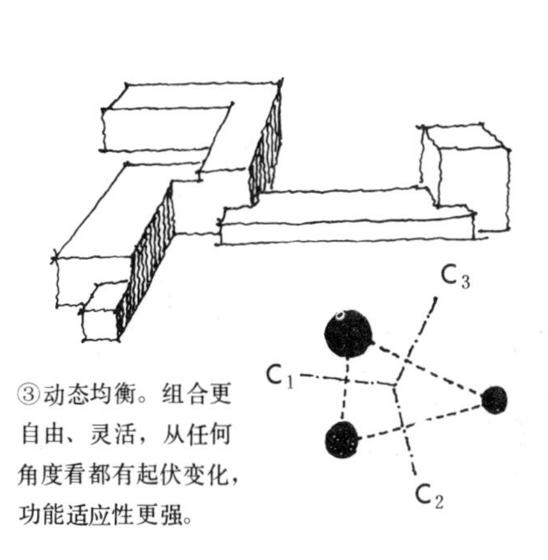

③动态均衡。组合更自由、灵活，从任何角度看都有起伏变化，功能适应性更强。

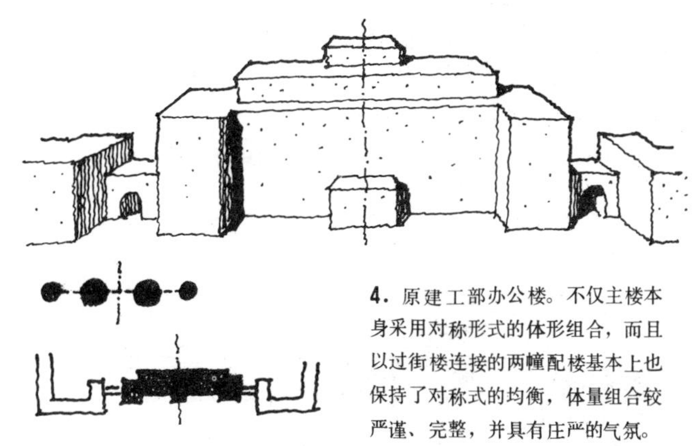

4. 原建工部办公楼。不仅主楼本身采用对称形式的体形组合，而且以过街楼连接的两幢配楼基本上也保持了对称式的均衡，体量组合较严谨、完整，并具有庄严的气氛。

5．毛主席纪念堂。座落于天安门广场中轴线南端的毛主席纪念堂，不仅建筑物本身采取严格的对称形式，并且在建筑物入口前广场的两侧，各设置大型群雕一座，从而以体形上左右对称的均衡而有力地加强了纪念堂建筑庄严、肃穆的气氛。

6．我国传统建筑往往就是利用建筑物以外的附属体形来加强均衡感，从而增添庄严气氛的。例如天安门前的华表、陵墓建筑前的象生，乃至一般建筑入口前的石狮等，都可以起到这种作用。

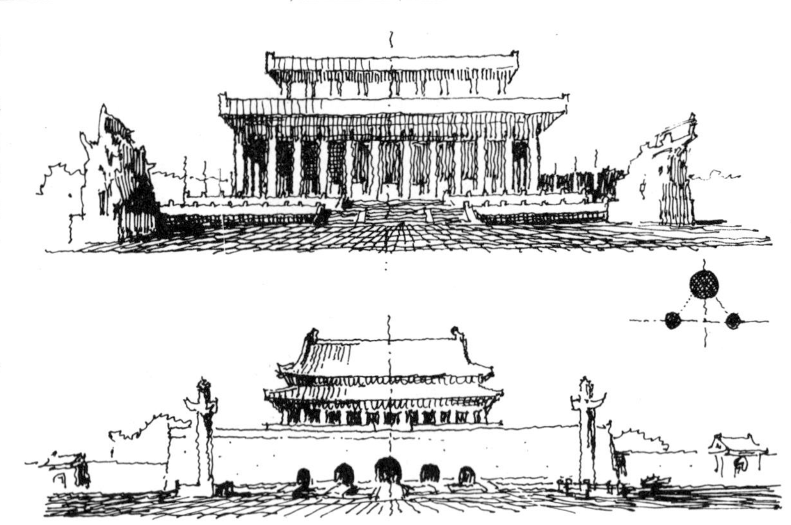

7．园林建筑所要求的是宁静、亲切、轻巧和活泼的气氛，对于这类建筑则适合于采用不对称的形式来保持体形组合上的均衡。

9．不对称的体形组合，不能仅仅从某个立面图去判断它是否均衡，下图所示为斯德哥尔摩市政厅，如果仅从立面上看是不均衡的，但实际上则是一种不对称的均衡。

8．某些公共建筑或者由于建筑功能的要求不适合采用对称形式的布局：或者由于建筑物的性格不希望搞得过于严肃。

10．近现代某些建筑甚至不能用静止的观点来看待它的均衡问题，而应当考虑到体形的动态对于重量感的影响。

或者由于地形条件而不允许采用对称形式，则应当以不对称的形式来求得均衡。

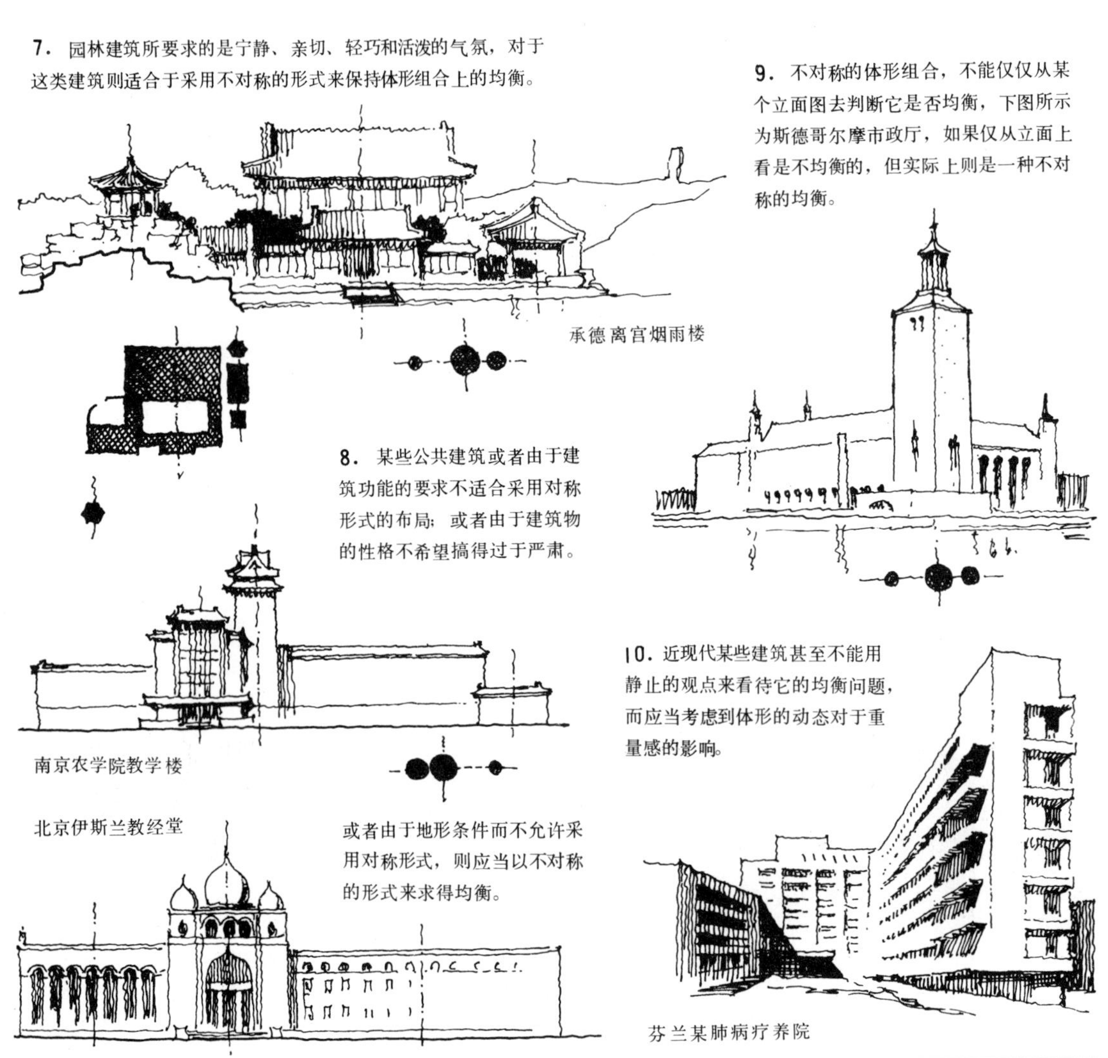

承德离宫烟雨楼

南京农学院教学楼

北京伊斯兰教经堂

芬兰某肺病疗养院

从面上的均衡到空间内的均衡 [112]

均衡有一个相对于什么来讲的问题。传统的建筑一般都有比较明确的轴线，均衡则是对轴线而言的。近代建筑由于组合上的自由、灵活，一般根本不存在什么轴线，因而均衡问题几乎无从谈起。另外，传统形式的均衡主要是就立面处理而言，而近现代建筑则强调从运动和行进的连续过程中来观赏建筑体形的变化，这就是说传统形式所注重的是面上的均衡，而现代建筑所注重的则是三度空间内的均衡。

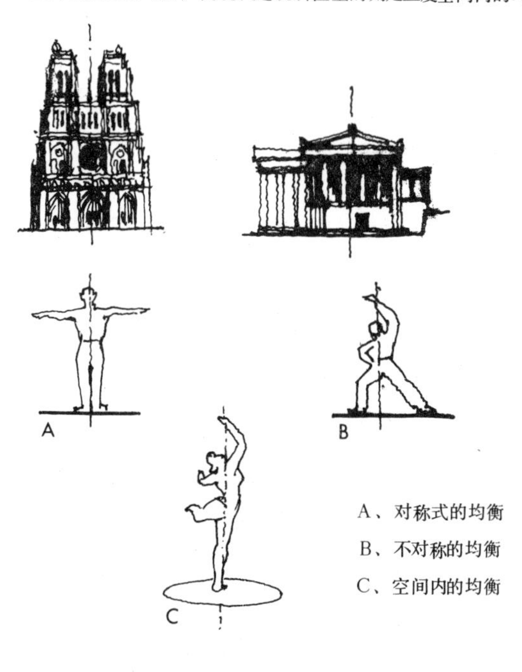

A、对称式的均衡

B、不对称的均衡

C、空间内的均衡

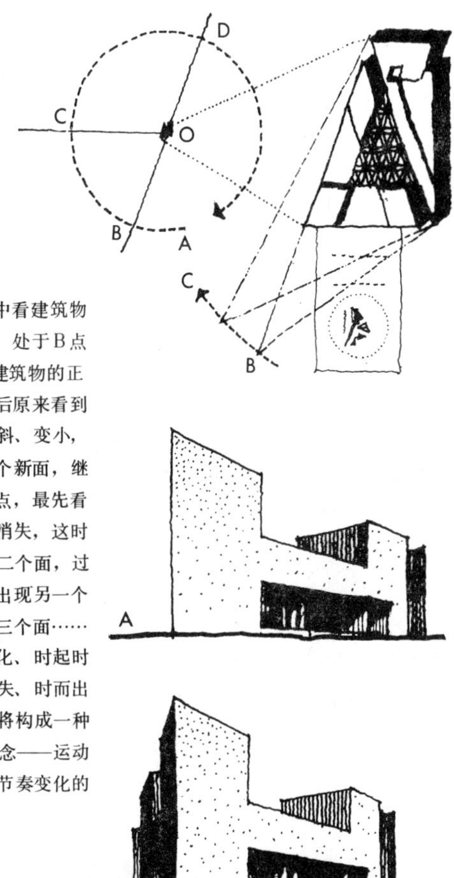

1. 从行进中看建筑物的体形变化。处于B点之前仅看到建筑物的正面，过B点后原来看到的面逐渐倾斜、变小，但却出现一个新面，继续向前至C点，最先看到的面完全消失，这时仅能看到第二个面，过C点后则又出现另一个新面——第三个面……这种不断变化、时起时伏、时而消失、时而出现的要素，将构成一种新的均衡概念——运动中有韵律和节奏变化的均衡。

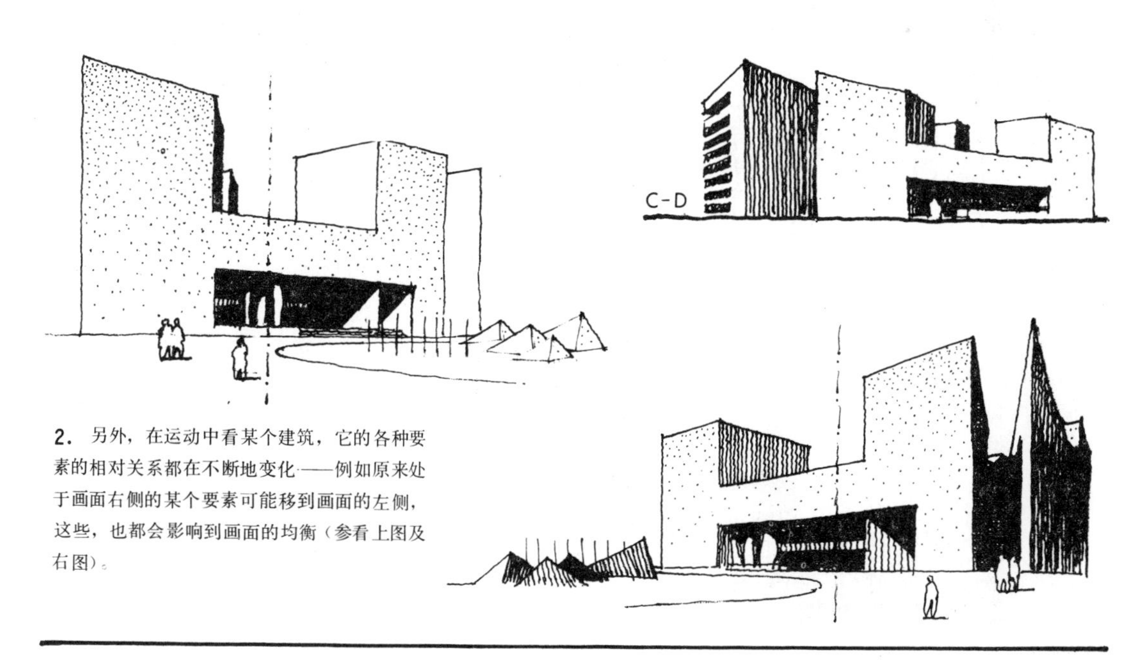

2. 另外，在运动中看某个建筑，它的各种要素的相对关系都在不断地变化——例如原来处于画面右侧的某个要素可能移到画面的左侧，这些，也都会影响到画面的均衡（参看上图及右图）。

外轮廓线的处理［113］

外轮廓线是反映建筑体形的一个重要方面，给人的印象极为深刻。特别是当从远处或在晨曦、黄昏、雨天、雾天来看建筑物时，由于细部和内部的凹凸转折变得相对模糊，这时建筑物的外轮廓线则尤其显得突出。为此，应当力求使建筑物具有良好的外轮廓线。

1．我国传统的建筑其轮廓线的变化极为丰富优美，它不仅反映在整体上有各种形式的屋顶和由举折而产生的柔和的曲线，同时在细部处理上也极富变化。

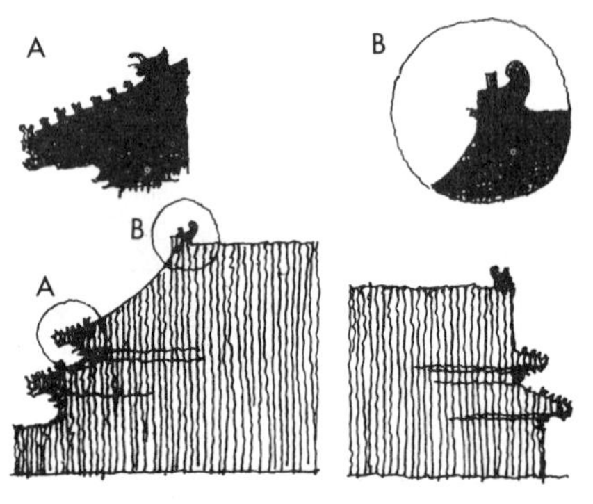

2．无独有偶的是古希腊建筑轮廓线的处理和我国古建筑有许多相似的地方——在山花中央和两端饰以人物或小兽，这对于丰富建筑物外轮廓线的变化起着十分重要的作用。

3．此外，西方某些古代或近代建筑都喜欢在关键部位设置塔楼，这在很大程度上可能就是出于获得优美轮廓线变化的需要。

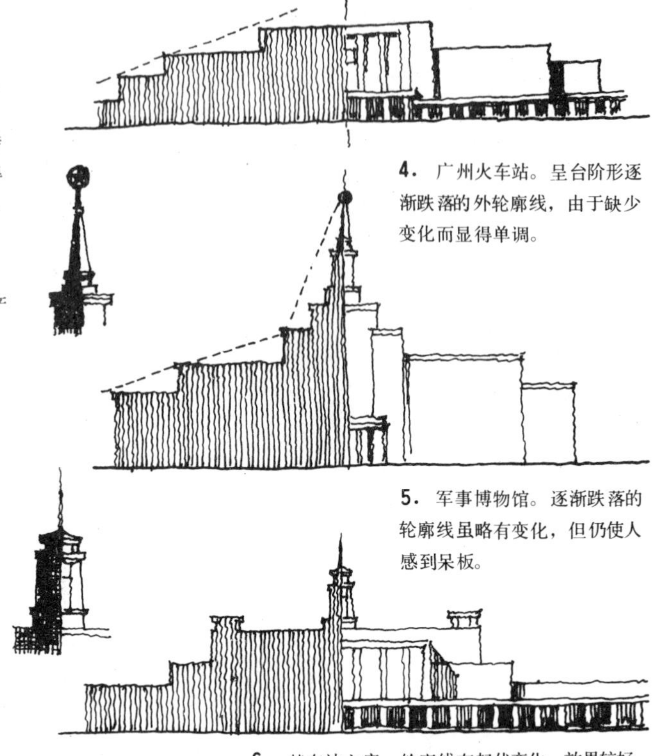

4．广州火车站。呈台阶形逐渐跌落的外轮廓线，由于缺少变化而显得单调。

5．军事博物馆。逐渐跌落的轮廓线虽略有变化，但仍使人感到呆板。

6．某车站方案。轮廓线有起伏变化，效果较好。

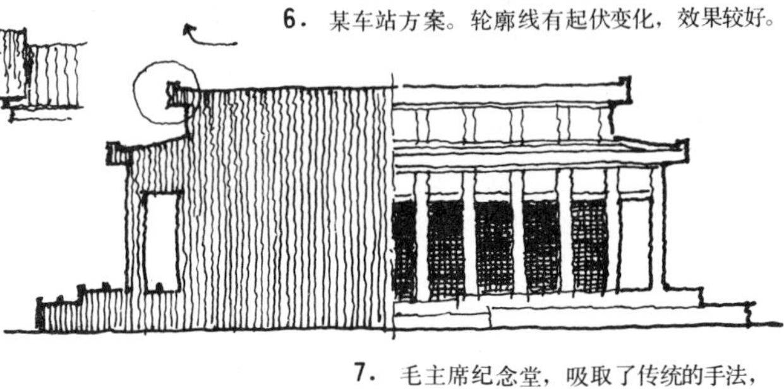

7．毛主席纪念堂，吸取了传统的手法，在檐口的转角处借花饰而微向上跷，从而使轮廓线有起伏的变化。

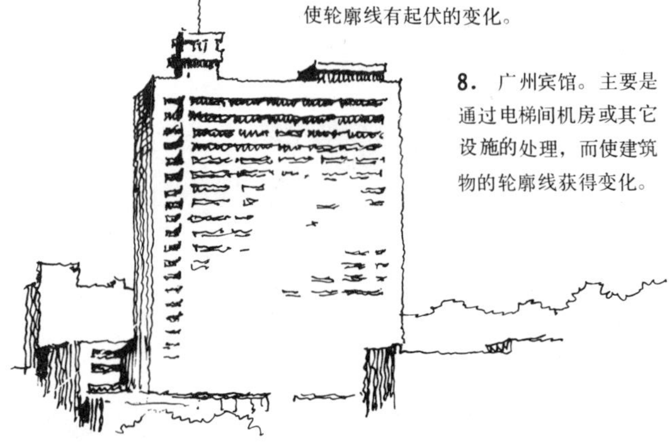

8．广州宾馆。主要是通过电梯间机房或其它设施的处理，而使建筑物的轮廓线获得变化。

国外新建筑的轮廓线处理 [114]

国外的新建筑，由于在形式方面日趋简洁，因而更加着眼于以体形组合和轮廓线的变化来获得大的效果。具体地讲：与传统建筑相比较，新建筑在处理外轮廓线的时候，更多地强调大的变化，而不拘泥于细部的转折。其次，则更多地考虑到在运动中来观赏建筑物的轮廓线的变化，而不限于仅从某个角度看建筑物——这就是说比较强调轮廓的透视效果，而不仅是看它的正投影。

1. 柏林音乐厅。在华灯初照、夜幕降临的时刻，起伏多变和富有韵律变化的轮廓线更加鲜明突出，借助于它既可以突出建筑物的性格特征，又可以给人以轻松、活泼的感受。

2. 美国泼莱斯大楼。在菱形的平面上巧妙地设置了阳台，特别是借助于轮廓线的处理而使建筑物不论从哪一个角度看都显得生气勃勃。

3. 墨西哥某人寿保险公司。是一幢多层的办公楼建筑，设计者巧妙地利用了屋顶餐厅的悬挑结构和富有变化的体形，从而极大地丰富了建筑物外轮廓线的变化。

4. 挪威某公共建筑。在夕照下建筑物仅仅剩下一个黑白剪影，但由于轮廓线的处理比较成功，还是可以给人留下深刻的印象。

关于比例的处理［115］

在建筑设计过程中，几乎处处都存在着比例关系的处理问题。具体到外部体形首先必须处理好建筑物整体的比例关系（即指建筑物基本体形在长、宽、高三个方面的比例关系）。其次，还要处理好各部分相互之间的比例关系；墙面分割的比例关系；直至最后还必须处理好每一个细部的比例关系。基本体形的比例关系和内部空间的组织关系十分密切，墙面分割的比例关系则更多地涉及到开门、开窗的问题。如果从整体到细部都具有良好的比例关系，那么整个建筑必然具有统一和谐的效果。

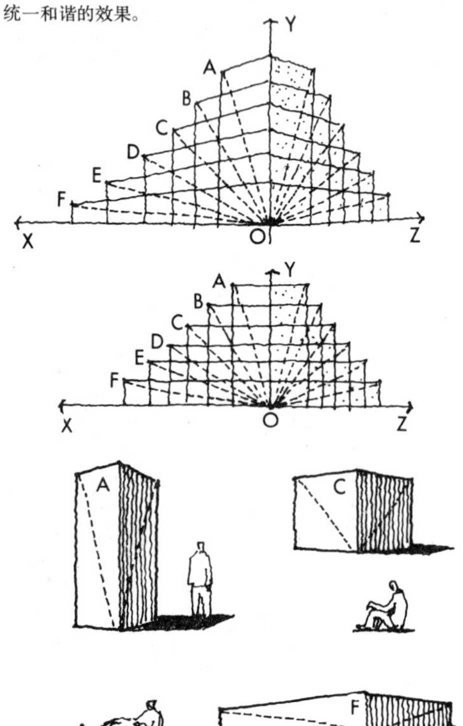

1. 基本体形比例关系通常所指的就是其长、宽、高之间的比例，不同比例的体形往往可以给人以不同的感受。

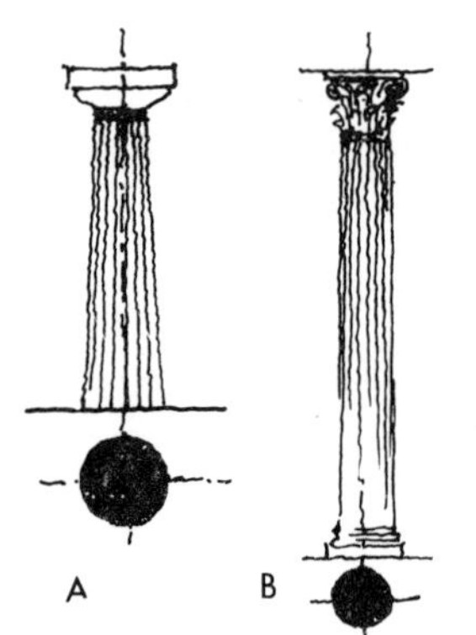

2. 上述原则也适合于某些构件，例如古典柱式由于比例不同，有的使人感到粗壮，有的则使人感到纤细。

3. 柱子本身的比例、柱间空间的比例、墙面分割的比例往往涉及虚实之间的关系，

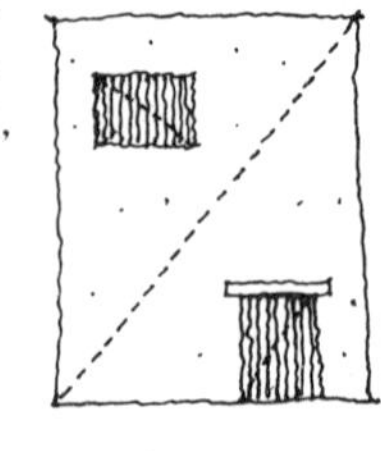

这对于效果也有很大的影响，为此，我们也必须认真对待。

4. 例如以人民大会堂为例。它的整体比例主要是体现在各组成要素的长、宽、高之间的相对关系以及各要素之间的相对关系。这种关系如果处理不当，对于整个建筑将有决定性的影响。其次，各要素本身内部分割也应当考虑到各部分自身的比例以及相互之间的关系。最后，还必须处理好每一个细部的比例关系。只有处理好上述的所有的比例关系，才能获得高度统一的效果。

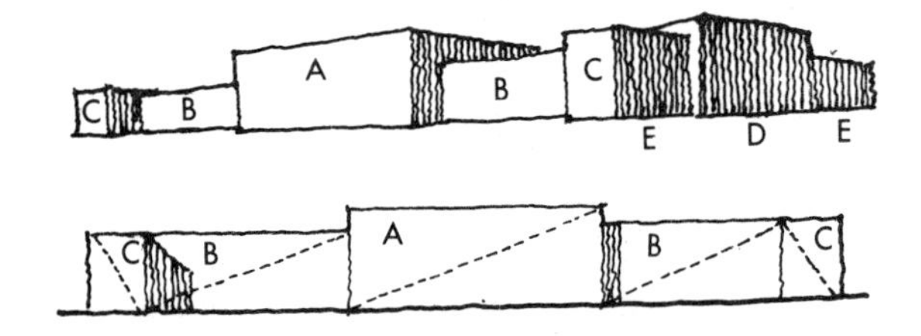

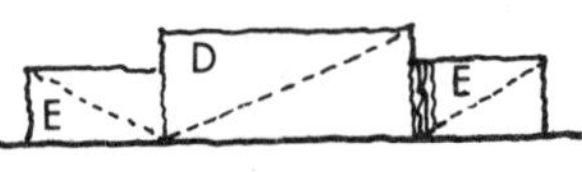

①基本体形的比例关系

②墙面分隔的比例关系

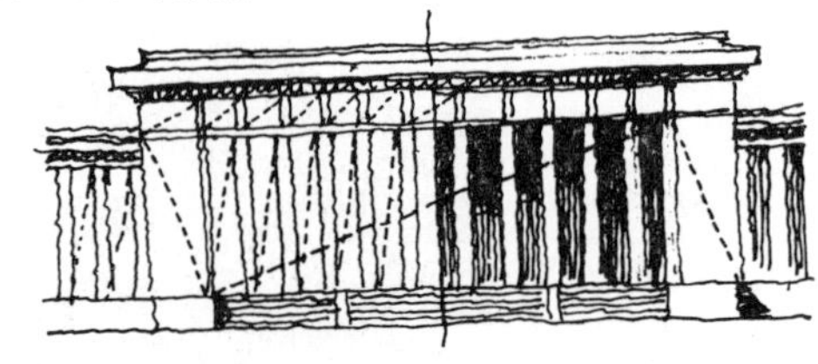

③细部处理的比例关系

5．北京电报大楼。是一幢带有塔楼的建筑，其整体比例除指各组成要素长、宽、高三者比例关系外，还应当包括钟塔与整体的比例关系，总高与总长的比例关系。在内部分割方面除考虑中

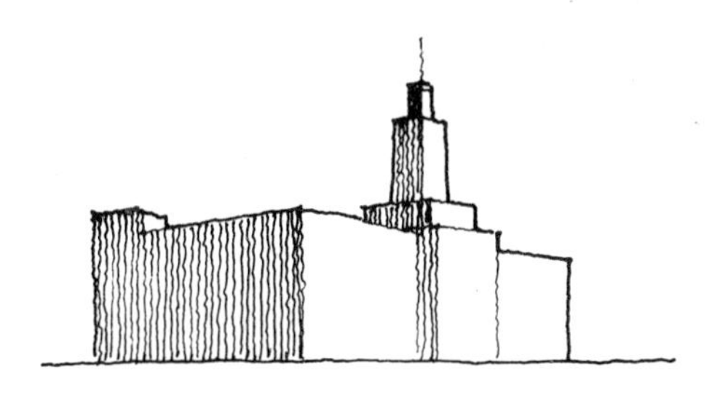

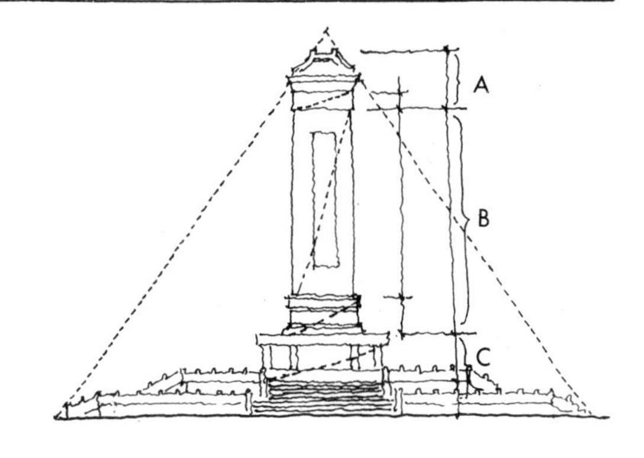

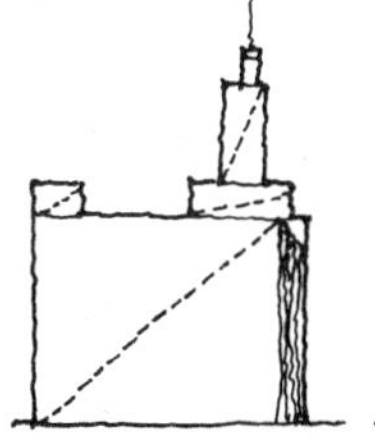

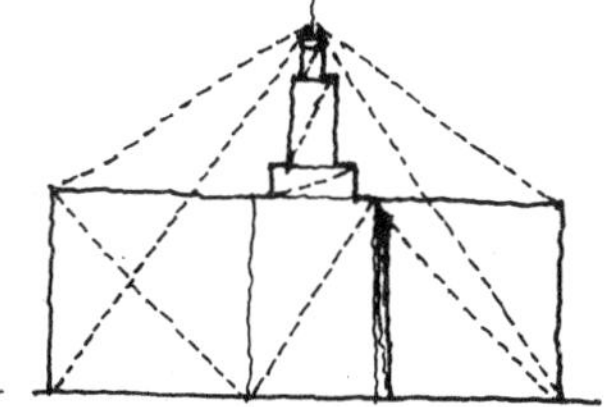

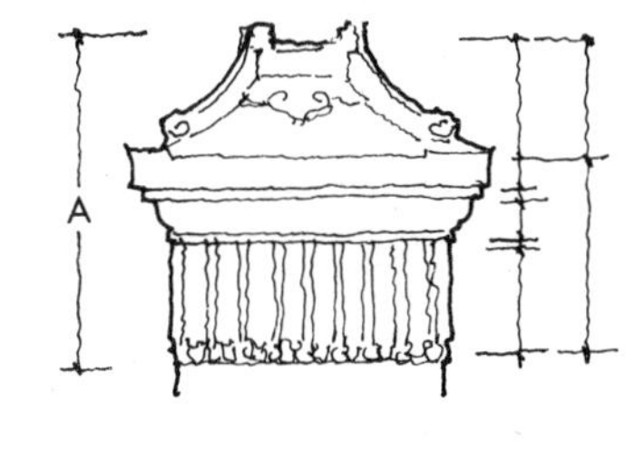

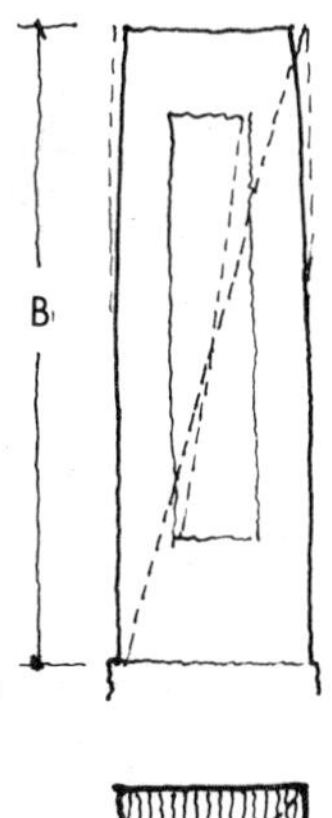

央部分与两翼部分比例关系，底层、标准层、顶层三段之间的比例关系外，还应当考虑到钟塔各段的比例关系。

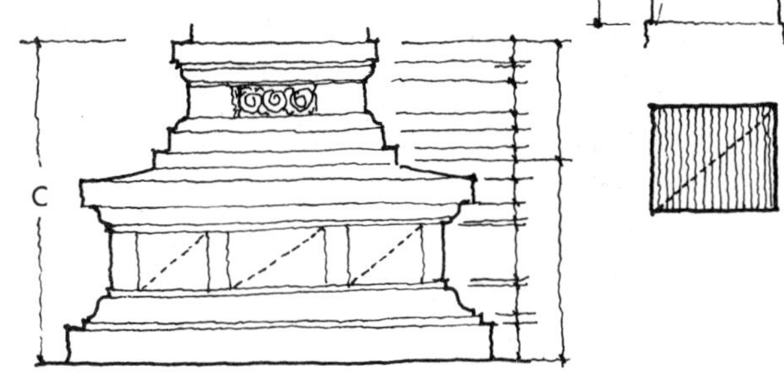

6．人民英雄纪念碑。在大的关系上应当考虑到碑的总高与台基总宽的比例关系，碑体本身高、宽比例关系。在内部分割方面应考虑到碑座、碑身、碑顶三大段的比例关系。在细部处理方面则应当考虑到每一根线脚的宽度与凹凸的比例关系，各条线脚相互之间的比例关系以及碑身上下之间的收分关系。

7．在住宅建筑中除考虑体形本身的比例外，还必须处理好内部分割之间、阳台与凹廊之间、墙面与窗之间的比例关系。

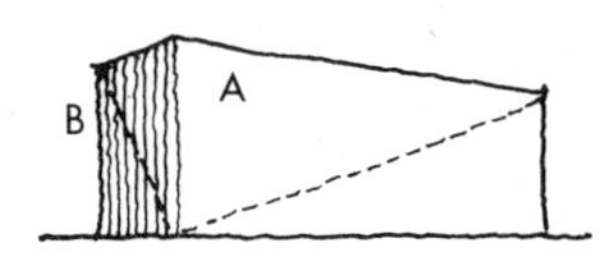

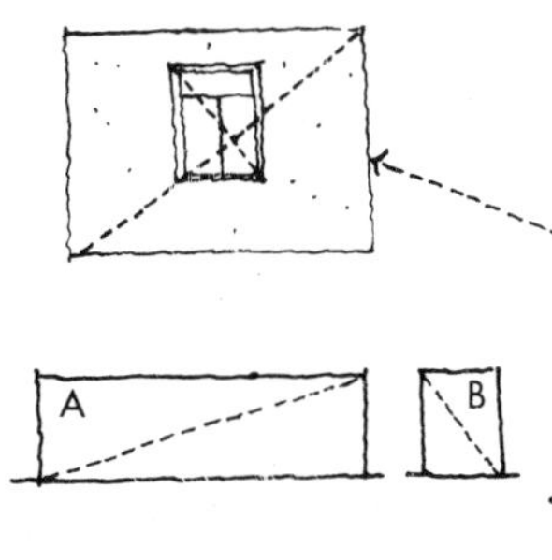

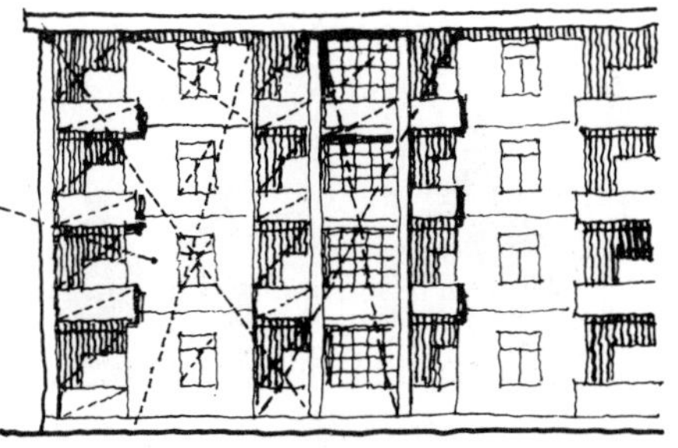

关于尺度的处理［116］

建筑物能否正确地表现出其真实的大小，在很大程度上取决于立面处理。一个抽象的几何形状（或形体）只有实际的大小而无所谓尺度感的问题，但一经建筑处理便可以使人感觉到它的大小来。如果这种感觉与其实际大小相一致，则表明它的尺度处理是合适的，如果不一致则意味着尺度处理不合适。在建筑设计过程中，通常可以用人或人所习见的某些建筑构件——踏步、栏杆、阳台、槛墙……等来作衡量建筑物尺度的标准。

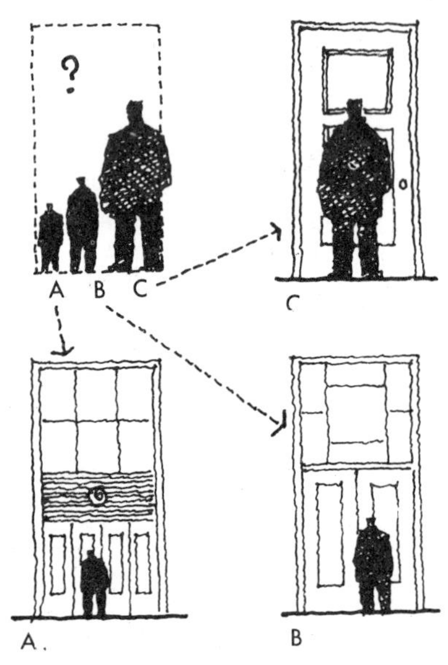

1. 一个抽象的几何形状——矩形，无从显示其尺度感，但是一经给予建筑处理，人们便可以通过这种处理而获得某种尺度感。

2. 踏步、栏杆、座凳及槛墙等，由于功能要求一般具有比较确定的大小及尺寸，在立面处理时应当充分利用这些人们习见的要素来显示建筑物的真实大小，从而获得某种尺度感。

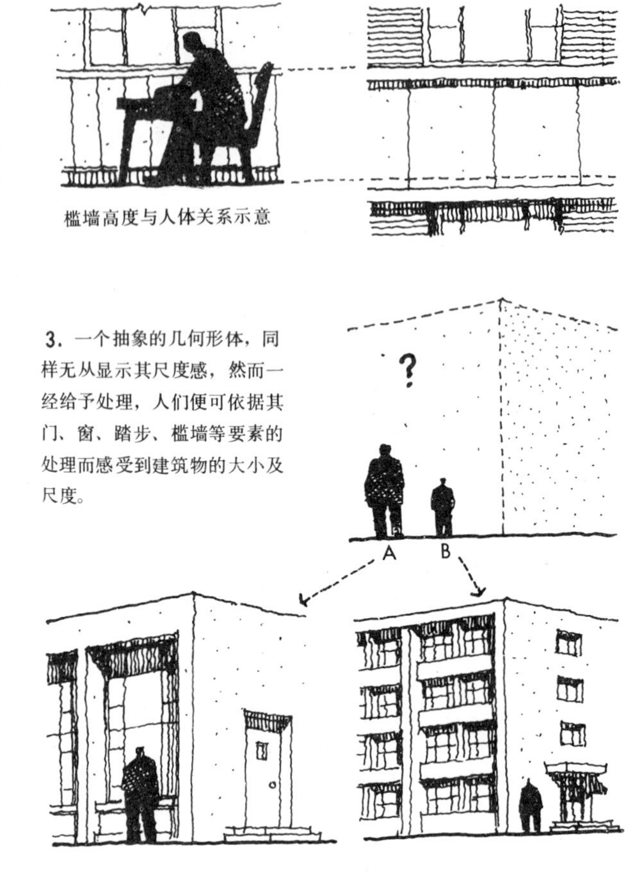

槛墙高度与人体关系示意

3. 一个抽象的几何形体，同样无从显示其尺度感，然而一经给予处理，人们便可依据其门、窗、踏步、槛墙等要素的处理而感受到建筑物的大小及尺度。

4. 某些建筑，由于功能要求而具有较大的空间或层高，这反映在立面上如果仍然采用一般建筑的处理手法，则不能正确地显示出应有的尺度感。下图所示为北京电报大楼，层高约 6m，由于改变了窗的形式，从而使人感到它的层高比一般建筑要大得多。

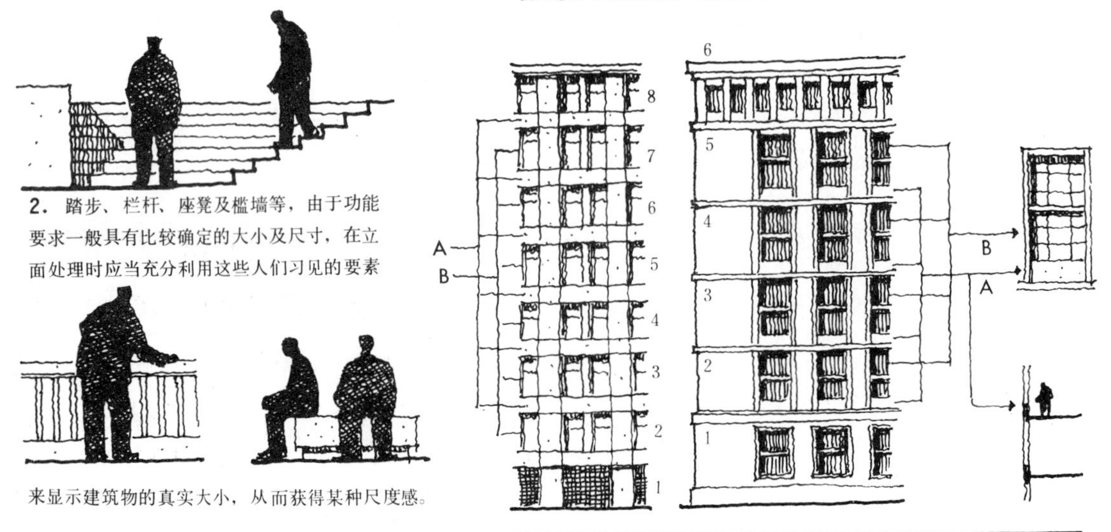

5. 北京车站候车厅。层高约为普通建筑的两倍，由于采用了拱形的大窗，从而具有应有的尺度感。

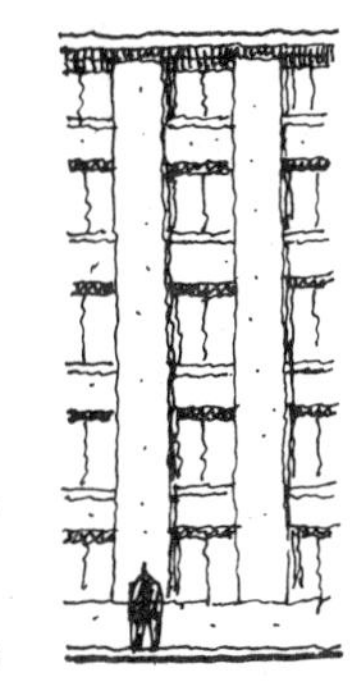

6. 我国传统建筑，为适应不同要求而分为两大类：一类是大式做法；一类是小式做法。前者使人感到高大雄伟；后者使人感到小巧亲切，这实际上就是用程式化的方法来处理尺度上的统一问题。

7. 纪念性建筑理应采取夸张的尺度处理手法而使人感到高大雄伟，如果在细部处理时把传统的纹样任意地放大则无助于获得夸张的尺度感，从而不能有效地反衬出整体的高大。

8. 庭园建筑则正相反，为了获得小巧、亲切的感觉，一般在细部处理上也不宜追求过分的纤细和繁琐的装饰。

虚实与凹凸的处理［117］

虚实与凹凸的处理对于建筑外观效果的影响极大。虚与实、凹与凸既是互相对立的，又是相辅相成和统一的。虚实凹凸处理必然要涉及到墙面、柱、阳台、凹廊、门窗、挑檐、门廊……等的组合问题，为此，必须巧妙地利用建筑物的功能特点把以上要素有机地组合在一起，并利用虚与实、凹与凸的对比与变化，而形成一个既有变化又和谐统一的整体。

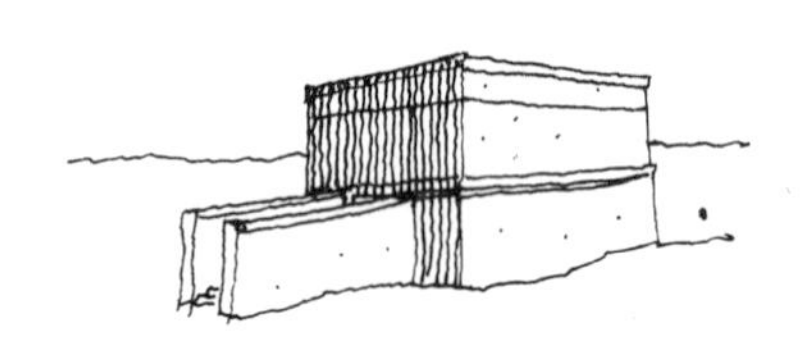

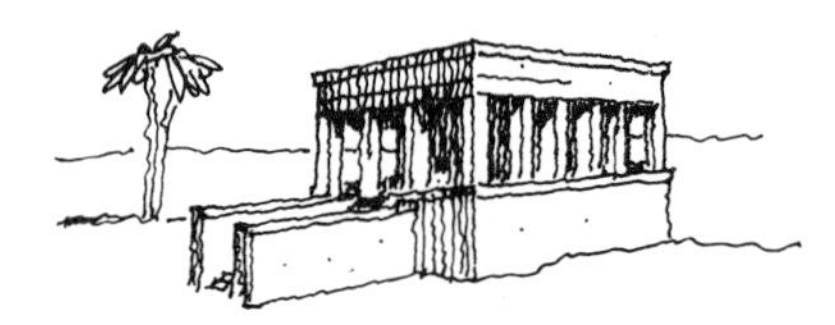

1．埃及曼玛斯神庙。尽管所使用的是砖石结构，但却具有良好的虚实对比关系。

2．我国采用木结构的传统建筑，一般以虚为主，但由于局部采用了实墙面，则可借虚实之间的对比而获得变化。

3．西方近现代建筑更加强调虚实对比，并以此获得效果。

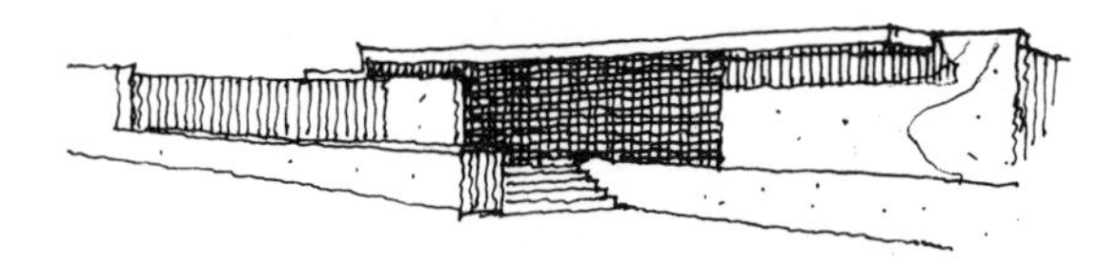

4．博物馆、美术馆建筑，一般不开侧窗，墙面处理往往以实为主，在这种情况下少量虚的部分则会因为对比作用而显得格外突出。

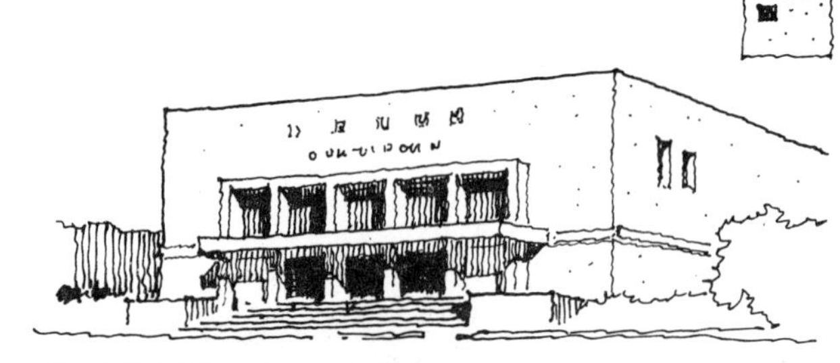

5．电影院建筑也具有上两例的特点，一般以实为主，只要把入口或休息厅部分处理得虚一些，就可以获得良好的虚实对比效果。

6．园林建筑、加油站建筑由于功能特点，一般以虚为主，只要借少量的实墙面、即可获得良好的虚实对比效果。

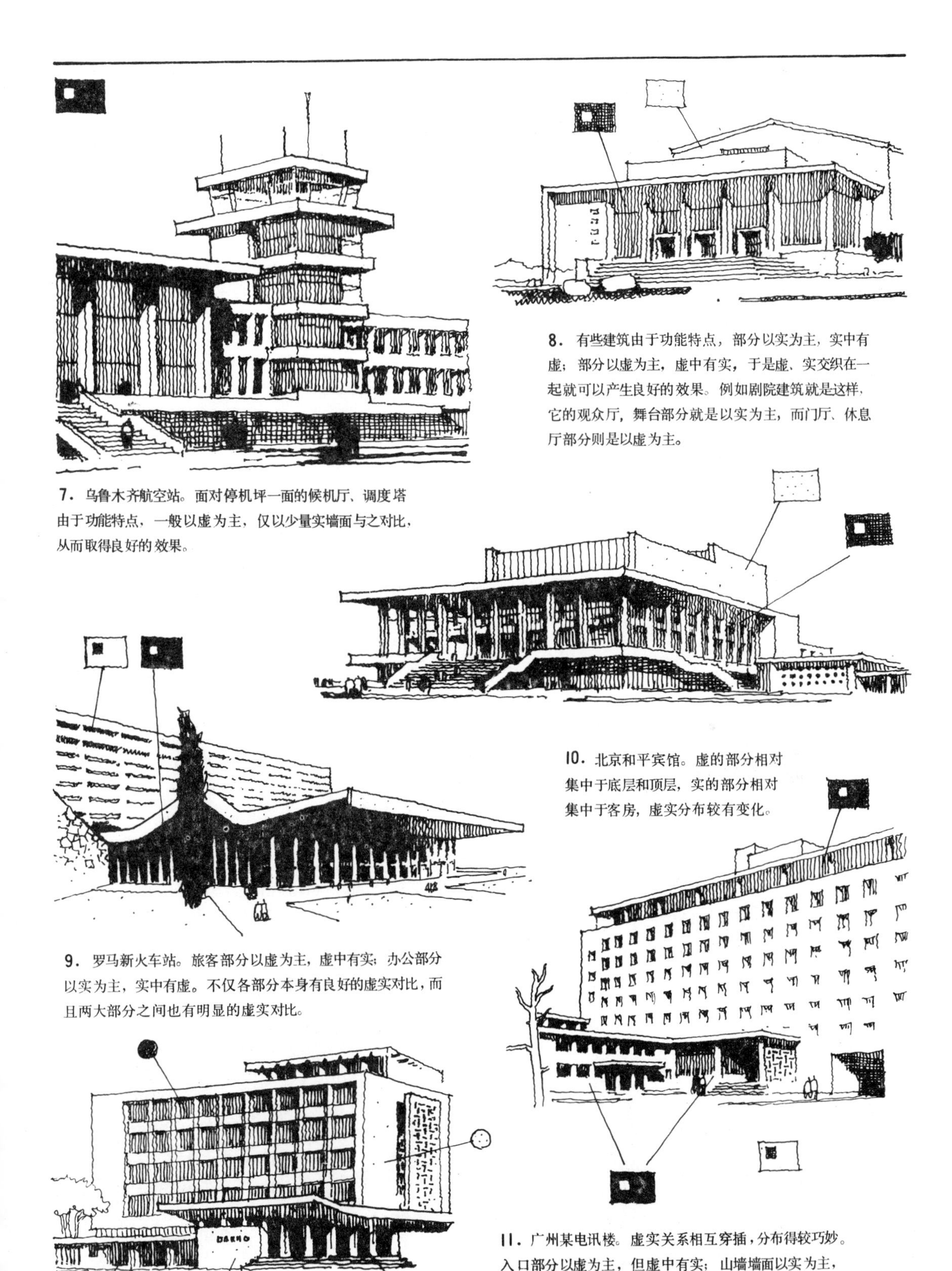

7．乌鲁木齐航空站。面对停机坪一面的候机厅、调度塔由于功能特点，一般以虚为主，仅以少量实墙面与之对比，从而取得良好的效果。

8．有些建筑由于功能特点，部分以实为主，实中有虚；部分以虚为主，虚中有实，于是虚、实交织在一起就可以产生良好的效果。例如剧院建筑就是这样，它的观众厅，舞台部分就是以实为主，而门厅、休息厅部分则是以虚为主。

9．罗马新火车站。旅客部分以虚为主，虚中有实；办公部分以实为主，实中有虚。不仅各部分本身有良好的虚实对比，而且两大部分之间也有明显的虚实对比。

10．北京和平宾馆。虚的部分相对集中于底层和顶层，实的部分相对集中于客房，虚实分布较有变化。

11．广州某电讯楼。虚实关系相互穿插，分布得较巧妙。入口部分以虚为主，但虚中有实；山墙墙面以实为主，但实中又有虚。两者互相交织既有变化又谐调统一。

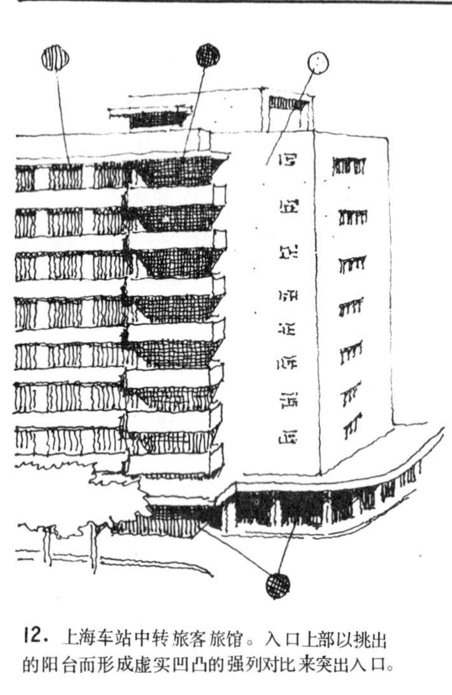

12. 上海车站中转旅客旅馆。入口上部以挑出的阳台而形成虚实凹凸的强列对比来突出入口。

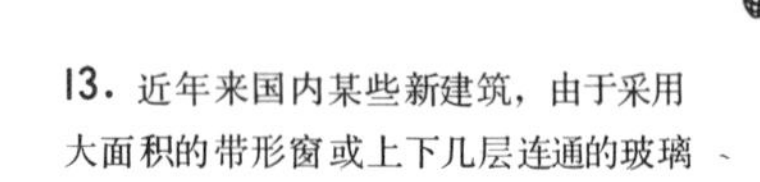

13. 近年来国内某些新建筑，由于采用大面积的带形窗或上下几层连通的玻璃窗，从而使虚实的对比更加强烈了。

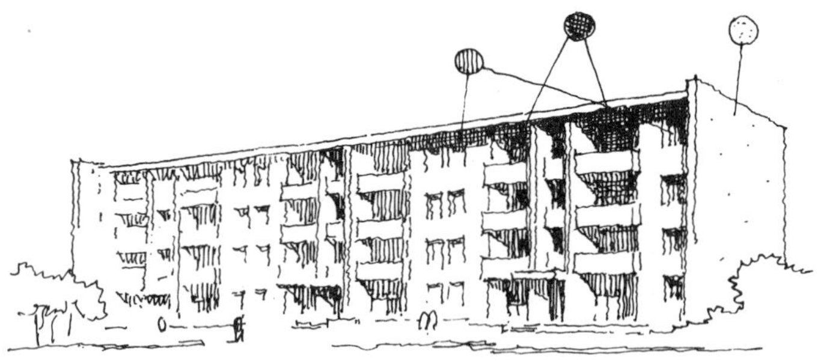

14. 在住宅建筑中，为了打破单调，通常可以利用凹廊、阳台的设置来取得虚与实或凹与凸的对比与变化。另外，住宅建筑的山墙一般较少开窗，它和正立面也可构成虚实对比的关系。某些邻街的住宅，如果底层设置商店，则可利用其大面积的橱窗与上层构成虚实对比的关系（参看上图及左图）。

16. 国外某旅馆建筑。由于设置连续的挑阳台，致使墙面具有极其强烈的虚与实、凹与凸的对比与变化。此外，在顶层和底层的处理上也多利用虚实凹凸的对比而取得效果。

15. 国外某些建筑往往把底层处理成为透空的形式，这就使上层与底层之间构成强烈的虚实对比。

巴西某办公楼建筑

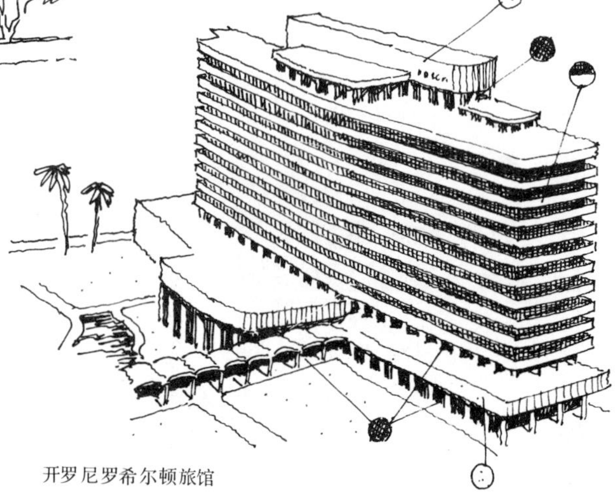

开罗尼罗希尔顿旅馆

17. 国外某些建筑师，无论对于虚实的对比与变化或是对于凹凸的对比与变化，都给予高度的重视。右图所示为日本九州学会会堂，由于将实的部分相互穿插，并巧妙地把窗户嵌入适当的部位、不仅使虚、实两种要素有良好的组合关系，而且凹凸的变化也十分显著。由于把虚实的对比与变化和凹凸关系的处理结合在一起考虑，从而使得建筑物具有极强烈的体积感。

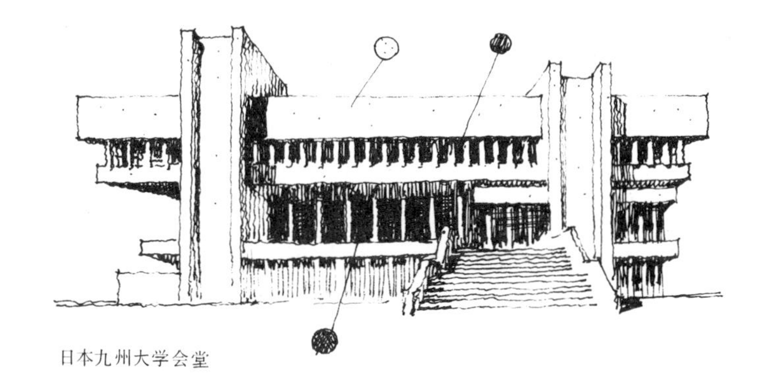
日本九州大学会堂

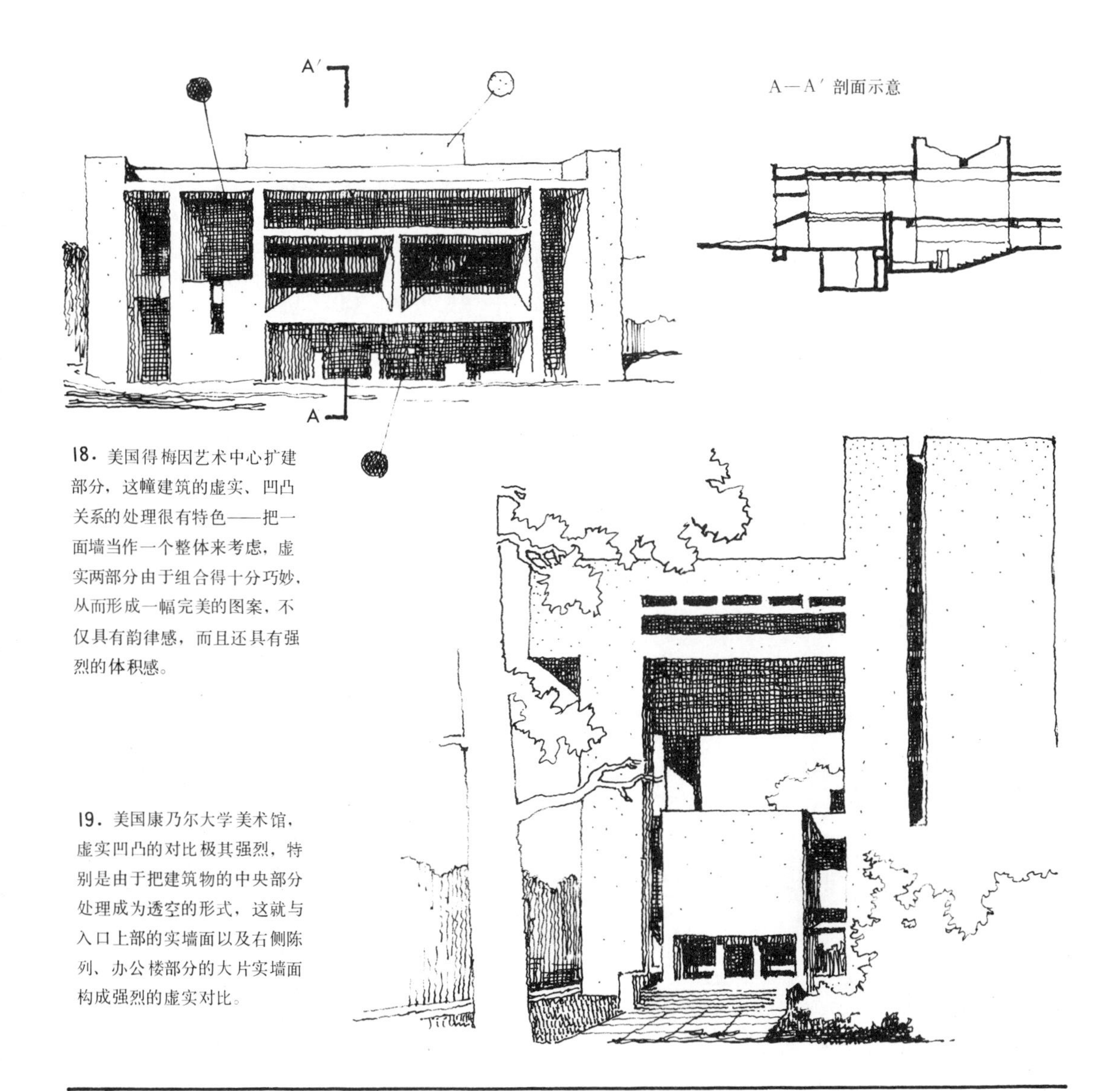

A—A′ 剖面示意

18. 美国得梅因艺术中心扩建部分，这幢建筑的虚实、凹凸关系的处理很有特色——把一面墙当作一个整体来考虑，虚实两部分由于组合得十分巧妙，从而形成一幅完美的图案，不仅具有韵律感，而且还具有强烈的体积感。

19. 美国康乃尔大学美术馆，虚实凹凸的对比极其强烈，特别是由于把建筑物的中央部分处理成为透空的形式，这就与入口上部的实墙面以及右侧陈列、办公楼部分的大片实墙面构成强烈的虚实对比。

墙面的处理［118］

墙面处理最关键的问题就是把墙、垛、柱、窗洞、槛墙等各种要素组织在一起，而使之有条理、有秩序、有变化。墙面处理不能孤立地进行，它必然要受到内部房间划分以及柱、梁、板等结构体系的制约。为此，在组织墙面时必须充分利用这些内在要素的规律性而使之既能反映内部空间和结构的特点，同时又具有美好的形式——特别是具有各种形式的韵律感——从而形成一个统一和谐的整体。

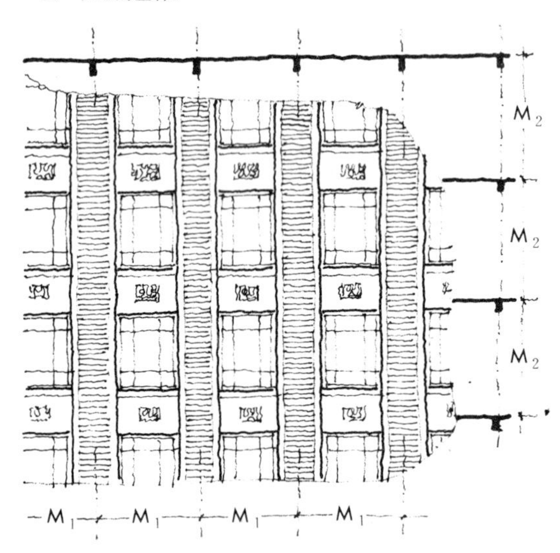

1. 墙面处理必须做到表里一致——即正确反映内部空间的划分以及由相应结构体系所确定的开间、层高的网格。另外，还必须通过处理使之具有统一和谐的形式。

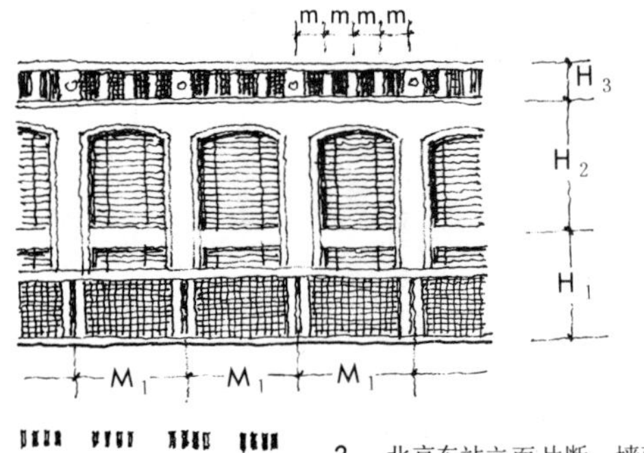

2. 北京车站立面片断。墙面处理既有良好的韵律感又能正确地反映内部空间的特点。

3. 某办公楼建筑。不仅墙面组织有韵律感，而且有意识地把两个窗洞集中在一起以求得变化。

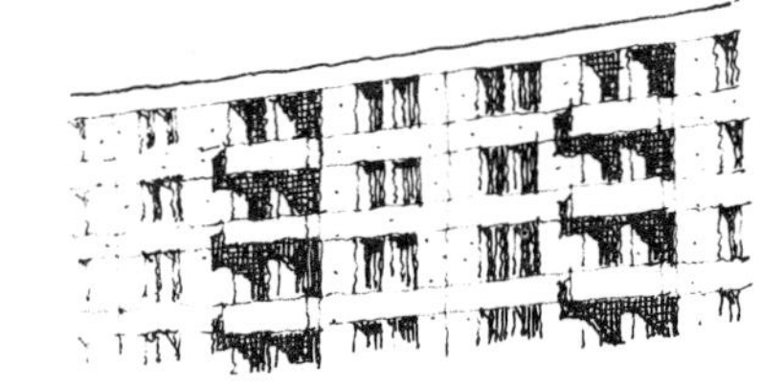

4. 某住宅建筑。把窗户、凹廊、阳台有机地组合成为一个既有条理、秩序又有变化的整体。

5. 北京和平宾馆。客房部分开窗处理很简洁，但上、下层开窗处理却很有变化，就整体来看并不感到单调。

6. 南京长江大桥桥头堡。结合内部空间特点，窗户的排列采用纵向构图形式，并具有韵律感，虽然墙面处理很简单，却使人感到有变化。

7．上海体育馆。墙面处理采用特殊形状的格片，既富有变化又具有由窄到宽、再由宽到窄的渐变的韵律感。

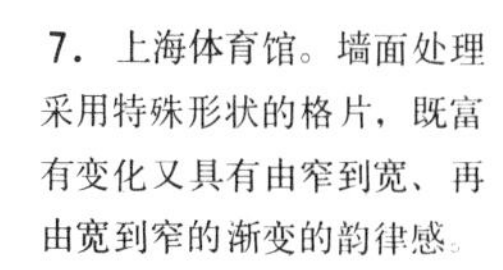

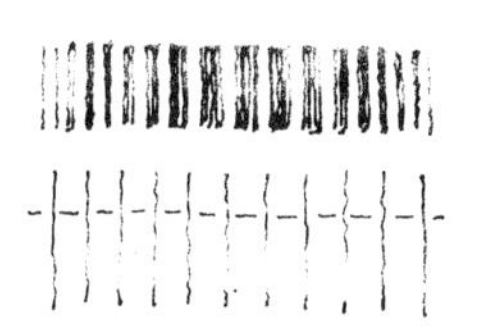

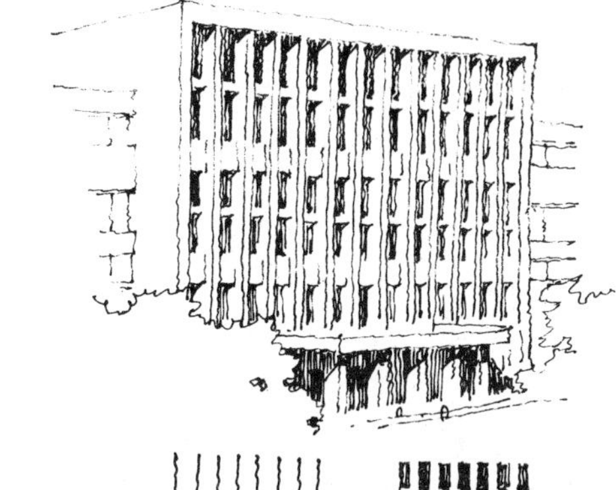

8．某多层工业建筑。其中央部分墙面采用竖向分割的处理手法，以垂直的格片打断横向的槛墙，能够使人产生一种向上或兴奋的感觉。

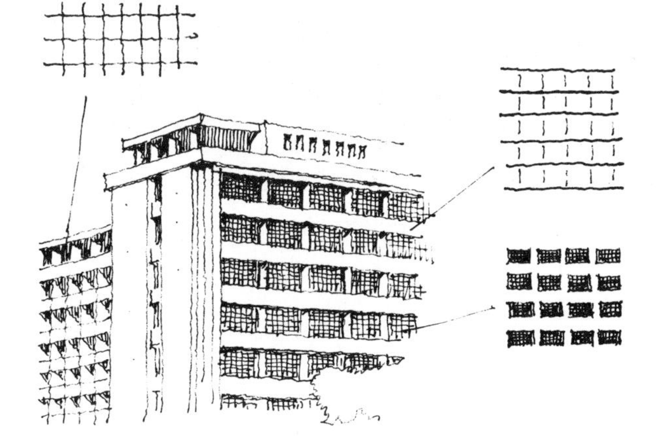

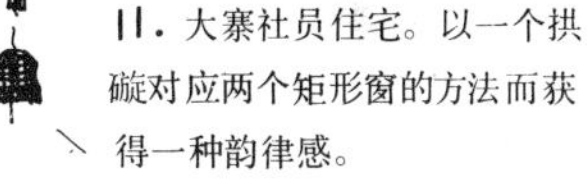

11．大寨社员住宅。以一个拱碹对应两个矩形窗的方法而获得一种韵律感。

9．广州东方宾馆新楼。部分墙面采用横向分割的处理手法，以连通的槛墙打断立柱，以获得安定的感觉；另一部分墙面则采用纵、横交错的处理手法。

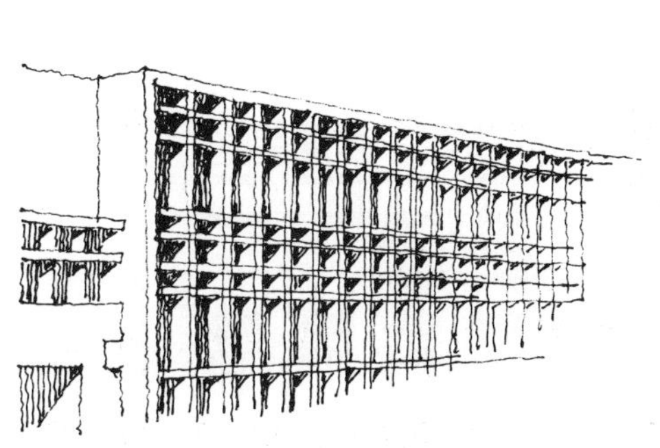

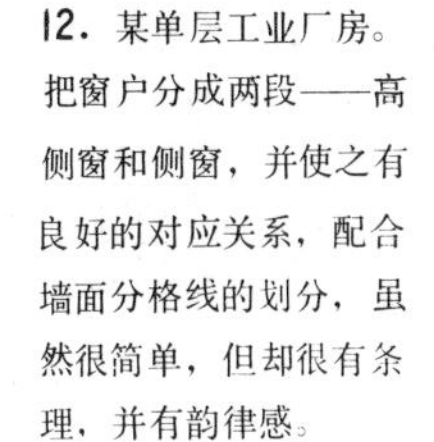

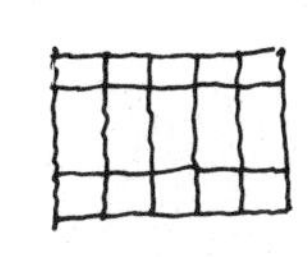

12．某单层工业厂房。把窗户分成两段——高侧窗和侧窗，并使之有良好的对应关系，配合墙面分格线的划分，虽然很简单，但却很有条理，并有韵律感。

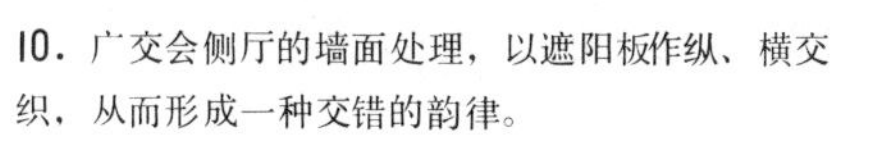

10．广交会侧厅的墙面处理，以遮阳板作纵、横交织，从而形成一种交错的韵律。

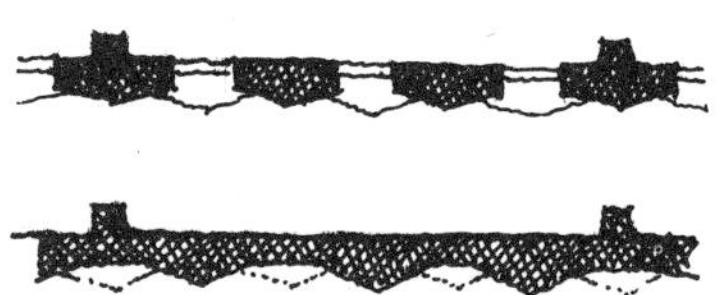

13．国外某银行建筑。为了求得变化，这幢高层办公楼建筑的墙面处理采用了以预制混凝土块固定在主体框架结构上的方法，来形成一种富有凹凸和光影变化的墙面。预制块的宽度为5英尺，高度为6英尺，这种墙面不仅具有良好的装饰效果，而且还可以节省空调的消耗。

14．美国田纳斯州某城市商业区银行建筑。原设计方案的办公部分楼层，以规则的凹入小窗体系所形成的墙面，不仅具有交错的韵律感，而且还富有凹凸与光影的变化。

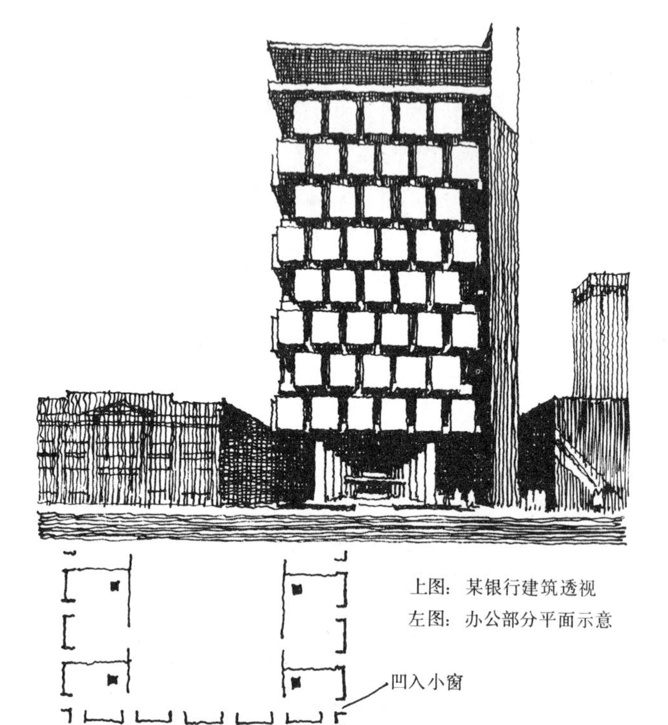

上图：某银行建筑透视
左图：办公部分平面示意

15．日本仓敷市政厅。墙面与开窗的处理灵活而富有变化——扁长的带形窗与混凝土墙面的分格线配合得很巧妙，既有强烈的虚实对比，而虚实两部分又互相穿插而构成富有韵律感的图案。

关于色彩的处理［119］

色彩对于人的心理和情绪上的影响是很大的，不同色彩会给人以不同感受，例如暖色会使人感到兴奋；冷色会使人感到宁静，这都必须和房间的功能性质以及整个空间环境气氛和谐统一起来才能有效地、完整地表达某种设想和意图。

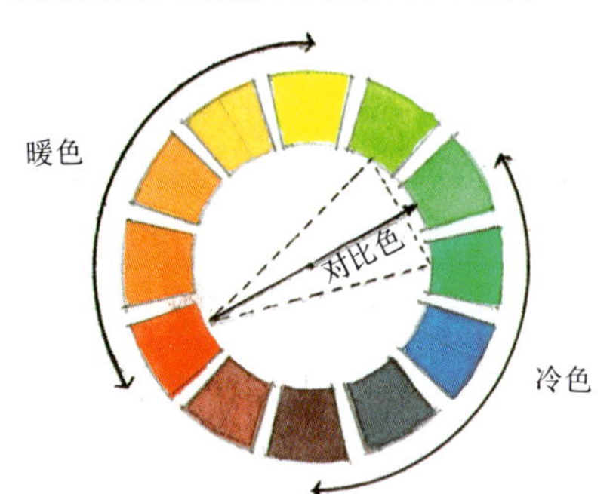

1. 红、橙、黄为暖色；青、蓝、紫为冷色。在色轮中处于相对位置的为对比色；处于相邻位置的为调和色，越浅的色彩其明度愈高；愈深的色彩其明度愈低。

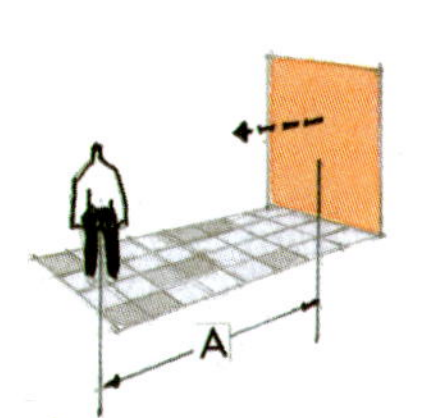

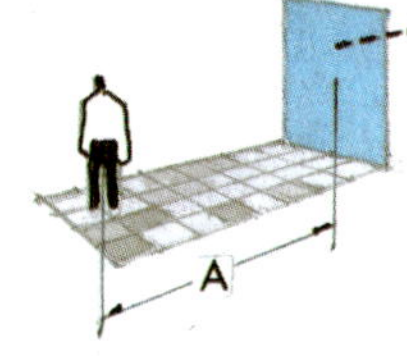

2. 暖色有靠近感；冷色有后退感，同等的距离，着暖色墙面比着冷色墙面会使人感到近一些。

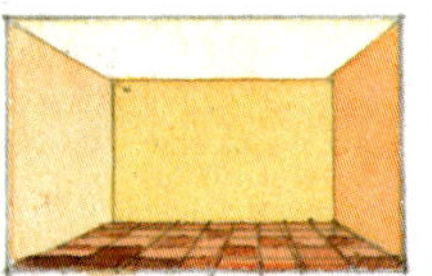
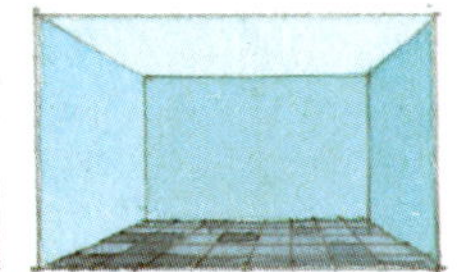

3. 着暖色调的房间与着冷色调的房间相比，如它们的大小相等，前者给人的感觉要比后者小一些。

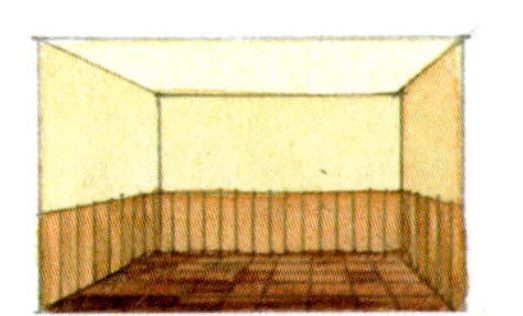

4. 明度高的色彩与明度低的色彩相比后者给人的感觉要重一些，为了保持色彩的稳定，越低处色彩宜愈暗。

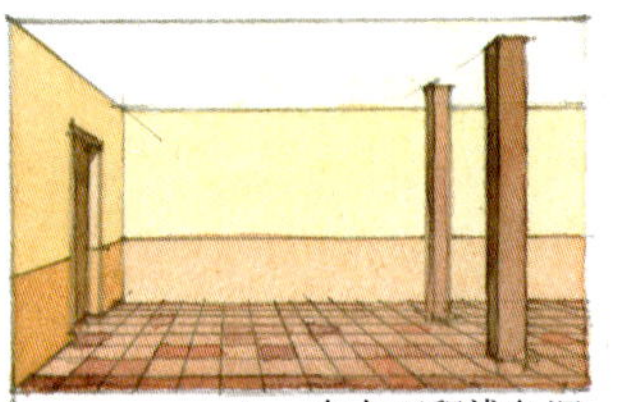
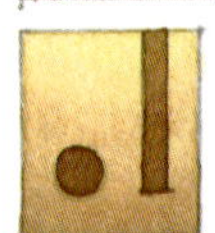

A 在大面积浅色调背景中局部运用深色，通过明暗对比以求得变化。

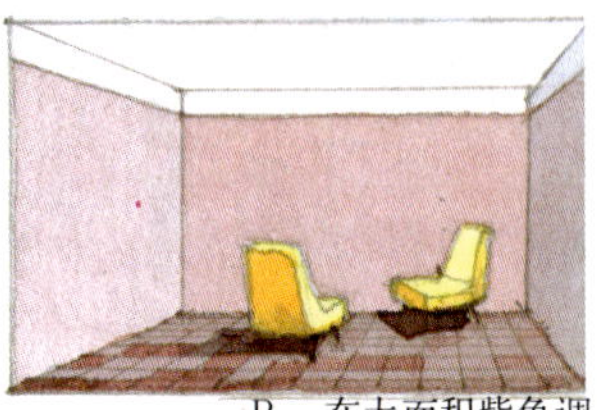

B 在大面积紫色调背景中局部运用黄色，通过色彩对比以求得变化。

5. 通过对比可以求得变化。对比有两种：一是明暗对比；一是色彩对比。在一般情况下为了保持统一，往往都是在大面积调和的基础上通过局部小面积的对比而求得变化。

6. 采用暖色调的房间可以造成紧张、热烈或兴奋的气氛，因而一般适合于文娱、体育类建筑，图示为上海市体育馆某活动房间。

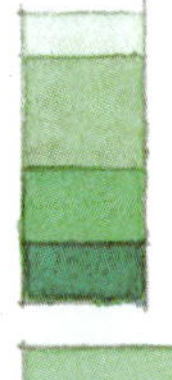
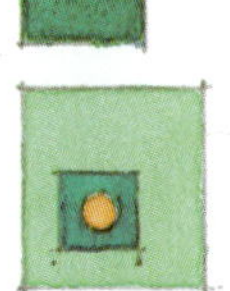

7. 采用冷色调的房间可以造成幽雅、宁静的气氛，因而比较适合于居室、病房、阅览室等，图示为北京饭店新楼的客房。

8. 北京饭店新楼门厅，在调和色调的基础上以局部色彩的对比而求得变化。

色彩与质感的处理［120］

建筑物的色彩和质感对于人的感受影响极大，在设计中必须给予足够的重视。具体地讲：建筑物的色彩处理除本身必须和谐统一外，还必须和建筑物的性格相一致。由于建筑物都是由各种具体的物质材料做成的，它的色彩和质感必然在一定程度上要受到建筑材料的限制和影响，从这个意义上讲要想获得良好的色彩、质感效果，就必须善于选择建筑材料。另外在色彩处理上还应充分地考虑到民族文化传统的影响。

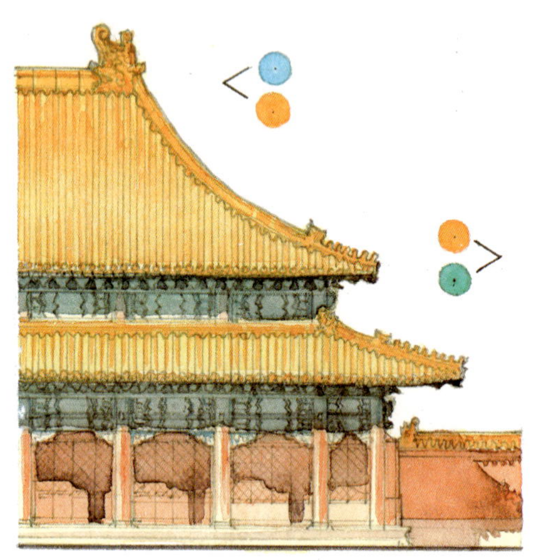

1．我国传统建筑在色彩处理方面大体上可以为两大类：一类如宫殿、寺院建筑其色彩极其富丽堂皇；另一类如园林、民居建筑，其色彩则较朴素、淡雅。

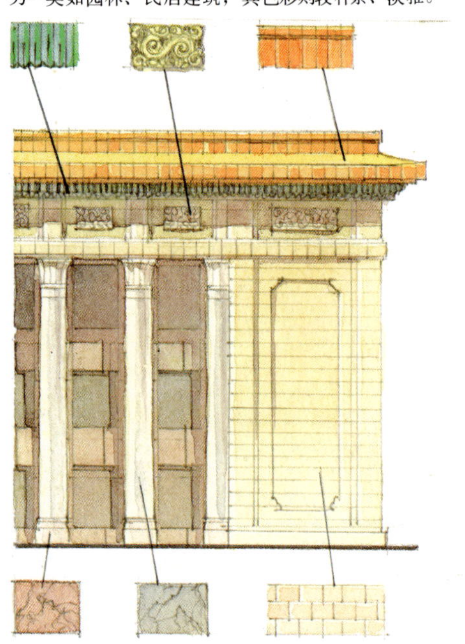

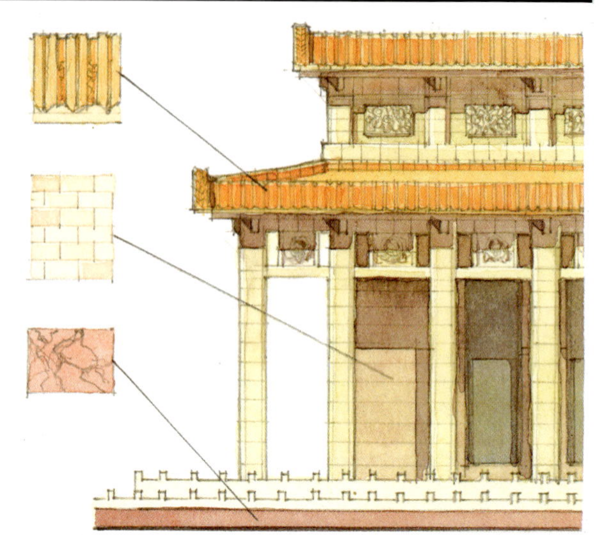

2．新建的一些大型公共建筑，由于功能、材料的发展变化，在色彩、质感处理上既继承了传统又有很大的革新——这主要表现为：比较明快、淡雅。为适应不同建筑类型，一类采用暖色调（如人民大会堂、毛主席纪念堂等）；另一类采用冷色调（如民族文化宫、农展馆等）。

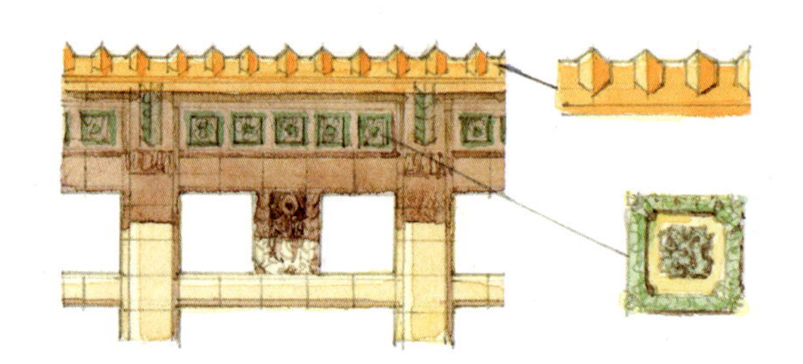

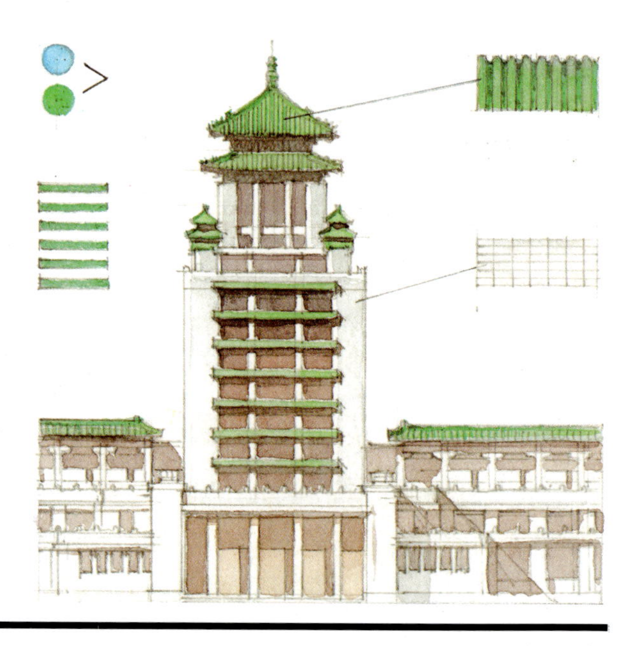

3. 对于一般建筑来讲，其色彩、质感的处理主要是通过建筑材料本身所固有的色彩、质感之间的互相衬托、对比来获得效果的，这里就存在着材料的选择与相互之间的组合问题。一般常用的建筑材料如砖有橙、灰两种，色较深而质地较粗糙，与之相对比的则是局部的抹面，色较浅而质地较细腻。某些地区还可以就地取材运用天然石料、木材等以获得色彩、质感上的对比与变化。

①某住宅建筑。立面处理借抹面与砖两种不同色彩、质感的材料之间互相对比衬托而收到悦目的效果。

②外贸部办公楼，以青砖、灰瓦、白色水刷石抹面、绿色山花、檐口所形成的色彩构图具有宁静、淡雅的气氛。

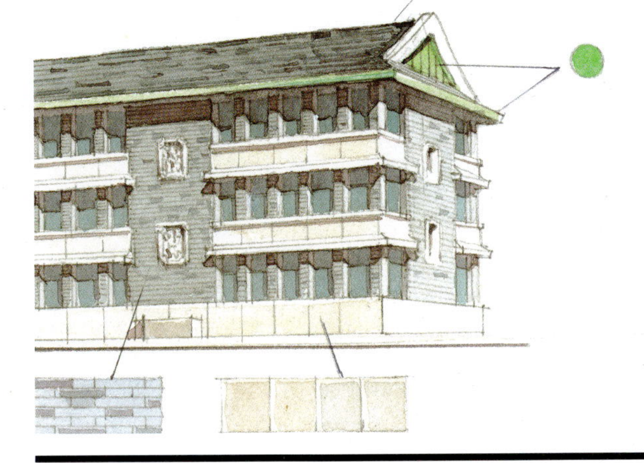

③某电影院建筑，以红砖为主，重点的地方采用浅色抹面，以突出入口。

④某办公楼建筑，以浅色抹面为主，局部采用清水砖墙，由于两者互相交织、穿插，从而取得了良好的效果。

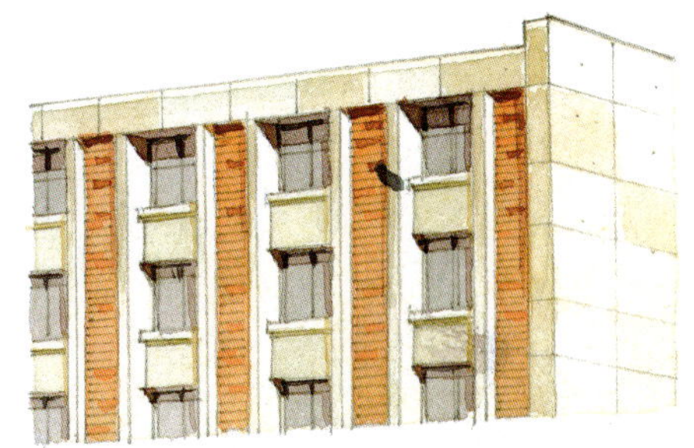

⑤某些公共建筑，山墙、檐口、立柱采用白色水刷石抹面，槛墙采用清水砖墙，不同色彩、质感相互交织穿插，效果较好。

⑥某宾馆建筑，以白色水刷石抹面与橙色面砖相互组合而形成的立面，具有良好的效果。

4. 由著名建筑师勒·柯布西耶所设计的马赛公寓。这是一幢高层的板式建筑，尽管开窗处理力求变化，但由于居住建筑的功能所限，仍不免有单调的感觉。然而由于大胆地把凹廊两侧的墙面涂上色泽鲜明、纯度很高的色彩，从而使这幢表面粗糙的混凝土建筑大放异彩。

5. 1965年建造的以色列国家博物馆。这幢建筑的色彩、质感处理都比较成功。以色彩来讲，由于大胆地利用深色的墙面与白色的穹窿相对比，从而有效地突出了主体；以质感来讲，其效果则主要是利用表面光滑的大理石墙面和极其粗糙的石墙作对比而取得的。

6．某些建筑除色彩外还借助于质感的对比与变化而取得效果。更有些建筑色彩很单一，主要依靠质感的对比与变化来取得效果，例如可借助于天然材料本身质地粗细的差别来进行对比，也可用人工方法来改变材料的纹理或质地而获得某种效果。

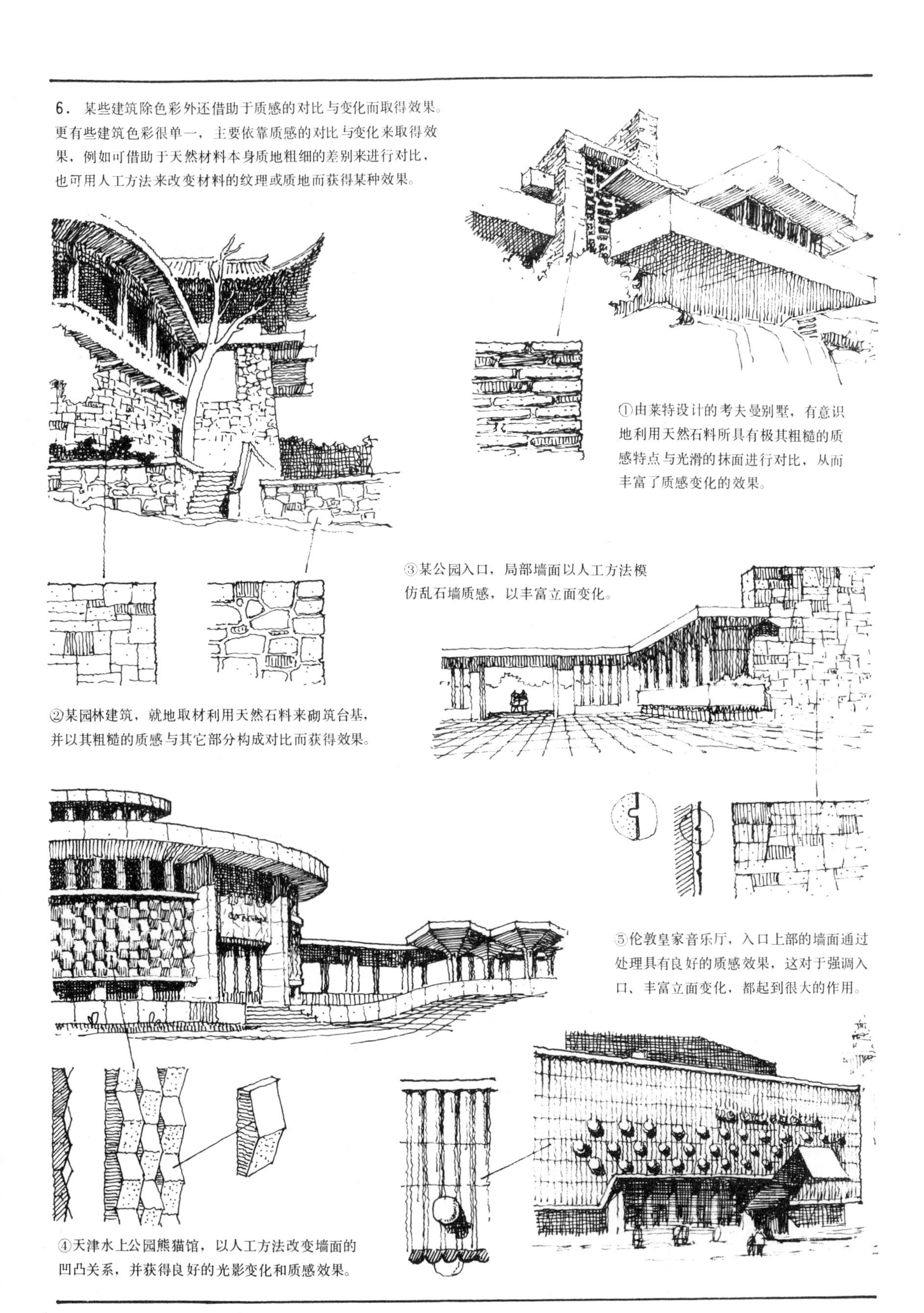

①由莱特设计的考夫曼别墅，有意识地利用天然石料所具有极其粗糙的质感特点与光滑的抹面进行对比，从而丰富了质感变化的效果。

②某园林建筑，就地取材利用天然石料来砌筑台基，并以其粗糙的质感与其它部分构成对比而获得效果。

③某公园入口，局部墙面以人工方法模仿乱石墙质感，以丰富立面变化。

④天津水上公园熊猫馆，以人工方法改变墙面的凹凸关系，并获得良好的光影变化和质感效果。

⑤伦敦皇家音乐厅，入口上部的墙面通过处理具有良好的质感效果，这对于强调入口、丰富立面变化，都起到很大的作用。

关于外檐装饰的处理 [121]

总的来讲建筑形式的发展有从繁琐到简洁的趋势，但这也不排斥少数建筑可以运用各种形式的装饰来丰富其形式处理，并取得一定的效果。建筑装饰，作为整体的一部分首先必须在构图上、尺度上、色彩质感上与整体相统一。其次，装饰本身也存在着完整统一的问题。另外，有些装饰还可以通过自身形象的象征性而表达一定的思想内容。

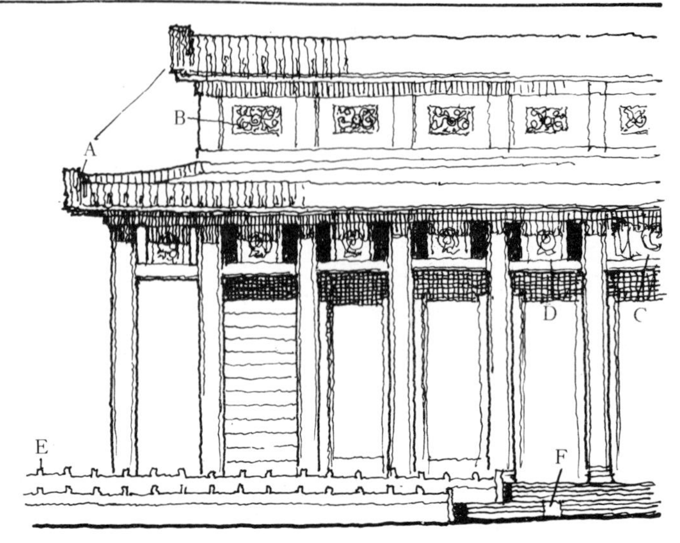

1. 这里以毛主席纪念堂为例来说明装饰的处理问题。装饰作为整体的一部分，它首先必须统一于整体，这就是说应当从整体出发来推敲各部分装饰的处理问题。

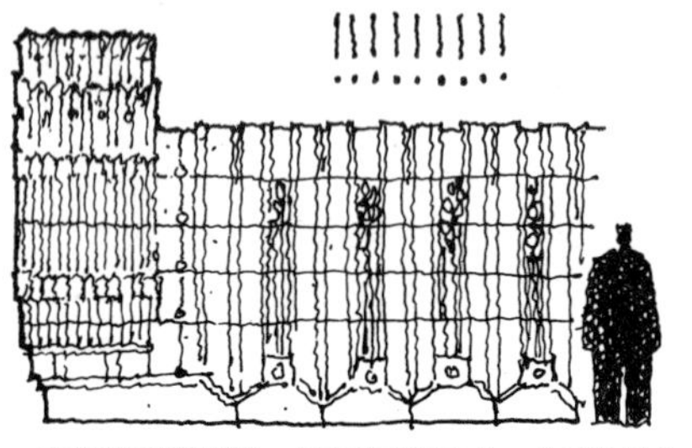

①檐部琉璃花饰，具有连续的韵律，由于位置较高应当考虑到远看的效果，不宜太细腻（A）。

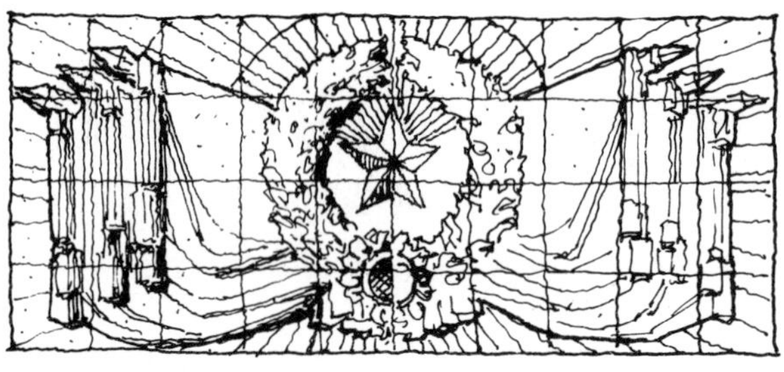

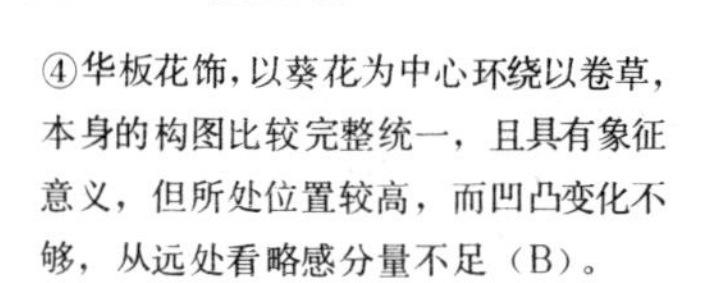

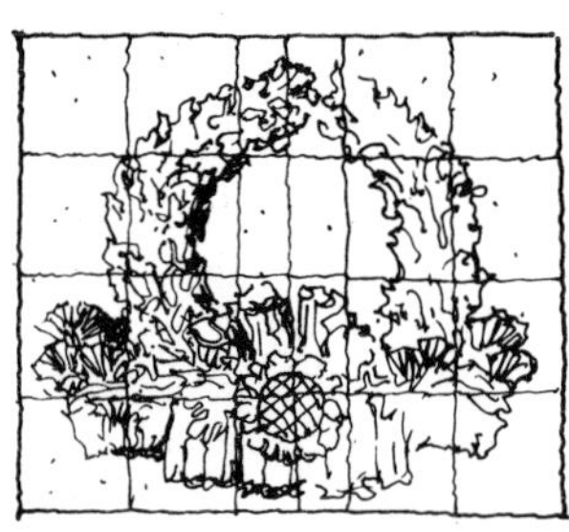

②星、旗徽饰，主从分明、完整统一，具有明确的思想性，置于柱廊中央之上，十分庄严（C）。

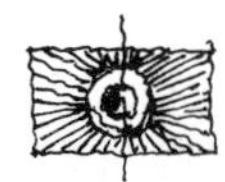

③花环花饰，构图较完整，具有象征意义，置于柱廊之上与整体关系尚属统一（D）。

④华板花饰，以葵花为中心环绕以卷草，本身的构图比较完整统一，且具有象征意义，但所处位置较高，而凹凸变化不够，从远处看略感分量不足（B）。

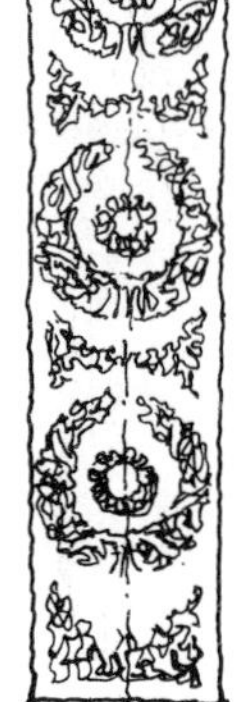

⑤栏杆、垂带花饰，以万年青、松柏等题材组成的图案不仅具有象征意义，而且本身的构图也较完整统一，与整体关系也很协调（E、F）。

2. 北京电报大楼钟塔部分的细部装饰处理（下左图）：整个建筑处理较简洁，钟塔部分的细部处理也应与之相统一，这里主要是采用了具有交错韵律的花格来装饰钟塔的塔身，并为深色的钟盘提供一个背景与衬托。

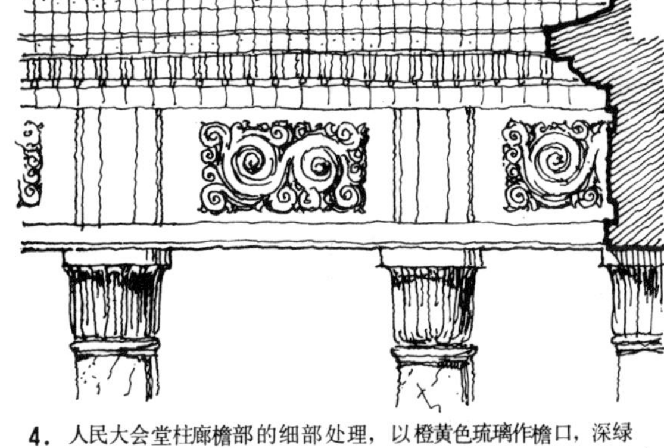

4. 人民大会堂柱廊檐部的细部处理，以橙黄色琉璃作檐口，深绿色琉璃作檐托，并在檐板部分饰以卷草花饰，色彩与构图比较统一。

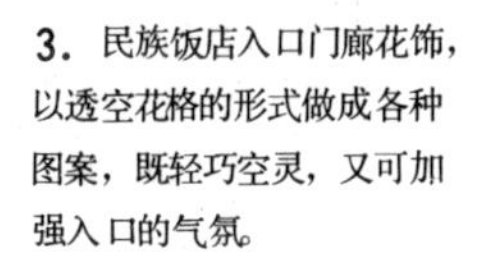

3. 民族饭店入口门廊花饰，以透空花格的形式做成各种图案，既轻巧空灵，又可加强入口的气氛。

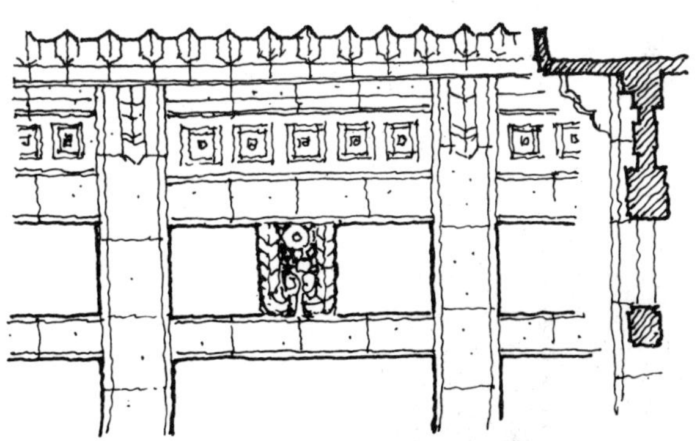

5. 以橙黄、绿两种颜色的琉璃镶嵌着的中国历史博物馆入口部分门廊，细部处理既协调又严谨，并具有我国民族传统的风格。

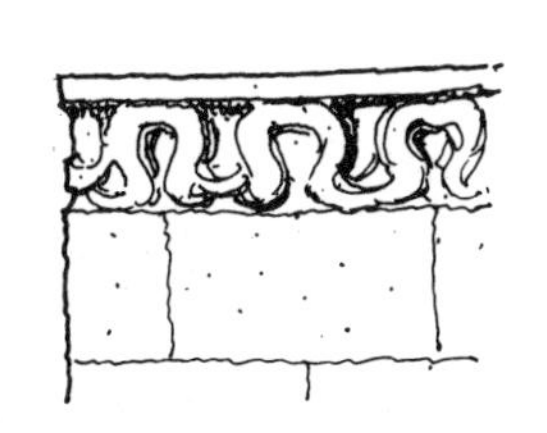

6. 上四图为北京天文馆的细部处理，其特点是在本色的墙面上作成浅浮雕的形式，装饰与背景的关系很融洽，能够给人以朴素、淡雅的感觉。

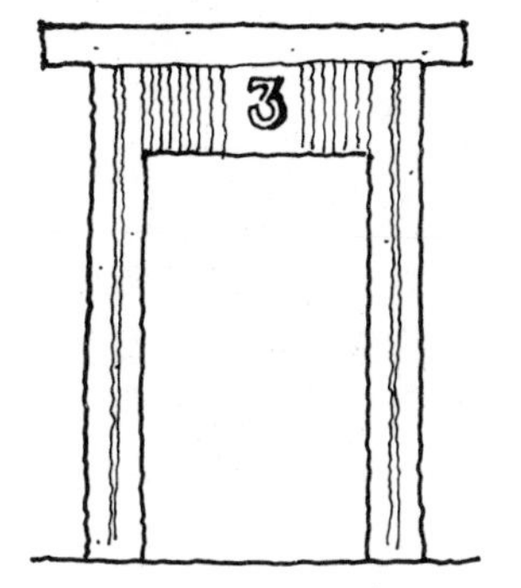

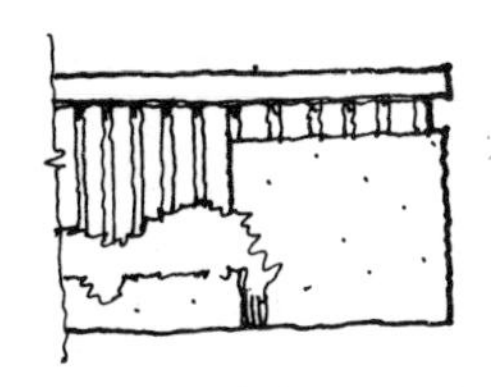

7. 大量性建造的住宅建筑，只须在重点的地方稍加装饰，即可获得令人满意的效果。

8．近代国外的一些新建筑，虽然从总的趋势上看是朝着简洁的方向发展，但仍然有一些建筑借助于绘画、雕刻等艺术手段来达到装饰的目的。当然，由于建筑形式的发展和变化，在运用这些手段时除考虑形式与内容的统一外，还必须考虑到风格上的和谐统一问题，下面举例说明之：

①这是设置在音乐厅前小院内的青铜雕塑，以其小巧的尺度、优美的动态和抽象的造型手法与建筑物保持和谐的关系。

②这是设置在某图书馆展览厅内的彩色玻璃墙面，以其抽象的构图和色彩而获得装饰性的效果。

③下图所示为1958年布鲁塞尔国际博览会。某展览馆入口部分的墙面处理，由于运用了抽象的几何图案作为装饰，从而免于单调。

④墨西哥某医疗中心外科教学楼，以四种颜色石头作的浮雕所表现的主题是："关心社会医疗和人与自然界的斗争"。这从内容上讲和该建筑物的功能性质是一致的。另外，从风格上讲是写实的，由于和建筑物的体形结合得很巧妙，因而看上去并不使人感到与背景——高层的国际风格的建筑——有什么不协调的感觉。

⑤墨西哥起义者剧院，在正面入口上部弧形墙面上，以彩色马赛克镶嵌成巨幅的壁画，题材是墨西哥的戏剧史，用以唤起人们对于民族文化的回忆，这从内容上讲与建筑物的功能性质是一致的。从风格上讲是属于写实主义的，由于建筑为它提供一块完整的墙面，因而显得十分醒目。

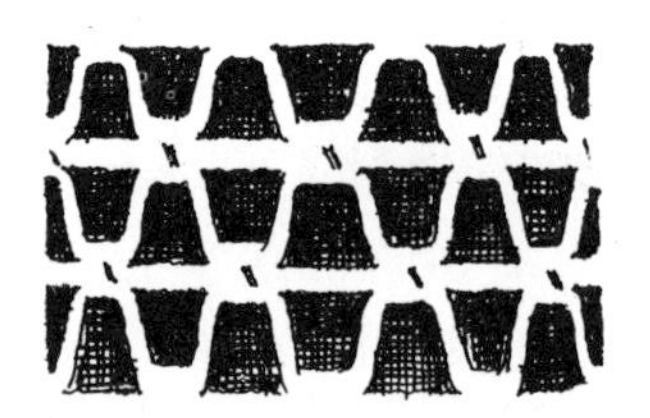

9．当然，建筑装饰的形式是多样的，除了雕刻、绘画外，还可以通过建筑构件本身的变化来获得装饰性的效果。图示为美国驻都柏林大使馆的墙面处理，在弧形的墙面上以预制混凝土做成的特殊形式的构件，具有明显的韵律感，既是结构的一个组成部分，同时又富有装饰性的效果。

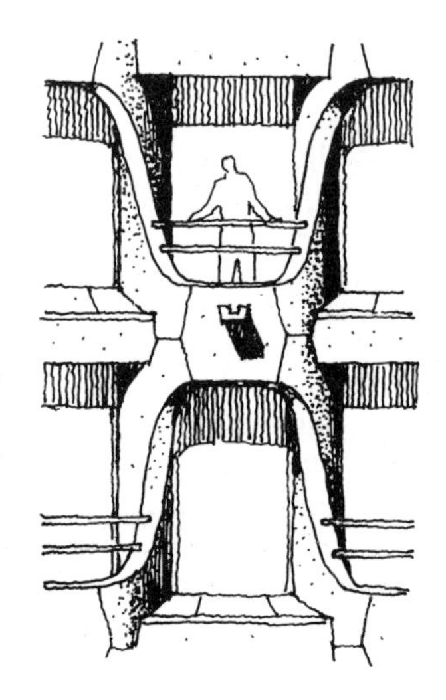

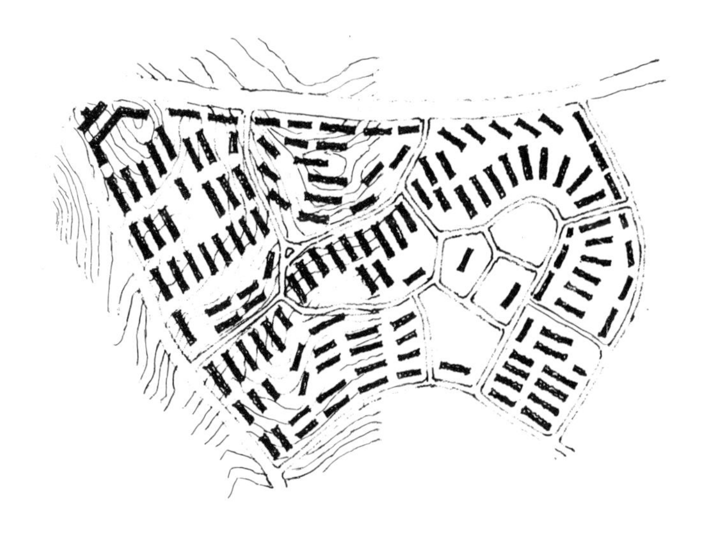

7

群体组合的处理

- 群体组合的意义————通过实例说明群体组合的意义以及单体建筑与群体组合的关系。
- 建筑与环境
- 关于结合地形的问题 }阐明建筑与自然环境的关系，强调建筑设计必须做到与地形、环境相结合。
- 各类建筑群体组合的特点——着重讨论群体组合的个性问题。分别说明我国古典建筑、西方古典、近代建筑、各类公共建筑、居住建筑、工业建筑、沿街建筑以及国外某些公共活动中心在群体组合方面的特点。
- 群体组合中的统一问题——这一部分着重讨论的是群体组合的共性问题，从各个方面来探索达到统一的途径。
- 外部空间的处理————着重分析说明外部空间的含义、形成、闭锁性，以及外部空间的对比、渗透层次以及程序组织等手法的运用。

群体组合的意义[122]

在评价建筑的时候，不能只着眼于某一单个的建筑，这是因为单体建筑只有与环境及其它建筑组合成为一个有机整体时才能完整、充分地表现出它的价值。例如雅典卫城或明、清故宫，如果脱离了群体而孤立地来看其中任何一幢建筑——甚至包括帕提农神庙或太和殿，尽管本身都具有十分完美的艺术形象，但其感染力也将受到极大的影响。

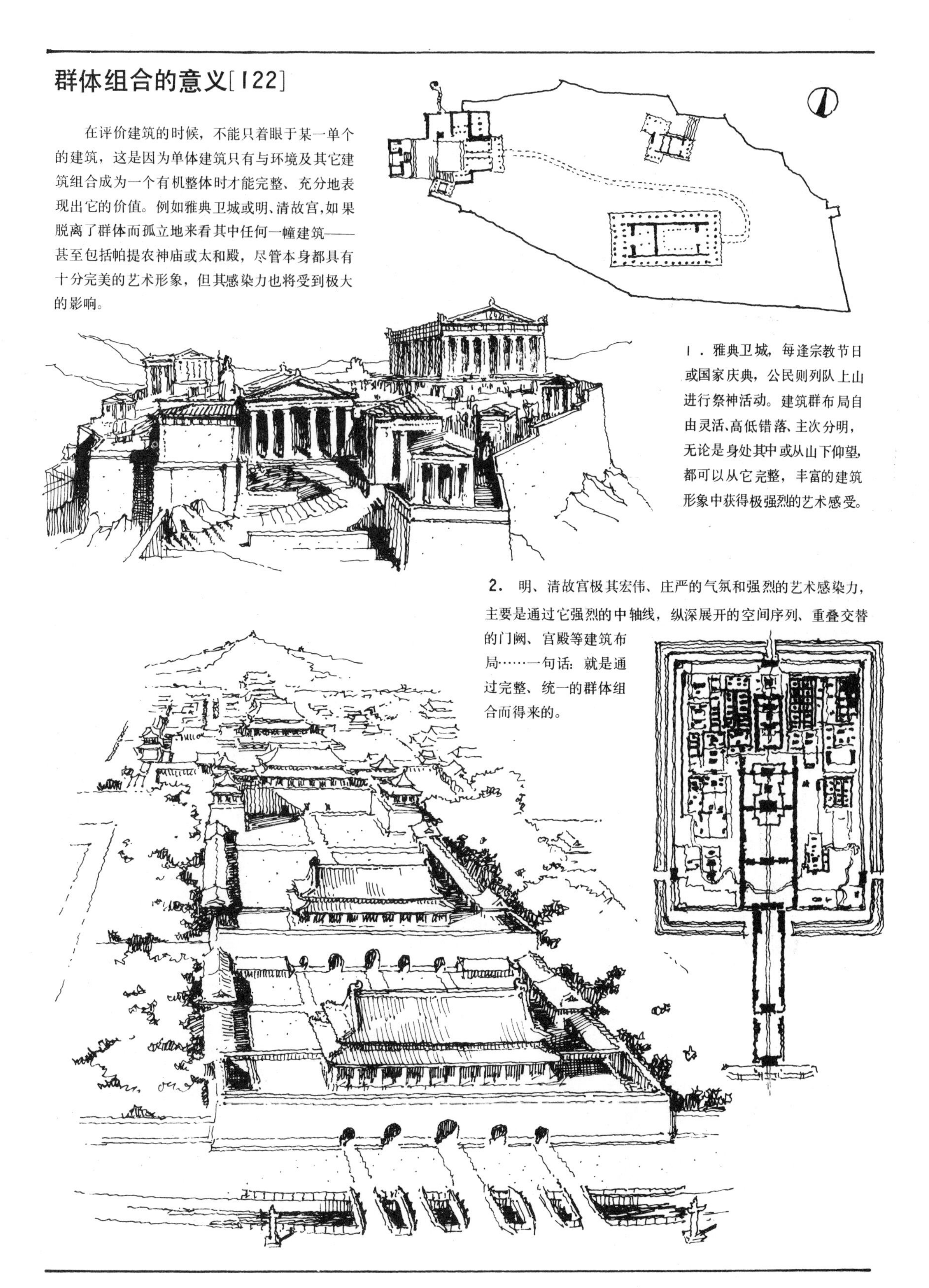

1．雅典卫城，每逢宗教节日或国家庆典，公民则列队上山进行祭神活动。建筑群布局自由灵活、高低错落、主次分明，无论是身处其中或从山下仰望，都可以从它完整，丰富的建筑形象中获得极强烈的艺术感受。

2．明、清故宫极其宏伟、庄严的气氛和强烈的艺术感染力，主要是通过它强烈的中轴线，纵深展开的空间序列、重叠交替的门阙、宫殿等建筑布局……一句话：就是通过完整、统一的群体组合而得来的。

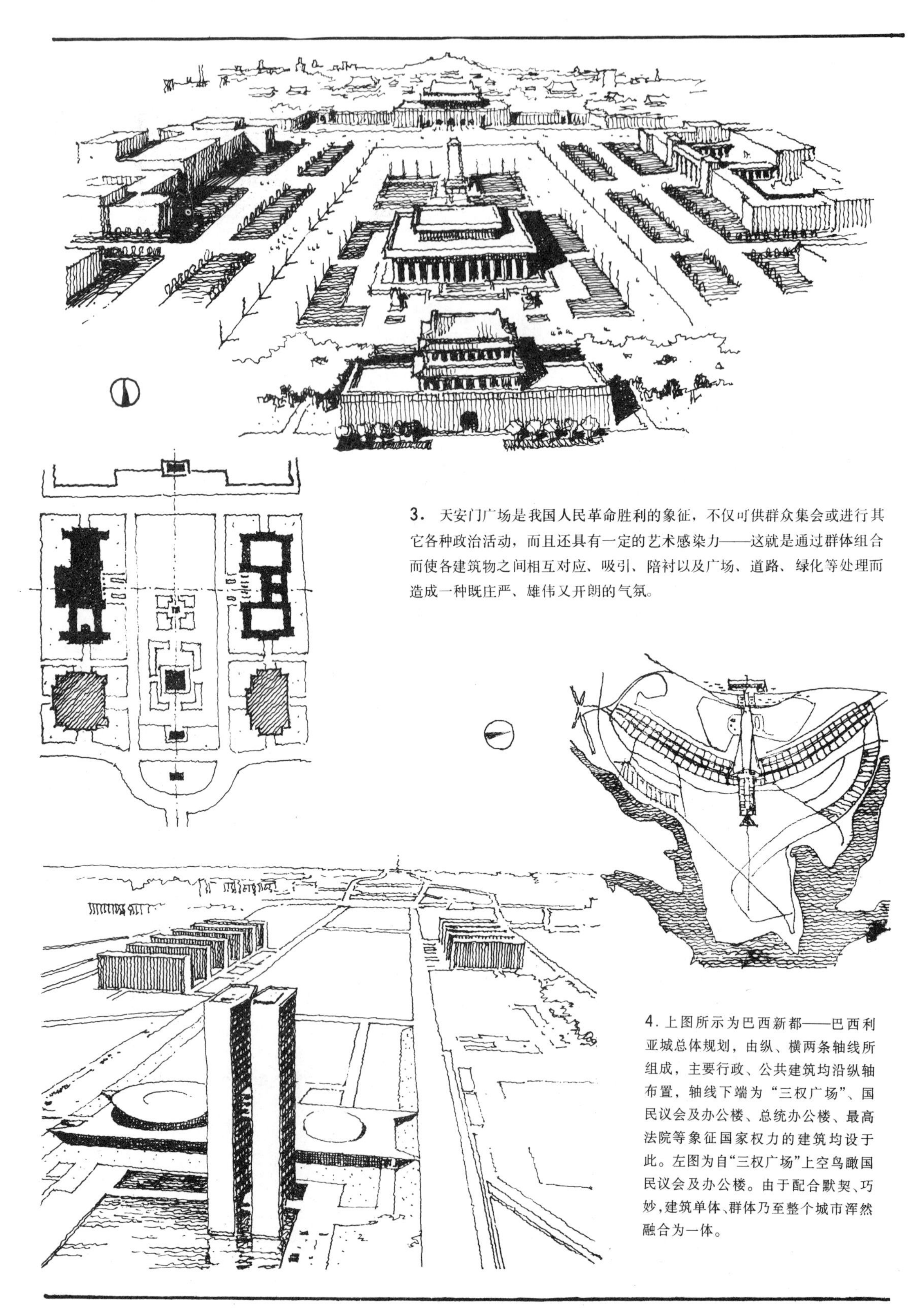

3．天安门广场是我国人民革命胜利的象征，不仅可供群众集会或进行其它各种政治活动，而且还具有一定的艺术感染力——这就是通过群体组合而使各建筑物之间相互对应、吸引、陪衬以及广场、道路、绿化等处理而造成一种既庄严、雄伟又开朗的气氛。

4.上图所示为巴西新都——巴西利亚城总体规划，由纵、横两条轴线所组成，主要行政、公共建筑均沿纵轴布置，轴线下端为“三权广场”、国民议会及办公楼、总统办公楼、最高法院等象征国家权力的建筑均设于此。左图为自“三权广场”上空鸟瞰国民议会及办公楼。由于配合默契、巧妙，建筑单体、群体乃至整个城市浑然融合为一体。

建筑与环境[123]

建筑是不能孤立存在的，它必然处于一定的环境之中，不同的环境对建筑产生不同的影响。这就使得建筑师在设计房子的时候必须周密地考虑到建筑物与环境之间的关系问题，并力图使所设计的建筑能够与环境相协调，甚至与环境融合为一体，如果做到了这一点就意味着已经把人工美与自然美巧妙地结合在一起，于是就能相得益彰、大大提高建筑艺术的感染力。反之，如果与环境的关系处理得不好，甚至格格不入，那么，不论建筑本身如何完美，也将不可能取得良好的效果。

③建筑物的一端，以悬挑的形式伸向湖内，既可以使视野更加开阔，又可以使建筑与环境有紧密的结合。

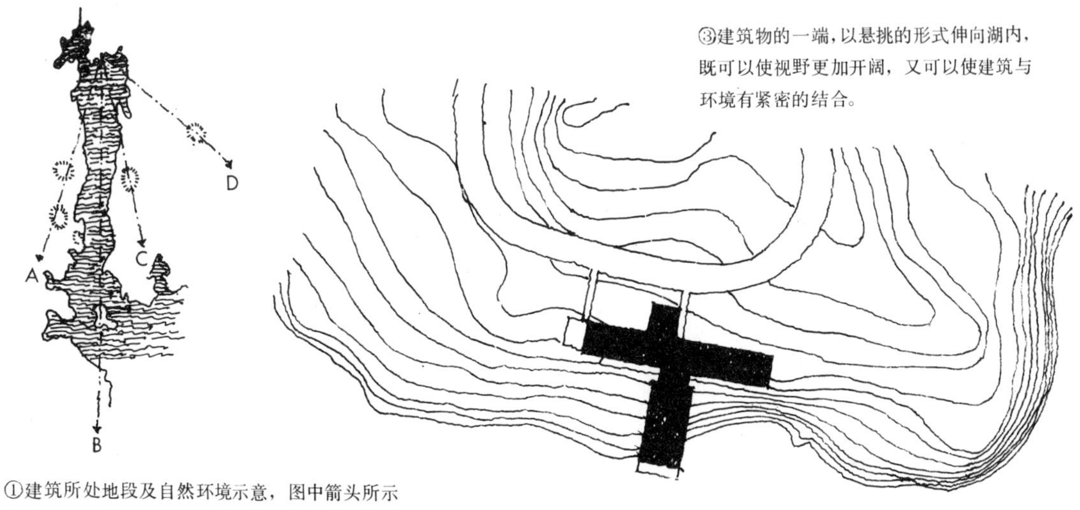

①建筑所处地段及自然环境示意，图中箭头所示方向（A、B、C、D）分别表示可以看到的几座山峰。

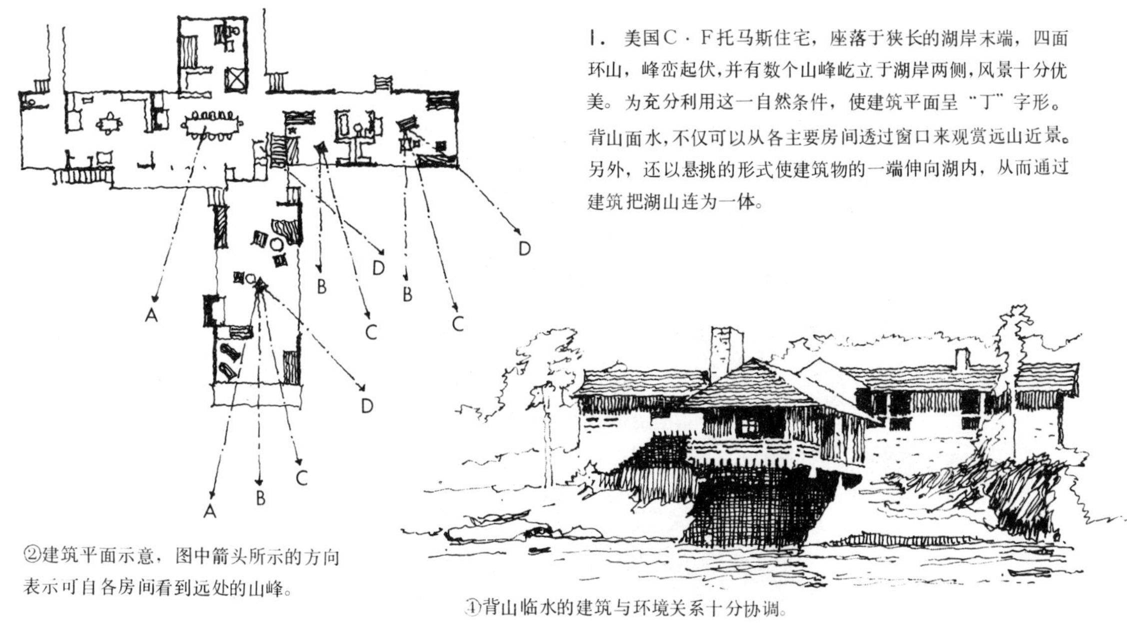

②建筑平面示意，图中箭头所示的方向表示可自各房间看到远处的山峰。

1. 美国C·F托马斯住宅，座落于狭长的湖岸末端，四面环山，峰峦起伏，并有数个山峰屹立于湖岸两侧，风景十分优美。为充分利用这一自然条件，使建筑平面呈“丁”字形。背山面水，不仅可以从各主要房间透过窗口来观赏远山近景。另外，还以悬挑的形式使建筑物的一端伸向湖内，从而通过建筑把湖山连为一体。

④背山临水的建筑与环境关系十分协调。

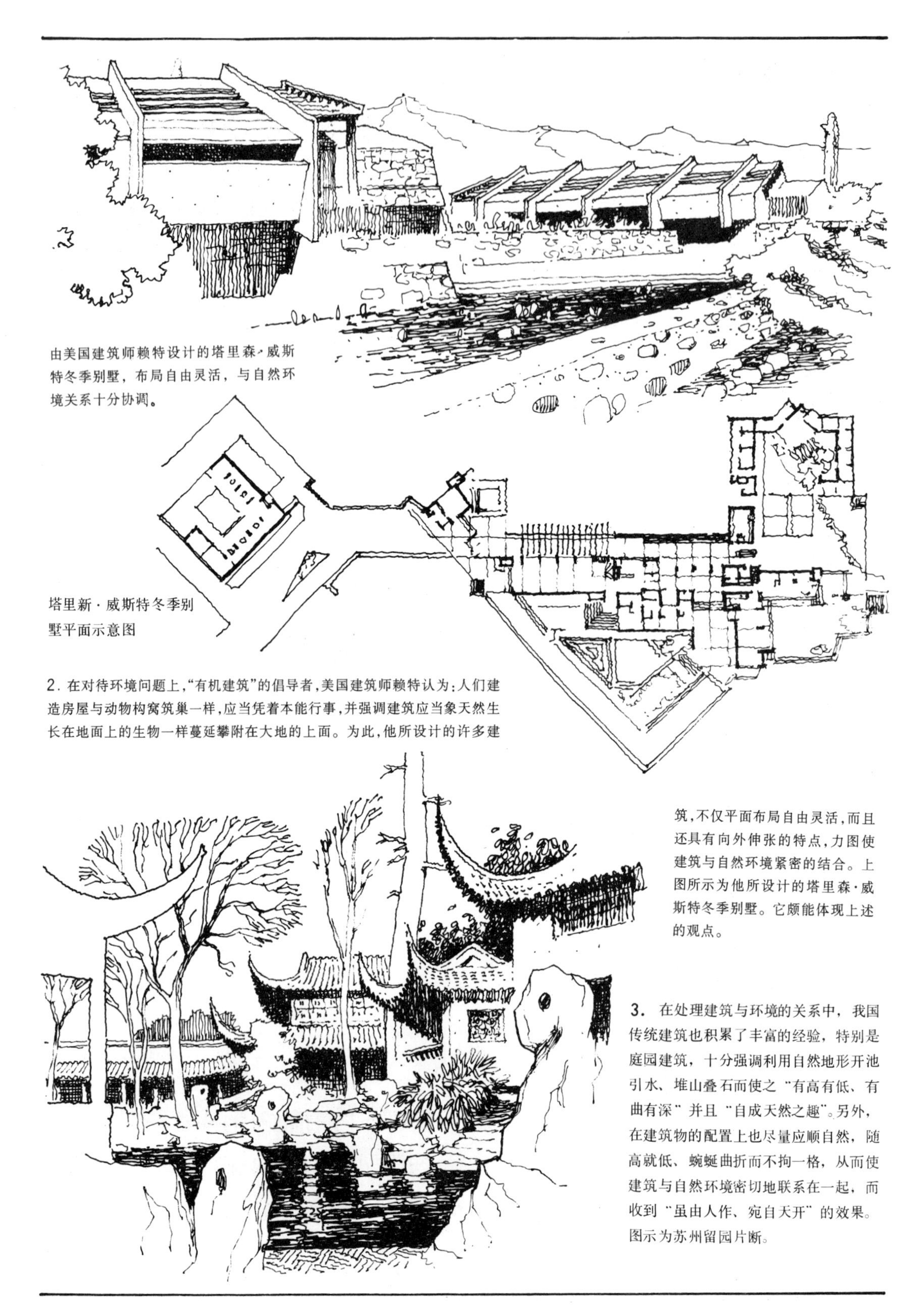

由美国建筑师赖特设计的塔里森·威斯特冬季别墅，布局自由灵活，与自然环境关系十分协调。

塔里新·威斯特冬季别墅平面示意图

2. 在对待环境问题上，“有机建筑”的倡导者，美国建筑师赖特认为：人们建造房屋与动物构窝筑巢一样，应当凭着本能行事，并强调建筑应当象天然生长在地面上的生物一样蔓延攀附在大地的上面。为此，他所设计的许多建筑，不仅平面布局自由灵活，而且还具有向外伸张的特点，力图使建筑与自然环境紧密的结合。上图所示为他所设计的塔里森·威斯特冬季别墅。它颇能体现上述的观点。

3. 在处理建筑与环境的关系中，我国传统建筑也积累了丰富的经验，特别是庭园建筑，十分强调利用自然地形开池引水、堆山叠石而使之“有高有低、有曲有深”并且“自成天然之趣”。另外，在建筑物的配置上也尽量应顺自然，随高就低、蜿蜒曲折而不拘一格，从而使建筑与自然环境密切地联系在一起，而收到“虽由人作、宛自天开”的效果。图示为苏州留园片断。

关于结合地形的问题［124］

除功能外，地形对于形式的影响也是一个不可忽视的重要的因素。如果说功能是从内部来制约形式的话，那么地形便是从外部来影响形式。一幢建筑之所以设计成为某种形式，追根溯源，往往都和内、外两方面因素的共同影响有着密切的关系。

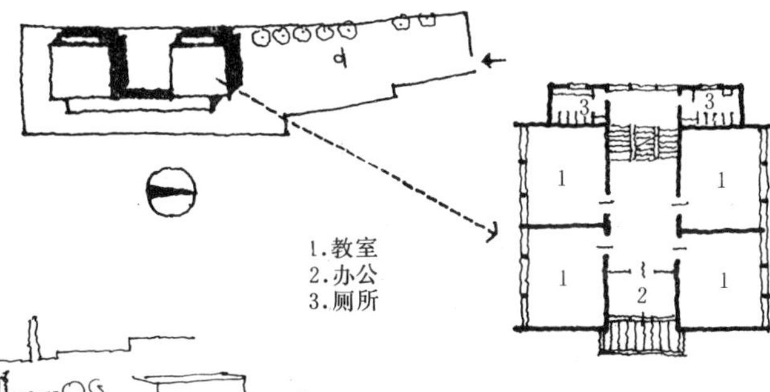

1．某小学校建于南北向的狭长地段，为避免干扰和争取较好的朝向，把高、低年级分别集中于两个墩式建筑之中，并用廊子相连通。这幢建筑所以设计成为这种形式，显然是由于功能和地形这两种因素共同影响的结果。

2．某中学校的建筑地段为一锐角三角形，其西侧为城市干道，为使教学部分有较好的朝向，并尽量减小城市干道的干扰，而采用“Y”形的平面布局。通过这个实例也可以说明地形对于形式的影响以及在设计中如何考虑结合地形的问题。

行政办公

教学部分

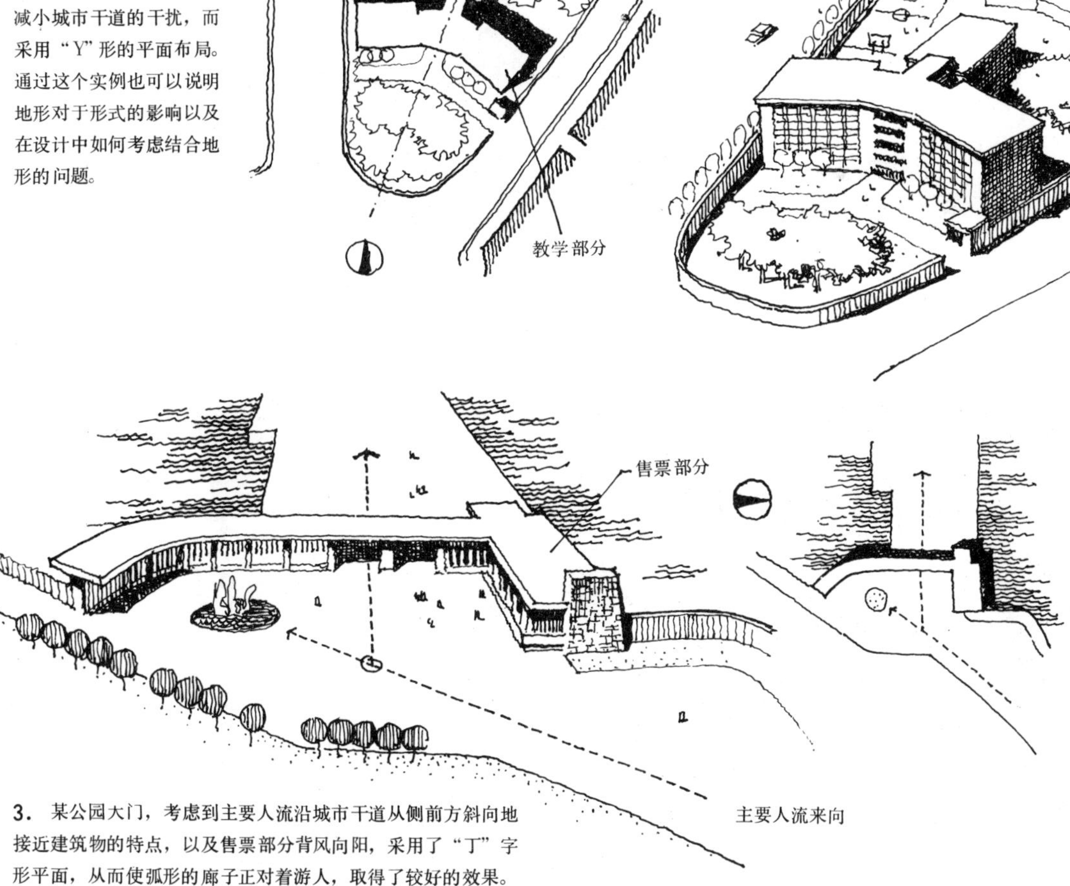

3．某公园大门，考虑到主要人流沿城市干道从侧前方斜向地接近建筑物的特点，以及售票部分背风向阳，采用了“丁”字形平面，从而使弧形的廊子正对着游人，取得了较好的效果。

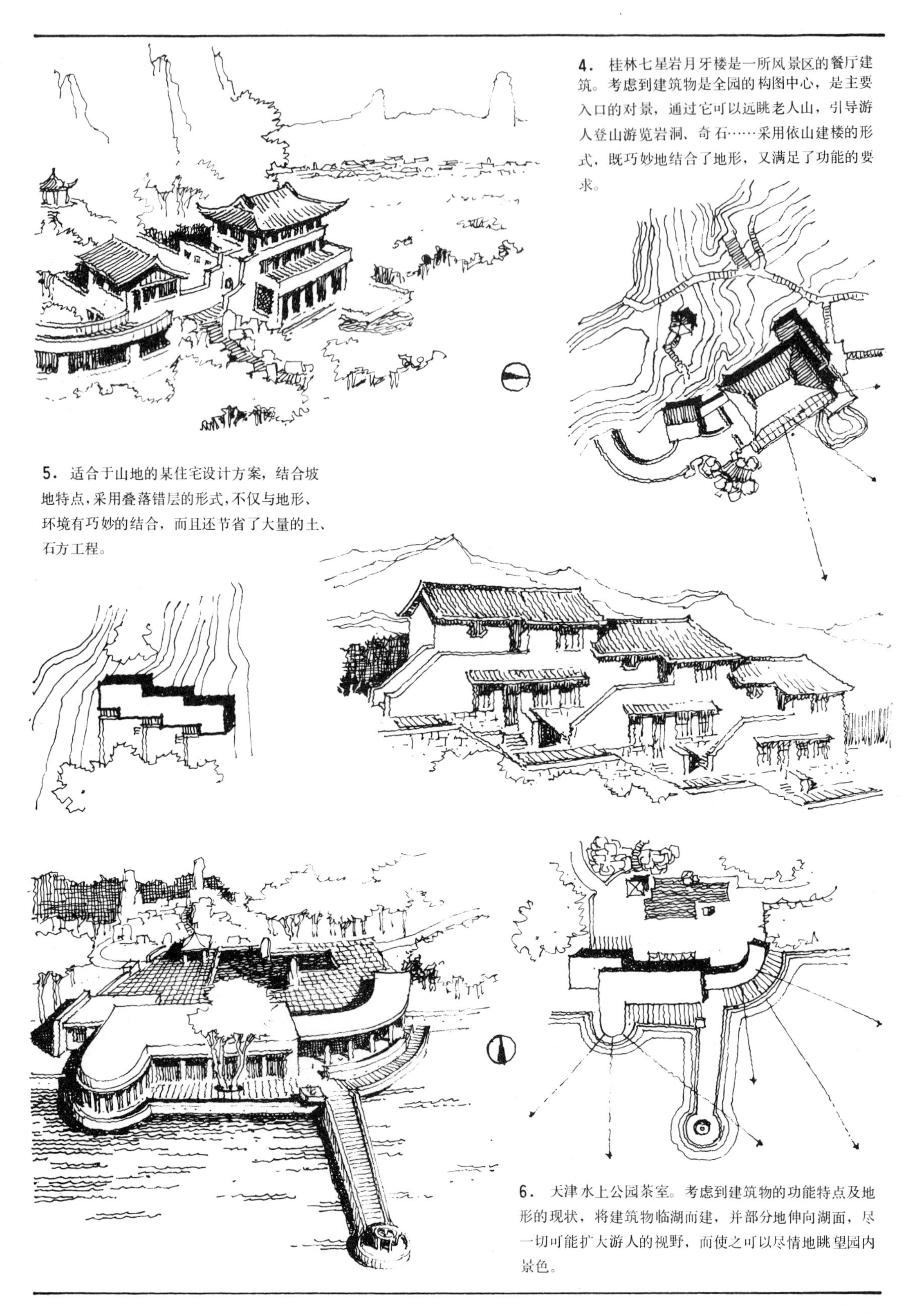

4．桂林七星岩月牙楼是一所风景区的餐厅建筑。考虑到建筑物是全园的构图中心，是主要入口的对景，通过它可以远眺老人山，引导游人登山游览岩洞、奇石……采用依山建楼的形式，既巧妙地结合了地形，又满足了功能的要求。

5．适合于山地的某住宅设计方案，结合坡地特点，采用叠落错层的形式，不仅与地形、环境有巧妙的结合，而且还节省了大量的土、石方工程。

6．天津水上公园茶室。考虑到建筑物的功能特点及地形的现状，将建筑物临湖而建，并部分地伸向湖面，尽一切可能扩大游人的视野，而使之可以尽情地眺望园内景色。

7. 巴黎联合国科学、教育、文化组织总部。主要包括两大部分：一是办公楼；二是会议大厅，办公楼平面呈“Y”形，朝北的一面临佛廷纳广场，设有供乘车者的入口。“Y”形平面朝南的一翼把地段分为两个部分：朝西南的部分较宽敞，不仅会议厅的出入口设在这里，而且步行者进入办公楼的工作人员也在这里集散。朝东北的一部分面积较小，主要是供内部使用，并设有一个日本式的小庭园。整个建筑布局较灵活，与地段的结合很巧妙，对于地段的利用也很合理、充分。

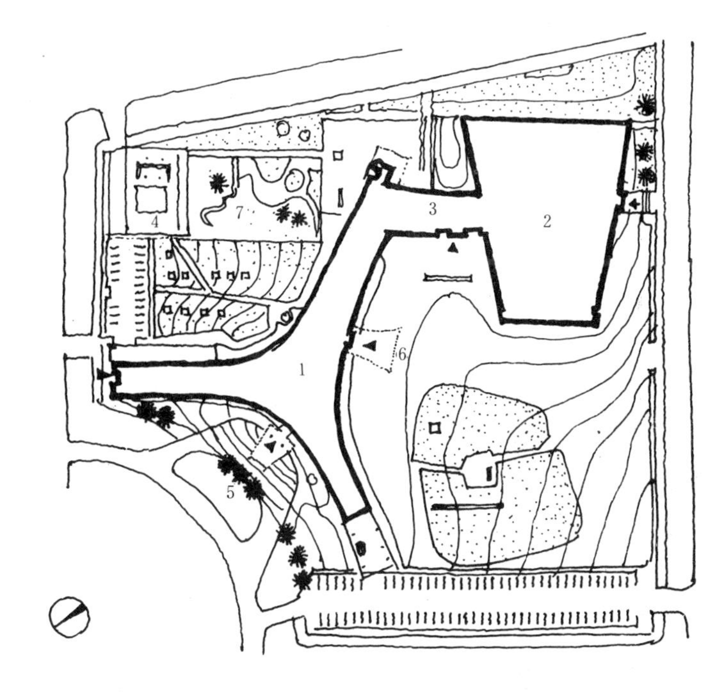

1.办公楼　　5.乘车者入口
2.会议厅　　6.步行者入口
3.门厅　　7.日本式庭园
4.附属建筑

8. 华盛顿美国国家艺术博物馆东馆，包括陈列馆和艺术研究中心两部分。它位于国会大厦与白宫之间，地位很重要。地段为一斜角的楔形。由于东馆是整体的一部分，所以它的大门必须面向旧馆。结合地形特点设计者把陈列馆和研究中心分别处理成为一个大的等腰三角形和一个较小的直角三角形。进陈列馆的大门设在等腰三角形的底边；进研究中心的门设在两个三角形夹缝之间，这两个门可分可合，并与旧馆遥相呼应。采用三角形构图的建筑平面，不仅可以使内部空间的组织富有变化，而且与地形的结合也极巧妙。

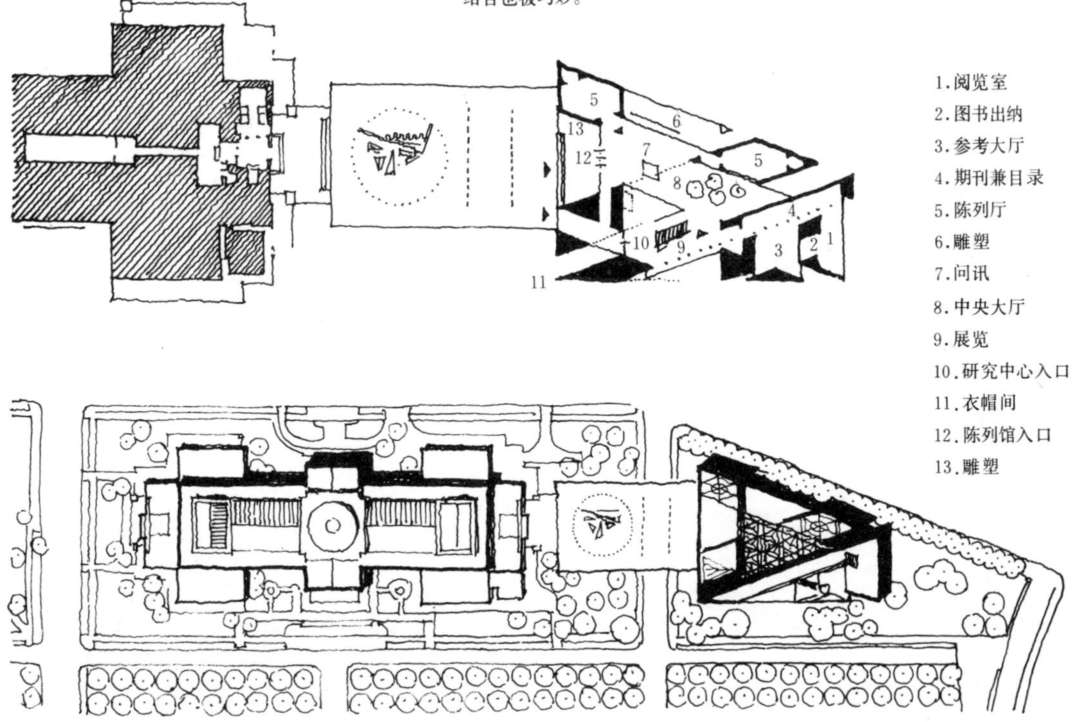

中国建筑群体组合的特点[125]

我国古建筑具有这样一个特点：即单体建筑的形式一般比较简单，而主要是通过群体组合来获得千变万化的。在群体组合的手法上大体可以分为两种基本类型：一类是对称式的布局；另一类是自由灵活的布局。前一类多见于宫殿、寺院、陵墓，比较程式化；后一类则主要用于庭园建筑，比较自由灵活而富有变化。

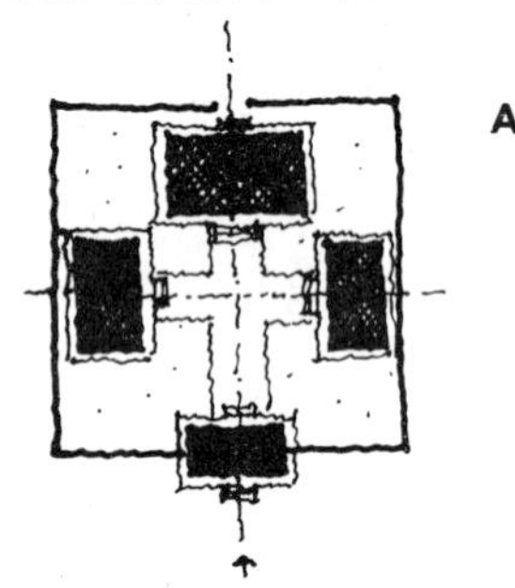

由一主两辅、四合院形成的“原型”

某民居群体组合示意

2．利用这种“原型”进行组合，其一般规律是：沿着一条轴线向纵深发展，采用串联的方法把若干个大同小异的“原型”连接成为一个整体，并利用空间、体形的对比与微差以求得变化。

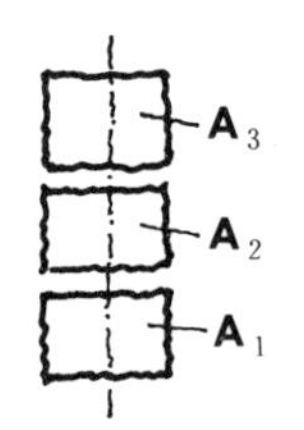

由若干个“原型”沿轴线串联而形成整体的示意

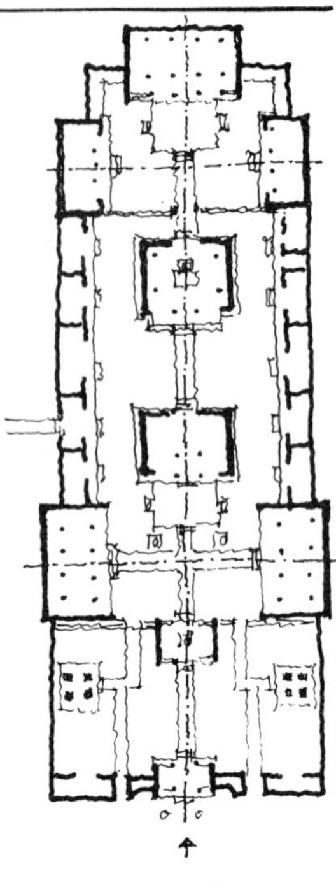

某寺院群体组合示意

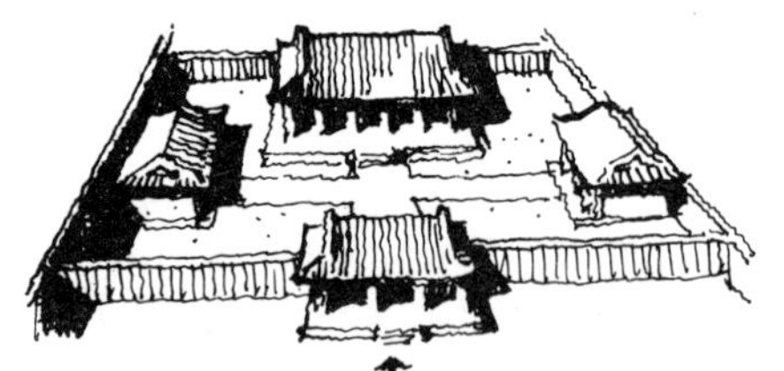

1．对称式的布局通常是以一主两辅、四合院的形式为“原型”而形成为一种基本单元，这种单元无论在建筑的组合或空间的形成上，都具有相对的完整性。

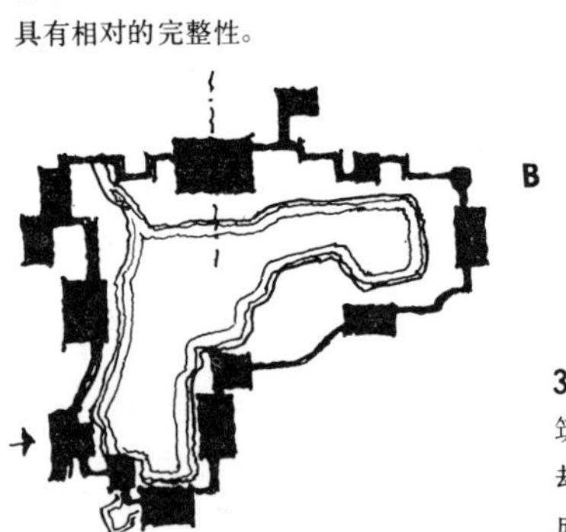

苏州怡园，由若干个“原型”所组合而形成的整体。

B_4 B_1 B_3 B_2

3．另外一种基本类型为不对称的布局，主要用于庭园建筑。它也可以用“原型”的概念去理解，但这种“原型”却比较自由灵活，主要是用建筑、廊子、围墙等要素所形成的空间院落。另外在“原型”的组合上也不受任何约束，可以任意地穿套，因而它远较前一种基本类型自由灵活而富有变化。

乾隆花园，由两种不同类型的“原型”而组成整体。

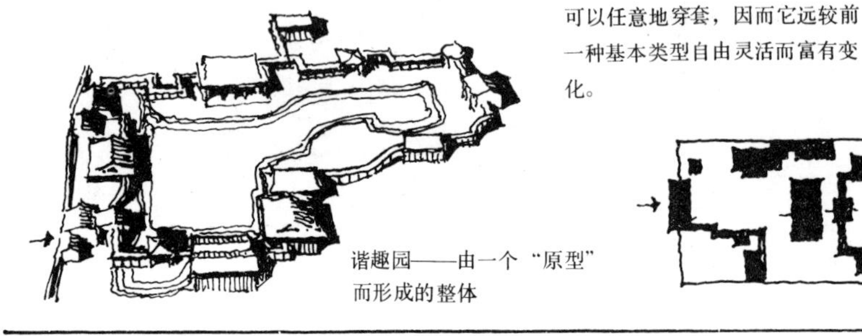

谐趣园——由一个“原型”而形成的整体

B_1 A B_2 B_3

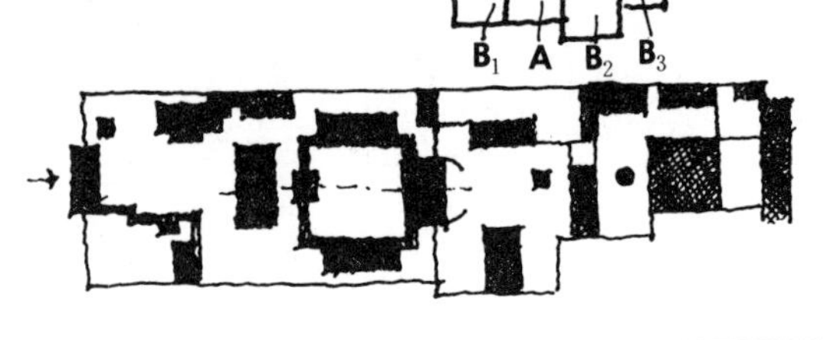

由对称而发展到自由灵活的布局[126]

国外建筑在群体组合方面与我国古建筑群有不少相似之处——例如一些采用对称布局的建筑群，往往也是采用一主两辅呈"品"字的形式而形成空间院落的。另外，为适应功能的要求或地形的变化，国外建筑在群体组合的处理方面，也具有多种多样的变化——从严格的对称、自由地转折、交叉，一直到高度自由灵活的布局。

1．罗马议会堂。采用对称形式的群体组合与我国传统的建筑十分相似。

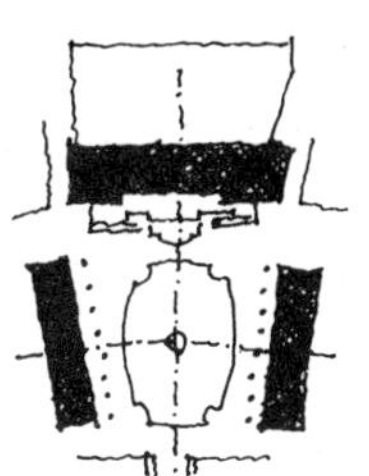
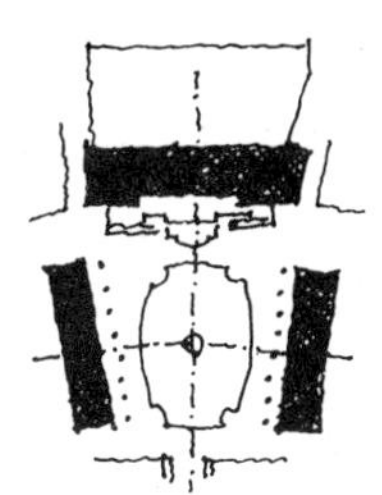

2．采用"品"字形布局的建筑群，横向展开，所形成的空间较开阔。

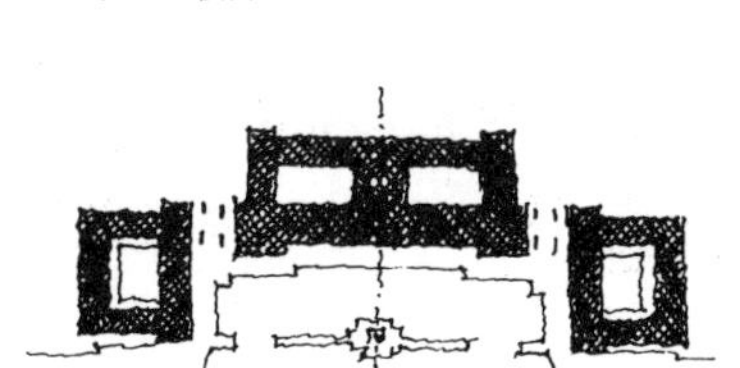

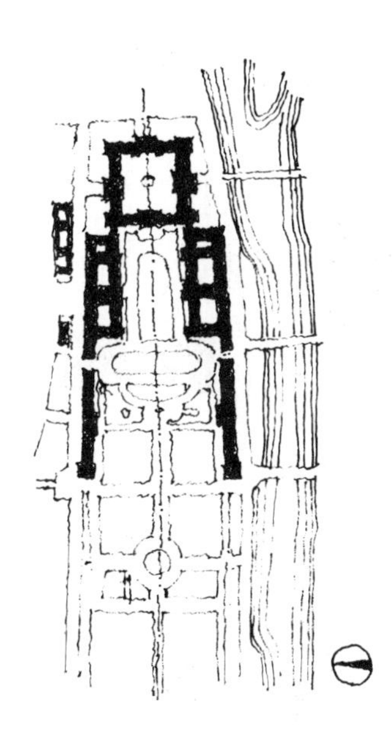

3．巴黎罗浮宫。群体组合采用对称的形式沿中轴线向纵深发展，和我国传统的布局形式颇有相似之处，唯稍开朗一些。

4．某学校建筑。运用轴线交叉、转折而使群体组合既富有变化，又能适应比较复杂的功能或地形要求。

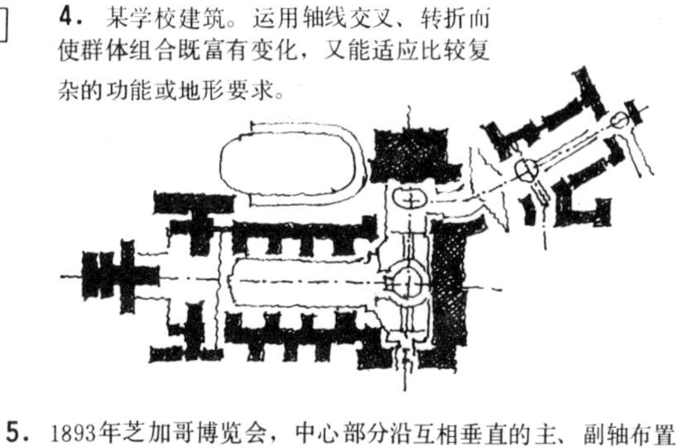

5．1893年芝加哥博览会，中心部分沿互相垂直的主、副轴布置建筑，右侧沿湖四周布置建筑，布局自由灵活以适应功能要求。

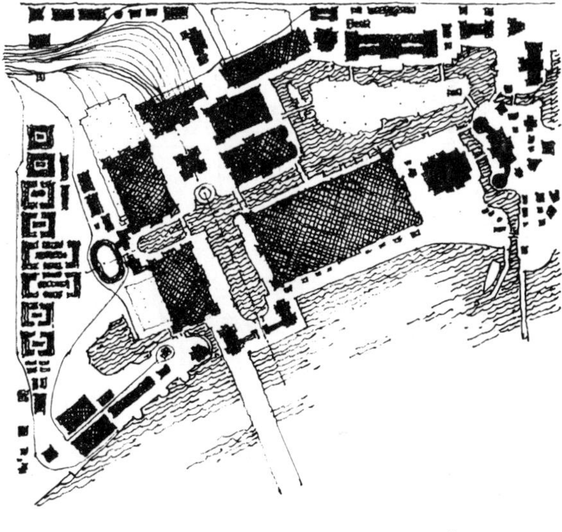

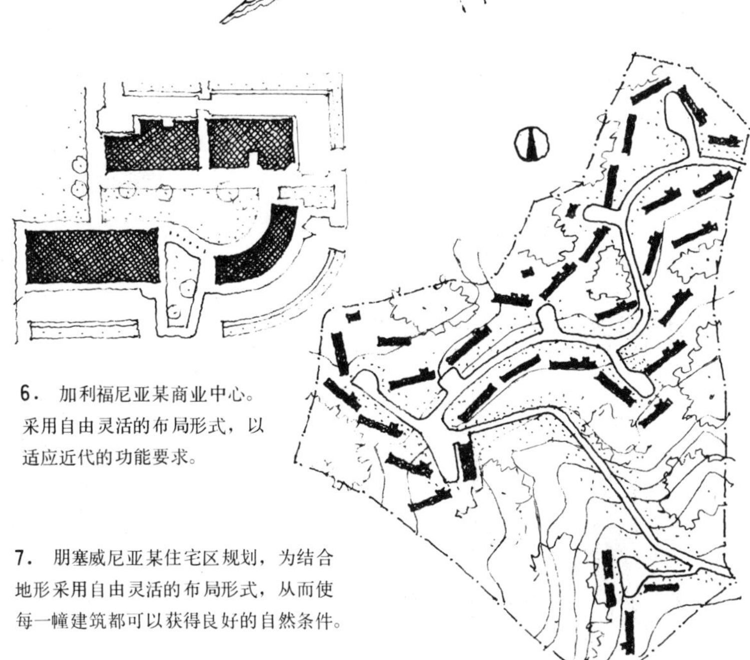

6．加利福尼亚某商业中心。采用自由灵活的布局形式，以适应近代的功能要求。

7．朋塞威尼亚某住宅区规划，为结合地形采用自由灵活的布局形式，从而使每一幢建筑都可以获得良好的自然条件。

公共建筑群体组合的特点[127]

公共建筑的类型很多，功能特点也各不相同，这反映在群体组合上必然是千变万化而很难从中找出什么规律。但是如果用概括的方法至少可以分为两大类：一类是组成群体，各建筑相互之间功能联系不甚密切，甚至基本上没有什么功能联系；另一类是功能联系比较密切，甚至十分密切。对于前一类公共建筑来讲，群体组合受到功能的制约较少，主要考虑的是如何结合地形而使建筑体形、外部空间保持完整、统一；对于后一类公共建筑来讲，群体组合首先必须保证各建筑物相互之间合理的功能联系，此外，还必须考虑到与地形、环境的结合，并使建筑体形、外部空间保持完整、统一。

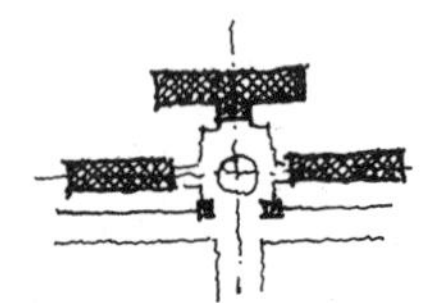

上图：对称布局的示意

下图：不对称布局的示意

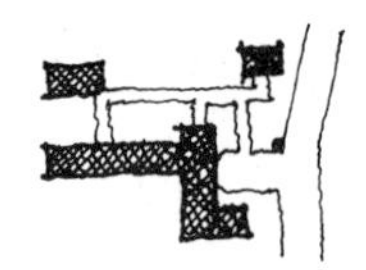

1. 如果从形式上讲也可以分为两大类：一类是对称的形式；另一类是非对称的形式。前者较易于取得庄严的气氛；后者较易于取得轻松活泼的感觉。另外，对称的形式难免与功能会有矛盾，而非对称的形式由于比较灵活，则易于适应功能要求。

2. 某办公楼建筑。各建筑物之间功能联系不甚密切，考虑到办公楼建筑的性格特征以及地形条件、朝向要求，采用对称形式的布局，并获得了完整统一性。

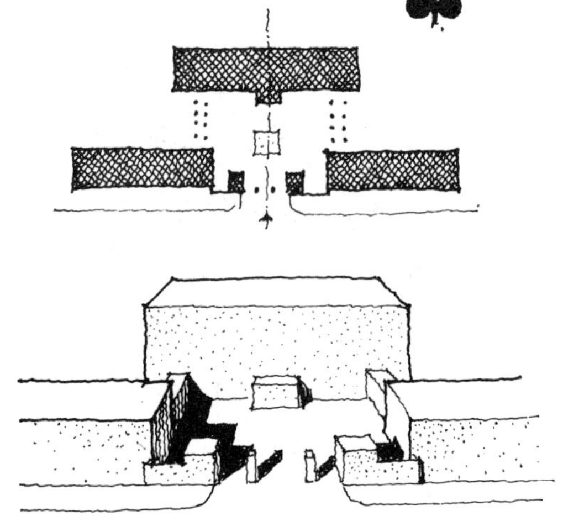

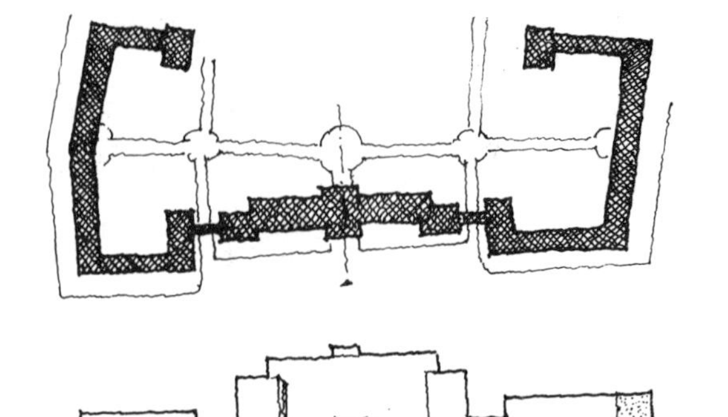

3. 某办公楼。功能联系不甚密切，结合地形特点采用对称布局，主从分明完整统一。

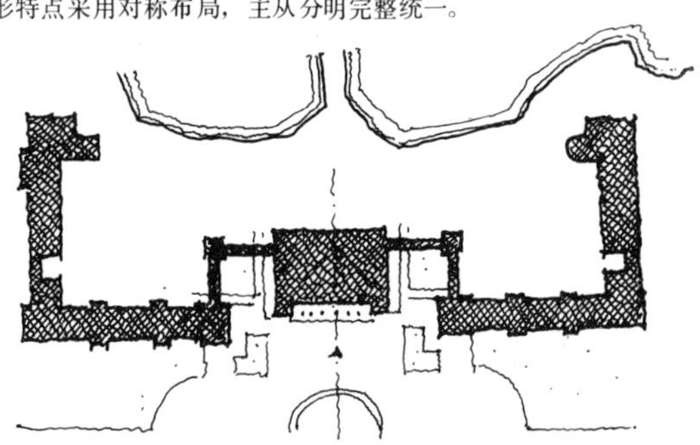

4. 全国农业展览馆。各馆之间没有严格的参观顺序要求，为形成庄严的气氛采用对称的布局，从而有力地突出了主馆——综合馆。

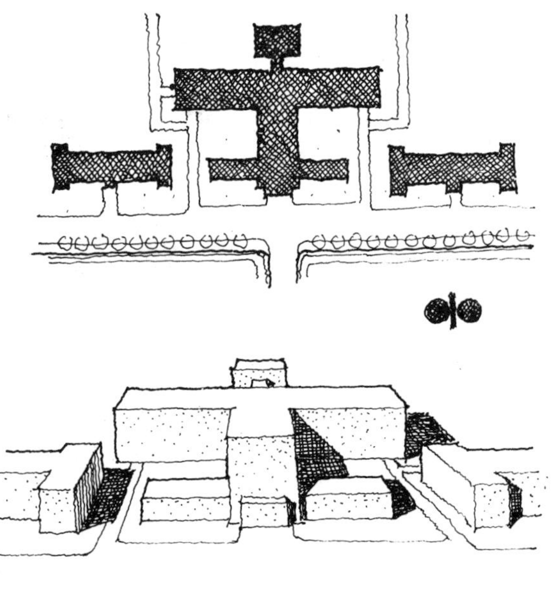

5. 天津大学图书馆、教学楼，互相之间无功能联系，通过对称形式的组合使三者主从分明并有机地结合成为统一的整体。

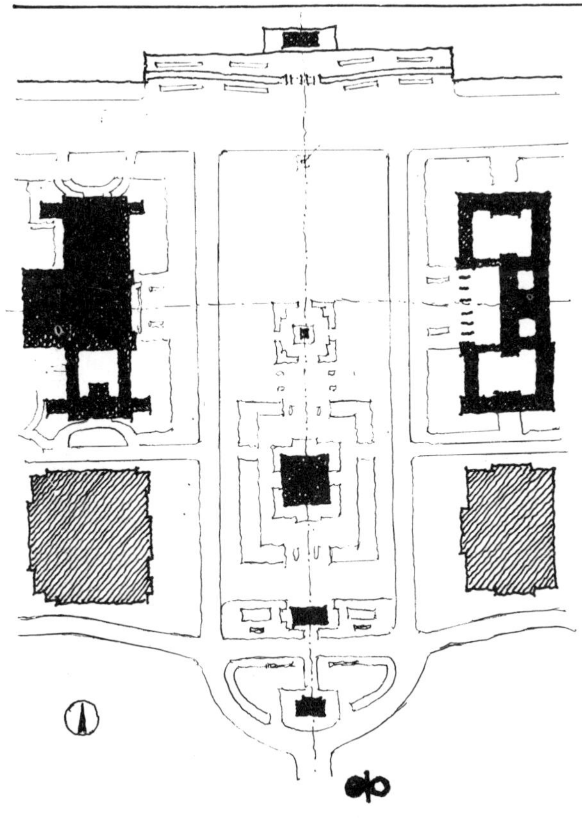

6. 由于功能限制，事实上严格或全部采用对称形式的建筑群是不多的。一般地讲也就是大体上的对称或局部的对称，例如天安门广场所采用的就是大体上的对称或基本对称的布局形式。

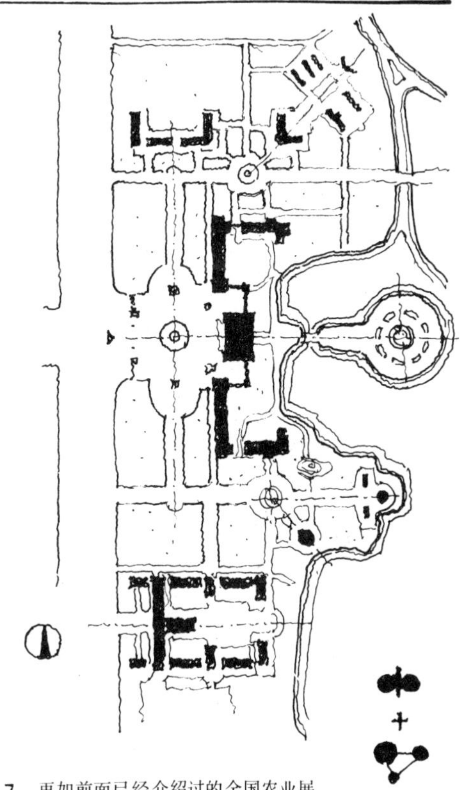

7. 再如前面已经介绍过的全国农业展览馆，尽管局部地看来所采用的是对称的布局，但就全体而言仍然是不对称的，这样的布局也可以说是综合地运用了对称与不对称的两种形式。

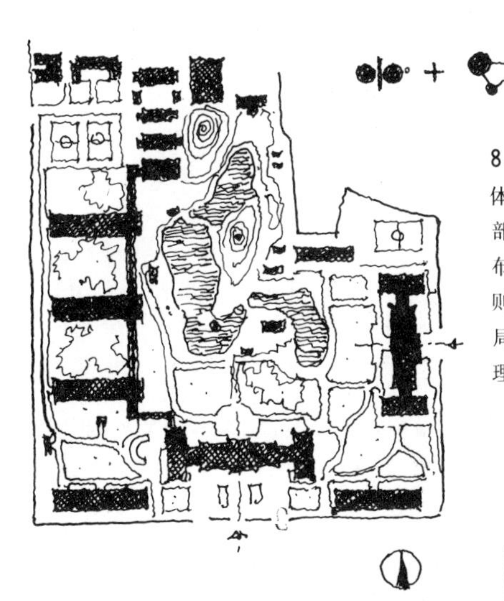

9. 北京积水潭医院。根据功能、地形特点，门诊部分采用了对称的布局，其它部分采用不对称的布局，既满足了功能要求又很完整统一。

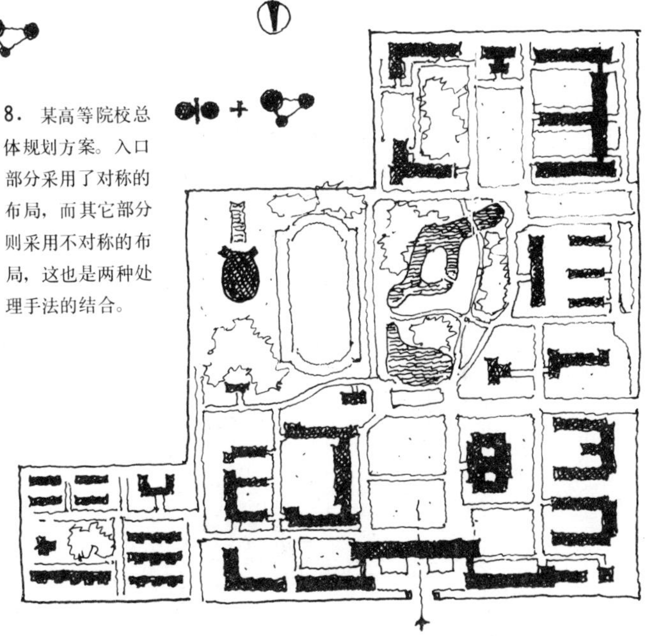

8. 某高等院校总体规划方案。入口部分采用了对称的布局，而其它部分则采用不对称的布局，这也是两种处理手法的结合。

10. 某大学留学生活动区规划方案。结合地形特点，为造成轻松、活泼、幽雅、宁静的气氛以利于学习、休息、文娱等活动，采用不对称的布局形式，并使建筑物与绿化、庭园相结合，从而形成一个有机统一的整体。

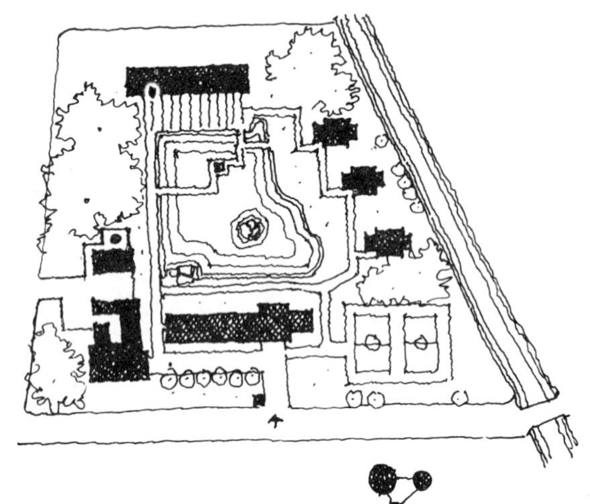

1.门诊大楼
2.病房大楼
3.营养食堂
4.职工食堂
5.气功房
6.洗衣房
7.太平间

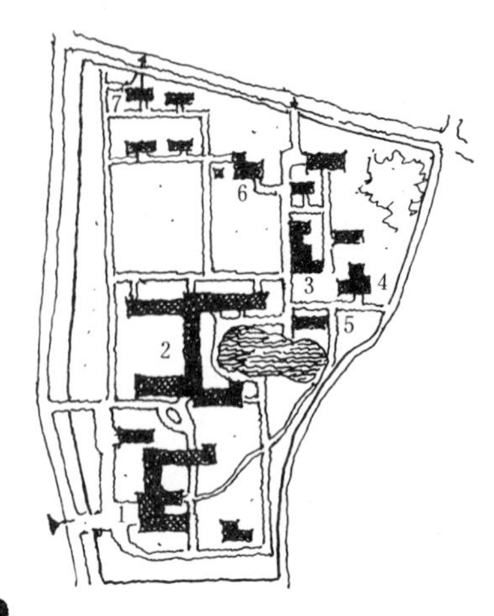

11. 广州某300床医院。结合地形、功能特点，采用不对称的布局，把门诊部分放在入口附近，病房部分稍靠内，并使之具有良好的朝向和安静的环境，其它辅助建筑则置于较偏僻的地方。

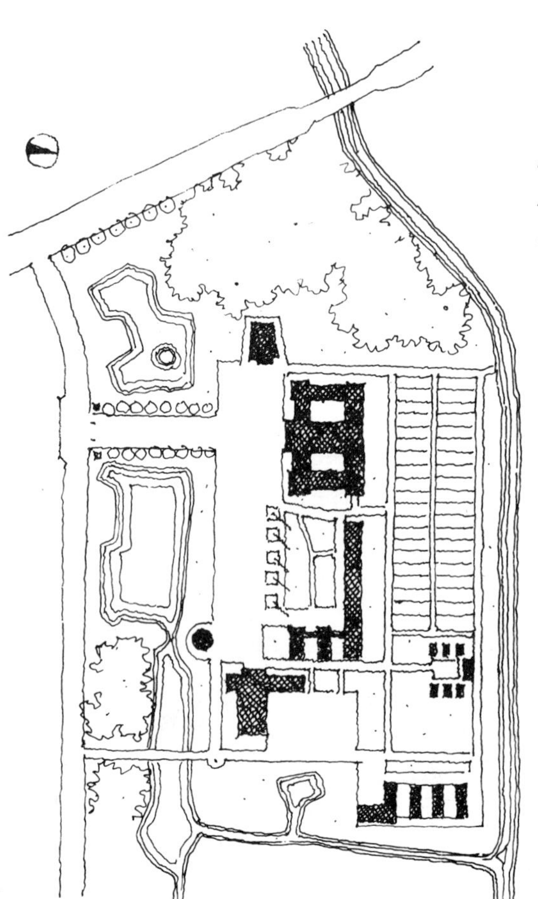

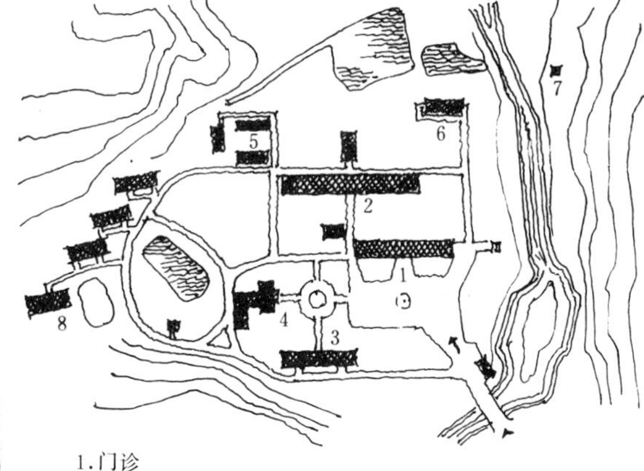

1.门诊
2.病房
3.卫生学校
4.食堂
5.中心供应
6.传染病房
7.太平间
8.宿舍

12. 江苏江浦某150床医院。与前一例相似把门诊放在靠近入口的地方，病房稍靠内，传染病房需要隔离则置于偏远的一角，供应部分紧贴在病房的后侧，卫生学校、职工食堂因与其它部分功能联系不甚密切，则置于入口的一侧。

13. 某农业展览馆总体规划设计方案。结合地形特点，考虑到人流与参观路线的顺畅而无迂回、交叉，采用不对称的布局形式，把各主要展览馆沿东西狭长广场的西、北、东三面布置，不仅争取了良好的朝向，而且又能形成一个完整、开敞而又富有变化的室外活动空间。

居住建筑群体组合的特点[128]

住宅建筑相互之间没有直接的功能联系，在群体组合中所考虑的往往是通过一些公共设施——托幼、商业供应点、小学校等把它们组成一些团、块或街坊，以保证生活上的方便。居住建筑群体组合着重要考虑的问题是：争取较多的住宅有良好的朝向；在保证必要的日照、通风条件下尽可能地提高建筑密度以节省用地；保证环境安静而免受干扰；体形组合和外部空间完整统一；应当具有亲切、朴素和宁静的气氛。居住建筑群体组合通常采用以下三种基本形式：①周边式：使住宅建筑沿周边布置，较有利于形成完整的空间、院落，但不利于争取良好的朝向。②行列式：平行地布置住宅建筑，较有利于争取良好的朝向，但体形、空间组合如处理不当则可能流于单调。③墩式：独立地排列建筑，较有利于争取良好的采光、通风、日照条件，但用地不够经济。

2. 某工矿企业职工住宅区规划。结合地形采用行列式的布局，绝大部分住宅都有良好的朝向和通风、采光、日照条件，公共设施的分布也比较合理、均匀。

3. 广州华侨住宅。采用墩式布局形式独立地排列建筑，保证了良好的通风、采光、日照条件，但用地不经济。

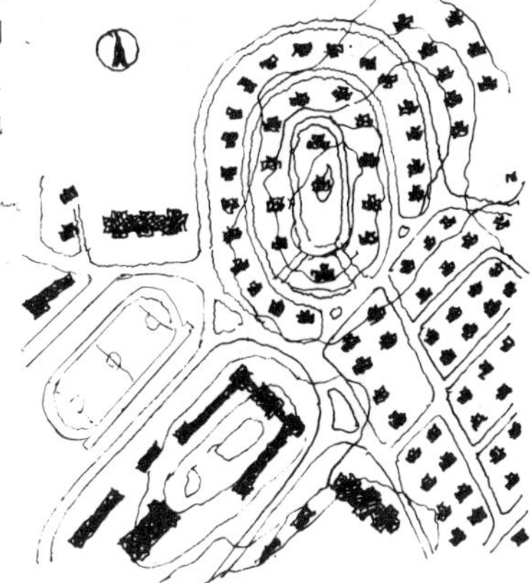

5. 上海蕃瓜弄新村。结合地形环境，综合地采用周边、行列和墩式的布局，既保证了安静又争取了好的朝向。

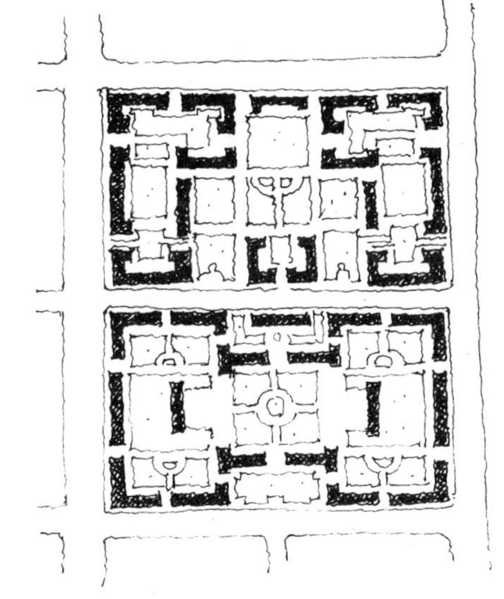

1. 东北地区某住宅街坊。采用周边式的布局，以建筑围成一系列的空间院落，公共设施则置于街坊的中心。这种布局的优点是可以保证街坊内部空间、环境的安静而不受外界干扰，缺点是有相当一部分住宅朝向不理想。

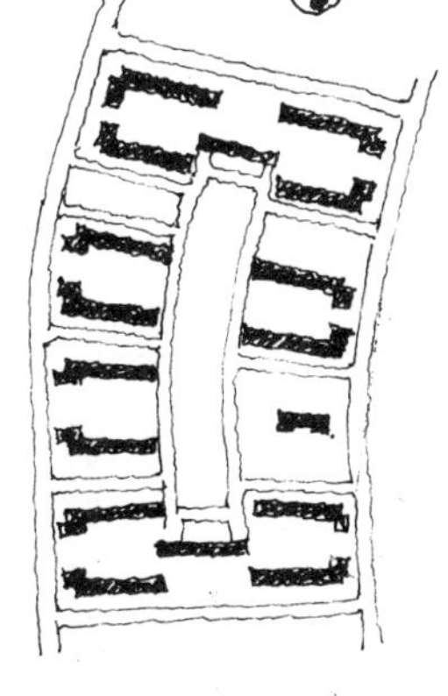

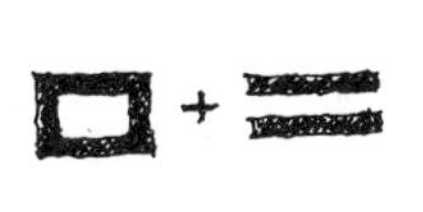

4. 北京地区某住宅街坊。综合利用周边、行列两种布局形式的优点，具有良好的朝向和安静的环境。

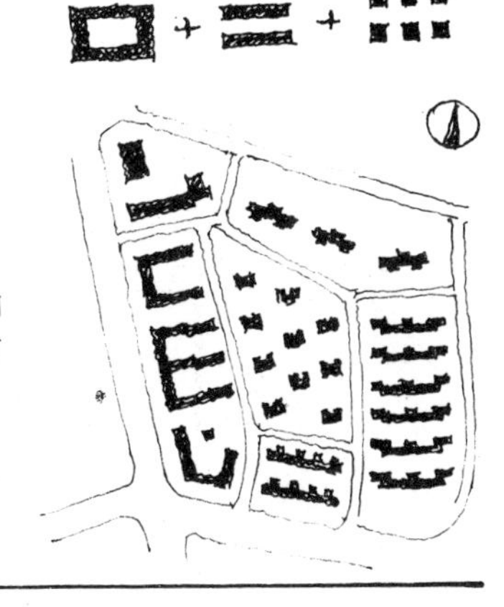

工业建筑群体组合的特点[129]

工业建筑相互之间的关系由于受到工艺流程和运输的严格的制约，在群体组合中必须着重考虑以下一些问题：原料进入；由原料到成品的全部工艺流程；成品运出；职工生活方便。另外，某些带有污染的车间必须放在下风位以减少对于其它部分的影响。

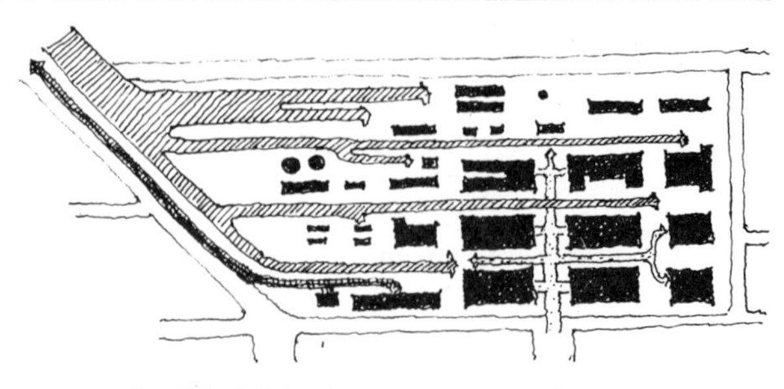

2．某汽车制造厂人流、货流分布示意图。人流沿工厂主要入口分别进入各个车间，原料由西北角通过铁路进厂，并分发至各生产车间，经过加工、制作、装配，成品复由原铁路运出厂外。

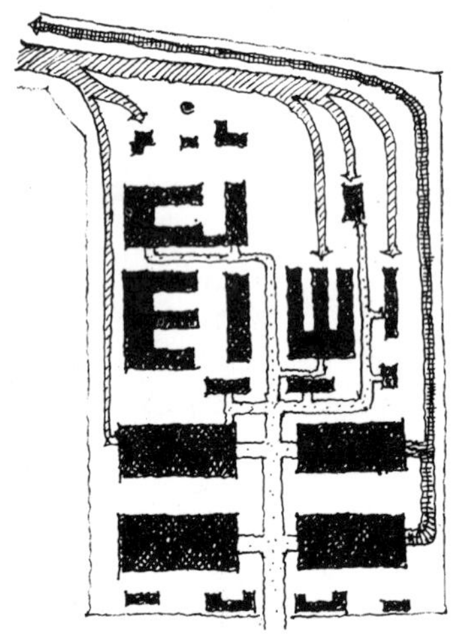

职工出入

成品运出

原料进入

1．任何一类工业建筑的群体布局，首先都必须考虑到人流、货流的组织。所谓人流主要系指职工活动的流线；所谓货流则可分两方面：一是原料的运入；一是成品的运出。

3．规模较大的工厂应按生产特点不同而划分为若干个区，各区之间的关系应能反映生产工艺流程的特点，某些带有污染性质的车间应放在下风位，以减少污染的影响。

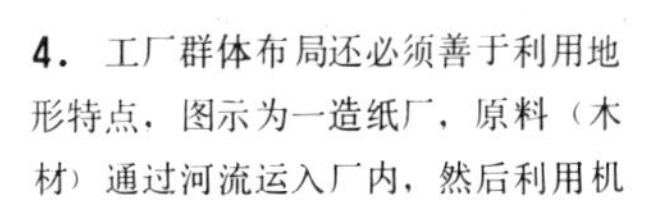

4．工厂群体布局还必须善于利用地形特点，图示为一造纸厂，原料（木材）通过河流运入厂内，然后利用机械设备送到准备、加工制作车间进行加工制作，制成成品后经由轻便轨道集中于成品库，最后经由码头从水路运出。

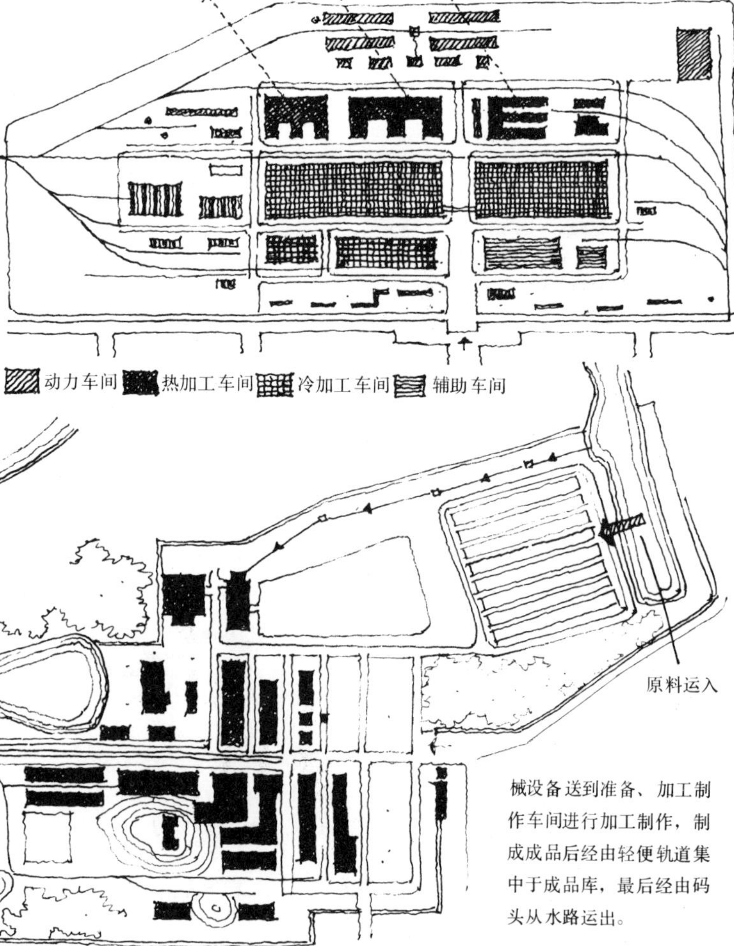

沿街建筑群的组合问题[130]

沿街建筑可以由商店，公共建筑或居住建筑所组成。由商店所组成的街道称商业街。沿街建筑相互之间一般功能关系不密切，在群体组合中主要考虑的问题是如何通过建筑物与空间的处理而使之具有统一和谐的风格。具体地讲：就是具有完整、统一的体形组合；富有变化的外轮廓线；统一和谐的建筑形式和风格；统一和谐的色彩、质感处理；完整统一的外部空间处理。

1. 沿街建筑群体组合可以分为以下几种基本类型：
①封闭的形式：建筑物沿街道两侧布置，如同屏风一样而形成一条狭长的、封闭的空间，一般的商业街均采用这种形式的组合。
②半封闭的形式：街道一侧的建筑呈屏风的形式；另一侧呈独立的形式。
③开敞的形式：沿街两侧的建筑均呈独立的形式，一般由公共建筑所组成的街道多采用这种组合形式。

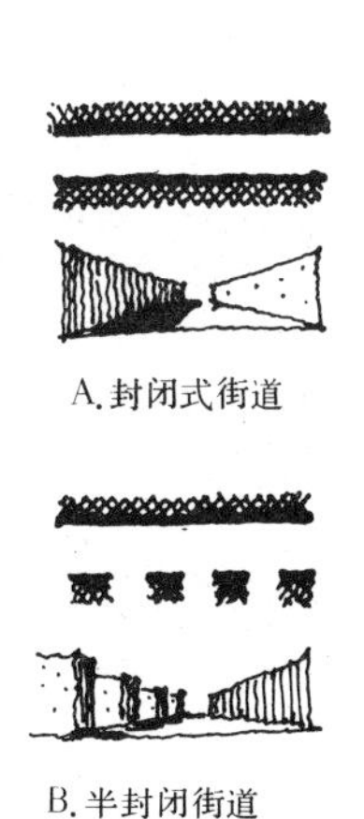
A.封闭式街道

B.半封闭街道

2. 上海闵行一条街。这是一条由居住建筑所组成的街道，采用封闭的组合形式而形成一条狭长的空间，由于底层为商店，因而也是一条商业街。

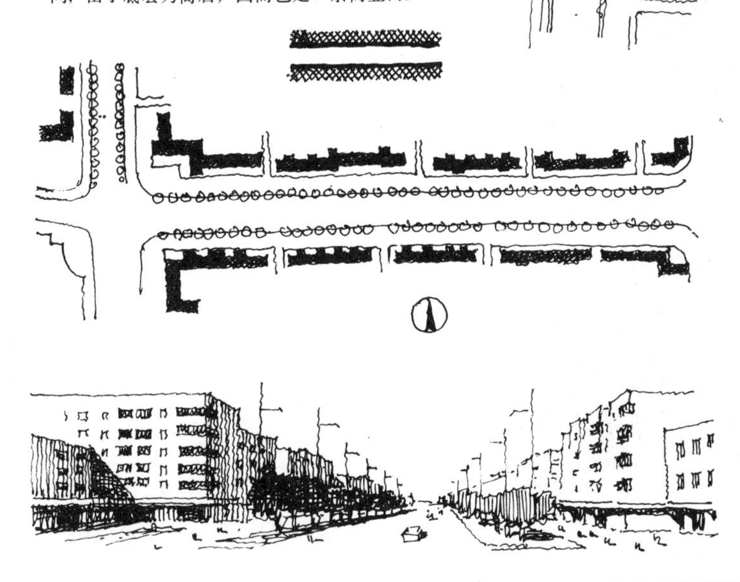

3. 广州某街道规划。半封闭形式：一侧呈屏风的形式；另一侧呈独立的形式，主要是由公共建筑所组成。

4. 成都市规划方案，综合地采用封闭、半封闭、开敞等三种组合形式，从而使所形成的街道时而开敞、时而封闭，并借开敞与封闭的对比而求得变化。

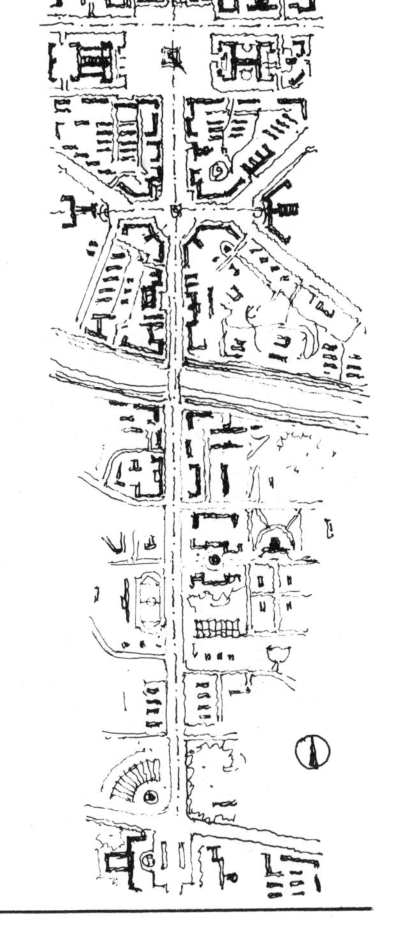

公共活动中心群体组合的特点[131]

国外的一些公共活动中心，就是把某些性质上比较接近的公共建筑集中在一起，以利于某种社会性的活动，常见的一些活动中心有；文化娱乐活动中心、科学中心、艺术中心、体育中心、医疗中心等。除此之外,还有一些综合性的中心,例如象市中心那样：即不限于某一种专业活动，而是综合地进行多种活动。各类公共活动中心由于功能、性质不同，在群体组合中是不能一律对待的，只有紧紧地抓住各类中心的功能特点及主要矛盾来进行群体组合，才能做到既适用而又具有鲜明的性格特征。

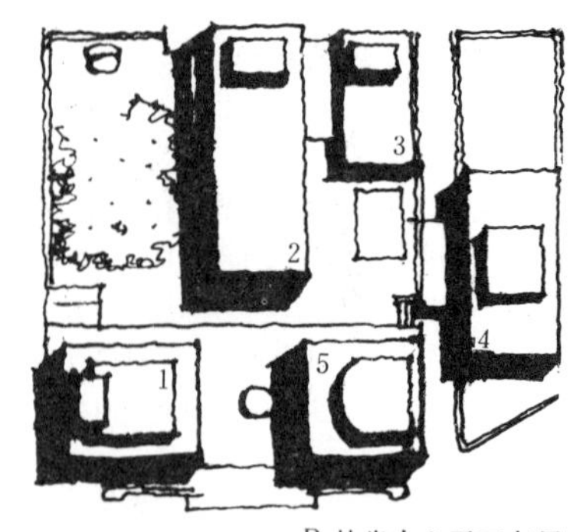

B.林肯中心平面布局

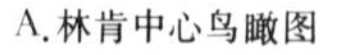

A.林肯中心鸟瞰图

1.纽约州立剧院
2.大都会歌剧院
3.演出艺术图书馆、博物馆
4.鸠尔德（艺术）学校
5.交响乐厅

1. 纽约林肯表演艺术中心。作为文化中心在这里集中地设置了剧院、歌剧院、音乐厅以及有关表演艺术的图书馆、博物馆、专业学校等。上述各建筑有的直接用于演出，有的则是为演出服务或培养演出人才的。各建筑既有相对的独立性，又有某些内在的功能联系。

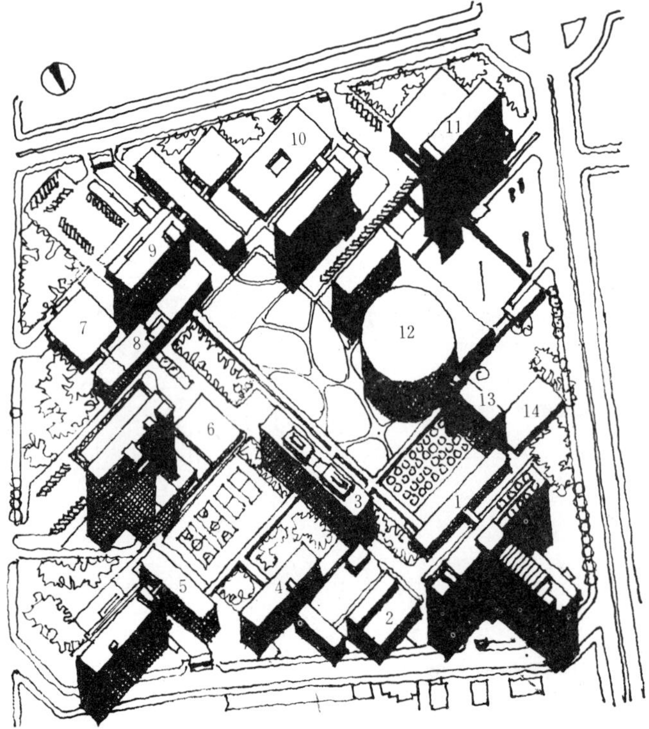

2. 墨西哥城某医疗中心。这是一个带有教学和科研性质的综合性的医疗中心，规模很大，共有3000个病床。结合功能特点群体组合尽量争取建筑物能够面向东南。每一所医院都拥有自己的实验室和单独对外的出入口，但供应和辅助部分却集中在一起。另外，考虑到当地经常发生地震，为避免发生意外，各高层建筑均用桥廊相连通。

1.外科部	8.实验室
2.洗衣、成药部	9.肿瘤医院
3.教学、活动房间	10.妇科诊所
4.预先及事后处理	11.肠道科部
5.肺结核医院	12.会议大厦
6.急诊所	13.行政办公
7.停尸房	14.接受病人处

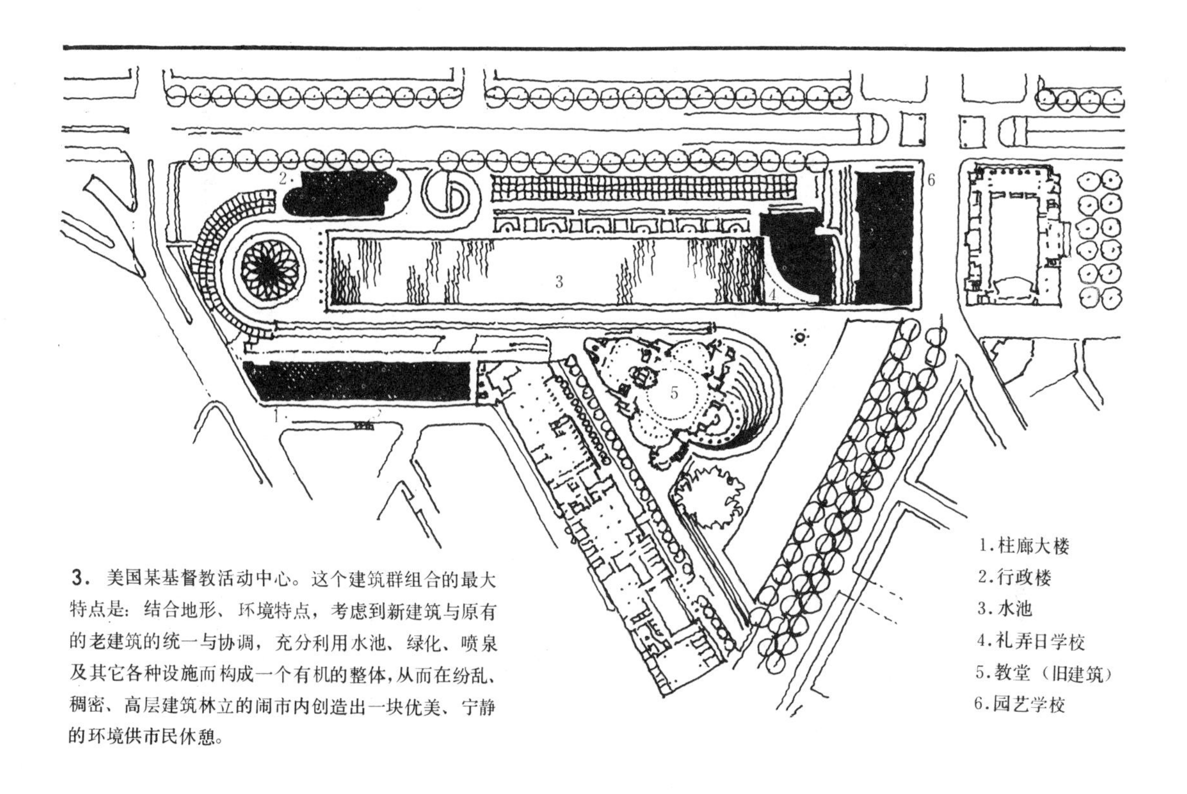

3. 美国某基督教活动中心。这个建筑群组合的最大特点是：结合地形、环境特点，考虑到新建筑与原有的老建筑的统一与协调，充分利用水池、绿化、喷泉及其它各种设施而构成一个有机的整体，从而在纷乱、稠密、高层建筑林立的闹市内创造出一块优美、宁静的环境供市民休憩。

1. 柱廊大楼
2. 行政楼
3. 水池
4. 礼弄日学校
5. 教堂（旧建筑）
6. 园艺学校

4. 市中心是一个综合性的公共活动中心。鉴于第二次世界大战后开始出现的城市视觉上的混乱和交通运输给予城市的干扰，近代市中心规划多倾向于把铁路、公路等运输干道与商业、文化等活动中心分开。下图所示为挪威奥斯陆市中心规划设想方案，新的市中心将拆除一部分高密度的贫民窟地带，并跨越原有的铁路站场，使交通运输干道从地下穿过，从而保证活动于商业、文化中心的徒步行人免受干扰。

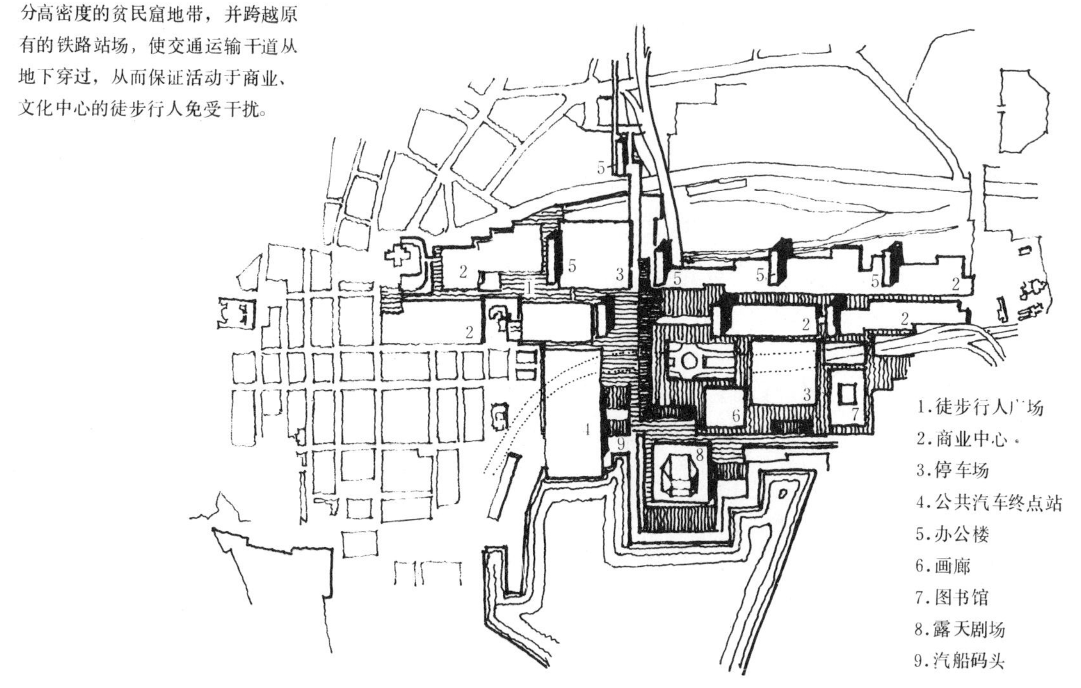

1. 徒步行人广场
2. 商业中心
3. 停车场
4. 公共汽车终点站
5. 办公楼
6. 画廊
7. 图书馆
8. 露天剧场
9. 汽船码头

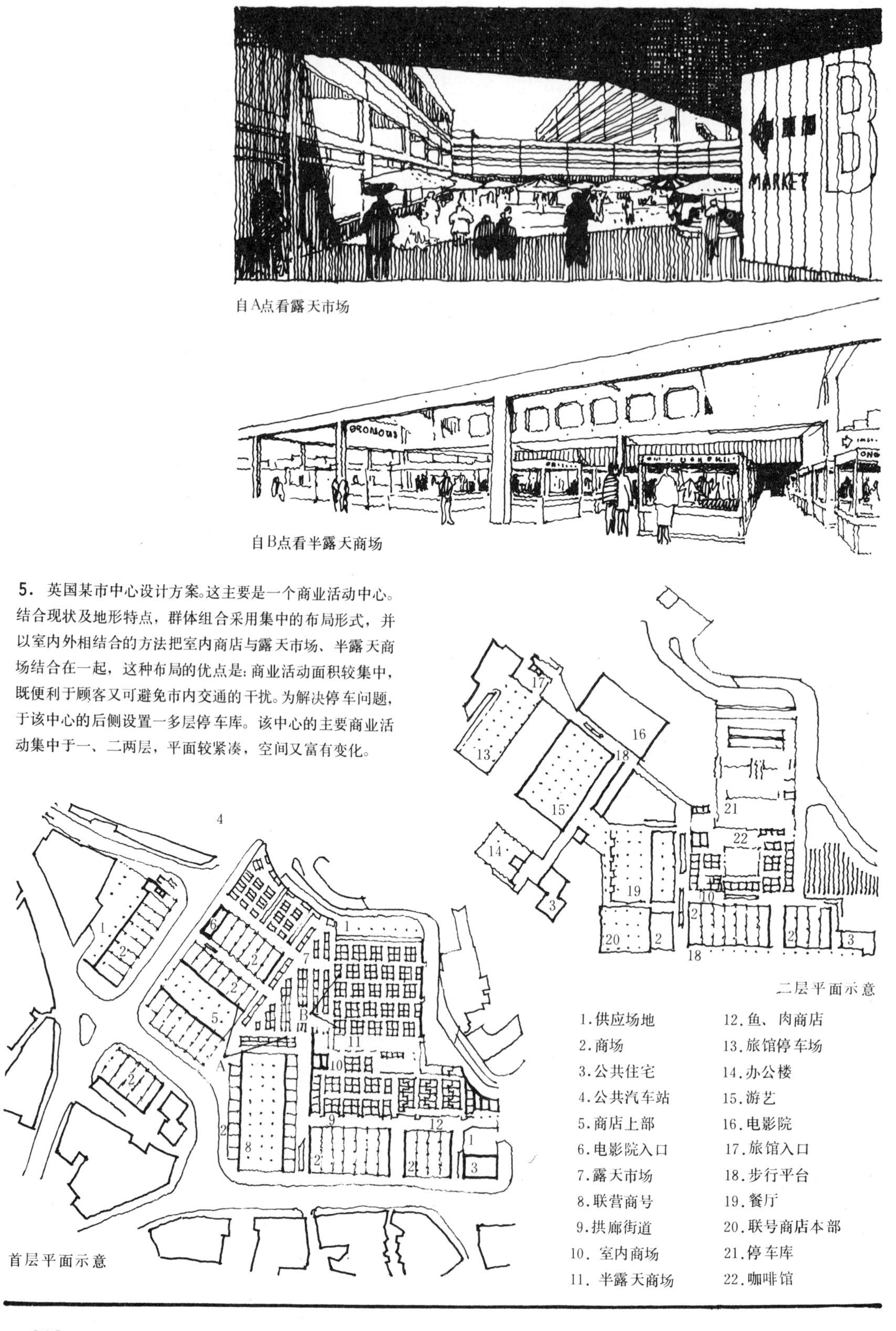

自A点看露天市场

自B点看半露天商场

5．英国某市中心设计方案。这主要是一个商业活动中心。结合现状及地形特点，群体组合采用集中的布局形式，并以室内外相结合的方法把室内商店与露天市场、半露天商场结合在一起，这种布局的优点是：商业活动面积较集中，既便利于顾客又可避免市内交通的干扰。为解决停车问题，于该中心的后侧设置一多层停车库。该中心的主要商业活动集中于一、二两层，平面较紧凑，空间又富有变化。

二层平面示意

首层平面示意

1.供应场地
2.商场
3.公共住宅
4.公共汽车站
5.商店上部
6.电影院入口
7.露天市场
8.联营商号
9.拱廊街道
10. 室内商场
11. 半露天商场
12.鱼、肉商店
13.旅馆停车场
14.办公楼
15.游艺
16.电影院
17.旅馆入口
18.步行平台
19.餐厅
20.联号商店本部
21.停车库
22.咖啡馆

通过对称而求得统一[132]

无论是对于单体建筑的处理或是对于群体组合的处理，对称，都是求得统一的一种最有效的方法。这是因为对称本身就是一种制约，而于这种制约之中不仅包含了秩序，而且还包含了变化。历史上许多杰出的建筑之所以采取对称的形式，正说明很早以前人们就已经认识到对称本身所具有的这一特点。一个明显的事实是：两幢相同的建筑排列在一起，彼此之间没有主从的差别，也找不出什么联系，

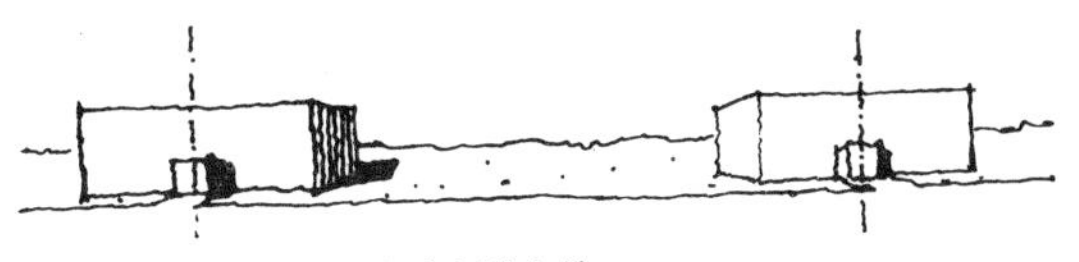

A. 主从关系不明确，各自闹独立性

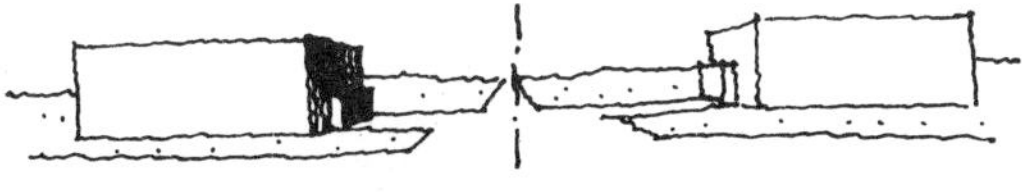

B. C由互相吸引而达到完整统一

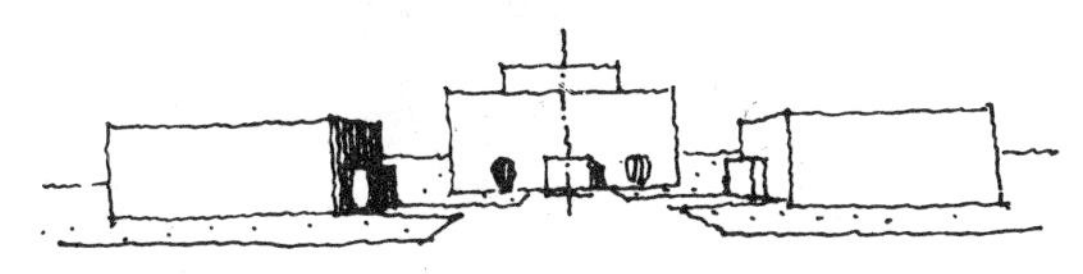

这就要闹独立性（二元性）；如果把入口移向一端并在中央开一通道，这两者就多少有了一点互相吸引的关系；要是在中央放进一个第三者，那么主从关系立即明确起来，这三者就结合成为一个完整统一的整体了。

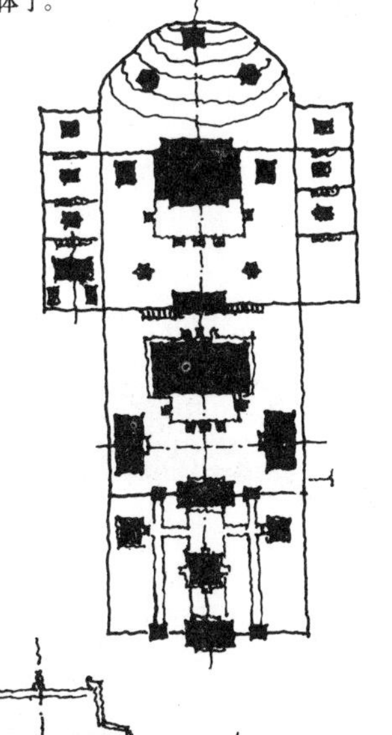

1. 在群体组合方面，我国古建筑非常成功地利用了对称而求得了统一。一个建筑群，不论规模大小，如果沿着一条中轴线而作对称形式的排列，于是就会建立起一种秩序感，如果再把位于中轴线上的主体建筑突出一些，这种统一性就更加加强了。

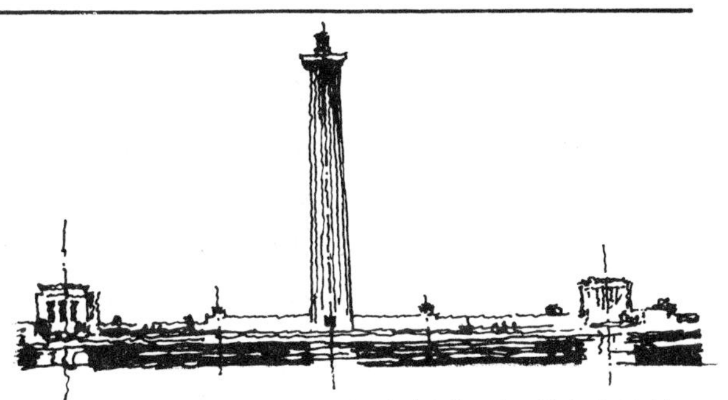

2. 在群体组合中，通过对称来求得统一在国外也不乏先例，特别是纪念性建筑，采用对称布局的形式更是屡见不鲜。

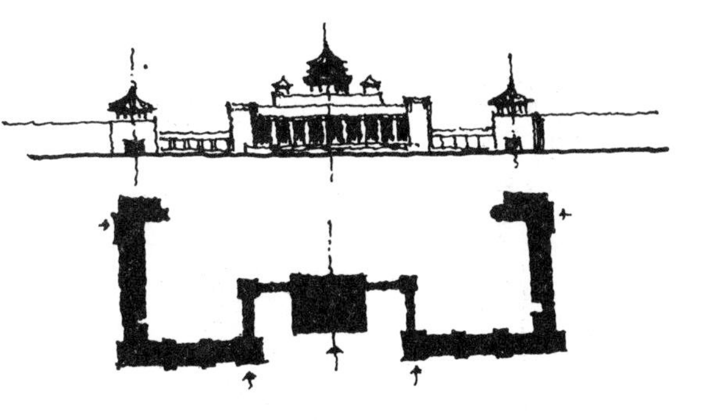

3. 在群体组合中，以对称而求得统一的这一传统，一直延续到解放以后的某些新建筑，上图所示的全国农业展览馆就是一例。

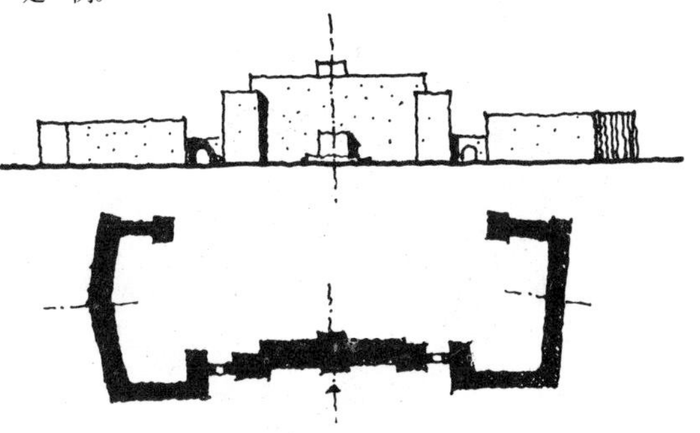

4. 此外，还有相当多的公共建筑、特别是行政办公建筑、学校建筑，由于功能限制不甚严格，其群体组合也多采用对称的布局形式，并通过它而达到统一。

通过轴线的引导、转折求得统一[133]

通过对称固然可以求得统一，但对称的形式也有它的局限性，例如在功能或地形变化比较复杂的情况下，机械地采用对称形式的布局，就可能妨碍功能使用要求或与地形、环境格格不入。在这种情况下，如果能够巧妙地利用轴线的引导而使之自由地转折，那么不仅可以扩大组合的灵活性以适应功能或地形的要求与变化，同时也可以建立起一种新的制约关系和秩序感，换句话说：就是建立起另外一种形式的统一。

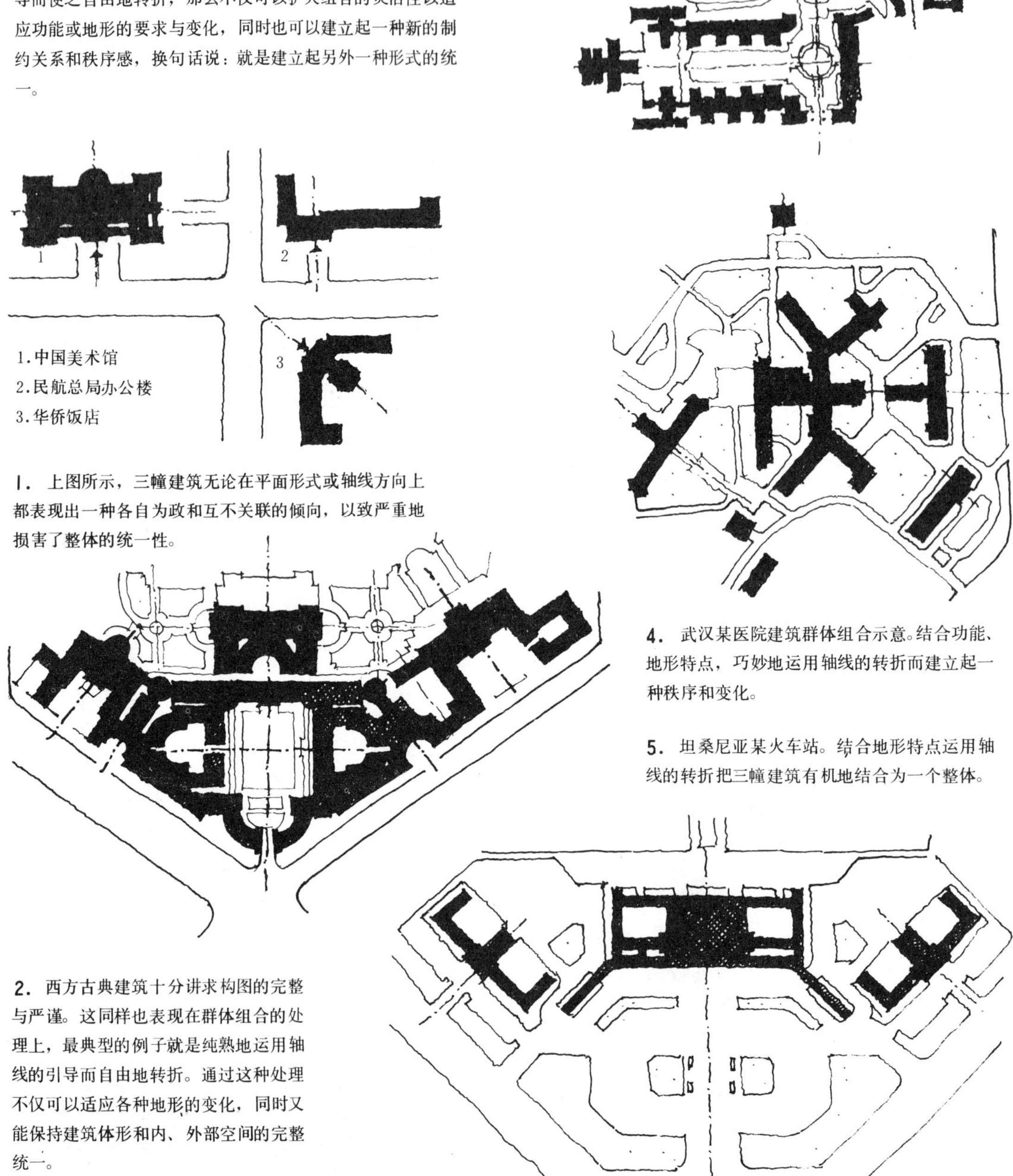

1．上图所示，三幢建筑无论在平面形式或轴线方向上都表现出一种各自为政和互不关联的倾向，以致严重地损害了整体的统一性。

2．西方古典建筑十分讲求构图的完整与严谨。这同样也表现在群体组合的处理上，最典型的例子就是纯熟地运用轴线的引导而自由地转折。通过这种处理不仅可以适应各种地形的变化，同时又能保持建筑体形和内、外部空间的完整统一。

3．某高等学校群体组合示意。结合地形特点巧妙地运用轴线的引导而自由地转折，从而把建筑物与外部空间分成若干段落以分别适应不同的要求。

4．武汉某医院建筑群体组合示意。结合功能、地形特点，巧妙地运用轴线的转折而建立起一种秩序和变化。

5．坦桑尼亚某火车站。结合地形特点运用轴线的转折把三幢建筑有机地结合为一个整体。

通过向心以求得统一[134]

在儿童游戏中如果有几个孩子携手围成一个圈子，那么这几个孩子就会由此而结成一个整体——他们之间由于互相吸引而产生向心、收敛和内聚的感觉。这和分散的、东奔西跑的或乱七八糟地挤在一起的孩子给人的感觉是很不相同的。在群体组合中如果把建筑物环绕着某个中心来布置，并借建筑物的体形而形成一个空间，那么这几幢建筑也会由此形成一个整体，古今中外有许多建筑的群体组合就是通过这种方法而达到统一的。

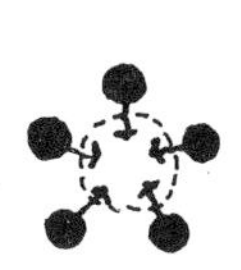

1. 著名的巴黎明星广场。以凯旋门为中心，12幢建筑围绕着广场的周边布置，并形成一个圆形的空间，各建筑互相吸引，具有强烈的向心感。

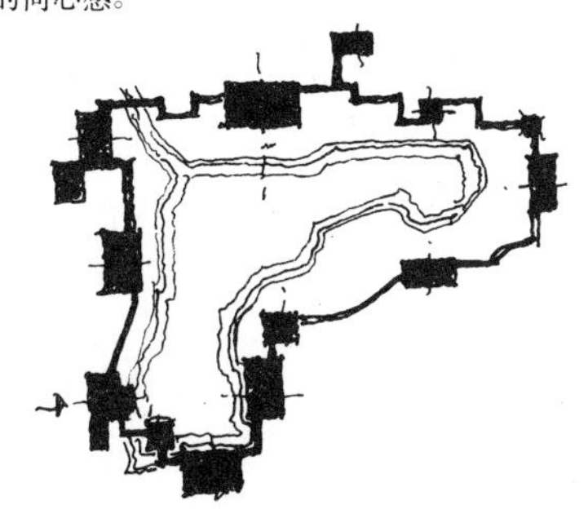

2. 谐趣园。平面布局虽呈不规则形式，但由于各建筑物均环绕着水池的四周布置，并用游廊连接为一体，从而形成为一个有机统一的整体。

3. 某城市规划中的广场设计方案。各公共建筑围绕着椭圆形广场的四周布置，广场中心设有水池、绿化，各建筑互相对应、吸引，并形成一个统一的整体。

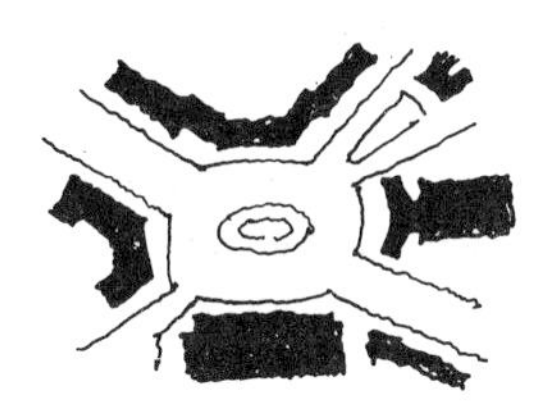

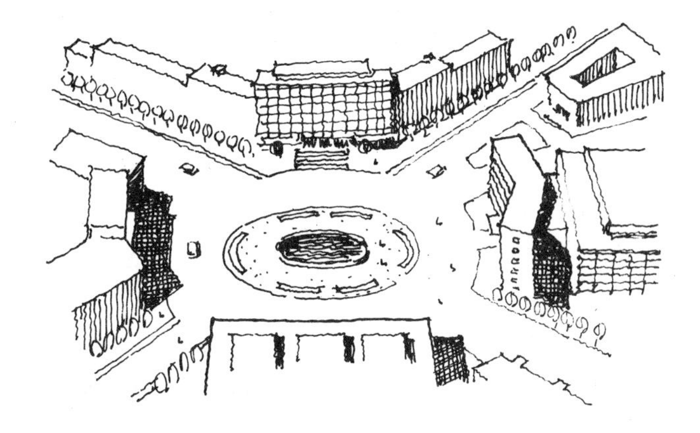

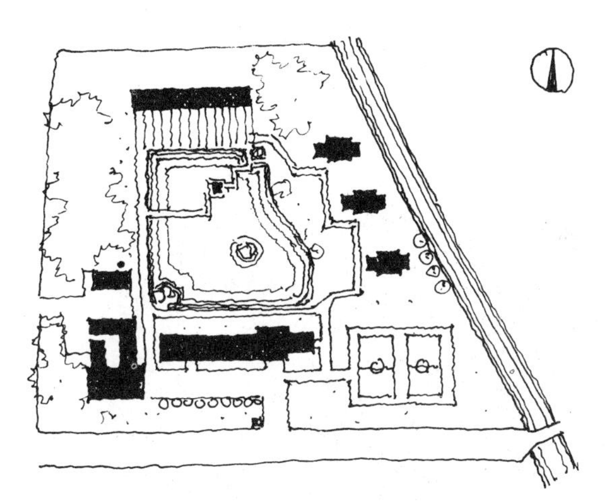

4. 某大学留学生活动区规划设计方案。结合地形使各建筑围绕着湖的四周布置，并与绿化、道路、铺面相结合而形成一个有机统一的整体。

5. 采用周边式布局的住宅街坊。从组合的基本原则来讲，也可以说是通过向心而达到统一的，虽然在这里向心的感觉并不十分明显。

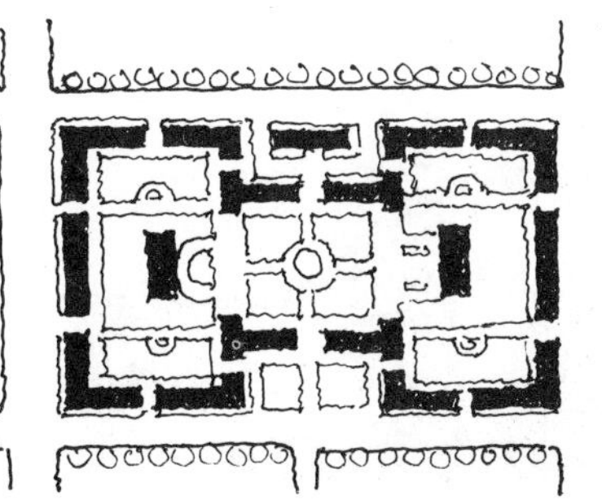

从与地形的结合中求统一[135]

在群体组合中，可以达到统一的途径是多种多样的，与地形的结合就是达到统一的途径之一。从广义的角度来讲，凡是互相制约着的要素都必然具有某种条理性和秩序感，而真正做到与地形的结合——也就是说把若干幢建筑置于地形、环境的制约关系中去，则必然呈现出某种条理性或秩序感，这其中自然而然地就包含有统一的因素了。

1．右图所示为上海漕阳新村总体规划，住宅和公共建筑的排列顺应着道路、河流的弯曲和转折而呈现出一种条理性和秩序感，从而形成为一个和谐统一的整体。

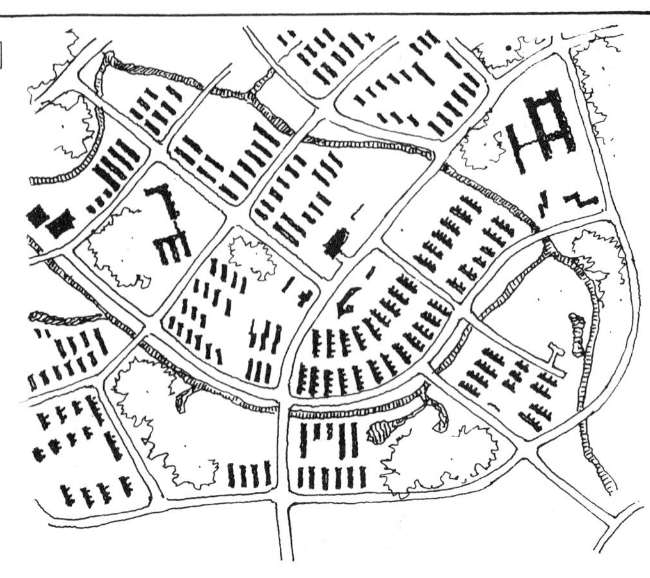

2．下图所示为某山区住宅规划。顺应着地形起伏排列建筑，并通过建筑物与地形的巧妙结合而建立起一种秩序感，这样既可以节省大量的土、石方工程，又可以获得统一的效果。

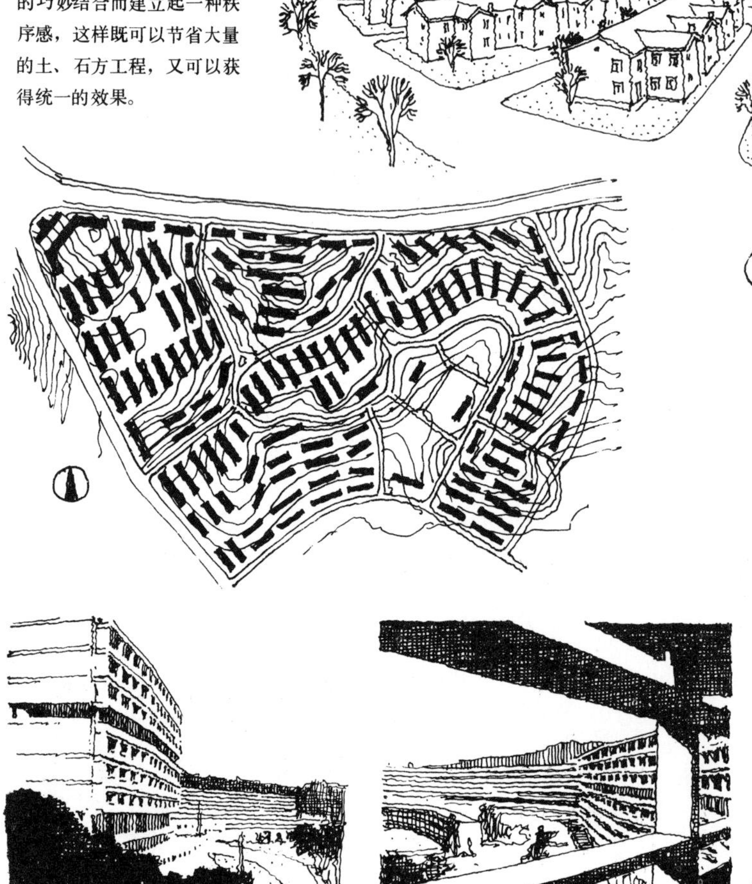

3．意大利某公共住宅建筑群，座落于“U”形山谷的南坡。针对住宅建筑的功能特点以及地形条件，使建筑平面呈极细长的带形，并顺应着等高线作自由的弯曲和转折，从而借与地形的结合而达到群体组合的和谐统一性。

以共同的体形来求得统一［136］

在群体组合中，各个建筑物如果在体形上都具有某种共同的特点，那么这些特点就象一列数字中的公约数那样，而有助于在这列数字中建立起一种和谐的秩序。所具有的特点愈是明显、突出，各建筑物互相之间的共同性就愈强烈，于是由这些建筑物所组成的建筑群就更易于达到统一。

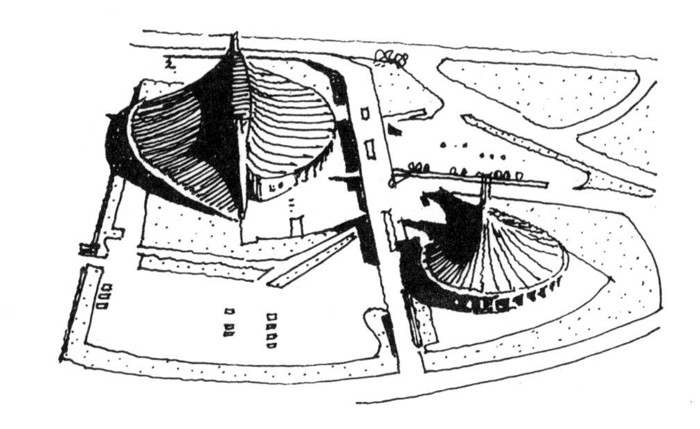

1．东京日本国家体育馆。两幢建筑尽管大小，形状各不相同，但由于采用了悬索结构、而使这两者在外部体形上具有很多共同的特点，这些特点对于促进群体组合的统一，无疑起着十分明显的作用。

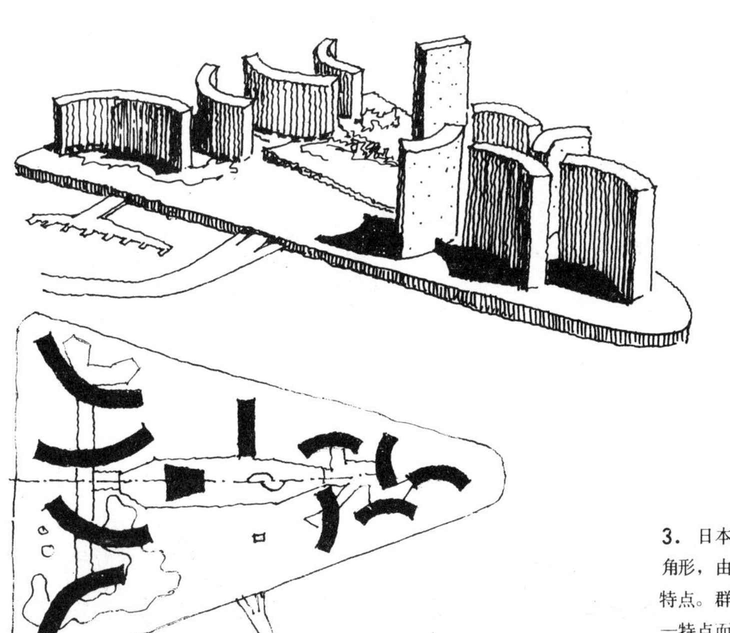

2．国外某公共建筑的群体组合。这是由十幢高层建筑所组成的建筑群，除一幢建筑外，其它九幢建筑虽有长有短、有高有低，但平面均呈弯曲的形状，由此而产生的体形都具有十分明显的共同特点，利用这一特点将有助于使整个建筑群获得统一和谐的效果。

3．日本丰田马鞍湖纪念馆。主要建筑的平面呈三角形，由此而产生的建筑体形必然具有明显的共同特点。群体组合的统一性在很大程度上就是通过这一特点而取得的。

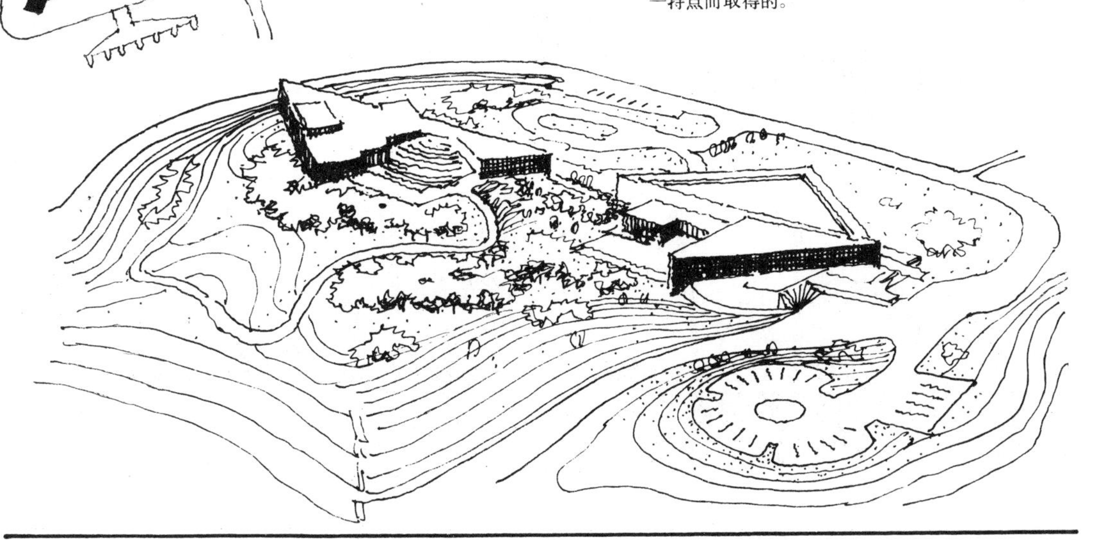

形式与风格的统一问题[137]

形式与风格的处理对于群体组合能否获得统一的影响极大。在一个统一的建筑群中，虽然各幢建筑的具体形式可以千变万化，但是它们之间必须具有一种统一的风格。所谓统一的风格，即指那种寓于个体之中的共性的东西。有了它犹如有了共同的血缘，于是各个个体之间就有了某种内在的联系；就可以产生共鸣；就可以借它——一种公约数——而达到群体组合的统一。

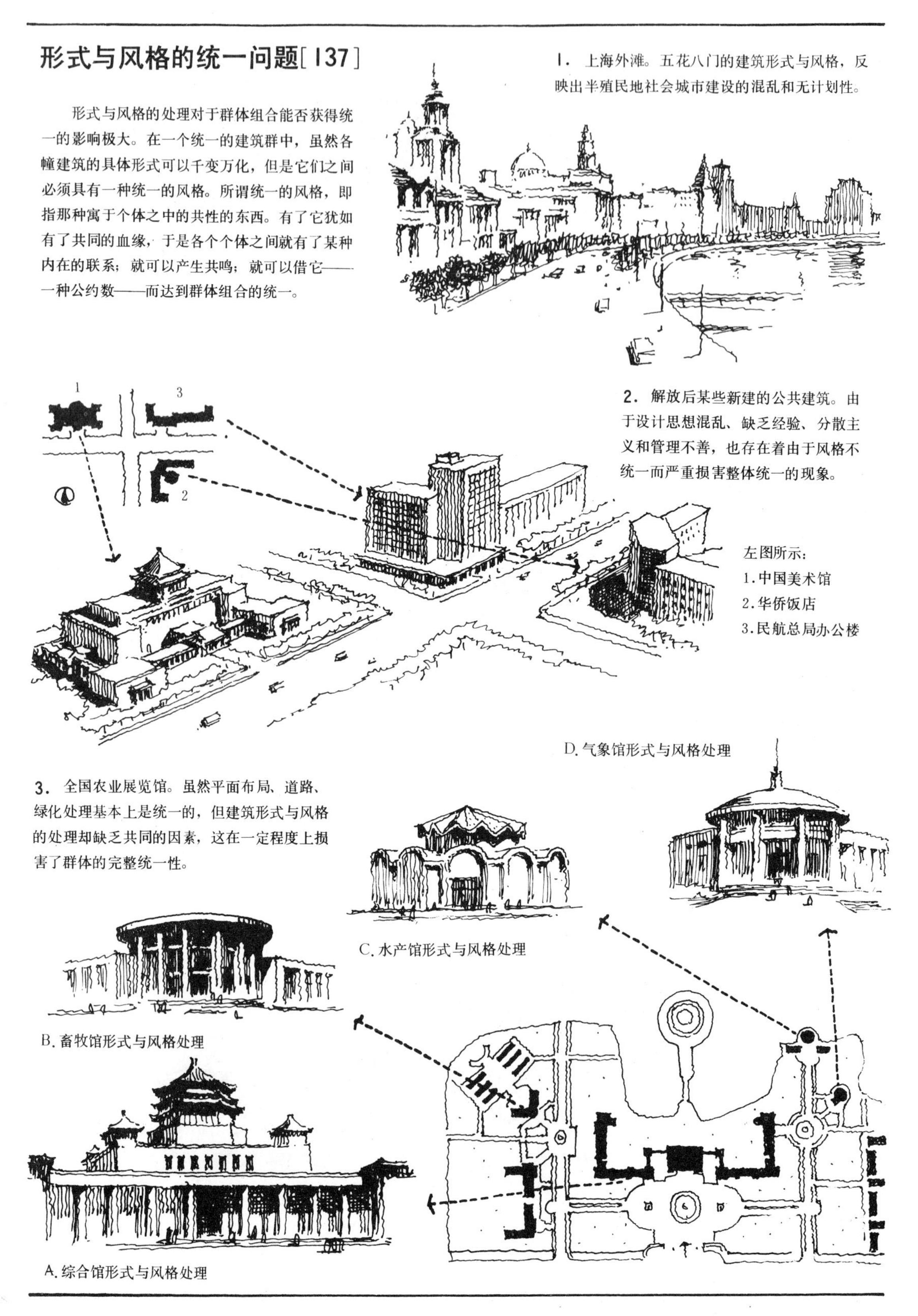

1．上海外滩。五花八门的建筑形式与风格，反映出半殖民地社会城市建设的混乱和无计划性。

2．解放后某些新建的公共建筑。由于设计思想混乱、缺乏经验、分散主义和管理不善，也存在着由于风格不统一而严重损害整体统一的现象。

左图所示：
1.中国美术馆
2.华侨饭店
3.民航总局办公楼

3．全国农业展览馆。虽然平面布局、道路、绿化处理基本上是统一的，但建筑形式与风格的处理却缺乏共同的因素，这在一定程度上损害了群体的完整统一性。

D.气象馆形式与风格处理

C.水产馆形式与风格处理

B.畜牧馆形式与风格处理

A.综合馆形式与风格处理

4. 上海地区某住宅建筑群。各单体建筑具有统一的屋顶形式，统一的墙面处理，统一的色彩、质感处理，特别是通过屋顶、拱窗和阳台的处理，而使各单体建筑具有明显、突出的共同因素，从而极大地加强了群体的统一性。

5. 对外贸易部办公楼。各单体建筑尽管形式不尽相同，但却具有统一的风格——例如统一的屋顶做法，统一的尺度处理，统一的色彩、质感处理，统一的细部处理……由这些单体建筑所组合而成的建筑群，必然具有高度的完整统一性。

6. 某住宅建筑群。各单体建筑由于具有统一的屋顶形式，统一的墙面处理，统一的色彩、质感效果，这些都有助于群体组合的和谐、统一。

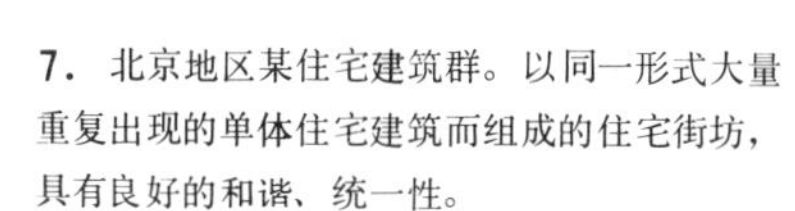

7. 北京地区某住宅建筑群。以同一形式大量重复出现的单体住宅建筑而组成的住宅街坊，具有良好的和谐、统一性。

8. 上海地区某住宅区规划设计方案。采用高低层相结合的方法来组成建筑群，但各个单体建筑都具有统一的风格，从而保证了群体组合的统一性。

9. 某高等学校规划设计方案。建筑物虽然有主有从，高低错落，但却具有简洁、明快的统一风格，致使整个建筑群能够保持完整、统一性。

10. 对于一条街道来讲，也应力求使沿街的建筑具有统一和谐的风格。当然，街道不同于一个统一的建筑群，一条街道可以延续数公里乃至十几公里，建筑类型也千差万别，加之建造的时间有早有晚，甚至还会有一些古、旧建筑需要保留，因而要想达到高度的统一，事实上是很难做到的，但至少也应争取大体上的统一。图示为北京西长安街街景片断，几幢主要建筑虽然风格不尽相同，但尚不致影响整个街景的统一。缺点是各自的独立性过强，不甘当“配角”，致使轮廓线的变化过于复杂。

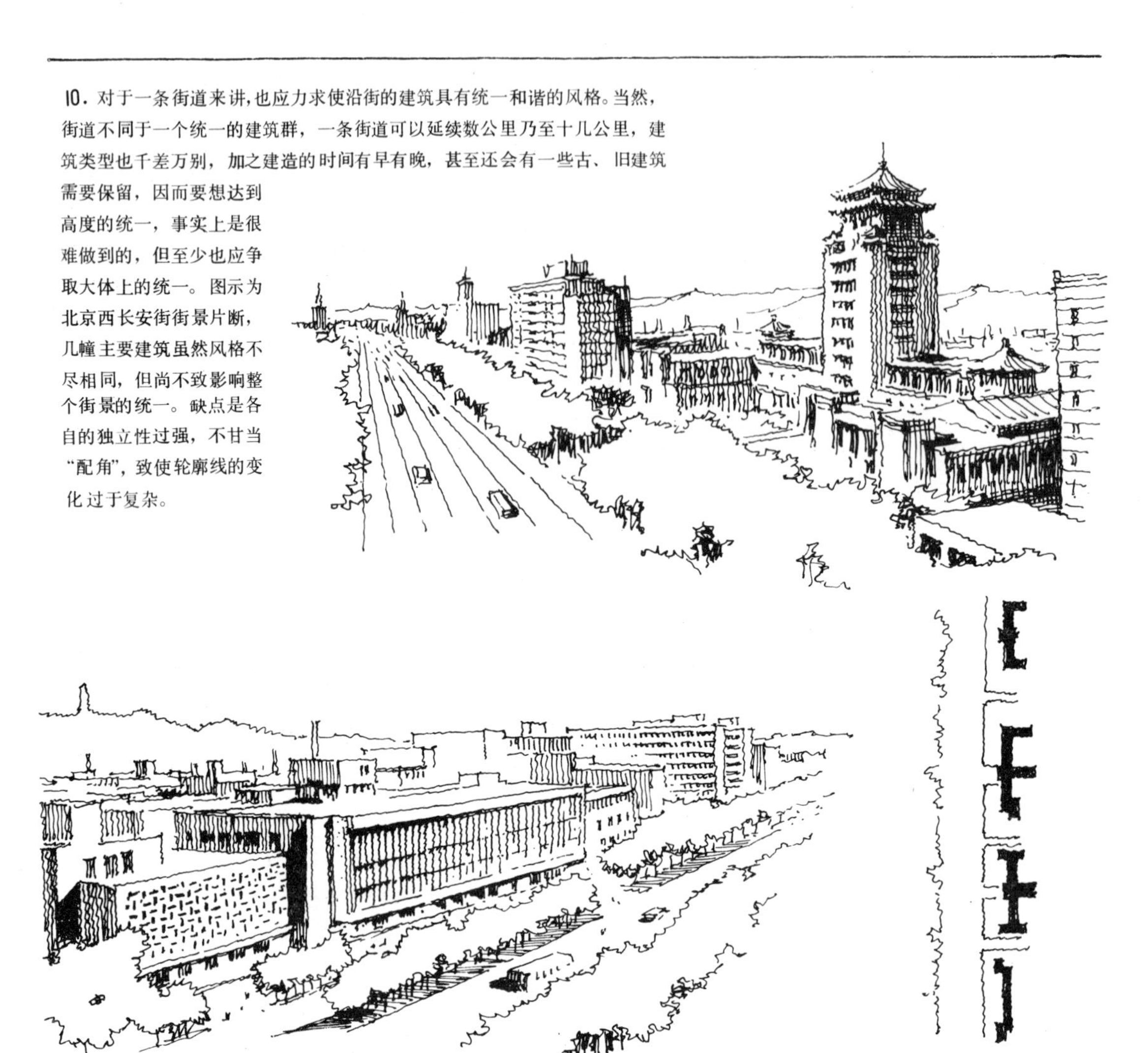

11. 广州某街景片断。结合当地气候特点，建筑外形处理比较轻巧、简洁，色彩淡雅、明快，既有变化又有统一和谐的风格。

12. 北京某街景片断。主要建筑具有朴素、敦实、厚重的特点，风格大体上是统一的，唯各自独立性稍强，轮廓线变化稍嫌复杂。

13. 巴黎拉·德方斯新区规划。该区作为贯穿巴黎全城干道的尽端，沿着气势磅礴的罗浮宫、谐和广场、明星广场、凯旋门……一泻而下，尽管新、老建筑的风格全然不同，但气势却是连贯的。另外，在作单体建筑设计时，还充分地考虑到人们沿着罗浮宫到明星广场这条大道行走时，不同地点所看到的凯旋门，均不因新建的高楼而感到门洞的堵塞。总之，无论是从群体到单体的处理都尽力避免破坏这一历史名城的完美统一性。

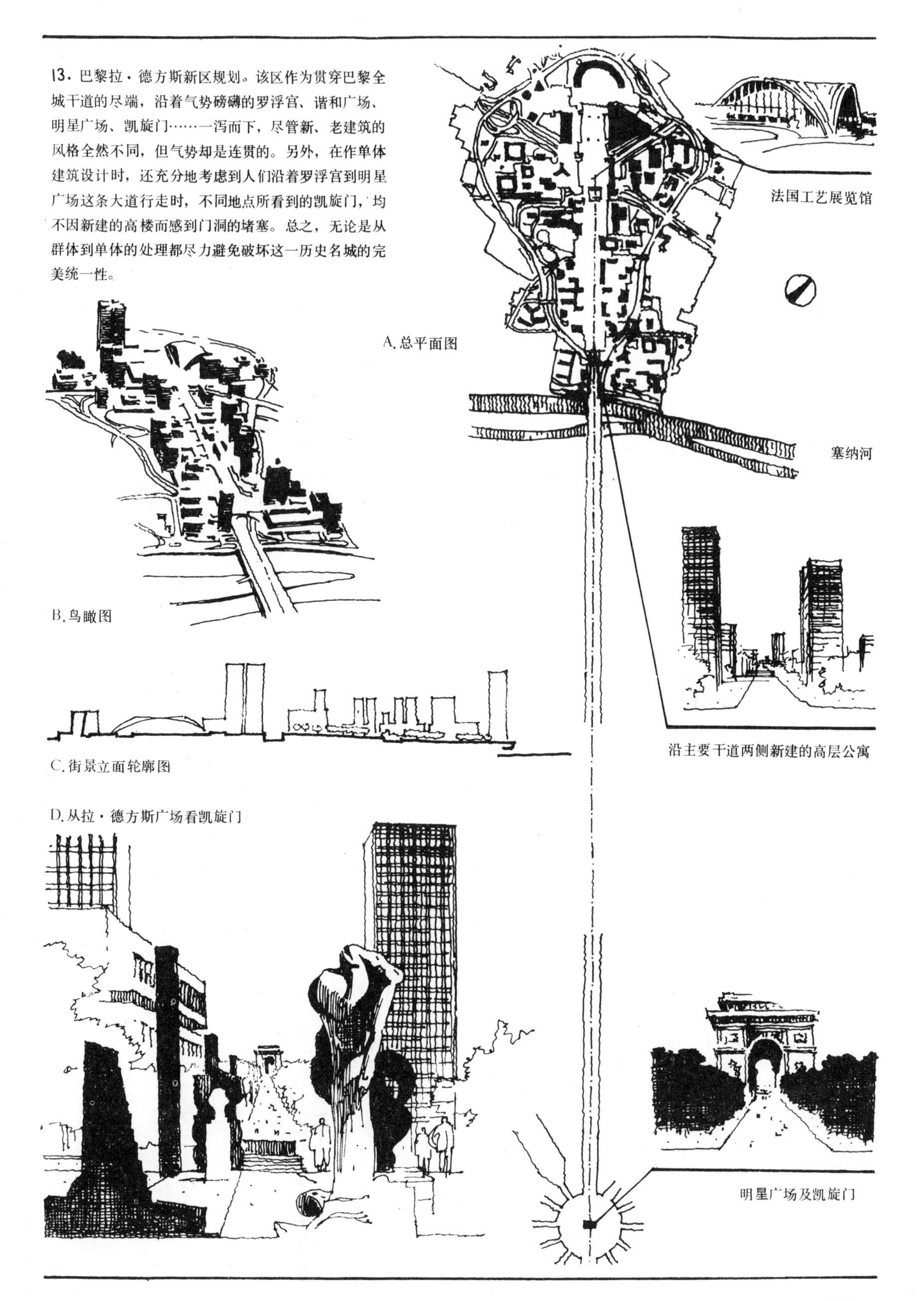

A. 总平面图

B. 鸟瞰图

C. 街景立面轮廓图

D. 从拉·德方斯广场看凯旋门

外部空间与建筑体形[138]

外部空间与建筑体形的关系犹如砂型（模子）与铸件的关系那样，一个表现为虚，一个表现为实，互为镶嵌、非此即彼，非彼即此，而呈一种互余、互补或互逆的关系。在群体组合中，建筑体形之间相互制约的关系，往往就是保持外部空间完整统一的一种需要或反映，群体组合必须同时保证建筑体形之间；外部空间之间；建筑体形与外部空间之间都具有统一和谐的秩序。

佛罗伦萨佛契奥宫
A表示建筑实体
B表示外部空间

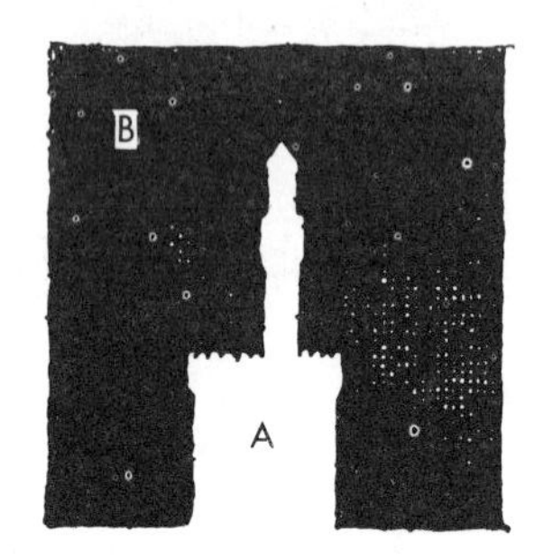

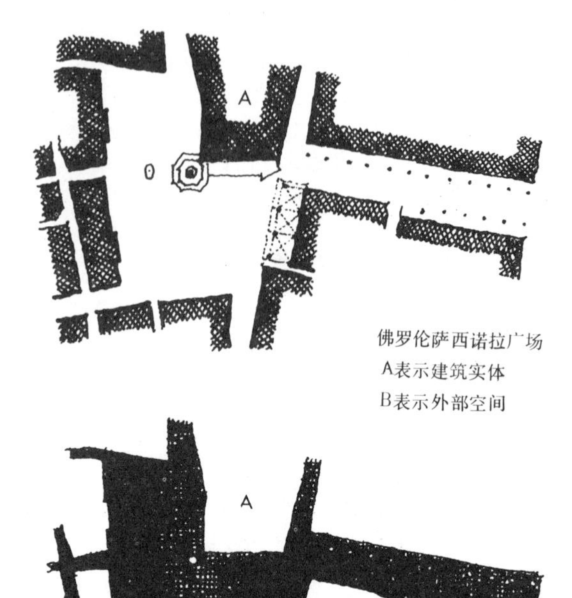

佛罗伦萨西诺拉广场
A表示建筑实体
B表示外部空间

1．外部空间具有两种典型的形式：其一是以空间包围建筑物，这种外部空间即指除去建筑实体所占据的那一部分空间之外的空间——剩余空间（上图），这种形式的外部空间一般称之为开敞形式的外部空间，它融合于自然空间之中，漫无边际，具有离心、扩散的感觉。另一类是以建筑实体围合而形成的空间（上图），这种空间具有明确的范围与形式，称之为封闭形式的外部空间，具有向心、收敛和内聚的感觉。

以建筑体形围合而形成的封闭形式的外部空间。

以空间包围建筑物——典型的开敞形式的外部空间。

以建筑物围合而形成封闭形式的空间，于这一封闭形式的空间中又设置了建筑物。

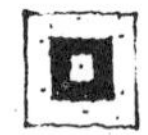
以空间包围建筑，复由建筑围合而形成空间。

由建筑围合而形成不完整的空间。

大片经过处理的地带，空旷而无建筑，但又不同于大自然空间。

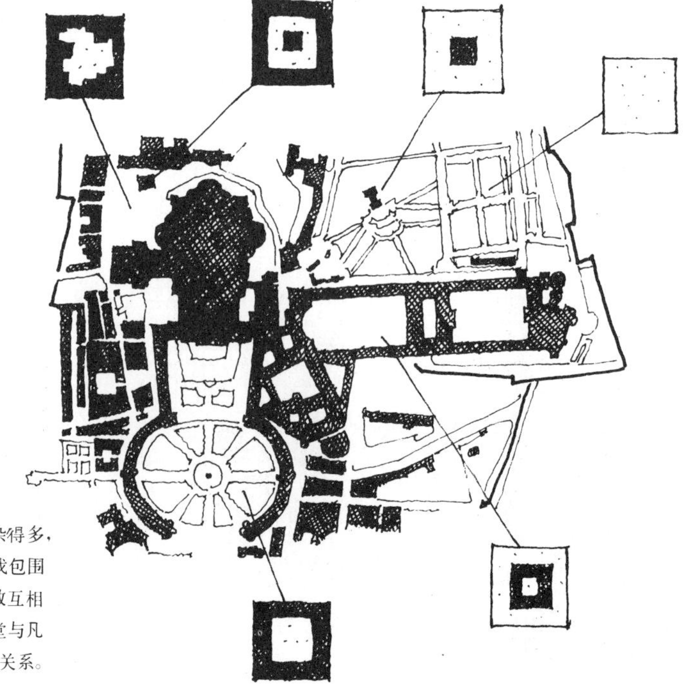

2．在实践中外部空间与建筑体形的关系要复杂得多，它们时而表现为你包围着我，时而表现为我包围着你，或者你既包围着我而我又包围着你，以致互相缠绕分不清究竟谁包围着谁。右图以圣彼得教堂与凡蒂岗总平面为例，来说明外部空间与建筑体形的关系。

外部空间的含义及其形成[139]

内部空间一般都是由天花、地面、墙面等要素围合而成的，通常具有明确的范围与形式。外部空间则不然，除一部分由建筑围合而形成的封闭形式的空间外，多与自然空间连成一片而没有一条明确的界线，以致分不清哪些空间是经过处理的外部空间；哪些空间是未经处理的自然空间。那么，外部空间的含义究竟是什么？它都包括哪些形式呢？现分述于后：

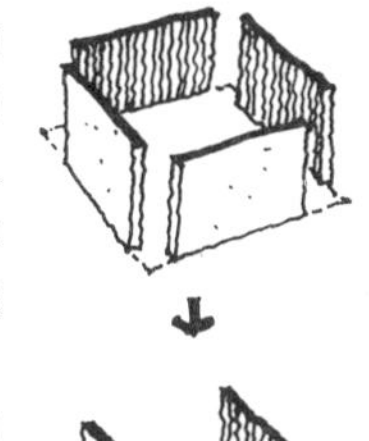

①以建筑物从四面围合而形成的空间，具有明确的范围与形式，最易于使人感受到它的大小、宽窄和形状，与自然空间的界线比较分明。

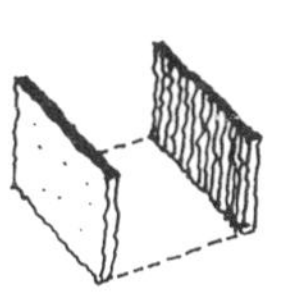

②如果把四面围合改变为三面围合，空间的封闭性就减弱了一些，要是再去掉一个面而剩下两个面，空间的封闭性就更弱了。

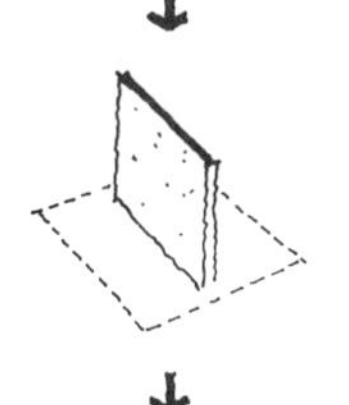

③当只剩下一个面的时候，空间的封闭性就完全消失了，这时就发生一个转化——由建筑围合空间而转化为空间包围建筑，这种外部空间易与自然空间相混淆，但应看到由于建筑的存在已经不可避免地改变了空间、环境的原状。

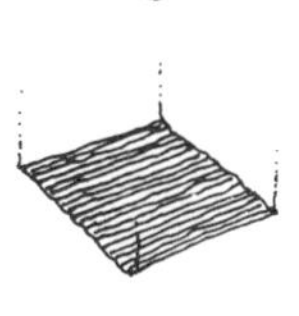

④即使把仅剩下的一个面也取消了，单凭对地面的处理，也可以产生某种空间感，从而赋予空间以建筑的属性。

群楼平面示意

1. 由建筑四面围合而形成的内院，极其封闭并具有十分明确的范围和形状。

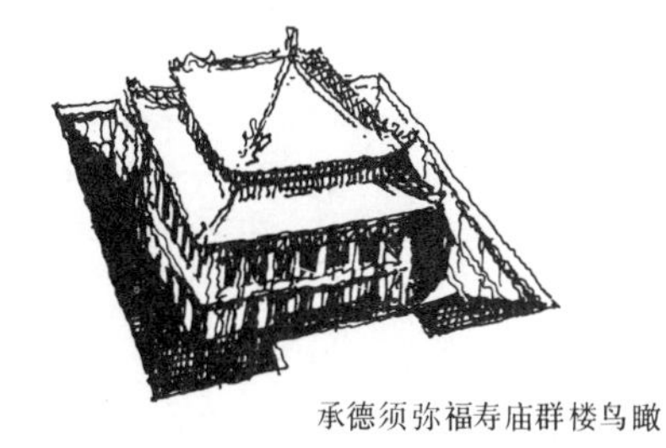

承德须弥福寿庙群楼鸟瞰

2. 圣马可广场，由建筑从四面、三面围合而形成的外部空间具有比较明确范围与周界，并给人以封闭的感觉。

3. 一般的街道，建筑物沿两侧围合而形成狭长的外部空间，封闭性虽不及上两例，但人们仍可以明确地感受到它的范围及宽窄。

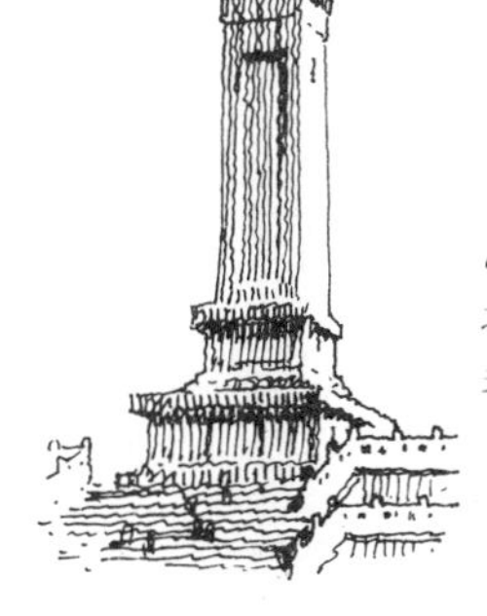

4. 板式建筑或纪念碑，完全处于空间的包围之中，这是另外一种形式的外部空间——开敞式的外部空间。

5. 仅借助于地面——如绿化、铺面处理，也可产生某种空间感。

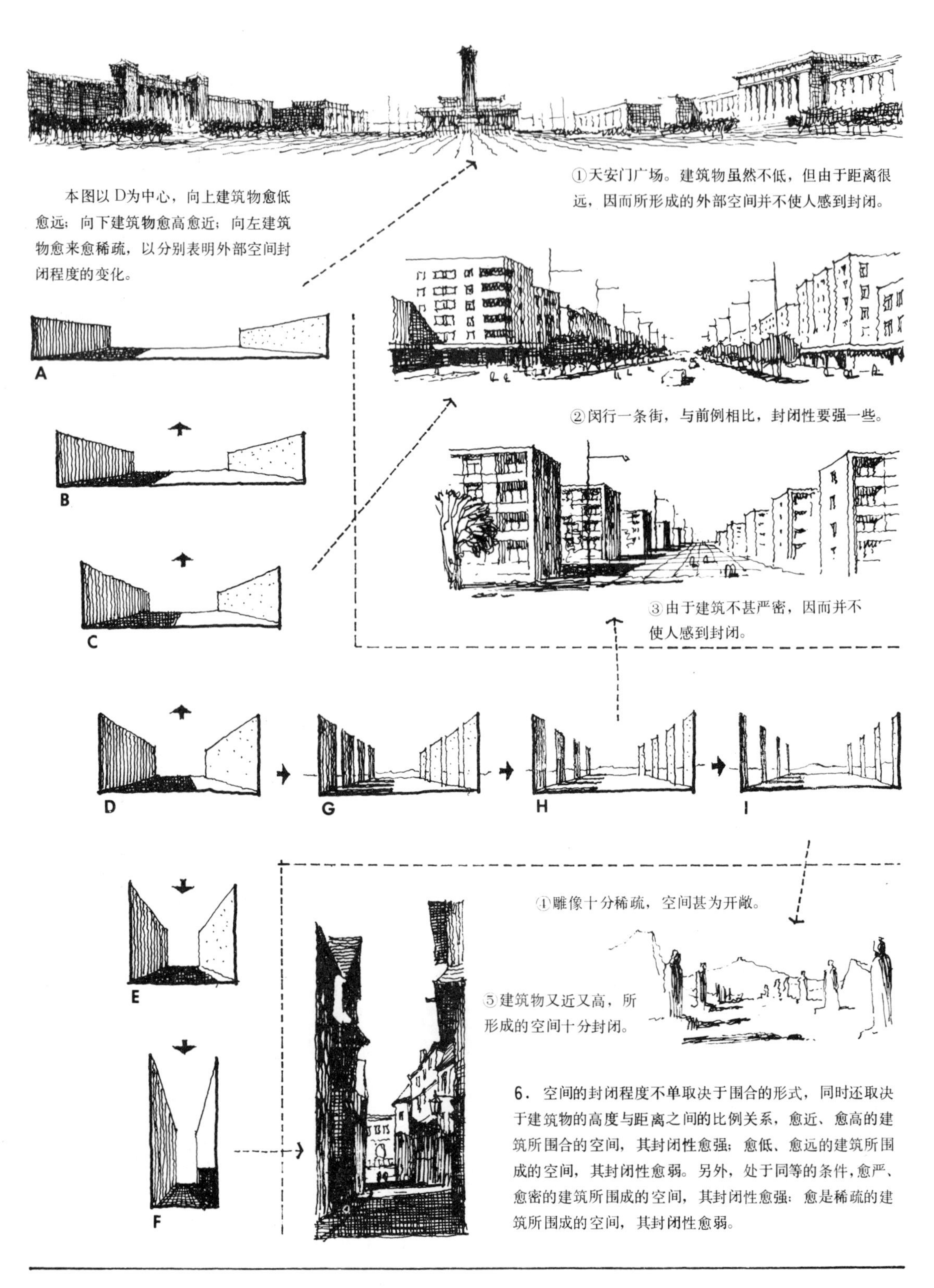

本图以D为中心，向上建筑物愈低愈远；向下建筑物愈高愈近；向左建筑物愈来愈稀疏，以分别表明外部空间封闭程度的变化。

①天安门广场。建筑物虽然不低，但由于距离很远，因而所形成的外部空间并不使人感到封闭。

②闵行一条街，与前例相比，封闭性要强一些。

③由于建筑不甚严密，因而并不使人感到封闭。

④雕像十分稀疏，空间甚为开敞。

⑤建筑物又近又高，所形成的空间十分封闭。

6．空间的封闭程度不单取决于围合的形式，同时还取决于建筑物的高度与距离之间的比例关系，愈近、愈高的建筑所围合的空间，其封闭性愈强；愈低、愈远的建筑所围成的空间，其封闭性愈弱。另外，处于同等的条件，愈严、愈密的建筑所围成的空间，其封闭性愈强；愈是稀疏的建筑所围成的空间，其封闭性愈弱。

外部空间的对比与变化[140]

在内部空间处理一章中，曾分析过室内空间对比手法的运用问题，并指出：利用空间在大与小、高与低、开敞与封闭以及不同形状之间的悬殊与差异进行对比，可以打破单调而取得变化的效果，这在原则上也适用于外部空间的处理。对于这一手法的运用大概要以我国古典建筑最为普遍并最能够取得效果了。为什么呢？这是由于我国古典建筑主要是通过群体组合而求得变化的，就单体建筑而言几乎都是彼此孤立的，根本谈不上什么室内空间对比的应用，然而由于群体组合的千变万化，这反映在外部空间的处理方面则几乎处处都离不开空间对比手法的运用。下面拟通过几个具体的实例来说明空间对比手法在外部空间处理中是如何运用的。

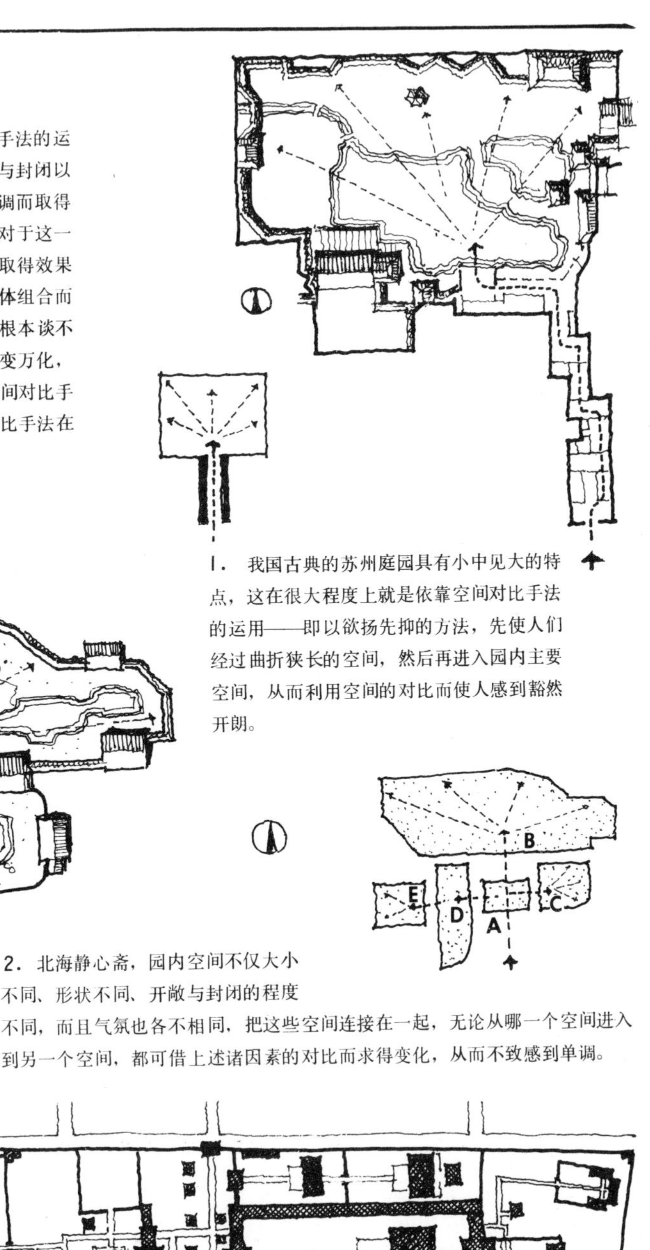

1．我国古典的苏州庭园具有小中见大的特点，这在很大程度上就是依靠空间对比手法的运用——即以欲扬先抑的方法，先使人们经过曲折狭长的空间，然后再进入园内主要空间，从而利用空间的对比而使人感到豁然开朗。

2．北海静心斋，园内空间不仅大小不同、形状不同、开敞与封闭的程度不同，而且气氛也各不相同，把这些空间连接在一起，无论从哪一个空间进入到另一个空间，都可借上述诸因素的对比而求得变化，从而不致感到单调。

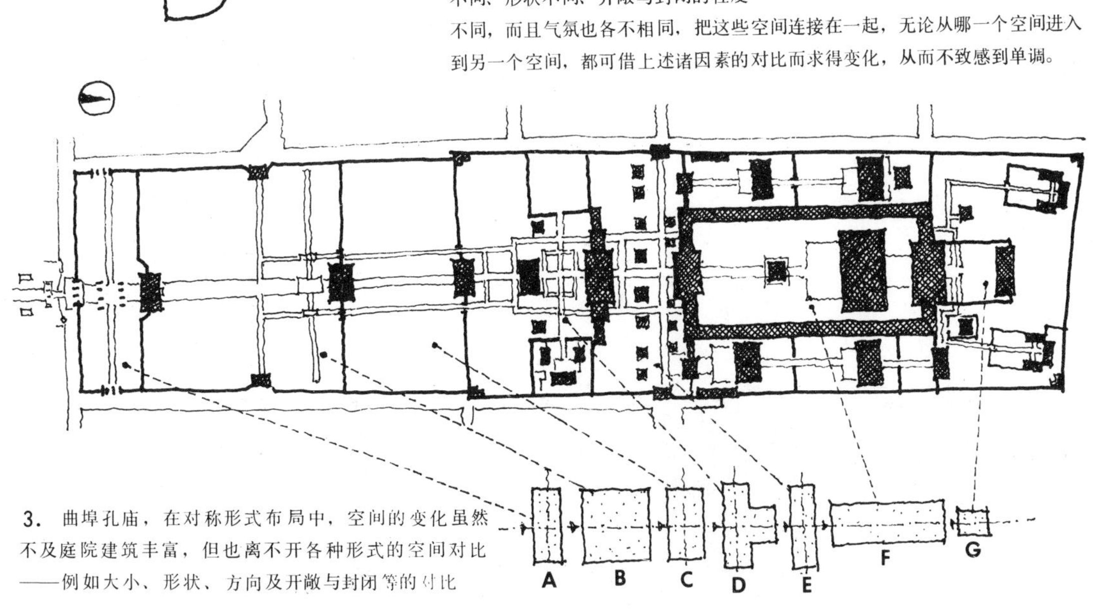

3．曲埠孔庙，在对称形式布局中，空间的变化虽然不及庭院建筑丰富，但也离不开各种形式的空间对比——例如大小、形状、方向及开敞与封闭等的对比

4．利用封闭的外部空间与辽阔的自然空间进行对比，也是我国古典建筑的一种传统手法。下图所示为承德离宫云山胜地建筑群，它位于淡泊精诚殿之后，由一连串的内院——封闭形式的外部空间——所组成，直到云山胜地楼的前院也不例外，然而只要从这里通过由假山叠成的踏步登上云山胜地楼向北一望，倾刻之间离宫内外的远山近水便全呈眼底，真可谓于意外之中换了一个天地，这就是借助封闭形式的空间与自然空间的强烈对比而获得的效果。云山胜地楼东侧的万豁松风建筑群也有类似的效果。

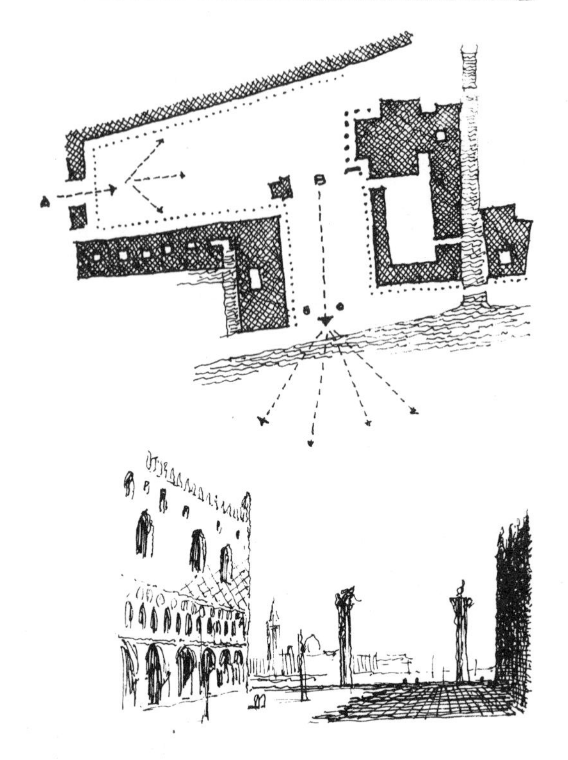

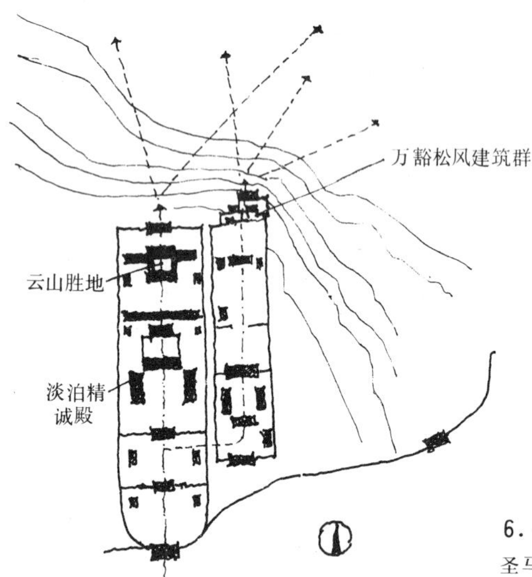

6．国外建筑也有类似的情况，例如圣马可广场，它的平面呈曲尺形，十分狭长而封闭，特别是对着湖的那一段广场，不仅狭窄而且还愈收愈紧，处于其中视野必然受到局限，然而一旦走到广场的尽端便顿觉开朗。

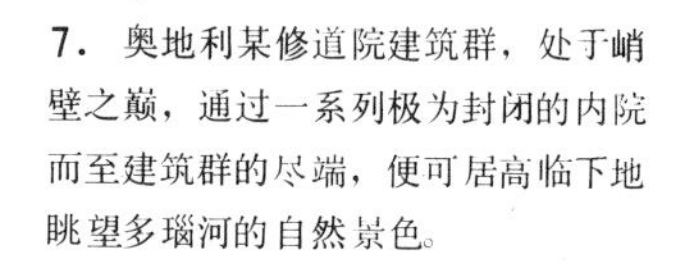

5．和前例情况相似的还有颐和园入口部分的空间处理。颐和园入口部分的仁寿殿建筑群所采用的也是封闭形式的空间，在这个院内人的视野受到了一定的局限，但只要穿过它绕到仁寿殿的后侧，便可放眼眺望辽阔无际的湖光山色，从而使精神为之一振。

7．奥地利某修道院建筑群，处于峭壁之巅，通过一系列极为封闭的内院而至建筑群的尽端，便可居高临下地眺望多瑙河的自然景色。

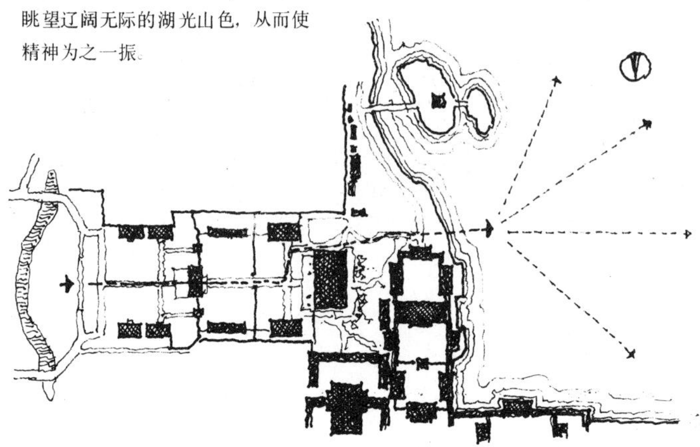

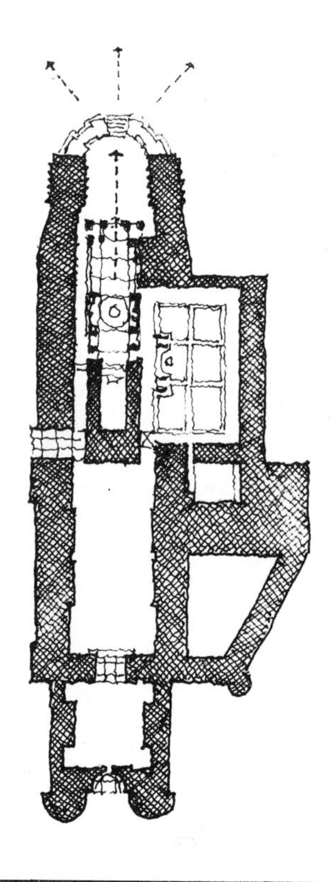

8．遗憾的是，在当前的一些建筑实践中，很少有利用空间对比手法而取得良好效果的。这主要是由于片面地强调所有的空间都必须宽敞的结果，致使群体组合因失去对比而流于空旷、单调，大而不见其大。图示为广州矿泉别墅，可以说是难得的例外，由于打破常规，大胆地把入口部分空间处理得很狭窄、很封闭，从而便可以借它与内部庭园空间相对比而使人获得豁然开朗的感觉。

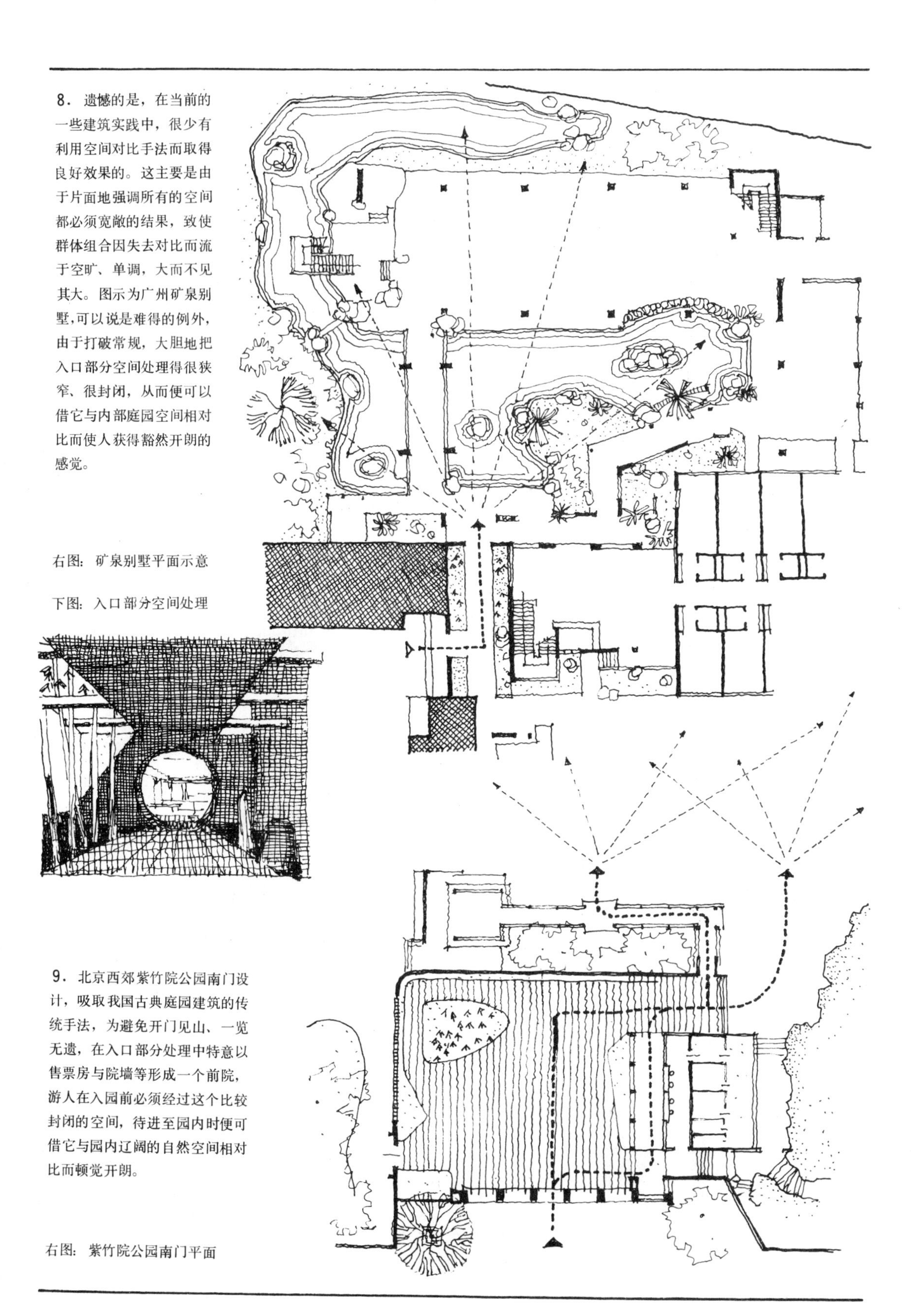

右图：矿泉别墅平面示意

下图：入口部分空间处理

9．北京西郊紫竹院公园南门设计，吸取我国古典庭园建筑的传统手法，为避免开门见山、一览无遗，在入口部分处理中特意以售票房与院墙等形成一个前院，游人在入园前必须经过这个比较封闭的空间，待进至园内时便可借它与园内辽阔的自然空间相对比而顿觉开朗。

右图：紫竹院公园南门平面

外部空间的渗透与层次[141]

在群体组合中，借建筑物、廊、墙、树木、山石……等把空间分隔成为若干部分，但却不使之完全隔绝，而是有意识地通过处理使各部分空间保持适当的连通，这样，就可以使两个或两个以上的空间相互因借、彼此渗透，从而极大地丰富空间的层次感。

这种处理手法在我国古典庭园中运用得最巧妙，“庭院深深，深几许？”这句形容中国庭园的诗句是诗人对庭园空间深远的切身感受，为什么中国庭园会使人感到如此深远呢？如果从绝对的深度上讲，中国庭园、特别是江南一带的私家庭园，由于经营的范围有限，根本不可能具有很大的深度，之所以使人感到深远，则主要是依靠空间层次的变化——例如通过门洞、窗口、空廊、山石、树丛等从一个空间看到另外一重、二重、三重、四重，乃至更多重的空间、院落，这样就可以造成一种无穷无尽的幻觉。倘若没有分隔和遮挡而一览无遗，那么就决不可能造成如此深远的感觉。

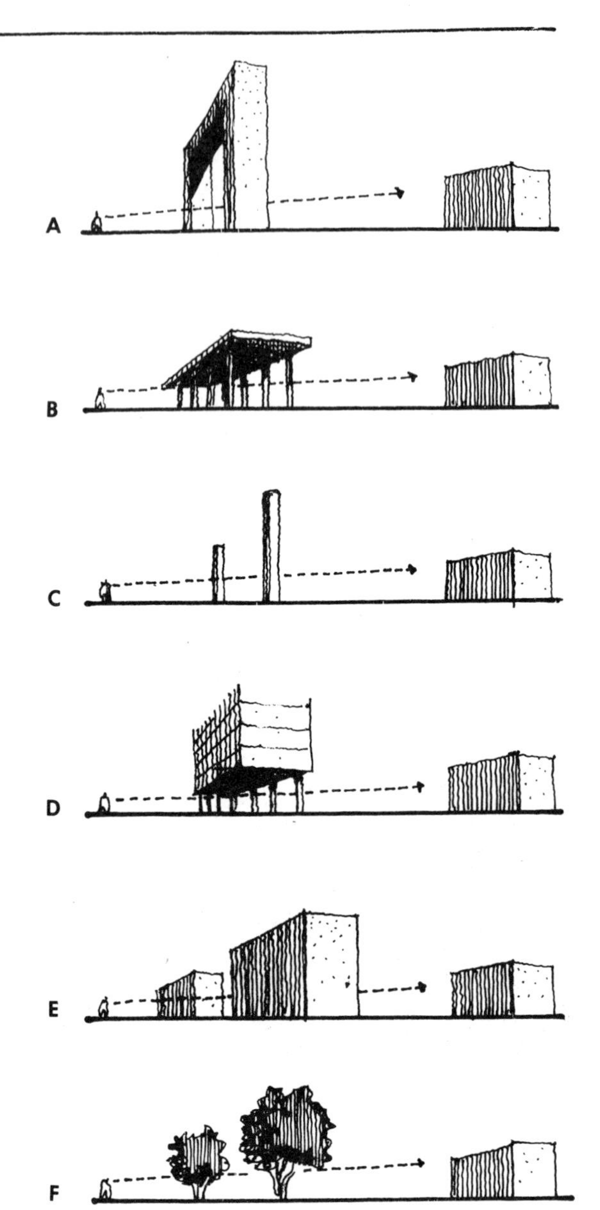

1. 在群体组合中，通过哪些方法可以丰富空间的层次呢？下面列举几种常见的方法具体说明之：

A. 通过门洞从一个空间看另外一个空间，可以借门把空间分为内、外两个层次，并通过门洞互相渗透。

B. 通过空廊从一个空间看另外一个空间，借空廊把空间分为内、外两个层次，并通过它而互相渗透。

C. 通过两个或一列柱、墩从一个空间看另外一个空间，借柱、墩把空间划分为内、外两个层次，通过两者之间的空隙而相互渗透。

D. 通过建筑物透空的底层从一个空间看另外一个空间，以建筑物把空间分隔为内、外两个层次，并通过透空的底层而互相渗透。

E. 通过相邻的两幢建筑之间的空隙从一个空间看另外一个空间，以建筑物把空间分隔为内、外两个层次，通过两者之间的空隙互相渗透。

F. 通过树丛从一个空间看另外一个空间。

2. 综合运用以上各种方法，便可以获得极其丰富的外部空间的层次变化。

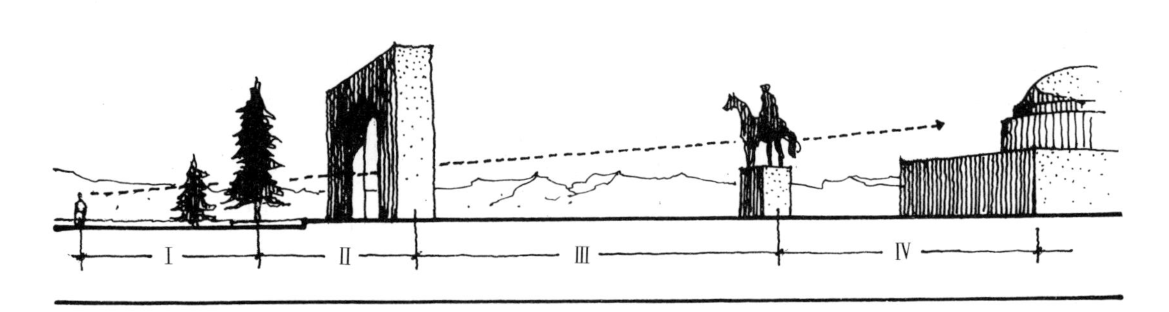

3. 通过门洞从一个空间看另一个空间，可以增加空间的层次而使人感到深远，这种手法不论在我国的古典建筑或是西方古典建筑；也不论在庄严的宫殿建筑或在小巧的庭园建筑中都屡见不鲜。不过在不同的场合中由于设计意图不同，所起的作用和收到的效果也不尽相同。例如在明、清故宫的建筑群中，由于正对着中轴线而设置一重一重的门阙，人们通过这些厚重的门洞从一个空间可以透视一重又一重的空间，这除了使人感到深远外，还可以造成一种庄严的气氛，乃至使人产生敬畏的情绪。

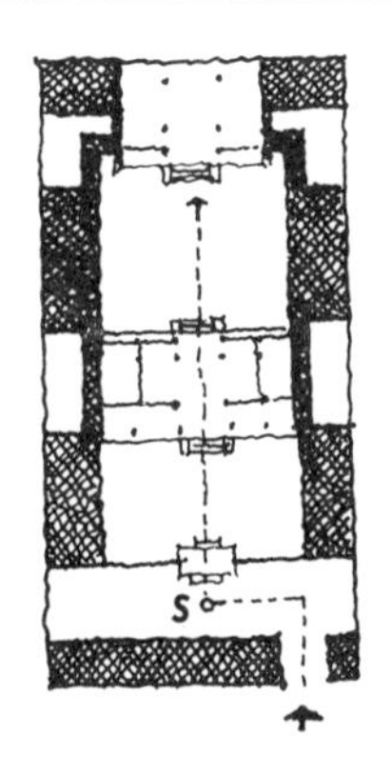

4. 在传统的四合院式民居建筑中，也有类似前一例的处理方法，即沿中轴线设置垂花门、敞厅、花厅、轿厅等类似门那样的透空的建筑，于是进入前院便可通过垂花门而看到一重又一重的内院。所谓“深宅大院”之所以能够给人以深的感觉，则正是由于借这种手法而获得的效果，但在这里由于尺度的关系却不象故宫那样而使人产生敬畏的情绪。

5. 我国古典建筑中的牌楼，没有任何功能价值，但利用它却可以分隔空间而增加层次感。右图所示为北京西山碧云寺建筑群，通过两重牌楼去看金刚宝座塔，便可借空间的层次变化而使人感到无限深远。

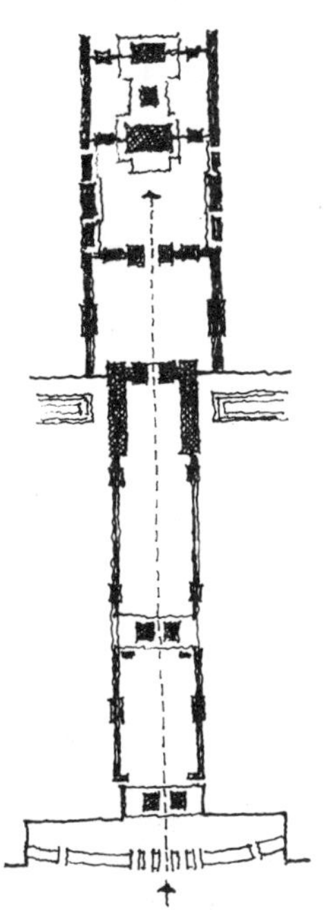

通过拱门看圣马可广场的钟塔以及远方的总督府建筑

6. 在西方古典建筑中，常有通过高大的拱门去看另一空间内的建筑，由于隔着一重层次，因而就愈显得深远。

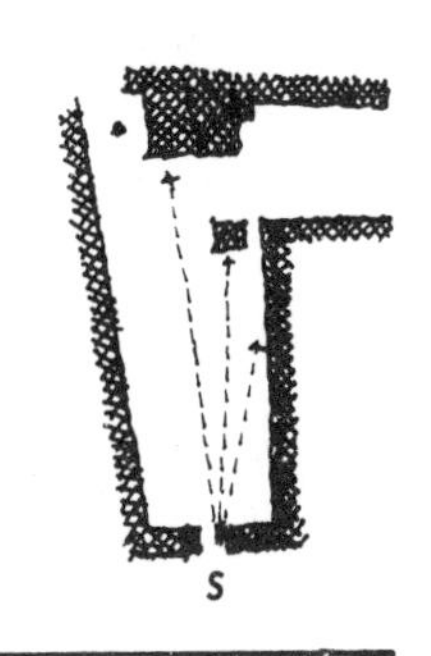

7． 在我国古典庭园中，往往有意识地通过门洞或窗口自一个空间观赏另一个空间内的某一景物——一块山石或一所亭榭，这通常称

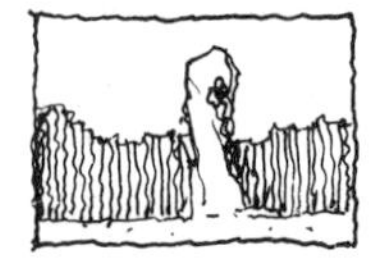

A.直接看山石的效果

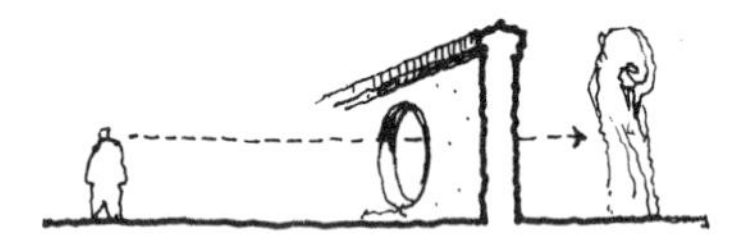

B.透过门洞看山石的效果

②苏州拙政园。通过别致的门洞看曲廊及倒影楼，犹如一幅图画镶嵌于画框之中。

①自苏州拙政园内枇杷园透过门洞看雪香云蔚亭的效果。

③苏州留园。通过窗口、门洞可以看到另外一些空间内的景物，极大地丰富了空间层次变化。

“对景”，这种处理一方面可以借远方景物来吸引人的注意力而引人入胜，另外，被对的景物恰好处于门洞或窗口的中央，若似一幅图画嵌于框中，由于是隔着一重层次去看，因而就愈觉含蓄、深远。

8． 通过空廊使两个空间内的景物相互因借、渗透，从而使两个空间内的景物各自成为对方的远景、背景，这样也可以取得错综复杂的变化和丰富的空间层次感。

苏州拙政园，透过“小飞虹”——空廊——从一侧看另一侧的景物。

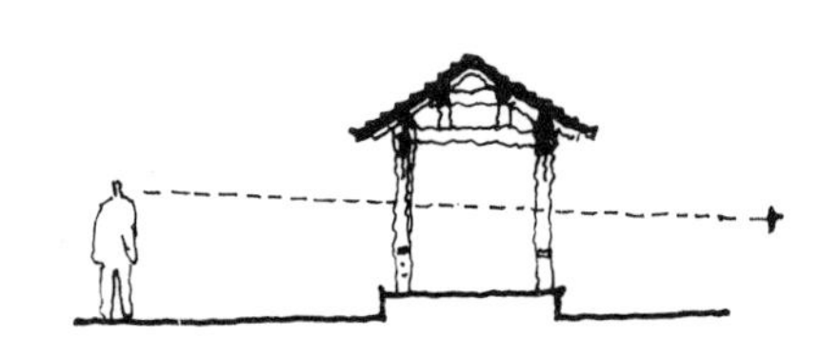

中国历史博物馆门廊剖面示意

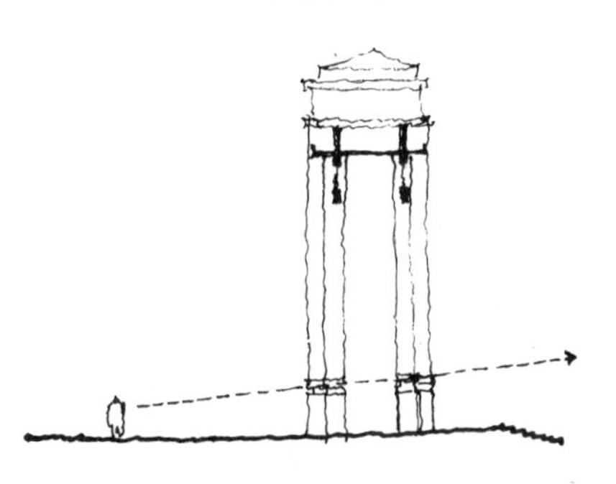

9. 解放以后某些新建筑，也有因设置空廊而丰富了空间层次变化的。例如处于中国历史博物馆前院透过高大的门廊看人民英雄纪念碑和人民大会堂，就是一个比较典型的例子。

10. 国外也有许多类似的例子，例如在进入苏联全苏农业展览会之前，通过其入口门廊看主馆就具有良好的效果，这种效果在很大程度上则是依靠空间层次变化而取得的。

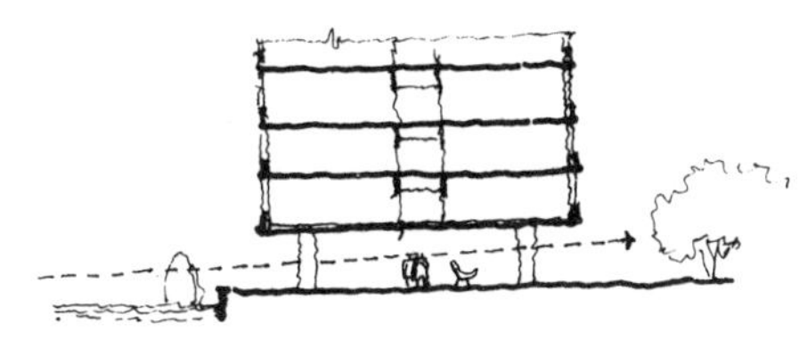

11. 由于结构和技术的发展，近代某些楼房或高层建筑，往往把底层处理成为透空的形式，这就使得人们可以透过底层从这一侧空间去看另一侧空间内的景物，从而使建筑物两侧的空间相互渗透。

12. 采用自由布局的形式往往可以利用建筑体形的交错、转折，而获得丰富的空间层次变化(左图)。

13. 在空间内只要设置一重实体——那怕是一尊雕像甚至一根柱子，就会使空间多一重层次。下图所示为明十三陵墓道，由于设置了一列象生，从而使人感到无限深远。

15．利用建筑体形的转折、特别是利用两座柱墩把空间划分为远、近两个层次，而使空间富有变化，并给人以深远的感觉。

14．上图所示由于通过两幢建筑之间的缺口去看另一空间，特别是在另一空间内又设置了两个高大的柱墩，不仅使空间富有层次变化，而且还使人感到无限深远。

16．下图为英国新马尔罗镇的规划设想方案。其空间的层次变化极其丰富，给人的感觉无限深远，这种效果的取得主要是由于近处的柱廊、远处的台阶以及透空的底层处理等错综复杂地交织在一起所造成的。

17．近代国外的某些新建筑，也有通过设置门洞的方法来加强空间处理的效果的。右图所示为日本某艺术大学，它的入口部分吸取了民族的传统（日本的传统建筑也有类似于我国牌楼那种形式的建筑）设置了一个高大的、矩形的、由钢筋混凝土做成的大门，这个大门虽然本身极其简单，而且也没有什么功能意义，但利用它来划分空间，并起着框景的作用，却可以获得十分良好的效果。

18．利用过街楼或类似过街楼形式的空廊而增加空间层次的变化，这在近代国外的一些新建筑中还是比较常见的。下图所示为美国某大学综合医疗中心，通过过街楼去看庭园空间，就会使人感到饶有趣味。

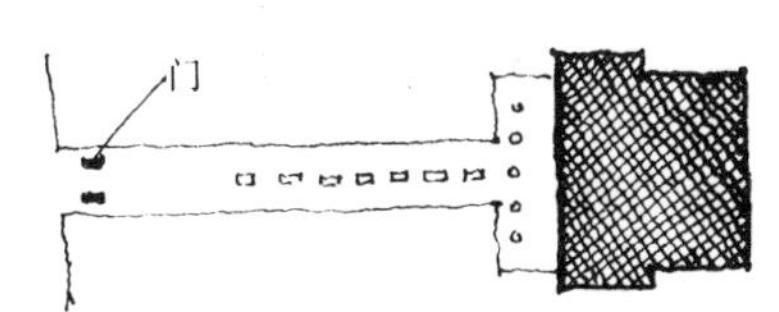

日本武藏野艺术大学局部平面示意

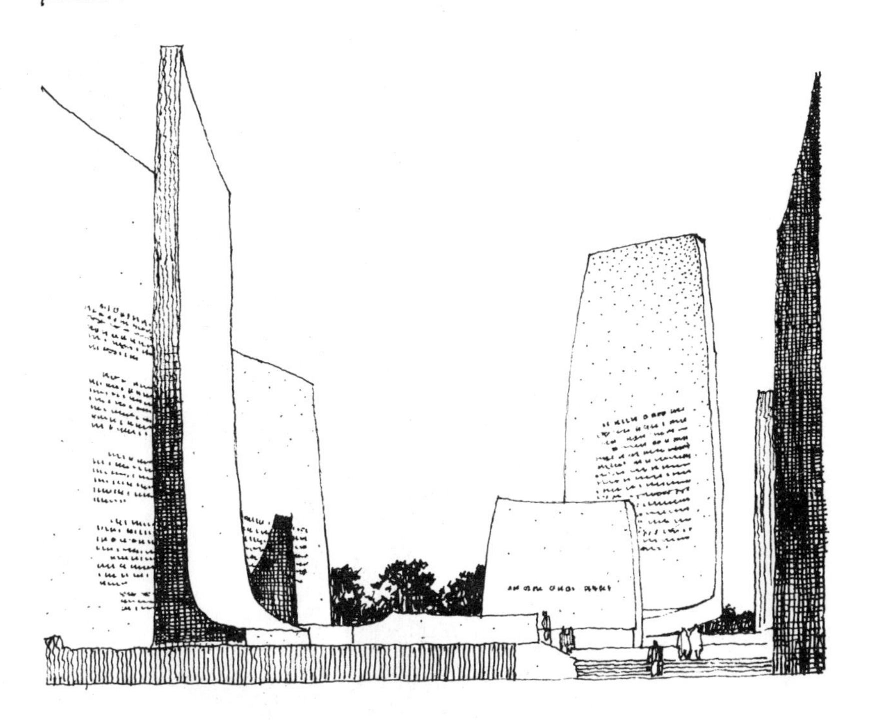

19．华盛顿罗斯福总统纪念碑设计竞赛荣获一等奖的设计方案，以碑群的形式来代替传统的单碑的形式，并且巧妙地利用各个碑的位置不同、转折不同、体量不同而形成一个层次变化极为丰富的外部空间。

外部空间的程序组织［142］

两个以上的空间连接在一起，就会产生一个先后顺序的安排问题。这主要涉及到当由一个空间进入另一个空间时会使人的感受发生什么样的变化？换句话说，就是从连续行进的过程中来考虑群体组合中的空间组织问题，这是一个带有全局性的问题，它关系到群体组合的整个布局。

外部空间的程序组织和人流活动的规律关系十分密切，而人流活动又很难纳入到一条固定不变的轨道上去，这就会给空间程序组织带来许多困难。一般地讲来，外部空间的程序组织首先必须考虑到主要人流必经的路线，其次还应兼顾到其它各种人流活动的可能性，只有这样才能保证无论沿哪一条流线经过，都能看到一连串系统的、连续的、完整的画面，从而给人留下深刻的印象。结合功能、人流、地形特点，外部空间程序组织可以：①沿着一条轴线向纵深方向逐一展开；②沿纵向主轴与横向副轴作纵横两个方向展开；③沿纵向主轴与斜向副轴展开；④作迂回、循环式地展开。

B、外部空间程序组织的几种展开形式。

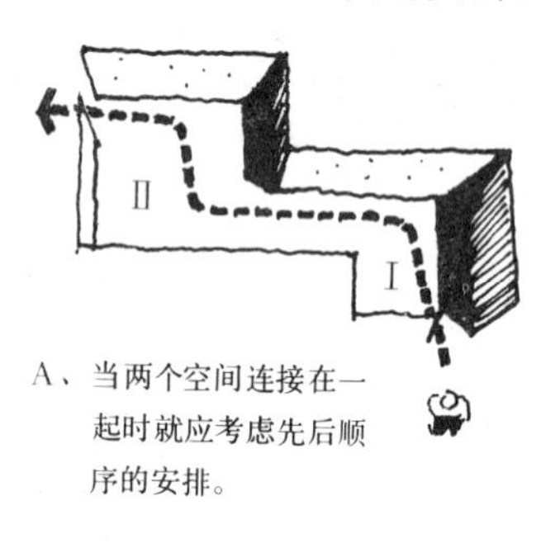

A、当两个空间连接在一起时就应考虑先后顺序的安排。

1．下图所示为一沿纵深方向展开的外部空间程序组织的典型实例。A标志着空间序列的开始；由A至B进入城堡大门，通过门洞可以看到纪念柱；至C进入一个纵深狭长的空间；至D空间有所收束，通过建筑夹缝可窥视到主体建筑；过D至E空间豁然开朗，主体建筑泰然处于其中，从而形成高潮；至F点空间再次收束；通过门洞到G空间又复开朗，可看作是序列的余音，最后至H，则宣告整个序列的结束。沿着这条流线逐一展开的画面既完整又有变化，并保持连续性，能给人留下深刻的印象。

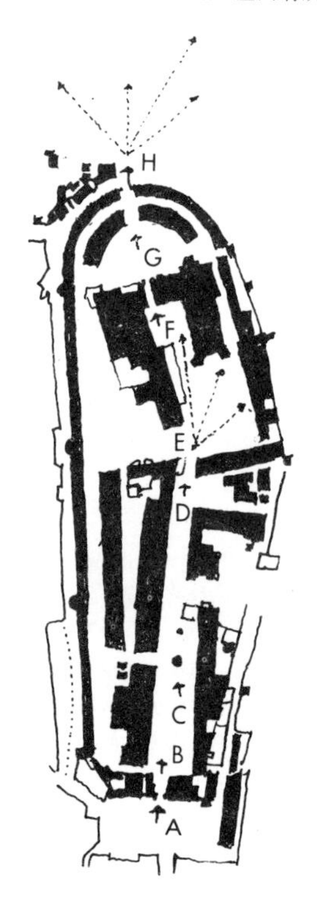

A	B
C	D
E	F
G	H

2．明、清故宫沿中轴线向纵深展开的空间序列：从大清门（已拆除）开始进入由东西两侧千步廊围成的纵向狭长的空间，至左、右长安门处一转而为一个横向狭长的空间，由于方向的改变而产生一次强烈的对比。过金水桥进天安门（A）空间极度收束，过天安门门洞又复开敞，紧接着经过端门（B）至午门（C）又是由一间间朝房而围成的又深远又狭长的空间，直至午门门洞空间再度收束，过午门至太和门（D）前院，空间豁然开朗，预示着高潮即将到来，过太和门至太和

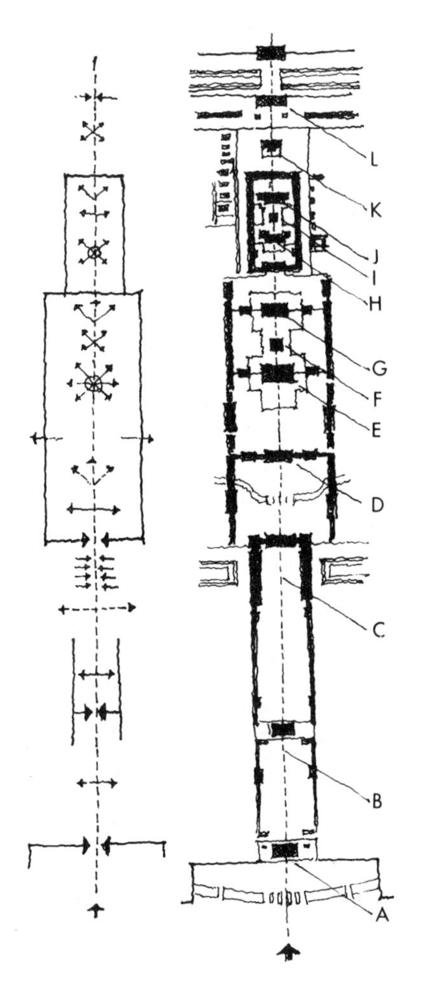

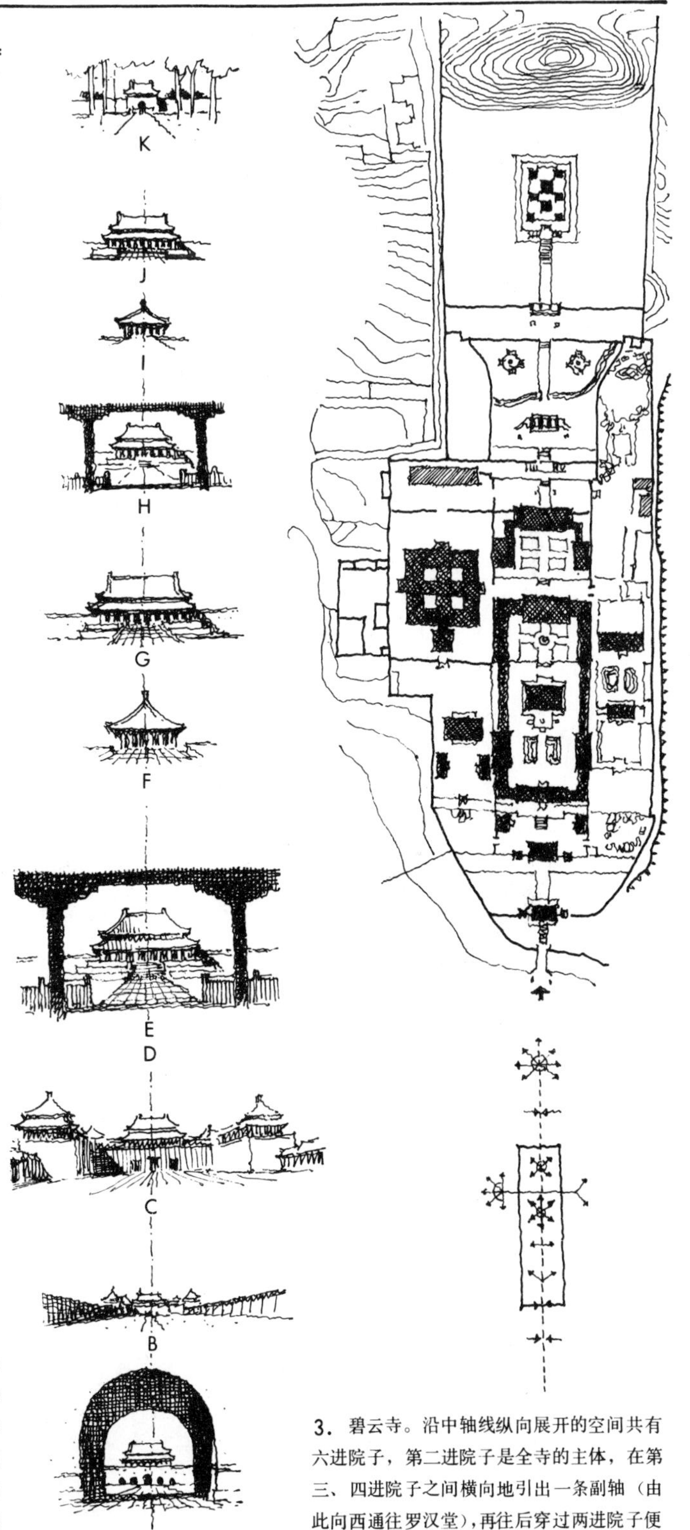

殿前院从而达到高潮。往后是由太和、中和、保和三个殿组成的“前三殿”（E、F、G），相继而来的是“后三殿”（H、I、J），与前三殿保持着大同小异的重复，犹如乐曲中的变奏，再往后是御花园，至此，空间的气氛为之一变——由庄严而变为小巧、宁静——预示着空间序列即将结束。

3．碧云寺。沿中轴线纵向展开的空间共有六进院子，第二进院子是全寺的主体，在第三、四进院子之间横向地引出一条副轴（由此向西通往罗汉堂），再往后穿过两进院子便到达全寺制高点——金刚宝座塔。

4．苏军柏林纪念碑。是对称式的布局，有两个入口，空间序列可分为三个段落：自入口拱门到母亲雕像为第一段，为空间序列的开始；自母亲雕像至旗门为第二段，所表现的主题是哀思，是空间序列的引导；至旗门处为空间的收束，过旗门进入第三段，表现的主题是胜利，是空间序列的高潮与终结。

5．苏联全苏农业展览会。沿着轴线向纵深展开的空间序列可以分为五个段落：自入口至序言馆为序列的开始(A～C)；过序言馆空间豁然开朗，这一段是建筑群的主体，大部分展览馆均集中于此(D)；再往后是空间的收束段(E)；过这一段至农业机械化馆空间又复开朗，至此，可以说是达到了高潮(F)；过F至G可看作是序列的余音，至此，宣告序列的结束。

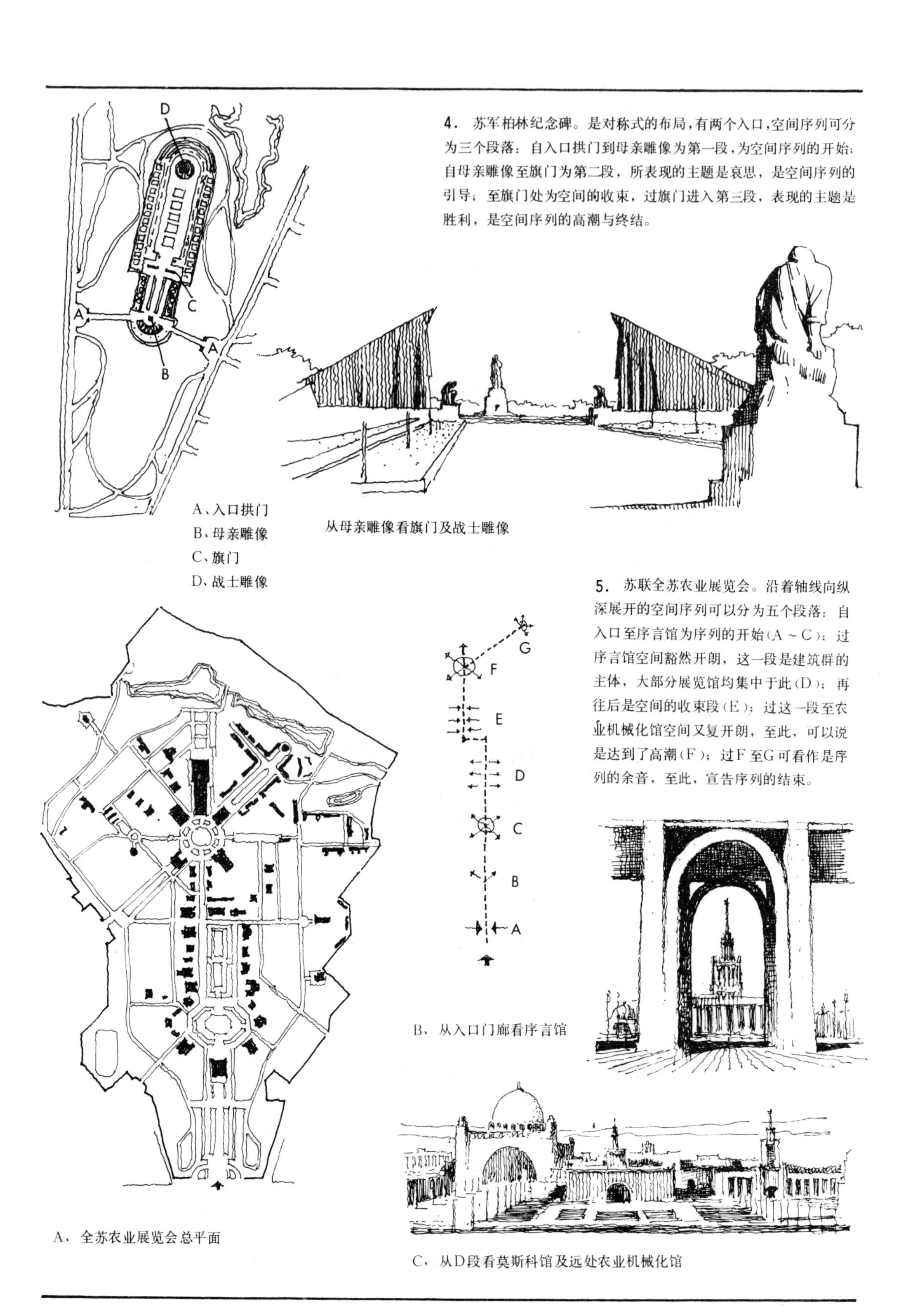

A、入口拱门
B、母亲雕像
C、旗门
D、战士雕像

从母亲雕像看旗门及战士雕像

A、全苏农业展览会总平面

B、从入口门廊看序言馆

C、从D段看莫斯科馆及远处农业机械化馆

6． 由于近代功能日趋复杂，从而要求群体组合能有较大的自由灵活性，以适应复杂多样的功能联系。因而采用沿一条轴线向纵深发展的对称或基本对称的空间程序组织的方法诚然是愈来愈少了，但是如果在功能要求允许的条件下，却仍然可以运用这种空间程序组织的方法来取得效果。本图所示为日本武芷野艺术大学的群体组合示意，这个建筑群的规模不大，仅包括四幢建筑，但是由于采用了前述的空间程序的组织方法，从而获得了良好的效果。在入口处设置了一个牌楼式的大门(B)，通过这个门即可看到远处的主楼，从大门开始即进入有组织的空间序列(C)——一个由绿篱、踏步、灯柱所形成的纵向狭长的空间。这个空间起着序列的引导作用，通过它把人引至主楼，这是空间序列的第一个阶段。进入主楼后人们由室外转入室内(D)，空间极度地收束，通过主楼到达中央广场(E)，空间豁然开朗，人们迅即进到外部空间序列的高潮，并就此结束序列。

A、日本武芷野艺术大学总平面图

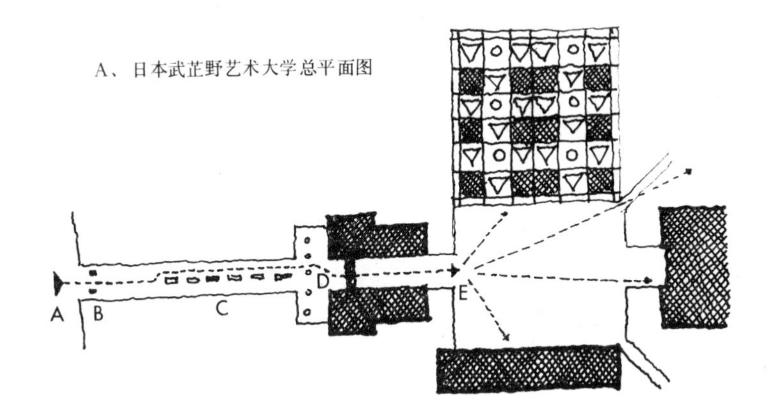

B、外部空间程序组织分析

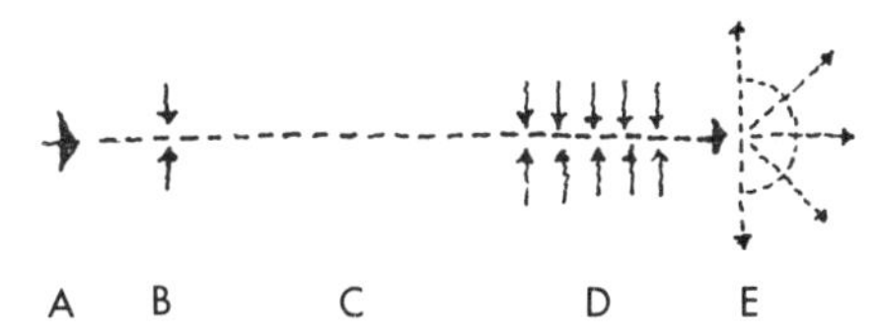

①处于入口处通过混凝土大门看主楼，大门起着框景的作用，它不仅丰富了空间层次的变化，同时也是空间序列开始的一个标志(A)。

②通过入口大门后即进入一个纵向狭长的空间，这个空间的地面设置了低矮的踏步，中央又设置了一排灯柱，这些设置与空间的形状相配合，起着序列的引导作用，通过它可以把人引至主楼(B)。

③进入主楼后人们由室外转入室内，空间极度收束(D)。

④过了主楼至中央广场，空间豁然开朗．下图所示为自主楼门洞内看正面的美术资料馆。

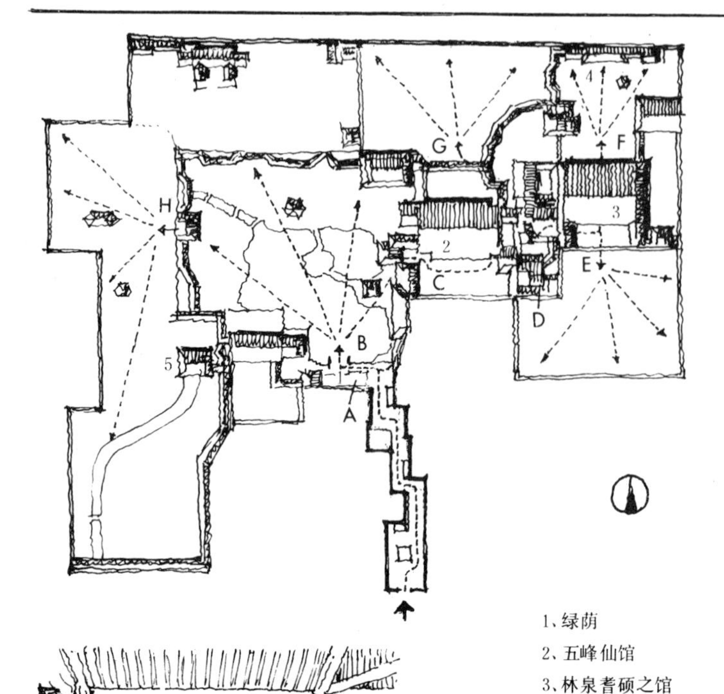

7．苏州留园。作为私家庭园，谈不上什么人流路线，也不存在着什么轴线关系，空间程序按迂回、循环的形式组织。由入口经过曲折、狭长的一系列空间而进到园的中心部分，借欲扬先抑的方法而使人获得豁然开朗的感觉；由中心部分至五峰仙馆前院又经历着一收一放的过程，再由此至林泉耆硕，几经迂回曲折又一次使人顿觉开朗；由这里绕到园的北部和西部则明显地使人感受到一种田园式的自然风味；最终经闻木樨香又意外地回到园的中心部分，至此，算是完成了一个循环。

1、绿荫
2、五峰仙馆
3、林泉耆硕之馆
4、冠云峰
5、闻木樨香

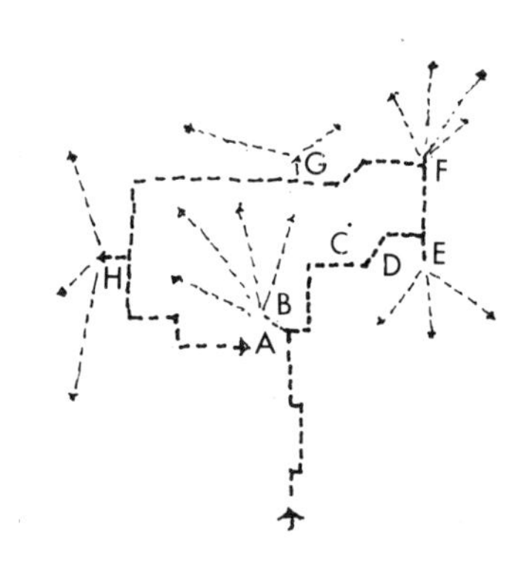

留园空间程序组织及观赏路线示意

A

穿过入口部分曲折、狭长的空间至此，空间稍感开敞，预示着高潮即将来临。

B

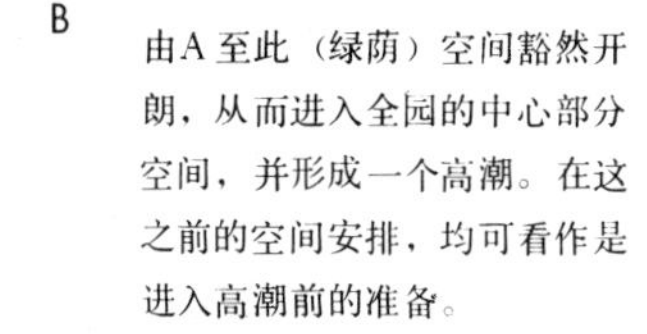

由A至此（绿荫）空间豁然开朗，从而进入全园的中心部分空间，并形成一个高潮。在这之前的空间安排，均可看作是进入高潮前的准备。

D

过C至D又是一连串的小空间，但由于处理巧妙，却饶有趣味。

C

由B至C经过一段封闭狭长的走廊，是空间的收束段，过了这一段来到五峰仙馆前院，空间又稍开朗，整个来讲是经历着一放一收，又一放的过程。

F

由D穿过林泉耆硕之馆至冠云峰前院，空间又复扩大，至此又可算是形成第二个高潮。

8．在新建筑中，如韶山毛主席纪念馆建筑群，其空间程序组织也是一个比较成功的例子。这个建筑群是随着地形的起伏而逐渐升高的，并且由建筑物而围成一系列的内院。由入口进馆后正对着的一个院子呈正方形，空间比较开阔。由此向左则进入一个横向狭长的院子；再往后通过一段纵向的廊子爬高至另一个横向狭长的院子；再往上则是一个纵向狭长的院子；最后以一个较小的长方形的院子作为结束。进馆后随着展线顺序前进，忽而室内忽而室外，一收一放，一明一暗，一纵一横而交替变化，丝毫也不会使人感到重复或单调。

韶山毛主席纪念馆总平面

③由法、美、苏三馆所形成的另一中心。

9．1958年布鲁塞尔国际博览会。这是一个规模巨大的建筑群，按照博览会建筑的特点和人流的多样、复杂、灵活性，采用迂回循环的形式组织空间程序。除主要入口外还设置了若干个辅助入口，观众可以从各个入口进入建筑群，并沿任何一条路线自由地参观各馆。整个建筑群有三个比较突出的中心：①由东道主比利时馆组成的入口部分中心；②位于建筑群中央的、象征时代与科学的原子结构馆；③由体量巨大的法国、美国、苏联馆而形成的另一中心。这三个中心可以分别看作整个空间序列的开始、中间和终结，其它各馆均环绕着这三个中心而作自由、灵活的布置。

①由比利时馆形成的入口中心。

②位于中央的原子结构馆，象征着时代与科学，是全会的主题。

8

当代西方建筑的审美变异

- 变异的美学特征部分
  - 追求多义与含混
  - 追求个性表现
  - 怪诞与滑稽
  - 残破、扭曲、畸变
- 多元化的创作倾向部分
  - 历史主义倾向
  - 乡土主义倾向
  - 追求高技术的倾向
  - 解构主义倾向
  - 有机综合和可持续发展

变异的美学特征部分［143］

1. 追求多义与含混

图1 日本建筑师黑川纪章设计的日本名古屋市立现代美术馆，用梁柱和墙等构件组成一个独立的框架置于建筑前部，既象征大门又是室外展品。位于底层的下沉式庭园，通过舒展的玻璃幕墙向中庭延续，形成内外交融的中间领域。高度抽象的不锈钢与混凝土所构成的“鸟居”式框架，带有天文图案的圆窗、类似帐子的墙面、象征朽木之柱子，圆形、方形、三角形等不同形状的组织，花岗石、大理石、瓷砖、不锈钢……各种要素相互冲突，又相互包容，创造出饱含模糊信息的建筑区域。

图2 穆尔设计的美国新奥尔良市意大利广场，在这里，经过变形的古典柱式，拼贴而成，失去和谐统一的立面，历史主义的片段，流行艺术的技法，后现代的舞台布景，均被戏剧般地揉合在一起，令人真伪不分，雅俗莫辨。

左上　图3　意大利广场局部。

右上　图4　矶崎新设计的日本西肋市冈之山艺术博物馆，为了隐喻附近的车站与通过的列车，他把博物馆外观设计成一辆刚进站的列车，入口处门廊八棵高大粗壮的柱子如同火车站的进站口，淡黄与桔黄相间的陈列室象征着车厢。为了活跃气氛，矶崎新让一棵棕榈树从一层长到二层，使观众在展室就能看到。梦露曲线、倾斜的方格图案，置于“车厢”的艺术品……，这些均使建筑带有更丰富的内涵。

左下　图5　J·斯特林设计的斯图加特美术馆，是多元多义的一个典型实例，其立面如同带着几个假面具，令人难于读解。它无中心及明确的入口，而代之以环绕该馆的U形坡道；鲜艳而不和谐的颜色、富丽的材料以及古典的装饰，使美术馆的多样风格分外突出。它缺乏明确的整体形象，却包含匠心独具的细部；使用先进的现代材料，却用来塑造经变形的传统形象。此外，使人联想到古典建筑的样式的线脚造型构件，颇具构成主义风格的主入口挑篷，以及超尺度的扶手和巨形的玻璃墙，这一切导致了它多元多义的解释，并使之充满活力。

2. 追求个性表现

图6　追求个性表现是当代西方建筑中的一种倾向，如美国建筑师盖里认为“美”的本质规定存在着主观随意性，人们可以认定和谐统一等古典式的完美，他就同样可以认定“鱼”是完美的标志。因此，他把“鱼”作为自己解构建筑的符号——不仅用塑料制作鱼灯，且在建筑中反复运用“鱼”的母题，本图为他设计的日本鱼餐馆。

图7　盖里设计的加州航天博物馆，用各种几何形体塑造出奇特怪异的形象——不仅立面丰富，且充满动感，不同形状和光线的运用近乎杂乱无章，使建筑象一个无法复制的雕塑品，充分表现了作者独特的个性。

图8　矶崎新设计的北九州图书馆，如两条巨大的问号向读者提问，在巧妙地利用地形与结合功能的同时，以奇特的建筑形式充分体现了作者强烈的艺术个性。

3. 怪诞与滑稽

图 9　盖里设计的 Guggenheim 博物馆像一朵怪异的“金属花”。该建筑有 24000m^2，建于西班牙，预定在 1997 年夏季开放。它将花费 1 亿美元，用钛、石灰石和玻璃制作。这一罕见的形式设计使用了称为“CATIAD”的非常先进计算机三维模型程序。

图 10　高松伸设计的“织阵”象一个怪异的“仿生机器”。在这里，功能失去了对形式的制约，表现出极大的随意性。

图 11　维也纳“Z”字银行的室内。它建于 1982 年，设计人用波浪形管线、痛苦挣扎的巨手表现“焦虑”的主题，该建筑被人称为“新表现主义”作品。

图 12　日本建筑师北河源极力追求反常变态的建筑表现，他宣称：“我为不知的、悲观主义的变态的建筑所吸引”，我力图表现我们存在的阴暗和虚妄”。在东京某电影院的设计中，不仅形式十分怪异，各种材料的使用也有悖常理。

4. 残破、扭曲、畸变

图 13 盖里的自住宅。该建筑力图表现他所追求的不完美、未完结的建筑观念——入口处设置像临时用的木栅栏，缺乏安全感的波形铁板，仿佛给人踩塌了似的前门，好象随时会从屋顶上滚落下来的箱体……，这一切都造成了一种不完美、残缺的形象。

图 14 盖里的自住宅厨房的局部。设计成仿佛会随时跌落下来的箱体，盖里将它视为即将逃离的“立体派之鬼”。

图 15　维也纳建筑师汉斯·霍莱茵经常用抛光金属板装饰建筑物，故被人称之为“超感觉主义”，然而在 Schullin 珠宝店的入口上部，他却用裂纹线将研磨得光亮如镜的花岗石断为两片，以此向完美的高精技术质疑。

图 16　塞特设计集团设计的休斯顿 best 超级商场，其入口设计成残缺而可推拉的形式，使建筑成为一种美学宣言。

图 17　塞特设计集团设计的法兰克福现代艺术博物馆，企图用残墙断壁表明：世上不存在永恒的美学原型，并借助虚构的灾难和坍塌破败的形象，去扩大建筑的“艺术”影响。

图 18　E·O·莫斯设计的加利福尼亚鸽城（Culver city）剧院的模型，他用残缺的曲面形式与附近修复的建筑组群取得呼应。

图 19　F·希古勒斯设计的市政厅。在历史主义观念的影响下，设计者力图通过利用当地的装饰符号以及夸张变形的手法来反映哥特风格。

图 20　G·奥朗第设计的巴黎奥尔塞艺术博物馆室内。该建筑原为建于1900年，后来被废弃的火车站，改建时明确提出必须重视建筑的历史价值。作者运用抽象简化的办法，使建筑的内部与外观均保留了古典的格调而又适应现代功能。

图 21　矶崎新设计的筑波中心。在对待东西方文化的态度上，他采取了“等价并置”的态度，并应用多元重构的手法，把东西方建筑的历史风格、细部与现代建筑的抽象形式含混并用，如柏拉图的方与圆、金字塔的形式、米开朗基罗的造型、河神之女与月桂树的传说、东方阴阳五行的哲理、苏联构成主义手法、勒·柯布西耶的雕塑母题……，只要能满足创作要求便信手拈来，运用并列、对峙、交错、渗透等多种方式打散——重构，使之颇有“解构”的艺术之风。

2. 乡土主义倾向

图 22　博塔在创作中力图反映自然观念，他把许多住宅都设计成“穴状”，借鉴传统的实墙处理手法以及利用带有象征意义的玻璃分隔式样，以隐喻地方传统中的“干粮仓”形式。同时以大地和天空为背景来塑造建筑形象，以突出乡土特色和挽救尚未消失的地域性文化。

图 23　矶崎新设计的武藏丘陵乡村俱乐部，它带有仿粗石木构式的建筑风格，形体奇特的体块组合，方塔状高耸空间的入口大厅内部耸立着 4 根粗大的原木立柱，使建筑充满乡土气息。

图24 Jimmy Lim 设计施尼得山庄(Schnyder house)，该建筑座落于马来西亚吉隆坡郊区的某山坡上，亭阁式的结构、悬挂式的屋顶、传统木构架作法和东方庭院式的格局等表现了浓郁的乡土情调。

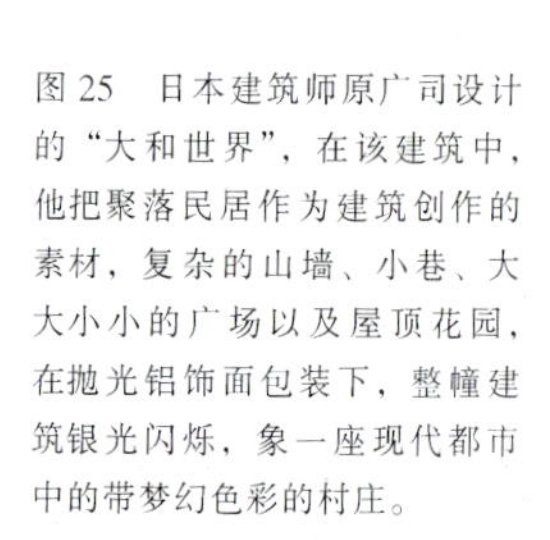

图25 日本建筑师原广司设计的“大和世界”，在该建筑中，他把聚落民居作为建筑创作的素材，复杂的山墙、小巷、大大小小的广场以及屋顶花园，在抛光铝饰面包装下，整幢建筑银光闪烁，象一座现代都市中的带梦幻色彩的村庄。

图26 石井和纮设计的幼儿园，在这个称之为“54个屋顶”的作品中，他从民居中吸收养料，用各种屋顶来表现日本文化中国际性、民族性和地方性“等价并列”观念。

图27 美国建筑师格雷夫斯设计的地区图书馆，高高低低的屋顶，各式各样的窗户和院落使之象一个防守严密的小型村庄，表现了浓郁的地方特色。

图28　A·瓦荷得设计的清真寺，洁白的穹顶、各式的拱券和带有伊斯兰色彩的漏窗，使该建筑带有浓厚的阿拉伯文化的特色。这些作品表明：东方文化、伊斯兰文化、非洲土著文化已受到人们重视，一度风靡全球的国际式风格正面临严峻的挑战。

图29　印度建筑师拉兹·里沃尔（Roj Rewal）设计的国家免疫学院。该建筑巧妙地借庭院组织空间，纵横框架构成的遮阳，有效地防止了强烈阳光的直射。他善于从建筑对气候的适应中，发掘地方性文化的内涵，并使之融合到建筑创作中去，从而使建筑体现出鲜明的地域文化特色。

3. 追求高技术的倾向

图 30　在当代建筑设计中，设备和结构构件也作为重要的装饰与表现手段。一些建筑师坚信用科技手段能够创造美好的艺术形式，因而从构件的极度重复中挖掘美感；利用人的视觉疲劳性，使之产生运动的幻觉；将各向同性的匀质空间极度扩展，使之产生震撼人心的力量；利用光滑材料的外表和现代设备、管网等多种手段来强化建筑形象的表现力。

图 31　皮阿诺和罗杰斯设计的巴黎蓬皮杜中心的局部。在该建筑中，他利用管道外露、套筒拼接、以及强调“流动”与“变化”的空间划分手段等，塑造了一个新颖的高技建筑形象。

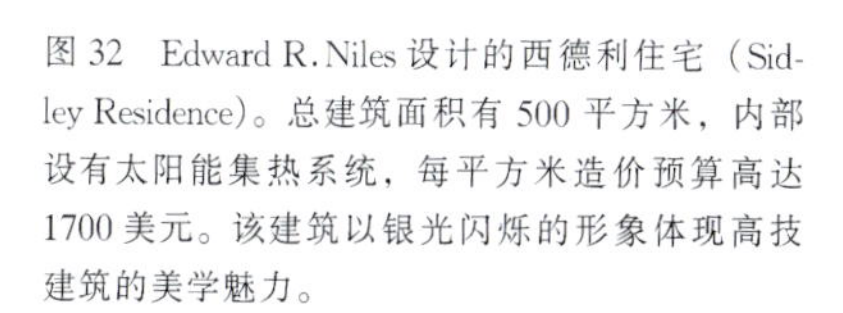

图 32　Edward R. Niles 设计的西德利住宅（Sidley Residence）。总建筑面积有 500 平方米，内部设有太阳能集热系统，每平方米造价预算高达 1700 美元。该建筑以银光闪烁的形象体现高技建筑的美学魅力。

图 33　皮阿诺设计的休斯敦米奈尔收藏馆，于1987年建成。这座建筑是设计者所惯用的高技手法从“硬”变“软”的重要标志。在这里，他采用了极为先进的采光系统——成百组采光叶片安装在置于明净的玻璃下的三角形桁架上，叶片按当地太阳轨迹而精确计算其弯曲度，从而使博物馆具有良好的自然光线。同时，他巧妙地利用高技形式，表达与环境相结合的功能内容—覆盖着精美的叶片的白色回廊环绕建筑四周，使之很像优雅的乡村府邸，与环境非常协调。由于该馆集对比与和谐、复杂与简单、坚硬与柔软，高技术与高情感于一体，从而被认为是当代建筑中的杰作。

图 34　米奈尔收藏馆局部——采光叶片。

图 35　日本建筑师长谷川逸子在藤泽市湘南台文化中心的设计中，致力探索高技术的艺术表现力，金属饰面的巨大球体，高高低低的金属树林，表达了她借助新材料塑造“第二自然景观”的决心。

4. 解构主义倾向

图 36　屈米在解构主义观念的指导下，在维莱特公园的规划设计中，采用反中心，反统一的分离战略，即让建筑的任何部位都不能成为自我完善的整体，因而采用片断、叠置的手法，去触发分离的力量，从而使空间的整体感得以消失。公园中的点、线、面系统和所谓的“疯狂物”，就是反映他创作观念的重要作品。

图 37　维莱特公园的“疯狂物”。

图 38　藤井博已设计的东京国际艺术中心。他用“散逸”、“片断”等艺术词汇向古典的、“统一”的观念质疑，并极力强调空间的不连续、破碎与对立，用切片、变形、裂缝、颠倒等手法，产生一系列由不完整的元素构成的建筑空间。

左上　图39　维也纳屋顶改造，利用拉紧的富有弹性的金属结构，给人是一个翅膀、一个飞行器，同时也是一个指导方向的锋刃或一个叶片这义的感觉，使观者有多种解释的可能。

左下　图41　埃森曼在设计韦克斯视觉艺术中心时，采用了堆砌的堆架、重叠断裂的混凝土块，以及西北、东北两角的红砂岩植物台基来表题，同时他又将挖掘的军火库加以肢解和扭曲，使塔体和圆拱都象被撕他认为“军火库的肢解就是历史学家专业性思想的破裂”。

图 40　C·希梅尔布劳在设计汉堡媒体天际线大楼时，用破碎的手法，去取代完美的追求。这座垂直剥开的建筑形体，取代了体态优美的大楼形象，以此向世人宣布其美学观念："我们看够了帕拉蒂奥和历史的面孔，因为我们不要建筑排斥令人不安的事物，我们要使建筑拥有更多东西，要使建筑受伤、衰竭、混乱乃至破裂。"

图 42　莫费西斯设计的凯特·曼蒂里密餐馆建于 1987 年，该解构建筑力图表达妄想与冷静相交织的状态。

图 43　哈迪得设计的解构主义室内装饰，表现了扭曲与畸变的审美特征。

图44 马来西亚建筑师杨经文设计的梅纳拉商厦。该建筑的内部与外部采取了双气候的处理方式，使之成为能适应热带气候环境的低耗能建筑。它采取了螺旋上升的植物栽培方式，东、西向采用铝合金遮阳百叶，南面采用镀膜玻璃窗，创造光线柔和，通风良好，富氧而避热的环境，从而探索了生物气候学在高层建筑中的运用。

图45 杨经文自宅。该建筑利用南北向，以保证主要房间朝阳并有利于接纳西南风，伞状的弧形百叶使整幢建筑都处于阴影之中，从而节约能耗。

第九章　当代西方建筑赏析

一、从整齐一律到“杂乱”有章——当代西方建筑赏析

自上世纪80年代前后，西方建筑在风格和流派上，呈现出一种多元并存的趋向，迄今已逾20多个年头，势头仍持续不衰。其中的某些流派，由于对传统的审美观念持强烈的批评、乃至彻底否定的态度，不免会造成思想上的混乱：美与丑，到底还有没有一个客观标准？我想要得出一个终极的结论，恐怕是不可能的，那么，惟一办法便是面对现实，采取包容的态度，让人们的主观体认去顺应客观存在的大千世界——拓宽审美范域，学会欣赏某些陌生的建筑形态，并从中找到美的基因。

应当说，这不是一件容易的事情。人们的习惯很难改变，而潜存于意识深层的审美观念尤其顽固。如果把东西方文化大背景作一番比较的话，东方，特别是古代的中国，在沿袭传统方面似乎显得更加执着。这样，便本能地、不期而然地排斥新东西。我国的封建社会持续得这么长，发展得这么缓慢，很难说与此脱离干系。

即使处于同一历史时期，各种不同的思想、文化、信仰、观念，也都相互排斥，而难以兼容。所谓文人相轻，这并非只是简单地抬高自己，贬低别人，而是对异己的东西确实打心眼里看不惯、深恶痛绝，非除之而后快。韩愈在《原道》中所云：“周道衰，孔子殁，火于秦，黄老于汉，佛与魏晋梁隋之间，其言道德仁义者，不入于杨，便入于墨，不入于老，则入于佛，入于彼出于此，入者主之，出者奴之，入者附之，出则汙之……”从这里的描述中可以看出，相互之间只有排斥而没有兼容，更谈不上彼此之间的尊重。汉武帝废黜百家，独尊儒术，更是一种霸道和“行政干预”。人们都为春秋战国时的“百家争鸣”而称道，但实际上却是要把对方鸣掉，而使自己的学说畅行。20世纪50年代，我们也曾提出“百花齐放，百家争鸣”的政策，但后来的情况如何，大家都心里有数。

西方人是重功利的，经济上搞全球化，不仅对整体发展有利，而且也有利于每一个国家的发展。但是在文化上态度却截然相反，不仅不搞一体化，而是主张多元化，这不能不说是一种历史的进步。

面对着建筑风格流派的多元并存这一客观现实，我们也必须调整自己心态——不要对自己暂时欣赏不了的东西嗤之以鼻，简单地予以否定。一种风格流派，它既然存在，总会得到某些人的认同，这就是它存在的理由，我们是不能仅以个人的好恶来断然否定它的存在。

和谐统一和杂乱无章，在传统美学范畴中，堪称为相互对立的两个“极”，如果前者被认为是至美的话，那么后者便理所当然地被看成是至丑，这两者是绝对不能相容的。自从文丘里提出“建筑的复杂性和矛盾性”之后，局面似乎有所松动。但文丘里所论还是很有分寸的，他的几对“宁要”和“不要”，都是相对而言的。以后的创作实践表明，有的

建筑师走得更远。例如正在走红的盖里，几乎把“杂乱”当作一种目标来追求。不过细品他的作品，“杂乱”确乎有之，但要说无章，似应慎重对待。依我之见，还是在“杂乱”中含着某种难以理清的秩序，或许正是自然科学中所说的“混沌有序”吧！为此，本文的命题“从整齐一律到‘杂乱’有章”目的正是借强烈对比的方法来反衬一些难以言表的事物。同时，也表明当今西方世界的宽容度已经达到了何种程度！

整齐一律，似乎比和谐统一更高一个层次（参看黑格尔《美学》第一卷第二章，朱光潜译），也更容易用文字来表述。这里所选的一个典型的例子便是印度新德里的大同教礼拜堂。就和谐统一，他似乎有胜于文艺复兴时代著名建筑圆厅别墅（Villa Rotouda），然而它却是20世纪80年代的产物。从图9-1所示，他的整齐一律显而易见，也就是属于文丘里宁可不要的那一类。然而，可以确信，它还是美的。它至少具有与传统形式美并行不悖的几个特征：其一，是单纯性，即构成整体的组合要素具有同一性，均呈花瓣形状的壳体。尽管它们在大小、陡缓、曲率等方面不尽一律，但均属同一类别的相似形。这样，就为整体的统一和谐奠定了稳固的基础。其二，是向心性，即构成整体的基本要素环绕着一个中心，呈辐射形状的排列，共有三层，第一层向外，第二、三层向内，从整体看，具有强烈的向心和收敛感。这是一种秩序感极强的组合方式，第一层的外向和第二、三层的内向正好构成对比和变化，这是传统形式美所不可或缺的基本条件。其三，韵律感，这是借组合要素的重复性和组合上的条理性所赋予的。特别应当指出的是，这种重复不是简单的重复，而是一种有机、变化的重复。其四，象征性，即从整体看犹如一朵含苞待放的莲花，由于不了解大同教的教义，不知道选择这种象征是否具有特殊的针对性，但仅凭直觉就可以联想到莲花，人们便习惯地称之为“莲花教堂”。这四点，均集中地体现了形式美的原则，所以理所当然地会引发人们的美感。或许，以文丘里的眼光看来，不免是“显而易见的统一”，但无可否认的事实是，它毕竟是美的，能够为业内、业外的众多人士所欣然接受。

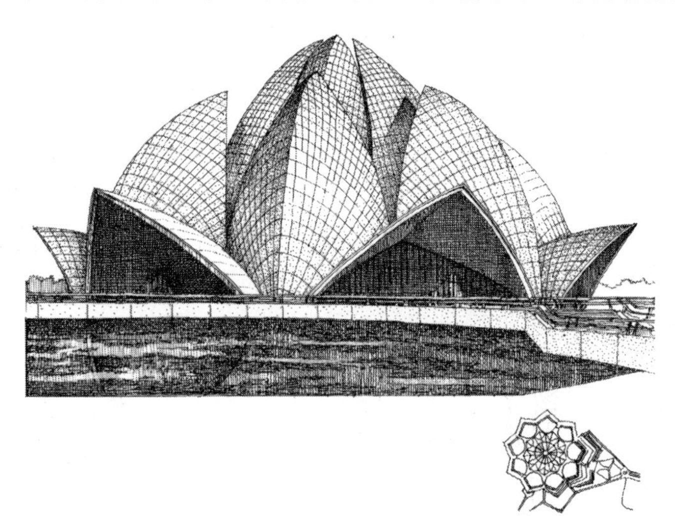

图9-1　印度新德里大同教礼拜堂

和这个例子相似的还有沙特阿拉伯的利雅得国际机场的航站楼建筑（图9-2），也是在20世纪80年代建成的。所不同的是，这里所采用的组合要素是三角形的扁壳，似乎也缺少明确的象征意义。但就条理性、重复性和韵律感而言，却有异曲同工之妙。

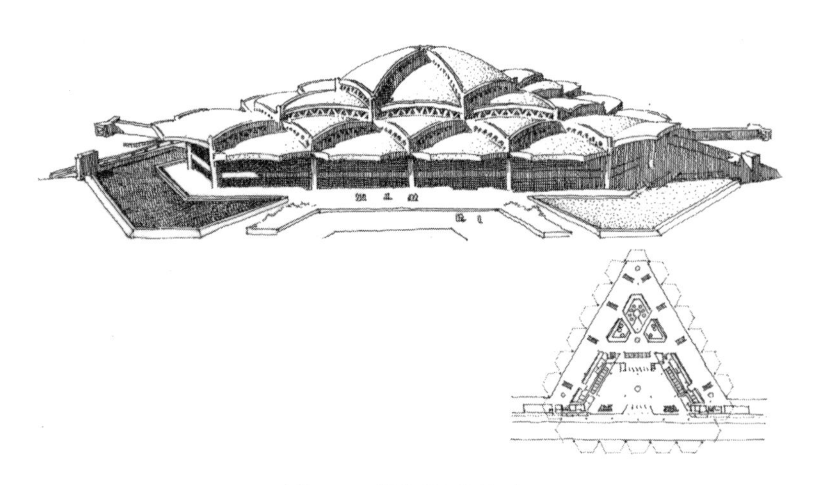

图 9-2　利雅得国际机场

由美国著名建筑师路易斯·康设计的孟加拉国议会大厦（图 9-3），和前两个例子相比，既有相似的一面，也有一定差异，相似之处是围绕着一个中心呈辐射形式的布局，具有一种向心的感觉，不同之处是组合要素有较多的差异。在整体组合上，除有四个相同的长方体相互对应排列外，在主、副轴线排列的另四个要素则各不相同，这样，无论从哪一条轴线上看，都不能构成严格的对称。尽管如此，从某些角度看，尚不失其大体上的对称和端庄、稳定的厚重感，这和该建筑物的特定功能性质还是十分吻合的。如果要与前两例相比，它与“显而易见的统一”似乎稍稍地拉开了一点距离。

图 9-3　孟加拉国议会大厦

前三个例子，严格说来均不属于西方，而属于南亚和中东，但这些地区都曾经是西方国家的殖民地，受西方文化的影响很深，而后两者更是出于西方建筑师的手笔。这种强烈的向心形式的构图手法，是否有迎合该地区文化传统或人们喜闻乐见的审美趣味，却是一个难以确证和说清楚的问题。

在纯属西方的美国，也能找到类似的例子，这便是由贝聿铭设计的伊弗森美术馆

（图9-4）。它的主体部分由4个体块组成，并以风车形式的布局围合成为一个方形的中庭。虽然具有一种中心感，但不甚强烈。这4个体块也有相似之处，即呈“ɼ”字形的巨大悬臂，加之，体块均为敦实、厚重的实体，能给人的视觉以强烈的震撼力。贝聿铭属现代派建筑师，但又不为现代主义的教条所羁绊，他的作品尽管简洁有序，却并不使人感到单调、冷漠。

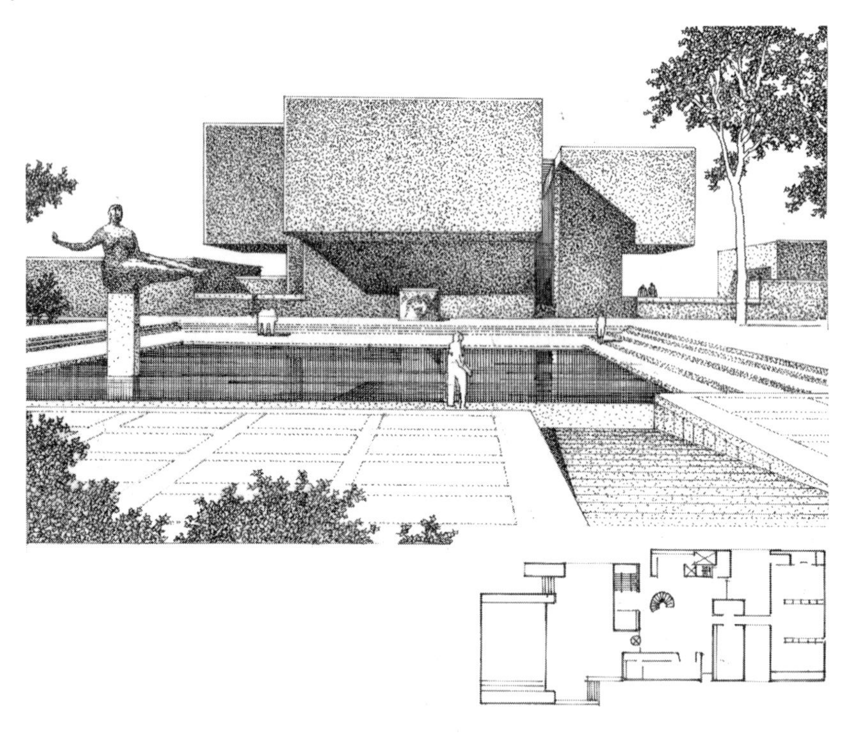

图9-4　伊弗森美术馆

如果把前述四例排成一个序列，贝聿铭的伊弗森美术馆当尾随其后。这种排列绝非意味水平的高低，而是着眼于距“显而易见的统一”又远了一步。当然，尾随其后还可以列出一长串的实例，但就其典型性来讲就会离“极”愈来愈远，这不仅会失去了典型性，而且也会使两极之间的界线模糊不清。

下面将跳到另外一极，即属于“杂乱”的一类。在这个序列中，当以盖里的作品最为典型。盖里所代表的应属解构主义的一派，尽管他自己曾否认过是解构主义流派的一族。初识盖里作品，确实有一种其妙莫明的感觉，即不知道他为什么要下那么大的功夫把作品搞得奇形怪状。直到西班牙毕尔巴鄂古根海姆博物馆建成之后，方使我对他的印象有了一点转机。奇特、怪异的造型更多地像是一个抽象派的雕塑，很难想象它居然能够把那么多的展厅包容在这样一个体形之内。这自然和现代主义建筑的功能决定形式的原则相悖。恰恰相反，而是把功能硬塞进先入为主的形式中去，说得好听一点，就是路易斯·康所发明的“形式唤醒功能”吧！然而，当代西方建筑思潮不仅容忍这么做，甚至认为它可以激发人们新的审美激情而备加赞赏。这真是应了中国一句古谚：“三十年河东，三十年河西”。应当承认，其造型确实能够引发人们的美感（图9-5），正如作者所云，它很像是一个花朵，当然不是大同教堂式的莲花，而近乎层层卷曲的郁金香。这种造型具有极大的偶然性和随机性，很难像前文中所举的例子那样，道出它所遵循的法则和规律。然而，它确实能使人感受到在偶然中见出作者的精心塑造，并且混然一体。对于这样的作品，我们能简单地贬之为杂乱无章吗？当然不能。也许用混沌有序来表述，似更为贴切。

图9-5　（西班牙）毕尔巴鄂古根海姆博物馆

再一个例子是1984年建于加利福尼亚的航天博物馆（图9-6）。与前者不同，可以分解成为不同的体块。但各个体块无论在色彩、质感、形状等方面都很少有共同因素，在相互组合的关系上也缺少制约和关联，个别体块东倒西歪，颇有一种杂乱之感。这不仅远离了“显而易见的统一”，而是显而易见的不统一。看来，盖里走得比文丘里更远。

1987年建成的德国魏尔市维特拉家具博物馆（图9-7）和1994年建成的瑞士巴塞尔维特拉家具公司总部就其形状的奇特、怪异和杂乱，又远胜于加利福尼亚航天博物馆。可

图9-6　洛杉矶加利福尼亚航天博物馆

图9-7　德国魏尔市维特拉家具博物馆

见，盖里的创作思想不仅具有一贯性，而且还在进一步发展。他并不讳言自己对怪诞的追求："我一直在寻找个人的语汇，我寻找的范围非常广，从儿童的想入非非到不协调和看来不合逻辑的体系的着迷……""如果你按照赋格曲的秩序感，结构的完善性和正统的美的定义来理解我的作品，你就会陷于完全的混乱"（转引自吴焕加《20世纪西方建筑史》）。看来，盖里确实是在全力以赴地追求与众不同。在蔑视传统的章法、典范中寻觅独具个性的新东西，尽管在一般人的心目中是丑而不是美，但也不改初衷。

明尼苏达大学韦斯曼美术馆（图9-8），堪称是最能体现盖里美学思想的一件代表作。据称，业主在委托设计时就看中了他的才华，要奇特、与众不同。而盖里也不负众望，果真创造出一个既能满足使用要求，又把建筑物的外观包装成为一个犹如抽象雕塑一般的艺术造型。这是一个由众多体块拼凑为整体的建筑，但所有的要素各不相同，此起彼伏，此凹彼凸，大小相间，或直或曲，斜正相倚，极尽复杂之能事。"杂乱"是不言而喻的，但要说"无章"，显然又抹煞了作者的良苦用心。既然是刻意追求，至少在作者看来还是有章可循的。但这种"章"却非人们公认的章，也许在盖里看来，传统的章，仅是一种线性思维所导致的逻辑结果，而他却郑重申明他不能接受这种结果。正所谓"道其所道，非吾所谓之道也"。

图9-8　明尼苏达大学韦斯曼艺术博物馆

当代西方先峰派建筑师，多有把陌生感当作一种时尚来追求的癖好，在这些人中，盖里无疑是最为突出的一个。这种竞相突出自己的目的，无非是引人注目，而只有引人注目，才能激发人们解读的兴趣。淹没于芸芸众生中的作品，总难辞千篇一律之咎，尽管它们之中也不乏堪称为佳构的好东西。追求陌生感的最好手段就是对形式进行"包装"，这里也大有学问。一个建筑师，无论你走得多远，但也不能完全摆脱功能、技术的制约和局限，好在由于技术的长足进步，以往难以想象的东西，今天都能变为现实。所以从某种意义上讲，这些奇形怪状的建筑，也可以说是与时俱进的产物。

如果一定要打破砂锅问到底，它究竟美在哪里？恐怕是找不到一个令人满意的答案的。某些艺术欣赏，只能凭个人的内省，也就是老话所说的“只能意会”。也许经过若干年后，人们能够找到适当的话语来予以解说，只怕那时又要出现更加令人费解的东西而使人感到困惑。也许，这就是历史——人类文明的发展史。

注：本文系国家自然科学基金支持项目：当代西方建筑形态特征的研究（编号：9978029）。

二、奇正相生，意趣盎然——当代西方建筑赏析

在《辞海》中，对“奇正”的解释是：“古代兵法的术语。《孙子·势》：‘战势不过奇正，奇正之变，不可穷胜也’又：‘奇正相生，如循环之无端，孰能穷之？’王哲注：‘奇正者，用兵之钤键，制胜之枢机也，临敌运变，循环不穷，穷则败也’……”看来，就是出奇制胜的意思。兵法是对付敌人的，“兵不厌诈”，对待敌人，凡能制胜者，是可以不择手段的。《辞海》对“正”的解释是：“正中、平正，不偏斜……”又引《论语·乡党》：“席不正不坐”；《论语·尧曰》：“君子正其衣冠”。由此可见，在中国传统观念中，总是把“正”放在至高无上的地位。所以正人君子，总是堂堂正正或正襟危坐。直到近代，蒋介石在得势之后，也要堂而皇之地另起一个名字曰“中正”，既中且正，便俨然地成了中山先生的接班人了。

可能是在这种观念的影响下，无论在城市或建筑的形制上，也多采取中轴线对称和横平竖直的布局形式。最典型的如唐代的长安城，就是按照《三里图》一书关于“王城”的原则：“方九里旁三门，九经九纬，经途九轨”的模式建造的。人们通常把这种格局称为“棋盘式”，其实比棋盘还要规整，因为中国象棋还可以“马走日”和“相飞田”——即允许斜着走，而在城市网格中，则没有一条斜的道路。至于皇宫、衙署，便理所当然地位于城市中轴线的末端，而贵为人君的帝王，自然是正襟危坐在他的龙椅之上，充分体现出“席不正不坐”的原则。当然，除了受观念影响之外，也可能还有技术条件的制约，因为方方正正的东西，建造起来最容易。

城市如此，单体建筑组群也不例外，如寺庙的“伽蓝七堂”形制，藏传佛教的“都冈法式”以及民居建筑的四合院，也多呈方方正正的布局形式。惟一例外的是园林建筑，由于“效法自然”，便无所谓正，也无所谓奇，故不属于本文所要讨论的范畴。这里所说的“奇”，就是相对于“正”的斜，奇正相生，就是借斜与正两种组合要素之间的对比而打破单调以求得变化。这种手法在西方古代城市，特别是园林的整体布局上并不罕见，在西方现代主义风格的建筑中也时有所见。然而，自觉地，有意识地运用正、斜两种组合要素之间的对比而谋求效果的，似乎还是出于当代某些建筑师的手笔。

美国建筑师埃森曼，是一位极富个性的建筑师，他深谙哲学，特别对黑格尔以后的近、现代哲学有着独到的见解，并试图把这些哲学的新见解、新思维引入建筑领域，高高地竖起解构主义大旗。由于所持的理论、观念颇为玄奥，难以被人们理解、接受，而在这

种理念指导下的作品自然也褒贬不一。在他的众多作品中，我比较欣赏的则是美国俄亥俄州立大学韦克斯纳视觉艺术中心（图9-9），这是一个艺术综合体，除两个体量较大的演出厅堂外，还穿插地安排了一些画廊。平面布局最大的特点是：以两组相互斜交的网格组合成为整体，而最引人注目的则是斜插于两组建筑物之间的空架子，作为通廊，通过它可以进入建筑物的各个组成部分。然而，在这里形象的意义要远远大于功能意义。设若没有这条空架，或者把这条空架堂堂正正地置于建筑物的中央，那么，这幢建筑便大为逊色。从某种意义上讲，这件作品的妙处正在于它巧妙地运用了斜和正的对比，也就是本文所说的“奇正相生”。从这件作品中，很自然地会联想到，由埃森曼所提出的“转换生成法”（图9-10），所谓“转换”，实际上就是在原本方正的空间网格体系中，插入另一套网格系统，由于旋转了一个角度，从而使两套网格互成斜交，这自然要比一套网格具有更加丰富的变化。

图9-9　俄亥俄州立大学韦克斯纳视觉艺术中心

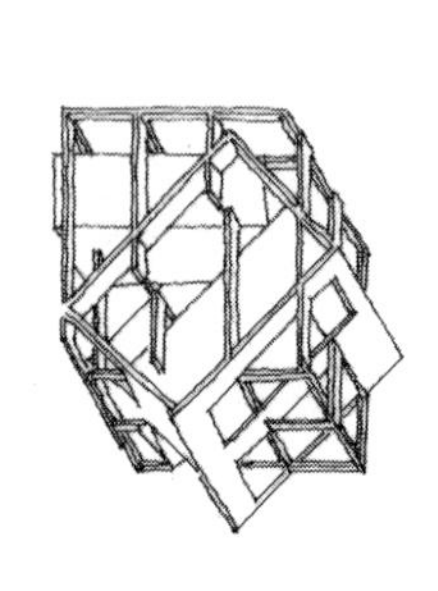

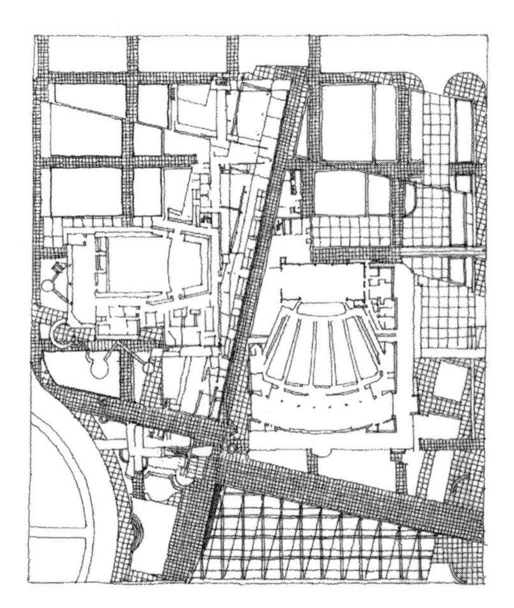

图9-10　转换生成法示意

与韦克斯纳视觉艺术中心有异曲同工之妙的另一个例子是由迈耶设计的德国法兰克福工艺美术博物馆（图9-11）。大家知道，迈耶与埃森曼、格雷夫斯、格瓦思梅、J·海杜克等5人，由于在作品风格上有某些相似之处，因而有“纽约五”之称。但后来每个人便各自走着自己的路子，于是，“纽约五”便销声匿迹。至于迈耶，他的作品向以追求高雅、简洁而为人们所称道。迈耶的作品虽然不乏创新和变化，但绝大多数作品的平面均以横平竖直而令人神往。比较例外的倒是法兰克福工艺美术博物馆，其主体部分依然保持严整方正的格局，而交通走道部分却作了斜向分割，于是便借正与斜的对比而使全局充满了生机和活力。

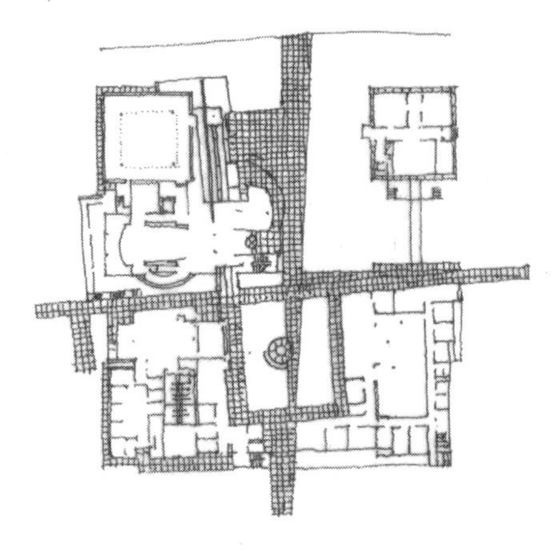

图9-11　法兰克福工艺美术博物馆

再一个例子是由日本建筑师黑川纪章设计的名古屋市现代美术馆（图9-12）。由于地形本身就是一个三角形，为顺应地形特点，在平面布局上便自然地形成为正、斜两个部分。与前面两个例子不同的是，斜向的要素不是在建筑的内部，而是在斜向一侧的外部延伸出一个高达两层的格架，有效地增强了建筑外观的表现力。

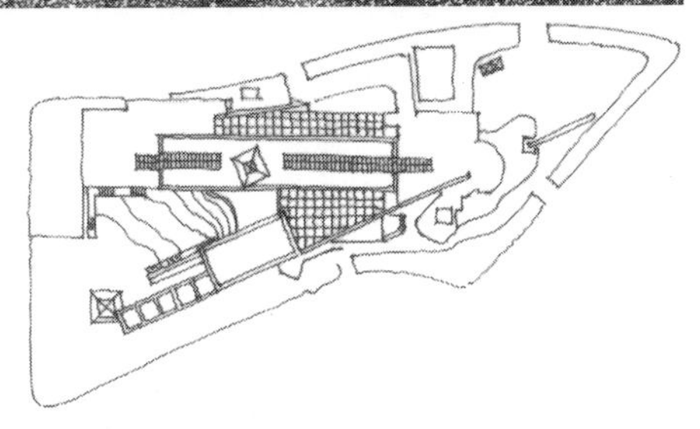

图9-12　名古屋市现代美术馆

正、斜两种要素相互组合而构成的平面，不可避免地会出现许多不规则的房间，其中有些锐角空间很难排上用场，因此，建筑师一般都忌讳使用这种手法。即使是技巧高超、才华出众的建筑师，如前面所提到埃森曼、迈耶和黑川纪章等，也不过是偶一为之。惟一例外的，便是日本建筑师安藤忠雄，似乎是对这种手法情有独钟。在安藤的作品中，这种手法屡见不鲜，由于运用得巧妙，不仅没有妨碍功能使用要求，反而为其作品平添光彩。

安藤忠雄是一位很有才华的建筑师，在后现代主义建筑思潮甚嚣尘上之际，却不为所动而另辟蹊径，他大体上在恪守现代主义崇尚简洁的基础上，克服其弊端，从而做到平实而不平淡，简洁而不简陋，特别是继承了日本文化的传统，在极具几何形体块的整体组合中，通过细部处理的微巧变化，从而蕴含着一种日本的韵味。针对密斯提出的“少就是多”的名言，文丘里却提出“少就是厌烦”，然而安藤的作品则证明，少未必就一定使人感到厌烦。那么，他的诀窍何在呢？有关这个问题，许多文章早已有所论述，不拟赘述，这里所要补充的一点，则是被人们忽略的构图技巧——斜与正的对比，也就是本文标题：“奇正相生”。

安藤的作品有时甚至简化到了极限，例如著名的光的教堂（图9-13），其主体部分就是一个由混凝土浇筑的长方体，连门、窗也仅是一条细缝，这个原本十分单调、封闭的体形，一经插入一个成85°角的斜向墙面，便立即熠熠生辉。设置这堵85°角的围墙，既延伸了进入教堂的空间序列，并使之有一个转折，又遮蔽了十分临近的建筑，从而造就一种心理上的静穆感，这对于教堂建筑来讲是至关重要的。

图9-13　光的教堂

另一个例子是Lee House（图9-14），这是一幢小住宅建筑，坐落于东京郊区的小山丘上。和前一个例子颇为相似，其主体部分也是一个狭长的矩形平面，长21米，宽5米，中央部分为起居室，面对庭院的一侧满开落地式玻璃窗，窗外便是一个由交角近30°的斜墙围合而成的三角形小庭院。这幢建筑的奇绝之处便凸显在规整的建筑与三角形庭院的巧妙组合，也不外是借正与斜的对比而获取了意想不到的效果。

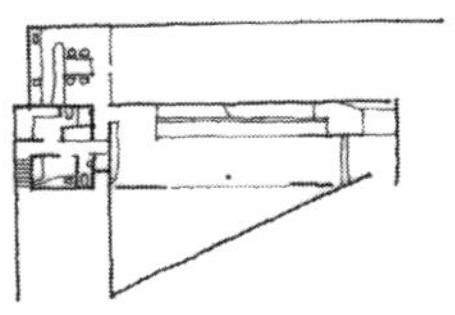

图 9-14　Lee House

如果说前面举的两个例子都是在主体部分极其简单的情况下，借助于一堵斜向插入的墙面而打破单调感的话，那么，下面的两个例子则表明：借助于正、斜两组组合要素的相互交织穿插，将可以极大地丰富建筑物内、外空间和外部体形的变化。图 9-15 所示为日本冈山成羽町美术馆，从平面看，其展出部分均呈方正、规整的组合形式，而于其中插入了一个“Z”字形的组合要素，于是正、斜之间的对比十分强烈。特别是在“Z”字形的墙面上又开凿了许多洞口，由于内、内和内、外空间的相互渗透，从而便获得了丰富的层次变化。

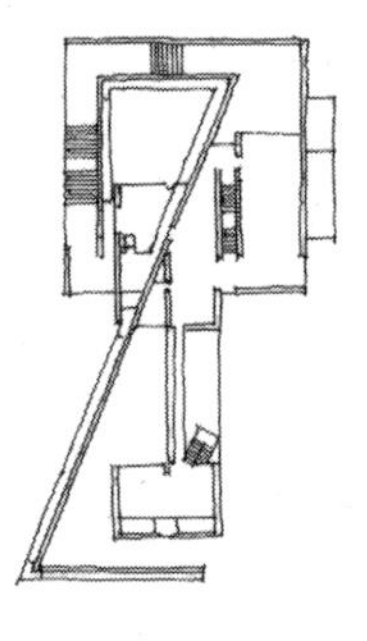

图 9-15　成羽町美术馆

在安藤的作品中，类似前例的手法屡见不鲜。图 9-16 所示为建于京都的京都府立陶板名画庭，从外观看，建筑物只不过是一个平淡无奇的长方体，但当人们循着坡道走进了内部。一个别开生面的庭院便呈现于眼底，其中，最引人入胜的，则是一个斜向交叉的“十”字形墙面，正是依靠它，才把庭院空间划分成若干个部分，由此，便可以借丰富的层次变化，而有效地增强了空间的幽深感。这虽然和中国传统造园手法有某种相似之处，但在组合要素的运用上却十分简约，且具有鲜明的现代感，这或许正是某些日本建筑师所炫耀的“日本建筑的现代表现”吧！

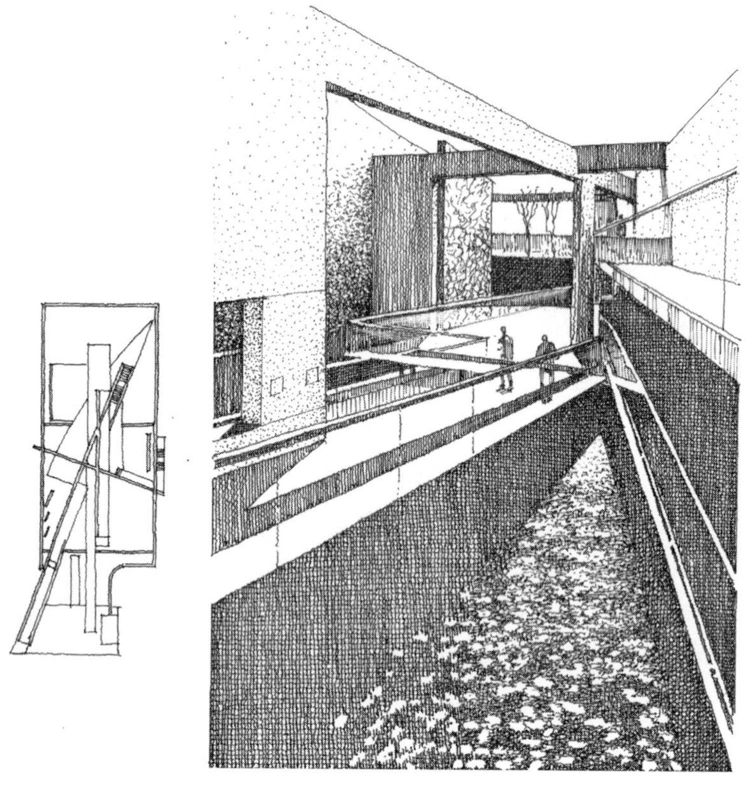

图9-16　京都府陶板名画庭

图9-17所示为安藤所设计的Vitra Seminar House的轴测图，从这张图中可以清楚地看出，除了运用正与斜的两种组合要互相穿插之外，还把一个圆形要素引入到前两者的交汇处，这无疑会使其内部空间获得极为丰富的变化。这种手法乍看起来似乎有违于他一贯追求简洁的原则，但只需了解这所建筑所处的场地位置，便知道是事出有因的。这幢建筑建于德国魏尔市，是为维特拉家具公司的行政人员的公寓所设计的，而与之相邻的则是由美国建筑师盖里所设计的维特拉家具博物馆，其体形极其怪异复杂，尽管由安藤所设计的公寓建筑在空间组合上极富变化，但其外观依然十分简洁，这

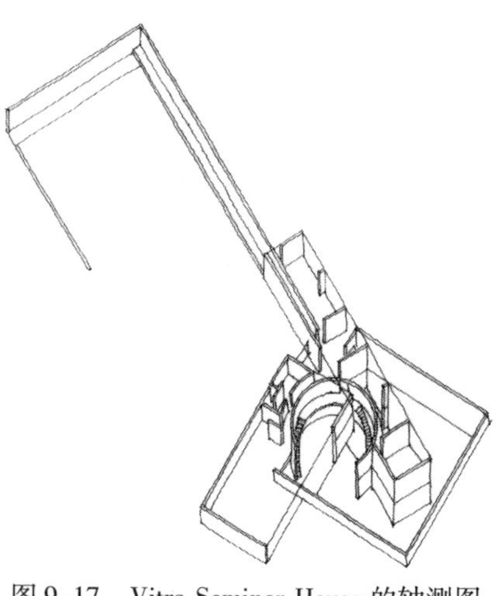

图9-17　Vitra Seminar House的轴测图

样，便可使这两幢相邻的建筑在体形上具有强烈的对比，而在空间上却又各具特色和变化。

即使在纯属外部形式的处理中，安藤也不放过运用斜与正的对比以谋求效果。图9-18所示为近代大阪府立古坟博物馆，它的陈列部分空间，几乎全部埋在地下，而上部则顺应地形变化设计成为宽大台阶的形式。其中，最引人注目的，则是一个斜向插入的坡道。

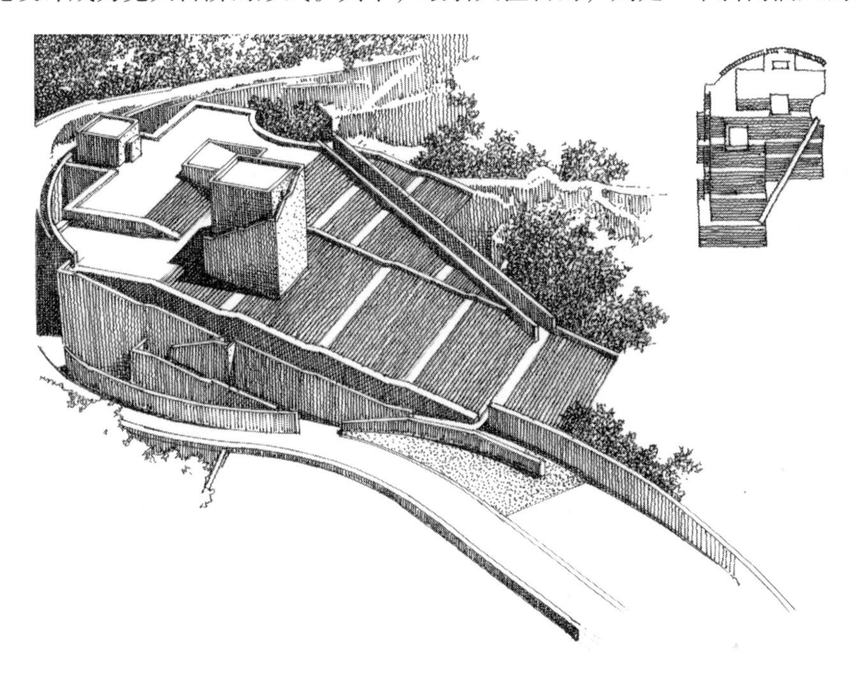

图9-18 大阪府立古坟博物馆

在安藤作品中，除了前面所举的例子外，尚有东京艺术画廊、冲绳那霸 Festival 商业综合体、京都 Time’s Ⅰ、Ⅱ、商业建筑、北海道水的剧场、京都 Collezione 复合商业设施，姬路儿童博物馆、姬路文学馆、南馆、姬路儿童活动中心、直岛当代艺术博物馆、淡路岛真言宗本福寺水御堂，熊本县装饰古墓博物馆、神户宫下邸、明石兵库县立看护学院等10余幢建筑，都不同程度地运用正与斜的对比而谋求特色和效果的。在诸多名建筑师中，只有安藤对这一手法的运用最频繁、最娴熟、也最有成效，堪称为运用这一手法的高手。

从某种意义上讲，安藤也可以说是通过这种“歪门斜道”而修成正果的，并由此而走向世界，成为一位享誉国际的著名建筑师。瑞士建筑师马里奥·博塔曾把安藤忠雄誉为日本的武士（其实应该是文士），而自谦为欧洲农夫，这两位建筑师的作品都有具有浓郁的新乡土主义风格的色彩。虽然他们遥隔万里，却都对弘扬地区文化作出了杰出贡献，要说什么“既是本国的，又是世界的”，他们两位的作品应该是当之无愧的。再深一步地追究，为什么日本会出像安藤这样的世界级建筑师，那还得从更大的文化背景中去找答案。日本自明治维新之后，就开始放手地向西方学习，真可谓是义无反顾！先是学科学技术，这还停留在“器”的范畴，久而久之，便扩大到了整个的西方文明，这就进入了“道”的范畴。他们也经历过生搬硬套和生吞活剥的阶段，但最终还是把西方文化融入到本土文化中去。再回头看中国，自清末以来的洋务运动开始，也提出了要学习西方，但总怕丢了自己固有的文化传统，于是从一开始就有所谓“体”与“用”之争，致使学起来缩手缩脚。历经一个多世纪，在两种文化之间总不免左顾右盼，走起路来像小脚女人，其结果只能是迂回、曲折、缓慢。我怀疑就是到了今天，即使有像安藤这样的千里马，恐怕也难能为当今的伯乐们所见容，奈何？

注：国家自然科学基金支持项目：当代西方建筑形态特征的研究（编号：9978029）。

三、从自然流露到刻意表现——当代西方高技派建筑赏析

如果说人类初始时期建造建筑的目的在于用物质材料围合一个可以遮风避雨的空间的话，那么，采取什么样的手段和方法来达到这种目的，就是一个至关重要的问题。

从考古发掘中也许可以推断：人类最初所关注的首先是它的有效性，即以最简便的方法能够有效地围合成一个可以栖身的处所，至于它的形式是否美观、悦目，可能并不十分在意。如果说这也是一种文明的起源的话，那只是相对于穴居或巢居而言，因为它毕竟是一种人工的创造，或者准确地说，带有更多人工创造的成分。

在有效性得到解决之后，另一种欲望便不期而然地注入到建造建筑的目的中来，这就是怎样把形式搞得美一点。并且，随着人类文明的发展，这种欲望愈来愈强烈，甚至与前一种目的并驾齐驱，成为人类建造建筑不可或缺的一个重要方面，特别是那些代表人类文明最高成就的公共活动建筑，例如古希腊的帕提农神庙（图 9-19）。这是一种梁柱式的建筑，这种类型的结构由于比较简单，或许在史前时期就已经流传久远。也不知道经过了多少代工匠的雕琢，到了公元前 4 ~5 世纪的古希腊时代便大放异彩，帕提农神庙便是其中最为耀眼的一颗明珠。上世纪 50 年代，曾经读过一位苏联建筑学家（可惜名字已经忘记）一篇关于帕提农神庙的长文，在他的详尽分析中，不仅整体的比例、尺度尽善尽美，而且，每一个细部都流露出工匠们精心推敲的智慧。从某种意义上讲，它已经不再是梁柱式结构的简单流露，而是把它雕琢（时下用语便是包装）得美轮美奂，无与伦比了。

图 9-19　雅典卫城帕提农神庙

然而，梁柱式结构毕竟有它的局限性，特别是在使用石材的条件下，它不可能跨越更大的空间。为克服这一局限，必须另谋它策，于是一种新的结构形式——拱形结构，便应运而生。不过，要说是继梁柱式结构之后才出现拱形结构也不尽贴切。因为有一种说法：拱形结构的启示来自狮子门（图9-20），它建造时期大约在公元前14～12世纪，比帕提农神庙还要早1000年左右。这是一个叠涩式的三角券，跨度为3.5米，它的下方虽然有梁，但并不起承重作用。如果此说属实，那么，拱形结构由简单到复杂，由原始到辉煌，也是经历了一个十分漫长的演变、发展过程。建于公元120～124年的古罗马万神庙（图9-21），可以说是这种类型的结构达到辉煌的代表，其直径为43.3米。它的外形十分壮观，内部空间既宏大又富丽堂皇，在拱形结构没有发展到十分成熟之前，人们是无法企求的。那么，它的结构形式是自然流露吗？是，也不完全是。说是，因为它的基本体形大体上反映出穹窿结构的原貌，但依然有相当程度的人工雕琢，特别是它的内部装饰十分精细华丽，所以，也不完全是结构的自然流露。

图9-20　迈西尼狮子门

图9-21　罗马万神庙

拱形结构是一个泛称，它包括拱券、筒形拱和穹窿，其最大特点和共同之处都在于呈圆的形式。在拱形结构之后，便向尖拱的形式演变，它称之为罗马风建筑（Romanesque Architecture）和哥特建筑（Gothic Architecture），直到公元13世纪前后，哥特建筑已经达到了相当成熟的时期，这之间大约经历了10余个世纪。是什么原因促使拱形结构向尖拱（Point Arch）演变呢？这个问题只有史学家才能找到正确答案。但是从直觉看，似乎不是建筑的功能，而更多地可能是出于宗教的精神要求。因为从现存的一些哥特式教堂看，这种结构形式更有助于表现出一种神秘和升腾的感受，而这正是宗教建筑所企求的。此外，与古罗马穹窿结构相比，由于用拱肋作为主要承重构件，不仅显得轻巧，而且也比较省料，可是在建造技术上的难度也较大、要求也更高。就显露结构而言，无疑胜于古罗马的拱形建筑。但尽管如此，建筑师依然还是要对它作一些形式上的加工，例如在室内，把拱肋设计成为不同形式的图案，并把肋的剖面做成富有变化的线脚，使之与支承它的“束柱”统一协调，以造成一种轻盈的感觉。在室外，则着力处理好“飞扶壁”，虽然大的体形仍取决于力学要求，但也不排除作适当装饰，从这种意义上说，还不纯粹是结构的自然流露。这个时期最典型的例子当属巴黎圣母院（图9-22）。

图9-22　巴黎圣母院

盛行于15世纪的文艺复兴建筑（Renaissance Architecture）可以说是对哥特建筑的否定。由于把目光又投向古希腊、罗马建筑，于是拱形结构又再度辉煌。按否定之否定规律，应当是螺旋上升。这时，无论从技术或美学上讲，比之古罗马建筑都有更进一步的发展和进步。这个时期最具代表性的建筑当属佛罗伦萨的圣玛利亚大教堂（图9-23）和罗马的圣彼得大教堂。

图9-23　伟罗伦萨圣玛利亚大教堂

从泛称的古典建筑风格看，结构形式的变化至此似乎已告终结。技术的变化和发展虽然不会停滞，但新的结构类型却再也没有出现。只是到了近代，随着科学技术的进步和新的材料的问世，许多新的结构形式便如雨后春笋，一起登上了建筑的殿堂。与此同时，人们的观念也发生了深刻的变化。现代建筑在它崭露头角的时候，便明确提出反对装饰，声称“装饰即罪恶”。在这种观念支配下，对结构的遮掩和装饰自然成为多余的事，于是便赤裸裸地显露在建筑物的外部和内部，像英国的水晶宫和巴黎铁塔就是十分典型的例子。这种骤然间巨变，自然会遭到人们的非议。但是，久而久之，人们便习以为常，甚至反而感悟到这里也蕴含着一种美的因素。本文题目中的“自然流露”，所指的就是这种情况。

即使在这个时期，建筑师依然有自己的策略，即如何积极地利用结构的可能性，来寻求美的形式。勒·柯布西耶的现代建筑五点，即是对近代框架结构的巧妙运用，其影响范围之广，可以说充斥于现代建筑的各个角落。在他的作品中，最富典型意义的则是萨伏伊别墅（图9-24）。另一位代表人物则是意大利建筑师奈尔维，在他的设计中，结构本身便充满了形式美，无需作任何雕琢、装饰，便能给人以悦目的美感。据此，我们可以把现代建筑与结构形式之间的关系表叙为自然流露，尽管在个别情况下也有藏拙之处，但却不是主流。

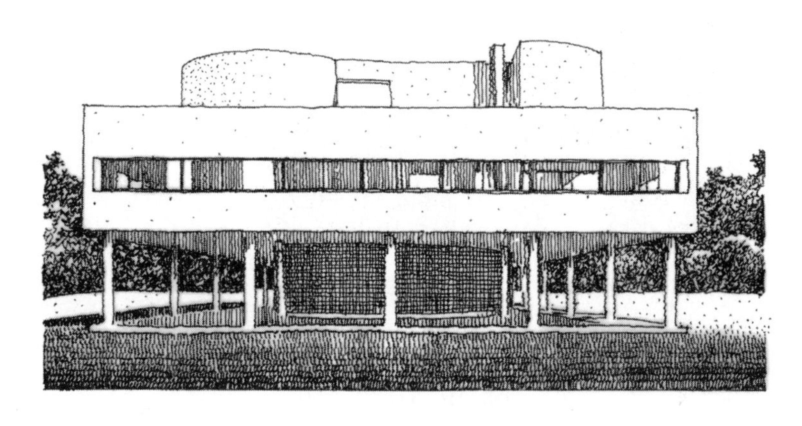

图9-24　萨伏伊别墅

前面提及的几个历史时期的风格，虽长短不一，但都经历了若干个世纪，可算得上是各领风骚数百年。唯独现代建筑来也匆匆，去也匆匆，它从发生、发展直至衰落尚不足百年。大约在上个世纪70年代，西方建筑思潮日趋活跃，于是便有人向它发难，提出种种质疑。批评得最尖锐的便是割断历史，形式冷漠、单调，缺少人情味。至于用什么样形式和风格来取代呢？则其说不一。这样，便出现了一个多元化的局面。以福斯特（Norman Foster）、罗杰斯（Richard Rogers）和皮亚诺（R·Piano）等人为代表的“高技派”便是这多元中的一元。与其它流派相比，似乎对现代建筑的承袭多于否定，历史主义、新地域主义等对现代建筑的指责，他们是不屑一顾的，倒是对现代建筑重技术的理念却情有独钟。它们充分利用当今科学技术的新成就，力图通过自己的作品来展现其诱人的魅力。具有突破性进展的实例，当推罗杰斯和皮亚诺合作设计的巴黎蓬皮杜艺术与文化中心（图9-25）。它不仅裸露结构，并且把每一个构件都设计得十分精巧，以充分显示其技术上的精到和魅力。更为大胆的是把各种设备管道也置于建筑物的外缘，并饰以鲜艳的色彩，向人们昭示一种全新的设计理念。大概由于步子迈得太大，便令长期浸润在古色古香的巴黎人很不习惯，招来恶言恶语的批评便在所难免。联想100多年前巴黎铁塔问世时所面临的局面，似乎历史又走过了一个轮回。这两者虽然遭到了相似的境遇，然而却毕竟分别标志着两个不同历史时期的起始，前者是现代建筑问世的先声；后者，作为后现代建筑中的一元，则标志着现代建筑的转型。就对技术态度而言，我认为两者之间的差别在于：前者是结构形式的自然流露，而后者则是对技术（包括结构、设备）一种张扬和刻意表现。正是着眼于这一点，人们便把他们的作品冠以“高技派”。

图9-25　巴黎蓬皮杜艺术与文化中心

和其它流派相比，尽管大家在作品中都竞相采用新技术，但是就表现手法和设计理念来看，高技派的特点是：他们始终把表现技术置于方案构思的突出地位，并贯穿于设计的全过程，它既是方案构思的出发点，又是归宿。当然，由于设计项目性质不尽相同，这种表现自然也有的彰显，有的含隐。例如由福斯特设计的香港汇丰银行（图9-26），它原本是一个属于办公楼性质的高层建筑，习惯上都是采用分布均匀的柱网来形成网格式的框架结构体系，而在这里却分别由8组组合钢柱作为竖向承重结构，其横向承重则集中在5个带有斜拉杆、近似于桁架的结构来承担，每层结构之下分别吊挂着4至7层的楼板，而作为水平结构的斜杆，则占据了两层的高度。这样做的好处是，可以在中央部分形成一个开敞的中厅，也便于底层可以供大量人流顺畅地通

图9-26　香港汇丰银行

过。至于外观，建筑师则充分利用这种独特的结构形式，来向人们极力张扬它的高技术特性。由福斯特设计的法兰克福商业银行，也应用了许多高新技术，特别是在生态方面成绩显著，但就外观看，则比较含隐。

1987 年罗杰斯曾在东京的中心区设计了一个名为 Likura 的汽车装备陈列大厦（图 9-27，后因日本经济不景气而未能实施），也是把精心推敲的钢结构框架裸露于外，不仅可以使室内空间灵活分隔，而且也可借助于轻盈的结构造型而极大地增强其表现力。

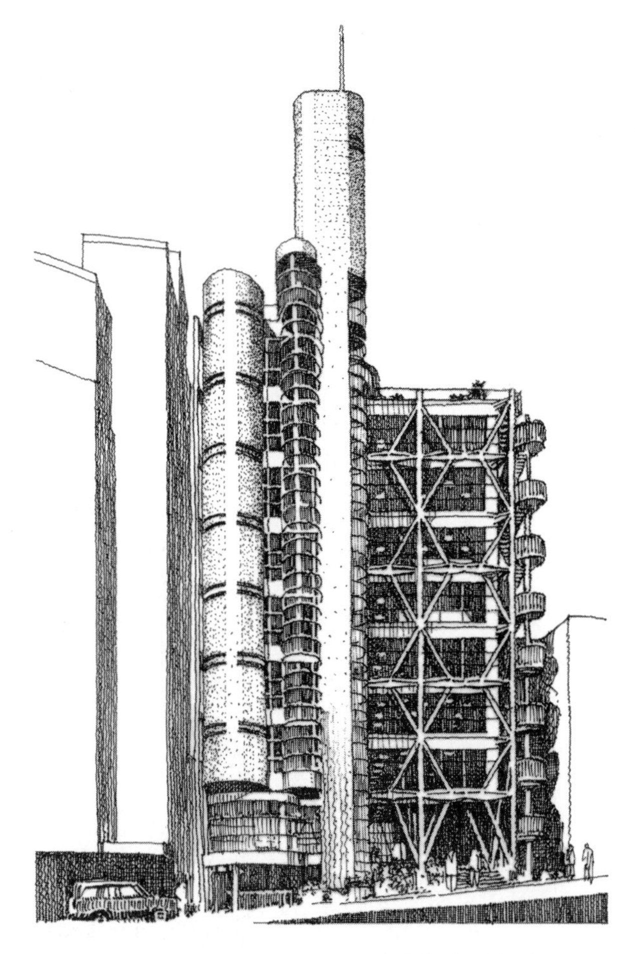

图 9-27 东京 Likura 的汽车装备陈列大厦
（因日本经济不景气而未能实施）

在刻意表现高技术方面，罗杰斯在法国设计的两所法院建筑也是独具特色的。一个是斯特拉斯堡的欧洲人权法院（图 9-28），另一个是波尔多法院（图 9-29）。欧洲人权法院是在国际邀请赛后受法国总统密特朗的委托于 1989 年设计的，坐落于一个“T”字形河道交汇处的一角，其主体可分为两大部分：一个是会议厅堂和公共活动部分；另一部分为办公用房。前者平面为由三个圆形相互叠合而组成，后者为与河道相契合而呈微微弯曲的带形平面。直径不等的两个圆柱体的会议厅堂，分别由三个支柱支撑的巨大钢筋混凝土圆盘所承托，其出挑甚远，圆盘之上则全部为轻巧的钢结构，其形状酷似鸟笼。圆柱体下部为带形玻璃窗，为增强结构的刚性，每隔一段距离又设置了“V”形的支撑。这种独特新颖的造型，如果采用传统的结构方法几乎是不可能的，而作为高技派建筑师的罗杰斯，却把他的表现技术的设计理念凸显得淋漓尽致。

图 9-28　欧洲人权法院

波尔多法院建成于 20 世纪末，但它的构思一直可以追溯到 20 世纪 70 年代建成的蓬皮杜中心。由于基地的周遭是一个比较敏感的历史街区——既有中世纪遗留下来的城墙以及它的末端的圆形塔楼，又有哥特式的教堂，设计必须考虑到环境对它的影响和制约。在这个项目中最为奇特的是把 7 个并列着的审判庭和带状的办公部分覆盖在一个规整的矩形屋顶之下，而每一个审判庭的外观又若似人们常见的容器——酒瓶。据说这种形式借鉴了传统的烤干房和船舱。就技术而论，是把现代技术和古老的手工工艺相结合，我猜想，现代技术指的是承重结构，而手工工艺所指的是细部木工的制作。这个设计不仅形式独特新颖，而且还有很多生态方面的考虑，应当说是一个当之无愧的高技术作品。

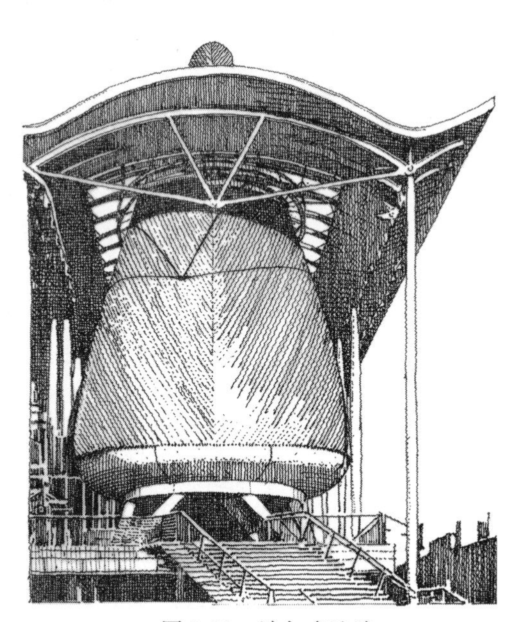

图 9-29　波尔多法院

对于高技术的表现，不仅体现于外观，而且也体现于室内，后者甚至有胜于前者。就室外而言，由于必须满足遮风、避雨、遮阳等要求，部分结构必然被遮掩，对于室内来讲，所有结构构件几乎可以全部裸露，于是某些高技派建筑师便不遗余力地借助于新型结构的独特造型来增强其表现力。例如由皮阿诺设计的日本关西机场（图 9-30）就是一个很好的例证。在这里，弯曲形式的钢构架，斜向变截面的支柱，不仅符合于力学和工程结构的要求，其形状也十分优美。特别是把一个结构单元多次重复地排列，将可以取得极强的韵律感。

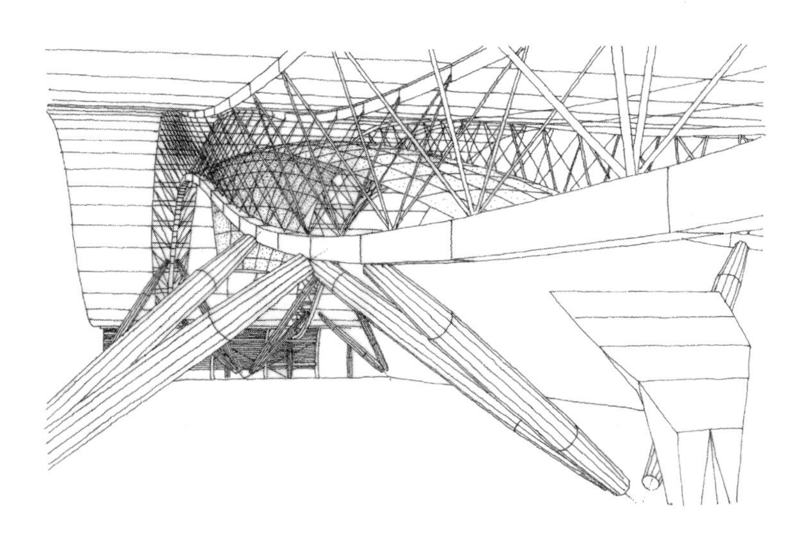

图 9-30　日本关西机场

近年来，高技派建筑师又把注意力扩展到生态学方面，福斯特有两件作品备受关注。其一是德国国会大厦的改建工程；另一个则是伦敦新建的市政厅。德国国会原是一个古典风格的建筑（图 9-31），在二战中遭到严重破坏。统一后的德国决定迁都柏林，于是提出了改建计划。这项工程的改建采用公开的设计竞赛，著名高技派建筑师福斯特赢得了这一项目。在古典式的旧建筑上运用现代高技术，无疑是一件极具挑战性的任务，但他却不负重望，圆满地解决了这一矛盾。其方法是在中央部分设置了一个巨大的玻璃穹窿，这与破坏前的老建筑的外轮廓线大体吻合，但却通体透明，于是便一扫先前的压抑、沉闷感。相反，却体现出战后德国政府民主、开放、亲和的精神。然而，玻璃顶盖总不免冬冷夏热，特别是挡不住炎炎夏日太阳的辐射，这就意味着要维持舒适的室内环境就必须付出极大的能耗。为了减弱这一影响，在穹窿之内设置了一个活动的遮阳罩，并随日照角度的改变而自动调节其位置。在穹窿的中央还设置了一倒悬的玻璃锥体，在白天，可以将室外的光照射到议会厅内，在黑夜，则可将室内的灯光反射到穹窿屋顶，从而使之成为夜景中的视觉焦点。在这个造型奇特的锥体内还设置了通风管道，通过它可以吸走室内的热空气，并经过热转换器去除热量后再重新注入室内，以保持室内空气的凉爽和清新。除此之外，还有更多、更复杂的生态方面的考虑与装置，但就视觉而言则比较隐蔽，这里就不再详细介绍了。

图 9-31　柏林德国国会大厦改建工程

由福斯特设计的伦敦市政厅于 2002 年落成（图 9-32），其外观犹如一个斜置的卵形，竖立于泰晤士河滨。主体结构为钢网架，外覆玻璃，既轻盈又通体透明。这种造型也是出于树立政府的新形象——民主、开放和公开性。为什么要倾斜呢？设计者的意图是向南倾斜可以借上层的出挑来遮挡烈日的暴晒，以保持室内的清凉。据说，这种奇特的外观并非出于建筑师的标新立异，而是经过精确计算获得的最佳节能效果，然而，这种高达 50 米的斜卵自然也是引人注目的一大景观。如果用传统眼光看，应当说与周遭的历史建筑、特别是十分邻近的泰晤士桥塔极不协调，然而，英国主政的当权者却选择了它，这一方面体现出他们的包容精神，同时也表现出高技派建筑作品所具有的不可抗拒的震憾力。

图 9-32 伦敦市政厅

纵观欧洲建筑历史的发展，可以看出建筑形态的变化有赖于结构技术的进步，这种进步呈加速度发展的状态。在古代，一种占主导地位的结构形式往往要经历几百年、甚至更长时间的漫长过程，方可衍生出另一种新的结构类型。例如从梁柱至拱形结构即是如此。这是因为当时的建造主要是凭经验，每一点进步都必须依靠点滴经验的积累。由于是一种极其缓慢的渐变过程，当然也不会让人产生巨大震撼和惊奇，人们几乎是在不知不觉中便迎来了一种新的建筑形态。另外，就形式而言也比较单一。一个历史时期只有一种结构类型处于主导建筑形式的地位，例如古希腊的梁柱式，古罗马的拱形结构和哥特时期的尖拱拱肋结构。

到了近代情况就不同了。由于力学的发展，结构技术也随之而突飞猛进，不仅结构类形更迭的周期日趋短暂，而且形式也丰富多彩，它不仅满足了复杂多变的功能要求，同时也为建筑形式的多样化而提出了可靠的保证。于是，建筑师便充分利用现代结构技术所具有优越性而创造出许多极具震撼力的建筑形象。高技派的建筑师更是这方面的高手，在他们的作品中，不仅凭借高新的结构技术来满足多种多样的功能要求，而且特别关注于新的建筑形象的塑造。本文题所提列的“刻意表现”，正是他们在建筑创新中所要追求的目标。

注：本文系国家自然科学基金资助项目《建筑形式构成分析及图式语言研究》（编号：50378060）相关研究报告之一。

四、从彰显到含隐——现代建筑的日本表现

二战之后，日本建筑师对于传统与创新作出了有益的探索，这对我们具有一定的启迪作用。

近日偶读台湾著名作家余光中的一篇题为“幼稚的‘现代’病的散文”，该文主要是就新诗而发的议论，但对于传统文化的传承与创新也具一定的启迪作用。其中有一段文字十分形象地阐明了对于传统的传承所应持有的积极态度：“传统是精深而博大的，它是一个雪球，要你不断地努力向前推进，始能愈滚愈大，保守派的错误，在于它是一个冰块，而手手相传的结果，它便愈来愈小了。”如果把谕为传统的雪球看作是一个“原型”的话，愈传愈大的结果必然是一步一步地脱离了原型，从而使旧貌换了新颜，由于新颜毕竟来自旧貌，所以总不免带有旧貌的影子。本文标题“从彰显到含隐”或许能够比较恰当地表述这一变化的过程。理性地看待问题，世界上一切事物无不处在变化发展的状态之中，新陈代谢、推陈出新、吐故纳新……都不外说明凡事都不可能一成不变、永恒地保留其原有面貌。所以，辩证法总是把发展变化看成是事物最基本的属性。那么，从哪里变起呢？

总得有一个来龙去脉吧！这又不可避免地涉及到事物发展的连续性。有些变化看起来似乎是突发的，是无中生有或史无前例的，但仔细分析还是可以找到它内在的脉络，只不过由于变化过于急剧，割断了新颜与旧貌之间的关联。

本文拟从日本近现代建筑的发展变化，并以“从彰显到含隐”为题来具体阐述日本近一个世纪其建筑是如何从传统而走向现代的。日本崛起开始于明治维新，其标志就是对外开放，放手向西方学习，从而一步一步地西方化——亦即现代化。作为东方民族的日本，原本也是一个闭关锁国，其传统特色十分鲜明，并具有很强烈的排它性。然而，在打开国门之后，便深感经受不住西方强势文化的冲击，转而以近乎自卑的心态崇敬西方，大力引进西方的物质文明。就当时的情况看，可以想象，两种文化的冲突该是何等尖锐。帝冠式建筑就是这个时期的产物。这种形式的建筑其特点是：屋顶是日本的，自然也作了一些改变，墙身则是西方的，当然也是作了一些改变。不过，从整体看日本的传统形式依然十分彰显。不过，两者的结合不免生硬，它的寿命注定不会久远，只能是一种暂时的过渡。二战之后，日本迎来了一个恢复发展的新时期，随着经济的快速增长，建筑事业也突飞猛进，这将给建筑师提供一个绝好的施展才华的机遇。经过二战的洗礼，军国主义思想有所消退，用以昭示狭隘民族主义的帝冠式建筑也随之悄悄地退出了历史舞台。崇尚以美国为代表的西方物质文明一时成为时尚，摆在日本建筑师面前的课题依然是寻求现代建筑的日本表现，传统与现代的争论自不可避免。

上个世纪50年代，一位美国人鲁思·本尼迪克特出版了一本《菊与刀——日本文化类型》的专著，深刻揭示了日本民族文化心理中所蕴含的诸多矛盾。在我看来，自傲与自卑便是其中的一个重要方面。二战惨败对于日本来讲自然是一种屈辱，但是他们并不认为输在大和民族的精神，而是科学技术、经济实力和武器装备不如美国，凡此种种，均属器物、亦即物质层面方面赶不上西方，由这些，产生了对于美国的崇拜。而建筑正含有物质和精神两个方面的属性。因而，在战后的一段时间，日本某些建筑师便下功夫寻求传统形式和现代功能、材料以及技术的融合。但与战前帝冠式的建筑风格毕竟有所不同，如果说前者是一种简单的拼凑，那么，这时却刻意探索如何有机地融合。

融合也不是一件容易的事，特别是在初始阶段，如果侧重于文化层面，传统的形式便显得彰显，如果侧重于功能、技术层面，便更接近于西方的现代建筑风格，纵使也有日本传统建筑风格的显现，却比较含隐。但是就大的趋势看，传统形式自不免会由彰显而走向含隐。这主要是因为在吸纳传统时，最先总是着眼于它的外部形式特征。这一方面是作者心灵的自然趋使，同时，也受到社会承受能力的制约。

随着时间的推移，作者和接受者都不会停止在表面形式的吸纳上，而要由表及里地探索隐藏在形式背后更为深层的东西。这样，单纯从形式展现传统的东西便悄悄地隐退、淡化，但终究也不会全然地消失，它还是在某种程度上得以显现，只不过这种显现似乎一步一步地与传统拉开了距离。

事物的这种演变发展过程，从另一个角度看也是完全符合于辩证法的：即新质要素的积累和旧质要素的消亡。待到新质要素积累达到一定程度，势必会产生某种突变。这时，单纯从外部形式看，也许就像以往常说的从形似到神似，这里我们换一种表述方法：从彰显到含隐。

建筑技术的发展也在促进新质要素的积累和旧质要素的消亡中起着十分重要的作用。

例如混凝土的可塑性便远甚于木材，钢材的纤细轻盈和玻璃的光亮透明均为形式的创新提供前所未有的可能性。当然，也可用这些材料做成仿古的形式，但终究不能充分发挥材料的性能而使人感到“曲”材，如果是借以创造新的形象便会使人耳目一新。传统形式由彰显而走向含隐在很大程度上也有赖于建筑技术的发展和更新。

应当提出的是，从彰显到含隐的变化发展过程只是一种大的趋势，并非全然机械地按时序排列。这是因人、因地而异的。即使是对某一位建筑师来讲，其作品也会呈现出交错和反复，即时而彰显，时而含隐，通过若干实例将可以更形象地来说明问题。

从彰显的程度看，除了一些仿古的和风建筑之外，大谷幸夫设计的国立京都国际会馆（图 9-33）最为引人注目。方案是在 1963 年的设计竞赛中获得了一等奖，具有极强的日本韵味，但又不失为一座现代式的建筑。京都是一座历史名城，至今还保留许多具有历史价值的古建筑。在这里建国际会馆，自然有向国际友人昭示日本文化的考虑。大谷幸夫的方案或许正是由于顺应了这种要求而一举中选。建筑周围有山有水，环境十分优美，建筑体形错落有致，特别是从日本传统建筑形式中吸取了许多独具特色的要素，并巧妙地加以组合，既满足了复杂的功能要求，又具有现代感。建成之后，引起了建筑界极大的关注。与战前帝冠式建筑或当时其他仿古式的和风建筑相比，在把传统与现代的融合方面，无疑向前跨出很大的一步。

图 9-33　大谷幸夫设计的国立京都国际会馆

1964 年国际奥林匹克运动会在日本东京举行，由丹下健三设计的国立室内竞技场（图 9-34），不仅使他的创作事业达到了光辉的顶点，同时，由他所设计的这所场馆也堪称是日本建筑走向现代化的一个重要标志。该建筑由两个部分组成，均属可以容纳数以千计观众的大跨度建筑。对于这类建筑，结构形式的选择至关重要，随着战后日本经济技术的快速发展，为丹下的创作提供有力的技术支撑。就当时情况看，它所选择的悬索结构还是相当先进的。悬索结构所呈的下凹形式的曲线，与日本传统建筑的屋顶轮廓线十分契合，加之，与竖向支撑的巧妙连接与组合，自不免会使人产生对传统建筑的联想。据说丹下本人曾否认对于传统的追求，但从当今流行的接受美学观点来看，人们有权以自己的感受来解读一切艺术作品，不管作者的意象如何，人们还是不期而然地把这组建筑与日本的传统建筑风格相联系。这组建筑所凭借的是当时先进的建筑技术，从功能讲，不仅要满足数千人的集聚和疏散，还要提供良好的视听条件，丹下正是在确保这些要求的条件下而赋予一种崭新的建筑形象，其构思之新颖，手法之奇特，实堪称为一绝。

图 9-34 丹下健三设计的国立室内竞技场

和中国一样，在日本传统建筑中，最能体现其特色的莫过于屋顶。前面所举的两个例子都因为其独特的屋顶形式而给人留下深刻印象。然而，在大多数情况下，由于各方面的制约，均难以在屋顶上做文章。特别是在现代建筑思潮冲击下，方盒子式的平屋顶广为流行，面对这种情况，日本建筑师如试图使传统与现代相融合，则必须另谋它策。1961 年由前川国男设计的东京文化会馆（图 9-35），就是应对这种局面的一种尝试。他虽然采用了平屋顶的形式，但檐部却超常厚重，几乎占据了整个建筑高度的一半，加之出檐深远，并向外微作倾斜，虽然离传统形式又远了一步，但依然蕴含了浓郁的日本韵味。前川国田曾师从于勒·柯布西耶，并对他崇拜有加。从东京文化会馆看，不难寻觅到勒·柯布西耶的踪影。例如上世纪 50 年代柯氏在印度设计的昌迪加尔行政中心一组建筑，就采用了硕大

图 9-35 前川国男设计的东京文化会馆

厚重的屋顶形式，但两者给人的感受却大不相同，这主要是由于前川国男在设计东京文化会馆时刻意于赋予它以日本传统的韵味。和东京文化会馆十分近似的是京都会馆，这也是前川国男在 1960 设计的，时间前后相差一年，由于京都会馆的檐口较薄，体现日本传统韵味稍嫌不足。或许正是基于这一缺点，一年之后，在东京文化会馆的设计中，便放手加大了檐口的厚度。

以厚重檐口而奏效的手法只限于低矮的建筑。在中、高层建筑设计中便难以使用这种手法。丹下健三设计的香川县厅舍尽管没有在屋顶上做文章，但在体现日本传统木结构形式特征方面还是值得称道的。这所厅舍建于 1958 年，平面呈“L”形，最高部分为 9 层，采用钢筋混凝土框架结构，外檐部分却模仿日本传统的木构架，密集出挑的梁头裸露于外，很像是木构造的椽头。在水平方向，类似于栏板的构件一分为二，似两条木板贯穿为一体，借以形成极强的横向构图。从整体看，轻盈剔透，并具有明显的韵律感。一个小小的日本式庭院，巧妙地嵌入“L”形平面之中，与建筑物相映成趣，更是平添了日本传统的情趣。

丹下健三设计的仓敷市政厅（图 9-36），也是借探出的梁头而体现传统木结构特征的。在这幢建筑中，其墙面处理似更具创意，尽管均由混凝土做成，但看上去却很像是由宽窄不等的木板拼装而成，并且形成优美的图案和虚实关系。

图 9-36　丹下健三设计的仓敷市政厅

与前面介绍的几个实例相比，由于局限于墙面处理，并且又着眼于细部，就对日本传统的体现程度，自然是由彰显而趋于含隐。

作为一个非主流学派的象设计集团，在探索地域性方面也曾作出过一定贡献。该集团产生于上世纪 70 年代，声称在设计中注重于探索自然主义、人文主义和乡土主义。单从这一点看，其作品便不可避免地带有日本传统所固有的某些特色。1982 年由该集团设计的冲绳名护市厅舍即为一例。该建筑建于远离日本本土的冲绳岛上，特定的气候条件和风土人情，自然是设计者赖以发挥的重要依据，据此，建筑外观采用了大量透空的格架形式，并借以提供良好的通风和遮阳条件。或许是出于乡土和民俗的考虑，在细部设计中还大量使用带有当地特色的雕饰，从而使得建筑大异其趣。1985 年由象设计集团设计的安佐町农协町民中心（图 9-37），也是一个充满乡土地域特色的建筑。一个巨大的多边形状的穹隆屋顶覆盖于厅堂之上，显得墙身十分低矮，加之，又在穹顶上设置了两排日本式的老虎窗，一眼看去，便彰显出日本传统建筑所特有的蕴味。

图 9-37　象设计集团设计的安佐町农协町民中心

比这更富乡土气息的还有神长宫守失资料馆（图 9-38），其作者为藤森照信，据称此人出身于建筑史学家，但对设计也颇为钟情。1991 年建成的该资料馆面积尚不足 200 平方米，由一个两层的方塔和一个单层的披檐组合而成。屋顶采用当地出产的黑色石片，墙身则部分采用灰泥，部分外挂木板，两根未经加工的树状木柱穿透屋顶，伫立于低矮入口的两侧，向人昭示出极其强烈的反工业化倾向。

图 9-38　藤森照信设计的神长宫守失资料馆

上世纪80～90年代是日本工业技术高度发展的年代，何以会出现与之针锋相对了反工业化倾向呢？这也许和国际上建筑思潮大转折不无联系。当时，后现代思潮已崭露头角。对现代主义国际风格的批评甚嚣尘上，重反历史或回归自然的思潮自然会导致对乡土地域文化的探索。人们不禁感叹，历史是迂回曲折的，彰显和含隐自然也会随之而反复交错。

在多元文化的时代中，相互对立的倾向自不可免。1993年由菊竹清训设计的江户东京博物馆（图9-39），则完全凭借于当代的结构技术而表现出来某种具有日本意趣的新型建筑。支撑于四根方形筒柱之上的巨大体量，不期而然地使人联想到传统的大屋顶。然而，它却容纳了几乎全部的陈列厅馆。那么，何以能引发这种联想呢？不外是超出常规的深远出挑，厚重的“屋脊”，叠涩的出檐以及由此而形成的外部轮廓。但凡此种种，都绝然不同于古代建筑的大屋顶和近代建筑的帝冠式，历史确实已经有了一个巨大的飞跃！

图9-39　菊竹清训设计的江户东京博物馆

经过半个多世纪的探索和集累，大约在上世纪90年代，日本建筑创作似乎登上了一个新的台阶。这个时期从表面看好像是全盘地西化，而放弃了对传统的追求，用日本建筑师的表述就是现代建筑的日本表现，用本文标题来表述，就是从彰显而走向了含隐。这种现象也是社会变化的反映，从根基上讲，可能是日本人生活的西方化，他们很少有人再席地而坐，和服也不再盛行，特别是在公共场合。在各种国际交往中，他们和西方发达国家毫无二致。再就精神层面而言，也较少拘泥于往日的传统，一句话，日本人在变。不过，尽管在变，但潜在于文化深层的东西也不可能丢得一干二净，只是不那么外露而已。

这个时期最具代表性的建筑师当推安藤忠雄。众所周知，住吉长屋（1972～1973）是他的成名之作，其基地之局促使人难以置信，除了一个狭窄向外的“门面”之外，四周均紧紧地被建筑物所包围。安藤的设计也极简单，用一条廊桥连接着两个双层的立方体，这样，就形成了一个类似于中国天井的内院。朝外的立面仅是在一面光墙之上开了一个小小的门，货真价实地表现为一种极少主义。至于什么日本的历史文化、符号之类的东西更是一无所有。安藤本人怎么解释他的设计呢？他认为亲近自然是日本人的天性，通过小院将可以把自然的光、风、雨、雪、阴、晴乃至一年四季的变化，引入到住宅之内，确实是既现代又适合于日本人的住居习惯。这样，他就把日本文化的表征的外在形式转化成为内在的自省。

或许正是基于这种考虑，他还设计了光的教堂、水的教堂等。我们知道教堂是自西方传入的，到了安藤的手里，便多少赋予了些日本的特色，尽管不细心体验的话，单凭眼睛是看不出来的。

当然，用眼睛能看得出来的东西也是有的。例如由安藤设计的1992西班牙塞维利亚博览会日本馆（图9-40）就是一例。该建筑全部由木材建成，采用的也是典型日本的传统做法。中部透空的入口由两组4根木柱支撑着屋顶，木柱的层层出挑，犹如传统的斗栱。通往入口的阶梯向上微凸呈拱形，也像是日本庭园中常见的小桥。再就整体而言，也多少能联想到日本传统的大屋顶。只不过赋予了全新的造型。这是一个代表国家形象的博物馆，较多突出日本的特色，也是顺理成章的。

几乎在同一时间，安藤还设计了一个木材博物馆（图9-41），其手法与前例十分相似。

图9-40　安藤忠雄设计的1992西班牙塞维利亚博览会日本馆

图9-41　安藤忠雄设计的木材博物馆

该建筑坐落在一个森林十分茂密的大自然环境之中，主体呈环状，由一条约200米的长桥把人引入其内，并贯穿其中。中部为一内院，呈圆筒形，朝向天穹。大量使用木材作为内、外檐装修，既体现了该博物馆功能性质的特点，又富有日本建筑某些潜在的蕴味。

安藤设计的其他大量作品，都是极富现代感的，单从外观看，几乎说不上哪些部分是出自于日本的传统，但从整体氛围体察，却透出一股清新的日本味，可以说是大隐若显。

处于多元化时期的日本，建筑流派自然是杂然纷呈、各寻其道。本文只是就传统的承继与创新这一命题，概述其由彰显到含隐的演变的大趋势，游离此外的众多作品自然也各异其趣，但尚难把它罗织到这条主线之内。

注：本文系国家自然科学基金资助项目《建筑形式构成分析及图式语言研究》（编号：50378060）相关研究报告之一。

五、化体为面，重焕生机——迈耶作品赏析

20世纪是一个充满巨变的世纪，用瞬息万变和昨是今非这样的词句来形容，似乎也不为过。人们刚刚熟悉了的东西，一转眼便悄然过时，难怪二战名将巴顿不无感慨地抱怨：我讨厌20世纪！

20世纪初，尚未完全摆脱古典建筑形式窠臼的折中主义、古典复兴式建筑，历经新艺术运动、风格派、分离主义、表现主义、构成主义等异彩纷呈的美学思想影响，最终，还是以现代主义建筑风格的问世而画上了一个句号。然而好景不长，曾经一度生机勃勃的现代主义建筑风格，到了20世纪后叶，却招来了许多质疑和非议，似乎是尚未充分辉煌，便有随即凋萎之势。这不能不使人感到困惑：在这个世界上，究竟还有没有什么恒常的准则——那怕是相对的——可以遵循？

在现代建筑遭此厄运的情况下，许多建筑师便众叛亲离、改换门庭，一时间颇使人感受到一种四面楚歌的凄婉之情。所幸，还有贝聿铭、安藤和迈耶等为数不多的建筑师，仍不改初衷，沿着现代建筑的基本轨迹继续探索，并趋利避害，试图为现代建筑寻觅新的出路，从而衍生出一种焕发生机的新现代主义建筑风格。在这些人中，尤以迈耶的作品脉络更为清晰。我们不妨以他为契机，来剖析一下他是如何在承袭现代主义建筑基本准则的基础上，又有所突破和创新。

现代主义建筑的最大特点是重功能、重技术、重经济，并由此而形成了一套技术美学的审美观。凡此种种，都是合乎理性的，即使用今天的眼光看，也无可厚非。然而，在形式随着功能而来、房屋是住人的机器、少就是多等理念的羁绊下，在建筑形式和风格上，确实给人以冷漠、单调的感觉。如果说在工业化社会的前期，人们尚能欣然地接受，那么随着后工业时代的到来，由于生活逐渐富裕，人的精神生活要求越来越高，这种火柴盒式的建筑形象，便会使人感到厌烦，于是责难之声四起，这也是理所当然的。摆在建筑师面前的有两种选择：一是彻底地抛弃它而另起炉灶，大多数建筑师所选择的正是这条道路。但还有少数建筑师则试图在遵循它的正确原则的基础上，克服它的弊端，并且取得了相当辉煌的成就。本文试图具体分析美国建筑师迈耶是如何取得令人鼓舞的成就的，我想，对于我国建筑师还是具有一定启迪和参考价值的。

- **化体为面**

萨伏伊别墅，堪称为现代建筑的经典之作，它基本上体现了勒·柯布西耶关于现代建筑五点的基本原则。我们不妨以迈耶的 Rachofsky 住宅（图 9-42）与之相比较，这两者在形式和风格上有许多相似之处，但是后者却比前者丰富得多。前者为正方形，尽管在它的上部也有比较多的变化，但整体印象还不外是一个被支撑起来的方盒子。后者却没有这种感觉，它是如何打破这种方盒子的印象呢？当然，我们可以举出许多不同之处，如凸出其中的某个体块，但是从处理手法看，其最大特点便是化体为面。从图中可以看出，给人最突出，最清晰的印象，便是由几片相互交错的平面组合而形成整体的。这种略施小计，从表面看来似乎微不足道，但的确可以使建筑物的外貌焕然一新。其实，这种手法在别的建筑师作品中也不乏先例，但是用得最多、最纯熟、也最有成效的，似乎还是以迈耶最为突出。

图 9-42　Rachofsky 住宅

为什么化体为面之后可以令人耳目一新呢？这里不妨作一点历史回顾。早在上个世纪之初，荷兰风格派建筑师凡·杜埃斯堡曾将他所设计的一所住宅的造型作了研究，即把它的体形抽象化为垂直与水平相互交错、穿插的面（图 9-43），可以看出，未经抽象的体形，不外还是一组“方盒子”的组合，而抽象为面之后，就显得生动活泼多了。究其原因，我想可能是平面一经融入到体块之中，便失去了它作为组合要素的独立性，随之，也就失去了方向感，于是就显得死气沉沉。现代建筑常常被贬为火柴盒或玻璃盒，想来就是这个道理。

- **平面、曲面、双曲面**

与现代建筑相比较，古典建筑在形式的变化上确实丰富得多。且不说细部装饰，单以基本体形来

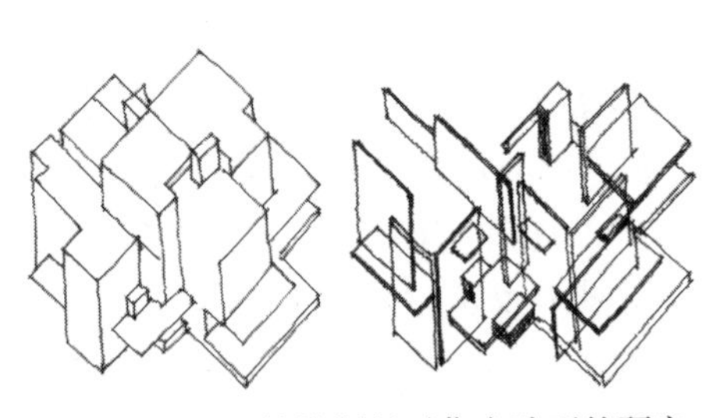

图 9-43　凡·杜埃斯堡对住宅造型的研究

说，古典建筑无论在墙体的凹凸转折，抑或屋顶形式都具有极其丰富的变化。特别是屋顶，不仅有两坡、四坡等式样，而且坡度的平缓与陡峭之间也相当悬殊。此外，又有各种形式的穹窿与尖塔穿插其间，即使不作装饰，仅就其基本体形，也不致有单调的感觉。而现代建筑的倡导者却认为这些东西均无直接的功能依据，纯粹是为形式而形式硬加上去的，并且极大地耗费了人力和材料，因而必须坚决抛弃。现代建筑却大力提倡平屋顶，加之为适应功能要求，房间多呈横平竖直的长方体，因而，体形上的单调和简陋几乎是不言而喻的。该怎么办呢？回复古典形式无疑是不可能的，那么只有在方盒子的基本体形的基础上另谋出路。应当承认，当代建筑师在这方面的探索是不遗余力的，然而，迈耶的手法却别开生面。他仅仅是“略施小计”便改变了建筑物的面貌。这里所说的“小计”，便是巧妙地凸显了“面”的表现力。前一节中提到的 Rachofsky 住宅，就是借助于面的组合而破除了方盒子的单调感。另一个例子是 1995 年建造于巴塞罗那的现代艺术博物馆（图 9-44），图示为建筑物的一个端部，原本是一个简单的立方体的造型，经过迈耶的精心处

图 9-44　巴塞罗那现代艺术博物

理，便把它转化成为纵横交错的面的组合。这种手法的诀窍主要体现在建筑物的转角部位，只要留出一条狭窄的缝隙，便把互成直角的两个面分离开来，从而成为各自独立的组合要素。类似这样的手法，在迈耶的作品中俯拾皆是，这里就不一一赘述了。

由于功能的要求，绝大多数的建筑体形均呈方正的形式，故而，作为组合要素的面几乎都是一维的。然而，为了求得变化，在功能允许的情况下，迈耶时而也穿插地运用圆柱体来谋取效果。但迈耶的妙处却在于在它的外缘“套”上一层弧形的墙面，从而便极大地丰富了建筑体形的层次变化。图 9-45 所示为巴塞罗那现代艺术博物馆北入口的墙面处理，右下侧弧形墙面之内为一部楼梯，由于与主体之间留下了一条缝隙，既可以为楼梯提供必要的采

图 9-45　巴塞罗那现代艺术博物馆北入口

光，又起到了丰富立面变化的作用，其手法之巧妙，堪称一绝！另一个例子为1993年建造在德国Ulm的会议展览建筑（图9-46），所不同的是，这片弧形墙面更大，并且开了很多洞口，以满足室内的采光要求。更有甚者，迈耶还试图把这种手法由平面、曲面而演变成为双曲面。他在为罗马2000年教堂（图9-47）的方案设计中，便使用了三片帆形双曲面来围合教堂主体部分的空间，不仅外观独特、优美、而且内部空间也充满了变化，并具有宗教建筑所要求的神秘气氛。

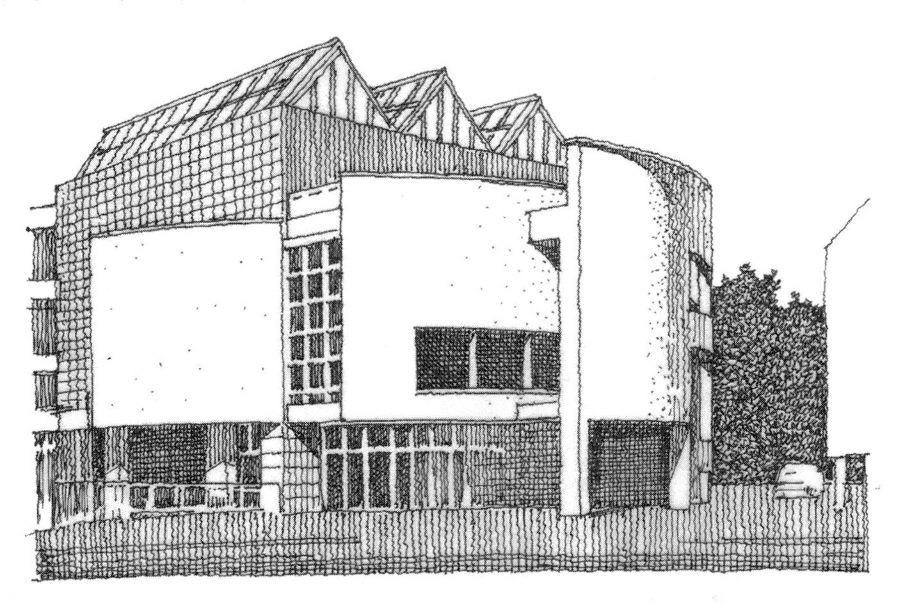

图9-46　建于Ulm的会展建筑

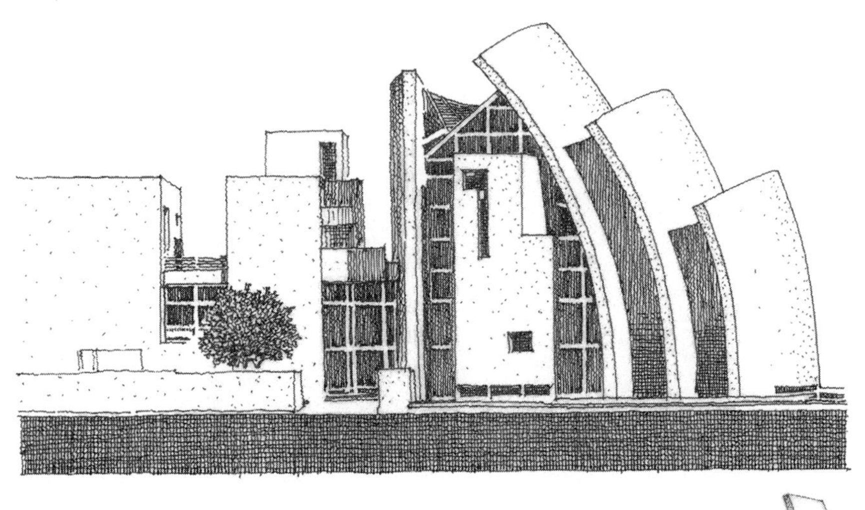

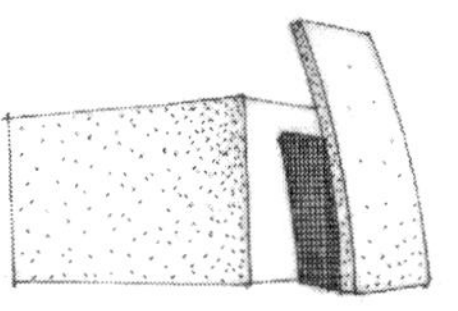

图9-47　建于罗马的2000年教堂设计方案

- **借面的延伸以求得完形**

在迈耶的作品中，还可以发现一种常见的手法，即利用面的延伸，以求得体形上的完整。这种手法严格说来和现代建筑的理念是不相吻合的。现代建筑崇尚形式服从功能，表里必须一致，反对一切与功能无关的形式要素，甚至把这些原则当作一种教条而不容异议。这样，便作茧自缚，从而导致形式上的单调。当代某些建筑师却不顾这种教条的束缚，致使外形流于凌乱，为克服这一缺陷，建筑师时而也利用一些透空的格架，以虚拟的空间来填补残缺的部分，以求得体形上的完整。迈耶常用的手法则是借助于面的延伸以保持完形。图 9-48 所示为建于 Ulm 的会展建筑的一角，就其基本体形看，原本是残缺、凌乱和不完整的，聪敏的迈耶却巧妙地运用了面的延伸，而确保了感观上的完形。另一个例子是 Hypolux 银行（图 9-49），位于主体建筑西南的附属部分，从平面形状看是构不成圆形界面的，但是在它外缘设置了一层筒形的墙面后，便填补了残缺，使体形复归于完整。

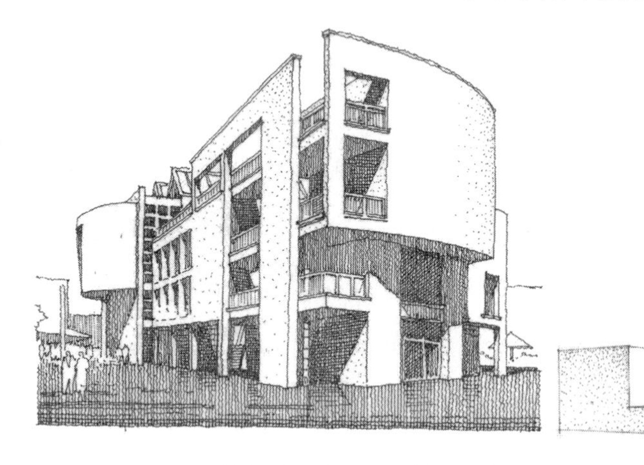

图 9-48　建于 Ulm 的会展建筑一角

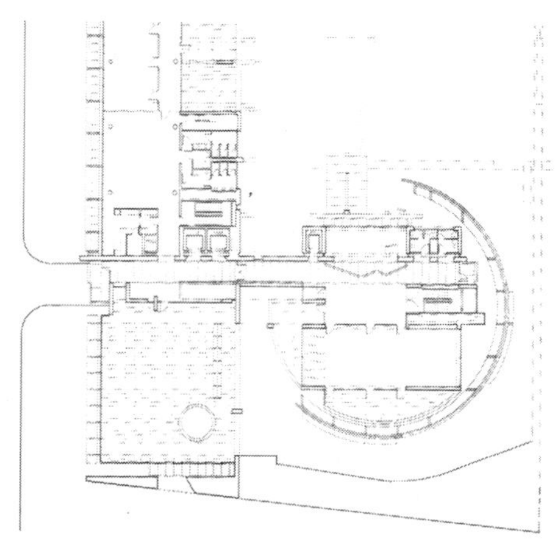

图 9-49　Hypolux 银行建筑局部

- **有利于取得良好的虚实对比**

虚实对比在建筑外观中至关重要，迈耶的作品在处理虚实对比方面尤为巧妙。虚实对比取决于门窗洞口的开启，而开窗、开门却受到功能和结构的限制。且不说砖石结构，即使是框架结构，尽管可以把柱子包裹在建筑物的表皮之内，例如通常所采用的玻璃幕墙之类的处理手法，但要处理好虚实关系，仍不免会受到某些条件的制约。然而一旦使外墙与主体相剥离，便可以为随心所欲地处理虚实关系提供了极为有利的条件。从迈耶的作品中可以看出，他正是利用这一有利条件而施展其才华，从而获得了良好的虚实和凹凸对比关系。最典型的例子如巴塞罗那现代艺术博物馆的南入口（图9-50），由于设置了一片与主体结构完全脱离的墙面，这样，便摆脱了功能和结构的限制，可以完全从构成的要求出发，自由地纺织图案，从而取得了优美、动人的虚实与凹凸对比效果。和这种情况相似的还有Daimler-Benz研究中心（图9-51），它的右部，也是在一片与主体结构相脱离的墙面上作开口处理，尽管形状并不复杂，效果却十分突出。上一节中所提到的Hypolux银行的圆柱体部分，由于内外是两层皮，迈耶也充分地利用了这一有利条件，而在虚实对比上大做文章，并取得了良好的效果。

图9-50　巴塞罗那现代艺术博物馆南入口

图9-51　Daimler-Benz研究中心

- **有利于获得丰富的层次变化**

这里所说的层次变化主要是指墙面处理。建筑物的墙面，就其功能而言，主要是起着围护空间的作用，在绝大多数情况下都是单层的，通过虚实与凹凸处理，虽然也有一些层次变化，但尚不足以用“层次”这个范畴来概括。但是在迈耶的作品中，由于他善于凸显面的表现力，在某些情况下却可以借多重面的重叠，使墙面具有强烈的层次感。图 9-52 所示为 Rachofsky 住宅，从图中可以看出，由于三重墙面的依次排列，从而给人以清晰的层次变化。图 9-50 所示为巴塞罗那现代艺术博物馆的南入口部分的墙面处理，强烈的层次感成为引人注目的焦点，起到了强化入口的作用。

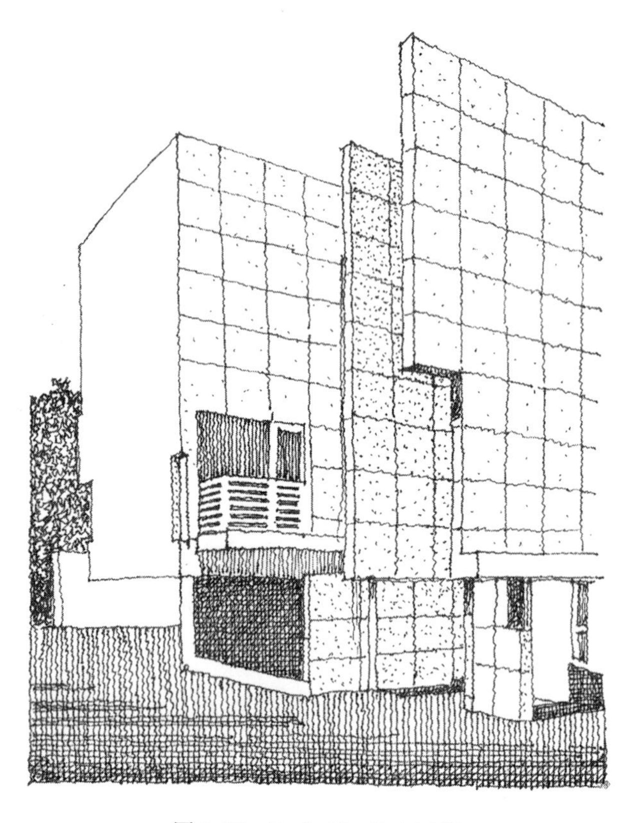

图 9-52　Rachofsky 住宅局部

墙面的层次变化，是和它的虚实、凹凸处理相互联系的。前一节中所引用的两个例子，不仅借开口处理在虚实与凹凸对比方面取得了良好效果，同时也极大地增强了墙面的层次变化。我们不排除其他建筑师在这个方面也曾作出过贡献，但是像迈耶那样，借助于化体为面的手法，有意识地获取墙面的层次变化，似乎还不多见。

- **引入异形要素**

除借化体为面手法来丰富建筑体形变化外，迈耶还善于引入一些异形要素来增强建筑物的表现力。所谓异形，就是非立方体。在迈耶作品中最常见的是圆柱体，它通常会与方方正正的体块构成强烈对比。图 9-53 所示为 Rachofsky 住宅的局部处理，被夹峙于两片墙面之中的圆柱体，其内部是一个转梯，它既不违背功能要求，又能丰富建筑体形的变化。另一个例子为 1992 年建于巴黎的某电视总部（图 9-54），也是借一部转梯来谋求体形变化的。图 9-55 所示为建于洛杉矶的盖蒂中心（The Getty Center），这里，一连并列了两个椭圆形的柱体，其内部均为电梯间，可见，迈耶是非常善于利用功能所赋予的可能性，而巧妙引入异形体量来打破建筑外观的单调感。更有甚者，有时竟在没有明确功能依据的情

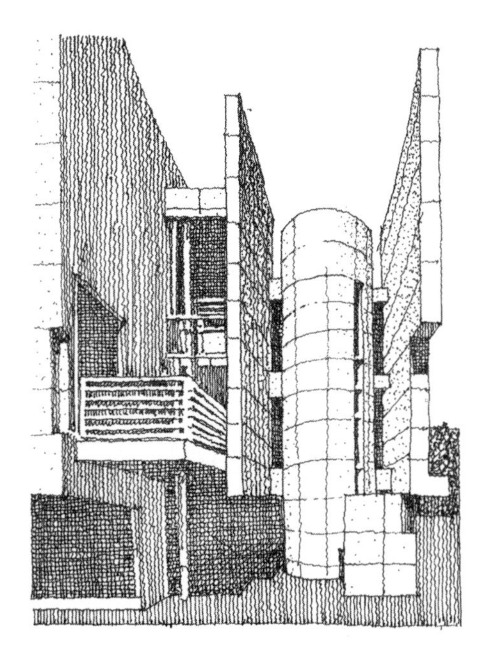

图 9-53 Rachofsky 住宅局部

图 9-54 Canl + Headquarter 电视总部

图 9-55 盖蒂中心局部

况下，为求得体形的变化，也不惜引入某种异形体量来谋求特殊效果。图9-56所示为巴塞罗那现代艺术博物馆，耸立于建筑物东南部的竟然是一个阿米巴形平面的塔楼，至于具体功能，则语焉不详。无独有偶，在瑞士北美航空公司总部的设计中，他又一次运用了一个阿米巴形平面的体块作为组合要素。

迈耶近年为洛杉矶设计的盖蒂中心（图9-57），一反他以往贯常使用的方方正正的构图手法，而大量运用曲线形式作为组合要素，从而使这个建筑群无论在体形或室内、外空间上都获得十分丰富的变化。这一方面可能意味着他在设计理念上有新的开拓和发展，另外，也可能出于独特地形的考虑，而使得建筑物与地景景观相融合。

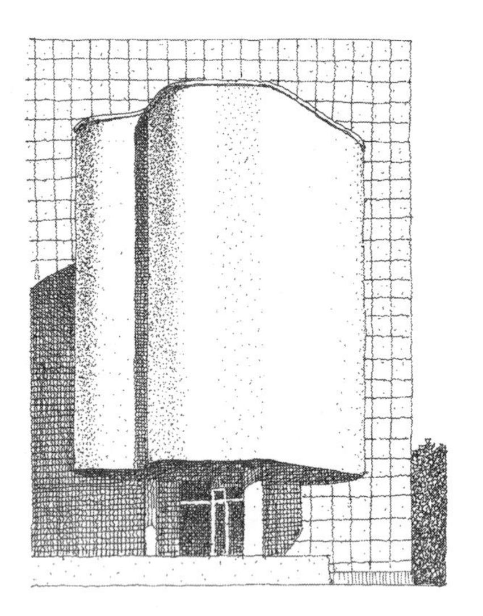

图9-56　巴塞罗那现代艺术博物馆局部

图9-57　盖蒂中心全景

- **综合效应**

在前几节中，所采用的是分析的方法，即通过化体为面的手法，而使建筑形态分别可以获得多种不同的效果。为使表述清晰，所选择的实例都是在某一方面最具典型性的。其实，从整体看，这些手法的运用都是综合发挥作用的。在建筑创作实践中，建筑师是不可能为自己预先设定采用哪些手法来塑造建筑形象的，而是跟着感觉走，直到觅得一个自认为满意的方案为止。在这个过程中，思维活动是千变万化和反反复复的，然而一旦取得效果，它必然在某些方面体现出建筑师的文化素养和独特的手法和技巧。这是因人而异的，就迈耶来讲，其个性是十分鲜明的。他的作品与众不同，虽然他不屑于追潮流、赶时髦，但却能以其独特魅力，给人鲜活的感受。

- **是变革，抑或改良?**

长期以来，我们都是信奉马克思主义哲学的，笔者也曾对否定之否定的辩证法深信不疑。恩格斯在《论自然辩证法》中，曾就自然和社会现象，以否定之否定为命题，揭示出事物发展的规律。他所列举的现象无疑都是客观存在的。但是是否具有普适性，据说哲学界尚有存疑和争论。例如达尔文的进化论就很难用它来解释。辩证法认为否定是发展的环节，那么，不通过否定事物也会发展吗?以迈耶为例，他确实没有否定过现代建筑，这么说，他只不过是一个改良主义者?我认为这样来为迈耶定性，似乎也不妥当。

近读《顾准日记》，在党校日记的篇章中，此公曾在没头没脑的情况下摘录了黑格尔的一段话，现转引如下："正在被形成的精神，是次第抛弃旧世界的建筑底一部分，同时为新的形态而徐徐地、平静地成熟下去。在这些动摇上面，只能看到单一的征候，即轻浮的心思，生活中扩大着的倦怠，不知怎的不安的预感等等，这就是等候某种新的东西诞生的征候。全体面貌不至于变化的渐近的发展，因她开头而被破坏时，它就像电光一般突然间确立新世界的形象。"黑格尔是辩证法大师，他的话未必都是真理，但就表述事物发展进程而言，还是有所启示的。迈耶（们）是否在那里"徐徐地、平静地成熟下去"，让我们耐心地等着瞧吧!

注：国家自然科学基金支持项目：当代西方建筑形态特征的研究（编号：59978029）。

六、地域风格在印度

和中国一样，印度，作为一个文明古国，也有着光辉灿烂的古代文明。不幸的是，到了近代，却沦为殖民地国家。上世纪 40 年代末，终于摆脱了英国的统治而重新独立。国运的兴衰，直接影响到建筑的发展。值得关注的是：印度建筑师在接受西方文化影响后，毕竟走出了自己的路，这对正在探索具有中国特色的新建筑风格的我国建筑师，无疑还是具有某种启迪的。

印度的历史源远流长。宗教、政治、经济、文化的发展异常曲折、复杂，要摸清这些因素对于建筑风格的影响，一时还难以入手，更不可能在一篇短文中讲得清楚，但是，在浏览了一批印度现代建筑作品之后，似乎还是可以寻觅到某些共同的特点，而这些特点都不外是对其独特气候条件的回应。

相对于社会因素，自然因素的变化总是比较缓慢的。因而，它对建筑形态的影响几乎是恒常不变的，人们生活在某个特定的自然环境中，就必须与之相适应，世界各地的民居建筑，之所以形式各异，在很大程度上，就是归因于各自不同的自然条件。这之中，气候的影响尤为突出，只是到了近现代，由于科学技术的发展，人工地克服某些不利的自然因素的能力不断提高，致使大一统的现代主义建筑风格在世界各地广泛流行。然而，在经历了近一个世纪的实践之后，人们开始反思：这种抹煞地域差异的做法终究是弊大于利。于是，尊重地域差异的新地域主义建筑流派又重新登上了舞台，当然，地域差异包含了两个方面：一个来自于独特的自然条件，另一个来自于独特的历史文化背景。本文论述的印度建筑，则主要着眼于前者。

印度地跨北纬10°至30°之间，北回归线跨越它的中部，就整体而言属热带季风气候（图9-58）。这就意味着夏季的时间长，有相当一部分国土相当炎热。印度虽然有相当长的海岸线，可是由于幅员辽阔，受海洋气候影响仅限于很少的滨海地区，而广袤的内陆则十分干热。

北回归线跨越其中部意味着什么呢？这就是说到了每年的夏至，地处印度中部地区，其太阳的入射角与地面呈90°，换句话说，就是阳光与地面保持垂直状态。这时不仅接受阳光的能量最大，而且直立的建筑物墙面几乎没有光影。当然，这只限于有限的时间（夏至）和有限的地区（地处北回归线）。在绝大多数情况下，只能说是阳光很陡，与墙面的夹角很小。在这种情况下，墙面上只要稍有一点凸出挑檐，便会产生大面积的阴影。

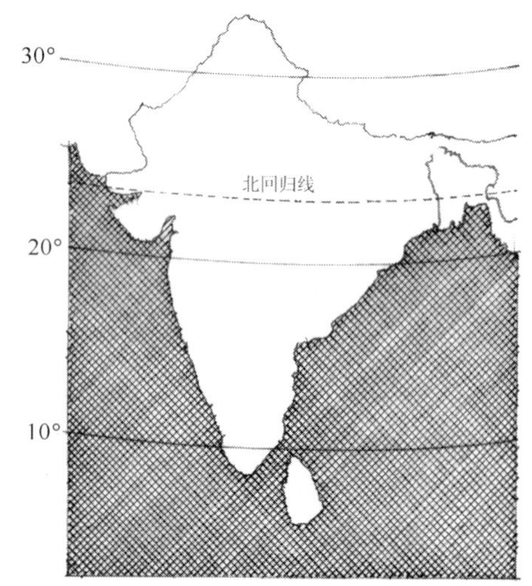

图9-58　印度的地理位置

印度建筑师是怎样应对这种独特的气候条件呢？无可置疑，最有效，最经济的方法就是遮阳——运用各种手法，最大限度地减少阳光对墙面的直接照射。

遮阳设施有多种形式，在世界各地早已被广泛采用，然而以此而影响到建筑形态，并形成为一种独特建筑风格的，似乎并不多见。唯独印度建筑师在这个方面情有独钟，并千方百计借助于各种遮阳设置而赋予建筑形态以独特的风格。

同样的遮阳设置对于不同的阳光入射角所产生的阴影面积是大不相同的，不同的遮阳设置，在相同条件下，所产生的阴影面积也是大不相同的，印度建筑师所运用的手法，可以说把遮阳效能发挥到了极致。所谓极致，就是说以最小的出挑——受光面积，来造成最大的阴影面积。这自然要一定的条件，即阳光的入射角必须十分陡峭，而印度的大部分地区都具备这种条件。

以下，将转入到对印度现代建筑风格和形态特征的探讨，具体地讲，就是以什么样的形式和风格来回应印度独特的地理气候条件的。风格是什么？可能有众多不同的理解和答案，在这里，拟把它归纳为一句话：寓于个性之中的共性。在观察了大量印度现代建筑图片后，尽管其建筑外观千变万化，各不相同，然而，一个显而易见的共同特征是：它们的外墙虚实凹凸的对比和变化十分强烈，由此而产生的光影效果也分外突出。以致，太阳的直接光线很少乃至全然地照射不到介于室内、外之间的外墙面。这种造型处理手法颇类似于“凹廊”。借此，既保证了良好的自然通风，又可以最大限度地遮蔽炎热阳光的照射。

近年来，流行着一种科学技术术语——模型，意思是建立一种普遍意义的解决问题的模式。在这里不妨也仿其意而提出一种“图式模型”（图9-59），即把建筑物的外墙作为内层，在其外侧再加上一层“格架”，当格架达到了一定深（厚）度时，比较陡峭的阳光即可被格架全部遮档，这就意味着作为内层的外墙，将全部处于阴影之中，这无疑会有效地降低室内的气温。

模型，是从纷繁的现象中抽象出来的。它所显现的只是一种共性。如果每一个建筑都取这样的形式，不言而喻，必然是千篇一律和枯燥乏味的，这自然也是建筑创作的大忌。印度的现代建筑，虽然多借此而有效地回应了干热的气候条件，但其形式和风格却极富变化，这自然要归功于建筑师的智慧和创新精神。

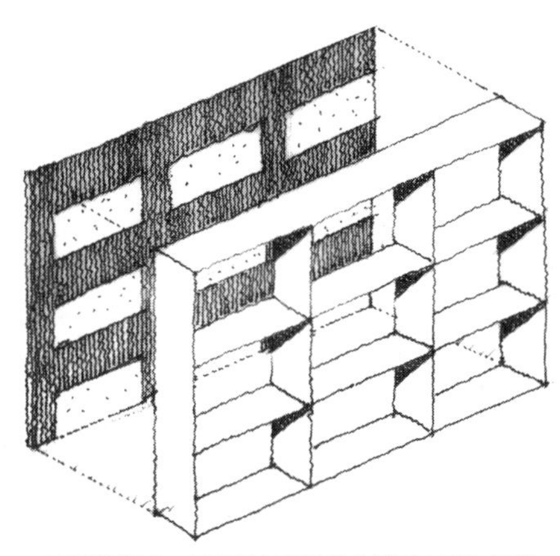

平缓的阳光，只能是在其后层的墙面上产生局部的阴影

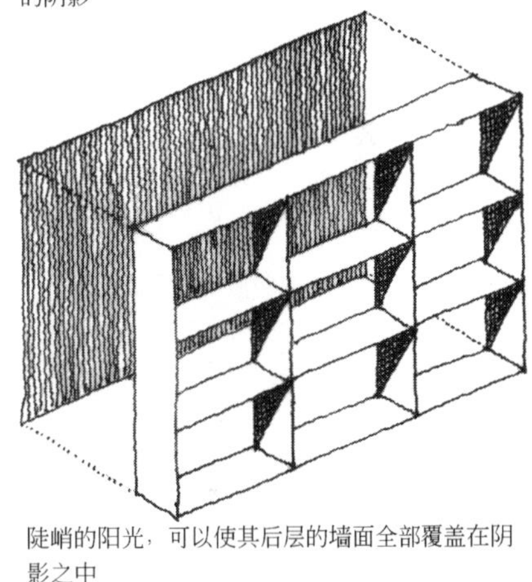

陡峭的阳光，可以使其后层的墙面全部覆盖在阴影之中

图 9-59

正如前述，模型所体现的是具有普遍意义的共性，作为一种原则，无疑可以指导创作实践，但要使之还原到创作实践，还必须千方百计地赋予作品以个性。问题的关键是：该怎样去寻觅个性呢？我们提出的“图式模型”主要分前后两个层面，后一个层面即是建筑物外墙面，依附于其上的是窗、门等开口，其大小、形状和排列方式都要受到功能的制约，尽管如此，建筑师依然可以借其职业技巧而加以处理，这就是说也可以赋予它以某种变化的，但应当指出的是，由于它处在靠后的一个层面，比较隐含，对建筑外观虽然有一定影响，但不甚突出，前一个层面是格架，自然也要与窗、门等保持某种对应的关系，不过相对而言在处理上却比较自由。加之，效果比较凸显，建筑师往往把注意力集中在对它的处理上，并且借它的组合排列、比例、形状乃至厚薄、深度等的巧妙处理，而极大地丰富建筑外观的变化，以使之具有鲜明独特的个性，前后两个层面是相辅相成的，如果组合得合适，尚可相得益彰。

再说，前述的两个层面依然属于墙面处理的范畴，它在外观处理上虽然占有重要地位，但却不是建筑外观的全部，其它如体形、凹凸、外轮廓线等对整体效果的影响，同样，甚至更为重要。只有从整体出发，有机地把包括墙面处理在内的各种要素组合为一体，才能最大限度显示出建筑物的效果和魅力。

由印度建筑师瓦里尔设计的国家公立财政学院（图 9-60），除在地方材料运用上具有浓郁的地域特色外，在外墙墙面处理上也具有强烈的虚实对比和凹凸变化。建筑物左、右两个部分，均以凹凸的格架形成相似图案，从而使得大部分墙面处于阴影之中。建于艾哈迈达巴德的印度语言文学院（图 9-61）为三层楼房建筑，它的一层和三层均以格架的形式而取得良好的遮阳效果，而夹在其中的第二层则深深地凹入基面之内，借上一层的出挑，同样也为阴影所覆盖。由里瓦尔设计的法国学校和文化中心（图 9-62），其立面处理也别具匠心。由 6 根细长的柱子支撑着的第三层十分厚重，处于其上的窗户则深深地凹入墙面，既减缓了烈日的暴晒，又具有很强的厚重感。夹于两柱之间的窗户又以窗套相围合，并凸出于墙面，连同上层的出挑，几乎使建筑物的第二层均处于阴影之中，就是底层，也有相当一部墙面为阴影所遮蔽。

图 9-60　新德里国家公立财政学院

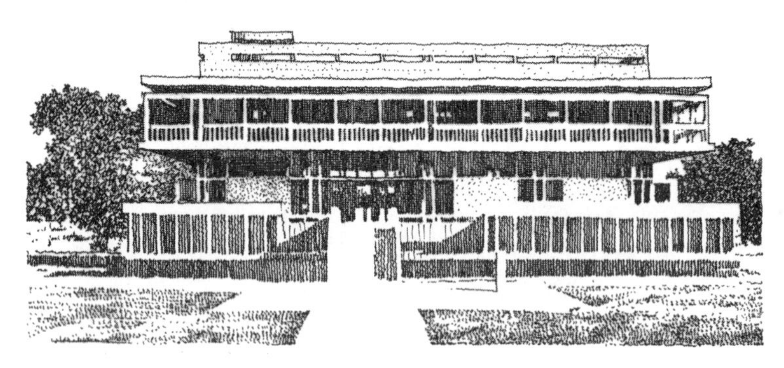

图 9-61　艾哈迈达巴德的印度语言文学院

图 9-62　新德里法国学校和文化中心

由于格架的广泛使用，某些建筑甚至以此来装点建筑物的外观，而把它的遮阳作用降至次要地位，图 9-63 所示为巴洛德拉市政厅，它的入口部分一侧，便是由一面疏密相间的格架所组成的墙面，虽然也部分地起到了遮阳作用，但更多地还是借以强化入口部分的氛围。

图 9-63　巴洛德拉市政厅

由于格架衍生出来的手法多种多样，巧妙地运用这些手法，一方面可以起到遮阳作用，同时也极大地丰富了建筑物的外观变化。由多西设计的甘地劳工学院（图 9-64）就是一个典型的例子。从手法上看，并没有运用格架，但都借强烈的凹凸变化使建筑物的开窗部位深深地内凹，从而免除了阳光的照射，就遮阳而言，同样起到了格架的作用，可以说是殊途同归。建于新德里的世界银行办公楼（图 9-65），其立面处理采用叠涩的手法层层外凸，使原本处于同一基面上的格架化整为零，从而有效地增强了建筑体形的层次变化，由瓦里尔设计的中央教育技术学院（图 9-66）其外观处理极富变化，稍加分析便不难看出，不外也是借不同单元要素的出挑和虚实凹凸变化而产生大片阴影，而使之遮蔽几乎全部的外墙墙面。

图 9-64　艾哈迈达巴德甘地劳工学院

图 9-65　新德里世界银行办公楼

图 9-66　新德里中央教育技术学院

在对印度著名建筑师查尔斯·柯里亚作品评述中，肯尼斯·弗兰姆普敦曾有一段十分精彩的描述：“在深层结构上的层次上，气候决定了文化和它的表达方式，它的习俗、它的礼仪、在本源的意义，气候乃是神化之源，因此，在印度和墨西哥文化中，开敞空间的玄学特性乃是伴随着它们所依赖的炎热气候，正如电影《英格玛·伯格曼》，如果没有垂暮黯然的瑞士冬天，就难以理解一样”（转引自《印度现代建筑》邹德依　戴路）。这一段话虽然深刻，却比较抽象，本文则通过具体分析，来揭示印度现代建筑的形式和风格是缘何与其独特的气候条件相适应的。

手法和语汇上的惊人相似，不能不使人联想到20世纪中叶以勒·柯布西耶为代表的西方建筑师在印度的活动，特别是昌迪加尔行政中心的规划和设计。如果说它和此后的印度现代建筑在形式和风格上有什么区别的话，勒·柯布西耶的作品（图9-67、9-68）更多地体现了西方现代文明，而印度的现代建筑则是在吸取了西方现代文明的基础上又逐步地使之本土化，从而把两者相融合。

图9-67　昌迪加尔高等法院

勒·柯布西耶是在20世纪中叶，也就是二次世界大战刚刚结束和印度摆脱殖民主义，开始走向独立的时候来到印度的。可以设想，一个长期生活在气候温和宜人的欧洲人，初到夏季气温高达40℃以上的炎热的印度，该是何等地难以忍受。在那个年代，不要说贫困的印度，就是比较富裕的欧洲，也不可能广泛地使用空调设施来调节室内温度，而作为功能主义倡导者的大师，又把舒适放在至高无上的地位，他必然会把遮阳和通风看得比什么都重。因而，可以起到遮阳作用的巨伞式屋顶，纵横交错的格架式的墙面便自然而然地应

图 9-68　艾哈迈达巴德萨旦住宅

运而生。至于和本土文化的融入，显然还不是当务之急。异质文化的植入，难免会遭受责难和批评，然而，无论如何也不能抹煞他的积极作用，当代许多著名印度建筑师，尽管在融合西方和本土文化中贡献卓著，还依然心悦诚服地尊他为师，因为毕竟还是他开风气之先，引领着印度走向现代。

注：本文系国家自然科学基金资助项目《建筑形式构成分析及图式语言研究》（编号：50378060）相关研究报告之一。

七、建筑审美中的雅和俗——当代西方建筑赏析

无论是俗或者雅，都是难以用语言表述得透彻的。倒是钱钟书先生写于上世纪 30 年代初的一篇“论俗气”说得十分有趣。尽管他论的是文艺，引伸到建筑的审美，似乎也不无启发。

钱文说：“找遍了化学书，在氮气、氧气以及氯气之外，你看不到俗气的。这是比任何气体更稀淡、更微茫，超过了五官感觉之上的一种气体，只有在文艺里、社交里才能碰见。文艺里、社交里还有许多旁的气也是化学所不谈的，例如寒酸气、泥土气。不过，这许多气体都没有俗气那样难捉摸……”可见，俗气也是一种只可意会而不能言传的。雅与俗是相互对立的，自然，也是不能言传的另外一个范畴。

虽说不能言传，但用钱钟书的话说：“你还有线索可求。”该文引用赫胥黎的一段话：“俗气的标准是跟了社会阶级而变换的；下等社会认为美的，中等社会认为俗不可耐，中等社会认为美的，上等社会认为俗不可耐，以此类推。”不过，钱先生也不满意于这种表述。认为赫的说法“只让我们知道产生的渊源（origin），没有说出俗气的性质（nature）”。在举出若干例子之后，钱先生便把俗归结为——量的过度。他在文中举例：“钻戒戴在手上是极悦目的，但十指尖尖都挂着钻戒，太多了，就俗了；胭脂擦在脸上是极助娇艳的，但涂得仿佛火烧一样，太浓了，就俗了……当一个人让一桩东西为俗的时候，这一个东西一定有这个人认为太过火的成分，不论在形式上或内容上。这个成分本身也许是好的，不过，假使这个人认为过多了（too much of a good thing），包含这个成分的整个东

西就要被判为俗气”。

与量的过度相对立的是量的不足，是少。少了便怎样呢？钱先生认为：“简单朴实的文笔，你至多觉得枯燥不会嫌俗的，但是填砌美丽词藻的嵌宝文章便有俗的可能……轻描淡扫，注重风韵（nuance）的画是不俗的，金碧辉煌，注重色相（couleur）的画就迹近卖弄，有些俗了。”从以上引文中可以看出，在钱先生的心目中，为了脱俗宁可少些，切不可过量。由此，我们不期而然地联想当今西方流行的一种建筑流派——极少主义（minimalism architecture），再往上回溯，便是上世纪初叶曾享誉一时的建筑大师密斯·凡·德罗的一句名言——少就是多。其实，用等号把两种截然对立的东西连接起来，如少与多、黑与白、冷与热……本身就是很难理解的。密斯·凡·德罗提出的“少就是多”也没有做进一步的解释，该怎么理解呢？只能把它放在特定的历史背景下，作为反对古典和折中主义的过多装饰，才是符合于大师的本意的。比它晚了约半个世纪的极少主义，表面看，也是推崇少，但却不能混为一谈。由于历史背景的不同，它所针对的当另有所指，即日益扩张的消费美学和有传统遗留下来的浪漫主义。

在现代主义建筑中，密斯可以说是一个走极端的人。依我看来，他的作品不是“过量”，而是量的不足。当现代主义受到质疑的时候，矛头便自然地集中在他的身上。他的作品虽然与“俗”拉开了距离，却也存在着某些负面的东西，如冷漠、刻板、枯燥、单调等，于是出现了与少就是多的完全对立的口号：“少就是烦恼”。文丘里的《建筑的复杂性与矛盾性》一书问世后，标志着后现代建筑思潮的登场，那种以追求几何形式纯净性的现代建筑风格备受责难。然而，一种倾向往往会掩盖另一种倾向。在否定现代建筑的同时，又走到了另外一种极端，即由量的不足而走向量的过剩。这种现象在某些标榜为后现代风格的建筑中确实是屡见不鲜的。钱钟书在“论俗气”一文中所说：“我不赞成一切夸张和卖弄，一方面，因为夸张和卖弄总是过量的，上自媒人的花言巧语，下自戏里的丑表功，都是言过其实，表过其里……”受后现代思潮影响，近些年来所流行的某些建筑风格确有招摇过市、过分夸张、卖弄之嫌，从而过了量，这就难免俗了。有鉴于此，在一个多元化的时代背景下，以推崇简约化的极少主义自然有它的号召力，并以此而占有一席之地。

当代出现的极少主义建筑风格，仅从表面看和往昔的现代主义建筑颇有不少相似之处。但这两者毕竟不能混为一谈。罗小未先生在《外国近现代建筑史》一书中说得好：“但毋庸讳言这一时期简约风格不是现代主义思想的简单再现，而是注入了新的思想内容。上世纪60年代极少主义艺术的影响以及对地方感、建筑本质的探索，都注定使这时的简约风格不再是现代建筑国际式广泛传播的那种大一统的呆板景象，而是融入了现代美学和不同地区文化的互相作用，甚至直接体现出对地方手工艺传统的吸纳。”由此，不难看出这两者之间的差异主要体现在现代主义更多地出于技术、经济及社会层面的考虑；极少主义风格则更多地出于人文、艺术和美学层面的考虑。基于这种差别，对现代主义的某些质疑如冷漠、单调、枯燥……等，便不会强加在极少主义的头上。

Minimalism 和 Simplicity 翻译成中文前者为极少主义，后者为简约。可能是受中国传统文化的影响，我个人认为还是以简约为好，这是因为极少的“极”字，多少还是带有一种极端的倾向。前面引了不少钱先生对于俗的论述，并找到了它的共识——量的过度。但我们不能据此反推出另一个结论：愈少便愈高雅。任何一种艺术作品都应当作到“适度”，而大师的高明之处就在于能够精准地拿捏这个“度”，过了不行，欠了也不行。对于极少主义风格的倡导者来说，他们不会过量，自然是会脱俗的，至于是不是做过了头，那就又当别论了。对于量的掌握也是因人而异的，同时代的两位大师密斯主张少就是多，而赖特的作品却丰富得多，多而不过量，同样也具有高雅的品质。就是主张极少主义的建筑师，他们在少到何种程度上也不尽一律。

在极少主义建筑师中，最具代表性的人物有英国的J·鲍森（John Pawson）、大卫·齐帕菲尔德（David Chipperfield）和C·西尔韦斯琴（Claudio Silvestrin）等。还有一些建筑师如日本的安藤忠雄等，虽然没有正式列入这一行列，但是由于作品富有简约性，通常也被认为是带有极少主义色彩的建筑师。

由瑞士建筑师赫尔佐格设计的戈兹艺术收藏馆（图9-69）位于德国慕尼黑的一片别墅区，该馆属私人收藏馆，与其主人的住宅相毗邻，环境优雅宁静，绿荫葱郁。面积仅3000平方米，平面呈极规整的长方形，主要使用空间为2层，其下层尚为一个半地下层。与平面相对应的体形和立面处理也十分简洁、干净。立面可分三段，中间实、上下虚，入口偏于一角，很不起眼。上部的展厅为适应采光要求开了一周圈的带状高窗。中部为木质的三合板作适当的竖向分格，接近地平的则为磨砂玻璃的采光窗。入口处为夹层，由此可循楼梯分别上至上层的展厅或下至地下室。这种方方正正的外部体形的简单的立面处理，典型地体现出极少主义的风格特征。

图9-69　戈兹艺术收藏馆　赫尔佐格

法国国家图书馆（图9-70）通常也被当作具有极少主义特色的作品。它是由建筑师多米戈皮诺特设计的，1997年建于巴黎。整个建筑群由4幢平面呈“L”形的高层建筑围合而形成一个矩形的内院。每一幢高层建筑的体形象征着一本巨大展开的书本。该组建筑无论从整体布局、单体建筑的平面以及由此而衍生的体形和立面处理均十分简洁，与当今流行的其它风格流派均大异其趣。人们也许会问：它是不是和密斯倡导的玻璃盒子十分相似呢？单从外形看也许颇为接近，但考虑到它的象征意义，这就和密斯的作品划清了界线。

日本建筑师安藤忠雄的作品也是极近简约的。他的光的教堂（图 9-71）堪称简约到了极致，那么，为什么没有使人感到冷漠和枯燥，反而赢得了人们青睐呢？根本的一点就在于它那极具宗教象征的“十”字形窗，并且由此而获得“光”的教堂的称谓。图 9-72 所示为狭山水库历史博物馆，由安藤忠雄设计，2001 年建于日本大阪狭山市。主体建筑呈长方形，立面处理十分简洁。大而简约的体形却使人为之震撼！这除了得之于它的整体环境外，更为重要的便是墙面上的两条斜向的带状构图。

图 9-70　法国国家图书馆　多米戈皮诺特

图 9-71　光的教堂　安藤忠雄

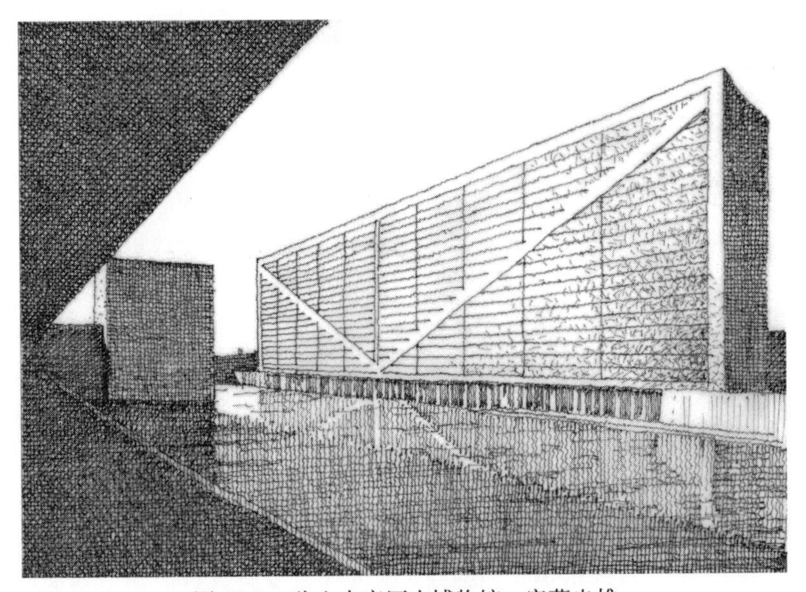

图 9-72　狭山水库历史博物馆　安藤忠雄

安藤忠雄的设计风格虽然多变，但通常都是以简约而给人以典雅的美的享受。某些作品虽然极富变化，但都不会过量。图 9-73 为他所设计的 Koshino 住宅，坐落在一块坡地之上，部分建筑处于地下，大部分建筑出于地面，依据地形而高低错落，忽上忽下，可谓步移景异。但就每一个局部而言，仍极尽简约之能事。图示为其东南一隅，在大面积墙面之上，仅开了两落地的玻璃窗，然而，在优美环境的衬托下，依然清新典雅。

图 9-73　Koshino 住宅　安藤忠雄

不同的艺术门类，各有其自身的特点，但都会面临着一个共同的问题，即过量和不足。上述的极少主义虽然远离了过量，但却难免出现不足。过量会显得俗，对于传统审美观念来说是一个大忌，而不足，应当说也是一种瑕疵。近日，中央电视台十频道百家讲坛正播出华东师范大学翁思再先生讲述的《梅兰芳》，梅先生是一代京剧大师，位居四大名旦之首，他的表演风格既雍容华贵，又十分平实，在艺术上达到了炉火纯青的境地。但是在他的回忆录中也一再强调切忌过火——也就是本文中的过量，他认为宁可不足，也不要过火。可见，在处理过量和不足中，即使大师，也都面临着严峻的考验。

再回到建筑领域中来。我认为美国建筑师迈耶在处理这类问题上分寸掌握得最恰如其分。他的作品总体说来还是比较简约的，但这种简约却比较适度，更没有走极端。图 9-74 所示为他所设计的 Shamberg 住宅，位于树木茂密的山坡边缘，与一幢老宅相邻。图示为他的北立面，体形并不复杂，但虚实和窗户的分隔却富有变化，特别是曲线形式的阳台似乎是冲出了基面，从而极大地为整体增添了情趣。迈耶的作品有时也刻意追求变化，位于洛杉矶的盖蒂中心就是一个典型的例子。但出于精心处理，却多而不乱，丝毫没有过量的感觉，相反，却处处显得优美而典雅。上世纪 70 年代建成的道格拉斯住宅（图 9-75）堪称为他的成名作。该住宅坐落在一处极为陡峻的山坡上，周围树木浓密，郁郁葱葱，往下不远处即为密执根湖，背山面水，环境十分优美。这幢建筑的平面和体形都比较规整、简洁，但临湖一边的立面处理却借虚实和凹凸对比而极富变化。这既是他的成名作，也是他的代表作，最能充分体现他一贯追求典雅所显现出的艺术才华和高超手法。

图 9-74　Shamberg 住宅　迈耶

图 9-75　格拉斯住宅　迈耶

让我们回到本文开篇时所引用的钱钟书“论俗气”一文中来。钱文结尾处有一段颇耐人寻味：“我们每一个人都免不了附庸风雅的习气。天下不愁没有雅人和俗人，只是没有俗得有勇气的人，甘心呼吸着市井气，甘心在伊壁鸠鲁（Epicurus）的猪圈里打滚，有胆量抬出俗气来跟风雅抵抗，仿佛魔鬼反对上帝。有这么个人么？我们应当像敬礼撒旦（Satau）一般的敬礼他。”对这种人是褒是贬？真让人一时摸不着头脑，只能是“奇文共欣赏，疑义相与析”了。诚然，在钱钟书著文的那个年代这种人也许很难找到。但是正如俗谚所云：“三十年河东，三十年河西”，当今，在西方“有胆量抬出俗气来跟风雅抵抗”的人物终于“勇敢”地出现了。这自然有它的历史背景，宽泛地讲，就是出现了所谓的“波普（pop）艺术”，影响到建筑领域，便是后现代思潮的萌生。这里不妨摘一段罗小未先生《外国近现代建筑史》中的论述（p339）：“很显然，文丘里的这些思想与当前整个西方文化艺术中的反叛浪潮有关，并直接受到波普艺术（Pop Art）这样的艺术观念与美学影响。这一时期的艺术反叛者认为，现代派英雄式的艺术家虽然创造了个性化的艺术品，却是永远不能普及的作品。而在充满广告与商业信息的社会里，文化中可以选择的东西是多种多样的，高雅文化与低级趣味（kitsch）之间并没有绝对界限和高低之分。于是，从广告到日常生活中的现成品都成为波普艺术的题材，而拼贴（collage）也成为通俗艺术的典型手法。无论是文化观念还是美学途径，这些特征都在后现代主义的建筑实践中逐渐呈现出来。”这段文字清晰地描述出当代西方建筑思潮是怎样公然地“抬出俗气来跟风雅抵抗”，并给它在多元化的旗帜留有一席之地。

体现后现代建筑思潮的早期作品首推意大利广场（图9-76），建成于1978年。是一个为意大利籍后裔服务的，集商店、餐饮、居住等功能为一体的活动场所。运用大量变形的古典柱式、拱券、曲廊、喷泉、凉亭等多种要素，并混杂地组合在一起，既过量又驳杂，足以显示建筑师C·摩尔所要追求的一种不甚高雅的低级趣味。

格雷夫斯于1980年代初期所设计的俄勒冈州波特兰市市政厅（图9-77），被公认为是

图9-76　意大利广场（C·摩尔）

图9-77　波特兰市市政厅　格雷夫斯

一个具有代表性的后现代建筑风格的作品。立面呈三段式，正面上方呈暗红色的倒梯形的墙面寓意为古典建筑中常见的拱心石，在它的下方也设置了两根似带凹槽的巨柱，各自顶着一个拱心石作为它的支撑，这种采用符号化的拼贴式形成的墙面处理，据说可以引起人们对于历史风格的记忆。然而，就我看来却是相当的俗气。

日本建筑师矶崎新曾应邀为美国迪斯尼集团设计一幢总部办公楼（图9-78），位于美国奥兰多，于1991年建成。图示为它的中央部分，不仅体形怪异混杂，而且还饰有多种艳丽的色彩，各部分之间极不协调。初看起来，简直不能想象竟然出自一位日本著名建筑师的手笔。然而，一经联系到它所服务的却是世界著名的迪斯尼乐园集团总部，便觉得没有什么可以非议的了。作者也表明他的设计意图就是要“形成一个沐浴在佛罗里达阳光下充满愉悦的游戏般的建筑”，这样的形式和风格虽不免俗，却是和它的使用性质不谋而合。

另一位日本建筑师隈研吾所设计的以马自达公司新车型命名的汽车展销厅兼办公楼，称之为M2建筑（图9-79），于1990年代初建成，位于东京世田谷8号环线上。这也是一个出于建筑师奇思怪想的作品。中央为一毫无功能意义的巨大的爱奥尼克巨柱，两翼又取西方古典建筑形式的片段，有叠石、有拱券、且尺度不一，某些部分似乎又比较现代，真是乌七八糟的拼凑在一起。为什么把建筑物设计成这种样子？真是俗不可耐！

图9-78　迪斯尼总部办公楼（矶崎新）

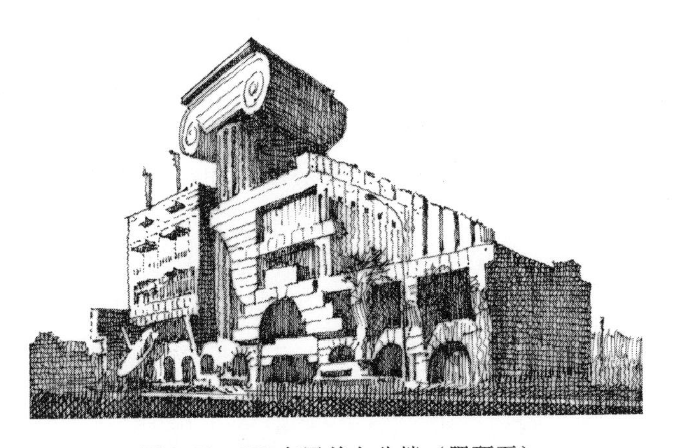

图9-79　M2车展兼办公楼（隈研吾）

还有一位大名鼎鼎的解构主义大师，就是美国的盖里。他设计的建筑真可谓无奇不有，其中有的还是颇具创意的，如西班牙毕尔巴鄂古根汉姆博物馆。但也有一些实在让人不敢恭维。图9-80所示为他设计的布拉格尼德兰大厦，1990年建成，位于布拉格历史文化保护区内，面向伏尔塔瓦河，处在两条“丁”字街的转角处。采用了双塔相依的形式，一塔较实象征着男性的阳刚之气，另一塔很虚，表面覆以玻璃，并呈曲线形式。当地人很少称它的名字尼德兰大厦，而形象地称之为“跳舞楼”，这两个塔楼本身并不复杂，但连接在一起却很不协调，特别是和周围的历史文化建筑很难融为一体。但在迎合消费社会和旅游业的发展方面却不失为一大亮点。

图9-80　尼德兰大厦（盖里）

偶读钱钟书先生在1930年的一篇杂文，却引发了我就当代西方建筑审美中的雅与俗发表了一通长达数千言的议论。我不是这方面的专家，立论和观念也难免偏狭，就算是随感而发吧。

注：本文系国家高等学校博士学科点专项科研基金资助项目《地域主义与当代乡土建筑创新研究》（编号：20050056027）相关研究报告之一。